수학공식*

이차방정식에 대한 공식

$ax^2 + bx + c = 0$인 경우 $x = \dfrac{-b \pm \sqrt{b^2 - 4ac}}{2a}$

이항정리

$$(1+x)^n = 1 + \frac{nx}{1!} + \frac{n(n-1)x^2}{2!} + \cdots \qquad (x^2 < 1)$$

벡터의 곱

$\vec{a}$와 $\vec{b}$ 사이의 두 각도 중 작은 것을 θ라고 하자. 그러면 다음의 관계가 있다.

$$\vec{a} \cdot \vec{b} = \vec{b} \cdot \vec{a} = a_x b_x + a_y b_y + a_z b_z = ab \cos\theta$$

$$\vec{a} \times \vec{b} = -\vec{b} \times \vec{a} = \begin{vmatrix} \hat{\mathrm{i}} & \hat{\mathrm{j}} & \hat{\mathrm{k}} \\ a_x & a_y & a_z \\ b_x & b_y & b_z \end{vmatrix}$$

$$= \hat{\mathrm{i}}\begin{vmatrix} a_y & a_z \\ b_y & b_z \end{vmatrix} - \hat{\mathrm{j}}\begin{vmatrix} a_x & a_z \\ b_x & b_z \end{vmatrix} + \hat{\mathrm{k}}\begin{vmatrix} a_x & a_y \\ b_x & b_y \end{vmatrix}$$

$$= (a_y b_z - b_y a_z)\hat{\mathrm{i}} + (a_z b_x - b_z a_x)\hat{\mathrm{j}} + (a_x b_y - b_x a_y)\hat{\mathrm{k}}$$

$$|\vec{a} \times \vec{b}| = ab \sin\theta$$

삼각함수 공식

$$\sin\alpha \pm \sin\beta = 2\sin\tfrac{1}{2}(\alpha \pm \beta)\cos\tfrac{1}{2}(\alpha \mp \beta)$$

$$\cos\alpha + \cos\beta = 2\cos\tfrac{1}{2}(\alpha + \beta)\cos\tfrac{1}{2}(\alpha - \beta)$$

미분과 적분

$$\frac{d}{dx}\sin x = \cos x \qquad \int \sin x\,dx = -\cos x$$

$$\frac{d}{dx}\cos x = -\sin x \qquad \int \cos x\,dx = \sin x$$

$$\frac{d}{dx}e^x = e^x \qquad \int e^x\,dx = e^x$$

$$\int \frac{dx}{\sqrt{x^2 + a^2}} = \ln(x + \sqrt{x^2 + a^2})$$

$$\int \frac{x\,dx}{(x^2 + a^2)^{3/2}} = -\frac{1}{(x^2 + a^2)^{1/2}}$$

$$\int \frac{dx}{(x^2 + a^2)^{3/2}} = \frac{x}{a^2(x^2 + a^2)^{1/2}}$$

Cramer의 규칙

미지수 x와 y에 대한 두 연립방정식

$$a_1 x + b_1 y = c_1 \quad \text{와} \quad a_2 x + b_2 y = c_2$$

의 답은 다음과 같다.

$$x = \frac{\begin{vmatrix} c_1 & b_1 \\ c_2 & b_2 \end{vmatrix}}{\begin{vmatrix} a_1 & b_1 \\ a_2 & b_2 \end{vmatrix}} = \frac{c_1 b_2 - c_2 b_1}{a_1 b_2 - a_2 b_1},$$

$$y = \frac{\begin{vmatrix} a_1 & c_1 \\ a_2 & c_2 \end{vmatrix}}{\begin{vmatrix} a_1 & b_1 \\ a_2 & b_2 \end{vmatrix}} = \frac{a_1 c_2 - a_2 c_1}{a_1 b_2 - a_2 b_1}.$$

* 더 많은 목록은 부록 E에 있다.

SI 접두사*

인자	접두사	기호	인자	접두사	기호
10^{24}	yotta	Y	10^{-1}	deci	d
10^{21}	zetta	Z	10^{-2}	centi	c
10^{18}	exa	E	10^{-3}	milli	m
10^{15}	peta	P	10^{-6}	micro	μ
10^{12}	tera	T	10^{-9}	nano	n
10^{9}	giga	G	10^{-12}	pico	p
10^{6}	mega	M	10^{-15}	femto	f
10^{3}	kilo	k	10^{-18}	atto	a
10^{2}	hecto	h	10^{-21}	zepto	z
10^{1}	deka	da	10^{-24}	yocto	y

* 모든 경우 ná-no-mé-ter와 같이 첫 번째 음절을 강조한다.

Halliday & Resnick
Principles of Physics
Twelfth Edition

Jearl Walker

제12판

Halliday & Resnick

일반물리학

| 물리학교재연구회 옮김 |

I

WILEY

TEXT BOOKS
텍스트북스

Principles of Physics, 12th edition

Jearl Walker
ISBN 978-11-19820-61-1

옮긴이 소개

고려대학교 물리학과
부산대학교 물리학과
서강대학교 물리학과
충남대학교 물리학과
한양대학교 물리학과

Halliday & Resnick 제12판
일반물리학 Halliday & Resnick Principles of Physics

발행일 2026년 3월 1일 12판 2쇄 발행
지은이 Jearl Walker
옮긴이 물리학교재연구회
발행인 임은정 발행처 (주)텍스트북스 주소 서울시 영등포구 양평로 30길 14, 세종앤까뮤스퀘어 1109호
전화 02-702-5725, 6 팩스 02-702-5727 웹사이트 www.textbooks.co.kr
등록번호 제2022-000098호

ISBN 979-11-91679-41-0 93420
정가 64,000원

확인문제와 연습문제의 해답은 텍스트북스 홈페이지를 참조하기 바랍니다!!

지은이 머리말

Preface

일반물리학 강사들이 원하는 대로 처음에 David Halliday와 Robert Resnick이 1963년에 만든 교재와 필자가 MIT 1학년 학생일 때 (정말 시간이 빨리 흐른다) 교재를 결합한 국제판을 만들었다. 이 새로운 책을 만들 때 많은 흥미로운 새로운 예제를 발견하였고, 앞선 8개의 수정판으로부터 좋아하는 예제를 다시 돌아보게 되었다. 이 책의 세 가지 특징을 보면 다음과 같다.

Evgeniy Skripnichenko/123RF

그림 10.7.2 하이힐을 신었을 때 아킬레스건의 장력은 얼마나 증가하는가?

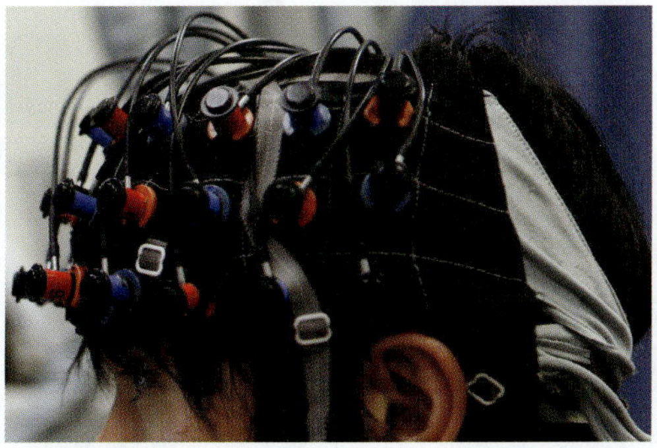

Bloomberg/Getty Images

그림 34.5.4 기능성 근적외선 측정기(fNIRS)에서 사람이 근적외선을 방출하는 LED가 있는 머리에 딱 맞는 모자를 쓰고 있다. 빛은 뇌의 바깥 부분까지 침투할 수 있고, 야구를 하거나, 비행기를 조종할 때 하는 활동으로 생기는 자극을 나타낸다.

Tracy Fox/123 RF

그림 9.6.4 가장 위험한 자동차 충돌은 정면충돌이다. 같은 질량의 두 자동차가 정면충돌할 때 운전자 외에 자동차에 승객이 있다면 운전자의 사망 확률은 얼마나 감소하는가?

국제판의 내용

- 모든 단원마다 있는 확인문제
- 보기문제
- 각 장의 끝에 있는 정리 및 요약

이 판을 만들 때 몇 개의 흥미로운 연구 분야에 집중하였고, 새로운 논의에 대해 썼다. 그 연구 영역은 다음과 같다.

(내 일생 동안 기다려온) 블랙홀의 첫 번째 영상을 보고, (파동 검출기로 간섭계를 사용하려는 생각을 하기 몇 해 전 MIT의 실험실에서 같이 연구한 Rainer Weiss와 논의한) 중력파를 조사한다.

추월선에 차가 다가올 때 느린 차를 추월하는 것 같은 안전한 운전 과정을 컴퓨터가 계산해야 하는 자율주행차에 대한 새로운 보기문제를 추가하였다.
Lisa Meitner가 처음 이해한 Augur-Meitner 전자를 사용하는 것을 포함하는 방사선 암치료를 탐구한다.

개복 수술을 하지 않고 인체 내부를 보는 현명한 방법을 찾기 위한 수 천 편의 의학, 공학 물리 연구 논문을 살펴보았다. 일부는 “의료 과정과 장치”라는 색인에 나타내었다. 두 가지 예는 다음과 같다.

- 단일포트 절개와 광섬유를 이용하는 로봇 수술로 인해 외과 의사는 내장에 접근할 수 있고, 이전의 수술을 하면 며칠이나 몇 주가 걸리는 환자의 회복시간을 몇 시간으로 줄인다.
- 사람이 독서와 같은 임무를 수행할 때 그 사람의 뇌를 관측하기 위해 자기뇌파검사(MEG)를 사용한다. 이 임무로 인해 약한 전기 펄스가 뇌세포 사이의 전도 경로를 따라 전해지고, 각 펄스는 매우 민감한 SQUID로 검출하는 약한 자기장을 만든다.

각 장의 주요 그림에 대한 동영상

이 책에서 빙빙 도는 아이콘으로 표시한 그림이 있다. 웹사이트 *www.wiley.com*에 이 그림에 대한 동영상이 있다. 정보가 풍부한 그림을 선택하여 학생이 일 분 정도 돌려 보아 작용하는 물리학을 볼 수 있다. 이것은 물리학에 생명력을 불어넣을 뿐만 아니라 동영상은 학생이 원하는 만큼 여러 번 반복할 수 있다.

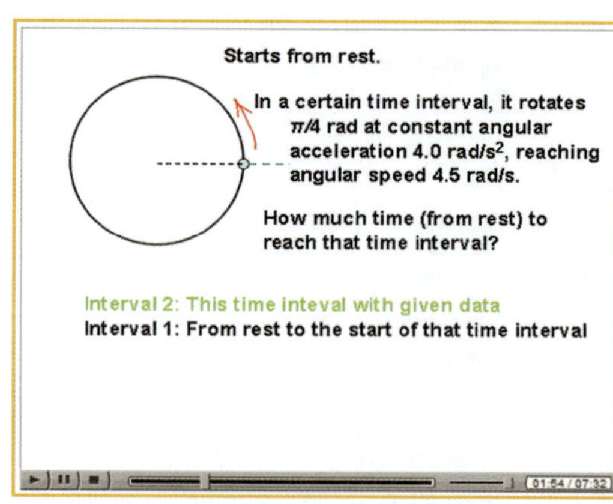

비디오 예제

Rutgers 대학교의 David Maiullo가 책에 있는 약 25개의 사진과 그림을 비디오로 만들었다. 물리학의 대부분은 움직이는 물체를 공부하는 것이고, 비디오는 종종 정지한 사진이나 그림보다 이를 더 잘 나타낸다.

비디오

여기서 300개 이상의 교육용 비디오를 제작하였다. 학생은 필자가 풀이, 연습, 보기문제나 복습에 대해 말하는 것을 들을 때 스크린에 그리거나 타이핑하는 것을 볼 수 있다. 이것은 마치 필자의 사무실에서 필자가 종이에 어떤 문제를 풀 때 학생이 옆에 있는 것과 같은 경험을 하는 것과 같다. 강사의 강의와 연습은 항상 가장 가치있는 학습도구 이지만, 이 비디오는 하루 24시간, 매일 볼 수 있고, 원하는 만큼 반복할 수 있다.

- **각 장의 주제에 대한 비디오 연습.** 학생이 머리를 긁적일 정도로 가장 도전적인 주제를 선택하였다.
- **고등학교 수학에 대한 비디오 복습.** 기본적인 대수적 계산, 삼각함수와 연립방정식과 같은 내용이 있다.
- **수학 소개 비디오.** 학생에게 새로운 벡터곱과 같은 내용이 있다.
- **보기문제의 비디오 설명.** 필자의 의도는 단지 공식을 사용하는 대신 요점에서 시작하여 물리적인 문제를 풀려는 것이다. 그러나 또한 보기문제를 어떻게 읽는지 보여주고 싶다. 즉 다른 형태의 문제로 넘어가는 문제풀이 과정을 배우는 기술적인 자료를 읽는 방법을 보이려고 한다.
- **그래프에서 자료를 읽는 방법에 대한 비디오 예제.** (물리에 대한 어떤 이해도 없이 단지 숫자만 읽는 것 이상을 보이려고 한다.)
- 교재에 있는 많은 보기문제는 책이나 비디오 형태로 온라인에서 가능하다.

평가 자료

- **각 장의 단원 안에 확인문제가 있다.** 이 문제는 그 절의 물리학에 대한 분석과 결정에 대한 것이다. 답은 책 뒷부분에 있다.
- **기호를 이용한 문제.** 대수적인 답이 필요한 이러한 문제는 각 장마다 있다.
- **대화형 연습문제와 모의실험.** 이것은 Ohio Wesleyan 대학교의 Brad Trees가 만들었다. 학생에게 어떻게 물리학의 도전 의식을 불러일으키는 개념을 이해하는 것을 도울 수 있는가? 어떻게 핵심적인 내용을 의미 있는 방법으로 학생이 집중하도록 동기를 부여하는가? 모의실험으로 이러한 핵심 질문에 대해 답하려고 한다. 각 단원에 개념을 시각화하는 한 개 이상의 모의실험을 연결해 두었다. 모의실험은 여러 관련된 변수에 대한 그림뿐만 아니라 물리계의 시각적 표현을 포함하는 시간에 따라 변하는 현상을 나타내고, 정보를 제공한다. 종종 변수를 조절하면 계의 성질을 변화시킬 수 있고, 그 다음 행동에 대한 변화에 대한 효과를 볼 수 있다. 시각적 학습자에게 모의실험은 물리학이 작동하는 것을 "볼" 수 있는 기회를 제공한다. 각 모의실험 또한 대화형 연습문제에 연결되어 있고, 이 연습문제는 학생이 모의실험 뒤에 있는 물리학과 더 깊은 상호작용을 하도록 인도한다. 연습문제는 피드백과 자세한 풀이가 있는 일련의 연습문제로 이루어져 있다. 강사는 연습용으로 연습문제를 선택하거나 학생이 추가적으로 연습하기 위해 연습문제를 추천할 수 있고, 강의 시간에 개념을 보여주고 강의토론을 진행하기 위해 각각의 모의실험을 보여줄 수 있다.

추가적인 도움에 대한 아이콘

어느 문제는 미적분학이 필요하고, 어느 문제는 생의학적 응용이 포함되었는지 알려주는 아이콘이 있다. 여기서 아이콘에 대해 안내하고, 각 장의 문제를 시작할 때 나타낼 것이다.

E 쉽다 **M** 중간 **H** 어렵다 **CALC** 미적분학이 필요 **BIO** 생의학적 응용

강사를 위한 보조자료

강사를 위한 자료는 웹사이트 www.wiley.com을 통해서 온라인으로 얻거나 Wiley 출판사와 연락하여 얻을 수 있다. 이 판에 대해 구할 수 있는 보조자료는 다음과 같다.

- **강사용 문제풀이집**은 Lawrence Livermore 국립연구소의 Sen-Ben Liao가 제작하였다. 이 풀이집은 각 장의 끝에 있는 모든 문제에 대한 풀이를 제공한다. PDF 파일로도 가능하다.
- **강의실 반응("클릭형") 질문**은 Illinois 주립대학의 David Marx가 제작하였다. 두 종류의 문제집이 있다. 하나는 읽을 수 있는 퀴즈 질문이고, 다른 하나는 문답형 강의 질문이다. 읽을 수 있는 퀴즈 질문은 주어진 자료를 읽는 어떤 학생에게도 비교적 간단하다. 문답형 강의 질문은 문답형 강의용으로 사용하도록 만들었다.
- **Wiley 물리 모의실험**은 Boston 대학교의 Andrew Duffy와 Vernier Software의 John Gastineau가 제작하였다. 이것은 강의용 시범에 사용할 수 있는 100개가 넘는 상호작용하는 모의실험(Java 애플렛)을 모아 놓은 것이다.
- **문제 은행**은 Northern Illinois 대학교의 Suzanne Willis가 제작하였다. 문제 은행에는 거의 3000개 정도의 객관식 문제가 있다.
- **모든 교재**의 그림은 강의실에서 화면을 사용하거나 인쇄하기 적합하다.
- **강의 파워포인트 슬라이드**는 교재로부터 주요 개념을 요약하고, 그림과 식을 만들어서 강사가 쉽게 시작할 수 있도록 도와준다.

학생용 보조자료

학생용 해답집 이 해답집에서는 교재 안의 각 장 끝에 있는 문제의 15퍼센트에 해당하는 문제에 대한 완전한 해답을 제공한다.

옮긴이 머리말

Translator

자연, 공학계열의 대학 신입생이 일반물리학을 수강하는 데에는 여러 목적이 있다. 이 중 가장 중요한 것은 자연, 공학계열 학생에게 문제풀이 능력을 키우는 데 있다. 과학적인 문제 풀기는 다음의 방법을 따른다. 먼저 일상적인 용어로 문제가 주어지면, 이를 이해하고, 어떻게 접근하는지 생각한다. 그리고 이 문제를 정량화하여 필요하면 수식을 사용하고, 공식을 적용한다. 그리고 미적분을 이용한 기호 연산이나, 수치 계산을 하여 답을 얻는다. 이제 이 정량적인 답의 특성을 이해하고, 그 결과를 다시 일상용어로 표현한다.

이러한 과학적 문제풀이 방법은 갓 고등학교를 졸업한 학생에게는 낯설고, 어렵게 보일 수 있다. 왜냐하면 고등학교에서는 빨리 답을 정확하게 구하는 것이 우선이지만, 대학교 수준에서는 정확한 답을 구하는 것도 중요하지만 그 답에 이르는 체계적인 논리구조를 세우는 것이 더 중요하기 때문이다. 이러한 문제풀이 능력, 특히 정량적인 문제풀이 능력은 물리학을 전공하려는 학생뿐만 아니라 자연과학, 공학, 의학, 컴퓨터 과학에 이르는 과학적 사고방식이 필요한 모든 과학 및 공학도에게는 필수적이다.

물리학은 다른 과학에 비하여 상대적으로 주어진 문제에서 중요한 부분과 중요하지 않은 부분을 떼어낼 수 있고, 중요한 부분에 대한 이해를 통해 문제를 해결한 후, 이를 결합하여 복잡한 현상을 설명할 수 있는 장점이 있다. 이러한 이유로 인해 과학적인 사고방법, 정량적 문제풀이 능력을 키우기 위해 많은 대학교에서 자연, 공학, 의학, 컴퓨터 계열 신입생에게 일반물리학 수강을 강하게 권하는 것이다.

Halliday, Resnick, Walker는 일반물리학 교재인 Principles of Physics를 개정을 거듭하여 이번에 12판을 출판하였다. 이렇게 많이 개정판이 출판될 정도로 이 교재는 과학, 공학, 의학, 컴퓨터 과학에 이르는 많은 학생에게 인기가 있다. 이 책의 특징은 흥미 있고 다양한 본문의 내용, 여러 가지 해석을 통한 다양한 물리 현상의 이해, 그리고 쉬운 것부터 어려운 것에 이르는 많은 연습문제가 있다는 것이다. 다만 국내 고등학교 교육과정에서 미적분, 행렬, 복소수 분야가 축소됨에 따라 미적분을 사용하는 이 책은 학생에게 어렵다고 잘못 알려져 있다. 고급 수학을 이용하면 더 많은 문제를 체계적으로 이해할 수 있는 반면, 수학에 매몰되어 그 안에 있는 물리적인 의미를 음미하지 못하고 넘어갈 수 있다. 이를 극복할 수 있는 좋은 방법은 이 책을 읽으면서 독자의 수학 지식이 모자라다고 생각하는 부분은 일단 넘어가고, 나중에 지식을 채운 후 다시 보는 것이다. 과학적 사고방식을 배울 수 있는 많은 자료는 미적분학 수준에 상관없이 이 책의 여러 곳에 숨어 있기 때문에 이를 찾아내어 문제풀이 능력을 키우는 것이 중요하다. 이 책은 그 목적을 이루는 데 매우 적합한 교재라고 생각한다. 이 책을 공부하며 새로운 수학도 배우고 문제를 풀다 보면 어느덧 자신의 문제풀이 능력이 매우 늘어났다는 것을 알게 될 것이다. 문제풀이 능력을 키우는 가장 좋은 방법은 많은 문제를 깊이 풀어 보는 것이다. 이 책을 공부하여 정량적 문제풀기, 과학적 사고방식을 배양하여, 이를 기초로 미래에 자신의 전공 분야에서 많은 발전이 있기를 바란다.

2024년 12월 20일

물리학교재연구회 적음

간추린 차례
Brief Contents

★ 38~44장은 텍스트북스 홈페이지(textbooks.co.kr) 자료실에서 다운로드가 가능합니다!!

차례
Contents

★ 부록

★ 해답

★ *부록과 해답은 텍스트북스 홈페이지(textbooks.co.kr) 자료실에서 다운로드가 가능합니다!!*

제 1 장

측정

Measurement

1.1 ▸ 길이를 포함한 물리량의 측정

요점_Key Ideas

1. 물리학은 물리량을 측정하는 데 기반을 두고 있다. (길이, 시간, 질량과 같은) 몇 개의 물리량을 기본 물리량으로 선택하고, 각각은(미터, 초, 킬로그램과 같이) 표준으로 정의하고, 측정단위를 정한다. 다른 물리량은 기본 물리량과 이들의 표준 및 단위로 정의한다.
2. 이 책에서 강조하는 단위계는 국제단위계(SI 단위계)이다. 표 1.1.1에 나타낸 세 물리량은 이 책의 전반부에서 사용한다. 이 기본 물리량에 대해 얻기 쉽고, 변하지 않는 표준을 국제 협약으로 정했다. 이 표준은 기본 물리량, 그리고 이로부터 유도된 양에 대한 모든 물리적 측정에서 사용된다. 표 1.1.2에 있는 과학적 표기방법과 접두어는 측정할 때 표현을 간단히 하기 위해 사용한다.
3. 단위의 변환은 원래 단위를 1로 쓸 수 있는 전환 인자를 연속적으로 곱하는 연쇄적 방법을 이용하여 구할 수 있다. 그리고 단위는 대수적인 양처럼 계산하여 원하는 단위만 남을 때까지 계속 한다.
4. 미터는 정확하게 지정된 시간간격 동안 빛이 이동한 거리로 정의한다.

학습목표_Learning Objectives

이 단원을 읽은 후 다음을 이해해야 한다.

- *1.1.1* 국제단위계에서 기본 물리량을 알아낸다.
- *1.1.2* 국제단위계에서 자주 사용되는 접두어를 말할 수 있다.
- *1.1.3* 연쇄적 변환을 사용하여 단위(여기서는 길이, 면적, 부피)를 변환할 수 있다.
- *1.1.4* 미터가 진공에서 빛의 속도로 정의되는 방법을 설명할 수 있다.

▶ 어떤 물리현상을 다루는가?

과학과 공학은 측정과 비교에 바탕을 두고 있다. 따라서 관측대상을 측정하고 비교할 수 있는 규칙과 단위를 확립하는 실험이 필요하다. 물리학의 목적 중 하나는 이러한 실험을 고안하고 수행하는 것이다.

예를 들어 물리학자는 어떤 시각이나 시간간격도 정확히 측정하고 비교할 수 있도록 극도로 정밀한 시계를 만들기 위해 노력하고 있다. 이와 같은 극정밀도가 실제로 필요하며 그만한 노력의 가치가 있을까 하는 의구심이 들지도 모르겠지만, 극정밀도의 시계가 없다면 오늘날 전 세계적으로 사용하는 위성항법장치(GPS)는 무용지물이 될 것이다.

▶ 측정

물리학은 측정에 바탕을 두고 있다. 물리법칙과 관련된 길이, 시간, 질량, 온도, 압력, 전류 등의 물리량을 측정하는 방법을 배우면서 물리학을 시작해 보자.

모든 물리량은 **표준**과 비교하여 각각 고유한 **단위**로 측정한다. 즉, 단위는 해당 물리량의 측정값에 붙이는 고유한 이름이다. 예컨대 미터(m)는 길이라는 물리량의 단위이며,

표준은 해당 물리량의 1.0 단위이다. 곧 알게 되겠지만, 정확히 1.0 m에 해당하는 길이의 표준은 정해진 시간 동안 빛이 진공 속에서 진행한 길이이다. 단위와 표준은 임의로 정할 수 있지만, 각 정의는 알기 쉽고 쓰기 편리하다는 것을 국제적으로 인정받아야 한다.

일단 표준을 세우면 해당 물리량의 표준과 비교하는 측정방법을 고안해야 한다. 길이를 예로 들면 작게는 수소 원자의 반지름부터 크게는 천체 사이의 거리까지 모든 길이를 표준과 비교할 수 있어야 한다. 길이를 잴 때 흔히 미터자를 사용하는데 이것은 미터자가 길이 표준의 근사값이기 때문이다. 그러나 대부분의 비교과정은 간접적인 경우가 많다. 수소 원자의 반지름이나 천체 사이의 거리를 미터자로 잴 수 없기 때문이다.

▸ ***기본 물리량.*** 서로 다른 물리량이 매우 많지만 다행히 모두 독립적인 것은 아니다. 예컨대 속력은 길이를 시간으로 나눈 값이다. 따라서 길이나 시간처럼 기본이 되는 몇 개의 물리량에 대해서 국제협약에 따라 표준을 정의하고, 그다음에 *기본 물리량*으로 다른 물리량을 정의하면 된다. 즉 속력은 기본 물리량인 길이와 시간을 사용하여 정의한다.

기본 물리량에 관한 표준은 이용하기 쉬워야 할 뿐만 아니라 변하지 않아야 한다. 만일 사람의 팔 길이를 길이의 표준으로 삼는다면, 각자가 이용하기 손쉬운 표준은 되겠지만, 그 값은 사람마다 다를 것이다. 그러나 극정밀도를 요구하는 과학기술 분야에서는 불변성이 필수적이다. 따라서 변하지 않는 기본 표준을 만들고 이와 똑같은 복제품을 만들어서 이용하기 쉽도록 하는 데 많은 노력을 기울이고 있다.

국제단위계

표 1.1.1 기본 물리량의 SI 기초단위

물리량	단위명칭	단위기호
길이	미터	m
시간	초	s
질량	킬로그램	kg

1971년 제14회 도량형 총회에서 일곱 개의 기본 물리량을 선정하여 국제단위계로 정하였다. 국제단위계는 불어인 "Le Systéme International d'Unités"를 줄여서 SI 단위계라고 하는 데, 일반적으로는 *미터계*로 알려져 있다. 표 1.1.1에는 이 책의 앞부분에서 자주 사용할 세 가지 기본 물리량인 길이, 질량, 시간의 기초단위가 있다. 이 단위는 "인간 중심 척도"로 정의된 것이다.

SI *유도단위*는 이 기초단위로 정의한다. 예를 들면 **와트**(W)라는 일률의 SI 유도단위는 질량, 길이, 시간의 기초단위로 다음과 같이 정의한다(7장 참조).

$$1\text{ watt} = 1\text{ W} = 1\text{ kg}\cdot\text{m}^2/\text{s}^3. \tag{1.1.1}$$

한편 매우 작거나 매우 큰 숫자를 나타내기 위해서 *과학적 표기법*인 10의 거듭제곱을 사용한다. 과학적 표기법을 따르면 다음과 같이 간결하게 쓸 수 있다.

$$3{,}560{,}000{,}000\text{ m} = 3.56\times10^9\text{ m}, \tag{1.1.2}$$

$$0.000\,000\,492\text{ s} = 4.92\times10^{-7}\text{ s}. \tag{1.1.3}$$

컴퓨터나 전자계산기에서는 이보다 더 간결하게 3.56 E9 및 4.92 E–7로 쓴다. 여기서 E는 "10을 밑으로 하는 지수"를 뜻한다.

더 나아가 매우 크거나 매우 작은 물리량을 보다 더 편리하게 다루기 위해 표 1.1.2의 접두어로 표현하기도 한다. 접두어는 표에서 나타낸 10의 거듭제곱만큼 곱한다는 뜻이다. SI 단위에 접두어를 붙이는 것은 해당 인자를 곱하는 것과 마찬가지이다. 예를 들어 매우 큰 전력은

$$1.27\times10^9\text{ watts} = 1.27\text{ gigawatts} = 1.27\text{ GW} \tag{1.1.4}$$

로, 매우 작은 시간간격은 다음과 같이 간결하게 쓸 수 있다.

$$2.35 \times 10^{-9}\text{ s} = 2.35\text{ nanoseconds} = 2.35\text{ ns}. \tag{1.1.5}$$

표 1.1.2에서 밀리, 센티, 킬로, 메가 같은 접두어들은 아마도 잘 알고 있을 것이다.

표 1.1.2 SI 단위의 접두어

크기	접두어[a]	기호
10^{24}	요타(yotta)	Y
10^{21}	제타(zetta)	Z
10^{18}	엑사(exa)	E
10^{15}	페타(peta)	P
10^{12}	테라(tera)	T
$\mathbf{10^{9}}$	**기가(giga)**	**G**
$\mathbf{10^{6}}$	**메가(mega)**	**M**
$\mathbf{10^{3}}$	**킬로(kilo)**	**k**
10^{2}	헥토(hecto)	h
10^{1}	데카(deka)	da
10^{-1}	데시(deci)	d
$\mathbf{10^{-2}}$	**센티(centi)**	**c**
$\mathbf{10^{-3}}$	**밀리(milli)**	**m**
$\mathbf{10^{-6}}$	**마이크로(micro)**	$\boldsymbol{\mu}$
$\mathbf{10^{-9}}$	**나노(nano)**	**n**
$\mathbf{10^{-12}}$	**피코(pico)**	**p**
10^{-15}	펨토(femto)	f
10^{-18}	아토(atto)	a
10^{-21}	젭토(zepto)	z
10^{-24}	욕토(yocto)	y

[a]자주 사용하는 접두어는 굵게 표시하였다.

▶ 단위환산

가끔 물리량의 단위를 바꿀 필요가 있다. 이때 원래 측정한 양에 **전환인자**(1에 해당하는 두 단위의 비율)를 곱하면 된다. 예컨대, 1분과 60초는 같은 시간간격이기 때문에

$$\frac{1\text{ min}}{60\text{ s}} = 1 \quad \text{및} \quad \frac{60\text{ s}}{1\text{ min}} = 1$$

로 쓸 수 있다. 따라서 (1 min)/(60 s)와 (60 s)/(1 min)를 전환인자로 사용한다. 이때 1/60 = 1 또는 60 = 1로 쓰는 것과는 다르기 때문에 반드시 *숫자*와 *단위*를 함께 사용해야 한다.

어떤 물리량에 1을 곱해도 변하지 않으므로 필요하면 언제나 전환인자를 사용할 수 있다. 또한 원하지 않는 단위를 바꾸기 위해서도 전환인자를 사용할 수 있다. 예를 들어 2 min을 s(초) 단위로 바꾸려면 다음과 같이 환산할 수 있다.

$$2\text{ min} = (2\text{ min})(1) = (2\text{ min})\left(\frac{60\text{ s}}{1\text{ min}}\right) = 120\text{ s}. \tag{1.1.6}$$

만일 전환인자를 사용하여도 불필요한 단위가 상쇄되지 않는다면, 전환인자를 바꿔서 다시 계산해 보아라. 이때 각 단위는 변수나 숫자와 똑같은 연산법칙을 따른다.

부록 D에는 SI 단위계와 다른 단위계 사이의 전환인자가 수록되어 있다. 그러나 전환인자는 위의 보기와 같은 비율로 표시하지 않고, "1 min = 60 s"로 표시하였다. 따라서 원하는 비율을 쓸 때 어떤 양이 분자와 분모에 있을지 결정해야 한다.

▶ 길이

1792년 새로 탄생한 프랑스공화국은 새로운 도량형법을 제정하였다. 이때의 미터 표준은 북극점에서 적도까지 거리의 1천만 분의 1로 정의하였다. 그러나 이와 같은 지구표준은 실용적인 이유로 폐기되었고, 그 대신 파리 근교의 국제도량형국에 보관되어 있는 **미터원기**라고 하는 백금-이리듐 합금막대에 새겨진 가는 두 눈금 사이의 길이로 1미터를 정의하였다. 그 후 미터원기의 복제품을 전 세계의 표준연구소로 보급하여 길이의 표준으로 사용하였다. 이러한 **2차 표준원기**는 유일한 미터원기보다는 접근이 훨씬 용이하므로 복잡한 비교 과정을 거치기는 하지만 궁극적으로 모든 측정장치를 검증할 수 있는 표준으로 자리 잡았다.

그러나 현대의 과학기술에서는 미터원기에 새겨져 있는 두 눈금 사이의 길이보다 더 정밀한 표준이 필요하게 되었다. 이에 따라 1960년 빛의 파장을 기준으로 한 새로운 미터 표준이 채택되었다. 즉 가스 방전관 안에 들어 있는 크립톤-86(크립톤의 동위원소의 일종) 원자에서 방출되는 특정 주홍빛 파장의 1650763.73배를 1 m로 정의하였다. 이처럼 복잡한 숫자로 정의한 이유는 새로운 표준이 원래의 미터원기와 가능한 한 일치하도록 조정했기 때문이다.

그러다가 크립톤-86 표준보다 더 높은 정확도가 필요하게 되어 1983년에 미터 표준은 큰 변화를 겪게 되었다. 즉, 미터는 특정한 시간간격 동안 빛이 진행한 길이로 제17차 도량형 총회에서 다음과 같이 정의하였다.

표 1.1.3 몇 가지 길이의 근사값

측정량	길이(미터)
최초로 생성된 성운까지의 거리	2×10^{26}
안드로메다 은하계까지의 거리	2×10^{22}
가까운 항성 Proxima Centauri까지의 거리	4×10^{16}
명왕성까지의 거리	6×10^{12}
지구의 반지름	6×10^{6}
에베레스트 산의 높이	9×10^{3}
이 책에 사용된 종이 한 장의 두께	1×10^{-4}
전형적인 바이러스의 길이	1×10^{-8}
수소 원자의 반지름	5×10^{-11}
양성자의 반지름	1×10^{-15}

미터는 1초의 1/299792458인 시간간격 동안 빛이 진공 속에서 진행한 경로의 길이이다.

이러한 시간간격은 광속 c가 정확히

$$c = 299\ 792\ 458 \text{ m/s}$$

가 되도록 택한 숫자이다. 이제는 광속을 매우 정확하게 측정할 수 있기 때문에 광속을 표준으로 미터를 다시 정의한 것이다.

표 1.1.3은 우주의 크기에서부터 미세입자에 이르기까지 다양한 길이의 근사값이다.

유효숫자와 소수점 아래 자릿수

어떤 문제를 푸는 데 각각의 값이 두 자릿수인 양이 있다고 하자. 이 숫자는 **유효숫자**라고 하며 마지막 답을 쓰는 데 사용하는 자릿수를 지정하게 된다. 두 개의 유효숫자가 있는 자료를 사용하면 최종적인 답은 유효숫자가 두 개여야만 한다. 하지만 계산기의 모드를 지정함에 따라 훨씬 많은 숫자가 나타날 수 있다. 이 여분의 숫자는 의미가 없다.

이 책에서 계산의 최종결과는 종종 반올림하여 주어진 자료에 있는 제일 작은 유효숫자의 개수와 맞추었다(그러나 가끔은 여분의 유효숫자를 쓰기도 했다). 버려야 할 숫자 중 가장 왼쪽에 있는 숫자가 5 혹은 그 이상일 때는 반올림을 하여 올린다. 그 외의 경우에는 그대로 놓는다. 예를 들어 11.3516을 세 개의 유효숫자로 만들면 반올림하여 11.4가 되고, 11.3279는 반올림하여 세 개의 유효숫자로 만들면 11.3이 된다. (이 책의 예제에 나타난 답은 비록 반올림했더라도 보통 ≈ 부호 대신 =의 부호를 사용하여 나타낼 것이다.)

3.15나 3.15×10^3과 같은 숫자가 문제에 주어졌을 때 유효숫자의 개수는 명백하지만, 3000이라는 수는 어떤가? 이 숫자는 유효숫자가 한 개만 있는 것인가(3×10^3)? 아니면 네 개의 유효숫자가 있는 것인가(3.000×10^3)? 이 책에서는 3000과 같이 주어진 숫자에 있는 모든 0은 유효숫자라고 가정한다. 하지만 다른 곳에서는 이러한 가정을 하지 말아야 한다.

*유효숫자*와 *소수점 아래 자릿수*를 혼동하지 말아야 한다. 길이 35.6 mm, 3.56 m, 0.00356 m를 생각해보자. 이 모두는 유효숫자가 세 개이지만, 소수점 아래 숫자는 각각 하나, 둘, 다섯 개이다.

보기문제 1.1.1 크기 추정하기, 줄로 만든 공

긴 줄을 감아서 만든 공의 반지름은 약 2 m이다. 이 공을 감고 있는 줄의 길이 L은 근사적으로 얼마인가?

요점

물론 공을 풀어서 줄의 길이 L을 잴 수 있으나 힘만 많이 들고 공을 만든 사람도 싫어할 것이다. 문제에서 크기의 정도를 원하므로 근사적으로 계산한다.

풀이: 먼저 반지름이 2 m인 공이라고 가정하자. 아무리 빈틈없이 줄을 감더라도 줄 사이에 상당한 공간이 남게 되므로, 이와 같은 빈 공간을 감안하여 줄의 단면적을 좀 크게 잡아보자. 즉, 줄의 단면을 한 변의 길이가 d = 4 mm인 정사각형으로 가정한다. 그러면 단면적 d^2과 길이 L로부터 줄이 차지하는 부피를 다음과 같이 계산할 수 있다.

$$V = (\text{단면적})(\text{길이}) = d^2 L.$$

이 값은 공의 부피 $\frac{4}{3}\pi R^3$과 대략 같아야 한다. 여기서 π는 3에 가까운 값이므로 부피는 대략 $4R^3$이다. 결국

$$d^2L = 4R^3$$

에서 다음을 얻는다.

$$L = \frac{4R^3}{d^2} = \frac{4(2\text{ m})^3}{(4\times10^{-3}\text{ m})^2}$$
$$= 2\times10^6\text{ m} \approx 10^6\text{ m} = 10^3\text{ km}.$$ 답

(이런 근사계산에서는 계산기가 필요 없다는 것에 유의하여라.) 따라서 가장 가까운 자릿수로 공을 감고 있는 줄의 길이는 대략 1000 km이다.

▶ **교육용 비디오는 웹사이트 www.wiley.com에서 볼 수 있다.**

보기문제 1.1.2 그리스 사자의 속력

전설에 의하면 기원전 490년에 페이디피데스는 그리스가 페르시아에게 이겼다는 승전보를 전하기 위해 아테네에서 마라톤 평원으로 달렸을 때, 그는 아마도 대략 시간당 23 ride(ride/h)를 달렸을 것이다. Ride는 고대 그리스의 길이 단위이고, stadium과 plethron도 길이의 단위이다. 1 ride는 4 stadium이고, 1 stadium은 6 plethron이고, 현대의 단위로 나타내면 1 plethron은 30.8 m이다. 페이디피데스는 초당 몇 킬로미터(km/s)를 달렸는가?

요점

연쇄적으로 변환을 하여 원하지 않는 단위를 없애는 비율로 변환인자를 쓴다.

풀이:

$$23\text{ rides/h} = \left(23\ \frac{\text{rides}}{\text{h}}\right)\left(\frac{4\text{ stadia}}{1\text{ ride}}\right)\left(\frac{6\text{ plethra}}{1\text{ stadium}}\right)$$
$$\times\left(\frac{30.8\text{ m}}{1\text{ plethron}}\right)\left(\frac{1\text{ km}}{1000\text{ m}}\right)\left(\frac{1\text{ h}}{3600\text{ s}}\right)$$
$$= 4.722\times10^{-3}\text{ km/s} \approx 4.7\times10^{-3}\text{ km/s}.$$ 답

답을 십의 거듭제곱으로 분명히 볼 수 있도록 계산기를 "과학적 표기"로 선택한다. 답을 계산기로 "충분히 큰 자리수로" 계산하면 문자판에 이상한 숫자

$$4.722\,666\,67\times10^{-3}$$

가 나타난다. 이 결과에서 소수점 아래 여덟 자리가 뜻하는 정밀도는 아무런 의미가 없다. 그 대신 주어진 23 ride/h와 같은 두 개의 유효숫자로 맞추기 위해 적절하게 답을 반올림한다. 그러나 이 답을 이용하여 다른 계산을 더 할 필요가 있으면 그 계산을 위해 더 많은 유효숫자를 유지할 수 있지만, 여전히 여기서는 답에 대해 반올림한 결과를 써야 한다.

▶ **교육용 비디오는 웹사이트 www.wiley.com에서 볼 수 있다.**

보기문제 1.1.3 육상경기에서 달리는 거리

미국에서 100 야드(yd)와 100 미터는 육상경기에서 거리로 사용한다. 두 거리는 어떻게 비교하는가? 1959년에 야드는 법적으로

$$1\text{ 야드} = 0.9144\text{ m}$$

로 정의하였다.

요점

두 길이는 한 단위에서 길이를 다른 단위에서 이에 해당하는 거리로 변환하여 비교할 수 있다.

풀이: 야드에 대한 법적 정의로부터

$$100\text{ 야드} = 91.44\text{ m}$$

이다. 따라서 100 야드 달리기는 100 m 달리기보다 짧다. 거리차이 ΔL은(그리스 대문자 델타)는 다음과 같다.

$$\Delta L = 100\text{ m} - 100\text{ yd} = 100\text{ m} - 91.44\text{ m}$$
$$= 8.56\text{ m}.$$ 답

▶ **교육용 비디오는 웹사이트 www.wiley.com에서 볼 수 있다.**

1.2 ▸ 시간

학습목표_Learning Objectives

이 단원을 읽은 후 다음을 이해해야 한다.

1.2.1 연쇄변환을 이용한 시간의 단위를 바꾼다.

1.2.2 운동이나 혹은 다른 시계로 다양하게 측정한 시간을 사용한다.

요점_Key Ideas

1. 초는 (세슘-133의) 원자에서 발생하는 빛의 진동수로 정의한다. 정확한 시간 신호는 표준연구소에 있는 원자시계로부터 라디오를 이용하여 전 세계에 전송된다.

▶ 시간

시간에는 두 가지 측면이 있다. 일상생활이나 과학적 목적으로 어떤 사건이 일어난 순서를 나타내기 위해 때(시각)를 알 필요가 있다. 한편 대부분의 과학 연구에서는 어떤 사건이 얼마나 오랫동안 지속되는가를 알 필요도 있다. 따라서 시간의 표준은 다음과 같은 두 질문에 답을 해야 한다. "사건이 *언제* 일어났는가?"와 "사건이 *얼마나 지속*되었는가?"이다. 표 1.2.1는 몇 가지 시간간격이다.

표 1.2.1 몇 가지 시간간격의 근사값

측정량	시간간격(초)	측정량	시간간격(초)
양성자의 수명(예측)	3×10^{40}	인간의 심장박동 사이의 시간	8×10^{-1}
우주의 나이	5×10^{17}	뮤온의 수명	2×10^{-6}
쿠푸 피라미드의 나이	1×10^{11}	실험실에서 만들 수 있는 가장 짧은 빛의 펄스	1×10^{-16}
인간의 평균 수명	2×10^{9}	가장 불안정한 입자의 수명	1×10^{-23}
하루의 길이	9×10^{4}	Planck 시간[a]	1×10^{-43}

[a] 대폭발 이후 물리법칙이 성립하는 최초의 시간

스스로 되풀이하는 현상을 표준시간으로 사용할 수 있다. 하루의 길이를 결정하는 지구의 자전은 수 세기 동안 시간의 표준으로 사용되었다. 그림 1.2.1은 지구의 자전을 바탕으로 고안된 기발한 시계이다. 수정시계는 수정고리가 연속적으로 진동하도록 만들어졌는데, 이 진동을 천문학적인 관측으로 지구의 자전에 맞추어 조정하면 실험실에서 시간간격을 측정하는 데 사용할 수 있다. 그러나 지구의 자전을 표준으로 잡으면 현대의 과학과 기술에서 필요로 하는 극정밀도를 얻을 수 없다.

보다 정확한 표준시간에 대한 요구를 충족시키기 위하여 원자시계가 개발되었다. 미국 콜로라도주 보울더에 있는 국립표준국(NIST)의 원자시계가 세계 표준시(UTC)의 기준이다. 이 원자시계의 시간신호는 단파라디오(미국 WWV방송과 WWVH방송)와 전화(미국 303-499-7111)로 확인이 가능하다. 미국 해군관측소의 웹사이트 tycho.usno.navy.mil/time.html에서도 표준 시간신호를 받을 수 있다. (단, 시계를 극히 정확히 맞추려면 시간신호가 각 지역에 도달하는 데 걸리는 시간도 고려하여야 한다).

그림 1.2.2는 세슘 원자시계와 비교한 지구 자전율(하루의 길이)의 변화를 4년간 나타낸 것이다. 그림처럼 계절에 따른 차이가 반복된다면 표준시간으로서 지구의 자전시간을 의심해야 한다. 이러한 자전시간의 주기적 변화는 달의 인력에 의한 조석작용과 계절풍 때문에 일어난다.

Steven Pitkin

그림 1.2.1 ▸ 1792년에 미터계가 제안되었을 때 하루가 10시간이 되도록 시간을 다시 정의한 적이 있었지만 오래가지 못했다. 이와 같은 10시간 시계를 만든 사람은 현명하게도 작은 12시간 눈금판을 달아 놓았다. 두 눈금이 같은 시각을 나타내고 있을까?

1967년 개최된 제13차 도량형총회에서는 세슘시계에 기초를 둔 표준 초를 다음과 같이 채택하였다.

> 1초는 세슘-133 원자에서 방출된 특정한 파장의 빛이 9192631770번 진동하는 데 걸리는 시간이다.

두 개의 세슘시계는 6000년 동안에 1초 이내의 차이를 보일 정도로 매우 정확하다. 그럼에도 불구하고 최근에 개발되고 있는 시계에 비하면 그 정확도는 보잘것 없다. 이들의 정확도는 10^{18}분의 1초(약 3×10^{10}년 동안 1초의 오차)까지 향상된 것이다.

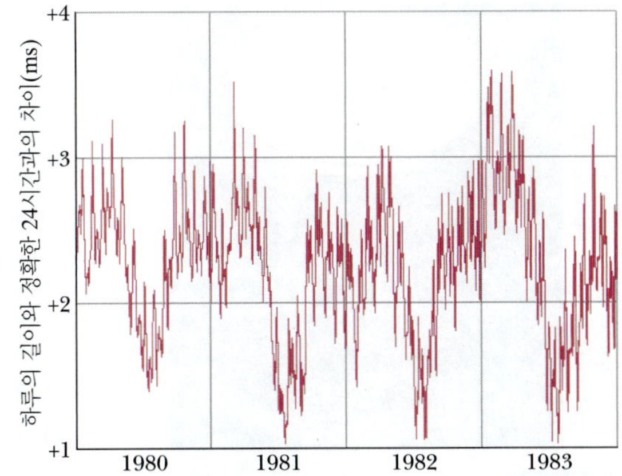

그림 1.2.2 ▸ 4년 동안 하루 길이의 변화. 참고로 수직축의 총 눈금은 3 ms (= 0.003 s)밖에 되지 않는다.

▸ 보기문제 1.2.1 광-fermi

대중 공상과학소설가 Isaax Asimov는 (진공에서) 빛의 속력과 양성자의 근사적인 반지름을 기초로 하는 시간의 단위를 제안하였다. 이것은 광-fermi로 빛이 1 fermi를 이동하는 시간이고, 1 펨토미터 = 1 fm = 1×10^{-15} m이다. 1 광-fermi는 몇 초인가?

요점

시간은 거리를 광속(m/s)으로 나누어 구할 수 있다.

▶ 교육용 비디오는 웹사이트 www.wiley.com에서 볼 수 있다.

풀이: 다음과 같이 써보자.

$$1\text{광-fermi} = L = \frac{1\ \text{fm}}{\text{speed of light}} = \frac{1 \times 10^{-15}\ \text{m}}{3.00 \times 10^{8}\ \text{m/s}}$$

$$= 3.33 \times 10^{-24}\ \text{s}. \quad \text{(답)}$$

표 1.2.1에서 불안정한 기본입자 중 하나의 평균수명은 약 1×10^{-23} s이다. 또한 평균수명은 약 3 광-fermi라고 말할 수도 있다.

1.3 ▸ 질량

요점 _Key Ideas_

1. 킬로그램은 파리 근처에 보관된 백금-이리듐 표준질량으로 정의한다. 원자수준에서 측정할 때 원자 질량단위는 탄소-12 원자로 정의하는 방법을 보통 사용한다.
2. 물체의 밀도 ρ는 단위부피당 질량이다.

$$\rho = \frac{m}{V}.$$

학습목표 _Learning Objectives_

이 단원을 읽은 후 다음을 이해해야 한다.

1.3.1 연쇄변환을 이용하여 질량의 단위를 바꾼다.

1.3.2 질량이 균일하게 분포되어 있을 때 밀도와 질량과 부피의 관계를 맺는다.

▶ 질량

표준 킬로그램

질량의 SI 표준은 파리 근교의 국제도량형국에 보관되어 있는 질량 1 kg으로 정한 백금-

그림 1.3.1 질량 1 kg의 국제 표준원기. 높이와 지름이 각각 3.9 cm인 백금-이리듐 원통이다.

이리듐 원통(그림 1.3.1 참조)이다. 정확한 복제품을 각국의 표준연구소로 보내서 다른 물체의 질량을 이것과 비교하여 잴 수 있게 하였다. 표 1.3.1에는 킬로그램으로 표시한 다양한 질량이 있는데, 그 크기가 무려 83 자릿수나 차이가 난다.

미국은 킬로그램 표준원기 복제품을 국립표준국의 지하저장소에 보관하고 있다. 미국의 표준원기는 다른 곳의 복제품 표준원기와 비교할 목적으로 일 년에 한 번 이상 옮기지 않을 정도로 사용을 제한하였다. 1889년 이래 미국의 표준원기는 원래의 표준원기와 다시 비교하기 위해서 프랑스로 두 번 옮겼다.

Kibble 저울

최근에 훨씬 더 정확하게 질량을 측정하는 방법이 채택되었다. (발명한 Brian Kibble을 따라 이름을 붙인) Kibble 저울을 이용하여, 중력이 아래로 잡아당기는 힘이 전류에 의한 자기장이 만드는 위 방향의 힘과 균형을 이룰 때 표준질량을 측정할 수 있다. 이 기술의 정확도는 전자기적인 성질은 정확하게 정의하거나 측정하는 양자역학적 양으로 결정할 수 있다는 사실로부터 나온다.

두 번째 표준질량

원자의 질량은 표준 킬로그램원기와 비교하는 것보다 원자 상호 간에 비교하는 것이 더 정확하다. 이런 이유로 두 번째 질량표준을 정하였다. 즉, 탄소-12 원자의 질량을 국제협약에 따라 12 **원자질량단위**(u)의 질량으로 정의하였다. 이들 두 표준 사이의 관계는

$$1\ \text{u} = 1.660\,538\,86 \times 10^{-27}\ \text{kg} \tag{1.3.1}$$

이며, 소수점 아래 마지막 두 자릿 수의 오차는 ±10이다. 과학자들은 탄소-12의 질량에 대한 다른 원자의 상대적인 질량을 실험적으로 상당히 정밀하게 결정할 수 있다. 그러나 이 정도의 정밀도를 킬로그램 같은 통상적인 질량 단위까지 확장하는 믿을 만한 방법은 아직 없다.

밀도

물질의 **밀도** ρ는 단위부피당 질량으로 다음과 같다(14장 참조).

$$\rho = \frac{m}{V}. \tag{1.3.2}$$

밀도의 단위는 kg/m^3 또는 g/cm^3이며, 1 cm^3당 물 1 g을 1단위로 비교한다. 눈의 밀도는 물 밀도의 10% 정도이고 백금의 밀도는 물 밀도의 21배이다.

표 1.3.1 몇 가지 질량의 근사값

물체	질량(킬로그램)
알려진 우주	1×10^{53}
우리 은하계	2×10^{41}
태양	2×10^{30}
달	7×10^{22}
소혹성 에로스	5×10^{15}
작은 산	1×10^{12}
대형 화물선	7×10^{7}
코끼리	5×10^{3}
포도	3×10^{-3}
먼지 알갱이	7×10^{-10}
페니실린 분자	5×10^{-17}
우라늄 원자	4×10^{-25}
양성자	2×10^{-27}
전자	9×10^{-31}

정리 및 요약 _Review & Summary

▸***물리와 측정*** 물리학은 물리량의 측정에 바탕을 두고 있다. 길이, 시간, 질량 같은 물리량을 **기본 물리량**으로 채택하고, 각 기본 물리량의 **표준**을 정의하고, 미터, 초, 킬로그램 같은 측정 단위를 부여하였다. 다른 물리량은 기본 물리량의 표준과 단위로 정의한다.

▸***SI 단위*** 이 책에서 강조하는 단위계는 국제단위계(SI)이다. 표 1.1.1의 세 가지 물리량이 이 책의 전반부에 자주 나온다. 국제협약으로 세 가지 기본 물리량의 표준을 확립하여, 사용성과 불변성을 동시에 갖도록 하였다. 이러한 표준은 기본 물리량과 다른 물리량의 측정에 사용한다. 과학적 표기법과 표 1.1.2의 접두어는 측정값을 간결하게 표기하는 데 사용한다.

▸***단위환산*** 단위를 환산할 때는 원래의 측정값에 1에 해당하는 전환인자를 원하는 단위를 얻을 때까지 계속 곱해 나가면 된다. 이때 단위의 연산은 일반 연산법칙을 따른다.

▸**길이** 미터는 주어진 시간간격 동안 빛이 진공 속을 진행한 거리로 정의한다.

▸**시간** 초는 세슘-133 원자에서 나오는 빛의 진동으로 정의한다. 표준연구소의 원자시계에서 얻는 라디오 신호를 전 세계로 보내서 정확한 시간 신호를 알 수 있다.

▸**질량** 킬로그램은 파리 근교에 소장된 백금-이리듐 표준원기로 정의한다. 다만, 원자 규모의 질량을 재기 위해서는 보통 탄소-12 원자로 정의하는 원자질량단위를 사용한다.

▸**밀도** 물질의 밀도 ρ는 단위부피당 질량이다.

$$\rho = \frac{m}{V}. \tag{1.3.2}$$

연습문제 _Problems

E Easy M Medium H Hard CALC Requires calculus BIO Biomedical application

1 M MIT(매사추세츠 공대)와 Charles 강 건너편에 있는 남학생 클럽을 연결하는 Harvard Bridge의 길이는 364.4 Smoot에 한 귀(ear)를 더한 것이다. 스무트(Smoot)란 단위는 1962년 강의한 Oliver Reed Smoot, Jr.로부터 유래한다. 한 남학생 클럽 회원 학생들은 이 교수를 다리 위로 끌고 가 이 사람의 키마다 페인트로 표시하면서 다리 끝까지 갔는데, 이 다리 위에 표시된 한 단위가 1 Smoot란 길이이다. 최초의 측정 이후 회원 학생은 이 표시를 일 년에 두 번 페인트로 덧칠해오고 있는데 경찰의 방해를 받지 않기 위해 대개 교통이 혼잡한 시간을 택한다. (추측하건대 Smoot가 SI 단위가 아니므로 경찰이 처음에는 당황하였으나, 요즈음에는 이 단위를 인정한 것으로 보인다.) 그림 1.1은 세 개의 평행경로를 보여주고 있는데, 각각 Smoot (S), Willy (W), 그리고 Zelda (Z)의 단위로 측정되어 있다. 75.0 Smoot는 (a) 몇 Willy 인가? (b) 이것은 또 몇 Zelda인가?

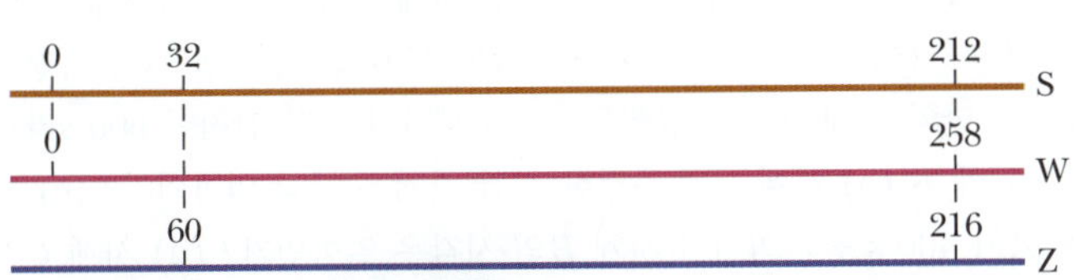

그림 1.1 연습문제 1

2 E 지구는 반지름이 대략 6.37×10^6 m인 구이다. (a) 지구의 둘레를 km로 나타내어라. (b) 지구 표면의 넓이를 제곱킬로미터(km^2)로 나타내어라. (c) 지구의 부피를 세제곱킬로미터(km^3)로 나타내어라.

3 E 50분의 강의시간은 거의 1 마이크로세기(microcentury)에 가깝다. (a) 1 마이크로세기를 분으로 나타내어라. (b)

$$\text{퍼센트 차} = \frac{(\text{실제값} - \text{근사값})}{\text{실제값}} \times 100$$

을 이용하여 위 근사의 퍼센트 차를 구하여라.

4 E 영국의 어느 초원에서 3.0 펄롱(furlong)을 달리는 말 경주가 열린다고 한다. 이 거리는 (a) 로드(rod)와 (b) 체인(chain)으로는 얼마인가? (단, 1 furlong = 201.168 m, 1 rod = 5.0292 m, 1 chain = 20.117 m이다.)

5 M 남극대륙은 대략 반지름이 2000 km인 반원 모양을 하고 있다 (그림 1.2). 남극대륙을 덮고 있는 얼음의 평균 두께는 3000 m이다. 남극 대륙은 몇 cm^{3}의 얼음으로 덮여 있는가? (단, 지구의 곡률은 무시하여라.)

그림 1.2 연습문제 5

6 E 5개의 시계를 실험실에서 점검하고 있다. 방송국의 정오 시보에 정확히 맞추어 일주일 동안 매일 시계의 측정시각을 아래의 표에 기록하였다. 잘 맞는 순서대로 이들 5개의 시계를 나열하고, 그 이유를 설명하여라.

시계	일	월	화	수	목	금	토
A	12:36:40	12:36:56	12:37:12	12:37:27	12:37:44	12:37:59	12:38:14
B	11:59:59	12:00:02	11:59:57	12:00:07	12:00:02	11:59:56	12:00:03
C	15:50:45	15:51:43	15:52:41	15:53:39	15:54:37	15:55:35	15:56:33
D	12:03:59	12:02:52	12:01:45	12:00:38	11:59:31	11:58:24	11:57:17
E	12:03:59	12:02:49	12:01:54	12:01:52	12:01:32	12:01:22	12:01:12

7 M 말레이시아에서 이 지역 단위로 무게 35.6 피컬(picul)의 소를 사오기로 하였다. 1 picul = 100 gin, 1 gin = 16 tahil, 1 tahil = 10 chee, 1 chee = 10 hoon이며, 1 hoon은 0.3779 g의 질량에 해당한다. 만일 이 소를 고국에 있는 경악하는 가족에게 운송하려면 이 질량을 몇 킬로그램으로 신고해야 하는가? (*힌트*: 여러 연쇄적인 단위변환을 하여라.)

8 E 밀도가 19.32 g/cm^{3}인 금은 연성이 가장 좋은 금속으로, 눌러서 얇은 박편을 만들거나 긴 섬유로 뽑을 수 있다. (a) 만일 질량 29.90 g의 금을 눌러서 두께 1.000 μm인 금박을 만든다면 넓이는 얼마인가? (b) 만약 같은 양의 금을 이번에는 반지름 2.500 μm인 원통형의 섬유로 뽑는다면 길이는 얼마인가?

9 M CALC 물이 새는 통으로 물을 부었다. 물의 질량 m은 시간에 따라 $m = 500\, t^{0.8} - 2.00\, t + 15.00$로 변하며, $t \geq 0$이고, m은 그램, t는 초 단위이다. (a) 물의 질량이 최대가 되는 시각은 언제인가? (b) 최대 질량은 얼마인가? (c) t = 2.00 s, (d) t = 5.00 s에서 질량변화

율은 각각 얼마인가? kg/min으로 나타내어라.

10 E 영국에는 2주에 해당하는 시간을 포트나이트(fortnight)란 매력적인 단위로 부른다("fourteen nights"의 줄임말). 좋아하는 친구와 있을 때는 지내기 좋은 시간이지만, 불편한 사람과는 매 마이크로초가 고통의 시간이 될 것이다. 1 포트나이트는 몇 마이크로초인가?

11 E 마이크로미터(1 μm)는 종종 *마이크론*이라고 부른다. (a) 2.0 km는 마이크론으로 얼마인가? (b) 1.0 μm를 센티미터로 나타내어라. (c) 2.0 yd(야드)는 몇 마이크론인가?

12 H 적도 근처의 바닷가에 누워서 수평선으로 지는 해를 바라본다. 해 꼭대기 부분이 수평선으로 완전히 사라지는 순간 스톱워치를 누른다. 그리고 일어서서 눈의 높이를 H = 1.70 m만큼 높인 후 해 꼭대기 부분이 다시 수평선으로 완전히 사라지는 것을 보는 순간 스톱워치를 눌러 시간을 잰다. 경과한 시간이 11.1 s라면 지구의 반지름은 얼마인가?

13 E 시간표준은 원자시계로 정한다. 가능한 제2의 표준은 회전하는 중성자별인 *펄서*(*pulsar*)를 근거로 하는 것이다. (펄서는 중성자로만 이루어진 매우 밀도가 큰 별이다.) 어떤 펄서는 매우 일정한 비율로 회전하고, 한 번 회전할 때마다 라디오파 신호가 마치 등대의 불빛 신호처럼 방출되어 지구를 스쳐 지나간다. 펄서 PSR 1937 + 21이 그 예로, 이것은 매 1.55780644887275 ± 3 ms마다 한 번 회전한다. 여기서 ±3은 소수 이하 마지막 자리의 불확실성이다. (±3 ms을 뜻하는 것이 *아님*.) (a) PSR 1937 + 21이 7.00일 동안 몇 회전하는가? (b) 펄서가 정확히 일백만 회전하는 데 걸리는 시간은 얼마인가? (c) 이와 관련된 시간의 불확실성은 얼마인가?

14 E 프랑스 대혁명 이후 약 10년 동안 프랑스 정부는 시간을 10의 배수로 측정하려고 하였다. 즉, 1주는 10일, 하루는 10시간, 한 시간은 100분, 그리고 1분은 100초 등으로 정한 것이다. (a) 이 10진법 상 1주의 통상적인 1주에 대한 비율은 얼마인가? (b) 프랑스 십진법 1초의 통상적인 1초에 대한 비율은 얼마인가?

15 M 일반적으로 사용하는 단위와 치수는 전자계산기로 쉽게 바꿀 수 있지만, 부록 D와 같은 것은 환산표를 쓸 수 있어야 한다. 표 1.1은 스페인에서 한때 흔히 쓰던 부피 단위계의 환산표 중 일부이다. 부피 1 fanega = 55.501 dm^3 (세제곱 데시미터)이다. 아래의 환산표를 유효숫자 3자리의 숫자로 완성하여라. 문항 (a) cahiz 세로줄, (b) fanega 세로줄, (c) cuartilla 세로줄, (d) almude 세로줄. 그리고 8.00 almude를 (e) medio, (f) cahiz, (g) 세제곱 센티미터(cm^3)로 나타내어라.

표 1.1 연습문제 15

시계	cahiz	fanega	cuartilla	almude	medio
1 cahiz =	1	12	48	144	288
1 fanega =		1	4	12	24
1 cuartilla =			1	3	6
1 almude =				1	2
1 medio =					1

16 E *그라이*(*gry*)는 옛 영국의 길이 단위인데, 라인(line)의 1/10로 정의되며, 역시 옛 영국에서 쓰였던 라인은 1/12인치로 정의한다. 그러나 출판업계에서 공통적으로 사용되는 치수는 1/72인치로 정의된 *포인트*(*point*)이다. 2.50 gry^2의 넓이는 $point^2$으로는 얼마인가?

17 M 전형적인 뭉게구름은 1 세제곱센티미터당 50개에서 500개 사이의 물방울을 포함하고 있고, 이 물방울의 전형적인 반지름은 10 μm이다. 이 정도의 범위에서 아래 문제에 대해 최소값과 최대값을 구하여라. (a) 높이가 2.0 km이고 반지름이 1.0 km인 원통 모양의 뭉게구름 안에는 몇 세제곱 미터의 물이 들어 있는가? (b) 이 물은 1 L의 물병을 몇 개나 채울 수 있는가? (c) 물의 세제곱미터 당 질량은 1000 kg이다. 이 구름 안에 물의 질량은 얼마인가?

18 E (a) 물의 밀도가 정확히 1 g/cm^3라고 가정하여 1 세제곱미터의 물의 질량을 킬로그램으로 구하여라. (b) 5700 m^3의 물탱크를 비우는데 14.0 h가 걸린다. 물탱크로부터 빠져나가는 물의 "질량 흐름률"은 초당 몇 킬로그램인가?

19 H CALC 밑면이 가로 14.0 cm, 세로 17.0 cm인 수직 용기를 각각의 부피가 50.0 mm^3, 질량은 0.0200 g인 동일한 사탕으로 채워 넣는다. 사탕 사이의 빈 공간 부피는 무시한다. 용기 안에 사탕의 높이가 0.180 cm/s의 비율로 증가하면, 용기 안에 사탕 질량은 어떤 비율로 (분당 킬로그램) 증가하는가?

20 E 지구의 질량은 5.98 × 10^{24} kg이다. 지구를 구성하고 있는 원자의 평균 질량은 40 u이다. 지구에 있는 원자는 몇 개인가?

21 E 세 개의 디지털 시계 A, B, C는 각각 다른 비율로 가고, 영점마저 틀린다. 그림 1.3에 네 경우를 두 시계로 동시에 측정한 값을 나타내었다. (예를 들어 첫 번째 경우 B는 25.0 s, C는 92.0 s를 측정하였다.) 만일 시계 A로 측정했을 때 두 사건의 시간 간격이 600 s라면 (a) 시계 B (b) 시계 C로 측정한 시간 간격은 각각 얼마인가? (c) 시계 A가 400 s를 가리키면 시계 B의 시각은 얼마인가? (d) 시계 C가 15.0 s를 가리키면 시계 B의 시각은 얼마인가? (영점 이전의 시각은 음의 시각으로 가정한다.)

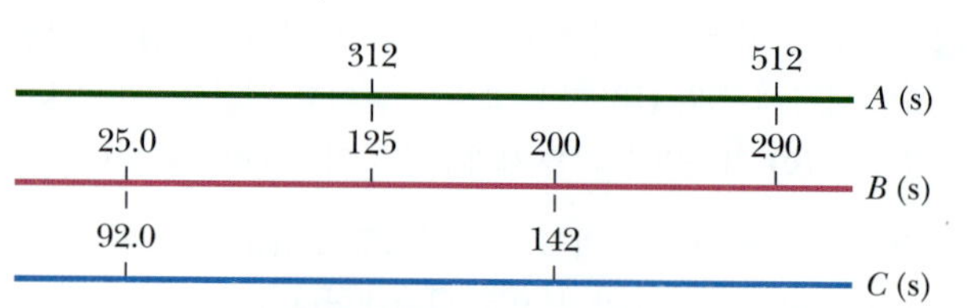

그림 1.3 연습문제 21

22 E 이 책의 글자 간격은 일반적으로 포인트(point)와 피카(pica)의 단위를 사용한다. 12 point = 1 pica, 6 pica = 1 inch이다. 교정을 볼 때 페이지 안에 그림 한 개가 0.40 cm 어긋나서 놓여있다면, 이것은 (a) 피카와 (b) 포인트로는 얼마인가?

23 E 기록에 의하면 가장 빨리 자라는 식물은 *Hesperoyucca whipplei*인데 14일 동안 무려 3.7 m를 자란다. 이 식물의 성장률을 초당 마이크로미터(μm/s)로 나타내어라.

24 M 지구의 자전은 점점 느려지므로 하루 길이는 길어진다. 1.0세

기가 지나면 하루의 길이가 1.0 ms 늘어난다. 20세기가 지난 후 늘어난 전체 하루 길이를 구하여라.

25 M 철의 밀도는 7.87 g/cm^{3}이고, 철 원자의 질량은 9.27×10^{-26} kg이다. 만일 원자가 공 모양이고, 빽빽하게 채워져 있다면 (a) 철 원자의 한 개의 부피는 얼마인가? (b) 이웃한 원자 사이의 중심거리는 얼마인가?

26 M 캘리포니아 해변의 모래 알갱이는 대략 평균반지름이 50 μm인 구이고, 밀도가 2600 kg/m^{3}인 이산화규소로 이루어져 있다. 한 변의 길이가 0.500 m인 정육면체의 표면적과 같은 표면적(모든 알갱이 구의 표면적을 더하여)을 갖는 모래 알갱이의 질량은 얼마인가?

27 M 미국의 수력공학 기사는 물의 부피 단위로 흔히 밑면적이 1 acre이고 깊이가 1 ft인 물의 부피로 정의된 *acre-ft*를 쓴다. 면적 34 km^{2}의 마을에 강한 폭풍우가 몰아쳐서 30분 동안 20 in의 폭우가 쏟아졌다. 마을에 쏟아진 빗물의 부피는 acre-ft로 얼마인가?

28 E 가장 큰 유리병의 기록은 1992년 미국 New Jersey 주 Millville의 한 팀이 세웠는데, 부피 193 갤런(미국 액체부피 단위)의 병을 불어 만들었다. (a) 이것은 1.0백만 세제곱센티미터에서 얼마나 모자라는 것인가? (b) 이 병에 천천히 1.2 g/min의 비율로 물을 채운다면 꽉 차는데 얼마나 걸리는가? 물의 밀도는 1000 kg/m^{3}이다.

29 M 폭우가 내려 산허리의 수평 길이 2.5 km, 경사면 길이 0.80 km, 깊이 2.0 m인 부분의 흙이 계곡으로 쓸려내려 갔다. 이 진흙더미가 넓이 0.40 km × 0.40 km의 계곡 바닥에 균일하게 쌓이고, 진흙의 밀도는 1900 kg/m^{3}이다. 계곡 바닥 6.0 m^{2}의 넓이 위에 쌓인 진흙의 질량은 얼마인가?

30 M 1 몰(mol)의 원자수는 6.02×10^{23}개이다. 큰 고양이 한 마리는 몇 몰의 원자로 이루어져 있는지 가장 가까운 자릿수로 답하여라. 수소원자, 산소원자, 탄소원자의 질량은 각각 1.0 u, 16 u, 12 u이다. (*힌트*: 때로는 고양이가 몰(mole: 두더지)을 죽인다고 알려져 있다.)

31 E 1883년까지 미국의 도시와 마을은 제각기 다른 현지시간을 고수하였다. 그러나 오늘날 여행자는 시간차가 1.0 h 날 때만 한 번 시계를 맞추면 된다. 그러면 시계를 1.0 h 돌릴 만큼 여행하는 거리는 경도로 평균 몇 도인가? (*힌트*: 지구는 24 h에 360° 회전한다.)

제 2 장

직선운동

Motion Along a Straight Line

2.1 ▸ 길이를 포함한 물리량의 측정

요점_Key Ideas

1. x축 위에서 입자의 위치 x를 이용하면 축의 영점인 원점에 대해 위치를 정할 수 있다.
2. 입자가 원점에 대해 어느 쪽에 있는가에 따라 위치는 양수이거나 음수일 수 있고, 입자가 원점에 있다면 그 위치는 0이다. 축의 양의 방향은 양수가 증가하는 방향이고, 반대방향은 축에서 음의 방향이다.
3. 입자의 변위 Δx는 위치의 변화이다.
$$\Delta x = x_2 - x_1.$$
4. 변위는 벡터량이다. 입자가 x축의 양의 방향으로 움직이면 변위는 양수이고, 입자가 음의 방향으로 움직이면 음수이다.
5. 입자가 시간간격 $\Delta t = t_2 - t_1$ 사이에 위치 x_1에서 x_2로 움직였을 때 이 시간 동안의 평균속도는 다음과 같다.
$$v_{\text{avg}} = \frac{\Delta x}{\Delta t} = \frac{x_2 - x_1}{t_2 - t_1}.$$
6. v_{avg}의 부호는 운동의 방향을 나타낸다(v_{avg}는 벡터량이다). 평균속도는 입자가 실제로 움직인 거리에 의존하지 않고, 원래 위치와 최종 위치에 의존한다.
7. x와 t의 그림에서 시간간격 Δt 동안의 평균속도는 시간간격의 두 끝점을 나타내는 곡선 위의 점을 연결한 직선의 기울기이다.
8. 시간간격 Δt 동안의 입자의 평균속력 s_{avg}는 그 시간간격 동안 입자가 움직인 전체 거리에 의존한다.
$$s_{\text{avg}} = \frac{\text{전체 거리}}{\Delta t}.$$

학습목표_Learning Objectives

이 단원을 읽은 후 다음을 이해해야 한다.

2.1.1 물체의 모든 부분이 같은 방향으로 같은 비율로 움직인다면 이 물체를 (점과 같은) 입자처럼 취급할 수 있다(이 장은 이와 같은 물체의 운동에 대한 것이다).

2.1.2 입자의 위치는 x축과 같이 눈금이 있는 축에서 읽은 위치이다.

2.1.3 입자의 변위와 처음, 나중의 위치 사이의 관계를 적용한다.

2.1.4 입자의 평균속도, 변위, 그리고 변위가 일어난 시간간격 사이의 관계를 적용한다.

2.1.5 입자의 평균속력, 입자가 이동한 전체 거리, 그리고 이 운동이 일어난 시간간격의 관계를 적용한다.

2.1.6 입자의 위치와 시간에 대한 그림이 주어졌을 때 임의의 두 시각 사이의 평균속도를 결정한다.

▶ 어떤 물리현상을 다루는가?

물리학은 물체의 운동을 연구한다. 즉, 물체가 얼마나 빨리 움직이는가, 주어진 시간 동안 얼마나 멀리 움직이는가 등을 연구한다. NASCAR의 기술자는 자동차 경기 전은 물론 경기 도중에도 자동차의 성능을 정확히 알아야 하므로 물체의 운동에 지대한 관심을 가지고 있다. 지질학자는 지진을 예보하기 위하여 지구 구조판의 운동을 측정하는 데 물리학을 이용하고, 의학자는 부분적으로 막힌 동맥을 진단할 때 환자의 혈액 흐름을 체계화하기 위하여 물리학을 사용한다. 운전사는 자동차의 레이더 탐지기가 경보를 울릴 때 자동차의 속도를 얼마나 줄여야 하는지 결정하는 데 물리학을 사용한다. 일상에서 물리학의 응용은 수없이 많다. 이 장에서는 물체(경주차, 지구 구조판, 적혈구 등)가 직선으로 움직이는 운동에 대한 기본적인 물리학을 공부한다. 이러한 운동을 *1차원 운동*이라고 부른다.

▶ 운동

세상의 모든 것은 움직인다. 겉보기로는 정지한 것 같은 도로도 실제로는 움직이고 있다. 왜냐하면, 지구의 자전, 태양 중심에 대한 지구의 공전, 은하계 중심에 대한 태양의 공전, 다른 은하계에 대한 우리 은하계의 이동 때문이다. 운동을 분류하고 비교하는 것(**동역학**이라고 부른다)은 매우 흥미롭다. 정확하게 무엇을 측정하며, 어떻게 비교할 것인가?

이에 대한 답을 구하기에 앞서 다음의 세 가지 조건으로 제한된 운동의 일반적인 특성들을 먼저 알아보자.

1. 직선 위에서만 운동할 경우. 직선이란 돌이 떨어질 때처럼 수직이거나, 자동차가 직선 고속도로를 달릴 때처럼 수평이거나, 또는 기울어졌더라도 곧게 뻗은 선이어야 한다.

2. 운동의 원인은 밀거나 당기는 힘이지만, 힘에 대해서는 5장에서 다루기로 한다. 이 장에서는 운동 자체와 운동의 변화에 대해서만 공부한다. 즉, 움직이는 물체는 가속하는가, 감속하는가, 멈추는가 또는 방향을 바꾸는가 등등 운동의 변화와 시간의 관계를 탐구한다.

3. 움직이는 물체란 **입자**(전자처럼 점과 같은 물체)이거나 입자처럼 움직이는 물체(모든 부분이 같은 방향, 같은 비율로 움직이는 물체)를 뜻한다. 놀이터의 곧은 미끄럼틀을 내려오는 몸이 굳어있는 돼지는 입자처럼 움직이는 물체로 생각할 수 있으나, 바람 따라 구르는 둥근 건초더미는 입자로 생각할 수 없다.

▶ 위치와 변위

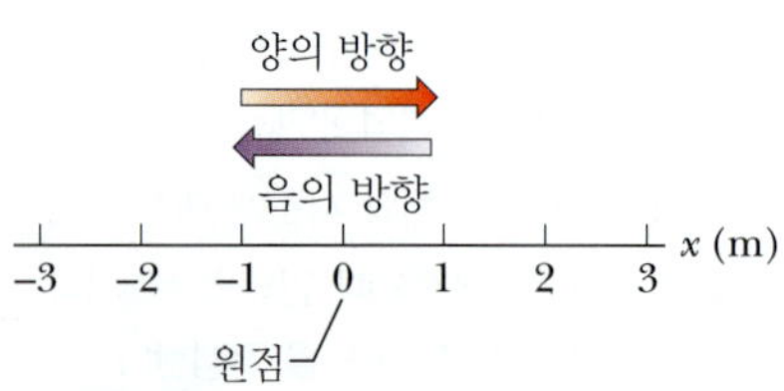

그림 2.1.1 양쪽으로 무한히 뻗은 축 위에 길이의 단위(여기서는 미터)로 표시한 눈금으로 위치를 결정한다. 원점을 기준으로 양의 값을 갖는 쪽에 축의 이름 x를 표시한다.

물체의 위치는 어떤 기준점에 대한 상대적 위치로 나타내며, 그림 2.1.1의 x축에서는 **원점**(또는 영점)이 기준점이다. 축의 **양의 방향**은 그림 2.1.1에서 숫자(또는 좌표)가 증가하는 오른쪽 방향이고, 반대 방향은 **음의 방향**이다.

예를 들어 입자가 $x = 5$ m의 위치에 있다면 입자가 원점으로부터 양의 방향으로 5 m 떨어진 곳에 있다는 뜻이다. 만일 입자가 $x = -5$ m의 위치에 있다면 원점으로부터 음의 방향으로 5 m 떨어진 곳에 있다는 뜻이다. 축 위에서 -5 m의 좌표는 -1 m보다 작은 값이며, 두 좌표 모두 $+5$ m의 좌표보다 작다. 좌표에서 양의 부호를 쓸 필요가 없지만, 음의 부호는 반드시 써야 한다.

위치 x_1에서 다른 위치 x_2까지의 거리를 **변위** Δx라 하고 다음과 같이 쓴다.

$$\Delta x = x_2 - x_1. \tag{2.1.1}$$

(그리스어 대문자 Δ는 나중 값에서 처음 값을 뺀 변화량을 뜻한다) 식 2.1.1에서 x_1과 x_2에 숫자를 대입할 때, 양의 방향(그림 2.1.1에서 오른쪽 방향)의 변위는 항상 양의 값이고, 반대 방향의 변위는 항상 음의 값이다. 만약 입자가 $x_1 = 5$ m에서 $x_2 = 12$ m로 움직였다면 변위는 $\Delta x = (12\text{ m}) - (5\text{ m}) = +7$ m이다. 양의 변위 값은 운동이 양의 방향임을 나타낸다. 한편, 입자가 $x_1 = 5$ m에서 $x_2 = 1$ m로 움직였다면 $\Delta x = (1\text{ m}) - (5\text{ m})$

= −4 m이다. 음의 변위 값은 운동이 음의 방향임을 나타낸다.

변위는 처음 위치와 나중 위치로 결정되므로 실제로 움직인 거리와는 상관이 없다. 예를 들어 입자가 x = 5 m에서 x = 200 m로 움직였다가 다시 x = 5 m의 위치로 되돌아온다면 출발점에서 도착점까지의 변위는 Δx = (5 m) − (5 m) = 0이다.

▸***부호.*** 변위에서 양의 부호는 쓸 필요가 없지만, 음의 부호는 반드시 써야 한다. 만일 변위의 부호(즉, 방향)를 무시하면 **크기**(즉, 절대값)만 남게 된다. Δx = −4 m인 변위의 크기는 4 m이다.

변위는 방향과 크기를 갖는 **벡터량**이다. 벡터에 대해서는 3장에서 자세히 다루기로 하고, 여기서는 변위가 다음과 같은 두 가지 특징을 갖는다는 것을 알아두자. (1) *크기*란 처음 위치와 나중 위치 사이의 거리(미터로 나타낸 값)이고 (2) 운동이 단일 축에서 일어난다면 처음 위치에서 나중 위치로의 *방향*은 양이나 음의 부호로 표현한다.

다음은 약간의 추론을 이용하여 얼마나 이해했는지 확인하는 많은 확인문제 중 첫 번째 문제이다. 답은 이 책의 뒷부분에 있다.

→ 확인문제 2.1.1

x축 운동에서 처음 위치와 나중 위치가 다음과 같이 세 쌍의 값으로 주어진다. 음의 변위를 가지는 것은 어느 쌍인가? (*a*) −3 m, + 5 m (*b*) −3 m, −7 m (*c*) 7 m, −3 m.

▶ 평균속도와 평균속력

위치는 시간 t의 함수인 $x(t)$로 나타낼 수 있다. ($x(t)$는 x 곱하기 t가 아니라 t의 함수 x를 나타낸다.) 간단한 보기로 그림 2.1.2는 x = −2 m에 7초 동안 정지해 있는 두더지의 위치함수 $x(t)$를 나타낸다. 일단 두더지를 입자로 생각하자.

그림 2.1.3은 좀 더 흥미로운 두더지의 움직임을 나타내는 그래프이다. 두더지는 t = 0일 때 x = −5 m인 곳에 있다가 x = 0을 향하여 움직여서 t = 3 s에 이 점을 지나고, 계속해서 양의 방향으로 움직인다. 그림 2.1.3은 두더지의 실제 직선운동을 다른 세 시간에서 본 그림이다. 그림 2.1.3은 실제 운동과는 달리 추상적으로 보이지만 사실상 많은 정보를 포함하고 있다. 이 그림에서 두더지가 얼마나 빨리 움직였는가도 알 수 있다.

많은 물리량들이 "얼마나 빠른가?"라는 것과 관련되어 있다. 그중의 하나가 **평균속도** v_{avg}로서 특정한 **시간간격** Δt와 그동안의 변위 Δx의 비율로 다음과 같이 정의한다.

$$v_{avg} = \frac{\Delta x}{\Delta t} = \frac{x_2 - x_1}{t_2 - t_1}. \tag{2.1.2}$$

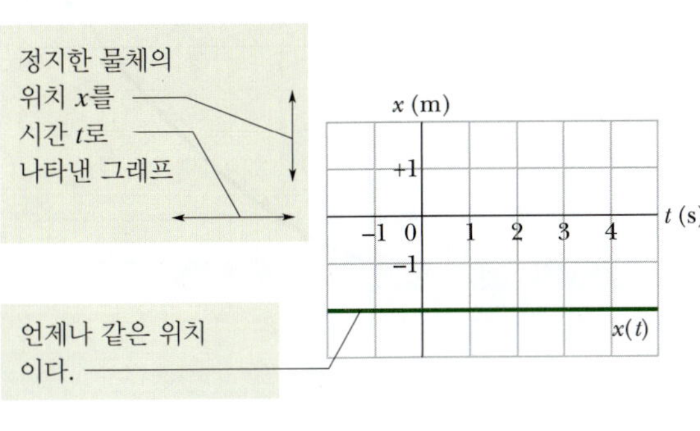

그림 2.1.2 x = −2 m인 위치에 정지해 있는 두더지의 위치함수 $x(t)$. 모든 시간 t에 대하여 x값은 −2 m이다.

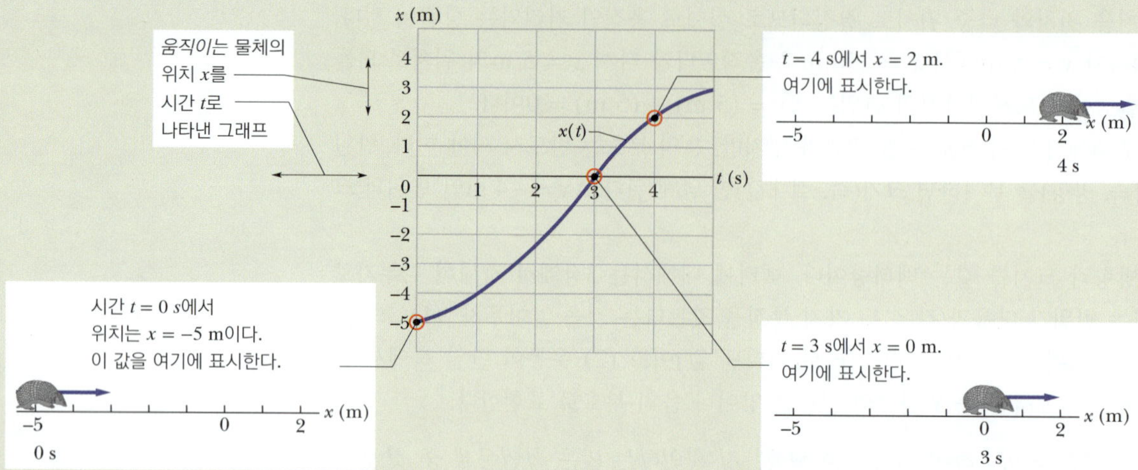

그림 2.1.3 움직이는 두더지의 위치 $x(t)$의 그래프. 세 번의 시간에서 두더지의 실제 운동경로.

여기서 시간 t_1일 때의 위치는 x_1이고 시간 t_2일 때의 위치는 x_2이다. v_{avg}의 단위는 초당 미터(m/s)이다. 속도의 단위는 항상 [길이/시간]의 형태이다.

▶***그래프.*** x와 t에 관한 그림에서 v_{avg}는 곡선 $x(t)$ 위의 특정한 두 점을 연결하는 직선의 **기울기**이다. 한 점은 x_2와 t_2에 해당하고 다른 한 점은 x_1과 t_1에 해당한다. 변위와 마찬가지로 v_{avg}도 크기와 방향을 갖는 벡터량이다. 평균속도의 크기는 직선 기울기의 크기이다. 양의 v_{avg}(즉, 양의 기울기)는 직선이 오른편 위쪽을 향해 기울어져 있음을 뜻하며, 음의 v_{avg}(즉, 음의 기울기)는 직선이 오른편 아래쪽을 향해 기울어져 있음을 뜻한다. 식 2.1.2에서 Δt는 항상 양수이므로 평균속도 v_{avg}는 변위 Δx와 같은 부호를 가진다.

그림 2.1.4에는 $t = 1$ s와 $t = 4$ s 사이의 시간 동안 그림 2.1.3처럼 움직인 두더지의 평균속도 v_{avg}를 구하는 방법을 나타내었다. 구간의 시작점과 끝점을 직선으로 연결하면 바로 직선의 기울기 $\Delta x/\Delta t$를 구할 수 있다. 즉, 주어진 시간간격 동안의 평균속도는 다음과 같다.

$$v_{avg} = \frac{6\text{ m}}{3\text{ s}} = 2\text{ m/s}.$$

그림 2.1.4 $t = 1$ s와 $t = 4$ s 사이의 평균속도는 $x(t)$ 곡선 위의 그 시간에 해당하는 점을 이은 직선의 기울기이다. 문제 앞의 회오리 표시는 이 그림은 소리와 더불어 애니메이션으로 www.wiley.com에서 찾아볼 수 있다는 것을 뜻한다.

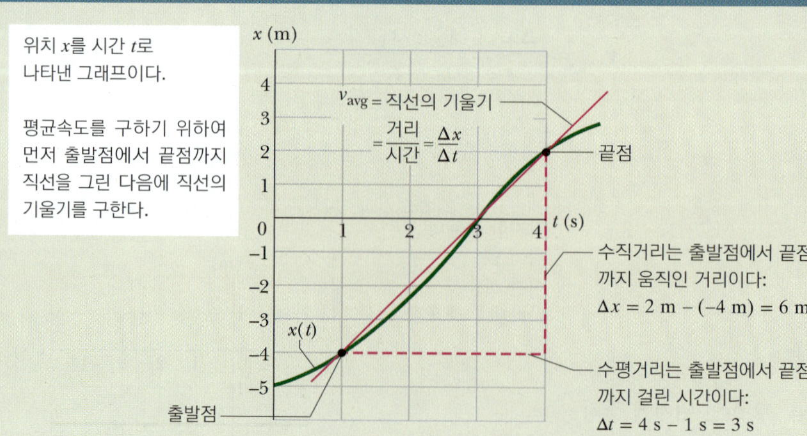

평균속력 s_{avg}도 입자가 "얼마나 빨리" 움직이는가를 나타내는 또 다른 방법이다. 평균속도는 입자의 변위 Δx를 포함하고 있지만, 평균속력은 방향을 고려하지 않고 움직인 전체 거리(예컨대 몇 미터를 움직였는가)로 나타낸다. 즉 다음과 같다.

$$s_{avg} = \frac{\text{총 거리}}{\Delta t}. \tag{2.1.3}$$

평균속력은 방향을 포함하지 *않기* 때문에 부호가 없다. 부호만 뺀다면 s_{avg}와 v_{avg}가 같은 경우가 많다. 그러나 두 값이 전혀 다를 수도 있다.

보기문제 2.1.1 평균속도

자동차 수리센터에서 동쪽으로(바로 동쪽을 향해) 평균속도 40.0 km/h로 직선도로 10.0 km를 따라 공원까지 차를 태워 주었다. 내려준 지점에서 동쪽으로 직선 경로를 따라 0.500 h 동안 조깅을 하였다.

(a) 시작 지점에서 조깅을 끝낸 지점까지 전체 변위는 얼마인가?

요점

간편하게 첫 위치 $x_1 = 0$에서 조깅이 끝난 두 번째 위치 x_2까지 x축의 양의 방향으로 움직인다고 가정하자. 이 두 번째 위치는 $x_2 = 10.0\text{ km} + 3.00\text{ km} = 13.0\text{ km}$이어야 한다. 그리고 축에 대해 변위 Δx는 두 번째 위치에서 첫 번째 위치를 빼서 구한다.

풀이: 식 2.1.1로부터

$$\Delta x = x_2 - x_1 = 13.0\text{ km} - 0 = 13.0\text{ km} \quad \text{답}$$

를 얻는다. 따라서 전체 변위는 양의 축 방향으로 13.0 km이다.

(b) 처음 움직일 때부터 조깅을 끝낼 때까지 시간간격 Δt는 얼마인가?

요점

이미 조깅한 시간간격 Δt_{jog}(=0.500 h)를 알고 있지만, 차를 탄 시간간격 Δt_{car}는 모른다. 그러나 변위 Δx_{car}는 10.0 km이고, 평균속도 $v_{avg,car}$는 40.0 km/h임을 알고 있다. 이 평균속도는 이 변위를 차를 탄 시간 간격으로 나눈 비율이므로 시간 간격을 구할 수 있다.

풀이: 먼저

$$v_{avg,car} = \frac{\Delta x_{car}}{\Delta t_{car}}$$

으로 쓴다. 이것을 정리하고 자료를 대입하면

$$\Delta t_{car} = \frac{\Delta x_{car}}{v_{avg,car}} = \frac{10.0\text{ km}}{40.0\text{ km/h}} = 0.250\text{ h}$$

을 얻는다. 따라서 다음을 얻는다.

$$\Delta t = \Delta t_{car} + \Delta t_{jog} = 0.250\text{ h} + 0.500\text{ h} = 0.750\text{ h}. \quad \text{답}$$

(c) 출발점에서 조깅이 끝난 지점까지 평균속도 v_{avg}는 얼마인가? 숫자와 그림 모두 사용하여 구하여라.

요점

식 2.1.2로부터 *전체 이동거리에 대한* v_{avg}는 변위 13.0 km를 *전체 이동한* 시간간격 0.750 h로 나누면 된다.

풀이: 다음을 얻는다.

$$v_{avg} = \frac{\Delta x}{\Delta t} = \frac{13.0\text{ km}}{0.750\text{ h}} = 17.3\text{ km/h}. \quad \text{답}$$

그림을 이용하여 v_{avg}를 구하려면 우선 그림 2.1.5에 나타

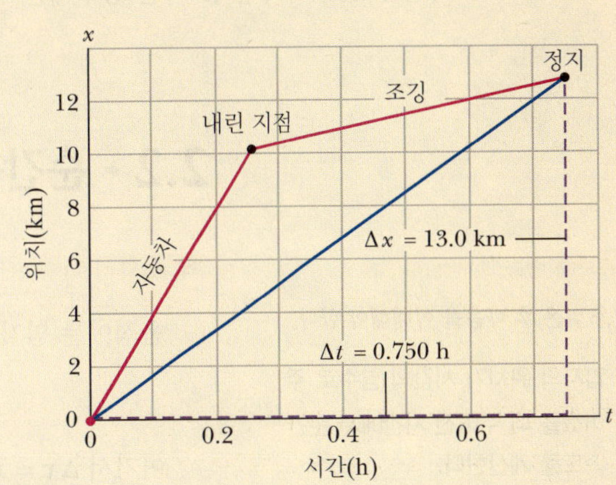

그림 2.1.5 "자동차"와 "조깅"으로 표시한 선은 자동차를 타고, 조깅하는 동안 위치–시간을 그린 것이다. 원점과 "정지"로 표시한 점을 연결한 직선의 기울기가 출발점에서 최종 위치까지 운동의 평균속도이다.

낸 대로 그래프의 출발점을 원점으로, 최종 지점을 “정지”라고 표시한 점으로 정하여 함수 $x(t)$를 그린다. 평균속도는 이 두 점을 연결하는 직선의 기울기이다. 즉 v_{avg}는 올라간 양(Δx = 13.0 km)를 이동한 시간(Δt = 0.750 h)으로 나누면 v_{avg} = 17.3 km/h를 얻는다.

(d) 이후 0.500 h 동안 조깅으로 내린 지점으로 돌아왔다. 처음 시작했을 때부터 이 지점으로 돌아올 때까지 평균속력은 얼마인가?

요점

평균속력은 이동한 전체 거리를 걸린 전체 시간으로 나눈 양이다.

풀이: 전체 거리는 10.0 km + 3.00 km + 3.00 km = 16.0 km이다. 걸린 전체 시간은 0.250 h + 0.500 h + 0.500 h = 1.25 h이다. 따라서 식 2.1.3에 의하면 다음을 얻는다.

$$s_{avg} = \frac{12.4 \text{ km}}{1.37 \text{ h}} = 9.1 \text{ km/h}.$$ 답

▶ 교육용 비디오는 웹사이트 www.wiley.com에서 볼 수 있다.

▶ 문제풀이 요령

요령 1: 문제를 이해했는가? 문제가 어려운 경우는 흔히 문제를 이해하지 못했기 때문이다. 이해했는지 알아보는 최선의 방법은 다음과 같다. 문제를 설명할 수 있는가?

주어진 자료를 이 장의 기호를 사용하여 단위를 써서 주어진 자료를 쓴다. (보기문제 2.1.1에서 주어진 자료로부터 (a)에서는 알짜변위 Δt를, (b)에서는 이에 해당하는 시간간격 Δt를 구할 수 있었다.) 미지수와 그 기호를 정하여라. (보기문제를 보면 (c)에서 미지수는 평균속도 v_{avg}이다.) 그리고 미지수와 자료 사이의 관계를 구한다. (그 관계는 식 2.1.2에 있는 평균속도의 정의이다.)

요령 2: 단위가 맞는가? 숫자를 식 안에 넣을 때 반드시 단위를 일관성 있게 써야 한다. 보기문제 2.1.1에서 주어진 자료에 의한 논리적인 단위는 거리에 대해서는 킬로미터, 시간간격은 시간, 속도는 시간당 킬로미터이다. 어떤 경우에는 단위를 변환할 필요가 있다.

요령 3: 답은 합리적인가? 답은 그럴듯한가, 아니면 너무 크거나 너무 작은가? 부호는 맞는가? 단위는 적절한가? 예를 들어 보기문제 2.1.1 (c)에서 맞는 답은 17.3 km/h이다. 만일 0.00017 km/h나 –17.3 km/h, 혹은 17000 km/h를 얻었다면 바로 무언가 잘못했다는 것을 알아채야 한다. 실수는 풀이 방법, 계산, 혹은 계산기에서 숫자를 찍을 때 나타날 수 있다.

요령 4: 그래프 보기. 그림 2.1.2, 2.1.3, 2.1.4와 2.1.5의 그래프는 쉽게 볼 수 있어야 한다. 각 그래프에서 수평축의 변수는 시간 t이고, 시간이 증가하는 방향은 오른쪽이다. 각 그래프에서 수직축의 변수는 원점에 대해 움직이는 입자의 위치 x이고, x의 양의 방향은 위 방향이다. 변수를 표현하는 단위(초 혹은 분, 미터 혹은 킬로미터)를 항상 주의하여라.

2.2 ▸ 순간속도와 속력

학습목표_*Learning Objectives*

이 단원을 읽은 후 다음을 이해해야 한다.

2.2.1 입자의 위치가 시간의 함수로 주어졌을 때 주어진 시간에서 순간속도를 계산한다.

2.2.2 입자의 위치와 시간에 대한 그래프가 주어졌을 때 주어진 시간에서 순간속도를 결정한다.

2.2.3 속력은 순간속도의 크기와 같다.

요점_*Key Ideas*

1. 움직이는 입자의 순간속도(간단히 속도)는 다음과 같다.

$$v = \lim_{\Delta t \to 0} \frac{\Delta x}{\Delta t} = \frac{dx}{dt}.$$

여기서 $\Delta x = x_2 - x_1$이고, $\Delta t = t_2 - t_1$이다.

2. (특정한 시간에서) 입자의 속도는 그 시간에서 x와 t의 그림에서 기울기이다.

3. 속력은 순간속도의 크기이다.

▶ 순간속도와 순간속력

물체가 얼마나 빨리 움직이는가를 기술하는 두 가지 방법을 배웠다. 평균속도와 평균 속력은 모두 시간간격 Δt 동안 측정한 값이다. 그러나 "얼마나 빨리"라는 말은 입자가 주어진 순간에 얼마나 빨리 움직이고 있는가를 나타내는 것이 일반적이다. 이때 입자의 속도를 **순간속도**(간단히 **속도**) v라 한다.

어느 순간의 속도는 시간간격 Δt가 0에 접근할 때의 평균속도로 구할 수 있다. Δt가 점점 작아짐에 따라 평균속도는 극한값으로 접근하게 되는데, 이 값이 그 순간의 속도로

$$v = \lim_{\Delta t \to 0} \frac{\Delta x}{\Delta t} = \frac{dx}{dt} \tag{2.2.1}$$

이다. 이 식에서 순간속도 v의 두 가지 특징을 알 수 있다. 첫째, v는 주어진 순간에 입자의 위치 x가 시간에 따라 변하고 있는 비율이다. 즉, v는 t에 대한 x의 미분이다. 둘째, 어느 순간의 v는 위치-시간 곡선에서 그 순간을 나타내는 점에서의 기울기이다. 순간속도도 벡터량이므로 크기와 방향을 가진다.

속력은 속도의 크기이다. 즉, 속력은 방향을 무시한 속도이다(*주의*: 속력과 평균 속력은 완전히 다를 수 있다) + 5 m/s의 속도나 −5 m/s의 속도는 모두 속력이 5 m/s이다. 예컨대 자동차의 속력계로 속력은 측정할 수 있으나 속도는 측정할 수 없다.

→ 확인문제 2.2.1

다음의 네 방정식은 입자의 위치 $x(t)$를 나타낸다. 각 방정식에서 x는 미터, t는 s단위이다 ($t > 0$). (1) $x = 3t - 2$, (2) $x = -4t^2 - 2$, (3) $x = 2/t^2$, (4) $x = -2$. (*a*) 입자의 속도 v가 일정한 것은 어떤 것인가? (*b*) 속도가 음의 x 방향인 경우는 어떤 것인가?

▶ 보기문제 2.2.1 속도, x와 t 그래프의 기울기, 승강기

정지해 있던 승강기가 양의 방향인 위쪽으로 움직이다가 다시 정지한다. 그림 2.2.1*a*는 승강기 운동의 위치함수 $x(t)$의 그래프이다. $v(t)$의 그래프를 그려라.

요점

한 순간의 속도를 $x(t)$의 기울기로 구할 수 있다.

풀이: $x(t)$의 기울기, 즉 속도는 0과 1 사이, 그리고 9 s 이후에 0이다. 구간 *bc* 사이에서 기울기는 일정하지만 그 값은 0이 아니다. 즉, 승강기는 등속도로 움직인다. 이때 $x(t)$의 기울기는 다음과 같다.

$$\frac{\Delta x}{\Delta t} = v = \frac{24\text{ m} - 4.0\text{ m}}{8.0\text{ s} - 3.0\text{ s}} = +4.0\text{ m/s}. \tag{2.2.2}$$

양의 부호는 승강기가 양의 x 방향으로 움직인다는 뜻이다. 이 구간($v = 0$인 구간과 $v = 4$ m/s의 구간)은 그림 2.2.1*b*에 나타나 있다. 한편 승강기가 처음에 정지해 있다가 움직이기 시작하고 나중에 멈추기 위해 느려지므로, 승강기의 속도 v는 그림 2.2.1*b*처럼 1 s와 3 s, 8 s와 9 s 사이의 구간에서 변한다(그림 2.2.1*c*는 2.3단원에서 설명한다).

거꾸로 그림 2.2.1*b*처럼 $v(t)$ 그래프에서 $x(t)$ 그래프(그림 2.2.1*a* 참조)를 그릴 수도 있다. 그러나 x의 실제 값을 알 수 없다. 왜냐하면 $v(t)$ 그래프는 단지 x의 *변화*만을 나타내기 때문이다. 임의의 구간 동안 x의 변화량을 구하기 위해서는, 그 구간에서 $v(t)$ "곡선 아래"의 면적을 계산해야만 한다. 예를 들어 승강기가 4.0 m/s의 등속도로 움직이고 있는 3 s와 8 s 사이의 구간에서 x의 변화량은 다음과 같다.

$$\Delta x = (4.0\text{ m/s})(8.0\text{ s} - 3.0\text{ s}) = +20\text{ m}. \tag{2.2.3}$$

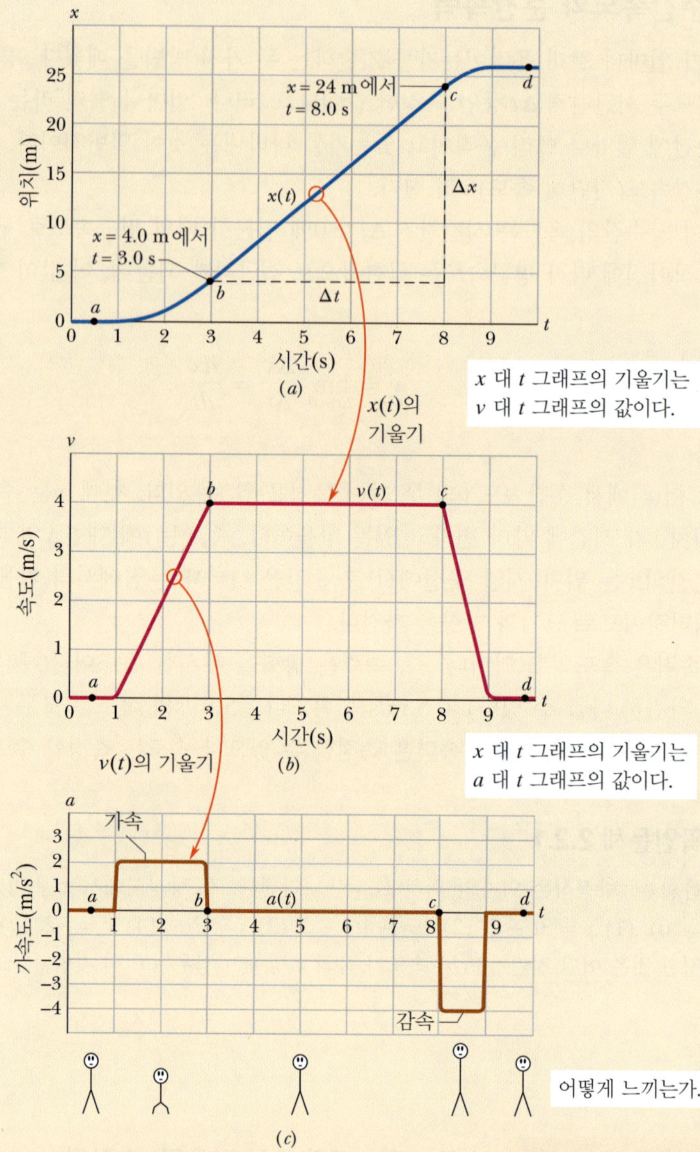

그림 2.2.1 (*a*) *x*축을 따라 위로 움직이는 승강기의 $x(t)$ 곡선. (*b*) 승강기의 $v(t)$ 곡선. 이 곡선은 $x(t)$ 곡선의 시간에 대한 미분이다($v = dx/dt$). (*c*) 승강기의 $a(t)$ 곡선. 이 곡선은 $v(t)$ 곡선의 시간에 대한 미분이다 ($a = dv/dt$). 맨 아래 그림은 승강기 탑승자가 가속을 받는 동안의 느낌을 나타낸다.

($v(t)$ 곡선이 t축 위쪽으로 있으므로 면적은 양의 값이다.) 그림 2.2.1*a*는 x가 이 구간에서 20 m 증가한 것을 보여준다. 그러나 그림 2.2.1*b*에서 구간의 시작과 끝에서의 x 값을 알 수 없다. 이 값을 알기 위해서는 어떤 주어진 순간의 x 값 같은 추가적인 정보가 필요하다.

▶ 교육용 비디오는 웹사이트 www.wiley.com에서 볼 수 있다.

2.3 ▸ 가속도

학습목표_*Learning Objectives*

이 단원을 읽은 후 다음을 이해해야 한다.

2.3.1 입자의 평균가속도, 속도의 변화와 이 변화가 일어나는 시간간격

요점_*Key Ideas*

1. 평균가속도는 속도의 변화 Δt를 그 변화가 일어나는 시간간격 Δt로 나눈 값이다.

$$a_{avg} = \frac{\Delta v}{\Delta t}.$$

2. 그 부호는 a_{avg}의 방향을 나타낸다.

3. 순간가속도(간단히 가속도) a는 속도 $v(t)$를 시간에 대해 한 번 미분한 양이고, 위치 $x(t)$를 두 번 미분한 양이다.

$$a = \frac{dv}{dt} = \frac{d^2x}{dt^2}.$$

4. v와 t의 그래프에서 임의의 시간 t에서 가속도 a는 t를 나타내는 점에서 곡선의 기울기이다.

사이의 관계를 적용한다.

2.3.2 입자의 속도가 시간의 함수로 주어졌을 때 특정한 시간에서 순간가속도를 계산한다.

2.3.3 입자의 속도와 시간의 그래프가 주어졌을 때 특정한 시간에서의 순간가속도와 두 특정한 시간 사이의 평균가속도를 결정한다.

▶ 가속도

입자의 속도가 변할 때 입자는 **가속도** 운동을 한다. 한 축을 따라 움직일 때 시간간격 Δt 동안의 **평균가속도** a_{avg}는 다음과 같이 정의한다.

$$a_{avg} = \frac{v_2 - v_1}{t_2 - t_1} = \frac{\Delta v}{\Delta t}. \tag{2.3.1}$$

시간 t_1에서 입자의 속도는 v_1이고, t_2에서의 속도는 v_2이다. **순간가속도**(간단히 **가속도**)는 시간에 대한 속도의 미분함수로 다음과 같다.

$$a = \frac{dv}{dt}. \tag{2.3.2}$$

말하자면 임의의 순간에서 입자의 가속도는 그 순간에서 속도의 변화율이다. 그래프에서 살펴보면 임의의 점에서의 가속도는 그 점에서 $v(t)$ 곡선의 기울기이다. 식 2.3.2와 식 2.2.1를 결합하면 다음을 얻는다.

$$a = \frac{dv}{dt} = \frac{d}{dt}\left(\frac{dx}{dt}\right) = \frac{d^2x}{dt^2}. \tag{2.3.3}$$

즉, 임의의 순간에 입자의 가속도는 그 순간에서의 위치함수 $x(t)$의 시간에 대한 2차미분이다.

가속도의 단위는 m/(s·s), 즉 m/s^{2}이다. 모든 가속도는 길이/(시간·시간), 즉 길이/(시간)^{2}의 형태이다. 가속도는 크기와 방향을 갖는 벡터량이다. 대수적 부호는 변위나 속도와 마찬가지로 축 위에서의 방향을 나타낸다. 즉, 양의 가속도는 양의 축 방향, 음의 가속도는 음의 축 방향이다.

그림 2.2.1은 수직 위로 올라가는 승강기의 위치, 속도, 가속도에 관한 그래프이다. $a(t)$ 곡선을 $v(t)$ 곡선과 비교해 보자. $a(t)$ 곡선상의 각 점은 바로 그 시간에서의 $v(t)$ 곡선의 미분함수(기울기)이다. v가 일정할 때(0 또는 4 m/s일 때) 미분함수는 0이므로 가속도도 0이다. 승강기가 처음으로 움직이기 시작할 때, $v(t)$ 곡선은 양의 미분함수(양의 기울기)를 가지므로 $a(t)$가 양의 값을 가진다는 뜻이다. 한편 승강기가 멈추려 할 때 $v(t)$ 곡선의 기울기와 미분함수는 음의 값을 가진다. 즉, $a(t)$는 음의 값이다.

두 가속시간 동안 $v(t)$ 곡선의 기울기를 비교해 보자. 승강기가 멈출 때 걸리는 시간이 승강기가 속력을 낼 때 걸리는 시간의 절반이므로, 승강기가 멈추려 할 때(보통 "감속"이라 한다) $v(t)$ 곡선의 기울기가 더 가파르게 된다. 더 가파른 기울기는 그림 2.2.1*c* 처럼 감속도의 크기가 가속도의 크기보다 크다는 뜻이다.

▸***감각.*** 승강기를 탈 때 느끼는 감각을 그림 2.2.1의 아래에 표현하였다. 승강기가

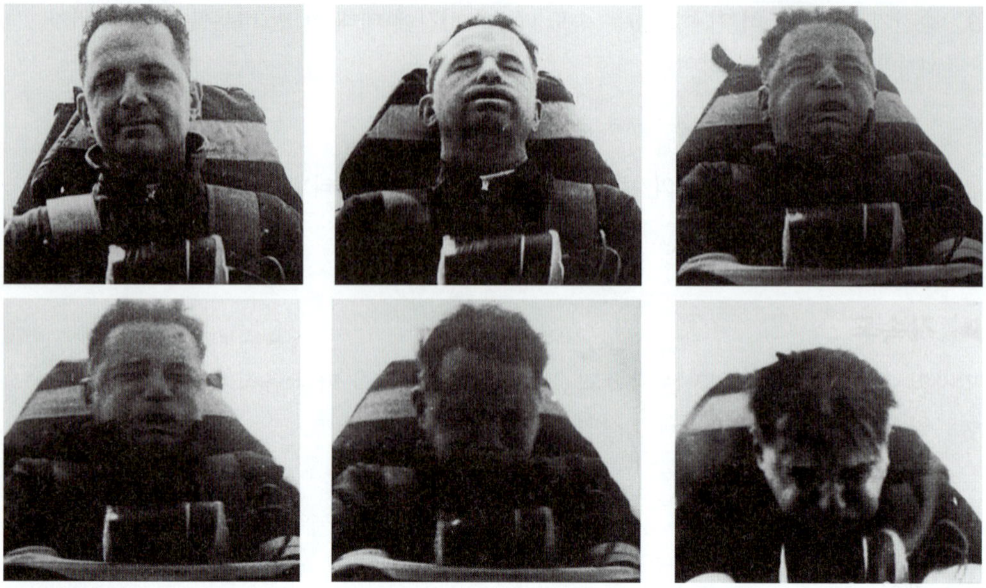

Courtesy U.S. Air Force

그림 2.3.1 로켓이 고속으로 가속될 때(가속도는 지면에서 나오는 방향)와 갑자기 멈출 때(가속도는 지면으로 들어가는 방향) 로켓을 타고 있는 J. P. Stapp 대령의 모습.

가속될 때는 아래쪽으로 눌리는 듯한 느낌을 받을 것이며, 승강기가 멈추려 할 때는 위로 당겨지는 듯한 느낌을 받을 것이다. 그 사이에는 어떤 특별한 느낌을 받지 못한다. 다시 말하면 인체는 가속도 운동에는 반응하지만(인체는 가속도계이다) 속도에는 반응하지 못한다(인체는 속도계가 아니다). 90 km/h로 달리는 자동차나 900 km/h로 비행하는 비행기처럼, 등속도로 달리고 있을 때에는 움직이고 있다는 사실을 느낄 수 없다. 그러나 자동차나 비행기가 속도를 급히 바꾼다면 운동의 변화를 민감하게 감지할 수 있다. 놀이공원에서 기구를 탈 때 느끼는 흥분은 대개 급격한 속도변화에 의한 것이다. 그림 2.3.1은 로켓이 궤도를 따라 급격히 가속되고 급격히 정지될 때 찍은 사진이다.

▸***g* 단위.** 가속도가 클 경우 다음과 같이 g 단위로 쓰기도 한다.

$$1g = 9.8 \text{ m/s}^2 \qquad (g \text{ 단위}). \tag{2.3.4}$$

(2.5단원에서 다시 논의하겠지만, g는 지면 근처에서 떨어지는 물체의 가속도이다.) 롤러코스터를 타면 $3\,g(= 3 \times 9.8 \text{ m/s}^2)$, 즉 29 m/s^2에 이르는 큰 가속도를 잠시나마 경험할 수 있다.

▸***부호.*** 일반적으로 양의 가속도는 물체의 속력이 증가하고, 음의 가속도는 물체의 속력이 감소한다는 뜻이다. 그러나 이 책에서는 가속도의 부호는 물체의 속력이 증가하거나 감소하는 것을 뜻하는 것이 아니라 가속도의 방향을 나타내는 데 사용한다. 예를 들면, 초기속도 $v = -25$ m/s로 달리는 자동차가 5.0 s 동안 멈추었다면 $a_{avg} = +5.0 \text{ m/s}^2$이다. 가속도는 **양**의 값이지만 자동차의 속력은 감소하였다. 가속도와 속도의 부호가 달라서 가속도의 방향이 속도의 방향과 반대이기 때문이다.

다음은 부호에 대한 간단한 규약이다.

> 입자의 속도와 가속도의 부호가 같으면 입자의 속력은 증가하고, 부호가 반대이면 속력은 감소한다.

확인문제 2.3.1

햄스터가 x축을 따라 다음과 같은 운동을 한다. 다음의 각 경우에 대하여 가속도의 부호를 구하여라. (a) 양의 방향으로 속력이 증가, (b) 양의 방향으로 속력이 감소, (c) 음의 방향으로 속력이 증가, (d) 음의 방향으로 속력이 감소.

보기문제 2.3.1 가속도와 *dv/dt*

그림 2.1.1의 x축 위에서 입자의 위치가 시간에 따라

$$x = 4 - 27t + t^3$$

으로 변하며, x는 m, t는 s 단위이다.

(a) 위치 x가 시간에 따라 변하므로 입자는 반드시 움직인다. 입자의 속도함수 $v(t)$와 가속도함수 $a(t)$를 구하여라.

요점

(1) 위치함수 $x(t)$를 시간에 대해서 미분하면 속도함수 $v(t)$를 구할 수 있다. (2) 속도함수 $v(t)$를 시간에 대해서 미분하면 가속도함수 $a(t)$를 구할 수 있다.

풀이: 위치함수를 시간 t에 대하여 미분하면

$$v = -27 + 3t^2 \quad \text{(답)}$$

이며, v의 단위는 m/s이다. 또한 속도함수를 미분하면

$$a = +6t \quad \text{(답)}$$

이며, a의 단위는 m/s^{2}이다.

(b) $v = 0$일 때가 있는가?

풀이: $v(t) = 0$이라고 놓으면

$$0 = -27 + 3t^2$$

이고, 이 식의 해는 다음과 같다.

$$t = \pm 3 \text{ s}. \quad \text{(답)}$$

따라서 시계가 0을 읽기 3 s 전과 3 s 후의 속도는 0이다.

(c) $t \geq 0$일 때, 입자의 운동을 기술하여라.

풀이: $x(t)$, $v(t)$, $a(t)$에 관한 방정식을 살펴보자.

$t = 0$에서 입자는 $x(0) = +4$ m의 지점에 있고 속도는 $v(0) = -27$ m/s이다(x축 음의 방향). 이때 가속도가 $a(0) = 0$이므로 입자의 속도는 변하지 않는다(그림 2.3.2a).

$0 < t < 3$ s인 동안에 속도가 여전히 음의 값을 가지므로 입자는 음의 방향으로 움직인다. 그러다가 입자의 가속도는 더이상 0이 아니고, 양의 값으로 계속 증가한다. 속도와 가속도의 부호가 반대이기 때문에 입자는 감속한다(그림 2.3.2b).

$t = 3$ s에서 입자는 순간적으로 정지한다. 이때 입자는 그림 2.1.1의 왼쪽 끝까지 간 것이다. $x(t)$에 $t = 3$ s를 대입하면 입자의 위치는 $x = -50$ m이다(그림 2.3.2c). 그동안 가속도는 여전히 양의 값을 갖는다.

$t > 3$ s이면, 입자는 오른쪽으로 움직인다. 입자의 가속도는 양의 값이며 계속해서 증가한다. 속도 또한 양의 값으로 계속해서 지속적으로 증가한다(그림 2.3.2d).

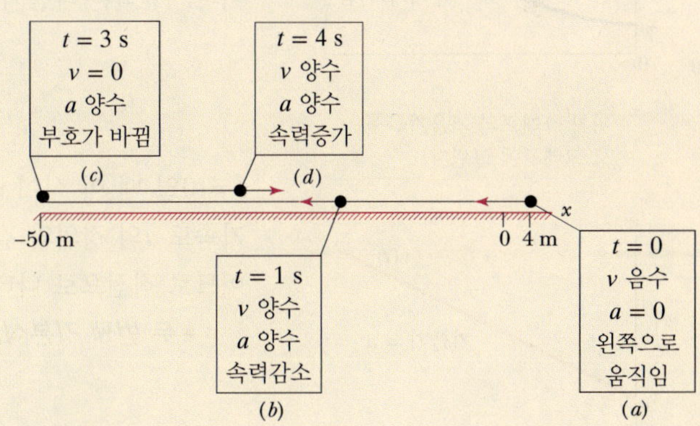

그림 2.3.2 입자 운동의 네 단계.

▶ 교육용 비디오는 웹사이트 www.wiley.com에서 볼 수 있다.

2.4 ▸ 등가속도 운동

학습목표_Learning Objectives

이 단원을 읽은 후 다음을 이해해야 한다.

2.4.1 일정한 가속도로 운동할 때 위치, 변위, 속도, 가속도와 걸린 시간 사이의 관계를 적용한다 (표 2.4.1).

2.4.2 입자의 속도변화를 시간의 함수로 주어진 가속도를 적분하여 계산한다.

2.4.3 입자의 위치변화를 시간의 함수로 주어진 속도를 적분하여 계산한다.

요점_Key Ideas

1. 다음의 다섯 식으로 일정한 가속도로 움직이는 입자의 운동을 기술한다.

$$v = v_0 + at, \qquad x - x_0 = v_0 t + \frac{1}{2}at^2,$$

$$v^2 = v_0^2 + 2a(x - x_0), \qquad x - x_0 = \frac{1}{2}(v_0 + v)t, \qquad x - x_0 = vt - \frac{1}{2}at^2.$$

가속도가 일정하지 않으면 이 식은 *맞지 않는다.*

▶ 등가속도: 특별한 경우

대부분의 운동에서 가속도는 일정하거나 거의 일정하다. 예를 들면, 신호등이 빨간색에서 초록색으로 바뀔 때 대부분의 운전사는 거의 일정한 비율로 차를 가속한다. 이 경우 운전사의 위치, 속도 및 가속도의 그래프는 그림 2.4.1와 같을 것이다(그림 2.4.1c에서 $a(t)$가 일정하므로 그림 2.4.1b의 $v(t)$는 일정한 기울기를 가진다). 운전사가 차를 멈추기 위하여 브레이크를 밟는다면 이때도 가속도(즉, 감속도)는 거의 일정할 것이다.

가속도가 일정한 운동이 많으므로 이런 경우에 대한 운동방정식을 구해볼 필요가 있다. 이 절과 다음 절에서 구하는 운동방정식은 *가속도가 일정한 운동*(또는 *가속도가 일정하다고 가정할 수 있는 운동*)에만 성립된다는 것을 명심해야 한다.

▸***첫 번째 기본식.*** 가속도가 일정할 때 평균가속도와 순간가속도는 같으며 식 2.3.1을

$$a = a_{avg} = \frac{v - v_0}{t - 0}$$

로 쓸 수 있다. 여기서 v_0는 시간 $t = 0$에서의 속도이고 v는 이 이후의 시간 t에서의 속도이다. 이 식은 다음과 같이 쓸 수 있다.

$$v = v_0 + at. \tag{2.4.1}$$

$t = 0$일 때 이 식이 $v = v_0$가 됨을 확인할 수 있다. 식 2.4.1을 미분하면 $dv/dt = a$이며, 가속도 a의 정의와 같다. 그림 2.4.1b는 식 2.4.1의 $v(t)$ 함수의 그래프이다. 함수가 선형이므로 직선으로 나타난다.

▸***두 번째 기본식.*** 같은 방법으로 식 2.1.2를 다시 쓰면

$$v_{avg} = \frac{x - x_0}{t - 0}$$

이므로, 다음을 얻는다.

$$x = x_0 + v_{avg}t. \tag{2.4.2}$$

여기서 x_0는 $t = 0$에서 입자의 위치이며 v_{avg}는 $t = 0$과 나중 시간 t 사이의 평균속도이다.

선형 속도함수인 식 2.4.1에서 임의의 시간간격($t = 0$에서 나중 시간 t까지) 동안의 평균속도는 시작점의 속도 v_0와 끝점의 속도 v의 평균값이다. 따라서 $t = 0$에서 t까지의 평균속도는

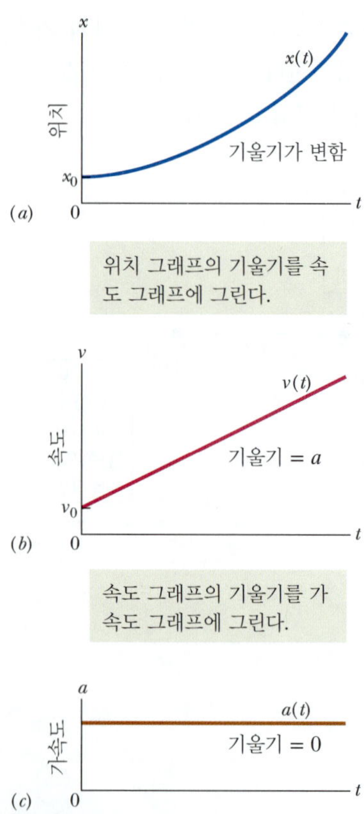

그림 2.4.1 (a) 등가속도로 움직이는 입자의 위치 $x(t)$. (b) $x(t)$의 기울기인 속도 $v(t)$. (c) $v(t)$의 기울기인 가속도 $a(t)$.

$$v_{avg} = \frac{1}{2}(v_0 + v) \tag{2.4.3}$$

이다. v에 식 2.4.1을 대입하여 정리하면

$$v_{avg} = v_0 + \frac{1}{2}at \tag{2.4.4}$$

이다. 마지막으로 식 2.4.4를 식 2.4.2에 대입하면 다음과 같다.

$$x - x_0 = v_0 t + \frac{1}{2}at^2. \tag{2.4.5}$$

이 식에 $t = 0$을 대입하면 $x = x_0$임을 확인할 수 있다. 또한 식 2.4.5를 미분하면 식 2.4.1을 다시 얻을 수 있다. 그림 2.4.1a는 식 2.4.5를 나타내며 2차함수이므로 곡선이다.

▸ ***나머지 세 개의 식.*** 식 2.4.1과 2.4.5는 *등가속도 운동의 기본방정식*으로서 모든 등가속도 운동에 관한 문제를 푸는 데 사용할 수 있다. 이 방정식을 이용하여 특정한 조건에서 보다 유용한 식도 유도할 수 있다. 등가속도 운동과 관련된 문제에는 최대로 다섯 개의 물리량, 즉 $x - x_0$, v, t, a 및 v_0가 관련되어 있다. 일반적으로 이 중 하나는 그 값을 알든 모르든 상관없다. 따라서 남은 물리량 중 세 개의 물리량으로 네 번째 물리량을 구해야 한다.

식 2.4.1과 2.4.5는 각각 네 개의 물리량을 포함하고 있으나 모두 같은 물리량은 아니다. 식 2.4.1에 "없는 양"은 변위 $x - x_0$이고, 식 2.4.5의 경우에 없는 양은 속도 v이다. 세 가지 방법으로 두 식을 결합하여 세 개의 다른 방정식을 얻을 수 있다. 먼저 두 식에서 t를 없애면 다음 식을 얻는다.

$$v^2 = v_0^2 + 2a(x - x_0). \tag{2.4.6}$$

이 식은 t를 모르거나 알 필요가 없을 경우에 유용하다. 다음에는 식 2.4.1과 2.4.5에서 가속도 a를 없애면

$$x - x_0 = \frac{1}{2}(v_0 + v)t \tag{2.4.7}$$

를 얻을 수 있다. 끝으로 v_0를 없애면 다음 식을 얻는다.

$$x - x_0 = vt - \frac{1}{2}at^2. \tag{2.4.8}$$

식 2.4.5와 2.4.8 사이의 미묘한 차이를 주목하자. 식 2.4.5는 초기속도 v_0를 포함하고, 식 2.4.8은 시간 t에서의 속도 v를 포함하고 있다.

표 2.4.1은 기본적인 등가속도 운동방정식(식 2.4.1, 2.4.5)과 방금 유도한 방정식이

표 2.4.1 등가속도 운동에 관련된 방정식[a]

방정식 번호	방정식	모르는 양
2.4.1	$v = v_0 + at$	$x - x_0$
2.4.5	$x - x_0 = v_0 t + \frac{1}{2}at^2$	v
2.4.6	$v^2 = v_0^2 + 2a(x - x_0)$	t
2.4.7	$x - x_0 = \frac{1}{2}(v_0 + v)t$	a
2.4.8	$x - x_0 = vt - \frac{1}{2}at^2$	v_0

[a]표에 있는 방정식을 사용하기 전에 먼저 가속도가 일정한가를 확인해야 한다.

다. 간단한 등가속도 문제를 풀 때 이 중 하나의 방정식을 사용하면 된다. 유일한 미지의 변수가 문제에서 요구하는 변수인 방정식을 선택한다. 더 간단한 방법은 식 2.4.1과 2.4.5를 기억하고 필요할 때마다 연립 방정식으로 푸는 것이다.

확인문제 2.4.1

다음 방정식은 입자의 위치 $x(t)$를 나타낸다. 표 2.4.1에 주어진 어떤 식이 다음의 각 경우에 적용될 수 있는가?

(1) $x = 3t - 4$ (2) $x = -5t^3 + 4t^2 + 6$ (3) $x = 2/t^2 - 4/t$ (4) $x = 5t^2 - 3$.

보기문제 2.4.1 느린 차를 추월하는 자율주행차

그림 2.4.2a에서 한 사람이 자율주행으로 움직이는 차를 타고, 더 느리게 움직이는 차를 추월하려고 따라간다. 그림 2.4.2b에 이 사람이 자동차 B를 타고 있는 처음 상황을 나타내었다. 느린 차 A의 속력과 위치를 레이더를 이용하여 측정한다. 두 차의 길이는 모두 $L = 4.50$ m이고, 속력은 $v_0 = 22.0$ m/s (49 mi/h로 제한속력보다 작다)이고, 각 방향으로 일차선인 직선 도로에서 움직인다. 느린 차를 추월하라고 요구했을 때 자동차 B는 처음에 A를 거리 뒤에서 쫓아가고 있다. 그렇게 하려면 다가오는 자동차가 올 수 있는 다른 차선으로 움직여야 한다. 자율주행계는 추월이 안전한지 보기 위해 A를 추월할 때 걸리는 시간을 결정해야 한다. 따라서 주행계가 할 첫 단계는 추월시간을 계산하는 것이다.

B가 차선을 바꾸어 속력 $v = 27.0$ m/s(제한속력 60 mi/h)에 도달할 때까지 일정한 $a = 3.50$ m/s^{2}로 가속하고, 거리 3.00L만큼 A 앞에 도달하면 원래 차선으로 돌아간다. (그리고 27.0 m/s를 유지한다.) 차선을 바꾸는 시간은 무시할 수 있다고 가정한다. 그림 2.4.2c는 자동차 B의 뒷부분이 $x_{B1} = 0$에 있고, 자동차 A의 뒷부분은 $x_{A1} = 4L$에 있을 때 가속하기 시작하는 상황을 나타낸다. 그림 2.4.2d는 자동차 B가 원래 차선으로 돌아가려는 순간을 나타낸다. 가속하는 시간과 가속하는 동안 이동한 거리를 t_1과 d_1이라고 하자. B가 A보다 3L 앞서서 다시 차선을 바꾸려고 하여 가속이 끝나는 시간을 t_2라고 하자. 여기서 전체시간 $t_{tot} = t_1 + t_2$를 구하려고 한다. 계산에 필요한 부분은 다음과 같다. (a) t_1과 (b) d_1의 값은 얼마인가? (c) B가 원래 차선으로 돌아갈 준비가 되었을 때 자동차 B의 뒷부분 좌표 x_{B2}를 L, v_0, t_1, t_2로 나타내어라. (d) 바로 그때 자동차 A의 뒷부분 좌표 x_{B2}를 L, v_0, t_1, t_2로 나타내어라. (e) x_{B2}를 x_{A2}와 L로 나타내어라. 모든 결과를 결합하여 다음 값을 구하여라. (f) t_2 (g) t_{tot}.

요점

자동차 B가 가속도 $a = 3.50$ m/s^{2}일 때와 일정한 속력(따라서 일정한 $a = 0$)일 때 모두 일정한 가속도에 대한 식을 적용할 수 있다.

풀이: (a) 추월선에서 B는 처음 속력 $v_0 = 22.0$ m/s에서 최종 속력 $v = 27.0$ m/s까지 일정한 비율 $a = 3.50$ m/s^{2}로 가속한다. 식 2.4.1로부터 가속하는 동안 시간 t_1은 다음과 같다.

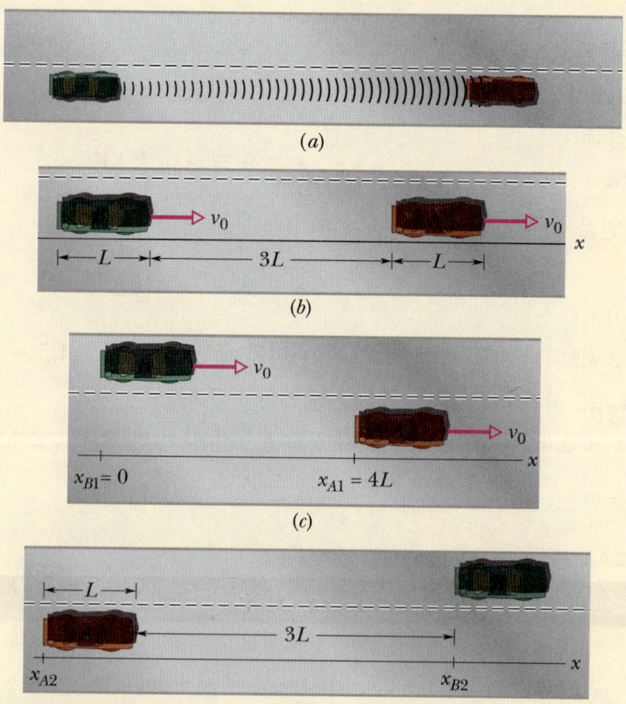

그림 2.4.2 (a) 쫓아가는 차의 레이더가 앞선 차의 거리와 속력을 측정한다. (b) 처음 상황. (c) 따라가는 자동차 B가 추월선으로 이동한다. (d) 자동차 B는 처음 차선으로 돌아오려고 한다.

$$t_1 = \frac{v - v_0}{a} = \frac{(27.0 \text{ m/s}) - (22.0 \text{ m/s})}{3.50 \text{ m/s}^2}$$
$$= 1.4285 \text{ s} \approx 1.43 \text{ s}.$$ 답

(b) 식 2.4.6에서 가속하는 동안 B가 이동한 거리 d_1을 $x - x_0$라고 하자. 그러면 다음과 같이 쓸 수 있다.

$$v^2 = v_0^2 + 2ad_1$$
$$d_1 = \frac{v^2 - v_0^2}{2a} = \frac{(27.0 \text{ m/s})^2 - (22.0 \text{ m/s})^2}{2(3.50 \text{ m/s}^2)}$$
$$= 35.0 \text{ m}.$$ 답

(c) 처음 위치 $x_{B1} = 0$에서 변위 d_1 동안 가속한 후 자동차의 뒷부분은 알려지지 않은 시간 t_2 동안 일정한 속력 v로 움직인다. 그러면 그 위치는 다음과 같다.

$$x_{B2} = d_1 + vt_2.$$ 답

(d) 처음 위치 $x_{A1} = 4L$로부터 자동차 A의 뒷부분은 전체 시간 $t_1 + t_2$ 동안 일정한 속력 v_0로 움직인다. 따라서 그 위치는 다음과 같다.

$$x_{A2} = 4L + v_0(t_1 + t_2).$$ 답

(e) 그러면 자동차 B의 뒷부분은 A의 앞에서 $3L$ 떨어져 있고 따라서 A의 뒤에서 $4L$인 곳에 있다. 따라서 다음을 얻는다.

$$x_{B2} = x_{A2} + 4L.$$ 답

(f) 이 모든 것을 결합하면 다음을 얻는다.

$$x_{B2} = x_{A2} + 4L$$
$$d_1 + vt_2 = 4L + v_0(t_1 + t_2) + 4L$$
$$t_2(v - v_0) = 8L + v_0 t_1 - d_1$$
$$t_2 = \frac{8L + v_0 t_1 - d_1}{v - v_0}$$
$$= \frac{8(4.50) + (22.0 \text{ m/s})(1.4285 \text{ s}) - 35.0 \text{ m}}{(27.0 \text{ m/s}) - (22.0 \text{ m/s})}$$
$$= 6.4854 \text{ s} \approx 6.49 \text{ s}.$$ 답

(g) 전체 시간은 다음과 같다.

$$t_{tot} = t_1 + t_2 = 1.4285 \text{ s} + 6.4854 \text{ s}$$
$$= 7.91 \text{ s}.$$ 답

자동차를 프로그램하는 공학자는 자동차 조정 장치에서 접근하는 다른 차의 속력과 거리를 감지하여 이 시간이 안전한지 결정해야 한다.

보기문제 2.4.2 딱다구리 가속도

딱다구리 부리가 나무 기둥과 첫 번째로 닿을 때 머리는 7.49 m/s의 속력으로 앞으로 움직인다. 부리는 나무에 1.87 mm 만큼 들어간 후 멈춘다. 가속도가 일정하다고 가정하고 가속도 크기를 g로 나타내어라.

요점

일정한 가속도에 대한 공식, 그중에서도 속도와 변위 사이의 관계를 맺는 식 2.4.6($v^2 = v_0^2 + 2a(x - x_0)$)을 사용한다.

풀이: 딱다구리 머리가 정지하므로 최종 속도는 $v = 0$이다. 처음 속도는 $v_0 = 7.49$ m/s이고, 일정한 가속도 운동을 하는 동안 변위는 $x - x_0 = 1.87 \times 10^{-3}$ m이다. 이 값을 식 2.4.6에 대입하면 다음을 얻는다.

$$0^2 = (7.49 \text{ m/s})^2 + 2a(1.87 \times 10^{-3} \text{ m})$$
$$a = -1.500 \times 10^4 \text{ m/s}^2.$$

$g = 9.8$ m/s^{2}로 나누고, 절대값을 취하면 머리의 가속도 크기는

$$a = (1.53 \times 10^3)\, g$$ 답

이다. 딱다구리에 대한 전형적인 가속도 크기는 그림 2.3.1에 있는 Stapp 대령의 가속도보다 약 70배 크고, 분명히 이것은 그에게 치명적일 것이다. 이와 같은 큰 가속도 크기를 견디는 딱다구리의 능력은 잘 이해하지 못하고 있다.

보기문제 2.4.3 일정한 가속도, v를 x에 대해 그린 그래프

그림 2.4.3에 입자가 x축을 따라 일정한 가속도로 움직일 때 속도 v를 위치의 함수로 나타내었다. 위치 $x = 0$에서 속도는 얼마인가?

요점

일정한 가속도에 대한 공식 중 속도와 위치 사이의 관계를 맺는 식 2.4.6($v^2 = v_0^2 + 2a(x - x_0)$)을 쓰면 된다.

첫 번째 시도: 보통 구하려고 하는 변수를 포함하는 식을 사용하려고 한다. 식 2.4.6에서 x_0를 0으로, v_0를 구하려고 하는 변수로 정할 수 있다. 그러면 둘째 쌍의 값은 v와 x이다. 그래프로부터 이와 같은 쌍은 (1) $v = 8$ m/s와 $x = 20$ m/s (2) $v = 0$과 $x = 70$ m이다. 예를 들어 식 2.4.6을

$$(8\text{ m/s})^2 = v_0^2 + 2a(20\text{ m} - 0)$$

으로 쓸 수 있다. 그러나 v_0도 x도 모른다.

두 번째 시도: 구하려고 하는 변수를 직접 사용하는 대신 알고 있는 두 쌍의 자료로 식 2.4.6을 이용하자. 첫 번째 쌍은 $v_0 = 8$ m/s, $x_0 = 20$ m이고, 두 번째 쌍은 $v = 0$, $x = 70$ m이다. 그러면

$$(0\text{ m/s})^2 = (8\text{ m/s})^2 + 2a(70\text{ m} - 20\text{ m})$$

으로 쓸 수 있다. 이로부터 $a = -0.64\text{ m/s}^2$를 얻는다. 이 값을 첫 식에 대입하고 (위치 $x = 0$일 때 속도인) v_0에 대해 풀면 다음을 얻는다.

$$v_0 = 9.5\text{ m/s}.$$ 답

어떤 문제에서는 구하려고 하는 변수를 포함하는 식을 사용한다. 더 도전적인 문제에서는 먼저 구하려고 하는 변수가 포함되지 않은 식을 이용하지만, 이로 인해 그것을 구할 때 필요한 값을 얻는다. 가끔 이 과정은 간접적이므로 *물리학적 용기*가 필요하다. 그러나 많은 문제를 풀어서 풀이 능력을 기르면, 이 과정은 점점 용기는 덜 필요하고, 심지어는 명백할 것이다. 물리학이든 사회학이든 어떤 종류의 문제를 풀더라도 연습이 필요하다.

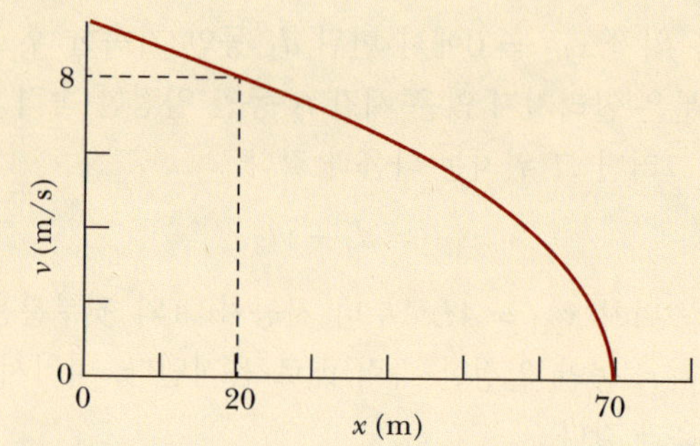

그림 2.4.3 위치에 대한 속도

등가속도 운동의 다른 표현*

표 2.4.1의 처음 두 방정식은 다른 방정식을 유도할 수 있는 기본 방정식이다. a가 일정할 경우 가속도를 적분하여 두 식을 얻을 수 있다. 먼저 식 2.4.1을 유도해 보자. 가속도의 정의 식 2.3.2를

$$dv = a\,dt$$

로 쓸 수 있다. 양변을 다음과 같이 *부정적분* 한다.

$$\int dv = \int a\,dt.$$

가속도 a는 상수로 적분 기호 밖으로 나갈 수 있으므로

$$\int dv = a\int dt$$

에서 다음 식을 얻는다.

$$v = at + C. \tag{2.4.9}$$

적분상수 C를 구하기 위하여 식 2.4.9에 시간 $t = 0$을 대입한다. 이때 속도 $v = v_0$이므로 다음과 같이 적분상수 C를 구할 수 있다.

$$v_0 = (a)(0) + C = C.$$

이 값을 식 2.4.9에 대입하면 식 2.4.1을 얻는다.

*이 절은 적분에 대한 사전지식이 필요하다.

식 2.4.5를 유도하기 위하여 속도의 정의 식 2.2.1을

$$dx = v\,dt$$

로 써보자. 양변을 다음과 같이 부정적분 한다.

$$\int dx = \int v\,dt.$$

그러나 식 2.4.1을 v에 대입하면

$$\int dx = \int (v_0 + at)\,dt$$

를 얻는다. v_0는 상수이고 가속도 a도 일정하므로 이 식을

$$\int dx = v_0 \int dt + a \int t\,dt$$

로 쓸 수 있다. 이 적분을 계산하면 다음을 얻는다.

$$x = v_0 t + \tfrac{1}{2}at^2 + C'. \tag{2.4.10}$$

여기서 C'은 적분상수이다. 시간 $t = 0$일 때 위치 $x = x_0$이므로 이 값을 식 2.4.10에 대입하면 $x_0 = C'$이 된다. 식 2.4.10에서 C'을 x_0로 바꾸면 식 2.4.5가 된다.

2.5 ▸ 자유낙하 가속도

요점_*Key Ideas*

1. 일정한 가속도로 일직선 상에서 운동하는 중요한 예는 지구 표면에서 물체가 자유롭게 올라갔다 떨어지는 것이다. 일정한 가속도에 대한 방정식으로 이 운동을 기술하지만 표기방법에서 두 가지를 바꾼다. (1) 운동을 수직방향의 y축으로 하며 $+y$ 방향은 위 방향이다. (2) a를 $-g$로 바꾼다. 여기서 g는 자유낙하 가속도이다. 지구 표면 근처에서 그 값은 다음과 같다.

$$g = 9.8 \text{ m/s}^2 = 32 \text{ ft/s}^2.$$

학습목표_*Learning Objectives*

이 단원을 읽은 후 다음을 이해해야 한다.

2.5.1 (위로든 아래로든) 입자가 자유운동을 하고 있고, 운동에 대해 공기의 효과를 무시한다면 입자는 일정하게 아래 방향의 가속도를 가지며 그 크기 g는 9.8 m/s^{2}이다.

2.5.2 일정한 가속도에 대한 식을(표 2.4.1) 자유낙하 운동에 적용한다.

▶▶ 자유낙하 가속도

어떤 물체를 위 또는 아래로 던질 때 물체에 작용하는 공기의 영향을 무시할 수 있다면 물체가 일정한 비율로 아래 방향으로 가속되는 것을 알 수 있다. 이 비율을 **자유낙하 가속도**라고 부르며 그 크기를 g로 나타낸다. 자유낙하 가속도는 물체의 질량, 밀도, 모양 등의 특성과는 상관없고 모든 물체에 대해 동일하다.

그림 2.5.1는 자유낙하하는 깃털과 사과의 연속사진이다. 두 물체가 떨어질 때 같은 비율 g로 아래 방향으로 가속된다. 즉, 두 물체의 속력은 같은 비율로 증가하므로 함께 떨어진다.

g 값은 위도와 고도에 따라 약간씩 다르다. 중위도 해수면 위에서의 값은 9.8 m/s^2 (32 ft/s^2)이다. 이 책에서는 별다른 언급이 없으면 이 값을 정확한 숫자로 간주하고 문제를 풀어야 한다.

© Jim Sugar/CORBIS

그림 2.5.1 진공 중에서 같은 가속도의 크기 g로 자유낙하하는 깃털과 사과. 동일한 시간 간격 동안에 낙하한 거리는 가속도 때문에 계속해서 증가한다. 공기의 저항이 없다면 깃털과 사과는 같이 떨어진다.

표 2.4.1의 등가속도 운동방정식을 지면 근처의 자유낙하 운동에 적용할 수 있다. 즉, 공기의 저항을 무시할 수 있을 때 위 또는 아래로 수직운동을 하는 물체에 적용시킬 수 있다. 자유낙하의 경우 (1) 운동방향은 x축 대신에 수직인 y축으로 잡고 위 방향을 양의 값으로 취한다. (2) 이때 자유낙하 가속도는 y축의 아래 방향, 즉 지구중심으로 향하는 방향으로 음의 값을 가진다. 따라서 방정식에서 가속도는 $-g$ 값을 가진다.

지면 근처에서 자유낙하 가속도는 $a = -g = -9.8 \text{ m/s}^2$이고, 가속도의 *크기*는 $g = 9.8 \text{ m/s}^2$이다. g에 -9.8 m/s^2을 대입하지 말아야 한다.

토마토를 초기속도 v_0로 위로 던졌다가 토마토를 던진 위치에서 받는 경우를 생각해 보자. *자유낙하*하는 동안(손을 떠나서 다시 받기 직전까지) 표 2.4.1의 방정식을 적용할 수 있다. 가속도는 항상 음의 값인 $a = -g = -9.8 \text{ m/s}^2$이므로 아래 방향을 향하고 있다. 그러나 속도는 식 2.4.1과 2.4.6처럼 변한다. 토마토가 올라가는 동안 속도는 양이며 그 크기는 감소하다가 최고 높이에서는 0이 된다. 그 후 내려오는 동안에 속도는 음이며 그 크기는 증가한다.

확인문제 2.5.1

(a) 공을 수직 위로 던지면 공을 던지는 점에서 최고점까지 올라가는 동안 공의 변위의 부호는 무엇인가? (b) 최고점에서 처음 지점으로 떨어지는 동안 변위의 부호는 무엇인가? (c) 최고점에서 공의 가속도는 얼마인가?

보기문제 2.5.1 나이아가라 폭포에서 떨어지는 시간 재기

1993년 9월 26일 Dave Munday는 공기 구멍이 있는 강철 공 안에 들어가 캐나다 쪽에 있는 나이아가라 폭포로 올라가서, 48 m를 떨어져 물에 빠졌다(그리고 진동했다). 처음 속도를 0으로 가정하고, 떨어지는 동안 공에 작용하는 공기의 효과는 무시한다.

(a) Munday가 수면에 떨어질 때까지 걸린 시간은 얼마인가?

요점

Munday는 자유낙하했으므로 표 2.4.1의 일정한 가속도 공식을 적용한다.

풀이: 떨어지는 경로를 y축으로 잡아 출발점을 $y = 0$으로 하고, 위 방향을 양의 방향으로 정한다(그림 2.5.2). 그러면 이 축을 따라 가속도는 $a = -g$이고, 수면은 $y = -48$ m에 있다. ($y = 0$ 아래에 있으므로 음수이다.) 처음 속도 $v_0 = 0$로 $t = 0$에서 떨어진다고 하자.

표 2.4.1에서 (y로 표기하여) 식 2.4.5를 선택한다. 왜냐하면 이 식이 구하려고 하는 시간 t를 포함하기 때문이다. 그러면 다음을 얻는다.

$$y - y_0 = v_0 t - \tfrac{1}{2}gt^2,$$
$$-48 \text{ m} - 0 = 0t - \tfrac{1}{2}(9.8 \text{ m/s}^2)t^2,$$
$$t^2 = 48/4.9,$$
$$t = 3.1 \text{ s}. \quad \text{(답)}$$

Munday의 변위 $y - y_0$는 음수라는 것을 주목하여라. Munday는 축의 *음의 방향*인 아래로 떨어졌다. (위로 떨어지지 않았다!) 또한 48/4.9의 제곱근은 3.1과 −3.1이 있다는 것을 주목하여라. 여기서 양의 값을 선택한다. 왜냐하면 Munday는 분명히 $t = 0$에서 떨어지기 시작한 후 수면에 도달하기 때문이다.

(b) Munday는 자유낙하하는 동안 3초는 셀 수 있지만, 매초마다 얼마나 떨어졌는지 알 수 없었다. 매초마다 위치를 결정하여라.

풀이: 다시 식 2.4.5를 사용하지만, 이제 값 1.0 s, 2.0 s, 3.0 s를 대입하고 Munday의 위치 y에 대해 푼다. 그 결과를 그림

2.5.2에 나타내었다.

(c) Munday가 수면에 도달했을 때 속력은 얼마인가?

풀이: (a)에서 추락 시간을 사용하지 않고 원래 자료로부터 속도를 구하려면 식 2.4.6을 y로 표현하고 알고 있는 자료를 대입한다.

$$v^2 = v_0^2 - 2g(y - y_0) = 0 - 2(9.8\ \text{m/s}^2)(-48\ \text{m}),$$
$$v \approx -31\ \text{m/s} = -100\ \text{km/h}. \qquad \text{(답)}$$

여기서는 속도가 음의 방향이므로 음수인 답을 선택한다.

(d) 일 초씩 셀 때마다 Munday 속력은 얼마인가? 그는 증가하는 속력을 알고 있는가?

풀이: (b)에서 구한 위치를 사용하지 않고 원래 자료로부터 속도를 구하려면 식 2.4.1에 $a = -g$로 놓고, 차례대로 $t = 1.0$ s, 2.0 s, 3.0 s를 대입한다. 한 예는 다음과 같다.

$$v = v_0 - gt$$
$$= 0 - (9.8\ \text{m/s}^2)(1.0\ \text{s}) = -9.8\ \text{m/s}. \qquad \text{(답)}$$

다른 결과는 그림 2.5.2에 나타내었다.

일단 자유낙하하면 Munday는 속력이 증가하는 것을 알 수 없다. 왜냐하면 떨어지는 동안 가속도는 그림 2.5.2의 마지막 행에 나타낸 것처럼 항상 $-9.8\ \text{m/s}^2$이기 때문이다. 물론 그는 수면과 부딪칠 때 가속도가 급격하게 변하므로 이것을 실감할 수 있다. Munday는 이 추락에서 살아남을 수 있었지만, 이 무모한 행동으로 거액의 벌금을 내야 했다.

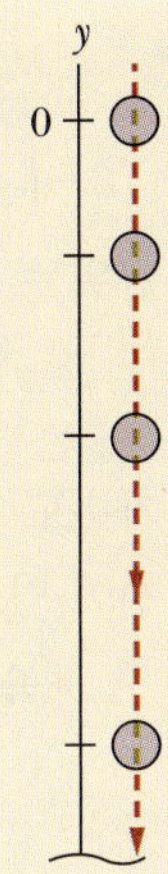

t (s)	y (m)	v (m/s)	a (m/s²)
0	0	0	−9.8
1	−4.9	−9.8	−9.8
2	−19.6	−19.6	−9.8
3	−44.1	−29.4	−9.8
	−48.0		−9.8

그림 2.5.2 자유낙하하는 물체, 여기서는 나이아가라 폭포 위에서 Dave Munday가 탄 강철공의 위치, 속도, 가속도.

2.6 ▸ 그래프 적분을 이용한 운동 해석

학습목표 *Learning Objectives*

이 단원을 읽은 후 다음을 이해해야 한다.

2.6.1 가속도를 시간으로 나타낸 그래프에서 입자의 속도변화를 그래프 적분을 이용하여 결정한다.

2.6.2 속도를 시간으로 나타낸 그래프에서 입자의 위치변화를 그래프 적분을 이용하여 결정한다.

요점 *Key Ideas*

1. 가속도 a와 시간 t의 그래프에서 속도의 변화는 다음과 같다.

$$v_1 - v_0 = \int_{t_0}^{t_1} a\, dt.$$

이 적분은 그래프에서 면적을 구하는 것이다.

$$\int_{t_0}^{t_1} a\, dt = \left(\begin{array}{l}\text{시간축에서 } t_0\text{와 } t_1 \text{ 사이에 있는 가속}\\ \text{도 곡선 아래에 있는 면적}\end{array}\right).$$

2. 속도 v와 시간 t의 그래프에서 위치의 변화는 다음과 같다.

$$x_1 - x_0 = \int_{t_0}^{t_1} v\, dt.$$

여기서 그래프로부터 얻은 적분의 의미는 다음과 같다.

$$\int_{t_0}^{t_1} v\, dt = \left(\begin{array}{l}\text{시간축에서 } t_0\text{와 } t_1 \text{ 사이에 있는}\\ \text{속도 곡선 아래에 있는 면적}\end{array}\right).$$

▶ 그래프 적분을 이용한 운동 해석

▸***가속도 적분하기.*** 물체의 가속도와 시간 관계의 그래프에서 적분하여 어떤 주어진 시간에서 물체의 속도를 구할 수 있다. 가속도 a가 $a = dv/dt$로 정의되므로 미적분학의 기본 정리에 의하여

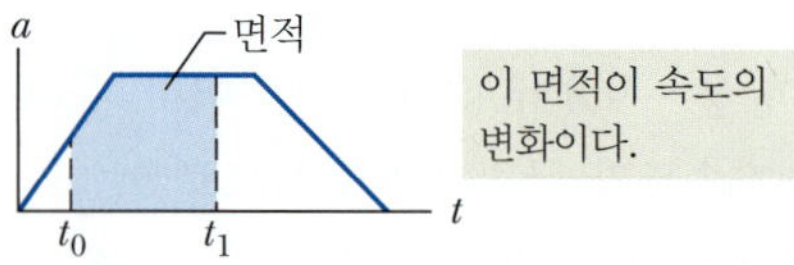

(a)

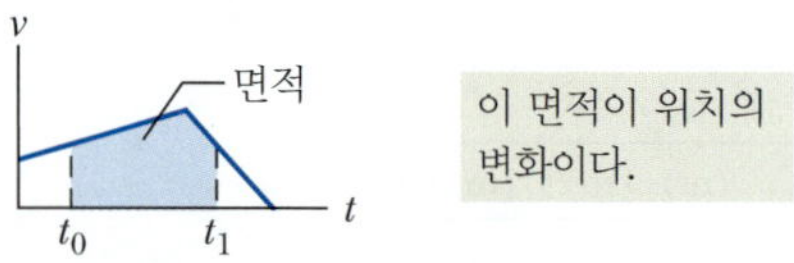

(b)

그림 2.6.1 (a) 시간 t에 대한 가속도 a의 그래프. (b) 시간 t에 대한 속도 v의 그래프에서 곡선과 시간 t_0에서 t_1까지 수평 시간축이 이루는 면적이 나타나 있다.

$$v_1 - v_0 = \int_{t_0}^{t_1} a\,dt \tag{2.6.1}$$

를 얻을 수 있다. 오른쪽 항은 정적분이며(정적분하면 함수가 아니라 값을 얻는다), v_0는 시간 t_0일 때의 속도이고, v_1은 나중 시간 t_1에서의 속도이다. 그림 2.6.1a처럼 정적분은 $a(t)$ 그래프에서 계산할 수 있다. 특히 다음과 같은 뜻이 있다.

$$\int_{t_0}^{t_1} a\,dt = \left(\begin{array}{c}\text{시간 } t_0\text{에서 } t_1\text{까지 시간축과}\\ \text{가속도 곡선 사이의 면적}\end{array}\right). \tag{2.6.2}$$

가속도의 단위가 1 m/s^{2}이고 시간의 단위가 1 s인 경우, 그래프에서 면적에 대응하는 단위는 다음과 같이 속도의 단위이다.

$$(1\ \text{m/s}^2)(1\ \text{s}) = 1\ \text{m/s}.$$

가속도 곡선이 시간축의 윗부분에 있으면 면적은 양의 값이고, 시간축의 아랫부분에 곡선이 있으면 음의 값이다.

▸**속도.** v는 $v = dx/dt$로 정의하므로 같은 방법으로

$$x_1 - x_0 = \int_{t_0}^{t_1} v\,dt \tag{2.6.3}$$

로 쓸 수 있다. x_0와 x_1은 시간이 t_0, t_1일 때의 위치이다. 식 2.6.3의 우변에 있는 정적분은 그림 2.6.1b처럼 $v(t)$ 그래프에서 계산할 수 있다. 특히 다음과 같은 뜻이 있다.

$$\int_{t_0}^{t_1} v\,dt = \left(\begin{array}{c}\text{시간 } t_0\text{에서 } t_1\text{까지 시간축과}\\ \text{속도 곡선 사이의 면적}\end{array}\right). \tag{2.6.4}$$

속도의 단위가 1 m/s이고 시간의 단위가 1 s인 경우, 그래프에서 면적에 대응하는 단위는 다음과 같이 위치나 변위의 단위이다.

$$(1\ \text{m/s})(1\ \text{s}) = 1\ \text{m}.$$

그림 2.6.1a에서 $a(t)$ 곡선에 대한 설명과 같은 방법으로 면적의 부호도 결정된다.

➡ 확인문제 2.6.1

(a) 속도 v와 시간 t의 그래프로부터 위치함수 Δx를 구하기 위해 그래프 방법으로 그래프를 적분하는가, 혹은 그래프의 기울기를 구하는가? (b) 가속도를 구하려면 무엇을 해야 하는가?

▶ 보기문제 2.6.1 *a* 대 *t*의 그래프 적분, 채찍성 부상

앞 자동차의 후면을 정면으로 추돌하는 자동차 사고에서 "채찍성 부상"이 자주 발생한다. 1970년대에 이르러, 목 부상의 원인이 앞차 승객의 머리가 좌석 위 뒤쪽으로 채찍처럼 젖혀지기 때문이라고 결론을 내렸다. 이에 따라 자동차 좌석에 머리 받침대를 설치하였지만, 자동차 후면 추돌사고에서 여전히 목 부상이 발생하고 있다.

자동차 추돌 시 목 부상을 연구하기 위하여 운전자 모형을 자리에 묶고, 10.5 km/h로 달리는 뒤차가 추돌하는 모의 실험을 위하여, 좌석을 갑자기 움직인다. 충돌이 일어난 시간을 t = 0으로 두고, 충돌하는 동안 운전사의 몸통과 머리의 가속도를 그림 2.6.2a에 각각 나타내었다. 충돌 직후부터 40 ms 동안은 좌석이 운전자를 누르기 때문에 운전자 몸통

의 가속도는 40 ms만큼 지연되었다. 운전자 머리의 가속도는 추가로 70 ms 더 지연되었다. 머리가 가속되기 시작할 때 몸통의 속력은 얼마인가?

요점

몸통의 가속도 $a(t)$ 그래프에서 면적을 구하여 몸통의 속력을 어느 시간에서나 계산할 수 있다.

풀이: "충돌"이 시작되는 시각 $t_0 = 0$에서 몸통의 초기속력이 $v_0 = 0$임을 알고 있다. 따라서 머리가 가속되기 시작하는 시각 $t_1 = 110$ ms에서 몸통의 속력 v_1을 구하여야 한다.

식 2.6.1과 식 2.6.2를 결합하면 다음과 같다.

$$v_1 - v_0 = \begin{pmatrix} \text{시간 } t_0\text{에서 } t_1\text{까지 시간축과} \\ \text{가속도 곡선 사이의 면적} \end{pmatrix}. \tag{2.6.5}$$

이 면적을 편의상 세 부분으로 나눠보자(그림 2.6.2*b* 참조). 시간 0부터 40 ms까지의 영역 A는 면적이 0이다.

$$\text{면적}_A = 0.$$

40 ms부터 100 ms까지의 영역 B는 삼각형이므로, 면적은

$$\text{면적}_B = \tfrac{1}{2}(0.060 \text{ s})(50 \text{ m/s}^2) = 1.5 \text{ m/s}$$

이고, 100 ms부터 110 ms까지의 영역 C는 직사각형이므로,

$$\text{면적}_C = (0.010 \text{ s})(50 \text{ m/s}^2) = 0.50 \text{ m/s}$$

이다. 위에서 구한 값과 $v_0 = 0$을 식 2.6.5에 대입하면

$$v_1 - 0 = 0 + 1.5 \text{ m/s} + 0.50 \text{ m/s}$$

에서, v_1은 다음과 같다.

$$v_1 = 2.0 \text{ m/s} = 7.2 \text{ km/h}.$$ (답)

논의: 머리가 앞 방향으로 움직이기 시작할 때 몸통의 속력은 이미 7.2 km/h이다. 연구자들은 자동차 추돌의 초기단계에서 몸통과 머리의 속력이 차이나기 때문에 목 부상이 일어난다고 주장한다. 머리가 갑자기 뒤로 젖혀지는 것은 이미 목 부상이 발생한 후이기 때문에 목 부상이 치명적일 수 있다. 특히 머리 받침대가 없을 경우 더 심각하다.

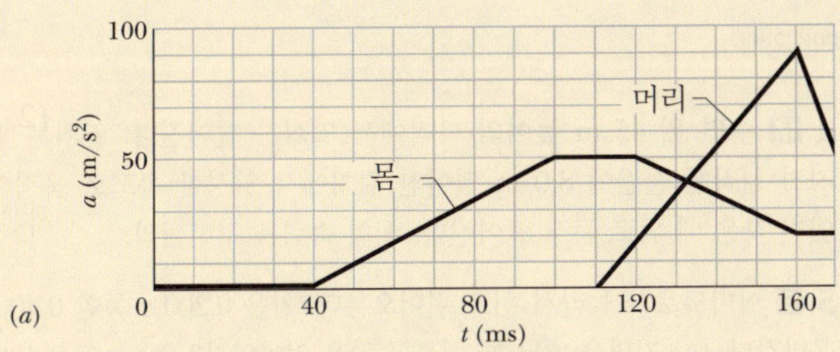

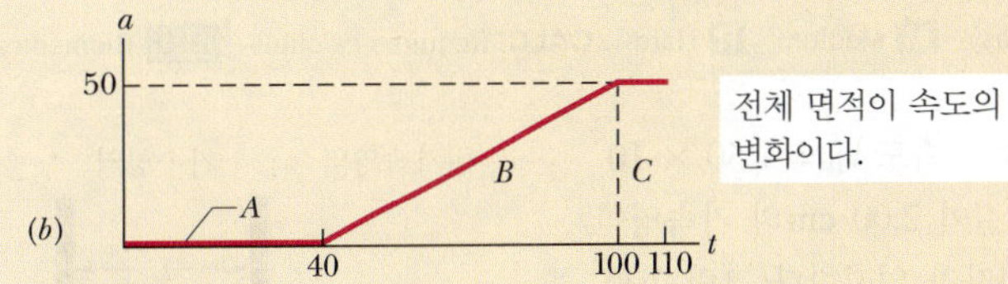

그림 2.6.2 (*a*) 자동차 추돌 모의실험에서 운전사 몸통과 머리의 $a(t)$ 곡선. (*b*) 시간축과 곡선 사이의 면적을 쉽게 계산하기 위하여 세 영역으로 분리한다.

▶ **교육용 비디오는 웹사이트 www.wiley.com에서 볼 수 있다.**

정리 및 요약 _Review & Summary

▸ ***위치*** x축 위에 있는 입자의 *위치* x는 축의 **원점** 또는 영점에 대한 입자의 위치이다. 입자가 원점에 대하여 어느 쪽에 있느냐에 따라 위치가 양수 또는 음수가 되며, 원점에 있으면 0이다. 축에서 **양의 방향**은 양의 수로 증가하는 방향이고, 반대방향은 **음의 방향**이다.

▸ ***변위*** 입자의 *변위* Δx는 위치의 변화이며 다음과 같은 벡터량이다.

$$\Delta x = x_2 - x_1. \tag{2.1.1}$$

입자가 x축 양의 방향으로 움직이면 변위는 양이며, 입자가 음의 방향으로 움직이면 음이다.

▸ ***평균속도*** 시간간격 $\Delta t = t_2 - t_1$ 동안 입자가 위치 x_1에서 x_2로 움직일 때, 입자의 *평균속도*는 다음과 같다.

$$v_{avg} = \frac{\Delta x}{\Delta t} = \frac{x_2 - x_1}{t_2 - t_1}. \tag{2.1.2}$$

v_{avg}는 벡터량이고, 부호는 운동의 방향을 나타낸다. 평균속도는 입자가 움직인 실제 거리와는 무관하고 초기위치와 최종위치에 의존한다.

$x(t)$의 그래프에서 시간간격 Δt 동안의 평균속도는 시간간격의 양 끝점을 나타내는 곡선의 두 점을 연결하는 직선의 기울기이다.

▸ ***평균속력*** 시간간격 Δt 동안 입자의 *평균속력* s_{avg}는 그동안 입자가 움직인 전체 거리와 다음과 같은 관계가 있다.

$$s_{avg} = \frac{\text{총 거리}}{\Delta t}. \tag{2.1.3}$$

▸ ***순간속도*** 움직이는 입자의 *순간속도*(간단히 속도)는

$$v = \lim_{\Delta t \to 0} \frac{\Delta x}{\Delta t} = \frac{dx}{dt} \tag{2.2.1}$$

로 정의한다. Δx와 Δt는 식 2.1.2로 주어진다. 어느 시간의 순간속도는 $x(t)$의 그래프에서 그 시간에서의 기울기와 같다. **속력**은 순간속도의 크기이다.

▸***평균가속도*** 시간간격 Δt 동안의 *평균가속도*는 시간간격 Δt에 대한 속도변화 Δv의 비율로 다음과 같다.

$$a_{avg} = \frac{\Delta v}{\Delta t}. \tag{2.3.1}$$

부호는 a_{avg}의 방향을 나타낸다.

▸***순간가속도*** *순간가속도*(또는 가속도) a는 속도 $v(t)$의 시간에 대한 1차미분 또는 위치 $x(t)$의 시간에 대한 2차미분으로 다음과 같다.

$$a = \frac{dv}{dt} = \frac{d^2x}{dt^2}. \tag{2.3.2, 2.3.3}$$

시간 t에서 가속도 a는 $v(t)$의 t에서의 곡선 기울기이다.

▸***등가속도*** 표 2.4.1의 다섯 개 방정식은 일정한 가속도를 가지는 입자의 운동을 기술한다.

$$v = v_0 + at. \tag{2.4.1}$$

$$x - x_0 = v_0 t + \tfrac{1}{2}at^2. \tag{2.4.5}$$

$$v^2 = v_0^2 + 2a(x - x_0). \tag{2.4.6}$$

$$x - x_0 = \tfrac{1}{2}(v_0 + v)t. \tag{2.4.7}$$

$$x - x_0 = vt - \tfrac{1}{2}at^2. \tag{2.4.8}$$

가속도가 일정하지 않으면 이 식은 성립되지 *않는다.*

▸***자유낙하 가속도*** 등가속도 직선운동의 중요한 예는 지면 근처에서 자유롭게 수직으로 움직이는 물체의 운동이다. 등가속도 방정식으로 이 운동을 기술할 때 다음을 유의해야 한다. (1) 운동은 수직인 y축에서 일어나고 위 방향이 $+y$이다. (2) 가속도 a는 $-g$이며, 지면 근처에서 자유낙하 가속도의 크기는 $g = 9.8\ \text{m/s}^2$이다.

연습문제 _Problems

E Easy M Medium H Hard CALC Requires calculus BIO Biomedical application

1 E 처음 속도 $v_0 = 1.50 \times 10^5$ m/s로 길이 2.00 cm의 가속영역으로 전자가 입사한다(그림 2.1). 가속영역을 통과한 직후 전자의 속도는 $v = 5.70 \times 10^6$ m/s이다. 가속도가 일정하다고 가정하고 가속도를 구하여라.

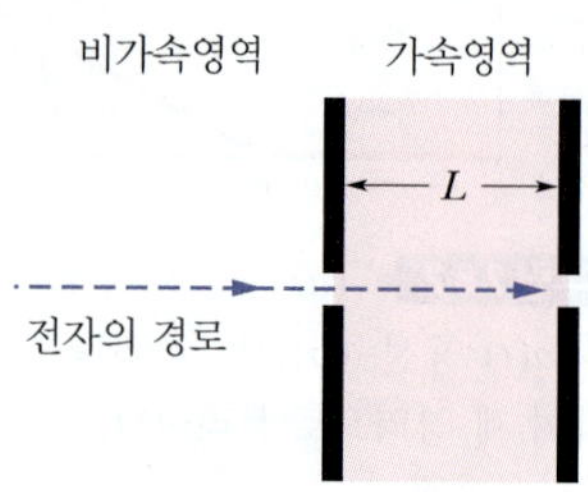

그림 2.1 연습문제 1

2 E CALC x축을 따라 움직이는 입자의 위치가 $x = 12t^2 - 2t^3$으로 변하며, x는 미터, y는 초 단위이다. $t = 2.0$ s에서 입자의 (a) 위치 (b) 속도 (c) 가속도를 구하여라. (d) 입자가 도달하는 양의 최대 위치와 (e) 이때의 시간을 구하여라. (f) 입자가 도달하는 양의 최대 속도와 (g) 이때의 시간을 구하여라. (h) ($t = 0$을 제외하고) 입자가 정지하는 순간 입자의 가속도를 구하여라. (i) $t = 0$과 $t = 3$ s 사이에서 입자의 평균속도를 구하여라.

3 M 그림 2.2는 일정한 가속도로 x축을 따라 움직이는 입자의 운동이다. 수직축 값은 $x_s = 9.0$ m이다. 가속도의 (a) 크기와 (b) 방향을 구하여라.

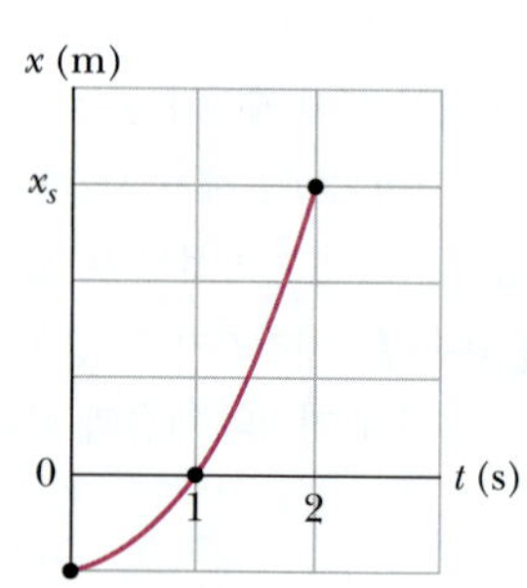

그림 2.2 연습문제 3

4 M 수면 위 45 m 높이의 다리에서 열쇠가 떨어진다. 열쇠는 떨어지기 시작한 순간에 8.0 m 떨어진 위치에서 일정한 속도로 움직이고 있던 작은 배 위로 곧장 떨어진다. 배의 속력을 구하여라.

5 E 아마딜로가 놀라서 위로 뛰어오른다. 처음 0.200 s 동안 0.400 m 올라갔다. (a) 지면을 떠날 때 처음 속력은 얼마인가? (b) 높이 0.400 m에서 속력은 얼마인가? (c) 얼마나 높이 올라가는가?

6 H BIO 농구선수가 리바운드 공을 잡기 위하여 수직으로 70.0 cm 뛰어 오른다. (a) 이 점프 윗부분의 15.0 cm에서 걸리는 전체 시간(올라갈 때와 내려올 때)을 구하여라. (b) 아래쪽 15.0 cm에서 걸리는 시간을 구하여라. (이 점프의 윗부분에서 농구선수는 떠있는 것처럼 보인다.)

7 M BIO CALC 그림 2.3에 달리는 사람의 속도를 시간에 대한 그래프로 나타내었다. 그래프에서 16 s까지 이동한 거리는 얼마인가? 그림의 수직축 눈금은 $v_s = 8.0$ m/s이다.

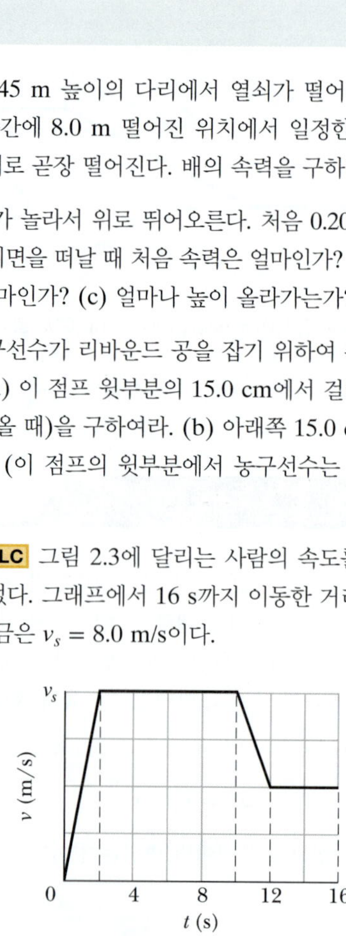

그림 2.3 연습문제 7

8 E CALC x축을 따라 움직이는 전자의 위치는 $x = 12te^{-(1.0\text{ s})t}$ m (t는 초)로 변한다. 전자가 잠시 멈춘 곳은 원점에서 얼마나 멀리 떨어졌는가?

9 E 다음 두 경우 평균속도를 구하여라. (a) 직선 경로를 따라서 1.22 m/s의 속력으로 73.2 m를 걷고, 2.78 m/s의 속력으로 73.2 m를 달리는 경우 (b) 직선경로를 따라서 1.22 m/s의 속력으로 1분 동안 걷고, 2.78 m/s의 속력으로 1분 동안 달리는 경우, (c) 위의 두 경우에 대하여 x를 t의 그래프로 그리고, 그래프에서 평균속도를 어떻게 구하는지를 나타내어라.

10 M CALC x축을 따라 움직이는 입자의 위치가 cm 단위로 $x = 10.75 + 1.50t^3$이다. t의 단위는 초이다. (a) $t = 2.00$ s와 $t = 3.00$ s 사이의 평균속도 (b) $t = 2.00$ s에서의 순간속도 (c) $t = 3.00$에서의 순간속도 (d) $t = 2.50$ s에서의 순간속도 (e) 입자가 $t = 2.00$ s의 위치와 $t = 3.00$ s의 위치의 중간에 있을 때의 순간속도를 구하여라. (f) $x(t)$의 그래프를 그리고 위의 답들을 표시하여라.

11 E 공사장에서 렌치가 20 m/s의 속력으로 지면에 부딪친다. (a) 어느 높이에서 부주의하게 떨어뜨렸는가? (b) 얼마 동안 떨어지는가? (c) 렌치에 대해 y, v, a를 t의 그래프로 그래프를 그려라.

12 H 다른 행성 표면에서 공을 수직으로 쏘아올렸다. 그림 2.4에 공의 y를 t의 그래프로 나타내었다. 여기서 y는 시작점 위로 공의 높이이고, 공을 쏜 순간을 $t = 0$으로 놓았다. 그림에서 수직축의 눈금은 $y_s = 24.0$ m로 정했다. 다음의 크기를 구하여라. (a) 행성의 자유낙하 가속도 (b) 공의 처음 속도.

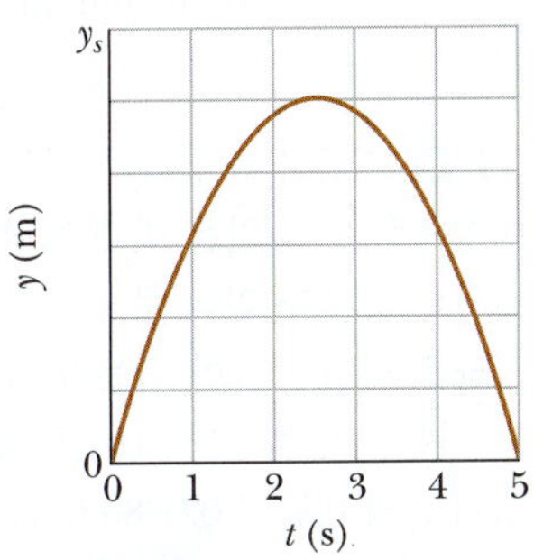

그림 2.4 연습문제 12

13 M 기상풍선이 일정한 속력으로 상승하는 도중 묶은 끈이 풀리면서 실려 있던 과학장비 중 하나가 떨어져 나와 자유낙하하기 시작한다. 그림 2.5에 끈이 풀리기 전부터 물체가 지표면에 도달할 때까지 시간에 따른 장비의 수직속도를 나타내었다. (a) 끈이 풀린 지점에서 기구가 올라간 최대 높이를 구하여라. (b) 끈이 풀리는 점부터 지표면으로부터의 높이를 구하여라.

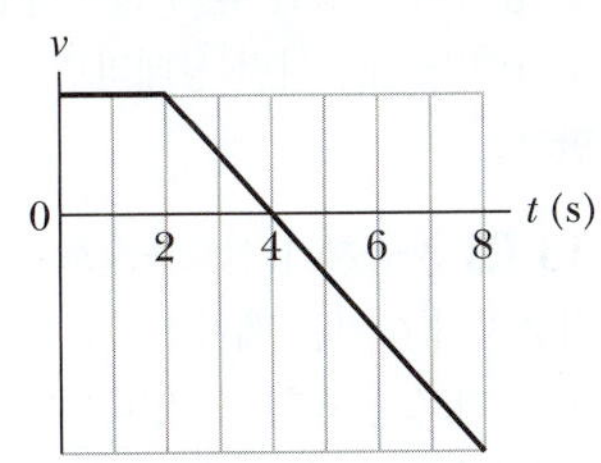

그림 2.5 연습문제 13

14 H CALC 두 입자가 x축을 따라 움직인다. 입자 1의 위치는 $x = 6.00\,t^2 + 3.00\,t + 2.00$이다(시간은 초 길이는 미터이다). 한편 입자 2의 가속도는 $a = -8.00\,t$(m/s^2)이고, $t = 0$에서 속도는 10.0 m/s이다. 두 입자의 속도가 같을 때 그 값은 얼마인가?

15 M $t = 0$에서 $t = 5.00$분까지 사람이 가만히 서있다가, $t = 5.00$분에서 $t = 10.0$분까지 1.50 m/s로 직선 위로 걸어간다. 2.00분과 8.00분의 시간 간격 동안 (a) 평균속도 v_{avg} (b) 평균가속도 a_{avg}를 구하여라. 3.00분과 9.00분의 시간 간격 동안 (c) v_{avg}, (d) a_{avg}는 얼마인가? (e) x와 v를 t의 함수로 그리고 (a)부터 (d)에서 구한 답을 그래프에서 어떻게 구할 수 있는지 나타내어라.

16 E 마른 도로에서 새 타이어를 장착한 자동차가 브레이크를 밟으면 4.92 m/s^{2}의 등가속도로 감속할 수 있다. (a) 28.2 m/s의 속도에서 정지할 때까지 걸리는 시간을 구하여라. (b) 이 시간 동안 움직인 거리를 구하여라. (c) 감속하는 동안 $x(t)$와 $v(t)$의 그래프를 그려라.

17 M CALC x축을 따라 움직이는 입자의 위치가 $x = ct^2 - bt^3$으로 변하며, x는 미터이고 t는 초 단위이다. (a) 상수 c와 (b) 상수 b의 단위는 무엇인가? 이 상수를 각각 3.00과 4.00이라고 하자. (c) x축 양의 최대 위치에 도달하는 시간을 구하여라. $t = 0$에서 $t = 4$ s 사이에 (d) 입자가 움직인 거리와 (e) 입자의 변위를 구하여라. 시간이 (f) (g) 1.0 s, (h) 2.0 s, (i) 3.0 s일 때 입자의 속도를 구하여라. 시간이 (j) 1.0 s, (k) 2.0 s, (l) 3.0 s, (m) 4.0 s일 때, 입자의 가속도를 구하여라.

18 H *교통량 충격파.* 교통량이 증가하여 차량의 흐름이 자동차 행렬을 따라 펄스 모양으로 자동차 진행 방향, 혹은 반대 방향으로, 혹은 정체되는 현상을 교통량 *충격파*라고 부른다. 그림 2.6에 $v_s = 4.00$ m/s의 느린 속력으로 일정한 간격으로 진행하는 자동차 행렬의 뒤에서 $v = 25.0$ m의 빠른 속력으로 달려오는 일정한 간격의 자동차들을 나타내었다. 빠른 속력으로 달려오는 자동차가 이 행렬에 들어올 때마다 $L = 12.0$ m(자동차의 길이와 완충 길이의 합)씩 거리가 더해진다고 하자. (a) 빠른 자동차들의 분리거리 d가 얼마이면 충격파가 정상상태를 유지하는가? 분리거리가 2배로 늘어나면 충격파의 (b) 속력과 (c) 방향은 무엇인가.

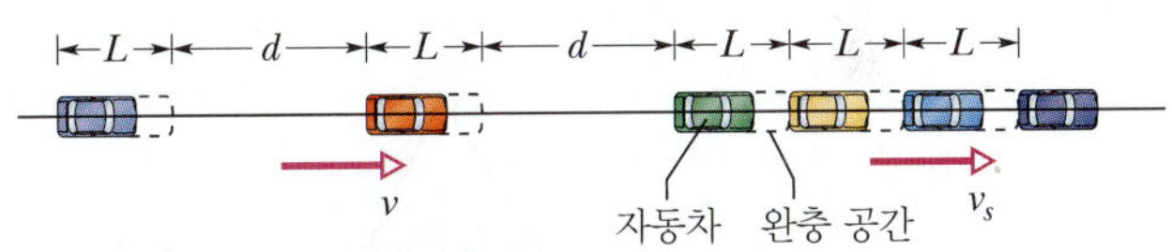

그림 2.6 연습문제 18

19 E CALC x축을 따라 움직이는 물체의 위치가 $x = 9.0\,t - 4.0\,t^2 + t^3$으로 변하며, x는 미터이고 t는 초 단위이다. 다음의 시간에서 물체의 위치를 구하여라. (a) 1 s (b) 2 s (c) 3 s (d) 4 s. (e) $t = 0$과 $t = 4$ s 사이에서 물체의 변위를 구하여라. (f) $t = 2$ s에서 $t = 4$ s까지 시간 간격 동안 물체의 평균속도를 구하여라. (g) $t = 0$과 $t = 4$ s 사이에서 $x(t)$의 그래프를 그리고 그래프에서 (f)의 답을 어떻게 구하는지 나타내어라.

20 E x자동차가 100 km/h로 운전할 때 재치기를 세게 하는 0.500 s 동안 눈을 감았을 때 얼마나 이동하는가?

21 E CALC x축을 따라 움직이는 입자의 위치함수가 $x(t) = 9.00 - 6.00\,t^2$이다. x의 단위는 미터이고 t는 초단위이다. 입자가 (순간적으로) 정지하는 (a) 시간과 (b) 위치를 구하여라. 입자가 원점을 지나가는 (c) 음의 시간과 (d) 양의 시간을 구하여라. (e) -5s에서 $+5$s 사이에서 $x(t)$의 그래프를 그려라. (f) 그래프에서 오른편으로 곡선을 이동시키려면 $x(t)$에 $+20t$를 더해야 하는가, 아니면 $-20t$를 더해야 하

는가? (g) 입자가 순간적으로 멈추는 경우, 더해준 항은 x의 값을 증가시키는가, 감소시키는가?

22 M 테니스공의 상태를 시험하기 위하여 4.00 m 높이에서 마루로 공을 떨어뜨렸더니 테니스공이 2.00 m 높이까지 튀어 올랐다. (a) 공이 마루와 접촉하는 18.0 ms 동안 평균가속도의 크기를 구하여라. (b) 평균가속도의 방향은 위인가, 아래인가?

23 M 자동차 A와 B가 옆 차선에서 같은 방향으로 움직인다. 자동차 A의 위치 x는 시간 $t = 0$부터 7.0 s까지 그림 2.7에 나타내었다. 그림의 수직축의 눈금은 $x_s = 32.0$ m이다. $t = 0$에서 자동차 B는 $x = 0$에서 속도 12 m/s, 일정한 음의 가속도 a_B로 움직인다. (a) 자동차가 $t = 4.0$ s에서 (순간적으로) 나란히(순간적으로 같은 x값) 있기 위한 값은 얼마인가? (b) 이 a_B 값에서 자동차는 몇 번이나 나란히 있는가? (c) 그림 2.15에 자동차 B의 위치 x를 t의 함수로 그려라. 다음의 경우 자동차는 몇 번이나 나란히 있는가? 가속도 a_B의 크기가 (a)의 경우보다 (b) 큰 경우 (c) 작은 경우.

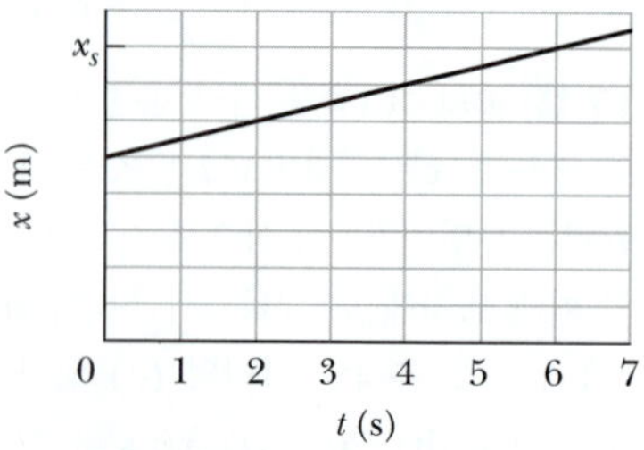

그림 2.7 연습문제 23

24 M BIO CALC 도롱뇽은 혀를 포물체처럼 발사하여 먹이를 잡는다. 혀의 뼈 부분을 앞으로 내밀면 혀의 나머지 부분이 펴지면서 먹잇감에 도달하여 붙잡는다. 그림 2.8에 가속도의 크기 a를 가속구간 별로 시간의 함수로 나타낸 그래프이며, $a_2 = 400$ m/s^2, $a_1 = 100$ m/s^{2}이다. 가속구간의 끝에서 혀가 바깥으로 향하는 속력은 얼마인가?

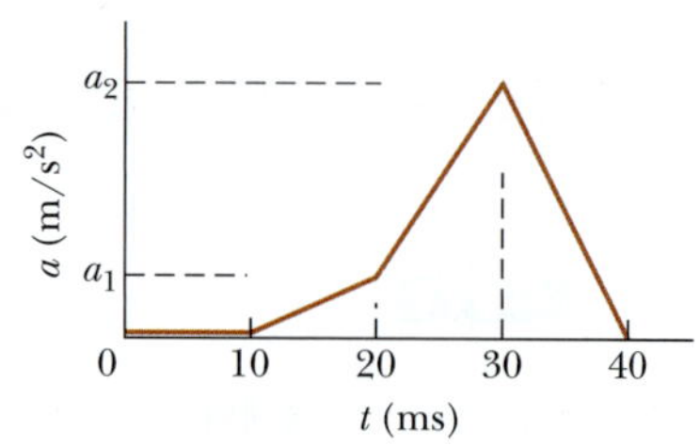

그림 2.8 연습문제 24

25 E 지상 높이가 35.0 m인 건물 지붕에서 초기속력 12.0 m/s로 돌을 수직방향 아래로 던진다. (a) 돌이 지표면에 도달하는 데 걸리는 시간을 구하여라. (b) 지표면에 도달할 때 돌의 속력을 구하여라.

26 E 자동차의 브레이크는 자동차를 5.2 m/s^{2}의 일정한 비율로 감속시킬 수 있다. (a) 운전자가 137 km/h로 과속운전을 하다가 경찰차를 보고 급브레이크를 밟았다. 제한속력인 80 km/h가 될 때까지 걸리는 시간을 구하여라. (b) 감속과정에서 $x(t)$와 $v(t)$의 그래프를 그려라.

27 M (a) 지하철에서 승객이 견딜 수 있는 최대 가속도는 1.34 m/s^{2}이고, 두 지하철 정거장은 900 m 떨어져 있다. 지하철이 두 정거장 사이에서 낼 수 있는 최대속력을 구하여라. (b) 두 정거장 사이의 이동시간을 구하여라. (c) 지하철이 각 정거장에서 20 s 동안 정차한다면 정차시간을 포함한 지하철의 최대 평균속력을 구하여라. (d) 한 역을 출발하여 다음 역을 출발할 때까지의 구간동안에 $x(t)$, $v(t)$, $a(t)$의 그래프를 그려라.

28 E 어떤 시간에 입자의 속력이 x축 양의 방향으로 18 m/s이다. 3.0 s 후에 입자의 속력이 반대 방향으로 30 m/s가 되었다. 3.0 s 동안 입자의 평균가속도를 구하여라.

29 E CALC (a) 입자의 위치가 $x = 9 - 12t = 3t^2$ (x는 미터이고 t는 초)로 주어질 때 $t = 1$ s에서 속도는 얼마인가? (b) 이때 입자가 움직이는 x 방향은 양의 방향인가 음의 방향인가? (c) 속력은 얼마인가? (d) 이때 속력은 증가하는가 감소하는가? (다음 두 질문에는 계산을 하지 말고 답하여라.) (e) 속도가 0이 되는 순간이 있는가? 0이 된다면 이때 t는 얼마인가? 만일 0이 되는 순간이 없으면 아니라고 답하여라. (f) $t = 3$ s 이후 입자가 x축 음의 방향으로 움직이는 시간이 있는가? 만일 음의 방향으로 움직이면 시간 t를 구하고, 그렇지 않으면 아니라고 답하여라.

30 E BIO 1992년 Chris Huber가 자전거 세계 신기록을 수립하였다. 200 m 직선구간에서 그가 세운 기록은 6.509 s였는데, 그는 "Cogito ergo zoom!"(나는 생각한다. 고로 나는 빨리 간다!)라고 말했다. 그러나 2001년 Sam Whittingham이 Huber의 기록을 19 km/h 만큼 깨트렸다. Whittingham이 200 m 직선구간을 지나간 시간을 구하여라.

31 M 기록을 수립하기 위하여 경주용 자동차가 시간 t_1 동안은 한 방향으로, t_2 동안은 반대 방향으로 달린 직선거리 d를 측정한다. (a) 바람의 효과를 없앤 무풍상태의 속력 v_c를 얻기 위하여 d/t_1과 d/t_2의 평균을 각각 구해야 하는가? (방법 1) 아니면 d를 t_1과 t_2의 평균값으로 나누어야 하는가? (b) 일정한 바람이 불어서 풍속 v_w와 자동차의 속력 v_c의 비율이 0.0280일 때 두 방법에서 비율의 차이는 얼마인가?

32 E 빗방울이 구름에서 지표면까지 1900 m 떨어진다. (a) 빗방울이 공기의 저항을 받지 않는다면 빗방울이 지표면에 도달할 때 속력을 구하여라. (b) 이런 상태라면 폭우가 쏟아질 때 밖에서 걷는 것이 안전한가?

33 M 자동차가 신호등으로 다가갈 때 신호등이 노란색으로 바뀌었다. 자동차의 속력은 제한속력인 $v_0 = 55$ km/h이며, 최대한 $a = 5.18$ m/s^{2}의 크기로 감속할 수 있다. 운전자가 신호등을 보고 브레이크를 작동할 때까지 걸리는 최소시간은 T = 0.75 s이다. 교차로까지의 거리와 노란색 신호의 지속시간이 다음과 같이 각각 주어진 경우, 신호등이 빨간색으로 바뀌고 난 후 자동차의 앞부분이 교차로로 들어가지 않기 위하여 자동차를 멈추려고 운전사는 브레이크를 밟아야 하는가, 아니면 계속 55 km/h의 속도로 달려야 하는가? (a) 40 m와 2.8 s (b) 32 m와 1.8 s. 다음 중 하나로 답하여라. 브레이크를 작동시켜야 한다, 계속 달려야 한다. 두 경우 모두 가능하다. 어떤 방법으로도 할 수 없고 노란 신호등 시간은 부적절하다.

34 H 텍사스의 샌안토니오에서 휴스턴까지 고속도로를 달린다. 걸린 *시간*의 반은 55.0 km/h로, 나머지 반은 80.0 km/h로 달렸다. 되돌아올 때는 절반의 *거리*를 55.0 km/h로 나머지 절반의 거리를 80.0 km/h로 달렸다. (a) 샌안토니오에서 휴스턴까지 갈 때 (b) 휴스

턴에서 샌안토니오로 돌아올 때 (c) 전체 구간에서의 평균속력을 각각 구하여라. (d) 전체 구간에서 평균속도를 구하여라. (e) 모든 운동이 x축 양의 방향이라고 가정하고 $x(t)$의 그래프를 그려라. 그래프에서 평균속도를 어떻게 구하는지 나타내어라.

35 E BIO CALC 그림 2.6.2*a*는 후면충돌에서 사람의 머리와 몸통의 가속도 그래프이다. 머리가 최고 가속도일 때 (a) 머리와 (b) 몸통의 속력을 구하여라.

36 E BIO 지상에서 수립한 최고 속력은 1954년 3월 John P. Stapp 대령이 로켓으로 추진하는 썰매를 타고 세운 1020 km/h이다. 이 속도로 달리다가 1.35 s만에 정지하였다(그림 2.3.1 참조). 썰매가 멈추는 동안 Stapp 대령이 느끼는 가속도를 g의 단위로 나타내어라.

37 E BIO *쏘아대는 버섯.* 어떤 버섯은 자신의 포자를 투석기처럼 쏘아 내보낸다. 공기의 습도가 증가하면 포자의 위쪽에는 방울 형태로 아래쪽에는 박막 형태로 물이 응집되면서 자라기 시작한다. 이때 물방울의 무게로 포자가 휘어지다가 박막과 만나면 방울의 물이 갑자기 박막으로 흩어지면서 포자가 용수철처럼 공기 중으로 튀어 나간다. 이때 포자는 10.0 μm를 따라 발사하는 동안 속력이 1.6 m/s가 된다. 그리고 1.0 mm 지나서는 속력이 0으로 감소한다. 가속도가 일정하다고 가정하고 이 자료를 이용하여 (a) 발사 기간 (b) 감소 기간 동안 포자의 가속도를 g 단위로 각각 구하여라.

38 E CALC (a) 입자의 위치가 $x = 25\,t - 6.0t^3$이다. x는 미터이고 t는 초 단위이다. 입자의 속도가 0이 되는 경우가 있다면 언제인가? (b) 가속도 a가 0일 때는 언제인가? (c) 가속도 a가 음의 값을 가지는 시간영역(양이든 음이든)을 구하여라. (d) 가속도 a가 양의 값을 가지는 시간영역을 구하여라. (e) $x(t)$, $v(t)$, $a(t)$의 그래프를 그려라.

39 E 자동차 운전자가 브레이크를 밟아 장애물에서 24.0 m 앞에 있을 때 차의 속력이 56.0 km/h였다. 그리고 1.80 s 후 자동차는 장애물과 충돌하였다. (a) 충돌하기 전 자동차의 등가속도 크기를 구하여라. (b) 충돌할 때 자동차의 속력을 구하여라.

40 M *공포의 탈출.* 그림 2.9에 잠긴 문을 향해 달려가는 사람들의 모습을 나타내었다. 문 쪽으로 달려가는 사람의 속력은 $v_s = 3.00$ m/s, 사람의 폭은 $d = 0.25$ m이고, 각자는 L = 1.75 m만큼 떨어져 있다. 그림 2.17은 $t = 0$인 순간의 모습이다. (a) 문 앞에 쌓이는 사람 층이 증가하는 평균비율은 얼마인가? (b) 언제 사람 층의 깊이가 5.00 m에 도달하는가? (답을 구해보면 이 상황이 얼마나 빨리 위험해지는지 알 수 있다.)

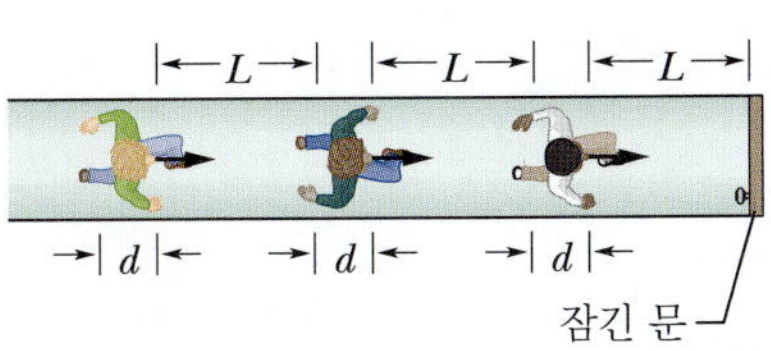

그림 2.9 연습문제 40

41 E (a) 공을 지표면에서 수직으로 40 m 높이까지 던지려면 처음 속력이 얼마이어야 되는가? (b) 공은 공중에 얼마나 떠있는가? (c) 공에 대한 $y(t)$, $v(t)$와 $a(t)$의 그래프를 그려라. 그리고 첫 두 그래프에서 50 m 높이에 도달하는 시간을 나타내어라.

42 M 샤워기에서 물방울이 180 cm 아래 바닥으로 떨어진다. 물방울은 같은 시간 간격으로 떨어져서 네 번째 물방울이 떨어지기 시작하는 순간에 첫 물방울이 바닥에 도달한다. 첫 물방울이 바닥에 도달할 때 (a) 두 번째 물방울과 (b) 세 번째 물방울은 샤워기에서 얼마나 떨어져 있는가?

43 M 축축한 진흙 공이 15.0 m 아래 지표면으로 낙하한다. 공은 멈추기 전에 지표면과 15.0 ms 동안 접촉한다. (a) 지표면과 접촉하는 시간 동안 공의 평균가속도 크기를 구하여라(공을 입자로 가정한다). (b) 평균가속도의 방향은 위인가, 아래인가?

44 H 졸린 고양이가 열린 창문을 통해 위로 올라갔다 내려오는 화분을 보고 있다. 화분은 전체 0.50 s 동안 보였으며, 창문의 위에서 아래까지의 높이는 1.80 m이다. 화분이 창문 위로 올라가는 최고 높이는 얼마인가?

45 E 우주선이 중력이 없는 우주에서 비행하는 동안 우주선 안의 사람이 정상적인 중력을 느끼도록 9.8 m/s^{2}의 일정한 가속도로 움직인다고 가정하자. (a) 우주선이 정지상태에서 출발할 경우 광속 (3.0×10^8 m/s)의 5.0%에 도달하는 데 걸리는 시간을 구하여라. (b) 이 시간 동안 우주선의 비행거리를 구하여라.

46 E 전기자동차가 정지상태에서 출발하여 직선구간에서 20 m/s의 속력에 도달할 때까지 2.0 m/s^{2}의 비율로 가속한 후, 0.50 m/s^{2}의 비율로 감속하여 정지한다. (a) 출발부터 정지할 때까지 걸린 시간을 구하여라. (b) 출발부터 정지할 때까지 이동한 거리를 구하여라.

47 M 자동차가 축을 따라 1000 m의 거리를 $x = 0$에서 정지상태에서 출발하여 $x = 1000$ m에서 다시 정지한다. 처음 1/4의 거리에서 자동차의 가속도는 +2.25 m/s^{2}이고, 나머지 거리에서 가속도는 −0.750 m/s^{2}이다. (a) 1000 m를 이동하는 데 걸리는 시간을 구하여라. (b) 자동차의 최고속력을 구하여라. (c) 시간 t에 대해 위치 x, 속도 v 및 가속도 a의 그래프를 그려라.

48 M 그림 2.10에 x축과 평행한 두 인접 차선에서 서로 반대 방향으로 달리는 동일한 두 자동차(빨간색과 초록색)가 있다. $t = 0$일 때 빨간색 자동차는 $x_r = 0$에 있고 초록색 자동차는 $x_g = 220$ m에 있다. 빨간색 자동차가 20 km/h의 일정한 속도로 달린다면 두 자동차는 $x = 44.5$ m에서 서로 지나치고, 40 km/h의 속도일 때 $x = 76.6$ m에서 서로 지나친다. 초록색 자동차의 (a) 초기속도와 (b) 가속도를 구하여라.

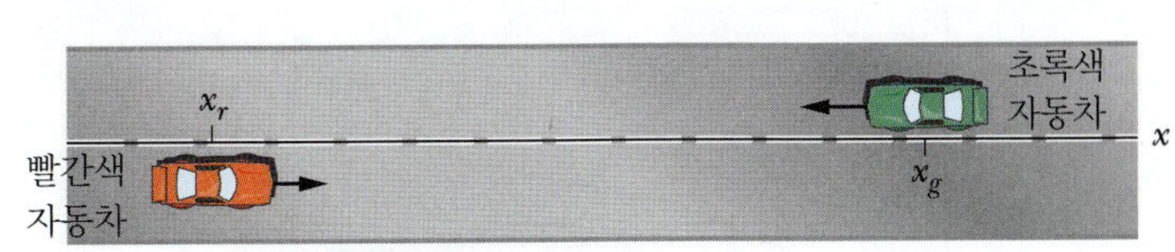

그림 2.10 연습문제 48, 49

49 M 그림 2.10에 서로 다가오는 빨간색 자동차와 초록색 자동차를 나타낸다. 그림 2.11에 시간 $t = 0$에서 위치 $x_{g0} = 270$ m와 $x_{r0} = -35.0$ m를 표시한 운동의 그래프이다. 초록색 자동차는 20.0 m/s의

일정한 속력으로 움직이고, 빨간 자동차는 정지상태에서 출발한다. 빨간 차의 가속도 크기를 구하여라.

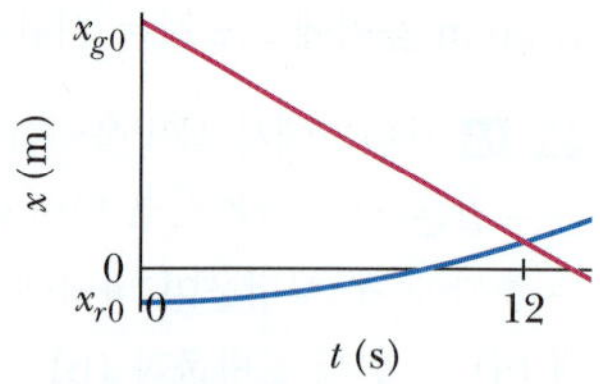

그림 2.11 연습문제 49

50 H 자동차 운전자가 25 m만큼 떨어져 아무런 표시가 없는 경찰차를 따라가면서 휴대폰으로 이야기를 하고 있다. 자동차와 경찰차는 110 km/h로 달리고 있다. 자동차 운전사가 휴대폰으로 이야기하는 2.0 s 동안 경찰차를 보지 못했다. (전화를 보고 "그런 짓은 안할 거야!"라고 소리치기 충분히 길다.) 이 2.0 s 동안 경찰이 갑자기 브레이크를 밟아 5.0 m/s^{2}으로 감속하기 시작하였다. (a) 운전사가 위험을 깨닫기 시작할 때 두 자동차 사이의 거리를 구하여라. 운전사가 위험을 감지하고 브레이크를 밟을 때까지 0.40 s가 걸린다고 가정하여라. (b) 운전사 역시 5.0 m/s^{2}으로 브레이크를 밟는다면 경찰차와 추돌할 때의 속력을 구하여라.

51 M 시간 $t = 0$에 돌을 지표면에서 수직 위로 던져 올렸다. $t = 1.5$ s에 돌이 높은 탑의 꼭대기를 넘었고, 그로부터 1.3 s 후 최고 높이에 도달한다. 탑의 높이를 구하여라.

52 E 자동차가 직선도로의 처음 50 km는 30 km/h로 움직인다. 같은 방향으로 다음 50 km는 60 km/h로 달린다. (a) 전체 100 km를 달리는 동안의 평균속도를 구하여라. (양의 x축 방향으로 달린다고 가정한다.) (b) 평균속력을 구하여라. (c) $x(t)$의 그래프를 그리고, 그래프에서 어떻게 평균속력을 구하는지를 나타내어라.

53 M 고속도로로 280 km만큼 떨어진 다른 도시에서 면접을 하기 위하여 자동차를 운전하여 가려고 한다. 인터뷰는 오전 11시 15분인데, 오전 8시에 출발하여 100 km/h로 달려서 약간의 여유 시간을 가지려고 한다. 처음 100 km는 이 속력으로 운전을 하였지만, 도로 공사로 인하여 다음 40 km를 40 km/h로 달렸다. 인터뷰에 늦지 않기 위해 나머지 구간에서는 최소 어떤 속력을 유지해야 하는가?

54 M BIO CALC 태권도의 정권 앞지르기를 하면 허리에서 주먹이 갑자기 앞으로 나가면서 팔이 완전히 펴지게 된다. 그림 2.12은 태권도 선수 주먹의 속력 $v(t)$이며, 수직축 눈금은 8.0 m/s이다. (a) 시간 $t = 50$ ms에 주먹은 얼마나 이동하는가? (b) 언제 주먹의 속력이 최대가 되는가?

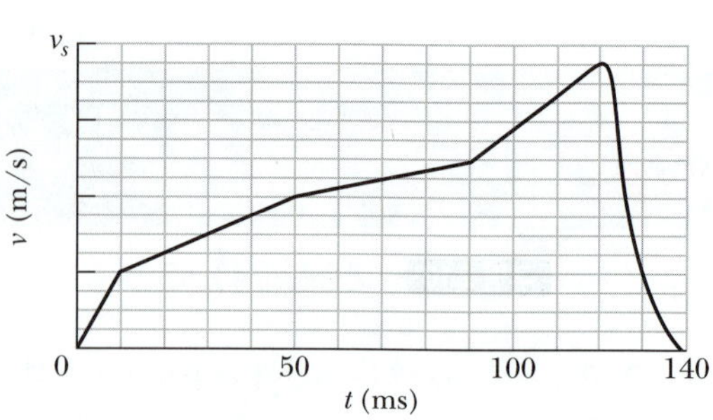

그림 2.12 연습문제 54

55 M 공사 중인 다리에서 볼트가 다리 아래 계곡으로 70.0 m 떨어진다. (a) 낙하거리의 마지막 20%를 지나는 데 걸리는 시간을 구하여라. (b) 볼트가 낙하 거리의 마지막 20%를 들어설 때의 속력을 구하여라. (c) 다리 아래 계곡에 도달할 때 볼트의 속력을 구하여라.

56 M BIO CALC 날아오는 축구공을 헤딩하여 공의 방향을 바꿀 때 충돌하는 동안 머리의 가속도가 중요하다. 그림 2.13은 정지상태에서 시작하여 헬멧을 착용하였을 때와 착용하지 않았을 때 축구 선수의 머리에서 측정한 가속도 $a(t)$이며, 수직축 눈금은 $a_s = 200$ m/s^{2}이다. 시간 $t = 7.0$ ms에서 헬멧을 착용한 상태와 착용하지 않았을 때 머리가 갖는 속력의 차이를 구하여라.

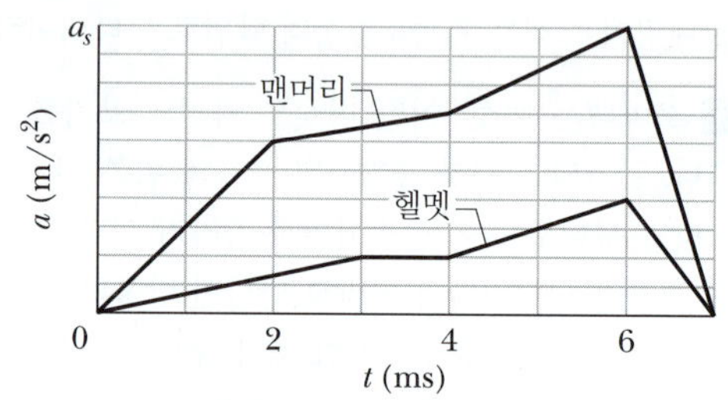

그림 2.13 연습문제 56

57 E 기본입자인 뮤온이 2.00×10^6 m/s의 속력으로 어떤 영역에 입사한 후 1.25×10^{14} m/s^{2}의 비율로 감속한다. (a) 뮤온이 정지할 때까지 이동한 거리를 구하여라. (b) 뮤온의 $x(t)$ 및 $v(t)$의 그래프를 그려라.

58 E 어떤 승강기의 최고 속력은 305 m/min, 전체 이동거리는 190 m, 1.40 m/s^{2}의 가속도로 정지상태에서 출발했다가 다시 정지한다. (a) 정지상태에서 승강기가 최고속력으로 가속될 때까지 움직인 거리를 구하여라. (b) 정지상태에서 출발하여 다시 정지할 때까지 승강기가 멈추지 않고 190 m를 이동하는 데 걸리는 시간을 구하여라.

59 H 161 km/h로 운행하고 있는 고속열차가 커브를 돌 때 기관사는 $D = 676$ m 앞에서 철길에 잘못 들어와 마주 오는 다른 기관차를 보고 깜짝 놀랐다(그림 2.14). 기관차는 29.0 km/h로 움직이고 있다. 고속열차의 기관사는 즉시 브레이크를 작동시켰다. (a) 충돌을 피하기 위한 감속도의 크기를 구하여라. (b) 시간 $t = 0$에서 기관사가 기관차를 처음 보았을 때의 위치를 $x = 0$이라고 가정하자. 충돌을 가까스로 피하게 될 때와 충돌을 피할 수 없을 경우 기관차와 고속열차의 $x(t)$ 그래프를 각각 그려라.

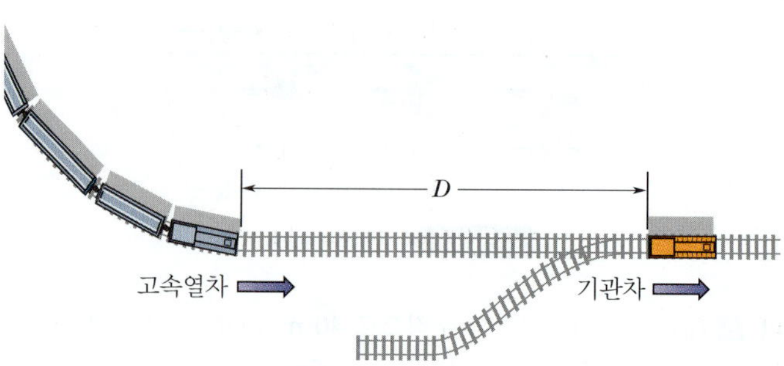

그림 2.14 연습문제 59

60 E 전자가 일정한 가속도 $+2.8\ \text{m/s}^2$를 갖는다. 어떤 순간 그 속도는 $+9.60$ m/s이다. 이보다 (a) 2.50s 전에 (b) 2.50 s 후에 속도를 구하여라.

61 E 자동차가 40 km/h의 속력으로 언덕을 올라갔다가 70 km/h의 일정한 속력으로 내려온다. 왕복운동의 평균속력을 구하여라.

62 E 12 m/s의 비율로 올라가는 열기구가 지상 60 m에 도달했을 때 열기구 밖으로 물건을 옆으로 떨어뜨렸다. (a) 물건이 지표면에 도달하는 데 걸리는 시간을 구하여라. (b) 지표면에 도달할 때의 속력을 구하여라.

63 H 건물의 지붕에서 떨어진 강철공이 유리창을 지나간다. 유리창의 윗부분에서 아랫부분까지 1.20 m의 거리를 지나는 데 0.100 s가 걸린다. 도로로 떨어진 공은 다시 튀어 올라 유리창을 지나는 데 0.100 s 걸린다. 위로의 운동이 낙하할 때와 정반대라고 가정하자. 공이 유리창 아래에 있는 시간은 2.00 s이다. 건물의 높이를 구하여라.

64 M 높이 38.0 m인 다리 위에서 강에 돌을 떨어뜨린다. 1.00 s 후에 다른 돌을 수직 아래로 던졌다. 두 돌은 동시에 강물에 떨어졌다. (a) 두 번째 돌의 초기속력을 구하여라. (b) 각각의 돌에 대한 속도와 시간 사이의 관계를 하나의 그래프에 그려라. 첫 번째 돌이 떨어지는 순간의 시간을 0으로 택하여라.

65 M 시간 $t = 0$에서 사과 1을 다리에서 다리 아래에 있는 길로 떨어뜨렸다. 약간 후 사과 2를 같은 높이에서 아래로 던졌다. 그림 2.15에 두 사과가 모든 길에 부딪칠 때까지 떨어지는 동안 사과의 수직위치 y를 t의 그래프로 나타내었다. 수평축의 눈금은 $t_s = 1.0$ s이다. 사과 2는 대략 어떤 속력으로 던졌는가?

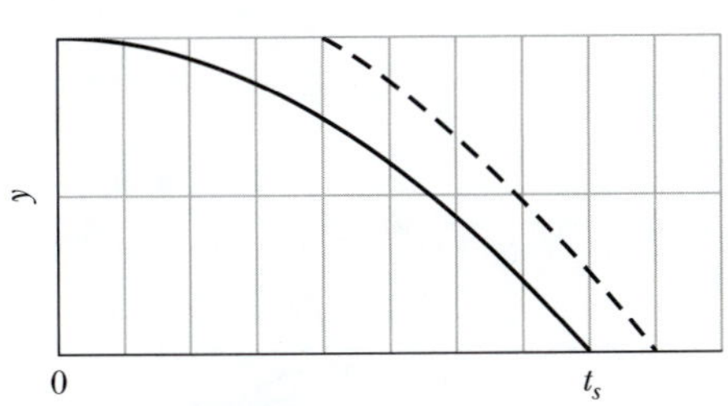

그림 2.15 연습문제 65

66 M 어떤 물체가 정지상태에서 거리 h만큼 떨어진다. 마지막 2.00 s 동안 0.500 h를 떨어졌을 때 (a) 낙하시간과 (b) 낙하하는 높이를 구하여라. (c) t에 관한 이차방정식에서 얻는 두 개의 해 중 물리적으로 받아들일 수 없는 답을 설명하여라.

67 M 같은 선로를 따라 달리는 두 기차의 기관사가 갑자기 두 기차가 서로를 향해 달리고 있음을 알고 기차를 감속시켰다. 그림 2.16에 두 기차의 속도 v를 시간 t의 함수로 나타내었다. 그림의 수직축의 눈금은 은 $v_s = 40.0$ m/s이다. 기차가 200 미터만큼 떨어져 있을 때 감속이 시작되었다면, 두 기차가 모두 멈추었을 때 이들 사이의 간격을 구하여라.

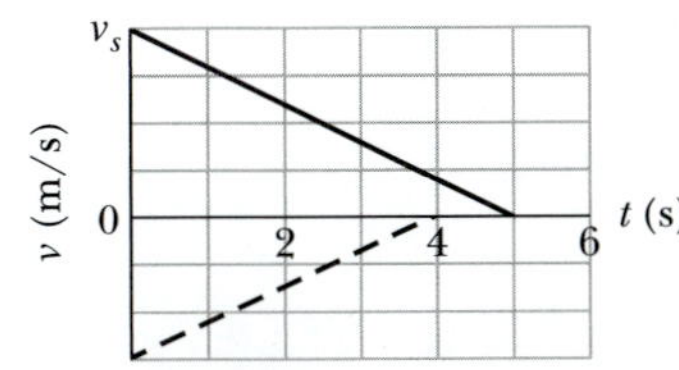

그림 2.16 연습문제 67

68 M 그림 2.17에 y축을 따라 수직으로 던져 올린 공의 높이 h와 속력 v의 관계를 나타내었다. 거리 d는 0.50 m이다. 높이 y_A에서 공의 속력은 v_A이고, 높이 y_B에서 공의 속력은 $\frac{1}{3}v_A$이다. 속력 v_A를 구하여라.

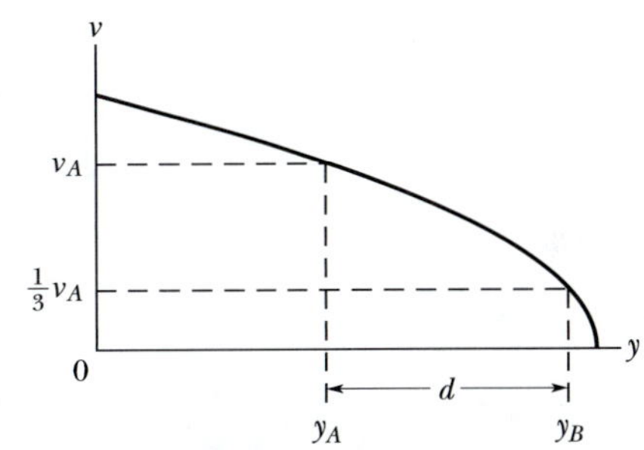

그림 2.17 연습문제 68

69 M BIO 1 km 달리기 경기에서 1번 트랙의 주자(2분 27.95초)가 2번 트랙의 주자(2분 28.00초)보다 빠르다. 그러나 트랙 2의 길이 L_2가 트랙 1의 길이 L_1보다 약간 길다. 1번 주자가 여전히 빠르다고 말하려면 $L_2 - L_1$이 얼마가 되어야 하는가?

70 M 동일한 직선 선로에서 두 기차가 30 km/h의 속력으로 마주보며 달려오고 있다. 두 기차가 60 km 떨어져 있을 때 50 km/h로 날 수 있는 새가 한 기차에서 다른 기차로 날아갔다가 곧바로 되돌아왔다. 새는 다른 기차에 도달한 직후 바로 첫 번째 기차로 되돌아오는 행동을 반복한다. 두 기차가 충돌하기 전까지 새가 날아간 전체거리를 구하여라.

제 3 장

벡터

Vectors

3.1 ▸ 벡터와 성분

요점_*Key Ideas*

1. 온도와 같은 스칼라는 크기만 있다. 이것은 단위를 가진 숫자(10°C)로 나타내고, 일반적인 산술과 대수의 규칙을 따른다. 변위와 같은 벡터는 크기와 방향(5 m, 북쪽)을 갖고 벡터대수의 규칙을 따른다.

2. 두 벡터 $\vec{a}$와 $\vec{b}$는 같은 단위로 그리고, 머리와 꼬리를 이어서 기하학적으로 더할 수 있다. 첫 벡터의 꼬리와 두 번째 벡터의 머리를 이어 만든 벡터는 벡터합 $\vec{s}$이다. $\vec{a}$에서 $\vec{b}$를 빼려면 $\vec{b}$의 방향을 바꾸어 $-\vec{b}$를 얻고, $-\vec{b}$를 $\vec{a}$에 더한다. 벡터의 덧셈은 교환법칙과 결합법칙을 만족한다.

3. 임의의 이차원 벡터 $\vec{a}$의 좌표축에 대한 (스칼라) 성분 a_x와 a_y는 $\vec{a}$의 끝점에서 각 좌표축에 수선을 내려 구한다. 그 성분은 다음과 같다.

$$a_x = a\cos\theta \text{와} \quad a_y = a\sin\theta.$$

4. θ는 x축의 양의 방향과 $\vec{a}$ 사이의 각도이다. 성분의 부호는 연관된 축에 대한 방향을 나타낸다. 성분이 주어지면 벡터 $\vec{a}$의 크기와 방향은 다음과 같다.

$$a = \sqrt{a_x^2 + a_y^2} \text{과} \quad \tan\theta = \frac{a_y}{a_x}.$$

학습목표_*Learning Objectives*

이 단원을 읽은 후 다음을 이해해야 한다.

3.1.1 교환법칙과 결합법칙을 적용하여 벡터들을 머리와 꼬리를 잇는 방법으로 벡터를 더한다.

3.1.2 한 벡터에서 다른 벡터를 뺀다.

3.1.3 그림에서 주어진 좌표계에 따른 벡터의 성분을 계산한다.

3.1.4 벡터의 성분이 주어졌을 때 벡터를 그리고, 크기와 방향을 결정한다.

3.1.5 각도와 라디안 사이의 값을 변환한다.

▶ 어떤 물리현상을 다루는가?

크기와 방향 둘 다 필요한 물리량을 기술하려면 새로운 수학언어인 벡터가 필요하다. 벡터는 과학기술분야는 물론 일상 대화에서도 사용한다. "이 길을 따라서 다섯 구역을 간 다음에 좌회전하시오"라는 길 안내는 이미 벡터를 사용한 것이다. 사실 모든 종류의 항법장치가 벡터에 바탕을 두고 있으며, 회전이나 자기력 같은 물리현상을 설명하는 데에도 벡터의 사용이 필수적이다. 이 장에서는 벡터의 기본 특성을 공부한다.

▶ 벡터와 스칼라

직선을 따라 움직이는 입자는 두 방향으로만 움직일 수 있다. 이때 두 방향 중 한쪽의 운동을 양으로 다른 쪽의 운동을 음으로 잡을 수 있다. 그러나 3차원 공간에서 움직이는 입자라면 운동의 방향을 나타내는 데 + 부호나 − 부호만으로는 충분하지 않다. 이 경우에는 *벡터*를 사용해야만 한다.

벡터는 방향과 크기를 가지며 몇 가지 연산규칙을 따른다. **벡터량**은 크기와 방향 모두를 갖는 양으로서 하나의 벡터로 표현할 수 있다. 벡터량인 물리량으로 변위, 속도, 가속도 등이 있다. 이 외에도 더 많은 벡터 물리량을 다루게 될 것이므로 이 장에서 배울 연산규칙을 잘 익혀두면 크게 도움이 될 것이다.

모든 물리량이 방향을 가지는 것은 아니다. 온도, 압력, 에너지, 질량, 시간 등의 물리량에는 방향성이 없다. 이런 물리량을 **스칼라**라고 부르며, 보통의 대수규칙을 따른다. 즉, (온도 −10°C처럼) 부호와 하나의 값으로 스칼라를 쓰면 된다.

가장 간단한 벡터량은 위치의 변화를 나타내는 변위이다. 변위를 나타내는 벡터를 **변위벡터**라고 부른다(이와 마찬가지로 속도벡터와 가속도벡터가 있다). 입자의 위치가 그림 3.1.1*a*의 *A*에서 *B*로 변한다면, *A*에서 *B*로의 변위라고 하며 *A*에서 *B*까지 화살표를 그어 표시한다. 많은 경우에 화살표와 같은 기호로 벡터를 나타낸다. 다만 다른 보통의 화살표와 벡터를 구별할 수 있도록 벡터기호의 화살표 머리를 빈 삼각형으로 표시하는 것이 좋다.

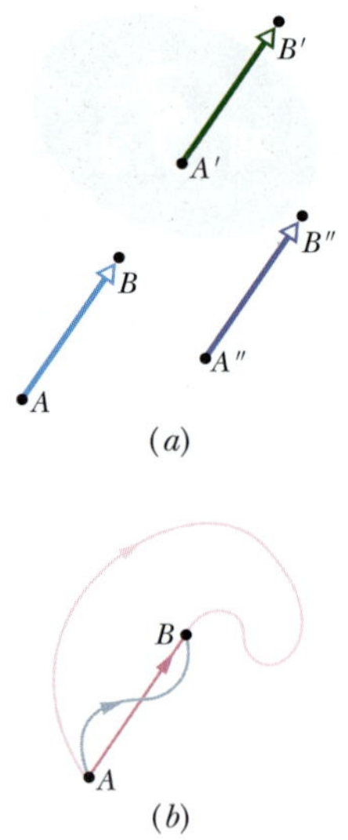

그림 3.1.1 (*a*) 세 화살표의 크기와 방향이 모두 같으므로 같은 변위를 나타낸다. (*b*) 두 점을 잇는 세 경로의 변위벡터는 모두 같다.

그림 3.1.1*a*에 *A*에서 *B*로, *A*′에서 *B*′으로, *A*″에서 *B*″으로 향하는 화살표로 나타낸 벡터는 크기와 방향이 모두 같다. 즉, 동일한 변위벡터로서 입자의 *위치변화*가 모두 같다. 크기와 방향을 바꾸지 않는다면 벡터를 이동시켜도 벡터는 바뀌지 않는다.

변위벡터가 입자의 실제 이동 경로를 나타내지는 않는다. 예컨대 그림 3.1.1*b*에서 *A*와 *B*를 연결하는 서로 다른 세 경로는 모두 그림 3.1.1*a*의 변위벡터에 대응한다. 결국 변위벡터는 움직임 자체가 아니라 움직임의 전체 효과만을 표현한 것이다.

기하학적으로 벡터 더하기

그림 3.1.2*a*의 벡터 그림처럼 입자가 *A*에서 *B*로 이동한 후에 *B*에서 *C*로 이동한다고 가정하자. 이때 전체의 변위를 연속된 변위벡터 *AB*와 *BC*로 나타낼 수 있다. 두 변위의 합은 *A*에서 *C*로 직접 이동하는 단일 변위와 같다. 벡터 *AC*를 벡터 *AB*와 벡터 *BC*의 **벡터합**이라고 부른다. 그러나 벡터합은 보통의 대수적인 합과는 다르다.

그림 3.1.2*b*에서는 그림 3.1.2*a*의 벡터를 $\vec{a}$처럼 기호 위에 화살표를 올리는 방식으로 나타내었다. 벡터의 크기(부호나 방향에 무관한 양)만을 나타낼 때는 a, b, s처럼 기호만을 사용한다. 위에 화살표가 있는 기호는 항상 벡터의 특성인 크기와 방향을 포함한다.

그림 3.1.2*b*에 있는 세 벡터 사이의 관계를 다음과 같은 *벡터방정식*으로 쓸 수 있다.

$$\vec{s} = \vec{a} + \vec{b}. \tag{3.1.1}$$

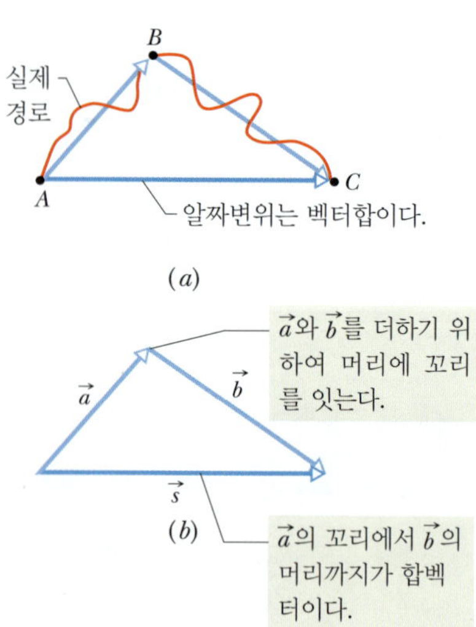

그림 3.1.2 (*a*) 벡터 *AC*는 벡터 *AB*와 벡터 *BC*의 벡터합이다. (*b*) 다시 표시한 벡터합.

위 식은 벡터 $\vec{s}$가 벡터 $\vec{a}$와 $\vec{b}$의 벡터합이라는 뜻이다. 벡터는 크기와 방향을 모두 가지므로 식 3.1.1의 + 기호와 벡터의 "합" 또는 "더하기"는 대수 계산에서의 "합" 또는 "더하기"와는 그 의미가 다르다.

그림 3.1.2는 2차원 벡터 $\vec{a}$와 $\vec{b}$의 덧셈 방법을 제시한다. (1) 크기와 방향에 맞춰 벡터 $\vec{a}$를 그린다. (2) 벡터 $\vec{a}$의 머리 부분에 벡터 $\vec{b}$의 꼬리 부분이 오도록 벡터 $\vec{b}$를 그린다. (3) 벡터합 $\vec{s}$는 $\vec{a}$의 꼬리 부분에서 $\vec{b}$ 머리 부분을 잇는 벡터이다.

▸***성질.*** 이와 같이 기하학적 방식으로 정의한 벡터 덧셈은 두 가지 특성이 있다. 첫째, 덧셈 순서와는 무관하다. $\vec{a}$에 $\vec{b}$를 더하는 것은 $\vec{b}$에 $\vec{a}$를 더하는 것과 같은 결과를 준다(그림 3.1.3 참조). 즉, 다음과 같다.

$$\vec{a} + \vec{b} = \vec{b} + \vec{a} \quad \text{(교환법칙)}. \tag{3.1.2}$$

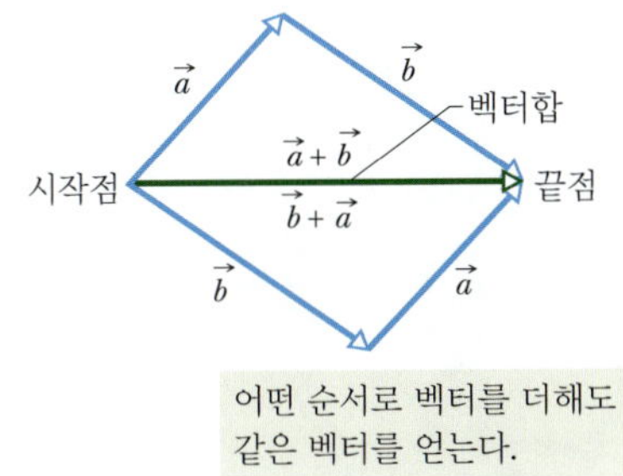

그림 3.1.3 두 벡터 $\vec{a}$와 $\vec{b}$를 다른 순서로 더해도 같다(식 3.1.2 참조).

둘째, 두 개 이상의 벡터를 어떤 순서로도 더할 수 있다. 따라서 벡터 $\vec{a}$, $\vec{b}$, $\vec{c}$를 더할 때, 먼저 $\vec{a}$와 $\vec{b}$를 더한 후에 $\vec{c}$를 더할 수 있고, 먼저 $\vec{b}$, $\vec{c}$를 더하고 나서 그 결과에 $\vec{a}$를 더하여 벡터합을 구할 수도 있다. 어떠한 순서로 더하더라도 그림 3.1.4와 같은 결과를 얻게 된다. 즉, 다음과 같다.

$$(\vec{a} + \vec{b}) + \vec{c} = \vec{a} + (\vec{b} + \vec{c}) \quad \text{(결합법칙)}. \tag{3.1.3}$$

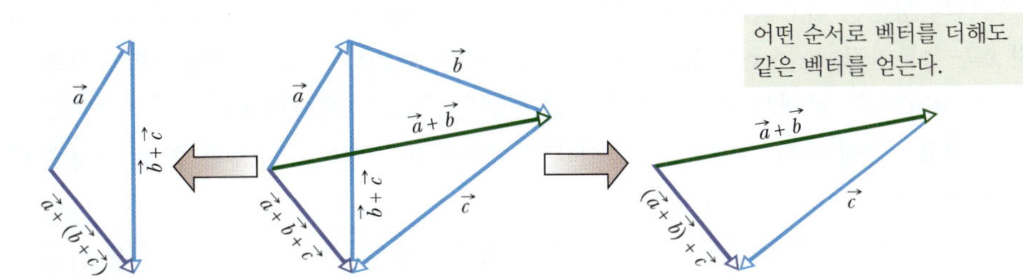

그림 3.1.4 세 벡터 $\vec{a}$, $\vec{b}$, $\vec{c}$를 다양한 방법으로 더할 수 있다(식 3.1.3 참조).

벡터 $-\vec{b}$는 벡터 $\vec{b}$와 크기는 같으나 방향이 반대인 벡터이다(그림 3.1.5 참조). 그림 3.1.5에 있는 두 벡터를 더하면 다음과 같다.

$$\vec{b} + (-\vec{b}) = 0.$$

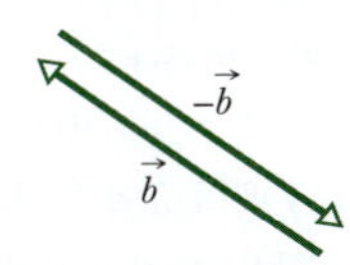

그림 3.1.5 벡터 $\vec{b}$와 $-\vec{b}$의 크기는 같고 방향은 반대이다.

즉, 벡터 $-\vec{b}$를 더하는 것은 벡터 $\vec{b}$를 빼는 것과 같다. 두 벡터의 차를 정의하기 위해 이러한 특성을 사용한다. $\vec{d} = \vec{a} - \vec{b}$로 쓰면 다음과 같은 결과를 얻는다.

$$\vec{d} = \vec{a} - \vec{b} = \vec{a} + (-\vec{b}) \quad \text{(벡터 빼기)}. \tag{3.1.4}$$

즉, 벡터 $\vec{a}$에 벡터 $-\vec{b}$를 더하여 벡터차 $\vec{d}$를 구한다. 그림 3.1.6은 벡터 빼기의 기하학적 방식을 보여준다.

보통의 대수 계산처럼 벡터 기호를 포함하는 항을 벡터방정식의 등호 한쪽에서 다른 쪽으로 옮길 때는 부호를 바꾸어야 한다. 예컨대 식 3.1.4에서 벡터 $\vec{a}$를 구할 때는 다음과 같이 벡터방정식을 재배열할 수 있다.

$$\vec{d} + \vec{b} = \vec{a} \quad \text{혹은} \quad \vec{a} = \vec{d} + \vec{b}.$$

여기서는 변위벡터를 사용했지만 벡터 덧셈과 뺄셈의 규칙은 속도, 가속도 등 모든 종류의 벡터에도 적용된다. 다만 같은 종류의 벡터끼리만 더할 수 있다. 예컨대 두 변위벡터 또는 두 속도벡터를 더할 수 있다. 그러나 변위벡터와 속도벡터를 더할 수 없다. 왜냐하면 스칼라량의 계산에서 21 s와 12 m를 더하려는 것과 같기 때문이다.

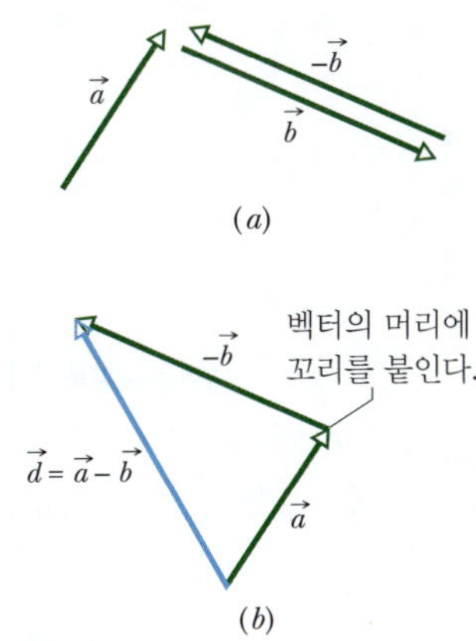

그림 3.1.6 (a) 벡터 $\vec{a}$, $\vec{b}$, $-\vec{b}$. (b) 벡터 $\vec{a}$에서 벡터 $\vec{b}$를 뺄 때는 벡터 $\vec{a}$에 벡터 $-\vec{b}$를 더한다.

→ 확인문제 3.1.1

변위 $\vec{a}$와 $\vec{b}$의 크기가 각각 3 m와 4 m이며, $\vec{c} = \vec{a} + \vec{b}$이다. 변위 $\vec{a}$와 $\vec{b}$의 가능한 방향을 모두 고려할 때, $\vec{c}$의 (*a*) 최대 크기와 (*b*) 최소 크기는 얼마인가?

▶ 벡터성분

기하학적으로 벡터를 더하는 것은 매우 지루한 일이다. 보다 깔끔하고 체계적으로 벡터를 더하는 방법은 대수적인 방법을 이용하는 것이다. 이를 위해서는 벡터를 직각좌표계에 놓고 생각해야 한다. 보통은 그림 3.1.7*a*처럼 *x*축과 *y*축을 정하고, *z*축은 원점에서 수직으로 종이면에서 나오게 잡는다. 이 장에서는 *z*축이 없는 2차원 벡터만 다루겠다.

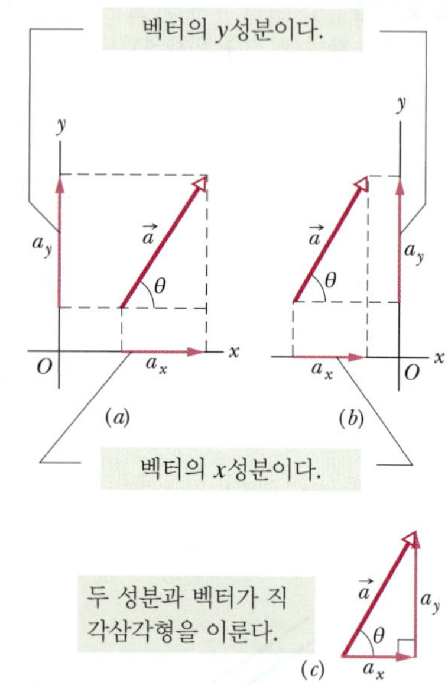

그림 3.1.7 (*a*) 벡터 $\vec{a}$의 두 성분 a_x와 a_y. (*b*) 크기와 방향을 유지하면서 벡터를 평행이동해도 벡터성분은 변하지 않는다. (*c*) 두 성분은 직각삼각형의 수직한 두 변이며 빗변은 벡터의 크기이다.

벡터의 **성분**은 좌표축에 벡터를 투영시킨 값이다. 예컨대 그림 3.1.7*a*에서 a_x는 벡터 $\vec{a}$의 *x*축 성분이고, a_y는 *y*축 성분이다. 한 축에 대한 벡터의 투영을 구하려면 그림과 같이 먼저 벡터의 두 끝에서 좌표축에 수직인 직선을 그린다. 벡터의 *x*축에 대한 투영은 *x 성분*이 되고 *y*축에 대한 투영은 *y성분*이 된다. 이와 같이 벡터의 성분을 찾는 과정을 **벡터의 분해**라고 한다.

벡터성분의 방향은 벡터의 좌표축에 대한 방향과 같다. 그림 3.1.7에서 $\vec{a}$가 두 축의 양의 방향이므로 성분 a_x와 a_y는 모두 양의 값이다(벡터성분의 작은 화살표 머리는 벡터성분의 방향을 나타낸다). 만약 벡터 $\vec{a}$의 방향을 바꾸면 두 성분은 음의 값을 갖게 되고 벡터성분의 화살표의 머리는 *x*축과 *y*축에서 모두 음의 방향으로 향하게 된다. 그림 3.1.8은 벡터 $\vec{b}$를 분해한 그림이며, 양의 성분 b_x와 음의 성분 b_y를 갖는다. 그림 3.1.7*a*의 벡터는 *z*성분이 0이지만 일반적으로는 세 개의 성분을 갖는다.

그림 3.1.7*a*와 *b*처럼 벡터의 방향을 유지한 채 벡터를 이동시켜도 벡터의 성분은 변하지 않는다.

▸***성분 찾기.*** 그림 3.1.7*a*에서 벡터 $\vec{a}$의 성분을 직각삼각형을 이용하여 다음과 같이 쓸 수 있다.

$$a_x = a\cos\theta \quad 및 \quad a_y = a\sin\theta. \tag{3.1.5}$$

여기서 θ는 벡터 $\vec{a}$가 *x*축 양의 방향과 이루는 각도이고, *a*는 $\vec{a}$의 크기이다. 그림 3.1.7*c*는 벡터 $\vec{a}$와 두 벡터성분이 직각삼각형을 이루고 있음을 보여준다. 또한 각각의 벡터성분을 합성해서 분해되기 전의 벡터를 다시 찾아내는 방법도 보여준다. 즉, 한 벡터성분의 *머리*를 다른 벡터성분의 *꼬리에 연결*해서 얻어지는 직각삼각형의 빗변이 바로 성분으로 분해되기 전의 벡터이다.

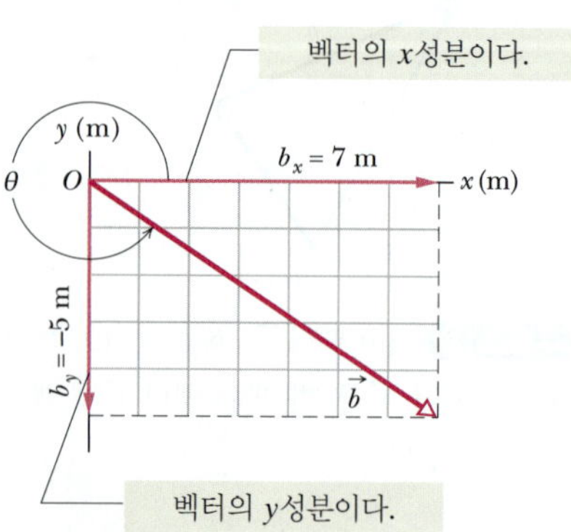

그림 3.1.8 $\vec{b}$의 *x*성분은 양의 값을 갖고 *y*성분은 음의 값을 갖는다.

벡터를 직각좌표계의 축에 대한 성분들로 분해한 후에 각각의 성분을 벡터 대신 사용할 수 있다. 예컨대 그림 3.1.7*a*에서 $\vec{a}$는 *a*와 θ로 완전히 결정된다. 또한 두 성분 a_x와 a_y를 써서 표현할 수도 있다. 이 두 쌍의 값은 동일한 정보를 갖고 있다. 만약 벡터의 성분 a_x와 a_y를 *크기–각도 표기*(*a*와 θ)로 변환하려면 다음 식을 이용하면 된다.

$$a = \sqrt{a_x^2 + a_y^2} \quad 및 \quad \tan\theta = \frac{a_y}{a_x}. \tag{3.1.6}$$

3차원 벡터를 나타낼 때는 크기와 두 개의 각도 (a, θ, ϕ) 또는 세 성분 (a_x, a_y, a_z)을 써서 나타내야 한다.

확인문제 3.1.2

아래의 그림 중에 벡터 $\vec{a}$의 x성분과 y성분을 결합해서 $\vec{a}$를 결정하는 방법으로 적절한 것은 어느 것인가?

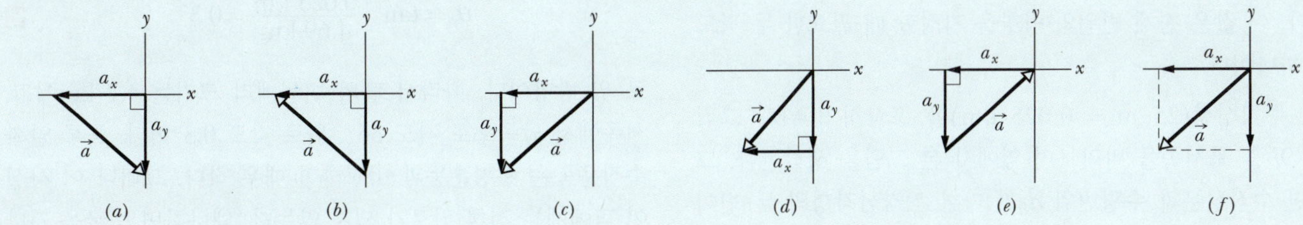

보기문제 3.1.1 동굴탐험

이십 년 동안 동굴탐험 팀은 통로를 찾기 위해 200 km에 이르는 매머드 케이브와 플린트 능선을 기어가고, 등반하고, 버둥대었다. 결국 통로를 발견한 팀은 플린트 능선 계에 있는 오스틴 입구에서 매머드 동굴에 있는 에코 강까지 12시간 동안 동굴을 지나갔다(그림 3.1.9*a*). 이때 이동한 알짜 변위는 서쪽으로 2.6 km, 남쪽으로 3.9 km, 위로 25 m이다. 이 통로는 세계에서 가장 긴 동굴계로 알려지게 되었다. 시작부터 끝까지 팀의 변위 크기와 각도는 얼마인가?

요점

삼차원 벡터의 성분을 알고, 벡터의 크기와 벡터 방향을 지정하는 두 각도를 구해야 한다.

풀이: 먼저 그림 3.1.9*b*와 같이 성분을 그린다. 수평성분(서쪽을 2.6 km, 남쪽으로 3.9 km)을 두 변으로 하는 수평 직각삼각형을 만든다. 팀의 수평 변위는 삼각형의 빗변이고, 그 크기 d_h는 피타고라스 정리로부터

$$d_h = \sqrt{(2.6\ \text{km})^2 + (3.9\ \text{km})^2} = 4.69\ \text{km}$$

를 얻는다. 또한 수평 삼각형으로부터 이 수평 변위는 서쪽에 대해 (똑바로 서쪽을 향하여) 남쪽으로

$$\tan\theta_h = \frac{3.9\ \text{km}}{2.6\ \text{km}}$$

로 주어지는 각도 θ_h를 향하므로

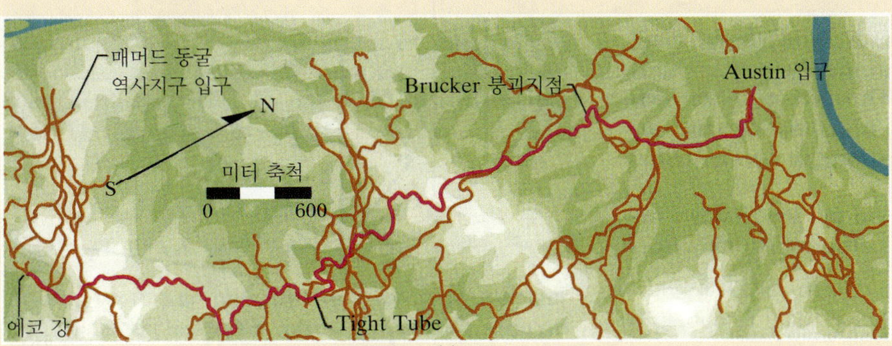

(*a*)

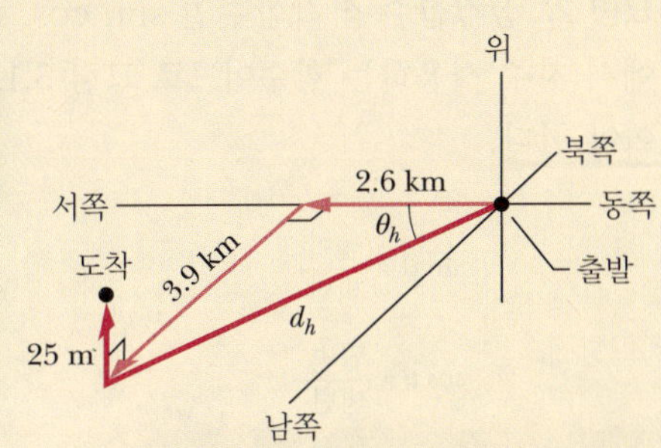

(*b*)

그림 3.1.9 (*a*) 매머드-플린트 동굴계의 일부분. Austin 입구에서 에코 강까지 동굴탐험 팀의 경로는 빨간색으로 나타내었다. (*b*) 팀의 전체 변위와 수평변위 d_h의 성분 (*c*) d_h와 팀의 전체 변위벡터 $\vec{d}$를 나타내는 옆에서 본 그림. (*d*) 팀원 Richard Zopf가 지도 아래 근처에 있는 Tight Tube에 배낭을 밀고 있다. (지도는 The Cave Research Foundation의 지도에서 가지고 왔다. 사진은 David des Marias @ The Cave Research Foundation의 승인을 얻었다.)

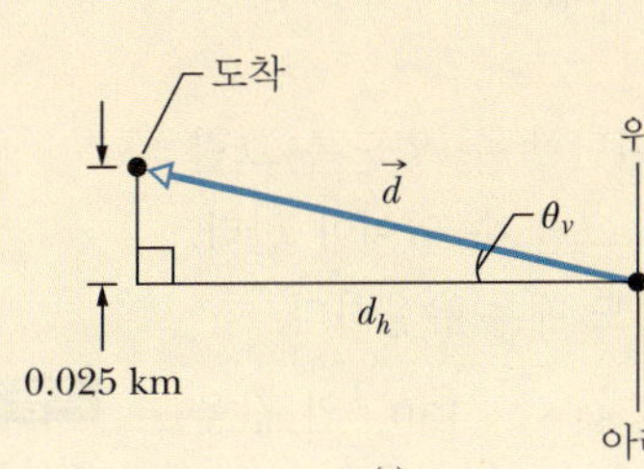

(*c*)

(*d*)

$$\theta_h = \tan^{-1}\frac{3.9\text{ km}}{2.6\text{ km}} = 56°$$

이다. 이 값은 전체 변위의 방향을 지정할 때 필요한 두 각도 중 하나이다.

수직성분(25 m = 0.025 km)을 포함하기 위해 그림 3.1.9*b*를 북서쪽을 바라보며 옆에서 본 그림을 생각한다. 그러면 수직성분과 수평변위 d_h가 다른 직각삼각형의 두 변이 되는 그림 3.1.9*c*를 얻는다. 이제 팀의 전체 변위는 이 삼각형의 빗변을 이루고, 그 크기 d는 다음과 같다.

$$d = \sqrt{(4.69\text{ km})^2 + (0.025\text{ km})^2}$$
$$= 4.69\text{ km} \approx 4.7\text{ km}. \quad \text{(답)}$$

▶ **교육용 비디오는 웹사이트 www.wiley.com에서 볼 수 있다.**

이 변위는 수직변위로부터 각도

$$\theta_v = \tan^{-1}\frac{0.025\text{ km}}{4.69\text{ km}} = 0.3° \quad \text{(답)}$$

로 위 방향이다. 따라서 팀의 변위벡터 크기는 4.7 km이고, 서쪽에서 남쪽으로 각도 56°, 위로 각도 0.3°이다. 물론 알짜 수직운동은 수평운동과 비교하면 매우 작다. 그러나 이 사실이 팀에게는 전혀 위로가 되지 않는다. 왜냐하면 동굴을 지나기 위해 끊임없이 올라가고 내려가야 했기 때문이다. 이 팀이 실제로 이동한 경로는 단지 시작점에서 끝점까지 직선을 이루는 직선을 향하는 변위벡터와는 매우 다르다.

▶ 문제풀이 요령 각도, 삼각함수, 역삼각함수

요령 1: 각도—도(°)와 라디안 +*x*축 방향을 기준으로 반시계방향으로 측정한 각도는 양의 값이고, 시계방향으로 측정한 각도는 음의 값이다. 예컨대 210°와 −150°는 같은 각도이다.

각도는 도(°)나 라디안(rad)으로 측정한다. 원에서 360°와 2π rad이 같다는 사실로부터 두 값을 환산할 수 있다. 예컨대 40°를 rad으로 환산하면 다음과 같다.

$$40°\,\frac{2\pi\text{ rad}}{360°} = 0.70\text{ rad}.$$

요령 2: 삼각함수 삼각함수인 sin, cos, tan는 과학과 공학에서 자주 사용하는 함수이므로 그림 3.1.10의 관계를 꼭 알아야 한다.

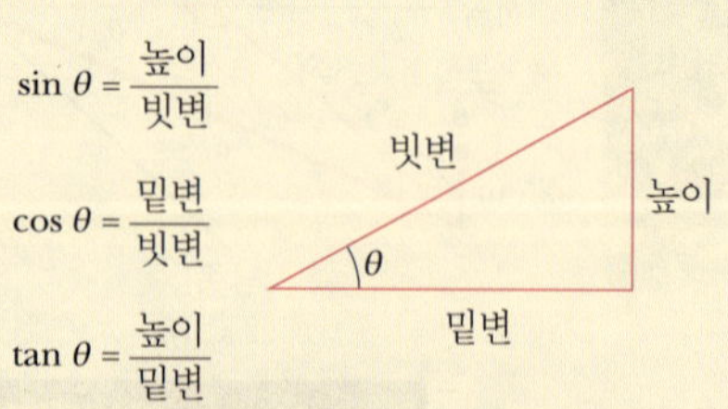

그림 3.1.10 ▶ 직각삼각형을 이용한 삼각함수의 정의. 부록 E 참조.

계산기로 얻은 값이 적절한가를 판단할 수 있도록 그림 3.1.11처럼 삼각함수를 각도의 함수로 그릴 수 있어야 한다. 각 사분면에서 삼각함수의 부호만 알아도 매우 유용하다.

요령 3: 역삼각함수 역삼각함수 $\sin^{-1}$, $\cos^{-1}$, $\tan^{-1}$의 값을 계산기로 얻을 때는 그 값이 적절한가를 반드시 확인해야 한

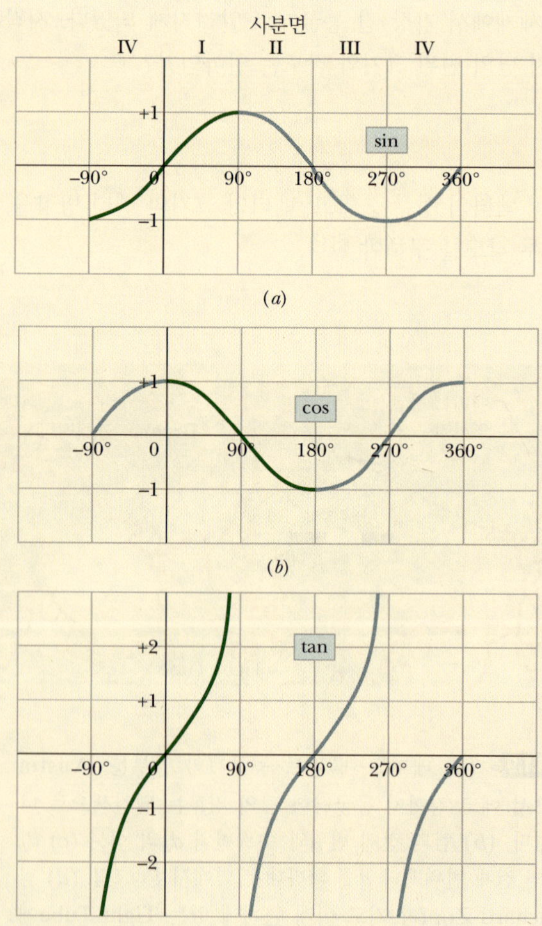

그림 3.1.11 ▶ 삼각함수의 각도에 대한 곡선. 계산기로 얻을 수 있는 역삼각함수 값의 범위를 짙은 곡선으로 표시하였다.

다. 왜냐하면 계산기로 얻을 수 없는 또 다른 값을 가질 수 있기 때문이다. 계산기로 얻을 수 있는 역삼각함수 값의 범위가 그림 3.1.11의 짙은 곡선으로 표시되어 있다. 예컨대 $\sin^{-1} 0.5$는 계산기 값 30° 외에 150°가 있다. 이들 값을 확인하기 위해서 그림 3.1.11a에 세로축의 0.5를 지나는 수평선을 그린 다음에 사인함수 곡선과 만나는 점을 찾아보아라. 문제에 알맞은 값을 어떻게 구별할 수 있을까? 주어진 상황에 적합한 결과가 맞는 값이다.

요령 4: 벡터의 방향각 측정 식 3.1.5의 $\cos\theta$와 $\sin\theta$, 식 3.1.6의 $\tan\theta$에서 방향각 θ는 $+x$축에 대해서 측정할 때만 유효하다. 다른 축을 기준으로 측정한 경우에는 식 3.1.5에서 삼각함수를 서로 바꿔야 되고 식 3.1.6의 값은 역수로 취해야 된다. 좀 더 적절한 방법은 방향각을 $+x$축에 대한 값으로 변환시키는 것이다.

3.2 ▸ 단위벡터, 성분을 이용한 벡터의 덧셈

요점_Key Ideas

1. 단위벡터 $\hat{i}$, $\hat{j}$, $\hat{k}$의 크기는 1이고 오른손 좌표계에서 각각 x, y, z축의 양의 방향을 향한다. 벡터 $\vec{a}$를 단위벡터를 이용하면 다음과 같이 쓸 수 있다.

$$\vec{a} = a_x\hat{i} + a_y\hat{j} + a_z\hat{k}.$$

여기서 $a_x\hat{i}$, $a_y\hat{j}$, $a_z\hat{k}$는 벡터 $\vec{a}$의 성분이며, a_x, a_y, a_z는 이들의 스칼라 성분이다.

2. 벡터를 성분을 이용하여 더할 때는 다음의 규칙을 사용한다.

$$r_x = a_x + b_x \quad r_y = a_y + b_y \quad r_z = a_z + b_z.$$

여기서 $\vec{a}$와 $\vec{b}$는 더하는 벡터이고, $\vec{r}$은 더한 벡터이다. 더할 때는 각 축의 성분끼리 더한다.

학습목표_Learning Objectives

이 단원을 읽은 후 다음을 이해해야 한다.

3.2.1 크기와 각도로 주어진 벡터를 단위벡터 표기법으로 변환한다.

3.2.2 크기와 각도로 표기된 벡터와 단위벡터로 표기된 벡터를 더하고 뺀다.

3.2.3 주어진 벡터에 대해 원점 주위로 좌표계를 회전하면 벡터의 성분은 변하지만 벡터 자체는 변하지 않는다.

▶ 단위벡터

단위벡터는 크기가 1이며 특정한 방향을 갖는 벡터이다. 단위벡터는 차원과 단위가 없다. 단위벡터를 사용하는 목적은 벡터의 방향을 나타내기 위한 것이다. 직각좌표계에서 x, y, z축 양의 방향을 향하는 단위벡터를 각각 $\hat{i}$, $\hat{j}$, $\hat{k}$로 표기한다. 벡터기호 위에 화살표를 표기하는 일반 벡터와는 다르게, 단위벡터를 나타내기 위하여 모자(^) 기호를 사용한다(그림 3.2.1 참조). 그림 3.2.1과 같은 직각좌표계를 **오른손 직각좌표계**라 한다. 직각좌표계는 회전시키더라도 오른손 좌표계로 남는다. 이 책에서는 오른손 좌표계만 사용한다.

단위벡터는 다른 벡터를 표현할 때 매우 유용하다. 예컨대 그림 3.2.1과 3.2.2의 벡터 $\vec{a}$와 $\vec{b}$를 다음과 같이 쓸 수 있다.

$$\vec{a} = a_x\hat{i} + a_y\hat{j}, \tag{3.2.1}$$

$$\vec{b} = b_x\hat{i} + b_y\hat{j}. \tag{3.2.2}$$

위의 두 식을 그림 3.2.2에서 볼 수 있다. 그림 3.2.2에서 $a_x\hat{i}$와 $a_y\hat{j}$는 벡터로서 벡터 $\vec{a}$의 벡터성분이라고 한다. 한편 a_x와 a_y는 스칼라로서 벡터 $\vec{a}$의 스칼라 성분(또는 단순히 성분)이라 한다.

단위벡터는 축방향이다.

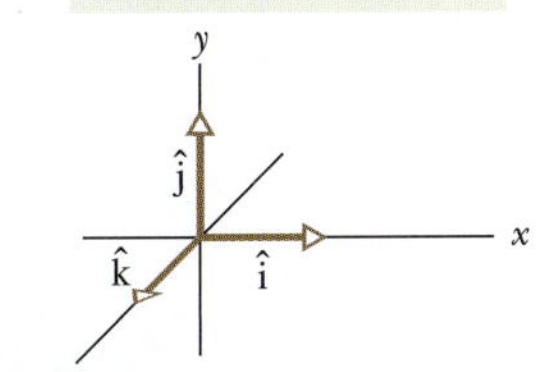

그림 3.2.1 단위벡터 $\hat{i}$, $\hat{j}$, $\hat{k}$는 오른손 직각좌표계의 방향을 정의한다.

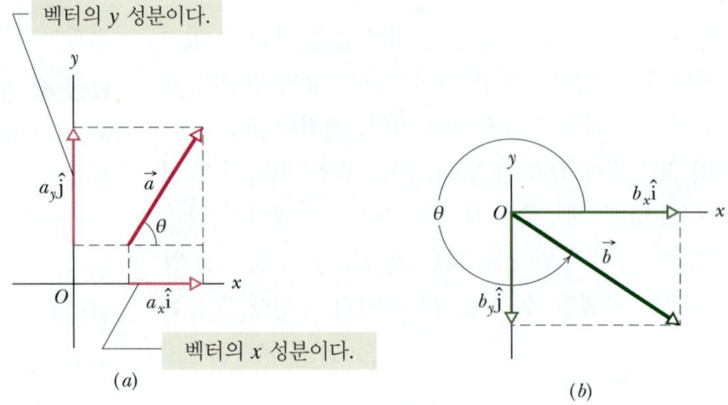

그림 3.2.2 (a) 벡터 $\vec{a}$의 벡터성분. (b) 벡터 $\vec{b}$의 벡터성분.

▶ 벡터성분으로 벡터 더하기

기하학적으로 벡터를 더할 수 있다. 벡터를 다룰 수 있는 계산기를 사용하면 벡터를 계산기 화면에서 직접 더할 수도 있다. 또 다른 벡터 더하기는 좌표계의 축 성분을 더하는 것이다.

먼저 다음과 같은 벡터합을 생각해 보자.

$$\vec{r} = \vec{a} + \vec{b}. \tag{3.2.3}$$

이 식은 벡터 $\vec{r}$과 벡터 $(\vec{a} + \vec{b})$가 같다는 사실을 알려준다. 따라서 벡터 $\vec{r}$의 성분은 $(\vec{a} + \vec{b})$의 대응 성분과 반드시 같아야만 하므로

$$r_x = a_x + b_x \tag{3.2.4}$$

$$r_y = a_y + b_y \tag{3.2.5}$$

$$r_z = a_z + b_z \tag{3.2.6}$$

로 쓸 수 있다. 즉, 두 벡터의 대응하는 성분이 서로 같으면 두 벡터는 같다. 식 3.2.3에서 식 3.2.6까지를 써서 벡터 $\vec{a}$와 $\vec{b}$를 더하려면, (1) 각각의 벡터를 스칼라 성분으로 분해하고 (2) 분해된 스칼라 성분 중에 대응되는 축 방향 성분을 결합해서 합벡터 $\vec{r}$의 성분을 구한 다음 (3) $\vec{r}$의 성분을 결합해서 합벡터 $\vec{r}$을 얻는다. 세 번째 단계에서는 $\vec{r}$을 식 3.2.3와 같은 단위벡터 표기법이나 크기-각도 표기법으로 쓸 수 있다.

벡터성분으로 벡터를 더하는 과정을 벡터 빼기에도 똑같이 적용할 수 있다. $\vec{d} = \vec{a} - \vec{b}$와 같은 벡터 빼기는 $\vec{d} = \vec{a} + (-\vec{b})$처럼 벡터 더하기로 계산할 수 있다. 즉, 뺄셈 대신에 $\vec{a}$와 $-\vec{b}$의 성분들을 더하면

$$d_x = a_x - b_x, \quad d_y = a_y - b_y, \quad d_z = a_z - b_z$$

이며, 벡터 $\vec{d}$의 각 성분은 다음과 같다.

$$\vec{d} = d_x\hat{\mathrm{i}} + d_y\hat{\mathrm{j}} + d_z\hat{\mathrm{k}}. \tag{3.2.7}$$

확인문제 3.2.1

(a) 옆의 그림에서 $\vec{d}_1$과 $\vec{d}_2$의 x성분의 부호는 무엇인가?
(b) $\vec{d}_1$과 $\vec{d}_2$의 y성분의 부호는 무엇인가? (c) $\vec{d}_1 + \vec{d}_2$의 x성분과 y성분의 부호는 무엇인가?

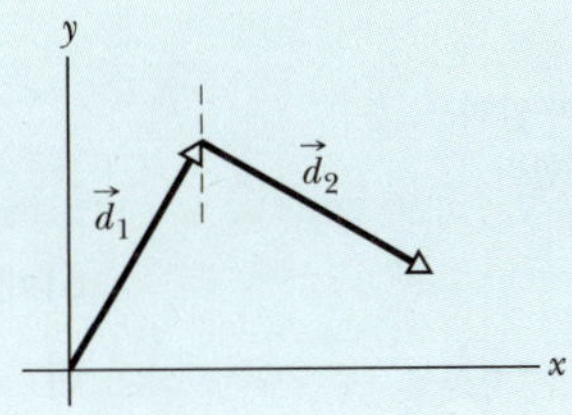

벡터와 물리법칙

이제까지는 좌표계를 포함하는 모든 그림에서 x축과 y축을 책의 두 변에 나란하게 잡았다. 예를 들어 그림 3.2.3*a*처럼 벡터 $\vec{a}$를 포함하는 경우에 두 성분 a_x와 a_y도 각각의 변에 나란하다. 좌표축을 이렇게 잡은 까닭은 단지 그렇게 잡는 것이 "적절해" 보였기 때문이지 더 깊은 이유는 없다. (벡터 $\vec{a}$는 그대로 둔 채) 좌표축을 그림 3.2.3*b*처럼 임의의 각도 ϕ만큼 회전해도 된다. 그러면 벡터 $\vec{a}$의 성분은 새로운 값을 가지며 이들을 각각 a_x'과 a_y'이라고 하자. 무한히 많은 다른 값의 ϕ를 선택할 수 있으므로 벡터 $\vec{a}$의 성분도 무한히 많은 다른 쌍의 값을 가질 수 있다.

그렇다면 어느 쌍의 성분이 "적절한" 값일까? 이에 대한 답은 '모든 쌍이 대등하게 타당하다'이다. 왜냐하면 모든 쌍은 동일한 벡터 $\vec{a}$를 주어진 좌표축을 써서 각각 다르게 기술하고 있기 때문이다. 결국 모든 쌍은 똑같은 벡터의 크기와 방향을 나타낸다. 그림 3.2.3를 보면 다음과 같이 쓸 수 있다.

$$a = \sqrt{a_x^2 + a_y^2} = \sqrt{a_x'^2 + a_y'^2}, \tag{3.2.8}$$

$$\theta = \theta' + \phi. \tag{3.2.9}$$

핵심은 좌표계를 매우 자유롭게 선택할 수 있다는 사실이다. 그 까닭은 벡터 사이의 관계(예를 들어 식 3.1.1의 벡터 더하기를 포함해서)는 좌표계의 원점의 위치나 좌표축의 방향과는 무관하기 때문이다. 이런 사실은 다른 물리법칙에도 해당된다. 즉, 모든 물리법칙은 좌표계의 선택과는 무관하다. 여기에 벡터의 간결성과 심오함을 더하면 왜 물리법칙을 벡터 형식으로 표기하는가를 쉽게 이해할 수 있다. 식 3.2.4, 3.2.5, 3.2.6와 같은 세 개(또는 그 이상)의 관계식을 식 3.2.3처럼 하나의 벡터방정식으로 쓸 수 있기 때문이다.

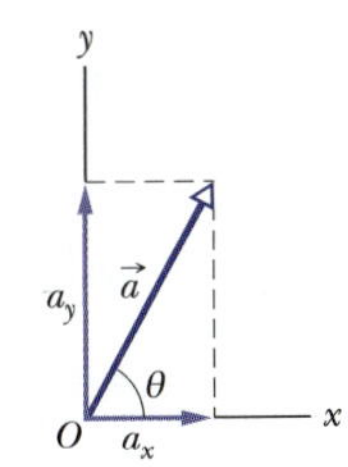

축을 회전시키면 성분만 변하지 벡터는 변하지 않는다.

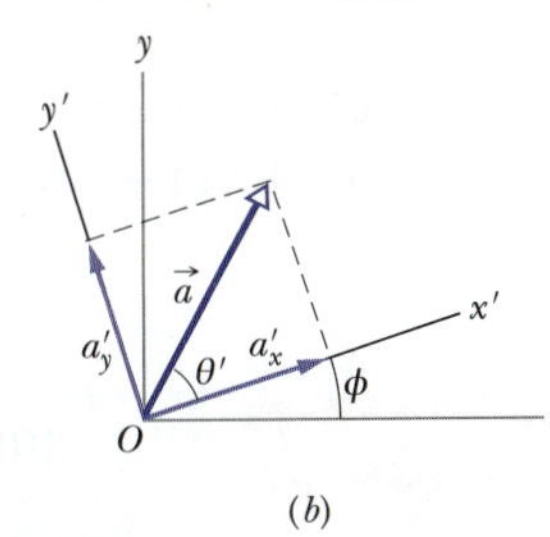

그림 3.2.3 (*a*) 벡터 $\vec{a}$와 성분. (*b*) 같은 벡터를 좌표축을 ϕ만큼 회전한 좌표계에서 표기한 경우.

보기문제 3.2.1 단위벡터 성분을 이용하여 벡터 더하기

그림 3.2.4*a*에 다음의 세 벡터를 나타내었다.

$$\vec{a} = (4.2\ \text{m})\hat{\text{i}} - (1.5\ \text{m})\hat{\text{j}},$$
$$\vec{b} = (-1.6\ \text{m})\hat{\text{i}} + (2.9\ \text{m})\hat{\text{j}},$$
$$\vec{c} = (-3.7\ \text{m})\hat{\text{j}}.$$

나타낸 이 벡터의 합 $\vec{r}$은 얼마인가?

요점

세 벡터를 각 축에 대해 성분으로 더할 수 있고, 이 성분을 결합하여 벡터합 $\vec{r}$을 구한다.

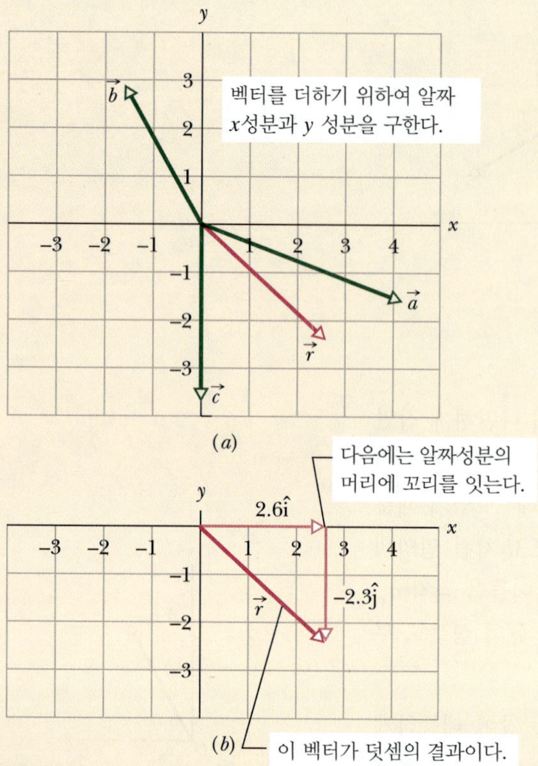

그림 3.2.4 다른 세 벡터의 벡터합으로 주어진 벡터 $\vec{r}$

풀이: x축에 대해 $\vec{a}$, $\vec{b}$와 $\vec{c}$의 x 성분을 더하여 벡터합 $\vec{r}$의 x 성분을 구한다.

$$\begin{aligned} r_x &= a_x + b_x + c_x \\ &= 4.2\text{ m} - 1.6\text{ m} + 0 = 2.6\text{ m}. \end{aligned}$$

마찬가지로 y축에 대해 다음을 얻는다.

$$\begin{aligned} r_y &= a_y + b_y + c_y \\ &= -1.5\text{ m} + 2.9\text{ m} - 3.7\text{ m} = -2.3\text{ m}. \end{aligned}$$

이제 $\vec{r}$의 성분을 결합하여 벡터를 단위벡터 표기법으로 쓰면

$$\vec{r} = (2.6\text{ m})\hat{\text{i}} - (2.3\text{ m})\hat{\text{j}}$$ 답

이다. 여기서 $(2.6\text{ m})\,\hat{\text{i}}$는 축에서 $\vec{r}$의 벡터 성분이다. $-(2.3\text{ m})$는 $\hat{\text{j}}$축에서 성분이다. 그림 3.2.4*b*에 이 벡터 성분을 배열하여 $\vec{r}$을 만드는 한 가지 방법을 나타내었다. (다른 방법으로 그릴 수 있는가?)

이 문제에 대한 답은 $\vec{r}$의 크기와 각도로 구할 수도 있다. 식 3.1.6으로부터 크기는

$$r = \sqrt{(2.6\text{ m})^2 + (-2.3\text{ m})^2} \approx 3.5\text{ m}$$ 답

이고 ($+x$ 방향으로부터 측정한) 각도는

$$\theta = \tan^{-1}\left(\frac{-2.3\text{ m}}{2.6\text{ m}}\right) = -41°$$ 답

이다. 여기서 음의 부호는 시계 방향을 의미한다.

(이 벡터를 더하려면 알짜 x 성분과 알짜 y 성분을 구한다. 그리고 알짜 성분의 시작점과 끝점을 배열한다. 이것이 더한 결과이다.)

보기문제 3.2.2 사막 개미의 길찾기

*Cataglyphis fortis*라는 사막개미는 사하라 사막의 평원에서 살고 있다. 개미 한 마리가 먹이를 찾기 위해 집을 떠나 아무런 표시도 없는 평평하고, 특징이 없는 모래 위로 이리저리 돌아다닌다. 이제 개미가 집으로 돌아가기로 결정하면 뒤돌아서 집으로 똑바로 간다. 실험에 의하면 개미는 머리속 좌표계에서 운동을 기록한다. 개미가 집으로 돌아오고 싶으면 똑바로 집을 향하는 벡터를 계산하기 위해 계의 축을 따라 변위를 더한다.

이 계산의 한 예로 개미가 집에서 출발하여 그림 3.2.5*a*에 나타낸 방향으로 xy 좌표계에서 각각 6.00 cm씩 다섯 번 움직인 것을 고려하자. 다섯 번째 이동이 끝났을 때 개미의 변위벡터 $\vec{d}_{\text{net}}$와 개미의 최종 위치에서 집으로 돌아가는 집을 향하는 벡터 $\vec{d}_{\text{home}}$의 크기와 각도를 구하여라.

요점

(1) 알짜변위 $\vec{d}_{\text{net}}$를 구하려면 다섯 개의 변위벡터를 더해야 한다.

$$\vec{d}_{\text{net}} = \vec{d}_1 + \vec{d}_2 + \vec{d}_3 + \vec{d}_4 + \vec{d}_5.$$

(2) 이 합의 x 성분만 구한다.

$$d_{\text{net},x} = d_{1x} + d_{2x} + d_{3x} + d_{4x} + d_{5x}.$$

그리고 y 성분만 구한다.

$$d_{\text{net},y} = d_{1y} + d_{2y} + d_{3y} + d_{4y} + d_{5y}.$$

풀이: x 성분에 대해서는 각각의 이동에 대해 식 3.1.5의

x 부분을 적용한다.

$$\begin{aligned} d_{1x} &= (6.0\text{ cm})\cos 0° = +6.0\text{ cm} \\ d_{2x} &= (6.0\text{ cm})\cos 150° = -5.2\text{ cm} \\ d_{3x} &= (6.0\text{ cm})\cos 180° = -6.0\text{ cm} \\ d_{4x} &= (6.0\text{ cm})\cos(-120°) = -3.0\text{ cm} \\ d_{5x} &= (6.0\text{ cm})\cos 90° = 0. \end{aligned}$$

그러면 이 x 성분의 합은 다음과 같다.

$$\begin{aligned} d_{\text{net},x} &= +6.0\text{ cm} + (-5.2\text{ cm}) + (-6.0\text{ cm}) + (-3.0\text{ cm}) + 0 \\ &= -8.2\text{ cm}. \end{aligned}$$

마찬가지로 식 3.1.5의 y 부분을 이용하여 다섯 번 이동한 것에 대한 각 y 성분을 구한다. 그 결과를 표 3.2.1에 나타내었다. 이 y 성분의 합은 다음과 같다.

$$d_{\text{net},y} = +3.8\text{ cm}.$$

벡터 $\vec{d}_{\text{net}}$와 x, y 성분을 그림 3.2.5*b*에 나타내었다. 이 성분으로부터 $\vec{d}_{\text{net}}$의 크기와 각도를 구하기 위해 식 3.1.6을 사용한다. 크기는 다음과 같다.

$$\begin{aligned} d_{\text{net}} &= \sqrt{d^2_{\text{net},x} + d^2_{\text{net},y}} \\ &= \sqrt{(-8.2\text{ cm})^2 + (3.8\text{ cm})^2} = 9.0\text{ cm}. \end{aligned}$$

(x의 양의 방향으로부터 측정한) 각도를 구하기 위해 역탄젠트를 취한다.

$$\theta = \tan^{-1}\left(\frac{d_{\text{net},y}}{d_{\text{net},x}}\right) = \tan^{-1}\left(\frac{3.8\text{ cm}}{-8.2\text{ cm}}\right) = -24.86°.$$

주의: 계산기에서 역탄젠트를 취하면 올바른 답을 주지 않을 수 있다는 것을 주의하여라. 답 −24.86°란 $\vec{d}_{\text{net}}$의 방향이 xy 좌표계에서 사사분면에 있다는 것을 나타낸다. 그러나 성분으로부터 벡터를 만들면(그림 3.2.5*b*) $\vec{d}_{\text{net}}$의 방향은 이사분면에 있다는 것을 알고 있다. 따라서 계산기의 답에 180°를 더하여 "수정"해야 한다.

$$\theta = -24.86° + 180° = 155.14° \approx 155°.$$

따라서 개미의 변위 $\vec{d}_{\text{net}}$ 크기와 각도는

$$-155° \text{ 방향으로 } \vec{d}_{\text{net}} = 9.0\text{ cm}.$$ (답)

개미에서 집으로 향하는 벡터 $\vec{d}_{\text{home}}$은 $\vec{d}_{\text{net}}$와 크기는 같지만 반대 방향이다(그림 3.2.5*c*). 이미 $\vec{d}_{\text{net}}$의 반대 방향에 대한 각도(24.86° ≈ −25°)를 알고 있다. 따라서 $\vec{d}_{\text{home}}$의 크기와 각도는 다음과 같다.

$$-25° \text{ 방향으로 } \vec{d}_{\text{home}} = 9.0\text{ cm}$$ (답)

집에서 500 m 이상 이동하는 사막개미는 여기서 고려한 다섯 번의 움직임 대신 수천 번 이동할 것이다. 그러나 개미는 어떻게든 (이 장을 공부하지 않고도) $\vec{d}_{\text{home}}$을 계산하는 방법을 알고 있다.

표 3.2.1

이동	d_x (cm)	d_y (cm)
1	+6.0	0
2	−5.2	+3.0
3	−6.0	0
4	−3.0	−5.2
5	0	+6.0
Net	−8.2	+3.8

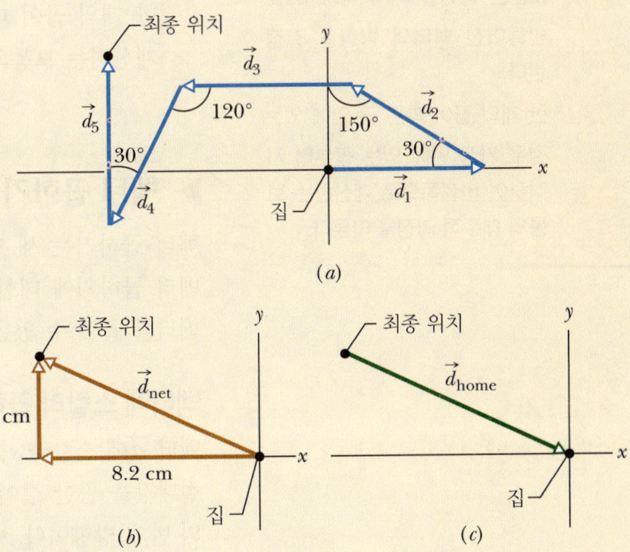

그림 3.2.5 (*a*) 다섯 번 이동한 탐색 경로. (*b*) $\vec{d}_{\text{net}}$의 x와 y 좌표. (*c*) $\vec{d}_{\text{home}}$은 집 방향을 향한다.

3.3 ▸ 벡터 곱하기

학습목표_Learning Objectives

이 단원을 읽은 후 다음을 이해해야 한다.

3.3.1 벡터에 스칼라 곱하기.

3.3.2 벡터에 스칼라를 곱하면 벡터가 되고, 두 벡터의 스칼라곱을 취하면 스칼라가 되고, 벡터곱을 하면 원래 두 벡터와 수직인 새로운 벡터를 얻는다.

3.3.3 두 벡터의 스칼라곱을 크기-각도의 표기법과 단위벡터 표기법으로 나타낸다.

3.3.4 스칼라곱을 취해 두 벡터 사이의 각도를 구하는 것을 크기-각도의 표기법, 그리고 단위벡터 표기법에서 구한다.

3.3.5 두 벡터가 주어졌을 때 스칼라곱을 이용해 한 벡터가 얼마나 다른 벡터 방향으로 향해 있는지 구한다.

3.3.6 두 벡터의 벡터곱을 크기-각도 표기법과 단위 벡터 표기법으로 구한다.

3.3.7 오른손 법칙을 써서 벡터곱으로 만들어진 벡터의 방향을 결정한다.

3.3.8 한 개의 곱이 다른 곱 안에 있는 경우 가장 안에 있는 곱부터 시작하여 바깥쪽으로 계산하는 보통의 대수적 과정을 따른다.

요점_Key Ideas

1. 스칼라 s와 벡터 $\vec{v}$를 곱하면 크기는 sv이고 방향은 s가 양수이면 $\vec{v}$와 같은 방향이고 s가 음수이면 $\vec{v}$와 반대 방향인 새로운 벡터가 된다. $\vec{v}$를 s로 나누려면 $\vec{v}$에 $1/s$를 곱한다.
2. 두 벡터 $\vec{a}$와 $\vec{b}$의 스칼라곱은 $\vec{a}\cdot\vec{b}$로 쓰고
$$\vec{a}\cdot\vec{b} = ab\cos\phi$$
로 주어지는 *스칼라량*이다. 여기서 ϕ는 $\vec{a}$와 $\vec{b}$ 사이의 각도이다. 스칼라곱은 한 벡터의 크기에 이 벡터의 방향으로 향하는 두 번째 벡터의 스칼라 성분을 곱한 것이다. 단위벡터 표기방법을 쓰면 다음과 같고 분배법칙을 사용하여 전개할 수 있다.
$$\vec{a}\cdot\vec{b} = (a_x\hat{\mathrm{i}} + a_y\hat{\mathrm{j}} + a_z\hat{\mathrm{k}})\cdot(b_x\hat{\mathrm{i}} + b_y\hat{\mathrm{j}} + b_z\hat{\mathrm{k}})$$
가 성립한다.
3. 두 벡터 $\vec{a}$와 $\vec{b}$의 벡터곱은 $\vec{a}\times\vec{b}$로 쓰고 벡터 $\vec{c}$가 된다. 그 크기는 c로 다음과 같이 주어진다.
$$c = ab\sin\phi.$$
여기서 ϕ는 $\vec{a}$와 $\vec{b}$의 사이의 각도 중 작은 각도이다. $\vec{c}$의 방향은 $\vec{a}$와 $\vec{b}$로 정의된 평면에 수직이며 그림 3.3.2에 나타낸 것처럼 오른손 법칙에 의해 결정된다. $\vec{a}\times\vec{b} = -(\vec{b}\times\vec{a})$이다. 단위벡터 표기방법을 사용하면 다음과 같고, 역시 분배법칙을 이용해 전개할 수 있다.
$$\vec{a}\times\vec{b} = (a_x\hat{\mathrm{i}} + a_y\hat{\mathrm{j}} + a_z\hat{\mathrm{k}})\times(b_x\hat{\mathrm{i}} + b_y\hat{\mathrm{j}} + b_z\hat{\mathrm{k}}).$$
4. 한 개의 곱이 다른 곱 안에 있는 경우 가장 안에 있는 곱부터 시작하여 바깥쪽으로 계산하는 보통의 대수적 과정을 따른다.

▶ 벡터 곱하기[1]

벡터 곱하기는 세 가지 방법이 있으며 보통의 대수 곱하기와 전혀 다르다. 이 절에서는 벡터 곱하기에 대한 기본 규칙을 잘 이해하고 있을 때에만 벡터연산이 가능한 계산기로 벡터를 곱할 수 있음을 명심해야 한다.

벡터에 스칼라 곱하기

벡터 $\vec{a}$에 스칼라 s를 곱하면 새로운 벡터를 얻을 수 있다. 그 크기는 벡터 $\vec{a}$의 크기에 s의 절대값을 곱한 값이며, 방향은 s가 양일 때는 벡터 $\vec{a}$의 방향이고 s가 음일 때는 벡터 $\vec{a}$의 반대 방향이다. 벡터 $\vec{a}$를 s로 나눌 때는 $1/s$를 벡터 $\vec{a}$에 곱하면 된다.

벡터에 벡터 곱하기

벡터에 벡터를 곱하는 방법에는 두 가지가 있다. 하나는 곱한 결과가 스칼라인 *스칼라곱*이고 다른 하나는 벡터인 *벡터곱*이다.

[1] 이 내용은 뒷장(스칼라곱은 7장, 벡터곱은 11장)에서 이용될 것이므로 이 절을 뒤로 미룰 수도 있다.

스칼라곱

그림 3.3.1a의 벡터 $\vec{a}$와 $\vec{b}$의 **스칼라곱**은 $\vec{a} \cdot \vec{b}$로 쓰고 다음과 같이 정의한다.

$$\vec{a} \cdot \vec{b} = ab \cos \phi. \tag{3.3.1}$$

위의 식에서 a는 벡터 $\vec{a}$의 크기, b는 벡터 $\vec{b}$의 크기, ϕ는 벡터 $\vec{a}$와 $\vec{b}$(더 정확하게 말하면 벡터 $\vec{a}$의 방향과 벡터 $\vec{b}$의 방향) 사이의 각도이다. 실제로 사이각에는 두 가지 값(ϕ와 $360° - \phi$)이 있다. 두 각도의 cos 값이 같기 때문에 어느 각도나 식 3.3.1에 사용할 수 있다.

식 3.3.1의 우변은 단지 스칼라 값뿐이므로 좌변의 $\vec{a} \cdot \vec{b}$도 *스칼라*량이다. 스칼라곱 $\vec{a} \cdot \vec{b}$를 **점곱**이라고도 부르고 "a 도트 b"라고 읽는다.

점곱은 두 가지 양의 곱, 즉 (1) 한 벡터의 크기와 (2) 다른 벡터의 첫 번째 벡터 방향의 성분의 곱으로 생각할 수 있다. 예컨대 그림 3.3.1b에서 알 수 있듯이 벡터 $\vec{b}$ 방향에 대한 벡터 $\vec{a}$의 스칼라 성분은 $a \cos \phi$이다. 즉, 벡터 $\vec{a}$의 끝점에서 벡터 $\vec{b}$에 수직하게 내린 곳이 벡터 $\vec{b}$ 방향에 대한 벡터 $\vec{a}$의 스칼라 성분이다. 같은 방법으로 벡터 $\vec{a}$ 방향에 대한 벡터 $\vec{b}$의 스칼라 성분은 $b \cos \phi$이다.

만약 두 벡터 사이의 각도 ϕ가 0°이면 다른 벡터에 대한 한 벡터의 스칼라 성분은 최대값이 되며 스칼라곱 역시 최대값이 된다. 한편 ϕ가 90°이면 다른 벡터에 대한 한 벡터의 스칼라 성분은 0이고 스칼라곱 역시 0이 된다.

식 3.3.1의 성분을 강조하기 위해서 다음과 같이 다시 쓸 수 있다.

$$\vec{a} \cdot \vec{b} = (a \cos \phi)(b) = (a)(b \cos \phi). \tag{3.3.2}$$

스칼라곱은 다음의 교환법칙을 만족함을 알 수 있다.

$$\vec{a} \cdot \vec{b} = \vec{b} \cdot \vec{a}.$$

두 벡터를 단위벡터로 쓰면 스칼라곱은 다음과 같다.

$$\vec{a} \cdot \vec{b} = (a_x\hat{\text{i}} + a_y\hat{\text{j}} + a_z\hat{\text{k}}) \cdot (b_x\hat{\text{i}} + b_y\hat{\text{j}} + b_z\hat{\text{k}}). \tag{3.3.3}$$

위의 식에 분배법칙을 적용해서 첫째 벡터의 벡터성분과 둘째 벡터의 벡터성분을 각각 스칼라곱하여 정리하면 다음을 얻는다.

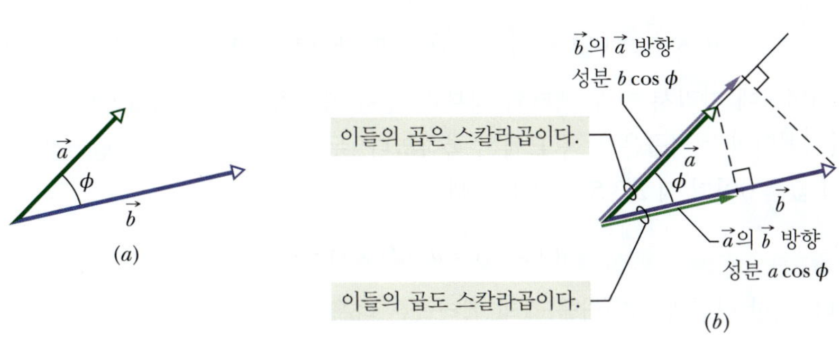

그림 3.3.1 (a) 사이각 ϕ를 가진 두 벡터 $\vec{a}$와 $\vec{b}$. (b) 각각의 벡터는 상대 벡터 방향의 성분을 갖는다.

$$\vec{a} \cdot \vec{b} = a_x b_x + a_y b_y + a_z b_z. \tag{3.3.4}$$

확인문제 3.3.1

벡터 $\vec{C}$와 벡터 $\vec{D}$의 크기는 각각 3 단위와 4 단위이다. $\vec{C} \cdot \vec{D}$가 각각 (a) 0 (b) 12 단위 (c) −12 단위일 때 벡터 $\vec{C}$와 벡터 $\vec{D}$ 방향의 사이각은 얼마인가?

벡터곱

벡터 $\vec{a}$와 $\vec{b}$의 **벡터곱**은 $\vec{a} \times \vec{b}$로 쓰며, 그 결과는 제3의 벡터 $\vec{c}$가 된다. 이때 벡터 $\vec{c}$의 크기는 다음과 같다.

$$c = ab \sin \phi. \tag{3.3.5}$$

여기서 ϕ는 벡터 $\vec{a}$와 $\vec{b}$가 만드는 사이각 중 작은 값이다. 벡터 사이의 두 각도 중에서 작은 값을 택하는 이유는 대수적으로 $\sin \phi$와 $\sin(360° - \phi)$는 부호가 다르기 때문이다. 벡터곱 $\vec{a} \times \vec{b}$를 드물지만 **가위곱**이라고도 부르고 "a 크로스 b"라고 읽는다.

벡터 $\vec{a}$와 $\vec{b}$가 같은 방향이거나 반대 방향이면 $\vec{a} \times \vec{b} = 0$이다. $\vec{a} \times \vec{b}$의 크기는 $|\vec{a} \times \vec{b}|$로 쓰며, 벡터 $\vec{a}$와 $\vec{b}$가 서로 수직일 때 크기가 최대이다.

벡터 $\vec{c}$의 방향은 두 벡터 $\vec{a}$와 $\vec{b}$가 이루는 평면에 수직이다. 그림 3.3.2a는 $\vec{c} = \vec{a} \times \vec{b}$의 방향을 결정하는 **오른손 규칙**이다. 먼저 두 벡터 $\vec{a}$와 $\vec{b}$의 방향은 유지하면서 두 꼬리 부분을 한곳에 모은 다음에 두 벡터가 만드는 평면에 수직인 선분을 생각한다. 엄지를 제외한 오른손의 네 손가락이 $\vec{a}$와 $\vec{b}$ 사이의 작은 각을 쓸면서 수직선분을 감아쥐면 엄지가 가리키는 방향이 곧 $\vec{c}$의 방향이 된다.

벡터곱은 두 벡터의 순서가 중요하다. 그림 3.3.2b는 $\vec{c}' = \vec{b} \times \vec{a}$의 방향을 결정하기 위해서 $\vec{a}$와 $\vec{b}$가 이루는 작은 사이각을 첫째 벡터 $\vec{b}$쪽에서 둘째 벡터 $\vec{a}$쪽으로 감아쥐는 경우이다. 엄지는 $\vec{a} \times \vec{b}$의 경우와는 반대 방향으로 향하므로 $\vec{c}' = -\vec{c}$가 된다. 즉, 다음과 같다.

$$\vec{b} \times \vec{a} = -(\vec{a} \times \vec{b}). \tag{3.3.6}$$

결국 벡터곱에서는 교환법칙이 성립하지 않는다.

벡터곱을 단위벡터로 나타내면 다음과 같다.

$$\vec{a} \times \vec{b} = (a_x\hat{\mathrm{i}} + a_y\hat{\mathrm{j}} + a_z\hat{\mathrm{k}}) \times (b_x\hat{\mathrm{i}} + b_y\hat{\mathrm{j}} + b_z\hat{\mathrm{k}}). \tag{3.3.7}$$

이제 분배법칙에 따라서 첫째 벡터의 성분과 둘째 벡터의 성분의 벡터곱으로 전개할 수 있다. 단위벡터의 벡터곱은 부록 E에 수록하였다. 두 단위벡터 $\hat{\mathrm{i}}$와 $\hat{\mathrm{i}}$는 평행하기 때문에 벡터곱의 값은 0이며 식 3.3.5을 전개할 때

$$a_x\hat{\mathrm{i}} \times b_x\hat{\mathrm{i}} = a_x b_x(\hat{\mathrm{i}} \times \hat{\mathrm{i}}) = 0$$

을 얻는다. 또한 다른 단위벡터들 간의 벡터곱은 다음과 같다.

$$a_x\hat{\mathrm{i}} \times b_y\hat{\mathrm{j}} = a_x b_y(\hat{\mathrm{i}} \times \hat{\mathrm{j}}) = a_x b_y\hat{\mathrm{k}}.$$

위의 식에서 마지막 단계는 $\hat{\mathrm{i}} \times \hat{\mathrm{j}}$를 계산하기 위해서 식 3.3.7을 이용하였다. 두 단위벡터 $\hat{\mathrm{i}}$와 $\hat{\mathrm{j}}$의 크기는 각각 1이고 사이각은 90°이므로, 오른손 규칙에 따라 $\hat{\mathrm{i}} \times \hat{\mathrm{j}}$의 방향은 $+z$축의 방향, 즉 단위벡터 $\hat{\mathrm{k}}$의 방향과 같다.

마찬가지로 식 3.3.7을 계산하면 그 결과는 다음과 같다.

$$\vec{a} \times \vec{b} = (a_y b_z - b_y a_z)\hat{\mathrm{i}} + (a_z b_x - b_z a_x)\hat{\mathrm{j}} + (a_x b_y - b_x a_y)\hat{\mathrm{k}}. \tag{3.3.8}$$

벡터곱은 비교적 복잡하므로 부록 E에 수록된 행렬식을 이용하거나 벡터 연산이 가능한 계산기를 써서 계산할 수도 있다.

주어진 xyz 좌표계가 오른손 좌표계인지는 벡터곱 $\hat{\mathrm{i}} \times \hat{\mathrm{j}} = \hat{\mathrm{k}}$에 대한 오른손 규칙을 그 좌표계에 적용해 보면 알 수 있다. 만약 오른손의 네 손가락을 $\hat{\mathrm{i}}$ 쪽($+x$축의 방향)에서 $\hat{\mathrm{j}}$쪽($+y$축의 방향)으로 감아쥘 때 엄지가 가리키는 방향이 $+z$축의 방향이 되면 오른손 좌표계이다.

확인문제 3.3.2

벡터 $\vec{C}$와 벡터 $\vec{D}$의 크기가 각각 3 단위와 4 단위이다. $\vec{C} \times \vec{D}$의 크기가 (a) 0과 (b) 12 단위일 때 두 벡터 $\vec{C}$와 $\vec{D}$의 사이각은 각각 얼마인가?

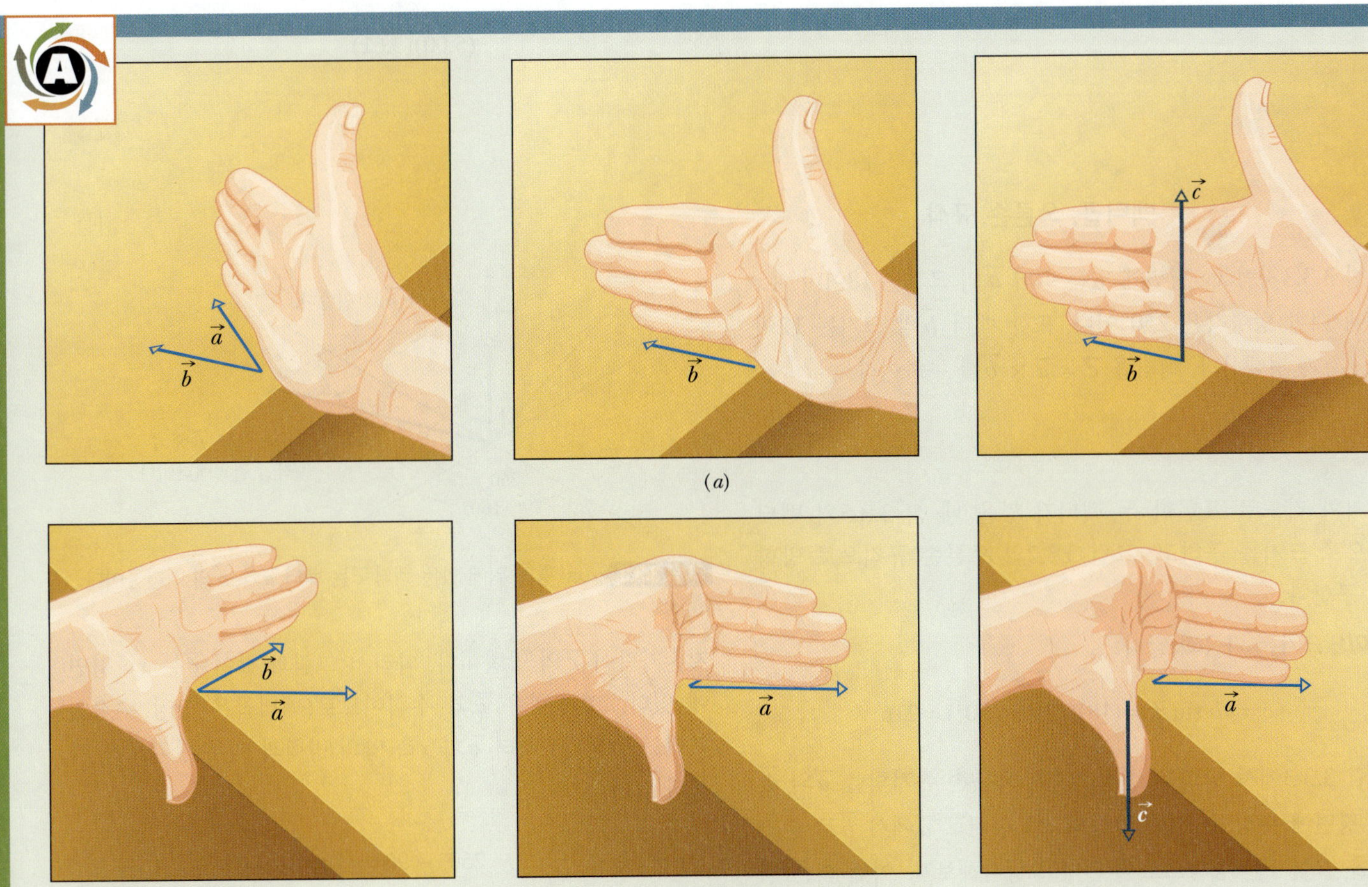

그림 3.3.2 벡터곱에 대한 오른손 규칙을 나타낸 그림. (a) 오른손의 네 손가락을 벡터 $\vec{a}$에서 벡터 $\vec{b}$쪽으로 감아쥔다. 이때 네 손가락에 수직한 엄지의 방향이 벡터 $\vec{c} = \vec{a} \times \vec{b}$의 방향이다. ($b$) $\vec{b} \times \vec{a}$는 $\vec{a} \times \vec{b}$와 반대 방향인 것을 보여준다.

보기문제 3.3.1 스칼라곱을 이용한 두 벡터 사이의 각도

두 벡터 $\vec{a} = 3.0\hat{i} - 4.0\hat{j}$와 $\vec{b} = -2.0\hat{i} + 3.0\hat{k}$의 사이각 ϕ를 구하여라(*주의*: 벡터연산이 가능한 계산기를 이용하면 아래의 풀이과정 중의 상당 부분을 건너뛸 수 있다. 그러나 스칼라곱을 이해할 수 있도록 한 번쯤은 직접 해야 한다).

요점

두 벡터가 이루는 각도를 스칼라곱의 정의 식 3.3.1을 이용하여 다음과 같이 쓸 수 있다.

$$\vec{a} \cdot \vec{b} = ab \cos \phi. \tag{3.3.9}$$

풀이: 식 3.3.9에서 a는 벡터 $\vec{a}$의 크기로

$$a = \sqrt{3.0^2 + (-4.0)^2} = 5.00 \tag{3.3.10}$$

이고, b는 벡터 $\vec{b}$의 크기로 다음과 같다.

$$b = \sqrt{(-2.0)^2 + 3.0^2} = 3.61. \tag{3.3.11}$$

한편 식 3.3.9의 좌변을 단위벡터로 표현한 다음에 분배 법칙을 적용하면 다음을 얻는다.

$$\begin{aligned}\vec{a} \cdot \vec{b} &= (3.0\hat{i} - 4.0\hat{j}) \cdot (-2.0\hat{i} + 3.0\hat{k}) \\ &= (3.0\hat{i}) \cdot (-2.0\hat{i}) + (3.0\hat{i}) \cdot (3.0\hat{k}) \\ &\quad + (-4.0\hat{j}) \cdot (-2.0\hat{i}) + (-4.0\hat{j}) \cdot (3.0\hat{k}).\end{aligned}$$

이제 위 식의 각 항에 식 3.3.1을 적용하면 된다. 첫째 항의 두 단위벡터($\hat{i}$와 $\hat{i}$)의 사이각은 0°이고 나머지 항의 사이각은 90°이다. 따라서 다음과 같이 쓸 수 있다.

$$\begin{aligned}\vec{a} \cdot \vec{b} &= -(6.0)(1) + (9.0)(0) + (8.0)(0) - (12)(0) \\ &= -6.0.\end{aligned}$$

식 3.3.9에 식 3.3.10과 3.3.11을 대입하면

$$-6.0 = (5.00)(3.61) \cos \phi$$

이므로, 결국 두 벡터가 이루는 각도는 다음과 같다.

$$\phi = \cos^{-1} \frac{-6.0}{(5.00)(3.61)} = 109° \approx 110°.$$ 답

보기문제 3.3.2 벡터곱, 오른손 규칙

그림 3.3.3처럼 xy 평면에 있는 벡터 $\vec{a}$의 크기는 18이며, $+x$축에 대한 방향각은 250°이다. 또한 벡터 $\vec{b}$의 크기는 12이며 z축과 평행하다. 벡터곱 $\vec{c} = \vec{a} \times \vec{b}$를 구하여라.

요점

크기와 각도로 표현한 두 벡터가 있을 때 식 3.3.5의 벡터곱으로 크기를 구하고, 그림 3.3.2의 오른손 규칙으로 방향을 구한다.

풀이: 크기는 다음과 같다.

$$c = ab \sin \phi = (18)(12)(\sin 90°) = 216.$$ 답

그림 3.3.3에서 방향을 결정하려면 오른손 손가락을 $\vec{a}$와 $\vec{b}$의 평면에 수직인 선($\vec{c}$ 방향의 선) 주위로 $\vec{a}$에서 $\vec{b}$로 손가락을 쓸어가는 방향으로 놓는다고 생각해보자. 이때 뻗은 엄지손가락이 $\vec{c}$의 방향이다. 따라서 그림과 같이 $\vec{c}$는 xy 평면에 있다. 그 방향은 $\vec{a}$와 수직이므로(벡터곱은 항상 수직인 벡터를 만든다) 벡터 $\vec{c}$가 x축 양의 방향과 이루는 각도는 다음과 같다.

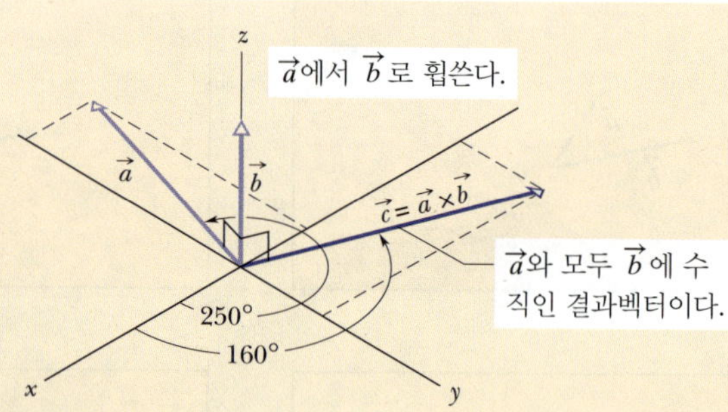

그림 3.3.3 xy 평면 위에 있는 벡터 $\vec{c}$는 벡터 $\vec{a}$와 $\vec{b}$의 벡터곱이다.

$$250° - 90° = 160°.$$ 답

보기문제 3.3.3 **벡터곱, 단위벡터 표기법**

$\vec{a} = 3\hat{i} - 4\hat{j}$, $\vec{b} = -2\hat{i} + 3\hat{k}$이다. $\vec{c} = \vec{a} \times \vec{b}$를 구하여라.

요점

단위벡터로 표기된 두 벡터의 벡터곱은 분배법칙을 써서 얻을 수 있다.

풀이: 그 결과는 다음과 같다.

$$\vec{c} = (3\hat{i} - 4\hat{j}) \times (-2\hat{i} + 3\hat{k})$$
$$= 3\hat{i} \times (-2\hat{i}) + 3\hat{i} \times 3\hat{k} + (-4\hat{j}) \times (-2\hat{i}) + (-4\hat{j}) \times 3\hat{k}.$$

위의 결과에 오른손 규칙을 적용해서 방향을 판정하고 식 3.3.5를 이용해서 각 항을 계산한다. 첫째 항에서 두 단위벡터의 사이각 ϕ는 0°이고, 나머지 항의 사이각 ϕ는 90°이다. 따라서 다음을 얻는다.

$$\vec{c} = -6(0) + 9(-\hat{j}) + 8(-\hat{k}) - 12\hat{i}$$
$$= -12\hat{i} - 9\hat{j} - 8\hat{k}.$$ (답)

벡터 $\vec{c}$가 두 벡터 $\vec{a}$와 $\vec{b}$에 수직이라는 사실은 $\vec{c} \cdot \vec{a} = 0$과 $\vec{c} \cdot \vec{b} = 0$임을 통해서 확인할 수 있으며, $\vec{a}$나 $\vec{b}$ 방향의 $\vec{c}$ 성분은 모두 0이다.

일반적으로 벡터곱은 수직인 벡터를 만들어내고, 두 개의 수직인 벡터의 스칼라곱은 0이고, 같은 축에 있는 두 벡터의 벡터곱은 0이다.

▶ **교육용 비디오는 웹사이트 www.wiley.com에서 볼 수 있다.**

정리 및 요약 _Review & Summary

▸***스칼라와 벡터*** 온도 같은 *스칼라량*은 크기만 있다. 스칼라는 숫자와 단위(예를 들면, 10°C)를 써서 나타내며 보통의 대수규칙을 따른다. 변위 같은 *벡터량*은 크기와 방향(예컨대 북쪽으로 5 m)을 함께 가지며 벡터 연산규칙을 따른다.

▸***기하학적으로 벡터 더하기*** 두 벡터 $\vec{a}$와 $\vec{b}$의 머리에 꼬리를 잇는 기하학적 방법으로 벡터합을 구할 수 있다. 이때 첫째 벡터의 꼬리와 둘째 벡터의 머리를 잇는 벡터가 $\vec{a}$와 $\vec{b}$의 벡터합 $\vec{s}$이다. $\vec{a}$에서 $\vec{b}$를 빼려면 먼저 $\vec{b}$의 방향을 뒤집어서 $-\vec{b}$를 얻은 다음에 $-\vec{b}$와 $\vec{a}$를 합하면 된다. 벡터 덧셈은 교환이 가능하며

$$\vec{a} + \vec{b} = \vec{b} + \vec{a} \tag{3.1.2}$$

결합규칙을 따른다.

$$(\vec{a} + \vec{b}) + \vec{c} = \vec{a} + (\vec{b} + \vec{c}). \tag{3.1.3}$$

▸***벡터성분*** 2차원 벡터 $\vec{a}$의 좌표축 방향 스칼라 *성분* a_x와 a_y는 벡터 $\vec{a}$의 끝에서 각각의 좌표축에 수직선을 내려서 얻을 수 있다. 벡터 $\vec{a}$와 $+x$축이 이루는 각도가 ϕ이면 좌표축 방향의 성분은 다음과 같다.

$$a_x = a\cos\theta \quad \text{및} \quad a_y = a\sin\theta. \tag{3.1.5}$$

한편 부호는 좌표축의 방향을 나타낸다. 벡터 $\vec{a}$의 성분을 알면 벡터 $\vec{a}$의 크기와 방향각을 다음과 같이 쓴다.

$$a = \sqrt{a_x^2 + a_y^2} \quad \text{및} \quad \tan\theta = \frac{a_y}{a_x}. \tag{3.1.6}$$

▸***단위벡터 표기*** *단위벡터* $\hat{i}, \hat{j}, \hat{k}$는 크기가 1이며 오른손 좌표계에서 각각 x, y, z축 양의 방향을 향한다. 벡터 $\vec{a}$를 단위벡터로 표현하면 다음과 같다.

$$\vec{a} = a_x\hat{i} + a_y\hat{j} + a_z\hat{k}. \tag{3.2.1}$$

여기서 $a_x\hat{i}, a_y\hat{j}, a_z\hat{k}$는 각각 $\vec{a}$의 **벡터성분**이고 a_x, a_y, a_z는 **스칼라성분**이다.

▸***성분으로 벡터 더하기*** 벡터합을 성분으로 쓰려면

$$r_x = a_x + b_x \quad r_y = a_y + b_y \quad r_z = a_z + b_z \tag{3.2.4~3.2.6}$$

을 이용한다. 여기서 $\vec{a}$와 $\vec{b}$는 더하고자 하는 벡터이고, $\vec{r}$은 벡터합이다. 결국 좌표축 성분별로 더한 셈이다. 이제 합을 단위벡터 표기나 크기-각도 표기로 나타낼 수 있다.

▸***스칼라와 벡터의 곱셈*** 스칼라 s와 벡터 $\vec{v}$의 곱셈 결과는 새로운 벡터 $s\vec{v}$이며 그 크기는 sv이고, 방향은 s가 양의 값일 때는 벡터 $\vec{v}$와 같은 방향이고, s가 음의 값일 때는 벡터 $\vec{v}$와 반대 방향이다. 벡터 $\vec{v}$를 s로 나누려면 $\vec{v}$에 $1/s$를 곱한다.

▸***스칼라곱*** 벡터 $\vec{a}$와 $\vec{b}$ **스칼라곱**의 결과는 스칼라이고 $\vec{a} \cdot \vec{b}$로

쓰고 크기는 다음과 같다.

$$\vec{a} \cdot \vec{b} = ab \cos \phi. \qquad (3.3.1)$$

여기서 ϕ는 벡터 $\vec{a}$와 $\vec{b}$의 사이각이다. 스칼라곱은 첫째 벡터의 크기에 둘째 벡터의 첫째 벡터 방향의 성분을 곱한 값이다. 스칼라곱은 교환법칙을 만족하므로 $\vec{a} \cdot \vec{b} = \vec{b} \cdot \vec{a}$이다.

한편 단위벡터로 쓰면 다음과 같다.

$$\vec{a} \cdot \vec{b} = (a_x\hat{\mathrm{i}} + a_y\hat{\mathrm{j}} + a_z\hat{\mathrm{k}}) \cdot (b_x\hat{\mathrm{i}} + b_y\hat{\mathrm{j}} + b_z\hat{\mathrm{k}}). \qquad (3.3.3)$$

앞의 식은 분배규칙을 적용해서 전개할 수 있다.

▸ **벡터곱** 벡터 $\vec{a}$와 $\vec{b}$ **벡터곱**은 $\vec{a} \times \vec{b}$로 표현하며, 그 결과는 제3의 벡터 $\vec{c}$가 된다. 이때 벡터 $\vec{c}$의 크기는

$$c = ab \sin \phi \qquad (3.3.5)$$

이며, ϕ는 벡터 $\vec{a}$와 $\vec{b}$가 만드는 사이각 중에 작은 값이다. 벡터 $\vec{c}$의 방향은 두 벡터 $\vec{a}$와 $\vec{b}$가 이루는 평면에 수직이며, 그림 3.3.2처럼 오른손 규칙으로 결정된다. 또한 $\vec{a} \times \vec{b} = -(\vec{b} \times \vec{a})$이므로 벡터곱에서는 교환법칙이 성립하지 않는다.

한편 단위벡터로 나타내면 다음과 같다.

$$\vec{a} \times \vec{b} = (a_x\hat{\mathrm{i}} + a_y\hat{\mathrm{j}} + a_z\hat{\mathrm{k}}) \times (b_x\hat{\mathrm{i}} + b_y\hat{\mathrm{j}} + b_z\hat{\mathrm{k}}). \qquad (3.3.7)$$

위 식은 분배규칙을 적용해서 전개할 수 있다.

연습문제 _Problems

E Easy **M** Medium **H** Hard **CALC** Requires calculus **BIO** Biomedical application

1 **E** 그림 3.1에서 벡터의 크기는 각각 $a = 4$, $b = 3$, $c = 5$이다. $\vec{a} \times \vec{b}$의 (a) 크기와 (b) 방향, $\vec{a} \times \vec{c}$의 (c) 크기와 (d) 방향, $\vec{b} \times \vec{c}$의 (e) 크기와 (f) 방향을 각각 구하여라(그림에 z축은 나타내지 않았다).

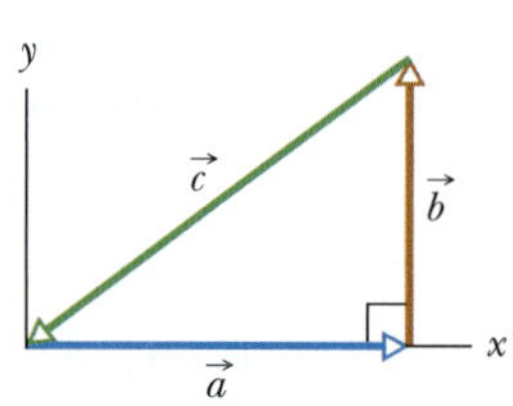

그림 3.1 연습문제 1

2 **E** 세 벡터 $\vec{a} = 7.0\hat{\mathrm{i}} + 3.0\hat{\mathrm{j}} - 2.0\hat{\mathrm{k}}$, $\vec{b} = -1.0\hat{\mathrm{i}} - 4.0\hat{\mathrm{j}} + 2.0\hat{\mathrm{k}}$, $\vec{c} = 2.0\hat{\mathrm{i}} + 2.0\hat{\mathrm{j}} + 1.0\hat{\mathrm{k}}$가 있다. 다음을 구하여라. (a) $\vec{a} \cdot (\vec{b} \times \vec{c})$ (b) $\vec{a} \cdot (\vec{b} + \vec{c})$ (c) $\vec{a} \times (\vec{b} + \vec{c})$.

3 **M** 다음과 같은 네 벡터가 있다. $\vec{E}$: (6.00 m, +0.900 rad), $\vec{F}$:(5.00 m, −75.0°), $\vec{G}$: (5.00 m, −75.0 rad), $\vec{H}$: (4.00 m, −1.20°) 이들 네 벡터의 벡터합을 (a) 단위벡터로 나타내어라. (b) 크기는 얼마인가? (c) 각도는 몇 도인가? (d) 각도를 라디안으로 써라.

4 **E** xy평면 위에 있는 세 벡터 $\vec{a}$, $\vec{b}$, $\vec{c}$의 크기는 모두 20 m이며, 양의 x축과 이루는 각도는 각각 30°, 195°, 315°이다. 다음을 구하여라. $\vec{a} + \vec{b} + \vec{c}$의 (a) 크기와 (b) 방향. $\vec{a} - \vec{b} + \vec{c}$의 (c) 크기와 (d) 방향. $(\vec{a} + \vec{b}) - (\vec{c} + \vec{d}) = 0$인 벡터 $\vec{d}$의 (e) 크기와 (f) 방향.

5 **M** $\vec{a} = (4.00\text{ m})\hat{\mathrm{i}} - (3.00\text{ m})\hat{\mathrm{j}}$, $\vec{b} = (6.00\text{ m})\hat{\mathrm{i}} + (10.0\text{ m})\hat{\mathrm{j}}$이다. 벡터 $\vec{a}$의 (a) 크기와 (b) ($\hat{\mathrm{i}}$에 대한) 각도를 구하여라. 벡터 $\vec{b}$의 (c) 크기와 (d) 각도를 구하여라. 벡터 $\vec{a} + \vec{b}$의 (e) 크기와 (f) 각도를 구하여라. 벡터 $\vec{b} - \vec{a}$의 (g) 크기와 (h) 각도를 구하여라. 벡터 $\vec{a} - \vec{b}$의 (i) 크기와 (j) 각도를 구하여라. (k) 두 벡터 $\vec{b} - \vec{a}$와 $\vec{a} - \vec{b}$의 사이각은 얼마인가?

6 **E** 그림 3.2에서 xy 평면 위에 있는 변위벡터 $\vec{r}$의 길이는 22.0 m이고, $\theta = 30.0°$이다. $\vec{r}$의 (a) x성분과 (b) y성분을 구하여라.

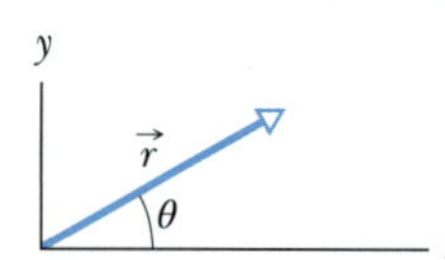

그림 3.2 연습문제 6

7 **E** 벡터 $\vec{c}$와 $\vec{d}$의 성분이 각각 $c_x = 4.4$, $c_y = -3.8$, $c_z = -6.1$, $d_x = 4.4$, $d_y = -2.0$, $d_z = 3.3$일 때 변위 $\vec{c}$와 $\vec{d}$의 벡터합 $\vec{r}$의 (a) x (b) y (c) z 성분을 각각 구하여라.

8 **E** 무거운 기계를 수평면에 대해 각도 25.0°의 경사면을 따라 $d = 6.90$ m 거리를 밀어 올린 것을 그림 3.3에 나타내었다. (a) 기계는 수직방향으로 얼마나 올라갔는가? (b) 수평방향으로 얼마나 이동했는가?

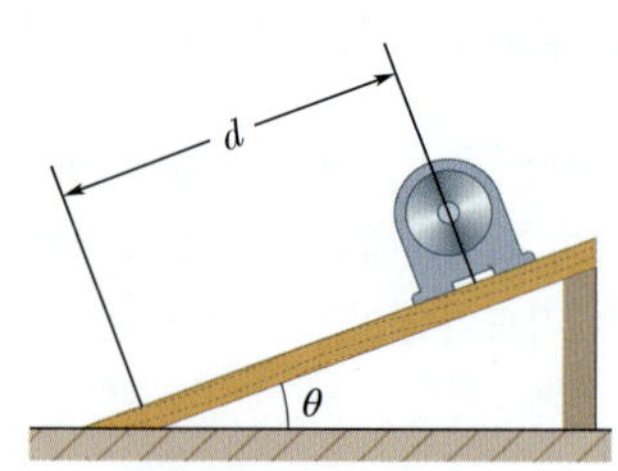

그림 3.3 연습문제 8

9 **M** x축을 향하는 벡터 $\vec{A}$에 크기가 10.0 m인 벡터 $\vec{B}$를 더한다. 그 결과 벡터는 y축을 향하고, 크기는 벡터 $\vec{A}$의 3.0배이다. 벡터 $\vec{A}$의 크

기는 얼마인가?

10 M 딱정벌레 두 마리가 같은 지점을 출발해서 평평한 모래 위를 기어간다. 딱정벌레 1은 동쪽으로 0.50 m 이동한 다음 동북방향 30°로 0.80 m 더 이동했다. 딱정벌레 2도 두 번 이동하는데 먼저 북동방향 40°으로 1.6 m 간다. 딱정벌레 2가 한 번 더 이동해서 딱정벌레 1이 도착한 지점에서 다시 만났다. 딱정벌레 2가 기어가는 두 번째 변위의 (a) 크기와 (b) 방향을 구하여라.

11 M 변위 $\vec{d}_1$은 yz 평면 위에 있으며 양의 y축과 이루는 각도는 63.0°이고, 크기가 3.00 m이며, z성분은 양수이다. 변위 $\vec{d}_2$는 xz평면 위에 있으며, 양의 x축과 이루는 각도는 30.0°이고, 크기는 1.40 m이며 성분은 양수이다. (a) $\vec{d}_1 \cdot \vec{d}_2$, (b) $\vec{d}_1 \times \vec{d}_2$, (c) 벡터 $\vec{d}_1$과 $\vec{d}_2$의 사이의 각도를 계산하여라.

12 H (a) 그림 3.4를 보면 한 변의 길이가 a인 정육면체의 한 꼭지점이 xyz좌표계의 원점에 있다. *부피대각선*은 한 꼭지점에서 정육면체의 중심을 지나서 맞은 편 꼭지점에 이르는 선분이다. 다음과 같은 꼭지점을 지나는 부피대각선을 단위벡터로 각각 나타내어라. (a) 좌표 (0, 0, 0), (b) 좌표 (a, 0, 0), (c) 좌표 (0, a, 0), (d) 좌표 (a, a, 0), (e) 부피대각선이 정육면체의 이웃하는 변과 이루는 각도를 구하여라. (f) 부피대각선의 길이를 a로 나타내어라.

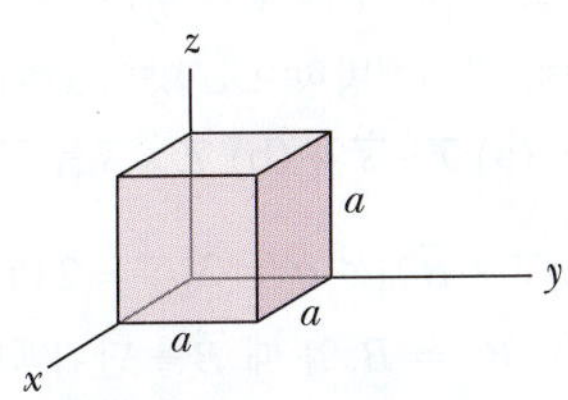

그림 3.4 연습문제 12

13 E 벡터합 $\vec{A} + \vec{B} = \vec{C}$에서 $\vec{A}$는 크기가 20.0 m이고, $+x$축에서 반시계방향으로 이루는 각도가 40.0°이며, $\vec{C}$는 크기가 15.0 m이고 $-x$축에서 시계방향으로 이루는 각도가 20.0°이다. (a) 벡터 $\vec{B}$의 크기와 (b) $\vec{B}$가 ($+x$축에 대한) 각도를 구하여라.

14 M 그림 3.5에서 벡터 $\vec{a}$의 크기는 20.0 m이고 반시계방향으로 $+x$축과 이루는 각도는 $\theta = 56.0°$이다. 벡터 $\vec{a}$의 성분 (a) a_x와 (b) a_y를 구하여라. 첫 번째 좌표계와 좌표축이 $\theta' = 18.0°$만큼 회전한 새로운 좌표계에 대한 성분 (c) $a_{x'}$과 (d) $a_{y'}$을 구하여라.

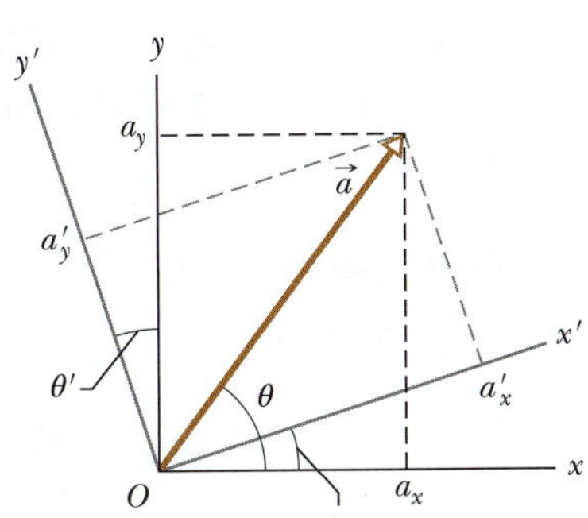

그림 3.5 연습문제 14

15 E 한 사람이 북쪽으로 7.9 km, 그리고 서쪽으로 2.4 km, 마지막으로 남쪽으로 5.2 km 걸어갔다. (a) 이 운동을 나타내는는 벡터 그림을 그려라. 새가 같은 시작점과 끝점 사이를 직선으로 날아간다면 (b) 얼마나 멀리 (c) 어느 방향으로 날아야 하는가?

16 E 그림 3.6에서 벡터 $\vec{a}$와 $\vec{b}$의 크기는 모두 15.0 m이며, 각도는 각각 $\theta_1 = 20°$와 $\theta_2 = 105°$이다. 두 벡터의 합 $\vec{r}$의 (a) x 성분, (b) y 성분을 구하여라. $\vec{r}$의 (c) 크기와 (d) 양의 x축과 이루는 각도를 구하여라.

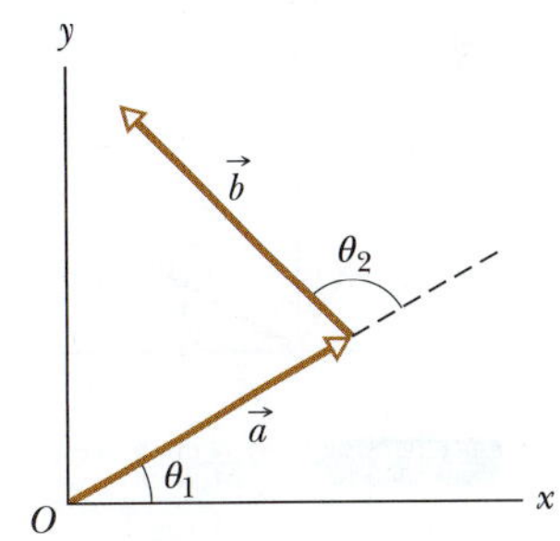

그림 3.6 연습문제 16

17 E 벡터 $\vec{a}$가 xy 평면에 있고, 양의 x축에서 반시계방향으로 205°를 이루고, 크기가 6.8 m인 경우 이 벡터의 (a) x (b) y 성분을 구하여라.

18 E $\vec{a} = (4.0\text{ m})\hat{i} + (5.0\text{ m})\hat{j}$, $\vec{b} = (-13.0\text{ m})\hat{i} + (7.0\text{ m})\hat{j}$이다. (a) $\vec{a} + \vec{b}$를 단위벡터 표기법으로 써라. $\vec{a} + \vec{b}$의 (b) 크기와 (c) 방향을 구하여라.

19 M 무언극에서 광대 1은 $\vec{d}_1 = (4.0\text{ m})\hat{i} + (5.0\text{ m})\hat{j}$로 이동하고, 광대 2는 $\vec{d}_2 = (-5.0\text{ m})\hat{i} + (4.0\text{ m})\hat{j}$로 이동한다. 다음을 구하여라. (a) $\vec{d}_1 \times \vec{d}_2$, (b) $\vec{d}_1 \cdot \vec{d}_2$, (c) $(\vec{d}_1 + \vec{d}_2) \cdot \vec{d}_2$, (d) $\vec{d}_1$의 $\vec{d}_2$ 방향 성분(*힌트*: (d)는 식 3.3.1과 그림 3.3.1 참조).

20 M 아래 네 벡터의 합을 (a) 단위벡터로 표기법으로 쓰고 (b) 크기와 (c) $+x$축과 이루는 각도를 구하여라.

$\vec{A} = (2.00\text{ m})\hat{i} + (3.00\text{ m})\hat{j}$ $\qquad$ $\vec{B}$: 8.00 m, at +65.0°

$\vec{C} = (-4.00\text{ m})\hat{i} + (-6.00\text{ m})\hat{j}$ $\qquad$ $\vec{D}$: 5.00 m, at −235°

21 E $\vec{a} = 6.0\hat{i} + 5.0\hat{j}$, $\vec{b} = 2.0\hat{i} + 4.0\hat{j}$이다. 다음을 구하여라. (a) $\vec{a} \times \vec{b}$, (b) $\vec{a} \cdot \vec{b}$, (c) $(\vec{a} + \vec{b}) \cdot \vec{b}$, (d) 벡터 $\vec{a}$의 $\vec{b}$방향 성분. (*힌트*: (d)는 식 3.3.1과 그림 3.3.1 참조)

22 E 두 벡터 $\vec{a} = (4.0\text{ m})\hat{i} - (2.0\text{ m})\hat{j} + (1.0\text{ m})\hat{k}$와 $\vec{b} = (-1.0\text{ m})\hat{i} + (1.0\text{ m})\hat{j} + (4.0\text{ m})\hat{k}$가 있다. 단위벡터 표기방법으로 다음을 구하여라. (a) $\vec{a} + \vec{b}$ (b) $\vec{a} - \vec{b}$ (c) $\vec{a} - \vec{b} + \vec{c} = 0$을 만족하는 세 번째 벡터 $\vec{c}$.

23 E 벡터 $\vec{A}$의 x 성분은 −15 m이고, 성분은 +40.0 m이다. (a) 벡터 $\vec{A}$의 크기는 얼마인가? (b) 벡터 $\vec{A}$의 방향과 양의 x축 사이의 각도는 얼마인가?

24 E 자동차가 동쪽 50 km, 북쪽 30 km, 북동 60° 방향 40 km의 순서로 달린다. 벡터 그림을 그린 다음에 출발점을 기준으로 측정한 전체 변위의 (a) 크기와 (b) 각도를 구하여라.

25 M 그림 3.7에서 세 벡터의 크기는 각각 $a = 5.00$ m, $b = 4.00$ m, $c = 10.0$ m이며 $\theta = 30.0°$이다. 벡터 $\vec{a}$의 (a) x 성분과 (b) y 성분, 벡터 $\vec{b}$의 (c) x 성분과 (d) y성분, 벡터 $\vec{c}$의 (e) x성분과 (f) y성분을 각각 구하여라. $\vec{c} = p\vec{a} + q\vec{b}$이면 (g) p와 (h) q는 얼마인가?

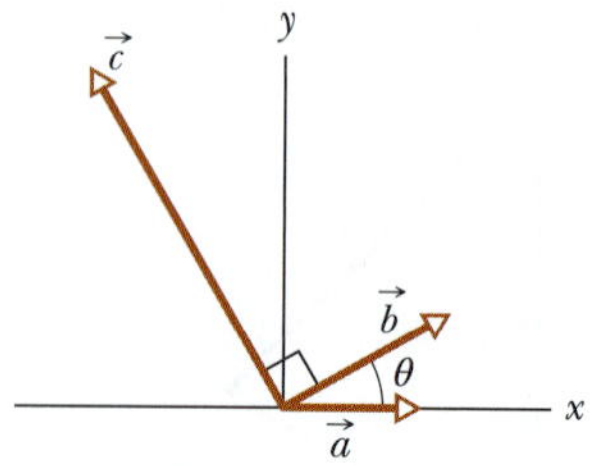

그림 3.7 연습문제 25

26 M 탐험가가 탐험대 본부로 돌아오는 길에 심한 눈보라를 만나서 주위를 분간할 수 없게 되었다. 출발지에서 탐험대 본부로 돌아가려면 북쪽으로 4.0 km를 이동해야 하는데 눈보라가 그친 후에 알아보니 동북방향 50°로 7.8 km를 갔다. 이제 본부로 돌아가려면 (a) 얼마나 멀리 (b) 어느 방향으로 이동해야 하는가?

27 E $\vec{a} = (3.0\text{ m})\hat{i} + (4.0\text{ m})\hat{j}$, $\vec{b} = (5.0\text{ m})\hat{i} + (-7.0\text{ m})\hat{j}$이다. (a) $\vec{a} + \vec{b}$를 단위벡터 표기법으로 쓰고 (b) 크기와 (c) ($\hat{i}$에 대한) 각도를 구하여라. 이제 $\vec{b} - \vec{a}$를 단위벡터 표기법으로 쓰고 (d) 크기와 (e) 각도를 구하여라.

28 E 사막지대 평원에서 xy 평면의 원점을 출발해서 (−140 m, 60 m)인 지점까지 갈 때 직선으로 네 번 이동하는 경우를 생각해보자. 각 직선이동의 x성분과 y성분을 m 단위로 측정한 결과는 다음과 같다. (20, 60), (b_x, −70), (−60, −70). (a) 성분 b_x와 (b) 성분 c_y는 얼마인가? 전체 변위의 (c) 크기와 (d) 변위가 양의 x축과 이루는 각도를 구하여라.

29 M 전형적인 뒷마당 개미는 화학물질로 개미망을 만든다. 개미집에서 시작된 길은 사이각도가 60°인 두 갈래 길로 계속해서 갈라진다. 배회하던 개미가 개미망을 만나면 개미집으로 되돌아가는 방법을 알 수 있다. 개미집에서 멀어지는 방향으로는 왼쪽으로 30° 또는 오른쪽으로 30° 회전하는 두 가지 선택이 가능하다. 그러나 개미집으로 가는 방향으로는 30° 회전할 수 있는 방법이 한 가지뿐이기 때문이다. 그림 3.8은 각 갈래의 길이가 1.0 cm이고 60° 각도로 갈라지는 대칭형 개미망이다. 경로 v는 y축과 평행이다. 개미가 그림의 점 A에서 개미망으로 들어온다면 개미집에 대한(그림에서 찾아라) 개미 변위의 (a) 크기와 (b) (양의 x축 방향에 대한) 각도는 무엇인가? 만약 점 B로 들어온다면 개미 변위의 (c) 크기와 (d) 각도는 무엇인가?

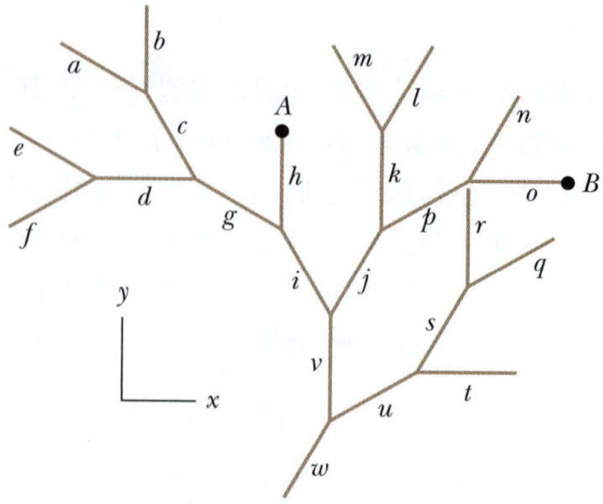

그림 3.8 연습문제 29

30 M 더위에 지친 개미 한 마리가 xy 평면 위에서 쏜살같이 움직인다. 네 차례 연속변위의 x 성분과 y 성분을 cm 단위로 측정한 값은 각각 (30.0, 40.0), (b_x, −70.0), (−20.0, c_y), (−80.0, −70.0)이며, 개미 전체 변위의 x 성분과 y 성분은 (−100, −20.0)이다. (a) b_x와 (b) c_y는 얼마인가? 전체 변위의 (c) 크기와 (d) (양의 x축에 대한) 각도를 구하여라.

31 M 벡터 $\vec{B}$를 $\vec{C} = 3.0\hat{i} + 4.0\hat{j}$에 더하면 그 결과 벡터는 양의 y축을 향하고 크기는 $\vec{C}$와 같다. 벡터 $\vec{B}$의 크기를 구하여라.

32 E xy평면 위에 두 벡터 $\vec{r}$과 $\vec{s}$가 있다. 이 벡터의 크기는 각각 4.50과 5.10 단위이며, 반시계방향으로 양의 x축과 이루는 각도는 각각 320°과 85.0°이다. (a) $\vec{r} \cdot \vec{s}$와 (b) $\vec{r} \times \vec{s}$를 구하여라.

33 M 벡터곱 $\vec{F} = q\vec{v} \times \vec{B}$에서 $q = 3$, $\vec{v} = 2.0\hat{i} + 4.0\hat{j} + 6.0\hat{k}$, $\vec{F} = 4.0\hat{i} - 20\hat{j} + 12\hat{k}$이다. $B_x = B_y$일 때 $\vec{B}$를 단위벡터 표기법으로 써라.

34 E 다음의 각도를 라디안으로 나타내어라. (a) 20.0°, (b) 75.0° (c) 100°. 다음의 각도를 도로 표기하여라. (d) 0.330 rad, (e) 2.10 rad, (f) 4.62 rad.

35 E $\vec{d}_1 = 3\hat{i} - 2\hat{j} + 4\hat{k}$와 $\vec{d}_2 = -5\hat{i} + 2\hat{j} - \hat{k}$일 때 $(\vec{d}_1 + \vec{d}_2) \cdot (\vec{d}_1 + 17\vec{d}_2)$를 구하여라.

36 E 배가 북쪽으로 120 km 되는 지점을 향해 출항한다. 그러나 예상하지 못한 폭풍우에 밀려서 출발지의 동쪽 100 km 되는 지점에 도달한다. 원래 목적지에 도달하려면 (a) 지금부터 얼마나 멀리 (b) 어느 방향으로 항해해야 하는가?

37 E 크기가 3 m와 4 m인 두 변위를 생각하자. 이들을 어떻게 결합하면 그 결과로 얻는 변위의 크기가 (a) 7 m, (b) 1 m, (c) 5 m가 되는가?

38 M $\vec{d}_1 + \vec{d}_2 = 5\vec{d}_3$, $\vec{d}_1 - \vec{d}_2 = 3\vec{d}_3$, $\vec{d}_3 = 2\hat{i} + 5\hat{j}$일 때 (a) $\vec{d}_1$과 (b) $\vec{d}_2$를 단위벡터 표기법으로 써라.

39 E 잔디 위에서 하는 체스 게임에서 기사말은 한 변이 2.00 m인 정사각형의 중심 사이를 이동할 수 있다. 기사말이 다음과 같이 연속해서 세 번 이동하는 경우를 생각해보자. (1) 두 칸 전진 후 한 칸 우로 이동, (2) 두 칸 좌로 이동 후 한 칸 전진, (3) 두 칸 전진 후 한 칸 좌로 이동. 기사말이 이동한 전체변위의 (a) 크기와 (b) 전진 방향에 대한 각도는 얼마인가?

40 M 오아시스 B는 오아시스 A에서 동쪽으로 30 km인 곳에 있다. 낙타가 오아시스 A에서 출발하여 동쪽에서 북쪽 방향으로 15°의 각도로 24 km 걸어갔다가 북쪽으로 8.0 km를 걸어갔다. 낙타는 오아시스 B에서 얼마나 떨어져 있는가?

41 M 세 벡터 $\vec{A} = 2.00\hat{i} + 3.00\hat{j} - 4.00\hat{k}$, $\vec{B} = -3.00\hat{i} + 4.00\hat{j} + 2.00\hat{k}$, $\vec{C} = 2.00\hat{i} - 8.00\hat{j}$에 대하여 $3\vec{C} \cdot (2\vec{A} \times \vec{B})$를 구하여라.

42 E 한 사람이 자신의 현재 위치에서 동쪽에서 북쪽으로 각도 35°인 방향으로 5.60 km 떨어진 곳으로 가려고 한다.그러나 길은 남북이나 동서 방향으로만 있다. 목적지까지 도달하기 위한 최소거리를 구하여라.

43 M 스칼라곱의 정의 $\vec{a} \cdot \vec{b} = ab\cos\theta$와 $\vec{a} \cdot \vec{b} = a_x b_x + a_y b_y + a_z b_z$를 이용하여 두 벡터 $\vec{a} = 3.0\hat{i} + 3.0\hat{j} + 3.0\hat{k}$와 $\vec{b} = 2.0\hat{i} + 1.0\hat{j} + 5.0\hat{k}$ 사이의 각도를 구하여라.

44 M 벡터 $\vec{A}$의 크기는 8.00 단위이고, 벡터 $\vec{B}$의 크기는 단위이며, 는 $\vec{A} \cdot \vec{B}$이다. 두 벡터 $\vec{A}$와 $\vec{B}$의 사이의 각도를 구하여라.

제 4 장

2차원 운동과 3차원 운동

Motion in Two and Three Dimensions

4.1 ▸ 위치와 변위

요점 *Key Ideas*

1. 좌표계의 원점에 대한 입자의 위치는 위치벡터 $\vec{r}$로 나타내며 단위벡터로 표현하면 다음과 같다.
$$\vec{r} = x\hat{\mathrm{i}} + y\hat{\mathrm{j}} + z\hat{\mathrm{k}}.$$
여기서 $x\hat{\mathrm{i}}$, $y\hat{\mathrm{j}}$, $z\hat{\mathrm{k}}$는 각각 위치벡터 $\vec{r}$의 벡터성분이고, x, y, z는 (입자의 좌표를 나타내는) 스칼라 성분이다.
2. 위치벡터는 크기와 방향을 나타내는 하나 혹은 두 개의 각도로 나타내거나, 벡터 혹은 스칼라 성분으로 나타낸다.
3. 입자가 움직여서 위치벡터가 $\vec{r}_1$에서 $\vec{r}_2$로 변했다면 입자의 변위 $\Delta\vec{r}$은 다음과 같다.
$$\Delta\vec{r} = \vec{r}_2 - \vec{r}_1.$$
변위는 또한 다음과 같이 쓸 수 있다.
$$\begin{aligned}\Delta\vec{r} &= (x_2 - x_1)\hat{\mathrm{i}} + (y_2 - y_1)\hat{\mathrm{j}} + (z_2 - z_1)\hat{\mathrm{k}} \\ &= \Delta x\hat{\mathrm{i}} + \Delta y\hat{\mathrm{j}} + \Delta z\hat{\mathrm{k}}.\end{aligned}$$

학습목표 *Learning Objectives*

이 단원을 읽은 후 다음을 이해해야 한다.

4.1.1 입자에 대한 2차원 및 3차원 위치벡터를 좌표축에 대한 성분을 표시하고 그린다.

4.1.2 좌표계에서 입자의 위치벡터의 방향과 크기를 벡터의 성분으로부터 알아내고, 그 반대과정으로도 알아낸다.

4.1.3 입자의 변위벡터와 처음과 마지막 위치벡터 사이의 관계를 이해한다.

▶ 어떤 물리현상을 다루는가?

이 장에서는 3장의 내용을 확장하여 2차원 운동과 3차원 운동을 물리적으로 분석한다. 예를 들어, 전투기 조종사가 공중전에서 2차원이나 3차원 회전을 수행할 때, 고성능 전투기의 회전능력이 엄청나서 전투기 조종사는 바로 의식을 잃기 때문에, 의학자나 항공 공학자는 회전과 관련된 물리학에 관심을 가질 것이다. 한편 체육공학자는 농구의 물리학에 관심을 둘 것이다. 예를 들어 4.3 m 선에서 *자유투*를 던질 때, 어깨 위로 올린 농구공을 밀어서 던지는 *오버핸드 방식*과 허리띠 높이에서 농구공을 위 방향으로 던지는 *언더핸드 방식*이 있다. 오늘날 대부분의 프로 농구선수는 오버핸드 방식을 사용하지만, 전설적인 Rick Barry는 언더핸드 방식으로 자유투 기록을 수립하였다.

3차원 운동을 이해하는 것은 쉬운 일이 아니다. 예컨대 고속도로에서의 자동차 운전(1차원 운동)에는 능숙하겠지만, 활주로에 비행기를 착륙(3차원 운동)시키는 것은 충분한 훈련을 받지 않으면 어렵다.

이 장에서는 2차원과 3차원 운동을 공부하기 위해서 위치와 변위의 개념부터 시작한다.

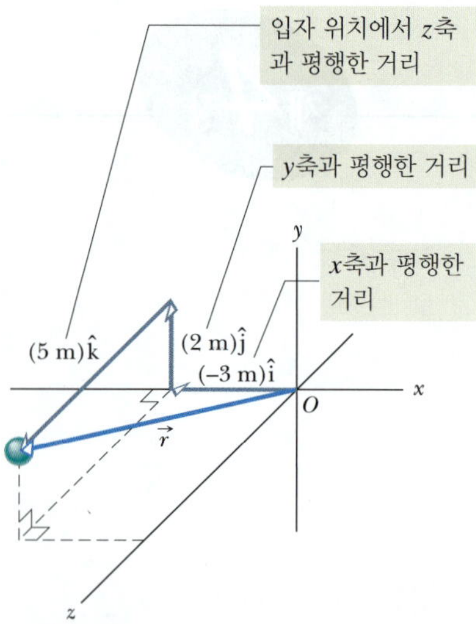

그림 4.1.1 입자의 위치벡터 $\vec{r}$은 벡터성분의 벡터합이다.

위치와 변위

입자의 위치를 결정하는 일반적인 방법은 **위치벡터** $\vec{r}$을 이용하는 것이다. 위치벡터는 기준점(또는 좌표계의 원점)에서 입자까지의 변위벡터이다. 3-2절의 단위벡터를 이용하여 표기하면 $\vec{r}$은 다음과 같다.

$$\vec{r} = x\hat{i} + y\hat{j} + z\hat{k}. \tag{4.1.1}$$

여기서 $x\hat{i}$, $y\hat{j}$, $z\hat{k}$는 $\vec{r}$의 벡터성분이고 x, y, z는 스칼라 성분이다.

스칼라 성분 x, y, z는 좌표계의 해당 축을 따라서 원점을 기준으로 한 입자의 위치이다. 따라서 입자의 위치는 직각좌표계에서 (x, y, z)로 나타낸다. 그림 4.1.1에는 입자의 위치벡터

$$\vec{r} = (-3\text{ m})\hat{i} + (2\text{ m})\hat{j} + (5\text{ m})\hat{k}$$

와 직각좌표$(-3\text{ m}, 2\text{ m}, 5\text{ m})$가 있다. 입자는 원점에서 x축 $-\hat{i}$ 방향으로 3 m, y축 $+\hat{j}$ 방향으로 2 m, z축 $+\hat{k}$ 방향으로 5 m 거리에 있다.

입자가 움직임에 따라 기준점(원점)으로부터 입자의 위치를 표시하는 위치벡터가 변한다. 만일 어떤 시간간격 동안에 위치벡터가 $\vec{r}_1$에서 $\vec{r}_2$로 변한다면 해당 시간간격 동안 입자의 **변위** $\Delta\vec{r}$은 다음과 같다.

$$\Delta\vec{r} = \vec{r}_2 - \vec{r}_1. \tag{4.1.2}$$

위 식을 식 4.1.1의 단위벡터를 이용하여 쓰면

$$\Delta\vec{r} = (x_2\hat{i} + y_2\hat{j} + z_2\hat{k}) - (x_1\hat{i} + y_1\hat{j} + z_1\hat{k})$$

이고, 정리하면 다음과 같다.

$$\Delta\vec{r} = (x_2 - x_1)\hat{i} + (y_2 - y_1)\hat{j} + (z_2 - z_1)\hat{k}. \tag{4.1.3}$$

여기서 좌표 (x_1, y_1, z_1)은 위치벡터 $\vec{r}_1$, 좌표 (x_2, y_2, z_2)는 위치벡터 $\vec{r}_2$에 각각 대응한다. 또한 $(x_2 - x_1)$을 Δx로, $(y_2 - y_1)$을 Δy로, $(z_2 - z_1)$을 Δz로 쓰면 변위는 다음과 같다.

$$\Delta\vec{r} = \Delta x\hat{i} + \Delta y\hat{j} + \Delta z\hat{k}. \tag{4.1.4}$$

확인문제 4.1.1

박쥐가 xyz 좌표 $(-2\text{ m}, 4\text{ m}, -3\text{ m})$ 에서 좌표 $(6\text{ m}, -2\text{ m}, -3\text{ m})$로 날아간다. 변위벡터는 어느 평면과 평행인가?

보기문제 4.1.1 2차원 위치벡터, 토끼 뛰기

토끼가 x와 y 좌표축이 그려진 주차장을 뛰어다니고 있다. 토끼의 위치는 시간 t의 함수로 다음과 같다.

$$x = -0.31t^2 + 7.2t + 28, \qquad (4.1.5)$$

$$y = 0.22t^2 - 9.1t + 30. \qquad (4.1.6)$$

여기서 t는 초, x와 y는 미터 단위이다.

(a) t = 15 s에서 토끼의 위치벡터 $\vec{r}$을 단위벡터와 크기-각도로 각각 표현하여라.

요점

식 4.1.5와 4.1.6으로 주어진 토끼 위치의 x좌표와 y좌표가 위치벡터 $\vec{r}$의 스칼라 성분이다. 주어진 시간에 그 성분을 계산하고 식 3.1.6을 사용하여 위치벡터의 크기와 방향을 구한다.

풀이: 따라서 토끼의 위치벡터를

$$\vec{r}(t) = x(t)\hat{\text{i}} + y(t)\hat{\text{j}} \qquad (4.1.7)$$

로 쓸 수 있다(위치벡터의 성분이 시간 t의 함수이므로 $\vec{r}$ 대신에 $\vec{r}(t)$로 쓴다).

t = 15 s에서 스칼라 성분으로 다음을 얻는다.

$$x = (-0.31)(15)^2 + (7.2)(15) + 28 = 66 \text{ m}$$

$$y = (0.22)(15)^2 - (9.1)(15) + 30 = -57 \text{ m}.$$

따라서 그림 4.1.2a에 표시한 위치벡터는 다음과 같다.

$$\vec{r} = (66 \text{ m})\hat{\text{i}} - (57 \text{ m})\hat{\text{j}}.$$ 답

한편, 위치벡터 $\vec{r}$의 크기와 각도는 벡터의 성분이 직각삼각형의 수직인 두 변을 이루고 r이 빗변이 된다는 사실을 이용한다. 그래서 식 3.1.6을 쓰면 다음을 얻는다.

$$r = \sqrt{x^2 + y^2} = \sqrt{(66 \text{ m})^2 + (-57 \text{ m})^2}$$

$$= 87 \text{ m},$$ 답

$$\theta = \tan^{-1}\frac{y}{x} = \tan^{-1}\left(\frac{-57 \text{ m}}{66 \text{ m}}\right) = -41°.$$ 답

확인: θ = 139°와 −41°의 탄젠트값은 같지만 $\vec{r}$의 성분을 보면 바람직한 각도는 139° − 180° = −41°이다.

(b) t = 0와 t = 25 s 사이에서 토끼의 경로를 그려라.

그래프: 어떤 순간에서든 토끼의 위치를 정할 수 있지만 경로를 알려면 그래프가 필요하다. (a)의 계산을 여러 개의 다른 시간 t에 대해 되풀이한 결과를 그래프로 그린다. 그림 4.1.2b는 6개의 t에 대한 위치(× 표시)와 이를 연결한 경로를 보여준다.

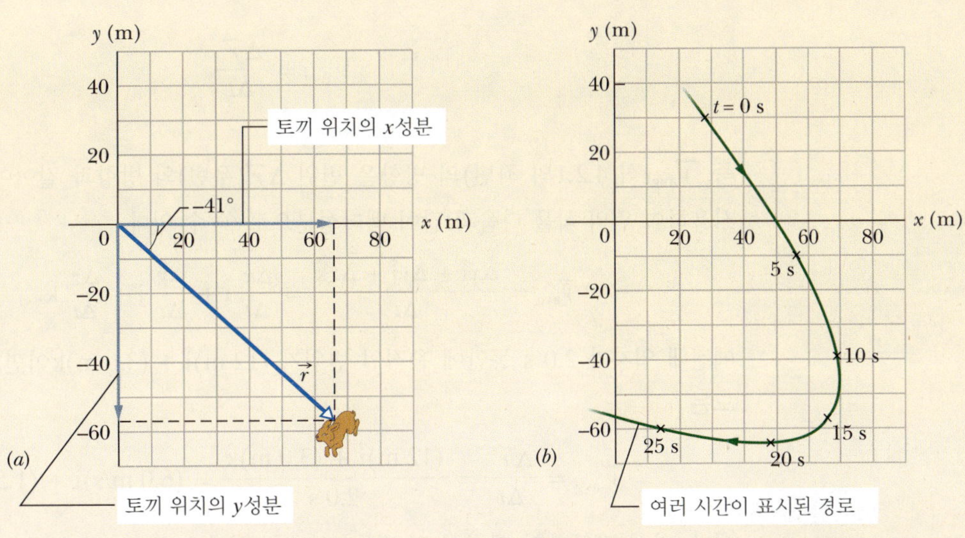

그림 4.1.2 (a) t = 15 s에서 토끼의 위치벡터 $\vec{r}$. 위치벡터 $\vec{r}$의 스칼라 성분이 각 축에 표시되어 있다. (b) 5개의 t값에 대한 토끼의 위치와 이들을 연결한 경로.

▶ 교육용 비디오는 웹사이트 www.wiley.com에서 볼 수 있다.

4.2 ▸ 평균속도와 순간속도

학습목표_Learning Objectives

이 단원을 읽은 후 다음을 이해해야 한다.

4.2.1 속도는 벡터량이고 따라서 크기와 방향이 있으며, 성분으로 나타낼 수 있다.

4.2.2 입자의 속도를 2차원, 3차원에서 좌표축에 대한 성분을 포함하여 그릴 수 있다.

4.2.3 크기-각도 표현 방법과 단위벡터 표현을 이용하여 입자의 초기와 최종 위치벡터, 이 위치 변화가 일어난 시간간격, 그리고 입자의 평균속도 벡터 사이의 관계를 이해한다.

4.2.4 입자의 위치벡터를 시간의 함수로 나타냈을 때 (순간)속도벡터를 결정한다.

요점_Key Ideas

1. 시간간격 Δt 동안 입자의 변위가 $\Delta\vec{r}$일 때 그 시간 동안 평균속도 $\vec{v}_{avg}$는 다음과 같다.

$$\vec{v}_{avg} = \frac{\Delta\vec{r}}{\Delta t}.$$

2. Δt가 0에 접근하면 $\vec{v}_{avg}$는 속도 혹은 순간속도 $\vec{v}$라는 극한값에 접근한다.

$$\vec{v} = \frac{d\vec{r}}{dt}.$$

이 양은 단위벡터로 표현하면 다음과 같다.

$$\vec{v} = v_x\hat{\mathrm{i}} + v_y\hat{\mathrm{j}} + v_z\hat{\mathrm{k}}.$$

여기서 $v_x = dx/dt$, $v_y = dy/dt$, $v_z = dz/dt$이다.

3. 입자의 순간속도 $\vec{v}$는 입자의 경로에 대해 입자의 위치에서 항상 접선방향을 향한다.

▶ 평균속도와 순간속도

입자가 한 점에서 다른 점으로 이동할 때 입자가 얼마나 빨리 움직이는지 알고자 한다. 2장에서처럼 "얼마나 빨리" 운동하는지를 나타내는 물리량인 *평균속도*와 *순간속도*를 정의할 수 있다. 그러나 이 물리량이 벡터이므로 벡터표기를 사용해야 한다.

만약 입자가 시간간격 Δt 동안 변위 $\Delta\vec{r}$만큼 이동한다면 입자의 **평균속도** $\vec{v}_{avg}$는

$$\text{평균속도} = \frac{\text{변위}}{\text{시간간격}}$$

이며, 수식으로는 다음과 같다.

$$\vec{v}_{avg} = \frac{\Delta\vec{r}}{\Delta t}. \tag{4.2.1}$$

즉, $\vec{v}_{avg}$(식 4.2.1의 좌변)의 방향은 변위 $\Delta\vec{r}$(우변)의 방향과 같아야 한다. 식 4.1.4를 사용하여 위의 식을 다음과 같이 벡터성분으로 쓸 수 있다.

$$\vec{v}_{avg} = \frac{\Delta x\hat{\mathrm{i}} + \Delta y\hat{\mathrm{j}} + \Delta z\hat{\mathrm{k}}}{\Delta t} = \frac{\Delta x}{\Delta t}\hat{\mathrm{i}} + \frac{\Delta y}{\Delta t}\hat{\mathrm{j}} + \frac{\Delta z}{\Delta t}\hat{\mathrm{k}}. \tag{4.2.2}$$

예컨대 입자가 2.0 s 동안에 움직인 변위가 $(12\text{ m})\hat{\mathrm{i}} + (3.0\text{ m})\hat{\mathrm{k}}$이면, 이 동안의 평균속도는

$$\vec{v}_{avg} = \frac{\Delta\vec{r}}{\Delta t} = \frac{(12\text{ m})\hat{\mathrm{i}} + (3.0\text{ m})\hat{\mathrm{k}}}{2.0\text{ s}} = (6.0\text{ m/s})\hat{\mathrm{i}} + (1.5\text{ m/s})\hat{\mathrm{k}}$$

이다. 다시 말하자면 벡터인 평균속도의 x축 성분은 6.0 m/s이고, z축 성분은 1.5 m/s이다.

일반적으로 입자의 **속도**는 어떤 순간에서의 **순간속도** $\vec{v}$를 의미한다. 순간속도 $\vec{v}$는 어떤 순간에 시간간격 Δt를 0으로 접근시킬 때 $\vec{v}_{avg}$가 접근하는 극한값이다. 미적분학 용어를 사용하면 $\vec{v}$를 다음의 미분함수로 쓸 수 있다.

$$\vec{v} = \frac{d\vec{r}}{dt}. \tag{4.2.3}$$

그림 4.2.1에는 xy 평면에서만 움직이는 입자의 경로가 있다. 입자가 곡선을 따라 오른쪽으로 이동할 때 위치벡터도 오른쪽으로 옮겨간다. 시간간격 Δt 동안에 위치벡터는 $\vec{r}_1$에서 $\vec{r}_2$로 변하며 이에 해당하는 입자의 변위는 $\Delta\vec{r}$이다.

시간 t_1에서 (입자가 위치 1에 있을 때) 입자의 순간속도를 구하기 위해서 t_1에 관하여 시간간격 Δt를 0으로 접근시키면 다음의 세 가지 현상이 발생한다. (1) 그림 4.2.1에서 위치벡터 $\vec{r}_2$가 $\vec{r}_1$ 쪽으로 이동하여 $\Delta\vec{r}$은 0으로 접근한다. (2) $\Delta\vec{r}/\Delta t$의 방향(즉, $\vec{v}_{avg}$의 방향)은 위치 1에서 입자 경로의 접선방향으로 접근한다. (3) 평균속도 $\vec{v}_{avg}$는 t_1에서의 순간속도 $\vec{v}$에 접근한다.

$\Delta t \to 0$의 극한에서 $\vec{v}_{avg} \to \vec{v}$이며 $\vec{v}_{avg}$는 접선방향이다. 즉, $\vec{v}$는 접선방향을 향한다. 따라서 다음과 같이 기술할 수 있다.

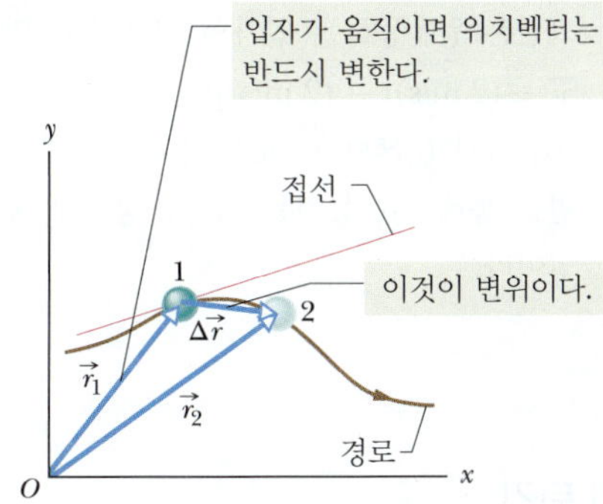

그림 4.2.1 시간 t_1에 위치벡터가 $\vec{r}_1$인 위치 1로부터, 시간 t_2에 위치벡터가 $\vec{r}_2$인 위치 2까지 시간간격 Δt 동안 변한 입자의 변위 $\Delta\vec{r}$. 위치 1에서 입자 경로에 접선을 그려놓았다.

입자의 순간속도 $\vec{v}$의 방향은 입자의 위치에서 항상 입자의 경로에 접선방향이다.

3차원에서도 마찬가지로 $\vec{v}$는 항상 입자의 경로에 접선방향이다.

식 4.2.3에서 $\vec{r}$ 대신에 식 4.1.1을 대입하면

$$\vec{v} = \frac{d}{dt}(x\hat{\mathrm{i}} + y\hat{\mathrm{j}} + z\hat{\mathrm{k}}) = \frac{dx}{dt}\hat{\mathrm{i}} + \frac{dy}{dt}\hat{\mathrm{j}} + \frac{dz}{dt}\hat{\mathrm{k}}$$

이며, 다음과 같이 단위벡터로 쓸 수 있다.

$$\vec{v} = v_x\hat{\mathrm{i}} + v_y\hat{\mathrm{j}} + v_z\hat{\mathrm{k}}. \tag{4.2.4}$$

한편 $\vec{v}$의 스칼라 성분은 다음과 같다.

$$v_x = \frac{dx}{dt}, \quad v_y = \frac{dy}{dt} \quad \text{및} \quad v_z = \frac{dz}{dt}. \tag{4.2.5}$$

여기서 dx/dt는 $\vec{v}$의 x축 스칼라 성분이다. 결국 $\vec{r}$의 스칼라 성분을 미분하여 $\vec{v}$의 스칼라 성분을 얻을 수 있다.

그림 4.2.2는 속도벡터 $\vec{v}$와 속도의 x성분과 y성분이다. $\vec{v}$가 입자의 위치에서 입자의 경로에 접선임을 유의하여라. *주의*: 그림 4.2.1에서 그림 4.2.2까지의 위치벡터는

정해진 한 점에서 시작하여 다른 점에서 끝나는 화살표로 표시되어 있다. 그러나 그림 4.2.2의 속도벡터는 정해진 한 점에서 다른 점으로 뻗는 것이 아니라, 화살표의 꼬리 끝에 위치한 입자의 순간적인 운동방향을 향한다. 그리고 화살표의 길이는 속도벡터의 크기를 뜻하며 임의의 축척으로 그릴 수 있다.

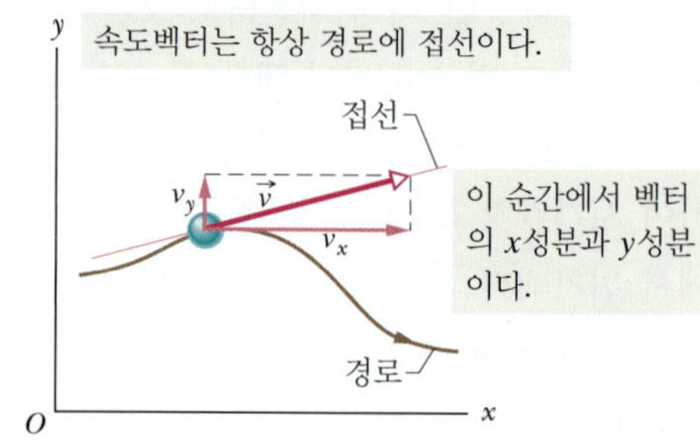

그림 4.2.2 입자의 속도 $\vec{v}$와 스칼라 성분.

확인문제 4.2.1

그림은 원운동하는 입자의 경로이다. 만일 입자의 순간속도가 $\vec{v} = (2\ \text{m/s})\hat{\text{i}} - (2\ \text{m/s})\hat{\text{j}}$이면 (a) 시계방향으로 도는 경우와 (b) 반시계방향으로 도는 경우 이 시점에서 입자가 어느 사분면을 통해 원운동하는가? 각 경우에 속도벡터를 그림에 그려 넣어라.

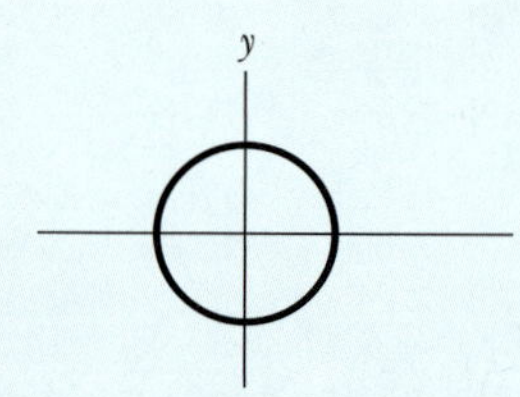

보기문제 4.2.1 2차원 속도, 토끼 뛰기

앞의 보기문제에서 시간 t = 15 s일 때 토끼의 속도 $\vec{v}$를 구하여라.

요점

토끼의 위치벡터 성분을 시간미분하여 속도벡터의 성분을 구할수 있다.

풀이: 식 4.2.5의 v_x를 식 4.1.5에 적용하면 $\vec{v}$의 x성분은

$$v_x = \frac{dx}{dt} = \frac{d}{dt}(-0.31t^2 + 7.2t + 28)$$
$$= -0.62t + 7.2 \tag{4.2.6}$$

이고, t = 15 s에서 v_x = −2.1 m/s를 얻는다. 또한 식 4.2.5의 v_y를 식 4.1.6에 적용하면, $\vec{v}$의 y성분은

$$v_y = \frac{dy}{dt} = \frac{d}{dt}(0.22t^2 - 9.1t + 30)$$
$$= 0.44t - 9.1 \tag{4.2.7}$$

이고, t = 15 s에서 v_y = −2.5 m/s를 얻는다. 결국 식 4.2.4에서 토끼의 속도는 다음과 같다.

$$\vec{v} = (-2.1\ \text{m/s})\hat{\text{i}} + (-2.5\ \text{m/s})\hat{\text{j}}.$$ (답)

그림 4.2.3을 보면 t = 15 s에서 토끼의 속도가 경로에 접선이며, 토끼가 달리고 있는 방향을 향하고 있다.

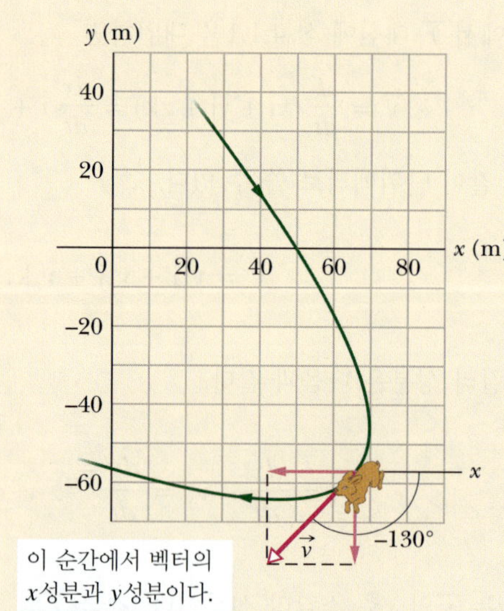

그림 4.2.3 t = 15 s에서 토끼의 속도 $\vec{v}$.

한편 $\vec{v}$의 크기와 각도는 식 3.1.6에 따라 다음과 같이 구할 수 있다.

$$v = \sqrt{v_x^2 + v_y^2} = \sqrt{(-2.1\text{ m/s})^2 + (-2.5\text{ m/s})^2}$$
$$= 3.3\text{ m/s}$$ 답

$$\theta = \tan^{-1}\frac{v_y}{v_x} = \tan^{-1}\left(\frac{-2.5\text{ m/s}}{-2.1\text{ m/s}}\right)$$
$$= \tan^{-1}1.19 = -130°.$$ 답

확인: $-130°$와 $-130° + 180° = 50°$ 중 어느 것이 바람직한 각도일까?

▶ **교육용 비디오는 웹사이트 www.wiley.com에서 볼 수 있다.**

4.3 ▸ 평균가속도와 순간가속도

요점 _Key Ideas_

1. 입자의 속도가 시간간격 Δt 동안 $\vec{v}_1$에서 $\vec{v}_2$로 변했을 때 Δt 동안 평균가속도는 다음과 같다.
$$\vec{a}_{\text{avg}} = \frac{\vec{v}_2 - \vec{v}_1}{\Delta t} = \frac{\Delta\vec{v}}{\Delta t}.$$
2. Δt가 0에 접근하면 $\vec{a}_{\text{avg}}$는 가속도 혹은 순간가속도 $\vec{a}$의 극한값에 접근한다.
$$\vec{a} = \frac{d\vec{v}}{dt}.$$
3. 단위벡터로 표현하면 다음과 같다.
$$\vec{a} = a_x\hat{\text{i}} + a_y\hat{\text{j}} + a_z\hat{\text{k}}.$$
여기서 $a_x = dv_x/dt$, $a_y = dv_y/dt$, $a_z = dv_z/dt$이다.

학습목표 _Learning Objectives_

이 단원을 읽은 후 다음을 이해해야 한다.

4.3.1 가속도는 벡터량이므로 크기와 방향, 따라서 성분이 있다.

4.3.2 성분을 포함한 입자의 가속도 벡터를 2차원, 3차원에서 그린다.

4.3.3 입자의 초기와 최종 속도벡터와 이 속도 변화 사이의 시간간격을 알면 평균가속도 벡터를 크기-각도, 단위벡터 표기방법으로 나타낼 수 있다.

4.3.4 입자의 속도벡터를 시간의 함수로 나타냈을 때 (순간)가속도 벡터를 결정한다.

4.3.5 운동에 대한 각각의 차원에서 2장에서 본 일정한 가속도 방정식을 적용하여 가속도, 속도, 위치와 시간 사이의 관계를 맺는다.

▶ 평균가속도와 순간가속도

입자의 속도가 시간간격 Δt 동안에 $\vec{v}_1$에서 $\vec{v}_2$로 변할 때, Δt 동안 입자의 **평균가속도** $\vec{a}_{\text{avg}}$는

$$\text{평균가속도} = \frac{\text{속도의 변화}}{\text{시간간격}}$$

이며, 다음과 같이 정의한다.

즉 $$\vec{a}_{\text{avg}} = \frac{\vec{v}_2 - \vec{v}_1}{\Delta t} = \frac{\Delta\vec{v}}{\Delta t}. \tag{4.3.1}$$

임의의 순간에서 시간간격 Δt를 0으로 접근시키는 극한에서 $\vec{a}_{\text{avg}}$는 그때의 **순간가속도**(또는 **가속도**) $\vec{a}$로 접근한다. 즉, 다음과 같다.

$$\vec{a} = \frac{d\vec{v}}{dt}. \tag{4.3.2}$$

속도의 크기나 방향(또는 둘 다)이 변하면 입자는 가속도를 갖는다.

식 4.2.4의 $\vec{v}$를 식 4.3.2에 대입하면 단위벡터 표기법으로

$$\vec{a} = \frac{d}{dt}(v_x\hat{\text{i}} + v_y\hat{\text{j}} + v_z\hat{\text{k}}) = \frac{dv_x}{dt}\hat{\text{i}} + \frac{dv_y}{dt}\hat{\text{j}} + \frac{dv_z}{dt}\hat{\text{k}}$$

이고, 다음과 같이 다시 쓸 수 있다.

$$\vec{a} = a_x\hat{\text{i}} + a_y\hat{\text{j}} + a_z\hat{\text{k}}. \tag{4.3.3}$$

여기서 $\vec{a}$의 스칼라 성분은 다음과 같다.

$$a_x = \frac{dv_x}{dt}, \quad a_y = \frac{dv_y}{dt}, \quad a_z = \frac{dv_z}{dt}. \tag{4.3.4}$$

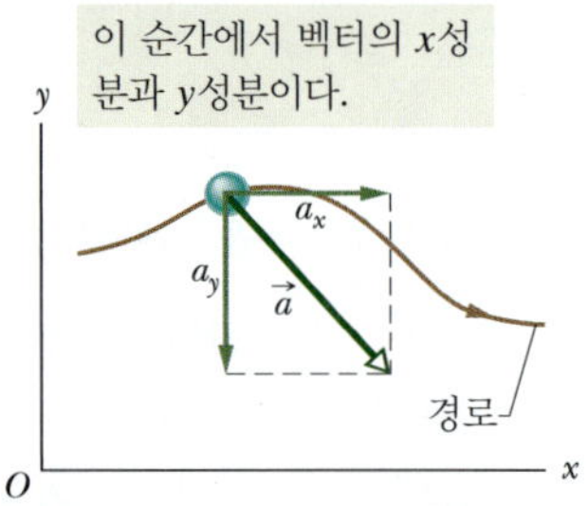

그림 4.3.1 입자의 가속도 $\vec{a}$와 $\vec{a}$의 스칼라 성분.

결국 $\vec{v}$의 스칼라 성분을 미분하여 $\vec{a}$의 스칼라 성분을 얻을 수 있다.

그림 4.3.1은 2차원에서 운동하는 입자의 가속도벡터 $\vec{a}$와 스칼라 성분이다. *주의*: 그림 4.3.1의 가속도벡터는 정해진 한 점에서 다른 점으로 뻗는 것이 *아니다*. 대신에 가속도벡터의 방향은 화살표의 꼬리 끝에 위치한 입자의 순간적인 가속방향을 향하고, 화살표의 길이는 가속도벡터의 크기를 뜻하며 임의의 축척으로 그릴 수 있다.

확인문제 4.3.1

다음은 xy 평면에서 움직이는 아이스하키 퍽의 위치를 보여주는 네 가지 경우이다.

(1) $x = -3t^2 + 4t - 2$ 및 $y = 6t^2 - 4t$
(2) $x = -3t^3 - 4t$ 및 $y = -5t^2 + 6$
(3) $\vec{r} = 2t^2\hat{\text{i}} - (4t + 3)\hat{\text{j}}$
(4) $\vec{r} = (4t^3 - 2t)\hat{\text{i}} + 3\hat{\text{j}}$

각 경우에 가속도의 x와 y성분이 상수인지, 아니면 가속도 $\vec{a}$가 상수인지를 결정하여라.

보기문제 4.3.1 2차원 가속도, 토끼 뛰기

앞의 두 보기문제에서 $t = 15$ s일 때 토끼의 가속도 $\vec{a}$를 구하여라.

요점

속도의 성분을 시간미분하여 토끼의 가속도 성분을 구할 수 있다.

풀이: 식 4.3.4의 a_x를 식 4.2.6에 적용하면, $\vec{a}$의 x성분은

$$a_x = \frac{dv_x}{dt} = \frac{d}{dt}(-0.62t + 7.2) = -0.62 \text{ m/s}^2$$

이다. 식 4.3.4의 a_y를 식 4.2.7에 적용하면 $\vec{a}$의 y성분은

$$a_y = \frac{dv_y}{dt} = \frac{d}{dt}(0.44t - 9.1) = 0.44 \text{ m/s}^2$$

이다. 두 식에 시간변수 t가 들어있지 않으므로 가속도가 시간에 따라 변하지 않는 상수임을 알 수 있다. 따라서 토끼의 가속도벡터는 식 4.3.3에 따라

$$\vec{a} = (-0.62 \text{ m/s}^2)\hat{\text{i}} + (0.44 \text{ m/s}^2)\hat{\text{j}} \quad \text{(답)}$$

이고, 그림 4.3.2에 토끼의 경로와 함께 그려져 있다.

한편 $\vec{a}$의 크기와 각도는 식 3.1.6을 이용하여 구할 수 있다. 그 크기는

$$a = \sqrt{a_x^2 + a_y^2} = \sqrt{(-0.62 \text{ m/s}^2)^2 + (0.44 \text{ m/s}^2)^2} = 0.76 \text{ m/s}^2 \quad \text{(답)}$$

이며, 각도는 다음과 같다.

$$\theta = \tan^{-1}\frac{a_y}{a_x} = \tan^{-1}\left(\frac{0.44\ \text{m/s}^2}{-0.62\ \text{m/s}^2}\right) = -35°.$$

이 각도는 그림 4.3.2에서 $\vec{a}$가 오른쪽 아래 방향임을 뜻한다. 그러나 위에서 구한 가속도 성분을 고려하면 $\vec{a}$가 왼쪽 위 방향을 향해야 한다. 따라서 계산기에 나타나지 않는 다른 각도를 구하려면 180°를 더해야 한다. 즉,

$$-35° + 180° = 145° \quad \text{(답)}$$

이다. 이 각도는 가속도 성분과 일치하는 방향이다. 가속도가 일정하므로 토끼가 움직이는 동안에 가속도 $\vec{a}$의 크기와 방향은 항상 같다. 이것은 같은 벡터를 토끼의 경로의 어느 점에서도 그릴 수 있다는 것을 의미한다(벡터의 크기와 방향을 바꾸지 않고 벡터의 끝은 경로 위의 임의의 점에 놓고 그리면 된다).

이 문제는 단위벡터 표기법으로 쓴 벡터의 미분을 구하는 데 필요한 두 번째 예제이다. 흔히 하는 실수는 단위벡터를 무시하고 숫자와 기호만 쓰는 것이다. 벡터의 미분은 항상 다른 벡터가 된다는 것을 주의하여야 한다.

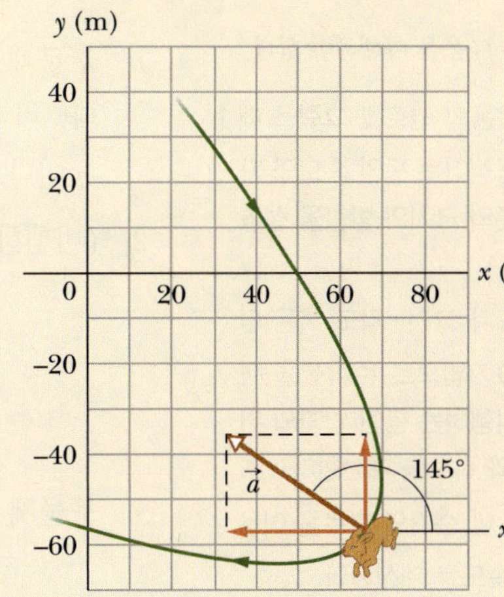

그림 4.3.2 $t = 15$ s에서 토끼의 가속도 $\vec{a}$. 운동 경로 위의 모든 점에서 토끼의 가속도가 같다.

▶ **교육용 비디오는 웹사이트 www.wiley.com에서 볼 수 있다.**

▶ 보기문제 4.3.2 이차원에서 일정한 가속도 운동

속도 $\vec{v}_0 = -2.0\hat{\text{i}} + 4.0\hat{\text{j}}$(m/s)인 입자가 $t = 0$에서 x축 양의 방향으로부터 각도 $\theta = 130°$로 크기 $a = 3.0\ \text{m/s}^2$인 일정한 가속도 $\vec{a}$로 운동한다. $t = 5.0$ s에서 입자의 속도 $\vec{v}$는 얼마인가?

요점

가속도가 일정하므로 식 2.4.1($v = v_0 + at$)을 적용하지만 x축에 평행한 운동과 y축에 평행한 운동을 분리해서 사용해야 한다.

풀이: 다음 식으로부터 속도성분 v_x와 v_y를 구한다.

$$v_x = v_{0x} + a_x t,\quad v_y = v_{0y} + a_y t.$$

이 식에서 $v_{0x}(= -2.0\ \text{m/s})$와 $v_{0y}(= 4.0\ \text{m/s})$는 $\vec{v}_0$의 x와 y 성분이고, a_x와 a_y는 $\vec{a}$의 x와 y 성분이다. a_x와 a_y를 구하려면 $\vec{a}$를 벡터를 계산할 수 있는 계산기나 식 3.1.5를 이용하여 분해해야 한다.

$$a_x = a\cos\theta = (3.0\ \text{m/s}^2)(\cos 130°) = -1.93\ \text{m/s}^2,$$
$$a_y = a\sin\theta = (3.0\ \text{m/s}^2)(\sin 130°) = +2.30\ \text{m/s}^2.$$

이 값을 v_x와 v_y에 대한 식에 대입하면 시간 $t = 5.0$ s에서 다음을 얻는다.

$$v_x = -2.0\ \text{m/s} + (-1.93\ \text{m/s}^2)(5.0\ \text{s}) = -11.56\ \text{m/s},$$
$$v_y = 4.0\ \text{m/s} + (2.30\ \text{m/s}^2)(5.0\ \text{s}) = 15.50\ \text{m/s}.$$

따라서 $t = 5.0$ s에서 반올림한 후 다음을 얻는다.

$$\vec{v} = (-12\ \text{m/s})\hat{\text{i}} + (16\ \text{m/s})\hat{\text{j}}. \quad \text{(답)}$$

벡터를 계산할 수 있는 계산기를 사용하거나 식 3.1.6을 이용하면 $\vec{v}$의 크기와 각도는

$$v = \sqrt{v_x^2 + v_y^2} = 19.4\ \text{m/s} \approx 19\ \text{m/s} \quad \text{(답)}$$

$$\theta = \tan^{-1}\frac{v_y}{v_x} = 127° \approx 130° \quad \text{(답)}$$

을 얻는다. 이 각도를 확인하자. 계산기 화면에는 127°가 나타나는가, −53°가 나타나는가? 두 값 모두 역탄젠트에 대해 수학적으로는 맞는 결과이지만, 여기서는 어느 것이 물리적으로 맞는가? 이것을 보기 위해 어느 각도가 올바른 방향을 향하는 벡터가 되는지 벡터 $\vec{v}$를 그 성분을 이용하여 그린다.

4.4 ▸ 포물체 운동

학습목표 *Learning Objectives*

이 단원을 읽은 후 다음을 이해해야 한다.

4.4.1 포물체 운동의 경로를 그렸을 때 물체가 움직이는 동안 속도와 가속도 성분의 크기와 방향을 설명한다.

4.4.2 처음 속도가 크기-각도 혹은 단위벡터 표기법으로 주어졌을 때 물체가 비행하는 동안 입자의 위치, 변위와 속도를 계산한다.

4.4.3 비행하는 한 순간의 자료를 이용해 처음 속도를 계산한다.

요점 *Key Ideas*

1. 포물체 운동에서 입자를 (수평 x축으로부터 측정한) 속력 v_0와 각도 θ_0로 쏘아 올린다. 비행하는 동안 수평가속도는 0이고 수직가속도는 (수직 y축에 대해 아래쪽인) $-g$이다.
2. (비행하는 동안) 입자에 대한 운동방정식은 다음과 같다.
$$x - x_0 = (v_0 \cos\theta_0)t,$$
$$y - y_0 = (v_0 \sin\theta_0)t - \tfrac{1}{2}gt^2,$$
$$v_y = v_0 \sin\theta_0 - gt,$$
$$v_y^2 = (v_0 \sin\theta_0)^2 - 2g(y - y_0).$$
3. 포물체 운동에서 입자의 궤도(경로)는 x_0와 y_0가 0이라면 다음과 같은 포물선이다.
$$y = (\tan\theta_0)x - \frac{gx^2}{2(v_0\cos\theta_0)^2}.$$
4. 출발점으로부터 입자가 다시 처음 높이로 되돌아오는 점 사이의 수평거리인 입자의 수평도달거리 R은 다음과 같다.
$$R = \frac{v_0^2}{g}\sin 2\theta_0.$$

▶ 포물체 운동

이 단원에서는 특별한 2차원 운동을 다루기로 한다. 입자가 초기속도 $\vec{v}_0$로 수직 평면에서 운동하면 입자의 가속도는 항상 자유낙하 가속도 $\vec{g}$로 아래로 향하게 된다. 이러한 입자를 **포물체**라 하고, 그런 운동을 **포물체 운동**이라 한다. 날아가는 테니스공(그림 4.4.1 참조) 또는 야구공이 전형적인 포물체이다. 그러나 날아가더라도 비행기나 오리는 포물체가 아니다. 골프와 축구에서 라크로스와 라켓볼에 이르기까지 모든 운동경기에서 공은 포물체 운동을 한다. 예컨대, 1970년대에 Z-공격을 발견한 라켓볼 선수는 쉽게 이길 수 있었다. 왜냐하면 코트 뒷부분에서 공이 특이하게 움직여서 상대방을 당혹시키기 때문이다.

Richard Megna/Fundamental Photographs

그림 4.4.1 ▸ 딱딱한 표면과 충돌하여 튀어 오르는 노란 테니스공의 연속사진. 테니스공은 충돌과 충돌 사이에 포물체 운동을 한다.

여기서는 공기가 포물체의 운동에 영향을 주지 않는다고 가정하고 4.1단원에서 4.3단원까지 소개한 2차원 운동의 분석방법을 사용하여 포물체 운동을 분석한다. 다음 단원에서 분석할 그림 4.4.2에는 공기효과를 무시한 경우에 포물체의 경로가 나타나 있다. 다음과 같은 초기속도 $\vec{v}_0$로 발사된 포물체를 생각해 보자.

$$\vec{v}_0 = v_{0x}\hat{\mathrm{i}} + v_{0y}\hat{\mathrm{j}}. \tag{4.4.1}$$

만약 $\vec{v}_0$와 양의 x방향 사이의 각도 θ_0를 알면 초기속도의 두 성분 v_{0x}와 v_{0y}는

$$v_{0x} = v_0\cos\theta_0 \quad 및 \quad v_{0y} = v_0\sin\theta_0 \tag{4.4.2}$$

이다. 포물체가 2차원 운동을 하는 동안에 위치벡터 $\vec{r}$과 속도벡터 $\vec{v}$는 계속해서 변하지만, 가속도벡터 $\vec{a}$는 일정한 크기로 수직 아래 방향을 향한다. 즉, 가속도의 수평성분이 없다.

포물체 운동이 그림 4.4.1과 4.4.2처럼 복잡해 보이지만 사실은 다음과 같은 특징이 있으므로 비교적 쉽게 분석할 수 있다. 즉 다음과 같이 기술할 수 있다.

그림 4.4.2 좌표계의 원점에서 발사각 θ_0, 발사 속도 $\vec{v}_0$로 발사한 *포물체* 운동. 포물체 운동은 속도성분으로 알 수 있듯이 수직운동(등가속도 운동)과 수평운동(등속도 운동)의 결합이다.

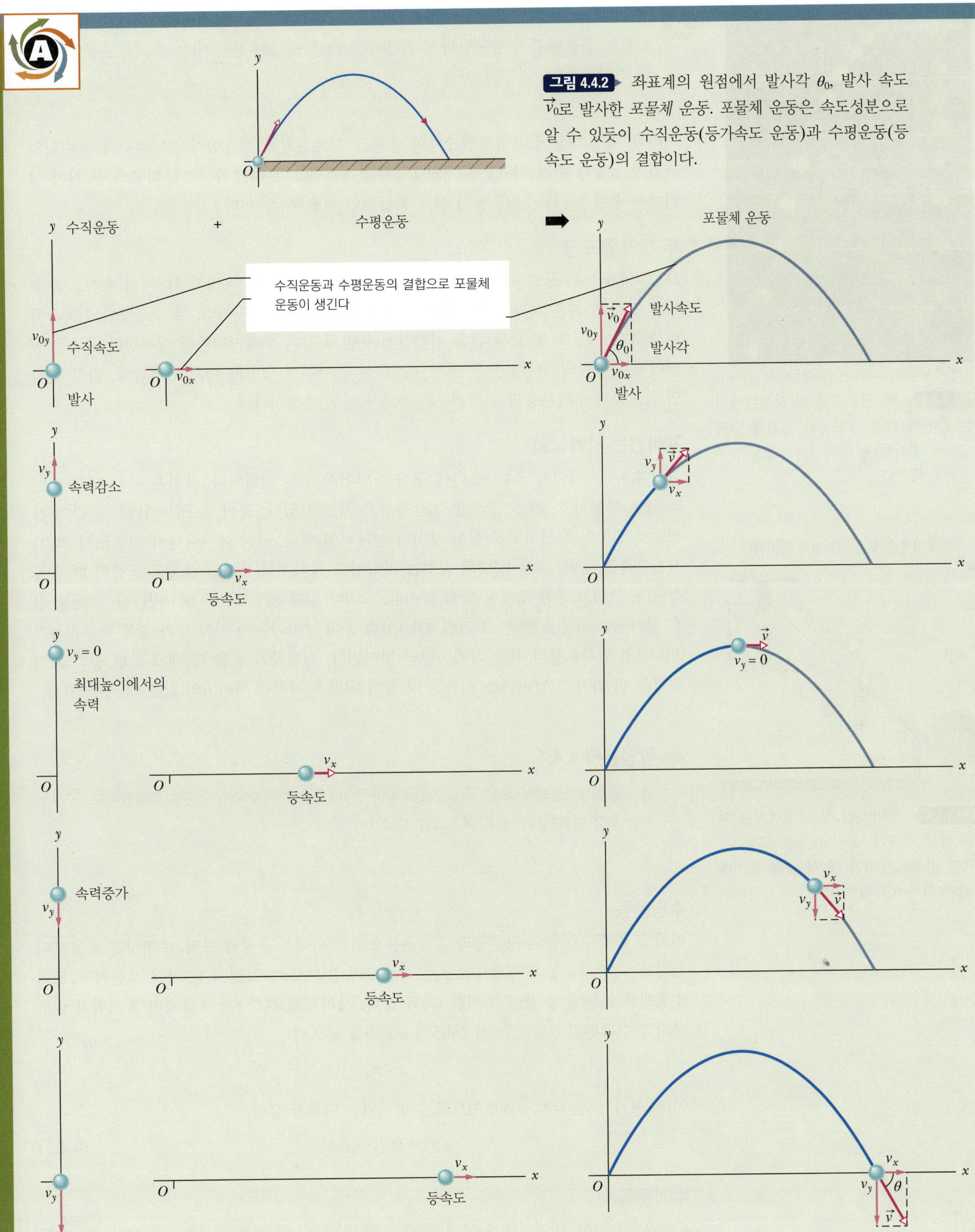

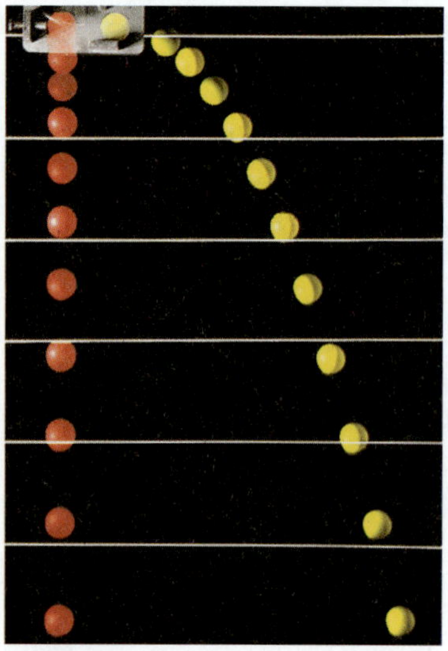

Richard Megna/Fundamental Photographs

그림 4.4.3 한 골프공을 정지상태에서 놓는 순간에 다른 골프공을 오른쪽 수평 방향으로 발사한다. 이때 두 골프공의 수직운동은 똑같다.

> 포물체 운동에서 수평운동과 수직운동은 서로 독립된 운동이다. 즉, 두 운동은 서로 어떤 영향도 주지 않는다.

이러한 특징 때문에 포물체의 2차원 운동을 *가속도의 크기가 0인* 수평운동과 *가속도의 크기가 일정한* 수직운동인 두 개의 1차원 운동문제로 분리할 수 있다. 다음의 두 가지 실험에서 수평운동과 수직운동이 서로 독립적인 것을 알 수 있다.

두 개의 골프공

그림 4.4.3은 두 골프공의 연속사진이다. 두 골프공 중 하나는 정지상태에서 수직으로 놓아준 것이고, 다른 하나는 용수철을 이용하여 수평으로 쏜 것이다. 두 골프공의 수직운동은 똑같다. 즉, 두 공 모두 같은 시간간격 동안에 같은 수직거리만큼 떨어진다. *골프공이 떨어지는 동안의 수평운동은 공의 수직운동에 아무런 영향을 미치지 못한다.* 다시 말하면 골프공의 수평운동과 수직운동은 서로 독립된 운동이다.

재미있는 시범실험

그림 4.4.4는 불어서 쏘는 총 G에 구슬을 넣어서 쏘는 실험이다. 표적은 자석 M에 매달려 있는 깡통이고, 관 모양의 총신은 깡통을 겨누고 있다. 공이 총구를 떠나는 순간에 자석에서 깡통이 떨어지도록 실험 장치가 설계되어 있다. 만약 g(자유낙하 가속도의 크기)가 0이라면, 공은 그림 4.4.4의 직선을 따라가고 자석에서 분리된 깡통은 공중에 떠 있을 것이다. 그리고 공은 깡통을 맞출 것이다. 그러나 실제 g의 크기는 0이 *아니다*. 그래도 공은 떨어지는 깡통을 맞춘다! 그림 4.4.4처럼 공이 날아가는 동안에 공과 깡통 모두가 g가 0일 때의 위치로부터 같은 거리 h만큼 떨어진다. 실험자가 총을 더 세게 불면 공의 초기 속력은 더 커지고, 날아가는 시간은 더 짧아지며, 떨어지는 거리 h의 값은 더 작아진다.

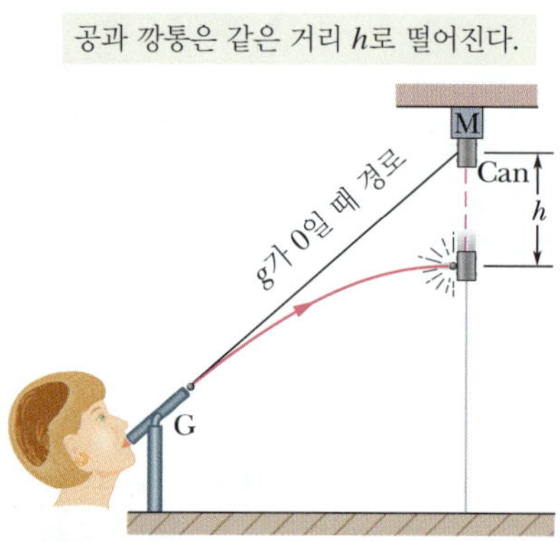

그림 4.4.4 쏘아올린 공은 떨어지는 깡통을 항상 맞춘다. 공이나 깡통 모두, 자유낙하 가속도가 0일 때 서 있을 위치에서 같은 거리 h로 떨어진다.

확인문제 4.4.1

어떤 순간에 뜬 공의 속도는 $\vec{v} = 25\hat{i} - 4.9\hat{j}$이다($x$축은 수평방향, y축은 수직방향이고, $\vec{v}$의 단위는 초당 미터이다). 공은 최고점을 지났는가?

수평운동

이제 포물체 운동을 수평운동과 수직운동으로 분리해서 분석해 보자. 수평방향 운동부터 시작하자. 수평운동 수평방향으로는 *가속도가 없으므로*, 그림 4.4.5처럼 포물체 속도의 수평성분 v_x는 운동 중에 초기값 v_{0x}와 같다. 그러므로 시간 t에 포물체의 초기위치 x_0로부터의 수평변위 $x - x_0$는 식 2.4.5에 $a = 0$을 넣으면

$$x - x_0 = v_{0x}t$$

이다. 여기서 $v_{0x} = v_0 \cos\theta_0$이므로 수평변위는 다음과 같다.

$$x - x_0 = (v_0 \cos\theta_0)t. \tag{4.4.3}$$

수직운동

수직운동은 2.5단원에서 논의한 입자의 자유낙하운동, 즉 일정한 가속도로 떨어지는 운동이다. 따라서 표 2.4.1의 방정식에서 a를 $-g$로, x를 y로 바꾸면 된다. 그러면 식 2.4.5는

$$y - y_0 = v_{0y}t - \tfrac{1}{2}gt^2$$
$$= (v_0 \sin\theta_0)t - \tfrac{1}{2}gt^2 \qquad (4.4.4)$$

이다. 여기서 초기속도의 수직성분 v_{0y}는 $v_0 \sin\theta_0$이다. 비슷한 방법으로 식 2.4.1과 2.4.6은 다음과 같이 된다.

$$v_y = v_0 \sin\theta_0 - gt, \qquad (4.4.5)$$

$$v_y^2 = (v_0 \sin\theta_0)^2 - 2g(y - y_0). \qquad (4.4.6)$$

그림 4.4.2와 식 4.4.5에서 알 수 있듯이 수직 속도성분은 수직 위로 던진 공처럼 운동한다. 즉, 처음에는 위쪽으로 향하던 속도가 *최대 높이에 도달할 때까지* 점차 감소하여 0이 된다. 그 다음에는 수직 속도성분의 방향이 바뀌어 아래로 향하면서 그 크기가 시간에 따라 점점 커지게 된다.

© Glen Erspamer Jr. / Dreamstime

그림 4.4.5 스케이트보드를 타는 사람의 수직 속도성분은 변하지만 수평 속도성분은 변하지 않는다. 수평 속도성분은 스케이트보드의 속도이다. 따라서 걸림대 밑으로 통과한 스케이트 보드 위에 다시 올라탈 수 있다.

경로방정식

식 4.4.3과 4.4.4에서 시간 t를 없애면 포물체의 경로(**궤적**)에 대한 방정식을 구할 수 있다. 식 4.4.3을 t에 대해 풀어 식 4.4.4에 넣으면

$$y = (\tan\theta_0)x - \frac{gx^2}{2(v_0 \cos\theta_0)^2} \quad \text{(궤적)} \qquad (4.4.7)$$

을 얻는다. 이 식은 그림 4.4.2의 경로방정식이다. 이때 식 4.4.3과 4.4.4에서 편의상 $x_0 = 0$과 $y_0 = 0$으로 놓았다. 한편 g, θ_0, v_0는 상수이므로 식 4.4.7은 $y = ax + bx^2$ 행태이다(a와 b는 상수). 이 결과는 포물선의 방정식이므로 포물체의 경로는 *포물선*을 이룬다.

수평 도달거리

그림 4.4.2의 *수평 도달거리 R*은 포물체가 처음의 높이로 되돌아올 때까지 날아간 *수평* 거리이다(높이는 발사높이와 같다). 도달거리 R을 구하기 위해 식 4.4.3에서 $x - x_0 = R$로 놓고, 식 4.4.4에서 $y - y_0 = 0$으로 놓으면

$$R = (v_0 \cos\theta_0)t$$
$$0 = (v_0 \sin\theta_0)t - \tfrac{1}{2}gt^2$$

을 얻는다. 이 두 식에서 t를 없애면

$$R = \frac{2v_0^2}{g}\sin\theta_0 \cos\theta_0$$

이다. 여기서 $\sin 2\theta_0 = 2\sin\theta_0 \cos\theta_0$를 사용하면(부록 E 참조) 다음을 얻는다.

$$R = \frac{v_0^2}{g}\sin 2\theta_0. \qquad (4.4.8)$$

최종 높이가 초기 발사높이가 아닌 경우에 이 식은 포물체의 수평 도달거리를 주지 *않는다*. 식 4.4.8에서 R은 $\sin 2\theta_0 = 1$일 때 최대값을 가지므로 $2\theta_0 = 90°$, 즉 $\theta_0 = 45°$인 경우에 최대 수평 도달거리가 된다.

> 수평 도달거리 R은 발사각도가 45°일 때 최대이다.

그러나 원반 던지기, 해머 던지기, 자유투 등 발사한 위치와 떨어진 위치가 다르면, 발사각도가 45°라도 최대 수평거리가 안 된다.

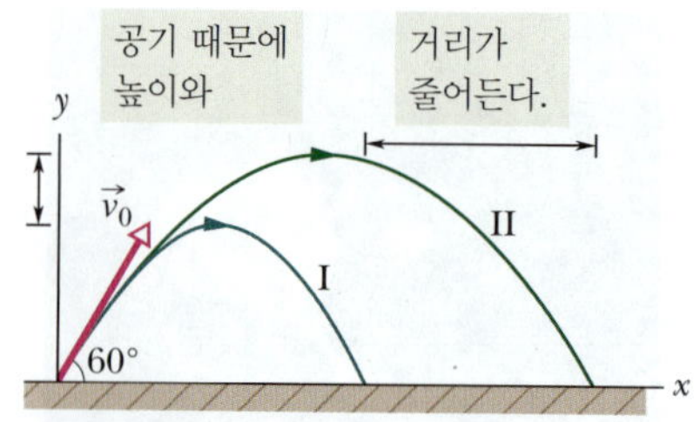

그림 4.4.6 (I) 공기저항을 고려해서 계산한 공의 경로. (II) 이 장에서 기술한 방법으로 계산한 진공상태에서 공의 경로.

표 4.4.1 날아가는 두 공[a]

	경로 I(공기)	경로 II(진공)
도달거리	98.5 m	177 m
최대 높이	53.0 m	76.8 m
체공시간	6.6 s	7.9 s

[a]그림 4.4.6 참조. 발사각도는 60°이고 초기속력은 44.7 m/s이다.

공기의 영향

지금까지는 포물체 운동에서 공기의 영향을 완전히 무시하였다. 그러나 포물체의 실제 운동에서는 공기저항 때문에 위의 계산 결과가 실제와 다를 수도 있다. 그림 4.4.6은 초기속력 44.7 m/s로 수평과 60°의 각도로 야구방망이를 떠나 날고 있는 공의 두가지 경로이다. 경로 I(야구선수의 공)은 공기 중에서 정상적인 조건을 고려해서 계산한 경로이고, 경로 II(물리학 교수의 공)는 진공 상태에서 공의 경로이다.

확인문제 4.4.2

외야 쪽으로 날아가는 공을 생각해 보자. 공기의 영향을 무시할 때 날아가는 동안 공 속도의 (a) 수평성분과 (b) 수직성분은 각각 어떻게 되는가? 상승 중에, 하강 중에, 그리고 최고 높이에서 공 가속도의 (c) 수평성분과 (d) 수직성분은 각각 어떻게 되는가?

보기문제 4.4.1 축구에서 제비돌기 스로인

전통적인 축구 스로인을 할 때 선수는 두 발을 지면에 대고 터치라인 밖에서 두 손으로 공을 머리 뒤로 들고 던진다. 제비돌기 스로인에서는 선수가 공이 지면에 있을 때 공 위에 두 손을 공 위에 놓고 재빨리 앞으로 공중 제비돌기를 한 후 위로 회전하며 공을 던진다(그림 4.4.7*a*). 두 가지로 던질 때 던지는 높이는 $h_1 = 1.92$ m라고 하고, 공은 높이 $h_2 = 1.71$ m에 있는 동료 선수의 머리에 도달한다고 가정한다. 실험 결과에 의하면 전통적인 스로인에서는 각도 $\theta_0 = 28.1°$, 속력 $v_0 = 18.1$ m/s이고, 제비돌기 스로인에서는 각도 $\theta_0 = 25.5°$, 속력 $v_0 = 25.4$ m/s이다. 전통적인 스로인에서 (a) 비행시간 t_c, (b) 동료 선수까지 공이 이동한 수평거리 d_c는 얼마인가? 제비돌기 스로인에서 (c) 비행시간 t_{hs}, (d) 평행거리 d_{hs}는 얼마인가? (e) 이 결과로부터 알 수 있는 제비돌기 스로인의 장점은 무엇인가?

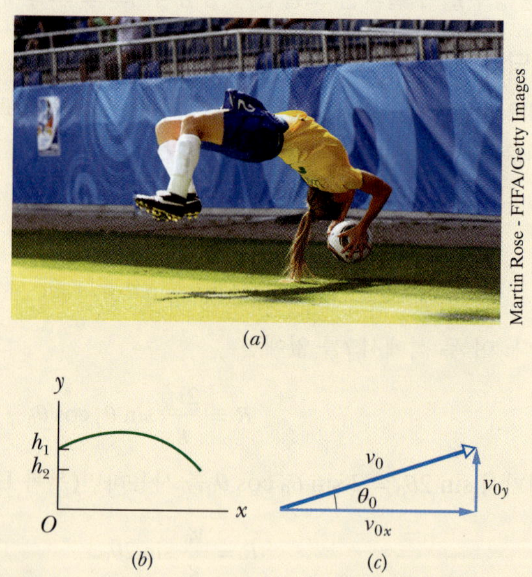

그림 4.4.7 (*a*) 축구에서 제비돌기 스로인. (*b*) 날아가는 공. (*c*) 발사속도 성분.

요점

(1) 포물체 운동에서 수평축과 수직축에 대한 일정한 가속도에 대한 식을 적용할 수 있다. (2) 날아가는 동안 수직가속도는 $a_y = -g = -9.8\ \text{m/s}^2$이고, 수평가속도는 $a_x = 0$이다.

풀이: 먼저 좌표계를 정하고 공의 운동을 그린다(그림 4.4.7*b*). 원점은 높이 h_1인 던지는 점 바로 아래 지면에 있다. 공을 받는 지점은 높이 h_2이다. 수평과 수직운동을 따로 고려하므로, 발사속도 $\vec{v}_0$와 가속도 $\vec{a}$의 수평과 수직성분이 필요하다. 그림 4.4.7*c*에 $\vec{v}_0$의 성분으로 만든 삼각형을 나타내었다. 삼각형으로부터 수평과 수직성분을 결정할 수 있다.

$$v_{0x} = v_0 \cos\theta_0,\quad v_{0y} = v_0 \sin\theta_0.$$

(a) $y_0 = 1.92$ m에서 $y = 1.71$ m로 공이 움직이는 비행시간 t를 구하려고 한다. t를 포함하지만 도착점에서 수직속도

표 4.4.1을 참조하여라.

와 같은 다른 정보가 필요하지 않은 유일한 등가속도 방정식은 다음과 같다.

$$y - y_0 = v_{0y}t + \tfrac{1}{2}a_y t^2$$
$$= (v_0 \sin\theta_0)t + \tfrac{1}{2}(-g)t^2.$$

값을 대입하고 시간을 t_c로 놓으면 다음을 얻는다.

$$1.71 - 1.92 \text{ m} = (18.1 \text{ m/s})(\sin 28.1°)\,t_c + \tfrac{1}{2}(-9.8 \text{ m/s}^2)t_c^2.$$

이 이차방정식을 풀면 전통적인 스로인의 비행시간은 $t_c = 1.764 \text{ s} \approx 1.76 \text{ s}$이다.

(b) 공이 이동하는 수평거리 d_c를 구하려면 같은 등가속도 방정식을 사용하지만 수평운동에 대해서는 다음과 같다.

$$x - x_0 = v_{0x}t + \tfrac{1}{2}a_x t^2$$
$$d_c = (v_0 \cos\theta_0)\,t_c.$$

▶ **교육용 비디오는 웹사이트 www.wiley.com에서 볼 수 있다.**

여기서 수평가속도는 0으로 놓았고 비행시간를 t_c로 놓았다. 그러면 전통적인 스로인에서 수평거리는 다음과 같다.

$$d_c = (18.1 \text{ m/s})(\cos 28.1°)(1.764 \text{ s})$$
$$= 28.16 \text{ m} \approx 28.2 \text{ m}.$$ 답

(c)−(d) 계산을 반복하지만, 이제는 초기 속력은 23.4 m/s, 초기 각도는 25.5°를 이용한다. 제비돌기 스로인에서 비행시간은 t_{hs} = 1.93 s이고, 수평거리는 h_{hs} = 41.3 m이다.

(e) 제비돌기를 하면 선수는 더 긴 거리 동안 공을 밀기 때문에 발사속도가 더 크다. 그러면 공은 전통적인 스로인에 비해 더 많이 이동하며, 이로 인해 상대팀은 스로인에 대비하기 위해 더 넓게 퍼져있어야 한다. 심지어 공은 충분히 골대 근처로 갈 수 있으므로 동료는 헤딩으로 골을 넣을 수 있다.

보기문제 4.4.2 해적선이 쏜 대포 방어하기

그림 4.4.8에 항구 입구의 방어 요새에서 560 m 떨어진 해적선이 있다. 해수면에 있는 방어 대포에서 먼저 초기 속력 v_0 = 82.0 m/s로 포탄을 발사한다.

(a) 수평선으로부터 어떤 각도 θ_0로 발사해야 배를 맞추는가?

요점

(1) 발사한 포탄은 포물체이다. 포탄이 대포에서 배까지 이동할 때 포탄의 발사각도 θ_0와 수평변위 사이의 관계를 맺는 식이 있어야 한다.

(2) 대포와 배는 같은 높이에 있으므로 수평변위는 도달거리 R이다.

풀이: 식 4.4.8($R = (v_0^2/g)\sin 2\theta_0$)을 이용하여 발사각도 θ_0와 도달거리 R 사이의 관계를 맺을 수 있고, 재배열하면 다음을 얻는다.

$$\theta_0 = \tfrac{1}{2}\sin^{-1}\frac{gR}{v_0^2} = \tfrac{1}{2}\sin^{-1}\frac{(9.8 \text{ m/s}^2)(560 \text{ m})}{(82.0 \text{ m/s})^2}$$
$$= \tfrac{1}{2}\sin^{-1} 0.816.$$

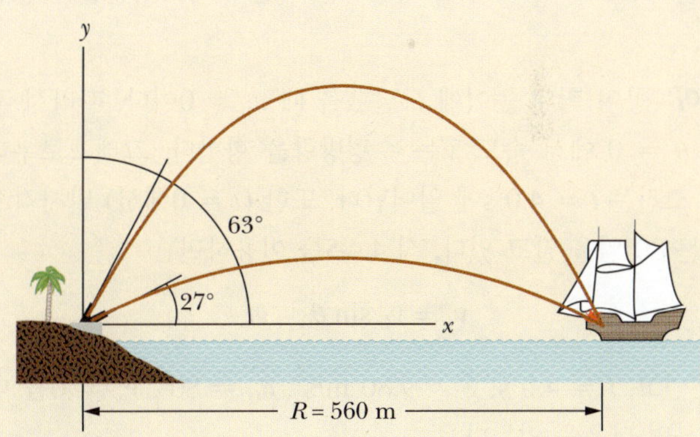

그림 4.4.8 공격받는 해적선

역사인의 한 답은 계산기 화면에 나타나는 54.7°이다. 180°에서 이 값을 빼면 다른 답(125.3°)을 얻는다. 그림 4.4.8에 나타낸 대로 포탄은 이 결과를 2로 나눈 두 각도 중 하나로 발사해야 한다.

$$\theta_0 = 27° \quad \text{혹은} \quad \theta_0 = 63°.$$ 답

(b) 포탄의 최대도달거리를 구하여라.

풀이: 최대도달거리는 발사각도가 θ_0 = 45°에 해당하는 것을 알고 있다. 따라서 최대도달거리는 다음과 같다.

$$R = \frac{v_0^2}{g}\sin 2\theta_0 = \frac{(82.0\ \text{m/s})^2}{9.8\ \text{m/s}^2}\sin 90^\circ$$
$$= 686\ \text{m}.$$ 답

해적선이 포탄으로부터 멀어지면 배를 맞추는 두 각도는 서로 가까워져서 배가 686 m 떨어져있을 때 결국 $\theta_0 = 45°$로 겹친다. 이보다 먼 거리에 있으면 대포는 배를 맞출 수 없다.

보기문제 4.4.3 언덕 위의 골프공

그림 4.4.9a에 나타내었듯이 시간 $t = 0$에서 지면으로부터 공중으로 골프공을 쳐서 언덕 위의 평탄면에 올린다. 공의 이동방향과 양의 x축 사이의 각도 θ는 그림 4.4.9b에 시간 t의 함수로 나타내었다. 공은 $t = 6.00$ s에 평면에 도달한다. 공의 발사속도의 크기 v_0, 공을 친 위치에 대한 높이 $(y - y0)$, 그리고 땅에 떨어진 순간 공의 방향을 구하여라.

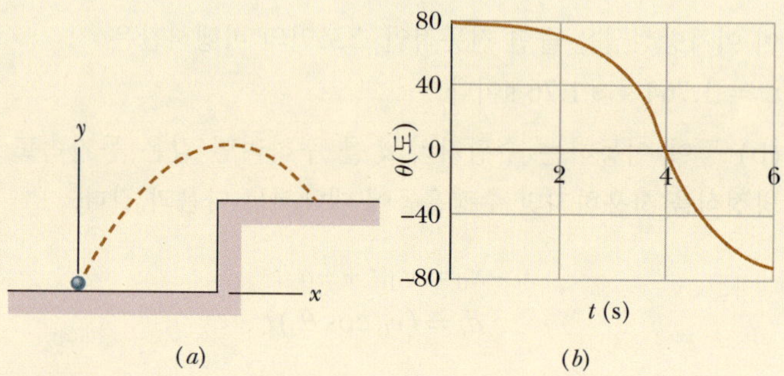

그림 4.4.9 (a) 언덕 위로 친 골프공의 경로. (b) 시간 t의 함수로 나타낸 공의 이동 방향에 대한 각도 θ

요점

(1) 공은 포물체이므로, 수평과 수직운동을 분리하여 생각할 수 있다. (2) 공 속도의 수평성분 $v_x(= v_0 \cos \theta_0)$는 날아가는 동안 변하지 않는다. (3) 수직성분 v_y는 변하고 공이 최대 높이에 도달했을 때 0이 된다. (4) 날아가는 동안 임의의 순간에 공의 운동 방향은 그때 속도벡터 $\vec{v}$의 각도이다. 그 각도는 $\tan \theta = v_y/y_x$이고, 해당하는 시간의 속도성분을 이용한다.

풀이: 공이 최대 높이에 도달했을 때 $v_y = 0$이다. 따라서 각도 $\theta = 0°$에서 속도 $\vec{v}$는 수평방향을 향한다. 그래프로부터 이 조건은 $t = 4.0$ s에 일어난다. 또한 ($t = 0$에서) 발사각도 θ_0는 80°임을 알고 있다. 식 4.4.5를 이용하면

$$v_y = v_0 \sin \theta_0 - gt$$

을 얻고, $t = 4.0$ s, $g = 9.80\ \text{m/s}^2$, $\theta_0 = 80°$, $v_y = 0$을 대입하면 다음을 얻는다.

$$v_0 = 39.80\ \text{m/s} \approx 40\ \text{m/s}.$$ 답

공은 $t = 6.00$ s에 땅에 닿는다. 식 4.4.4를 이용하면

$$y - y_0 = (v_0 \sin \theta_0)t - \tfrac{1}{2}gt^2$$

이고, $t = 6.00$ s를 대입하면 다음을 얻는다.

$$y - y_0 = 58.77\ \text{m} \approx 59\ \text{m}.$$ 답

공이 땅에 닿는 순간 수평속도 v_x는 여전히 $v_0 \cos \theta_0$이다. v_0와 θ_0를 대입하면 $v_x = 6.911$ m/s이다. 그리고 식 4.4.5를 이용하면 $t = 6.00$ s일 때 공의 수직속도를 구할 수 있다.

$$v_y = v_0 \sin \theta_0 - gt.$$

그러면 $v_y = -19.60$ m/s를 얻는다. 따라서 땅에 닿을 때 공 방향의 각도는 다음과 같다.

$$\theta_0 = \tan^{-1}\frac{v_y}{v_x} = \tan^{-1}\frac{-19.60\ \text{m/s}}{6.911\ \text{m/s}} \approx -71°.$$ 답

4.5 ▸ 등속 원운동

학습목표 _Learning Objectives_

이 단원을 읽은 후 다음을 이해해야 한다.

4.5.1 등속 원운동의 경로를 그리고, 운동하는 동안 속도와 가속도벡

요점 _Key Ideas_

1. 입자가 반지름 r인 원이나 원호 위를 따라 일정한 속력 v로 움직이는 운동을 등속 원운동이라고 한다. 가속도 $\vec{a}$는 일정한 크기

$$a = \frac{v^2}{r}$$

이다. $\vec{a}$의 방향은 원이나 원호의 중심을 향하므로, $\vec{a}$를 구심가속도라고 한다. 입자가 원 주위를 한 바퀴 도는 시간은

$$T = \frac{2\pi r}{v}$$

이고 T는 운동의 회전주기, 혹은 간단하게 주기라고 한다.

터(크기와 방향)를 설명할 수 있다.

4.5.2 원궤도의 반지름, 주기, 입자의 속력과 입자의 가속도 크기에 대한 관계를 이해한다.

▶ 등속 원운동

입자가 원둘레 또는 원호를 일정한 속력으로 움직이면 **등속 원운동**을 한다. (이때 속력은 변하지 않지만) 속도는 방향이 바뀌므로 *입자는 가속되고 있다*.

그림 4.5.1에는 등속 원운동을 하는 입자의 속도와 가속도 사이의 관계를 나타내었다. 운동이 진행되는 동안에 두 벡터의 크기는 일정하지만 방향은 계속해서 변하고 있다. 속도는 항상 운동방향으로 원에 접선을 이루며, 가속도는 항상 *원의 중심을 향한다*. 그렇기 때문에 등속 원운동의 가속도를 **구심가속도**라 한다. 아래에서 증명하겠지만 가속도 $\vec{a}$의 크기는 다음과 같다.

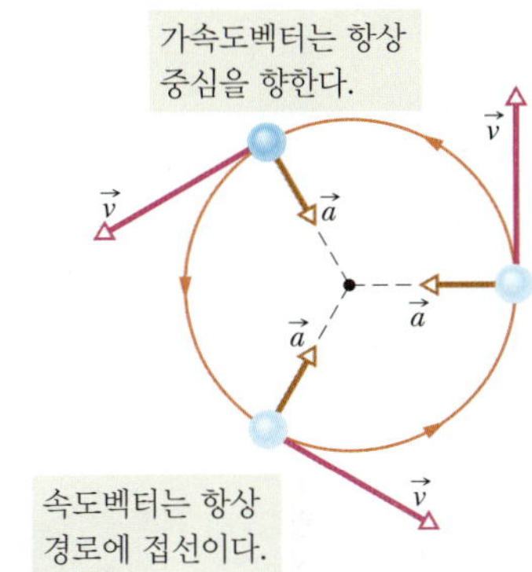

그림 4.5.1 ▶ 반시계방향으로 등속 원운동을 하는 입자의 속도와 가속도벡터.

$$a = \frac{v^2}{r} \quad \text{(구심가속도)}. \tag{4.5.1}$$

여기서 r은 원의 반지름이고 v는 입자의 속력이다.

한편 등속 원운동하는 동안 입자는 시간 동안에 원둘레($2\pi r$의 거리)를 한 바퀴 돌게 된다.

$$T = \frac{2\pi r}{v} \quad \text{(주기)}. \tag{4.5.2}$$

따라서 T를 *회전주기*, 또는 단순히 *주기*라 한다. 일반적으로 주기란 입자가 닫힌 경로를 한 번 도는 데 걸리는 시간을 뜻한다.

식 4.5.1의 증명

등속 원운동에서 가속도의 크기와 방향을 구하기 위해 그림 4.5.2를 살펴보자. 그림 4.5.2a에서 입자 p는 반지름 r인 원을 따라서 등속력 v로 운동한다. 그림에서 보여준 순간에 p의 좌표는 (x_p, y_p)이다.

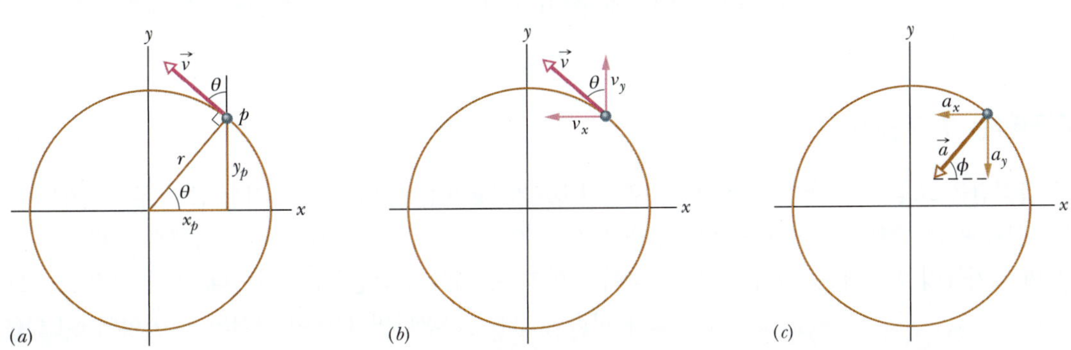

그림 4.5.2 ▶ 입자 p는 반시계방향으로 등속 원운동을 한다. (a) 임의의 순간에 입자의 위치와 속도 $\vec{v}$. (b) 속도 $\vec{v}$와 두 성분. (c) 입자의 가속도 $\vec{a}$와 두 성분.

4.2단원에서 보았듯이 입자의 속도 $\vec{v}$는 입자의 위치에서 입자의 경로에 항상 접선을 이룬다. 즉, 그림 4.5.2a를 보면 $\vec{v}$는 입자 위치까지의 반지름 r에 수직이다. 이때 $\vec{v}$가 p에서 수직선과 만드는 각도 θ는 반지름 r이 x축과 만드는 각도 0와 같다.

그림 4.5.2b에 속도 $\vec{v}$의 스칼라 성분이 나타나 있다. 이를 이용하면 속도 $\vec{v}$를

$$\vec{v} = v_x\hat{\mathrm{i}} + v_y\hat{\mathrm{j}} = (-v\sin\theta)\hat{\mathrm{i}} + (v\cos\theta)\hat{\mathrm{j}} \tag{4.5.3}$$

로 쓸 수 있다. 여기서 그림 4.5.2a의 직각삼각형을 이용하여 $\sin\theta$를 y_p/r로 $\cos\theta$를 x_p/r로 바꾸면 다음과 같다.

$$\vec{v} = \left(-\frac{vy_p}{r}\right)\hat{\mathrm{i}} + \left(\frac{vx_p}{r}\right)\hat{\mathrm{j}}. \tag{4.5.4}$$

입자 p의 가속도 $\vec{a}$를 구하려면 위 식을 시간에 대해서 미분해야 한다. 속력 v와 반지름 r은 시간에 따라 변하지 않는 것에 주의하면서 미분하면 다음을 얻는다.

$$\vec{a} = \frac{d\vec{v}}{dt} = \left(-\frac{v}{r}\frac{dy_p}{dt}\right)\hat{\mathrm{i}} + \left(\frac{v}{r}\frac{dx_p}{dt}\right)\hat{\mathrm{j}}. \tag{4.5.5}$$

여기서 y_p의 시간변화율 dy_p/dt는 수직성분 v_y이며, 비슷하게 수평성분은 $dx_p/dt = v_x$이다. 또한 그림 4.5.2b를 보면 $v_x = -v\sin\theta$, $v_y = v\cos\theta$이므로, 식 4.5.5에 넣으면

$$\vec{a} = \left(-\frac{v^2}{r}\cos\theta\right)\hat{\mathrm{i}} + \left(-\frac{v^2}{r}\sin\theta\right)\hat{\mathrm{j}} \tag{4.5.6}$$

이다. 그림 4.5.2c에는 이렇게 구한 가속도벡터와 성분을 나타내었다. 한편 식 3.1.6을 이용하면 가속도의 크기는

$$a = \sqrt{a_x^2 + a_y^2} = \frac{v^2}{r}\sqrt{(\cos\theta)^2 + (\sin\theta)^2} = \frac{v^2}{r}\sqrt{1} = \frac{v^2}{r}$$

이고, $\vec{a}$의 방향은 그림 4.5.2c의 각도 ϕ에 해당하며

$$\tan\phi = \frac{a_y}{a_x} = \frac{-(v^2/r)\sin\theta}{-(v^2/r)\cos\theta} = \tan\theta$$

로 주어진다. 즉, $\phi = \theta$로 $\vec{a}$의 방향이 그림 4.5.2a의 반지름 r을 따라 항상 원의 중심으로 향한다는 것을 증명하였다.

확인문제 4.5.1

어떤 물체가 xy 평면에서 원점을 중심으로 하는 원의 경로를 따라서 일정한 속력으로 운동하고 있다. 물체가 $x = -2$ m에 있을 때 물체의 속도는 $-(4\text{ m/s})\hat{\mathrm{j}}$이다. 물체가 $y = 2$ m에 있을 때 물체의 (a) 속도와 (b) 가속도를 구하여라.

보기문제 4.5.1 급회전하는 두 조종사

"전투기" 조종사는 지나친 급회전을 조심해야 한다. 급회전할 때 머리가 회전곡률의 중심을 향한 상태로 구심가속도를 받게 되면 뇌혈압이 감소하여 뇌기능이 손상될 수 있기 때문이다.

조종사에게 위험을 경고하는 몇 가지 신체 신호가 있다. 구심가속도가 $2g$ 또는 $3g$일 때 조종사는 몸이 무거워지는 것을 느끼고, 약 $4g$에서 조종사의 시야가 흑백으로 변하고 시각이 좁아지는 "시야 협착증"이 나타난다. 만약 그런 가속도가 지속되거나 증가한다면 시력이 상실되고, 곧이어 g-LOC (loss of consciousness)으로 잘 알려진 "g 의식상실"의 상

태가 된다.

전투기는 속도 $\vec{v}_i = (400\hat{\mathrm{i}} + 500\hat{\mathrm{j}})$ m/s로 수평 원운동을 시작해서, 24.0 s 후에 $\vec{v}_f = (-400\hat{\mathrm{i}} - 500\hat{\mathrm{j}})$ m/s로 원을 떠난다. 조종사 가속도의 크기는 g 단위로 얼마인가?

요점

등속 원운동에서 급회전한다고 가정하자. 조종사의 가속도는 구심가속도이고 그 크기는 식 4.5.1($a = v^2/R$)이며, R은 원의 반지름이다. 또한 원을 한 바퀴 도는 데 걸리는 시간, 즉 주기는 식 4.5.2($T = 2\pi R/v$)이다.

풀이: 반지름 R을 모르므로, 식 4.5.2에서 R을 구해서 식 4.5.1에 넣으면 다음을 얻는다.

$$a = \frac{2\pi v}{T}.$$

여기서 속력 v는 원을 선회하는 속도의 크기이다. 식 3.1.6에 전투기의 초기속도 성분을 넣으면 다음과 같다.

$$v = \sqrt{(400\ \mathrm{m/s})^2 + (500\ \mathrm{m/s})^2} = 640.31\ \mathrm{m/s}.$$

회전주기 T를 구하기 위해서 최종속도가 초기속도의 반대임을 유의하자. 즉, 전투기가 원운동을 시작한 곳의 반대편에서 원을 떠나므로 24.0 s 동안 반원을 돈 것이다. 따라서 원을 한 번 도는 주기는 $T = 48.0$ s이다. 이 값들을 가속도 a에 관한 식에 넣으면 다음을 얻는다.

$$a = \frac{2\pi(640.31\ \mathrm{m/s})}{48.0\ \mathrm{s}} = 83.81\ \mathrm{m/s^2} \approx 8.6g.$$ (답)

▶ **교육용 비디오는 웹사이트 www.wiley.com에서 볼 수 있다.**

▶ 보기문제 4.5.2 원운동하는 인공위성

지구 표면으로부터 고도 $h = 200$ km에서 인공위성이 지구 원 궤도를 돌고 있다. 이곳에서 자유낙하가속도 g는 9.20 m/s^{2}이다. 인공위성의 궤도속력 v를 구하여라.

요점

인공위성의 구심가속도는 중력이 만든 가속도, 즉 자유낙하 가속도와 같다.

풀이: v는 식 4.5.1에서 $a = g$, $r = R_E + h$를 대입하여 구할 수 있다. 여기서 R_E는 지구 반지름 6.37×10^6 km이다.

$$g = \frac{v^2}{R_E + h}$$

로 쓰면 다음을 얻는다.

$$\begin{aligned} v &= \sqrt{g(R_E + h)} \\ &= \sqrt{(9.20\ \mathrm{m/s^2})(6.37 \times 10^6\ \mathrm{m} + 200 \times 10^3\ \mathrm{m})} \\ &= 7770\ \mathrm{m/s} = 7.77\ \mathrm{km/s}. \end{aligned}$$ (답)

이것은 17000 mi/h와 같고, 인공위성이 한 바퀴 돌 때 걸리는 시간은 1.47 h이다. 즉 운동주기 T는 1.47 h이다.

4.6 ▸ 1차원 상대운동

요점 *Key Ideas*

1. 두 기준계 A와 B가 서로 일정한 속도로 움직일 때 기준계 A에서 측정한 입자 P의 속도는 기준계 B에서 측정한 것과 흔히 다르다. 두 측정된 속도 사이의 관계는

$$\vec{v}_{PA} = \vec{v}_{PB} + \vec{v}_{BA}$$

이다. 여기서 $\vec{v}_{BA}$는 A에 대한 B의 속도이다. 두 관측자에게 입자에 대한 가속도는 모두 같다.

$$\vec{a}_{PA} = \vec{a}_{PB}.$$

학습목표 *Learning Objectives*

이 단원을 읽은 후 다음을 이해해야 한다.

4.6.1 한 축을 따라 일정한 속도로 서로 움직이는 두 기준계에서 측정한 입자의 위치, 속도, 가속도 사이의 관계를 구한다.

1차원 상대운동

30 km/h의 속력으로 북쪽으로 날고 있는 오리를 생각해 보자. 함께 비행하는 다른 오리에게 그 오리는 정지한 듯이 보인다. 달리 표현하면 한 입자의 속도는 속도를 관찰하거나 측정하는 **기준계**에 따라 다르다. 여기서 기준계란 좌표계를 부여한 물리적인 대상이다. 일상생활에서 이 물체는 지면이다. 예를 들어 속도위반 딱지에 표시된 속력은 항상 지면에 대해 상대적으로 측정한 것이다. 만약 경찰이 움직이면서 속력을 측정한다면 경찰에 대해 상대적인 속력은 이와 다를 것이다.

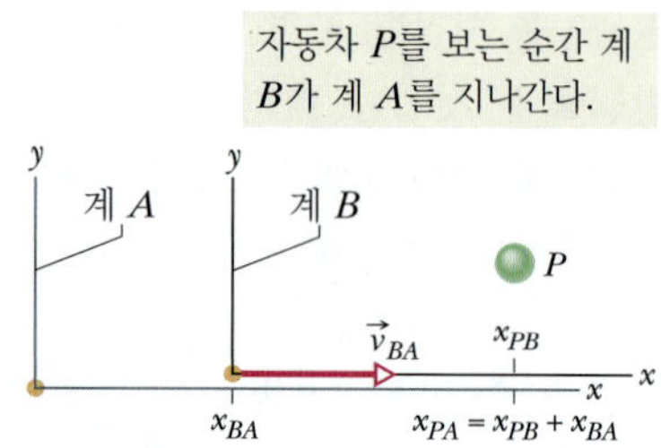

그림 4.6.1 Alex(계 A)와 Barbara(계 B)는 자동차 P를 보고 있다. B와 P는 두 계의 공통 x축을 따라 다른 속도로 운동한다. 임의의 주어진 순간에 x_{BA}는 계 A에서 바라본 B의 좌표이다. P는 계 B에서는 좌표 x_{PB}에 위치하지만, 계 A에서는 좌표 $x_{PA} = x_{PB} + x_{BA}$에 있다.

그림 4.6.1에서 계 A의 원점에 위치한 Alex가 고속도로의 갓길에 자동차를 주차시키고 빠른 속도로 지나가는 자동차 P를 보고 있다고 가정하자. 계 B의 원점에 위치한 Barbara는 일정한 속력으로 고속도로를 주행하면서 자동차 P를 보고 있다. 두 사람이 주어진 순간에 자동차의 위치를 측정한다고 하자. 그러면 그림 4.6.1에서

$$x_{PA} = x_{PB} + x_{BA} \tag{4.6.1}$$

임을 알 수 있다. 이 방정식이 뜻하는 것은 "A가 측정한 P의 좌표 x_{PA}는 B가 측정한 P의 좌표 x_{PB} *더하기* A가 측정한 B의 좌표 x_{BA}이다." 여기서 아래첨자의 순서에 주의해야 한다.

식 4.6.1을 시간에 대해서 미분하면

$$\frac{d}{dt}(x_{PA}) = \frac{d}{dt}(x_{PB}) + \frac{d}{dt}(x_{BA})$$

이고, $v = dx/dt$므로 다음을 얻는다.

$$v_{PA} = v_{PB} + v_{BA}. \tag{4.6.2}$$

이 방정식이 뜻하는 것은 "A가 측정한 P의 속도 v_{PA}는 B가 측정한 P의 속도 v_{PB} *더하기* A가 측정한 B의 속도 v_{BA}이다." v_{BA}항은 계 A에 대한 계 B의 속도이다.

여기서는 서로 상대적으로 등속도 운동하는 계만을 고려한다. 즉, 위의 예에서 Barbara(계 B)가 Alex(계 A)에 대해 상대적으로 항상 등속도 v_{BA}로 주행한다는 것을 의미한다. 그러나 자동차 P(운동 입자)는 속력이나 방향을 변화시킬 수 있다(즉, 가속할 수 있다).

Barbara와 Alex가 측정한 P의 두 가속도를 서로 연관시키기 위해 식 4.6.2를 시간에 대해서 미분하면

$$\frac{d}{dt}(v_{PA}) = \frac{d}{dt}(v_{PB}) + \frac{d}{dt}(v_{BA})$$

이고 v_{BA}는 일정하므로, 마지막 항은 0이 되어

$$a_{PA} = a_{PB} \tag{4.6.3}$$

를 얻는다. 따라서 다음과 같이 기술할 수 있다.

상대적으로 등속도 운동을 하는 다른 기준계의 관측자가 측정한 운동하는 입자의 가속도는 같다.

확인문제 4.6.1

Alex−Barbara−자동차 P의 배열을 다시 고려하자. (a) v_{BA} = +50 km/h, v_{PA} + 50 km/h 라고 하자. 그러면 v_{PB}는 얼마인가? (b) Barbara와 자동차 P 사이의 거리는 증가하는가, 감소하는가, 그대로인가? (c) 이제 v_{PA} = +60 km/h, v_{PB} = −20 km/h이다. Barbara와 자동차 P 사이의 거리는 증가하는가, 감소하는가, 그대로인가?

보기문제 4.6.1 상대운동, 1차원 Alex와 Barbara

그림 4.6.1에서 Alex에 대한 Barbara의 속도가 일정한 크기 v_{BA} = 52 km/h이고 자동차 P는 x축 음의 방향으로 움직인다.

(a) 만약 Alex가 측정한 자동차 P의 일정한 속도가 v_{PA} = −78 km/h라면, Barbara가 측정한 자동차 P의 속도 v_{PB}는 얼마인가?

요점

Alex에 기준계 A를, Barbara에게 기준계 B를 부여하자. 또한 두 계는 단일 축을 따라 서로 상대적으로 등속도 운동을 하기 때문에 v_{PB}를 v_{PA}와 v_{BA}에 연관시키기 위해 식 4.6.2 ($v_{PA} = v_{PB} + v_{BA}$)를 사용할 수 있다.

풀이: 즉,

$$-78 \text{ km/h} = v_{PB} + 52 \text{ km/h}$$

이므로, 다음을 얻는다.

$$v_{PB} = -130 \text{ km/h}. \quad \text{(답)}$$

논의: 만약 자동차 P와 Barbara의 자동차를 실패에 감긴 줄로 연결한다면, 두 자동차가 서로 멀어질 때 줄은 130 km/h의 속력으로 풀릴 것이다.

(b) 만약 자동차 P가 Alex에 대해(즉, 지면에 대해) 일정한 가속도로 시간 t = 10 s 안에 멈추고자 브레이크를 밟는다면 Alex에 대한 자동차의 가속도 a_{PA}는 얼마인가?

요점

Alex에 대한 자동차 P의 *상대가속도*를 계산하기 위해 *Alex에 대한* 자동차의 *상대속도*를 이용한다. 가속도의 크기는 일정하므로 P의 초기속도와 최종속도를 가속도에 연관시키기 위해 식 2.4.1($v = v_0 + at$)을 사용할 수 있다.

풀이: Alex에 대한 P의 초기속도는 v_{PA} = −78 km/h이고 최종속도는 0이다. 따라서 식 2.4.1로부터 다음을 얻는다.

$$a_{PA} = \frac{v - v_0}{t} = \frac{0 - (-78 \text{ km/h})}{10 \text{ s}} \frac{1 \text{ m/s}}{3.6 \text{ km/h}} = 2.2 \text{ m/s}^2. \quad \text{(답)}$$

(c) 브레이크 밟고 있는 동안 Barbara에 대한 자동차 P의 가속도 a_{PB}는 얼마인가?

요점

Barbara에 대한 자동차 P의 *상대가속도*를 구하기 위해 *Barbara에 대한* 자동차의 *상대속도*를 이용한다.

풀이: (a)로부터 Barbara에 대한 P의 초기속도는 v_{PB} = −130 km/h이다. Barbara에 대한 상대적인 P의 최종속도는 −52 km/h이다(이것은 움직이고 있는 Barbara에 대해 상대적으로 정지한 자동차의 속도이다). 따라서 다음을 얻는다.

$$a_{PB} = \frac{v - v_0}{t} = \frac{-52 \text{ km/h} - (-130 \text{ km/h})}{10 \text{ s}} \frac{1 \text{ m/s}}{3.6 \text{ km/h}} = 2.2 \text{ m/s}^2. \quad \text{(답)}$$

논의: 이 결과를 미리 예측할 수도 있다. 왜냐하면 Alex와 Barbara는 등속도 상대운동을 하므로 두 사람이 측정한 자동차 P의 가속도는 같아야 하기 때문이다.

▶ 교육용 비디오는 웹사이트 www.wiley.com에서 볼 수 있다.

4.7 ▸ 2차원 상대운동

학습목표_Learning Objectives

이 단원을 읽은 후 다음을 이해해야 한다.

4.7.1 2차원에서 서로 일정한 속도로 움직이는 두 기준계에서 측정한 입자의 위치, 속도, 가속도 사이의 관계를 구한다.

요점_Key Ideas

1. 두 기준계 A와 B가 서로 일정한 속도로 움직일 때 기준계 A에서 측정한 입자 P의 속도는 기준계 B에서 측정한 것과 흔히 다르다. 두 측정된 속도 사이의 관계는

$$\vec{v}_{PA} = \vec{v}_{PB} + \vec{v}_{BA}$$

이다. 여기서 $\vec{v}_{BA}$는 A에 대한 B의 속도이다. 두 관측자에게 입자에 대한 가속도는 모두 같다.

$$\vec{a}_{PA} = \vec{a}_{PB}.$$

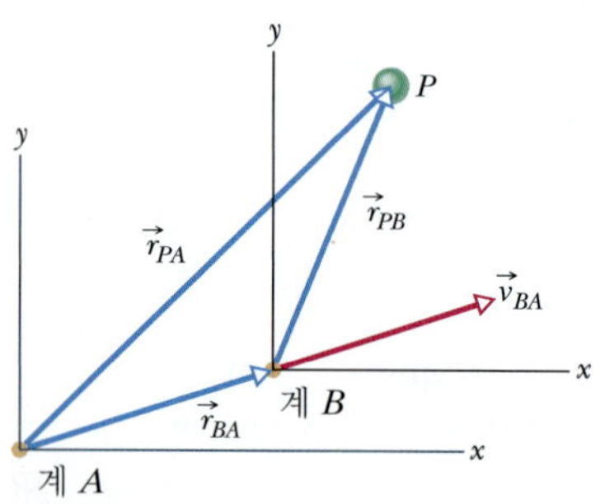

그림 4.7.1 계 B는 계 A에 대해 일정한 2차원 속도 $\vec{v}_{BA}$를 갖는다. A에 대한 B의 위치벡터는 $\vec{r}_{BA}$이다. 입자 P의 위치벡터는 A에 대해서는 $\vec{r}_{PA}$이고 B에 대해서는 $\vec{r}_{PB}$이다.

▶ 2차원 상대운동

기준계 B가 기준계 A에 대해 상대적인 등속도 $\vec{v}_{BA}$로 운동하고, 기준계 A와 기준계 B의 원점에서 두 관측자가 움직이는 입자 P를 바라보고 있다(이때 두 계의 축은 서로 평행이다). 그림 4.7.1는 운동 중의 한 순간이다. 그 순간에 계 A의 원점에 대한 계 B의 원점의 위치벡터는 $\vec{r}_{BA}$이다. 또한 입자 P의 위치벡터는 계 A의 원점에 대해서는 $\vec{r}_{PA}$이고, 계 B의 원점에 대해서는 $\vec{r}_{PB}$이다. 이 세 벡터의 머리와 꼬리를 적당히 연결하면 세 벡터 사이의 관계가

$$\vec{r}_{PA} = \vec{r}_{PB} + \vec{r}_{BA} \tag{4.7.1}$$

와 같음을 알 수 있다. 이 방정식을 시간에 대해서 미분하면 두 관측자에 대한 입자 P의 상대속도인 $\vec{v}_{PA}$와 $\vec{v}_{PB}$의 관계를 구할 수 있다.

$$\vec{v}_{PA} = \vec{v}_{PB} + \vec{v}_{BA}. \tag{4.7.2}$$

이 방정식을 시간에 대해서 다시 미분하면 두 관측자에 대한 입자 P의 상대가속도인 $\vec{a}_{PA}$와 $\vec{a}_{PB}$의 관계를 구할 수 있다. 그러나 $\vec{v}_{BA}$는 일정하므로 시간 미분은 0이다. 따라서

$$\vec{a}_{PA} = \vec{a}_{PB}. \tag{4.7.3}$$

이다. 1차원 상대운동과 마찬가지로 2차원 상대운동에서도 다음의 규칙이 성립한다. 즉, 상대적으로 등속도 운동하는 다른 기준계의 관측자가 측정한 운동하는 입자의 가속도는 같다.

➔ 확인문제 4.7.1

Alex, Barbara, 자동차 P와 같은 표기방법을 쓴 (미터와 초로 표현한) 두 속도가 다음과 같다.

$$\vec{v}_{PA} = 3t\hat{i} + 4t\hat{j} - 2t\hat{k}$$
$$\vec{v}_{AB} = 10\hat{i} + 6\hat{j}$$

상대속도 $\vec{v}_{BP}$를 구하여라.

보기문제 4.7.1 2차원 상대운동, 비행기

그림 4.7.2*a*처럼 일정한 북동풍 속을 나는 비행기 조종사는 기수를 동쪽에서 약간 남쪽으로 치우쳐 방향을 잡아야만 비행기가 동쪽을 향해 날아갈 수 있다. 비행기의 속도 $\vec{v}_{PW}$는 동남쪽 θ 방향이고, 바람에 대한 상대속도의 크기는 215 km/h이다. 풍속 $\vec{v}_{WG}$는 북동쪽으로 각도 20.0° 방향이며 지면에 대한 상대속도의 크기는 65.0 km/h이다. 지면에 대한 비행기의 상대속도 $\vec{v}_{PG}$의 크기와 각도 θ는 얼마인가?

요점

문제의 상황은 그림 4.7.1의 경우와 같다. 여기서 운동하는 입자 *P*는 비행기이고, 계 *A*는 지면 *G*이며, 계 *B*는 바람 *W*이다. 또한 세 속도벡터로 그림 4.7.1과 같은 벡터 그림을 만들어서 사용한다.

풀이: 먼저 세 벡터는 아래와 같다.

지면에 대한 비행기의 상대속도 (*PG*)	=	바람에 대한 비행기의 상대속도 (*PW*)	+	지면에 대한 바람의 상대속도 (*WG*)

이 관계는 그림 4.7.2*b*처럼 그릴 수 있고, 벡터를 이용하여 쓰면 다음과 같다.

$$\vec{v}_{PG} = \vec{v}_{PW} + \vec{v}_{WG}. \tag{4.7.4}$$

벡터를 그림 4.7.2*b*의 좌표계에서 성분으로 분해하여 식 4.7.4를 각 좌표축의 성분별로 풀이한다. *y*성분은

$$v_{PG,y} = v_{PW,y} + v_{WG,y}$$

에서 다음과 같다.

$$0 = -(215 \text{ km/h}) \sin\theta + (65.0 \text{ km/h})(\cos 20.0°).$$

이 식을 θ에 대해 풀면 다음을 얻는다.

$$\theta = \sin^{-1}\frac{(65.0 \text{ km/h})(\cos 20.0°)}{215 \text{ km/h}} = 16.5°. \quad \text{(답)}$$

비슷한 방법으로, *x*성분으로 다음을 얻는다.

$$v_{PG,x} = v_{PW,x} + v_{WG,x}.$$

여기서 $\vec{v}_{PG}$는 *x*축에 평행하므로 성분 $v_{PG,x}$는 크기 v_{PG}와 같다는 것과 $\theta = 16.5°$를 대입하면 다음을 얻는다.

$$v_{PG} = (215 \text{ km/h})(\cos 16.5°) + (65.0 \text{ km/h})(\sin 20.0°) = 228 \text{ km/h}. \quad \text{(답)}$$

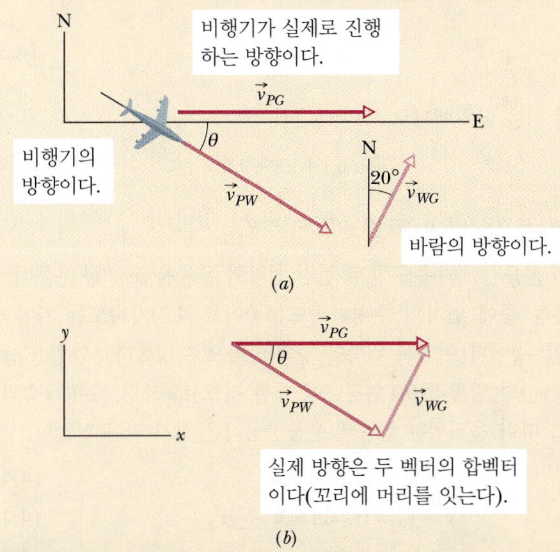

그림 4.7.2 바람 속에서 날아가는 비행기.

▶ **교육용 비디오는 웹사이트 www.wiley.com에서 볼 수 있다.**

정리 및 요약 _Review & Summary

▸ ***위치벡터*** 좌표계의 원점에 대한 입자의 *위치벡터* $\vec{r}$을 단위벡터로 쓰면 다음과 같다.

$$\vec{r} = x\hat{\text{i}} + y\hat{\text{j}} + z\hat{\text{k}}. \tag{4.1.1}$$

여기서 $x\hat{\text{i}}$, $y\hat{\text{j}}$, $z\hat{\text{k}}$는 위치벡터 $\vec{r}$의 벡터성분이고 *x*, *y*, *z*는 스칼라 성분이다(동시에 입자의 좌표이다). 위치벡터는 크기와 하나 혹은 두 각도로 나타낸다. 또한 벡터성분이나 스칼라 성분으로도 쓸 수 있다.

▸ ***변위*** 입자가 움직여서 입자의 위치벡터가 $\vec{r}_1$에서 $\vec{r}_2$로 변하면 입자의 *변위* $\Delta\vec{r}$은

$$\Delta\vec{r} = \vec{r}_2 - \vec{r}_1 \tag{4.1.2}$$

이며, 다음과 같이 쓸 수도 있다.

$$\Delta\vec{r} = (x_2 - x_1)\hat{\text{i}} + (y_2 - y_1)\hat{\text{j}} + (z_2 - z_1)\hat{\text{k}} \tag{4.1.3}$$

$$= \Delta x\hat{\text{i}} + \Delta y\hat{\text{j}} + \Delta z\hat{\text{k}}. \tag{4.1.4}$$

▸ ***평균속도와 순간속도*** 입자가 시간간격 Δt 동안 변위 $\Delta\vec{r}$만큼 이동하면, 시간간격 Δt 동안 입자의 *평균속도* $\vec{v}_{\text{avg}}$는 다음과 같다.

$$\vec{v}_{\text{avg}} = \frac{\Delta\vec{r}}{\Delta t}. \tag{4.2.1}$$

식 4.2.1의 시간간격 Δt가 0으로 접근하면 $\vec{v}_{avg}$가 속도(순간속도)라고 부르는 극한값 $\vec{v}$로 접근한다. 즉,

$$\vec{v} = \frac{d\vec{r}}{dt} \tag{4.2.3}$$

이다. 이 식을 단위벡터로 쓰면 다음과 같다.

$$\vec{v} = v_x\hat{\text{i}} + v_y\hat{\text{j}} + v_z\hat{\text{k}}. \tag{4.2.4}$$

여기서 $v_x = dx/dt$, $v_y = dy/dt$, $v_z = dz/dt$이다. 입자의 순간속도 $\vec{v}$의 방향은 입자의 위치에서 항상 입자의 경로에 접선방향이다.

▸ ***평균가속도와 순간가속도*** 입자의 속도가 Δt 동안에 $\vec{v}_1$에서 $\vec{v}_2$로 변하면, Δt 동안 입자의 *평균가속도* $\vec{a}_{avg}$는

$$\vec{a}_{avg} = \frac{\vec{v}_2 - \vec{v}_1}{\Delta t} = \frac{\Delta\vec{v}}{\Delta t} \tag{4.3.1}$$

이다. 식 4.3.1의 시간간격 Δt가 0으로 접근하면, $\vec{a}_{avg}$가 *가속도(순간가속도)*라 부르는 극한값 $\vec{a}$로 접근한다. 즉,

$$\vec{a} = \frac{d\vec{v}}{dt} \tag{4.3.2}$$

이다. 이 식을 단위벡터로 쓰면 다음과 같다.

$$\vec{a} = a_x\hat{\text{i}} + a_y\hat{\text{j}} + a_z\hat{\text{k}}. \tag{4.3.3}$$

여기서 $a_x = dv_x/dt$, $a_y = dv_y/dt$, $a_z = dv_z/dt$이다.

▸ ***포물체 운동*** 초기속도 $\vec{v}_0$로 던진 입자의 운동을 *포물체 운동*이라고 한다. 운동 중에 입자의 수평가속도는 0이고 수직가속도는 자유낙하 가속도인 $-g$이다(여기서 위쪽을 양의 방향으로 정했다). 만일 $\vec{v}_0$를 크기(속력 v_0)와 방향각 θ_0(수평축에 대한 각도)로 쓰면, 수평 x축과 수직 y축을 따라 움직이는 입자의 운동방정식은 각각 다음과 같다.

$$x - x_0 = (v_0 \cos\theta_0)t, \tag{4.4.3}$$

$$y - y_0 = (v_0 \sin\theta_0)t - \tfrac{1}{2}gt^2, \tag{4.4.4}$$

$$v_y = v_0 \sin\theta_0 - gt, \tag{4.4.5}$$

$$v_y^2 = (v_0 \sin\theta_0)^2 - 2g(y - y_0). \tag{4.4.6}$$

포물체 운동에서 입자의 **궤적**(경로)은 포물선으로, 식 4.4.3과 4.4.6에서 x_0와 y_0를 0으로 가정하면 다음과 같다.

$$y = (\tan\theta_0)x - \frac{gx^2}{2(v_0\cos\theta_0)^2}. \tag{4.4.7}$$

입자의 **도달거리** R은 입자가 처음의 높이로 되돌아올 때까지 처음의 위치로부터 날아간 수평거리로서 다음과 같다.

$$R = \frac{v_0^2}{g}\sin 2\theta_0. \tag{4.4.8}$$

▸ ***등속 원운동*** 입자가 반지름이 r인 원의 둘레 또는 원호를 등속력 v로 움직이면 입자는 *등속 원운동*을 하며, 이때 가속도 $\vec{a}$의 크기는 다음과 같다.

$$a = \frac{v^2}{r}. \tag{4.5.1}$$

$\vec{a}$는 원 혹은 원호의 중심을 향하며, *구심가속도*라고 한다. 입자가 닫힌 경로를 한 번 도는 데 걸리는 시간은

$$T = \frac{2\pi r}{v} \tag{4.5.2}$$

이며, T를 운동의 *회전주기* 또는 단순히 *주기*라고 한다.

▸ ***상대운동*** 기준계 B가 기준계 A에 대해 상대적으로 등속도 운동을 하고 있을 때, 운동 중인 입자 P의 속도는 기준계 A에 있는 관측자가 측정한 값과 기준계 B에서 측정한 값이 일반적으로 같지 않다. 두 측정값 사이에는

$$\vec{v}_{PA} = \vec{v}_{PB} + \vec{v}_{BA} \tag{4.7.2}$$

의 관계가 있다. 여기서 $\vec{v}_{BA}$는 A에 대한 B의 상대속도이다. 두 관측자가 측정한 입자의 가속도는 다음처럼 같다.

$$\vec{a}_{PA} = \vec{a}_{PB}. \tag{4.7.3}$$

연습문제 _Problems

E Easy M Medium H Hard CALC Requires calculus BIO Biomedical application

1 M 그림 4.1은 평평한 지표면을 돌아다니는 다람쥐의 경로이다. 다람쥐는 점 $A(t = 0)$에서 점 $B(t = 5.0\ \text{min})$, 점 $C(t = 10.0\ \text{min})$, 점 $D(t = 15.0\ \text{min})$로 이동하였다. 점 A에서 나머지 세 점까지의 이동에 대한 다람쥐의 평균속도를 생각해보자. 크기가 가장 작은 평균속도의 (a) 크기와 (b) 각도를 구하여라. 크기가 가장 큰 평균속도의 (c) 크기와 (d) 각도를 구하여라.

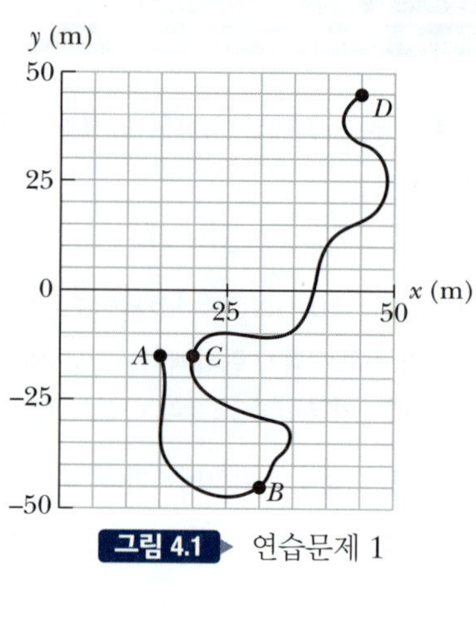

그림 4.1 ▸ 연습문제 1

2 M 지표면에서 공중으로 공을 던졌다. 10.5 m의 높이에서 공의 속도는 $\vec{v} = (7.60\hat{\mathrm{i}} + 6.10\hat{\mathrm{j}})$ m/s이며, $\hat{\mathrm{i}}$는 수평방향이고, $\hat{\mathrm{j}}$는 수직 위로 향한다. (a) 공이 도달할 수 있는 최대 높이는 얼마인가? (b) 수평 도달거리는 얼마인가? 공이 지표면에 부딪치기 직전에 공 속도의 (c) 크기와 (d) (수평면 아래 방향으로) 각도를 구하여라.

3 M 두 배 A와 B가 동시에 항구를 떠난다. A는 22 노트로 북서쪽으로 항해하고, B는 28 노트로 남서쪽 40° 방향으로 진행한다. (1 노트 = 시간당 1 해리의 속력, 부록 D 참조) B에 대한 A의 속도 (a) 크기와 (b) 방향은 얼마인가? (c) 얼마 후에 두 배는 160 해리 떨어지게 되는가? (c) 그 순간에 A에 대한 B의 (위치의) 방향은 무엇인가?

4 M 바람이 불어 빗방울이 남쪽으로 치우쳐 떨어지는 빗속을 (지면에 대해) 상대속력 25 m/s로 남쪽으로 가는 기차가 있다. 빗방울은 지표면에 정지해 있는 관찰자에게 수직선에 대해 70° 각도로 떨어진다. 그러나 기차 안의 관찰자에게는 빗방울이 정확하게 수직으로 떨어진다. 지면에 대한 빗방울의 속력을 구하여라.

5 M 물총고기가 물총을 쏘아서 물 밖 나뭇가지 위의 곤충을 맞춘다(그림 4.2). 곤충은 각도 ϕ, 거리 d인 직선 경로에 있지만, 물 총알의 경로가 포물선이므로 다른 각도 θ_0로 물총을 발사해야 곤충을 맞출 수 있다. $\phi = 34.0°$, $d = 0.900$ m이다. 물총이 포물선 경로의 최고점에서 곤충을 맞출 수 있으려면 θ_0는 얼마여야 하는가?

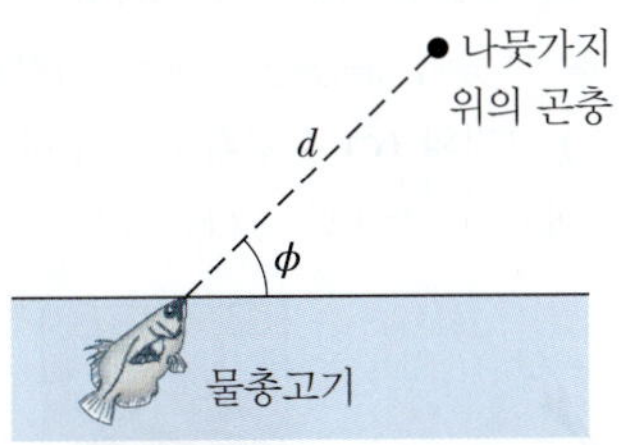

그림 4.2 연습문제 5

6 M BIO 농구선수가 공중에 있을 때 선수는 중력가속도가 약해지는 것과 같이 보이는 착각이 들 정도로 떠있다. 이렇게 착각하는 이유는 떠있는 동안 공을 손 사이에서 빨리 바꾸는 숙련된 선수의 능력에 의존하지만, 선수가 뛰어오른 아래 부분보다 윗부분에서 더 긴 수평거리를 이동하기 때문이기도 하다. 선수가 각도 $\theta_0 = 35.0°$로 처음 속력 $v_0 = 7.00$ m/s로 뛰어오른다면 (최대 높이와 최대 높이의 반 사이인) 뛰어오른 위의 반에서 선수가 전체 수평거리 중 몇 퍼센트를 이동하는가?

7 M 수평선에 대해 $\theta_0 = 40.0°$로 20.0 m/s의 속력으로 벽을 향해서 공을 던진다(그림 4.3). 벽과 공을 던진 지점 사이의 거리는 $d = 22.0$ m이다. (a) 공이 벽에 부딪친 곳은 던진 지점으로부터 얼마나 위에 있는가? 공이 벽에 부딪칠 때 공 속도의 (b) 수평성분과 (c) 수직성분을 구하여라. (d) 공이 벽에 부딪칠 때 공이 도달할 수 있는 최대 높이를 이미 지났는가?

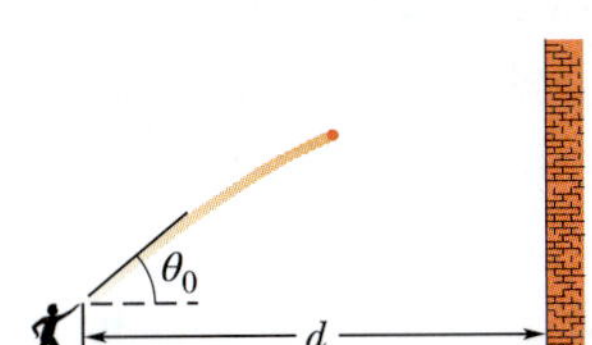

그림 4.3 연습문제 7

8 E 0.90 m 높이의 탁자에서 작은 공이 수평 방향으로 굴러가다가 모서리에서 수평 방향으로 1.52 m 떨어진 바닥에 떨어졌다. (a) 공은 얼마나 오랫동안 공중에 머무는가? (b) 탁자를 떠나는 순간 공의 속력을 구하여라.

9 E 어느 순간 공원의 국기봉에서 동쪽으로 40.0 m 떨어져 있는 자전거를 탄 사람이 10.0 m/s의 속력으로 남쪽으로 가고 있다. 50.0 s 후에 이 사람이 국기봉에서 북쪽으로 40.0 m 떨어져 있으며 10.0 m/s의 속력으로 동쪽으로 향하고 있다. 50.0 s 동안 사람 변위의 (a) 크기와 (b) 방향, 자전거 평균속도의 (c) 크기와 (d) 방향, 그리고 자전거 평균가속도의 (e) 크기와 (f) 방향을 구하여라.

10 E 전자의 위치벡터는 $\vec{r} = (5.0\,\mathrm{m})\hat{\mathrm{i}} - (3.0\,\mathrm{m})\hat{\mathrm{j}} + (6.0\,\mathrm{m})\hat{\mathrm{k}}$이다. (a) $\vec{r}$의 크기를 구하여라. (b) 오른손 좌표계에서 벡터를 그려라.

11 H CALC 배 A가 배 B로부터 북쪽으로 4.0 km, 동쪽으로 2.5 km인 곳에 있다. 배 A는 남쪽을 향해 22 km/h의 속도로 진행하고, 배 B는 동북 37° 방향으로 40 km/h의 속도로 진행하고 있다. (a) $\hat{\mathrm{i}}$가 동쪽이라면 단위벡터 표기법으로 B에 대한 A의 상대속도를 구하여라. (b) $t = 0$일 때 배들이 위에서 설명한 위치에 있다면 B에 대한 A의 위치를 $\hat{\mathrm{i}}$와 $\hat{\mathrm{j}}$를 사용하여 시간 t의 함수로 구하여라. (c) 어느 시간에 두 전함 사이의 거리가 최소인가? (d) 그 최소 거리는 얼마인가?

12 M 그림 4.4는 하늘에서 내려다 본 모습으로 지프차 P와 지프차 B가 평지를 일직선으로 달려 멈춰있는 국경감시원 A를 지나간다. 감시원에 대해 B는 $\theta_2 = 30.0°$ 방향으로 일정한 속력 18.0 m/s로 진행한다. P는 $\theta_1 = 60.0°$ 방향으로 정지상태로부터 등가속도 0.400 m/s^{2}으로 진행한다. 어떤 순간 P의 속력은 40.0 m/s에 도달했다. 이 시간 B에 대한 P의 속도의 (a) 크기와 (b) 방향, 가속도의 (c) 크기와 (d) 방향을 구하여라.

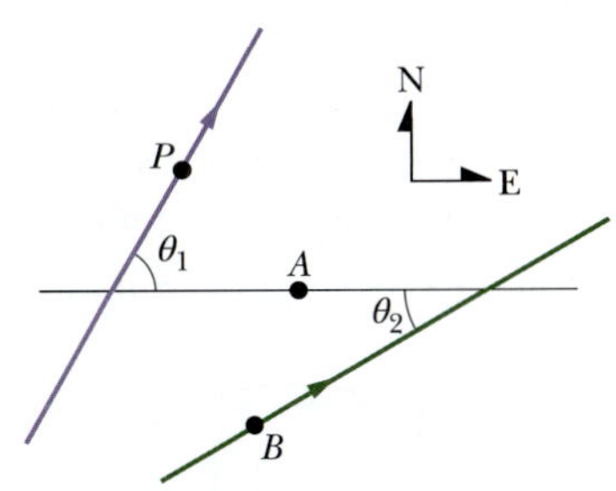

그림 4.4 연습문제 12

13 E 선풍기 날개가 매분 800번 회전한다. 반지름 0.15 m인 선풍기 날개 끝을 고려하자. (a) 한 번 회전할 때마다 날개 끝이 지나가는 거리는 얼마인가? 날개 끝의 (b) 속력과 (c) 가속도는 얼마인가? (d) 운동주기는 얼마인가?

14 M xy수평면에서 입자가 등속 원운동한다. 어떤 순간에 입자가 좌표 (4.00 m, 4.00 m)를 속도 $-4.00\hat{\mathrm{i}}$ m/s와 가속도 $112.0\hat{\mathrm{j}}$ m/s^{2}으로 지나간다. 원 경로 중심의 (a) x 좌표와 (b) y 좌표를 구하여라.

15 H 그림 4.5와 같이 높이 $h = 1.00$ m에서 야구공을 던져서 같은 높이에서 잡는다. 던진 후 공이 담장을 따라 날아가면서 1.00 s 후에 담장 꼭대기를 지나고, 이로부터 4.00 s 후에 내려오면서 거리 $D = 50.0$ m

을 이동하여 다시 담장 꼭대기를 지나간다. (a) 공을 잡을 때까지 이동한 수평거리는 얼마인가? 공 초기속도의 (b) 크기와 (c) (수평에 대한) 각도를 구하여라. (d) 담장의 높이는 얼마인가?

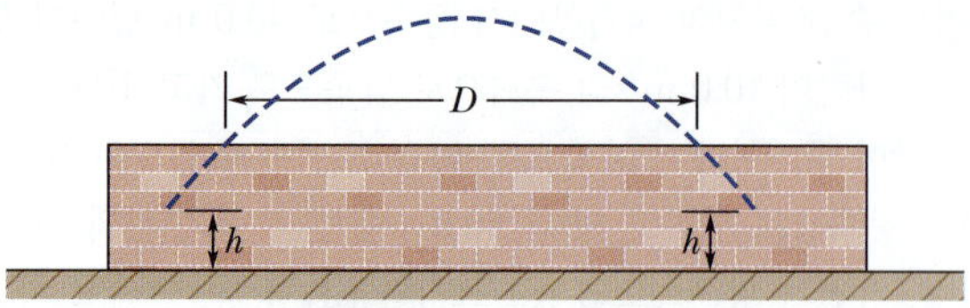

그림 4.5 연습문제 15

16 **E** 서쪽으로 20 km/h의 속력으로 주행하는 소형 트럭 위에서 촬영기사가 트럭보다 서쪽 방향으로 30 km/h 더 빨리 달리는 치타를 촬영하고 있다. 치타의 경로 근처에 서 있던 촬영기사의 조수가 보니 치타가 갑자기 멈추고, 방향을 바꾸어 동쪽 방향 45 km/h의 속력으로 달리기 시작했다. 치타가 속도를 변화시키는 데 1.8 s 걸렸다. 촬영기사가 관측한 치타 가속도의 (a) 크기와 (b) 방향, 촬영기사 조수가 관측한 치타 가속도의 (c) 크기와 (d) 방향을 구하여라.

17 **M** 수직선과 53.0° 각도로 등속력으로 급강하하는 비행기가 890 m의 고도에서 물체를 투하한다. 물체는 투하 후 5.00 s만에 지표면에 도달한다. (a) 비행기의 속력은 얼마인가? (b) 공중에 머무는 동안에 물체는 수평으로 얼마나 멀리 가는가? 물체가 지표면에 닿기 직전 속도의 (c) 수평성분과 (d) 수직성분은 얼마인가?

18 **M** 45.7 m 떨어진 표적에 500 m/s의 속력으로 총알을 발사한다. 만일 표적의 중심이 총과 같은 높이일 때, 표적의 정중앙에 총알을 맞추려면 총신을 표적 위로 얼마나 높이 겨누어야 되는가?

19 **M** 1939년 또는 1940년에 Emanuel Zacchini는 극한적인 인간 대포 역할을 하였다. 대포에서 발사된 후, 그는 세 개의 대회전 관람차를 넘어서 그물에 떨어졌다(그림 4.6). (a) 그를 입자로 취급하고, 첫 번째 관람차를 넘어가는 높이를 구하여라. (b) 만약 그가 가운데 관람차를 최대 높이로 통과한다면 높이는 얼마인가? (c) 대포는 그물의 중심에서 얼마나 멀리 떨어져야 하는가? 단, 공기저항은 무시한다.

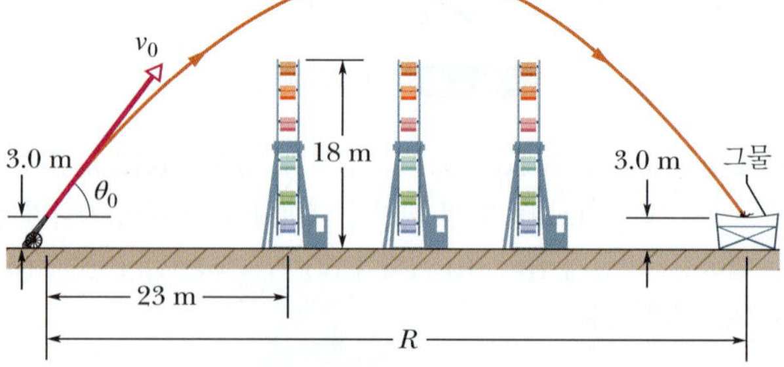

그림 4.6 연습문제 19

20 **E** $t = 0$에서 수평각도 40.0°와 크기 15.0 m/s의 속도로 돌을 발사하였다. $t = 1.10$ s에서 돌 변위의 (a) 수평성분과 (b) 수직성분의 크기는 얼마인가? 또한 $t = 1.80$ s에서 변위의 (c) 수평성분과 (d) 수직성분, 그리고 $t = 5.00$ s에서 변위의 (e) 수평성분과 (f) 수직성분을 구하여라.

21 **M** 바람이 불어 xy 평면에서 자갈이 $\vec{a} = (5.00\ \text{m/s}^2)\hat{\text{i}} + (7.00\ \text{m/s}^2)\hat{\text{j}}$로 일정하게 가속한다. $t = 0$에서 속도는 $(4.00\ \text{m/s})\hat{\text{i}}$이다. x축에 평행한 방향으로 18.0 m 이동한 자갈 속도의 (a) 크기와 (b) 각도를 구하여라.

22 **M** 벽시계 분침의 끝에서 회전축까지 거리는 8.0 cm이다. 분침 끝의 변위벡터의 크기와 각도를 세 시간 간격 동안 결정한다. 분침이 15분부터 30분까지 갔을 때 변위벡터의 (a) 크기와 (b) 각도, 그 다음 30분 동안 변위벡터의 (c) 크기와 (d) 각도, 그 후 한 시간 동안 변위벡터의 (e) 크기와 (f) 각도를 구하여라.

23 **E** 양성자의 속도벡터(m/s의 단위)가 처음에는 $\vec{v} = 4.0\hat{\text{i}} - 2.0\hat{\text{j}} + 3.0\hat{\text{k}}$이고, 후에는 $\vec{v} = -2.0\hat{\text{i}} - 2.0\hat{\text{j}} + 9.0\hat{\text{k}}$이다. (a) 양성자의 평균 가속도 $\vec{a}_{\text{avg}}$를 단위벡터 표기법으로 써라. (b) $\vec{a}_{\text{avg}}$의 크기와 (c) $\vec{a}_{\text{avg}}$가 x축 양의 방향과 이루는 각도를 구하여라.

24 **E** 다트를 다트판 중심인 점 P를 향해 처음 속력 10 m/s로 수평으로 던졌다. 다트는 0.10 s 후 P에서 수직 아래인 점 Q에 꽂혔다. (a) 거리 PQ는 얼마인가? (b) 다트판은 다트를 던진 지점에서 얼마나 떨어져 있는가?

25 **M** 그림 4.7에서 지면 위 높이 h인 건물 지붕의 모서리에서 왼쪽으로 던진 공은 1.50 s 후에 건물로부터 수평거리 $d = 20.0$ m 떨어진 지표면에 $\theta = 60.0°$의 각도로 부딪쳤다. (a) h를 구하여라. (*힌트*: 비디오테이프를 되돌려 보듯이 운동을 거꾸로 생각하여라.) 공을 던진 순간에 공 속도의 (b) 크기와 (c) 수평각도를 구하여라. (d) 이 각도는 수평에 대해 위로 향하는가, 아래로 향하는가?

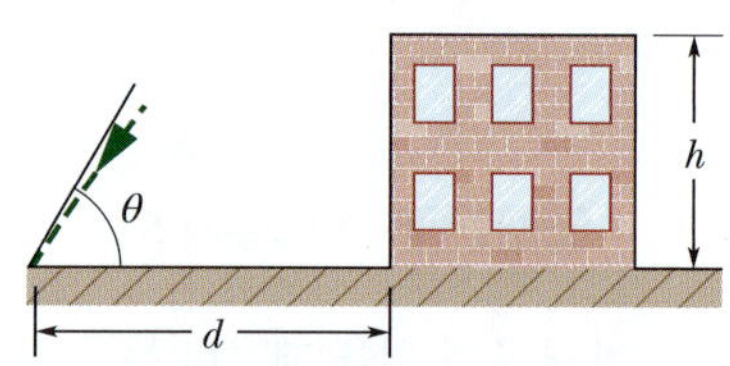

그림 4.7 연습문제 25

26 **M** 동남방향 20°, 42 km/h의 속력으로 부는 바람 속을 15분간 비행한 후에 비행기는 출발점으로부터 북쪽으로 55 km 떨어진 도시 위를 지난다. 바람에 대한 비행기의 속력을 구하여라.

27 **H** 거리 x에 있는 벽을 향하여 지면에서 공을 발사한다(그림 4.8a). 그림 4.8b는 공이 벽에 부딪칠 때 공 속도의 y 성분 v_y를 거리 x의 함수로 나타낸 그래프이며, 눈금은 $v_{ys} = 10$ m/s, $x_s = 20$ m이다. 공의 발사각도를 구하여라.

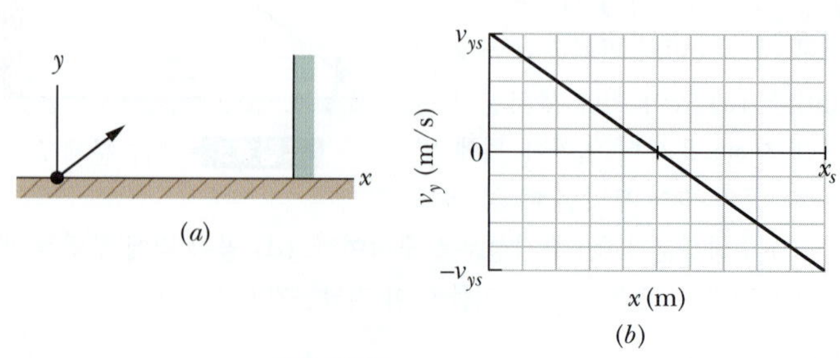

그림 4.8 연습문제 27

28 **E** 구심가속도에 열광하는 사람이 반지름 r = 3.00 m로 등속원운동을 하고 있다. 어느 순간 가속도가 $\vec{a} = (6.00\ \text{m/s}^2)\hat{\text{i}} + (-4.00\ \text{m/s}^2)\hat{\text{j}}$라면, 이 순간에 (a) $\vec{v} \cdot \vec{a}$와 (b) $\vec{r} \times \vec{a}$의 값은 각각 얼마인가?

29 **M** 그림 4.9에서 수평각 50.0°, 9.50 m/s의 속도로 공을 던진다. 던진 점은 길이 d_1 = 6.00 m, 높이 d_2 = 3.60 m인 경사면의 아랫부분과 맞닿아 있는 수평면에 있다. 경사면의 윗부분에는 또다른 수평면이 있다. (a) 공이 경사면에 부딪치는가, 윗부분의 수평면에 떨어지는가? 공이 떨어지는 점의 변위(출발점으로부터)의 (b) 크기와 (c) 각도를 구하여라.

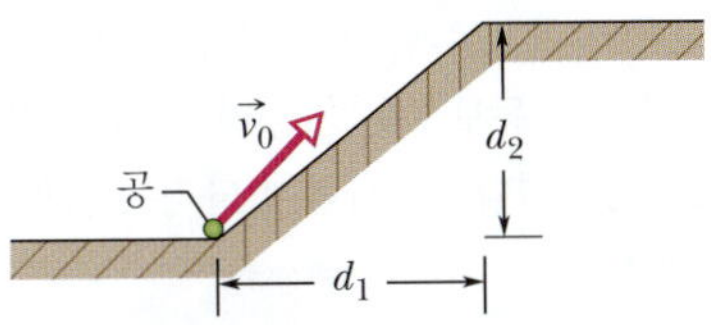

그림 4.9 연습문제 29

30 **M** 어떤 포물체의 발사속력은 포물체의 최대 높이에서 속력의 3.0배이다. 발사각도 θ_0를 구하여라.

31 **M** 그림 4.10에서 지표면에서 발사된 공이 4.00 s 후에 높이 h = 20.0 m의 지붕에 떨어진다. 공이 지붕에 부딪치기 직전에 공의 경로는 지붕면과 θ = 50.0°의 각도를 이룬다. (a) 공이 수평방향으로 이동한 거리 d를 구하여라. 공 초기속도의 (b) 크기와 (c) 수평에 대한 각도를 구하여라.

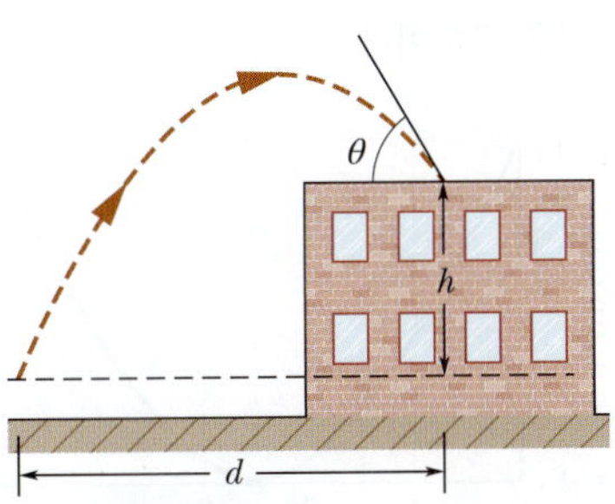

그림 4.10 연습문제 31

32 **E** **CALC** 물체의 위치(미터)가 $\vec{r} = \hat{\text{i}} + 4t^2\hat{\text{j}} + 2t\hat{\text{k}}$인 시간(초)의 함수로 주어졌다. (a) 물체의 속도 (b) 가속도를 시간의 함수로 써라.

33 **M** 투수가 수평방향 140 km/h의 속력으로 야구공을 던졌다. 투수와 타자 사이의 거리는 18.3 m이다. (a) 야구공이 이 거리의 처음 절반을 날아가는 데 걸리는 시간은 얼마인가? (b) 나중 절반을 날아가는데 걸리는 시간은 얼마인가? (c) 처음 절반을 날아가는 동안 공이 자유낙하한 거리는 얼마인가? (d) 나중 절반을 날아가는 동안 공이 자유낙하한 거리는 얼마인가? (e) 왜 (c)와 (d)에서 구한 낙하거리가 서로 다른가?

34 **H** 어떤 입자의 위치벡터는 시간의 함수인 $\vec{r} = 8.00t\hat{\text{i}} + (et + ft^2)\hat{\text{j}}$로 주어지고, 벡터 $\vec{r}$은 미터, t는 초이고, 계수 e와 f는 상수이다. 그림 4.11은 입자의 방향을 나타내는 θ를 시간 t의 함수로 그린 것이다(θ는 x축 양의 방향과 이루는 각도이다). (a) 계수 e와 (b) 계수 f의 값을 단위와 함께 구하여라.

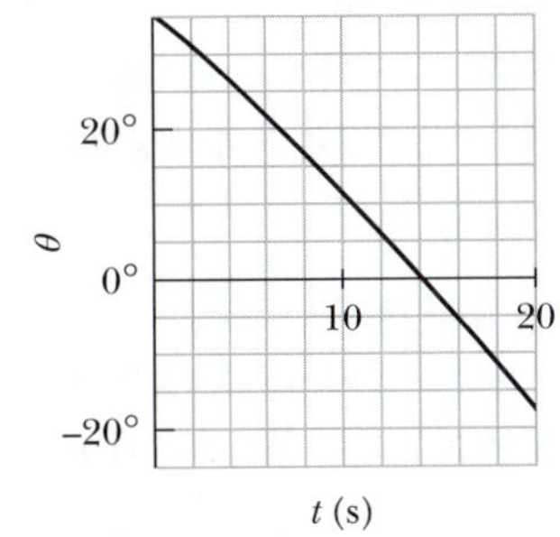

그림 4.11 연습문제 34

35 **E** 수박씨의 좌표는 x = −5.0 m, y = 8.0 m, z = 0 m이다. 위치벡터를 (a) 단위벡터 표기법으로 쓰고 (b) 크기와 (c) x축 양의 방향과 이루는 각도를 구하여라. (d) 오른손 좌표계에서 벡터를 그려라. 수박씨가 xyz 좌표 (7.00 m, 0 m, 0 m)로 이동한다. 해당 변위를 (e) 단위벡터 표기법으로 쓰고, (f) 크기와 (g) x축 양의 방향과 이루는 각도를 구하여라.

36 **M** 투포환 선수가 2.000 m 높이에서 세계기록 수준인 v_0 = 15.00 m/s로 포환을 던진다고 하자. 발사각 θ_0가 (a) 45.00° (b) 42.00°일 때 포환이 날아간 수평거리는 각각 얼마인가? 포물체 운동에서 수평거리가 최대인 45°로 던져도, 발사 높이와 착지 높이가 다르면, 수평거리가 최대가 아니라는 사실을 알 수 있다.

37. 폭이 200 m인 강에서 강물이 정글을 뚫고 동쪽을 향해 1.1 m/s의 일정한 속력으로 흐르고 있다. 어떤 탐험가가 남쪽 강둑에 있는 작은 개활지에서 출발하여 강물에 대해 4.0 m/s의 일정한 상대속력을 내는 고속보트를 타고 강을 건너고 싶다. 남쪽 강둑에 있는 개활지로부터 정면으로 건너편 지점으로부터 82 m 상류의 북쪽 강둑에 다른 개활지가 있다. (a) 북쪽에 있는 개활지를 향해 보트가 직선으로 가기 위해서는 어떤 방향으로 보트를 향해야 하나? (b) 강을 건너 목적지에 닿는 데 걸리는 시간은?

38 **E** 반지름이 15 m인 놀이공원 관람차가 수평축에 대해 매분 4.0 바퀴를 회전한다. (a) 운동의 주기는 얼마인가? 가장 높은 위치에서 승객의 구심가속도 (b) 크기와 (c) 방향을 구하여라. 가장 낮은 위치에서 승객의 구심가속도 (d) 크기와 (e) 방향을 구하여라.

39 **H** 어떤 속력으로 지면에서 공을 던졌다. 그림 4.12는 발사각 θ_0에 따른 수평거리 R의 그래프이다. θ_0 값은 공의 비행시간을 결정한다. t_{max}는 공의 최대 비행시간이다. 공의 비행시간이 $0.500t_{max}$가 되도록 θ_0를 선택했다면 날아가는 동안 공의 최소 속력은 얼마인가?

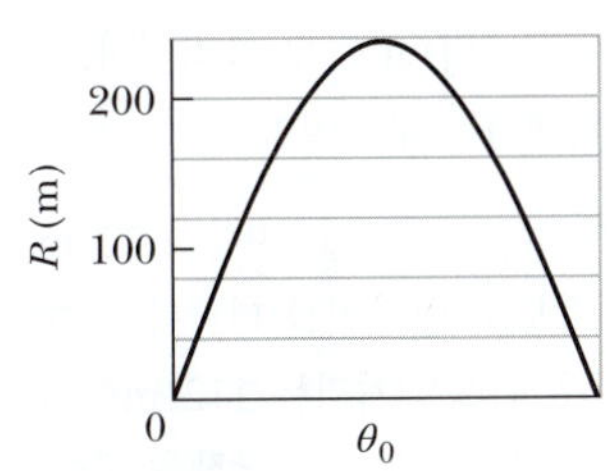

그림 4.12 연습문제 39

40 H 지표면에서 던진 포물체가 2 s 동안 발사점으로부터 수평으로 36 m 이동하고 수직으로 53 m 올라간다. 포물체 초기속도의 (a) 수평성분과 (b) 수직성분을 구하여라. (c) 포물체가 최대 높이에 도달하는 순간에 포물체는 발사점으로부터 수평방향으로 얼마나 멀리 떨어져 있는가?

41 H 미식축구선수가 25 m/s의 초기속력으로 공을 차서, 공을 차는 지점으로부터 50 m 떨어진 곳에 위치한 높이 3.44 m의 골대 위로 넘기려고 한다. 공을 차는 (a) 최소 발사각과 (b) 최대 발사각을 구하여라.

42 M 비행기가 속력 240.0 km/h, 수평 아랫방향 각도 $\theta_0 = 30.0°$로 내려가면서 레이더 교란 물체를 놓았다(그림 4.13). 물체를 놓은 비행기의 위치와 물체가 떨어진 지표면 사이의 수평거리는 $d = 700$ m이다. (a) 물체는 얼마나 오랫동안 공중에 머물렀가? (b) 물체를 놓은 순간에 비행기의 높이는 얼마인가?

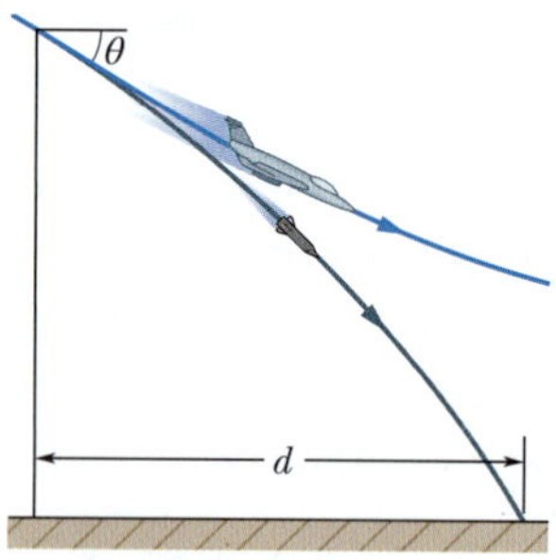

그림 4.13 연습문제 42

43 E 지면으로부터 35.0 m 위에 있는 곳에서 포물체를 발사속력 250 m/s로 수평으로 쏘았다. (a) 포물체는 얼마 동안 공중에 있는가? (b) 포물체가 지면에 도달할 때까지 발사점으로부터 이동한 수평거리를 구하여라. (c) 대포알이 땅에 닿을 때 속도의 수직성분을 구하여라.

44 M 수면에서 8.0 m 위에 있는 다이빙대 끝에서 초보 다이빙 선수가 수평방향의 속력 1.80 m/s로 뛰었다. (a) 뛴 후 0.800 s 후에 이 선수가 다이빙대 끝에서 수평으로 이동한 거리를 구하여라. (b) 이때 수면 위로 선수는 어느 높이에 있는가? (c) 선수가 수면에 떨어지는 순간 다이빙대로부터 수평거리는 얼마인가?

45 E 기차가 60.0 km/h의 일정한 속력으로 70.0분 동안 동쪽으로 가고, 이어서 북동방향 50.0°로 20.0분 동안 간 다음, 끝으로 50.0분 동안 서쪽으로 간다. 이동하는 동안 기차 평균속도의 (a) 크기와 (b) 각도를 구하여라.

46 M 입자가 속도 $\vec{v} = (3.00\hat{i})$ m/s로 원점을 출발하여 일정한 가속도 $\vec{a} = (-1.00\hat{i} - 1.50\hat{j})$ m/s^{2}로 움직인다. 입자의 좌표가 최대일 때 (a) 속도 (b) 위치벡터를 구하여라.

47 M 타자가 다가오는 야구공을 지상 1.22 m 높이에서 받아친다. 공은 지표면과 45° 각도로 방망이를 떠난다. 이때 (다시 공을 친 높이로 돌아오는) 공의 수평 도달거리는 112 m이다. (a) 타격 지점에서 97.5 m 떨어져 있는 7.32 m 높이의 담장을 공이 넘을 수 있는가? (b) 공이 담장에 도달할 때 담장 꼭대기와 공의 중심 사이의 거리를 구하여라.

48 M 폭 200 m의 강이 동쪽 방향으로 2.40 m/s의 일정한 속력으로 흐르고 있다. 강물에 대해 8.00 m/s의 속력으로 배가 남쪽 강둑을 떠나 북서방향 30.0°로 가고 있다. 강둑에 대한 배의 상대속도 (a) 크기와 (b) 방향을 구하여라. (c) 배가 강을 건너는 데 걸리는 시간을 구하여라.

49 E 인공위성이 지상 800 km의 높이에서 100.7분의 주기로 원궤도를 돈다. 인공위성의 (a) 속력과 (b) 구심가속도의 크기를 구하여라.

50 M BIO 수상한 사람이 이동보도를 따라 한쪽 끝에서 다른 끝까지 2.50 s 동안 최대 속력으로 달리고 있다. 경비원이 나타나자 그 사람은 방향을 바꾸어서 이동보도를 거슬러 최대 속력으로 출발점으로 되돌아가는 데 12.0 s 걸렸다. 이 사람이 달리는 속력과 이동보도 속력의 비율은 얼마인가?

51 M 점프 스파이크를 할 때 배구선수는 머리 위에서 반대면 바닥을 향해 공을 때린다. 스파이크를 할 때 각도를 조절하는 것은 어렵다. 공을 2.30 m 높이에서 처음 속력 20.0 m/s로 아래 각도 18.00°로 때린다고 하자. 아래 각도가 8.00°일 경우 공은 반대편 바닥으로 얼마나 더 멀리 가는가?

52 M 지면에 있는 골프공을 쳤다. 그림 4.14는 골프공의 속력을 시간의 함수로 나타낸 그래프이다. 여기서 $t = 0$은 골프채가 공을 치는 순간이고, 수직축의 눈금은 $v_a = 19$ m/s와 $v_b = 31$ m/s이다. (a) 공이 지면에 다시 떨어질 때까지 날아간 수평거리를 구하여라. (b) 공이 도달하는 최고 높이를 구하여라.

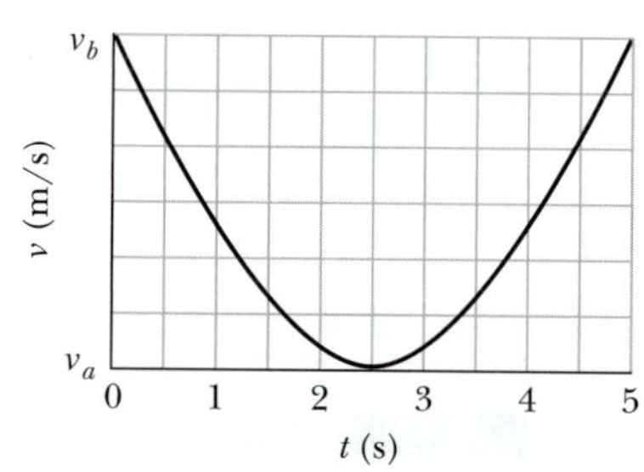

그림 4.14 연습문제 52

53 M 비행기가 A 도시에서 동쪽으로 483 km를 45.0 min 동안 비행하여 B 도시에 도착한 후에 도시에서 남쪽으로 966 km를 2.00 시간 동안 비행하여 C 도시에 도착했다. 전체 비행시간 중에 비행기 변위의 (a) 크기와 (b) 방향, 평균속도의 (c) 크기와 (d) 방향, (e) 평균 속력은 각각 얼마인가?

54 M CALC xy평면에서 운동하는 입자의 속도는 $\vec{v} = (6.0t - 4.0t^2)\hat{i} + 10\hat{j}$로 변하며, $\vec{v}$와 t (> 0)의 단위는 각각 m/s와 초이다. (a) $t = 3.0$ s에서 가속도는 얼마인가? (b) 가속도가 0일 수 있는가? 있다면 언제인가? (c) 속도가 0일 수 있는가? 있다면 언제인가? (d) 속력이 10 m/s일 수 있는가? 있다면 언제인가?

55 M 경비행기가 500 km/h의 속력으로 날고 있다.w 조종사는 북쪽으로 700 km 떨어진 곳을 가야 하는데 그곳에 바로 가기 위해서는

북동 20.0° 방향으로 비행해야 도착할 수 있다. 비행기가 2.00 h 후에 목적지에 도착한다면 풍속의 (a) 크기와 (b) 방향은 무엇인가?

56 **H** **BIO** 노련한 스키선수는 내리막 슬로프에 도달하기 전에 위쪽으로 뛰어야 한다는 것을 알고 있다. 처음 속력이 v_0 = 10 m/s, 각도는 θ_0 = 11.3°로 점프하는 경우를 고려하자. 처음 경로는 거의 수평이고 내리막 슬로프의 각도는 9.0°이다. 그림 4.15*a*는 스키선수가 내리막 슬로프의 맨 위로 착지하는 *예비점프*이다. 그림 4.15*b*는 내리막 코스의 모서리에서 점프하는 모습이다. 그림 4.15*a*에서 착지 높이는 출발 높이와 거의 같다고 하자. (a) 착지 시 스키선수의 경로와 슬로프가 이루는 각도 ϕ는 얼마인가? 그림 4.15*b*에서 (b) 착지점은 출발점에서 얼마나 아래인 곳인가? (c) 각도 ϕ는 얼마인가? (착지점이 멀수록 각도 ϕ가 커서 착지할 때 불안해진다.)

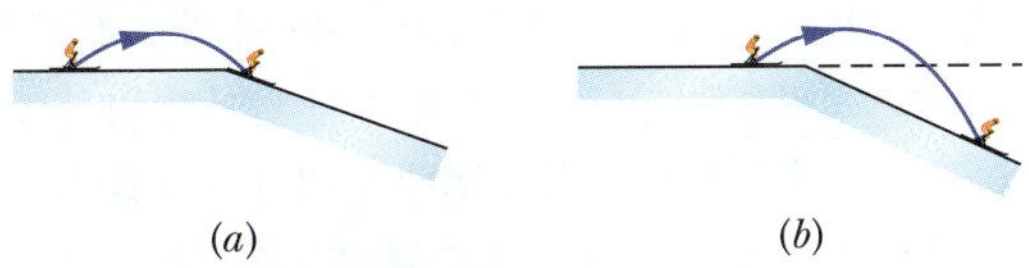

그림 4.15 연습문제 56

57 **E** 육상선수가 반지름 30 m의 커브길을 10 m/s의 속력으로 돌고 있다면 가속도의 크기는 얼마인가?

58 **H** 등속원운동을 하는 회전목마 위에 고양이가 앉아 있다. t_1 = 2.00 s일 때 xy 좌표계에서 측정한 고양이의 속도는 $\vec{v}_1 = (3.00\text{ m/s})\hat{\text{i}} + (4.00\text{ m/s})\hat{\text{j}}$이고, t_2 = 6.00 s에서는 $\vec{v}_2 = (-3.00\text{ m/s})\hat{\text{i}} + (-4.00\text{ m})\hat{\text{j}}$이다. 한 주기보다 작은 시간 간격 $t_2 - t_1$ 동안 고양이의 (a) 구심가속도 크기와 (b) 평균가속도를 구하여라.

59 **M** 투석기는 포위된 성벽을 부수기 위한 무기이다. 투석기로 커다란 돌을 던져서 성벽을 부순다. 적의 화살 공격으로부터 안전한 먼 거리에 투석기를 설치하되, 돌이 최고점을 지나서 성벽에 도달할 수 있도록 자리를 잡는다. 초기속력 v_0 = 28.0 m/s, 각도 θ_0 = 40.0°로 돌을 발사한다고 하자. (a) 돌이 포물선 경로의 최고점에서 성벽을 맞출 때 (b) 최고 높이의 반으로 내려오면서 성벽을 맞출 때, 돌의 속력은 각각 얼마인가? (c) (a) 경우보다 (b) 경우의 속력은 몇 %나 빠른가?

60 **H** 그림 4.16에서 입자 A는 y = 30 m인 직선을 따라 x축과 나란하게 크기 3.0 m/s의 등속도 $\vec{v}$로 운동한다. 입자 A가 x축을 지나는 순간 입자 B가 초기속력 0, 크기 $\vec{a}$의 가속도 0.40 m/s^{2}로 원점을 떠난다. 두 입자가 충돌하려면 $\vec{a}$와 y축 양의 방향과 이루는 각도 θ는 얼마이어야 하는가?

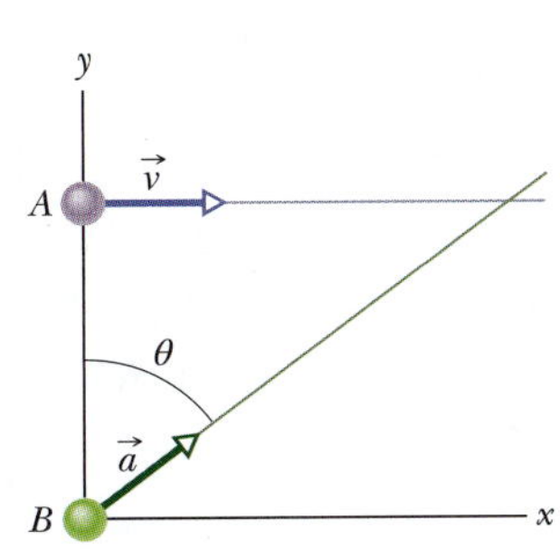

그림 4.16 연습문제 60

61 **E** 양전자가 미터의 단위로 $\Delta\vec{r} = 2.0\hat{\text{i}} - 3.0\hat{\text{j}} + 6.0\hat{\text{k}}$의 변위를 일으켜 최종 위치 $\vec{r} = 3.0\hat{\text{j}} - 6.0\hat{\text{k}}$에 도착하였다. 입자의 초기 위치벡터를 구하여라.

62 **M** 수레가 원점을 출발하여 xy평면에서 a_x = 4.0 m/s^2, a_y = −2.0 m/s^{2}의 가속도 성분으로 움직인다. 수레의 초기속도 성분은 v_{0x} = 8.0 m/s, v_{0y} = 18 m/s이다. 수레의 y좌표가 최대일 때 수레의 속도를 단위벡터 표기법으로 나타내어라.

63 **M** 그림 4.17에 나타낸 대로 두 개의 고속도로가 교차한다. 그림의 순간에 교차로에서 d_P = 750 m 떨어져 있는 경찰차 P가 속력 v_P = 75 km/h로, d_M = 550 m 떨어져 있는 자동차 M은 속력 v_M = 55 km/h로 달리고 있다.

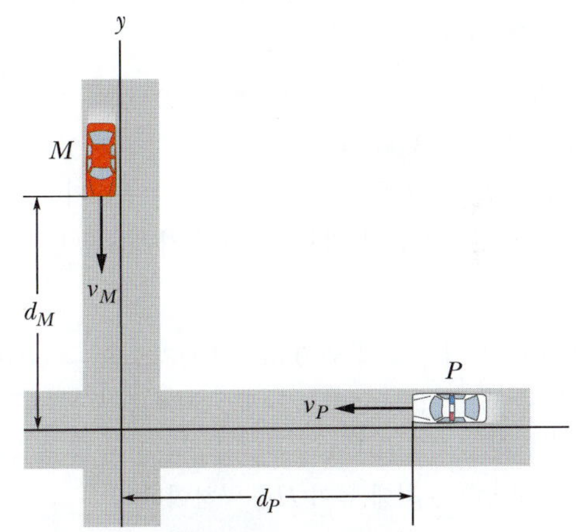

그림 4.17 연습문제 63

(a) 경찰차에 대한 자동차의 상대속도를 단위벡터 표기법으로 써라. (b) 그림 4.26이 나타낸 순간 (a)에서 구한 속도벡터와 두 자동차를 연결한 직선 사이의 각도를 구하여라. (c) 두 자동차가 원래의 속도를 계속 유지하면 (a)와 (b)에서 구한 결과는 두 자동차가 교차로에 가까워지면서 달라지는가?

64 **E** 강물에 대해 양의 x축 방향을 따라 12 km/h의 속도로 배가 강물을 거슬러 가고 있다. 육지에서 보면 강물은 9.0 km/h의 속력으로 흐르고 있다. 육지에 대한 배의 속도 (a) 크기와 (b) 방향을 구하여라. 보트에 타고 있는 어린이가 선수에서 선미로 배에 대해 6.0 km/h로 걷고 있다. 육지에 대한 어린이 속도의 (c) 크기와 (d) 방향을 구하여라.

65 **E** 놀이공원의 회전목마가 수직축에 대해 일정한 비율로 회전하고 있다. 원판의 가장자리에 서 있는 사람은 일정한 속력 2.00 m/s, 크기가 1.05 m/s^{2}인 구심가속도 $\vec{a}$로 회전한다. 회전축을 원점으로 하여 사람의 위치벡터는 $\vec{r}$이다. (a) $\vec{r}$의 크기를 구하여라. $\vec{a}$가 (b) 동쪽을 향할 때 (c) 남쪽을 향할 때 $\vec{r}$의 방향을 각각 구하여라.

66 **M** 테니스 경기장 바닥 위 높이 2.37 m에서 라켓으로 서브하여 공의 중심이 수평방향 23.6 m/s의 속력으로 날아갔다. 네트의 높이는 0.90 m이며 선수로부터 12 m 떨어져 있다. 공이 네트에 도달할 때 (a) 공이 네트 위를 넘어가는가? (b) 공의 중심과 네트 꼭대기 사이의

거리는 얼마인가? 위와 비슷하지만 수평 아래방향 5.00°로 서브한다고 가정하자. 공이 네트에 도달할 때 (c) 공이 네트 위를 넘어가는가? (d) 공의 중심과 네트 꼭대기 사이의 거리는 얼마인가?

67 **E** **CALC** 전자의 위치는 $\vec{r} = (2.00\,t^3 - 5.00\,t)\hat{\mathrm{i}} + (19.0 - 7.00\,t^4)\hat{\mathrm{j}}$이고, t와 $\vec{r}$의 단위는 각각 초와 미터이다. $t = 2.00$ s일 때 (a) $\vec{r}$ (b) $\vec{v}$ (c) $\vec{a}$를 단위벡터 표기법으로 써라. 또한 $t = 2.00$ s에서 입자 경로의 접선과 x축 양의 방향과 이루는 각도는 얼마인가?

68 **E** 큰 별이 *초신성*이 될 때 별의 중심부가 매우 큰 압력을 받아서 반지름이 20 km(샌프란시스코 정도의 크기) 정도로 작은 *중성자별*이 된다. 만일 중성자별이 0.50 s 동안 한 번씩 자전하면 별의 적도에 위치한 입자의 (a) 속력은 얼마인가? (b) 구심가속도의 크기는 얼마인가? (c) 만일 중성자별이 더욱 빨리 자전하면 (a)와 (b)의 답이 커지는가, 작아지는가, 아니면 같은가?

69 **M** 지표면에 나란한 회전원판 위에 회전축으로부터 반지름 2.00 m에 돈지갑이 놓여 있고, 3.00 m에 가죽주머니가 놓여 있다. 두 물건은 같은 지름선상에 있다. 어떤 순간에 돈지갑의 가속도가 $(2.00\ \mathrm{m/s^2})\hat{\mathrm{i}} + (4.00\ \mathrm{m/s^2})\hat{\mathrm{j}}$이다. 이 순간 가죽주머니의 가속도를 단위벡터 표기법으로 써라.

70 **M** 그림 4.18은 처음 속력 51.0 m/s, 발사각도 $\theta_0 = 60.0°$로 돌을 절벽 위로 던지는 모습이다. 던지고 나서 5.50 s 후에 돌이 점 A에 부딪쳤다. (a) 절벽의 높이 h (b) A와 부딪치기 직전 돌의 속력 (c) 지면으로부터 돌이 도달하는 최대 높이 H를 구하여라.

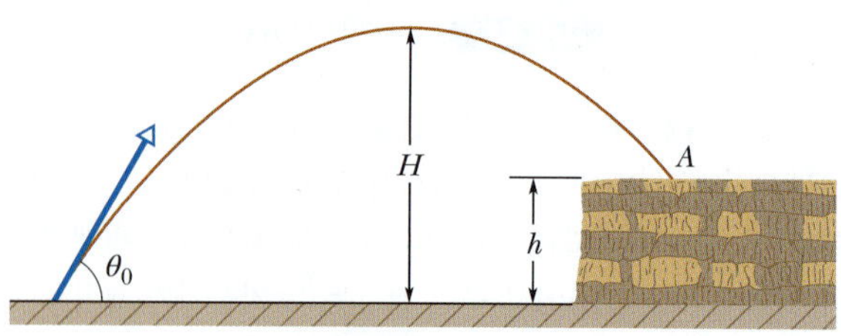

그림 4.18 연습문제 70

71 **E** **BIO** 1991년 도쿄에서 개최된 세계육상대회의 멀리뛰기에서 Mike Powell이 8.95 m를 뛰었다. 이 기록은 Bob Beamon이 세웠던 멀리뛰기 세계기록을 23년 만에 5 cm 넘긴 기록이었다. Powell의 출발속력을 (육상선수의 속력과 거의 같은) 9.5 m/s로, 도쿄에서 $g = 9.80\ \mathrm{m/s^2}$으로 가정하자. Powell의 기록은 같은 속력으로 발사된 입자가 도달할 수 있는 최대 수평 도달거리에 비해 얼마나 적은가?

72 **M** 눈이 수직 아래방향 8.0 m/s의 등속력으로 떨어진다. 평탄한 직선도로를 40 km/h로 주행하는 운전사에게 수직선에 대해 어떤 각도로 떨어지는가?

73 **E** **CALC** 전자의 위치는 $\vec{r} = 3.00\,t\hat{\mathrm{i}} - 4.00\,t^2\hat{\mathrm{j}} + 2.00\,\hat{\mathrm{k}}$이다. t는 초로, $\vec{r}$은 미터로 측정하였다. $t = 1.50$ s에서 단위벡터 표기법으로 (a) 전자의 속도 $\vec{v}(t)$를 구하여라. $t = 1.50$ s에서 $\vec{v}$를 (b) 단위벡터 표기법으로 쓰고 (c) 그 크기와 (d) x축 양의 방향과 이루는 각도를 구하여라.

74 **E** 현재 모터사이클 점프 기록은 Jason Renie가 세운 77.0 m이다. 그가 디딤판을 수평각도 12.0°로 올라가 같은 높이의 착륙용 디딤판에 도달했다고 하자. 공기 끌림을 무시하고 초기 이륙속력을 구하여라.

75 **H** 한 소년이 지상 2.0 m 높이에서 수평으로 반지름 1.5 m의 원운동을 하도록 줄에 매단 돌을 돌리고 있다. 줄이 끊어지면 돌이 날아가 수평거리 12 m 지점에서 지면과 충돌한다. 원운동하는 동안 돌의 구심가속도 크기는 얼마인가?

76 **E** 이온의 초기 위치벡터는 미터 단위로 $\vec{r} = 5.0\hat{\mathrm{i}} - 6.0\hat{\mathrm{j}} + 2.0\hat{\mathrm{k}}$이고, 10 s 후에는 $\vec{r} = -2.0\hat{\mathrm{i}} + 8.0\hat{\mathrm{j}} - 2.0\hat{\mathrm{k}}$가 되었다. 단위벡터 표기법을 사용하여 10 s 동안 $\vec{v}_{\mathrm{avg}}$를 구하여라.

77 **M** 지면에 있는 축구공을 지면으로부터 45°의 각도로 공중을 향해 14.0 m/s의 초기속력으로 찼다. 그 순간 공이 날아간 방향으로 30 m 떨어진 곳에 있는 선수가 공을 잡기 위해 달리기 시작했다. 공이 땅에 닿기 바로 직전에 공을 잡으려면 선수의 평균속력은 얼마이어야 하는가?

78 **H** 공이 1.52 m/s의 수평속력으로 계단 꼭대기에서 굴러 떨어진다. 한 계단의 높이는 20.3 cm이고 폭도 20.3 cm이다. 어느 계단에서 공이 처음 부딪치는가?

79 **M** 반시계방향으로 등속 원운동을 하고 있는 입자의 가속도는 $t_1 = 2.00$ s에서 $(6.00\ \mathrm{m/s^2})\hat{\mathrm{i}} + (4.00\ \mathrm{m/s^2})\hat{\mathrm{j}}$이고, $t_2 = 11.0$ s에서 $(4.00\ \mathrm{m/s^2})\hat{\mathrm{i}} + (-6.00\ \mathrm{m/s^2})\hat{\mathrm{j}}$이다. $t_2 - t_1$이 한 주기보다 작다면 입자 경로의 반지름은 얼마인가?

80 **H** **CALC** xy 수평면 위에서 입자의 가속도가 $\vec{a} = 3t\hat{\mathrm{i}} + 4t\hat{\mathrm{j}}$이다. 여기서 $\vec{a}$는 $\mathrm{m/s^2}$로 주어지고, t는 초다. $t = 0$에서 입자의 위치벡터는 $\vec{r} = (20.0\ \mathrm{m})\hat{\mathrm{i}} + (40.0\ \mathrm{m})\hat{\mathrm{j}}$이고 속도벡터는 $\vec{v} = (5.00\ \mathrm{m/s})\hat{\mathrm{i}} + (2.00\ \mathrm{m/s})\hat{\mathrm{j}}$이다. $t = 2.00$ s에서 (a) 입자의 위치벡터를 단위벡터 표기법으로 쓰고, (b) 진행방향과 양의 x축 방향이 이루는 각도를 구하여라.

81 **E** 럭비선수가 공을 들고 x축 양의 방향으로 상대편 골대 정면으로 달려가고 있다. 럭비 규칙상 운동경기장에 대한 공의 상대속도 x 성분이 양이 아니면 같은 팀의 선수에게 공을 패스할 수 있다. 선수 자신에 대한 상대속도 $\vec{v}_{BP}$로 공을 패스하는 동안 선수는 운동경기장에 대해 4.00 m/s의 속력으로 달려간다고 하자. 만일 $\vec{v}_{BP}$의 크기가 6.50 m/s라면 반칙을 하지 않고 패스할 수 있는 가장 작은 각도는 얼마인가?

82 **M** 수평 xy 좌표계에서 입자가 등속원운동을 하고 있다. 시간 $t_1 = 4.00$ s에서 점 (5.00 m, 6.00 m)에 있는 입자의 속도가 $(3.00\ \mathrm{m/s})\hat{\mathrm{j}}$이고, 가속도는 양의 x축 방향이다. 또한 시간 $t_2 = 12.0$ s에서 입자의 속도는 $(-3.00\ \mathrm{m/s})\hat{\mathrm{i}}$이고 가속도는 양의 y축 방향이다. $t_2 - t_1$이 한 주기보다 작을 때 원 경로 중심의 (a) x 좌표와 (b) y 좌표를 구하여라.

제 5 장

힘과 운동—I

Force and Motion—I

5.1 ▸ Newton의 제1 및 제2 운동법칙

요점 *Key Ideas*

1. 물체에 하나 혹은 그 이상의(끌거나 미는) 힘이 다른 물체로부터 작용했을 때 물체의 속도는(물체가 가속될 수 있으므로) 변할 수 있다. Newton 역학을 사용하여 가속도와 힘의 관계를 나타낼 수 있다.
2. 힘은 벡터량이다. 그 크기는 힘이 표준킬로그램에 작용했을 때의 가속도로 정의한다. 표준물체를 정확히 1 m/s^2 가속시킬 수 있는 힘이 1 N의 힘의 크기라고 정의한다. 힘의 방향은 이 힘이 일으키는 가속도의 방향과 같다. 힘은 벡터대수의 규칙에 따라 더한다. 물체에 작용하는 알짜힘은 물체에 작용하는 모든 힘의 벡터합이다.
3. 물체에 작용하는 알짜힘이 없으면 물체는 처음에 정지해 있다면 계속 정지해 있고, 움직이고 있었다면 일정한 속력으로 일직선으로 움직인다.
4. Newton 역학이 성립하는 기준계는 관성기준계 혹은 관성계라고 부른다. Newton 역학이 성립하지 않는 기준계는 비관성기준계 혹은 비관성계라고 한다.
5. 물체의 질량은 물체에 가속도를 일으키는 알짜힘과 물체의 가속도 사이의 관계를 나타내는 그 물체의 특성이다. 질량은 스칼라량이다.
6. 질량 m인 물체에 작용하는 알짜힘 $\vec{F}_{\text{net}}$는 그 물체의 가속도 $\vec{a}$와

$$\vec{F}_{\text{net}} = m\vec{a}$$

인 관계에 있고, 이를 성분으로 쓰면 다음과 같다.

$$F_{\text{net},x} = ma_x, \quad F_{\text{net},y} = ma_y, \quad F_{\text{net},z} = ma_z.$$

제2법칙에 의하면 SI 단위계에서는

$$1\text{ N} = 1\text{ kg}\cdot\text{m/s}^2$$

이다.

7. 자유물체그림은 단지 *한 개*의 물체만 고려해서 일부분만 그린 그림이다. 그 물체는 그림이나 점으로 나타낸다. 이 물체에 작용하는 외부력을 그리고, 간단한 풀이를 얻을 수 있도록 방향을 정한 좌표축을 정해서 덧붙여 그린다.

학습목표 *Learning Objectives*

이 단원을 읽은 후 다음을 이해해야 한다.

5.1.1 힘은 벡터량이고, 따라서 크기와 방향, 그리고 성분이 있다.

5.1.2 같은 입자에 둘 혹은 그 이상의 힘이 작용할 때 이 힘을 *벡터*로 더하여 알짜힘을 구한다.

5.1.3 Newton의 제1법칙과 제2법칙을 설명할 수 있다.

5.1.4 관성기준계를 설명할 수 있다.

5.1.5 한 물체에 대한 자유물체그림을 그린다. 이때 물체는 입자로 나타내고 여기에 작용하는 힘은 그 끝점이 입자에 있도록 벡터로 그린다.

5.1.6 물체에 작용하는 알짜힘과 물체의 질량, 그리고 알짜힘에 의해 나타나는 가속도 사이의 관계(Newton의 제2법칙)를 맺는다.

5.1.7 물체에 작용하는 *외부*힘만이 물체를 가속시킬 수 있다.

▶ 어떤 물리현상을 다루는가?

물리학이 속도의 변화, 즉 가속도 운동에 관한 학문이라는 것을 배웠다. 물리학은 물체를 가속시키는 *원인*에 대해서도 공부하는 학문이다. 그것을 **힘**이라고 하는데 대략 이야기하

면 물체를 밀거나 당기는 것이다. 힘을 가하여 물체의 속도가 변할 때 힘이 물체에 *작용한다*고 한다. 예를 들면 경주용 자동차가 가속될 때는 도로가 타이어에 힘을 작용하여 경주용 자동차의 가속도가 생기게 된다. 미식축구에서는 수비수가 쿼터백을 쓰러뜨릴 때 수비수의 힘이 쿼터백에게 작용하여 쿼터백이 뒤로 가속된다. 자동차가 공중전화 기둥과 충돌할 때는 기둥이 자동차에 작용하는 힘으로 자동차가 정지한다. 과학, 공학, 법률 및 의학 잡지에는 사람과 물체에 작용하는 힘에 관한 기사가 많이 실려 있다.

▸***주의.*** 많은 학생들에게 이 장이 앞의 장보다 더 도전적으로 다가올 것이다. 한 가지 이유는 식을 세울 때 스칼라들을 더하는 것만으로는 충분하지 않고, 벡터를 사용해야 하기 때문이다. 그래서 3장의 벡터에 대한 규칙이 필요하다. 다른 이유는 여러 다른 상황을 접하게 되기 때문이다. 바닥, 천정, 벽 그리고 경사로를 따라 움직이는 물체를 다루게 된다. 이 물체는 도르래에 매달린 줄을 따라 위로 움직이기도 하고, 올라가거나 내려가는 엘리베이터 안에 있을 때도 있다. 가끔은 이 물체가 서로 묶여 있을 때도 있다.

이러한 여러 상황에도 불구하고 대부분의 숙제 문제를 풀기 위해서는 단지 한 요소(Newton의 제2법칙)만이 필요하다. 이 장의 목적은 이 한 가지 개념을 주어진 상황에 맞게 적용하는 것이다. 이렇게 적용하려면 경험이 필요하다. 단지 내용을 읽는 것이 아니라 많은 문제를 풀어보아야 한다. 그러므로 내용을 먼저 이해하고 예제 문제를 풀어보겠다.

▶ Newton 역학

이 장의 주요 과제인 힘과 가속도의 관계를 처음으로 이해한 사람은 Isaac Newton(1642~1727)이다. Newton이 발표한 힘과 가속도의 관계를 연구하는 분야를 *Newton 역학*이라 부른다. 여기서는 세 가지 운동법칙을 다룰 것이다.

Newton 역학이 물체의 모든 운동을 다 설명해 줄 수 있는 것은 아니다. 상호작용하는 물체들의 속도가 광속에 가까운 경우에는 Newton 역학 대신에 Einstein의 특수 상대성이론을 이용하여야 한다. 특수 상대성이론은 광속에 가까운 속도를 포함한 모든 속도에서 성립한다. 원자 크기의 영역에서 상호작용하는 물체를 기술하기 위해서는(예컨대, 원자 내부에 있는 전자의 경우) Newton 역학 대신 양자역학을 사용하여야 한다. 따라서 현대의 물리학자는 Newton 역학을 두 역학체계의 특별한 경우로 보고 있다. 그러나 원자 크기부터 거대한 천체의 운동까지 Newton 역학을 적용할 수 있기 때문에 아직까지 중요하게 취급하고 있다.

▶ Newton의 제1법칙

Newton의 역학체계가 완성되기 전까지 “힘”은 물체의 속도를 일정하게 유지시키기 위해 필요한 것으로 여겼다. 또한 물체의 가장 “자연스러운 상태”는 물체가 정지해 있는 것으로 생각하였다. 즉, 물체를 일정한 속도로 움직이게 하기 위해서는 밀거나 끄는 힘이 필요하며 그렇지 않으면 물체가 “자연적으로” 멈춘다는 것이다.

이러한 생각은 합리적이었다. 만약 하키 퍽을 나무 마루 위에서 민다면 속력이 감소하다가 멈출 것이다. 퍽을 일정한 속도로 움직이게 하기 위해서는 계속해서 당기거나 밀어주어야 한다.

퍽을 빙판 위에서 민다면 훨씬 더 멀리 갈 것이다. 더 길고 더 미끄러운 표면 위에서는 퍽이 더욱더 멀리 미끄러져 갈 것이라고 상상할 수 있다. 극단적으로 매우 미끄럽고 길이가 긴 표면, 즉 **마찰이 없는 표면**을 생각한다면 퍽의 속도가 거의 줄어들지 않을 것이다. (사실 퍽을 공기 테이블 위로 미끄러지게 해서 얇은 공기층 위로 움직이면 이 상황과 비슷하게 만들 수 있다.)

이와 같은 관측을 통하여 원래 움직이고 있던 물체는 물체에 작용하는 힘이 없다면 일정한 속도로 계속 움직일 것이라고 결론지을 수 있다. 이로부터 Newton의 세 가지 운동법칙 중 다음의 첫 번째 운동법칙에 도달한다.

> **Newton의 제1법칙:** 물체에 힘이 작용하지 않으면 물체의 속도는 변하지 않는다. 즉, 물체는 가속되지 않는다.

다시 말하면 물체가 정지상태에 있으면 계속해서 정지상태로 있고, 물체가 움직이고 있다면 같은 속도로(같은 크기와 방향으로) 계속해서 움직일 것이다.

힘

힘과 관련된 문제를 풀기 전에 힘의 단위, 힘의 벡터적인 성질, 힘을 결합하는 방법, 그리고 (가상적인 힘에 현혹되지 않고) 힘을 측정할 수 있는 상황과 같은 힘의 여러 성질에 대해 논의할 필요가 있다.

▸***단위.*** 정확하게 1 kg으로 정의된 표준 킬로그램 원기(그림 1.3.1)에 힘을 작용시킬 때 물체의 가속도로 힘의 단위를 정의할 수 있다. 표준물체를 마찰이 없는 수평 탁자면 위에 놓고 잡아당겨(그림 5.1.1 참조) 이 물체가 1 m/s^2의 가속도를 얻도록 한다. 이때 표준물체에 작용한 힘이 1 뉴턴(1 N)의 크기를 가진다고 정의한다. 만일 표준 원기에 2 N의 힘이 작용한다면 가속도의 크기는 2 m/s^2가 될 것이다. 따라서 가속도는 힘에 비례한다. 질량 1 kg의 표준물체가 크기 a의 가속도로 움직인다면 물체에는 반드시 힘 a(N 단위로)가 작용하며, 그 크기는 가속도의 크기(m/s^2 단위로)와 같을 것이다.

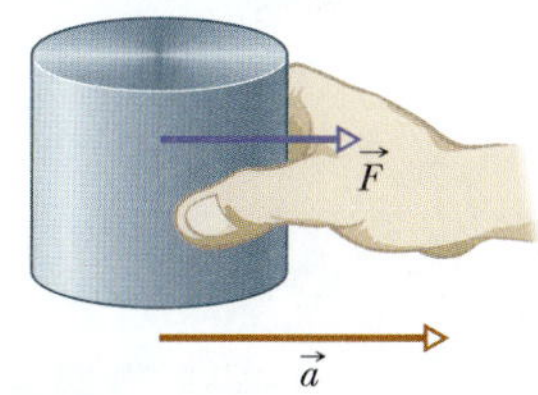

그림 5.1.1 힘 $\vec{F}$가 표준물체에 작용하면 물체는 가속도 $\vec{a}$로 움직인다.

▸***벡터.*** 힘은 벡터량이므로 크기와 방향이 있다. 따라서 물체에 둘 혹은 그 이상의 힘이 작용하면 이를 3장의 규칙에 따르는 벡터합을 구해서 **알짜힘**(혹은 **결과적인 힘**)을 얻는다. 계산한 알짜힘과 크기와 방향이 같은 한 힘은 이 모든 각각의 힘이 작용하는 것과 같은 효과를 만든다. **힘의 중첩원리**라고 부르는 이 사실로 인해 일상적인 힘에 대해 합당하게 예측할 수 있다. 두 사람이 각각 표준물체를 1 N의 힘으로 잡아 당겼는데 그 알짜힘이 14 N이고, 이로 인해 가속도가 14 m/s^2가 된다면 이 세상은 정말로 이상하고 예측할 수 없을 것이다.

이 책에서는 힘을 $\vec{F}$로, 알짜힘을 $\vec{F}_{\text{net}}$으로 쓴다. 다른 벡터와 마찬가지로 힘이나 알짜힘 또한 좌표축 성분으로 표현할 수 있다. 힘이 한 축을 따라서만 작용할 때는 단일성분의 힘이라고 말할 수 있다. 이런 경우에는 힘을 표시하는 기호 위에 화살표를 사용하지 않고, 단지 힘이 작용하는 축을 따라서 힘의 방향을 표시하기 위해 양 또는 음의 부호만 사용한다.

▸***제1법칙.*** 앞의 내용 대신 Newton의 제1법칙은 *알짜힘*으로 더 잘 표현할 수 있다.

> **Newton의 제1법칙:** 물체에 작용한 *알짜*힘이 0이면($\vec{F}_{\text{net}} = 0$) 물체의 속도는 변하지 않는다. 즉, 물체는 가속되지 않는다.

물체에 여러 개의 힘이 작용하더라도 알짜힘이 0이면 물체는 가속되지 않는다. 따라서 물체의 속도가 일정하다는 것을 알면 이 물체에 작용하는 알짜힘이 0이라는 것을 바로 알 수 있다.

관성기준계

Newton의 제1법칙이 모든 기준계에 대하여 옳은 것은 아니지만 Newton의 다른 법칙과 마찬가지로 이 법칙이 옳게 적용되는 기준계를 항상 발견할 수 있다. 이러한 기준계를 **관성기준계** 또는 **관성계**라 부른다.

> 관성기준계란 Newton의 법칙이 적용되는 기준계이다.

예컨대 지구의 자전과 같은 천체운동을 무시한다면 지면을 관성기준계로 가정할 수 있다. 마찰이 없는 빙판 위에서 하키 퍽이 *짧은* 거리를 미끄러질 때, 위와 같은 가정은 잘 성립한다. 즉, 퍽의 운동이 Newton의 법칙을 잘 따르는 것을 알 수 있다. 하지만 하키 퍽이 북극에서부터 시작된 매우 *긴* 빙판 위를 따라서 미끄러진다고 하자(그림 5.1.2*a* 참조). 공간에 정지해 있는 계에서 퍽의 운동을 관찰하면 북극 주위에서 지구의 자전현상은 단지 퍽 밑부분의 빙판을 살짝 미끄러지게 하기 때문에 퍽은 남쪽을 향하여 직선경로를 따라 운동한다. 하지만 지구와 함께 회전하고 있는 지상의 관측자가 퍽의 운동을 관찰하면 퍽의 운동경로는 직선이 아니다. 왜냐하면 퍽 밑의 지면이 동쪽으로 회전하는 속력은 퍽이 남쪽으로 더 멀리 떨어져서 미끄러질수록 더 크기 때문이다. 지면에서 관찰할 때는 퍽이 서쪽으로 쏠리는 것처럼 보인다(그림 5.1.2*b* 참조). 하지만 이러한 쏠림은 Newton의 법칙에서 요구되는 힘에 의해서 생기는 것이 아니고 회전하는 기준계에서 하키 퍽을 관찰하기 때문이다. 이러한 경우에 지면은 **비관성계**이고, 쏠림을 힘으로 설명하려고 하면 가상적인 힘을 집어넣어야 한다. 이와 같이 존재하지 않는 힘을 고안해내는 더 흔한 예는 자동차의 속력이 빨리 증가하는 경우이다. 등을 강하게 좌석에 누르는 힘이 있다고 주장할 수도 있다.

이 책에서는 대개 지면을 관성계로 가정하고 관성계에서 힘과 가속도를 측정한다. 만약 지면에 대해서 가속되고 있는 승강기 안에서 측정한다면 비관성계에서의 측정이므로 그 결과는 놀라울 정도로 다를 것이다.

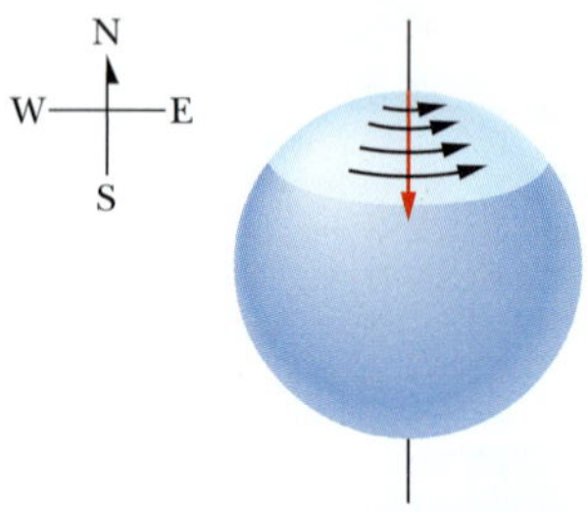

(*a*)

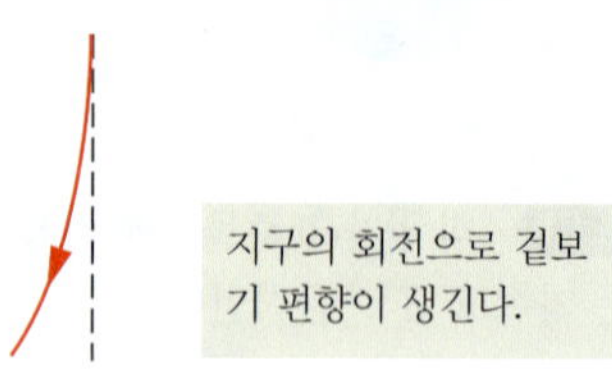

(*b*)

그림 5.1.2 (*a*) 공간의 정지된 점에서 보았을 때 북극에서 미끄러지는 하키 퍽의 경로. 지구는 동쪽으로 돈다. (*b*) 지면에서 보았을 때 하키 퍽의 경로.

확인문제 5.1.1

다음 여섯 개의 그림 중 어느 것이 힘 $\vec{F}_1$과 힘 $\vec{F}_2$의 벡터합(즉, 두 힘의 알짜힘 $\vec{F}_{net}$)을 올바르게 나타내는가?

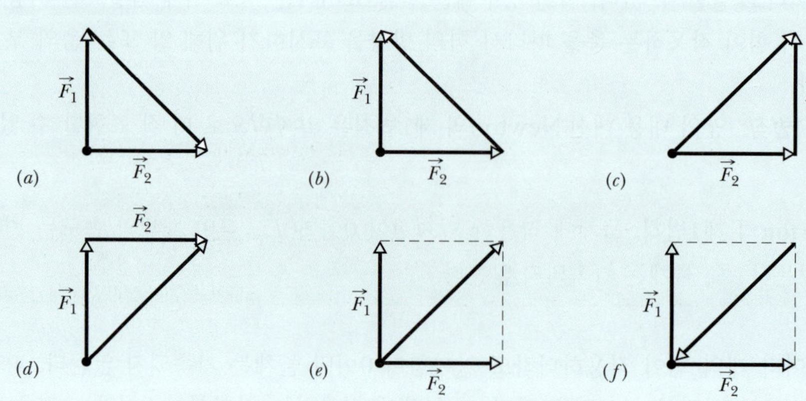

▶ 질량

같은 힘이 (야구공과 볼링공처럼) 서로 다른 물체에 작용하면 각 물체는 서로 다른 가속도로 움직이는 것을 일상생활에서 흔히 경험할 수 있다. 더 큰 질량의 물체가 덜 가속된다고 흔히 하는 설명이 맞다. 조금 더 정확히 표현할 수 있다. 가속도는 (예를 들어 질량의 제곱이 아니고) 실제로는 질량에 반비례한다.

그 반대의 경우를 생각해보자. 전과 같이 (정확하게 1 kg의 질량으로 정의한) 표준물체를 1 N의 힘으로 밀고 있다고 하자. 물체는 1 m/s^{2}로 가속될 것이다. 이제 물체 X를 같은 힘으로 밀었더니 가속도가 0.25 m/s^{2}가 되었다. 같은 힘이 가해졌을 때 다음과 같은 (올바른) 가정을 하면

$$\frac{m_X}{m_0} = \frac{a_0}{a_X}$$

이고

$$m_X = m_0\frac{a_0}{a_X} = (1.0\text{ kg})\,\frac{1.0\text{ m/s}^2}{0.25\text{ m/s}^2} = 4.0\text{ kg}$$

이다.

위 관계식이 계속해서 성립해야만 X의 질량을 이 방법으로 정의하는 것이 유용하다. 예를 들어 8 N의 힘을 표준물체에 가하면 표준물체는 8.0 m/s^{2}의 가속도를 얻는다고 하자. 이때 8 N의 힘을 물체 X에 가해서 물체 X가 2.0 m/s^{2}의 가속도를 얻었다면, 이 경우에도 위의 가설에 의해서

$$m_X = m_0\frac{a_0}{a_X} = (1.0\text{ kg})\,\frac{8.0\text{ m/s}^2}{2.0\text{ m/s}^2} = 4.0\text{ kg}$$

을 얻게 되므로, 이 과정은 물체의 질량을 정할 수 있는 일관성 있고 믿을 만한 방법이다.

이 결과는 질량은 물체의 근원적인 특성, 즉 물체의 존재에 내재된 한 특성임을 알 수 있다. 이 실험으로 질량은 스칼라량이란 것도 알 수 있다. 하지만 "질량이란 정확히 무엇인가?"라는 성가신 질문은 아직도 해결되지 않았다.

일상생활에서 *질량*이란 단어가 항상 사용되고 있기 때문에 질량에 대한 직관적인 이해, 즉 물리적인 이해가 필요하다. 질량은 물체의 크기인가, 무게인가, 아니면 밀도인가? 비록 이와 같은 물리량은 흔히 질량과 혼동하여 사용되지만 결코 정답은 아니다. 어떤 *물체에 작용하는 힘과 그 결과로 생기는 가속도를 연관시켜주는 물리적 특성을 물체의 질량*이라 말할 수 있을 뿐이다. 질량에 대해 더 이상 친숙한 정의는 없다. 야구공이나 볼링공을 발로 차서 가속시키려 할 때만 물체의 질량을 물리적으로 감지할 따름이다.

▶ Newton의 제2법칙

지금까지 논의한 모든 정의, 실험, 관측은 다음과 같은 하나의 간결한 법칙으로 정리할 수 있다.

Newton의 제2법칙: 물체에 작용한 알짜힘은 물체의 질량과 가속도의 곱과 같다.

이를 수식으로 나타내면 다음과 같다.

$$\vec{F}_{\text{net}} = m\vec{a} \quad \text{(Newton의 제2법칙)}. \tag{5.1.1}$$

▸***물체 찾기.*** 이 간단한 식이 이 장의 거의 모든 숙제 문제를 푸는 중요한 개념이지만, 사용할 때 주의하여야 한다. 첫째로 어떤 물체에 이 식을 적용할 것인가에 대한 확신이 있어야 한다. 그다음에는 $\vec{F}_{net}$이 반드시 물체에 작용한 *모든* 힘의 합이어야 한다. 실제로 물체에 작용한 힘만을 벡터합에 포함해야지 다른 물체에 작용하는 힘을 벡터합에 포함시켜서는 안 된다. 예를 들어 럭비 선수가 스크럼을 짜고 있을 때 선수에게 가해진 알짜힘은 그를 밀고 당기는 힘의 벡터합일뿐 그 선수가 다른 선수를 밀거나 당기는 힘은 포함되지 않는다.

▸***축을 분리하기.*** 다른 벡터방정식과 마찬가지로 식 5.1.1 역시 xyz 좌표계의 세 성분으로 다음과 같이 쓸 수 있다.

$$F_{net,\,x} = ma_x, \quad F_{net,\,y} = ma_y, \quad F_{net,\,z} = ma_z. \tag{5.1.2}$$

위의 방정식은 각각 주어진 축의 방향에 따라서 알짜힘의 성분과 가속도의 성분 사이의 관계를 나타낸다. 예를 들어 첫 번째 방정식은 작용한 모든 힘의 합의 x축 성분으로서 가속도의 x축 성분인 a_x만 만들어내고, y축과 z축 방향으로는 물체를 가속시키지 못한다는 것을 나타낸다. 바꿔 말하면 가속도 a_x 성분은 모든 힘의 합 중 x축 성분에 의해서 생긴 것이고, 다른 축에 대한 힘의 성분과는 전혀 관계가 없다는 것이다.

주어진 축 방향 가속도의 성분은 *같은* 축 방향의 힘 성분의 합으로 결정되고, 다른 축 방향의 힘 성분에 의해서 결정되는 것은 아니다.

▸***평형상태의 힘.*** 식 5.1.1은 물체에 작용한 알짜힘이 0이라면 가속도 역시 $\vec{a} = 0$이라는 뜻이다. 만약 어떤 물체가 정지해 있다면 계속해서 정지해 있을 것이며 움직인다면 같은 속도로 계속해서 움직이게 될 것이다. 이때 물체에 작용한 힘은 서로 *균형*을 이루고 있으므로 힘과 물체는 *평형상태*에 있다고 말한다. 일반적으로 작용한 힘은 서로 *상쇄*된다고 말하지만 "상쇄"라는 단어는 조심해서 사용하여야 한다. 이 단어가 의미하는 바는 힘의 존재 자체가 없어졌다는 것이 *아니다*. 힘은 계속해서 물체에 작용하고 있으며 그 합이 0일 뿐이다. 따라서 속도를 변화시킬 수 없다.

▸***단위.*** 식 5.1.1은 SI 단위계에서 다음과 같다.

$$1\text{ N} = (1\text{ kg})(1\text{ m/s}^2) = 1\text{ kg}\cdot\text{m/s}^2. \tag{5.1.3}$$

다른 단위계에 대해서는 표 5.1.1과 부록 D를 참조하여라.

▸***그림.*** Newton의 제2법칙을 이용하여 문제를 풀기 위하여 흔히 **자유물체그림**을 이용한다. 자유물체그림에서는 힘을 합하는 대상 물체만 보여준다. 물체는 실제 모양을 스케치할 수도 있지만 이 책에서는 간단히 한 점으로 표시하며, 물체에 작용한 힘은 꼬리

표 5.1.1 Newton의 제2법칙에서 사용하는 단위(식 5.1.1, 5.1.2)

단위계	힘	질량	가속도
SI	뉴턴(N)	킬로그램(kg)	m/s^2
CGS[a]	다인(dyne)	그램(g)	cm/s^2
구 영국 단위계[b]	파운드(lb)	슬러그(slug)	ft/s^2

[a]1 dyne = 1 g · cm/s², [b]1 lb = 1 slug · ft/s²

를 물체에 둔 벡터 화살표로 표시한다. 이때 좌표계까지 포함해서 그리며, 때로는 가속도 역시 벡터 화살표로 표시한다(가속도라고 쓴다). 이 전체 과정은 관심 있는 물체에만 집중하기 위해 고안되었다.

▸***외부력만 고려.*** **계**는 한 개 이상의 물체로 구성되어 있으며 계의 외부에서 계에 작용하는 힘을 **외부력**이라고 한다. 만약 물체들이 서로 단단하게 붙어 있다면, 이 계를 하나의 물체로 간주하며 알짜힘 $\vec{F}_{net}$은 모든 외력의 합이 된다(이때 물체 내부에서 상호작용하는 **내부력**은 고려하지 않는다. 내부력은 계를 가속시킬 수 없다). 예컨대 서로 연결된 기관차와 열차는 하나의 계를 이룬다. 만약에 견인줄로 열차의 앞을 당기면 견인줄이 당기는 힘은 기관차와 열차를 연결한 전체 계에 작용한다. 하나의 물체에 대한 경우와 마찬가지로 계의 경우에도 알짜 외력과 가속도의 관계를 Newton의 제2법칙 $\vec{F}_{net} = m\vec{a}$를 이용하여 풀 수 있다. 여기서 m은 계의 총 질량이다.

➜ 확인문제 5.1.2

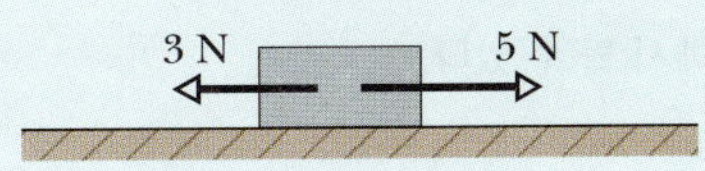

다음 그림에서 마찰이 없는 마루 위에 놓여 있는 토막에 두 힘이 수평방향으로 작용하고 있다. 세 번째의 수평력 $\vec{F}_3$가 토막에 작용할 때 토막이 (*a*) 정지해 있는 경우 (*b*) 왼쪽으로 5 m/s의 일정한 속력으로 운동하는 경우, $\vec{F}_3$의 크기와 방향을 각각 구하여라.

▸ 보기문제 5.1.1 짐을 실은 썰매 밀기

그림 5.1.3*a*에 (징을 박은 장화를 신은) 학생이 (전체 질량 m = 240 kg인) 짐을 실은 썰매를 마찰이 없는 언 호수 표면 위로 거리 d = 2.3 m만큼 직선으로 밀고 있다. 가한 힘 $\vec{F}$는 수평방향이고, 크기는 F = 130 N으로 일정하다.

(a) 썰매가 정지상태에서 출발하면 최종 속력은 얼마인가?

요점

(1) 최종속력은 미는 동안 썰매의 가속도 $\vec{a}$에 의존한다. (2) Newton의 제2법칙인 식 5.1.1($\vec{F} = m\vec{a}$)에 의하면 가속도는 가한 힘 $\vec{F}$과 관련이 있다. (3) $\vec{F}$는 크기와 방향이 일정하므로 $\vec{a}$도 그렇다. (4) 따라서 표 2.4.1에 있는 등가속도 방정식을 썰매의 운동에 적용할 수 있다.

풀이: 그림 5.1.3*b*에 이 상황에 대한 자유물체그림을 나타내었다. 수평 x축을 정해 x가 증가하는 방향을 오른쪽으로 정하고, 썰매와 짐을 점으로 표시한 입자로 취급한다. 썰매에 작용하는 유일한 수평힘은 힘 $\vec{F}$의 x 성분이라고 가정한다. (마찰력은 없다.) 식 5.1.2의 Newton의 제2법칙 x 부분을 이용하여 x축 방향의 가속도를 구한다.

$$a_x = \frac{F_x}{m} = \frac{130\ \text{N}}{240\ \text{kg}} = 0.542\ \text{m/s}^2.$$

등가속도 방정식에서 식 2.4.6을 선택한다.

$$v^2 = v_0^2 + 2a(x - x_0).$$

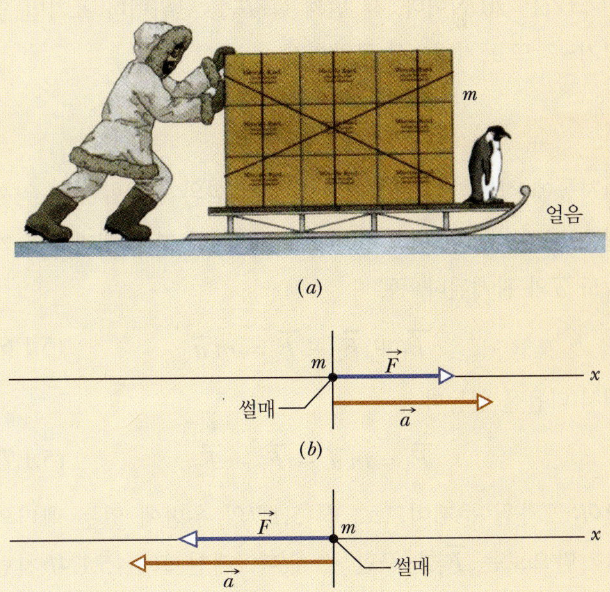

그림 5.1.3 (*a*) 학생이 짐을 실은 썰매를 마찰이 없는 표면 위에서 밀고 있다. (*b*) 썰매에 작용하는 알짜힘, 알짜힘으로 인한 가속도를 나타낸 자유물체그림. (*c*) (*b*)에 대한 자유물체 그림. 이제 학생은 썰매를 반대 방향으로 밀어 가속도를 뒤집는다.

여기서 초기 속도는 $v_0 = 0$, 변위는 $x - x_0 = d = 2.3$ m이고, 가속도 a는 $a_x = 0.542\ \text{m/s}^2$이다. 따라서 다음을 얻는다.

$$v = \sqrt{2a_x d} = \sqrt{2(0.542\ \text{m/s}^2)(2.3\ \text{m})} = 1.6\ \text{m/s}.$$ (답)

(b) 이제 학생이 4.5 s 안에 썰매 속도 방향을 뒤집으려고 한다. 그러기 위해서 학생은 어떤 일정한 힘 F_x를 가해야 하는가?

요점

여기서도 힘은 일정하므로 가속도도 일정하고, 따라서 등가속도 방정식을 사용할 수 있다.

풀이: 먼저 식 2.4.1($v = v_0 + at$)을 이용하여 4.5 s 안에 썰매의 속도를 뒤집는 데 필요한 가속도를 구한다. a에 대해 풀면 다음을 얻는다.

$$a = \frac{v - v_0}{t} = \frac{(-1.6\ \text{m/s}) - (1.6\ \text{m/s})}{4.5\ \text{s}} = -0.711\ \text{m/s}^2.$$

이것은 (a)에서 구한 가속도의 크기보다 크므로, 이번에 학생은 더 큰 힘의 크기로 밀어야 한다. 식 5.1.2에서 a를 a_x로 놓은 x부분에서 필요한 힘을 구한다.

$$F_x = ma_x = (240\ \text{kg})(-0.711\ \text{m/s}^2) = -171\ \text{N}.$$

음의 부호는 학생이 x가 감소하는 방향을 썰매를 밀어야 한다는 것을 의미한다(그림 5.1.3c).

▶ **교육용 비디오는 웹사이트 www.wiley.com에서 볼 수 있다.**

보기문제 5.1.2 2차원 힘, 과자통

이 예제는 가속도를 이용하여 미지의 힘을 구하는 문제이다. 그림 5.1.4a는 질량 2.0 kg의 과자통이 마찰 없는 수평면에서 크기 3.0 m/s^{2}의 가속도 $\vec{a}$로 가속되는 모습이다. 이 가속도는 수평면에서 세 힘이 작용하여 발생하지만 그림에는 단지 두 힘만 표시되어 있다. 힘 $\vec{F}_1$의 크기는 10 N이고, 힘 $\vec{F}_2$의 크기는 20 N이다. 세 번째 힘 $\vec{F}_3$를 단위벡터 표기법 및 크기-각도 표기법으로 구하여라.

요점

과자통에 작용하는 알짜힘 $\vec{F}_{\text{net}}$은 세 힘의 벡터합이며, 알짜힘은 Newton의 제2법칙($\vec{F}_{\text{net}} = m\vec{a}$)에 따라 과자통의 가속도 $\vec{a}$와 관계된다. 즉,

$$\vec{F}_1 + \vec{F}_2 + \vec{F}_3 = m\vec{a} \tag{5.1.6}$$

에서 다음을 얻는다.

$$\vec{F}_3 = m\vec{a} - \vec{F}_1 - \vec{F}_2. \tag{5.1.7}$$

풀이: 2차원 문제이므로, 식 5.1.7의 우변에 있는 벡터의 크기만으로는 $\vec{F}_3$를 구할 수 *없다*. 대신 그림 5.1.4b처럼 $m\vec{a}$, $-\vec{F}_1$ ($\vec{F}_1$의 반대 방향), $-\vec{F}_2$ ($\vec{F}_2$의 반대 방향)를 벡터적으로 더해야 한다. 이러한 합산은 세 벡터의 크기와 각도를 모두 알고 있으므로 벡터합이 가능한 계산기를 이용하여 구할 수 있다. 하지만 여기서는 벡터를 x성분과 y성분을 분해하여 식 5.1.7의 우변에 있는 벡터를 더한다. *주의*: 한 번에 한 축만 사용한다.

X 성분: x축을 따라서는 다음과 같다.

$$F_{3,x} = ma_x - F_{1,x} - F_{2,x} = m(a\cos 50°) - F_1\cos(-150°) - F_2\cos 90°.$$

위 식에 알려진 값을 대입하면 다음을 얻는다.

$$F_{3,x} = (2.0\ \text{kg})(3.0\ \text{m/s}^2)\cos 50° - (10\ \text{N})\cos(-150°) - (20\ \text{N})\cos 90° = 12.5\ \text{N}.$$

Y 성분: y축을 따라서는 다음과 같다.

$$\begin{aligned} F_{3,y} &= ma_y - F_{1,y} - F_{2,y} \\ &= m(a\sin 50°) - F_1\sin(-150°) - F_2\sin 90° \\ &= (2.0\ \text{kg})(3.0\ \text{m/s}^2)\sin 50° - (10\ \text{N})\sin(-150°) - (20\ \text{N})\sin 90° \\ &= -10.4\ \text{N}. \end{aligned}$$

벡터: 위의 결과를 단위벡터 표기법으로 쓰면 다음을 얻는다.

$$\vec{F}_3 = F_{3,x}\hat{\mathrm{i}} + F_{3,y}\hat{\mathrm{j}} = (12.5\ \text{N})\hat{\mathrm{i}} - (10.4\ \text{N})\hat{\mathrm{j}} \approx (13\ \text{N})\hat{\mathrm{i}} - (10\ \text{N})\hat{\mathrm{j}}.$$ (답)

이제 벡터계산이 가능한 계산기를 사용하여 힘 $\vec{F}_3$의 크기와 각도를 구할 수 있다. 그러나 식 3.1.6을 사용하여도 힘 $\vec{F}_3$의 크기와 x축 양의 방향과 이루는 각도를 아래와 같이 구할 수 있다.

$$F_3 = \sqrt{F_{3,x}^2 + F_{3,y}^2} = 16\text{ N}$$

$$\theta = \tan^{-1}\frac{F_{3,y}}{F_{3,x}} = -40°. \quad \text{(답)}$$

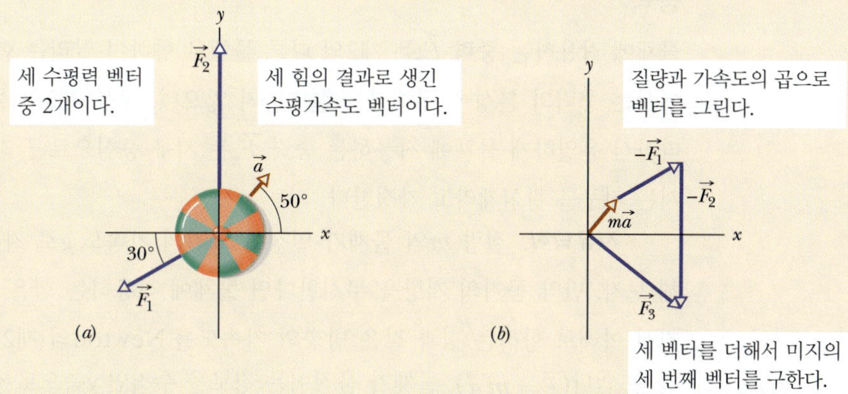

그림 5.1.4 (a) 평면 위에서 과자통에 작용하는 세 힘 중 두 힘이 작용하는 평면도. 이 힘으로 과자통은 가속도 $\vec{a}$로 운동한다. 여기서 힘 $\vec{F}_3$는 표시되지 않았다. (b) 힘 $\vec{F}_3$를 계산하기 위한 세 가지 벡터 $m\vec{a}$, $-\vec{F}_1$, $-\vec{F}_2$의 배열.

▶ **교육용 비디오는 웹사이트 www.wiley.com에서 볼 수 있다.**

5.2 ▸ 특별한 힘

요점_Key Ideas

1. 물체에 작용하는 중력 $\vec{F}_g$는 다른 물체가 잡아당기는 것이다. 이 책에 나타나는 대부분의 경우 다른 물체는 지구나 다른 천체이다. 지구의 경우 중력은 관성계라고 가정하는 지면 아래로 향한다. 이렇게 가정하면 $\vec{F}_g$의 크기는
$$F_g = mg$$
이다. 여기서 m은 물체의 질량이고, g는 자유낙하가 속도의 크기이다.
2. 물체의 무게 W는 물체에 작용하는 중력과 균형을 맞추는 데 필요한 위로 향하는 힘의 크기이다. 물체의 무게는 물체의 질량과
$$W = mg$$
의 관계가 있다.
3. 수직력 $\vec{F}_N$은 물체가 표면을 누르면 이에 대응하여 표면이 물체에 작용하는 힘이다. 수직력은 항상 표면에 수직하다.
4. 마찰력 $\vec{f}$는 물체가 표면에서 미끄러지거나 미끄러지려고 할 때 물체에 작용하는 힘이다. 이 힘은 항상 표면에 평행하고 미끄러짐을 방해하려는 방향으로 작용한다. 마찰이 없는 표면에서 마찰력은 무시한다.
5. 줄에 장력이 작용할 때 줄의 끝은 물체를 잡아당긴다. 잡아당기는 방향은 줄의 방향이고 물체에 연결된 점으로부터 멀어지는 방향이다. 질량이 없는 줄(질량을 무시할 수 있는 줄)의 경우 줄의 양쪽 끝에서 잡아당기는 힘의 크기 T는 같다. 이 사실은 줄이 질량이 없고 마찰이 없는 도르래(질량을 무시할 수 있고 축에 대한 회전을 막으려

학습목표_Learning Objectives

이 단원을 읽은 후 다음을 이해해야 한다.

5.2.1 주어진 자유낙하 가속도를 이용하여 한 지점에서 질량이 주어진 물체에 작용하는 중력의 크기와 방향을 결정한다.

5.2.2 물체의 무게는 지면의 좌표계로부터 측정할 때 자유낙하하지 못하도록 하는 알짜힘의 크기이다.

5.2.3 관성계에서 측정할 때 저울은 물체의 무게를 측정하지만 가속되는 계에서는 겉보기 무게를 나타낸다.

5.2.4 물체를 표면 위에서 누르거나 잡아당길 때 물체에 작용하는 수직력의 크기와 방향을 결정한다.

5.2.5 물체가 표면에서 미끄러지거나 미끄러지려고 할 때 표면에 평행한 힘이 마찰력이다.

5.2.6 팽팽한 줄(혹은 줄과 같은 물체)의 양쪽 끝을 잡아당기는 힘이 장력이다.

는 마찰을 무시할 수 있는 도르래) 주위에 감겨 있어도 성립한다.

▶ 특별한 힘

중력

물체에 작용하는 **중력** $\vec{F}_g$는 제2의 다른 물체로 향하여 끌리는 힘을 말한다. 책의 전반부에서는 중력의 본성에 대해서는 설명하지 않으며, 보통 제2의 물체로 지구를 상정한다. 따라서 유일하게 물체에 작용하는 중력 $\vec{F}_g$는 지구 중심으로 끌리는 힘을 의미한다. 여기서는 지구를 관성계라고 가정한다.

▸***자유낙하.*** 질량 m의 물체가 일정한 크기의 가속도 g로 자유낙하하는 경우를 생각해 보자. 만약 공기의 저항을 무시한다면 물체에 작용하는 힘은 단지 중력 $\vec{F}_g$뿐이다. 여기서 아래로 향하는 힘과 같은 방향의 가속도를 Newton의 제2법칙을 이용하여 연관시킬 수 있다($\vec{F} = m\vec{a}$). 물체가 움직이는 경로를 수직인 y축으로 설정하고 양의 방향을 위쪽으로 하면 y축 방향으로 Newton의 제2법칙은 $F_{\text{net},y} = ma_y$이므로

$$-F_g = m(-g)$$

즉, 다음과 같다.

$$F_g = mg. \tag{5.2.1}$$

여기서 중력은 질량과 중력가속도의 곱 mg와 같다.

▸***정지상태.*** 물체가 자유낙하를 하지 않더라도 같은 크기의 중력이 수평 테이블 위에 멈춰 있거나 그 위를 움직이는 물체에도 작용한다(중력이 없어지기 위해서는 지구가 없어져야 한다).

중력에 대한 Newton의 제2법칙을 벡터식으로 쓰면 다음과 같다.

$$\vec{F}_g = -F_g\hat{\text{j}} = -mg\hat{\text{j}} = m\vec{g}. \tag{5.2.2}$$

여기서 $\hat{\text{j}}$는 y축 위의 방향, 즉 지면으로부터 멀어지는 방향으로 향하는 단위벡터이며 벡터로 표시된 $\vec{g}$는 자유낙하 가속도로 아래 방향을 향한다.

무게

물체의 **무게** W는 물체가 자유낙하를 하지 못하도록 물체에 작용하는 알짜힘으로 지상에서 측정한 값이다. 예를 들면 지상에서 공을 들고 서 있는 경우, 공에 작용하는 중력과 균형을 유지하기 위해 힘을 위 방향으로 가해야 한다. 만약 중력이 2.0 N이라면 위 방향 힘으로 2.0 N이 필요하므로 공의 무게 W는 2.0 N이 된다. 이때 공의 무게가 2.0 N이라고 말한다.

만약 공의 무게가 3.0 N이라면 공을 움직이지 않게 하기 위해서는 3.0 N의 힘이 필요하다. 왜냐하면 중력과 균형을 이뤄야 하는 힘이 3.0 N이기 때문이다. 이때 두 번째 공이 첫 번째 공보다 *무겁다*고 말한다.

다음에는 관성계 안에서 지면에 대한 가속도 $\vec{a}$가 0인 물체를 생각해 보자. 이 경우에는 아래 방향으로 향하는 중력 $\vec{F}_g$와 균형을 이루는 위 방향으로 향하는 힘 W라는 두 힘이 물체에 작용하고 있다. 위쪽을 y축 양의 방향으로 정할 때, Newton의 제2법칙을

이용하면 힘의 y 성분은 다음과 같다.

$$F_{\text{net},y} = ma_y.$$

즉

$$W - F_g = m(0) \tag{5.2.3}$$

에서 다음과 같다.

$$W = F_g \quad (\text{무게, 지면을 관성계로 함}). \tag{5.2.4}$$

이 식이 뜻하는 바는(지면이 관성계라는 가정하에서) 다음과 같다.

> 물체의 무게 W는 물체에 작용한 중력의 크기 F_g와 같다.

식 5.2.1을 이용하여 F_g 대신에 mg를 대입하면 다음을 얻는다.

$$W = mg \quad (\text{무게}). \tag{5.2.5}$$

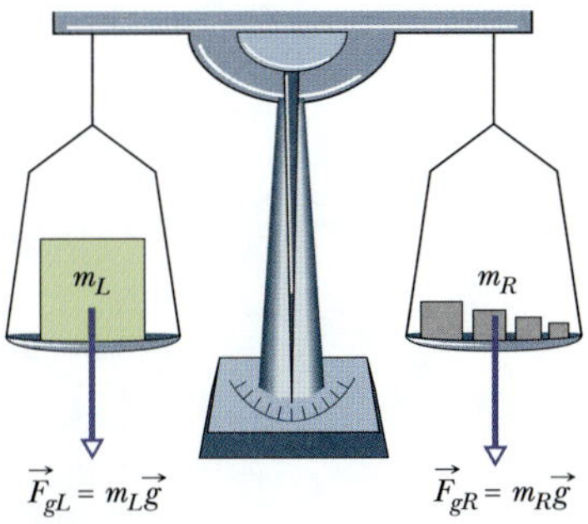

그림 5.2.1 양팔저울. 양팔저울이 균형을 이루고 있으면, 무게를 측정하려는 왼쪽 팔 위의 물체에 작용하는 중력($\vec{F}_{gL}$)과 오른쪽 팔 위의 표준물체에 중력($\vec{F}_{gR}$)의 크기가 같다. 따라서 측정하고자 하는 물체의 질량(m_L)은 표준물체의 질량(m_R)과 같다.

이 식은 결국 물체의 무게와 질량의 관계를 나타낸다.

▸***무게 측정.*** 물체의 *무게*를 측정하기 위하여 양팔저울(그림 5.2.1 참조)의 한쪽 팔에 물체를 올려놓고 다른 팔에 질량을 알고 있는 표준물체를 차례로 올려가며 저울이 균형을 이루도록(그래서 양쪽 팔에 작용하는 중력이 같도록) 한다. 양팔저울이 균형을 이루면 양쪽 팔에 놓인 물체의 질량이 같게 되므로 측정하고자 하는 물체의 질량을 알 수 있다. 만약 저울이 놓인 곳의 중력 g를 알면 식 5.2.5에서 물체의 무게도 알 수 있다.

용수철저울을 이용하여 그림 5.2.2처럼 물체의 무게를 측정할 수 있다. 용수철저울에 올려놓은 물체는 용수철을 잡아당겨서 질량 또는 무게 단위로 표시된 자의 눈금을 따라 지시바늘이 움직이게 한다. 만약 눈금의 단위가 질량이라면 자의 눈금이 만들어진 곳에서의 g의 값과 같은 크기의 g값을 갖는 지역에서만 그 질량이 정확할 것이다.

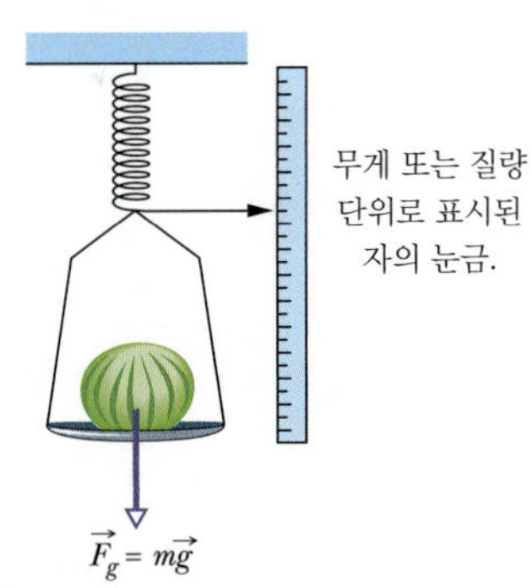

그림 5.2.2 용수철저울. 용수철이 늘어난 길이는 저울에 올려놓은 물체의 *무게*에 비례하여 늘어나므로 자의 눈금이 무게 단위이면 물체의 무게를 측정할 수 있다. 대신에 자의 눈금이 질량 단위이면 자의 눈금에서 측정값은 자의 눈금이 사용되는 지점에서 g의 값이 자의 눈금의 기준을 정했던 지점에서의 g 값과 같을 때 물체의 무게를 나타낸다.

물체의 무게는 물체가 지면에 대해 수직으로 가속하지 않는 경우에만 측정하여야 한다. 예컨대 목욕탕이나 빨리 달리는 기차 안에서는 무게를 측정할 수 있다. 그러나 가속되는 승강기 안에서 무게를 측정하면 앞의 경우와 다르게 된다. 이와 같이 측정한 무게를 *겉보기 무게*라 한다.

주의: 물체의 무게가 물체의 질량과 다르다는 사실에 주의하여야 한다. 무게는 물체에 작용하는 힘의 크기이며 식 5.2.5처럼 질량과 관계가 있다. 만약 g값이 다른 곳으로 물체를 옮기면 물체의 근원적 특성인 질량은 변하지 않지만 무게는 바뀌게 된다. 예컨대 질량이 7.2 kg인 볼링공의 무게는 지구상에서는 71 N이지만 달 위에서의 무게는 12 N밖에 나가지 않는다. 지구나 달에서 볼링공의 질량은 모두 같으나 달에서의 자유낙하 가속도가 1.6 m/s^{2}이기 때문이다.

수직력

학생이 매트리스 위에 서 있다면 지구가 학생을 잡아당기지만 학생은 움직이지 않을 것이다. 그 이유는 매트리스가 학생 때문에 아래 방향으로 찌그러지며 학생을 위로 되밀기 때문이다. 비슷하게 학생이 마루 위에서 있다면, 마루는 변형되고(마루는 압축되거나 구부러지거나 약간 휘어진다) 학생을 위로 밀어 올릴 것이다. 심지어는 단단한 콘크리트 방바닥에서도 마찬가지이다(땅에 닿아있지 않다면 충분히 많은 사람이 바닥에 올라서면 부

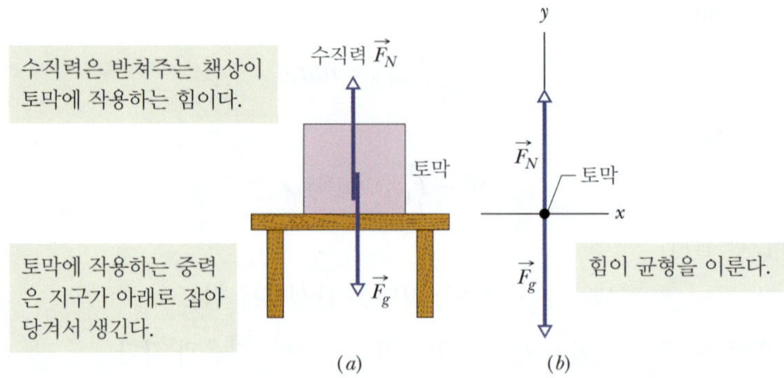

그림 5.2.3 (*a*) 책상 위에 놓인 토막은 책상 표면에 직각인 수직력 $\vec{F}_N$을 받는다. (*b*) 토막의 자유물체그림.

서질 것이다).

매트리스나 방바닥이 학생을 밀어 올리는 힘을 **수직력**이라 하며 $\vec{F}_N$으로 쓴다. 마룻바닥이 학생에게 작용하는 힘은 마룻바닥과 *수직*이다.

> 물체가 다른 표면에 압력을 가하면 그 표면(심지어 단단한 물질일지라도)은 변형이 되며 표면에 수직인 수직력 $\vec{F}_N$으로 물체를 밀어낸다.

그림 5.2.3*a*는 수직력의 한 보기이다. 책상 위에 놓여 있는 질량 m인 토막은 중력 $\vec{F}_g$를 받기 때문에 책상 면이 변형될 것이다. 이때 책상은 물체를 수직력 $\vec{F}_N$으로 밀어 올린다. 자유물체그림인 그림 5.2.3*b*에는 토막에 유일하게 작용하는 수직성분의 두 힘 $\vec{F}_g$와 $\vec{F}_N$이 표시되어 있다. 따라서 토막에 대한 Newton의 제2법칙을 위로 향하는 y축의 방향에 대하여($F_{\text{net},y} = ma_y$) 쓰면 다음과 같다.

$$F_N - F_g = ma_y.$$

식 5.2.1을 이용하여 F_g 대신 mg를 대입하면 위 식은

$$F_N - mg = ma_y$$

이다. 수직방향을 따라서 책상과 물체의 가속도 a_y가 어떠한 값을 가지더라도(즉, 가속되는 승강기 내부에 놓여 있더라도) 수직력의 크기는

$$F_N = mg + ma_y = m(g + a_y) \tag{5.2.6}$$

로 주어진다(*주의*: g에 대한 부호는 이미 포함시켰지만 여기서 a_y는 양수일 수도, 음수일 수도 있다). 만약 책상과 물체가 지면에 대하여 가속되지 않는다면 $a_y = 0$이 되어 식 5.2.6은 다음과 같다.

$$F_N = mg. \tag{5.2.7}$$

확인문제 5.2.1

그림 5.2.3에서 책상과 물체가 승강기 안에 놓여 있어서 위 방향으로 (a) 일정한 속력으로 또는 (b) 증가하는 속력으로 상승한다면 수직력 $\vec{F}_N$의 크기는 mg와 비교하여 큰가, 작은가, 아니면 같은가?

마찰

바닥에서 물체를 밀거나 밀려고 하면 물체와 바닥과의 접촉에 의해서 저항을 받는 것을 알 수 있다. 이러한 저항을 **마찰력** 또는 단순히 **마찰**이라 하는 힘 $\vec{f}$로 나타낸다. 마찰력은 물체가 움직이려는 방향과 반대 방향으로, 그리고 바닥 면에 평행하게 작용한다(그림 5.2.4 참조). 가끔 문제를 단순화하기 위해서 흔히 마찰력을 무시하거나 표면에 마찰이 없다고 가정한다(표면, 혹은 물체까지도 *마찰이 없다*고 말한다).

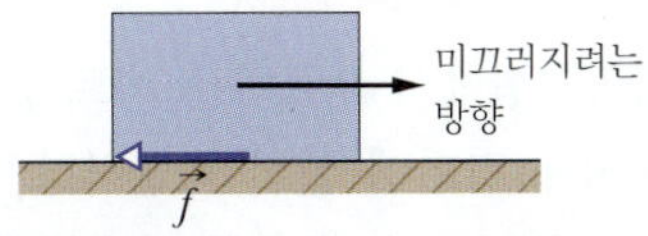

그림 5.2.4 마찰력 $\vec{f}$는 바닥 면에서 미끄러지려는 방향과 반대로 작용한다.

장력

물체에 연결된 줄을 팽팽히 잡아당기면 줄은 물체에서 멀어지려는 방향으로 줄을 따라 힘 $\vec{T}$로 물체를 잡아당긴다(그림 5.2.5*a* 참조). 이때 줄이 팽팽히 당겨진 *긴장*상태에 있기 때문에 이러한 힘을 *장력*이라 한다. *줄에 걸린 장력*은 물체에 작용하는 힘의 크기 T와 같다. 예컨대 줄을 통해서 물체에 작용하는 힘의 크기가 $T = 50$ N이면 줄에 걸린 장력도 50 N이다.

보통은 줄의 질량을 매달린 물체의 질량에 비해서 *무시*하며 줄이 *늘어나지 않는다*고 가정한다. 즉, 줄은 두 물체를 연결하는 것으로만 간주한다. 연결된 물체들과 줄이 함께 가속되거나 심지어는 *질량과 마찰이 없는 도르래*에서 움직이는 경우에도(그림 5.2.5*b*, *c* 참조) 줄은 두 물체를 같은 크기의 장력 T로 당긴다. 이때 도르래의 무게는 매달린 물체에 비해 무시할 수 있으며 회전을 방해하는 회전축 부분에서의 마찰도 무시한다. 그림 5.2.5*c*처럼 도르래의 반쪽을 줄이 감고 있으면 줄이 도르래에 가한 알짜힘의 크기는 $2T$가 된다.

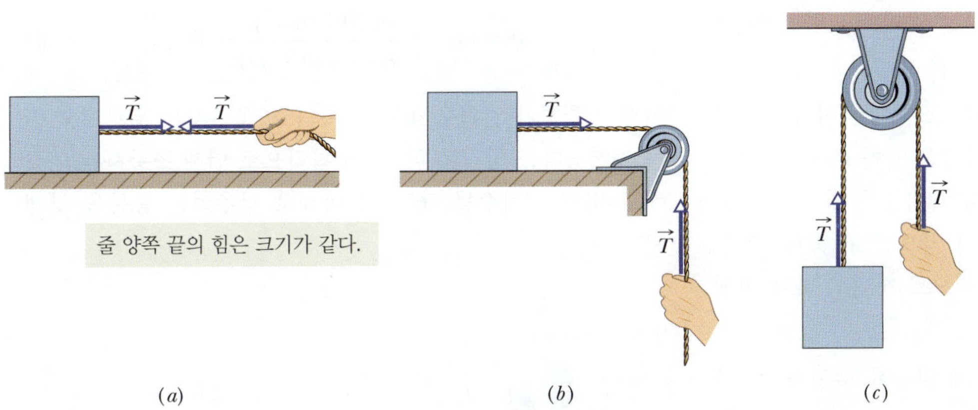

그림 5.2.5 (*a*) 줄을 당겨서 팽팽한 상태에 있다. 만약 줄의 질량을 무시하면 줄은 물체와 손을 장력 $\vec{T}$로 당긴다. 심지어는 질량과 마찰이 없는 도르래(*b*와 *c*)에서도 마찬가지이다.

확인문제 5.2.2

그림 5.2.5*c*에서 도르래에 걸려 있는 물체의 무게는 75 N이다. 물체가 위 방향으로 (a) 일정한 속력으로 (b) 증가하는 속력으로 또는 (c) 감소하는 속력으로 운동할 때 줄의 장력 T는 75 N보다 같은가, 큰가, 또는 작은가?

▶ 보기문제 5.2.1 이륙 착각 현상

항공모함에서 이륙하는 제트기는 강력한 엔진으로 추진하는 동시에 갑판에 설치한 발사장치가 제트기를 앞으로 밀어낸다. 이로 인해 생긴 큰 가속도로 인해 비행기는 갑판에서 짧은 거리 동안 이륙속력에 도달한다. 그러나 가속도가 크면 갑판을 떠날 때 조종사는 갑자기 비행기를 아래로 향하게 하려고 기수를 내린다. 조종사는 이러한 충동을 무시하도록 훈련받지만, 가끔 비행기는 바다로 바로 떨어진다. 이러한 충동 뒤에 숨어 있는 물리적인 이유를 살펴보자.

수직 방향에 대한 감각은 시각적인 요인과 귀 안쪽에 있는 전정계에 의존한다. 이 계는 유체 안에 있는 작은 털 세포로 이루어져 있다. 머리를 똑바로 들고 있으면 이 털은 인체에 작용하는 중력 $\vec{F}_g$와 같은 수직 방향으로 서있고, 이 계가 뇌에 머리가 똑바로 서있다는 신호를 보낸다. 머리를 각도만큼 뒤로 젖히면 털은 휘어지고, 계는 이 휨에 대한 정보를 뇌에 보낸다. 또한 외부 수평힘 $\vec{F}_{app}$이 작용하여 앞으로 가속될 때 털은 휜다. 뇌에 보낸 이 신호는 벡터합 $\vec{F}=\vec{F}_g+\vec{F}_{app}$인 방향으로 머리가 뒤로 젖혀졌다는 잘못된 신호를 보낸다(그림 5.2.6*a*). 그러나 가속하는 자동차 안에 있을 때와 같이 시각적인 요인에 의해 젖혀지지 않았다는 것이 분명하면 이 잘못된 신호는 무시된다.

밤에 항공모함 갑판에서 가속되는 조종사는 이러한 시각적 요인이 거의 없다. 젖혀졌다는 착각은 강하고, 매우 설득력이 있어서 조종사는 비행기가 갑자기 위를 향해 갑판을 출발한다고 믿는다. 적절한 훈련을 하지 않으면 조종사는 기수를 갑자기 아래로 숙여 비행기를 수평으로 하려고 하여 비행기는 바다에 빠진다.

정지상태에서 시작하여 조종사에 일정한 수평가속도가 작용하여 90 m 동안 이륙속력 85 m/s에 도달한다고 하자. 조종사가 겪는 젖혀지는 착각에 의한 각도 ϕ는 얼마인가?

요점

(1) Newton의 제2법칙을 이용하여 (조종석이) 조종사에 작용하는 힘의 크기 F_{app}와 이로 인한 가속도 사이의 관계를 $F_{app} = ma_x$로 쓸 수 있다. 여기서 m은 조종사의 질량이다. (2) 가속도는 일정하므로 a_x를 구하기 위해 표 2.4.1의 등가속도 방정식을 사용할 수 있다.

풀이: 조종사에 작용하는 수직 중력 $\vec{F}_g$과 작용한 수평힘 $\vec{F}_{app}$의 벡터합 $\vec{F}_{sum}$ 방향의 젖힌 각도 ϕ를 구해야 한다. 그림 5.2.6*b*에 나타낸 힘 벡터를 재배열하고

$$\tan\phi = \frac{F_{app}}{F_g}$$

$$\phi = \tan^{-1}\frac{F_{app}}{F_g}$$

으로 써서 ϕ를 구할 수 있다. 처음 속력($v_0 = 0$), 최종 속력($v_x = 85$ m/s), 변위($x - x_0 = 90$ m)를 알고 있으므로 식 2.4.6($v^2 = v_0^2 + 2a(x - x_0)$)를 이용하여 다음과 같이 쓸 수 있다.

$$(85\ \text{m/s})^2 = 0^2 + 2a_x(90\ \text{m})$$

$$a_x = 40.1\ \text{m/s}^2.$$

이제 Newton의 제2법칙에 의해 $F_{app} = m(40.1\ \text{m/s}^2)$이다. 이 결과와 $F_g = m(9.8\ \text{m/s}^2)$를 ϕ에 대한 표현에 대입하면 다음을 얻는다.

$$\phi = \tan^{-1}\left(\frac{m(40.1\ \text{m/s}^2)}{m(9.8\ \text{m/s}^2)}\right) = 76°. \quad \text{(답)}$$

이제 비행기가 갑판을 따라 가속되고, 조종사는 뒤로 76° 만큼 젖혀졌다는 착각을 한다. 이 착각으로 인해 조종사는 이륙 직후 비행기 기수를 76°만큼 아래로 낮추려는 충동을 갖게 된다.

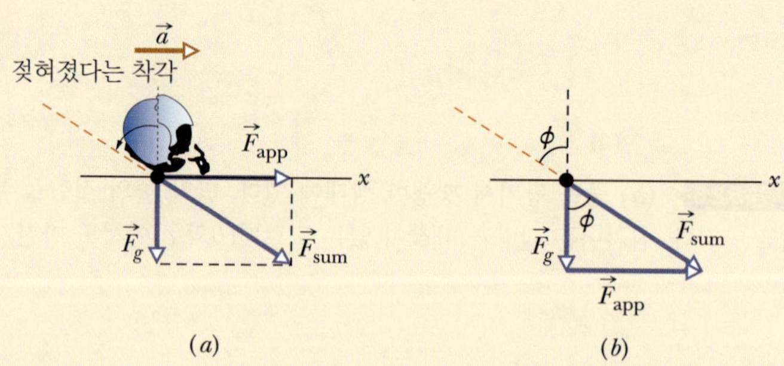

그림 5.2.6 (*a*) 이륙하는 동안 오른쪽으로 향하는 힘 $\vec{F}_{app}$가 조종사에 작용한다. 조종사의 머리가 점선 방향으로 젖혀진 것처럼 느끼게 된다. (*b*) 두 힘의 벡터합 $\vec{F}_{sum}$은 수직선과 각도 ϕ를 이룬다.

5.3 ▸ Newton의 법칙 응용

요점_Key Ideas

1. 질량 m인 물체에 작용하는 알짜힘 $\vec{F}_{net}$은 물체의 가속도 $\vec{a}$와

$$\vec{F}_{net} = m\vec{a}$$

인 관계가 있고, 이를 성분으로 표현하면 다음과 같다.

$$F_{net,x} = ma_x \quad F_{net,y} = ma_y \text{ 와 } F_{net,z} = ma_z.$$

2. 힘 $\vec{F}_{BC}$가 물체 C로 인해 물체 B에 작용할 때 물체 B에 의해 물체 C에 작용하는 힘 $\vec{F}_{CB}$가 있다.

$$\vec{F}_{BC} = \vec{F}_{CB}$$

이 힘은 크기는 같지만, 방향은 반대이다.

학습목표_Learning Objectives

이 단원을 읽은 후 다음을 이해해야 한다.

5.3.1 운동에 대한 Newton의 제3법칙과 제3법칙에 의한 힘의 짝을 찾는다.

5.3.2 수직, 수평 혹은 기울어진 평면에서 움직이는 물체에 대한 자유물체그림을 그리고 Newton의 제2법칙을 적용한다.

5.3.3 여러 물체가 단단히 묶여 함께 움직이는 경우 각각의 물체, 그리고 이들로 구성된 합성물체계에 대해 자유물체그림을 그리고 Newton의 제2법칙을 적용한다.

▶ Newton의 제3법칙

두 물체가 서로 밀거나 당길 때, 즉 다른 물체가 한 물체에 힘을 작용할 때 두 물체가 상호작용한다고 한다. 예를 들어 그림 5.3.1a처럼 책 B가 상자 C를 밀 수 있도록 놓여 있다고 하자. 이런 경우에 책과 상자는 상호작용을 한다. 즉, 상자가(또는 상자 때문에) 책에 작용하는 수평방향의 힘 $\vec{F}_{BC}$와 책으로부터(또는 책 때문에) 상자에 작용하는 수평방향의 힘 $\vec{F}_{CB}$가 존재한다. 그림 5.3.1b는 이와 같은 한 쌍의 짝힘을 보여준다. 이때 Newton의 제3법칙을 다음과 같이 기술할 수 있다.

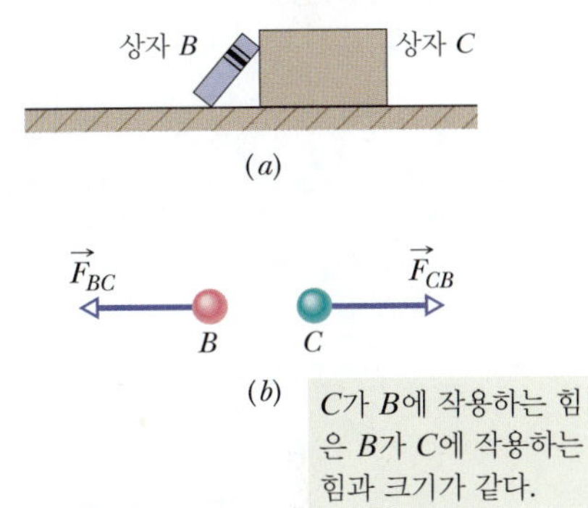

그림 5.3.1 ▸ (a) 책 B는 상자 C를 밀고 있다. (b) 힘 $\vec{F}_{BC}$(상자가 책에 작용하는 힘)와 $\vec{F}_{CB}$(책이 상자에 작용하는 힘)는 크기가 같고 방향은 반대이다.

> **Newton의 제3법칙:** 두 물체가 상호작용할 때 서로에게 작용하는 힘은 항상 크기가 같고 방향이 반대이다.

위의 책과 상자의 경우에 대해 이 법칙을 스칼라 관계식으로 쓰면

$$F_{BC} = F_{CB} \qquad \text{(같은 크기)}$$

이다. 또는 벡터 관계식(수식)을 사용하여 쓰면 다음과 같다.

$$\vec{F}_{BC} = -\vec{F}_{CB} \qquad \text{(크기는 같고 방향은 반대)}. \tag{5.3.1}$$

여기서 (−)표시는 두 힘이 서로 반대 방향임을 나타낸다. 이와 같이 상호작용하는 두 물체 사이의 힘을 **제3법칙의 짝힘**이라 한다. 상호작용하는 두 물체 사이에는 항상 제3법칙의 짝힘이 존재한다. 그림 5.3.1a에서 책과 상자는 정지상태에 있으나, 제3법칙은 물체가 움직이는 경우뿐만 아니라 가속되는 경우에도 적용된다.

다른 예로 그림 5.3.2a처럼 지면 위에 놓여 있는 식탁 위의 참외와 관련된 제3법칙의 짝힘을 구해 보자. 참외는 식탁과 지구 두 물체와 상호작용하고 있다(이 경우에는 세 가지 물체가 있는 경우이고 이들 사이의 상호작용들을 고려해야 한다).

먼저 참외에 작용하는 힘을 살펴보자(그림 5.3.2b 참조). 힘 $\vec{F}_{CT}$는 식탁에서 참외에 작용하는 수직력이며, 힘 $\vec{F}_{CE}$는 지구가 참외에 작용하는 중력이다. 두 힘은 제3법칙의 짝힘이 될 수 있을까? 아니다. 두 힘은 한 물체, 즉 참외에 작용하는 힘일 뿐 상호작용하

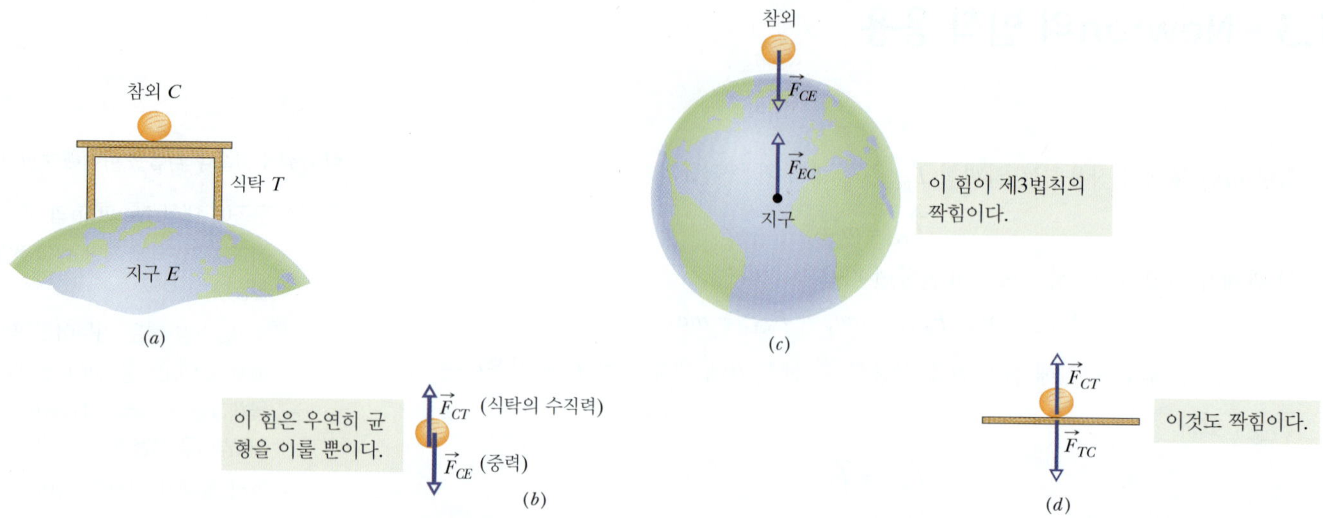

그림 5.3.2 (*a*) 지면 위에 있는 식탁 위에 참외가 놓여 있다. (*b*) *참외에 작용하는 힘은* $\vec{F}_{CT}$와 $\vec{F}_{CE}$이다. (*c*) 참외와 지구 사이에 작용하는 제3법칙의 짝힘. (*d*) 참외와 식탁 사이에 작용하는 제3법칙의 짝힘.

는 두 물체 사이에 작용한 힘이 아니다.

제3법칙의 짝힘을 구하기 위해서는 참외에 작용한 힘을 구하지 말고, 참외와 상호작용하는 다른 물체 사이의 힘을 먼저 고려해야 한다. 첫째로 참외–지구의 상호작용에서(그림 5.3.2*c* 참조) 지구는 참외를 중력 $\vec{F}_{CE}$로 끌어당기며 참외는 지구를 중력 $\vec{F}_{CE}$로 끌어당긴다. 두 힘은 제3법칙의 짝힘일까? 그렇다. 두 힘은 두 물체가 서로에 가한 상호작용하는 힘이다. 즉, Newton의 제3법칙에 따라 다음과 같다.

$$\vec{F}_{CE} = -\vec{F}_{EC} \qquad \text{(참외–지구 상호작용)}.$$

다음으로 참외와 식탁이 상호작용하는 경우에 식탁이 참외에 작용한 힘은 $\vec{F}_{CT}$이며 참외가 식탁에 작용한 힘은 $\vec{F}_{TC}$이다(그림 5.3.2*d* 참조). 이 힘 역시 제3법칙의 짝힘이므로 다음과 같다.

$$\vec{F}_{CT} = -\vec{F}_{TC} \qquad \text{(참외–식탁 상호작용)}.$$

→ 확인문제 5.3.1

그림 5.3.2에서 참외와 식탁이 위로 가속되는 승강기 안에 있다고 가정하자. (*a*) $\vec{F}_{TC}$와 $\vec{F}_{CT}$의 크기는 증가하는가, 감소하는가, 아니면 불변인가? (*b*) 두 힘이 여전히 크기는 같고 방향은 반대인가? (*c*) $\vec{F}_{CE}$와 $\vec{F}_{EC}$의 크기는 증가하는가, 감소하는가, 아니면 불변인가? (*d*) 두 힘의 크기가 여전히 같고 방향은 반대인가?

▶ Newton 법칙의 응용

이 절은 보기문제로 구성되어 있다. 보기문제를 숙지하여, 정답을 맞히는 것보다 문제의 풀이과정을 잘 익혀야 할 것이다. 특히 Newton의 법칙을 적용할 수 있도록 주어진 상황을 자유물체그림으로 표시할 수 있어야 한다. 질문과 답을 통해서 보기문제를 상세히 풀어보자.

▶ 보기문제 5.3.1 책상 위의 토막과 매달린 토막

그림 5.3.3에 질량 $M = 3.3$ kg의 *미끄러지는 토막* S가 있다. 토막 S는 마찰이 없는 수평면에서 자유롭게 움직일 수 있으며, 줄에 묶여 마찰이 없는 도르래를 지나 질량 $m = 2.1$ kg의 *매달린 토막* H와 연결되어 있다. 줄과 도르래의 질량은 토막 S와 H의 질량에 비해 무시할 수 있다. 토막 S가 오른쪽으로 미끄러져 가속되면서 토막 H는 아래로 떨어진다. (a) 토막 S의 가속도 (b) 토막 H의 가속도 (c) 줄의 장력을 구하여라.

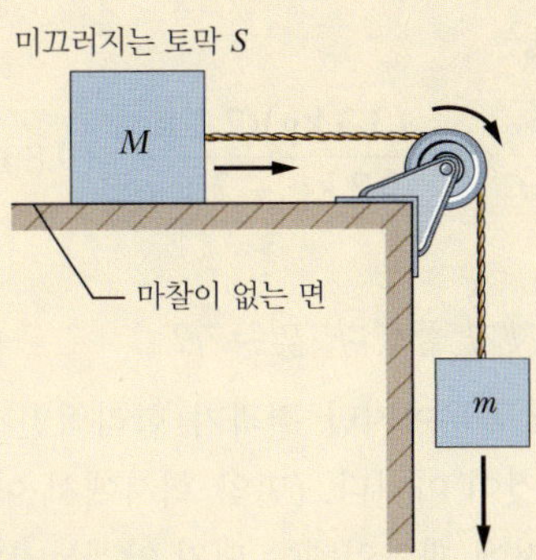

그림 5.3.3 질량 M의 토막 S가 도르래를 지나서 질량 m의 토막 H와 줄로 연결되어 있다.

질문: *문제는 무엇에 관한 것인가?*

미끄러지는 토막과 도르래에 달려 있는 두 토막이 있다. 그러나 두 토막을 당기는 *지구*도 생각해야 된다(지구가 없다면 아무 일도 일어나지 않는다). 그림 5.3.4처럼 두 토막에 작용하는 다섯 가지 힘은 다음과 같다.

1. 토막 S를 오른쪽으로 끄는 줄의 힘(크기 T).
2. 토막 H를 위로 끌어당기는 줄의 힘(같은 크기 T). 이 위쪽 방향 힘이 토막 H의 자유낙하를 방지한다.
3. 지구가 토막 S를 끌어당기는 중력 $\vec{F}_{gS}$(크기 Mg).
4. 지구가 토막 H를 끌어당기는 중력 $\vec{F}_{gH}$(크기 mg).

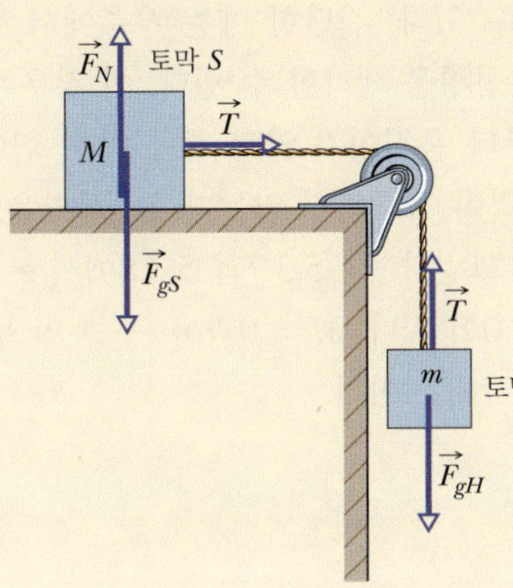

그림 5.3.4 그림 5.3.3에서 두 물체에 작용하는 힘

5. 탁자가 토막 S를 떠받치는 수직력 $\vec{F}_N$.

여기서 몇 가지 주의해야 할 점이 있다. 먼저 줄이 늘어나지 않는다고 가정했기 때문에 어떤 시간 동안 토막 H가 1 mm 떨어지면 같은 시간 동안 토막 s가 오른쪽으로 1 mm 움직인다. 즉 두 토막이 같은 가속도 a로 운동한다.

질문: *연습문제를 어떻게 분류할 수 있는가? 어떤 물리 법칙을 사용해야 하는가?*

힘, 질량, 가속도가 관련되므로 Newton의 운동 제2법칙 $\vec{F}_{\text{net}} = m\vec{a}$를 사용해야 된다. 이것이 첫 번째 요점이다.

질문: *Newton의 제2법칙을 적용한다면 어느 토막에 적용해야 하는가?*

두 토막, 즉 미끄러지는 토막과 매달린 토막에 초점을 맞춰야 한다. 각 토막은 점이 아니라 *크기를 가진 토막*이지만 토막의 모든 부분이 한꺼번에 같이 움직이기 때문에 각 토막을 하나의 입자로 생각할 수 있다. 두 번째 요점은 토막에 대해서 각각 Newton의 제2법칙을 사용하는 것이다.

질문: *도르래를 어떻게 다루어야 하는가?*

도르래는 각 부분이 서로 다르게 움직이기 때문에 한 입자로 나타낼 수 없다. 나중에 회전에 대해서 논의할 때 도르래를 구체적으로 다룰 것이다. 그때까지는 도르래의 질량이 두 토막의 질량에 비해 무시할 수 있다고 가정하고 도르래의 효과를 무시하자. 여기서 도르래의 역할은 단지 줄의 방향을 바꾸는 것이다.

질문: *미끄러지는 토막 S에 $\vec{F}_{\text{net}} = m\vec{a}$를 어떻게 적용할 수 있는가?*

그림 5.3.5a처럼 토막 S를 질량 M의 입자로 생각하고, 그에 작용하는 모든 힘을 나타내 보자. 이것이 토막 S의 자유

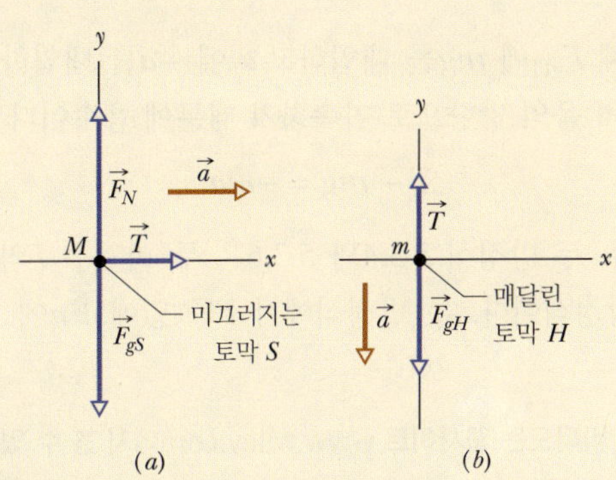

그림 5.3.5 (a) 그림 5.3.3의 토막 S에 대한 자유물체그림. (b) 그림 5.3.3의 토막 H에 대한 자유물체그림.

물체그림이다. 다음으로 좌표축을 그려라. 토막이 움직이는 방향인 탁자에 평행한 방향으로 x축을 잡으면 된다.

질문: *하지만 아직 미끄러지는 토막에 $\vec{F}_{net} = m\vec{a}$를 어떻게 적용할지 설명하지 않았다. 지금까지는 어떻게 자유물체그림을 그리는가에 대해서만 설명하였다.*

그렇다. 여기에 세 번째 요점이 있다. $\vec{F}_{net} = M\vec{a}$라는 표현은 벡터방정식이다. 따라서 세 성분의 방정식을

$$F_{net,x} = Ma_x \quad F_{net,y} = Ma_y \quad F_{net,z} = Ma_z \tag{5.3.2}$$

로 쓸 수 있다. 여기서 $F_{net,\,x}$, $F_{net,\,y}$, $F_{net,\,z}$는 각각 세 축 방향의 알짜힘 성분이다. 이제 각 성분의 방정식에 대응하는 방향에 적용해 보자. 토막 S는 수직으로 가속운동을 하지 않기 때문에 $F_{net,\,y} = Ma_y$는

$$F_N - F_{gS} = 0 \quad \text{즉} \quad F_N = F_{gS} \tag{5.3.3}$$

이다. 결국 y방향 수직력의 크기는 중력의 크기와 같다.

이 책의 지면에 수직인 z방향으로는 어떤 힘도 작용하지 않는다.

x방향으로는 장력 T만 존재한다. 따라서 $F_{net,\,x} = Ma_x$는

$$T = Ma \tag{5.3.4}$$

로 쓸 수 있다. 위 식은 두 미지수 T와 a를 포함하고 있으므로 아직도 방정식을 풀 수 없다. 그러나 매달린 토막 H에 대해서는 어떤 언급도 하지 않았다.

질문: *그렇다면 어떻게 매달린 토막 H에 $\vec{F}_{net} = m\vec{a}$를 적용할 수 있는가?*

토막 S에 했던 대로 적용할 수 있다. 그림 5.3.5b처럼 토막 H의 자유물체그림을 그리고, 각 성분에 대해서 $\vec{F}_{net} = M\vec{a}$를 적용한다. 이번에 가속도는 y방향을 향하기 때문에 식 5.3.2의 y성분($F_{net,\,y} = Ma_y$)을 이용하면

$$T - F_{gH} = ma_y \tag{5.3.5}$$

이다. 이제 F_{gH}에 mg를 대입하고 a_y에 $-a$를 대입하면(토막 H가 y축의 음의 방향으로 가속하기 때문에 음수이다)

$$T - mg = -ma \tag{5.3.6}$$

를 얻는다. 두 방정식 5.3.4와 5.3.6은 두 미지수 T와 a가 있는 연립방정식이다. 두 방정식에서 T를 없애고 a에 대해 풀면 다음을 얻는다.

$$a = \frac{m}{M+m}g. \tag{5.3.7}$$

이 결과를 식 5.3.4에 대입하면 다음과 같다.

$$T = \frac{Mm}{M+m}g. \tag{5.3.8}$$

주어진 값을 대입하여 두 값을 구하면 다음과 같다.

$$a = \frac{m}{M+m}g = \frac{2.1\text{ kg}}{3.3\text{ kg} + 2.1\text{ kg}}(9.8\text{ m/s}^2)$$
$$= 3.8\text{ m/s}^2, \qquad \text{(답)}$$

$$T = \frac{Mm}{M+m}g = \frac{(3.3\text{ kg})(2.1\text{ kg})}{3.3\text{ kg} + 2.1\text{ kg}}(9.8\text{ m/s}^2)$$
$$= 13\text{ N}. \qquad \text{(답)}$$

질문: *이제 연습문제가 풀렸다. 맞는가?*

이것은 공정한 질문이지만 결과가 합리적인가를 확인하기 전까지는 끝난 것이 아니다. (만약 회사에서 이 계산을 하였다면, 제출하기 전에 재확인해야 되지 않겠는가?)

식 5.3.7에서 양변 각 항의 차원이 맞고, 가속도 a는 항상 g보다 작다는 것을 만족하는지 확인하여라(왜냐하면 줄 때문에 매달린 토막이 자유낙하하지 않기 때문이다).

이제 식 5.3.8를 다음과 같이 다시 쓸 수 있다.

$$T = \frac{M}{M+m}mg. \tag{5.3.9}$$

이 형태에서 T와 mg는 모두 힘의 차원을 가지기 때문에 양변이 같은 차원을 가진다는 것을 쉽게 알 수 있다. 식 5.3.9에서 장력 T가 항상 mg보다 작다는 것을 알 수 있고, 이것은 달려 있는 토막에 작용하는 중력보다 항상 작다는 뜻이다. 만약 T가 mg보다 *크다면* 매달린 토막이 위로 가속되어야 하므로, T가 mg보다 작은 것이 합리적이다.

또한 답을 추측할 수 있는 특별한 경우를 생각하여 이 결과를 재확인할 수 있다. 간단한 예는 우주에서 실험을 하는 것처럼 $g = 0$인 상황을 생각할 수 있다. 이 경우에는 각 토막이 정지상태로부터 움직이지 않고 줄에 아무 힘이 작용하지 않아서 줄에 장력이 작용하지 않는다. 이 상황은 위 식에 의해 설명되는가? 그렇다. 식 5.3.7과 5.3.8에서 $g = 0$으로 두면 $a = 0$과 $T = 0$이 된다. $M = 0$과 $m \to \infty$인 두 가지 특별한 경우를 더 생각해 보아라.

▶ 교육용 비디오는 웹사이트 www.wiley.com에서 볼 수 있다.

보기문제 5.3.2 경사면 위로 토막을 가속시키는 줄

많은 학생이 경사면(기울어진 평면)이 나오는 문제를 특별히 어렵게 생각한다. 어려운 이유는 아마도 시각적일 것이다. 왜냐하면 (a) 기울어진 좌표축을 사용하고 (b) 전체 힘이 아니라 중력의 성분을 고려하기 때문이다. 이 문제는 모든 경사면과 각도를 설명하는 전형적인 예제이다(www. wiley.com에서 이 그림을 동영상으로 볼 수 있다). 기울어져 있더라도 요점은 운동이 일어나는 축을 따라 Newton의 제2법칙을 적용하는 것이다.

그림 5.3.6a에서 수평경사각 $\theta = 30°$의 경사면을 따라 줄로 상자를 끌어올린다. 상자의 질량은 $m = 5.00$ kg이고 줄이 당기는 장력의 크기는 $T = 25.0$ N이다. 상자의 가속도 a의 경사면 성분은 얼마인가?

요점

경사면 방향의 가속도는 (경사면에 수직인 힘의 성분이 아니라) 경사면 방향인 힘의 성분에 의해서 Newton의 제2법칙(식 5.1.1)으로 주어진다.

풀이: 한 축으로 움직이는 운동에 대해 Newton의 제2법칙을 적용해야 한다. 상자는 경사면을 따라 움직이므로 경사면을 따라 x축을 정하는 것이 편리하다(그림 5.3.6b). (이전에 사용하던 보통의 좌표계를 사용하는 것에는 아무 문제가 없다. 하지만 x축과 운동 방향이 어긋나 있기 때문에 성분에 대한 표현은 훨씬 지저분해진다.)

좌표계를 정한 후 상자를 점으로 나타낸 자유물체그림을 그린다(그림 5.3.6b). 그리고 상자에 작용하는 힘을 점에서 시작하는 벡터로 나타낸다(그림에서 벡터를 대충 그리면 특

그림 5.3.6 (a) 경사면에서 줄로 상자를 끌어올린다. (b) 상자에 작용하는 세 힘은 줄이 당기는 장력 $\vec{T}$, 중력 $\vec{F}_g$와 수직력 $\vec{F}_N$이다. (c)–(i) 평면에 평행한 방향과 수직한 방향에 대해 힘의 성분 구하기. 이 그림은 웹사이트 www.wiley.com에서 음성과 함께 제공된다.

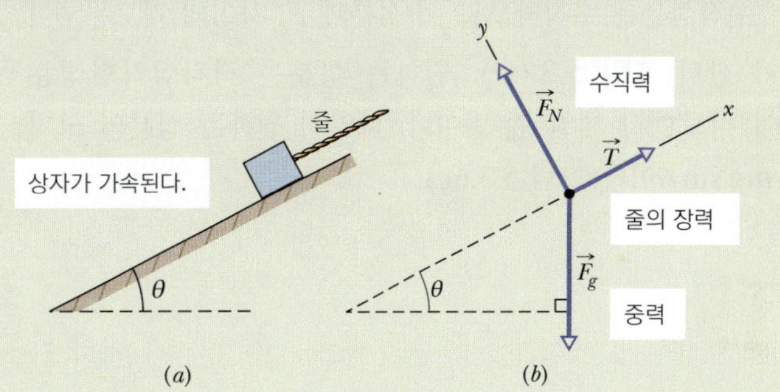

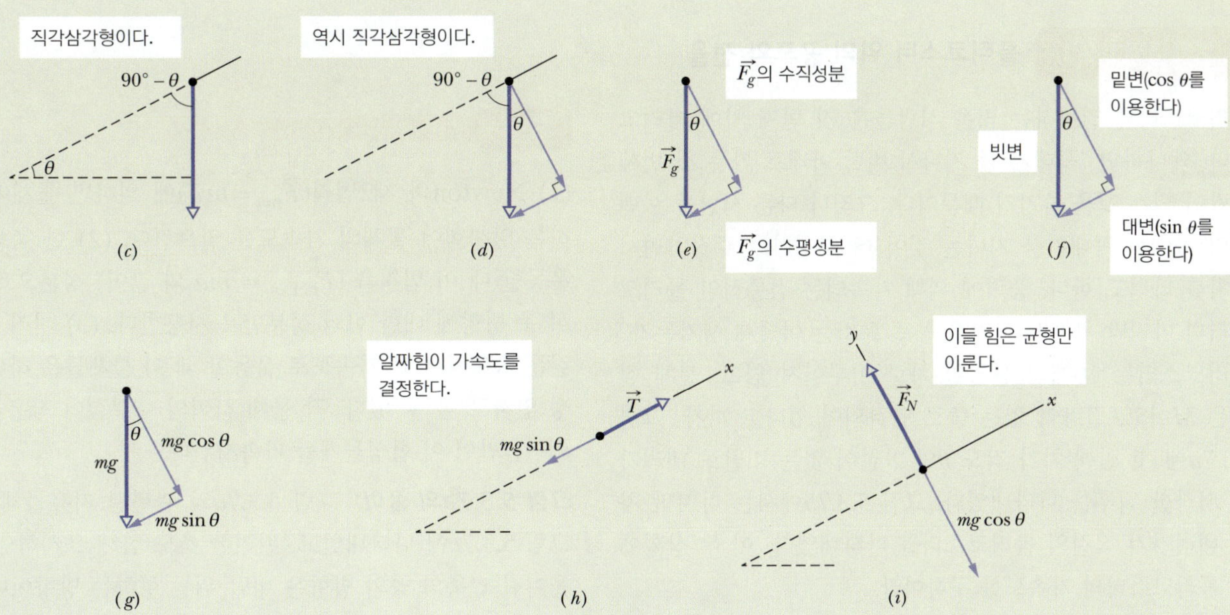

히 시험볼 때 실수하기 쉬우므로 항상 꼬리의 위치를 정한다).

장력 $\vec{T}$는 줄이 경사면 위로 끌어당기는 힘이며, 크기는 $T = 25.0$ N이다. 중력 $\vec{F}_g$는 수직 아래로 작용하며, 크기는 $mg = (5.00 \text{ kg})(9.8 \text{ m/s}^2) = 49.0$ N이다. 힘 중 빗면을 향하는 힘의 성분만 구한다. (전체 힘이 아닌) 힘의 이 성분만 빗면을 따라 움직이는 상자의 가속도에 영향을 준다. 따라서 x축상의 운동에 대한 Newton의 제2법칙을 적용하기 전에 이 중요한 성분에 대한 표현을 구해야 한다.

그림 5.3.6c에서 5.3.6h까지 이러한 표현을 구하는 단계를 나타내었다. 빗면의 각도로부터 시작해서 힘 성분의 삼각형을 구한다(성분은 이 삼각형의 서로 이웃하고 수직인 두 변이고, 전체 힘은 빗변이다). 그림 5.3.6c에서 보듯이 비탈면과 $\vec{F}_g$ 사이의 각도는 $90° - \theta$이다. (여기서 직각삼각형이 보이는가?) 다음으로 그림 5.3.6d부터 f에는 $\vec{F}_g$와 그 성분을 나타내었다. 한 성분은 (우리가 원하는 성분인) 비탈면에 평행한 성분이고, 다른 성분은 비탈면에 수직이다.

수직성분은 수직하므로 이 성분과 $\vec{F}_g$ 사이의 각도는 θ이어야 한다(그림 5.3.6d). 원하는 성분은 직각삼각형성분 중이 각도에서 제일 먼 변이다. 따라서 원하는 성분의 크기는 $mg \sin \theta$이다(그림 5.3.6g).

한 힘을 더 생각해야 하는데 그 힘은 그림 5.3.6b에 나타난 수직력 $\vec{F}_N$이다. 그러나 이 힘은 비탈면에 수직이므로 면을 따라 움직이는 운동에 영향을 끼칠 수 없다(이 힘은 상자를 비탈면을 따라 가속시킬 수 있는 성분이 없다).

x축에 대한 Newton의 제2법칙은

$$F_{\text{net},\,x} = ma_x$$

이다. 성분 a_x가 유일한 가속도 성분이다(상자는 면에서 튀어 오르지도 않고, 안으로 꺼지지도 않는다. 그렇다면 매우 이상할 것이다). 그러므로 비탈면에 대한 가속도 성분을 간단히 a로 쓰자. $\vec{T}$가 양의 x축 방향을 향하고 $mg \sin \theta$의 성분은 음의 x축 방향을 향하므로

$$T - mg \sin \theta = ma \tag{5.3.10}$$

이다. 이 식을 a에 대해서 풀면 다음과 같다.

$$a = 0.100 \text{ m/s}^2.$$ (답)

여기서 양의 값은 상자가 기울어진 x축의 양의 방향인 경사면 위로 가속된다는 뜻이다. 만일 $\vec{T}$의 크기를 줄여 $a = 0$으로 만들면 상자는 일정한 속력으로 비탈면을 올라갈 것이다. 만일 $\vec{T}$를 더 줄이면 줄이 잡아당겨도 가속도는 음수가 될 것이다.

보기문제 5.3.3 롤러코스터 위의 공포와 전율

롤러코스터에 열광하는 많은 사람들은 첫 번째 차에 타려고 한다. 왜냐하면 "꼭대기"를 지나서 비탈 아래로 가는 첫 번째 사람이 되는 것을 즐기기 때문이다. 그러나 다른 사람들은 맨 뒤의 차에서 꼭대기를 지나는 것이 더 무섭다고 주장하면서 뒤차를 타려고 한다. 중력에 의해 가속되는 전통적인 롤러코스터의 마지막 차에서 이러한 공포 요소는 어떻게 생기는가? 롤러코스터는 10개의 동일한 차로 이루어져 있고, 전체 질량은 M이고, 질량이 없는 줄로 연결되어 있다고 하자. 그림 5.3.7a에 첫 번째 차가 각도 θ인 마찰이 없는 비탈로 내려가기 시작한 직후를 나타내었다. 그림 5.3.7b에서는 마지막 차가 내려가기 직전의 롤러코스터를 나타내었다. 이 두 상황에서 롤러코스터의 가속도를 구하여라.

요점

(1) Newton의 제2법칙($\vec{F}_{\text{net}} = m\vec{a}$)에 의하면 물체에 작용하는 알짜힘이 물체의 가속도를 일으킨다. (2) 한 축을 따라 운동할 때 이 법칙을 ($F_{\text{net},\,x} = ma_x$와 같이) 성분으로 쓰고, 이 축 방향에 대한 힘의 성분만을 사용한다. (3) 여러 물체가 같은 속도와 같은 가속도로 운동할 때 이 물체들은 하나의 합성 입자로 볼 수 있다. 각 물체 사이의 *내부힘*이 작용하지만, *외부힘*만이 이 합성물체를 가속시킨다.

그림 5.3.7a의 풀이: 그림 5.3.7a와 관련된 자유물체그림을 그림 5.3.7c에 나타내었고, 편리한 축도 함께 표시하였다. 기울어진 x'축의 양의 방향은 비탈 위를 향하는 방향이다. T는 비탈 위에 있는 차를 서로 연결하는 힘이고, 차는 여전히 평

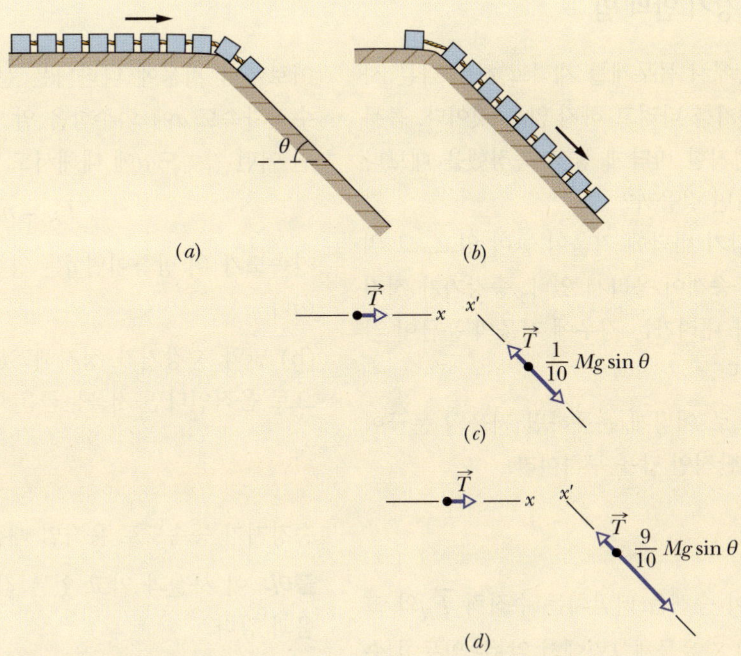

그림 5.3.7 (*a*) 첫 번째 차가 비탈에 있을 때 (*b*) 마지막 차를 제외한 모든 차가 비탈에 있는 롤러코스터. (*c*) (*a*)에서 평면에 있는 차와 비탈에 있는 차에 대한 자유물체그림. (*d*) (*b*)에 대한 자유물체 그림.

면에 있다. 롤러코스터는 전체 질량 M인 10개의 동일한 차로 이루어져 있으므로 비탈에 있는 차의 질량은 $\frac{1}{10}M$이고, 평면에 있는 차의 질량은 $\frac{9}{10}M$이다. 결합된 9개 차에는 x축을 따라 한 개의 *외부힘*만 작용한다. 즉 크기 T인 연결시키는 힘이다. (9개의 차 사이의 힘은 내부힘이다.) 따라서 x축에 대한 Newton의 제2법칙($F_{\text{net},x} = ma_x$)은

$$T = \frac{9}{10}Ma$$

이다. 여기서 a는 x축 방향의 가속도 크기 a_x이다.

기울어진 x'축 방향으로는 비탈에 있는 차에 두 힘이 작용한다. (축의 양의 방향인) 크기 T인 연결시키는 힘과(축의 음의 방향을 향하는) 중력의 x' 성분이다. 보기문제 5.3.2로부터 질량 m에 대해 중력의 x' 성분은 $-mg \sin\theta$로 쓸 수 있다. 차는 크기 a로 음의 x' 방향으로 비탈 *아래로* 가속되는 것을 알고 있으므로 가속도를 $-a$로 쓸 수 있다. 따라서 질량 $\frac{1}{10}M$인 차에 대해서 x'축에 대한 Newton의 제2법칙은

$$T - \frac{1}{10}Mg \sin\theta = \frac{1}{10}M(-a)$$

으로 쓸 수 있다. $T = \frac{9}{10}Ma$의 결과를 대입하면 다음을 얻는다.

$$a = \frac{1}{10}g \sin\theta. \quad \text{(답)}$$

그림 5.3.7b의 풀이: 그림 5.3.7*d*에 그림 5.3.7*b*와 관련된 자유물체그림을 나타내었다. 여전히 평면에 있는 차에 대해서는 장력에 대한 앞의 결과를

$$T = \frac{1}{10}Ma$$

로 다시 쓸 수 있다. 마찬가지로 x'축에 대한 운동방정식을

$$T - \frac{9}{10}Mg \sin\theta = \frac{9}{10}M(-a)$$

로 다시 쓴다. 다시 a에 대해 풀면 다음을 얻는다.

$$a = \frac{9}{10}g \sin\theta. \quad \text{(답)}$$

공포 요소: 마지막 답은 첫 번째 답의 9배이다. 따라서 일반적으로 차의 가속도는 더 많은 차가 모서리를 넘어 비탈에 있을수록 증가한다. 이 가속도의 증가는 차의 선택과는 무관하지만, 가속도에 대해 승객이 해석하는 것은 이 선택에 의존한다. 첫 번째 차에서 대부분의 가속도는 비탈에서 일어나고 비탈 방향의 중력 성분에 의한 것이고, 이것은 타당하다. 마지막 차에서 대부분의 가속도는 평면에서 의자 등이 승객을 밀기 때문에 일어난다. 이 미는 힘은 모서리에 접근할수록 갑자기 증가하여 평면에서 공중으로 던지는 것 같은 공포감을 주게 된다.

보기문제 5.3.4 승강기 안의 힘

움직이고 있는 승강기 안에서 몸무게를 재려고 하면 다른 사람은 틀림없이 같이 승강기를 타려고 하지 않을 것이다. 몸무게를 측정하면 저울을 정지한 바닥에 놓고 측정했을 때보다 무거울까, 가벼울까, 아니면 같을까?

그림 5.3.8*a*처럼 승강기 바닥에 저울이 놓여 있고, 그 위에 질량 $m = 72.2$ kg의 승객이 올라서 있다. 승강기가 정지해 있는 경우, 올라가거나 내려가는 경우에 저울의 눈금이 각각 어떻게 변할지 궁금하다.

(a) 승강기가 수직방향으로 어떻게 운동하면 저울의 눈금이 어떻게 변할지에 대한 일반적인 답을 구하여라.

요점

(1) 저울의 눈금은 저울이 승객을 떠받치는 수직력 $\vec{F}_N$의 크기와 같다. 그림 5.3.8*b*의 자유물체그림에서 알 수 있듯이 승객에게 작용하는 또 다른 힘은 중력 $\vec{F}_g$이다. (2) Newton의 제2법칙($\vec{F}_{\text{net}} = m\vec{a}$)을 이용하여 승객의 가속도 $\vec{a}$와 그 승객에게 작용하는 힘을 연관시킬 수 있다. 그러나이 법칙이 관성계에서만 성립된다는 사실을 명심해야 한다. 만약 승강기가 가속운동을 하면 더 이상 관성계가 *아니다*. 따라서 승객의 가속도를 관성계인 지면에 대해서 측정해야 한다.

풀이: 그림 5.3.8*b*처럼 승객에게 작용하는 두 힘과 가속도는 모두 y축을 따라 수직방향으로 작용한다. 따라서 y축 성분에 대해서 Newton의 제2법칙($F_{\text{net},\,y} = ma_y$)을 사용하면 다음을 얻는다.

$$F_N - F_g = ma,$$

즉

$$F_N = F_g + ma. \tag{5.3.11}$$

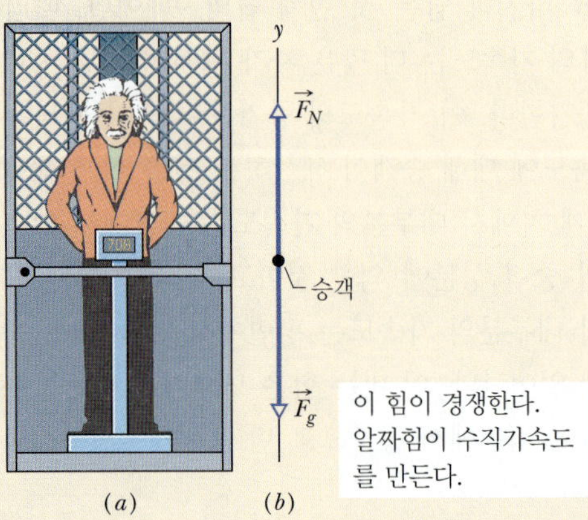

그림 5.3.8 (*a*) 승객이 자신의 실제 무게나 겉보기 무게를 나타낼 수 있는 저울 위에 서 있다. (*b*) 탑승객의 자유물체그림에서 중력 $\vec{F}_g$와 저울이 탑승객에게 작용하는 수직력 $\vec{F}_N$이 표시되어 있다.

이로부터 저울에 나타나는 눈금, 즉 수직력 F_N은 승강기의 수직가속도 a에 의존함을 알 수 있다. F_g 대신 mg를 대입하면 어떤 가속도 a에 대해서도 다음을 얻는다.

$$F_N = m(g + a). \quad \text{(답)} \tag{5.3.12}$$

가속도가 위 방향이면 a는 양수이고, 아래 방향이면 a는 음수이다.

(b) 만약 승강기가 정지해 있거나, 위로 0.50 m/s의 등속력으로 움직인다면 저울눈금은 어떻게 변하는가?

요점

승강기가 등속도로 움직일 때는 승객의 가속도 a는 0이다.

풀이: 이 사실과 알고 있는 값들을 식 5.3.12에 대입하면 다음과 같다.

$$F_N = (72.2\text{ kg})(9.8\text{ m/s}^2 + 0) = 708\text{ N}. \quad \text{(답)}$$

이 결과는 승객의 무게로 그에게 작용하는 중력 F_g와 같다.

(c) 만약 승강기가 3.20 m/s²의 가속도로 위 또는 아래로 움직인다면 저울눈금은 어떻게 변하는가?

풀이: $a = 3.20\text{ m/s}^2$인 경우에는 식 (5.3.12)에 따라

$$F_N = (72.2\text{ kg})(9.8\text{ m/s}^2 + 3.20\text{ m/s}^2) = 939\text{ N} \quad \text{(답)}$$

이고, $a = -3.20\text{ m/s}^2$인 경우에는 다음과 같다.

$$F_N = (72.2\text{ kg})(9.8\text{ m/s}^2 - 3.20\text{ m/s}^2) = 477\text{ N}. \quad \text{(답)}$$

위로 가속하는 경우에(승강기가 위로 운동하면서 속도가 증가하거나 또는 아래로 운동하면서 속도가 감소하는 경우) 저울눈금은 승객의 실제 무게보다 크게 나타난다. 저울눈금이 달라지는 이유는 비관성계인 가속하는 승강기 안에서 측정하였기 때문이다. 그리고 아래로 가속하는 경우(승강기가 위로 운동하면서 속도가 감소하거나, 아래로 운동하면서 속도가 증가하는 경우) 저울눈금은 승객의 무게보다 작게 나타난다.

(d) (c)에서 승강기가 위로 운동하면서 가속하는 경우 승객에게 작용하는 알짜힘의 크기 F_{net}은 얼마이며, 승강기에서 측정한 승객의 가속도 $a_{\text{p, cab}}$의 값은 얼마인가? 승강기에서도 $\vec{F}_{\text{net}} = m\vec{a}_{\text{p,cab}}$이 성립하는가?

풀이: 승객에게 작용하는 중력 F_g의 크기는 승객이나 승강기의 운동에 무관하다. 따라서 (b)로부터 F_g는 708 N이다. 한편 (c)로부터 승강기가 위로 가속하는 경우에 승객에게 작용

하는 수직력 F_N의 크기는 939 N이다. 따라서 승강기가 위로 가속하는 경우 승객에게 작용하는 알짜힘은 다음과 같다.

$$F_{\rm net} = F_N - F_g = 939\ {\rm N} - 708\ {\rm N} = 231\ {\rm N}. \quad \text{답}$$

하지만 승강기에 대한 승객의 상대적인 가속도 $a_{\rm p,\,cab}$은 0이 된다. 즉, 비관성계인 가속되는 승강기에서 측정한 $F_{\rm net}$은 $ma_{\rm p,\,cab}$과 다르며 Newton의 제2법칙은 성립하지 않는다.

▶ 보기문제 5.3.5 한 토막이 다른 토막을 미는 가속도

어떤 숙제문제를 보면 물체가 같이 움직인다. 이는 물체가 박혀 있거나 서로 묶여 있기 때문이다. 이 예제에서는 두 토막이 붙어 있는 결합물체, 그리고 각각의 토막에 대해 Newton의 제2법칙을 적용한다.

그림 5.3.9*a*에서 20 N 크기의 일정한 수평력 $\vec{F}_{\rm app}$가 질량 $m_A = 4.0$ kg의 토막 *A*에 가해지며, 토막 *A*는 다시 질량 $m_B = 6.0$ kg의 토막 *B*를 밀고 있다. 토막들은 *x*축을 따라서 마찰 없는 표면을 따라 미끄러진다.

(a) 토막의 가속도는 얼마인가?

잘못된 풀이: 힘 $\vec{F}_{\rm app}$가 토막 *A*에 직접 작용하기 때문에 힘 $\vec{F}_{\rm app}$와 토막 *A*의 가속도 $\vec{a}$를 연결시키는 Newton의 제2법칙을 이용한다. *x*축을 따라 운동하기 때문에 *x*축 성분($F_{{\rm net},\,x} = ma_x$)에 대한 Newton의 제2법칙을 다음과 같이 적용하자.

$$F_{\rm app} = m_A a.$$

하지만 이것은 $\vec{F}_{\rm app}$가 토막 *A*에 작용하는 유일한 수평방향의 힘이 아니기 때문에 심각하게 잘못된 것이다. 토막 *B* 또한 힘 $\vec{F}_{AB}$를 토막 *A*에 작용한다(그림 5.3.9*b* 참조).

답을 얻지 못하는 풀이: *x*축에 대해서 다음과 같이 힘 $\vec{F}_{AB}$를 포함해서 풀어보자.

$$F_{\rm app} - F_{AB} = m_A a$$

($\vec{F}_{AB}$의 방향을 식에 표시하기 위해 – 부호를 이용한다.) 그러나 $F_{\rm AB}$ 또한 알려지지 않은 값이기 때문에 이 방정식을 풀어서 *a*값을 구할 수 없다.

성공적인 풀이: 힘 $\vec{F}_{\rm app}$가 작용하는 방향 때문에 두 토막은 단단하게 연결된 계를 형성한다. 이제 *계에 작용한* 알짜힘과 *계의* 가속도를 Newton의 제2법칙을 이용하여 연관시킬 수 있다. 여기서는 *x*축에 대해 다음과 같이 Newton의 제2법칙을 쓸 수 있다.

$$F_{\rm app} = (m_A + m_B)a.$$

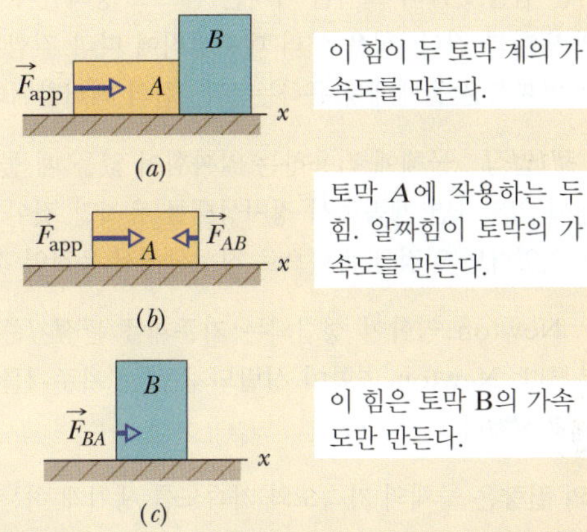

그림 5.3.9 (*a*) 일정한 수평력 $\vec{F}_{\rm app}$가 토막 *A*에 작용하고 있다. 그리고 토막 *A*는 토막 *B*를 민다. (*b*) 토막 *A*에 작용하는 수평방향의 두 힘. (*c*) 토막 *B*에 작용하는 유일한 수평방향의 힘.

즉, $\vec{F}_{\rm app}$가 전체 질량이 $m_A + m_B$인 계에 작용한다고 생각한다. *a*를 구하기 위해 주어진 값을 대입하면

$$a = \frac{F_{\rm app}}{m_A + m_B} = \frac{20\ {\rm N}}{4.0\ {\rm kg} + 6.0\ {\rm kg}} = 2.0\ {\rm m/s^2} \quad \text{답}$$

을 얻는다. 결국 계와 각 토막의 가속도는 *x*축 양의 방향으로 향하고, 크기는 2.0 m/s^{2}이다.

(b) 토막 *A*가 토막 *B*에 작용하는 (수평)힘 $\vec{F}_{BA}$는 얼마인가(그림 5.3.9*c* 참조)?

요점

토막 *B*에 작용하는 알짜힘과 토막의 가속도 사이의 관계를 Newton의 제2법칙을 통해 얻을 수 있다.

풀이: 여기서 *x*축 성분에 대한 Newton의 제2법칙은

$$F_{BA} = m_B a$$

이다. 이제 주어진 값을 대입하면 다음을 얻는다.

$$F_{BA} = (6.0\ {\rm kg})(2.0\ {\rm m/s^2}) = 12\ {\rm N}. \quad \text{답}$$

즉, 힘 $\vec{F}_{BA}$는 *x*축 양의 방향으로 향하고, 크기는 12 N이다.

▶ 교육용 비디오는 웹사이트 www.wiley.com에서 볼 수 있다.

정리 및 요약 _Review & Summary

▸***Newton 역학*** 물체의 속도는 물체에 하나 또는 그 이상의 (밀거나 당기는) 힘이 다른 물체로부터 작용할 때 변할(물체를 가속시킬) 수 있다. *Newton 역학*은 가속도와 힘을 연관시킨다.

▸***힘*** 힘은 벡터량이다. 힘의 크기는 가속도에 의해서 정의되며 이를 이용하여 단위 킬로그램을 정의하기도 한다. 표준물체를 정확히 1 m/s^2으로 가속시키는 힘을 1 N의 크기를 가지는 힘으로 정의한다. 힘의 방향은 가속도의 방향과 같다. 힘은 벡터 대수법칙에 따라 결합된다. 물체에 작용하는 **알짜힘**은 물체에 작용하는 모든 힘의 벡터합이다.

▸***Newton의 제1법칙*** 물체에 작용하는 알짜힘이 없을 때 물체가 처음에 정지상태에 있었다면 계속해서 정지상태를 유지할 것이고, 처음에 운동상태에 있었다면 일정한 속력으로 직선상에서 움직일 것이다.

▸***관성기준계*** Newton 역학이 성립되는 기준계를 *관성기준계* 또는 *관성계*라고 부른다. Newton 역학이 성립되지 않는 기준계를 *비관성기준계* 또는 *비관성계*라고 부른다.

▸***질량*** 물체의 **질량**은 물체의 가속도와 가속도를 생기게 하는 알짜힘을 연관시키는 물체의 특성이다. 질량은 스칼라량이다.

▸***Newton의 제2법칙*** 질량 m의 물체에 작용하는 알짜힘 $\vec{F}_{\text{net}}$은 다음과 같이 물체의 가속도 $\vec{a}$와 관계가 있다.

$$\vec{F}_{\text{net}} = m\vec{a}. \tag{5.1.1}$$

이것을 성분별로 쓰면 다음과 같다.

$$F_{\text{net},x} = ma_x \quad F_{\text{net},y} = ma_y \quad F_{\text{net},z} = ma_z. \tag{5.1.2}$$

제2법칙에 의하면 SI 단위계에서 힘의 단위는 다음과 같다.

$$1\text{ N} = 1\text{ kg}\cdot\text{m/s}^2. \tag{5.1.3}$$

자유물체그림은 단지 *한* 물체만을 고려한 그림이다. 물체는 주로 점으로 표시한다. 한 물체에 작용하는 외부력을 그리고, 좌표계를 설정하여 해를 쉽게 구할 수 있다.

▸***몇 가지 특별한 힘*** 물체에 작용하는 **중력** $\vec{F}_g$는 다른 물체에 의해 끌리는 힘이다. 이 책의 대부분의 경우에 다른 물체는 지구나 다른 천체들이다. 지구에 대해서 힘은 지면 아래쪽으로 향하고, 지구는 관성계로 가정한다. 이러한 가정하에서 $\vec{F}_g$의 크기는 다음과 같다.

$$F_g = mg. \tag{5.2.1}$$

여기서 m은 물체의 질량, g는 자유낙하 가속도의 크기이다.

물체의 **무게** W는 그 물체에 작용하는 중력과 균형을 맞추기 위해 필요한 위쪽으로 향하는 힘의 크기이다. 한 물체의 무게는 다음과 같이 물체의 질량과 관계가 있다.

$$W = mg. \tag{5.2.5}$$

수직력 $\vec{F}_N$은 물체가 표면을 누를 때 표면이 물체를 받치는 힘이다. 수직력은 항상 표면에 수직인 방향으로 작용한다.

마찰력 $\vec{f}$는 물체가 표면을 따라서 미끄러지거나, 미끄러지려고 할 때 물체에 작용하는 힘이다. 마찰력은 항상 표면에 평행하고 미끄러짐을 방해하는 방향으로 작용한다.

줄이 **장력**을 받고 있을 때 줄의 각 끝은 물체를 끌어당긴다. 당기는 힘은 물체와 접촉하는 점으로부터 멀어지는 방향으로 줄을 따라서 작용한다. *질량이 없는* 줄(질량을 무시할 만한 줄)은 *마찰이 없는 도르래*(질량이 무시할 만큼 작고 도르래의 회전을 방해하는 도르래 축상의 마찰이 무시될 만큼 작은 도르래) 주위를 자유롭게 움직인다 할지라도 줄의 각 끝에서 당기는 힘의 크기는 T값으로 같다.

▸***Newton의 제3법칙*** 물체 C가 힘 $\vec{F}_{BC}$를 다른 물체에 작용한다면, 물체 B는 힘 $\vec{F}_{CB}$를 물체 C에 작용한다.

$$\vec{F}_{BC} = -\vec{F}_{CB}.$$

연습문제 _Problems

E Easy M Medium H Hard CALC Requires calculus BIO Biomedical application

1 M 그림 5.1에서 한 사람이 의자에 앉아서 마찰 없는 도르래를 지나는 줄의 반대편 끝을 잡고 있다. 사람과 의자의 전체 질량은 115 kg이다. 이 사람이 (a) 일정한 속도로, (b) 위 방향으로 1.30 m/s^2의 가속도로 올라가기 위해서는 잡아당기는 힘의 크기는 각각 얼마가 되어야 하는가? (*힌트*: 자유물체그림을 그려서 생각하여라.) 오른쪽 줄이 지표까지 내려와 동료가 줄을 잡아당긴다면 (c) 일정한 속도로, (d) 위 방향 1.30 m/s^2의 가속도로 올라가기 위해서는 동료가 잡아당겨야 하는 힘의 크기는 각각 얼마가 되어야 하는가? (e) 문제 a, (f) 문제 b, (g) 문제 c, (h) 문제 d에서 도르래 계가 천장에 작용하는 힘의 크기는 각각 얼마인가?

그림 5.1 연습문제 1

2 E 무게 1.30×10^4N의 자동차가 처음에 35 km/h로 달리다가 브레이크를 밟았더니 15 m를 더 가서 정지했다. 자동차를 정지시킨 힘이 일정하다고 가정하고 (a) 힘의 크기 (b) 속력변화가 일어난 시간을 구하여라. 만일 초기 속력이 2배가 되고, 자동차를 정지시키는 힘은 동일하다면 (c) 제동거리와 (d) 제동시간은 각각 몇 배가 되는가? (여기서 과속운전의 위험성에 대한 교훈을 얻을 수 있다.)

3 H CALC 그림 5.2는 x축 방향을 따라서만 움직이는 3.00 kg의 얼음덩어리에 작용하는 힘의 x 성분 F_x를 시간 t의 함수로 그린 그래프이다. $t = 0$에서 얼음덩어리가 x축 양의 방향으로 6.0 m/s의 속도로 움직이고 있다. $t = 11$ s일 때 (a) 속력과 (b) 이동방향을 구하여라.

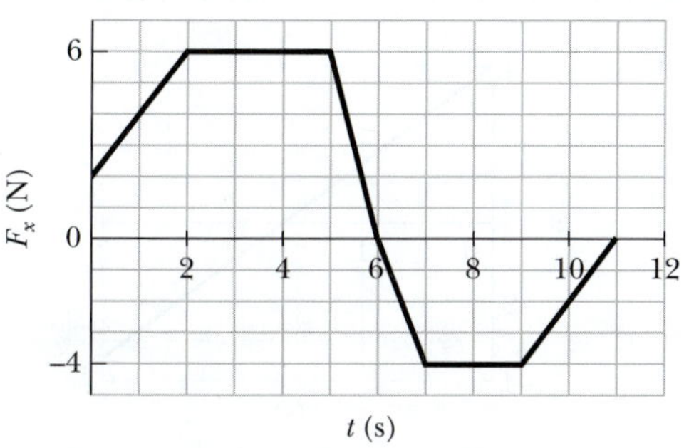

그림 5.2 연습문제 3

4 M 질량 50 kg의 스키선수가 수평각도 10°의 마찰 없는 비탈 아래로 직활강하고 있다. 스키선수가 비탈을 따라 x축 음의 방향으로 이동한다고 하자. 바람이 불어 성분 F_x인 힘이 스키선수에 작용한다. 스키선수 속도의 크기가 (a) 일정 (b) 1.0 m/s^{2}의 비율로 증가 (c) 2.0 m/s^{2}의 비율로 증가한다면 F_x는 얼마인가?

5 M 그림 5.3에서 각각의 질량이 0.200 kg인 다섯 개의 고리로 구성된 사슬이 수직방향으로 등가속도 $a = 2.50$ m/s^{2}로 끌려 올라가고 있다. (a) 고리 2가 고리 1에 작용하는 힘 (b) 고리 3이 고리 2에 작용하는 힘 (c) 고리 4가 고리 3에 작용하는 힘 (d) 고리 5가 고리 4에 작용하는 힘의 크기를 각각 구하여라. 이때 (e) 사슬을 끌어올리는 사람이 맨 위의 고리에 작용하는 힘 $\vec{F}$와 (f) 각 고리를 가속시키는 *알짜힘*을 각각 구하여라.

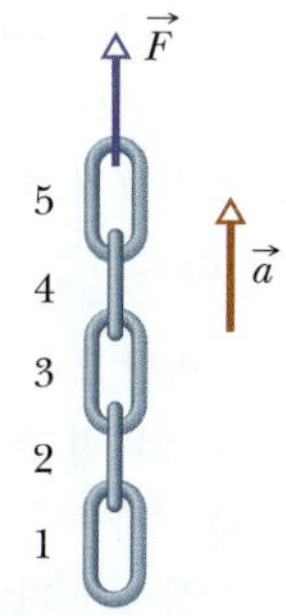

그림 5.3 연습문제 5

6 M 5.00 kg의 물체에 세 힘이 작용하여 가속도 $\vec{a} = -(8.00 \text{ m/s}^2)\hat{\text{i}} + (6.00 \text{ m/s}^2)\hat{\text{j}}$가 생긴다. 세 힘 중 두 힘이 $\vec{F}_1 = (30.0 \text{ N})\hat{\text{i}} + (16.0 \text{ N})\hat{\text{j}}$와 $\vec{F}_2 = (12.0 \text{ N})\hat{\text{i}} + (8.00 \text{ N})\hat{\text{j}}$일 때 세 번째 힘을 구하여라.

7 M 제트추진 배낭을 메고 있는 세 우주비행사가 그림 5.4처럼 각각 $F_1 = 32$N, $F_2 = 55$N, $F_3 = 41$N 힘을 가하여 250 kg의 운석을 처리장으로 밀고 있다. 두 각도는 $\theta_1 = 30°$과 $\theta_2 = 60°$이다. 운석의 가속도를 (a) 단위벡터 표기법으로 구하여라. (b) 가속도의 크기와 (c) 양의 x축에 대한 방향을 구하여라.

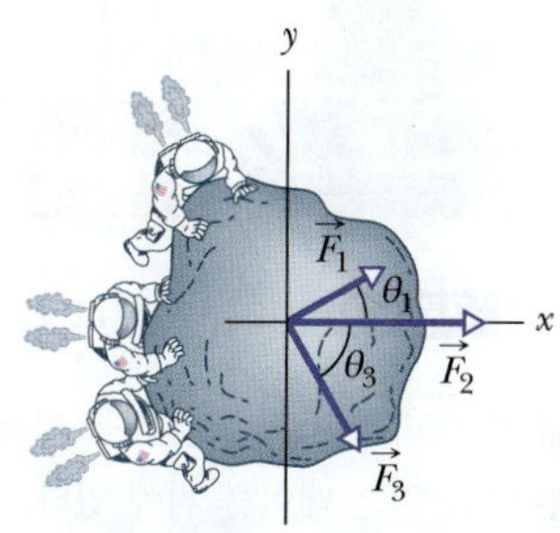

그림 5.4 연습문제 7

8 E 몸무게 800 N의 타잔이 높은 나무의 돌출부위로부터 길이가 20.0 m이고 수직방향과 22.0°의 각도를 이룬 넝쿨의 끝을 잡고 절벽을 건너고 있다. x축은 절벽 끝으로부터 수평방향이고, y축은 윗방향이라고 가정하자. 타잔이 절벽에서 발은 떼는 순간 넝쿨에 작용하는 장력은 760 N이다. 바로 이때 넝쿨이 (a) 타잔에게 작용하는 힘을 단위벡터 표기법으로 써라. 타잔에게 작용하는 알짜힘을 (b) 단위벡터 표기법으로 쓰고, 알짜힘의 (c) 크기와 (e) $+x$축에 대한 각도를 구하여라. 타잔 가속도의 (e) 크기와 (f) 각도는 얼마인가?

9 M 그림 5.5에서 승강기 A와 B가 짧은 줄로 연결되어 있고, 승강기 A 위에 매단 줄에 의해 위로 올라가거나 아래로 내려간다. 승강기 A의 질량은 1700 kg, 승강기 A의 질량은 1300 kg이다. 질량 8.80 kg의 상자를 승강기 A의 바닥에 놓았다. 두 승강기 사이를 연결하는 줄의 장력이 1.91×10^4 N이면 바닥이 상자에 작용하는 수직항력의 크기는 얼마인가?

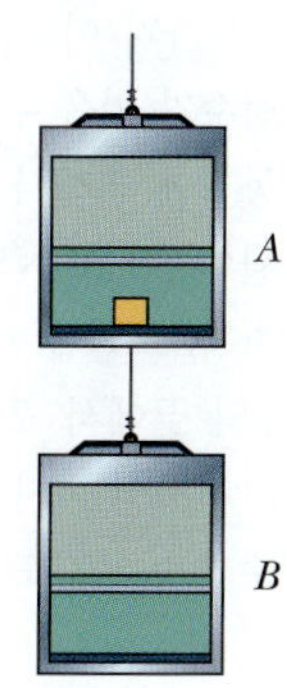

그림 5.5 연습문제 9

10 **E** 몸무게 658 N의 소방관이 수직막대를 타고 3.00 m/s^2의 가속도로 미끄러져 내려왔다. 막대가 소방관에 작용한 수직방향 힘의 (a) 크기는 얼마이고 (b) 어느 방향인가(위 또는 아래)? 그리고 소방관이 막대에 작용한 수직방향의 힘의 (c) 크기는 얼마이며 (d) 어느 방향인가?

11 **M** 질량 10 kg의 원숭이가 마찰 없는 나무가지에 걸려 있는 질량이 없는 줄을 오르고 있고 줄의 반대편 끝에는 12 kg의 상자가 묶여 지면에 놓여있다(그림 5.6). (a) 상자를 끌어올리기 위한 원숭이의 최소 가속도의 크기는 얼마인가? 상자가 지면에서 떨어지고 난 다음에 원숭이가 오르기를 멈추고 줄을 잡을 때, 원숭이의 가속도 (b) 크기 (c) 방향 (d) 줄의 장력을 구하여라.

그림 5.6 연습문제 11

12 **H** 그림 5.7처럼 세 토막이 마찰 없는 도르래를 지나는 줄로 연결되어 있다. 토막 B는 마찰 없는 테이블 위에 있다. 질량은 각각 m_A = 6.00 kg, m_B = 8.00 kg, m_C = 14.0 kg이다. 토막을 놓았을 때 오른쪽 줄에 걸리는 장력을 구하여라.

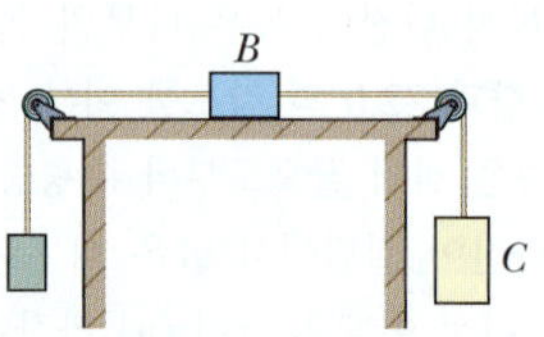

그림 5.7 연습문제 12

13 **H** **BIO** 투포환 경기에서 많은 선수는 같은 속력과 높이에서 수평거리가 가장 긴 이론값인 각도보다 작은 각도로(약 42°) 포환을 던진다. 한 가지 이유는 포환을 던지기 위해서 가속시키는 단계에서 투포환 선수가 얻을 수 있는 포환의 속력과 관련이 있다. (투포환 선수의 준비 동작에 의해서 생긴) 초기속력은 2.500 m/s이고, 질량 7.260 kg의 포환이 380.0 N의 일정한 힘으로 1.650 m의 직선을 따라 가속된다고 하자. 포환을 가속시키는 각도가 (a) 30.00° (b) 42.00°일 때, 가속운동의 끝에서 포환이 얻게 되는 속력은 얼마인가? (*힌트*: 주어진 각도로 경사진 발사대에서 발사된 것처럼 취급하여라.) (c) 만약 투포환 선수가 발사각도를 30.00°에서 42.00°로 올리면 발사속력의 몇 % 가 감소하는가?

14 **M** 그림 5.8에는 질량 5.00 kg의 상자에 작용하는 두 힘 중 하나만 나타내었다. F_1 = 20.0 N일 때, a = 12.0 m/s^2, θ = 30.0°가 되도록 두 번째 힘을 (a) 단위벡터 표기법으로 쓰고, 두 번째 힘의 (b) 크기와 (c) 양의 x축에 대한 각도를 구하여라.

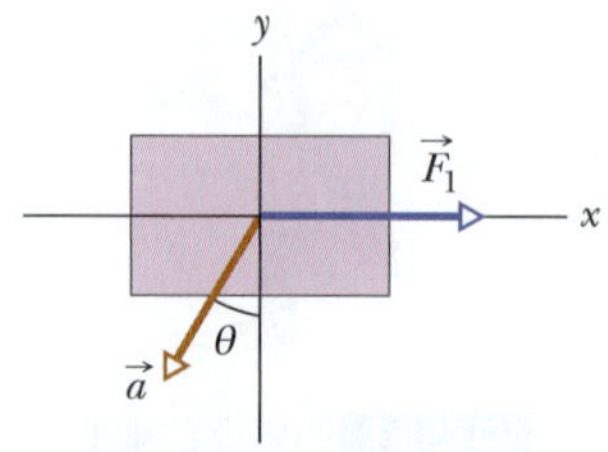

그림 5.8 연습문제 14

15 **E** xy평면상에 놓여있는 부엌 조리대 위에서 마찰 없이 미끄러지는 5.0 kg의 도마에 수평방향으로 두 힘이 작용한다. 한 힘은 $\vec{F}_1$ = (3.0 N)$\hat{\text{i}}$ + (4.0 N)$\hat{\text{j}}$이다. 다른 힘이 (a) $\vec{F}_2$ = (−3.0 N)$\hat{\text{i}}$ + (−4.0 N)$\hat{\text{j}}$ (b) $\vec{F}_2$ = (−3.0 N)$\hat{\text{i}}$ + (4.0 N)$\hat{\text{j}}$ (c) $\vec{F}_2$ = (3.0 N)$\hat{\text{i}}$ + (−4.0 N)$\hat{\text{j}}$일 때, 도마의 가속도를 단위벡터 표기법으로 구하여라.

16 **M** 질량 3.50 kg의 상자가 수평으로부터 각도 θ인 마찰 없는 경사면을 따라 매끄럽게 올라간다. 그림 5.9는 경사면 윗방향을 x축으로 정하고 상자 속도의 성분인 v_x를 시간 t의 함수로 나타낸 그래프이다. 경사면이 상자에 작용하는 수직력의 크기는 얼마인가?

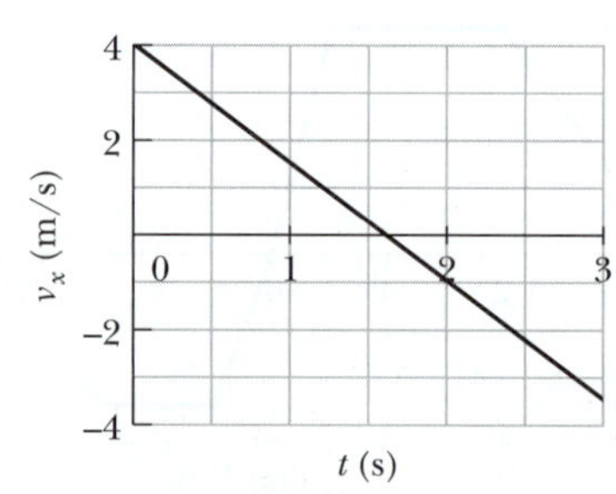

그림 5.9 연습문제 16

17 **E** *태양차단*. 태양범선은 태양광으로 추진되는 큰 돛을 가진 우주비행선이다. 이러한 추진력이 일상적인 환경에서는 매우 작지만 우주비행선을 태양의 바깥쪽으로 천천히 보내는 무료 항해용으로는 충분하다. 우주비행선의 질량은 1200 kg이고 20 N의 추진력을 받는다고 하자. (a) 우주비행선 가속도의 크기는 얼마인가? 우주비행선이 정지상태에서 출발한다면 (b) 하루에 얼마나 멀리 항해할 수 있는가? (c) 하루가 지난 후 얼마나 빨리 움직이는가?

18 **M** 그림 5.10에서 매우 미끄러운(마찰이 없는) 빙판 위에서 조련사가 장난스럽게 네 마리의 펭귄을 끌고 있다. 세 마리 펭귄의 질량과 두 줄의 장력은 각각 m_1 = 12 kg, m_3 = 15 kg, m_4 = 20 kg, T_2 = 90.0 N, T_4 = 222 N이다. 두 번째 펭귄의 질량 m_2를 구하여라.

그림 5.10 연습문제 18

19 M 질량 M인 열기구가 수직 아래 방향으로 크기 a의 가속도로 내려오고 있다. 열기구가 a의 가속도로 상승하려면 얼마나 많은 질량(모래주머니)을 버려야 하는가? 공기가 열기구에 작용하는 윗방향 힘은 기구의 질량을 줄이더라도 바뀌지 않는다고 가정하여라.

20 H 그림 5.11에서 질량 $m_2 = 1.0$ kg의 상자가 경사각도 $\theta = 30°$인 마찰 없는 경사면 위에 놓여 있다. 상자는 마찰 없는 수평면 위에 놓여 있는 질량 $m_1 = 3.0$ kg의 상자와 질량을 무시할 수 있는 줄로 연결되어 있다. 도르래는 마찰과 질량이 없다. (a) 수평방향으로 작용하는 힘 $\vec{F}$의 크기가 4.0 N이라면 연결하는 줄에 걸리는 장력은 얼마인가? (b) 줄이 느슨해지지 않도록 당기는 힘 $\vec{F}$의 최대 크기는 얼마인가?

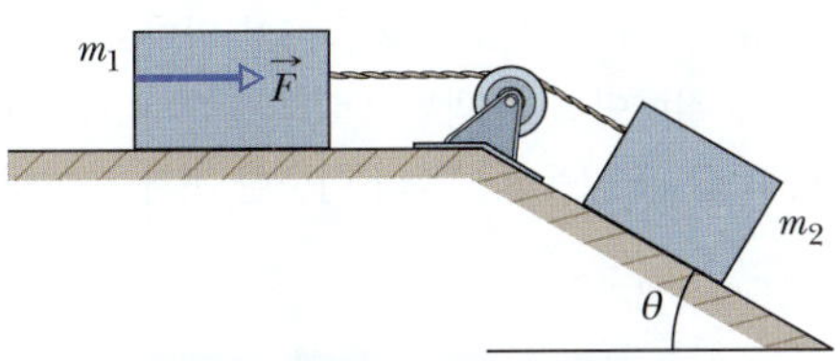

그림 5.11 연습문제 20

21 M 질량 85 kg의 남자가 마찰 없는 도르래의 줄을 잡고 10.0 m의 높이에서 지표면으로 내려오는데 줄의 반대편 끝에는 55 kg의 모래주머니가 달려 있다. 정지상태에서 출발했다면 지면에 닿을 때의 속력은 얼마인가?

22 M 그림 5.12*a*에서 일정한 수평힘 $\vec{F}_a$가 토막 A에 작용하여 20.0 N의 힘으로 토막 B를 오른쪽 수평 방향으로 밀고 있다. 그림 5.12*b*에서는 동일한 힘 $\vec{F}_a$가 토막 B에 작용하여 토막 A가 10.0 N의 힘으로 토막 B를 왼쪽 수평방향으로 밀고 있다. 두 토막의 전체 질량은 12.0 kg이다. (*a*) 그림 5.12*a*에서 토막의 가속도 크기와 (*b*) $\vec{F}_a$의 크기는 얼마인가?

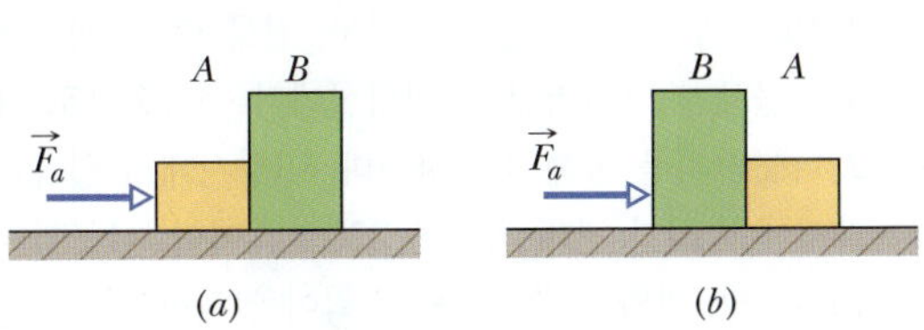

그림 5.12 연습문제 22

23 E 낚싯줄이 끊어지는 순간에 걸리는 장력을 일반적으로 줄의 "세기"라고 부른다. 처음에 1.6 m/s의 속도로 헤엄치고 있는 무게 85 N의 연어를 끌어서 정지시키는 데 필요한 줄의 최소 세기는 얼마인가? 일정하게 감속된다고 가정한다.

24 M 그림 5.13에서 두 토막이(질량을 무시할 수 있는) 줄로 서로 연결되어 있고 이 줄은(역시 질량을 무시할 수 있는) 마찰 없는 도르래를 지나간다. 이 조합은 *Atwood 장치*로 알려져 있다. 한 토막의 질량은 $m_1 = 1.30$ kg이고 다른 토막의 질량은 $m_2 = 3.30$ kg이다. (*a*) 토막의 가속도 크기와 (*b*) 줄에 걸리는 장력의 크기는 얼마인가?

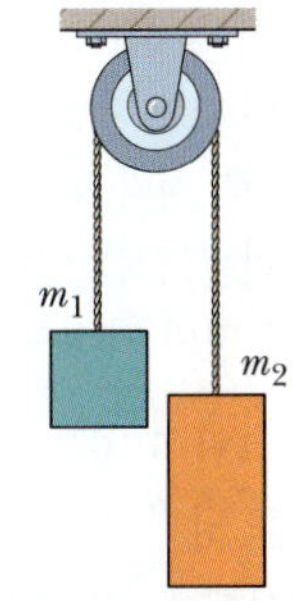

그림 5.13 연습문제 24, 58

25 M 질량 40 kg의 소녀가 질량을 무시할 수 있는 15 m의 줄이 연결된 9.7 kg의 썰매를 마찰 없는 빙판 위에서 당기고 있다. 이 소녀가 5.2 N의 수평력을 줄에 작용하였다. (a) 썰매와 (b) 소녀의 가속도 크기는 얼마인가? (c) 소녀가 처음 위치로부터 얼마나 움직여서 썰매가 만나는가?

26 E 그림 5.14은 두 수평력이 작용하는 질량 2.0 kg의 상자를 위에서 본 그림이다. 그림에는 한 힘(크기 $F_1 = 20$ N)만 표시되어 있다. 상자는 x축을 따라서 움직인다. 상자의 가속도 a_x가 다음과 같은 값을 가질 때 두 번째 힘을 단위벡터 표기법으로 써라. (a) 15 m/s^2, (b) 20 m/s^2, (c) 0, (d) -10 m/s^2, (e) -15 m/s^2.

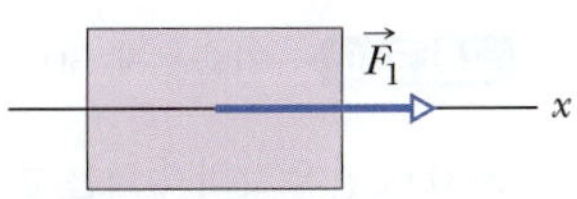

그림 5.14 연습문제 26

27 M CALC 질량 0.340 kg의 입자가 $x(t) = -15.00 + 2.00\,t - 4.00\,t^3$, $y(t) = 25.00 + 7.00\,t - 9.00\,t^2$에 따라 xy 평면 위에서 움직이며, x와 y는 미터, t는 초 단위이다. $t = 0.300$ s에서 입자에 작용하는 (a) 알짜힘의 크기 (b) 물체에 작용하는 알짜힘과 양의 x축 사이의 각도를 구하여라. (c) 입자가 진행하는 방향의 각도를 구하여라.

28 M BIO 어떤 곤충은 (작은 가지와 같은) 얇은 막대에 거꾸로 매달려서 걷는다. 질량 m의 곤충이 그림 5.15처럼 $\theta = 35°$의 각도로 수평막대에 매달려 있다. 곤충의 여섯 개 다리는 똑같은 장력을 받고, 몸에 가장 가까운 다리 부분은 수평이다. (a) 곤충의 무게에 대한 한 개의 경절(정강이 부분)당 장력의 비율은 얼마인가? (b) 만약 곤충이 다리를 좀 더 편다면 각각의 경절당 장력은 증가하는가, 감소하는가, 아니면 그대로인가?

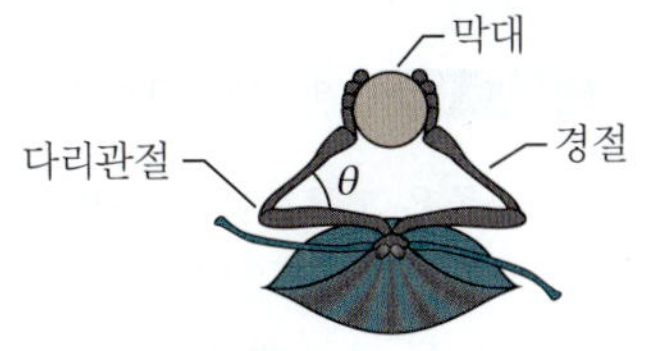

그림 5.15 연습문제 28

29 E 놀이공원에서 음의 y축 방향으로 1.18g의 가속도로 내려오는 놀이기구 안에 승객이 타고 있다. 중력가속도는 $g = 9.80$ m/s^{2}이며,

0.567 g의 동전이 승객의 무릎 위에 놓여 있다. 놀이기구가 내려오기 시작할 때 (a) 지면, (b) 승객에 대한 동전의 상대가속도를 단위벡터 표기법으로 써라. (c) 동전이 무릎 위 2.20 m 높이의 천장에 닿을 때까지 걸린 시간은 얼마인가? (d) 동전에 작용한 실제 힘, (e) 승객이 측정한 동전의 가속도에 따른 겉보기 힘을 단위벡터 표기법으로 써라.

30 M 그림 5.16은 길동, 영희, 철수가 2차원 평면에서 자동차 타이어를 서로 당기고 있는 것을 위에서 본 것이다. 세 명이 당겨도 타이어는 정지상태에 있다. 길동은 250 N 크기의 힘 $\vec{F}_A$로, 철수는 170 N 크기의 힘 $\vec{F}_C$로 당긴다. 그림에 $\vec{F}_C$의 방향은 표시하지 않았다. 영희가 당기는 힘 $\vec{F}_B$의 크기는 얼마인가?

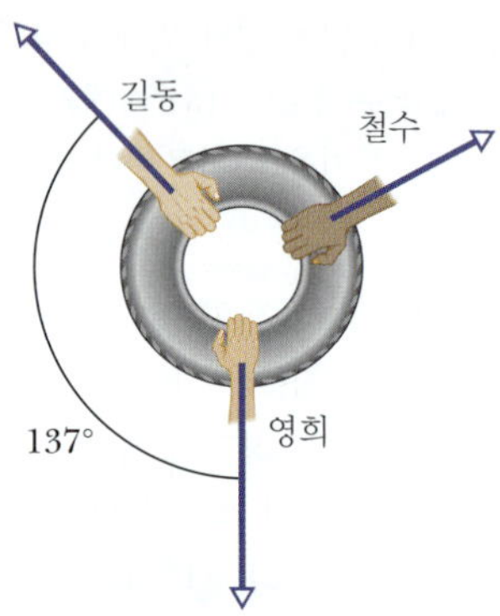

그림 5.16 연습문제 30

31 M CALC 질량이 3.00 kg인 입자의 속도는 $\vec{v} = (8.00t\hat{\mathrm{i}} + 300\,t^2\hat{\mathrm{j}})$ m/s이며, t는 초 단위이다. 어느 순간 입자에 작용하는 알짜힘의 크기가 50.0 N이다. (a) (양의 x축에 대해) 알짜힘의 방향과 (b) 입자의 진행방향을 구하여라.

32 M 그림 5.17에서 마찰 없는 수평면 위에서 질량 m = 3.00 kg의 토막이 수평각 θ = 25.0°, 크기 의 힘으로 움직이고 있다. (a) 토막의 가속도 크기는 얼마인가? (b) 힘의 크기 F가 천천히 증가한다. 토막이 수평면에서 완전히 떨어져 올라오는 순간에 힘의 크기는 얼마인가? (c) 토막이 수평면에서 완전히 떨어져 올라오기 바로 직전에 토막의 가속도 크기는 얼마인가?

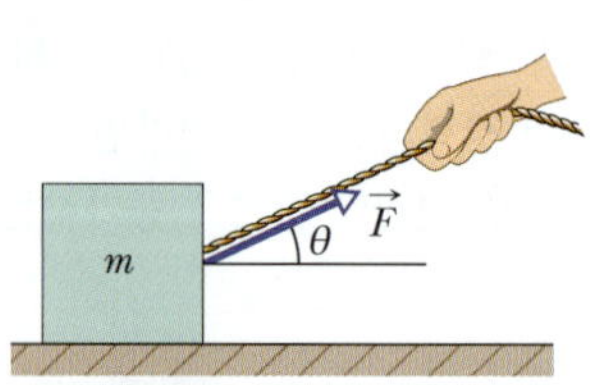

그림 5.17 연습문제 32, 45

33 M BIO Zacchini 가족은 고무줄이나 공기 대포로 가족 중 한 사람을 포탄처럼 발사하는 인간대포로 유명하다. 한 번은 69 m 떨어진 대포에서 발사한 Emanuel Zacchini가 세 개의 대회전 관람차를 넘어서 대포 출구와 같은 높이의 안전그물에 떨어졌다. 그는 길이가 5.2 m인 대포에서 각도 53°로 발사되었다. 그의 질량이 75 kg이고, 대포 안에서 등가속도로 추진된다고 하자. 인간대포의 추진력 크기는 얼마인가? (*힌트*: 53°의 발사대에서 발사된 것처럼 취급하여라. 공기 저항은 무시한다.)

34 M 그림 5.18에 세 상자가 줄로 연결되어 있다. 그중 한 상자는 마찰과 질량을 무시할 수 있는 도르래를 통하여 줄로 연결되어있다. 세 상자의 질량은 각각 m_A = 40.0 kg, m_B = 40.0 kg, m_C = 10.0 kg이다. 계를 정지상태에서 놓았을 때 (a) B와 C를 연결하는 줄에 걸리는 장력은 얼마인가? (b) 처음 0.250 s 동안에 A는 얼마나 움직이는가? (A는 도르래에 도달하지 않는다고 가정한다.)

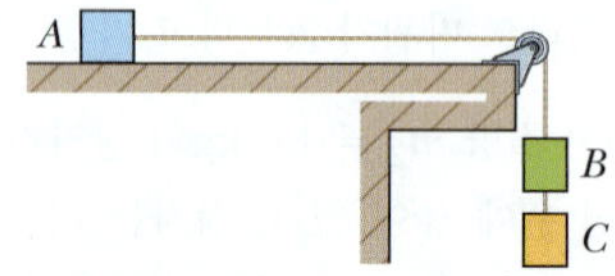

그림 5.18 연습문제 34

35 H 그림 5.19는 케이블카의 두 구간을 나타낸다. 각 차량마다 탑승객의 최대 허용 질량은 3500 kg이다. 차량은 지지케이블 위에 놓여 각 차량의 지지탑에 묶여 있는 두 번째 케이블에 의해 움직인다. 케이블은 팽팽하고 θ = 35°의 각도로 기울어져 있다고 가정한다. 차량의 질량이 최대 허용 질량이고 위 방향으로 기울어져 0.81 m/s^{2}으로 가속되어 올라간다고 할 때 구동케이블의 이웃한 구간 사이의 장력 차이는 얼마인가?

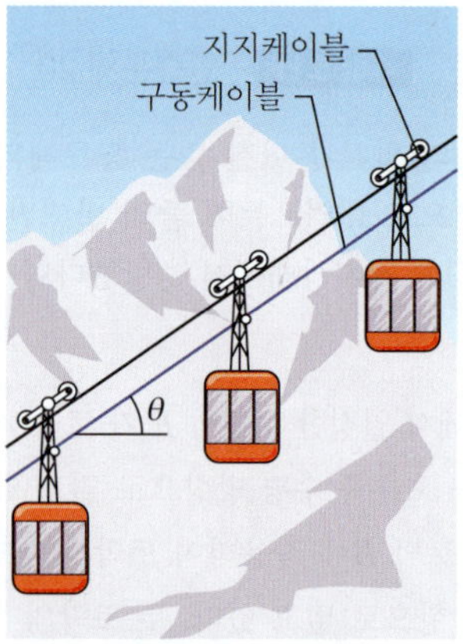

그림 5.19 연습문제 35

36 E 토네이도 주위의 고속 강풍은 나무, 건물 담장, 심지어는 교통 신호대와 같은 물체를 날려버린다. 실험실에서 공기총으로 나무 이쑤시개를 오크 나뭇가지를 향해 발사하였다. 이쑤시개의 질량은 0.22 g이고, 나뭇가지에 박히기 전의 속력은 220 m/s이며, 나뭇가지에 박힌 깊이는 15 mm이다. 만약 이쑤시개의 속력이 일정한 비율로 감소한다면, 나뭇가지가 이쑤시개에 작용하는 힘의 크기는 얼마인가?

37 M 옛날에는 그림 5.20처럼 운하에서 말이 배를 끌었다. 말이 7900 N의 힘으로 양의 x축으로 선택한 배의 운동 방향에 대해 θ = 18°의 각도로 줄을 끈다고 하자. 배의 질량은 9500 kg이고 가속도의 크기는 0.060 m/s^{2}이다. 물이 배에 작용하는 힘의 (a) 크기와 (b) (양의 x축 방향에 대한) 방향을 구하여라.

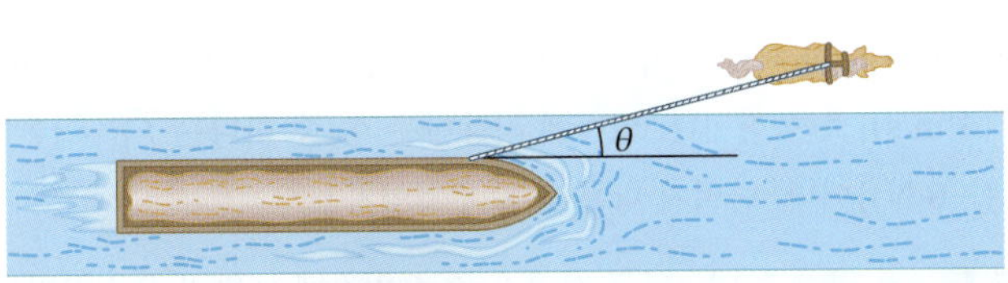

그림 5.20 연습문제 37

38 M 무게 27.8 kN의 승강기가 올라가고 있다. 속도가 0.970 m/s^{2}의 비율로 (a) 증가하고 있을 때 (b) 감소하고 있을 때, 승강기 줄의 장력은 각각 얼마인가?

39 M 질량 m_1 = 4.40 kg인 토막이 θ = 30.0° 각도로 기울어진 마찰이 없는 평면 위에서 줄에 연결되어 있고, 이 줄은 질량과 마찰이 없는 도르래를 통하여 반대편에 수직으로 매달려 있는 질량 m_2 = 2.30 kg인 두 번째 토막에 연결되어 있다(그림 5.21). (a) 각 토막의 가속도 크기 (b) 매달려 있는 토막의 가속도 방향 (d) 줄의 장력을 구하여라.

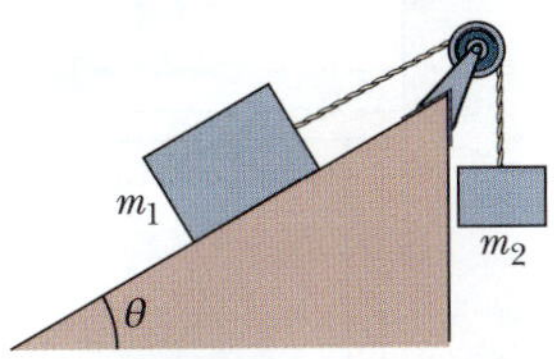

그림 5.21 연습문제 39

40 M CALC 질량 0.300 kg의 입자가 $x(t) = -13.00 + 2.00\,t + 4.00\,t^2 - 3.00\,t^3$에 따라 x축 위에서 움직이며, x는 미터, t는 초 단위이다. t = 3.40 s에서 입자에 작용하는 알짜힘을 단위벡터 표기법으로 써라.

41 E 일정한 수평력 $\vec{F}_a$를 xy 좌표계로 정한 마찰 없는 마루 위에 놓여 있는 2.00 kg의 소포상자에 가했다. 그림 5.22는 소포상자의 시간 t에 대한 속도의 x와 y 성분이다. $\vec{F}_a$의 (a) 크기 (b) 방향을 구하여라.

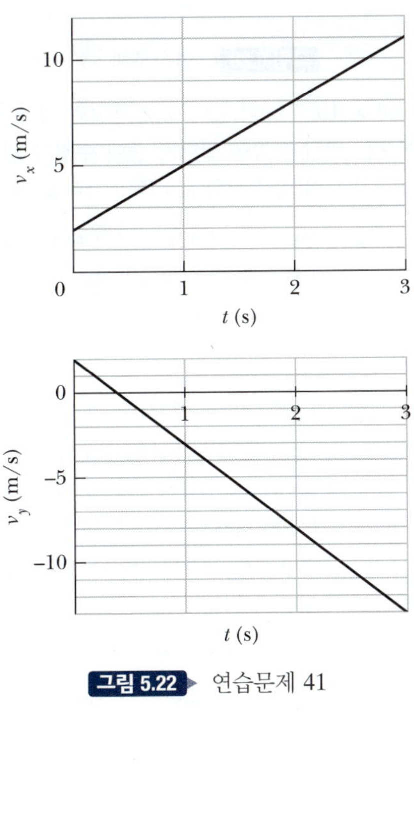

그림 5.22 연습문제 41

42 E 1 kg의 표준물체에 물체를 양의 x축 방향에 대해 70° 방향으로 2.00 m/s^{2}의 가속도로 움직인다. 물체에 작용하는 알짜힘의 (a) x 성분 (b) y 성분 (c) 단위벡터 표기법을 사용한 알짜힘을 구하여라.

43 M 그림 5.23처럼 질량 m = 100 kg의 나무상자가 마찰 없는 비탈(θ = 20.0°) 위에서 수평힘 $\vec{F}$를 받아 등속력으로 올라간다. (a) $\vec{F}$의 크기와 (b) 비탈이 나무상자에 작용한 힘의 크기를 구하여라.

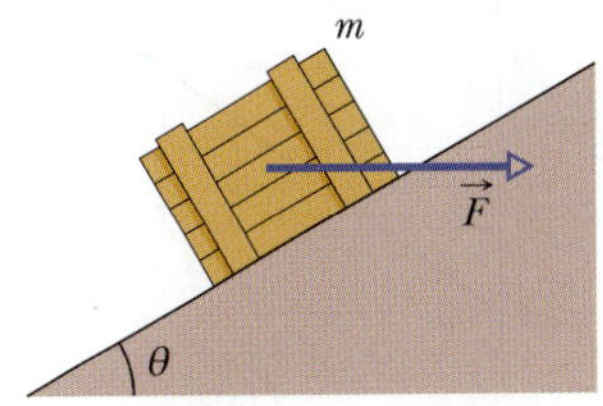

그림 5.23 연습문제 43

44 E 1.2 × 10^7 m의 수평속도로 움직이던 전자가 수직방향으로 4.5 × 10^{-16} N의 일정한 힘이 작용하는 영역으로 들어왔다. 전자의 질량은 9.11 × 10^{-31} kg이다. 전자가 수평 방향으로 45 mm 이동하는 동안에 수직 방향으로 이동한 거리를 구하여라.

45 M CALC 그림 5.17에서 5.00 kg의 토막이 시간에 따라 변하는 각도 $\theta(t)$로 작용하는 크기가 20.0 N으로 일정한 힘에 의해 마찰 없는 마루 위를 움직이고 있다. θ = 25.0°일 때, (a) $\theta(t) = (3.00 \times 10^{-2}$ deg/s$)t$, (b) $\theta(t) = -(3.00 \times 10^{-2}$ deg/s$)t$로 변하면 토막의 가속도 변화율은 얼마인가? (*힌트*: 각도는 라디안으로 써야 한다.)

46 E 무게 6.0 N의 토막이 수평면 위에 정지해 있다. 토막에 수직으로 연결된 줄에 1.0 N의 힘을 위로 작용하면 토막이 수평면에 작용하는 힘의 (a) 크기와 (b) 방향은 무엇인가?

47 E 1974년 4월에 벨기에의 John Massis는 두 대의 객차를 움직였다. 두 객차에 매단 줄을 입에 물고 두 발을 철로에 걸치고 상체를 뒤로 당겼다(그림 5.24). 두 객차의 전체 무게는 700 kN(약 80톤)이다. 그는 자기 몸무게의 2.5배에 해당하는 일정한 힘으로 수평방향 위쪽 각도로 당겼다고 하자. 그의 질량은 80 kg이고 객차는 0.80 m 움직였다. 객차 바퀴의 회전에 의한 방해하는 힘은 무시하고 그가 당긴 후 객차의 속력을 구하여라.

AP/Wide World Photos, Library of Congress

그림 5.24 연습문제 47

48 E 마찰이 없는 바닥을 움직일 수 있는 6.0 kg의 물체에 두 개의 수평힘만 작용한다. 한 힘은 동쪽으로 작용하는 9.0 N이고, 다른 힘은 서쪽에서 북쪽으로 62°로 작용하는 8.0 N이다. 물체의 가속도 크기를 구하여라.

49 **H** xy좌표축이 표시되어 있는 마찰 없는 얼음 위에서 미끄러지고 있는 질량 3.0 kg의 원판에 두 수평힘 $\vec{F}_1$과 $\vec{F}_2$가 작용한다. 힘 $\vec{F}_1$은 x축 양의 방향으로 작용하고 크기는 7.0 N이다. 힘 $\vec{F}_2$의 크기는 9.0 N이다. 그림 5.25는 원판이 미끄러지는 동안 x 성분 속도 v_x의 시간변화이다. 일정한 두 힘 $\vec{F}_1$과 $\vec{F}_2$ 사이의 각도는 얼마인가?

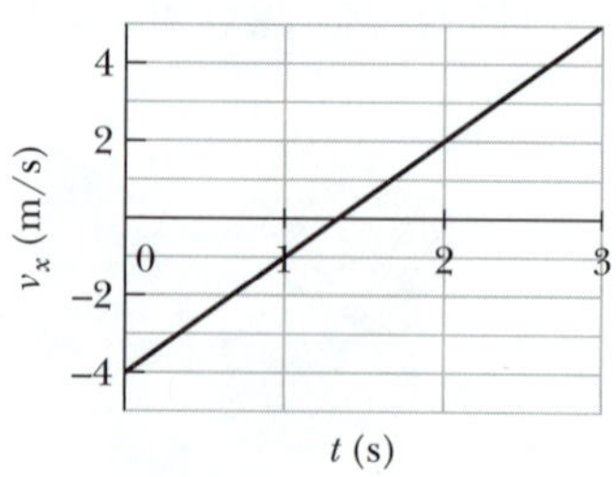

그림 5.25 연습문제 49

50 **E** 53 km/h로 달리던 자동차가 교각에 부딪혔다. 자동차에 탄 승객은 (도로에 대하여) 앞쪽으로 65 cm 움직인 후 부푼 에어백에 부딪쳐 정지하였다. 질량이 65 kg인 승객의 상체에 (일정하다고 가정한) 작용한 힘의 크기는 얼마인가?

51 **M** 그림 5.26은 마찰 없는 테이블 위에서 0.0250 kg의 레몬 반쪽에 작용하는 세 수평힘 중 두 힘을 위에서 본 그림이다. 힘 $\vec{F}_1$의 크기는 6.00 N이고 $\theta_1 = 30.0°$이며, 힘 $\vec{F}_2$는 크기가 5.00 N이고 $\theta_2 = 30.0°$이다. 레몬 반쪽이 (a) 정지해 있기 위해 (b) 등속도 $\vec{v} = (13.0\hat{\text{i}} - 14.0\hat{\text{j}})$ m/s로 움직이기 위해, 그리고 (c) $\vec{v} = (13.0t\hat{\text{i}} - 14.0t\hat{\text{j}})\text{m/s}^2$의 속도로 움직이기 위해, 필요한 세 번째 힘을 각각 단위벡터 표기법으로 써라. 여기서 t는 시간이다.

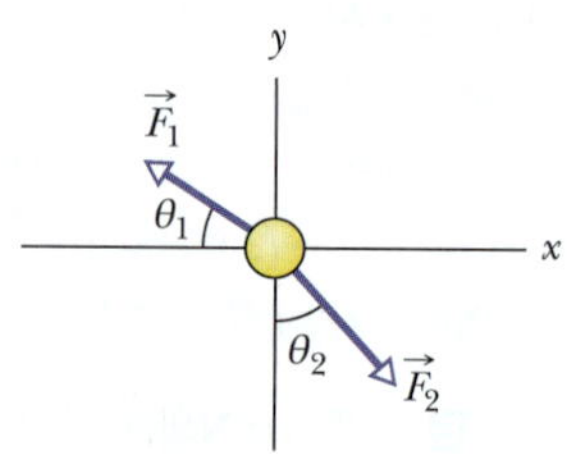

그림 5.26 연습문제 51

52 **M** 승강기 줄을 위로 당기고 있다. 승객과 승강기의 전체 질량은 1500 kg이다. 승객이 동전을 떨어뜨렸더니 승강기에 대한 동전의 가속도는 아래로 8.00 m/s^{2}이다. 승강기 줄의 장력은 얼마인가?

53 **E** 그림 5.27에서 벽돌의 질량은 4.7 kg이고 각도 θ는 30°이다. (a) 줄의 장력과 (b) 벽돌에 작용하는 수직항력을 구하여라. (c) 줄이 끊어질 경우 벽돌의 가속도 크기를 구하여라.

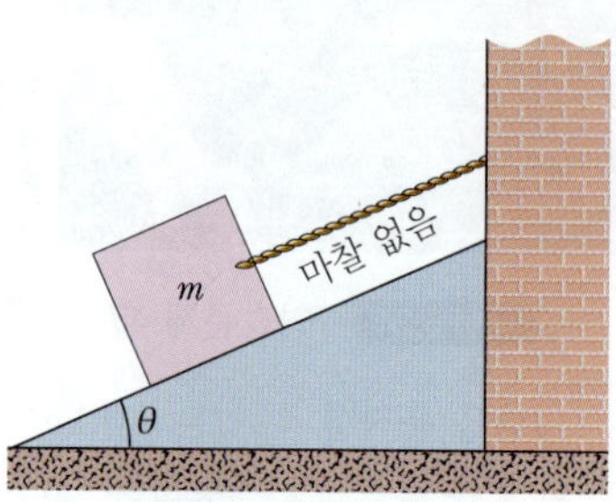

그림 5.27 연습문제 53

54 **M** 두 힘이 하나의 입자에 작용할 때 입자는 등속도 $\vec{v} = (3\text{ m/s})\hat{\text{i}} - (4\text{ m/s})\hat{\text{j}}$로 움직인다. 입자에 작용하는 힘 중 하나는 $\vec{F}_1 = (7\text{ N})\hat{\text{i}} + (-6\text{ N})\hat{\text{j}}$이다. 나머지 다른 힘은 무엇인가?

55 **E** (*a*) 질량 7.2 kg의 소시지가 줄로 천장에 매달린 용수철저울에 매달려 있다(그림 5.28*a*). SI 무게 단위로 표시된 저울이 가리키는 측정값은 얼마인가? (이것이 델리 가게에서 무게를 재는 방법이다.) (*b*) 그림 5.28*b*는 도르래를 통하여 용수철저울에 연결된 줄에 매달린 소시지이다. 용수철저울의 반대 끝은 줄에 의해 벽에 고정되어 있다. 저울이 가리키는 측정값은 얼마인가? (이것은 물리 전공자가 재는 방법이다.) (*c*) 그림 5.28*c*에서 벽을 없애고 도르래를 통하여 11.0 kg의 소시지를 하나 더 매달았더니 두 소시지는 움직이지 않고 정지해 있다. 저울이 가리키는 측정값은 얼마인가? (이것은 물리를 전공했던 델리 가게 주인이 재는 방법이다.)

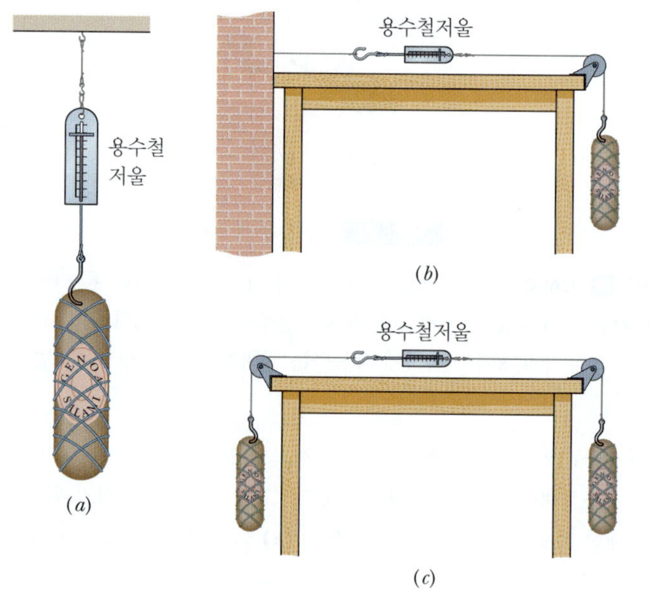

그림 5.28 연습문제 55

56 **M** 질량 6.0×10^{-4} kg의 공이 줄에 매달려 있다. 수평 방향으로 일정하게 불어오는 바람이 공을 밀어서 줄이 수직과 일정한 각도 37°를 이루었다. (a) 미는 힘의 크기와 (b) 줄의 장력을 구하여라.

57 **M** 2.4 m/s^{2}로 감속되어 내려가는 승강기 안에 전등이 줄에 매달려 있다. 이때 (a) 줄의 장력이 57 N이라면 전등의 질량은 얼마인가? (b) 승강기가 위 방향 2.4 m/s^{2}로 가속되어 올라가고 있을 때 줄의 장력은 얼마인가?

58 **H** **CALC** 그림 5.13에 (질량을 무시할 수 있는) 줄로 질량과 마찰이 없는 도르래에 두 상자가 연결된 *Atwood 장치*가 있다. $t = 0$에서 상자 1의 질량은 1.30 kg이고, 상자 2의 질량은 2.80 kg이다. 단, 상자 1은 일정한 비율 0.200 kg/s로 질량이 줄어들고(즉, 새고) 있다. (a) $t = 0$, (b) $t = 3.00$ s에서 상자의 가속도 변화율은 각각 얼마인가? (c) 가속도는 언제 최대가 되는가?

59 **M** 토막을 마찰 없는 경사면에서 윗방향 초기속력 $v_0 = 3.50$ m/s로 발사하였다. 경사각도는 $\theta = 42.0°$이다. (a) 물체가 경사면 위로

얼마나 올라가는가? (b) 시간은 얼마나 걸리는가? (c) 물체가 바닥으로 다시 내려왔을 때 물체의 속력은 얼마인가?

60 **E** 그림 5.29에 줄에 매달려 있는 네 개의 원판이 있다. 마찰이 없는 도르래를 통하여 연결되어 가장 위의 끈이 벽을 98 N의 크기의 힘으로 당긴다. 판 사이의 끈에 작용하는 장력은 T_1 = 58.8 N, T_2 = 49.0 N, T_3 = 19.6 N이다. (a) 판 A, (b) 판 B, (c) 판 C, (d) 판 D의 질량은 얼마인가?

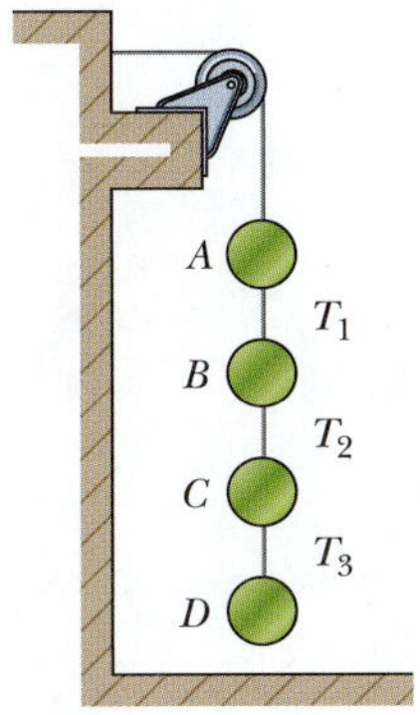

그림 5.29 연습문제 60

61 **M** 승강기와 화물을 합한 질량은 1600 kg이다. 승강기가 처음에 14 m/s의 속력으로 내려가다가 일정하게 감속하여 42 m의 거리를 내려간 후 정지했을 때 승강기를 매달고 있는 줄에 걸리는 장력은 얼마인가?

62 **M** 그림 5.30에서 줄로 연결된 세 토막이 마찰 없는 수평 테이블 위에서 크기가 T_3 = 105.0 N인 힘을 작용하여 오른쪽으로 끌려가고 있다. m_1 = 12.0 kg, m_2 = 24.0 kg, m_3 = 31.0 kg일 때 (a) 이 계의 가속도의 크기, (b) 장력 T_1의 크기, (c) 장력 T_2의 크기를 계산하여라.

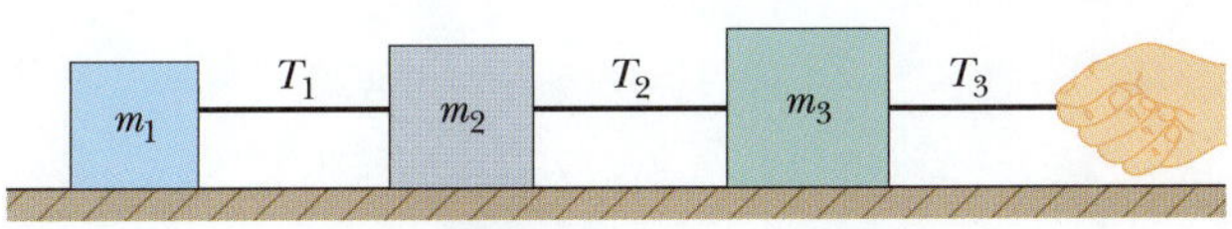

그림 5.30 연습문제 62

63 **H** **BIO** 투포환 선수가 (투포환 선수의 준비 동작에 의해서 생긴) 초기속력은 2.500 m/s이고, 질량 7.260 kg의 포환을 수평각 34.10°로 길이 1.650 m의 직선을 따라 밀면서 가속시킨다. 포환은 2.110 m 높이의 손을 수평각 34.10°로 떠나서 수평거리 15.90 m인 곳에 떨어진다. 포환을 가속시키는 동안 투포환 선수가 포환에 작용하는 평균력의 크기는 얼마인가? (*힌트*: 주어진 각도로 기울어진 발사대에서 발사되어 가속운동을 하는 것으로 취급하여라.)

64 **M** 질량 2.0 kg의 입자가 변하는 힘에 의해 x축을 따라 움직인다. 입자의 위치는 $x = 3.0\text{ m} + (4.0\text{ m/s})t + ct^2 - (2.0\text{ m/s}^3)t^3$이며, x는 미터, t는 초 단위이고, 계수 c는 상수이다. t = 5.0 s에서 입자에 작용하는 힘의 크기는 36 N이고, x축 음의 방향을 향한다. c는 얼마인가?

65 **E** 720 kg의 로켓썰매가 정지상태에서 1.8 s만에 1600 km/h까지 일정한 비율로 가속되었다. 필요한 알짜힘의 크기는 얼마인가?

66 **M** 마찰 없는 비탈과 평행하게 움직이는 견인용 밧줄을 잡고 질량 71 kg의 스키선수가 수평선과 각도 8.0°을 이루는 비탈을 따라 올라가고 있다. (a) 스키선수 속도의 크기 v가 2.0 m/s로 일정할 때, (b) 0.10 m/s^{2}의 비율로 v가 증가하여 v = 2.0 m/s일 때, 로프가 스키선수에게 작용하는 힘 F_{rope}의 크기는 각각 얼마인가?

67 **M** 줄에 걸리는 장력이 315 N을 초과하면 끊어지는 줄을 이용하여 무게 449 N의 물체를 지상 6.10 m 높이에서 아래로 내려가게 하려고 한다. 분명히 물체를 줄에 매달면 줄이 끊어질 것이다. 따라서 물체가 아래로 가속할 수 있어야 한다. (a) 물체의 가속도가 얼마이면 줄이 끊어지기 직전이 되는가? (b) 이 가속도로 내려오면 물체가 지표면에 도달할 때의 속력은 얼마인가?

68 **M** 두 토막이 마찰 없는 테이블 위에 놓여 서로 닿아 있다. 그림 5.31처럼 큰 토막에 수평력이 작용한다. (a) m_1 = 2.3 kg, m_2 = 1.2 kg, F = 3.2 N일 때 두 토막 사이에 작용하는 힘의 크기를 구하여라. (b) 작은 토막에 같은 크기의 F가 반대 방향으로 작용할 때 토막 사이의 힘의 크기가 2.1 N이라는 것을 보이고, 이 값은 (a)의 계산값과 다르다는 것을 보여라. (c) 두 값이 차이가 나는 이유를 설명하여라.

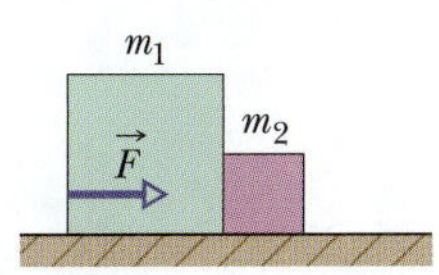

그림 5.31 연습문제 68

제 6장

힘과 운동—II

Force and Motion—II

6.1 ▸ 마찰

학습목표_Learning Objectives

이 단원을 읽은 후 다음을 이해해야 한다.

6.1.1 정지상태와 운동상태에서 마찰을 구별한다.

6.1.2 마찰력의 크기와 방향을 결정한다.

6.1.3 마찰이 있는 상황에서 수평, 수직, 혹은 경사면에 있는 물체에 대해 자유물체그림을 그리고 Newton의 제2법칙을 적용한다.

요점_Key Ideas

1. 힘 $\vec{F}$가 표면을 따라 물체를 미끄러지게 하려고 할 때 표면으로부터 물체에 마찰력이 작용한다. 마찰력은 표면과 평행하며 미끄러지는 것을 방해하는 방향으로 작용한다. 이는 물체와 표면의 결합 때문에 일어난다.

   물체가 미끄러지지 않는다면 마찰력은 정지마찰력 $\vec{f}_s$이고, 미끄러질 경우에 마찰력은 운동마찰력 $\vec{f}_k$이다.

2. 물체가 움직이지 않을 때 정지마찰력 $\vec{f}_s$와 표면에 평행한 $\vec{F}$의 성분은 서로 크기가 같고, $\vec{f}_s$는 이 성분과 반대 방향이다. 이 성분이 증가하면 f_s 역시 증가한다.

3. $\vec{f}_s$ 크기의 최대값 $\vec{f}_{s,\max}$는

$$f_{s,\max} = \mu_s F_N$$

   으로 주어진다. μ_s는 정지마찰계수이고, F_N은 수직력의 크기이다. 표면에 평행한 $\vec{F}$의 성분이 $f_{s,\max}$보다 커지면 물체는 표면에서 미끄러진다.

4. 물체가 표면에서 미끄러지기 시작하면 마찰력의 크기는 급격하게 줄어들어 일정한 값 $\vec{f}_k$가 되고

$$f_k = \mu_k F_N$$

   이다. μ_k는 운동마찰계수이다.

▶ 어떤 물리현상을 다루는가?

이 장에서는 일상에서 흔히 알 수 있는 힘인 마찰력, 항력, 구심력에 관한 물리학에 초점을 맞출 것이다. 인디애나폴리스 500 경주에서 경주차를 설계하는 공학자는 이러한 힘을 알아야 한다. 타이어에 작용하는 마찰력은 경주차가 피트로 들어가거나 나올 때, 또는 커브에서의 가속에 매우 중요하다(만약 경주차가 미끄러운 기름 위를 지나간다면 마찰이 줄어서 사고가 나기 쉽다). 또한 주변의 공기 흐름으로 발생하는 항력을 최소화시켜야 한다. 그렇지 못하면 연료소모가 심해져서 피트에 자주 들락거려야 한다(피트에서 대기하는 14초는 경주의 승패를 좌우할 만큼 긴 시간이다). 구심력은 회전에서 매우 중요하다(만약 구심력이 충분하지 못하면 경주차는 경주로를 벗어나서 벽에 부딪히고 말 것이다). 먼저 마찰력부터 시작해 보자.

▶ 마찰

일상생활에서 마찰은 피할 수 없다. 운동 중에 마찰력을 극복하지 못하면 움직이던 모든 물체가 서버리고 잘 돌던 회전축도 멈추게 될 것이다. 자동차가 사용하는 휘발유의 약 20%가 엔진과 구동 부분에서 차량의 마찰을 극복하는 데 소모된다. 반면에 마찰이 전혀 없다면 어디를 가려고 해도 자동차나 자전거를 탈 수 없고, 걸을 수조차 없게 된다. 또한 연필을 잡을 수 없고, 잡더라도 쓸 수가 없을 것이다. 못과 나사는 쓸모가 없게 되고, 짜인 옷이 풀리고 매듭도 풀릴 것이다.

▸***세 가지 실험.*** 이 장에서는 상대적으로 정지해 있거나 느린 속력으로 움직이는 메마른 고체표면 사이의 마찰력을 다룬다. 다음과 같은 간단한 사고실험을 생각해 보자.

1. 수평면 위에서 책을 미끄러뜨려 보자. 예상한 대로 책의 속력이 느려지다가 결국에는 멈추게 된다. 이 실험은 수평면에 평행하게 책의 속도와 반대 방향으로 가속도가 생긴 것을 알려준다. 따라서 Newton의 법칙으로부터 수평면에 평행하고 움직이는 방향과 반대로 책에 작용하는 힘이 있음을 알 수 있다. 이 힘이 바로 마찰력이다.
2. 수평면을 따라 책을 일정한 속도로 미끄러지도록 밀어 보아라. 이때 미는 힘만 이 책에 작용하는 수평력이라고 할 수 있을까? 아니다. 미는 힘만이 존재한다면 책이 가속되기 때문이다. 따라서 Newton의 제2법칙에 따라 책을 미는 힘과 방향이 반대이고 크기가 같은 제2의 힘이 존재하여 두 힘이 균형을 이루어야 한다. 이와 같은 힘이 수평면에 평행한 방향으로 향하는 마찰력이다.
3. 무거운 상자를 수평면에서 밀어 보자. 상자가 움직이지 않을 것이다. Newton의 제2법칙에 따르면 미는 힘에 대항하여 상자에 작용하는 제2의 힘이 있어야 한다. 뿐만 아니라 제2의 힘은 상자를 미는 힘과 반대 방향이고 크기가 같아야 한다. 그래야만 두 힘이 평형을 이루어 상자가 정지상태에 있을 수 있기 때문이다. 다음에는 더 세게 밀어 보자. 그래도 상자가 움직이지 않는다면, 마찰력의 크기가 커졌지만 두 힘은 아직도 평형을 이루고 있는 것이다. 그러나 온 힘을 다해서 밀면 상자가 움직이기 시작할 것이다. 결국 마찰력에는 최대 크기가 있어서 상자를 미는 힘이 최대 크기를 넘어설 때 상자가 미끄러지기 시작할 것이다.

▸***두 종류의 마찰.*** 그림 6.1.1에서 위의 세 실험결과를 상세하게 알 수 있다. 그림 6.1.1*a*에서 토막이 수평면 위에 정지해 있으면 중력 $\vec{F}_g$와 수직력 $\vec{F}_N$이 평형을 이룬다. 그림 6.1.1*b*에서 토막을 왼쪽으로 끌려고 힘 $\vec{F}$를 작용한다. 이때 오른쪽으로 향하는 마찰력 $\vec{f}_s$가 힘 $\vec{F}$와 평형을 이루기 때문에 토막은 움직이지 않는다. 이러한 힘 $\vec{f}_s$를 **정지마찰력**이라 한다. 토막은 움직이지 않는다.

그림 6.1.1*c*와 6.1.1*d*에서 토막에 작용하는 힘의 크기가 커지면 정지마찰력 $\vec{f}_s$ 또한 커지지만 토막은 정지상태를 유지한다. 그러나 작용힘이 어떤 크기에 도달하면 비로소 토막이 수평면과의 접촉상태에서 "벗어나" 왼쪽으로 가속된다(그림 6.1.1*e* 참조). 이때 토막의 운동을 방해하는 마찰력을 **운동마찰력** $\vec{f}_k$라 한다.

일반적으로 운동 중에 작용하는 운동마찰력의 크기는 정지상태에 작용하는 최대 정지마찰력의 크기보다 작다. 따라서 표면 위에서 토막을 일정한 속력으로 끌고 갈 때 그림 6.1.1*f*처럼 토막이 일단 움직이기 시작한 후에는 끄는 힘이 줄어든다. 그림 6.1.1*g*는 토막이 움직이기 직전까지 토막에 작용하는 힘이 증가하는 실험 결과이다. 일단 토막이 움직인 이후에는 토막을 일정한 속력으로 움직이는 데 필요한 힘이 줄어드는 것에 유의하여라.

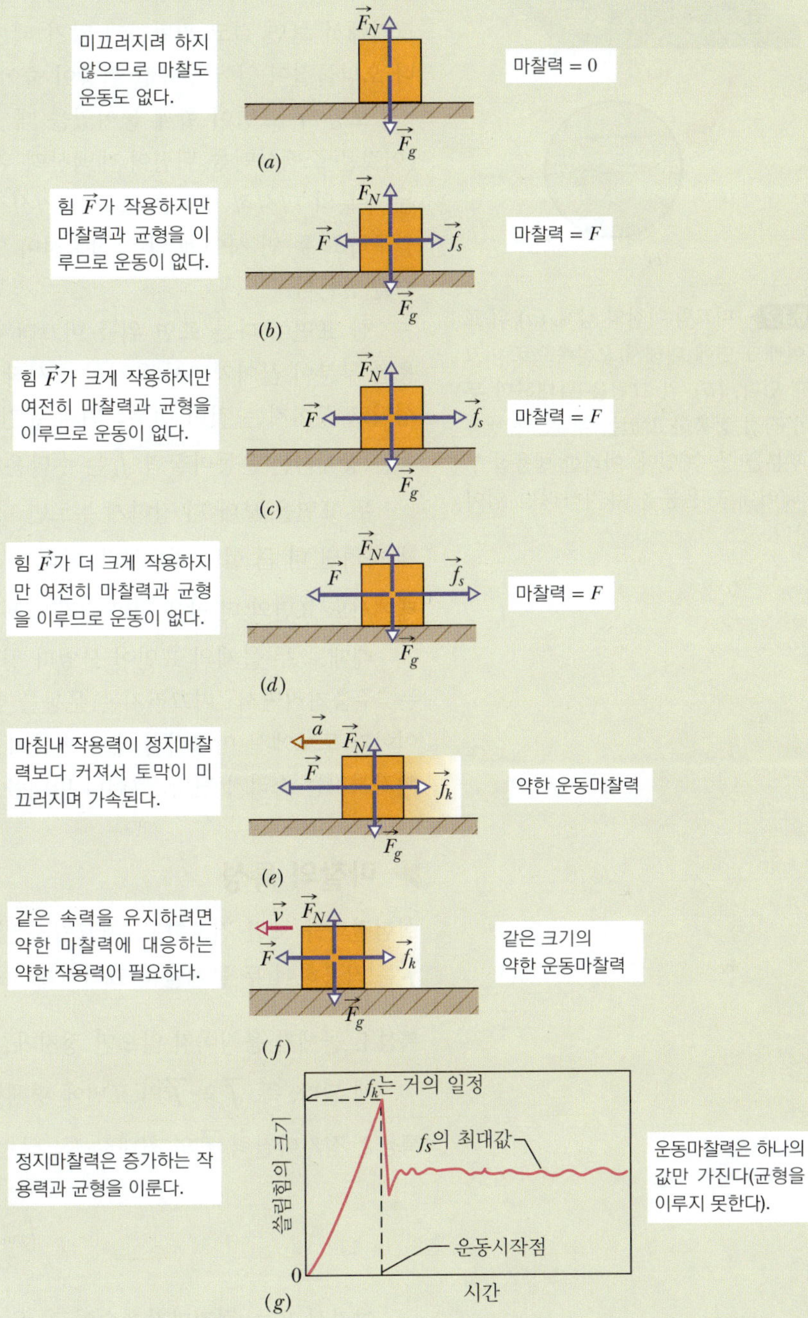

그림 6.1.1 ▶ (*a*) 정지한 토막에 작용하는 힘. (*b*~*d*) 토막에 작용하는 외력 $\vec{F}$가 정지마찰력 $\vec{f}_s$와 평형을 이룬다. f_s가 최대값에 도달하기 전까지는 F가 증가함에 따라 f_s도 증가한다. (*e*) 토막이 $\vec{F}$ 방향으로 가속되면서 "움직이기" 시작한다. (*f*) 만약 토막이 일정한 속도로 움직인다면 F는 토막이 움직이기 직전에 가졌던 최대값보다 작아야 한다. (*g*)~(*a*)에서 (*f*)까지의 실험결과를 나타낸 그림.
이 그림은 www.wiley.com에 **음성과 함께 동영상으로 볼 수 있다.**

▶***미시적 관점.*** 본질적으로 마찰력은 한 물체와 다른 물체의 표면 원자 사이에 작용하는 많은 힘의 벡터합이다. 만약 같은 종류의 두 금속을 표면 원자의 크기 수준으로 매끄럽게 다듬어(표면을 깨끗하게 유지하기 위해) 고진공 상태에서 접촉시키면 두 금속은 서로 미끄러지지 않을 것이다. 왜냐하면 한 금속 표면의 원자가 다른 금속표면의 원자와 접촉하는 순간에 모두 *냉용접*되어 하나의 금속조각을 이루기 때문이다. 만약 기계공이 특별히 연마한 금속토막 면을 공기 중에서 서로 접촉시키면 위와 같은 원자끼리의 접촉은 줄어들 것이다. 그러나 이렇게 원자 수준에서 보았을 때 완벽하지 않은 표면상태에서

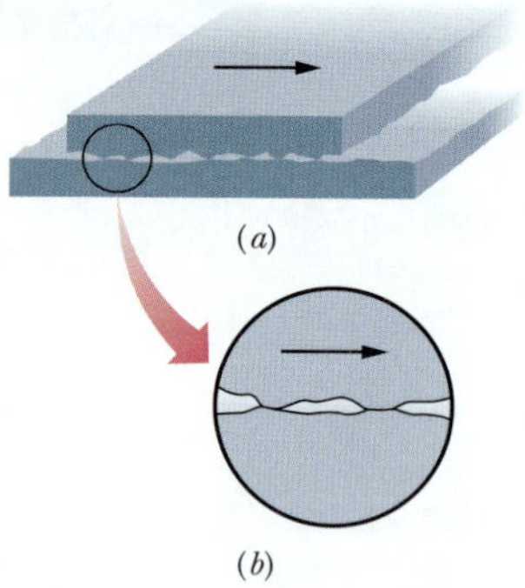

그림 6.1.2 미끄럼 마찰의 정체. (*a*) 위 표면이 아래 표면에 대해서 오른쪽으로 미끄러지고 있다. (*b*) 위 그림을 확대하면 두 표면이 직접 접촉하고 있는 부분, 즉 냉용접된 부분을 볼 수 있다. 이러한 냉용접 부분을 떼어내고 운동을 유지하려면 힘이 필요하다.

도 두 면이 서로 단단하게 붙게 되어 두 금속토막을 떼어놓기 위해서는 비틀어야 가능할 것이다. 그러나 이와 같은 원자끼리의 접촉은 불가능하다. 매우 잘 연마된 금속면도 원자 크기에서 보면 결코 평탄하지 않기 때문이다. 더구나 일상적인 물체는 표면에 산화층이나 오염물질이 있어 냉용접 현상이 줄어들게 된다.

보통 두 표면이 함께 놓여있을 때 표면의 튀어나온 부분끼리만 서로 접촉하게 된다 (이것은 소백산맥을 뒤집어 태백산맥 위에 놓는 것과 같다). 이렇게 실제로 접촉하고 있는 부분의 *미시적* 면적은 겉보기 *거시적* 면적보다 훨씬 작다(10^4 중 1 정도). 그럼에도 불구하고 두 면 사이에 많은 접촉점이 냉용접되어 두 면이 미끄러지려고 할 때 정지마찰력을 만든다.

한 표면이 다른 표면 위를 미끄러지기에 충분할 정도로 큰 힘을 작용하면 처음에는 용접 부분이 끊어지면서 움직이기 시작하고, 그 이후 새로운 접촉 부분에 냉용접이 재형성되고 끊어지는 것이 반복되면서 순간접촉점이 형성된다(그림 6.1.2 참조). 따라서 운동을 방해하는 운동마찰력 $\vec{f}_k$는 수많은 순간접촉점에서 힘의 벡터합이다.

두 표면을 보다 더 강하게 누르면 더 많은 점이 냉용접된다. 이때 두 표면을 미끄러지게 하려면 더 큰 힘이 필요하다. 따라서 정지마찰력 $\vec{f}_s$의 최대값이 더 커진다. 한편 운동상태에서도 표면의 더 많은 점이 순간 냉용접되어 운동마찰력 $\vec{f}_k$ 또한 더 커지게 된다.

때때로 두 물체의 표면이 붙었다 떨어지기를 반복하면서 표면을 따라 움직이는 물체는 "주춤거리면서" 미끄러지는 운동을 한다. 이와 같은 *붙었다 떨어지는* 현상 때문에 타이어가 도로에서 미끄러질 때나 손톱이 칠판을 긁을 때 또는 녹슨 문을 열 때, 끽끽 또는 삐걱거리는 소리가 난다. 그러나 바이올린 활로 현을 켤 때는 아름다운 소리를 만든다.

▶ 마찰의 특성

실험결과를 보면 건조하고, 매끄럽지 않은 물체를 같은 조건에 있는 표면에 누를 때 힘 $\vec{F}$를 작용하여 두 물체를 미끄러지게 하면 마찰력은 다음과 같은 세 가지 특성이 있다.

특성 1. 물체가 움직이지 않으면 정지마찰력 $\vec{f}_s$와 표면에 평행인 $\vec{F}$의 성분이 평형을 이루게 된다. 즉, $\vec{f}_s$와 $\vec{F}$의 표면에 평행한 성분의 크기가 같으며 방향은 서로 반대이다.

특성 2. 정지마찰력 $\vec{f}_s$의 최대값 $f_{s,\max}$는 다음과 같다.

$$f_{s,\max} = \mu_s F_N. \tag{6.1.1}$$

여기서 μ_s는 **정지마찰계수**이고, F_N은 표면이 물체에 작용하는 수직력의 크기이다. 표면에 평행한 $\vec{F}$ 성분의 크기가 $f_{s,\max}$를 넘어설 때 물체는 표면을 따라 미끄러지기 시작한다.

특성 3. 일단 물체가 움직이기 시작하면 마찰력의 크기는 바로 감소하여 운동마찰력 f_k의 크기는

$$f_k = \mu_k F_N \tag{6.1.2}$$

이다. 여기서 μ_k는 **운동마찰계수**이다. 운동이 계속되는 동안에는 식 6.1.2로 주어지는 운동마찰력이 물체의 운동을 방해한다.

특성 2와 3에 나타난 수직력의 크기 F_N은 물체가 표면을 얼마나 세게 누르는가를 가늠하는 척도이다. 물체가 무거우면 Newton의 제3법칙에 따라 수직력의 크기 F_N이 더 커진다. 특성 1과 2는 단일 힘 $\vec{F}$에 대한 것이지만, 물체에 몇 개의 힘이 작용한다면 그 알짜힘에 대해서도 성립한다. 식 6.1.1과 6.1.2는 벡터방정식이 *아니다*. 왜냐하면 $\vec{f}_s$와 $\vec{f}_k$는 항상 표면에 평행하게 운동을 방해하며, 수직력 $\vec{F}$은 항상 표면에 수직이기 때문이다.

계수 μ_s와 μ_k는 차원이 없으며 그 값은 물체와 표면에 따라 실험적으로 결정한다. 즉, 물체와 표면의 특성에 의존하므로 항상 "무엇의 사이"라는 말을 사용한다. 예를 들어 "계란과 테프론을 입힌 프라이팬 *사이*의 μ_s값은 0.04이고, 등산화와 바위 *사이*의 값은 1.2 정도로 크다". 한편 μ_k의 값은 표면을 따라 미끄러지는 물체의 속력과는 무관하다고 가정한다.

확인문제 6.1.1

토막이 지면에 놓여 있다. (a) 지면이 토막에 작용하는 마찰력의 크기는 얼마인가? (b) 5 N의 수평력이 토막에 작용하면 토막이 움직이지 않는다. 토막에 작용하는 마찰력의 크기는 얼마인가? (c) 토막의 최대 정지마찰력 $f_{s,\max}$의 값이 10 N이면, 8 N의 수평력으로 토막이 움직이는가? (d) 12 N을 작용하면 토막이 움직이는가? (e) (c)에서 마찰력의 크기는 얼마인가?

보기문제 6.1.1 정지해있던 벽돌에 작용하는 비스듬한 힘

이 예제는 마찰력을 구하기 위해 비스듬히 작용하는 힘의 성분을 구하는 문제이다. 중요한 것은 모든 성분을 정리하는 것이다. 그림 6.1.3*a*는 크기 F = 12.0 N의 힘이 8.00 kg의 벽돌에 θ = 30.0°만큼 아래 방향으로 작용하는 것을 나타낸다. 벽돌과 바닥 사이의 정지마찰계수는 μ_s = 0.700이고, 운동마찰계수는 μ_k = 0.400이다. 벽돌은 미끄러지는가, 아니면 계속 정지해 있는가? 벽돌에 작용하는 마찰력의 크기를 구하여라.

요점

(1) 물체가 표면에 정지해 있으므로 정지마찰력과 물체를 표면을 따라 미끄러지게 하려는 힘의 성분과 균형을 이루고 있다. (2) 이 힘의 가능한 최대값은 식 6.1.1($f_{s,\max} = \mu_s F_N$)로 주어진다. (3) 작용한 힘의 표면에 평행한 성분이 정지마찰에 대한 이 값을 넘어서면 벽돌은 미끄러지기 시작한다. (4) 물체가 미끄러지면 운동마찰력은 식 6.1.2($f_k = \mu_k F_N$)로 주어진다.

풀이: 벽돌이 미끄러지는지(따라서 마찰력의 크기를 계산할 수 있는지) 보기 위해서는 작용한 힘의 성분 F_x와 정지마찰력이 가질 수 있는 최대값 $f_{s,\max}$와 비교해야 한다. 그림 6.1.3*b*에 나타낸 전체 힘과 성분으로 만든 삼각형을 보면 다음을 알 수 있다.

$$F_x = F\cos\theta = (12.0\text{ N})\cos 30° = 10.39\text{ N}. \qquad (6.1.3)$$

식 6.1.1에서 $f_{s,\max} = \mu_s F_N$임을 알지만 $f_{s,\max}$를 알기 위해서는 수직력의 크기 F_N을 알아야 한다. 수직력은 수직하므로 그림 6.1.3*c*에 나타낸 것처럼 벽돌에 작용하는 수직력에 대해 Newton의 제2법칙($F_{\text{net},y} = ma_y$)을 써야 한다. 중력은 크기 mg이고 아래로 작용한다. 작용한 힘의 아래로 향하는 성분은 $F_y = F\sin\theta$이다. 그리고 수직가속도 a_y는 0이다. 따라서 Newton의 제2법칙은

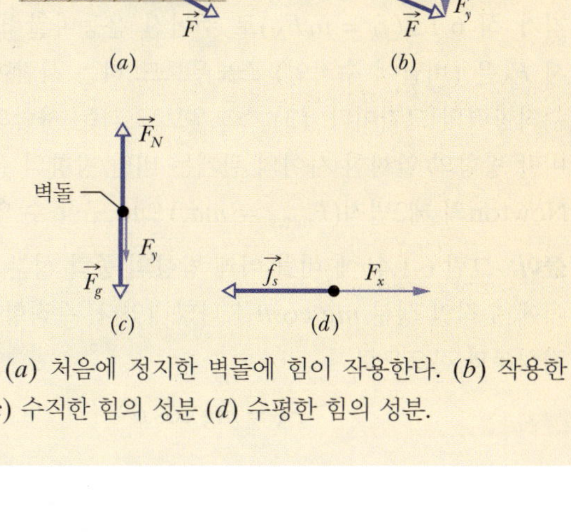

그림 6.1.3 (*a*) 처음에 정지한 벽돌에 힘이 작용한다. (*b*) 작용한 힘의 성분 (*c*) 수직한 힘의 성분 (*d*) 수평한 힘의 성분.

$$F_N - mg - F\sin\theta = m(0) \quad (6.1.4)$$

로 쓸 수 있고, 이를 정리하면 다음과 같다.

$$F_N = mg + F\sin\theta. \quad (6.1.5)$$

이제 $f_{s,\max} = \mu_s F_N$을 구할 수 있다.

$$\begin{aligned} f_{s,\max} &= \mu_s(mg + F\sin\theta) \\ &= (0.700)((8.00\ \text{kg})(9.8\ \text{m/s}^2) + (12.0\ \text{N})(\sin 30°)) \\ &= 59.08\ \text{N}. \end{aligned} \quad (6.1.6)$$

벽돌을 미끄러지게 하려는 힘의 성분 F_x(= 10.39 N)의 크기가 $f_{s,\max}$(= 59.08 N)보다 작으므로 물체는 정지해 있다. 이것은 마찰력 f_s의 크기가 F_x와 *같다*는 것을 의미한다. 그림 6.1.3*d*를 보고 *x*성분에 대한 Newton의 제2법칙을 쓸 수 있다.

$$F_x - f_s = m(0). \quad (6.1.7)$$

따라서 다음을 얻는다.

$$f_s = F_x = 10.39\ \text{N} \approx 10.4\ \text{N}.$$ 답

▶ **교육용 비디오는 웹사이트 www.wiley.com에서 볼 수 있다.**

보기문제 6.1.2 스노우보드 타기

대부분의 스노우보드 타는 사람(그림 6.1.4*a*)은 스노우보드는 눈이 많이 있는 비탈에서 쉽게 미끄러진다는 것을 알고 있다. 왜냐하면 눈과 움직이는 보드 사이에서 마찰에 의해 눈이 가열되어 작은 운동마찰계수를 갖는 녹은 물로 이루어진 마이크론 정도로 얇은 층이 생기기 때문이다. 그러나 대부분의 스노우보드 타는 사람은 이를 지지하는 수직항력은 주로 기압 때문이지, 눈 자체는 아니라는 사실은 잘 모르고 있다. 여기서는 북미의 평점 시스템에서 파란색으로 분류하는 18°의 비탈에서 비탈을 따라 똑바로 내려오는 70 kg의 스노우보드 타는 사람에 작용하는 힘을 고려하자. 운동마찰계수는 0.040이다. 비탈 아래 방향을 *x*축으로 정한다(그림 6.1.4*b*). (a) 비탈 아래 방향의 가속도는 얼마인가?

요점

(1) 스노우보드 타는 사람은 비탈 위로 향하는 마찰력 $\vec{f}_k$와 비탈 아래 방향의 중력 성분 $F_{g,x}$의 벡터합인 알짜힘 $F_{\text{net},x}$에 의해 아래로 가속된다(속력이 증가한다). (2) 마찰력은 크기가 식 6.1.2($f_k = \mu_k F_N$)로 주어진 운동마찰력이다. 여기서 F_N은 (비탈에 수직인) 스노우보드 타는 사람에 작용하는 수직항력의 크기이다. (3) 스노우보드 타는 사람의 가속도와 비탈 방향의 알짜힘 사이의 관계는 비탈 방향의 운동에 대한 Newton의 제2법칙($F_{\text{net},x} = ma_x$)으로 구할 수 있다.

풀이: 그림 6.1.4*b*에 비탈 아래 방향의 중력 성분 $mg\sin\theta$와 이에 수직인 성분 $mg\cos\theta$를 나타내었다. 수직항력 F_N은 수직성분과 같으므로

$$F_N = mg\cos\theta$$

(*a*)

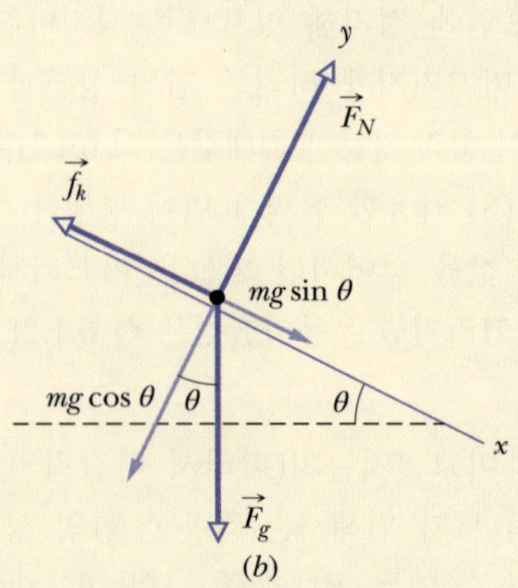

(*b*)

그림 6.1.4 (*a*) 스노우보드 타기. (*b*) 스노우보드 타는 사람의 자유물체 그림.

이고, 따라서 비탈 위 방향으로 작용하는 마찰력의 크기는 다음과 같다.

$$f_k = \mu_k F_N = \mu_k mg \cos\theta.$$

Newton의 제2법칙으로부터 x축 방향의 가속도 a_x를 구한다.

$$\begin{aligned} F_{\text{net},x} &= ma_x \\ -f_k + mg\sin\theta &= ma_x \\ -\mu_k mg\cos\theta + mg\sin\theta &= ma_x \\ g(-\mu_k\cos\theta + \sin\theta) &= a_x \\ a_x &= (9.8\ \text{m/s}^2)(-0.040\cos 18° + \sin 18°) \\ &= -2.7\ \text{m/s}^2. \end{aligned}$$ 답

(b) 보드의 속력이 10 m/s보다 작으면 보드 아래 눈 입자 사이의 공기는 옆으로 빠져나가고, 수직항력은 입자가 직접 가하게 된다. 이 결과는 갓 내린 눈에 대해서는 더 빠른 속력에서도 같다. 왜냐하면 눈 사이에는 구멍이 많아서 공기가 빠져나올 수 있기 때문이다. 그러나 눈 위로 더 빠른 속력으로 가는 사람에 대해서는 보드가 너무 빨리 지나가서 공기가 빠져나가지 못하고 순간적으로 갇힌다. 15 m/s로 움직이는 길이 1.5 m인 보드에 대해 지나가는 눈의 길이는 얼마인가?

$$t = \frac{L}{v} = \frac{1.5\ \text{m}}{15\ \text{m/s}} = 0.10\ \text{s}.$$ 답

(c) 이와 같이 짧은 순간 동안 스노우보드 타는 사람이 눌러서 갇힌 공기의 압력이 증가하고, 이는 수직항력의 2/3 정도 된다. 70 kg의 스노우보드 타는 사람에 대해 F_{air}의 기여는 어느 정도인가?

$$\begin{aligned} F_{\text{air}} &= \tfrac{2}{3}mg\cos\theta \\ &= \tfrac{2}{3}(70\ \text{kg})(9.8\ \text{m/s}^2)(\cos 18°) \\ &= 435\ \text{N}. \end{aligned}$$ 답

▶ 보기문제 6.1.3 도로에 생긴 타이어 미끄러진 자국

구형 자동차에서는 운전자가 브레이크 페달을 세게 밟아 바퀴를 "고정"시킬 수 있다. 즉 굴러가지 못하게 할 수 있다. 그러면 자동차는 길을 따라 미끄러지고, 타이어 일부가 벗겨져 길에 녹아 붙은 "스키드 마크"를 만든다. 이것은 미끄러지는 동안 일어나는 냉용접에 의한 것이다. 공공 도로에서 가장 긴 스키드 마크 기록은 1960년 영국의 M1고속도로에서 재규어가 만든 것이다. 이 자국의 길이는 290 m이다! 길은 수평이고, 직선을 따라 미끄러지고, (속력을 줄이는) 가속도 $\vec{a}$는 일정하다고 가정한다. 운동마찰계수는 $\mu_k = 0.60$이고, 자동차에 작용하는 공기 효과는 무시한다. 바퀴를 고정시켰을 때 자동차의 초기속력 v_0는 얼마인가?

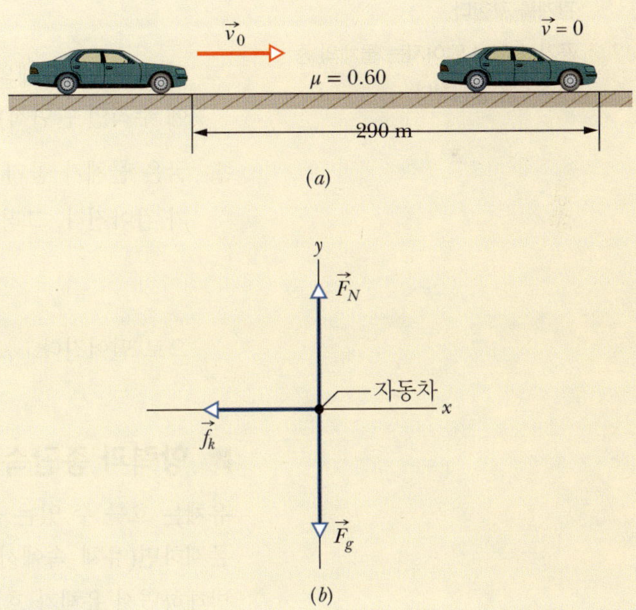

그림 6.1.5 (*a*) 오른쪽으로 미끄러지다가 290 m 이동한 후 결국 정지한 자동차. (*b*) 자동차에 대한 자유물체그림

요점

자동차가 미끄러질 때 자동차에 작용하는 유일한 수평힘은 타이어 밑 부분과 길 사이의 운동마찰력이다. 이 힘이 미끄러지는 동안 차를 느리게 한다.

풀이: 그림 6.1.5*a*에 자동차가 오른쪽으로 움직이는 상황을 나타내었고, 그림 6.1.5*b*는 자동차에 작용하는 힘을 표시한 자유물체그림이다. 네 타이어에 작용하는 전체 마찰력은 $\vec{f}_k$이고, 자동차 무게는 $\vec{F}_g$이다. 그 크기는 mg이고, m은 자동차의 질량이다. 표 2.4.1의 등가속도 방정식에서 식 2.4.6

$$v^2 = v_0^2 + 2a(x - x_0)$$

을 선택하고, 최종속도로 $v = 0$, 미끄러지는 동안 변위를 $d = x - x_0$로 대입한다. 그러면 다음을 얻는다.

$$v_0 = \sqrt{-2ad}.$$

가속도 a를 구하기 위해 x축 방향의 자동차에 대한 Newton의 제2법칙을 적용한다.

$$F_{\text{net}} = ma$$
$$-f_k = ma$$
$$a = -\frac{f_k}{m} = -\frac{\mu_k F_N}{m}.$$

수직 가속도는 없으므로 수직항력 $\vec{F}_N$의 크기는 중력의 크기 mg와 같아야 한다. 따라서 x축 방향의 자동차 가속도는

$$a = -\frac{\mu_k mg}{m} = -\mu_k g$$

이다. 이 결과를 대입하면 자동차의 초기 속도를 구할 수 있다.

$$v = \sqrt{-2ad} = \sqrt{-2(-\mu_k g)d}$$
$$= \sqrt{2(0.60)(9.8\ \text{m/s}^2)(290\ \text{m})} = 58\ \text{m/s} = 210\ \text{km/h}.$$

답

이 답을 얻기 위해 스키드 마크의 먼쪽 끝에서 $v = 0$이라고 가정했다. 실제로 자국이 끝난 이유는 재규어가 290 m를 지난 후 길에서 벗어났기 때문이다. 따라서 v_0는 최소한 210 km/h이고, 아마도 이보다 훨씬 빨랐을 것이다.

6.2 ▸ 항력과 종단속력

학습목표_Learning Objectives

이 단원을 읽은 후 다음을 이해해야 한다.

6.2.1 공기 중에 움직이는 물체에 작용하는 항력과 물체의 속력 사이의 관계를 구한다.

6.2.2 공기 속에서 떨어지는 물체의 종단속력을 결정한다.

요점_Key Ideas

1. 공기(혹은 다른 유체)와 물체가 상대적으로 운동할 때 물체는 이 상대운동을 방해하는 방향으로 항력 $\vec{D}$가 생기고, 물체에 대해 유체가 흐르는 방향으로 작용한다. $\vec{D}$의 크기는 상대속력 v와 실험적으로 결정되는 항력계수 C로 표현하면 다음과 같다.

$$D = \tfrac{1}{2}C\rho Av^2.$$

여기서 ρ는 유체의 밀도(단위부피당 질량)이고, A는 물체의 유효단면적(상대속도 $\vec{v}$에 수직인 단면적)이다.

2. 굵은 물체가 공기 속에서 충분히 오래 떨어지면 항력 $\vec{D}$와 물체에 작용하는 중력 $\vec{F}_g$가 같아진다. 그러면 물체는 일정한 종단속력

$$v_t = \sqrt{\frac{2F_g}{C\rho A}}$$

으로 떨어진다.

▶ 항력과 종단속력

유체는 흐를 수 있는 물질로서 대부분 기체나 액체이다. 유체와 물체 사이에 상대운동이 존재하면(유체 속에서 물체가 움직이든, 물체 주위로 유체가 지나가든) 물체의 운동을 방해하면서 유체가 흐르는 방향으로 **항력** $\vec{D}$가 물체에 작용한다.

여기서는 공기와 같은 유체를 다루며, 창처럼 가는 물체가 아니라 야구방망이처럼 굵은 물체를 다룬다. 또한 상대속도가 충분히 빨라서 움직이는 동안 공기가 물체 뒤로 (여러 갈래로 갈라지는) 난기류를 만든다고 가정한다. 이때 항력 $\vec{D}$의 크기는 다음과 같이 유체에 대한 물체의 상대속력 v의 제곱에 비례한다.

$$D = \tfrac{1}{2}C\rho Av^2. \qquad (6.2.1)$$

여기서 **항력계수** C는 실험으로 결정하며, ρ는 공기의 밀도(단위부피당 질량)이고, A는 물체의 **유효단면적**(속도 $\vec{v}$에 수직한 단면적)이다. 항력계수 C의 값(대체로 0.4에서 1.0

사이)은 사실 상수가 아니다. 왜냐하면 v가 크게 변하면 C의 값도 변할 수 있기 때문이다. 그러나 여기서는 그렇게 복잡한 것은 모두 무시하기로 한다.

활강 스키선수는 항력이 A와 v^2에 의존한다는 것을 잘 알고 있다. 고속으로 활강하기 위해서 스키선수는 가능한 한 최대로 D를 줄여야 하므로 A를 최소화하기 위하여 "달걀자세"(그림 6.2.1 참조)로 둥글게 웅크린다.

technotr/E+/Getty Images

그림 6.2.1 활강 스키선수가 유효단면적을 줄여서 공기의 항력을 최소화하기 위해 "달걀자세"로 웅크린다.

▸***낙하.*** 굵은 물체가 정지상태에서 낙하할 때 항력 $\vec{D}$는 위쪽을 향하며 그 크기는 물체의 속력이 증가함에 따라 0부터 증가한다. 항력 $\vec{D}$는 물체에 아래로 작용하는 중력 $\vec{F}_g$와 반대 방향이다. 수직 y축에 대한 Newton의 제2법칙($F_{\text{net},y} = ma_y$)

$$D - F_g = ma \tag{6.2.2}$$

는 힘과 가속도의 관계를 맺어준다. 여기서 m은 물체의 질량이다. 그림 6.2.2처럼 물체가 충분히 긴 거리를 낙하한다면 결국 D는 F_g와 같아진다. 즉, 식 6.2.2에서 $a = 0$이다. 따라서 물체의 속력은 더 이상 증가하지 않는다. 이때 물체는 일정한 속력, 즉 **종단속력** v_t로 낙하한다.

v_t를 구하기 위해 식 6.2.2에서 $a = 0$으로 놓고 D를 식 6.2.1로 바꾸면

$$\tfrac{1}{2}C\rho A v_t^2 - F_g = 0$$

이므로, 종단속력 v_t는 다음과 같다.

$$v_t = \sqrt{\frac{2F_g}{C\rho A}}. \tag{6.2.3}$$

표 6.2.1은 여러 물체의 종단속력 v_t 값이다.

식 6.2.1에 따르면[1] 고양이는 대략 6층에서 떨어져야 종단속력에 도달할 수 있다. 종단속력에 도달할 때까지는, $F_g > D$이므로 아래로 향하는 알짜힘이 있어서 고양이는 아래로 가속된다. 2장에서 사람이 속력계가 아니라 가속도계인 것을 기억해 보면 고양이 또한 가속도를 감지할 수 있다. 만약 고양이가 큰 가속도 때문에 겁을 먹고 머리와 발을 함께 모으면서 둥글게 움츠리면 결국 유효단면적 A가 작아져서 종단속력 v_t가 커지므로 땅 위에 떨어질 때 큰 부상을 입게 된다.

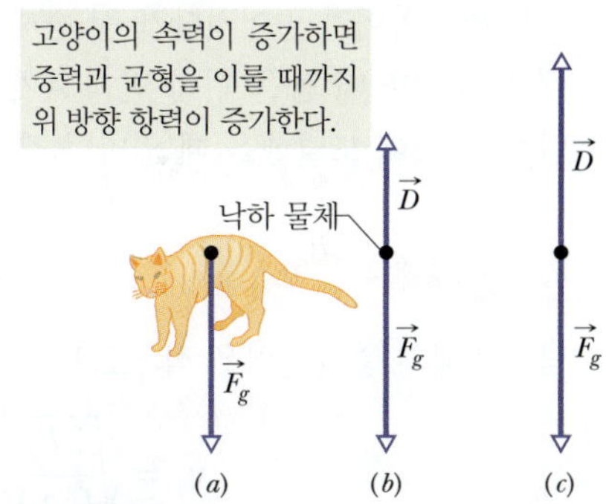

그림 6.2.2 공기 중에서 낙하하는 물체에 작용하는 힘. (a) 낙하를 시작했을 때의 물체. (b) 항력이 작용하기 시작한 직후의 자유물체그림. (c) 항력은 중력과 균형을 이룰 때까지 증가한다. 물체는 일정한 종단속력으로 낙하한다.

표 6.2.1 공기 중에서 여러 물체의 종단속력

물체	종단속력(m/s)	95% 거리[a](m)
(투포환의) 포환	145	2,500
(전형적인) 스카이다이버	60	430
야구공	42	210
테니스공	31	115
농구공	20	47
탁구공	9	10
빗방울(반지름 = 1.5 mm)	7	6
(전형적인) 낙하산	5	3

[a]이 값은 정지상태에서 종단속력의 95%까지 낙하하는 거리이다.

[1] W. O. Whitney and C. J. Mehlhaff, "High-Rise Syndrome in Cats." *The Journal of the American Veterinary Medical Association*, 1987.

만약 고양이가 충분히 오랫동안 낙하하여 종단속력 v_t에 도달하면 가속도는 없어 고양이가 네 발과 목을 한껏 내밀면서 온몸을 활짝 벌리면(이 자세는 나는 다람쥐와 비슷하다) v_t가 작아지므로 고양이는 안전하게 착지할 수 있다. 이러한 자세는 유효단면적 A가 증가하므로 식 6.2.1에 따라 항력 D가 증가한다. 이때에는 $D > F_g$로서 알짜힘이 위로 향하기 때문에 종단속력 v_t가 감소하여 땅 위에 떨어질 때 큰 부상을 입을 가능성을 줄여준다. 지면으로 떨어지기 전에 고양이는 네 다리를 몸에 붙여서 착지에 대비한다.

Sky Antonio/Shutterstock.com

그림 6.2.3 스카이다이버가 수평으로 "날개를 편 독수리" 자세로 공기의 저항을 최대화하고 있다.

사람들도 스카이다이빙을 즐기기 위해 종종 높은 곳에서 뛰어내린다. 1987년 4월 스카이다이빙 도중에 Gregory Robertson은 동료인 Debbie Williams가 다른 스카이다이버와 충돌하여 의식을 잃어서 낙하산을 펴지 못하는 것을 발견했다. 그때 4 km 상공에서 낙하산을 펴지 않은 상태로 있던 Robertson은 Williams보다 상당히 위에 있었다. 그는 최대 하강 속력으로 급강하하기 위해 머리를 아래로 향하도록 자세를 바꾸어 A를 최소화하였다. 어림잡아 320 km/h의 v_t에 도달하며 Williams를 따라잡은 다음에 D를 증가시키기 위해 그림 6.2.3처럼 수평으로 "날개를 편 독수리" 자세로 돌아가 그녀를 잡을 수 있었다. 그는 그녀의 낙하산을 펼쳐 놓은 후에 가까스로 땅에 충돌하기 10초 전에 자신의 낙하산을 펼 수 있었다. 의식을 잃은 Williams는 착지조정을 하지 못해 큰 내장손상을 입었지만 그래도 목숨은 건질 수 있었다.

보기문제 6.2.1 떨어지는 고양이

웅크린 고양이가 떨어지다가 첫 번째 종단속력 $v_{ti} = 97$ km/h에 도달했을 때 몸을 펴서 면적 A가 두 배가 되면 새로운 종단속력 v_{tn}에 도달했을 때 얼마나 빨리 떨어지는가?

요점

낙하물체의 종단속력은 식 6.2.3

$$v_t = \sqrt{\frac{2F_g}{C\rho A}}.$$

으로 주어지는 물체의 유효단면적 A에 의존한다.

풀이: 처음부터 이 식을 사용하는 것은 도움이 되지 않는다. 왜냐하면 끌림계수 C, 공기밀도 ρ와 고양이에 작용하는 중력 F_g를 모르기 때문이다. 또한 초기 단면적 A_i, 따라서 새로운 단면적 A_n을 모른다. 그러나 초기 종단속력 v_{ti}를 알고 있으므로 비율을 취하면 미지의 변수를 상쇄시킬 수 있다.

$$\frac{v_{tn}}{v_{ti}} = \frac{\sqrt{2F_g/C\rho A_n}}{\sqrt{2F_g/C\rho A_i}} = \sqrt{\frac{A_i}{A_n}} = \sqrt{\frac{A_i}{2A_i}} = \sqrt{0.5} = 0.707.$$

따라서 새로운 종단속력은 다음과 같다.

$$v_{tn} = 0.707(97 \text{ km/h}) = 69 \text{ km/h}.$$ 답

교육용 비디오는 웹사이트 www.wiley.com에서 볼 수 있다.

확인문제 6.2.1

큰 빗방울의 종단속력은 작은 빗방울의 종단속도보다 큰가, 작은가, 같은가? 두 빗방울은 모두 공 모양이라고 가정한다.

6.3 ▸ 등속 원운동

요점_Key Ideas

1. 입자가 반지름 R의 원주 혹은 원호 위에서 일정한 속력 v로 움직이면 이 입자는 등속 원운동을 한다고 한다. 구심가속도 $\vec{a}$의 크기는

$$a = \frac{v^2}{R}$$

이다.

2. 이 가속도는 입자에 작용하는 알짜구심력이고, 그 크기는 다음과 같다.

$$F = \frac{mv^2}{R}.$$

여기서 m은 입자의 질량이다. 벡터량 $\vec{a}$와 $\vec{F}$는 입자가 움직이는 원의 중심을 향한다.

학습목표_Learning Objectives

이 단원을 읽은 후 다음을 이해해야 한다.

6.3.1 등속 원운동의 경로를 그리고, 운동하는 동안 속도, 가속도와 힘 벡터(크기와 방향)를 구한다.

6.3.2 지름 안쪽 방향으로 향하는 알짜힘(구심력)이 없는 한 물체는 원운동을 할 수 없다.

6.3.3 등속 원운동을 하는 입자에 경로의 반지름, 입자의 속력과 질량, 입자에 작용하는 알짜힘의 관계를 구한다.

▶ 등속 원운동

4.5단원에서 물체가 원 또는 원호를 따라 등속력으로 운동하는 것을 등속 원운동이라고 하였다. 이 때 일정한 크기의 (원의 중심을 향하는) 구심가속도는 다음과 같다.

$$a = \frac{v^2}{R} \quad \text{(구심가속도)}. \tag{6.3.1}$$

여기서 R은 원의 반지름이다. 등속 원운동의 보기로 두 가지를 살펴보자.

1. *자동차가 곡선 도로를 달리는 경우.* 평탄한 도로를 따라 등속력으로 달리는 자동차의 뒷좌석 중앙에 앉아 있는데 운전사가 갑자기 원호를 그리며 좌회전한다면, 앉아 있던 좌석을 가로질러 오른쪽으로 미끄러지면서 자동차 문 쪽으로 밀려갈 것이다. 과연 무슨 일이 일어난 것일까?

자동차가 곡선 도로를 따라 회전하면 등속 원운동을 하면서 원의 중심을 향하는 가속도를 갖는다. Newton의 제2법칙에 따라 힘이 가속도를 만든다. 즉, 원의 중심을 향하는 **구심력**이 작용한 것이다. 이러한 구심력은 도로가 타이어에 작용하는 마찰력이며, 이때문에 자동차의 회전이 가능한 것이다.

따라서 자동차와 함께 움직이는 승객에게도 구심력이 존재한다. 그러나 자동차가 등속 원운동을 하는 동안 자동차 뒷좌석에 앉아 있는 승객에게 작용하는 마찰력이 충분히 크지 못해서 자동차와 함께 등속 원운동을 하지 못한다. 즉, 뒷좌석에서 미끄러지면서 오른쪽 문 쪽으로 밀려간다. 그러다가 자동차 문에 도달하면 자동차와 같은 구심력을 갖게 되어 자동차와 함께 등속 원운동을 한다.

2. *지구 궤도를 도는 경우.* 이번에는 우주왕복선 *Atlantis*를 타고 있는 승객을 생각해 보자. 우주왕복선이 지구 주위를 돌고 있는 동안에는 선실 안에서 떠다닌다. 과연 무슨 일이 일어나고 있을까?

승객과 우주선은 등속 원운동을 하므로 원의 중심을 향하는 똑같은 가속도를 갖는다. Newton의 제2법칙에 따라 구심력이 바로 가속도의 근원이다. 여기서 구심력은

지구가 당기는 중력(승객과 우주왕복선을 당기는 힘)이고 지구중심으로 향한다.

자동차와 우주왕복선에서 똑같이 등속 원운동을 하면서 구심력을 받으나 두 상황에서 일어나는 현상은 전혀 다르다. 자동차 문 쪽으로 미끄러진 승객은 문으로부터 압박감을 느낄 것이다. 그러나 궤도를 도는 우주왕복선 안에서는 아무런 힘도 느끼지 않을 것이다. 왜 이러한 차이가 날까?

그 차이는 두 구심력의 특성 때문이다. 자동차에서의 구심력은 문에 닿아 있는 승객에게 작용하는 밀어내는 힘이기 때문에 압박감을 느낀다. 그러나 왕복선에서의 구심력은 인체의 모든 원자에 작용하는 지구중력이므로 인체 한 부분에 작용하는 압박감을 느낄 수 없다(흔히 이러한 상태를 "무중력 상태"라고 말하지만 지구중력이 사라진 것이 아니기 때문에 사실은 부적절한 표현이다. 실제 중력은 지표면보다 조금 작을 뿐이다).

구심력의 또 다른 보기를 그림 6.3.1에서 볼 수 있다. 하키 퍽이 중심에 박혀 있는 못에 매인 줄을 따라 등속력 v로 원운동을 한다. 이때의 구심력은 줄을 통해서 하키 퍽을 원의 중심으로 당기는 힘이다. 구심력이 없다면 하키 퍽은 원운동이 아니라 원의 접선을 따라 직선운동을 할 것이다.

구심력은 새로운 종류의 힘이 아니다. 구심이란 힘이 작용하는 방향을 나타낼 뿐이다. 마찰력, 중력, 자동차 벽 또는 줄이 당기는 힘 등 모든 힘이 구심력이 될 수 있다. 따라서 다음과 같이 기술할 수 있다.

구심력은 물체의 속력을 바꾸지 않고 속도의 방향만을 바꾸어 물체를 가속시킨다.

Newton의 제2법칙과 식 6.3.1($a = v^2/R$)로부터 구심력의(또는 알짜구심력의) 크기 F를 다음과 같이 쓸 수 있다.

$$F = m\frac{v^2}{R} \quad \text{(구심력의 크기)}. \tag{6.3.2}$$

여기서 속력 v가 일정하기 때문에 가속도와 힘의 크기 또한 일정하다.

그러나 구심가속도와 구심력의 방향은 일정하지 않다. 이들은 항상 원의 중심을 향하도록 계속해서 변한다. 따라서 구심력과 구심가속도 벡터는 그림 6.3.1처럼 원의 중심에서 물체를 이어주는 지름축 r을 따라 그린다. 여기서 지름축 양의 방향은 원의 바깥 방

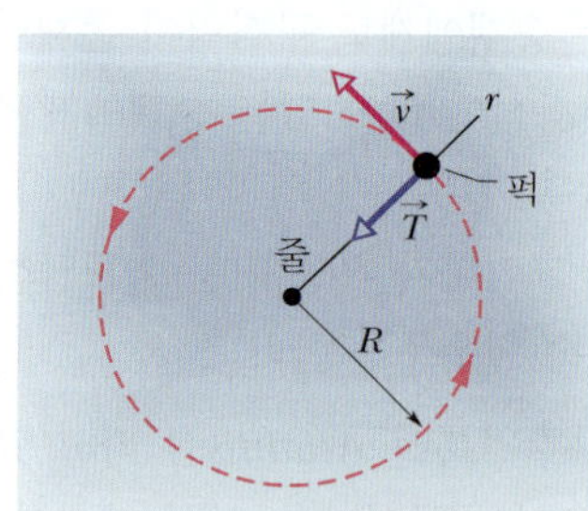

퍽은 단지 구심력 때문에 등속 원운동을 한다.

그림 6.3.1 마찰이 없는 빙판 위에서 반지름 R의 원을 따라 등속력 v로 원운동하는 하키 퍽을 위에서 본 그림. 퍽에 작용하는 구심력은 $\vec{T}$이고, 줄을 통해서 퍽을 지름축 r을 따라 안쪽 방향으로 잡아 당긴다.

향이며 가속도와 힘은 지름축 음의 방향이다.

확인문제 6.3.1

놀이공원을 즐기는 사람은 다 알겠지만 대회전 관람차는 수평축 주위로 회전하는 큰 고리 위에 의자를 놓은 것이다. 이 대회전 관람차를 등속력으로 타고 있을 때(항상 똑바로 선 좌석에서 본) 당신의 가속도 $\vec{a}$와 당신에게 작용하는 수직력의 $\vec{F}_N$ 방향은 (*a*) 최고점, (*b*) 최저점을 통과할 때 각각 무엇인가? (*c*) 가장 높은 지점에서의 가속도와 가장 낮은 점에서의 가속도의 크기를 비교하여라. (*d*) 이 두 지점에서 수직력의 크기를 비교하여라.

보기문제 6.3.1 수직 원형고리, Diavolo

자동차는 많이 타보았기 때문에 수평방향으로 원운동을 하는 것에 대해서는 익숙해져 있다. 수직방향으로 원운동을 하는 것은 매우 색다르다. 이 보기문제에서 이와 같은 운동은 중력을 거스르는 것처럼 보인다.

1901년 서커스 공연에서 "무모한" Allo Diavolo는 공중돌기 틀에서 자전거를 타는 묘기를 선보였다(그림 6.3.2*a* 참조). 공중돌기 틀을 반지름 $R = 2.7$ m의 원으로 가정하고, Diavolo가 최고점에서 떨어지지 않을 최소 속력 v를 구하여라.

요점

Diavolo와 자전거가 등속 원운동하면서 단일 입자처럼 틀의 꼭대기를 통과한다고 가정하자. 즉, 틀의 최고점에서 입자의 가속도 $\vec{a}$는 식 6.3.1로 주어지는 $a = v^2/R$의 크기를 가지며 원형틀의 중심을 향하는 아래 방향이다.

풀이: 틀의 꼭대기에서 물체에 작용하는 힘을 그림 6.3.2*b*에 나타내었다. 중력 $\vec{F}_g$는 y축을 따라 아래로 향한다. 틀이 입자에 작용하는 수직력 $\vec{F}_N$도 아래로 향한다. 따라서 y성분에 대한 Newton의 제2법칙($F_{\text{net},y} = ma_y$)을

$$-F_N - F_g = m(-a)$$

로 쓸 수 있고, 수직력은 다음과 같다.

$$-F_N - mg = m\left(-\frac{v^2}{R}\right). \tag{6.3.3}$$

한편 물체가 *최소 속력* v로 원운동을 한다면 물체는 거의 *틀에서 벗어날*(떨어져 버리는) 상태이므로 $F_N = 0$이다. 식 6.3.3에 $F_N = 0$을 넣고 v에 대해 풀면 다음과 같다.

$$v = \sqrt{gR} = \sqrt{(9.8\text{ m/s}^2)(2.7\text{ m})}$$
$$= 5.1\text{ m/s}. \quad \text{(답)}$$

논의: 사실상 Diavolo는 5.1 m/s보다 더 큰 속력으로 틀의 꼭대기를 통과하여 틀로부터 떨어지지 않았다. 이러한 결과는 Diavolo나 자전거의 질량에 무관하다. 그가 광대같이 변장해도 5.1 m/s 이상으로만 달리면 최고점에서 떨어지지 않을 것이다.

Photograph reproduced with permission of Circus World Museum

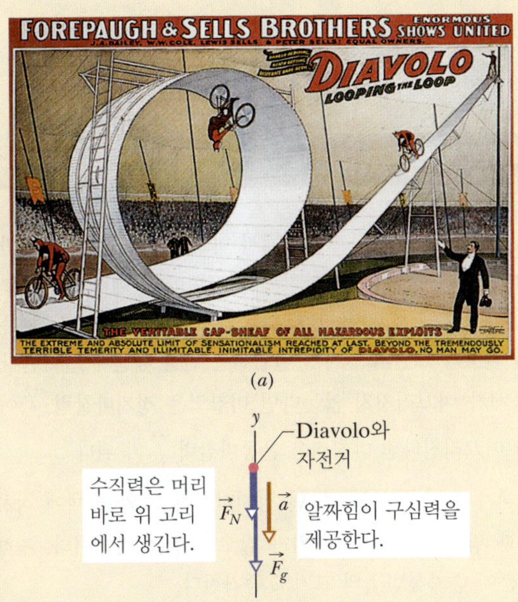

그림 6.3.2 (*a*) 그 당시의 Diavolo에 대한 광고. (*b*) 틀의 꼭대기에서 Diavolo에 대한 자유물체그림.

▶ **교육용 비디오는 웹사이트 www.wiley.com에서 볼 수 있다.**

보기문제 6.3.2 궤도를 도는 우주인

Sally는 520 km의 고도 h에서 7.60 km/s의 일정한 속력 v로 지구 주위의 원궤도를 도는 국제우주정거장에 있는 우주인이다. Sally의 질량은 79.0 kg이다.

(a) 우주인의 가속도는 얼마인가?

요점

Sally는 등속원운동을 하므로, 구심가속도는 식 6.3.1($a = v^2/R$)이다.

풀이: Sally 운동의 반지름 R은 $R_E + h$이고, R_E는 지구의 반지름이다(부록 C나 웹페이지로부터 이 값은 6.37×10^6 m이다). 따라서 다음을 얻는다.

$$a = \frac{v^2}{R} = \frac{v^2}{R_E + h}$$
$$= \frac{(7.60 \times 10^3 \text{ m/s})^2}{6.37 \times 10^6 \text{ m} + 0.52 \text{ m}}$$
$$= 8.38 \text{ m/s}^2. \quad \text{(답)}$$

이것은 Sally가 있는 고도에서 자유낙하 가속도 값이다. 그녀를 궤도를 돌지 않고 이 고도까지 올렸다가 놓으면 이 가속도로 시작하여 지구 중심을 향해 떨어질 것이다. 두 상황의 차이점은 지구궤도를 돌 때 항상 "옆 방향"의 운동이 있다는 것이다. 떨어질 때 옆으로도 움직여서 항상 지구 주위의 곡선경로를 따라 움직인다.

(b) 지구가 Sally에 작용하는 힘은 얼마인가?

요점

(1) 등속원운동을 하려면 Sally에 구심력이 작용해야 한다. (2) 그 힘은 지구가 그녀에 작용하는 중력 $\vec{F}_g$이고, 회전중심(지구중심)을 향한다.

풀이: 지름축 r 방향에 대해 쓴 Newton의 제2법칙으로부터 이 힘의 크기는 다음과 같다.

$$F_g = ma = (79.0 \text{ kg})(8.38 \text{ m/s}^2)$$
$$= 662 \text{ N}. \quad \text{(답)}$$

Sally가 높이 h = 520 km인 탑 꼭대기에 있는 저울 위에 서 있다면 저울의 눈금은 662 N일 것이다. 궤도를 돌 때 (Sally가 저울 위에 있을 수 있다면) 저울 눈금은 0일 것이다. 왜냐하면 그녀와 저울은 함께 자유낙하운동을 하고 따라서 그녀의 발은 저울을 밟고 있을 수 없기 때문이다.

▶ 교육용 비디오는 웹사이트 www.wiley.com에서 볼 수 있다.

정리 및 요약 _Review & Summary

▸***마찰*** 힘 $\vec{F}$로 물체를 수평면에서 미끄러지게 할 때 표면과 물체 사이에 **마찰력**이 작용한다. 마찰력은 표면에 평행하고 미끄러지는 방향과 반대 방향으로 작용한다. 마찰력은 냉용접이라고 부르는 효과인 물체의 원자와 표면의 원자가 결합하는 현상 때문에 일어난다.

물체가 미끄러지지 않는다면 마찰력은 **정지마찰력** $\vec{f}_s$이다. 만약 물체가 미끄러진다면 마찰력은 **운동마찰력** $\vec{f}_k$가 된다.

1 물체가 움직이지 않는다면 정지마찰력 $\vec{f}_s$와 물체에 작용하는 표면과 평행한 힘 $\vec{F}$는 크기가 같고 방향은 반대이다. 평행한 힘의 성분이 증가하면 f_s의 크기도 증가한다.

2 $\vec{f}_s$는 다음의 최대값 $f_{s,\max}$를 갖는다.

$$f_{s,\max} = \mu_s F_N. \tag{6.1.1}$$

여기서 μ_s는 **정지마찰계수**이며 F_N은 수직력의 크기이다. 만약 표면에 평행한 $\vec{F}$의 크기가 $f_{s,\max}$보다 커지면 물체는 표면에서 미끄러진다.

3 만약 물체가 표면 위에서 움직이게 되면 마찰력은 빠르게 감소하여 일정한 값 $\vec{f}_k$가 된다. 이때 $\vec{f}_k$는

$$f_k = \mu_k F_N \tag{6.1.2}$$

으로 주어지며, μ_k는 **운동마찰계수**이다.

▸***항력*** 공기나 다른 유체가 물체와 상대운동을 하면 물체의 상대운동을 방해하는 **항력** $\vec{D}$가 작용하며, 그 방향은 물체에 대한 유체의 운동 방향과 같다. $\vec{D}$의 크기는 물체의 상대속력 v와 실험적으로 결정되는 **항력계수** C와 다음의 관계식을 만족한다.

$$D = \tfrac{1}{2}C\rho A v^2. \tag{6.2.1}$$

여기서 ρ는 유체의 밀도(단위부피당 질량)이고 A는 물체의 **유효단면적**(속도 $\vec{v}$에 수직한 단면적)이다.

▸***종단속력*** 굵은 물체가 공기 중에서 충분한 거리를 떨어질 때 항력 $\vec{D}$와 중력 $\vec{F}_g$의 크기가 같아진다. 이때부터 물체는 다음과 같은 일정

한 **종단속력** v_t로 떨어진다.

$$v_t = \sqrt{\frac{2F_g}{C\rho A}}. \tag{6.2.3}$$

▸**등속 원운동** 물체가 등속력 v로 반지름 R의 원이나 원호 위를 따라 운동하면 물체는 **등속 원운동**을 한다. 이때 물체는 **구심가속도** $\vec{a}$를 가지며 그 크기는

$$a = \frac{v^2}{R} \tag{6.3.1}$$

이다. 구심가속도는 물체에 주어지는 알짜**구심력**에 의한 것이며 구심력의 크기는 다음과 같다.

$$F = \frac{mv^2}{R} \tag{6.3.2}$$

여기서 m은 물체의 질량이다. 이때 $\vec{a}$와 $\vec{F}$는 물체가 그리는 곡선경로의 중심을 향한다. 알짜구심력이 작용할 경우에만 입자는 원운동을 할 수 있다.

연습문제 _Problems

E Easy **M** Medium **H** Hard **CALC** Requires calculus **BIO** Biomedical application

1 **E** 질량 3.5 kg의 나무토막에 수평각 $\theta = 40°$, 크기 15 N의 힘 $\vec{F}$를 작용한다(그림 6.1). 바닥과 나무토막 사이의 운동마찰계수는 0.20이다. (a) 바닥이 토막에 작용하는 마찰력의 크기와 (b) 나무토막의 가속도 크기를 구하여라.

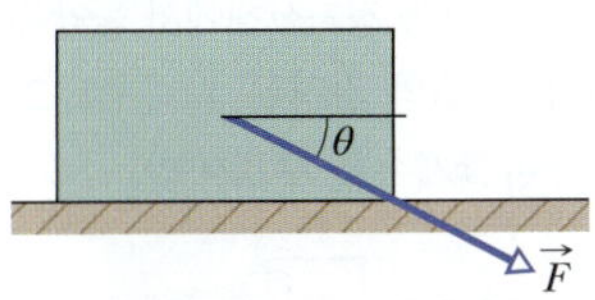

그림 6.1 연습문제 1, 3

2 **H** 엔진을 끄면 질량 1000 kg의 배가 90 km/h로 이동한다. 배와 물 사이의 마찰력 $\vec{f}_k$의 크기는 배의 속력 v에 비례한다. 즉 $f_k = 120v$이며, v는 m/s, f_k는 단위이다. 배의 속력이 45 km/h까지 느려지는 데 걸리는 시간을 구하여라.

3 **M** 아래 방향 각도 θ로 일정한 힘으로 마루 위에서 토막을 밀고 있다(그림 6.1). 그림 6.2는 토막과 마루 사이의 운동마찰계수 μ_k에 따라 변하는 가속도 그래프이며, 각 눈금은 $a_1 = 3.0 \text{ m/s}^2$, $\mu_{k2} = 0.20$, $\mu_{k3} = 0.40$이다. θ 값은 얼마인가?

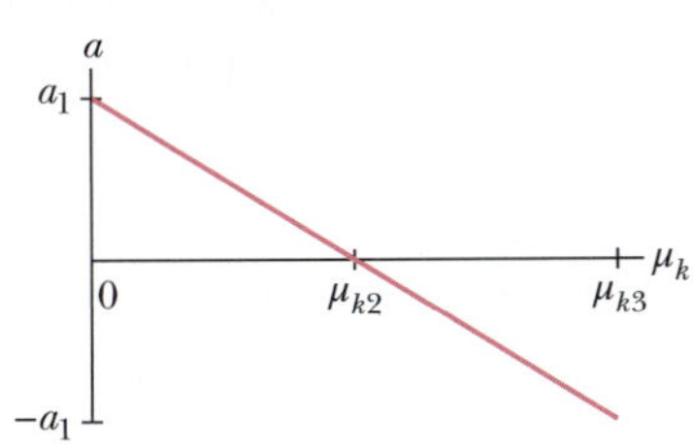

그림 6.2 연습문제 3

4 **M** 무게 700 N의 학생이 일정하게 회전하는 대회전 관람차를 탄다(학생은 똑바른 자세로 앉았다). 최고점에서 좌석이 학생에게 작용하는 수직력 $\vec{F}_N$의 크기는 556 N이다. (a) 학생은 그곳에서 가볍다고 느끼는가, 무겁다고 느끼는가? (b) 최저점에서 $\vec{F}_N$의 크기는 얼마인가? 바퀴의 속력이 2배가 된다면 $\vec{F}_N$의 크기는 (c) 최고점과 (d) 최저점에서 각각 얼마인가?

5 **M** 수평면과 경사각도 $\theta = 20°$ 면에 펭귄이 탄 무게 80 N의 썰매가 놓여 있다(그림 6.3). 썰매와 면 사이의 정지마찰계수는 0.30이고, 운동마찰계수는 0.15이다. (a) 썰매가 아래로 미끄러지지 않게 경사면에 평행하게 작용하는 힘 $\vec{F}$의 최소값을 구하여라. (b) 썰매가 면의 윗 방향으로 움직이게 할 힘 $\vec{F}$의 최소값을 구하여라. (c) 일정한 속도로 위의 방향으로 움직이게 할 힘 $\vec{F}$의 크기를 구하여라.

그림 6.3 연습문제 5, 7

6 **M** 놀이공원에서 질량을 무시할 수 있는 막대에 매달린 차가 수직 방향으로 원운동하는 놀이기구가 있다. 차와 탑승자의 전체 질량은 4.0 kN이고 원의 반지름은 10 m이다. 꼭대기에서 차의 속력이 v = 5.0 m/s일 때, 막대가 차에 작용하는 힘 F_B의 (a) 크기와 (b) 방향(위 또는 아래)은 각각 무엇인가? v = 12 m/s일 경우 F_B의 (c) 크기와 (d) 방향은 무엇인가?

7 **M** 그림 6.3에 비탈면을 따라 잡아당기는 줄로 썰매를 비탈 위에 고정시켰다. 썰매는 비탈 위로 움직이기 직전이다. 그림 6.4에 썰매에 작용하는 필요한 줄의 힘 크기 F를 썰매와 비탈 사이의 정지마찰계수 μ_s의 값에 대해 그려 놓았다. F_1 = 2.0 N, F_2 = 5.0 N, μ_2 = 0.50이다. 비탈의 각도 θ는 얼마인가?

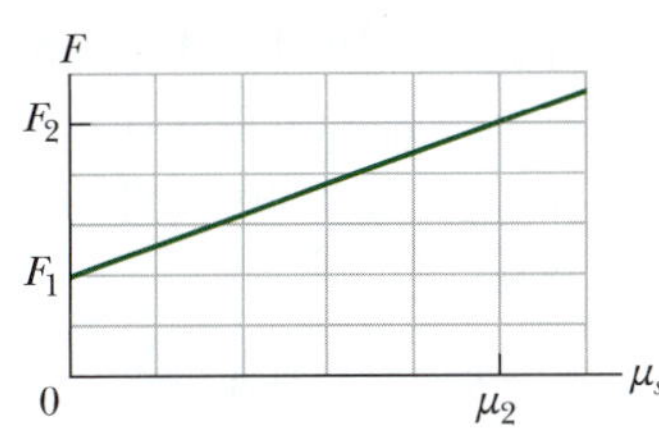

그림 6.4 연습문제 7

8 E 미끄럼을 좋아하는 돼지가 마찰이 있는 경사각도 25°의 미끄럼틀을 내려오는 데 걸리는 시간이 마찰이 없는 경사각 25°의 미끄럼틀을 내려오는 시간의 두 배이다. 돼지와 미끄럼틀 사이의 운동마찰계수를 구하여라.

9 M 그림 6.5에서 물체 A의 무게는 102 N이고, 물체 B의 무게는 32 N이다. A와 경사면 사이에 마찰계수는 $\mu_s = 0.56$, $\mu_k = 0.45$이다. 각도 θ는 40°이다. 비탈 윗방향을 양의 x 방향이라고 하자. A가 처음에 (a) 정지해 있을 때 (b) 경사면으로 올라가고 있을 때 (c) 경사면을 내려가고 있을 때 A의 가속도를 단위벡터 표기법으로 구하여라.

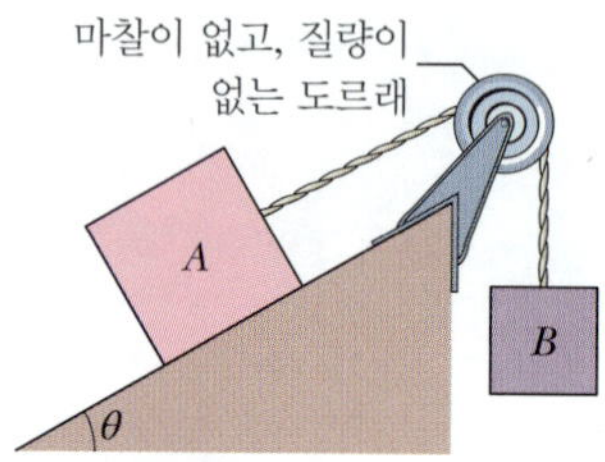

그림 6.5 연습문제 9, 10

10 M 그림 6.5와 같이 두 개의 토막이 도르래로 연결되어 있다. 토막 A의 질량은 10 kg이고 면과 토막 A 사이의 운동마찰계수는 0.40이다. 경사각 θ는 30°이다. 토막 A가 경사를 일정한 속력으로 미끄러져 내려올 경우 토막 B의 질량을 구하여라. 연결한 줄의 질량은 무시한다. (도르래의 역할은 줄의 방향을 바꾸는 것뿐이다.)

11 E 무개화차의 바닥에 정지마찰계수가 0.25인 상자가 놓여 있다. 만약 기차가 처음에 37 km/h의 속력으로 움직인다면, 바닥에서 상자가 미끄러지지 않고 일정한 가속도로 정지할 수 있는 가장 짧은 거리는 얼마인가?

12 M 13 N의 수평힘 $\vec{F}$가 수직벽에 대해 무게 6.0 N의 토막을 민다(그림 6.6). 벽과 토막 사이의 정지마찰계수는 0.60이고, 운동마찰계수는 0.40이다. 토막이 처음에는 정지해 있다고 가정한다. (a) 토막은 움직이는가? (b) 벽이 토막에 작용하는 힘을 단위벡터 표기법으로 써라.

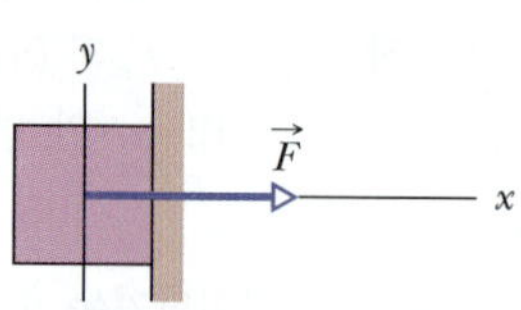

그림 6.6 연습문제 12

13 M 활강경기에서 스키선수는 인체에 작용하는 공기 항력과 스키의 운동마찰력 때문에 느려진다. 경사각도는 $\theta = 40.0°$, 마른 눈의 운동마찰계수는 $\mu_k = 0.0400$, 스키선수와 장비의 전체 질량은 $m = 75.0$ kg, (웅크린) 스키선수의 단면적은 $A = 1.30\ \text{m}^2$, 항력계수는 $C = 0.150$, 공기밀도는 $1.20\ \text{kg/m}^3$이다. (a) 종단속력은 얼마인가? (b) 스키선수가 손의 위치 등을 조절하여 항력계수가 dC만큼 변한다면 종단속력은 얼마나 변하는가?

14 E 그림 6.7은 산에 난 도로의 단면적 일부분이다. 실선 AA'은 산이 쉽게 미끄러질 수 있는 지층을 나타낸다. 고속도로 바로 위로 커다란 돌덩어리 B가 윗부분의 암석과 갈라진 공간에 의해 분리되어 있어서(절리라고 함) 단순히 아래 지층과 돌덩어리 B 사이의 마찰에 의해 현재의 위치를 유지하고 있다. 돌덩어리의 질량은 1.8×10^7 kg, 지층의 수평경사각도 θ는 24°, 돌덩어리와 지층 사이의 정지마찰계수는 0.63이다. (a) 이 상황에서는 돌덩어리가 미끄러지지 않는다는 것을 보여라. (b) 틈새로 스며든 물이 얼어서 팽창하면 AA' 방향으로 돌덩어리에 힘 $\vec{F}$를 미친다. 돌덩어리가 미끄러질 힘의 최소 크기를 구하여라.

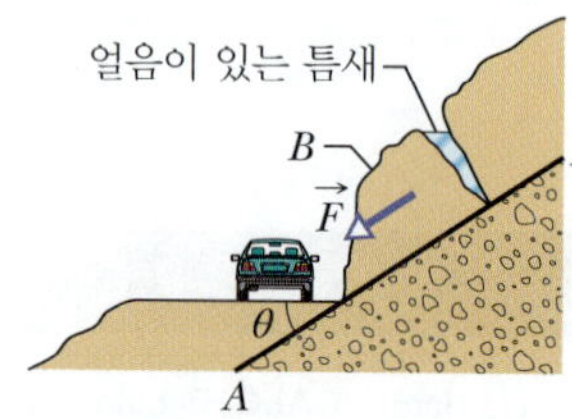

그림 6.7 연습문제 14

15 M 낡은 전차가 반지름 8.0 m의 평탄한 커브길을 16 km/h의 속력으로 돌고 있다. 천장에 매달려 있는 가죽 손잡이가 수직방향에 대해서 이루는 각도를 구하여라.

16 M 그림 6.8처럼 세 토막을 정지상태에서 놓았을 때 모두 $0.200\ \text{m/s}^2$으로 가속된다. 토막 1, 2, 3의 질량은 각각 M, $2M$, $2M$이다. 토막 2와 테이블 사이의 운동마찰계수를 구하여라.

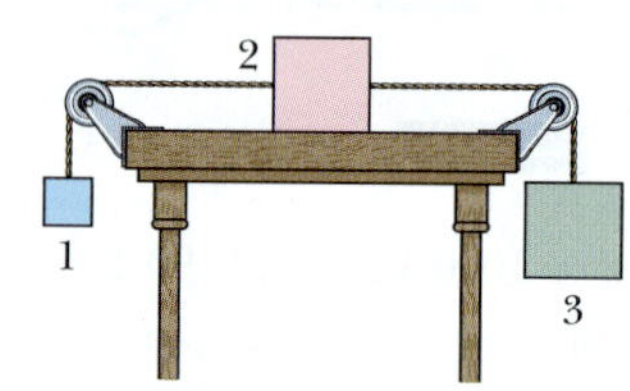

그림 6.8 연습문제 16

17 E 프라이팬과 계란 요리 사이의 정지마찰계수는 약 0.070이다. 프라이팬을 기울일 경우 계란 요리가 미끄러질 수평면과의 최소각도를 구하여라.

18 M 자동차 A가 언덕을 내려오다가 미끄러져 빨간 신호등에 서 있는 자동차 B를 추돌하는 교통사고의 증인이 있다(그림 6.9). 언덕의 수평경사각도는 $\theta = 12.0°$이고, 자동차 A가 미끄러지기 시작할 때 두 자동차 사이의 간격은 $d = 24.0$ m이며, 자동차 A의 속력은 $v_0 = 24.0$ m/s이다. 운동마찰계수가 다음과 같을 때 자동차 A가 B를 추돌하는 순간의 속력을 구하여라. (a) 0.60(마른 도로) (b) 0.10(젖은 낙엽으로 덮인 도로).

그림 6.9 연습문제 18

19 M 롤러코스터 차량의 질량은 승객이 모두 탈 경우 1600 kg이다.

이 차량이 반지름 18 m인 원형 궤도의 꼭대기를 지날 때 차량의 속력은 변화하지 않는다고 가정하자. 궤도의 꼭대기에서 다음을 구하여라. 차량의 속력이 v = 11 m/s일 때 (a) F_N의 크기와 (b) 트랙에서 차량에 가해지는 수직항력의 방향(위 또는 아래). v = 14 m/s일 때 (c) F_N의 크기와 (d) 방향.

20 **M** 그림 6.10에 토막 A와 토막 B의 무게는 각각 44 N과 22 N이다. (a) A와 책상 면 사이의 μ_s가 0.35인 경우 A가 미끄러지지 않을 토막 C의 최소 무게를 구하여라. (b) 토막 C를 갑자기 A에서 들어올린다. A와 책상 면 사이의 μ_k가 0.15일 때 토막 A의 가속도를 구하여라.

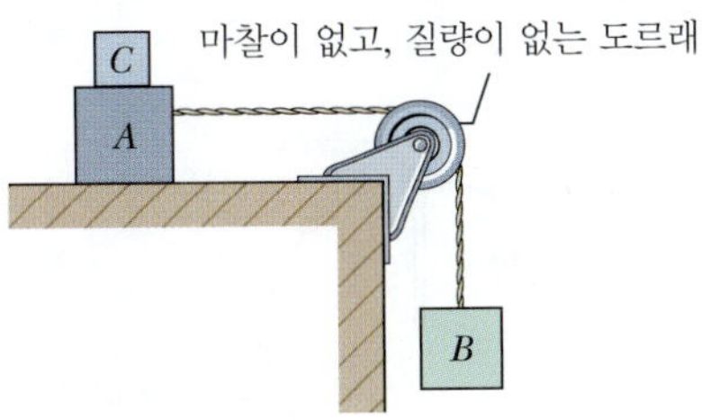

그림 6.10 연습문제 20

21 **M** **CALC** 놀이공원의 회전 놀이기구를 설계할 때 공학자는 어떤 변수의 작은 변화가 승객에게 작용하는 알짜힘에 미치는 영향을 충분히 고려해야 한다. 수평면에서 속력 v로 회전하는 반지름 r인 회전 놀이기구를 탄 질량 m의 승객을 생각해 보자. (a) 속력 v는 일정하고 반지름에 dr의 변화가 생길 때, (b) 반지름 r은 일정하고 속력에 dv의 변화가 생길 때, (c) 반지름 r은 일정하고 주기에 dT의 변화가 생길 때, 알짜 힘의 크기에 생기는 dF를 각각 구하여라.

22 **E** **BIO** 1915년경에 필라델피아의 Henry Sincosky가 서까래를 한 손은 엄지손가락으로, 반대편은 손가락으로 잡고 매달렸다(그림 6.11). Sincosky의 질량은 79 kg이다. 손과 서까래 사이의 정지마찰계수가 0.60이면 한쪽 손의 엄지나 반대편에 나머지 네 손가락이 서까래에 작용하는 수직항력의 최소값은 얼마인가? (Sincosky는 매달렸을 뿐만 아니라 이 자세로 턱걸이도 하고, 구름다리처럼 손을 번갈아 잡으며 이동하기도 했다. Sincosky의 손가락 힘이 세지 않다고 생각한다면 당신도 한번 시도해 보아라.)

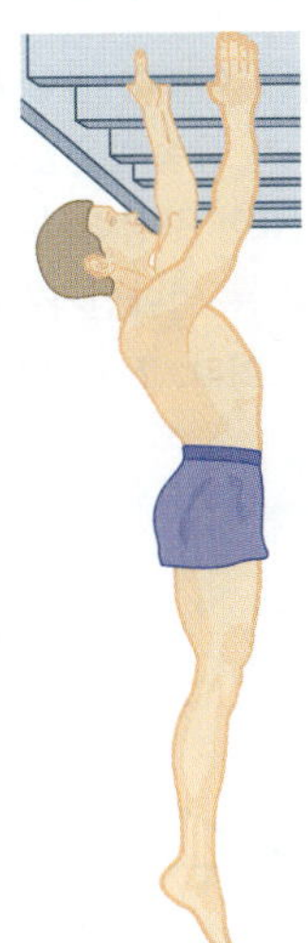

그림 6.11 연습문제 22

23 **M** 자동차를 추적하는 경찰관이 80.0 km/h의 등속력으로 반지름 300 m의 곡선도로를 따라 돌고 있다. 경찰관의 질량은 60.0 kg이다. 자동차에 탄 경찰관이 자동차 의자에 가하는 *알짜* 힘의 (a) 크기와 (b) (수직방향에 대한) 각도를 구하여라(*힌트*: 수평힘과 수직힘을 고려하여라).

24 **E** 수평면에 정지해 있는 질량 2.5 kg의 토막에 크기 6.0 N 수평힘과 수직힘 $\vec{P}$가 작용한다(그림 6.12). 토막과 평면 사이의 정지마찰계수와 운동마찰계수는 각각 μ_s = 0.40과 μ_k = 0.35이다. $\vec{P}$의 크기가 다음과 같을 때 토막에 작용하는 마찰력의 크기를 각각 구하여라. (a) 8.0 N (b) 10 N (c) 12 N.

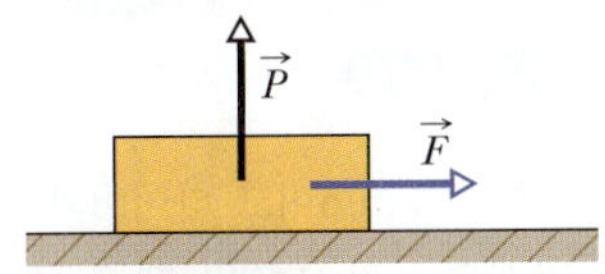

그림 6.12 연습문제 24

25 **M** 1300 km/h의 속력으로 수평 비행하는 비행기에서 탈출하는 비행사와 탈출좌석에 작용하는 항력이 식 6.2.1로 주어진다고 하자. 또한 탈출좌석의 질량이 비행사와 같고 항력계수도 비행사와 같다고 가정하자. 비행사의 적당한 질량을 추정하고 표 6.2.1에 주어진 종단속력 v_t의 값을 사용해서 다음의 크기를 근사하여라. (a) *비행사 + 탈출좌석*의 항력. (b) 탈출 직후 둘의 수평방향 감속가속도(g의 단위). ((a)의 결과로부터 탈출좌석을 설계할 때는 비행사의 머리에 처음 작용하는 돌풍을 막을 장치가 포함되어야 한다는 것을 알 수 있다.)

26 **H** 그림 6.13과 같이 질량 1.34 kg의 공이 각각의 길이가 L = 1.70 m인 질량 없는 두 줄로 수직 막대에 연결되어 회전하고 있다. 줄은 줄 사이의 간격이 d = 1.70 m로 막대에 묶여 있고 팽팽한 상태이다. 위쪽 줄의 장력은 35 N이다. 다음을 구하여라. (a) 아래 줄의 장력 (b) 공에 작용하는 알짜힘 $\vec{F}_{\text{net}}$의 크기, (c) 공의 속력, (d) $\vec{F}_{\text{net}}$의 방향.

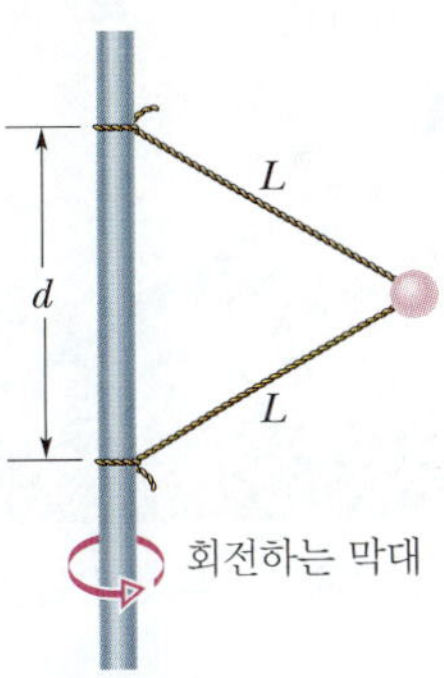

그림 6.13 연습문제 26

27 **E** 동계올림픽 봅슬레이 경주에서 자메이카 팀이 96.6 km/h의 속력으로 반지름 9.2 m의 곡선을 돌 때의 가속도를 g로 나타내어라.

28 **E** 서랍과 옷을 포함한 질량 55 kg인 침실 옷장이 마루에 놓여있다. (a) 옷장과 마루 사이에 정지마찰계수가 0.45일 때 사람이 옷장을 움직이게 할 수 있는 최소 수평힘의 크기는 얼마인가? (b) 옷장을 밀기 전에 질량 17 kg의 서랍과 옷을 제거했다면 새로운 최소 크기는 얼마인가?

29 **M** 그림 6.14와 같이 콘크리트 바닥에 놓여 있는 세 상자를 650 N의 수평힘 $\vec{F}$로 밀고 있다. 각 상자의 질량은 m_1 = 30.0 kg, m_2 = 10.0 kg, m_3 = 20.0 kg이다. 바닥과 상자 사이의 운동마찰계수는 0.400이다. (a) 상자 2가 상자 3에 작용하는 힘의 크기 F_{32}를 구하여라. (b) 만약 상자의 운동마찰계수가 0.700보다 작은 잘 다듬어진 바닥 위로 미끄러진다면 F_{32}의 크기가 (a)의 경우에 비해 증가하는가,

감소하는가, 아니면 변하지 않는가?

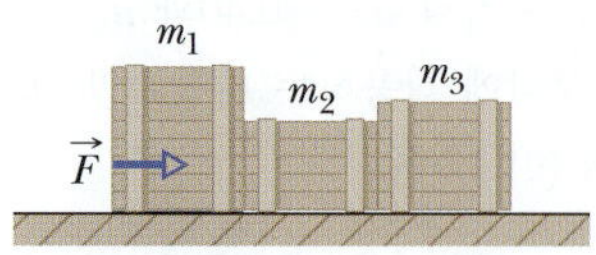

그림 6.14 연습문제 29

30 **E** 자전거의 속력이 29 km/h이고 타이어와 기울어지지 않은(평평한) 트랙의 정지마찰계수 μ_s가 0.50일 때 자전거가 평탄한 트랙을 미끄러지지 않고 돌 수 있는 최소 반지름은 얼마인가?

31 **E** *신비롭게 미끄러지는* 돌. 미국 캘리포니아 주 '죽음의 계곡' 사막 분지에 있는 자동차 경주로에는 종종 사막 표면을 따라 돌이 골을 파며 움직인 흔적이 발견된다(그림 6.15). 여러 해가 지나면서 이에 대한 궁금증이 커졌다. 한 가지 설명 방법은 비에 젖어 물러진 땅에 강한 바람이 불어 거친 돌이 움직인 후 땅이 굳어진 흔적이라는 것이었다. 사막이 마르면 돌 자국에 딱딱하게 굳게 된다. 측정한 결과 돌과 젖은 사막 분지 사이의 운동마찰계수는 약 0.80이다. (전형적인 크기의) 질량 20 kg의 돌이 바람에 의해 움직인 후 돌이 계속 움직이려면 수평힘은 얼마이어야 하는가? (연습문제 32에서 계속).

Jerry Schad/Science Source

그림 6.15 연습문제 31. 무엇이 돌을 움직였을까?

32 **M** *연습문제 31의 계속.* 전형적인 20 kg 돌에 작용하는 공기에 의한 항력이 식 6.2.1에서 유효단면적 0.040 m^2, 항력계수 0.80으로 주어진다고 하자. 공기밀도는 1.21 kg/m^3이고 운동마찰계수는 C이다. (a) 돌이 움직인 후에 계속 움직이기 위한 지표면 방향의 풍속 V는 km/h로 얼마인가? 지표면 근처에서 풍속은 감속되므로, 보통의 풍속값은 지상 10 m 위에서 측정한 값이다. 이 위치에서 풍속은 지표면에서 풍속의 2.00배라고 가정한다. (b) (a)의 답에서 폭풍의 풍속은 얼마인가? (c) 이 값은 강풍이 부는 폭풍에서의 풍속과 비슷한가?

33 **H** 그림 6.16에서 두 토막(m = 16 kg, M = 88 kg)은 서로 붙어 있지 않다. 두 토막 사이의 정지마찰계수는 μ_s = 0.60이고, 큰 토막 아래의 바닥과는 마찰이 없다. 작은 토막이 미끄러져 내려오지 않을 수평력 $\vec{F}$의 최소크기를 구하여라.

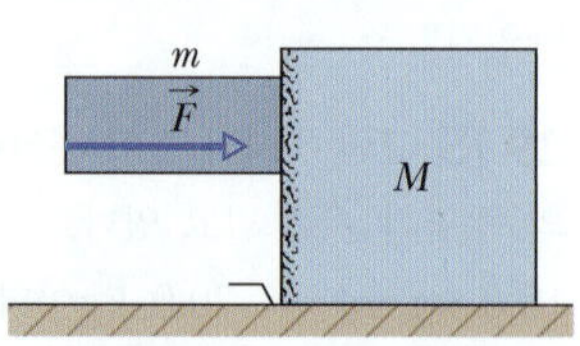

그림 6.16 연습문제 33

34 **M** 회전운동에 열광하는 질량 80 kg의 사람이 반지름 10 m인 수직원으로 만든 대회전 관람차를 등속력 5.2 m/s로 타고 있다. (a) 운동의 주기를 구하여라. 좌석이 사람에게 가하는 수직항력의 크기를 (b) 꼭대기에 있을 때, (c) 최저점에 있을 때 각각 구하여라.

35 **M** 볼트가 가는 막대의 끝에 나사선을 통하여 연결되어 있고 반대편 끝을 중심으로 수평으로 회전하고 있다. 공학자가 막대의 회전속도를 측정하기 위하여 섬광 전구가 반짝이는 비율을 변화시켜서 주어진 섬광 전구의 위치 8곳에 막대가 고정된 것과 같이 보이게 하였다(그림 6.17). 이때 섬광 반복률은 초당 2000회다. 볼트의 질량은 50 g이고 반지름은 3.5 cm이다. 막대가 볼트에 작용하는 힘의 크기는 얼마인가?

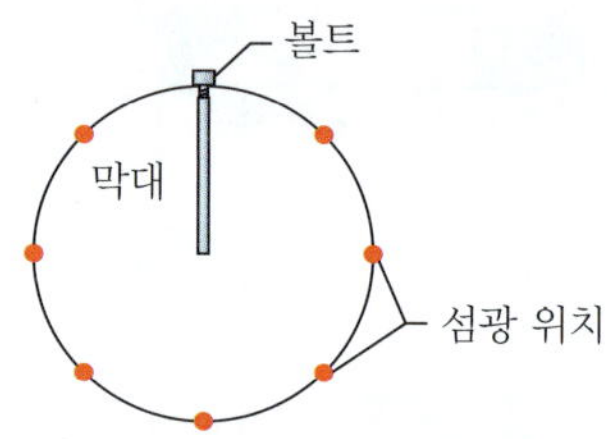

그림 6.17 연습문제 35

36 **E** 어떤 사람이 크기 110 N의 수평힘으로 질량 40 kg의 상자를 밀고 있다. 바닥과 상자 사이의 정지마찰계수는 0.37이다. (a) 이 경우 $f_{s,\max}$의 값은 얼마인가? (b) 상자가 움직이는가? (c) 상자에 작용하는 마찰력은 얼마인가? (d) 다른 사람이 돕기 위해 상자를 수직방향으로 잡아당길 경우 110 N의 힘으로 상자를 움직일 수 있는 수직힘의 최소값은 얼마인가? (e) 두 번째 사람이 수평방향으로 잡아당길 경우에 상자를 움직일 수 있는 도움 힘의 최소값은 얼마인가?

37 **M** **CALC** 질량 85.0 kg의 승객이 반지름 r = 3.50 m의 원궤도를 따라 등속원운동하고 있다. (a) 그림 6.18a는 승객의 속력 v에 따라 필요한 구심력의 크기 F의 그래프이다. v = 9.40 m/s에서 그래프의 기울기는 얼마인가? (b) 그림 6.18b는 원운동의 주기 T에 대한 F의 그래프이다. T = 2.50 s에서 그래프의 기울기는 얼마인가?

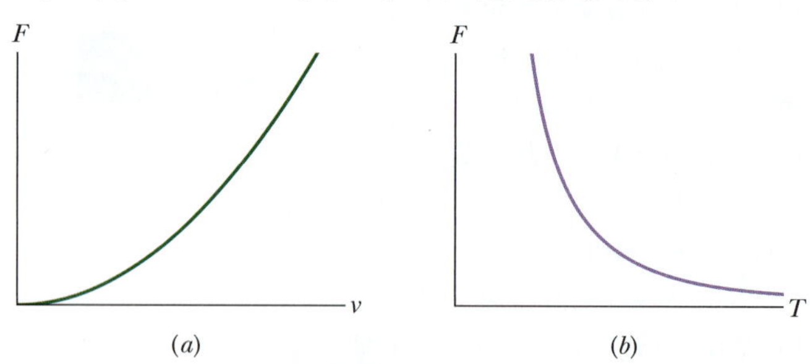

그림 6.18 연습문제 37

38 **M** 무게 3.6 N과 7.2 N의 두 토막이 질량이 없는 줄에 연결되어 20° 경사면을 미끄러지고 있다. 가벼운 토막과 경사면 사이에 운동마찰계수는 0.10이고, 무거운 토막과 경사면 사이에 운동마찰계수는 0.20이다. 가벼운 토막이 앞서간다고 가정하고 (a) 토막의 가속도와 (b) 팽팽한 줄의 장력을 구하여라.

39 **M** 질량 m = 1.50 kg의 퍽이 마찰 없는 탁자 위에서 반지름 r = 20.0 cm로 원운동을 하고 있고, 중심의 구멍을 통하여 줄의 다른

끝에 질량 M = 2.50 kg인 원통이 매달려 있다(그림 6.19). 원통이 정지해있을 원운동 속력은 얼마인가?

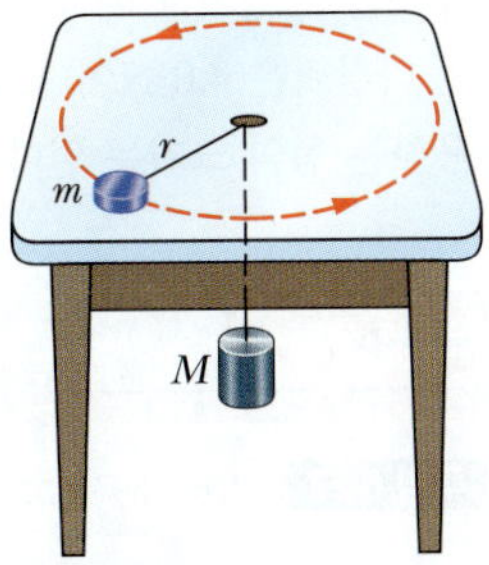

그림 6.19 연습문제 39

40 E 2루로 슬라이딩하는 질량 m = 83 kg의 야구선수가 크기 400 N의 마찰력을 받는다. 선수와 지표면 사이의 운동마찰계수 μ_k는 얼마인가?

41 M 그림 6.20처럼 힘 $\vec{P}$가 무게 45 N의 토막에 작용하고 있다. 처음에 토막은 수평경사각 θ = 15°의 경사면에 정지해 있다. 양의 x축 방향은 경사면을 올라가는 방향이다. 토막과 경사면 사이의 정지마찰계수는 μ_s = 0.50이고 운동마찰계수는 μ_k = 0.40이다. 다음의 힘 $\vec{P}$에 대한 마찰력을 각각 단위벡터 표기법으로 써라. (a) $(-5.0\ \text{N})\hat{\imath}$, (b) $(-8.0\ \text{N})\hat{\imath}$, (c) $(-15\ \text{N})\hat{\imath}$.

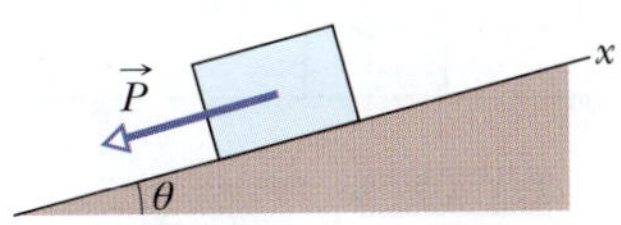

그림 6.20 연습문제 41

42 E 고양이가 반지름 5.4 m의 정지한 회전목마에서 낮잠을 자고 있다. 이때 장비를 작동시켜서 7.0 s마다 한 바퀴 돌게 하였다. 고양이가 미끄러지지 않고(혹은 발톱을 세워 매달리지 않고) 있을 수 있는 고양이와 회전목마 사이의 최소 정지마찰계수는 얼마인가?

43 H 그림 6.21에 질량 m_1 = 40 kg의 판자가 마찰이 없는 마루에 놓여 있고, 그 위에 질량 m_2 = 10 kg의 토막이 놓여 있다. 토막과 판자 사이에 정지마찰계수는 0.60이고 운동마찰계수는 0.40이다. 100 N의 수평힘으로 10 kg의 토막을 직접 끌 때 (a) 토막과 (b) 판자의 가속도를 각각 단위벡터 표기법으로 써라.

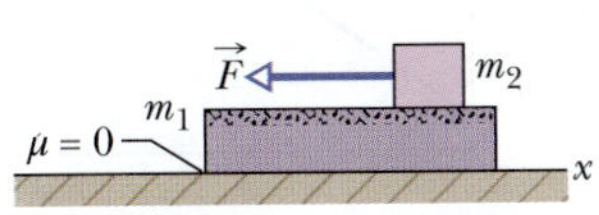

그림 6.21 연습문제 43

44 M 고속도로의 커브길은 자동차가 60 km/h로 달리도록 기울어져 설계되어 있다. 커브의 반지름은 200 m이다. 비오는 날에는 자동차가 40 km/h의 속력으로 달린다. 차가 미끄러지지 않고 달릴 수 있는 도로와 타이어 사이의 최소 마찰계수를 구하여라. (음성 양력이 없다고 가정한다.)

45 M 비행기가 480 km/h의 속력으로 수평원을 그리며 날고 있다(그림 6.22). 비행기의 날개가 수평선에 대해 θ = 30° 기울어졌다면 비행경로인 원의 반지름은 얼마인가? 이때 필요한 힘은 전적으로 비행기 날개에 수직한 "공기역학적 양력"으로 생긴다고 가정한다.

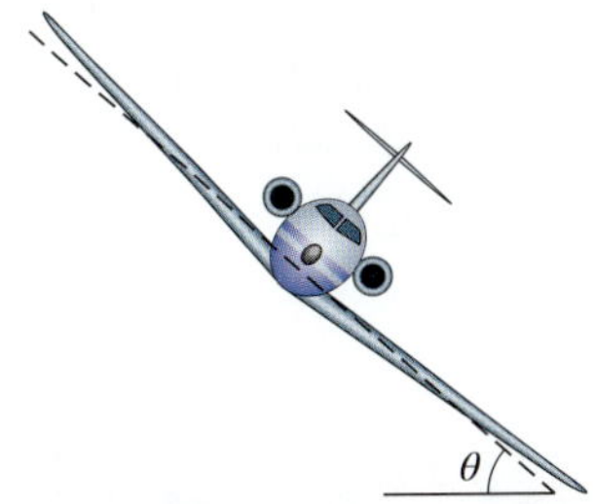

그림 6.22 연습문제 45

46 E 도로와 타이어 사이의 정지마찰계수가 0.60이고 자동차에 음성 양력이 없다고 가정하자. 반지름 25.5 m의 평평한 곡선길을 돌 때 자동차가 미끄러지지 않고 달릴 수 있는 최대 속력을 구하여라.

47 M 그림 6.23처럼 자동차가 등속력으로 반지름이 같은 원형 언덕과 계곡을 지나고 있다. 언덕 꼭대기에서 자동차 좌석이 운전자에 작용하는 수직항력의 크기는 0이다. 운전자의 질량은 80.0 kg이다. 자동차가 계곡의 바닥을 지나갈 때 자동차 좌석이 운전자에 작용하는 수직항력의 크기를 구하여라.

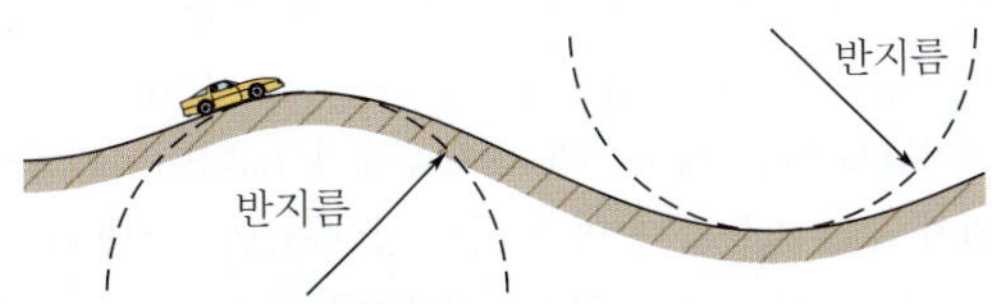

그림 6.23 연습문제 47

48 E 기말시험을 끝낸 학생들이 기숙사 복도에서 미적분학 책을 빗자루로 미는 게임을 하고 있다. 책의 질량이 3.5 kg이고 빗자루로 25 N의 힘을 책에 가하여 책이 정지상태에서 0.40 m 이동하는 동안 속력이 1.60 m/s가 되었다. 책과 바닥 사이의 운동마찰계수를 구하여라.

49 M 그림 6.24에서 토막 B의 무게는 711 N이고, 토막과 테이블 사이의 정지마찰계수는 0.45이다. θ는 30°이다. B와 매듭 사이의 줄은 수평이라고 가정한다. 계가 정지해있기 위한 토막 A의 최대 무게를 구하여라.

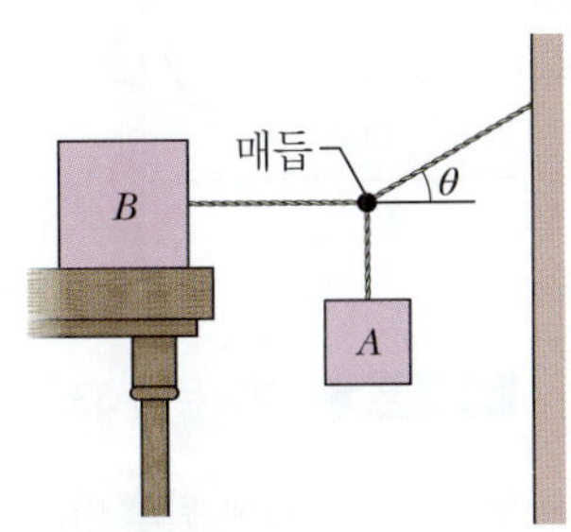

그림 6.24 연습문제 49

50 E 스카이다이버의 펼친 독수리 자세에서 종단속력은 170 km/h이고 급강하 자세에서 종단 속력은 280 km/h이다. 다이버의 끌림계수 C가 자세에 따라 변화하지 않는다는 가정 하에 느린 자세와 빠른 자세의 유효단면적 A의 비율을 구하여라.

51 M CALC 장난감통과 장난감의 무게는 180 N이고, 마루와 장난

감통 사이의 정지마찰계수는 0.60이다. 그림 6.25처럼 어린이가 줄을 당겨서 장난감통을 움직이려고 한다. (a) $\theta = 42°$일 때 장난감통을 움직일 수 있는 힘 $\vec{F}$의 최소값은 얼마인가? (b) 통이 움직이기 직전이 되도록 만드는 크기 F를 θ의 함수로 써라. (c) F가 최소가 되는 θ의 값을 결정하고, (d) 그 최소값을 구하여라.

그림 6.25 연습문제 51

52 E 질량 55 kg의 상자에 200 N의 수평힘을 작용하여 수평마루 위를 움직이게 하였다. 상자와 마루 사이의 운동마찰계수는 0.35이다. (a) 마찰력, (b) 상자의 가속도의 크기를 구하여라.

53 M 브레이크를 밟을까, 회전할까? 그림 6.26은 벽을 향해 달리는 자동차를 위에서 본 모습이다. 벽까지의 거리가 $d = 107$ m일 때 운전사가 브레이크를 밟는다고 하자. 자동차의 질량은 $m = 1400$ kg, 초기속력은 $v_0 = 35$ m/s, 정지마찰계수는 $\mu_s = 0.50$이라고 가정한다. 또한 브레이크를 밟을 때도 자동차의 무게가 네 타이어에 균일하게 걸린다고 하자. (a) 자동차가 벽의 바로 앞에서 멈추려면 (타이어와 길 사이의) 정지마찰력 크기는 얼마이어야 하는가? (b) 최대 정지마찰력 $f_{s,\max}$는 얼마인가? (c) 미끄러지는 타이어와 도로 사이의 운동마찰계수가 $\mu_k = 0.40$이면 자동차가 벽에 부딪히는 속력은 얼마인가? 벽과의 충돌을 피하기 위하여 운전사가 그림처럼 자동차를 회전시켜 가까스로 벽을 피할 수 있다고 하자. (d) 자동차가 초기속력 v_0로 반지름 d의 원운동을 해서 1/4 바퀴를 돌아 벽과 평행하게 될 때 필요한 마찰력의 크기는 얼마인가? (e) $f_{s,\max}$이 필요한 힘은 보다 작아서 원운동이 가능한가?

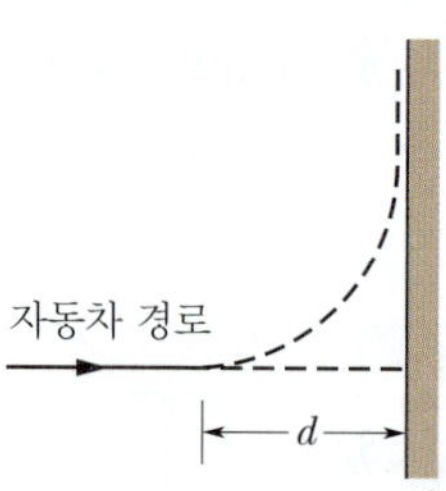

그림 6.26 연습문제 53

54 E 68 kg의 상자에 수평선에 대해 위로 각도 15°로 연결한 줄을 끌어당긴다. (a) 상자와 마루 사이의 정지마찰계수가 0.50이면 상자를 움직이기 위해 줄을 당기는 힘의 최소값은 얼마인가? (b) $\mu_k = 0.40$이면 상자의 초기가속도 크기는 얼마인가?

55 M 그림 6.27처럼 상자 C(질량 $m_C = 1.0$ kg)와 상자 W(질량 $m_W = 4.0$ kg)가 닿아 있고, 상자 C에 수평힘 $\vec{F}$가 작용하여 두 상자가 수평면에서 함께 가속된다. 상자 C에 작용하는 마찰력은 2.0 N이고 상자 W에 작용하는 마찰력은 4.0 N이다. $\vec{F}$의 크기가 12 N이면 상자 C가 상자 W에 작용하는 힘의 크기는 얼마인가?

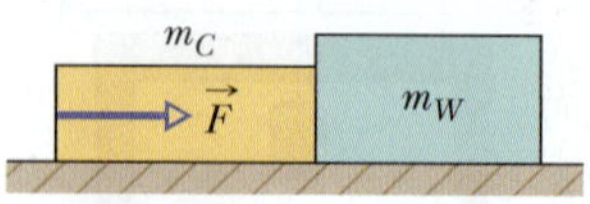

그림 6.27 연습문제 55

56 M 고도 10 km에서 900 km/h로 비행하는 제트기의 끌림힘과 절반의 속력으로 절반의 고도에서 나는 프로펠러 비행기의 끌림힘에 대한 비율을 구하여라. 10 km 상공에서 공기밀도는 0.38 kg/m^{3}이고, 5.0 km 상공에서는 0.67 kg/m^{3}이다. 두 비행기의 유효단면적과 항력계수 C는 같다고 가정한다.

57 E 그림 6.28에 처음에 바닥에 정지해있는 질량 인 토막이 있다. 그리고 크기 0.500 mg인 힘의 각도 $\theta = 20°$인 윗방향으로 가한다. 마찰계수가 다음과 같을 때 바닥을 지나는 토막의 가속도 크기를 구하여라. (a) $\mu_s = 0.600$, $\mu_k = 0.500$ (b) $\mu_s = 0.400$, $\mu_k = 0.200$.

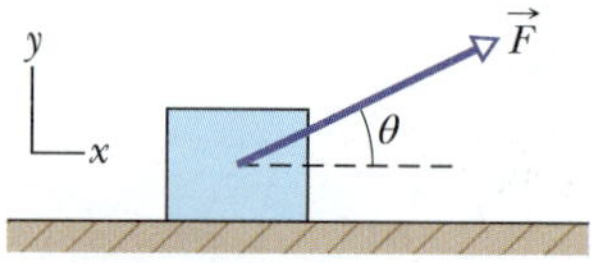

그림 6.28 연습문제 57

58 M CALC 바닥에 정지한 모래상자를 장력 1100 N까지 견딜 수 있는 줄로 당기고 있다. 상자와 바닥 사이의 정지마찰계수는 0.40이다. (a) 가장 많은 모래를 당길 수 있는 줄과 수평면 사이의 각도를 구하여라. (b) 이 경우 모래와 상자의 무게를 구하여라.

59 M 질량 4.10 kg의 토막에 크기 35.0 N의 일정한 수평힘이 작용한다. 그림 6.29는 토막의 속력 v를 시간 t에 대해 그린 그래프이며, $v_s = 5.0$ m/s이다. 토막과 바닥 사이의 운동마찰계수를 구하여라.

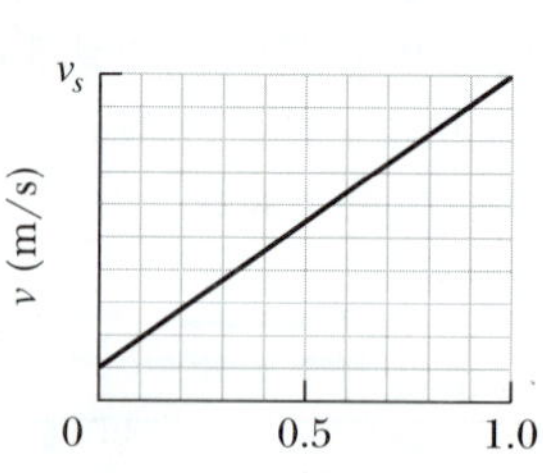

그림 6.29 연습문제 59

제 7 장

운동에너지와 일

Kinetic Energy and Work

7.1 ▸ 운동에너지

요점_Key Ideas

1. 질량 m, 속력 v인 입자의 운동과 관련된 운동에너지 K는 v가 광속보다 매우 작을 경우 다음과 같다.

$$K = \frac{1}{2}mv^2 \quad (\text{운동에너지}).$$

학습목표_Learning Objectives

이 단원을 읽은 후 다음을 이해해야 한다.

7.1.1 입자의 운동에너지, 질량과 속도 사이의 관계를 적용한다.

7.1.2 운동에너지는 스칼라량이다.

▶ 어떤 물리현상을 다루는가?

물리학의 기본 목표 중 하나는 에너지에 대한 탐구이다. 에너지에 대한 탐구는 매우 중요하다. 사실상 에너지의 확보와 효율적 사용이 인류의 문명에 필수적이기 때문이다.

누구나 알고 있듯이 모든 운동은 에너지가 필요하다. 태평양을 가로질러 비행기로 날아가려면 에너지가 필요하다. 물건을 사무실 빌딩의 꼭대기 층으로 올리거나 지구궤도의 우주정거장으로 올리는 데 에너지가 필요하고, 빠른 공을 던지는 데에도 에너지가 필요하다. 에너지를 얻고 사용하기 위하여 인간은 엄청난 돈을 쓴다. 에너지 자원 때문에 시작된 전쟁에서 한쪽 편이 갑자기 엄청난 에너지를 사용하면 전쟁이 끝나버린다. 누구나 에너지에 대해서 많이 알고 있고, 또한 에너지의 사용에 대해서도 많이 알고 있다. 그렇지만 *에너지*란 실제로 무엇일까?

▶ 에너지는 무엇인가?

*에너지*라는 용어는 너무나 광범위해서 명쾌하게 정의하기가 결코 쉽지 않다. 기술적으로는 에너지가 하나 또는 여러 물체의 상태(조건)와 관련된 스칼라량이다. 하지만 이러한 정의는 불분명하며 거의 도움이 되지 않는다.

느슨한 정의로 일단 시작해 보자. 에너지는 하나 또는 여러 물체로 이루어진 계와 관련된 숫자이다. 만일 힘을 이용하여 물체 가운데 하나를 움직여서 변하게 하면, 에너지라는 숫자가 변한다. 수많은 실험을 통하여 과학자와 공학자는 에너지 숫자를 부여하는 방식을 정교하게 설계하면 숫자를 이용하여 실험결과를 예측할 수 있고, 더욱 중요하게는 비행 물체와 같은 기계를 만드는 데 쓰일 수 있다는 것을 알아내었다. 이러한 성공은 우주의 놀라운 특성에 기반을 두고 있다. 즉, 에너지는 한 형태에서 다른 형태로 바꿀 수 있고, 한 물체에서 다른 물체로 전달될 수 있으나, 전체 에너지의 양은 언제나 같다는 사실이다(즉, 에너지는 *보존*된다). 이러한 *에너지 보존원리*에 어긋나는 경우는 한 번도 발견되지 않았다.

▸***화폐.*** 여러 형태의 에너지를 마치 은행 계좌에 있는 세계 각국의 화폐를 나타내는

숫자로 생각할 수 있다. 세계 각국의 화폐 가치는 잘 정의되어 화폐 교환에 대한 규정이 만들어져 있다. 한 계좌에서 다른 계좌로 화폐의 숫자를 이체할 수 있고, 한 계좌 안에서 화폐의 단위를 바꿀 수도 있다. 그러나 실물 화폐가 실제로 이동하는 것이 아니라 컴퓨터로 처리한다. 하지만 전체의 양(모든 화폐 숫자의 전체 합)은 항상 정확하게 일치해야 한다. 즉 전체의 화폐가치는 언제나 보존된다. 이 장에서는 한 형태의 에너지(*운동에너지*)와 에너지가 전환될 수 있는 한 가지 방식(*일*)에 대해 집중하여 공부한다.

운동에너지

운동에너지 K는 물체의 *운동상태*와 관련된 에너지이다. 물체가 빨리 움직일수록 운동에너지는 커진다. 물체가 정지하고 있으면 운동에너지는 0이다.

질량 m인 물체의 속력 v가 광속보다 훨씬 작을 때, 운동에너지를 다음과 같이 정의한다.

$$K = \tfrac{1}{2}mv^2 \qquad \text{(운동에너지)}. \tag{7.1.1}$$

예컨대 속력 2.0 m/s로 날아가는 질량이 3.0 kg인 오리의 운동에너지는 $6.0\ \text{kg}\cdot\text{m}^2/\text{s}^2$이다. 즉 오리의 운동에 숫자를 연관시켰다.

운동에너지(그리고 다른 형태의 모든 에너지)의 SI 단위는 1800년대의 영국 과학자 James Prescott Joule의 이름을 따서 **줄**(J)이라고 하고, 다음과 같이 정의한다.

$$1\ \text{joule} = 1\ \text{J} = 1\ \text{kg}\cdot\text{m}^2/\text{s}^2. \tag{7.1.2}$$

즉, 날아가는 오리의 운동에너지는 6.0 J이다.

확인문제 7.1.1

(입자로 취급하는) 자동차의 속력이 5.0 m/s에서 15.0 m/s로 증가한다. 최종 운동에너지 K_f와 처음 운동에너지 K_i의 비율은 얼마인가?

보기문제 7.1.1 운동에너지, 기관차 충돌

1896년 미국 텍사스의 와코에서 William Crush는 30000여 명이 지켜보는 가운데 길이 6.4 km의 철로 양 끝에 서 있던 두 대의 기관차를 전속력으로 정면충돌시켰다(그림 7.1.1 참조). 이때 수백 명의 사람이 충돌 파편에 맞아 부상당했고, 그중 몇 명은 사망하였다. 기관차 하나의 무게는 1.2×10^6 N이며, 가속도는 $0.26\ \text{m/s}^2$이다. 충돌 직전 두 기관차의 전체 운동에너지는 얼마인가?

Library of Congress 허가

그림 7.1.1 1896년 두 기관차가 충돌한 후의 아수라장 모습.

요점

(1) 식 7.1.1을 사용하여 각 기관차의 운동에너지를 구하려면 충돌 직전에 각 기관차의 속력과 질량을 알아야 한다. (2) 각 기관차가 등가속도로 움직이므로 충돌 직전의 기관차 속력 v를 구하기 위해 표 2.1.1의 식을 사용한다.

풀이: v 이외의 모든 변수의 값을 알기 때문에 식 2.4.6인

$$v^2 = v_0^2 + 2a(x - x_0)$$

를 사용한다. 여기서 $v_0 = 0$이고, $x - x_0 = 3.2 \times 10^3$ m(두 기관차 초기 거리의 반)이므로 다음을 얻는다.

$$v^2 = 0 + 2(0.26\ \text{m/s}^2)(3.2 \times 10^3\ \text{m}),$$
$$v = 40.8\ \text{m/s} = 147\ \text{km/h}.$$

한편 기관차의 질량은 다음과 같이 무게를 중력가속도로 나누어 구할 수 있다.

$$m = \frac{1.2 \times 10^6\ \text{N}}{9.8\ \text{m/s}^2} = 1.22 \times 10^5\ \text{kg}.$$

이제 식 7.1.1을 사용하여 충돌 직전 두 기관차의 전체 운동에너지를 구하면 다음을 얻는다.

$$K = 2(\tfrac{1}{2}mv^2) = (1.22 \times 10^5\ \text{kg})(40.8\ \text{m/s})^2$$
$$= 2.0 \times 10^8\ \text{J}. \quad \text{(답)}$$

이 정도 크기의 충돌은 대형 폭탄의 폭발과 같은 위력이다.

▶ **교육용 비디오는 웹사이트 www.wiley.com에서 볼 수 있다.**

7.2 ▸ 일과 운동에너지

요점_*Key Ideas*

1. 일 W는 물체에 작용하는 힘을 통해 물체로부터 혹은 물체로 전달되는 에너지이다. 물체로 전달된 에너지는 양의 일이고, 물체로부터 전달되면 음의 일이다.
2. 변위 $\vec{d}$ 동안 일정한 힘 $\vec{F}$가 작용하는 입자에 가한 일은

$$W = Fd\cos\phi = \vec{F}\cdot\vec{d} \quad \text{(일, 일정한 힘)}$$

이고, ϕ는 $\vec{F}$와 $\vec{d}$의 방향 사이의 일정한 각도이다.

3. 변위 $\vec{d}$ 방향을 향한 $\vec{F}$의 성분만 물체에 일을 할 수 있다.
4. 둘 혹은 그 이상의 힘이 물체에 작용할 때 이들의 알짜일은 이 힘에 의해 가한 각각의 일을 더한 것이고, 이것은 또한 이 힘에 의한 알짜힘 $\vec{F}_{\text{net}}$이 물체에 가한 일과 같다.
5. 입자의 운동에너지 변화 ΔK는 입자에 가한 알짜 일 W와 같다.

$$\Delta K = K_f - K_i = W \quad \text{(일-운동에너지 정리)}.$$

여기서 K_i는 입자의 초기 운동에너지이고, K_f는 일을 한 후의 운동에너지이다. 이 식을 재배열하면 다음을 얻는다.

$$K_f = K_i + W.$$

학습목표_*Learning Objectives*

이 단원을 읽은 후 다음을 이해해야 한다.

7.2.1 입자가 변위를 일으킬 때(크기와 방향을 갖는) 힘과 이 힘이 입자에 가한 일 사이의 관계를 적용한다.

7.2.2 크기-각도나 단위벡터 표기방법을 사용해 힘 벡터와 변위벡터의 스칼라곱을 취해 일을 계산한다.

7.2.3 여러 힘이 한 입자에 작용한 경우 이에 의한 알짜일을 계산한다.

7.2.4 한 힘에 의해 한 일(또는 여러 힘에 의한 알짜 일)과 이로 인한 운동에너지의 변화를 일-운동에너지 정리를 이용하여 구한다.

▶ 일

물체에 힘을 작용하여 물체를 더 빠른 속력으로 가속시키면 물체의 운동에너지 $K\ (=\frac{1}{2}mv^2)$가 증가한다. 마찬가지로 힘을 가하여 물체를 감속시키면 물체의 운동에너지가 감소한다. 힘을 통해 에너지가 외부에서 물체로 전달되거나 물체에서 외부로 전달되는 것으로 운동에너지의 변화를 설명할 수 있다. 힘을 통해 에너지가 전달되는 것을 *힘이 물체에 일 W를 한다*고 말한다. 일을 엄밀하게 정의하면 다음과 같다.

> 일 W는 물체에 가해진 힘을 통해서 외부에서 물체로 또는 물체에서 외부로 전달된 에너지이다. 물체로 전달된 에너지는 양의 일이고, 외부로 전달된 에너지는 음의 일이다.

따라서 "일"은 전달된 에너지이고, "일을 한다는 것"은 에너지를 전달하는 행위이다. 일은 에너지와 같은 단위를 갖는 스칼라량이다.

그러나 *전달*이란 말을 잘못 이해할 수도 있다. 이 말은 무엇인가가 물체로 흐르거나 물체에서 흘러나오는 것을 뜻하는 것이 아니다. 즉, 전달은 물의 흐름과는 다르다. 오히려 은행 계좌 사이의 전자식 입출금과 비슷하다. 실제 돈의 흐름이 없어도 한 계좌에서 돈을 인출하여 다른 계좌에 넣으면 계좌의 숫자가 변하게 된다.

여기서 "일"이라는 단어의 일반적인 의미, 즉 육체적 심리적 노동과는 상관이 없다. 예컨대 벽을 세게 밀면 지속적으로 반복되는 근육의 수축 때문에 피곤해지므로 일반적인 의미에서 일을 하는 셈이다. 그러나 이러한 노력은 벽으로, 또는 벽으로부터 에너지의 전달을 일으키지 않기 때문에 물리학에서 정의하는 일이 아니다.

혼동을 피하기 위하여 일을 나타낼 때만 기호 W를 사용하고 무게를 나타낼 때는 mg를 사용한다.

일과 운동에너지

일의 표현 식 구하기

수평 x축으로 뻗어있는 마찰 없는 줄을 따라 미끄러지는 구슬을 통해 일을 어떻게 쓸 것인지 생각해 보자(그림 7.2.1 참조). 줄과 각도 ϕ를 이루는 방향으로 작용하는 일정한 힘 $\vec{F}$가 구슬을 가속하고 있다. Newton의 제2법칙을 x성분에 대해 쓰면 다음과 같이 힘과 가속도를 관련시킬 수 있다.

$$F_x = ma_x. \tag{7.2.1}$$

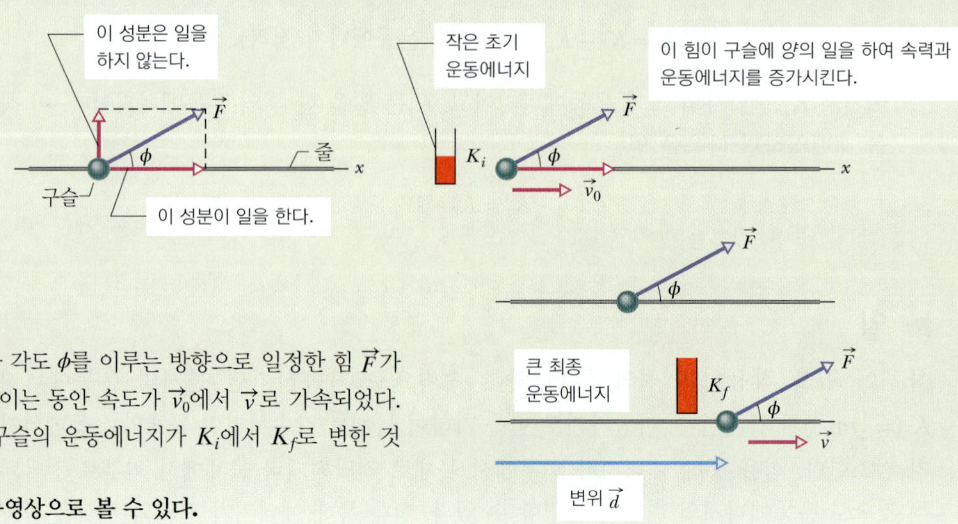

그림 7.2.1 마찰이 없는 줄을 따라 각도 ϕ를 이루는 방향으로 일정한 힘 $\vec{F}$가 작용하여 구슬이 변위 $\vec{d}$만큼 움직이는 동안 속도가 $\vec{v}_0$에서 $\vec{v}$로 가속되었다. 가상적인 "운동에너지 표시기"는 구슬의 운동에너지가 K_i에서 K_f로 변한 것을 나타낸다.
***www.wiley.com*에서 이 그림을 동영상으로 볼 수 있다.**

여기서 m은 구슬의 질량이다. 구슬이 변위 $\vec{d}$로 움직이는 동안, 초기속도 $\vec{v}_0$가 다른 속도 $\vec{v}$로 바뀐다. 힘이 일정하기 때문에 가속도도 일정하다. 따라서 식 2.4.6을 이용하여 x축 성분에 대해

$$v^2 = v_0^2 + 2a_x d \tag{7.2.2}$$

로 쓸 수 있다. 이 식을 a_x에 대해 풀어서 식 7.2.1에 넣고 정리하면

$$\tfrac{1}{2}mv^2 - \tfrac{1}{2}mv_0^2 = F_x d \tag{7.2.3}$$

이다. 왼쪽의 첫 번째 항은 d만큼 이동한 구슬의 운동에너지 K_f이고, 두 번째 항은 출발점에서의 운동에너지 K_i이다. 즉, 식 7.2.3의 왼쪽은 힘이 작용하여 운동에너지가 변한 것을 나타내고, 오른쪽은 그 변화가 $F_x d$와 같다는 뜻이다. 따라서 힘이 구슬에 한 일 W(힘에 의한 에너지 전달)는 다음과 같다.

$$W = F_x d. \tag{7.2.4}$$

만약 F_x와 d의 값을 알고 있다면, 이 식을 이용하여 힘이 구슬에 한 일 W를 계산할 수 있다.

> 이동하는 동안에 힘이 물체에 한 일을 계산할 때 힘의 변위방향 성분만 사용한다. 변위방향에 수직한 힘의 성분이 한 일은 0이다.

그림 7.2.1에서 F_x를 $F\cos\phi$로 쓰며, ϕ는 변위 $\vec{d}$와 힘 $\vec{F}$ 사이의 각도이다.

$$W = Fd\cos\phi \quad \text{(일정한 힘이 한 일)}. \tag{7.2.5}$$

스칼라곱의 정의(식 3.3.1)를 이용하면 다음과 같이 쓸 수 있다.

$$W = \vec{F}\cdot\vec{d} \quad \text{(일정한 힘이 한 일)}. \tag{7.2.6}$$

여기서 F는 벡터 $\vec{F}$의 크기이다. (3.3절에 있는 스칼라곱에 대한 논의를 복습하여라.) $\vec{F}$와 $\vec{d}$를 단위벡터로 쓰면 일을 계산할 때 식 7.2.6이 매우 유용하다.

▸***주의.*** 힘이 물체에 한 일을 계산하기 위해 식 7.2.4에서 식 7.2.6까지 사용할 때 유의해야 할 두 가지 제약이 있다. 우선 힘은 *일정한 힘*이어야만 한다. 즉, 물체의 움직임에 따라 힘의 크기와 방향이 변하지 않아야 한다(*힘의 크기가 변하는* 경우에 어떻게 하는가는 나중에 다룰 것이다). 둘째, 물체를 *입자로 취급*할 수 있어야 한다. 즉, 물체가 *강체*처럼 단단하여 물체의 모든 부분이 같은 방향으로 움직여야 한다. 이 장에서는 그림 7.2.2처럼 침대와 펭귄을 하나의 입자와 같은 물체로 취급할 수 있는 경우에 대해서만 생각한다.

▸***일의 부호.*** 힘이 물체에 한 일은 양의 일이나 음의 일이 될 수 있다. 예컨대, 식 7.2.5에서 각도 ϕ가 90°보다 작다면 $\cos\phi$가 양의 값이므로 일도 양의 값이다. 그러나 각도 ϕ가 90°보다 크다면(180°까지) $\cos\phi$가 음의 값이므로 일도 음의 값이다($\phi = 90°$이면 일은 0이다). 즉, 힘이 한 일의 부호는 힘 벡터의 변위방향 성분을 생각하면 다음과 같이 간단히 알 수 있다.

그림 7.2.2 ▸ 침대 밀기. 학생이 작용하는 힘이 한 일을 계산하기 위해 침대와 펭귄을 묶어서 하나의 입자로 취급할 수 있다.

힘에서 변위와 같은 방향의 벡터성분은 양의 일을 하고, 반대 방향의 벡터성분은 음의 일을 한다. 만약 변위방향의 벡터성분이 없으면 힘이 한 일은 0이다.

▸ ***일의 단위.*** 일은 운동에너지와 마찬가지로 줄(J)이란 SI 단위를 쓴다. 물론 식 7.2.4와 7.2.5에서 알 수 있듯이, 뉴턴·미터(N·m) 또한 일의 단위이다. 여기에 해당하는 영국계 단위는 피트·파운드(ft·lb)이다. 따라서 식 7.1.2에서 다음의 관계를 알 수 있다.

$$1\text{ J} = 1\text{ kg}\cdot\text{m}^2/\text{s}^2 = 1\text{ N}\cdot\text{m} = 0.738\text{ ft}\cdot\text{lb}. \tag{7.2.7}$$

▸ ***여러 힘이 한 알짜일.*** 두 개 이상의 힘이 작용할 때, 물체에 한 **알짜일**은 각 힘이 한 일의 합이다. (1) 각 힘이 한 일을 더하여 알짜일을 구할 수 있다. 또는 (2) 알짜힘 $\vec{F}_{\text{net}}$를 먼저 구한 다음에, F_{net}의 크기 F와 두 벡터 $\vec{F}_{\text{net}}$과 $\vec{d}$의 사이각 ϕ를 구해서 식 7.2.5를 이용하거나, 식 7.2.6에서 $\vec{F}$ 대신에 $\vec{F}_{\text{net}}$를 넣어서 구한다.

일-운동에너지 정리

식 7.2.3은 구슬의 운동에너지 변화(초기 값 $K_i = \frac{1}{2}mv_0^2$에서 나중 값 $K_f = \frac{1}{2}mv^2$으로의 변화)와 구슬에 한 일 $W(= F_x d)$를 관련시킨 것이다. 입자와 같은 물체에 대해서 이 식을 일반화할 수 있다. ΔK가 물체의 운동에너지 변화량이고, 물체에 한 알짜일이 W라면

$$\Delta K = K_f - K_i = W \tag{7.2.8}$$

이며,

(입자의 운동에너지 변화) = (입자에 한 알짜일)

이라는 뜻이다. 또한

$$K_f = K_i + W \tag{7.2.9}$$

로 쓸 수 있으며, 다음과 같은 뜻이다.

(알짜일을 한 후의 운동에너지) = (알짜일을 하기 전의 운동에너지) + (알짜일).

이 결과는 전통적으로 입자에 대한 **일-운동에너지 정리**로 알려져 있다. 일-운동에너지 정리는 양과 음의 일 모두에 적용된다. 만약 입자에 한 알짜일이 양의 값이라면 입자의 운동에너지는 한 일의 양만큼 증가한다. 반대로 알짜일이 음의 값이면 입자의 운동에너지는 한 일의 양만큼 감소한다.

예컨대 입자의 초기 운동에너지가 5 J이고 입자에 전달된 알짜일이 2 J(양의 알짜일)이라면 입자의 최종 운동에너지는 7 J이다. 반면에 입자로부터 전달된 알짜일이 2 J(음의 알짜 일)이면 입자의 최종 운동에너지는 3 J이다.

확인문제 7.2.1

입자가 축을 따라 움직이고 있다. 입자의 속력이 (a) −3 m/s에서 −2 m/s로, (b) −2 m/s에서 2 m/s로 바뀌는 경우 운동에너지는 증가하는가, 감소하는가, 아니면 같은가? (c) 각 경우에서 입자에 한 일은 양인가, 음인가, 아니면 0인가?

보기문제 7.2.1 두 일정한 힘이 한 일, 산업 스파이

그림 7.2.3*a*에서 두 명의 산업 스파이가 처음에 정지해 있던 225 kg의 금고를 크기 8.50 m의 변위 $\vec{d}$로 직선 방향인 트럭 쪽으로 밀고 있다. 스파이 001은 수평방향 아래로 각도 30°, $\vec{F}_1$ = 12.0 N의 힘으로 밀고 있으며, 스파이 002는 수평방향 위로 각도 40°, $\vec{F}_2$ = 10.0 N의 힘으로 당기고 있다. 금고가 움직이는 동안 힘의 크기와 방향은 변하지 않으며 바닥과 금고 사이에는 마찰이 없다.

(a) 변위 $\vec{d}$로 움직이는 동안 힘 $\vec{F}_1$과 힘 $\vec{F}_2$가 금고에 한 알짜일은 얼마인가?

요점

(1) 두 힘이 금고에 한 알짜일 W는 각 힘이 한 일을 더하면 된다. (2) 금고를 입자로 취급할 수 있고, 힘의 크기와 방향은 변하지 않으므로 식 7.2.5($W = Fd\cos\phi$)나 식 7.2.6($W = \vec{F}\cdot\vec{d}$)을 사용하여 일을 구할 수 있다. 힘의 크기와 방향을 알기 때문에 식 7.2.5를 사용하자.

풀이: 그림 7.2.3*b*의 금고에 대한 자유물체그림에서 힘 $\vec{F}_1$이 한 일은 식 7.2.5에서

$$W_1 = F_1 d\cos\phi_1 = (12.0\text{ N})(8.50\text{ m})(\cos 30.0°) = 88.33\text{ J}$$

이고, 힘 $\vec{F}_2$가 한 일은

$$W_2 = F_2 d\cos\phi_2 = (10.0\text{ N})(8.50\text{ m})(\cos 40.0°) = 65.11\text{ J}$$

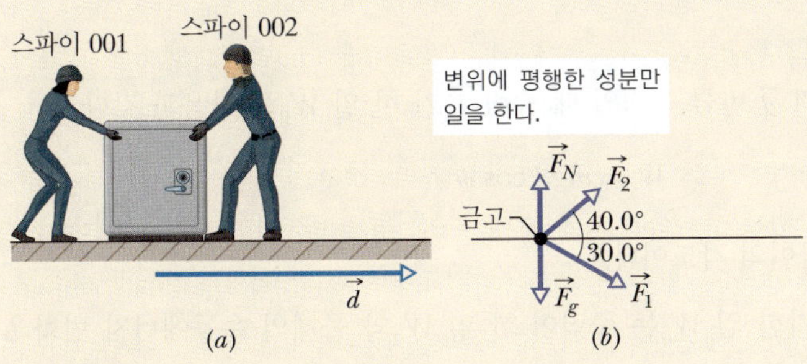

그림 7.2.3 (*a*) 두 명의 스파이가 변위 $\vec{d}$만큼 금고를 움직인다. (*b*) 금고에 대한 자유물체그림.

이다. 따라서 알짜일 W는 다음과 같다.

$$W = W_1 + W_2 = 88.33\text{ J} + 65.11\text{ J} = 153.4\text{ J} \approx 153\text{ J}.$$ (답)

즉, 변위 8.50 m만큼 움직이는 동안 스파이는 153 J의 에너지를 금고의 운동에너지로 전달한다.

(b) 주어진 변위만큼 움직이는 동안 중력 $\vec{F}_g$와 수직력 $\vec{F}_N$이 금고에 한 일 W_g와 W_N은 각각 얼마인가?

요점

힘의 크기와 방향이 일정하기 때문에 식 7.2.5를 이용하여 일을 구할 수 있다.

풀이: 중력의 크기를 mg로 나타내면 다음과 같다.

$$W_g = mgd\cos 90° = mgd(0) = 0,$$ (답)

$$W_N = F_N d\cos 90° = F_N d(0) = 0.$$ (답)

이 결과는 쉽게 알아낼 수 있다. 중력과 수직력의 방향은 금고가 움직이는 변위와 수직이므로 금고에 아무런 일을 하지 않는다. 따라서 금고와 에너지를 주고받지 않는다.

(c) 초기에 금고는 정지상태에 있다. 8.50 m를 움직인 후에 금고의 속력 v_f는 얼마인가?

요점

$\vec{F}_1$과 $\vec{F}_2$가 금고에 에너지를 전달하면 운동에너지가 변하므로 금고의 속력이 변한다.

풀이: 식 7.2.8(일과 운동에너지 정리)과 7.1.1(운동에너지의 정의)을 결합하면 한 일과 속력의 관계는

$$W = K_f - K_i = \tfrac{1}{2}mv_f^2 - \tfrac{1}{2}mv_i^2$$

이다. 초기속력 v_i는 0이고, 한 일은 153.4 J이다. 위 식을 v_f에 대하여 풀고 주어진 값을 넣으면 다음을 얻는다.

$$v_f = \sqrt{\frac{2W}{m}} = \sqrt{\frac{2(153.4\text{ J})}{225\text{ kg}}} = 1.17\text{ m/s}.$$ (답)

보기문제 7.2.2 단위벡터로 나타낸 일정한 힘이 한 일

폭풍우 속에서 강풍이 불어 미끄러운 바닥 위의 나무 짐짝이 $\vec{d} = (-3.0\text{ m})\hat{\text{i}}$ 만큼 움직였다. 이때 강풍은 나무 짐짝에 $\vec{F} = (2.0\text{ N})\hat{\text{i}} + (-6.0\text{ N})\hat{\text{j}}$의 힘을 지속적으로 작용하고 있다. 개략적인 상황과 좌표축이 그림 7.2.4에 있다.

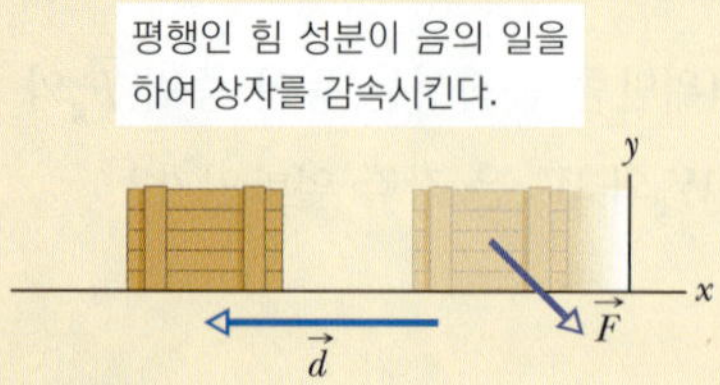

그림 7.2.4 힘 $\vec{F}$가 짐짝의 속도를 줄인다.

(a) 짐짝의 변위 동안 강풍이 짐짝에 한 일은 얼마인가?

요점

짐짝을 입자로 취급할 수 있고 힘의 크기와 방향은 일정하므로 식 7.2.5($W = Fd\cos\phi$)나 식 7.2.6($W = \vec{F}\cdot\vec{d}$)을 사용하여 일을 구할 수 있다. 힘 $\vec{F}$와 변위 $\vec{d}$를 단위벡터로 쓰므로 식 7.2.6을 사용한다.

풀이: 따라서 한 일을 다음과 같이 쓸 수 있다.

$$W = \vec{F}\cdot\vec{d} = [(2.0\text{ N})\hat{\text{i}} + (-6.0\text{ N})\hat{\text{j}}]\cdot[(-3.0\text{ m})\hat{\text{i}}].$$

단위벡터의 스칼라곱 가운데 $\hat{\text{i}}\cdot\hat{\text{i}}$, $\hat{\text{j}}\cdot\hat{\text{j}}$, $\hat{\text{k}}\cdot\hat{\text{k}}$만 0이 아니다(부록 E 참조). 따라서 다음을 얻는다.

$$\begin{aligned} W &= (2.0\text{ N})(-3.0\text{ m})\hat{\text{i}}\cdot\hat{\text{i}} + (-6.0\text{ N})(-3.0\text{ m})\hat{\text{j}}\cdot\hat{\text{i}} \\ &= (-6.0\text{ J})(1) + 0 = -6.0\text{ J}. \end{aligned}$$ (답)

즉, 힘이 짐짝에 음의 일 6.0 J을 하면서 짐짝의 운동에너지로부터 6.0 J만큼의 에너지를 외부로 전달한다.

(b) 이동하기 시작할 때 나무 짐짝이 10 J의 운동에너지를 갖고 있다면 이동이 끝난 후의 운동에너지는 얼마인가?

요점

힘이 짐짝에 음의 일을 하기 때문에 짐짝의 운동에너지를 감소시킨다.

풀이: 식 7.2.9의 일-운동에너지 정리를 이용하면

$$K_f = K_i + W = 10\text{ J} + (-6.0\text{ J}) = 4.0\text{ J}$$ (답)

이다. 운동에너지가 4.0 J로 감소하므로 짐짝의 속도가 느려졌다.

▶ 교육용 비디오는 웹사이트 www.wiley.com에서 볼 수 있다.

7.3 ▸ 중력이 한 일

학습목표 *Learning Objectives*

이 단원을 읽은 후 다음을 이해해야 한다.

7.3.1 물체가 올라가거나 내려갈 때 중력이 한 일을 계산한다.

7.3.2 물체가 올라가거나 내려가는 경우 일-운동에너지 정리를 적용한다.

요점 *Key Ideas*

1. 질량 m인 질점이 변위 $\vec{d}$ 만큼 움직일 때 중력 $\vec{F}_g$가 한 일 W_g는 다음과 같다.

$$W_g = mgd\cos\phi.$$

여기서 ϕ는 $\vec{F}_g$와 $\vec{d}$ 사이의 각도이다.

2. 질점에 작용한 힘이 가한 일 W_a는 중력이 한 일 W_g와 물체의 운동에너지 변화 ΔK 사이에 다음의 관계가 있다.

$$\Delta K = K_f - K_i = W_a + W_g.$$

만일 $K_f = K_i$이면 이 식은

$$W_a = -W_g$$

가 되고, 가한 힘은 중력이 물체로부터 가져온 에너지만큼 가한 힘이 에너지를 물체에 전달한다는 것을 뜻한다.

▶ 중력이 한 일

물체에 작용하는 중력이 한 일을 알아보자. 그림 7.3.1은 질량 m의 토마토를 초기속력 v_0, 즉 초기 운동에너지 $K_i = \frac{1}{2}mv_0^2$으로 수직 위로 던진 모습이다. 토마토가 위로 올라가면서 중력 $\vec{F}_g$ 때문에 속력이 점점 느려진다. 다시 말하면 토마토가 올라갈 때 중력 $\vec{F}_g$가 토마토에 일을 하므로 토마토의 운동에너지가 감소한다. 토마토를 입자처럼 취급할 수 있기 때문에 변위 $\vec{d}$ 동안에 중력이 한 일을 구하기 위해서 식 7.2.5($W = Fd\cos\phi$)를 사용할 수 있다. 이때 힘의 크기 F 대신에 $\vec{F}_g$의 크기 mg를 사용한다. 따라서 중력 $\vec{F}_g$가 한 일 W_g는 다음과 같다.

$$W_g = mgd\cos\phi \qquad \text{(중력이 한 일)}. \tag{7.3.1}$$

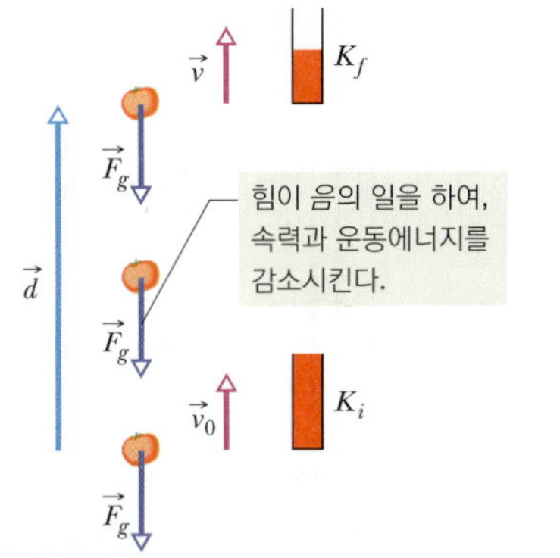

그림 7.3.1 ▶ 위로 던진 질량 m인 토마토의 속력은 중력 $\vec{F}_g$가 작용하여 변위 $\vec{d}$ 동안에 $\vec{v}_0$에서 $\vec{v}$로 줄어든다. 운동에너지 표시기는 토마토의 운동에너지가 $K_i(=\frac{1}{2}mv_0^2)$에서 $K_f(=\frac{1}{2}mv^2)$으로 줄어든 것을 나타낸다.

올라가는 물체에 대해 힘 $\vec{F}_g$는 그림 7.3.1에서 변위 $\vec{d}$와 반대 방향이다. 즉, $\phi = 180°$이므로 한 일은 다음과 같다.

$$W_g = mgd\cos 180° = mgd(-1) = -mgd. \tag{7.3.2}$$

여기서 음의 부호는 토마토가 위로 올라가는 동안 물체에 작용하는 중력 때문에 운동에너지로부터 mgd의 일이 외부로 전달되었다는 뜻이다. 이 결과는 위로 올라감에 따라 속력이 느려지는 것과 일치한다.

토마토가 최대 높이에 도달한 후 아래로 떨어지기 시작하면 힘 $\vec{F}_g$와 변위 $\vec{d}$ 사이의 각도가 0이 되므로 한 일은 다음과 같다.

$$W_g = mgd\cos 0° = mgd(+1) = +mgd. \tag{7.3.3}$$

여기서 양의 부호는 중력이 한 일 mgd가 물체의 운동에너지로 전달되었다는 뜻이다(물론 속력이 증가한다).

물체를 들어 올리거나 내릴 때 한 일

수직방향의 힘 $\vec{F}$를 작용하여 물체를 들어 올리는 경우를 생각해 보자. 물체가 위쪽으로 이동하는 동안에 외부력이 물체에 양의 일 W_a를 하는 반면에, 중력은 물체에 음의 일 W_g를 한다. 외부에서 작용한 힘은 에너지를 물체에 전달하는 반면에, 중력은 물체에서 외부로 에너지를 전달한다. 식 7.2.8에서, 두 에너지 전달에 따른 물체의 운동에너지 변화량 ΔK는 다음과 같다.

$$\Delta K = K_f - K_i = W_a + W_g. \tag{7.3.4}$$

여기서 K_f는 변위 끝점에서의 운동에너지이고, K_i는 변위 시작점에서의 운동에너지이다. 위 식은 물체를 내릴 때에도 적용된다. 그러나 이 경우 중력은 에너지를 물체로 전달하는 반면에, 외부에서 작용한 힘은 물체*에서* 외부로 에너지를 전달한다.

보통은 물체를 들어 올리기 직전과 직후에는 움직이지 않는다. 예컨대 책을 마루에서 선반까지 들어 올릴 때 K_f와 K_i는 모두 0이므로 식 7.3.4는

$$W_a + W_g = 0$$

이며, 다음과 같이 쓸 수 있다.

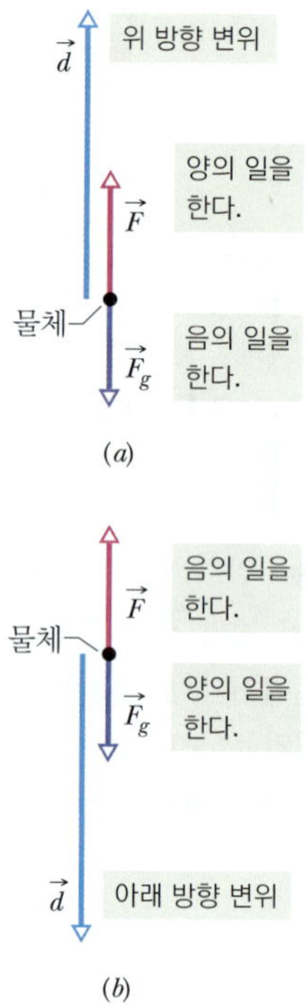

그림 7.3.2 (*a*) 힘 $\vec{F}$가 물체를 위로 들어 올린다. 물체의 변위 $\vec{d}$는 물체에 작용하는 중력 $\vec{F}_g$와 각도 $\phi = 180°$를 이룬다. 외부력은 물체에 양의 일을 한다. (*b*) 힘 $\vec{F}$가 물체를 아래로 내린다. 물체의 변위 $\vec{d}$는 물체에 작용하는 중력 $\vec{F}_g$와 각도 $\phi = 0°$를 이룬다. 외부력은 물체에 음의 일을 한다.

$$W_a = -W_g. \tag{7.3.5}$$

만약 K_f와 K_i가 0이 아니면서 서로 같은 값은 가져도 결과는 같다. 다시 말하면 외부력이 한 일은 중력이 한 일과 반대 부호이다. 즉 중력이 물체에서 외부로 전달한 에너지와 같은 양의 에너지를 외부력이 물체로 전달한다. 식 7.3.1을 이용하여 식 7.3.5를

$$W_a = -mgd\cos\phi \quad (\text{들어 올리거나 내리는 동안 한 일: } K_f = K_i) \tag{7.3.6}$$

로 쓸 수 있다. 여기서 ϕ는 중력 $\vec{F}_g$와 변위 $\vec{d}$ 사이의 각도이다. 변위가 수직으로 위 방향이면(그림 7.3.2*a* 참조) $\phi = 180°$이고 가해진 힘이 한 일은 mgd이다. 반대로 변위가 수직으로 아래 방향이면(그림 7.3.2*b* 참조) $\phi = 0°$이고 힘이 한 일은 $-mgd$이다.

식 7.3.5와 7.3.6은 물체를 들어 올리기 직전과 직후에 정지해 있기만 하면 들어 올리거나 내리는 모든 경우에 똑같이 적용된다. 위 관계식은 물체에 작용한 힘의 크기에 무관하다. 예컨대 컵을 바닥에서 머리 위로 들어 올릴 때 들어 올리는 동안 컵에 작용하는 힘은 상당히 변한다. 하지만 컵을 들어 올리기 전과 후에는 정지상태이므로, 한 일은 식 7.3.5와 7.3.6으로 주어진다. 이때 식 7.3.6의 mg는 컵의 무게이고 d는 들어 올린 거리이다.

확인문제 7.3.1

상자에 든 과일을 마찰이 없는 비탈 위로 줄로 거리 d만큼 잡아당길 때 W_1의 일을 한다. 이제 경사각을 증가시키고, 상자를 비탈을 따라 같은 거리 d만큼 끌어올렸다. 이 일은 W_1보다 큰가, 작은가, 같은가?

보기문제 7.3.1 역도 기록

1950년대 역도선수 Paul Anderson은 유례없는 기록을 작성하였다. 그는 강화 나무판 아래에서 몸을 구부리고, 손을 작은 의자 위에 놓아 몸을 지탱했다가 등으로 바닥 위로 밀어서 판을 위로 1.0 cm 들어 올렸다. 판 위에는 자동차 부품과 납을 채운 금고를 올려놓았고, 전체 무게는 27900 N이다.

(a) Anderson이 판을 들 때 중력 $\vec{F}_g$는 판에 일을 얼마나 하는가?

요점

판 위의 물건을 점입자로 취급할 수 있다. 왜냐하면 모든 성분은 단단히 붙어 움직이기 때문이다. 따라서 $\vec{F}_g$가 물건에 하는 일 W_g를 구하기 위해 식 7.3.1($W_g = mgd\cos\phi$)을 이용할 수 있다.

풀이: 아래로 향하는 중력과 위로 향하는 변위 사이의 각도 ϕ는 180°이다. 이 값을 대입하고 주어진 자료를 식 7.3.1에 대입하면 다음을 얻는다.

$$\begin{aligned} W_g &= mgd\cos\phi = (27\,900\text{ N})(0.010\text{ m})(\cos 180°) \\ &= -280\text{ N}. \end{aligned}$$

(답)

(b) 들어올리기 위해 Anderson이 가한 힘이 한 일은 얼마인가?

요점

분명히 Anderson의 힘은 일정하지 않다. 따라서 한 일을 구하기 위해 식 7.2.5($W = Fd\cos\phi$)에 힘의 크기를 대입할 수 없다. 그러나 물건은 들기 시작할 때와 끝날 때에는 정지하고 있다. 그러므로 Anderson이 가한 힘이 한 일 W_A는 중력 $\vec{F}_g$가 한 일 W_g의 음수이다.

풀이: 식 7.3.5에 의하면 다음을 얻는다.

$$W_A = -W_g = +280 \text{ J}.$$ 답

이 값은 바닥에서 어깨 높이까지 학생용 백팩을 들 때 필요한 일과 거의 같다. 그러면 왜 Anderson이 들어올린 것이 놀라운가? 일(에너지 전달)과 힘은 다른 양이다. 비록 Anderson이 들어올릴 때 에너지 전달은 그리 크지 않지만, 정말 놀라운 힘이 필요하다.

보기문제 7.3.2 도르래로 물건 들기

그림 7.3.3a에서 질량 m인 토막에 질량이 없고, 마찰이 없는 도르래 주위로 줄을 감았다. 도르래는 천장에 고정되어 있고 줄의 끝을 아래로 잡아당겨 토막을 일정한 속력으로 들어 올린다.

(a) 토막을 들어 올리기 위해 줄에 작용해야 하는 힘 $\vec{F}$의 크기를 구하여라.

요점

줄을 잡아당기면 줄에 장력 T가 작용한다.

풀이: 줄의 장력으로 인해 토막에 붙은 끝에 힘을 작용한다. 토막은 일정한 속력으로 올라가므로(가속도 $a = 0$) 토막에 대한 수직축 방향의 Newton의 제2법칙을 쓰면 다음과 같다.

$$F_{\text{net}} = ma$$
$$T - mg = m(0)$$
$$T = mg.$$

사람이 잡아당기는 줄 끝에서 줄은 손을 같은 크기의 힘 T로 잡아당긴다. Newton의 제3법칙에 의하면 사람이 줄에 가하는 힘의 크기는 다음과 같다.

$$F = T = mg.$$ 답

(b) 토막을 거리 d만큼 들어 올리려면 손은 얼마나 움직이는가?

요점

손은 줄을 통해 토막에 직접 연결되어 있다.

추론: 토막이 거리 d만큼 위로 올라가면 손은 같은 거리만큼 아래로 내려와야 한다.

(c) 들어 올리는 동안 토막에 가한 일을 구하여라.

요점

토막은 일정한 속력으로 올라가므로 줄이 토막에 작용하는 힘은 일정하고, 한 일은 식 7.2.5($W = Fd\cos\phi$)로 구한다.

풀이: 토막에 작용하는 힘은 위 방향이고, 토막의 변위 또한 위 방향이므로 각도는 $\phi = 0$이다. 따라서 다음을 얻는다.

$$W = Td = mgd.$$ 답

사람이 줄 끝에 한 일도 같다.

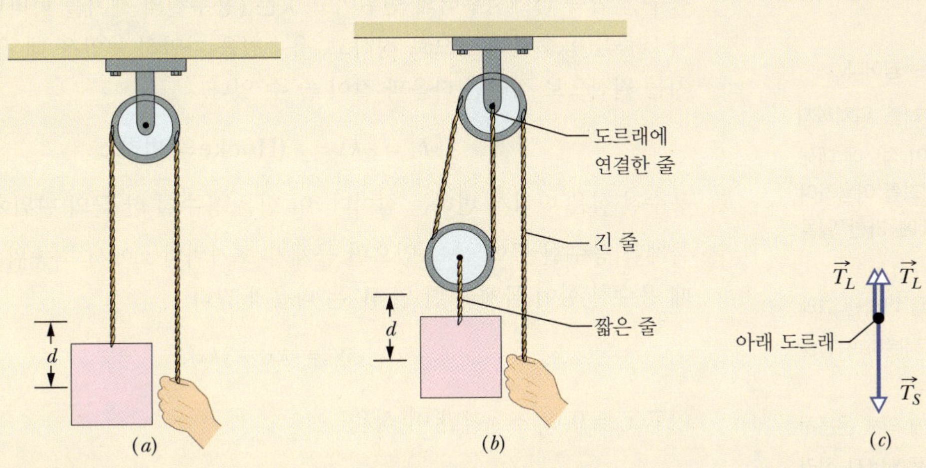

그림 7.3.3 (a) 도르래 주위로 감은 줄의 끝을 잡아당겨 토막을 거리 d만큼 들어 올린다. (b) 두 도르래 주위로 감은 줄을 잡아당겨 같은 토막을 같은 거리만큼 들어 올린다. (c) (b)의 아래 도르래에 대한 자유물체그림.

$$W = Fd = mgd.$$ 답

따라서 사람은 *줄을 이용하여 토막에 일을 한다*고 말한다.

(d) 그림 7.3.3*b*에 다른 도르래의 배열을 나타내었다. 아래 도르래 주위로 감은 줄은 그 줄에 작용하는 장력 T_L의 두 배인 알짜힘으로 이 도르래를 위로 잡아당긴다. 왜냐하면 줄은 왼쪽과 오른쪽에서 위로 잡아당기기 때문이다. 토막을 들어 올리기 위해 줄에 작용해야 하는 힘 $\vec{F}$의 크기는 얼마인가?

풀이: 그림 7.3.3*c*에 아래 도르래에 대한 자유물체그림을 나타내었다. 여기서 T_S는 토막에 연결된 짧은 줄의 장력이고, T_L은 손으로 잡은 긴 줄의 장력이다. 긴 줄 전체에서 장력은 같아야 하므로 사람이 작용하는 힘의 크기는 T_L이다. 토막을 일정한 속력으로 들어 올리면 Newton의 제2법칙에 의해 $2T_L = T_S$이다. 그러면 사람이 작용하는 힘은

$$F = T_L = \frac{T_S}{2} = \frac{mg}{2},$$

이고, 이것은 (a)에서 작용하는 힘의 반이다.

(c) 토막을 거리 d만큼 들어 올릴 때 한 일은 얼마인가?

요점

긴 줄은 아래 도르래 주위로 감겨 있으므로 도르래는 손이 움직이는 거리의 *반*만 움직일 것이다.

풀이: 토막을 거리 d만큼 위로 올리려면 손은 아래로 거리 $2d$만큼 움직여야 하고, 이것은 (b)에서 구한 거리의 두 배이다. 식 7.2.5(여기서도 $\phi = 0$)로부터 짧은 줄이 토막에 한 일은 다음과 같다.

$$W = T_S d = mgd.$$ 답

이것은 사람이 긴 줄에 한 일과 같다.

$$W = F(2d) = \frac{mg}{2}2d = mgd.$$ 답

따라서 여기서도 사람이 *줄을 통해 토막에 일을 한다*고 말한다.

▶ **교육용 비디오는 웹사이트 www.wiley.com에서 볼 수 있다.**

7.4 ▸ 용수철 힘이 한 일

학습목표_Learning Objectives

이 단원을 읽은 후 다음을 이해해야 한다.

7.4.1 용수철이 물체에 작용하는 힘과 용수철이 늘어나거나 줄어든 길이와 용수철의 용수철상수 사이의 관계(Hooke의 법칙)를 적용한다.

7.4.2 용수철 힘은 변하는 힘이다.

7.4.3 물체의 초기부터 최종 위치까지 힘을 적분하거나 이 적분에 대해 이미 알고 있는 결과를 이용하여 용수철 힘이 물체에 가한 일을 계산한다.

7.4.4 힘과 물체의 위치를 나타낸 그래프에서 그림으로 적분하여 일을 계산한다.

7.4.5 물체가 용수철 힘에 의해 운동하는 경우에 일–운동에너지 정리를 적용한다.

요점_Key Ideas

1. 용수철에 의한 힘 $\vec{F}_s$는

$$\vec{F}_s = -k\vec{d} \qquad \text{(Hooke의 법칙)}$$

으로 주어지고, $\vec{d}$는 용수철을 (누르거나 잡아당기지 않은) 가만히 놓아둔 상태에서 용수철 한쪽 끝에서부터의 변위이고, k는 (용수철의 세기를 나타내는) 용수철상수이다. x축을 용수철 방향으로 정하고, 용수철을 가만히 놓았을 때 용수철의 한 끝의 위치를 원점으로 정하면 다음과 같이 쓸 수 있다.

$$F_x = -kx \qquad \text{(Hooke의 법칙).}$$

2. 용수철 힘은 따라서 변하는 힘이다. 이 힘은 용수철 한 끝의 변위에 따라 변한다.

3. 물체가 용수철 끝에 붙어 있으면 물체가 초기위치 x_i에서 최종위치 x_f까지 움직였을 때 용수철 힘이 물체에 한 일 W_s는 다음과 같다.

$$W_s = \tfrac{1}{2}kx_i^2 - \tfrac{1}{2}kx_f^2.$$

이고 $x_i = 0$, $x_f = x$이면 이 식은

$$W_s = -\tfrac{1}{2}kx^2$$

이 된다.

▶ 용수철 힘이 한 일

특별한 형태로 *변하는 힘*, 즉 **용수철 힘**이 물체에 하는 일을 살펴보자. 일상의 많은 힘이 용수철 힘과 수학적으로 동일한 형태를 가지므로 용수철 힘에 대한 결과는 여러모로 유용하다.

용수철 힘

그림 7.4.1*a*는 용수철이 늘어나거나 줄어들지 않은 **평형상태**이다. 용수철의 한쪽 끝은 벽에 고정되어 있고 고정되지 않은 다른 쪽 끝에 입자 같은 물체인 토막이 매달려 있다. 그림 7.4.1*b*처럼 오른쪽으로 토막을 당겨서 용수철을 늘이면 용수철은 토막을 왼쪽으로 당긴다(왜냐하면 용수철을 평형상태로 복귀시키려는 용수철 힘이 작용하기 때문이다. 이러한 용수철 힘을 *복원력*이라 한다). 만약 그림 7.4.1*c*처럼 토막을 왼쪽으로 밀면 용수철이 압축되면서 용수철 힘이 토막을 오른쪽으로 민다.

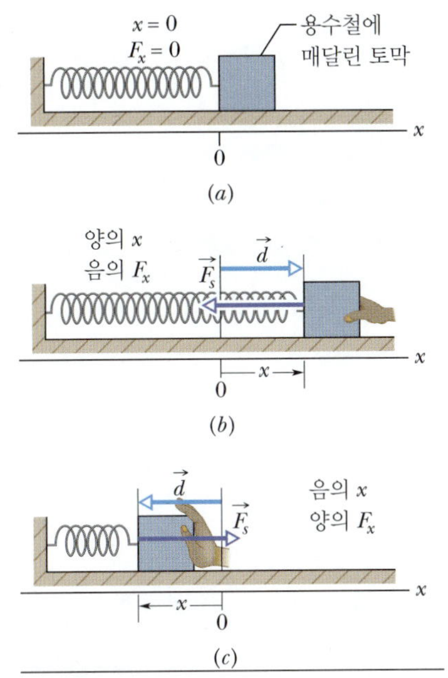

그림 7.4.1 (*a*) 평형상태의 용수철. x축의 원점은 토막이 매달린 용수철의 한쪽 끝이다. (*b*) 토막을 변위 $\vec{d}$만큼 당겼을 때, 양의 x만큼 늘어난다. 이때 용수철의 복원력 $\vec{F}_s$가 작용한다. (*c*) 토막이 음의 x만큼 압축된다. 여기서도 복원력이 작용한다.

대부분의 용수철에서 용수철 힘 $\vec{F}_s$는 고정되지 않은 끝의 평형위치로부터의 변위 $\vec{d}$에 비례한다. 즉, *용수철 힘*은 다음과 같다.

$$\vec{F}_s = -k\vec{d} \qquad \text{(Hooke의 법칙)}. \tag{7.4.1}$$

이 식은 1600년대 영국의 과학자 Robert Hooke를 기념하여 **Hooke의 법칙**이라고 부른다. 식 7.4.1에서 음의 부호는 용수철 힘의 방향이 변위방향과 항상 반대라는 뜻이다. 또한 상수 k는 **용수철상수**(또는 **힘 상수**)로서 용수철의 탄성을 나타내는 양이다. k가 크면 용수철의 탄성이 크다. 즉, 주어진 변위에 대해 더 강하게 밀거나 당기려는 복원력이 작용하게 된다. 용수철상수 k의 SI 단위는 N/m이다.

그림 7.4.1처럼 x축을 용수철의 길이방향과 평행하게 잡고, 평형위치를 원점($x = 0$)으로 잡으면, 식 7.4.1을 다음과 같이 쓸 수 있다.

$$F_x = -kx \qquad \text{(Hooke의 법칙)}. \tag{7.4.2}$$

여기서는 아래첨자를 바꿨다. x가 양수이면(용수철이 x축 오른쪽으로 늘어나면) F_x는 음수이다(즉, 왼쪽으로 잡아당긴다). x가 음수이면(용수철이 x축 왼쪽으로 압축되면) F_x는 양수이다(즉, 오른쪽으로 민다). 용수철 힘은 크기와 방향이 고정되지 않은 끝의 위치인 x에 의존하기 때문에 *변하는 힘*이다. 따라서 F_x를 x의 함수꼴인 $F(x)$로 쓸 수 있다. Hooke의 법칙에서 F_x는 x와 *선형*관계이다.

용수철 힘이 한 일

그림 7.4.1*a*에서 토막이 움직일 때 용수철 힘이 한 일을 구하기 위해 용수철이 다음과 같은 두 가지 특성을 가진다고 가정하자. (1) 용수철의 *질량은 없다*. 즉, 토막의 질량과 비교해서 용수철의 질량을 무시해도 좋다. (2) 용수철은 *이상적인 용수철*이다. 즉, Hooke의 법칙을 따른다. 또한 토막과 마루 사이에 마찰이 없으며, 토막은 입자와 같다고 가정한다.

토막을 오른쪽으로 잡아당겼다가 놓았다고 하자. 토막이 오른쪽으로 움직이는 동안 용수철 힘 F_x는 일을 하여 토막의 운동에너지가 줄어들므로 토막의 속력이 줄어들게 된다. 그러나 식 7.2.5($W = Fd\cos\phi$)는 용수철 힘이 한 일을 구하고자 할 때는 사용할 수 없는데 왜냐하면 이 식에 대입하는 F값은 고정된 한 값이 아니기 때문이다. F값은 용수철이 늘어날수록 증가한다.

이 문제를 피해가는 교묘한 방법이 있다. (1) 토막의 변위를 매우 잘게 나눈 작은 부분에서 F의 변화를 무시할 수 있도록 한다. (2) 각 부분에서 힘은 (대략) 한 값을 가지므로 그 부분에서 일을 구할 때 식 7.2.5를 사용*할 수 있다*. (3) 그리고 전체 일을 구하려면 모든 부분에서 구한 일을 더한다. 이것이 하려고 하는 목적이지만 매우 많은 결과를 더하기 위해 며칠을 사용하고 싶지는 않다. 더구나 이 결과는 단지 근사값일 뿐이다. 그 대신 이 부분을 *미소부분*으로 만들어 각 부분의 오차가 0에 접근하도록 만들자. 그리고 이 결과를 손으로 더하는 대신 적분을 이용하여 더한다. 미적분을 사용하면 이 모든 것을 며칠이 아니라 몇 분에 할 수 있다.

토막의 초기위치를 x_i, 최종위치를 x_f로 놓고 두 위치 사이의 거리를 너비 Δx의 미소구간으로 잘게 쪼갠다. 이들 구간을 x_i부터 시작해 구간 1, 2 ... 등으로 이름을 붙인다. 토막이 한 구간을 지날 때 길이가 너무 작아서, 즉 x가 거의 변하지 않기 때문에 용수철 힘은 거의 변하지 않는다고 볼 수 있다. 따라서 주어진 구간 안에서 용수철 힘의 크기를 상수로 볼 수 있다. 용수철 힘의 크기를 구간 1에서 F_{x1}, 구간 2에서 F_{x2} 등으로 이름을 붙인다.

이제 각 구간에서 힘이 일정하므로 식 7.2.5($W = Fd\cos\phi$)를 이용하여 각 구간 안에서 한 일을 *구할 수 있다*. 여기서 $\phi = 180°$, 즉 $\cos\phi = -1$이다. 이때 한 일은 구간 1에서는 $-F_{x1}\,\Delta x$, 구간 2에서는 $-F_{x2}\,\Delta x$ 등이다. 따라서 x_i에서 x_f까지 용수철이 한 알짜 일 W_s는 모든 일의 합으로 다음과 같다.

$$W_s = \sum -F_{xj}\,\Delta x. \tag{7.4.3}$$

여기서 j는 구간의 이름이다. 위 식에서 Δx가 0으로 가는 극한을 취하면 식 7.4.2를 다음과 같이 적분으로 쓸 수 있다.

$$W_s = \int_{x_i}^{x_f} -F_x\,dx. \tag{7.4.4}$$

식 7.4.2에서 힘 F_x의 크기는 kx이다. 이것을 위 식에 넣고 적분하면 다음을 얻는다.

$$\begin{aligned} W_s &= \int_{x_i}^{x_f} -kx\,dx = -k\int_{x_i}^{x_f} x\,dx \\ &= (-\tfrac{1}{2}k)[x^2]_{x_i}^{x_f} = (-\tfrac{1}{2}k)(x_f^2 - x_i^2). \end{aligned} \tag{7.4.5}$$

따라서 용수철이 한 일은 다음과 같다.

$$W_s = \tfrac{1}{2}kx_i^2 - \tfrac{1}{2}kx_f^2 \qquad \text{(용수철 힘이 한 일)}. \tag{7.4.6}$$

용수철 힘이 한 일은 토막이 x_i에서 x_f까지 움직일 때 일이 외부에서 토막으로 또는 토막에서 외부로 전달되는가에 따라 양 또는 음의 값을 가질 수 있다. *주의*: x_f가 식 7.4.6의 우변의 두 *번째* 항에 나타나는 것에 유의하여라. 따라서 식 7.4.6를 다음과 같이 요약할 수 있다.

토막의 최종위치가 초기위치에 비해서 평형위치 $x = 0$에 더 가까이 있다면 용수철이 한 일 W_s는 양의 값이다. 토막의 최종위치가 평형위치 $x = 0$에서 더 멀리 떨어져 있다면 한 일 W_s는 음의 값이다. 최종위치와 초기위치가 평형위치 $x = 0$에서 같은 거리에 있다면 한 일은 0이다.

만약 $x_i = 0$이고 최종위치를 x라고 하면 식 7.4.6을 다음과 같이 쓸 수 있다.

$$W_s = -\tfrac{1}{2} kx^2 \qquad \text{(용수철 힘이 한 일)}. \tag{7.4.7}$$

외부력이 한 일

외부 $\vec{F}_a$를 계속 작용시키면서 x축을 따라 토막을 이동시키는 경우를 생각해 보자. 이동하는 동안에 외부력은 토막에 W_a의 일을 하고 용수철 힘은 W_s만큼 일을 한다. 식 7.2.8에 의하면 두 에너지의 전달에 따른 토막의 운동에너지 변화 ΔK는 다음과 같다.

$$\Delta K = K_f - K_i = W_a + W_s. \tag{7.4.8}$$

여기서 K_f는 변위 끝점에서의 운동에너지이고 K_i는 시작점에서의 운동에너지이다. 토막이 이동하기 전과 후에 정지상태에 있다면 K_f와 K_i는 0이므로 식 7.4.8는 다음과 같다.

$$W_a = -W_s. \tag{7.4.9}$$

따라서 다음과 같이 요약할 수 있다.

> 용수철에 매달린 토막이 이동하기 전과 후에 정지상태에 있다면 토막을 이동시키기 위해서 작용한 외부력이 한 일은 용수철 힘이 한 일의 음수이다.

주의: 만약 토막이 이동하기 전과 후에 정지상태에 있지 않다면, 위의 요약은 *틀리다.*

확인문제 7.4.1

그림 7.4.1에서 x축 위에서 토막의 처음과 최종 위치가 각각 다음과 같은 세 경우를 고려하자. (a) −3 cm, 2 cm (b) 2 cm, 3 cm (c) −2 cm, 2 cm. 각각의 경우에 용수철힘이 토막에 한 일은 양수인가, 음수인가, 0인가?

보기문제 7.4.1 용수철힘이 한 일

그림 7.4.1*a*에 용수철의 자유로운 끝에 매달고 마찰 없는 바닥에 놓은 토막이 있다. x_1 = 12 mm에서 잡고 있으려면 크기 F_a = 4.9 N의 힘이 오른쪽으로 작용해야 한다.

(a) 토막을 x_0 = 0에서 x_2 = 17 mm까지 오른쪽으로 잡아당길 때 용수철이 토막에 한 일은 얼마인가?

요점

토막이 한 위치에서 다른 위치로 이동하면 용수철힘은 식 7.4.6이나 식 7.4.7로 주어지는 일을 한다.

풀이: 처음 위치 x_i는 0이고, 최종 위치는 x_f = 17 mm인 것은 알지만, 용수철상수 k는 모른다. 식 7.4.2(Hooke의 법칙)로 k를 구할 수도 있지만 이를 이용하기 위해서는 다음의 사실이 필요하다. 토막을 x_1 = 12 mm에서 정지하고 있으면 용수철힘은 (Newton의 제2법칙에 의하면) 작용한 힘과 평형을 이루어야 한다. 따라서 용수철힘 F_s는(그림 7.4.1*b*에서 왼쪽으로) −4.9 N이어야 한다. 따라서 식 7.4.2($F_x = -kx$)에 의하면 다음을 얻는다.

$$k = -\frac{F_x}{x_1} = -\frac{-4.9\ \text{N}}{12 \times 10^{-3}\ \text{m}} = 408\ \text{N/m}.$$

이제 토막이 x_2 = 17 mm에 있을 때 식 7.4.7을 이용하면 다음을 얻는다.

$$W_s = -\tfrac{1}{2}kx_2^2 = -\tfrac{1}{2}(408\ \text{N/m})(17 \times 10^{-3}\ \text{m})^2$$
$$= -0.059\ \text{J}.$$

(답)

(b) 다음으로 토막이 왼쪽으로 $x_3 = -12$ mm 움직였다. 이동하는 동안 토막에 작용하는 용수철힘이 한 일은 얼마인가? 이 일의 부호에 대해 설명하여라.

풀이: 이제 $x_i = +17$ mm, $x_f = -12$ mm이고, 식 7.4.6에 의하면 다음을 얻는다.

$$W_s = \tfrac{1}{2}kx_i^2 - \tfrac{1}{2}kx_f^2 = \tfrac{1}{2}k(x_i^2 - x_f^2)$$
$$= \tfrac{1}{2}(408\ \text{N/m})[(17 \times 10^{-3}\ \text{m})^2 - (-12 \times 10^{-3}\ \text{m})^2]$$
$$= 0.030\ \text{J} = 30\ \text{mJ}.$$ 답

용수철힘이 토막에 한 일은 양수이다. 왜냐하면 용수철힘은 토막이 $x_i = +17$ mm에서 용수철의 평형위치로 갈 때 한 양의 일이 토막이 용수철의 평형 위치에서 $x_f = -12$ mm로 움직일 때 한 음의 일보다 크기 때문이다.

7.5 ▸ 변하는 힘이 한 일

학습목표_Learning Objectives

이 단원을 읽은 후 다음을 이해해야 한다.

7.5.1 변하는 힘이 위치의 함수로 주어졌을 때 이 힘이 물체에 한 일을 1차원 혹은 그 이상의 차원에서 초기위치부터 최종위치까지 그 함수를 적분하여 계산한다.

7.5.2 힘과 위치의 그래프가 주어졌을 때 한 일은 물체의 초기위치에서 최종위치까지 그래프를 적분하여 계산한다.

7.5.3 가속도와 위치의 그래프를 힘과 위치의 그래프로 바꾼다.

7.5.4 물체가 변하는 힘에 의해 운동할 때 일-운동에너지 정리를 적용한다.

요점_Key Ideas

1. 질점에 작용하는 힘 $\vec{F}$가 물체의 위치에 의존할 때, 좌표가 (x_i, y_i, z_i)인 초기위치 r_i부터 좌표가 (x_f, y_f, z_f)인 최종위치 r_f까지 물체가 운동하는 동안 $\vec{F}$가 물체에 한 일은 힘을 적분하여 구해야 한다. 성분 F_x가 x에만 의존하고, y, z에 무관하고, 성분 F_y가 y에만 의존하고, x, z에 무관하고, 성분 F_z가 z에만 의존하고 x, y에는 무관하다면 일은 다음과 같다.

$$W = \int_{x_i}^{x_f} F_x\,dx + \int_{y_i}^{y_f} F_y\,dy + \int_{z_i}^{z_f} F_z dz.$$

2. $\vec{F}$가 x성분만 있다면 다음과 같다.

$$W = \int_{x_i}^{x_f} F(x)dx.$$

▶ 변하는 힘이 한 일

1차원 분석

그림 7.2.1로 돌아가서 x축 방향으로 작용하는 힘과 위치 x에 따라 변하는 힘을 생각해 보자. 이때 구슬(입자)이 움직임에 따라 일을 하는 힘의 크기 $F(x)$도 변한다. 여기서 힘의 크기만 변할 뿐 방향은 변함이 없고, 임의의 위치에서의 크기는 시간에 따라 변하지 않는다.

그림 7.5.1a는 *1차원적으로 변하는 힘의 곡선*이다. 입자가 시작점 x_i에서 끝점 x_f까지 움직일 때 힘이 입자에 한 일을 구하고자 한다. 그러나 식 7.2.5($W = Fd\cos\phi$)는 힘이 일정할 때의 관계식이므로 *사용할 수 없다*. 여기서도 적분을 사용해야 한다. 그림 7.5.1a에서 곡선 아래 부분을 너비가 Δx인 수많은 미소구간으로 나누어 보자(그림 7.5.1b 참조). 물론 구간 안에서는 $F(x)$가 거의 일정하도록 충분히 작은 Δx를 선택한다. $F_{j,\,\text{avg}}$를 j번째 구간에서 $F(x)$의 평균값으로 놓는다. 그림 7.5.1b에서 $F_{j,\,\text{avg}}$는 j번째 구간의 높이이다.

이러한 미소구간 안에서 $F_{j,\,\text{avg}}$가 일정하다고 볼 수 있으므로, j번째 구간에서 힘이 한 일 ΔW_j는 식 7.2.5에서 다음과 같이 근사할 수 있다.

$$\Delta W_j = F_{j,\text{avg}}\,\Delta x. \tag{7.5.1}$$

즉, ΔW_j는 그림 7.5.1*b*에서 빗금친 j번째 직사각형의 면적과 같다.

이제 입자가 시작점 x_i에서 끝점 x_f까지 이동할 때 힘이 한 전체 일 W는 그림 7.5.1*b*에서 x_i에서 x_f까지 작은 직사각형들의 면적을 모두 더하여 다음과 같이 얻을 수 있다.

$$W = \sum \Delta W_j = \sum F_{j,\text{avg}}\,\Delta x. \tag{7.5.2}$$

그림 7.5.1*b*에서는 긴 직사각형이 완벽하게 $F(x)$의 실제 곡선을 나타내지 못하므로 식 7.2.5는 어디까지나 근사식이다.

그러나 그림 7.5.1*c*처럼 구간의 너비 Δx를 줄여서 더 많은 구간으로 나누면 더 좋은 결과를 얻을 수 있다. 구간의 폭이 거의 0에 가깝도록 극한을 취하면, 즉 구간의 수를 무한히 많게 하면

$$W = \lim_{\Delta x \to 0} \sum F_{j,\text{avg}}\,\Delta x \tag{7.5.3}$$

로서, 보다 정확한 결과를 얻을 수 있다. 위의 극한은 바로 x_i와 x_f 사이의 함수 $F(x)$의 적분값이다. 따라서 식 7.5.3을 다음과 같이 쓸 수 있다.

$$W = \int_{x_i}^{x_f} F(x)dx \qquad \text{(일: 변하는 힘)}. \tag{7.5.4}$$

$F(x)$의 함수가 주어지면 식 7.5.4에 넣어서 적분 구간을 적절히 취하고, 적분을 하면 일을 구할 수 있다. (부록 E에 많이 사용하는 적분이 수록되어 있다.) 적분한 결과는 기하학적으로 x_i와 x_f 사이에서 곡선 $F(x)$와 x축이 만드는 면적에 해당한다(그림 7.5.1*d* 참조).

3차원 힘

다음과 같은 3차원 힘을 생각해 보자.

$$\vec{F} = F_x\hat{\mathrm{i}} + F_y\hat{\mathrm{j}} + F_z\hat{\mathrm{k}}. \tag{7.5.5}$$

여기서 성분 F_x, F_y, F_z는 입자의 위치에 의존할 수 있다. 즉, 위치의 함수일 수 있다. 그러나 보다 간단하게 다루기 위해서 다음과 같이 생각해 보자. F_x는 x에만 의존하고 y나 z에 무관하며, F_y는 y에만 의존하고 x나 z에 무관하며, F_z는 z에만 의존하고 x나 y에 무

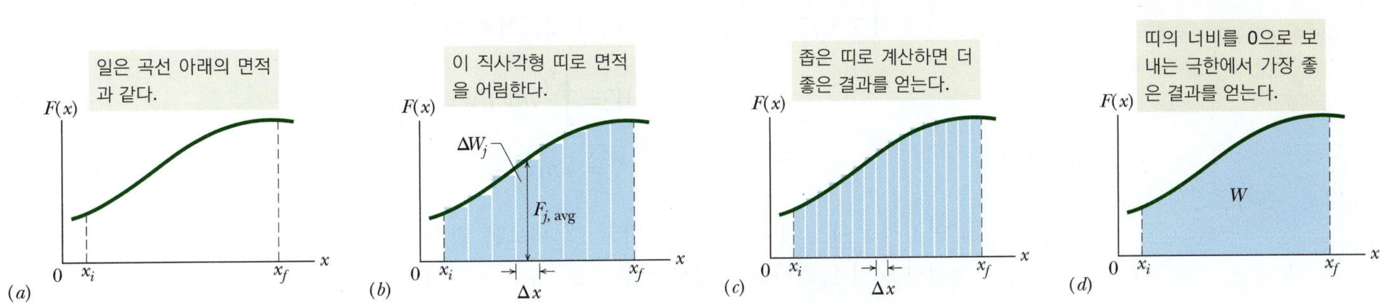

그림 7.5.1 (*a*) 1차원 힘 $\vec{F}(x)$가 작용하여 입자가 움직인 거리 x. 입자는 x_i에서 x_f까지 움직인다. (*b*) 그림 (*a*)와 같은 그림이지만 곡선 아랫부분을 좁은 구간으로 나누었다. (*c*) 그림(*b*)의 띠를 더 좁은 구간으로 나누었다. (*d*) 좁은 구간의 좁은 구간의 폭을 0으로 보내는 극한에서 힘이 한 일은 식 7.5.4로 주어지고, 그림에서는 곡선과 x_i와 x_f 사이의 색칠한 면적과 같다.

관하다고 하자. 이제 입자의 미소변위를

$$d\vec{r} = dx\hat{\mathrm{i}} + dy\hat{\mathrm{j}} + dz\hat{\mathrm{k}} \tag{7.5.6}$$

로 놓으면 식 7.2.6에 따라 미소변위 $d\vec{r}$ 동안에 힘 $\vec{F}$가 한 일의 증가 dW는

$$dW = \vec{F}\cdot d\vec{r} = F_x\,dx + F_y\,dy + F_z\,dz \tag{7.5.7}$$

이다. 따라서 좌표가 (x_i, y_i, z_i)인 초기위치 r_i에서 좌표가 (x_f, y_f, z_f)인 최종위치 r_f까지 입자가 움직이는 동안 힘 $\vec{F}$가 한 일 W는 다음과 같다.

$$W = \int_{r_i}^{r_f} dW = \int_{x_i}^{x_f} F_x\,dx + \int_{y_i}^{y_f} F_y\,dy + \int_{z_i}^{z_f} F_z\,dz. \tag{7.5.8}$$

만약 $\vec{F}$에 단지 x성분만 있으면 식 7.5.8에서 y항과 z항이 0이므로 식 7.5.4로 되돌아간다.

변하는 힘에 대한 일-운동에너지 정리

식 7.5.4는 1차원에서 변하는 힘이 입자에 한 일이다. 일-운동에너지 정리처럼 계산한 일이 입자의 운동에너지의 변화와 같다는 것을 확인해 보자.

알짜힘 $F(x)$의 작용으로 x축을 따라 움직이는 질량 m의 입자를 생각해 보자. 입자가 처음 위치 x_i에서 나중 위치 x_f로 이동함에 따라 힘이 입자에 한 일은 식 7.5.4에서

$$W = \int_{x_i}^{x_f} F(x)\,dx = \int_{x_i}^{x_f} ma\,dx \tag{7.5.9}$$

이다. 여기서 Newton의 제2법칙을 이용하여 $F(x)$ 대신에 ma를 넣었다. 한편 식 7.5.9의 $ma\,dx$를 다음과 같이 쓸 수 있다.

$$ma\,dx = m\frac{dv}{dt}\,dx. \tag{7.5.10}$$

또한 미적분의 사슬규칙으로부터

$$\frac{dv}{dt} = \frac{dv}{dx}\frac{dx}{dt} = \frac{dv}{dx}v \tag{7.5.11}$$

이므로 식 7.5.10을 다음과 같이 쓸 수 있다.

$$ma\,dx = m\frac{dv}{dx}v\,dx = mv\,dv. \tag{7.5.12}$$

이제 식 7.5.12를 식 7.5.9에 넣어서 적분하면 다음을 얻는다.

$$\begin{aligned} W &= \int_{v_i}^{v_f} mv\,dv = m\int_{v_i}^{v_f} v\,dv \\ &= \tfrac{1}{2}mv_f^2 - \tfrac{1}{2}mv_i^2. \end{aligned} \tag{7.5.13}$$

여기서 x 대신에 v로 변수를 바꿀 때 새로운 변수의 적분 한계값을 표시해야 한다. 또한 질량 m이 일정하므로 적분 바깥으로 나갈 수 있다.

식 7.5.13의 오른쪽 항은 운동에너지의 변화량이므로 다음과 같다.

$$W = K_f - K_i = \Delta K.$$

이 결과는 잘 알고 있는 일-운동에너지 정리이다.

확인문제 7.5.1

입자가 x축에서 $x = 0$에서 $x = 2.0$ m까지 힘 $\vec{F} = (3x^2\ \text{N})\hat{\text{i}}$가 작용하며 움직인다. 이동하는 동안 이 힘이 입자에 한 일은 얼마인가?

보기문제 7.5.1 용수철힘이 한 일

출산할 때 의사나 마취의사는 환자의 등을 통해 피부에 바늘을 꽂고(그림 7.5.2*a*), 이 바늘은 여러 조직층을 지나 척수를 둘러싼 척추관 안에 있는 경막외공간이라고 부르는 좁은 지역으로 들어간다. 바늘에는 마취제가 있다. 이 까다로운 과정을 거치려면 많은 연습이 필요해서 의사는 바늘이 경막외공간을 지나치지 않고 제대로 도달하는지 알아야 하고, 실수하면 심각한 합병증이 생긴다. 과거에는 실제 환자로 연습했다. 그러나 이제 의사는 첫 환자에게 주사를 놓기 전에 가상현실 시뮬레이션을 통해 연습할 수 있어서 의사는 바늘이 들어갈 때 어떻게 힘이 변하는지 배우게 된다.

그림 7.5.2*b*는 전형적인 격막외공간 과정에서 바늘 끝의 변위 x에 대한 힘의 크기 F에 대한 그래프이다. (직선 부분은 원래 자료에서 똑바로 편 것이다.) x가 0부터 증가할 때 피부는 바늘에 저항하지만, $x = 8.0$ mm에서 힘은 결국 피부를 뚫을 정도로 충분히 커지게 되고, 필요한 힘은 감소한다. 마찬가지로 바늘은 최종적으로 $x = 18$ mm에서 극간인대를 뚫고 $x = 30$ mm에서 비교적 딱딱한 인대를 지난다. 그리고 바늘은 (마취제를 주사할) 경막외공간에 도달한다. 신입 의사는 언제 바늘을 누르는 것을 멈추어야 할지 알기 위해 변위에 대한 이러한 힘의 유형에 대해 배워야 한다. 따라서 경막외 과정의 가상공간 시뮬레이션에서 이러한 유형을 프로그램으로 만들어야 한다. 바늘이 $x = 30$ mm에서 경막외공간에 도달하기 위해 바늘에 작용하는 힘이 한 일을 구하여라.

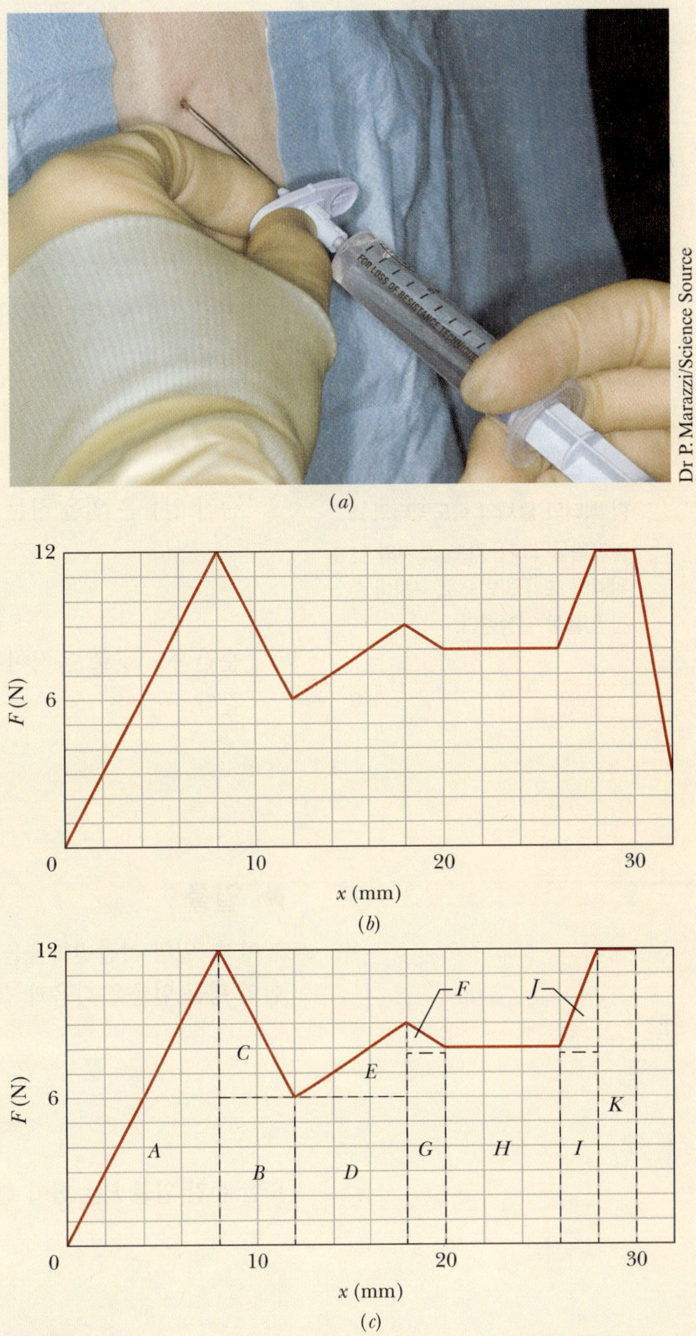

그림 7.5.2 (*a*) 경막외 주사. (*b*) 힘 F를 바늘 변위 x에 대해 그린 그림. (*c*) 곡선 아래 면적을 구하기 위해 그래프를 나눈다.

요점

(1) 위치 x에 대한 힘을 적분하여 변하는 힘 $F(x)$가 한 일 W를 계산할 수 있다. 식 7.5.4에 의하면 다음과 같다.

$$W = \int_{x_i}^{x_f} F(x)\,dx.$$

변위가 $x_i = 0$에서 $x_f = 00.030$ m까지 변할 때 힘이 한 일을 구해야 한다.

(2) 이 적분은 그림 7.5.2*b*의 그래프에서 곡선 아래의 면적을 구하여 적분을 계산할 수 있다.

풀이: 그래프는 선분으로 이루어져 있으므로 곡선 아래 부분을 그림 7.5.2*c*에 나타낸 대로 직사각형과 삼각형 부분으로 나누어 면적을 구할 수 있다. 예를 들어 삼각형 부분 A에서 면적은 다음과 같다.

$$\text{면적}_A = \tfrac{1}{2}(0.0080\ \text{m})(12\ \text{N}) = 0.048\ \text{N}\cdot\text{m} = 0.048\ \text{J}.$$

일단 그림에서 표시한 모든 부분에서 면적을 계산하면 전체 일은 다음과 같다.

$$\begin{aligned} W &= (A\text{에서 } K\text{까지 영역에 대한 면적의 합}) \\ &= 0.048 + 0.024 + 0.012 + 0.036 + 0.009 + 0.001 + 0.016 \\ &\quad + 0.048 + 0.016 + 0.004 + 0.024 \\ &= 0.238\ \text{J}. \end{aligned}$$

7.6 ▸ 일률

학습목표_Learning Objectives

이 단원을 읽은 후 다음을 이해해야 한다.

7.6.1 평균 일률, 힘이 한 일과 일을 한 시간간격 사이의 관계를 적용한다.

7.6.2 일이 시간의 함수로 주어졌을 때 순간 일률을 구한다.

7.6.3 힘 벡터와 물체의 속도벡터의 스칼라곱을 크기-각도 표기와 단위벡터 표기 방법으로 구하여 순간 일률을 결정한다.

요점_Key Ideas

1. 힘에 의한 일률은 힘이 물체에 일을 하는 *비율*이다.
2. 시간간격 Δt 동안 힘이 W의 일을 했다면 이 시간간격 동안 힘에 의한 평균 일률은 다음과 같다.
$$P_{\text{avg}} = \frac{W}{\Delta t}.$$
3. 순간 일률은 일을 하는 순간적인 비율이다.
$$P = \frac{dW}{dt}.$$
4. 순간속도 $\vec{v}$로 움직이는 방향과 힘 $\vec{F}$ 사이의 각도가 ϕ일 때 순간 일률은 다음과 같다.
$$P = Fv\cos\phi = \vec{F}\cdot\vec{v}.$$

▶ 일률

힘이 한 일의 시간변화율을 **일률**이라고 한다. 시간간격 Δt 동안에 힘이 W의 일을 한다면 힘의 **평균 일률**을 다음과 같이 정의한다.

$$P_{\text{avg}} = \frac{W}{\Delta t} \qquad (\text{평균 일률}). \tag{7.6.1}$$

또한 **순간 일률** P는 힘이 한 일의 순간변화율로 다음과 같이 정의한다.

$$P = \frac{dW}{dt} \qquad (\text{순간 일률}). \tag{7.6.2}$$

힘이 한 일 $W(t)$를 시간의 함수로 알고 있다고 가정하자. 일을 하고 있는 동안 순간 일률 P를 예컨대, $t = 3.0$ s일 때 구하고자 한다면 먼저 $W(t)$의 시간 도함수를 구한 다음에 $t = 3.0$ s일 때의 값을 구하면 된다.

일률의 SI 단위는 J/s이다. 일률의 통상 단위로 증기기관의 성능을 획기적으로 개량한 James Watt를 기념하여 **와트**(W)를 사용한다. 영국 단위계에서 일률의 단위는 ft · lb/s이며, 가끔 마력(hp)이란 단위도 사용한다. 두 단위 사이의 관계는 다음과 같다.

$$1 \text{ 와트} = 1 \text{ W} = 1 \text{ J/s} = 0.738 \text{ ft} \cdot \text{lb/s} \tag{7.6.3}$$

$$1 \text{ 마력} = 1 \text{ hp} = 550 \text{ ft} \cdot \text{lb/s} = 746 \text{ W}. \tag{7.6.4}$$

식 7.6.1을 살펴보면 일을 킬로와트-시처럼 일률과 시간의 곱으로 쓸 수 있다. 즉, 일의 단위를 다음과 같이 쓸 수 있다.

$$\begin{aligned} 1 \text{ 킬로와트-시} &= 1 \text{ kW} \cdot \text{h} = (10^3 \text{ W})(3600 \text{ s}) \\ &= 3.60 \times 10^6 \text{ J} = 3.60 \text{ MJ}. \end{aligned} \tag{7.6.5}$$

전기사용료 청구서에 나오기 때문에 와트와 킬로와트-시를 전기에만 관련된 단위로 알고 있는데, 두 단위는 다른 형태의 일률과 에너지에도 똑같이 사용할 수 있다. 즉, 바닥에서 책을 주워서 책상 위에 놓을 때 한 일의 양을 4×10^{-6} kW · h 또는 4 mW · h로 쓸 수 있다.

한편 힘이 입자(또는 입자와 같은 물체)에 일을 하는 일률을 힘과 입자의 속도로 쓸 수도 있다. 직선(x축)을 따라 움직이는 입자에 직선과 각도 ϕ 방향으로 일정한 힘 $\vec{F}$가 작용할 때 식 7.6.2를

$$P = \frac{dW}{dt} = \frac{F\cos\phi\, dx}{dt} = F\cos\phi\left(\frac{dx}{dt}\right)$$

로 쓸 수 있으므로 다음을 얻는다.

$$P = Fv\cos\phi. \tag{7.6.6}$$

여기서 식 7.6.6의 오른쪽 항을 스칼라곱 $\vec{F} \cdot \vec{v}$로 나타내면 다음과 같이 힘과 속도로 일률을 쓸 수 있다.

$$P = \vec{F} \cdot \vec{v} \quad \text{(순간 일률)}. \tag{7.6.7}$$

예를 들어 그림 7.6.1의 트럭이 트레일러에 힘 $\vec{F}$를 작용하여, 어떤 순간에 트럭의 속도가 $\vec{v}$가 되었다고 하자. 힘 F의 일률은 그 순간에 힘 $\vec{F}$가 트레일러에 하는 일의 시간적 비율이고 바로 식 7.6.6과 7.6.7로 주어진다. 이 일률을 "트럭의 일률"이라고 말하는데 실제로 일률이란 작용하는 힘이 일을 하는 비율이라는 것을 명심해야 한다.

Reglain/Zuma Press

그림 7.6.1 트럭이 트레일러에 작용하는 일률은 힘이 일을 하는 비율이다.

확인문제 7.6.1

토막에 묶인 줄이 원의 중심에 고정된 채로 토막이 등속원운동을 하고 있다. 줄이 토막에 작용하는 힘의 일률은 양의 값, 음의 값, 0 가운데 어느 것인가?

보기문제 7.6.1 일률, 힘, 속도

여기서 순간적인 일을 계산한다. 즉 시간간격 동안 평균이 아닌 주어진 순간에 가한 일의 비율을 구한다. 그림 7.6.2를 보면 마찰 없는 바닥을 미끄러지는 상자에 일정한 힘 $\vec{F}_1$과 $\vec{F}_2$가 작용한다. 힘 $\vec{F}_1$은 크기 2.0 N의 수평력이고, 힘 $\vec{F}_2$는 바닥에서 윗방향 각도 60°이며 크기는 4.0 N이다. 이 순간에 상자의 속도 v는 3.0 m/s이다. 상자에 작용하는 각 힘의 순간 일률은 얼마인가? 순간 알짜일률은 변하는가?

요점

일정시간 동안 평균 일률이 아닌 순간 일률을 원한다. 또한 (상자가 받는 일이 아니라) 상자의 속도를 알고 있다.

풀이: 식 7.6.6을 각 힘에 적용한다. 힘 $\vec{F}_1$은 속도 $\vec{v}$에 대해 각도 $\phi_1 = 180°$를 이루고 있으므로 다음과 같다.

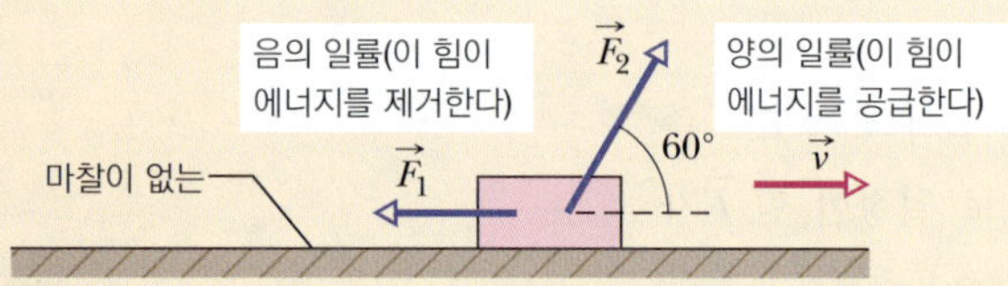

그림 7.6.2 마찰이 없는 바닥을 따라 오른쪽으로 미끄러지는 상자에 두 힘 $\vec{F}_1$과 $\vec{F}_2$가 작용한다. 상자의 속도는 $\vec{v}$이다.

▶ **교육용 비디오는 웹사이트 www.wiley.com에서 볼 수 있다.**

$$P_1 = F_1 v \cos \phi_1 = (2.0 \text{ N})(3.0 \text{ m/s}) \cos 180°$$
$$= -6.0 \text{ W}. \quad \text{(답)}$$

여기서 음의 부호는 힘 $\vec{F}_1$이 상자에서 6.0 J/s의 비율로 에너지를 뺏고 있다는 뜻이다.

속도 $\vec{v}$에 대해 $\phi_2 = 60°$인 힘 $\vec{F}_2$에 대해서는

$$P_2 = F_2 v \cos \phi_2 = (4.0 \text{ N})(3.0 \text{ m/s}) \cos 60°$$
$$= 6.0 \text{ W} \quad \text{(답)}$$

이다. 여기서 양의 부호는 $\vec{F}_2$가 상자에 6.0 J/s로 에너지를 전달하고 있다는 뜻이다.

한편 알짜일률은 다음과 같이 (부호를 포함한) 각 일률의 합이다.

$$P_{net} = P_1 + P_2$$
$$= -6.0 \text{ W} + 6.0 \text{ W} = 0. \quad \text{(답)}$$

여기서 상자로 전달되거나 또는 상자에서 전달받은 에너지의 알짜 전달률은 0이다. 따라서 상자의 운동에너지($K = \frac{1}{2}mv^2$)는 변하지 않고 상자의 속력은 3.0 m/s로 일정하게 남아 있다. 힘 $\vec{F}_1$, $\vec{F}_2$ 및 속도 $\vec{v}$가 모두 변하지 않으므로 식 7.6.7에서 P_1과 P_2는 상수이고 P_{net} 역시 상수이다.

보기문제 7.6.2 선외 모터

전속력으로 작용하는 80마력의 선외 모터는 쾌속정을 22 노트(= 11 m/s)의 일정한 속력으로 직선으로 추진할 수 있다. 모터의 추진력(힘) F와 물의 끌림힘의 크기 F_d를 구하여라.

요점

(1) 식 7.6.6으로 주어지는 한 순간의 힘과 속도의 곱으로 주어지는 순간일률을 구해야 한다. (2) 속도는 일정하므로 추진력과 끌림힘의 크기는 같아야 한다.

▶ **교육용 비디오는 웹사이트 www.wiley.com에서 볼 수 있다.**

풀이: 추진력은 쾌속정 속도 방향을 향하므로, 식 7.6.6의 각도는 $\phi = 0$이다. 따라서 다음과 같이 쓸 수 있다.

$$F = \frac{P}{v \cos \phi} = \frac{(80 \text{ hp})(746 \text{ W/hp})}{(11 \text{ m/s})(\cos 0)}$$
$$= 5425 \text{ N} = 5.4 \times 10^3 \text{ N}. \quad \text{(답)}$$

그리고 끌림힘의 크기는 다음과 같다.

$$F_d = F = 5.4 \times 10^3 \text{ N}. \quad \text{(답)}$$

정리 및 요약 _Review & Summary

▸운동에너지 **운동에너지** K는 질량 m, 속력 v인 물체의 운동과 관련된 물리량으로 속력 v가 광속보다 훨씬 작은 경우에 다음과 같다.

$$K = \frac{1}{2}mv^2 \quad \text{(운동에너지)}. \tag{7.1.1}$$

▸일 일 W는 물체에 가해진 힘을 통해서 외부에서 물체로 또는 물체에서 외부로 전달된 에너지이다. 외부에서 물체로 전달된 에너지는 양의 일이고, 물체에서 외부로 전달된 에너지는 음의 일이다.

▸일정한 힘이 한 일 일정한 힘 $\vec{F}$ 작용하여 물체가 $\vec{d}$만큼 움직였다면 힘이 한 일은 다음과 같다.

$$W = Fd\cos\phi = \vec{F}\cdot\vec{d} \quad \text{(일, 일정한 힘)}. \tag{7.2.5, 7.2.6}$$

여기서 ϕ는 $\vec{F}$와 $\vec{d}$ 사이의 각도이다. $\vec{F}$의 성분 중 $\vec{d}$ 방향과 같은 방향인 힘의 성분만 물체에 일을 한다. 두 개 이상의 힘이 하나의 물체에 작용한다면 **알짜일**은 각 힘이 한 일의 합이며, 결국 알짜힘 $\vec{F}_{\text{net}}$가 한 일과 같다.

▸일과 운동에너지 운동에너지의 변화 ΔK와 입자에 가한 알짜일 사이의 관계식은 다음과 같다.

$$\Delta K = K_f - K_i = W \quad \text{(일-운동에너지 정리)}. \tag{7.2.8}$$

여기서 K_i는 초기 운동에너지이고, K_f는 최종 운동에너지이다. 식 7.2.8을 다음과 같이 쓸 수도 있다.

$$K_f = K_i + W. \tag{7.2.9}$$

▸중력이 한 일 중력 $\vec{F}_g$가 질량 m의 물체에 한 일 W_g는 물체의 변위가 $\vec{d}$라면 다음과 같다.

$$W_g = mgd\cos\phi. \tag{7.3.1}$$

여기서 ϕ는 $\vec{F}_g$와 $\vec{d}$ 사이의 각도이다.

▸물체를 들어 올리거나 내릴 때 한 일 물체를 들어 올리거나 내릴 때 물체에 작용한 힘이 한 일 W_a는 중력이 한 일 W_g와 운동에너지의 변화 ΔK에 다음과 같은 관계가 있다.

$$\Delta K = K_f - K_i = W_a + W_g. \tag{7.3.4}$$

만약 초기 운동에너지가 최종 운동에너지와 같다면 식 7.3.4는 다음과 같다.

$$W_a = -W_g. \tag{7.3.5}$$

여기서 작용한 힘은 중력이 물체에서 뺏은 만큼의 에너지를 물체에 준다.

▸용수철 힘 용수철이 작용하는 힘 $\vec{F}_s$는 다음과 같다.

$$\vec{F}_s = -k\vec{d} \quad \text{(Hooke의 법칙)}. \tag{7.4.1}$$

여기서 $\vec{d}$는 용수철의 자유로운 끝이 **평형상태**(압축되거나 늘어나지 않은)에서 움직인 변위이고, k는 **용수철상수**(용수철 탄성의 척도)이다. 만약 x축이 용수철의 길이방향이고 용수철이 평형상태에 있을 때 자유로운 끝의 위치를 원점으로 잡으면 식 7.4.1을 다음과 같이 쓸 수 있다.

$$F_x = -kx \quad \text{(Hooke의 법칙)}. \tag{7.4.2}$$

즉, 용수철 힘은 용수철 끝의 변위에 따라 변하는 힘이다.

▸용수철 힘이 한 일 용수철의 자유로운 끝에 붙어 있는 물체가 처음 위치 x_i에서 나중 위치 x_f까지 움직일 때 용수철 힘이 물체에 한 일 W_s는 다음과 같다.

$$W_s = \frac{1}{2}kx_i^2 - \frac{1}{2}kx_f^2. \tag{7.4.6}$$

만약 $x_i = 0$이고 $x_f = x$라면 식 7.4.6은 다음과 같다.

$$W_s = -\frac{1}{2}kx^2. \tag{7.4.7}$$

▸변하는 힘이 한 일 물체에 작용하는 힘 $\vec{F}$가 물체의 위치에 따라 변한다면 좌표가 (x_i, y_i, z_i)인 처음 위치 r_i에서 좌표가 (x_f, y_f, z_f)인 나중 위치 r_f까지 물체가 움직일 때 $\vec{F}$가 한 일은 힘을 적분해서 얻어야 한다. F_x 성분이 x에 의존하지만 y나 z에 무관하고, F_y는 y에만 의존하고 x나 z에 무관하고, F_z는 z에만 의존하고 x나 y에 무관하다고 가정하면, 변하는 힘이 한 일은 다음과 같다.

$$W = \int_{x_i}^{x_f} F_x\,dx + \int_{y_i}^{y_f} F_y\,dy + \int_{z_i}^{z_f} F_z\,dz. \tag{7.5.8}$$

만약 $\vec{F}$에 x성분만 있다면 식 7.5.8은 다음과 같다.

$$W = \int_{x_i}^{x_f} F(x)\,dx. \tag{7.5.4}$$

▸일률 **일률**은 힘이 물체에 하는 일의 시간변화율이다. 힘이 시간 Δt 동안 W의 일을 했다면 *평균 일률*은

$$P_{\text{avg}} = \frac{W}{\Delta t} \tag{7.6.1}$$

이다. 순간 일률은 일을 하는 순간의 시간변화율로서

$$P = \frac{dW}{dt} \tag{7.6.2}$$

이다. 만약 힘 $\vec{F}$의 방향이 물체의 이동방향과 각도 ϕ를 이룬다면 순간 일률은 다음과 같다.

$$P = Fv\cos\phi = \vec{F}\cdot\vec{v}. \tag{7.6.6, 7.6.7}$$

여기서 $\vec{v}$는 물체의 순간속도이다.

연습문제 _Problems

E Easy M Medium H Hard CALC Requires calculus BIO Biomedical application

1 M 그림 7.1은 짐짝에 작용하는 세 수평힘을 위에서 본 그림이다. 짐짝은 처음에 정지해 있다가 힘을 받아서 마찰 없는 바닥 위에서 움직인다. 힘의 크기는 F_1 =3.00 N, F_2 = 4.00 N, F_3 = 10.0 N이고, 두 각도는 θ_3 = 50.0°과 θ_3 = 35.0°이다. 움직이기 시작한 처음 3.20 m 동안 세 힘이 짐짝에 한 알짜일은 각각 얼마인가?

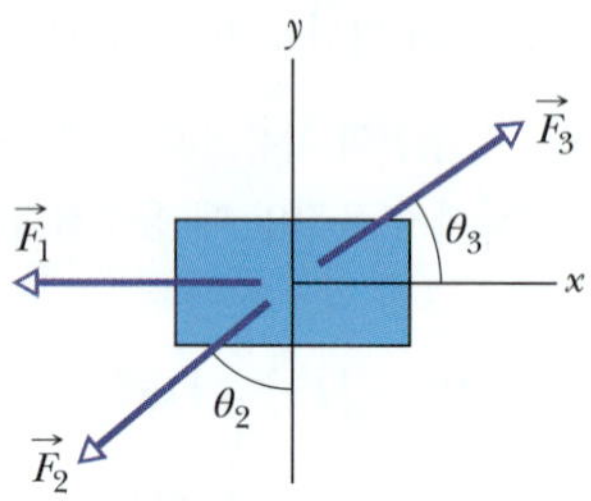

그림 7.1 연습문제 1

2 E 마찰 없는 수평경사각도 12°의 슬로프를 따라 스키선수를 줄로 당기고 있다. 줄은 경사면에 평행하고 속력 1.0 m/s로 움직인다. 스키선수가 8.0 m 올라가는 동안 줄이 800 J의 일을 한다. (a) 줄이 2.0 m/s의 등속력으로 움직인다면 스키선수가 8.0 m를 올라가는 동안 한 일은 얼마인가? 줄이 (b) 1.0 m/s (c) 2.0 m/s로 움직일 때 줄이 스키선수에 한 일의 시간변화율은 각각 얼마인가?

3 M 기울어진 경사면을 올라가는 방향으로 x축을 정하고, 토막을 마찰 없는 경사면을 따라 올려 보낸다. 그림 7.2는 위치 x의 함수로 나타낸 토막의 운동에너지 그래프이며, 수직축의 크기는 K_s = 40.0 J이다. 토막의 초기속력이 5.00 m/s이면 토막에 작용하는 수직힘의 크기는 얼마인가?

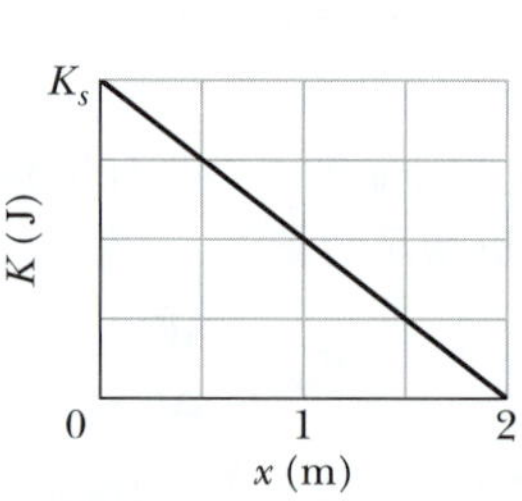

그림 7.2 연습문제 3

4 M 마찰 없는 수평면을 따라 움직이는 0.30 kg의 토막이 수평 용수철(k = 700 N/m)의 한쪽 끝에 연결되어 있고, 용수철의 다른 쪽 끝은 고정되어 있다. 토막이 평형위치(용수철의 힘이 0이 되는 지점)를 통과할 때 운동에너지는 10 J이다. (a) 토막이 평형위치를 통과할 때 용수철이 토막에 한 일의 시간변화율은 얼마인가? (b) 용수철이 0.10 m 압축되고 토막이 평형위치에서 멀어질 때 용수철이 토막에 하는 일의 시간변화율은 얼마인가?

5 M 그림 7.3과 같이 크기 82.0 N의 일정한 힘 $\vec{F}_a$가 질량 2.40 kg의 구두통에 각도 ϕ = 53.0° 작용하여 마찰 없는 경사면을 따라 일정한 속력으로 움직인다. 구두통이 올라간 수직거리가 h = 0.150 m이면 힘이 한 일은 얼마인가?

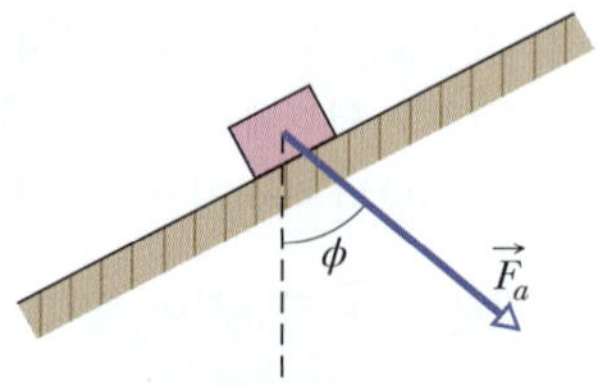

그림 7.3 연습문제 5

6 M 처음에 정지해 있던 질량 M의 물체를 줄을 이용하여 가속도 g/5로 아래로 내린다. 물체가 거리 d만큼 내려왔을 때 (a) 줄이 물체에 한 일 (b) 중력이 물체에 한 일 (c) 물체의 운동에너지와 (d) 속력을 구하여라.

7 E CALC 질량 5.0 kg의 토막이 마찰 없는 수평면에서 그림 7.4에 주어진 위치에 따라 작용하는 힘을 받으며 직선운동을 한다. 그림의 수직축 크기는 F_s = 20.0 N이다. 토막이 원점에서 x = 8.0 m까지 움직일 때 힘이 한 일은 얼마인가?

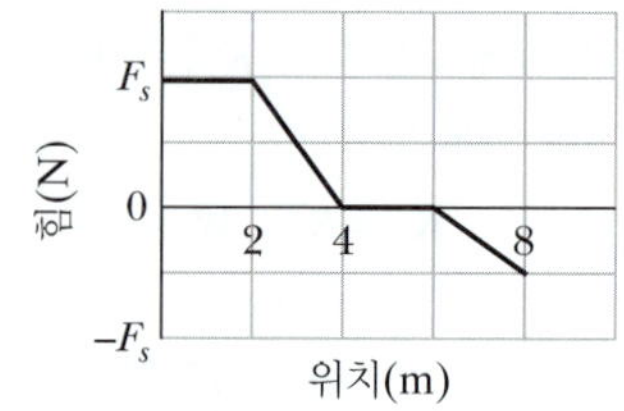

그림 7.4 연습문제 7

8 M (a) 어떤 순간 힘 $\vec{F} = (4.0\text{ N})\hat{\text{i}} - (2.0\text{ N})\hat{\text{j}} + (6.0\text{ N})\hat{\text{k}}$이 점입자와 같은 물체에 작용하여 물체의 속도는 $\vec{v} = -(2.0\text{ m/s})\hat{\text{i}} + (4.0\text{ m/s})\hat{\text{k}}$이 되었다. 힘이 물체에 하는 일의 순간 시간변화율은 얼마인가? (b) 다른 순간에 속도의 y 성분만 있다고 하자. 힘은 변하지 않았고 순간 일률이 −12 W라면 물체의 속도는 얼마인가?

9 M 질량 2.5×10^{-2} kg의 구슬이 양의 x축 방향으로 움직인다. 시간 t = 0에서 시작하여 구슬이 속력 12 m/s로 x = 0을 지날 때 일정한 힘이 구슬에 작용한다. 그림 7.5는 t_0 = 0, t_1 = 1.0 s, t_2 = 2.0 s, t_3 = 3.0 s의 네 시간에서 구슬의 위치를 나타낸다. 구슬은 t = 3.0 s에서 순간적으로 정지한다. t = 10 s에서 구슬의 운동에너지는 얼마인가?

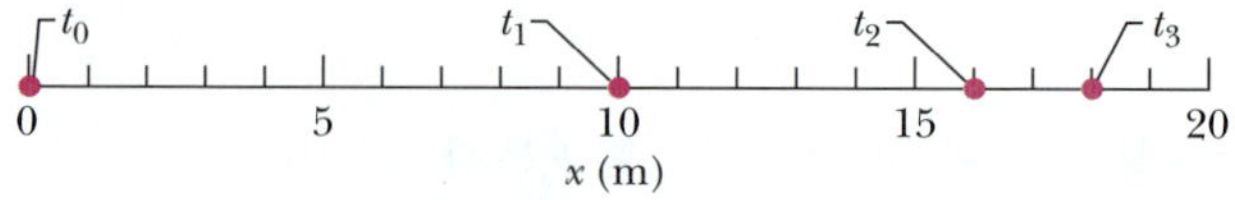

그림 7.5 연습문제 9

10 E 양성자를(질량 m = 1.67×10^{-27} kg) 가속기에서 일직선으

로 2.60×10^{13} m/s^{2}으로 가속하였다. 양성자의 처음 속력이 2.40×10^6 m/s이고, 3.50 cm를 이동했을 때 (a) 양성자 속력 (b) 운동에너지의 증가량을 구하여라.

11 **M** 그림 7.6에서 얼음덩어리가 경사각 $\theta = 50°$인 마찰 없는 경사면에서 미끄러져 내려온다. 이때 사람이 크기 40 N의 힘 $\vec{F}_r$로 얼음덩어리를 (줄로) 위로 잡아당기고 있다. 얼음덩어리가 경사면을 따라 $d = 0.50$ m 미끄러져 내려왔을 때 운동에너지가 80 J 증가하였다. 만일 줄을 잡아당기지 않았다면 운동에너지는 얼마나 더 증가하는가?

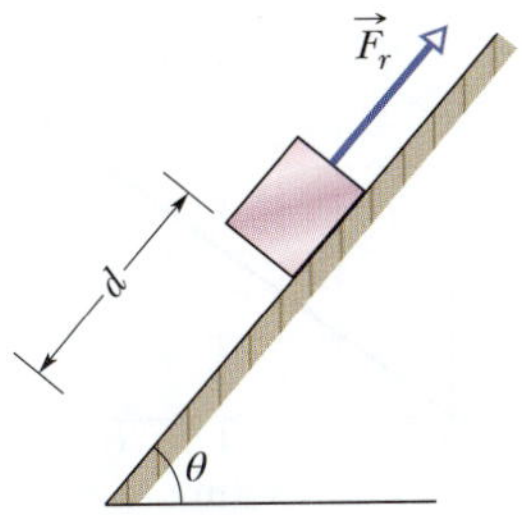

그림 7.6 연습문제 11

12 **E** 수평바닥에서 수평면 위로 각도 37°로 80 N의 힘이 100 kg의 토막에 작용하여 토막이 등속력 5.0 m/s로 움직인다. 힘이 토막에 한 일률을 구하여라.

13 **H** 그림 7.7에 x축 방향의 마찰 없는 수평 레일을 따라 미끄러지는 수레에 줄이 연결되어 있다. 줄의 왼쪽 끝을 무게와 마찰을 무시할 수 있는 높이 $h = 1.20$ m의 도르래 위로 당겨서 $x_1 = 3.00$ m에서 $x_2 = 1.00$ m까지 수레가 미끄러진다. 움직이는 동안 줄의 장력은 18.0 N으로 일정하다. 움직이는 동안 수레의 운동에너지 변화는 얼마인가?

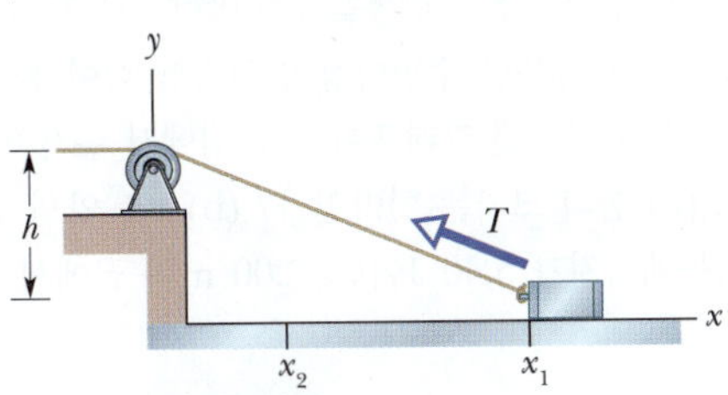

그림 7.7 연습문제 13

14 **H** 그림 7.4.1a처럼 마찰 없는 표면 위에 놓여 있는 토막이 용수철상수 50 N/m의 용수철에 연결되어 있다. 처음에 용수철이 평형상태에 있고 토막은 $x = 0$에 정지해있다. 그 순간 4.0 N의 일정한 힘으로 토막을 양의 축 방향으로 당기면서 토막이 멈출 때까지 용수철을 늘인다. 토막이 정지한 위치에 도달했을 때 (a) 정지한 위치 (b) 작용한 힘이 토막에 한 일을 구하여라. (c) 용수철이 토막에 한 일은 얼마인가? 토막이 이동하는 동안 (d) 운동에너지가 최대가 되었을 때 토막의 위치는 어디인가? (e) 최대 운동에너지는 얼마인가?

15 **M** 그림 7.4.1의 배열에서 토막을 정지상태인 $x = 0$에서 $x = +3.0$ cm로 천천히 끌어당겼다. 그림 7.8은 힘이 토막에 하는 일을 위치의 함수로 나타낸 그래프이다. 그림의 수직축 크기는 $W_s = 1.0$ J이다. 이제 토막을 $x = +5.0$ cm까지 더 끌어당긴 후에 놓았다. 토막이 $x_i = +5.0$ cm에서 (a) $x = +4.2$ cm (b) $x = -2.5$ cm (c) $x = -5.0$ cm로 움직였을 때 용수철이 토막에 한 일을 구하여라.

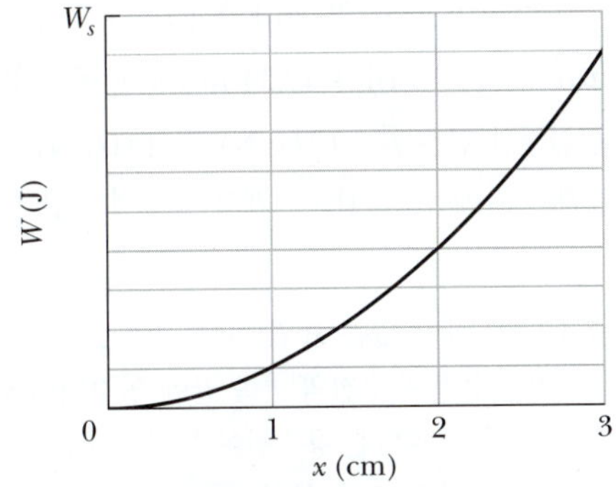

그림 7.8 연습문제 15

16 **E** xy평면에서 움직이는 질량 3.2 kg의 깡통에 5.0 N의 힘이 작용한다. 처음에 양의 x 방향으로 속도 4.0 m/s로 움직이다가 얼마 후에는 양의 y 방향으로 속도 6.0 m/s로 움직인다. 이 시간 동안 5.0 N의 힘이 한 일은 얼마인가?

17 **M** 질량 6.00 kg의 물체가 양의 x 방향으로 움직인다. $x = 0$을 지날 때 축 방향으로 일정한 크기의 힘이 작용하기 시작한다. 그림 7.9는 물체가 $x = 0$에서 $x = 5.0$ m까지 움직일 때 위치 x에 대한 운동에너지 K의 그래프이며, $K_0 = 30.0$ J이다. 힘은 계속 작용하고 있다. 물체가 돌아와 $x = -3.0$ m를 지날 때 속력 v는 얼마인가?

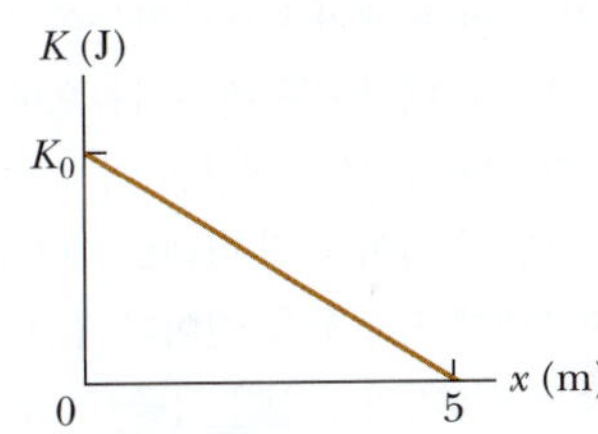

그림 7.9 연습문제 17

18 **E** 그림 7.4.1에서 토막을 $x = -2.0$ cm에서 정지해있게 하려면 크기 180 N의 힘을 작용해야 한다. 이 위치에서 토막을 천천히 움직여 이 힘이 용수철-토막계에 +4.0 J의 일을 한다. 그리고 토막은 다시 정지한다. 토막의 위치를 구하여라. (힌트: 답이 두 개 있다.)

19 **M** **CALC** 그림 7.10은 $x = 0$에 정지해있는 2.00 kg의 입자에 힘 $\vec{F}_a$가 작용하여 $x = 9.0$ m까지 가속되는 과정이다. 그림의 수직축 크기는 $a_s = 12.0$ m/s^{2}이다. 입자가 (a) $x = 4.0$ m (b) $x = 7.0$ m (c) $x = 9.0$ m에 도달할 때까지 힘이 입자에 한 일은 얼마인가? (d) $x = 4.0$ m (e) $x = 7.0$ m (f) $x = 9.0$ m에 도달한 입자의 속력과 운동방향을 구하여라.

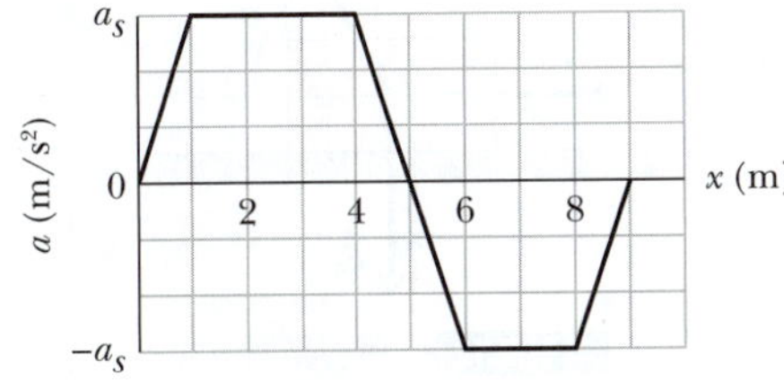

그림 7.10 연습문제 19

20 M 기계를 이용하여 2.0 kg의 상자를 t = 0 s에서 초기 위치 $\vec{d}_i$ = (0.50 m)$\hat{\mathrm{i}}$ + (0.75 m)$\hat{\mathrm{j}}$ + (0.20 m)$\hat{\mathrm{k}}$에서 t = 4.2 s일 때 최종 위치 $\vec{d}_f$ = (7.50 m)$\hat{\mathrm{i}}$ + (12.0 m)$\hat{\mathrm{j}}$ + (7.20 m)$\hat{\mathrm{k}}$로 이동시킨다. 기계가 상자에 작용하는 일정한 힘은 $\vec{F}$ = (2.00 N)$\hat{\mathrm{i}}$ + (4.00 N)$\hat{\mathrm{j}}$ + (6.00 N)$\hat{\mathrm{k}}$이다. (a) 기계가 상자에 한 일 (b) 기계가 상자에 가한 힘의 평균일률을 구하여라.

21 M 그림 7.4.1a에 마찰 없는 표면 위에 놓여 있는 질량 m인 토막이 (용수철상수 k인) 수평 용수철의 한쪽 끝에 연결되어 있고, 다른 끝은 고정되어 있다. 처음에 토막은 용수철이 늘어나지 않은 상태(x = 0)에 놓여 있다. 이때 수평힘 $\vec{F}$가 양의 x축 방향으로 작용한다. 그림 7.11은 운동에너지를 위치의 함수로 나타낸 그래프이다. 그림 수직축의 크기는 K_s = 8.0 J이다. (a) $\vec{F}$의 크기는 얼마인가? (b) k값은 얼마인가?

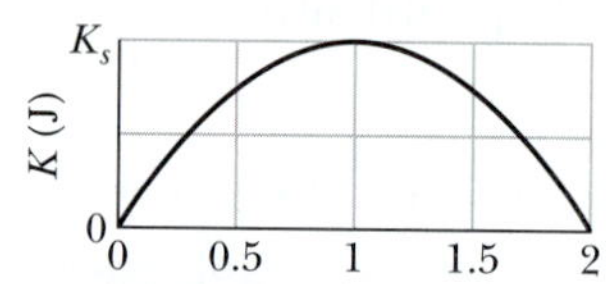

그림 7.11 연습문제 21

22 E 1972년 8월 10일 매우 큰 운석이 미국과 캐나다 서부지역의 대기권 위를 돌멩이가 수면 위에서 튀어나가듯이 스쳐갔다. 이때 발생한 불덩어리가 너무 밝아서 대낮에도 관측되었으며, 보통의 운석이 남기는 자취보다 훨씬 밝았다. 운석의 질량은 약 4×10^6 kg이고, 속력은 약 15 km/s이다. 만일 운석이 수직 아래로 대기권에 들어왔다면 거의 같은 속력으로 지표면에 충돌했을 것이다. (a) 지표면에 충돌했을 때 운석이 잃게 될 운동에너지의 손실을 J(줄)로 구하여라. (b) 1 메가톤 TNT의 폭발에너지는 4.2×10^{15}J이다. 위의 손실에너지는 몇 메가톤 TNT의 폭발에너지에 해당하는가? (c) 히로시마 상공에서 폭발한 원자폭탄의 에너지는 13 킬로톤 TNT의 폭발에너지에 해당한다. 위의 손실에너지는 히로시마 상공에서 폭발한 원자폭탄의 몇 개에 해당하는가?

23 M 그림 7.12에서 토막에 세 힘이 작용하여 마찰 없는 바닥 위를 왼쪽으로 2.00 m 움직인다. 힘의 크기는 각각 F_1 = 5.00 N, F_2 = 9.00 N, F_3 = 3.00 N이고, 나타낸 각도는 θ = 60.0°이다. 이동하는 동안 (a) 세 힘이 토막에 한 알짜일은 얼마인가? (b) 토막의 운동에너지는 증가하는가, 감소하는가?

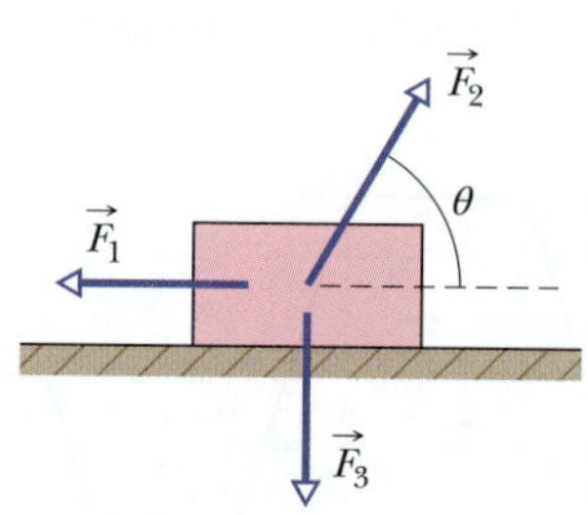

그림 7.12 연습문제 23

24 M 사고로 부상을 입은 동굴탐험가를 구멍에서 꺼내 직접 위로 들어올려 구출하기 위하여 밧줄을 모터로 감아올린다. 3단계로 끌어올리며, 각 단계마다 10.0 m씩 끌어올린다. (a) 처음에 정지한 탐험가를 5.00 m/s의 속력까지 가속한다. (b) 등속력 5.00 m/s로 끌어올린다. (c) 마지막으로 속력이 0이 될 때까지 감속한다. 각 단계에서 끌어올리는 힘이 질량 70.0 kg인 탐험가를 들어올릴 때 한 일은 얼마인가?

25 E CALC 10 kg의 벽돌이 x축을 따라 움직이고 있다. 그림 7.13에 가속도를 위치의 함수로 나타내었다. 그림의 수직축 크기는 a_s = 24 m/s^{2}이다. 가속도를 만드는 힘이 벽돌을 x = 0에서 x = 8.0 m까지 움직일 때 벽돌에 한 일은 얼마인가?

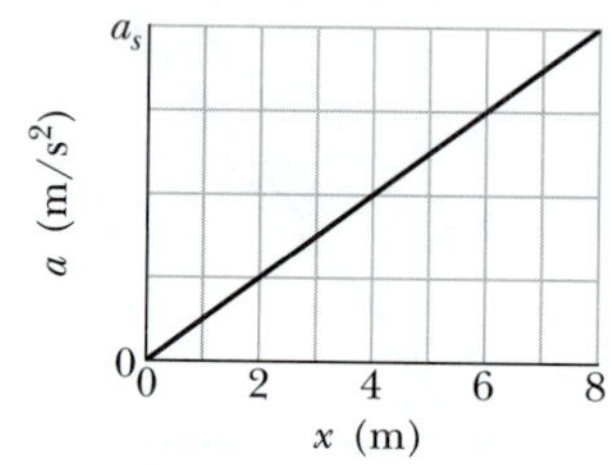

그림 7.13 연습문제 25

26 E 지표면에서 일어나는 폭발은 폭발에너지의 1/3 제곱에 비례하는 지름을 갖는 분화구를 남긴다. 1 메가톤 TNT의 폭발로 인해 지름 1 km의 분화구가 생긴다. 미국 미시간 주 휴런 호 바닥에는 오래 전의 충격에 의한 것으로 보이는 지름 50 km의 분화구가 있다. 충격의 운동에너지를 (a) TNT의 메가톤수(1메가톤은 4.2×10^{15} J이다.), (b) 히로시마에 떨어진 폭탄(개당 TNT 13킬로톤)의 개수로 나타내면 얼마인가?

27 M 자동차 수리공장에서 미끄러운(마찰 없는) 바닥 위에서 빗자루로 볼트와 너트가 들어있는 깡통을 x축 방향으로 2.00 m 밀었다. 그림 7.14에 빗자루가 작용한 수평방향의 일정한 힘이 한 일 W를 깡통의 위치 x의 함수로 나타낸 그래프이다. 그림에서 수직축의 눈금은 W_s = 6.0 J이다. (a) 힘의 크기는 얼마인가? (b) x축 양의 방향으로 움직이는 초기 운동에너지가 5.40 J이면, 2.00 m의 끝에서 운동에너지는 얼마인가?

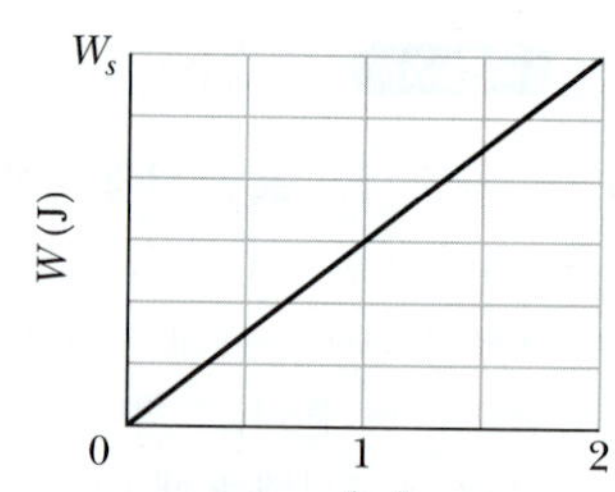

그림 7.14 연습문제 27

28 E 전체 질량이 2.9×10^5 kg인 아폴로 우주선이 붙은 Saturn V 로켓이 속력 14.1 km/s에 도달하였다. 운동에너지는 얼마인가?

29 M 그림 7.4.1에서 배열된 토막-용수철 계에서 용수철 힘 F_x와 위치 x의 관계는 그림 7.15에 나타내었다. 축의 눈금은 F_s = 160.0 N이다. 토막을 x = 12 cm에서 놓았다. 토막이 x_i = +8.0 cm에서 (a) x = +30 cm (b) x = −3.0 cm (c) x = −8.0 cm (d) x = −10.0 cm

로 움직였을 때 용수철이 토막에 한 일은 얼마인가?

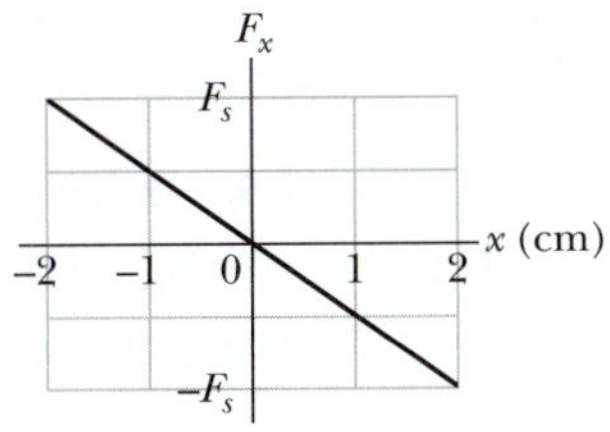

그림 7.15 연습문제 29

30 M 초기 위치 $\vec{d}_i = (3.00\text{ m})\hat{\text{i}} - (2.00\text{ m})\hat{\text{j}} + (5.00\text{ m})\hat{\text{k}}$에서 최종 위치 $\vec{d}_f = -(5.00\text{ m})\hat{\text{i}} + (4.00\text{ m})\hat{\text{j}} + (7.00\text{ m})\hat{\text{k}}$로 움직이는 2.00 kg의 물체에 힘 $\vec{F} = (3.00\text{ N})\hat{\text{i}} + (7.00\text{ N})\hat{\text{j}} + (7.00\text{ N})\hat{\text{k}}$가 4.00 s 동안 작용한다. (a) 4.00 s 동안 힘이 한 일, (b) 힘의 평균일률, (c) $\vec{d}_i$와 $\vec{d}_f$ 사이 각도를 구하여라.

31 M 그림 7.16에서 크기 17.0 N의 수평력 $\vec{F}_a$가 질량 3.00 kg의 책을 각도 $\theta = 30.0°$의 마찰 없는 경사면을 따라 $d = 0.500$ m 밀어 올린다. (a) 이동하는 동안 힘 $\vec{F}_a$가 한 일, 중력이 한 일, 수직력이 한 일은 얼마인가? (b) 움직이기 전 책의 운동에너지가 0이면, 이동이 끝났을 때 책의 속력은 얼마인가?

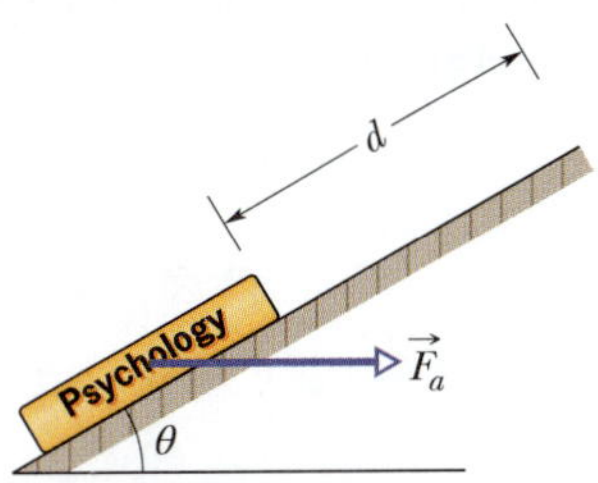

그림 7.16 연습문제 31

32 M 질량 85 kg의 썰매가 하강트랙을 내려와서 처음 속력 37 m/s로 수평 직선트랙을 미끄러져 간다. 힘을 작용하여 일정한 비율 2.0 m/s^{2}로 감속시켜 멈추게 하려면 (a) 힘의 크기 F는 얼마이어야 하는가? (b) 이동한 거리 W는 얼마인가? (c) 힘이 한 일 d는 얼마인가? 3.5 m/s^{2}로 감속된다면 (d) F (e) d (f) W는 얼마인가?

33 H 그림 7.17에서 0.250 kg의 치즈 덩어리가 900 kg의 승강기 바닥에 놓여 있다. 케이블로 승강기를 위로 당겨서 처음에는 $d_1 = 3.00$ m, 다음에는 $d_2 = 10.5$ m 수직으로 올라간다. (a) d_1을 움직이는 동안 바닥이 치즈 덩어리에 작용하는 수직력이 $F_N = 3.00$ N이면 케이블이 가한 힘이 승강기에 한 일은 얼마인가? (b) d_2를 움직이는 동안 (일정한) 수직력 F_N이 작용하여 케이블이 승강기에 한 일이 92.61 kJ이면 힘 F_N의 크기는 얼마인가?

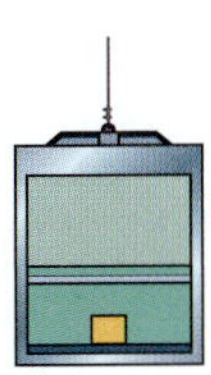

그림 7.17 연습문제 33

34 E 군용헬리콥터가 11 m 아래 질량 72 kg의 바다에 빠져 있는 우주선 조종사를 밧줄로 수직으로 가속도 g/10로 끌어올리고 있다. (a) 헬리콥터가 가한 힘이 한 일을 구하여라. (b) 중력이 한 일을 구하여라. 헬리콥터에 도달하기 직전에 물에 빠진 사람의 (c) 운동에너지와 (d) 속력은 얼마인가?

35 E 처음에 정지해 있던 질량 2.2 kg의 물체에 양의 방향으로 일정한 힘을 가하여 마찰 없는 수평 경로로 움직인다. 그림 7.18은 물체가 오른쪽으로 움직일 때 그 위치를 섬광사진기로 찍은 그래프이다. $t = 0$에서 힘 $\vec{F}$를 가했고, 0.50 s 간격으로 찍었다. $t = 0$과 $t = 2.0$ s 사이에서 가한 힘 $\vec{F}$가 한 일은 얼마인가?

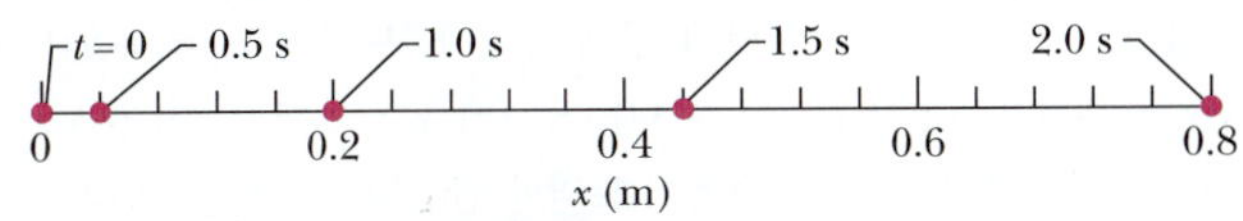

그림 7.18 연습문제 35

36 M CALC 마찰 없는 수평면 위에서 처음에 정지해 있는 1.5 kg의 토막에 $\vec{F}(x) = (2.5 - x^2)\hat{\text{i}}$ N의 수평힘이 x축을 따라 토막에 작용하며, x는 미터 단위이고 토막의 초기 위치는 $x = 0$이다. (a) $x = 2.5$ m를 통과할 때 토막의 운동에너지는 얼마인가? (b) $x = 0$과 $x = 2.0$ m 사이에서 토막의 최대 운동에너지는 얼마인가?

37 E CALC 처음에 정지해 있는 15 kg의 물체에 4.0 N의 힘이 작용한다. (a) 첫 번째 1초 동안, (b) 두 번째 1초 동안, (c) 세 번째 1초 동안 힘이 한 일을 구하여라. (d) 세 번째 1초가 끝났을 때 힘의 순간 일률을 구하여라.

38 E MIT 공대에서 봄 학기에 동쪽 캠퍼스의 마주 보는 두 기숙사 학생들이 외과용 호스로 만든 새총을 창문틀에 세워놓고 물싸움을 한다. 물감을 탄 물로 풍선을 채워 고무줄에 매단 자루에 놓고는 새총의 고무줄을 기숙사 방 안쪽 끝까지 잡아당긴다. 고무줄이 늘어날 때 Hooke의 법칙을 따르며, 고무줄의 용수철상수는 80.0 N/m이다. 고무줄을 5.00 m 늘렸다가 놓으면, 고무줄이 원래의 길이로 되돌아올 때까지 풍선에 한 일은 얼마인가?

39 H CALC 길이를 측정한 직선 트랙을 시간 T에 돌파하기 위하여 자동차가 정지상태에서 일정한 엔진 일률 P로 가속시킨다. 정비사가 엔진의 일률을 dP만큼 변화시키면 질주시간은 어떻게 변하는가?

40 M CALC 입자가 축을 따라 움직일 때 입자에 힘 $\vec{F} = (cx - 3.00x^2)\hat{\text{i}}$가 작용한다. $\vec{F}$는 뉴턴, x는 미터이고, c는 상수이다. $x = 0$에서 입자의 운동에너지는 20.0 J이고, $x = 3.00$ m에서 11.0 J이다. c를 구하여라.

41 E CALC 입자에 작용하는 힘은 x축 방향으로 $F = F_0(x/x_0 - 1)$이다. 입자를 $x = 0$에서 $x = 2x_0$까지 움직이는 데 힘이 한 일을 다음과 같은 방법으로 구하여라. (a) $F(x)$를 그린 그래프에서 일을 구한다. (b) $F(x)$를 적분한다.

42 M 아버지와 아들이 달리기를 하고 있다. 아들의 몸무게는 아버지 몸무게의 반이며, 아버지의 운동에너지는 아들 운동에너지의 반이다.

아버지가 0.80 m/s만큼 속력을 더 내어 아들의 운동에너지와 같게 되었다. (a) 아버지와 (b) 아들의 초기속력은 얼마인가?

43 E BIO 1975년 몬트리얼의 무게 360 kN 벨로드롬 지붕을 중심 위치에 올려놓기 위해 10 cm만큼 들어 올렸다. (a) 들어 올리는 힘이 한 일은 얼마인가? (b) 1960년 플로리다 탬파에서 자동차의 잭이 고장 나는 바람에 아들이 깔렸는데 엄마가 자동차의 한쪽 끝을 들어 올려서 아들을 구했다. 힘 4000 N(자동차 무게의 1/4에 해당함)으로 5.0 cm 들어 올렸다면, 힘이 한 일은 얼마인가?

44 E 그림 7.4.1에 토막과 용수철이 배열되어 있다. 토막을 $x = +4.0$ cm 끌어당겨서 붙들고 있기 위해서는 480 N의 힘을 가해야 한다. 이제 토막을 $x = 11$ cm로 끌어당긴 후에 놓았다. 토막이 $x_i = +5.0$ cm (a) $x = +3.0$ cm (b) $x = -3.0$ cm (c) $x = -5.0$ cm (d) $x = -9.0$ cm로 움직였을 때 용수철이 토막에 한 일은 각각 얼마인가?

45 M CALC 양의 x 방향으로 움직이는 2.0 kg의 물체에 작용하는 유일한 힘의 x 성분은 $F_x = -6x$ N이고, x는 미터이다. $x = 3.0$ m에서 속도는 9.0 m/s이다. (a) $x = 4.0$ m에서 물체의 속도는 얼마인가? (b) 어느 양의 x값에서 물체의 속도가 5.0 m/s가 되는가?

46 M 전체 질량 1400 kg의 화물승강기가 정지상태에서 출발하여 3.0분 동안 천천히 54 m를 올라가서 정지한다. 승강기 대응추의 질량이 950 kg밖에 되지 않으므로 모터의 도움이 필요하다. 케이블을 통해 모터가 작용하는 힘의 평균일률은 얼마인가?

47 M CALC 정어리 깡통을 x축을 따라 $x = 0.25$ m에서 $x = 1.25$ m까지 크기 $F = \exp(-4x^2)$의 힘으로 움직이며, x는 미터, F는 뉴턴 단위이다. (exp는 지수함수이다.) 힘이 깡통에 한 일은 얼마인가?

48 E 강물에 떠있는 얼음 덩어리에 흐르는 물이 힘 $\vec{F} = (170\text{ N})\hat{\text{i}} - (150\text{ N})\hat{\text{j}}$가 작용하여 얼음 조각을 제방 둑을 따라 변위 $\vec{d} = (15\text{ m})\hat{\text{i}} - (12\text{ m})\hat{\text{j}}$로 움직이게 하였다. 움직이는 동안 힘이 한 일은 얼마인가?

49 E 질량 3.8×10^3 kg의 승강기가 210 m를 23 s 동안 일정한 속력으로 올라가고 있다. 케이블이 승강기에 한 일의 평균 시간변화율은 얼마인가?

50 M 입자가 삼차원 변위 $\vec{d} = (2.00\hat{\text{i}} - 4.00\hat{\text{j}} + 3.00\hat{\text{k}})$m를 움직이는 동안 방향이 고정된 12.0 N의 힘이 입자에 작용한다. 입자의 운동에너지 변화가 (a) +42.0 J (b) −42.0 J일 때 힘과 변위 사이의 각도를 구하여라.

51 M CALC 3.0 kg의 물체에 한 힘이 작용하여 물체의 위치가 시간에 따라 $x = 3.0t - 4.0t^2 + 1.0t^3$으로 변하며, x는 미터, t는 초 단위이다. $t = 0$에서 $t = 3.0$ s까지 힘이 물체에 한 일을 구하여라.

52 E xy좌표계의 원점에서 동전이 xy 좌표 (3.0 m, 4.0 m)인 곳으로 일정한 힘을 받으며 마찰 없이 미끄러진다. 힘의 크기는 2.0 N이고, 방향은 양의 x축에서 반시계방향으로 각도 80°이다. 동전이 이동하는 동안 힘이 한 일은 얼마인가?

제 8 장

퍼텐셜에너지와 에너지 보존

Potential Energy and Conservation of Energy

8.1 ▸ 퍼텐셜에너지

요점 _Key Ideas

1. 입자가 처음 한 점에서 시작하여 다시 그 점으로 돌아오는 임의의 닫힌 경로를 따라 움직이는 입자에 한 알짜일이 0이면 이때 작용하는 힘은 보존력이다. 다르게 표현하면 두 점 사이에서 움직이는 입자에 가한 알짜일이 경로와 무관하면 이때 작용하는 힘은 보존력이다. 중력과 용수철힘은 보존력이고, 운동마찰력은 비보존력이다.
2. 퍼텐셜에너지는 보존력이 작용하는 계의 구조 혹은 짜임새와 관련된 에너지이다. 보존력이 계 안에서 입자에 W의 일을 하면 계의 퍼텐셜에너지의 변화 ΔU는
$$\Delta U = -W$$
이다. 입자가 점 x_i에서 x_f로 움직였을 때 계의 퍼텐셜에너지 변화는 다음과 같다.
$$\Delta U = -\int_{x_i}^{x_f} F(x)\, dx.$$
3. 지구와 그 근처의 입자로 구성된 계와 관련된 퍼텐셜에너지는 중력 퍼텐셜에너지이다. 입자가 높이 y_i에서 높이 y_f로 움직였을 때 입자–지구 계의 중력 퍼텐셜에너지 변화는 다음과 같다.
$$\Delta U = mg(y_f - y_i) = mg\,\Delta y.$$
4. 입자의 기준점을 $y_i = 0$으로 놓고 이에 해당하는 계의 중력 퍼텐셜에너지를 $U_i = 0$으로 놓으면, 입자가 임의의 높이 y에 있을 때 중력 퍼텐셜에너지 U는
$$U(y) = mgy$$
이다.
5. 탄성 퍼텐셜에너지는 탄성물체가 줄어들거나 늘어난 상태와 관련된 에너지이다. 용수철은 한 끝점의 변위가 x일 때 작용하는 힘이 $F = -kx$인 용수철에 대해 탄성 퍼텐셜에너지는
$$U(x) = \tfrac{1}{2}kx^2$$
이다.
6. 용수철의 퍼텐셜에너지의 기준은 용수철을 그대로 놔두어서 $x = 0$일 때 $U = 0$이다.

학습목표 _Learning Objectives

이 단원을 읽은 후 다음을 이해해야 한다.

8.1.1 보존력과 비보존력을 구별한다.

8.1.2 두 점 사이를 움직이는 입자에 대해 보존력이 한 일은 입자가 지나는 경로에 무관하다.

8.1.3 입자(더 정확하게 말하면 입자–지구 계에서)의 중력 퍼텐셜에너지를 계산한다.

8.1.4 토막-용수철 계의 탄성 퍼텐셜에너지를 계산한다.

▶ 어떤 물리현상을 다루는가?

물리학의 과제 중 하나는 여러 형태의 에너지, 특히 일상에서 중요한 에너지를 식별하는 것이다. 잘 알려진 에너지로 **퍼텐셜에너지** U가 있다. 퍼텐셜에너지는 서로 힘을 작용하

Vitalii Nesterchuk/123 RF

그림 8.1.1 번지 점프자의 운동에너지는 자유낙하 도중 계속해서 증가하다가 줄이 늘어나면서 줄어든다.

는 물체로 이루어진 계의 짜임새와 관련 있는 에너지이다.

이것은 사실 친숙한 사실을 매우 형식적으로 정의한 것이다. 예제를 들어보는 것이 정의보다 도움이 될 것이다. 그림 8.1.1은 번지 점프하는 모습이다. 이때의 계는 지구와 점퍼이며 계에 작용하는 힘은 중력이다. 점프 후 계의 짜임새는 계속해서 변하게 된다(즉, 점퍼와 지구 사이의 거리가 줄어든다. 이 때문에 번지 점프가 인기가 있다). 여기서 **중력 퍼텐셜에너지** U를 정의하면 점퍼의 운동과 운동에너지의 증가를 쉽게 설명할 수 있다. 중력 퍼텐셜에너지는 지구와 점퍼처럼 중력이 끌어당기는 두 물체 사이의 거리와 관련이 있다.

점프 후 바닥에 부딪힐 직전까지 줄이 늘어나게 되는데 이때의 계는 줄과 점퍼이며, 작용하는 힘은 (용수철과 같은) 탄성력이다. 이러한 계의 짜임새는 줄이 늘어남에 따라 변하게 된다. 여기서 **탄성 퍼텐셜에너지** U를 정의하면 점퍼의 운동에너지가 감소하면서 줄이 늘어나는 현상을 쉽게 설명할 수 있다. 탄성 퍼텐셜에너지는 탄성체, 즉 줄이 줄어들거나 늘어나는 정도와 관련된 에너지이다.

물리학을 알면 계의 퍼텐셜에너지를 계산할 수 있으므로 에너지를 저장하거나 사용하는 방법을 터득할 수 있다. 예컨대 점프하기 전에 중력과 탄성 퍼텐셜에너지를 계산하여 번지 점프에 사용할 줄과 길이를 잘 결정해야만 안전하게 번지 점프를 즐길 수 있다.

일과 퍼텐셜에너지

7장에서는 일과 운동에너지 변화 사이의 관계를 설명하였다. 이 장에서는 일과 퍼텐셜에너지 변화 사이의 관계를 설명한다.

그림 8.1.2 토마토의 운동. 토마토가 위로 올라가면서 중력이 토마토에 음의 일을 하여 토마토의 운동에너지가 감소한다. 토마토가 내려올 때는 중력이 토마토에 양의 일을 하여 운동에너지가 증가한다.

토마토를 위로 던져보자(그림 8.1.2 참조). 토마토가 위로 올라갈 때 중력이 토마토에 한 일 W_g는 음의 값을 갖는다. 왜냐하면 중력이 토마토의 운동에너지를 토마토-지구 계의 중력 퍼텐셜에너지로 전환시키기 때문이다.

따라서 토마토는 높이 올라갈수록 속력이 점점 줄어들다가 어느 곳에서 순간적으로 멈춘 다음에 다시 떨어지기 시작한다. 떨어지는 동안 에너지 전환은 반대로 일어난다. 즉, 중력이 토마토와 지구로 이루어진 계의 중력 퍼텐셜에너지를 토마토의 운동에너지로 전환시키기 때문에 중력이 한 일 W_g는 양의 값을 갖는다.

올라갈 때나 떨어질 때 중력 퍼텐셜에너지의 변화 ΔU는 중력이 토마토에 한 일의 음의 값과 같다고 정의한다. 따라서 일을 기호 W로 표현하면 다음과 같이 쓸 수 있다.

$$\Delta U = -W. \tag{8.1.1}$$

이 식은 그림 8.1.3과 같은 토막-용수철 계에도 적용할 수 있다. 토막을 오른쪽으로 밀면 용수철 힘이 왼쪽으로 작용한다. 이때 용수철 힘이 토막에 음의 일을 하여 토막의

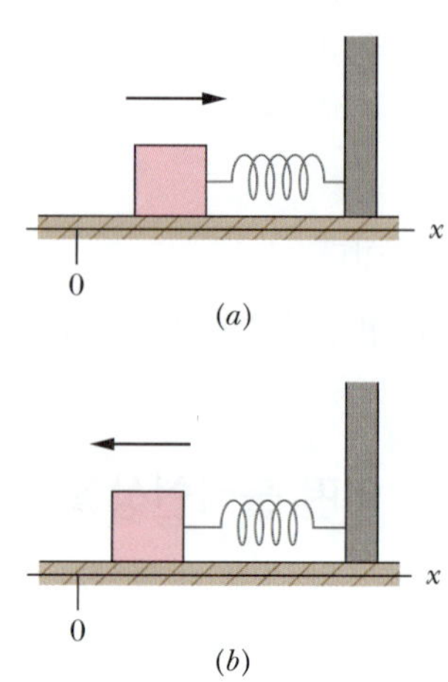

그림 8.1.3 용수철에 연결된 토막이 초기위치 $x = 0$에서 오른쪽으로 운동을 시작한다. (a) 토막이 (화살표의 방향처럼) 오른쪽으로 움직이면 용수철 힘은 토막에 음의 일을 한다. (b) 토막이 $x = 0$ 쪽으로 다시 움직일 때는 용수철 힘이 양의 일을 한다.

운동에너지를 용수철의 탄성 퍼텐셜에너지로 전환시킨다. 따라서 토막은 점점 느리게 움직이다가 결국 멈추게 된다. 그러나 용수철 힘은 계속해서 왼쪽으로 작용하고 있으므로 토막은 왼쪽으로 다시 움직이기 시작한다. 이번에는 에너지 전환이 반대로 일어나서 용수철의 탄성 퍼텐셜에너지가 토막의 운동에너지로 전환된다.

보존력과 비보존력

앞에서 설명한 운동에 중요한 요소를 생각해 보자.

1. *계*는 둘 또는 그 이상의 물체로 구성되어 있다.

2. *힘*은 계에 있는 입자 같은 물체(토마토나 토막)와 계의 나머지 부분 사이에 작용 한다.

3. 계의 짜임새가 변할 때 힘은 물체에 *일*(W_1)을 하며, 그 결과 물체의 운동에너지 K와 계의 다른 형태의 에너지 사이에 에너지 전환이 일어난다.

4. 계의 짜임새 변화가 반대가 될 때, 에너지 전환은 반대가 되며, 힘이 한 일은 W_2이다.

$W_1 = -W_2$가 항상 성립할 때 작용하는 힘을 **보존력**이라 한다. 즉, 중력과 용수철 힘은 모두 보존력이다(두 힘이 보존력이 아니라면 중력 퍼텐셜에너지나 탄성 퍼텐셜에너지라는 말을 쓰지 않았을 것이다).

한편 보존되지 않는 힘을 **비보존력**이라 한다. 운동마찰력과 항력은 비보존력이다. 예를 들어 마찰 있는 마루 위에서 토막을 미끄러트려 보자. 미끄러지는 동안 마루가 작용하는 운동마찰력은 토막에 음의 일을 하므로 토막의 운동에너지가 *열에너지*(원자와 분자들의 막운동에 기인한다)라고 부르는 에너지로 전환되면서 토막의 속력은 점점 느려진다. 그러나 반대 방향으로의 에너지 전환은 절대로 일어나지 않는다는 사실을 실험으로 잘 알고 있다(즉, 열에너지를 토막의 운동에너지로 전환시킬 수 없다). 따라서 토막과 마루로 이루어진 계가 있고, 계의 구성 요소에 힘이 작용하여 에너지가 전환되기는 하지만 이 힘은 보존력이 아니다. 따라서 열에너지는 퍼텐셜에너지가 아니다.

보존력만 있는 경우에는 물체의 운동에 관한 어려운 문제를 매우 간단하게 풀 수 있다. 다음 절은 보존력을 확인하는 방법을 설명하며, 어려운 문제를 간단히 푸는 방법도 제시한다.

▶ 경로와 무관한 보존력

어떤 힘이 보존력인지 또는 비보존력인지를 확인하는 첫 번째 방법은 다음과 같다. 먼저 *닫힌 경로*를 따라 움직이는 입자에 힘을 작용하여 초기위치로 되돌아오는 *왕복운동*을 생각해 보자. 보존력이 모든 닫힌 경로를 따라 왕복운동하는 동안 입자에 전달해 주거나, 입자로부터 전달받는 전체 에너지는 0이다. 즉, 다음과 같이 기술할 수 있다.

> 모든 닫힌 경로를 따라 운동하는 입자에 보존력이 한 알짜일은 0이다.

중력 퍼텐셜에너지가 이 조건을 만족함을 간단한 실험으로 확인할 수 있다. 그림 8.1.2의 토마토-지구 계를 다시 살펴보자. 토마토는 초기속력 v_0와 운동에너지 $\frac{1}{2}mv_0^2$으로 출발점을 떠난다. 토마토에 작용하는 중력은 토마토를 느리게 하여 정지시킨 다음에 다시 떨어지게 한다. 토마토가 원래의 위치로 되돌아올 때 토마토는 속력 v_0와 운동에너지 $\frac{1}{2}mv_0^2$을 다시 얻는다. 따라서 중력은 토마토가 올라가는 동안에 토마토로*부터* 받은 만큼의 에너지를 내려오는 동안 토마토에 되돌려 준다. 따라서 토마토의 왕복운동 중 중력이 토마토에 한 알짜일은 0이다.

이 결과를 다음과 같이 요약할 수 있다.

> 두 점 사이에서 움직이는 입자에 작용하는 보존력이 한 일은 입자가 움직인 경로와 무관하다.

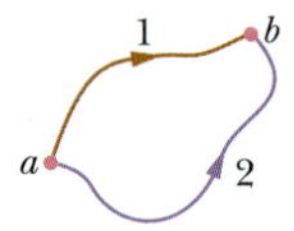

(a)

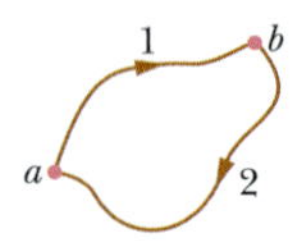

(b)

그림 8.1.4 (*a*) 보존력이 작용하여 입자는 경로 1이나 2를 따라서 점 a에서 점 b로 이동할 수 있다. (*b*) 입자가 점 a에서 b로 경로 1을 따라 움직이고 경로 2를 따라 다시 점 a로 움직이는 왕복운동을 한다.

그림 8.1.4a처럼 점 a에서 점 b로 경로 1 또는 경로 2를 따라서 운동한다고 하자. 만일 보존력만 입자에 작용한다면 입자에 한 일은 두 경로에서 모두 같다. 즉, 다음과 같이 쓸 수 있다.

$$W_{ab,1} = W_{ab,2}. \tag{8.1.2}$$

여기서 아래첨자 a, b는 각각 시작점과 끝점을 나타내며, 아래첨자 1과 2는 경로를 나타낸다.

보존력만 작용하는 경우에는 복잡한 운동문제를 간단하게 푸는 데 이 결과를 유용하게 활용할 수 있다. 가령 두 점 사이의 주어진 경로를 따라 보존력이 한 일을 계산할 필요가 있지만 계산 자체가 어렵거나, 추가정보 없이는 풀 수 없다고 하자. 이때 두 점 사이의 다른 경로, 즉 계산을 쉽게 할 수 있거나 추가정보 없이도 계산할 수 있는 경로를 찾는다면 보존력이 한 일을 쉽게 구할 수 있다.

식 8.1.2의 증명

그림 8.1.4b는 단일 힘에 의한 입자의 왕복운동이다. 입자는 경로 1을 따라 초기위치 a에서 b로 움직인 다음에 경로 2를 통하여 점 a로 되돌아온다. 이때 작용한 힘은 각각의 경로에서 입자가 움직임에 따라 입자에 일을 한다. 어느 구간에서 한 일이 양 또는 음의 값인지 고려하기 전에 a에서 b까지 경로 1을 따라 한 일을 $W_{ab,1}$, b에서 a까지 경로 2를 따라 한 일을 $W_{ba,2}$로 쓰자. 만일 힘이 보존력이라고 하면 왕복운동을 하는 동안에 한 알짜일은 0이다. 즉,

$$W_{ab,1} + W_{ba,2} = 0$$

이므로 다음을 얻는다.

$$W_{ab,1} = -W_{ba,2}. \tag{8.1.3}$$

따라서 떠나는 경로를 따라 한 일은 되돌아오는 경로를 따라 한 일의 음수와 같다.

이제 그림 8.1.4a처럼 입자가 경로 2를 따라 a에서 b로 운동할 때 힘이 입자에 한 일 $W_{ab,2}$를 고려해 보자. 만일 힘이 보존력이라 하면 그 값은 $W_{ba,2}$의 음의 값이다. 즉,

$$W_{ab,2} = -W_{ba,2} \tag{8.1.4}$$

이다. 식 8.1.3에서 $W_{ba,2}$를 $W_{ab,2}$로 바꾸면 다음을 얻는다.

$$W_{ab,1} = W_{ab,2}.$$

이 결과가 증명하고자 했던 관계식이다.

➔ 확인문제 8.1.1

점 a에서 b를 연결하는 세 경로가 그림에 나타나 있다. 단일 힘 $\vec{F}$가 그림의 화살표 방향으로 각각의 경로를 따라 움직이는 입자에 일(그림에 표시되어 있다)을 한다. 힘 $\vec{F}$는 보존력인가, 비보존력인가?

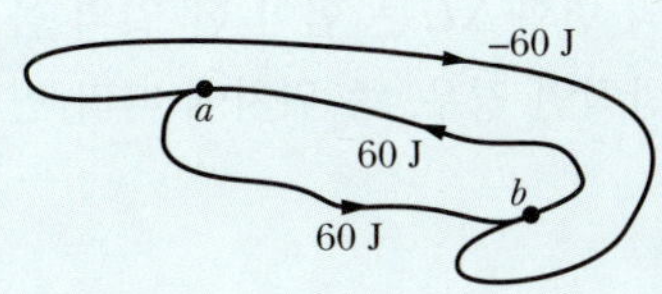

보기문제 8.1.1 일을 계산하는 동등한 경로, 미끄러운 치즈

이 보기문제에서 배울 요점은 복잡한 경로 대신 쉬운 경로를 선택하는 것이 아무 문제가 없다는 것이다. 그림 8.1.5a는 점 a에서 점 b로 마찰 없는 트랙을 따라 미끄러지는 질량 2.0 kg의 치즈 조각이다. 치즈 조각이 트랙을 따라 움직인 전체 거리는 2.0 m이고, 수직 거리는 0.80 m이다. 미끄러지는 동안 중력이 치즈에 한 일은 얼마인가?

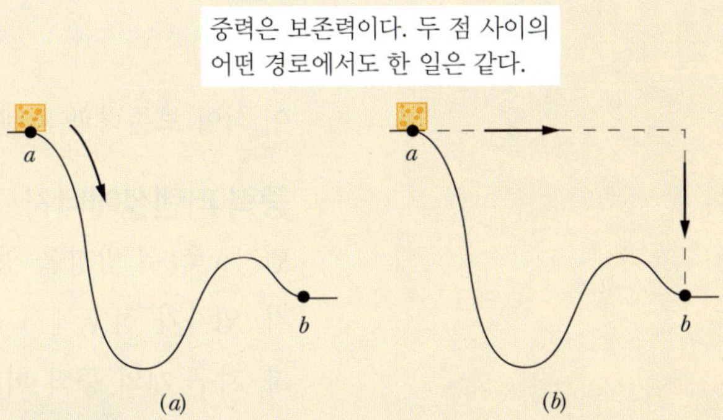

그림 8.1.5 (a) 치즈 조각이 점 a에서 점 b점까지 마찰이 없는 트랙을 따라 내려온다. (b) 중력이 치즈에 한 일을 실제 경로보다 계산하기 쉬운 경로인 점선을 따라 구한다. 두 결과는 똑같다.

요점

(1) 치즈가 트랙을 따라 움직일 때 중력 $\vec{F}_g$가 한 일을 계산하기 위하여 식 7.3.1($W_g = mgd\cos\phi$)을 사용할 수 *없다*. 왜냐하면 $\vec{F}_g$의 방향과 변위 $\vec{d}$ 사이의 각도 ϕ가 트랙의 위치에 따라 계속해서 변하기 때문이다(트랙의 모양을 알 수 있고 모든 각도 ϕ를 계산할 수 있더라도 그 계산은 매우 어려울 것이다). (2) 중력 $\vec{F}_g$가 보존력이기 때문에 a와 b 사이의 다른 경로(즉, 쉽게 계산할 수 있는 경로)를 선택하여 쉽게 일을 구할 수 있다.

풀이: 그림 8.1.5b에서 점선으로 표시한 경로를 선택하자. 이 경로는 두 직선 부분으로 구성되어 있다. 수평 부분에서 각도 ϕ는 90°로 일정하다. 비록 실제 변위의 수평성분을 모르더라도 식 7.3.1에 따라 중력이 한 일 W_h가

$$W_h = mgd\cos 90° = 0$$

임을 알 수 있다. 변위의 수직성분 크기는 0.80 m이며, $\vec{F}_g$와 $\vec{d}$는 아래로 향하고, 각도 ϕ는 0°로 일정하다. 따라서 점선 경로의 수직부분을 따라 중력이 한 일 W_v는 식 7.3.1에서

$$\begin{aligned} W_v &= mgd\cos 0° \\ &= (2.0\text{ kg})(9.8\text{ m/s}^2)(0.80\text{ m})(1) = 15.7\text{ J} \end{aligned}$$

이다. 따라서 치즈가 점 a에서 b로 점선 경로를 따라 움직이는 동안 중력 $\vec{F}_g$가 치즈에 한 전체 일은 다음과 같다.

$$W = W_h + W_v = 0 + 15.7\text{ J} \approx 16\text{ J}. \quad \text{(답)}$$

이 결과는 치즈가 a에서 b까지 트랙을 따라 움직일 때 중력이 한 일과 똑같다.

▶ 교육용 비디오는 웹사이트 www.wiley.com에서 볼 수 있다.

▶ 퍼텐셜에너지 구하기

이 절에서는 두 종류의 퍼텐셜에너지, 즉 중력 퍼텐셜에너지와 탄성 퍼텐셜에너지를 표현하는 식을 찾고자 한다. 먼저 보존력과 퍼텐셜에너지 사이의 일반적인 관계를 찾아야 한다.

보존력 $\vec{F}$가 작용하는 물체를 생각해 보자. 힘이 물체에 W의 일을 할 때 퍼텐셜에너지의 변화 ΔU는 힘이 한 일의 음의 값이다. 즉, 식 8.1.1($\Delta U = -W$)로 주어진다. 가장 일반적인 경우, 즉 위치에 따라 변하는 힘이 한 일 W는 식 7.5.4처럼 다음과 같다.

$$W = \int_{x_i}^{x_f} F(x)\, dx. \tag{8.1.5}$$

이 식은 계의 짜임새를 변화시키면서 물체가 점 x_i에서 점 x_f로 운동할 때 힘이 한 일이다(물론 보존력이기 때문에 두 점 사이의 어떤 경로를 택하더라도 한 일은 같다).

식 8.1.5를 식 8.1.1에 대입하면 짜임새의 변화에 따른 퍼텐셜에너지의 변화는 다음과 같다.

$$\Delta U = -\int_{x_i}^{x_f} F(x)\, dx. \tag{8.1.6}$$

이 식이 보존력과 퍼텐셜에너지의 일반적인 관계식이다. 이 관계식을 이용해 보자.

중력 퍼텐셜에너지

먼저 y축(위 방향을 양의 방향으로 잡음)을 따라 움직이는 질량 m의 입자를 생각해 보자. 입자가 점 y_i에서 점 y_f로 움직이는 동안에 중력 $\vec{F}_g$가 일을 한다. 이에 상응하는 입자-지구 계의 중력 퍼텐셜에너지의 변화를 구하기 위하여 식 8.1.6을 다음과 같이 적용한다. (1) 중력은 수직으로 작용하므로 x축 대신 y축을 따라 적분한다. (2) 중력 $\vec{F}_g$는 크기가 mg이고 y축의 아래 방향을 향하므로, 힘 F에 대신에 $-mg$를 대입한다. 즉

$$\Delta U = -\int_{y_i}^{y_f} (-mg)\, dy = mg \int_{y_i}^{y_f} dy = mg \Big[y \Big]_{y_i}^{y_f}$$

에서 다음을 얻는다.

$$\Delta U = mg(y_f - y_i) = mg\, \Delta y. \tag{8.1.7}$$

다른 퍼텐셜에너지와 마찬가지로 중력 퍼텐셜에너지의 *변화* ΔU만이 물리적으로 의미가 있다. 하지만 계산이나 논의를 간단히 하기 위하여 입자가 높이 y에 있을 때 입자-지구 계와 관련된 중력 퍼텐셜에너지 U를 생각한다. 이제 식 8.1.7을

$$U - U_i = mg(y - y_i) \tag{8.1.8}$$

로 쓸 수 있다. 그러면 U_i를 입자가 **기준점** y_i에 있을 때, 즉 계가 **기준짜임새**를 가질 때의 중력 퍼텐셜에너지로 정할 수 있다. 보통 기준값으로 $U_i = 0$, $y_i = 0$으로 잡으면, 식 8.1.8을

$$U(y) = mgy \quad \text{(중력 퍼텐셜에너지)} \tag{8.1.9}$$

로 간단히 쓸 수 있다. 이 결과로부터 다음과 같은 사실을 알 수 있다.

> 입자-지구 계와 관련된 중력 퍼텐셜에너지는 기준위치에 대한 상대적인 수직높이에만 의존하며 수평위치와는 무관하다.

탄성 퍼텐셜에너지

이번에는 그림 8.1.3처럼 용수철상수가 k인 용수철의 한쪽 끝에 매달린 토막이 운동하는 토막−용수철 계를 생각해 보자. 토막이 점 x_i에서 점 x_f로 운동하는 동안 용수철 힘 $F_x = -kx$는 토막에 일을 한다. 토막−용수철 계의 탄성 퍼텐셜에너지의 변화는 식 8.1.6에 $F(x)$ 대신 $-kx$를 대입한

$$\Delta U = -\int_{x_i}^{x_f}(-kx)\,dx = k\int_{x_i}^{x_f} x\,dx = \tfrac{1}{2}k\Big[x^2\Big]_{x_i}^{x_f}$$

에서 다음을 얻는다.

$$\Delta U = \tfrac{1}{2}kx_f^2 - \tfrac{1}{2}kx_i^2. \tag{8.1.10}$$

위치 x에 있는 토막의 퍼텐셜에너지를 U로 쓰기 위하여 용수철이 평형상태에 있을 때 토막의 위치를 $x_i = 0$으로 잡는 기준배열을 선택한다. 이때 탄성 퍼텐셜에너지 U_i는 0이므로 식 8.1.10은

$$U - 0 = \tfrac{1}{2}kx^2 - 0$$

이고, 결국 다음과 같다.

$$U(x) = \tfrac{1}{2}kx^2 \ \text{(탄성 퍼텐셜에너지)}. \tag{8.1.11}$$

확인문제 8.1.2

x축을 따라 복원력이 작용하여 입자가 x축을 따라 $x = 0$에서 x_1까지 움직이고 있다. 그림에는 힘의 x성분이 x에 따라 변하는 세 경우이다. 이때 힘의 최대값은 F_1이다. 퍼텐셜에너지의 변화가 가장 큰 순서대로 나열하여라.

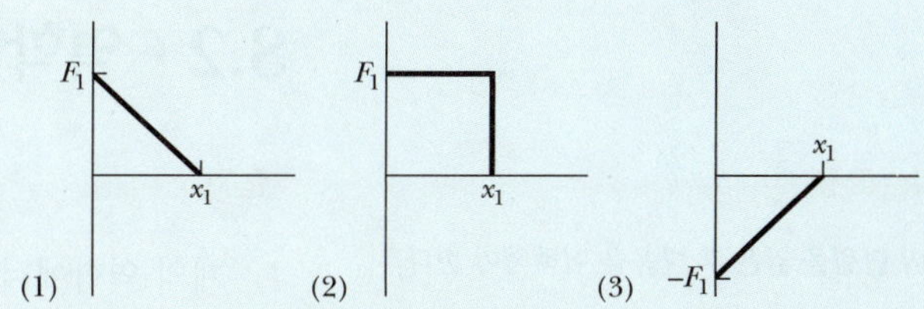

보기문제 8.1.2 중력 퍼텐셜에너지의 기준 찾기, 나무늘보

이 보기문제에서 배울 점은 일반적으로 어떤 높이도 기준 높이로 고를 수 있지만, 일단 선택하면 계속 유지해야 한다는 것이다. 질량 2.0 kg의 나무늘보가 지상 5.0 m 높이의 나뭇가지에 매달려 있다(그림 8.1.6 참조).

(a) 기준점 $y = 0$을 (1) 지면, (2) 지상 3.0 m 높이의 발코니, (3) 나뭇가지, (4) 나뭇가지 위 1.0 m로 잡을 때 나무늘보−지구 계의 중력 퍼텐셜에너지 U를 구하여라. 단, $y = 0$인 곳의 중력 퍼텐셜에너지를 기준값 0으로 잡는다.

요점

$y = 0$을 기준점으로 잡으면 식 8.1.9를 이용하여 *기준점에 대한 계*의 중력 퍼텐셜에너지 U를 직접 계산할 수 있다.

풀이: (1)의 경우에는 $y = 5.0$ m이므로

$$U = mgy = (2.0\text{ kg})(9.8\text{ m/s}^2)(5.0\text{ m})$$
$$= 98\text{ J}$$

답

이다. 다른 경우에 대하여는 다음의 답을 얻을 수 있다.

(2) $U = mgy = mg(2.0\text{ m}) = 39\text{ J}$,
(3) $U = mgy = mg(0) = 0\text{ J}$,
(4) $U = mgy = mg(-1.0\text{ m})$
$= -19.6\text{ J} \approx -20\text{ J}$. (답)

(b) 나무늘보가 지면으로 떨어졌다. 각 기준점에 대하여 나무늘보가 떨어지는 동안의 나무늘보-지구 계의 퍼텐셜에너지 변화 ΔU를 구하여라.

요점

퍼텐셜에너지의 *변화*는 기준점 $y = 0$의 선택과 무관하고, 높이의 변화 Δy에만 의존한다.

풀이: 네 경우 모두 높이의 변화가 $\Delta y = -5.0$ m이다. 따라서 ΔU는 식 8.1.7에 따라 다음과 같다.

$$\Delta U = mg\,\Delta y = (2.0\text{ kg})(9.8\text{ m/s}^2)(-5.0\text{ m}) = -98\text{ J}.$$ (답)

▶ **교육용 비디오는 웹사이트 www.wiley.com에서 볼 수 있다.**

그림 8.1.6 기준점 $y = 0$에 대한 네 가지 선택. y축은 미터 단위이다. 기준점의 선택은 나무늘보-지구 계의 퍼텐셜에너지 U에 영향을 주지만 퍼텐셜에너지의 변화 ΔU에는 영향을 주지 않는다.

8.2 ▸ 역학에너지 보존

학습목표 *Learning Objectives*

이 단원을 읽은 후 다음을 이해해야 한다.

8.2.1 어떤 물체가 계를 이루는지 먼저 분명하게 정의한 후 이 계의 역학에너지는 이 물체들의 운동에너지와 퍼텐셜에너지의 합으로 구한다.

8.2.2 보존력만 작용하는 고립계에 대해 역학에너지 보존을 적용하여 처음의 퍼텐셜에너지와 운동에너지와 나중 시간에서의 퍼텐셜에너지와 운동에너지 사이의 관계를 구한다.

요점 *Key Ideas*

1. 계의 역학에너지 E_{mec}은 운동에너지 K와 퍼텐셜 에너지 U의 합이다.
$$E_{mec} = K + U.$$
2. 고립계란 에너지 변화를 일으키는 어떤 외부력도 없는 계이다. 고립계 안에서 보존력만 일을 한다면 계의 역학에너지 E_{mec}은 변할 수 없다. 이 역학에너지 보존의 원리는 다음과 같이 쓸 수 있다.
$$K_2 + U_2 = K_1 + U_1.$$
여기서 첨자는 에너지 전달과정 동안 다른 순간을 나타낸다. 이 보존원리는 다음과 같이 쓸 수도 있다.
$$\Delta E_{mec} = \Delta K + \Delta U = 0.$$

▶ 역학에너지 보존

계의 **역학에너지** E_{mec}는 퍼텐셜에너지 U와 운동에너지 K의 합으로 다음과 같다.

$$E_{mec} = K + U \quad (\text{역학에너지}). \tag{8.2.1}$$

이 절에서는 보존력만이 계의 에너지 전환을 일으킬 때, 즉 마찰력이나 항력 같은 비보존력이 물체에 작용하지 않을 때 역학에너지에 어떤 변화가 일어나는가를 공부한다. 단, 계는 외부와 *고립되어 있다*고 가정한다. 즉, 계 내부의 에너지에 변화를 일으키는 어떤 *외*

부력도 계에 작용하지 않는다고 가정한다.

보존력이 계의 내부에 있는 물체에 일 W를 할 때 힘은 계의 운동에너지 K와 퍼텐셜에너지 U 사이에 에너지 전환을 일으킨다. 식 7.2.8로부터 운동에너지의 변화 ΔK는

$$\Delta K = W \tag{8.2.2}$$

이며, 식 8.1.1로부터 퍼텐셜에너지 변화 ΔU는

$$\Delta U = -W \tag{8.2.3}$$

이다. 이제 두 식을 결합하면 다음과 같다.

$$\Delta K = -\Delta U. \tag{8.2.4}$$

결국 두 에너지 중 하나가 증가하면 다른 에너지는 같은 양만큼 감소한다.

한편 식 8.2.4를 다음과 같이 쓸 수 있다.

$$K_2 - K_1 = -(U_2 - U_1). \tag{8.2.5}$$

여기서 아래첨자는 두 개의 다른 순간, 즉 계 내부의 다른 두 짜임새를 나타낸다. 이제 식 8.2.5를 다시 정리하여 다음과 같이 쓸 수 있다.

$$K_2 + U_2 = K_1 + U_1 \quad \text{(역학에너지 보존)}. \tag{8.2.6}$$

이 식은 고립된 계에서 보존력만이 계에 작용할 때

(한 상태에 대한 K와 U의 합) = (다른 상태에 대한 K와 U의 합)

이라는 뜻이다. 따라서 다음과 같이 요약할 수 있다.

> 보존력만 작용하는 고립된 계에서, 운동에너지와 퍼텐셜에너지는 변할 수 있지만, 그 합인 계의 역학에너지 E_{mec}는 변하지 않는다.

이 결과를 **역학에너지 보존원리**라 한다(이제 *보존력*이라는 명칭이 어디서 유래하였는지 알 수 있을 것이다). 식 8.2.4를 이용하여 보존원리를 다음과 같이 쓸 수 있다.

$$\Delta E_{mec} = \Delta K + \Delta U = 0. \tag{8.2.7}$$

Newton의 법칙만으로는 풀기 어려운 역학문제는 역학에너지 보존원리를 이용하여 쉽게 풀 수 있다. 즉, 다음과 같이 요약할 수 있다.

> 계의 역학에너지가 보존되면 한순간의 운동에너지와 퍼텐셜에너지의 합을 다른 순간의 합과 같게 놓을 수 있다. *이때 운동의 중간과정이나 운동과 관련된 힘이 한 일을 고려할 필요가 없다.*

그림 8.2.1은 역학에너지 보존원리를 보여주는 그림이다. 추의 흔들림에 따라 진자-지구 계의 에너지는 운동에너지 K와 중력 퍼텐셜에너지 U 사이를 번갈아 가면서 전환되지만 두 에너지의 합 $K + U$는 항상 일정하다. 진자의 추가 최고점(그림 8.2.1c)에 있을 때의 중력 퍼텐셜에너지를 알고 있다면 식 8.2.6을 이용하여 최저점(그림 8.2.1e)의 운동에너지를 알 수 있다.

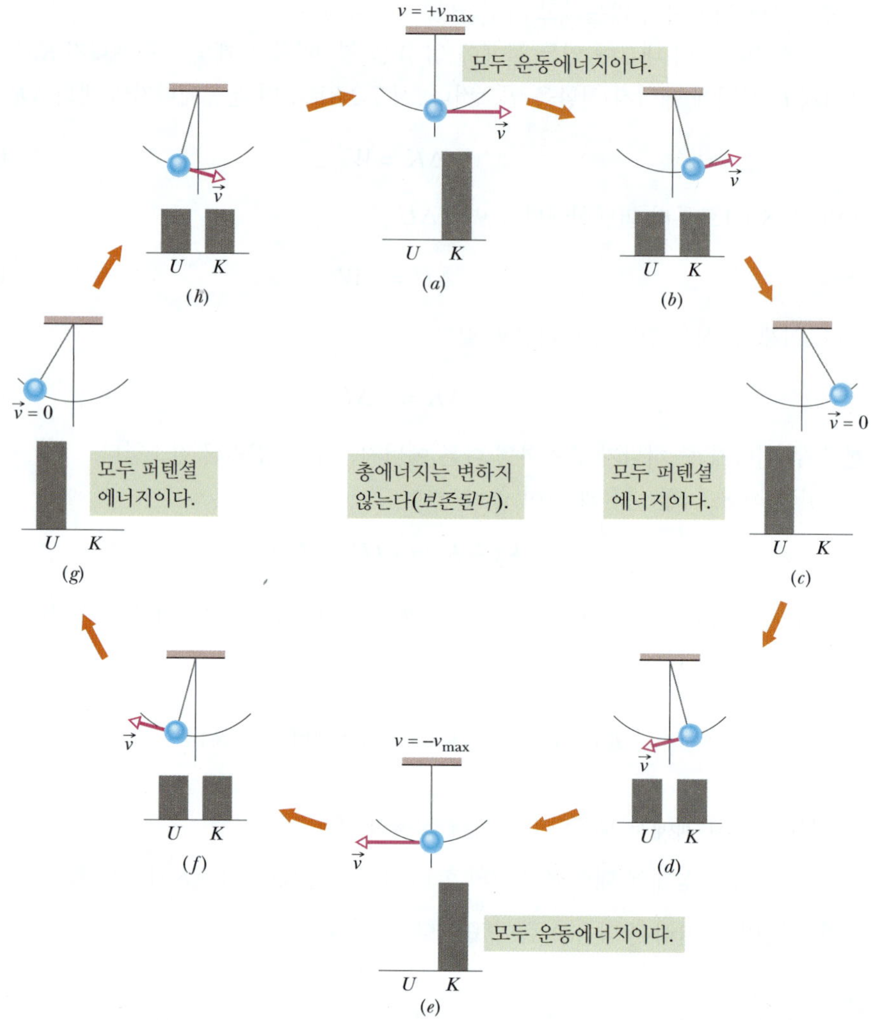

그림 8.2.1 추가 왕복운동을 하는 진자운동의 한 주기. 한 주기 동안 진자-지구 계의 퍼텐셜에너지와 운동에너지 값은 추가 올라가거나 내려감에 따라 변하지만 그 합인 계의 역학에너지 E_{mec}는 변하지 않는다. 운동에너지와 퍼텐셜에너지 사이의 연속적인 에너지 전환으로 역학에너지 E_{mec}를 기술할 수 있다. (*a*)와 (*e*)에서는 모든 에너지가 운동에너지이다. 이때, 추의 속력은 최대이고 위치는 최저점이다. (*c*)와 (g)에서는 모든 에너지가 퍼텐셜에너지이고 추의 속력은 0이며 위치는 최고점이다. (*b*), (*d*), (*f*), (*h*)에서는 에너지의 반은 운동에너지, 나머지 반은 퍼텐셜에너지이다. 만일 천장에 연결된 부분에서 마찰력이 작용하거나 공기의 항력이 작용한다면 역학에너지 E_{mec}는 보존되지 않고 결국에는 추가 멈출 것이다.

예를 들어 최저점을 기준점으로 잡고 중력 퍼텐셜에너지를 $U_2 = 0$이라고 하자. 또한 기준점에 대한 최고점의 퍼텐셜에너지를 $U_1 = 20$ J이라고 가정하자. 추는 최고점에서 순간적으로 멈추므로 운동에너지는 $K_1 = 0$이다. 이 값들을 식 8.2.6에 대입하면 최저점의 운동에너지 K_2는

$$K_2 + 0 = 0 + 20\text{ J},\ \text{즉}\ K_2 = 20\text{ J}$$

이다. 최고점과 최저점 중간(그림 8.2.1*d* 참조)에서 운동이나 운동과 관련된 힘이 한 일을 고려하지 않고도 이 결과를 얻었다는 점에 주목하여라.

확인문제 8.2.1

그림에는 네 가지 상황이 있다. 하나는 정지해 있던 토막이 떨어지는 것이고 나머지 세 상황에서는 토막이 마찰 없는 경사면을 따라 미끄러지는 것이다. (*a*) 점 *B*에서 토막의 운동에너지가 큰 순서대로 나열하여라. (*b*) 점 *B*에서 토막의 속력이 큰 순서대로 나열하여라.

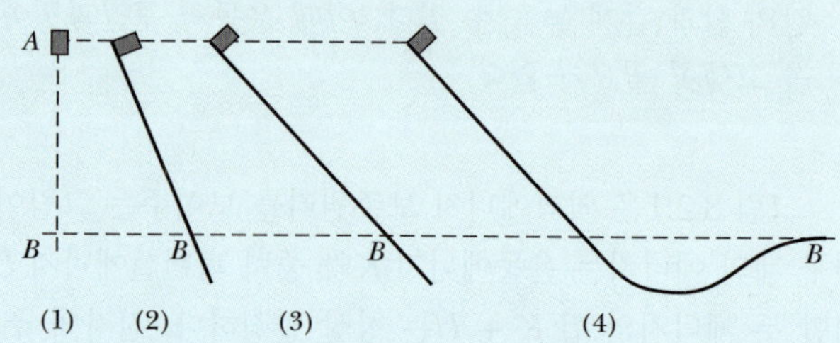

보기문제 8.2.1 역학에너지 보존, 물 미끄럼틀

Newton의 운동법칙 대신 에너지 보존을 사용하는 큰 장점은 중간의 모든 상태를 고려하지 않고 초기상태에서 최종상태로 옮겨갈 수 있다는 것이다. 그 예를 여기서 들어보자. 그림 8.2.2에서 질량 m의 아이가 수면 위 높이가 h = 8.5 m인 물 미끄럼틀의 꼭대기에서 내려온다. 물 미끄럼틀에는 마찰이 없다고 가정하고 아이가 바닥에 도달하는 순간의 속력을 구하여라.

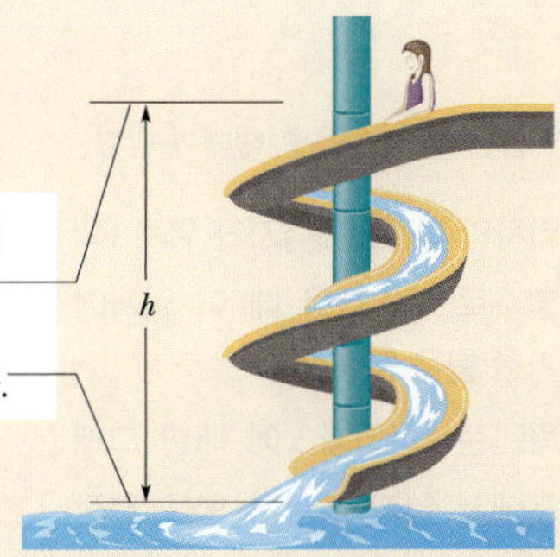

그림 8.2.2 아이가 높이 h의 물 미끄럼틀을 타고 내려온다.

요점

(1) 미끄럼틀의 기울기(각도)를 알 수 없기 때문에 앞 장처럼 미끄럼틀을 따라 움직이는 아이의 가속도를 이용하여 아이의 속력을 구할 수 없다. 하지만 속력은 아이의 운동에너지와 관련이 있으므로 역학에너지 보존원리를 사용하여 풀 수 있다. 따라서 미끄럼틀의 각도를 알 필요가 없다. (2) 고립계에서, 그리고 보존력에 의해서만 내부의 에너지 전환이 일어나는 계에서는 역학에너지가 보존된다. 먼저 이러한 사실을 확인해 보자.

힘: 두 힘이 아이에게 작용한다. 보존력인 *중력*은 아이에게 일을 한다. 미끄럼틀이 아이에게 작용하는 *수직력*은 아이가 내려오는 동안 운동방향에 대하여 항상 수직으로 작용하므로 일을 하지 않는다.

계: 중력만이 일을 하므로 아이-지구 계를 고립계로 선택할 수 있다.

결국 중력은 보존력이므로 고립계에 보존력만 작용하므로 역학에너지 보존원리를 적용*할 수 있다*.

풀이: $E_{\text{mec},t}$와 $E_{\text{mec},b}$를 각각 아이의 위치가 꼭대기와 바닥에서의 역학에너지라면, 역학에너지 보존원리에 따라

$$E_{\text{mec},b} = E_{\text{mec},t} \tag{8.2.8}$$

이다. 이 식은

$$K_b + U_b = K_t + U_t \tag{8.2.9}$$

로서 구체적으로 다음과 같이 쓸 수 있다.

$$\tfrac{1}{2}mv_b^2 + mgy_b = \tfrac{1}{2}mv_t^2 + mgy_t.$$

위 식을 m으로 나누고 정리하면 다음을 얻는다.

$$v_b^2 = v_t^2 + 2g(y_t - y_b).$$

이 식에 $v_t = 0$과 $y_t - y_b = h$를 대입하면 다음과 같다.

$$v_b = \sqrt{2gh} = \sqrt{(2)(9.8\ \text{m/s}^2)(8.5\ \text{m})} = 13\ \text{m/s}.$$ (답)

이 값은 아이가 8.5 m 높이에서 수직으로 자유낙하할 때의 속력과 같다. 그러나 실제 미끄럼틀에서는 마찰력이 작용하므로 도달속력은 이보다 작을 것이다.

논의: 이 문제를 Newton의 법칙을 이용해서 풀 수는 없지만 역학에너지 보존원리를 이용하면 쉽게 해를 구할 수 있다. 만약 아이가 바닥에 도달할 때까지 걸리는 시간을 구하는 문제라면 에너지 관계식으로는 구할 수 없다. 이때는 미끄럼틀의 정확한 형태를 추가로 알아야 하므로 매우 어려운 문제가 될 것이다.

▶ **교육용 비디오는 웹사이트 www.wiley.com에서 볼 수 있다.**

8.3 ▸ 퍼텐셜에너지 곡선 읽기

학습목표 _Learning Objectives_

이 단원을 읽은 후 다음을 이해해야 한다.

8.3.1 입자의 퍼텐셜에너지가 위치 x의 함수로 주어졌을 때 이 입자에 가한 힘을 결정한다.

8.3.2 퍼텐셜에너지와 x에 대한 그래프에서 입자에 가한 힘을 결정한다.

8.3.3 퍼텐셜에너지와 x에 대한 그래프에서 입자의 역학에너지를 표현한 선을 그리고 주어진 x값에 대한 입자의 운동에너지를 결정한다.

8.3.4 입자가 x축 위로 움직일 때 이 축에 대한 퍼텐셜에너지 그래프와 역학에너지 보존을 이용하여 한 위치에서의 에너지 값과 다른 위치에서 에너지 값의 관계를 밝힌다.

8.3.5 퍼텐셜에너지 그래프에서 되돌이점과 에너지에 대한 조건으로 인해 입자가 있을 수 없는 지역을 찾는다.

8.3.6 중립적 평형, 안정적 평형과 불안정한 평형을 구별한다.

요점 _Key Ideas_

1. 입자에 작용하는 일차원 힘 $F(x)$가 작용하는 계의 퍼텐셜에너지 함수 $U(x)$를 알 때 힘은 다음과 같다.

$$F(x) = -\frac{dU(x)}{dx}.$$

2. $U(x)$가 그래프로 주어졌을 때 임의의 x값에서 힘 $F(x)$는 그 점에서 기울기의 음수이고, 입자의 운동에너지는 다음과 같다.

$$K(x) = E_{\text{mec}} - U(x).$$

여기서 E_{mec}은 계의 역학에너지다.

3. 반환점은 입자가 운동방향을 바꾸는 점 x이다(여기서 $K = 0$이다).
4. 입자가 평형상태에 있는 위치에서 $U(x)$ 곡선의 기울기는 0이다(여기서 $F(x) = 0$이다).

▶ 퍼텐셜에너지 곡선 읽기

보존력이 작용하는 계 내부의 입자를 다시 생각해 보자. 이번에는 보존력이 작용하는 동안에 입자가 x축을 따라서만 운동한다고 가정하자. 이 힘과 이 힘이 한 일과 관련된 퍼텐셜에너지 $U(x)$를 그리고, 이 그림으로부터 다시 힘과 입자의 운동에너지를 어떻게 관련시키는지 생각하려고 한다. 하지만 퍼텐셜에너지 곡선을 논의하기 전에 힘과 퍼텐셜에너지 사이의 한 가지 관계를 더 알아야 한다.

해석적으로 힘을 찾기

식 8.1.6으로 힘 $F(x)$를 알고 있을 때 1차원에서 두 점 사이의 퍼텐셜에너지 변화 ΔU를 구할 수 있다. 여기서는 반대 경우를 생각해 보자. 즉 퍼텐셜에너지 함수 $U(x)$로부터 힘을 구하는 방법을 찾아보자.

1차원 운동에서 입자가 거리 Δx만큼 움직일 때 입자에 작용하는 힘이 한 일 W는 $F(x)\Delta x$이다. 따라서 식 8.1.1을

$$\Delta U(x) = -W = -F(x)\,\Delta x \tag{8.3.1}$$

로 쓸 수 있다. $F(x)$에 대하여 풀고 미분 극한을 취하면 다음과 같이 힘을 구할 수 있다.

$$F(x) = -\frac{dU(x)}{dx} \quad \text{(1차원 운동).} \tag{8.3.2}$$

이 결과를 확인하기 위하여 용수철의 퍼텐셜에너지 함수 $U(x) = \frac{1}{2}kx^2$을 대입해 보자. 식 8.3.2에 따라 기대한 대로 $F(x) = -kx$, 즉 Hooke의 법칙을 얻게 된다. 마찬가지로 입자의 질량이 m이고 지면에서 높이 x에 있는 지구–입자 계에 대하여 중력 퍼텐셜에너지 $U(x) = mgx$를 대입해 보자. 역시 식 8.3.2는 입자에 작용하는 중력 $F = -mg$를 준다.

퍼텐셜에너지 곡선

그림 8.3.1a는 보존력 $F(x)$가 작용하는 계에서 1차원 운동을 하는 입자의 퍼텐셜에너지 함수 $U(x)$를 그린 곡선이다. 식 8.3.2에 따라 $U(x)$ 곡선의 여러 곳의 기울기를 계산해서 음의 값을 취하면 $F(x)$를 알 수 있다. 그림 8.3.1b는 이러한 방법으로 얻은 $F(x)$를 그린 것이다.

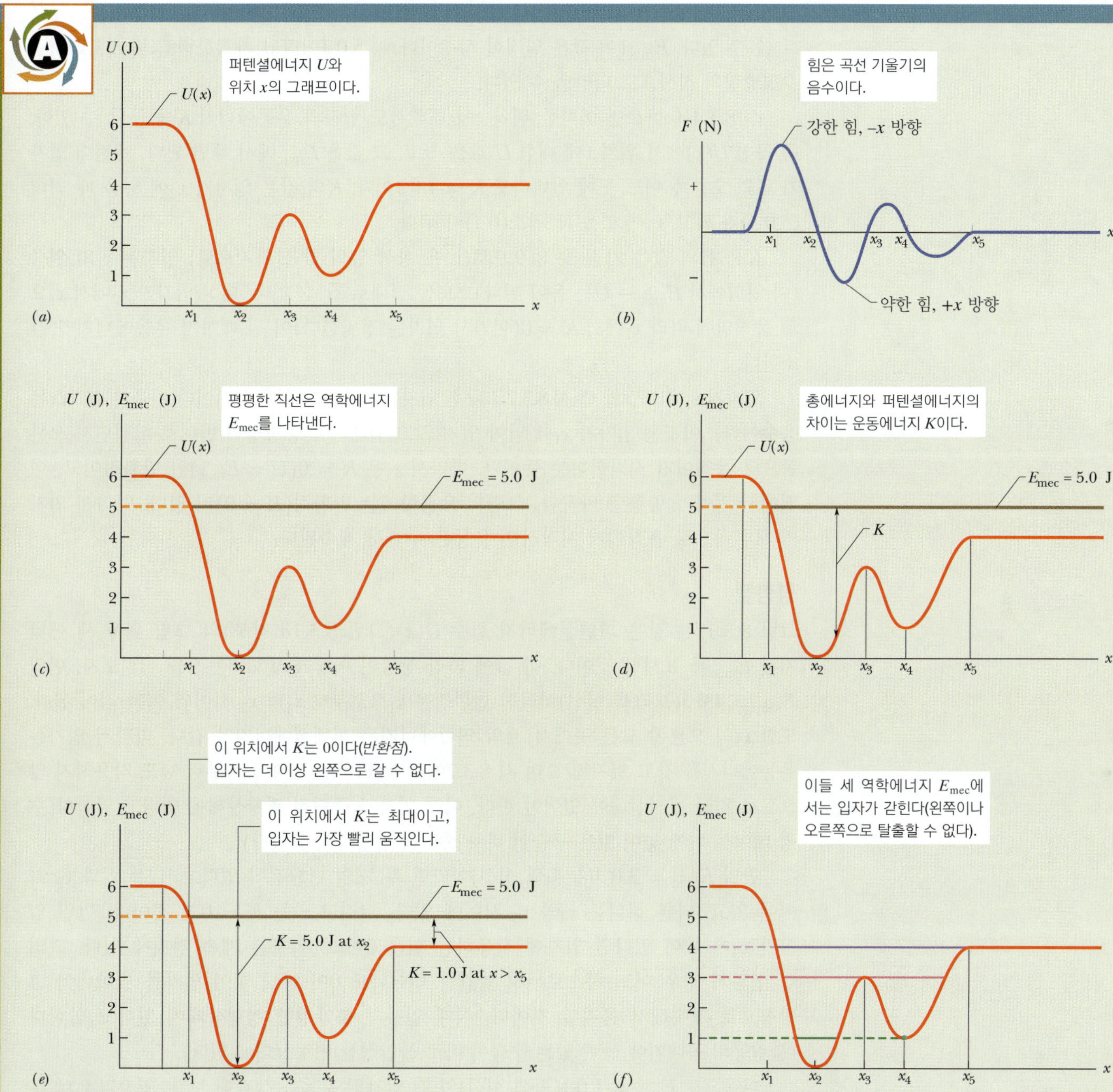

그림 8.3.1 (a) x축 위에서만 움직이는 입자의 퍼텐셜에너지 $U(x)$ 함수. 마찰이 없다고 가정하면 역학에너지가 보존된다. (b) 여러 위치에서 퍼텐셜에너지 함수의 기울기를 계산하여 유도한 힘 $F(x)$. (c)-(e) 운동에너지를 결정하는 방법. (f) 서로 다른 세 에너지 값 E_{mec}에 대한 $U(x)$의 그림. **www.wiley.com에서 이 그림을 동영상으로 볼 수 있다.**

반환점

비보존력이 없으면, 계의 역학에너지 E는 일정한 값으로 다음과 같다.

$$U(x) + K(x) = E_{\text{mec}}. \tag{8.3.3}$$

여기서 $K(x)$는 입자의 *운동에너지 함수*로서 입자의 운동에너지를 위치 x의 함수로 나타낸다. 이제 식 8.3.3을

$$K(x) = E_{\text{mec}} - U(x) \tag{8.3.4}$$

로 쓸 수 있다. E_{mec}(이 값은 일정한 상수이다)이 5.0 J이라고 가정하면 그림 8.3.1c처럼 수평방향의 직선으로 나타낼 수 있다.

식 8.3.4에 따르면 어떠한 위치 x에 대해서도 입자의 운동에너지 K를 구할 수 있다. 즉 곡선 $U(x)$에서 위치 x에 대한 U 값을 찾고, 그 값을 E_{mec}에서 빼면 된다. 예컨대 입자가 x_5의 오른쪽 어느 곳에 있더라도 $K = 1.0$ J이다. K의 값은 입자가 x_2에 있을 때 최대(5.0 J)가 되고, x_1에 있을 때 최소(0 J)가 된다.

K는 음의 값을 가질 수 없으므로(v^2은 항상 양의 값을 가지므로) 입자는 x_1의 왼쪽(이 영역에서 $E_{\text{mec}} - U$는 음이 된다)으로는 절대로 갈 수 없다. 대신 입자가 x_2에서 x_1으로 움직임에 따라 x_1에서 $K = 0$(여기서 입자는 정지한다)이 될 때까지 운동에너지가 감소한다.

입자가 x_1에 도달할 때 식 8.3.2로 구한 입자에 작용하는 힘은 양수이다(기울기 dU/dx는 음수이다). 이것은 입자가 x_1에 남아 있지 않고 원래의 운동방향이 반대로 바뀌면서 오른쪽으로 움직이기 시작한다는 뜻이다. 따라서 x_1은 $K = 0(U = E_{\text{mec}})$인 **반환점**이고, 이 점에서 입자가 방향을 바꾼다. 그림의 오른쪽에는 반환점($K = 0$)이 없다. 따라서 입자가 오른쪽으로 움직이기 시작하면 운동은 무한히 계속된다.

평형점

그림 8.3.1f는 같은 퍼텐셜에너지 함수 $U(x)$(그림 8.3.1a 참조)의 그림 위에 세 에너지값 E_{mec}를 표시한 것이다. 이 값에 따라 상황이 어떻게 변화하는지를 살펴보자. 만일 $E_{\text{mec}} = 4.0$ J(보라색 실선)이라면 반환점은 x_1으로부터 x_1과 x_2 사이의 어떤 점이 된다. 또한 x_5의 오른쪽 모든 곳에서 계의 역학에너지는 퍼텐셜에너지와 같다. 따라서 입자는 운동에너지를 갖고 있지 않으며 식 8.3.2에서 $U(x)$가 일정하여 아무런 힘도 작용하지 않으므로 결국 정지상태에 있어야 한다. 이때 입자가 **중립적 평형상태**에 있다고 말한다(수평 테이블 위에 놓여 있는 구슬이 바로 중립적 평형상태에 있다).

만일 $E_{\text{mec}} = 3.0$ J(분홍색 실선)이라면 두 개의 반환점이 있다. 하나는 x_1과 x_2 사이에 있고, 다른 하나는 x_4와 x_5 사이에 있다. 그리고 x_3는 $K = 0$인 점이다. 만일 입자가 x_3에 놓여 있다면 입자에 작용하는 힘은 0이고, 입자는 계속 정지해 있다. 그러나 입자가 좌우 어느 쪽으로든지 약간만 벗어나도 0이 아닌 힘이 입자를 밀어내어 그 방향으로 계속해서 움직일 것이다. 이때 입자가 **불안정한 평형상태**에 있다고 말한다(볼링공의 꼭대기에 놓여 있는 구슬이 바로 불안정한 평형상태에 있다).

다음으로 $E_{\text{mec}} = 1.0$ J(녹색 실선)일 때 입자의 운동을 생각해 보자. 입자가 x_4에 놓여 있다면 입자는 그 자리에 그대로 있을 것이다. 왼쪽이나 오른쪽으로 움직이기 위해서는 음의 운동에너지가 필요하므로 입자는 움직일 수가 없다. 만일 입자를 오른쪽이나 왼쪽으로 약간 밀면 복원력이 생겨서 x_4의 위치로 되돌린다. 이때 입자가 **안정한 평형상태**에 있다고 말한다(반구 모양의 그릇 바닥에 있는 구슬이 바로 안정한 평형상태에 있다).

입자를 x_2에 중심이 있는 컵처럼 생긴 *퍼텐셜우물* 안에 놓으면 이 입자는 두 반환점 사이에 있다. 약간 움직일 수는 있지만 x_1 또는 x_3 쪽으로 약간 움직일 뿐이다.

확인문제 8.3.1

그림은 입자가 1차원 운동을 하는 계의 퍼텐셜에너지 함수 $U(x)$이다. (*a*) *AB*, *BC*, *CD* 영역을 입자에 작용하는 힘의 크기가 큰 순서대로 나열하여라. (*b*) *AB* 영역에서 입자에 작용하는 힘의 방향은 어느 쪽인가?

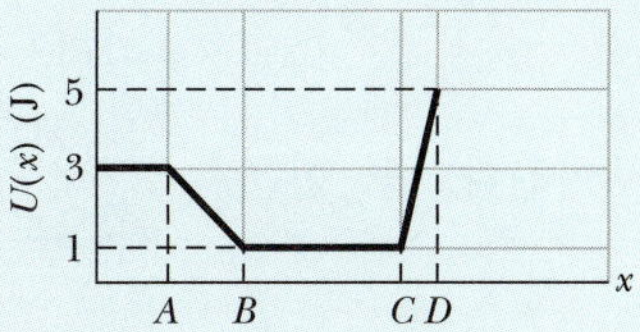

보기문제 8.3.1 퍼텐셜에너지 그래프 읽기

2.00 kg의 입자가 x축을 따라 1차원 운동을 하는 동안 x축을 따라 보존력이 작용한다. 그림 8.3.2*a*는 보존력의 퍼텐셜에너지 $U(x)$이다. 즉, 입자가 $x = 0$과 $x = 7.00$ m 사이에 있으면 그림의 U 값을 갖는다. $x = 6.5$ m에서 입자의 속도는 $\vec{v}_0 = (-4.00\ \text{m/s})\hat{\text{i}}$이다.

(a) 그림 8.3.2*a*로부터 $x_1 = 4.5$ m에서 입자의 속력을 구하여라.

요점

(1) 입자의 운동에너지는 식 7.1.1($K = \frac{1}{2}mv^2$)이다. (2) 입자에 하나의 보존력만 작용하므로 역학에너지 $E_{mec}(= K + U)$는 운동 중에 보존된다. (3) 그림 8.3.2*a*의 $U(x)$ 그래프에서 운동에너지는 E_{mec}와 U의 차이와 같다.

풀이: $x = 6.5$ m에서 입자의 운동에너지는

$$K_0 = \frac{1}{2}mv_0^2 = \frac{1}{2}(2.00\ \text{kg})(4.00\ \text{m/s})^2 = 16.0\ \text{J}$$

이다. 이곳에서 퍼텐셜에너지가 $U = 0$이므로, 역학에너지는 다음과 같다.

$$E_{mec} = K_0 + U_0 = 16.0\ \text{J} + 0 = 16.0\ \text{J}.$$

E_{mec}는 그림 8.3.2*a*에서 수평선으로 표시되어 있다. 결국 $x = 4.5$ m에서 퍼텐셜에너지는 $U_1 = 7.0$ J이다. 따라서 E_{mec}와 U_1의 차이인 운동에너지 K_1은

$$K_1 = E_{mec} - U_1 = 16.0\ \text{J} - 7.0\ \text{J} = 9.0\ \text{J}$$

이고, $K_1 = \frac{1}{2}mv_1^2$에서 입자의 속력은 다음과 같다.

$$v_1 = 3.0\ \text{m/s}.$$ (답)

(b) 입자의 반환점은 어느 곳인가?

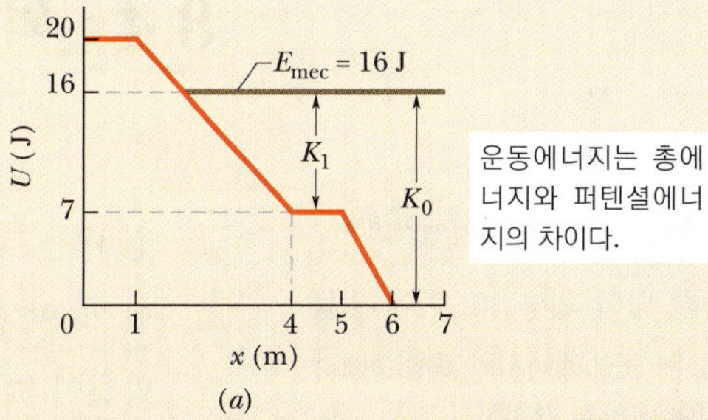

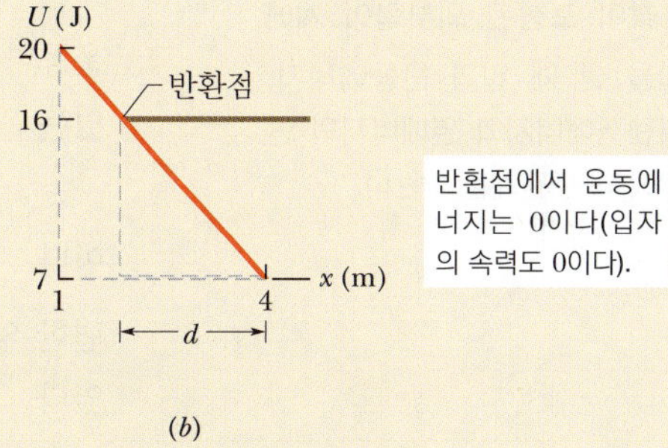

그림 8.3.2 (*a*) x에 대한 퍼텐셜에너지 U 그래프. (*b*) 반환점을 찾는 영역.

요점

반환점은 힘이 사라져서 입자의 운동방향이 바뀌는 점이다. 즉, 입자의 운동이 잠시 중단되므로 $v = 0$이고 $K = 0$이다.

풀이: 운동에너지가 E_{mec}와 U의 차이이므로, 그림 8.3.2*a*에서 U 그래프가 증가하다가 E_{mec}의 수평선과 만나는 점을 찾아야 한다(그림 8.3.2*b* 참조). U 그래프가 직선이므로 그림 8.3.2*b*처럼 직각삼각형을 그려서 거리의 비례관계를 찾으면

$$\frac{16 - 7.0}{d} = \frac{20 - 7.0}{4.0 - 1.0}$$

에서 $d = 2.08$ m를 얻는다. 따라서 반환점은 다음과 같다.

$$x = 4.0\text{ m} - d = 1.9\text{ m}.$$ 답

(c) $1.9\text{ m} < x < 4.0\text{ m}$ 영역에서 입자에 작용하는 힘을 구하여라.

요점

힘은 식 8.3.2($F(x) = -dU(x)/dx$)로 주어진다. 즉, 힘은 $U(x)$ 곡선의 음의 기울기와 같다.

▶ 교육용 비디오는 웹사이트 www.wiley.com에서 볼 수 있다.

풀이: 그림 8.3.2*b*에서 $1.0\text{ m} < x < 4.0\text{ m}$ 영역을 살펴보면 힘은 다음과 같다.

$$F = -\frac{20\text{ J} - 7.0\text{ J}}{1.0\text{ m} - 4.0\text{ m}} = 4.3\text{ N}.$$ 답

따라서 힘의 크기는 4.3 N이고, x축 양의 방향이다. 이 결과는 처음에 왼쪽으로 움직이던 입자가 잠시 멈추었다가 오른쪽으로 움직인다는 사실과 잘 일치한다.

8.4 ▸ 외부력이 계에 한 일

학습목표_*Learning Objectives*

이 단원을 읽은 후 다음을 이해해야 한다.

8.4.1 마찰 없이 외부력이 계에 일을 할 때 운동에너지와 퍼텐셜에너지의 변화를 결정한다.

8.4.2 마찰이 포함된 외부력이 계에 일을 할 때 일과 운동에너지, 퍼텐셜에너지와 열에너지의 변화에 대한 관계를 찾는다.

요점_*Key Ideas*

1. 일 W는 계에 작용하는 외부력에 의해 계로 혹은 계로부터 전달되는 에너지이다.
2. 한 개 이상의 힘이 계에 작용할 때는 알짜일이 전달된 에너지이다.
3. 마찰이 없을 때 계에 한 일과 계의 역학에너지의 변화 ΔE_{mec}은 같다.
$$W = \Delta E_{\text{mec}} = \Delta K + \Delta U.$$
4. 운동마찰력이 계 안에서 작용할 때 계의 열에너지 E_{th}는 변한다(열에너지는 계 안에 있는 원자와 분자의 무질서한 운동 때문에 생긴다). 이때 계에 한 일은
$$W = \Delta E_{\text{mec}} + \Delta E_{\text{th}}$$
이다.
5. 변한 양 ΔE_{th}는 마찰력 f_k과 외부력에 의해 일어난 변위의 크기 d와 다음의 관계가 있다.
$$\Delta E_{\text{th}} = f_k d.$$

▶ 외부력이 계에 한 일

7장에서 물체에 작용하는 힘에 의해서 물체로 전달되거나 물체로부터 전달받는 에너지로 일을 정의하였다. 다음과 같이 일의 정의를 확장시켜서 물체들로 이루어진 계에 작용하는 외부력에 대하여 생각해 보자.

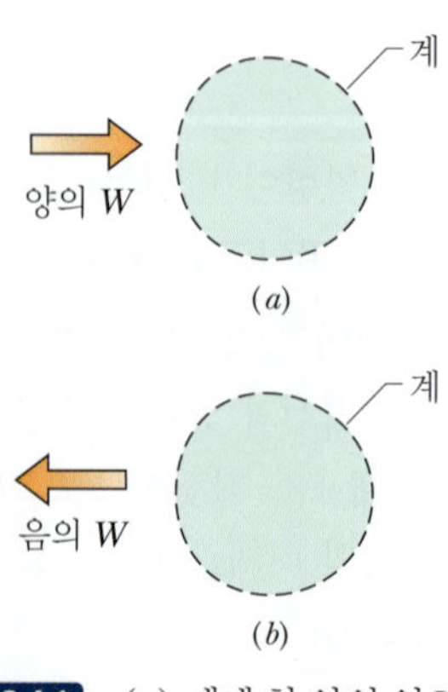

그림 8.4.1 ▸ (*a*) 계에 한 양의 일 W는 계로 전달되는 에너지이다. (*b*) 음의 일 W는 계로부터 전달받는 에너지이다.

> 일은 계에 작용하는 외부력에 의해서 계로부터 전달받거나 계에 전달되는 에너지이다.

그림 8.4.1*a*는 양의 일을(계로 전달되는 에너지), 그림 8.4.1*b*는 음의 일(계*에서* 전달 받는 에너지)을 나타낸다. 하나 이상의 힘이 계에 작용할 때, 이 힘의 *알짜일*은 계로 또는 계에서 전달되는 에너지이다.

이런 에너지 전달은 은행계좌에 돈을 넣거나 빼는 것과 같다. 7장처럼 어떤 계가 하나의 입자 또는 입자 같은 물체로 이루어져 있다면 힘이 계에 한 일은 계의 운동에너지만 변화시킬 것이다. 그와 같은 전달을 에너지의 관점에서 말한 것이 식 7.2.8($\Delta K = W$)으로 주어진 일-운동에너지 정리이다. 즉, 입자는 운동에너지라는 하나의 에너지 계좌를 갖는다. 외부력은 계좌에 에너지를 전달해 주거나 에너지를 전달받는다. 그러나 더 복잡한 어떤 계가 있다면 외부력은 계의 다른 형태의 에너지(예컨대, 퍼텐셜에너지)도 변형시킨다. 즉, 복잡한 계는 여러 개의 에너지 계좌를 갖고 있는 것이다.

복잡한 계의 에너지 관계를 두 가지 상황, 즉 마찰력을 포함한 경우와 포함하지 않은 경우로 분리하여 생각해 보자.

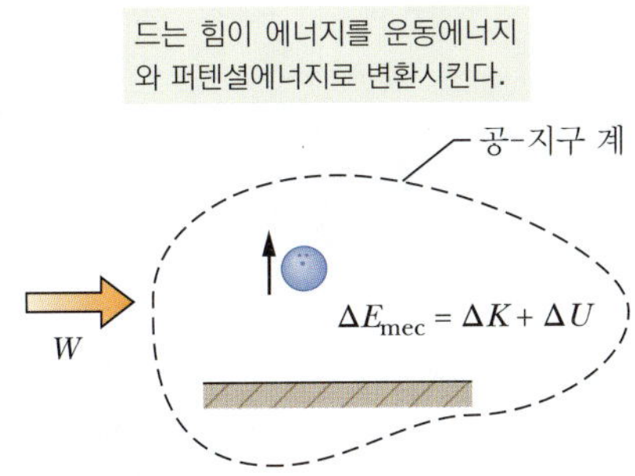

그림 8.4.2 볼링공-지구 계에 양의 일(W)을 하면 계의 역학에너지가 ΔE_{mec}만큼 변한다. 이 때 공의 운동에너지가 ΔK, 계의 중력 퍼텐셜에너지가 ΔU만큼 변한다.

마찰력이 없을 때

볼링 경기를 할 때 먼저 마룻바닥 위에서 약간 몸을 굽히고 손을 컵 모양으로 만들어 공의 밑부분을 받쳐 든다. 그리고 몸을 펴면서 동시에 손을 재빨리 잡아당겨 거의 얼굴 높이에서 공을 놓는다. 손이 위로 운동하는 동안에 공에 작용한 힘은 분명히 일을 한다. 즉, 외부력이 에너지를 전달한 것이다. 과연 어느 계로 에너지를 전달하였을까?

이 질문에 답하기 위하여 어떤 에너지가 변하는지 알아보자. 공의 운동에너지에 ΔK의 변화가 있고 공과 지구가 더 멀어지므로, 공-지구 계의 중력 퍼텐셜에너지도 ΔU만큼 변한다. 양쪽의 변화를 포함시키기 위하여 공-지구 계를 고려해야 한다. 여기서 손을 위로 잡아당기는 힘이 바로 계에 일을 하는 외부력이며, 한 일은

$$W = \Delta K + \Delta U \tag{8.4.1}$$

이며, 즉 다음과 같다.

$$W = \Delta E_{mec} \quad \text{(마찰력이 없을 때 계에 한 일).} \tag{8.4.2}$$

여기서 ΔE_{mec}는 계의 역학에너지 변화이다. 두 식은 그림 8.4.2처럼 마찰력이 없을 때 외부력이 계에 한 일에 대한 에너지 정리이다.

마찰력이 있을 때

그림 8.4.3a와 같은 경우를 생각해 보자. 일정한 수평력 $\vec{F}$가 x축을 따라 토막을 끌어당겨서 변위 d만큼 움직이는 동안 토막의 속도는 $\vec{v}_0$에서 $\vec{v}$로 증가한다. 운동하는 동안 바닥으로부터 일정한 운동마찰력 $\vec{f}_k$가 토막에 작용한다. 먼저 토막을 계로 선택하고 Newton

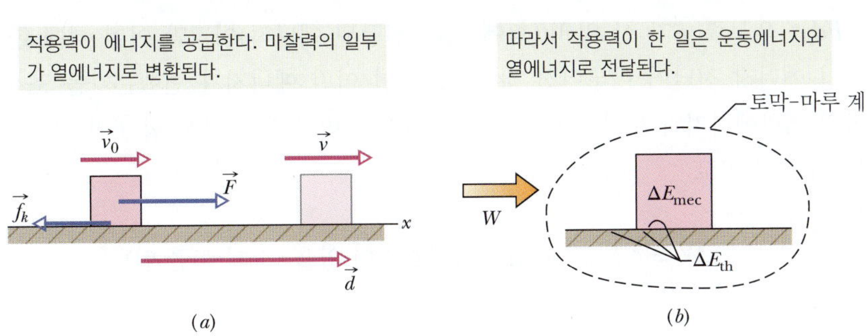

그림 8.4.3 (a) 운동방향과 반대로 작용하는 운동마찰력 $\vec{f}_k$가 있을 때 힘 $\vec{F}$로 토막을 당기고 있다. 움직이기 시작할 때 토막의 속도는 $\vec{v}_0$이고 변위 $\vec{d}$만큼 움직였을 때의 속도는 $\vec{v}$이다. (b) 힘 $\vec{F}$는 토막-마루 계에 양의 일 W를 하여 토막의 역학에너지와 토막-마룻바닥의 열에너지가 각각 ΔE_{mec}, ΔE_{th}만큼 변한다.

제2법칙을 적용하자. x성분($F_{\text{net},x} = ma_x$)에 대하여 Newton 제2법칙을

$$F - f_k = ma \tag{8.4.3}$$

로 쓸 수 있다. 힘이 모두 일정하므로 가속도 $\vec{a}$ 또한 일정하다. 따라서 식 2.4.6을 사용하여

$$v^2 = v_0^2 + 2ad$$

로 쓸 수 있다. 이 식을 a에 대하여 풀고, 식 8.4.3에 대입하여 정리하면

$$Fd = \tfrac{1}{2}mv^2 - \tfrac{1}{2}mv_0^2 + f_k d \tag{8.4.4}$$

이다. 한편 토막에서 $\frac{1}{2}mv^2 - \frac{1}{2}mv_0^2 = \Delta K$이므로 다음과 같이 쓸 수 있다.

$$Fd = \Delta K + f_k d. \tag{8.4.5}$$

보다 일반적인 상황에서는(예컨대 토막이 비탈길을 올라가는 경우) 퍼텐셜에너지의 변화가 있을 수 있다. 이러한 변화를 포함시키기 위하여 식 8.4.5를 다음과 같이 일반화할 수 있다.

$$Fd = \Delta E_{\text{mec}} + f_k d. \tag{8.4.6}$$

토막이 미끄러질 때 토막과 마루의 접촉부위가 점점 뜨거워지는 사실을 실험적으로 알 수 있다. 18장에서 논의하겠지만 물체의 온도는 물체의 열에너지 E_{th}(물체 내의 원자나 분자들의 막운동과 관련된 에너지)와 관련이 있다. 여기서 토막과 마루의 열에너지가 증가하는 데, 그 이유는 (1) 이들 간에 마찰이 있고 (2) 미끄러짐이 있기 때문이다. 마찰력은 두 면 사이의 냉용접 때문에 생긴다는 사실을 상기하자. 즉, 토막이 마루 위를 미끄러질 때 토막과 마루 사이의 냉용접 부위가 반복적으로 끊어졌다 붙었다 하면서 토막과 마루를 점점 뜨겁게 만든다. 따라서 미끄러짐이 열에너지 E_{th}를 증가시키는 것이다.

실제 실험을 해보면 열에너지의 증가 ΔE_{th}는 마찰력 f_k와 변위 d의 곱과 같음을 알 수 있다. 즉,

$$\Delta E_{\text{th}} = f_k d \quad \text{(미끄러짐에 의한 열에너지의 증가)} \tag{8.4.7}$$

이다. 따라서 식 8.4.6을 다음과 같이 쓸 수 있다.

$$Fd = \Delta E_{\text{mec}} + \Delta E_{\text{th}}. \tag{8.4.8}$$

Fd는 외부력 $\vec{F}$가 한 일 W(힘에 의해 전달된 에너지)이지만 어떤 계에 한 일일까? 어디서 에너지 전달이 이루어진 것일까? 과연 어떤 에너지가 변했는가를 조사해 보자. 토막의 역학에너지와 토막과 마루의 열에너지가 변한다. 따라서 힘 $\vec{F}$가 한 일은 토막–마루 계에 한 일로

$$W = \Delta E_{\text{mec}} + \Delta E_{\text{th}} \quad \text{(마찰력이 있을 때 계에 한 일)} \tag{8.4.9}$$

이다. 이 식은 그림 8.4.3b처럼 마찰력이 있을 때 외부력이 계에 한 일에 대한 에너지 정리이다.

확인문제 8.4.1

그림 8.4.3*a*처럼 마찰 있는 마루 위에서 수평력을 가하여 토막을 미는 세 경우를 생각해 보자. 각각의 경우에 해당하는 힘의 크기 *F*와 토막의 속력이 표에 있다. 세 경우 모두 토막이 움직인 거리는 *d*로 동일하다. 거리 *d*를 움직이는 동안 토막과 마룻바닥의 열에너지 변화가 큰 순서대로 나열하여라.

경우	*F*	토막의 속력
a	5.0 N	감소
b	7.0 N	일정
c	8.0 N	증가

보기문제 8.4.1 이스터섬

이스터 군도의 선사시대 인류는 채석장에서 수백 개의 거대한 석상을 조각하고 섬 전체 여러 곳으로 운반하였다(그림 8.4.4). 수준 높은 기계를 사용하지 않고 석상을 10 km를 이동한 방법에 대해서 열띤 토론이 있었다. 이들은 아마도 각각의 석상을 나무 썰매에 싣고, 거의 동일한 통나무로 롤러를 만든 "이동로"를 통해 그 위로 썰매를 잡아당겼을 것이다. 이 기술을 현대적으로 재현했을 때 평평한 지면에서 25명이 9000 kg의 이스터 섬에 있는 석상 형태의 조각을 45 m 옮기는 데 2분이 걸렸다.

(a) 조각을 45 m 이동하는 동안 사람들이 작용한 알짜힘 $\vec{F}$가 한 일을 추정하고, 이 힘이 일을 한 물리계를 결정하여라.

요점

(1) $W = Fd\cos\phi$로 한 일을 계산할 수 있다. (2) 일을 한 물리계를 결정하기 위해 에너지 변화를 본다.

풀이: 일에 대한 방정식에서 *d*는 45 m이고, *F*는 25명이 조각에 작용한 알짜힘의 크기이고, ϕ는 0°이다. 각 사람이 자신의 몸무게의 두 배 힘으로 잡아당기고, 모든 사람의 몸무게는 같은 값 *mg*라고 가정하자. 따라서 사람들이 가한 알짜힘의 크기는 $F = (25)(2\ mg) = 50\ mg$이다. 사람의 질량을 80 kg이라고 하면 식 7.2.5를 다음과 같이 쓸 수 있다.

$$W = Fd\cos\phi = 50mgd\cos\phi$$
$$= (50)(80\text{ kg})(9.8\text{ m/s}^2)(45\text{ m})\cos 0°$$
$$= 1.8\times10^6\text{ J} = 2\text{ MJ}.$$ (답)

조각상이 움직였으므로 이동하는 동안 분명히 운동에너지의 변화 ΔK가 있다. 썰매, 통나무와 지면 사이에 상당한 운동마찰력이 있으므로 열에너지의 변화 ΔE_{th}가 있을 것이라는 것을 쉽게 짐작할 수 있다. 따라서 일을 하는 물리계는 조각상, 썰매, 통나무와 지면이다.

(b) 45 m 움직이는 동안 계의 열에너지 증가 ΔE_{th}는 얼마인가?

요점

마찰이 있는 계에 대한 에너지를 알려주는 식 8.4.9를 이용하여 ΔE_{th}와 $\vec{F}$가 한 일 *W* 사이의 관계를 구할 수 있다.

$$W = \Delta E_{\text{mec}} + \Delta E_{\text{th}}.$$

풀이: (a)로부터 *W*의 값을 알 수 있다. 조각상의 역학적에너지 변화 ΔE_{mec}은 0이다. 왜냐하면 조각상은 움직이기 시작할 때와 끝났을 때 정지해 있고, 높이는 변하지 않았기 때문이다. 따라서 다음을 얻는다.

$$\Delta E_{\text{th}} = W = 1.8\times10^6\text{ J} \approx 2\text{ MJ}.$$ (답)

(c) 25명의 사람이 이스터섬에서 평평한 지면을 따라 10 km를 이동했을 때 한 일을 추정하여라.

풀이: (a)와 같이 계산하지만 *d*에 1×10^4 m를 대입한다. 또한 ΔE_{th}를 *W*와 같게 놓는다. 그러면 다음을 얻는다.

Julian Lucero/Shutterstock.com

그림 8.4.4 이스터 섬의 석상

$$W = \Delta E_{th} = 3.9 \times 10^8\ \text{J} \approx 400\ \text{MJ}.$$

이 양은 조각상을 움직이는 동안 사람들이 전달한 막대한 에너지처럼 보인다. 하지만 25명의 사람은 신비한 에너지원을 사용하지 않고 이들만의 힘으로 조각상을 10 km만큼 이동할 수 있었을 것이다. (답)

▶ 교육용 비디오는 웹사이트 www.wiley.com에서 볼 수 있다.

8.5 ▸ 에너지 보존

학습목표 _Learning Objectives_

이 단원을 읽은 후 다음을 이해해야 한다.

8.5.1 (외부 알짜힘이 없는) 고립계에 대해 처음의 전체 에너지(모든 종류의 에너지)와 나중 시간에서의 전체 에너지 사이의 관계를 에너지 보존을 이용하여 얻는다.

8.5.2 비고립계에서 알짜 외부력이 계에 가한 일과 계 안의 여러 종류의 에너지 변화 사이의 관계를 맺는다.

8.5.3 평균 일률, 이와 관련된 에너지 전달과 이 전달이 이루어진 시간 간격 사이의 관계를 적용한다.

8.5.4 에너지 전달이 시간의 함수(식이나 그래프)로 주어졌을 때(임의의 순간에서의 전달인) 순간 일률을 결정한다.

요점 _Key Ideas_

1. (역학에너지와 열에너지를 포함하는 내부에너지를 더한) 계의 전체 에너지 E는 계로 혹은 계로부터 전달되는 에너지량만큼만 변할 수 있다. 이 실험적 사실을 에너지 보존법칙이라고 한다.
2. 계에 일 W를 하면 다음이 성립한다.
$$W = \Delta E = \Delta E_{mec} + \Delta E_{th} + \Delta E_{int}.$$
계가 고립되어 있으면($W = 0$)
$$\Delta E_{mec} + \Delta E_{th} + \Delta E_{int} = 0$$
이 되고, 따라서
$$E_{mec,2} = E_{mec,1} - \Delta E_{th} - \Delta E_{int}$$
이 된다. 여기서 첨자 1과 2는 두 다른 순간을 나타낸다.
3. 힘에 의한 일률은 힘이 에너지를 전달하는 *비율*이다. ΔE의 에너지가 힘에 의해 Δt 동안 전달되었다면 평균 일률은 다음과 같다.
$$P_{avg} = \frac{\Delta E}{\Delta t}.$$
4. 힘에 의한 순간 일률은
$$P = \frac{dE}{dt}$$
이다. 에너지 E와 시간 t에 대한 그래프에서 일률은 주어진 시간에서 그림의 기울기이다.

▶ 에너지 보존

이제까지는 은행계좌 사이로 돈이 전달되는 것처럼 물체와 계로부터 또는 물체와 계로 에너지가 전달되는 여러 가지 상황에서 관련된 모든 에너지를 설명할 수 있었다. 즉, 어떤 에너지도 마술처럼 생겨나거나 사라질 수 없었다. 보다 형식을 갖추어 말하면 에너지는 계의 **전체 에너지** E와 관련된 **에너지 보존법칙**을 따른다고 (옳게) 가정하였다. 여기서 전체 에너지란 계의 역학에너지, 열에너지, 다른 여러 형태의 *내부에너지*의 합을 뜻한다(아직 다른 형태의 내부에너지는 논의하지 않았다). 이제 에너지 보존법칙을 다음과 같이 기술할 수 있다.

> 계의 전체 에너지 E는 계로부터 또는 계에 전달되는 에너지의 양만큼만 변할 수 있다.

이제까지 고려한 유일한 에너지의 전달 형태는 계에 가해진 일 W이다. 따라서 이 법칙을

$$W = \Delta E = \Delta E_{mec} + \Delta E_{th} + \Delta E_{int} \tag{8.5.1}$$

로 쓸 수 있다. 여기서 ΔE_{mec}는 계의 역학에너지 변화, ΔE_{th}는 계의 열에너지 변화, 그리고 ΔE_{int}는 계의 다른 모든 형태의 내부에너지 변화이다. ΔE_{mec}는 운동에너지의 변화 ΔK와 퍼텐셜에너지(탄성, 중력, 또는 새로이 찾아낼 수도 있는 다른 형태)의 변화인 ΔU의 합이다.

에너지 보존법칙은 기본적인 물리원리로부터 유도한 것이 *아니다*. 오히려 끊임없는 실험을 통해서 알게 된 경험법칙이다. 오늘날까지 에너지 보존법칙에 위배되는 경우는 단 하나도 알려진 적이 없다. 에너지는 마술처럼 나타나거나 사라지지 않는다.

고립계

어떤 계가 주위로부터 고립되어 있다면 그 계에는 에너지 전달이 없다. 이때 에너지 보존법칙을 다음과 같이 요약할 수 있다.

> 고립계의 전체 에너지 E는 변할 수 없다.

즉, 계 *내부*에서는 에너지 전달(예를 들어 운동에너지와 퍼텐셜에너지, 또는 운동에너지와 열에너지 사이)이 여러 차례 일어날 수 있지만 모든 형태의 에너지의 합은 변할 수 없다. 여기서도 에너지는 마술처럼 나타나거나 사라지지 않는다.

그림 8.5.1의 암벽 등반가, 등반장비(로프와 금속고리) 및 지구를 고립계로 근사하여 생각해 보자. 등반가가 암벽에서 내려올 때 계의 배치가 바뀌는데 등반가는 중력 퍼텐셜에너지로부터의 에너지 전달과정을 통제해야 한다(중력 퍼텐셜에너지는 그냥 사라지지 않는다). 그중 일부는 등반가의 운동에너지로 전달된다. 여기서 에너지의 대부분이 운동에너지로 전달된다면 등반가가 너무 빨리 떨어지게 되므로, 등반가는 로프를 금속고리에 감아 마찰이 생기게 함으로써 이를 방지한다. 이 경우 계의 중력 퍼텐셜에너지가 금속고리와 줄의 열에너지로 전환되는데, 이러한 전환은 등반가가 어느 정도 통제할 수 있는 것이다. 등반가-장비-지구 계의 전체 에너지(중력 퍼텐셜에너지, 운동에너지, 열에너지의 합)는 등반가가 내려오는 동안 변하지 않는다.

고립계에서 에너지 보존법칙을 두 가지 형태로 쓸 수 있다. 첫째, 식 8.5.1에서 $W = 0$으로 놓으면 다음을 얻는다.

$$\Delta E_{mec} + \Delta E_{th} + \Delta E_{int} = 0 \quad (\text{고립계}). \tag{8.5.2}$$

또한 $\Delta E_{mec} = E_{mec,2} - E_{mec,1}$으로 놓을 수도 있다. 여기서 1과 2는 다른 두 순간, 예컨대 어떤 과정이 일어나기 전과 후이다. 그러면 식 8.5.2는 다음과 같다.

$$E_{mec,2} = E_{mec,1} - \Delta E_{th} - \Delta E_{int}. \tag{8.5.3}$$

그림 8.5.1 로프타기로 암벽을 내려오기 위해서 암벽 등반가는 자신-등반장비-지구로 이루어진 계의 중력 퍼텐셜에너지로부터 에너지를 전달받아야 한다. 등반가가 로프를 금속고리에 감았기 때문에 로프가 움직일 때마다 금속고리를 쓸고 지나간다. 이로 인해 전달된 대부분의 에너지는 운동에너지보다는 줄과 고리의 열에너지로 전해진다.

이 결과는 다음과 같이 해석할 수 있다.

> 고립계에서 한순간의 전체 에너지는 다른 순간의 전체 에너지와 같다. *이때 중간 순간의 에너지는 고려할 필요가 없다.*

이 사실은 고립계에서 어떤 과정이 일어난 전과 후에 계의 에너지 관계를 알아야 할 경우에 매우 유용하게 쓸 수 있다.

8.2단원에서는 고립계에 대한 특별한 경우를 고려하였다. 즉, (운동마찰력 같은) 비보존력이 계의 내부에 존재하지 않는 경우를 고려하였다. 이 경우에는 ΔE_{th}와 ΔE_{int}는 모두 0이므로 식 8.5.3은 식 8.2.7이 된다. 다시 말하면 고립계의 역학에너지는 비보존력이 계의 내부에 작용하지 않을 때 보존된다.

외부력과 내부에너지 전달

어떤 외부력은 물체에 일을 하지 않고서도, 즉 물체에 에너지를 전달하지 않고서도 물체의 운동에너지나 퍼텐셜에너지를 바꿀 수 있다. 대신 힘은 물체 내의 에너지를 다른 형태로 전환시킨다.

그림 8.5.2가 한 보기이다. 정지해 있던 스케이터가 스케이트장 난간을 밀어 빙판 위를 미끄러지고 있다(그림 8.5.2*a*, *b* 참조). 난간으로부터 외부력 $\vec{F}$가 작용하므로 스케이터의 운동에너지는 증가한다. 그러나 이 힘은 난간으로부터 스케이터에게 에너지를 전달하지는 않는다. 따라서 힘이 스케이터에게 한 일은 없다. 다만 여기서의 운동에너지 증가는 스케이터의 근육으로부터 나온 생화학적 에너지에서 비롯된 스케이터 인체 내부의 에너지 전환의 결과이다.

그림 8.5.2 (*a*) 난간을 밀면 난간이 스케이터에게 힘 $\vec{F}$를 작용한다. (*b*) 난간을 떠난 후 스케이터의 속도는 $\vec{v}$이다. (*c*) 외력 $\vec{F}$가 수평 x축에 대해 ϕ의 각도로 스케이터에게 작용한다. 스케이터가 변위 $\vec{d}$만큼 움직일 때 $\vec{F}$의 수평성분에 의해 스케이터의 속도는 $\vec{v}_0(=0)$에서 $\vec{v}$로 바뀐다.

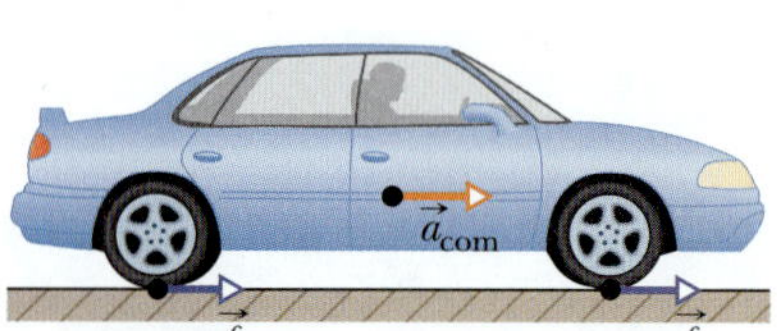

그림 8.5.3 사륜구동 자동차가 오른쪽으로 가속한다. 도로가 타이어의 밑면에 네 개의 마찰력을 작용한다(그림에서는 두 개의 힘을 볼 수 있다). 네 마찰력이 자동차에 작용하는 알짜 외부력 $\vec{F}$이다.

그림 8.5.3은 또 다른 보기이다. 사륜구동 엔진이 자동차를 가속시키는 동안 타이어가 도로면을 뒤쪽으로 밀게 되므로 네 타이어에는 마찰력 $\vec{f}$가 앞방향으로 작용한다. 도로가 작용하는 마찰력들의 합인 알짜 외부력 $\vec{F}$가 자동차를 가속시켜서 운동에너지가 증가한다. 하지만 $\vec{F}$는 도로로부터 에너지를 자동차로 전달한 것이 아니므로 자동차에는 일을 하지 않는다. 다만 여기서의 운동에너지 증가는 자동차 연료에 축적된 에너지에서 비롯된 자동차 내부에너지가 전환된 결과이다.

위와 같은 경우 상황을 간단히 만들면 물체에 작용한 외부력 $\vec{F}$를 물체의 역학에너지 변화와 관련시킬 수도 있다. 스케이터의 경우를 다시 생각해 보자. 그림 8.5.2*c*에서 스케이터가 거리 d만큼 움직이는 동안 가속이 일정하고 스케이터의 속력이 $v_0 = 0$부터 v까지 변한다고 가정하면 문제가 간단해진다(즉, 힘 $\vec{F}$의 크기와 각도 ϕ가 일정하다고 가정한 것이다). 난간을 민 이후에는 스케이터를 입자로 생각하여 스케이터가 근육을 사용함으로써 근육의 열에너지를 증가시키고 그 밖의 생체학적 변화를 일으키는 사실을 무시하도록 하자. 이제 식 7.2.3($\frac{1}{2}mv^2 - \frac{1}{2}mv_0^2 = F_x d$)을 이용하여

$$K - K_0 = (F\cos\phi)d,$$

즉, 다음을 얻을 수 있다.

$$\Delta K = Fd\cos\phi. \tag{8.5.4}$$

이 외에 물체의 높이가 변한 경우라면 다음과 같이 중력 퍼텐셜에너지의 변화를 포함시킬 수 있다.

$$\Delta U + \Delta K = Fd\cos\phi. \tag{8.5.5}$$

식 8.5.5의 우변에 있는 힘 F는 물체에 일을 하지 않지만 좌변의 에너지 변화를 일으킨다.

일률

이제 에너지가 어떻게 한 형태에서 다른 형태로 전달될 수 있는지를 알게 되었으므로 7.6단원의 일률에 대한 정의를 확장시킬 수 있다. 7.6단원에서 일률은 힘이 한 일의 시간변화율로 정의하였다. 보다 일반적인 의미로 일률 P는 힘이 작용하여 에너지가 한 형태에서 다른 형태로 전달되는 시간변화율이라 할 수 있다. 따라서 에너지 ΔE가 시간 Δt 동안 전달된다면, 힘의 **평균 일률**은 다음과 같다.

$$P_{avg} = \frac{\Delta E}{\Delta t}. \tag{8.5.6}$$

마찬가지로 **순간 일률**은 다음과 같다.

$$P = \frac{dE}{dt}. \tag{8.5.7}$$

확인문제 8.5.1

양쪽 끝은 올라가고, 중심 부분은 길이 L인 평평한 부분으로 이루어진 트랙을 따라 2.0 kg의 상자가 미끄러질 수 있다. 트랙의 곡선 부분은 마찰이 없지만, 평평한 부분에서는 상자와 트랙 사이에 마찰이 있다. 상자를 높이 $h = 0.50$ m인 점 A에서 정지상태에서 놓았다. 놓은 점과 정지한 점 사이에서 상자와 트랙의 열에너지로 전달된 에너지는 얼마인가?

보기문제 8.5.1 비탈에서 미끄러지는 개

그림 8.5.4에 질량 $m = 6.0$ kg인 개가 초기속력 $v_0 = 7.8$ m/s, 바닥 위 높이 $y_0 = 8.5$ m에서 곡선 비탈의 왼쪽 끝으로 달려온다. 그리고 오른쪽으로 미끄러져서 바닥 위 높이 $y_0 = 11.1$ m에 도달했을 때 순간적으로 정지하였다. 비탈에는 마찰이 있다. 미끄러지기 때문에 생기는 개와 비탈의 열에너지 변화 ΔE_{th}는 얼마인가?

그림 8.5.4 높이 y_0에서 속력 v_0로 시작하여 높이 y에서 순간적으로 정지하는 비탈을 따라 미끄러지는 개.

요점

먼저 전체 에너지가 보존되는 고립계인지, 외부힘이 일을 하는 계인지 결정하기 위해 개에 작용하는 모든 힘을 조사해야 한다.

힘: 비탈이 개에 작용하는 수직항력은 그 방향이 항상 개의 변위 방향에 수직이므로 일을 하지 않는다. 개의 높이가 달라지면 중력은 일을 한다. 개와 비탈 사이의 마찰력 때문에 미끄러지면 열에너지가 증가한다.

계: 개-비탈-지구계는 이 모든 힘을 포함하고 한 고립계에서 에너지가 전달된다. 따라서 계는 고립되어 있으므로 전체 에너지는 변하지 않고, 에너지보존을 적용할 수 있다.

풀이: 에너지보존을 적용하면

$$\Delta E_{\text{mec}} + \Delta E_{\text{th}} = 0$$

을 얻는다. 여기서 에너지는 초기 상태와 개가 순간적으로 정지하는 상태 사이에서 변한다. 또한 변화 ΔE_{mec}는 개의 운동에너지 변화 ΔK와 계의 중력퍼텐셜에너지 변화 ΔU의 합이다.

$$\Delta K = 0 - \tfrac{1}{2}mv_0^2$$
$$\Delta U = mgy - mgy_0.$$

이 표현을 에너지보존에 대한 식에 대입하고 ΔE_{th}에 대해 풀면 다음을 얻는다.

$$\begin{aligned}\Delta E_{\text{th}} &= \tfrac{1}{2}mv_0^2 - mg(y - y_0)\\ &= \tfrac{1}{2}(6.0\ \text{kg})(7.8\ \text{m/s}^2)^2\\ &\quad - (6.0\ \text{kg})(9.8\ \text{m/s}^2)(11.1\ \text{m} - 8.5\ \text{m})\\ &\approx 30\ \text{J}.\end{aligned}$$

(답)

보기문제 8.5.2 산사태 종착점

지질학자와 기계공학자는 산사태 위험을 예측하기 위해 바위가 무너져 내리는 것을 연구한다. 그림 8.5.5a에 산비탈과 바위가 내려오는 골짜기를 단순화시켜 나타내었다. 바위의 전체 질량은 m이고, 높이 $y = H$에서 떨어지고, 각도 $\theta = 45°$인 비탈을 따라 거리 d_1을 움직인 후, 평평한 골짜기를 따라 종착거리 d_2까지 움직인다. 운동마찰계수 μ_k가 0.60인 적정한 값이라면 종착거리와 떨어지는 높이의 비율 d_2/H는 얼마인가? 이 *종착비율*을 계산하여 지질학자와 기계공학자는 산의 취약지점에 있는 잠재적인 산사태가 일으키는 손실에 대해 추정할 수 있다.

요점

(1) 바위-지구계의 역학적에너지 E_{mec}는 운동에너지($K = \frac{1}{2}mv^2$)와 중력퍼텐셜에너지($U = mgy$)의 합이다. (2) 역학적에너지는 미끄러지는 동안 보존되지 않는다 왜냐하면 (비보존) 마찰력이 바위에 작용하여 바위와 지면의 열에너지로를 전달하기 때문이다. (3) 전달된 에너지 ΔE_{th}는 식 8.4.7 ($\Delta E_{\text{th}} = f_k d$)로 운동마찰력과 미끄러진 거리에 의존한다. (4) 미끄러지는 동안 임의의 점에서 역학적에너지 $E_{\text{mec},2}$는 초기 역학적에너지 $E_{\text{mec},1}$에서 전달된 에너지 ΔE_{th}를 뺀 양과 같다.

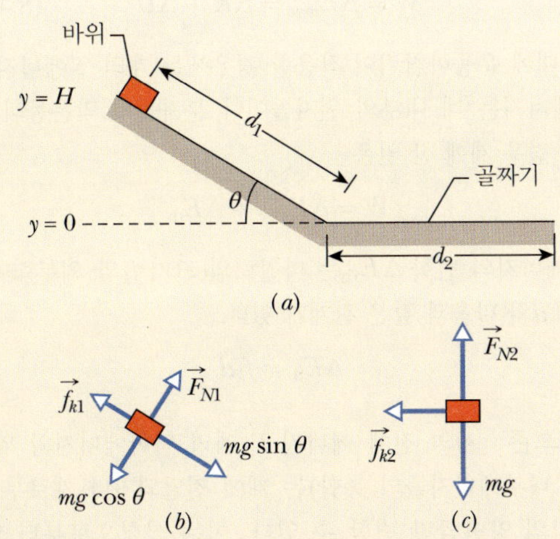

그림 8.5.5 (*a*) 산사태에서 바위가 산비탈과 골짜기 바닥을 지나는 경로. (*b*) 산비탈과 (*c*) 골짜기 바닥.

풀이: 마지막 요점을 에너지방정식

$$E_{\text{mec},2} = E_{\text{mec},1} - \Delta E_{\text{th}}$$

으로 쓸 수 있다. 처음에 바위의 퍼텐셜에너지는 $U = mgH$이다. (바위가 정지하는) 최종 상태에서 바위의 퍼텐셜에너지는 $U = 0$, 운동에너지는 $K = 0$이고, 따라서 $E_{\text{mec},2} = 0$이다. 미끄러지는 동안 전달된 열에너지는 $\Delta E_{\text{th},1} = f_{k1}d_1$이고, 골짜기를 따라 종착점까지 올 때는 $\Delta E_{\text{th},2} = f_{k2}d_2$이다. 이 표현을 에너지방정식에 대입하면 다음을 얻는다.

$$0 = mgH - f_{k1}d_1 - f_{k2}d_2.$$

그림 8.5.5*a*로부터 $d_1 = H/(\sin\theta)$이다. 운동마찰력을 구하기 위해 식 6.1.2($f_k = \mu_k F_N$)를 이용한다. 6장에서 비탈면에서 수직항력은 중력의 $mg\cos\theta$ 성분과 상쇄된다는 것을 보였다(그림 8.5.5*b*). 마찬가지로 5장에서 수평면 위에서 수직항력은 중력의 전체 크기 mg와 상쇄된다는 것을 알았다(그림 8.5.5*c*). 이 표현을 이용하면 다음과 같이 쓸 수 있다.

$$0 = mgH - \mu_k(mg\cos\theta)\frac{H}{\sin\theta} - \mu_k mgd_2.$$

종착거리 비율 d_2/H에 대해 풀면 다음을 얻는다.

$$\frac{d_2}{H} = \left(\frac{1}{\mu_k} - \frac{1}{\tan\theta}\right). \qquad (8.5.8)$$

$\mu_k = 0.60$, $\theta = 45°$를 대입하면 종착거리 비율을 얻는다.

$$\frac{d_2}{H} = 0.67.$$

이 결과는 작은 바위로 인한 산사태에 대한 전형적인 결과이다. 그러나 큰 산사태에서 종착거리 비율은 20 정도로 클 수 있다. 이 비율을 식 8.5.8에 대입하고, 운동마찰계수에 대해 풀면 $\mu_k = 0.05$를 얻는다. 큰 산사태에서 삐죽삐죽하고, 굴러떨어지는 바위가 어떻게 매우 미끄러운 얼음과 비슷할 정도로 작은 μ_k를 갖는지 연구자들은 이해하지 못한다. 그럴듯한 생각 중 하나는 물질이 작은 진동을 하는 파편의 얇은 층 위에 연속적으로 떠있어서, 산사태가 멈출 때까지 산비탈이나 골짜기 바닥을 거의 건드리지 않는다는 것이다.

정리 및 요약 _Review & Summary

▸***보존력*** 한 위치에서 출발하여 원래 위치로 되돌아오는 모든 닫힌 경로를 따라 움직이는 입자에 한 알짜일이 0인 힘은 **보존력**이다. 마찬가지로 두 점 사이를 움직이는 입자에 한 일이 경로와 무관할 때 힘은 보존력이다. 중력과 용수철 힘은 보존력이며 운동마찰력은 **비보존력**이다.

▸***퍼텐셜에너지*** **퍼텐셜에너지**는 보존력이 작용하는 계의 짜임새와 관련된 에너지이다. 보존력이 계 내부의 입자에 일을 할 때 계의 퍼텐셜에너지의 변화 ΔU는 다음과 같다.

$$\Delta U = -W. \qquad (8.1.1)$$

입자가 점 x_i에서 x_f로 움직일 때 계의 퍼텐셜에너지 변화는 다음과 같다.

$$\Delta U = -\int_{x_i}^{x_f} F(x)\,dx. \qquad (8.1.6)$$

▸***중력 퍼텐셜에너지*** 지면 근처의 입자로 이루어진 계에 관련된 에너지가 **중력 퍼텐셜에너지**이다. 입자의 높이가 y_i에서 y_f로 변할 때 입자-지구의 중력 퍼텐셜에너지의 변화는 다음과 같다.

$$\Delta U = mg(y_f - y_i) = mg\,\Delta y. \qquad (8.1.7)$$

입자의 **기준점**을 $y_i = 0$으로 잡고, 계의 중력 퍼텐셜에너지 값을 $U_i = 0$으로 잡으면 지상 높이 y에 있는 입자의 중력 퍼텐셜에너지 U는 다음과 같다.

$$U(y) = mgy. \qquad (8.1.9)$$

▸***탄성 퍼텐셜에너지*** **탄성 퍼텐셜에너지**는 탄성이 있는 물체가 압축되거나 늘어난 상태와 관련된 에너지이다. 용수철이 x만큼 움직였을 때 용수철 힘 $F = -kx$를 작용하는 용수철의 탄성 퍼텐셜에너지는 다음과 같다.

$$U(x) = \tfrac{1}{2}kx^2. \qquad (8.1.11)$$

용수철이 늘어나지 않은 **기준 배치**에서는 $x = 0$, $U = 0$이다.

▸***역학에너지*** 계의 **역학에너지** E_{mec}는 운동에너지 K와 퍼텐셜에너지 U의 합이다.

$$E_{mec} = K + U. \tag{8.2.1}$$

*고립계*는 *외부력*에 의한 에너지 변화가 없는 계이다. 고립계 내에 보존력만이 작용하는 경우 계의 전체 에너지는 변할 수 없다. 이를 **역학에너지 보존원리**라 하며 다음과 같이 쓴다.

$$K_2 + U_2 = K_1 + U_1. \tag{8.2.6}$$

여기서 아래첨자는 에너지 전달이 일어나는 각 순간을 나타낸다. 또한 보존원리를 다음과 같이 쓸 수도 있다.

$$\Delta E_{mec} = \Delta K + \Delta U = 0. \tag{8.2.7}$$

▸***퍼텐셜에너지 곡선*** 1차원 힘 $F(x)$가 입자에 작용하는 계의 퍼텐셜에너지 함수 $U(x)$를 알면 다음의 관계식을 이용하여 힘을 구할 수 있다.

$$F(x) = -\frac{dU(x)}{dx}. \tag{8.3.2}$$

$U(x)$가 그림으로 주어져 있을 때 힘은 x의 모든 곳에서 $U(x)$ 곡선의 기울기는 음의 값이며 운동에너지는

$$K(x) = E_{mec} - U(x) \tag{8.3.4}$$

로 주어진다. 여기서 E_{mec}는 계의 역학에너지이다. **반환점**은 입자가 운동방향을 바꾸는 점이다(여기서 $K = 0$이다). 입자는 $U(x)$ 곡선의 기울기가 0인 곳(여기서 $F(x) = 0$이다)에서 **평형상태**에 있다.

▸***외부력이 계에 한 일*** 일 W는 계에 작용하는 외부력이 계에 전달하거나 계로부터 전달받은 에너지이다. 하나 이상의 힘이 계에 작용할 때 이들 힘의 *알짜일*이 전달된 에너지이다. 마찰이 없을 때 계에 한 일과 계의 역학에너지의 변화 ΔE_{mec}는 같다. 즉

$$W = \Delta E_{mec} = \Delta K + \Delta U \tag{8.4.1, 8.4.2}$$

이다. 계 내에 운동마찰력이 작용할 경우에는 계의 열에너지 E_{th}가 변한다(열에너지는 계 내부의 원자들이나 분자들의 막운동과 관련되어 있다). 이 경우 계에 한 일은

$$W = \Delta E_{mec} + \Delta E_{th} \tag{8.4.9}$$

이다. 열에너지의 변화 ΔE_{th}는 마찰력의 크기 f_k와 외부력에 의해 움직인 거리 d와 다음과 같은 관계가 있다.

$$\Delta E_{th} = f_k d. \tag{8.4.7}$$

▸***에너지 보존*** 계의 **전체 에너지** E(계의 역학에너지와 열에너지를 포함하는 내부에너지들의 총합)는 계에 전달되거나 계로부터 전달받은 에너지의 양만큼만 변할 수 있다. 이는 실험으로부터 알아낸 사실이며 **에너지 보존법칙**이라 알려져 있다. 계에 W의 일을 한 경우는 다음과 같다.

$$W = \Delta E = \Delta E_{mec} + \Delta E_{th} + \Delta E_{int}. \tag{8.5.1}$$

고립계의 경우($W = 0$) 다음을 얻는다.

$$\Delta E_{mec} + \Delta E_{th} + \Delta E_{int} = 0 \tag{8.5.2}$$

$$E_{mec,2} = E_{mec,1} - \Delta E_{th} - \Delta E_{int}. \tag{8.5.3}$$

아래첨자는 다른 두 순간을 나타낸다.

▸***일률*** 힘에 의한 **일률**은 힘이 에너지를 전달하는 *시간변화율*이다. 어떤 힘에 의해 에너지 ΔE가 시간 Δt 동안 전달된다면 힘의 **평균 일률**은 다음과 같다.

$$P_{avg} = \frac{\Delta E}{\Delta t}. \tag{8.5.6}$$

또한 힘의 **순간 일률**은 다음과 같다.

$$P = \frac{dE}{dt}. \tag{8.5.7}$$

연습문제 _Problems

E Easy **M** Medium **H** Hard **CALC** Requires calculus **BIO** Biomedical application

1 **M** 그림 8.1에서 질량을 무시할 수 있는 길이 $L = 2.00$ m의 가는 막대는 한쪽 끝이 회전축에 고정되어 수직면에서 원운동을 할 수 있다. 막대의 다른 쪽 끝에는 질량 $m = 4.20$ kg의 공이 붙어 있다. 막대를 $\theta_0 = 30.0°$로 잡아당겼다가 초기속도 $\vec{v}_0$로 놓았다. 공이 최저점을 지나갈 때 (a) 중력이 공에 한 일과 (b) 공-지구 계의 중력 퍼텐셜에너지 변화는 얼마인가? (c) 최저점의 중력 퍼텐셜에너지를 0으로 잡으면 공을 놓는 곳에서 중력 퍼텐셜에너지는 얼마인가? (d) 각도 θ_0를 증가시키면 (a)부터 (c)까지의 답은 각각 증가하는가, 감소하는가, 아니면 같은가?

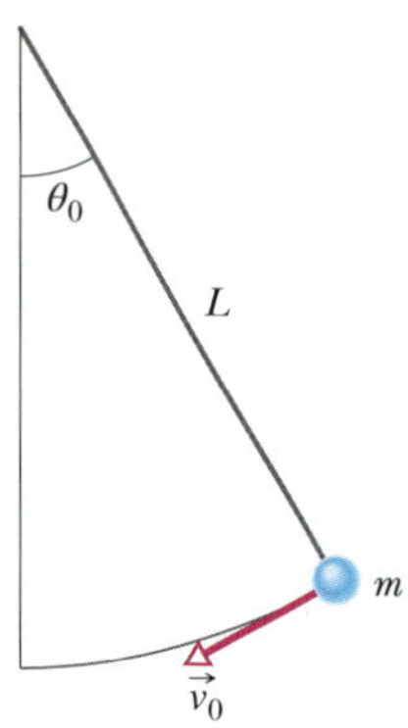

그림 8.1 ▸ 연습문제 1, 2, 3

2 **M** (a) 연습문제 1의 최저점에서 공의 속력은 얼마인가? (b) 공의 질량이 증가하면 속력은 증가하는가, 감소하는가, 아니면 그대로인가?

3 **M** 그림 8.12에 길이 $L = 0.900$ m인 진자가 있다. 줄이 수직방향과 $\theta_0 = 40.0°$일 때 추(진자의 질량은 모두 추에 있다고 하자)의 속력은 v_0이다. (a) $v_0 = 6.00$ m/s이면 최저점에서 추의 속력은 얼마인가? 진자가 아래로 움직인 후 (b) 수평 위치에 도달했을 때 (c) 줄이 팽팽한 상태 그대로 수직방향을 향할 때 최소 속력 v_0는 각각 얼마인가?

(d) θ_0가 몇 도 늘어난다면 (b)와 (c)의 값은 증가하는가, 감소하는가, 아니면 그대로인가?

4 **E** 질량 2.0 g의 구슬을 용수철 총으로 수직 위로 쏘아 올렸다. 구슬이 높이 20 m의 표적물에 도달하려면 용수철을 8.0 cm로 압축해야 한다. 20 m를 올라가는 동안 (a) 구슬-지구 계의 중력 퍼텐셜에너지 변화 ΔU_g와 (b) 용수철의 탄성 퍼텐셜에너지 변화 ΔU_s는 각각 얼마인가? (c) 용수철상수는 얼마인가?

5 **E** 그림 8.2에서 질량 m = 992 kg의 마찰 없는 롤러코스터 차가 높이 h = 42.0 m의 첫 번째 언덕 꼭대기를 v_0 = 12.0 m/s의 속력으로 지나간다. (a) 점 A (b) 점 B (c) 점 C에 도달했을 때 중력이 차에 한 일은 얼마인가? C에서 차-지구 계의 중력 퍼텐셜에너지를 0으로 잡으면 차가 (d) B (e) A에 도달했을 때의 중력 퍼텐셜에너지는 각각 얼마인가? (f) 질량 m이 2배로 증가하면 A와 B 사이의 중력 퍼텐셜에너지 변화는 증가하는가, 감소하는가, 아니면 같은가?

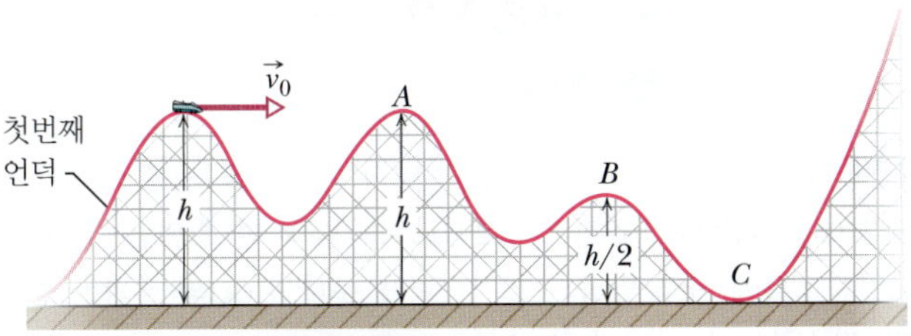

그림 8.2 연습문제 5, 6

6 **E** 연습문제 5의 (a) 점 A, (b) 점 B, (c) 점 C에서 차의 속력은 얼마인가? (d) 마지막 언덕이 너무 높아서 넘을 수 없다면 마지막 언덕에서는 얼마나 높이 올라갈 수 있는가? (e) 차의 질량이 2배로 증가한다면 (a)부터 (d)까지의 답은 어떻게 되는가?

7 **M** 그림 8.3에 나타낸 대로 도르래를 지나는 줄과 용수철상수 k = 120 N/m의 가벼운 용수철에 연결된 질량 4.0 kg의 상자가 수평경사각도 θ = 40.0°의 마찰 없는 경사면 위에 있다. 용수철이 늘어나지 않은 정지상태에서 상자를 놓았다. 도르래의 질량과 마찰은 없다고 가정한다. (a) 상자가 경사면을 10 cm 내려왔을 때의 속력은 얼마인가? (b) 상자가 순간적으로 멈출 때까지 얼마나 내려올 수 있는가? 상자가 멈추는 순간에 상자의 가속도 (c) 크기와 (d) 방향(경사면의 위쪽 또는 아래쪽)은 무엇인가?

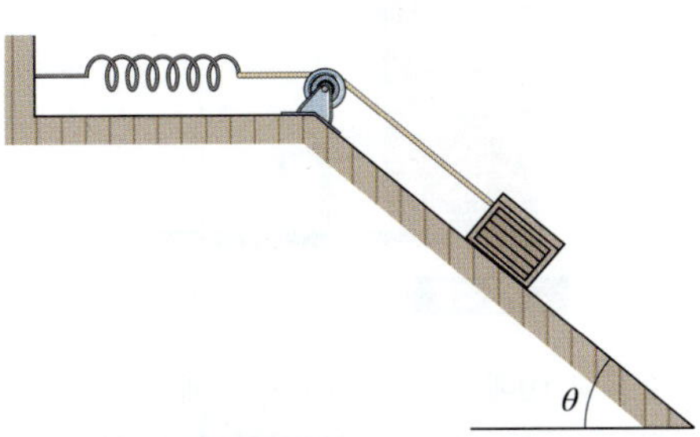

그림 8.3 연습문제 7

8 **M** x축을 따라 운동하는 입자에 보존력 $\vec{F} = (6.0x - 12)\hat{\text{i}}$ N (x는 미터 단위)이 작용한다. 힘과 관련된 퍼텐셜에너지 U는 x = 0에서 27 J이다. (a) U를 x의 함수로 써라(U는 줄, x는 미터 단위). (b) 양의 값을 갖는 최대 퍼텐셜에너지는 얼마인가? x가 어떤 (c) 음의 값 (d) 양의 값을 가질 때 퍼텐셜에너지가 0인가?

9 **E** 그림 8.4에서 질량 m = 0.575 kg인 공이 질량을 무시할 수 있는 길이 L = 0.452 m의 가는 막대 끝에 붙어 있다. 막대의 다른 쪽 끝은 공이 수직방향으로 원운동을 할 수 있도록 회전축에 고정되어 있다. 처음에는 그림처럼 막대가 수평방향을 유지하다가 공을 충분히 아래쪽으로 밀어 원운동하여 수직으로 위인 위치에서 속력이 0이 될 정도로 겨우 도달한다. 중력 퍼텐셜에너지가 공에 한 일은 공이 초기위치로부터 (a) 최저점 (b) 최고점 (c) 오른쪽으로 움직여 초기위치와 높이가 같은 곳에 도달했을 경우 각각 얼마인가? 초기위치에서 공-지구 계의 중력 퍼텐셜에너지를 0으로 잡으면 중력 퍼텐셜에너지의 값은 공이 (d) 최저점 (e) 최고점 (f) 초기위치와 높이가 같은 오른쪽 수평위치에 도달했을 경우 각각 얼마인가? (g) 막대를 더 세게 밀어 최고점을 0이 아닌 속력으로 공이 지나간다고 가정하자. 최저점에서 최고점까지 차이 ΔU_g는 공이 최고점에서 멈췄을 경우보다 큰가, 작은가, 아니면 같은가?

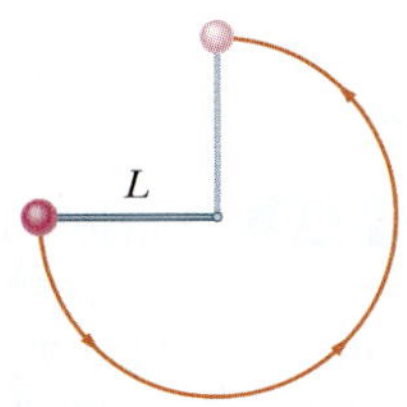

그림 8.4 연습문제 9, 10

10 **E** (a) 연습문제 9의 수직 위인 곳에서 공의 속력이 0이 되려면 초기속력은 얼마이어야 하는가? (b) 최저점 (c) 초기위치와 높이가 같은 오른쪽 위치에 도달했을 때의 속력은 각각 얼마인가? (d) 공의 질량이 2배로 증가한다면 (a)부터 (d)까지의 답은 증가하는가, 감소하는가, 같은가?

11 **M** 그림 8.5에서 질량 m = 0.064 kg의 작은 토막이 반지름 R = 12 cm인 고리 모양의 마찰 없는 트랙 위를 미끄러질 수 있다. 바닥 위 높이 h = 5.0 R의 점 P에서 정지한 토막을 놓는다. 토막이 (a) 점 Q (b) 트랙의 꼭대기에 도달했을 때 중력이 토막에 한 일은 얼마인가? 트랙의 바닥에서 토막-지구 계의 중력 퍼텐셜에너지를 0으로 잡으면 (c) 점 P (d) 점 Q (d) 트랙 꼭대기에서 중력 퍼텐셜에너지는 각각 얼마인가? (f) 토막을 놓지 않고 어떤 초기속력을 갖도록 하면 (a)부터 (e)까지의 답은 각각 증가하는가, 감소하는가, 아니면 같은가?

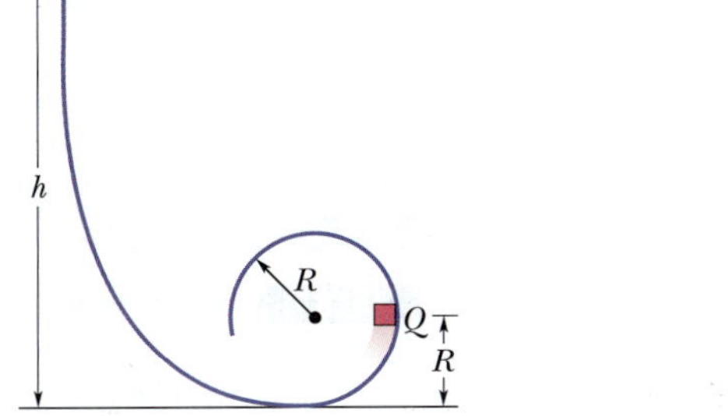

그림 8.5 연습문제 11, 12

12 M 연습문제 11에서 점 Q에 작용하는 *알짜*힘의 (a) 수평성분과 (b) 수직성분의 크기는 얼마인가? (c) 토막이 트랙의 꼭대기에서 가까스로 닿아 있다면 (*가까스로 닿아* 있으려면 트랙이 토막에 작용하는 수직항력이 0이 된다) 토막을 어떤 높이 h에서 놓아야 하는가? (d) 꼭대기에서 토막에 작용하는 수직힘의 크기를 높이 h의 함수로 $h = 0$과 $h = 6R$ 범위에서 그려라.

13 H 그림 8.6에서 용수철상수 $k = 170$ N/m의 용수철이 수평경사각도 $\theta = 37.0°$의 마찰 없는 경사면 위에 놓여 있다. 경사면의 바닥은 용수철의 끝에서 $D = 1.00$ m 떨어져 있다. 2.00 kg의 깡통을 밀어 올려 용수철을 0.200 m 압축시켰다가 정지상태에서 놓았다. (a) 용수철이 처음 길이(깡통이 용수철에서 떨어지는 순간의 길이)로 되돌아오는 순간에 깡통의 속력은 얼마인가? (b) 깡통이 경사면의 바닥에 도달했을 때의 속력은 얼마인가?

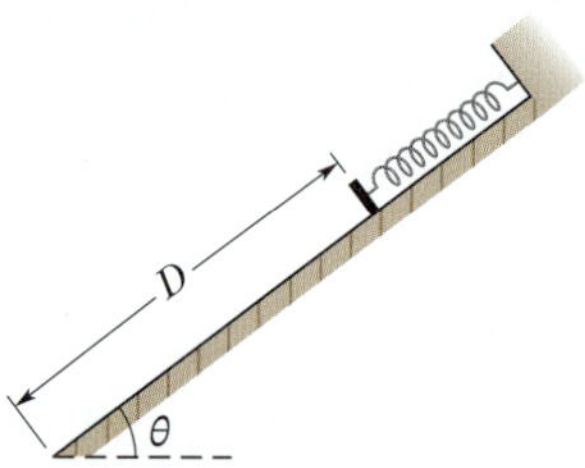

그림 8.6 연습문제 13

14 H CALC 길이 25 cm, 질량 9.0 g인 균일한 줄이 처음에 천장에 붙어 있다. 이후 이 줄은 한쪽 끝만이 천장에 붙어 있고, 다른 부분은 수직으로 아래를 향하고 있다. 줄의 방향이 바뀌어 생기는 줄의 중력 퍼텐셜에너지의 변화는 얼마인가? (*힌트*: 줄의 미소 부분을 고려하고 적분을 한다.)

15 M 무게 650 N의 타잔이 길이 18 m의 나무줄기를 잡고 절벽에서 그네 운동을 하고 있다(그림 8.7). 운동 중 절벽 꼭대기에서 그네의 바닥까지 3.2 m 내려온다. 줄기에 작용하는 힘이 950 N을 넘으면 줄기는 끊어진다. (a) 줄기가 끊어지는가? (b) 끊어지지 않는다면 그네에 작용하는 최대 힘은 얼마인가? 끊어진다면 줄기가 수직과 이루는 각도가 얼마일 때 끊어지는가?

그림 8.7 연습문제 15

16 M $t = 0$일 때 높은 탑에서 질량 1.0 kg의 공을 속도 $\vec{v} = (18 \text{ m/s})\hat{\text{i}} + (24 \text{ m/s})\hat{\text{j}}$로 던진다. $t = 0$부터 $t = 0.60$ s (이때도 자유낙하 중이다) 사이에서 공-지구 계의 중력 퍼텐셜에너지 변화 ΔU는 얼마인가?

17 E 그림 8.8에서 질량 3.53 g의 얼음조각을 반지름 r이 22.0 cm인 반구모양 그릇의 한쪽 끝 꼭대기에서 놓았다. 얼음조각과 그릇 사이의 마찰은 없다. 얼음이 바닥까지 내려오는 동안 (a) 중력이 얼음에 한 일과 (b) 얼음-지구 계의 퍼텐셜에너지 변화는 얼마인가? (c) 바닥의 퍼텐셜에너지를 0으로 잡으면 꼭대기의 퍼텐셜에너지는 얼마인가? (d) 꼭대기의 퍼텐셜에너지가 0이라면 바닥의 퍼텐셜에너지는 얼마인가? (e) 얼음조각의 질량이 2배로 증가한다면 (a)에서 (d)까지의 답은 증가하는가, 감소하는가, 아니면 같은가?

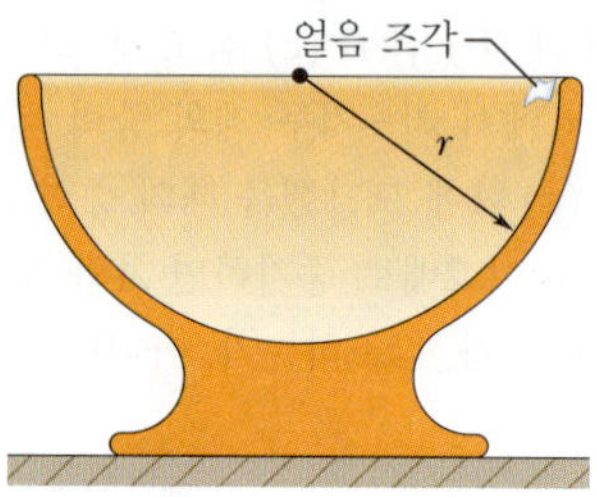

그림 8.8 연습문제 17, 18

18 E (a) 연습문제 17에서 얼음이 바닥에 도달했을 때 속력은 얼마인가? (b) 얼음조각의 질량이 2배로 증가한다면 속력은 무엇인가? (c) 얼음조각에 아래 방향의 초기속력을 준다면 (a)의 결과는 증가하는가, 감소하는가, 아니면 같은가?

19 E $D = 10.0$ m 아래의 지면에 서 있는 친구에게 1.50 kg의 책을 떨어뜨린다. 친구가 뻗은 손이 지상 $d = 1.50$ m 높이에 있으면(그림 8.20) 책이 손으로 떨어지는 동안 (a) 중력이 책에 한 일 W_g와 (b) 책-지구 계의 중력 퍼텐셜에너지의 변화 ΔU는 얼마인가? 지면의 중력 퍼텐셜에너지 U를 0이라 하면 U의 값은 (c) 책을 놓는 순간과 (d) 책을 친구가 받는 순간에 각각 얼마인가? 이제 지면의 U 값을 100 J이라고 하자. (e) W_g, (f) ΔU, (g) 책을 놓은 점과 (f) 책을 받는 점의 U를 각각 구하여라.

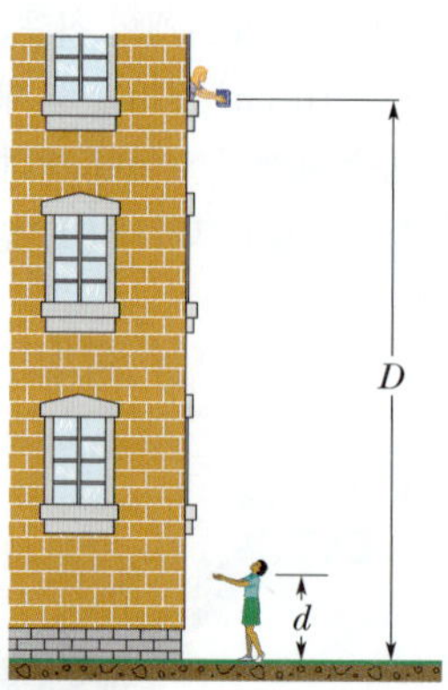

그림 8.9 연습문제 19, 20

20 E (a) 연습문제 19에서 책이 친구의 손에 도달했을 때 속력은 얼마인가? (b) 책의 질량이 2배로 증가한다면 속력은 어떻게 되는가? (c) 책을 아래로 던진다면 (a)의 결과는 증가하는가, 감소하는가, 아니면 같은가?

21 H 아이가 반지름 $R = 15.0$ m인 반구 모양의 얼음 위에 앉아 있

다. 아이는 무시할 수 있는 초기속력을 가지고 미끄러져 내려가기 시작한다(그림 8.10). 얼음과 아이 사이에 마찰이 없다고 가정하면 아이가 어떤 높이에서 얼음을 떠나게 되는가?

그림 8.10 연습문제 21

22 M 2.0 kg의 돌과 질량을 무시할 수 있는 4.0 m의 줄로 구성된 진자에서 돌이 최저점을 지날 때의 속력은 7.0 m/s이다. (a) 줄이 수직방향과 60°를 이룰 때 속력은 얼마인가? (b) 줄이 수직방향과 이룰 수 있는 최대 각도는 얼마인가? (c) 돌이 최저점에 있을 때 진자–지구 계의 퍼텐셜에너지를 0으로 잡으면 계의 전체 역학에너지는 얼마인가?

23 M 그림 8.11에서 질량 m = 15 kg인 토막을 경사각 θ = 30°인 마찰이 없는 비탈면에서 정지상태로 놓았다. 토막 아래에는 270 N의 힘에 의하여 2.0 cm 압축되는 용수철이 있다. 토막은 용수철을 5.5 cm 압축시킨 후 순간적으로 멈춘다. (a) 정지상태에서 용수철을 압축시켜 멈추게 될 때까지 토막은 비탈을 따라 얼마나 내려왔는가? (b) 토막이 용수철에 닿는 순간 속력은 얼마인가?

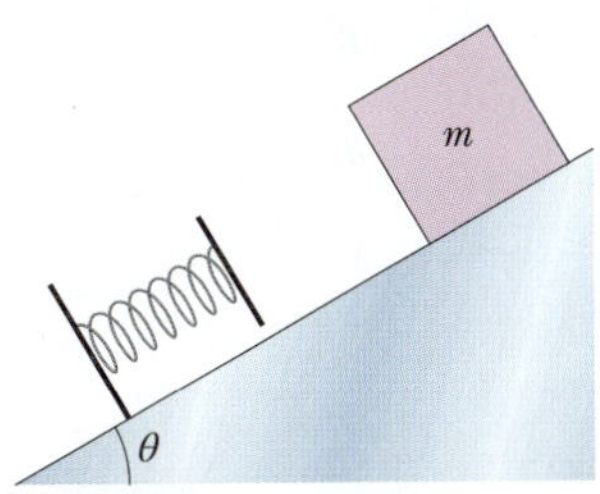

그림 8.11 연습문제 23, 24

24 H 그림 8.11에서 질량 m = 3.20 kg인 토막이 경사각도 θ = 30.0°인 마찰이 없는 비탈에서 정지상태로부터 거리 d만큼 내려오고, 여기서 용수철상수 431 N/s인 용수철과 부딪친다. 토막이 순간적으로 정지했을 때 용수철은 21.0 cm 압축되었다. (a) 거리 d, (b) 토막이 용수철과 처음 닿은 점과 토막의 속력이 최대인 점 사이의 거리를 구하여라.

25 M 경사면 끝에서 H = 24 m인 지점에 정지한 질량 60 kg의 스키선수가 내려오기 시작한다(그림 8.12). 스키선수가 경사면을 떠날 때의 속도는 수평면과 θ = 28°의 각도를 이룬다. 공기저항을 무시하고 경사면에는 마찰이 없다고 가정한다. (a) 선수가 경사면의 끝에서 점프하여 가장 높이 올라갈 수 있는 높이 h는 얼마인가? (b) 선수가 배낭을 메어 질량이 늘어났다면 h는 증가하는가, 감소하는가, 아니면 같은가?

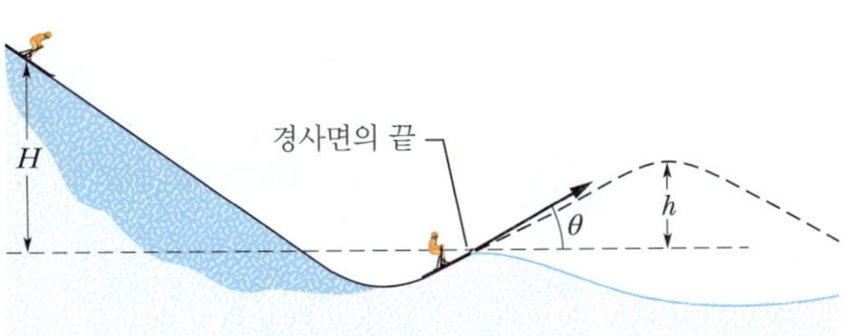

그림 8.12 연습문제 25

26 M 용수철상수가 k = 400 N/m이고 질량을 무시할 수 있는 수직으로 놓은 용수철로부터 높이 h_0인 곳에서 질량 500 g의 토막을 정지상태에서 놓는다. 토막은 용수철에 붙어서 용수철을 19.0 cm 압축시키고 순간적으로 멈춘다. (a) 토막이 용수철에 (b) 용수철이 토막에 한 일은 얼마인가? (c) h_0의 값은 얼마인가? (d) 토막을 용수철 위 2.00 h_0에서 놓으면 용수철의 최대 압축거리는 얼마인가?

27 M 그림 8.13에서 토막이 한 높이에서 중간의 골짜기를 지나 더 높은 곳을 향해 트랙을 따라 미끄러지고 있다. 토막이 높은 곳에 도달하기 전까지의 트랙에는 마찰이 없다. 높은 곳에서는 마찰이 작용하여 토막은 거리 d만큼 움직인 후 멈춘다. 토막의 처음 속력 v_0는 7.0 m/s이고 두 위치 사이의 높이 차이 h는 1.1 m이고 μ_k는 0.60이다. d를 구하여라.

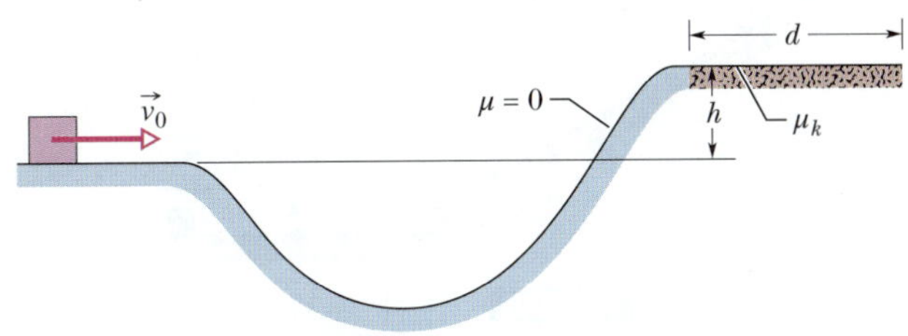

그림 8.13 연습문제 27

28 E 정지해있던 400 kg의 바위가 길이 500 m, 높이 300 m인 언덕에서 미끄러지고 있다. 바위와 언덕 면 사이의 운동마찰계수는 0.25이다. (a) 언덕 바닥에서 바위–지구 계의 중력 퍼텐셜에너지 U를 0으로 정하면 미끄러지기 직전 U 값은 얼마인가? (b) 미끄러지는 도중 얼마만큼의 에너지가 열에너지로 전달되었는가? (c) 언덕 바닥에 도달할 때 바위의 운동에너지는 얼마인가? (d) 이때 속력은 얼마인가?

29 E 그림 8.14에서 토막이 경사면을 내려오고 있다. 5.0 m 떨어진, 점 A에서 B로 내려오는 동안 크기가 2.0 N이고 경사면을 내려오는 방향으로 작용하는 힘 $\vec{F}$가 토막에 작용한다. 토막에 작용하는 마찰력의 크기는 8.0 N이다. A와 B 사이에서 토막의 운동에너지가 35 J만큼 증가했다면 중력이 토막에 한 일은 얼마인가?

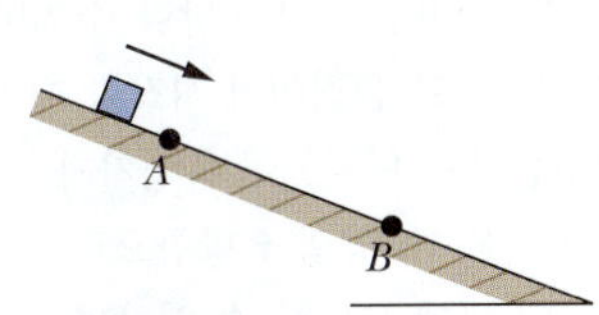

그림 8.14 연습문제 29

30 H CALC 한 개의 보존력 $F(x)$가 x축 위를 움직이는 질량 1.0 kg인 입자에 작용한다. 힘 $F(x)$에 관련된 퍼텐셜에너지 $U(x)$는 다음과 같다.

$$U(x) = -4xe^{-x/4}\ \text{J}.$$

여기서 x는 미터이다. x = 5.0 m에서 입자의 운동에너지는 2.0 J이다. (a) 계의 역학에너지는 얼마인가? (b) $0 \le x \le 10$ m 구간에서 $U(x)$를 x의 함수로 그리고 같은 그래프 위에 계의 역학에너지를 나타내는 선을 그려라. (b)를 이용하여 (c) 입자가 도달할 수 있는 가장 작은 x값, (d) 입자가 도달할 수 있는 가장 큰 x값을 구하여라. (b)를 이용하여 (e) 입자의 최대 운동에너지 (f) 이때의 x값을 구하여라. (g) 힘 $F(x)$를 x의 함수로 뉴턴과 미터로 표현하여라. (h) $F(x) = 0$이 되는 유한한 x값은 얼마인가?

31 H 그림 8.15에서 토막이 마찰이 없는 경로를 따라 미끄러지고 있다. 이 토막은 경사각 $\theta = 30°$인 경사면을 올라가 높이 $h = 2.0$ m에서 시작되는 길이 $L = 0.75$ m인 구간에 도달한다. 이 구간에서는 운동마찰계수가 0.40이다. 토막이 점 A를 지날 때의 속력 8.0 m/s이다. 만일 토막이 (마찰이 끝나는) 점 B에 도달할 수 있다면 그 곳에서의 속력은 얼마인가? 도달하지 못한다면 토막이 올라갈 수 있는 최대 높이는 A로부터 얼마인가?

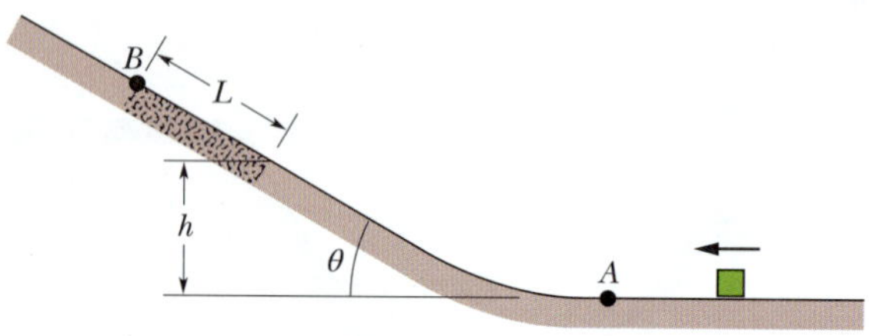

그림 8.15 연습문제 31

32 M 한쪽 끝이 고정된 용수철상수 $k = 800$ N/m인 용수철의 다른 쪽 끝에 커다란 장난감 과자가 연결되어 수평면을 미끄러지고 있다. 이 과자가 용수철의 평형 위치를 지날 때 과자의 운동에너지는 20.0 J이다. 과자가 미끄러지는 동안 10.0 N의 마찰력이 작용한다. (a) 과자가 순간적으로 멈추기 전까지 미끄러지는 거리는 평형 위치로부터 얼마인가? (b) 과자가 미끄러져 다시 평형 위치에 도달했을 때의 운동에너지는 얼마인가?

33 M 그림 8.16은 x축에서만 움직일 수 있는 질량 0.90 kg인 한 입자의 퍼텐셜에너지 U를 위치 x에 대하여 나타낸 곡선이다. (이 계에 비보존력은 작용하지 않는다.) 세 값은 $U_A = 15.0$, $U_B = 35.0$ J, $U_C = 45.0$ J이다. 입자가 음의 x 방향으로 처음 속력 7.0 m/s로 $x = 4.5$ m인 곳에서 놓았다. (a) 이 입자가 $x = 1.0$ m인 곳에 도달할 수 있다면 그 곳에서 입자의 속력은 얼마인가? 도달할 수 없다면 반환점은 어디인가? $x = 4.0$ m의 왼쪽으로 움직이기 시작할 때 입자에 작용하는 힘의 (b) 크기, (c) 방향은 무엇인가? 이제 입자가 처음 속력 7.0 m/s로 $x = 4.5$ m인 곳에 놓았을 때 양의 x 방향으로 움직인다고 하자. (d) 이 입자가 $x = 7.0$ m인 곳에 도달할 수 있다면 거기서의 입자의 속력은 얼마인가? 도달할 수 없다면 반환점은 어디인가? $x = 5.0$ m의 오른쪽으로 움직이기 시작할 때 입자에 작용하는 힘의 (e)크기, (f)방향은 무엇인가?

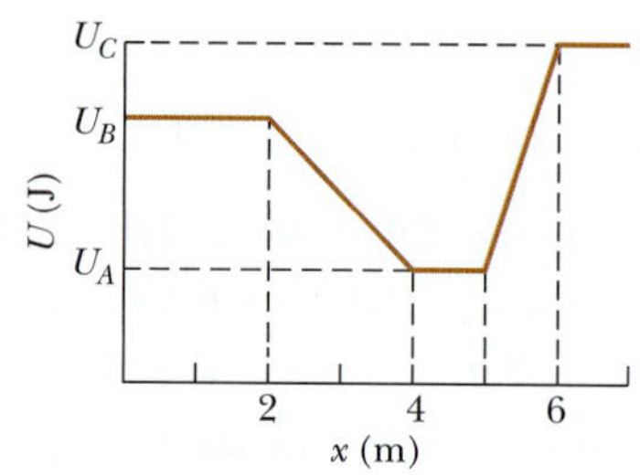

그림 8.16 연습문제 33

34 M 무게가 5.29 N인 돌을 처음 속력 20.0 m/s로 땅 위에서 수직으로 쏘아 올렸다. 돌이 날아가는 동안 작용하는 공기의 끌림힘은 0.265 N이다. (a) 돌의 최대 높이, (b) 돌이 땅에 닿기 직전의 속력을 구하여라.

35 H 그림 8.17에서 토막을 마찰이 없는 트랙 위의 높이 $d = 60$ cm인 곳에서 놓아 길이가 d이고 운동마찰계수가 0.50인 첫 번째 평면으로 미끄러지게 하였다. 토막이 계속 움직인다면 토막은 높이가 $d/2$인 두 번째 평탄면으로 미끄러진다. 이 평면의 길이는 $d/2$이고 운동마찰계수는 역시 0.50이다. 이후에도 토막이 계속 움직인다면 토막은 마찰이 없는 경사면을 올라가 결국 (순간적으로) 멈추게 될 것이다. 토막이 어디에서 멈추는가? 토막이 마지막으로 멈추는 곳이 평면이라면 어느 평면인지, 그 평면의 왼쪽 끝으로부터 거리 L을 구하여라. 만일 토막이 경사면에 도달한다면 토막이 순간적으로 멈추는 낮은 평면으로부터 높이 H를 구하여라.

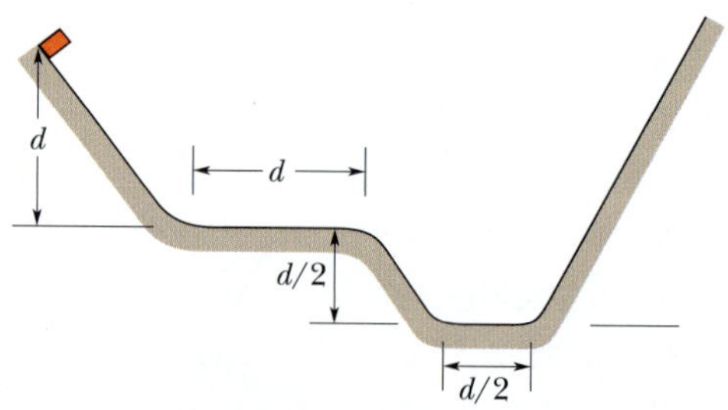

그림 8.17 연습문제 35

36 M 질량 1.50 kg인 눈뭉치를 13.7 m 높이의 절벽에서 수평과 41.0°의 방향으로 처음 속도 14.0 m/s로 던졌다. (a) 눈뭉치가 절벽 아래 평평한 지면까지 도달하는 동안 중력이 눈뭉치에 한 일은 얼마인가? (b) 날아가는 동안 눈뭉치-지구 계의 중력 퍼텐셜에너지의 변화는 얼마인가? (c) 절벽에서 중력 퍼텐셜에너지를 0이라고 하면 눈뭉치가 지면에 도달했을 때의 값은 얼마인가?

37 E (a) 연습문제 36에서 4장의 방법 대신 에너지 관계를 이용하여 눈뭉치가 절벽 아래 땅에 도달했을 때 속력을 구하여라. (b) 만일 출발 각도가 수평 아래로 41.0°였다면 속력은 얼마인가? (c) 질량이 3.99 kg로 변하면 속력은 얼마인가?

38 M CALC 그림 8.18에서 사슬을 마찰 없는 탁자 위에서 사슬의 1/4이 탁자 끝에 매달린 상태로 있다. 만일 사슬의 길이가 $L = 50$ cm이고, 질량이 $m = 0.012$ kg이라면 매달려있는 부분을 끌어올리는 데 필요한 일은 얼마인가?

그림 8.18 연습문제 38

39 M CALC 이원자분자(H_2나 O_2같이 두 개의 원자로 이루어진 계)의 퍼텐셜에너지는 다음과 같다.

$$U = \frac{A}{r^{12}} - \frac{B}{r^6}.$$

여기서 r은 분자 내부의 두 원자 간의 거리이고 A와 B는 양의 상수이다. 이 퍼텐셜에너지는 두 원자를 분자 안에 묶어놓는 힘과 관련이 있다. (a) *평형 거리* 즉, 각 원자에 작용하는 힘이 0이 되는 거리를 구하여라. 이 힘은 원자 사이의 거리가 평형 거리보다 (b) 짧을 때, (c) 길 때 각각 밀어내는 (원자를 멀리 밀어내는) 힘인가 혹은 끌어당기는 (원자들을 서로 잡아당기는) 힘인가?

40 **E** 개가 수평힘 8.0 N을 작용하여 바닥 위의 상자를 끌고 있다. 상자에 작용하는 운동마찰력의 크기는 5.0 N이다. 상자가 0.30 m만큼 움직였을 때 (a) 개가 작용한 힘에 의한 일 (b) 상자와 바닥의 열에너지 증가는 얼마인가?

41 **M** 그림 8.19*a*는 있는 코르크 총의 용수철에(그림 8.30*b*) 적용된다. 이 그림에서 용수철 힘을 용수철의 압축 또는 늘어난 정도에 대한 함수로 나타내었다. 용수철은 5.5 cm만큼 압축되고 이때 2.2 g의 코르크를 쏘게 된다. (a) 총을 쏘아 용수철이 압축되지 않은 처음 위치에 도달했을 때 코르크의 속력은 얼마인가? (b) 만일 코르크가 용수철에 붙어있고 총을 쏘았을 때 1.5 cm만큼 용수철이 늘어난 후 코르크가 용수철에서 떨어진다면 코르크가 발사되는 순간의 속력은 얼마인가?

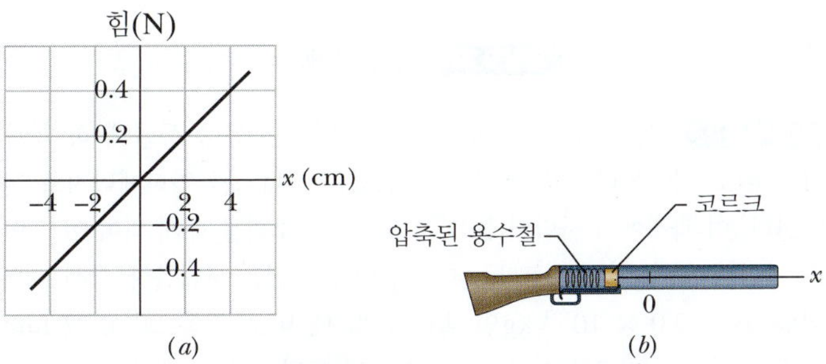

그림 8.19 연습문제 41

42 **M** 무게가 160 N인 아이가 수평과 20°의 각도를 이루는 6.1 m 높이의 미끄럼틀을 타고 내려오고 있다. 미끄럼틀과 아이 사이의 운동마찰계수는 0.10이다. (a) 전달된 열에너지는 얼마인가? (b) 아이가 처음 속력 0.457 m/s로 내려온다면 바닥에서 속력은 얼마인가?

43 **H** 그림 8.20과 같이 1800 kg의 엘리베이터가 용수철상수 k = 0.15 MN/m인 용수철 위 d = 5.7 m인 일층에서 정지해있을 때 엘리베이터 줄이 끊어졌다. 안전장치가 가이드 레일을 꼭 죄어 일정한 마찰력 4.4 kN이 작용하게 하여 엘리베이터의 운동을 방해한다. (a) 용수철에 도달하기 직전 엘리베이터의 속력은 얼마인가? (b) 용수철이 압축되는 최대길이 x는 얼마인가? (단 마찰력은 용수철이 압축되는 동안에도 작용한다.) (c) 엘리베이터가 튕겨 올라가는 거리는 얼마인가? (d) 에너지보존을 이용하여 엘리베이터가 멈출 때까지 움직이는 거리를 대략적으로 계산하여라. (엘리베이터가 정지하였을 때 마찰력은 무시할 수 있다고 가정한다.) A에서 놓았을 때 입자가 멈출 때까지 평평한 부분의 왼쪽 끝으로부터 얼마만큼 움직이는가?

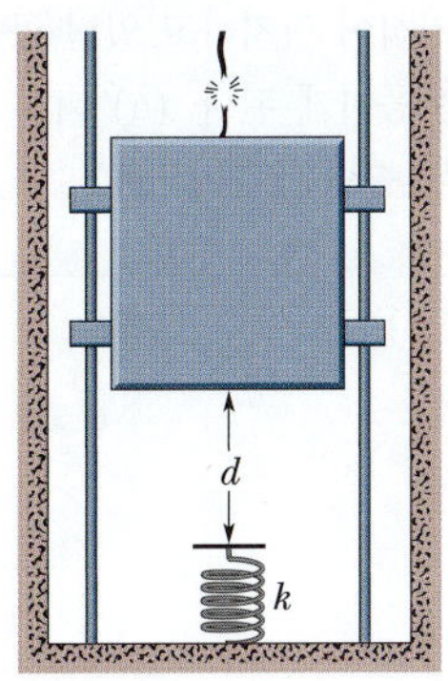

그림 8.20 연습문제 43

44 **M** 과자 상자가 40° 경사면을 올라가고 있다. 경사면의 바닥으로부터 (바닥을 따라 측정한) 55 cm인 지점에서 (경사면을 따라 잰 거리이다) 상자의 속력은 1.4 m/s이다. 상자와 경사면간의 운동마찰계수는 0.15이다. (a) 상자는 얼마나 더 올라갈 수 있는가? (b) 상자가 다시 경사면의 바닥으로 내려올 때 속력은 얼마인가? (c) 운동마찰계수를 감소시키면 (단, 상자의 속력이나 위치는 그대로 둔다) (a)와 (b)의 답은 증가하는가, 감소하는가, 그대로 있는가?

45 **M** 입자가 그림 8.21와 같이 양 끝이 올라가고 가운데 부분은 평평한 트랙을 따라 미끄러지고 있다. 평평한 부분의 길이 L = 40 cm이다. 트랙의 굽어진 구간은 마찰이 없지만 평평한 부분에서 운동마찰계수는 μ_k = 0.20이다. 정지한 입자를 높이 h = L/2인 점 A에서 놓았을 때 입자가 멈출 때까지 평평한 부분의 왼쪽 끝으로부터 얼마나 움직이는가?

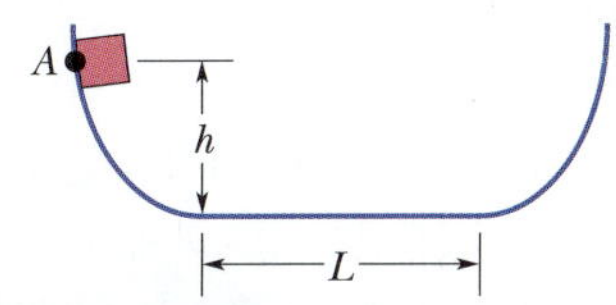

그림 8.21 연습문제 45

46 **E** 한 사람이 27 kg의 토막을 수평으로부터 32°만큼 아래로 향하는 힘을 작용하여 평평한 바닥 위에서 3.0 m를 밀었다. 토막과 바닥 사이의 운동마찰계수가 0.20일 때 (a) 이 사람이 한 일 (b) 토막–바닥 계의 열에너지 증가를 구하여라.

47 **M** 그림 8.22에 5.00 kg의 돌이 용수철 위에 놓여 있다. 돌에 의해 용수철은 10.0 cm만큼 압축되었다. (a) 용수철상수는 얼마인가? (b) 돌을 눌러 용수철을 30.0 cm 만큼 더 압축한 후 놓았다. 놓기 직전 압축된 용수철의 탄성 퍼텐셜에너지는 얼마인가? (c) 돌이 놓은 후로부터 최고점에 도달했을 때 돌–지구 계의 중력 퍼텐셜에너지의 변화는 얼마인가? (d) 놓은 점으로부터 도달할 수 있는 최대 높이는 얼마인가?

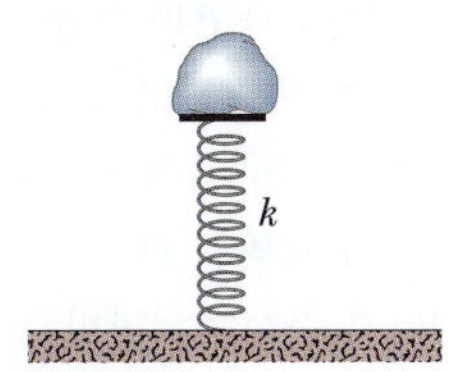

그림 8.22 연습문제 47

48 **E** 질량 60 kg인 스키선수가 수평으로부터 25°로, 속도 24 m/s로 스키 점프 경사면 끝을 떠난다. 공기의 끌림으로 인해 스키선수가 18 m/s의 속력으로 경사면 끝으로부터 수직 아래로 14 m인 곳에 착지한다고 하자. 점프로부터 착지까지 공기의 끌림에 의해 스키선수-지구 계의 역학에너지는 얼마나 감소하는가?

49 **E** 그림 8.34는 브레이크가 고장난 트럭이 100 km/h로 언덕을

내려오다가 운전수가 수평에 대한 경사각도가 $\theta = 15°$인 마찰이 없는 비상탈출용 경사면으로 트럭을 진입시키기 직전의 순간이다. 트럭의 질량은 1.2×10^4 kg이다. (a) 트럭이 순간적으로 멈추기 위해서는 경사로의 길이 L의 최소 길이는 얼마가 되어야 하는가? (이때 트럭을 입자라고 가정하고 그 가정을 정당화하여라.) (b) 트럭의 질량이 감소하면 (c) 트럭의 속력이 감소하면 L은 늘어나는가, 줄어드는가, 그대로 있는가?

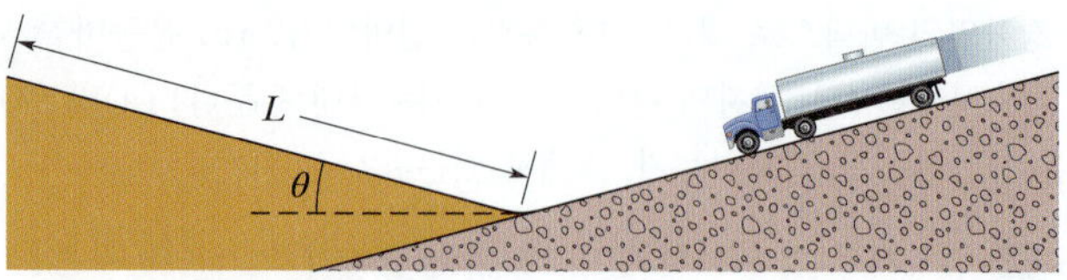

그림 8.23 연습문제 49

50 M 질량 4.0 kg인 물체가 30°의 경사면을 운동에너지 128 J로 올라가기 시작한다. 물체와 경사면 사이의 운동마찰계수가 0.30일 때 물체는 경사면 위로 얼마나 올라가는가?

51 M 그림 8.24에서 질량 $m = 2.5$ kg인 토막이 용수철 상수 $k = 320$ N/m인 용수철에 정면으로 충돌한다. 토막이 멈출 때 용수철을 7.5 cm만큼 압축되었다. 토막과 바닥 사이의 운동마찰계수는 0.25이다. 토막이 용수철과 닿아 있으면서 정지하게 되는 동안 (a) 용수철이 한 일, (b) 토막–바닥 계의 열에너지 증가는 얼마인가? (c) 용수철에 닿기 직전의 토막의 속력은 얼마인가?

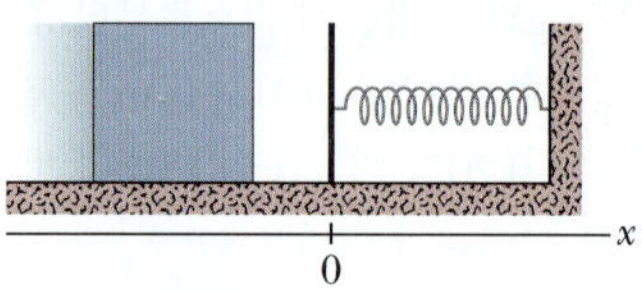

그림 8.24 연습문제 51

52 M 질량 3.57 kg인 토막을 일정한 속력으로 수평인 바닥면을 따라 5.70 m만큼 줄로 끌어당겼다. 줄로 끌어당기는 힘의 크기는 7.68 N이고 방향은 수평면과 15.0°를 이루고 있다. (a) 줄의 힘이 한 일은 얼마인가? (b) 토막–바닥 계의 열에너지 증가는 얼마인가? (c) 토막과 바닥 사이의 운동마찰계수는 얼마인가?

53 M 그림 8.25에 용수철상수가 640 N/m인 압축된 용수철로부터 정지한 질량 3.5 kg인 토막이 가속되고 있다. 용수철이 원래 길이로 늘어났을 때 토막은 용수철을 떠나 운동마찰계수가 0.25인 바닥을 따라 운동한다. 마찰력으로 인해 토막은 $D = 4.5$ m를 지나서 멈추었다. (a) 토막–바닥계의 열에너지 증가는 얼마인가? (b) 토막의 최대 운동에너지는 얼마인가? (c) 토막이 움직이기 시작하기 전 용수철은 얼마나 압축되었나?

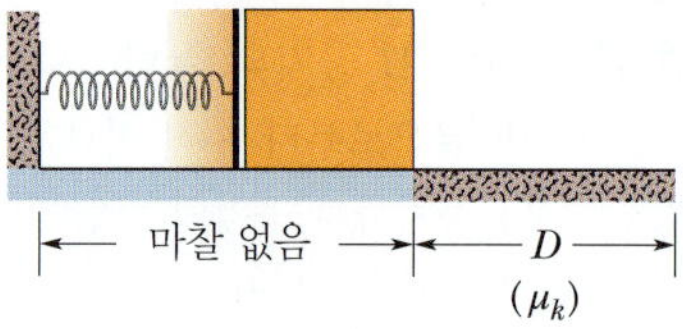

그림 8.25 연습문제 53

54 M 질량 1.5 kg인 토막을 수평으로 놓인 용수철에 밀어 용수철을 15 cm만큼 압축하였다. 이후 토막을 놓아 용수철이 이 토막을 책상 위로 밀어 토막이 75 cm만큼 미끄러진 후 멈춘다. 용수철상수는 200 N/m이다. 토막–책상 계의 운동마찰계수는 얼마인가?

55 M 그림 8.26은 보존력이 작용하여 x축을 따라 움직이는 질량 0.200 kg인 입자의 퍼텐셜에너지 U를 위치 x의 함수로 나타낸 그래프이다. 그래프의 값은 $U_A = 9.00$ J, $U_C = 20.00$ J, $U_D = 24.00$ J이다. 퍼텐셜 언덕의 높이가 $U_B = 12.00$ J인 곳에서 운동에너지 4.00 J의 입자를 놓는다. (a) $x = 3.5$ m, (b) $x = 6.5$ m에서 입자의 속력은 얼마인가? (c) 오른쪽과 (d) 왼쪽에서 반환점의 위치는 어느 곳인가?

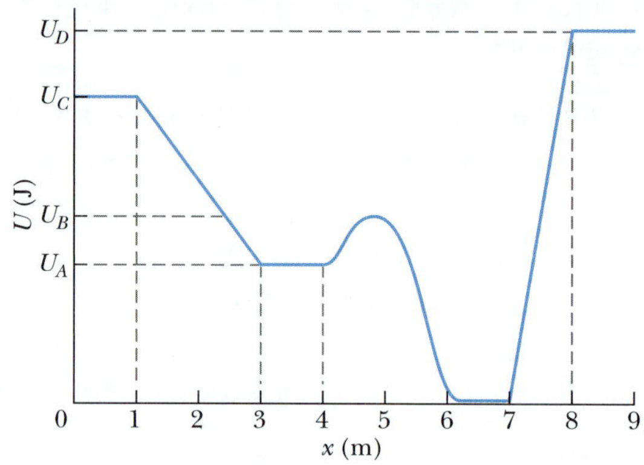

그림 8.26 연습문제 55

56 M BIO 방아벌레를 뒤집어 놓으면 벌레는 등을 둥글게 하며 갑자기 위로 뛰어올라 근육에 저장되어 있는 에너지를 역학에너지로 전달한다. 이 과정에서 사람이 들을 수 있는 '딱' 소리를 내게 되며 이로 인해 방아벌레라는 이름으로 부른다. 이 벌레가 뛰는 모습을 분석해 보면 질량 $m = 2.0 \times 10^{-6}$ kg인 벌레가 뛸 때 바로 위쪽으로 0.77 mm만큼 움직이고 최고 높이 $h = 0.30$ m에 도달한다. 벌레가 뛰는 동안 (a) 바닥으로부터 벌레의 등에 작용한 외부힘 (b) g로 나타낸 벌레의 가속도의 평균 크기는 얼마인가?

57 M 그림 8.27에서 길이 $L = 90.0$ cm인 줄의 한쪽 끝에는 공을 매달고 다른 쪽 끝은 고정시켰다. 고정된 곳으로부터 점 P에 있는 못까지의 거리 d는 75.0 cm이다. 그림과 같이 처음에 줄을 수평으로 유지하여 정지하고 있던 공을 놓으면 공은 점선으로 표시된 궤적을 따라 운동하게 된다. (a) 최저점 (b) 줄이 못에 걸린 후의 최고점에서의 공의 속력은 얼마인가?

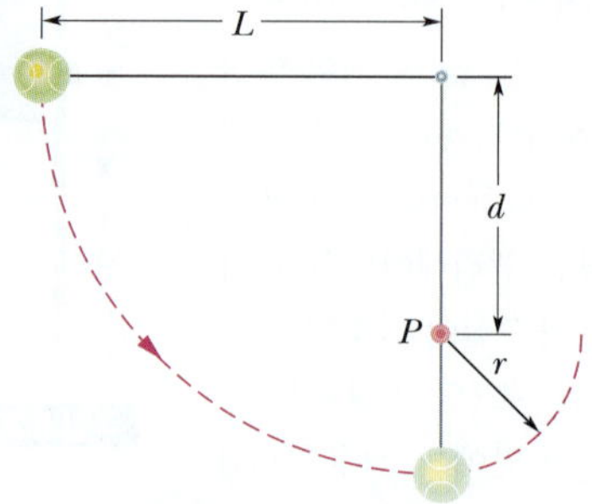

그림 8.27 연습문제 57

58 E 외야수가 처음 속력 81.8 mi/h로 공을 던진다. 내야수가 같은 높이에서 공을 잡기 직전에 공의 속력은 110 ft/s이다. 공기의 끌림으로 인한 공-지구 계의 역학에너지의 감소는 얼마인지 ft-lb 단위로 답하여라. (공의 무게는 9.0 oz이다.)

59 M 질량 m = 2.0 kg인 토막이 용수철상수 k = 2300 N/m인 용수철 위 h = 40 cm인 곳에서 떨어진다(그림 8.28). 용수철이 압축되는 최대 거리는 얼마인가?

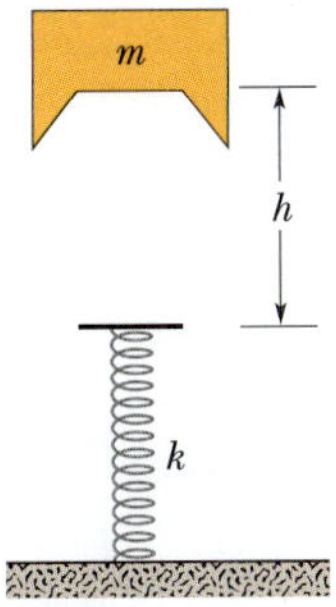

그림 8.28 연습문제 59

60 M 크기가 35.0 N인 수평힘으로 운동마찰계수가 0.600인 바닥 위로 질량 4.00 kg인 토막을 밀고 있다. (a) 토막을 바닥을 따라 2.00 m 움직였을 때 이 힘이 토막-바닥 계에 한 일은 얼마인가? (b) 토막이 움직이는 동안 토막의 열에너지가 30.0 J 증가하였다. 바닥의 열에너지는 얼마나 증가하였나? (c) 토막의 운동에너지는 얼마나 증가하였나?

61 E 평형길이로부터 7.5 cm 압축되었을 때 탄성퍼텐셜에너지 25 J을 저장하는 용수철의 용수철상수를 구하여라.

62 H 두 어린이가 테이블 위에 놓인 용수철 총에서 구슬을 쏘아 바닥에 있는 작은 상자를 맞추는 놀이를 하고 있다. 상자는 테이블의 모서리에서 수평 방향으로 D = 2.20 m 떨어져 있다(그림 8.29 참조). 한 아이가 용수철을 1.10 cm만큼 압축하였으나 구슬의 중심이 상자의 중심에 27.0 cm만큼 모자란 곳에 떨어졌다. 상자를 맞추려면 다른 아이는 용수철을 얼마만큼 압축해야 하겠는가? 단 용수철이나 공 모두 총 안에서 마찰이 없다고 가정한다.

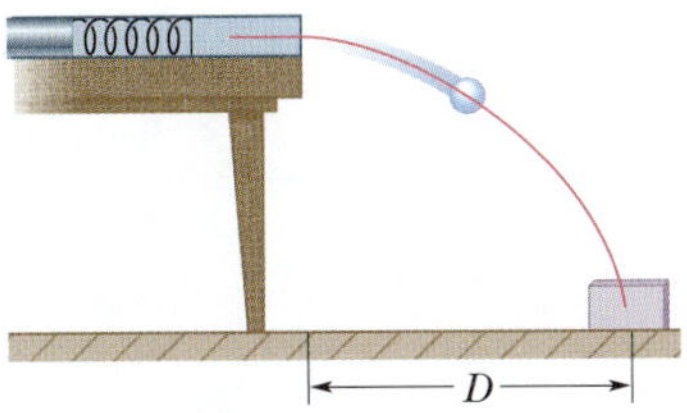

그림 8.29 연습문제 62

63 E 75 g의 프리스비를 땅 위 1.1 m에서 속력 12 m/s로 던졌다. 프리스비가 높이 2.1 m에 도달했을 때 속력은 9.00 m/s였다. 공기의 끌림으로 인해 원반-지구 계의 E_{mec}는 얼마나 감소했는가?

64 E 정지해 있던 질량 25 kg인 곰이 소나무에서 8.0 m 아래로 미끄러져 내려가 땅에 닿기 직전 속력은 5.6 m/s이다. (a) 미끄러져 내려오는 동안 곰-지구 계의 중력 퍼텐셜에너지의 변화는 얼마인가? (b) 땅에 바로 닿기 직전의 곰의 운동에너지는 얼마인가? (c) 미끄러지는 곰에 작용하는 평균마찰력은 얼마인가?

65 M 질량 m = 2.00 kg인 토막이 경사각 θ = 30.0°인 마찰이 없는 경사면 위에 놓여 있는 용수철을 밀고 있다(그림 8.30). (토막은 용수철에 붙어있지 않다.) 용수철상수는 k = 19.6 N/cm이고 이 용수철을 2.0 cm 압축했다가 놓았다. (a) 압축된 용수철의 탄성 퍼텐셜에너지는 얼마인가? (b) 토막이 처음 위치로부터 경사면상의 최고점에 도달하는 동안 토막-지구 계의 중력 퍼텐셜에너지의 변화는 얼마인가? (c) 토막이 도달할 수 있는 경사면 위의 최고 위치는 어디인가?

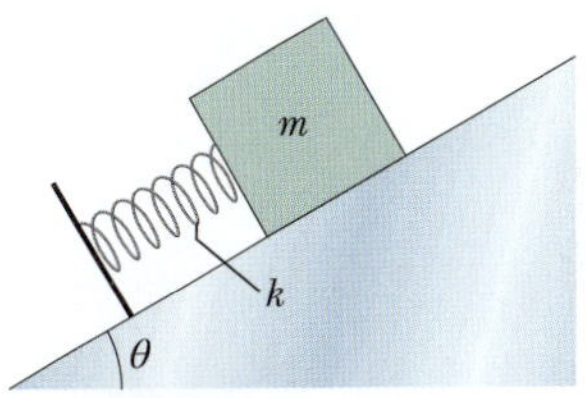

그림 8.30 연습문제 65

제 9 장

질량중심과 선운동량

Center of Mass and Linear Momentum

9.1 ▸ 질량중심

요점_Key Ideas

1. n개의 입자로 이루어진 계의 질량중심은 그 좌표가

$$x_{\text{com}} = \frac{1}{M}\sum_{i=1}^{n} m_i x_i, \quad y_{\text{com}} = \frac{1}{M}\sum_{i=1}^{n} m_i y_i, \quad z_{\text{com}} = \frac{1}{M}\sum_{i=1}^{n} m_i z_i,$$

즉,

$$\vec{r}_{\text{com}} = \frac{1}{M}\sum_{i=1}^{n} m_i \vec{r}_i$$

으로 주어지는 점으로 정의한다. 여기서 M은 이 계의 전체 질량이다.

학습목표_Learning Objectives

이 단원을 읽은 후 다음을 이해해야 한다.

9.1.1 한 축 위나 한 평면 위에 여러 입자의 위치가 주어져 있을 때 이 질량중심을 결정한다.

9.1.2 대칭성을 이용하여 대칭성이 있는 물체의 질량중심을 구한다.

9.1.3 질량이 균일하게 분포되어 있는 2차원 혹은 3차원 물체에 대해 (a) 머릿속에서 각각의 그 중심에서 입자로 바꾸어 놓을 수 있는 단순한 기하학적 그림으로 물체를 나누고 (b) 이 입자의 질량중심을 구하여 이 물체의 질량중심을 결정한다.

▶ 어떤 물리현상을 다루는가?

교통사고 분석가는 물리학을 이용하여 자동차 사고를 분석한다. 또한 발레리나에게 뛰어오르는 법을 가르치는 트레이너도 물리학을 이용한다. 어떤 종류의 운동을 분석하더라도 물리학을 이용하면 간단해진다. 이 장에서는 자동차나 발레리나처럼 복잡한 물체의 운동을 물체의 특별한 점을 이용하여 간단하게 기술하는 물리학적 방법론을 공부한다. 이 점을 *질량중심*이라고 한다.

간단한 예를 들어보자. 공을 회전 없이 던져 올리면(그림 9.1.1*a* 참조) 4장에서 보았듯이 공은 포물선을 그리며 날아간다. 하지만 야구방망이를 공중에 던지면(그림 9.1.1*b* 참조) 방망이의 운동은 공의 운동보다 복잡해진다. 왜냐하면 방망이의 각 부분이 제각기 다른 경로로 움직여서 방망이를 하나의 입자로 기술할 수 없기 때문이다. 그 대신 공기 중에서 각각 자신의 경로를 지나가는 입자가 모인 계이다. 그러나 방망이에서 질량중심이라고 부르는 특별한 점은 간단한 포물선 경로를 따라 움직이는 것을 알 수 있다. 방망이의 다른 부분은 질량중심 주위로 움직인다(방망이의 질량중심을 찾으려면 손가락 위에 방망이를 올려놓고 균형을 잡으면 된다. 질량중심은 손가락 위쪽, 방망이의 중심축에 있다).

야구방망이를 공중에 던지는 것을 직업으로 가질 수는 없지만, 멀리뛰기 선수나 무용수에게 팔다리를 움직이거나 몸통을 회전시키면서 적절하게 뛰어오르는 것을 알려주는 직업을 가질 수 있다. 출발점은 단순한 운동을 하는 질량중심을 결정하는 것이다.

Richard Megna/Fundamental Photographs

(a)

(b)

그림 9.1.1 (a) 포물선 경로를 따라 움직이는 공. (b) 야구방망이의 질량중심(검은 점)은 간단한 포물선 경로로 움직이지만 다른 점은 복잡한 경로를 따른다.

질량중심

계의 운동을 기술하기 위하여 입자계의 **질량중심**을 다음과 같이 정의한다.

> 물체나 여러 물체로 이루어진 계의 질량중심은 (1) 모든 질량이 그 점에 모여 있고 (2) 외부력이 모두 그 점에 작용하는 것처럼 움직이는 특별한 점이다.

이 절에서는 질량중심을 어떻게 찾는지 알아보자. 몇 개의 입자로 이루어진 계부터 시작하여 많은 입자로 이루어진 계(야구방망이와 같은 고체)까지 확장해 보자. 이 장의 뒷부분에서는 외부력이 계에 작용하는 경우에 질량중심이 어떻게 움직이는지 알아본다.

입자계

▸***두 개의 입자.*** 그림 9.1.2a를 보면 질량이 각각 m_1과 m_2인 두 입자의 분리거리는 d이다. 질량 m_1인 입자의 위치를 x축의 원점으로 잡고 계의 질량중심 좌표를 다음과 같이 *정의한다.*

$$x_{com} = \frac{m_2}{m_1 + m_2}d. \tag{9.1.1}$$

$m_2 = 0$이라면 질량 m_1의 입자만 존재하므로 질량중심은 그 입자의 위치와 일치해야 한다. 식 9.1.1은 정확히 $x_{com} = 0$이다. 한편 $m_1 = 0$이면 질량 m_2의 입자만 존재하는데 이때도 예상한 대로 $x_{com} = d$이다. 또한 $m_1 = m_2$이면 두 입자의 질량이 같으므로 질량중심은 두 입자의 중간에 있어야 한다. 식 9.1.1은 역시 기대한 대로 $x_{com} = \frac{1}{2}d$ 이고, 식 9.1.1에서 m_1과 m_2 모두 0이 아니면 x_{com}은 0과 d 사이의 값이다. 즉, 질량중심은 두 입자 사이의 어딘가에 있어야 한다.

좌표계의 원점을 한 입자의 위치에 놓을 필요는 없다. 그림 9.1.2b는 좌표계를 좌측으로 이동시킨 보다 일반적인 상황이다. 이때 질량중심의 위치는 다음과 같이 정의한다.

$$x_{com} = \frac{m_1x_1 + m_2x_2}{m_1 + m_2}. \tag{9.1.2}$$

$x_1 = 0$이면 x_2는 d가 되어 식 9.1.2가 식 9.1.1로 바뀌는 것을 알 수 있다. 이런 좌표계의 이동에도 불구하고 각 입자에서 질량중심까지의 거리는 변하지 않는다. 질량중심은 물리적인 입자들의 성질이지 사용하는 좌표계의 성질은 아니다.

식 9.1.2를 다음과 같이 쓸 수 있다.

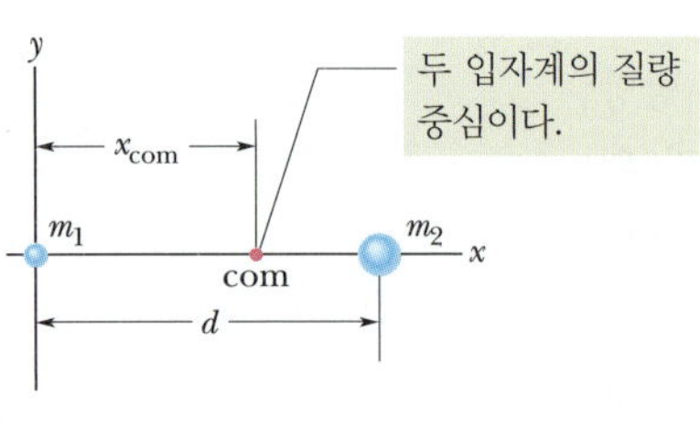

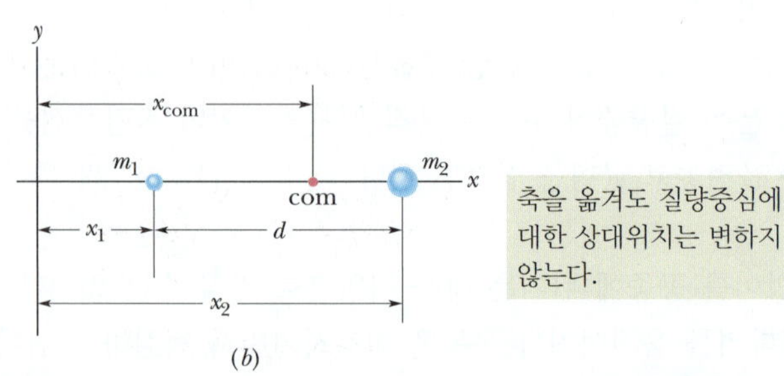

그림 9.1.2 (a) 질량이 각각 m_1과 m_2인 두 입자가 거리 d만큼 떨어져 있다. com으로 표시한 점은 식 9.1.1로 계산한 질량중심이다. (b) 원점을 입자로부터 멀리 잡은 것을 제외하고는 (a)와 같다. 질량중심의 위치는 식 9.1.2로 계산한다. 입자에 대한 질량중심의 위치는 두 경우 모두 같다.

$$x_{\text{com}} = \frac{m_1x_1 + m_2x_2}{M}. \tag{9.1.3}$$

여기서 M은 계의 총질량이다(즉, $M = m_1 + m_2$이다).

▶***여러 입자.*** 이 식을 n개의 입자가 x축 위에 놓여 있는 일반적인 경우로 확장할 수 있다. 이때 총질량은 $M = m_1 + m_2 + m_3 + \cdots + m_n$이고, 질량중심의 위치는 다음과 같다.

$$\begin{aligned} x_{\text{com}} &= \frac{m_1x_1 + m_2x_2 + m_3x_3 + \cdots + m_nx_n}{M} \\ &= \frac{1}{M}\sum_{i=1}^{n} m_ix_i. \end{aligned} \tag{9.1.4}$$

첨자 i는 1부터 n까지의 정수값을 가지는 지수이다.

▶***3차원.*** 입자들이 3차원으로 분포되어 있다면 질량중심은 세 좌표로 표현하여야 한다. 식 9.1.4를 확장하여 다음과 같이 일반화할 수 있다.

$$x_{\text{com}} = \frac{1}{M}\sum_{i=1}^{n} m_ix_i, \qquad y_{\text{com}} = \frac{1}{M}\sum_{i=1}^{n} m_iy_i, \qquad z_{\text{com}} = \frac{1}{M}\sum_{i=1}^{n} m_iz_i. \tag{9.1.5}$$

이번에는 질량중심을 벡터로 써보자. 먼저 i번째 입자의 위치를 x_i, y_i, z_i 좌표를 이용하여

$$\vec{r}_i = x_i\hat{\text{i}} + y_i\hat{\text{j}} + z_i\hat{\text{k}} \tag{9.1.6}$$

로 쓸 수 있다. 여기서 $\hat{\text{i}}$, $\hat{\text{j}}$, $\hat{\text{k}}$는 각각 x, y, z축의 단위벡터이다. 이와 마찬가지로 입자계의 질량중심의 위치를 다음과 같은 위치벡터로 쓸 수 있다.

$$\vec{r}_{\text{com}} = x_{\text{com}}\hat{\text{i}} + y_{\text{com}}\hat{\text{j}} + z_{\text{com}}\hat{\text{k}}. \tag{9.1.7}$$

이 식을 간결하게 나타내고 싶다면 식 9.1.5의 세 스칼라 방정식을 다음과 같은 하나의 벡터방정식으로 쓸 수 있다.

$$\vec{r}_{\text{com}} = \frac{1}{M}\sum_{i=1}^{n} m_i\vec{r}_i. \tag{9.1.8}$$

여기서 M은 계의 총질량이다. 이 식에 식 9.1.6과 9.1.7을 대입하고 x, y, z성분을 분리하면 식 9.1.5의 스칼라 관계식을 얻는다.

고체

야구방망이와 같은 물체는 수많은 입자(원자)를 포함하므로, 물질이 연속적으로 분포한 것으로 생각할 수 있다. 이 경우에 "입자"를 미분질량요소 dm으로 쓰고, 식 9.1.5에 있는 질량중심의 좌표를 다음과 같이 적분으로 표현한다.

$$x_{\text{com}} = \frac{1}{M}\int x\,dm, \qquad y_{\text{com}} = \frac{1}{M}\int y\,dm, \qquad z_{\text{com}} = \frac{1}{M}\int z\,dm. \tag{9.1.9}$$

여기서 M은 물체의 질량이다. 무수히 많은 입자에 대해 사용하는 식 9.1.5를 적분을 이용하여 효율적으로 쓸 수 있다. 그렇지 않고 모두 더한다면 매우 많은 시간이 걸릴 것이다.

일상적인 물체(TV나 사슴 같은)에 대하여 위의 적분을 계산하는 것은 매우 어렵기 때문에 여기서는 *균일한* 물체만을 생각하기로 한다. 균일한 물체는 단위부피당 질량, 즉 *밀도*가 균일하다. 즉, 물체의 밀도 ρ는 물체의 모든 점에서 같고, 그 값은 다음과 같다.

$$\rho = \frac{dm}{dV} = \frac{M}{V}. \tag{9.1.10}$$

여기서 dV는 질량요소 dm이 차지하는 부피이고, V는 물체의 전체 부피이다. 식 9.1.10의 $dm = (M/V)dV$를 식 9.1.9에 대입하면 다음을 얻는다.

$$x_{com} = \frac{1}{V}\int x\,dV, \qquad y_{com} = \frac{1}{V}\int y\,dV, \qquad z_{com} = \frac{1}{V}\int z\,dV. \tag{9.1.11}$$

▸***대칭성을 이용한 손쉬운 방법.*** 물체가 대칭점, 대칭선 또는 대칭면을 갖는다면 위 적분 중 한 개 또는 그 이상을 생략할 수 있다. 이때 물체의 질량중심은 대칭점, 대칭선 또는 대칭면 위에 있다. 예컨대 점대칭인 균일한 공의 질량중심은 대칭점인 공의 중심에 있다. 중심축에 대칭인 균일한 원뿔의 질량중심은 원뿔의 중심축 위에 있다. 또 바나나의 질량중심은 (바나나를 좌우대칭이 되도록 반으로 쪼갤 때 생기는) 대칭면 위 어딘가에 존재한다.

그러나 물체의 질량중심이 반드시 물체의 내부에 있을 필요는 없다. 도넛의 질량중심은 빵덩어리 속에 있지 않고, 말굽의 질량중심도 내부에 없다.

▶ 보기문제 9.1.1 세 입자의 질량중심

질량이 $m_1 = 1.2$ kg, $m_2 = 2.5$ kg, $m_3 = 3.4$ kg인 세 입자가 한 변의 길이가 $a = 140$ cm인 정삼각형의 꼭짓점에 각각 놓여 있을 때 계의 질량중심을 구하여라.

요점

입자로 이루어진 계를 다루는 경우에 질량중심의 위치를 구하기 위해 식 9.1.5를 이용한다. 입자가 정삼각형으로 이루어진 평면 위에 있으므로 식 9.1.5에서 두 개의 식만 이용해도 된다.

풀이: x, y축을 잘 선택하여 간단하게 계산할 수 있다. 한 입자를 원점에 오도록 하고 정삼각형의 한 변이 x축이 되도록 잡아주면 계산이 간단해진다(그림 9.1.3 참조). 다음의 표와 같이 세 입자의 좌표를 나타낼 수 있다.

입자	질량(kg)	x(cm)	y(cm)
1	1.2	0	0
2	2.5	140	0
3	3.4	70	120

이 계의 총질량 M은 7.1 kg이다.

식 9.1.5에서 질량중심의 좌표는 다음과 같다.

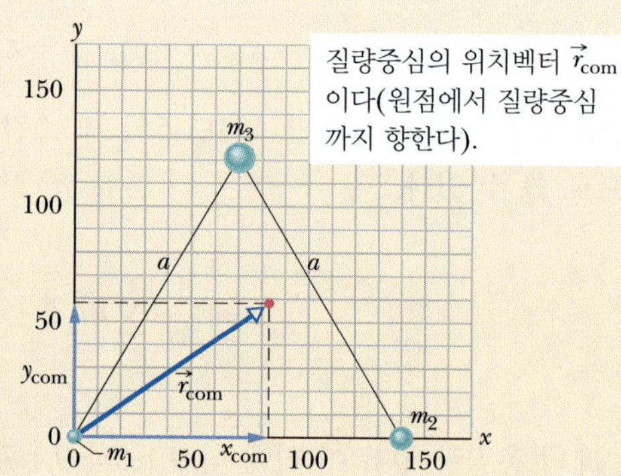

그림 9.1.3 세 입자는 한 변의 길이가 a인 정삼각형의 꼭짓점에 각각 놓여 있고, 질량중심을 위치벡터 $\vec{r}_{com}$으로 나타내었다.

$$x_{com} = \frac{1}{M}\sum_{i=1}^{3} m_i x_i = \frac{m_1x_1 + m_2x_2 + m_3x_3}{M}$$
$$= \frac{(1.2\text{ kg})(0) + (2.5\text{ kg})(140\text{ cm}) + (3.4\text{ kg})(70\text{ cm})}{7.1\text{ kg}}$$
$$= 83\text{ cm},$$ (답)

$$y_{com} = \frac{1}{M}\sum_{i=1}^{3} m_i y_i = \frac{m_1y_1 + m_2y_2 + m_3y_3}{M}$$
$$= \frac{(1.2\text{ kg})(0) + (2.5\text{ kg})(0) + (3.4\text{ kg})(120\text{ cm})}{7.1\text{ kg}}$$
$$= 58\text{ cm}.$$ (답)

그림 9.1.3에 성분이 x_{com}과 y_{com}인 위치벡터 $\vec{r}_{com}$으로 질량중심을 나타내었다. 좌표계의 방향을 다르게 정했다면 이 좌표값은 다르지만, 입자에 대한 질량중심의 위치는 같을 것이다.

▶ **교육용 비디오는 웹사이트 www.wiley.com에서 볼 수 있다.**

→ 확인문제 9.1.1

오른쪽 그림처럼 정사각형 판의 네 모퉁이를 같은 크기로 떼어낸다. (a) 원래 판의 질량중심은 어디인가? (b) 정사각형 1만 잘려나간 경우의 질량중심은 어디인가? (c) 정사각형 1과 2가 잘려나간 경우는 어떠한가? (d) 정사각형 1과 3이 잘린 경우는 어떠한가? (e) 정사각형 1, 2와 3이 잘린 경우는 어떠한가? (f) 모든 모퉁이가 잘린 경우는 어떠한가? 사분면, 점, 또는 축 등으로 답하여라(물론 계산하지 않고).

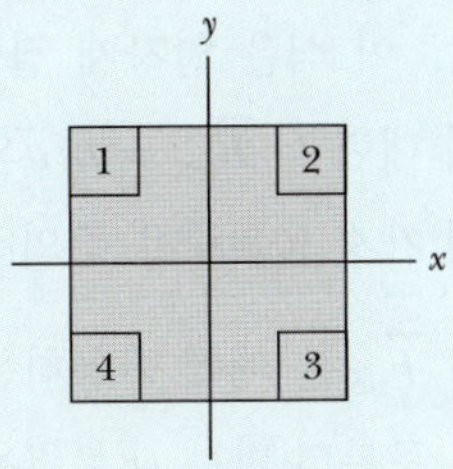

9.2 ▸ 입자계에 대한 Newton의 제2법칙

요점_*Key Ideas*

1. 임의의 입자계의 질량중심의 운동은 입자계에 대한 Newton의 제2법칙

$$\vec{F}_{net} = M\vec{a}_{com}$$

을 만족한다. 여기서 $\vec{F}_{net}$는 계에 작용하는 모든 *외부*력의 알짜힘, M은 계의 전체 질량, 그리고 $\vec{a}_{com}$은 계의 질량중심 가속도이다.

학습목표_*Learning Objectives*

이 단원을 읽은 후 다음을 이해해야 한다.

9.2.1 입자계에 대해 Newton의 제2법칙을 적용하여(입자들에 작용하는 힘의) 알짜힘과 계의 질량중심의 가속도 사이의 관계를 구한다.

9.2.2 계의 각각의 입자의 운동과 계의 질량중심의 운동에 대해 일정한 가속도를 가진 식을 적용한다.

9.2.3 계 안에 있는 입자의 질량과 속도로 계의 질량중심의 속도를 계산한다.

9.2.4 계 안의 입자에 대한 질량과 가속도를 이용해 계의 질량중심 가속도를 계산한다.

9.2.5 계의 질량중심의 위치가 시간의 함수로 주어졌을 때 질량중심의 속도를 결정한다.

9.2.6 계의 질량중심의 속도가 시간의 함수로 주어졌을 때 질량중심의 가속도를 결정한다.

9.2.7 질량중심 가속도의 함수를 시간

▶ 입자계에 대한 Newton의 제2법칙

지금까지 입자로 이루어진 계의 질량중심을 구하는 방법을 알아보았다. 앞으로는 외부에서 작용하는 힘에 의해 질량중심이 어떻게 움직이는지 알아보자. 두 개의 당구공으로 이루어진 단순한 계로 시작해보자.

만약 당구공으로 정지해 있는 다른 당구공을 치면 두 당구공으로 이루어진 계가 충돌한 후 앞쪽으로 운동할 것으로 예상할 수 있다. 예컨대 두 공이 모두 뒤로 가거나 둘 다 오른쪽이나 왼쪽으로 움직인다면 정말 놀라게 될 것이다. *어떤 것*은 계속 앞으로 움직일 것이라는 직감을 가진 것이다.

그러나 두 당구공의 중앙에 있는 질량중심은 충돌에 전혀 영향을 받지 않고 앞쪽으로 운동을 계속한다. 이를 확인해 보려면, 이 점(두 공은 같으므로 항상 중간에 있다)을 응시하면서 당구대에서 몇 번 시도해 보면 쉽게 알 수 있다. 스침충돌이든 정면충돌이든 그 중간 것이든 충돌 후에도 질량중심은 충돌이 일어나지 않은 것처럼 계속 전진한다. 질량중심의 운동을 좀 더 자세히 살펴보자.

에 대해 적분하여 질량중심 속도의 변화를 계산한다.

9.2.8 질량중심 속도의 함수를 시간에 대해 적분하여 질량중심의 변위를 계산한다.

9.2.9 두 입자계 안의 입자가 계의 질량중심이 변하지 않게 운동할 때 입자들의 변위와 속도 사이의 관계를 맺는다.

▸***계의 질량중심 운동.*** 우선 질량이 같은 당구공 대신 서로 질량이 다른 n개의 입자로 이루어진 입자계를 생각해 보자. 이때 각각의 입자에 대한 운동이 아니라 입자계 질량중심의 운동을 살펴보자. 질량중심은 단 하나의 점이지만 계의 총질량과 같은 질량을 가진 단일입자처럼 움직이므로 질량중심의 위치, 속도, 가속도 등을 정의할 수 있다. 아래에서 증명하듯이 입자계 질량중심의 운동에 대한 벡터방정식은 다음과 같다.

$$\vec{F}_{\text{net}} = M\vec{a}_{\text{com}} \qquad (\text{입자계}). \tag{9.2.1}$$

이 식은 입자계 질량중심의 운동에 대한 Newton의 제2법칙이다. 단일입자의 운동에 대한 식 $\vec{F}_{\text{net}} = m\vec{a}$와 같은 형태임을 알 수 있다. 그러나 식 9.2.1에 나타나는 다음의 세 가지 물리량은 주의하여 계산해야 한다.

1. $\vec{F}_{\text{net}}$는 계에 작용하는 *모든 외부력*의 합, 즉 알짜힘이다. 계의 한 부분이 다른 부분으로부터 받는 *내부력*은 식 9.2.1에 포함되지 않는다.
2. M은 계의 *총질량*이다. 계가 움직일 때 질량이 계에서 빠져나가거나 계로 들어오지 않는다고 가정한다. 이러한 계를 **닫힌 계**라고 한다.
3. $\vec{a}_{\text{com}}$은 *질량중심*의 가속도이다. 식 9.2.1은 다른 점의 가속도에 대한 정보를 주지 않는다.

식 9.1.14는 $\vec{F}_{\text{net}}$와 $\vec{a}_{\text{com}}$의 세 성분으로 주어지는 다음의 세 방정식과 동등하다.

$$F_{\text{net},x} = Ma_{\text{com},x} \qquad F_{\text{net},y} = Ma_{\text{com},y} \qquad F_{\text{net},z} = Ma_{\text{com},z}. \tag{9.2.2}$$

▸***당구공.*** 이제 다시 당구공의 운동을 살펴보자. 일단 당구공이 구르기 시작하면 어떤 외부력도 두 공으로 이루어진 계에 작용하지 않는다. 즉, $\vec{F}_{\text{net}} = 0$이므로 식 9.2.1에서 $\vec{a}_{\text{com}} = 0$임을 알 수 있다. 가속도는 속도의 시간변화율이므로 질량중심의 속도는 변하지 않는다. 두 공이 충돌할 때 작용하는 힘은 서로 다른 공에 가해지는 *내부력*이다. 그러나 내부력은 서로 상쇄되어 알짜힘 $\vec{F}_{\text{net}}$에 더해지지 않는다. 따라서 충돌하기 전에 전진하는 계의 질량중심은 충돌 후에도 같은 방향과 속력으로 전진한다.

▸***단단한 물체.*** 식 9.2.1은 입자계뿐만 아니라 그림 9.1.1*b*의 야구방망이와 같은 단단한 물체에도 똑같이 적용할 수 있다. 이 경우에 식 9.2.1의 M은 야구방망이의 질량이고 $\vec{F}_{\text{net}}$은 방망이에 작용하는 중력이다. 즉, 식 9.2.1에서 $\vec{a}_{\text{com}} = \vec{g}$이다. 다시 말하면 야구방망이의 질량중심은 힘 $\vec{F}_g$를 받는 질량 M인 단일입자처럼 움직인다.

폭발의 내부력은 com의 경로를 바꿀 수 없다.

그림 9.2.1 불꽃 폭죽이 날아가다가 터지는 모습. 공기저항이 없을 때 파편의 질량중심은 지면에 닿기 전까지 원래의 포물선 경로를 따라간다.

▸***폭발하는 물체.*** 그림 9.2.1는 또 다른 흥미로운 경우이다. 불꽃놀이용 폭죽이 포물선 경로를 따라 날아가다가 어떤 곳에서 폭발하여 수많은 파편으로 쪼개진다. 폭죽이 폭발하지 않았다면 그림의 포물선 경로를 따라 지면에 떨어졌을 것이다. 폭발력은 계(처음에는 폭죽이고 나중에는 파편 무리이다)의 *내부력*이다. 즉, 계 안의 한 부분이 다른 부분에 작용하는 힘이다. 공기저항을 무시하면 폭죽의 폭발 여부와 관계없이 계에 작용하는 알짜 *외부력* $\vec{F}_{\text{net}}$은 계에 작용하는 중력이다. 따라서 식 9.2.1에서 파편이 날아가는 동안 질량중심의 가속도 $\vec{a}_{\text{com}}$은 $\vec{g}$이다. 즉, 폭발 후 파편의 질량중심은 폭죽이 폭발하지 않았을 경우에 지나갈 경로를 따라 운동한다.

▸***발레 도약.*** 발레리나가 그랑제떼 동작으로 무대를 가로질러 뛰어오를 때, 손을 들어 올리고 두 발이 무대에서 떨어지자마자 수평으로 두 다리를 쫙 벌린다(그림 9.2.2 참조). 이 동작으로 그녀의 질량중심이 몸통의 위쪽으로 올라간다. 이때 질량중심은 무대를

그림 9.2.2 그랑제떼 동작. (*The Physics of Dance*, Kenneth Laws, Schirmer Books, 1984 참조)

가로질러 포물선 경로를 정확히 따르지만 몸통에 대한 질량중심의 상대적 움직임 때문에 손발을 움직이지 않고 뛰어오르는 것에 비하여 머리와 몸통의 높이가 낮아진다. 따라서 머리와 몸통은 거의 수평인 경로를 따르게 되어 마치 발레리나가 떠 있는 듯한 느낌을 갖게 된다.

식 9.2.1의 증명

이제 중요한 방정식인 식 9.2.1를 증명해 보자. 식 9.1.8에서 n개의 입자로 이루어진 계에 대한 벡터방정식은 다음과 같다.

$$M\vec{r}_{\text{com}} = m_1\vec{r}_1 + m_2\vec{r}_2 + m_3\vec{r}_3 + \cdots + m_n\vec{r}_n. \tag{9.2.3}$$

여기서 M은 계의 총질량이고 $\vec{r}_{\text{com}}$은 질량중심의 위치벡터이다.

식 9.2.3을 시간에 대해 미분하면 다음을 얻는다.

$$M\vec{v}_{\text{com}} = m_1\vec{v}_1 + m_2\vec{v}_2 + m_3\vec{v}_3 + \cdots + m_n\vec{v}_n. \tag{9.2.4}$$

여기서 $\vec{v}_i\,(= d\vec{r}_i/dt)$는 i번째 입자의 속도이고, $\vec{v}_{\text{com}}\,(= d\vec{r}_{\text{com}}/dt)$은 질량중심의 속도이다.

식 9.2.4을 시간에 대해 미분하면 다음을 얻는다.

$$M\vec{a}_{\text{com}} = m_1\vec{a}_1 + m_2\vec{a}_2 + m_3\vec{a}_3 + \cdots + m_n\vec{a}_n. \tag{9.2.5}$$

여기서 $\vec{a}_i\,(= d\vec{v}_i/dt)$는 i번째 입자의 가속도이고, $\vec{a}_{\text{com}}\,(= d\vec{v}_{\text{com}}/dt)$은 질량중심의 가속도이다. 결국 질량중심은 기하학적 점일 뿐이지만 실제 입자처럼 위치, 속도, 가속도를 갖는다.

Newton의 제2법칙으로부터 $m_i\vec{a}_i$는 i번째 입자에 작용하는 힘 $\vec{F}_i$와 같다. 따라서 식 9.2.5를

$$M\vec{a}_{\text{com}} = \vec{F}_1 + \vec{F}_2 + \vec{F}_3 + \cdots + \vec{F}_n \tag{9.2.6}$$

으로 다시 쓸 수 있다. 식 9.2.6의 우변에 있는 힘 중에는 계의 입자가 다른 입자에 가하는 내부력과 계의 외부에서 입자계에 가하는 외부력이 있다. Newton의 제3법칙에 의하

면 내부력은 작용–반작용 쌍을 이루어 식 9.2.6의 오른쪽에 나타나는 합에서 서로 상쇄된다. 남는 것은 계에 작용하는 모든 *외부력*의 벡터 합이므로 식 9.2.6를 증명하려는 식 9.2.1로 쓸 수 있다.

확인문제 9.2.1

두 명의 스케이터가 질량을 무시할 수 있는 막대를 양 끝에서 잡고 얼음판 위에 서 있다. 이때 축을 막대의 길이방향으로 잡고 축의 원점을 두 스케이터의 질량중심에 놓는다. 스케이터 Fred는 다른 스케이터 Ethel보다 두 배나 더 무겁다. 다음의 경우 두 선수는 어느 점에서 만나는가? (a) Fred가 막대를 당기면서 Ethel 쪽으로 간다. (b) Ethel이 막대를 당기면서 Fred 쪽으로 간다. (c) 두 선수가 서로 막대를 당기면서 다가간다.

보기문제 9.2.1 중력 퍼텐셜에너지의 기준 찾기, 나무늘보

계 안의 입자가 모두 함께 운동한다면 질량중심도 이들과 함께 움직이며, 아무 문제도 없다. 하지만 입자가 다른 가속도로 다른 방향으로 운동하면 어떻게 될까? 이에 대한 보기문제이다.

그림 9.2.3*a*에 있는 세 입자가 처음에는 정지해 있다. 각 입자는 계의 외부에 있는 물체에 의해 *외부*력을 받는다. 각 입자가 받는 힘의 방향이 그림에 표시되어 있고, 각 힘의 크기는 $F_1 = 6.0$ N, $F_2 = 12$ N, $F_3 = 14$ N이다. 계의 질량중심의 가속도를 구하고 질량중심이 이동하는 방향을 구하여라.

요점

질량중심의 위치가 그림에 빨간 점으로 표시되어 있다. 질량중심을 계의 전체 질량 $M = 16$ kg을 갖는 단일입자처럼 취급할 수 있다. 또한 세 개의 외부력이 질량중심에 작용하는 것으로 생각할 수 있다(그림 9.2.3*b* 참조).

풀이: Newton의 제2법칙($\vec{F}_{net} = m\vec{a}$)을 질량중심에 적용하면

$$\vec{F}_{net} = M\vec{a}_{com}, \qquad (9.2.7)$$

즉

$$\vec{F}_1 + \vec{F}_2 + \vec{F}_3 = M\vec{a}_{com}$$

이므로 다음과 같이 쓸 수 있다.

$$\vec{a}_{com} = \frac{\vec{F}_1 + \vec{F}_2 + \vec{F}_3}{M}. \qquad (9.2.8)$$

한편, 식 9.2.7을 보면 질량중심의 가속도 $\vec{a}_{com}$은 계에 작용하는 알짜 외부력 $\vec{F}_{net}$과 같은 방향이다(그림 9.2.3*b* 참조). 처음에 입자가 정지해 있었으므로 질량중심도 정지해 있다. 그 후 질량중심이 가속되기 시작하면서 $\vec{a}_{com}$과 $\vec{F}_{net}$의 공통 방향으로 움직인다.

식 9.2.8을 벡터 연산이 가능한 계산기를 써서 계산하거나 식 9.2.8을 벡터성분으로 다시 써서 $\vec{a}_{com}$의 성분을 얻어 $\vec{a}_{com}$을 구할 수 있다. *x*축 성분은

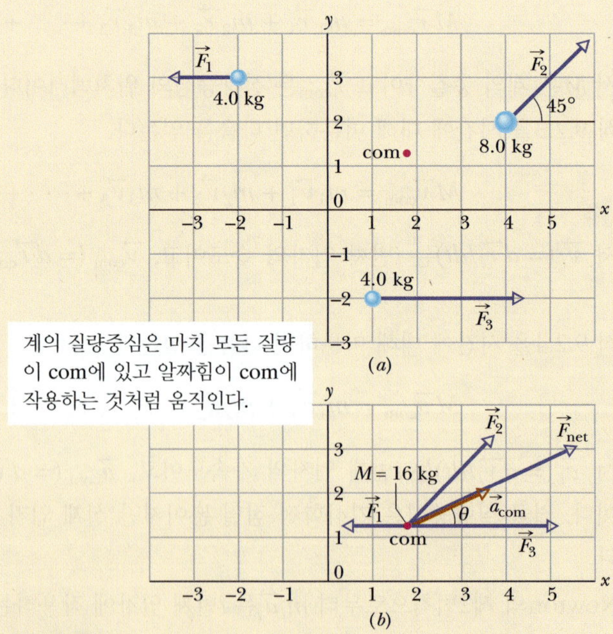

그림 9.2.3 (*a*) 처음에 정지해 있던 세 입자가 그림과 같이 외부력을 받는다. com은 계의 질량중심이다. (*b*) 총질량 *M*을 가진 단일입자처럼 움직이는 계의 질량중심에 힘이 전달된다. 알짜힘 $\vec{F}_{net}$과 질량중심의 가속도 $\vec{a}_{com}$이 표시되어 있다.

$$a_{\text{com},x} = \frac{F_{1x} + F_{2x} + F_{3x}}{M}$$
$$= \frac{-6.0\text{ N} + (12\text{ N})\cos 45° + 14\text{ N}}{16\text{ kg}} = 1.03\text{ m/s}^2$$

이고, y축 성분은

$$a_{\text{com},y} = \frac{F_{1y} + F_{2y} + F_{3y}}{M}$$
$$= \frac{0 + (12\text{ N})\sin 45° + 0}{16\text{ kg}} = 0.530\text{ m/s}^2$$

이다. 따라서 $\vec{a}_{\text{com}}$의 크기는 다음과 같다.

$$a_{\text{com}} = \sqrt{(a_{\text{com},x})^2 + (a_{\text{com},y})^2}$$
$$= 1.16\text{ m/s}^2 \approx 1.2\text{ m/s}^2.$$ 답

또한 (x축 양의 방향으로부터) 각도는 다음과 같다.

$$\theta = \tan^{-1}\frac{a_{\text{com},y}}{a_{\text{com},x}} = 27°.$$ 답

▶ **교육용 비디오는 웹사이트 www.wiley.com에서 볼 수 있다.**

9.3 ▸ 선운동량

학습목표_Learning Objectives

이 단원을 읽은 후 다음을 이해해야 한다.

9.3.1 운동량은 벡터량이므로 크기와 방향, 그리고 성분을 가지고 있다.

9.3.2 입자의 질량과 속도를 곱하여 입자의 (선)운동량을 계산한다.

9.3.3 입자의 속력과 운동방향이 변할 때 운동량의 변화(크기와 방향)를 계산한다.

9.3.4 입자의 운동량과 입자에 가한(알짜)힘 사이의 관계를 적용한다.

9.3.5 계의 전체 질량과 질량중심의 속도를 곱하여 입자계의 운동량을 계산한다.

9.3.6 계의 질량중심 운동량과 계에 작용하는 알짜힘 사이의 관계를 적용한다.

요점_Key Ideas

1. 단일입자에 대해, 선운동량이라는 양 $\vec{p}$를

$$\vec{p} = m\vec{v}$$

로 정의한다. 이 양은 입자의 속도와 같은 방향을 갖는 벡터량이다. 이 운동량을 이용하여 Newton의 제2법칙을 쓸 수 있다.

$$\vec{F}_{\text{net}} = \frac{d\vec{p}}{dt}.$$

2. 입자계의 경우 이 관계는 다음과 같다.

$$\vec{P} = M\vec{v}_{\text{com}}\text{와 } \vec{F}_{\text{net}} = \frac{d\vec{P}}{dt}.$$

▶ 선운동량

중요한 두 물리량을 정의하기 위하여 입자계가 아닌 단일입자를 먼저 살펴보고, 많은 입자로 구성된 입자계로 정의식을 확장할 것이다.

첫 번째로 정의할 물리량은 *운동량*이다. 운동량은 일상생활에서 여러 가지 의미를 갖는 단어이지만 물리학에서는 단 하나의 의미만 가진다. 입자의 **선운동량**은 벡터 $\vec{p}$로 쓰며

$$\vec{p} = m\vec{v} \qquad \text{(입자의 선운동량)} \qquad (9.3.1)$$

로 정의한다. 여기서 m은 입자의 질량이며 $\vec{v}$는 속도이다(*선*이라는 말은 종종 생략하지만, 11장에서 다루게 될 회전과 관련된 *각*운동량과 구별하기 위하여 선운동량으로 쓰는

것이 좋다). m은 항상 양의 스칼라량이므로 식 9.3.1에서 $\vec{p}$와 $\vec{v}$는 같은 방향을 갖는다. 식 9.3.1에서 선운동량의 SI 단위는 kg · m/s이다.

▸***힘과 운동량.*** Newton은 운동의 제2법칙을 다음과 같이 선운동량으로 기술하였다.

선운동량의 시간변화율은 입자에 작용하는 알짜힘과 같다.

이것을 방정식으로 쓰면 다음과 같다.

$$\vec{F}_{\text{net}} = \frac{d\vec{p}}{dt}. \tag{9.3.2}$$

식 9.3.2는 입자에 작용하는 알짜 외부력 $\vec{F}_{\text{net}}$이 입자의 선운동량 $\vec{p}$를 바꾼다는 뜻이다. 반대로 생각하면 선운동량은 알짜 외부력에 의해서만 변한다. 즉, 알짜 외부력이 없으면 $\vec{p}$는 변할 수 *없다*. 9.5절에서 보겠지만 이 사실은 문제를 풀 수 있는 매우 강력한 도구가 된다.

식 9.3.1에서 $\vec{p}$를 위 식에 대입하면 일정한 질량 m에 대하여 다음을 얻는다.

$$\vec{F}_{\text{net}} = \frac{d\vec{p}}{dt} = \frac{d}{dt}(m\vec{v}) = m\frac{d\vec{v}}{dt} = m\vec{a}.$$

결국 $\vec{F}_{\text{net}} = d\vec{p}/dt$와 $\vec{F}_{\text{net}} = m\vec{a}$는 단일입자에 대한 Newton의 제2법칙과 동일한 표현식이다.

확인문제 9.3.1

다음은 축을 따라서 입자가 움직이고 있을 때 선운동량 크기 p의 시간 t에 대한 그래프이다. 축방향으로 힘이 작용한다면 (a) 표시된 네 구간에서 작용한 힘의 크기에 따라 순서대로 나열하여라. (b) 입자의 움직임이 느려지는 곳은 어느 구간인가?

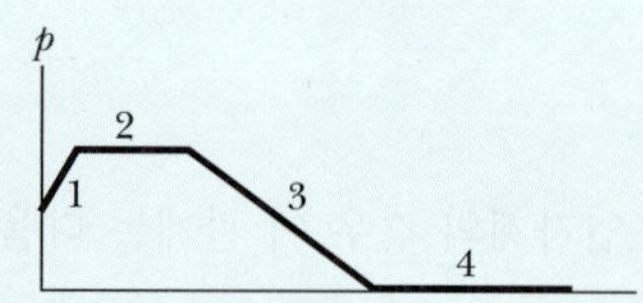

입자계의 선운동량

앞에서 단일입자의 선운동량을 정의했다. 이제 각각 질량, 속도, 선운동량을 갖는 n개의 입자로 이루어진 입자계를 생각해 보자. 입자들은 상호작용하고, 외부력도 입자에 작용할 수 있다. 계는 모든 입자의 선운동량의 벡터합으로 정의된 전체 선운동량 $\vec{P}$를 가지므로 다음과 같이 쓸 수 있다.

$$\begin{aligned}\vec{P} &= \vec{p}_1 + \vec{p}_2 + \vec{p}_3 + \cdots + \vec{p}_n \\ &= m_1\vec{v}_1 + m_2\vec{v}_2 + m_3\vec{v}_3 + \cdots + m_n\vec{v}_n.\end{aligned} \tag{9.3.3}$$

이 식을 식 9.2.4와 비교하면 다음과 같다.

$$\vec{P} = M\vec{v}_{\text{com}} \quad \text{(입자계의 선운동량)}. \tag{9.3.4}$$

이것은 입자계의 선운동량을 정의하는 또 다른 방법이다. 따라서 다음과 같이 기술할 수 있다.

> 입자계의 선운동량은 계의 총질량 M과 질량중심의 속도를 곱한 것과 같다.

▸ ***힘과 운동량.*** 식 9.3.4를 시간으로 미분하면(속도는 변할 수 있지만 질량은 그렇지 않다)

$$\frac{d\vec{P}}{dt} = M\frac{d\vec{v}_{com}}{dt} = M\vec{a}_{com} \tag{9.3.5}$$

이다. 식 9.2.1과 9.3.5를 비교하면 입자계에 대한 Newton의 제2법칙을

$$\vec{F}_{net} = \frac{d\vec{P}}{dt} \quad \text{(입자계)} \tag{9.3.6}$$

로 쓸 수 있다. 여기서 $\vec{F}_{net}$은 계에 작용하는 알짜 외부력이다. 이 식은 단일입자에 대한 식 $\vec{F}_{net} = d\vec{p}/dt$를 입자계에 대한 식으로 일반화한 것이다. 결국 입자계에 작용한 알짜 외부력 $\vec{F}_{net}$은 계의 선운동량 $\vec{P}$를 바꾼다. 역으로 보면 선운동량은 알짜 외부력에 의해서만 변한다. 알짜 외부력이 없으면 $\vec{P}$는 변하지 *않는다*. 이 사실은 문제를 풀 때 매우 강력한 도구로 쓸 수 있다.

9.4 ▸ 충돌과 충격량

학습목표 _Learning Objectives_

이 단원을 읽은 후 다음을 이해해야 한다.

9.4.1 충격량은 벡터량이므로 크기, 방향 그리고 성분이 있다.

9.4.2 충격량과 운동량 변화 사이의 관계를 적용한다.

9.4.3 충격량, 평균력과 충격이 가해진 시간간격 사이의 관계를 적용한다.

9.4.4 일정한 가속도 식을 적용하여 충격량과 평균력 사이의 관계를 맺는다.

9.4.5 힘이 시간의 함수로 주어졌을 때 충격량(따라서 운동량의 변화)은 이 함수를 적분하여 계산한다.

9.4.6 힘과 시간의 그래프가 주어졌을 때 충격량(따라서 운동량의 변화)

요점 _Key Ideas_

1. 충돌하는 입자에 운동량을 이용한 Newton의 제2법칙을 적용하면 충격량-선운동량 정리를 얻는다.

$$\vec{p}_f - \vec{p}_i = \Delta\vec{p} = \vec{J}.$$

여기서 $\vec{p}_f - \vec{p}_i = \Delta\vec{p}$는 물체의 선운동량 변화이고 $\vec{J}$는 충돌할 때 다른 물체가 작용하는 힘 $\vec{F}(t)$에 의한 충격량

$$\vec{J} = \int_{t_i}^{t_f} \vec{F}(t)\, dt$$

이다.

2. F_{avg}가 충돌할 때 $\vec{F}(t)$의 평균 크기이고, Δt가 충돌 시간일 때 1차원 운동에 대해 다음이 성립한다.

$$J = F_{avg}\,\Delta t.$$

을 그림을 적분하여 계산한다.

9.4.7 포물체가 연속적으로 충돌하는 경우 평균력을 질량이 충돌하는 비율과 각 포물체가 겪는 속도변화와 관계를 맺어 계산한다.

3. 질량 m, 속력 v인 물체가 연속적으로 위치가 고정된 물체에 충돌할 때 고정된 물체에 작용하는 평균력은

$$F_{\text{avg}} = -\frac{n}{\Delta t}\,\Delta p = -\frac{n}{\Delta t}\,m\,\Delta v$$

이다. 여기서 $n/\Delta t$는 고정된 목표에 입자가 충돌하는 비율이고, Δv는 충돌하는 각 물체의 속도변화이다. 이 평균력은 다음과 같이 쓸 수도 있다.

$$F_{\text{avg}} = -\frac{\Delta m}{\Delta t}\,\Delta v.$$

여기서 $\Delta m/\Delta t$는 고정된 목표에 질량이 충돌하는 비율이다. 물체가 충돌 후 정지하면 속도의 변화는 $\Delta v = -v$이고, 속력의 변화 없이 바로 뒤로 튀어나온다면 $\Delta v = -2v$이다.

충돌과 충격량

입자와 같은 물체의 선운동량 $\vec{p}$는 외부력이 작용하지 않으면 변하지 않는다. 예컨대 선운동량을 변화시키기 위해 물체를 밀거나 야구방망이로 물체를 때릴 수도 있다. 이와 같은 충돌에서 외부력은 물체에 매우 짧은 시간 동안 매우 큰 크기로 작용하여 물체의 운동량을 변화시킨다. 충돌은 자동차 사이의 충돌처럼 일상생활에서도 흔히 발생하는 현상이다. 자동차의 충돌에 대해서도 얘기하겠지만 일단 움직이는 물체(*포물체*)와 정지해 있는 물체(*표적*)의 간단한 충돌을 고려해 보자.

단일 충돌

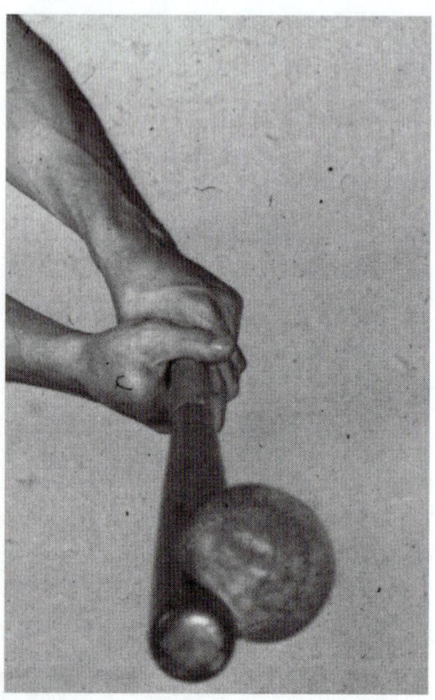

그림 9.4.1 공이 방망이와 충돌하면 부딪힌 부분이 일그러진다.

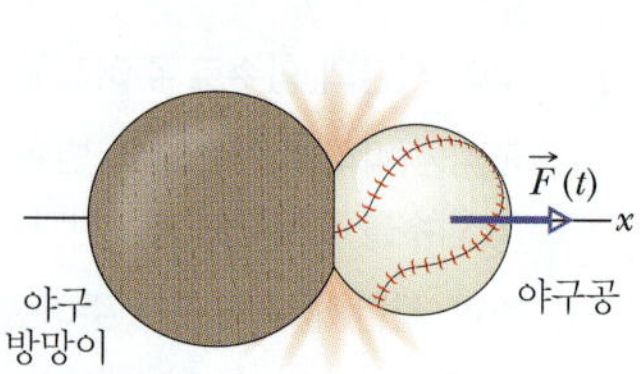

그림 9.4.2 야구방망이와 공의 충돌에서 힘 $\vec{F}(t)$가 공에 작용한다.

포물체가 야구공이고 표적이 야구방망이라고 하자(그림 9.4.1). 이때의 충돌은 짧게 일어나지만 공은 느려져서 멈추고 심지어 방향을 바꿀 정도로 큰 힘을 받는다. 그림 9.4.2는 충돌하는 특정 순간을 포착한 것이다. 공이 받는 힘 $\vec{F}(t)$는 충돌하는 동안 변하면서 공의 선운동량 $\vec{p}$를 바꾼다. 이 변화는 Newton의 제2법칙을 $\vec{F} = d\vec{p}/dt$의 형태로 쓴 것과 관련 있다. 제2법칙의 표현을 다시 배열하면, 시간간격 dt 동안 공의 운동량 변화는 다음과 같다.

$$d\vec{p} = \vec{F}(t)\,dt. \tag{9.4.1}$$

여기서 충돌 직전의 시각 t_i부터 충돌 직후의 시각 t_f까지 식 9.4.1을 적분하면 충돌에서 선운동량의 변화를 다음과 같이 쓸 수 있다.

$$\int_{t_i}^{t_f} d\vec{p} = \int_{t_i}^{t_f} \vec{F}(t)\,dt. \tag{9.4.2}$$

이 식의 왼쪽 항은 $\vec{p}_f - \vec{p}_i = \Delta\vec{p}$, 즉 선운동량의 변화이고, 오른쪽 항은 충격량으로서 충돌력과 시간간격의 곱이다. 이를 사용하여 **충격량** $\vec{J}$를 다음과 같이 정의한다.

$$\vec{J} = \int_{t_i}^{t_f} \vec{F}(t)\,dt \quad \text{(충격량의 정의)}. \tag{9.4.3}$$

따라서 다음과 같이 물체의 선운동량 변화가 물체에 가해지는 충격량과 같다.

$$\Delta \vec{p} = \vec{J} \qquad \text{(선운동량-충격량의 정의)}. \tag{9.4.4}$$

또한 벡터형태로는

$$\vec{p}_f - \vec{p}_i = \vec{J} \tag{9.4.5}$$

이며, 성분형태로는 다음과 같다.

$$\Delta p_x = J_x, \tag{9.4.6}$$

$$p_{fx} - p_{ix} = \int_{t_i}^{t_f} F_x \, dt. \tag{9.4.7}$$

▸***힘을 적분하기.*** $\vec{F}(t)$의 함수를 적분하면 충격량 $\vec{J}$(즉, 선운동량의 변화)를 구할 수 있다. 즉, 그림 9.4.3*a*처럼 $\vec{F}$와 t의 그래프가 주어지면 그래프와 t축 사이의 면적인 $\vec{J}$를 구할 수 있다. 많은 경우에 시간에 따라서 힘이 어떻게 변하는지 알 수 없다. 하지만 힘의 평균 크기 F_{avg}와 충돌시간 $\Delta t\ (= t_f - t_i)$는 알 수 있다. 이때는 충격량의 크기를

$$J = F_{avg}\, \Delta t \tag{9.4.8}$$

로 쓸 수 있다. 평균력은 그림 9.4.3*b*처럼 시간에 대한 그래프로 표시한다. 그래프의 아래 면적은 그림 9.4.3*a*에 그려진 힘 $F(t)$ 그래프의 아래 면적과 같고 바로 충격량의 크기 J이다.

이제는 야구공 대신 그림 9.4.2의 야구방망이에 초점을 맞춰 보자. Newton의 제3법칙에 의해 야구공에 작용하는 힘과 크기는 같고 방향이 반대인 힘이 야구방망이에 작용한다. 식 9.4.3으로부터 야구방망이의 충격량은 야구공에 작용하는 충격량과 크기는 같고 방향이 반대라는 것을 알 수 있다.

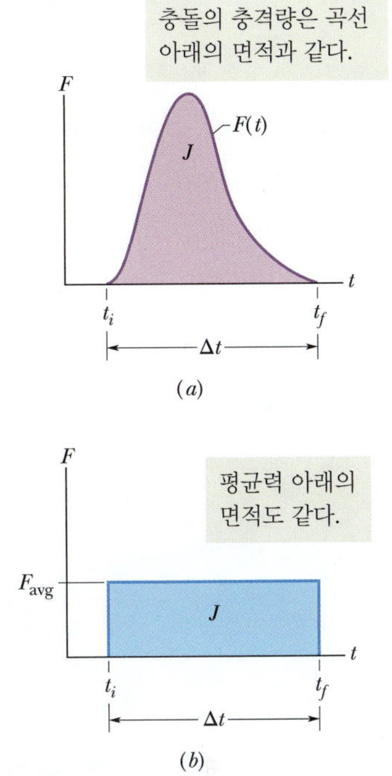

그림 9.4.3 ▸ (*a*) 그림 9.4.2의 충돌에서 공에 작용하는 힘 $F(t)$의 시간에 따른 그래프. 그래프 아래 면적은 충돌 시 공에 가해지는 충격량 $\vec{J}$의 크기와 같다. (*b*) 직사각형의 높이는 Δt 동안에 공에 작용하는 평균력 F_{avg}이다. 직사각형의 면적은 (*a*) 그래프의 아래 면적과 같고 충돌 시의 충격량 $\vec{J}$의 크기이다.

➔ 확인문제 9.4.1

낙하산이 펴지지 않아서 병사가 추락했다. 만약 눈 위에 떨어지면 맨땅 위로 떨어질 때보다 부상의 정도가 훨씬 작을 것이다. 맨땅에 떨어졌다면 충돌 시간이 10배나 짧아서 치명적인 부상을 입을 수 있다. 눈 위에 떨어졌다면 다음 값은 증가하는가, 감소하는가, 아니면 같은가? (a) 병사의 선운동량 변화 (b) 병사의 충격량 (c) 병사를 멈추게 하는 힘.

연속충돌

이번에는 물체가 동일한 충돌을 반복할 때 표적에 작용하는 힘에 대해서 생각해 보자. 예컨대 발사장치로 벽에 테니스공을 반복적으로 충돌시킬 수 있다. 각각의 충돌마다 벽에 힘을 작용하지만 필요한 것은 여러 번의 충돌 동안 벽에 가해지는 평균적인 힘이다.

그림 9.4.4는 동일한 질량 m과 선운동량 $m\vec{v}$를 갖는 포물체가 일정한 시간간격으로 x축을 따라서 위치가 고정된 표적에 충돌하는 모습이다. Δt 시간 동안 충돌하는 포물체의 수를 n이라고 하자. 물체의 움직임이 x축에 한정되어 있으므로 선운동량 중 x축 성분만 고려하면 된다. 각 포물체는 초기 선운동량이 mv이며 충돌 후 Δp만큼 변하게 된다. 따라서 Δt 시간 동안 총 선운동량의 변화는 $n\,\Delta p$이다. 그 결과 Δt 시간 동안 표적에 작용하는 충격량 $\vec{J}$는 크기가 $n\,\Delta p$와 같지만 선운동량의 변화와 반대 방향이다. 이를 식으로 나타내면 다음과 같다.

$$J = -n\,\Delta p. \tag{9.4.9}$$

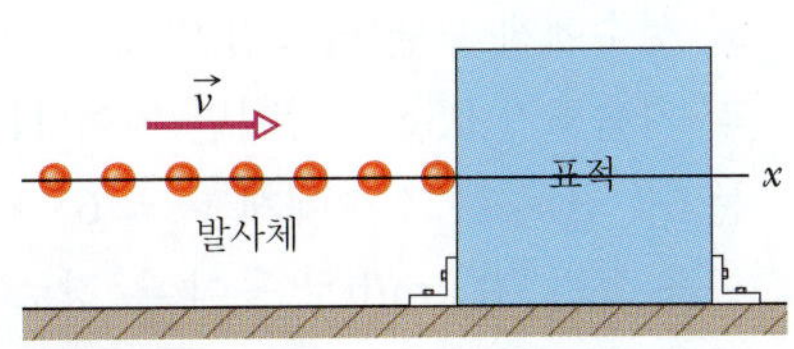

그림 9.4.4 ▸ 위치가 고정된 표적에 선운동량이 같은 포물체가 연속적으로 충돌한다. 표적에 작용하는 평균력 F_{avg}의 방향은 오른쪽이고, 그 크기는 포물체의 질량이 표적에 충돌하는 비율에 따라 달라진다.

여기서 음의 부호는 J와 Δp가 반대 방향임을 나타낸다.

▸***평균력.*** 식 9.4.8과 9.4.9를 이용하면 충돌이 진행되는 동안 표적에 작용하는 힘의 평균 크기는

$$F_{avg} = \frac{J}{\Delta t} = -\frac{n}{\Delta t}\Delta p = -\frac{n}{\Delta t} m\,\Delta v \tag{9.4.10}$$

이다. 이 식은 F_{avg}를 $n/\Delta t$, 즉 포물체가 표적에 충돌하는 비율 및 포물체의 속도 변화 Δv로 나타내고 있다.

▸***속도변화.*** 만일 포물체가 충돌하자마자 정지한다면 식 9.4.10에서 Δv는 다음과 같다.

$$\Delta v = v_f - v_i = 0 - v = -v. \tag{9.4.11}$$

여기서 $v_i(= v)$와 $v_f(= 0)$는 충돌 전후의 속도이다. 만약 포물체가 속력의 변화 없이 곧바로 튕겨 나온다면 $v_f = -v$이고 다음과 같이 쓸 수 있다.

$$\Delta v = v_f - v_i = -v - v = -2v. \tag{9.4.12}$$

시간간격 Δt 동안 질량 $\Delta m = nm$이 표적과 충돌하였으므로 식 9.4.10을 다시 쓰면

$$F_{avg} = -\frac{\Delta m}{\Delta t}\Delta v \tag{9.4.13}$$

이다. 이 식은 평균력 F_{avg}를 $\Delta m/\Delta t$, 즉 질량이 표적에 충돌하는 비율로 나타내고 있다. 여기서 Δv는 상황에 따라 식 9.4.11이나 9.4.12로 바꿀 수 있다.

➡ 확인문제 9.4.2

그림은 공이 수직벽에 부딪혀 속력의 변화 없이 튕겨 나가는 모습을 위에서 내려다본 모습이다. 공의 선운동량 변화 $\Delta\vec{p}$를 생각해 보자. (a) Δp_x는 양, 음, 0의 값 중 무엇인가? (b) Δp_y값은 양, 음, 0의 값 중 무엇인가? (c) $\Delta\vec{p}$의 방향을 구하여라.

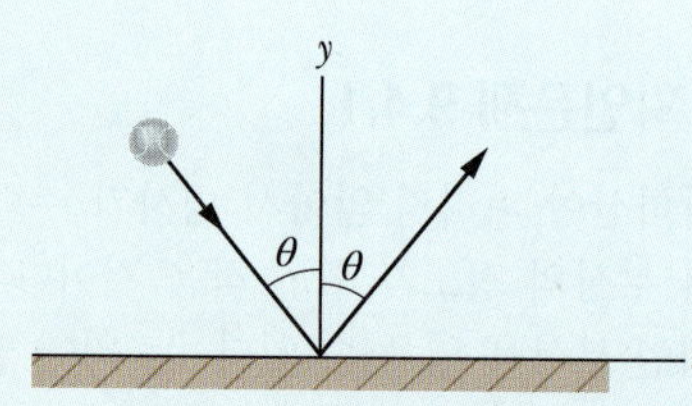

▸ 보기문제 9.4.1 축구에서 헤딩하기

축구 선수는 날아오는 공에 이마를 맞추어 헤딩으로 공을 동료 선수에게 보낸다(그림 9.4.5). 머리-공의 충돌로 인한 머리 가속도가 95g 이상이면 일어나는 뇌진탕이 일어날 수 있는가? 찬 공은 선수에게 v = 65 km/h로 다가오고, 선수는 공을 속력 20 km/h로 공이 온 경로에 대해 반대 방향으로 헤딩한다고 가정한다. 공의 질량은 m = 400 g이고, 충돌은 Δt = 11 ms 동안 일어난다. 선수 머리의 질량을 (몸 질량의 약 7.3%인) 5.11 kg이라고 하자. 다음의 크기를 구하여라. 공에 작용하는 (a) 충격량 J (b) 평균힘 F_{avg}, 선수에 작용하는 (c) 충격량 (d) 머리에 작용하는 평균힘 선수 머리의 Δv_{head} (e) 속도변화 (f) 가속도 a_{head} (g) a_{head}는 뇌진탕 가속도 영역에 있는가? (답은 명백하다. 왜냐하면 그렇지 않다면 축구 경기는 금방 끝났을 것이다.)

요점

(1) 두 물체가 충돌할 때 충격량 J는 충돌하는 한 물체의 운동량 변화 Δp이다. (2) 이것은 또한 한 물체에 작용하는 힘에 충돌시간 Δt를 곱한 양이다. (3) 물체의 가속도 a는 이 변

화 시간 동안 속도의 변화율과 같다.

풀이: (a) 공의 경로를 따라 머리에서 멀어지는 방향을 x축으로 정한다. 공의 운동량 변화로 인한 공의 충격량 크기를 구하기 위해 다음과 같이 쓴다.

$$\begin{aligned}J &= \Delta p = m\,\Delta v = m(v_f - v_i)\\ &= (0.400\text{ kg})[(20\text{ km/h}) - (-65\text{ km/h})]\left(\frac{1000\text{ m}}{1\text{ km}}\right)\left(\frac{1\text{ h}}{3600\text{ s}}\right)\\ &= 9.444\text{ kg}\cdot\text{m/s} \approx 9.4\text{ kg}\cdot\text{m/s}.\end{aligned}$$ 답

속도는 벡터량임을 주목하여라. 초기 속도는 x축의 음의 방향이다. (숙제나 시험에서 흔히 부호를 무시하는 실수를 한다.) 충격량 벡터는 양의 방향을 향한다.

(b) 평균힘의 크기를 구하기 위해 $J = F_{avg}\,\Delta t$를 이용하면 다음과 같이 쓸 수 있다.

$$F_{avg} = \frac{J}{\Delta t} = \frac{9.444\text{ kg}\cdot\text{m/s}}{11\times10^{-3}\text{ s}} = 858\text{ N} \approx 860\text{ N}.$$ 답

(c)~(d) 선수 머리에 작용하는 충격량과 평균힘의 크기는 (a)와 (b)에서 구한 답과 같지만, (모두 벡터량인) 충격량과 평균힘은 공에 대해 반대 방향이다. (e) 머리에 작용하는 충격량으로 인해 머리의 속도 변화 Δv의 크기는 다음과 같이 구한다.

$$J = \Delta p_{head} = m_{head}\Delta v_{head}$$

$$\Delta v_{head} = \frac{J}{m_{head}} = \frac{9.444\text{ kg}\cdot\text{m/s}}{5.11\text{ kg}} = 1.848\text{ m/s} \approx 1.8\text{ m/s}.$$ 답

(f) 이제 속도 변화와 이 변화가 일어나는 시간을 알고 있으므로 다음과 같이 쓸 수 있다.

$$a_{head} = \frac{\Delta v_{head}}{\Delta t} = \frac{1.848\text{ m/s}}{11\times10^{-3}\text{ s}} = 167.8\text{ m/s}^2$$

$$= (167.8\text{ m/s}^2)\left(\frac{1g}{9.8\text{ m/s}^2}\right) = 17.1g.$$ 답

(g) 가속도 크기는 크지만, 뇌진탕을 일으킬 정도는 아니다.

isitsharp/iStock/Getty Images

그림 9.4.5 공을 헤딩하기

9.5 ▸ 선운동량의 보존

요점 _Key Ideas_

1. 계가 닫혀 있고, 고립되어 있어서 어떤 알짜 *외부*력도 없다면, 내부의 변화가 있더라도 선운동량 $\vec{P}$는 일정하다.

$$\vec{P} = \text{상수} \qquad (\text{닫힌 고립계}).$$

2. 선운동량의 보존은 계의 초기 운동량과 나중 시간의 운동량으로 표현할 수 있다.

$$\vec{P}_i = \vec{P}_f \qquad (\text{닫힌 고립계}).$$

학습목표 _Learning Objectives_

이 단원을 읽은 후 다음을 이해해야 한다.

9.5.1 입자의 고립계에 대해 선운동량 보존을 적용하여 입자의 초기 운동량으로부터 나중 시간의 운동량을 구한다.

9.5.2 각 축에 대한 성분을 이용하여 그 축에 대한 외부 알짜힘이 없다면 각 축에 대한 선운동량이 보존된다.

▶ 선운동량의 보존

입자계에 작용하는 알짜 외부력 $\vec{F}_{net}$(그리고 알짜 충격량 $\vec{J}$)이 0이고(고립계), 어떤 입자도 계에 출입할 수 없다고(닫힌 계) 가정하자. 식 9.3.6에서 $\vec{F}_{net} = 0$으로 놓으면 $d\vec{P}/dt = 0$이므로

$$\vec{P} = \text{상수} \qquad (\text{닫힌 고립계}) \qquad (9.5.1)$$

이다. 다시 말하면 다음과 같다.

> 입자계에 알짜 외부력이 작용하지 않으면 계의 전체 선운동량 $\vec{P}$는 변하지 않는다.

이 결과를 **선운동량 보존법칙**이라고 하며, 문제를 푸는 데 매우 강력한 도구이다. 숙제 문제에서 흔히 이 법칙을 다음과 같이 쓴다.

$$\vec{P}_i = \vec{P}_f \qquad \text{(닫힌 고립계).} \tag{9.5.2}$$

즉, 닫힌 고립계에 대하여 다음과 같이 기술할 수 있다.

(처음 시간 t_i에서의 전체 선운동량) = (나중 시간 t_f에서의 전체 선운동량).

주의: 선운동량과 에너지를 혼동하지 말아야 한다. 이 절의 보기문제처럼 선운동량은 보존되지만, 에너지는 그렇지 않은 경우도 있다.

식 9.5.1과 9.5.2는 벡터방정식이므로 xyz 직각좌표계처럼 서로 직각인 방향에 대한 선운동량의 보존에 해당하는 세 개의 스칼라방정식과 동등하다. 계에 작용하는 힘에 따라서 모든 방향이 아니라 하나 또는 두 방향에 대해서만 선운동량이 보존될 수도 있다. 즉, 다음과 같이 기술할 수 있다.

> 닫힌 계에서 알짜 *외부력*의 축 성분이 0이면 동일한 축에 해당되는 선운동량의 성분이 변하지 않는다.

숙제 문제에서 예를 들어 x축 방향의 선운동량이 보존된다는 것을 어떻게 알 수 있을까? 이 축에 대한 힘의 성분을 확인하면 된다. 이 방향의 알짜 성분이 0이면 보존법칙이 적용된다. 예컨대 방을 가로질러 자몽을 던진다고 생각해 보자. 자몽이 날아가는 동안에 작용하는 유일한 외부력은 수직 아래로 향하는 중력 $\vec{F}_g$뿐이다. 따라서 자몽의 선운동량 수직성분은 변하지만 수평 외부력이 작용하지 않으므로 선운동량의 수평성분은 변하지 않는다.

이때 닫힌 계에 작용하는 외부력만을 고려함에 주의하여라. 내부력이 계의 일부분의 선운동량을 변하게 할 수는 있어도 계의 전체 선운동량을 변하게 할 수 없기 때문이다. 예를 들어 우리 몸의 여러 기관 사이에 작용하는 많은 힘이 있지만, 이 때문에 (고맙게도) 방을 가로질러 몰려가지 않는다.

이 절의 보기문제는 1차원(폭발 전후의 움직임이 한 축을 따라서만 일어남) 또는 2차원(두 축으로 구성된 평면에서만 움직임)에서 일어나는 폭발을 다룰 것이다. 다음 절에서는 1차원과 2차원에서의 충돌을 다룬다.

→ 확인문제 9.5.1

마찰이 없는 마루 위에 정지해 있던 물체가 폭발하여 두 조각으로 분리되어 마루 위에서 미끄러진다. 첫 번째 조각은 x축 양의 방향으로 미끄러지고 있다. (a) 폭발 후 두 조각의 선운동량의 합을 구하여라. (b) 두 번째 조각이 x축 양의 방향에 대해 어떤 각도로 움직일 수 있는가? (c) 두 번째 조각의 선운동량 방향을 구하여라.

보기문제 9.5.1 1차원 폭발, 상대속도, 우주비행선

1차원 폭발. 그림 9.5.1a는 x축을 따라 우주를 여행하는 총질량이 M인 우주비행선과 화물칸이다. 태양에 대해 2100 km/h의 초기속도 $\vec{v}_i$로 움직이다가 작은 폭발로 질량 0.20 M의 화물칸이 우주비행선과 분리되었다(그림 9.5.1b 참조). 폭발 후 우주비행선은 x축을 따라 화물칸보다 500 km/h 더 빨리 비행한다. 즉, 우주비행선과 화물칸의 상대속력 v_{rel}은 500 km/h이다. 우주비행선의 태양에 대한 속도 $\vec{v}_{HS}$는 얼마인가?

요점

우주선-화물칸이 닫힌 고립계이므로 다음과 같이 전체 선운동량이 보존된다.

$$\vec{P}_i = \vec{P}_f. \tag{9.5.3}$$

여기서 아래첨자 i와 f는 각각 분리 전후의 값을 뜻한다(여기서 조심해야 한다. *계*의 운동량은 변하지 않지만 우주선과 화물칸의 운동량은 변한다).

풀이: 단일 x축을 따라 움직이므로 선운동량과 속도는 x성분의 항으로, 폭발 전에는 다음과 같이 쓸 수 있다.

$$P_i = Mv_i. \tag{9.5.4}$$

또한 분리된 화물칸의 태양에 대한 상대속도를 v_{MS}라고 놓으면, 분리 후 계의 전체 선운동량은

$$P_f = (0.20M)v_{MS} + (0.80M)v_{HS} \tag{9.5.5}$$

로 쓸 수 있다. 여기서 우변의 첫째 항은 화물칸의 선운동량이고, 둘째 항은 우주선의 선운동량이다.

v_{MS}를 다음과 같이 이미 알고 있는 속도와 연관지을 수 있다.

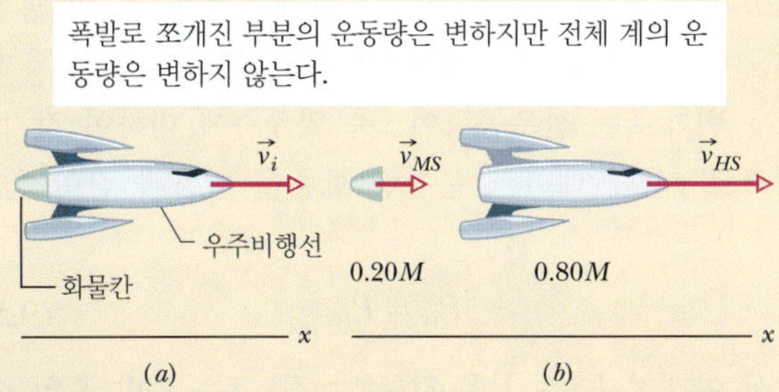

그림 9.5.1 (a) 초기속도 $\vec{v}_i$로 움직이고 있는 우주비행선과 화물칸. (b) 우주비행선에서 화물칸이 분리되었다. 이때 태양에 대한 화물칸의 상대속도는 $\vec{v}_{MS}$이고, 우주비행선의 상대속도는 $\vec{v}_{HS}$이다.

$$\begin{pmatrix}\text{태양에 대한}\\\text{우주비행선의}\\\text{속도}\end{pmatrix} = \begin{pmatrix}\text{화물칸에 대한}\\\text{우주비행선의}\\\text{속도}\end{pmatrix} + \begin{pmatrix}\text{태양에 대한}\\\text{화물칸의}\\\text{속도}\end{pmatrix}.$$

기호로는

$$v_{HS} = v_{rel} + v_{MS} \tag{9.5.6}$$

로서 다음과 같이 정리할 수 있다.

$$v_{MS} = v_{HS} - v_{rel}.$$

v_{MS}에 대한 위 결과를 식 9.5.5에 넣고, 식 9.5.4와 9.5.5를 식 9.5.3에 대입하면

$$Mv_i = 0.20M(v_{HS} - v_{rel}) + 0.80Mv_{HS}$$

이므로

$$v_{HS} = v_i + 0.20v_{rel}$$

에서 다음을 얻는다.

$$\begin{aligned} v_{HS} &= 2100 \text{ km/h} + (0.20)(500 \text{ km/h}) \\ &= 2200 \text{ km/h}. \end{aligned}$$ (답)

▶ 교육용 비디오는 웹사이트 www.wiley.com에서 볼 수 있다.

보기문제 9.5.2 2차원 폭발, 운동량, 코코넛

2차원 폭발. 마찰 없는 마루 위에 정지해 있던 질량 M의 코코넛 열매가 내부에 넣은 폭죽이 폭발하여 세 조각으로 쪼개져 마루 위에서 서로 밀려난다. 그림 9.5.2a는 위에서 본 모습이다. 이때 질량이 0.30 M인 조각 C의 나중 속력은 v_{fC} = 5.0 m/s이다.

(a) 질량이 0.20 M인 조각 B의 속력을 구하여라.

요점

선운동량이 보존되는지 알아보자. (1) 코코넛과 조각은 닫힌 계를 이루고 있고 (2) 폭발은 내부력이어서 (3) 계에 작용하는 알짜 외부력은 없다. 따라서 계의 선운동량이 보존된다(여기서 조심해야 한다. 계의 운동량은 변하지 않지만 조각의 운동량은 변한다).

풀이: 먼저 x축 음의 방향에 $\vec{v}_{fA}$의 방향이 일치되도록 그림 9.5.2b처럼 xy 좌표계를 겹쳐 그리자. x축은 $\vec{v}_{fC}$의 방향과 80°를 이루고 $\vec{v}_{fB}$의 방향과는 50°를 이룬다.

두 번째로는 선운동량이 x축 및 y축에 대하여 각각 보존되므로 y축에 대한 선운동량 보존을 다음과 같이 쓸 수 있다.

$$P_{iy} = P_{fy}. \tag{9.5.7}$$

여기서 아래첨자 i는 처음 값(폭발 전), f는 폭발 후의 값에 해당되며 첨자 y는 $\vec{P}_i$ 또는 $\vec{P}_f$의 y성분이다.

코코넛 열매가 처음에 정지해 있었기 때문에 처음 선운동량의 성분 P_{iy}는 0이다. y성분에 관한 식 9.3.1($p_y = mv_y$)를 이용하여 각 조각의 폭발 후 선운동량의 y성분을 다음과 같이 구할 수 있다.

$$p_{fA,y} = 0,$$
$$p_{fB,y} = -0.20Mv_{fB,y} = -0.20Mv_{fB}\sin 50°,$$
$$p_{fC,y} = 0.30Mv_{fC,y} = 0.30Mv_{fC}\sin 80°.$$

($p_{fA,\,y} = 0$이 되도록 축을 선택하였다.) 또한 식 9.5.7은

$$P_{iy} = P_{fy} = p_{fA,y} + p_{fB,y} + p_{fC,y}$$

로 쓸 수 있다. 이제 $v_{fC} = 5.0$ m/s를 이용하여

$$0 = 0 - 0.20Mv_{fB}\sin 50° + (0.30M)(5.0\text{ m/s})\sin 80°$$

를 얻을 수 있으므로 다음의 답을 얻는다.

$$v_{fB} = 9.64\text{ m/s} \approx 9.6\text{ m/s}.$$ 답

(b) 조각 A의 속력을 구하여라.

풀이: x축을 따라서 코코넛과 부서진 조각에 작용하는 알짜 외부력이 없으므로, 이 축방향의 선운동량이 보존되므로

$$P_{ix} = P_{fx} \tag{9.5.8}$$

이다. 여기서 코코넛 열매는 처음에 정지해 있으므로 $P_{ix} = 0$이다. P_{fx}를 얻기 위해서 조각 A가 $0.50M(= M - 0.20M - 0.30M)$의 질량을 가진다는 사실을 이용하여 최종 선운동량의 x성분을

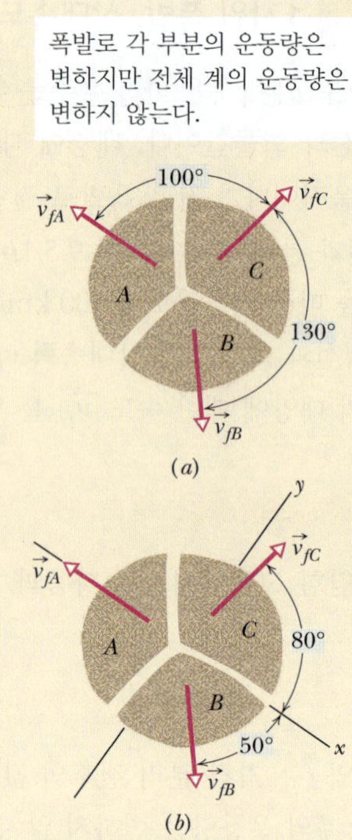

그림 9.5.2 폭발한 코코넛의 세 조각이 마찰 없는 마루를 따라 세 방향으로 흩어진다. (a) 위에서 내려다본 모습. (b) 2차원 좌표축과 겹쳐 놓은 모습.

$$p_{fA,x} = -0.50Mv_{fA},$$
$$p_{fB,x} = 0.20Mv_{fB,x} = 0.20Mv_{fB}\cos 50°,$$
$$p_{fC,x} = 0.30Mv_{fC,x} = 0.30Mv_{fC}\cos 80°$$

로 구할 수 있다. 또한 x축에 대한 선운동량 보존을 나타내는 식 9.5.8은 다음과 같이 쓸 수 있다.

$$P_{ix} = P_{fx} = p_{fA,x} + p_{fB,x} + p_{fC,x}.$$

이 식과 $v_{fC} = 5.0$ m/s 및 $v_{fB} = 9.64$ m/s로부터

$$0 = -0.50Mv_{fA} + 0.20M(9.64\text{ m/s})\cos 50° + 0.30M(5.0\text{ m/s})\cos 80°$$

이므로, 다음을 얻는다.

$$v_{fA} = 3.0\text{ m/s}.$$ 답

▶ 교육용 비디오는 웹사이트 www.wiley.com에서 볼 수 있다.

보기문제 9.5.3 우라늄 붕괴

방사성 핵 우라늄-235는 알파 입자(α, 헬륨-4 혹은 ^{4}He로 표기하는 헬륨 원자의 핵)를 방출하며 토륨-231로 자발적으로 붕괴한다.

$$^{235}\text{U} \rightarrow \alpha + {}^{231}\text{Th}.$$

알파 입자의 운동에너지 K_α는 4.60 MeV이다. 우라늄은 처음에 정지해 있다고 가정한다. 토륨-231의 운동에너지는 얼마인가? 원자질량 단위로 알파 입자의 질량은 $m_\alpha = 4.00$ u이고, 토륨-231의 질량은 $m_{\text{Th}} = 231$ u이다.

요점

(1) 어떤 외부의 알짜힘도 이 입자계에 작용하지 않으므로 계의 선운동량은 보존된다. (2) 질량 m, 속력 v인 입자에 대하 운동에너지는 $K = \frac{1}{2}mv^2$, 선운동량은 $p = mv$로 쓸 수 있다.

풀이: 계에 선운동량보존을 적용하면

$$p_U = p_\alpha + p_{\text{Th}}$$
$$0 = mv_\alpha + m_{\text{Th}}v_{\text{Th}}$$

으로 쓸 수 있고, 다시 배열하면

$$m_{\text{Th}}v_{\text{Th}} = -m_\alpha v_\alpha$$

이다. 양변을 제곱하면 다음과 같다.

$$m_{\text{Th}}^2 v_{\text{Th}}^2 = m_\alpha^2 v_\alpha^2$$
$$m_{\text{Th}}\left(\tfrac{1}{2}m_{\text{Th}}v_{\text{Th}}^2\right) = m_\alpha\left(\tfrac{1}{2}m_\alpha v_\alpha^2\right)$$
$$m_{\text{Th}}K_{\text{Th}} = m_\alpha K_\alpha.$$

따라서 다음을 얻는다.

$$K_{\text{Th}} = K_\alpha \frac{m_\alpha}{m_{\text{Th}}} = \left(4.60\,\text{MeV}\,\frac{4.00\,\text{u}}{231\,\text{u}}\right)$$
$$= 7.97\times10^{-2}\,\text{MeV} = 79.7\,\text{keV}.$$ (답)

붕괴 과정에서 생긴 전체 운동에너지 4.60 MeV + 0.0797 MeV = 4.68 MeV이지만, 무거운 토륨-231 핵은 전체의 약 1.7%만 얻게 된다.

9.6 ▸ 충돌의 선운동량과 운동에너지

요점_Key Ideas

1. 두 물체의 비탄성충돌에서 두 입자계의 운동에너지는 보존되지 않는다. 계가 닫힌 고립계일 경우 계의 전체 선운동량은 *반드시* 보존되며, 이것을 벡터 형태로는 다음과 같이 쓴다.

$$\vec{p}_{1i} + \vec{p}_{2i} = \vec{p}_{1f} + \vec{p}_{2f}.$$

첨자 i와 f는 각각 충돌 전과 후의 값을 나타낸다.

2. 물체가 한 축 방향으로만 운동하면 충돌은 1차원적이고 이 축에 대한 속도 성분으로 식을 쓸 수 있다.

$$m_1v_{1i} + m_2v_{2i} = m_1v_{1f} + m_2v_{2f}.$$

3. 물체가 달라붙는 경우 충돌은 완전히 비탄성적이고 물체는 (서로 붙어 있기 때문에) 같은 최종 속도 V를 갖는다.
4. 두 개의 충돌하는 물체로 이루어진 닫힌 고립계의 질량중심은 충돌의 영향을 받지 않는다. 특히 질량중심의 속도 $\vec{v}_{\text{com}}$은 충돌에 의해 변하지 않는다.

학습목표_Learning Objectives

이 단원을 읽은 후 다음을 이해해야 한다.

9.6.1 탄성충돌, 비탄성충돌, 완전 비탄성충돌을 구별한다.

9.6.2 1차원 충돌은 충돌 전후에 물체가 한 축을 따라 움직이는 충돌이다.

9.6.3 1차원 고립 충돌에 대한 운동량 보존을 적용하여 물체의 초기 운동량을 충돌 후의 운동량과 관계를 맺는다.

9.6.4 고립계에서 질량중심의 운동량과 속도는 물체가 충돌하더라도 변하지 않는다.

충돌의 선운동량과 운동에너지

9.4절에서는 두 물체의 충돌을 생각하면서 한 번에 한 물체에만 초점을 맞추었다. 지금부터는 닫힌 고립계 자체로 초점을 바꾸어 생각한다. 9.5절에서 계에 대한 한 가지 규칙으로 "알짜 외부력이 없으면 계의 전체 선운동량 $\vec{P}$는 변하지 않는다"라고 기술하였다. 이 규칙은 충돌의 상세한 부분(얼마나 많이 손실을 입었는가? 등등)을 *모르더라도* 충돌의 결과를 알 수 있게 해주는 매우 강력한 규칙이다.

이제 두 물체가 충돌하는 계의 전체 운동에너지를 살펴보자. 만일 충돌에 의해 전체 운동에너지가 변하지 않는다면 운동에너지가 *보존되고*, 그러한 충돌을 **탄성충돌**이라 한다. 자동차, 공, 방망이 등 일상적인 충돌에서는 운동에너지의 일부가 열에너지, 소리에너지 등 다른 형태의 에너지로 빠져나간다. 따라서 운동에너지가 보존되지 *않으며* 그러한 충돌을 **비탄성충돌**이라고 한다.

그렇지만 상황에 따라 일상적인 물체 사이의 충돌을 탄성충돌로 *근사시킬 수도* 있다. 만일 공과 마루의 충돌이 탄성충돌이라면 공은 운동에너지를 잃어버리지 않으므로 원래의 높이까지 다시 튀어 올라갈 것이다. 실제로는 튀어 올라간 높이가 원래보다 약간 낮다. 따라서 충돌에서 약간의 운동에너지를 잃어버리므로 비탄성충돌인 것을 알 수 있다. 그러나 작은 운동에너지의 손실을 무시하고 탄성충돌로 근사할 수도 있다.

두 물체의 비탄성충돌에서는 항상 계의 운동에너지를 잃어버린다. 가장 큰 손실은 두 물체가 서로 붙어버릴 때 생기는데 이런 충돌을 **완전 비탄성충돌**이라고 한다. 야구방망이와 야구공의 충돌은 비탄성이지만 축축한 진흙 공과 야구방망이의 충돌은 완전 비탄성이어서 진흙 공으로는 야구를 할 수 없다.

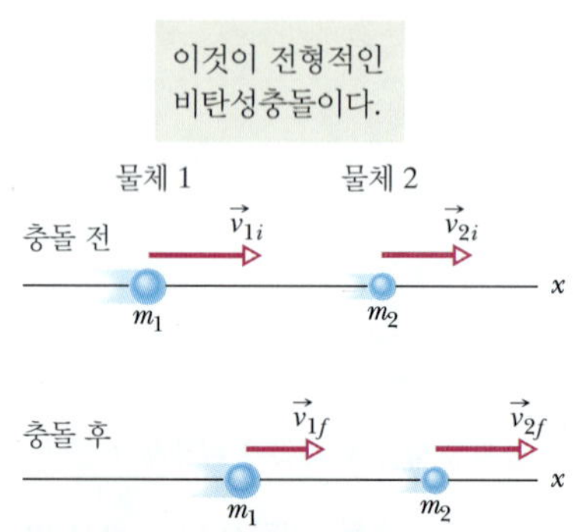

그림 9.6.1 비탄성충돌 전과 후. 물체 1과 2가 x축을 따라 움직이고 있다.

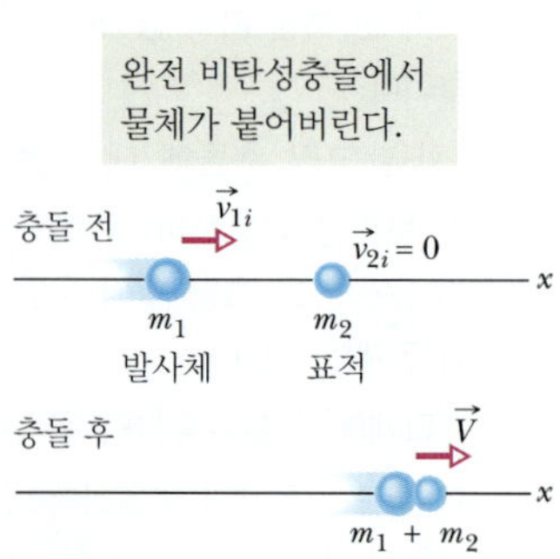

그림 9.6.2 두 물체의 완전 비탄성충돌. 충돌 전에 질량 m_2의 물체는 정지해 있고, 질량 m_1의 물체가 다가오고 있다. 충돌 후 붙어버린 두 물체는 $\vec{V}$의 속도로 함께 움직인다.

1차원 비탄성충돌

1차원 비탄성충돌

그림 9.6.1은 두 물체의 1차원 충돌 전과 후이다. 충돌 전의 속도는 아래첨자 i로, 충돌 후의 속도는 아래첨자 f로 표시한다. 두 물체는 닫힌 고립계를 형성하므로 다음과 같이 선운동량 보존법칙을 기술할 수 있다.

$$(\text{충돌 전의 총 선운동량 } \vec{P}_i) = (\text{충돌 후의 총 선운동량 } \vec{P}_f).$$

수식으로 쓰면 다음과 같다.

$$\vec{p}_{1i} + \vec{p}_{2i} = \vec{p}_{1f} + \vec{p}_{2f} \qquad (\text{선운동량 보존}). \tag{9.6.1}$$

1차원 운동이므로 벡터 화살표를 제거해도 무방하다. 따라서 $p = mv$를 이용하여 다시 쓰면

$$m_1v_{1i} + m_2v_{2i} = m_1v_{1f} + m_2v_{2f} \tag{9.6.2}$$

이다. 예컨대 두 물체의 질량과 초기속도를 알고 충돌 후 최종속도 중 하나를 안다면 식 9.6.2에서 다른 물체의 충돌 후 속도를 알아낼 수 있다.

1차원 완전 비탄성충돌

그림 9.6.2는 두 물체가 완전 비탄성충돌을 하기 전과 후이다. 질량 m_2의 물체는 처음에 정지해 있다($v_{2i} = 0$). 정지해 있는 물체를 *표적*이라 하고, 다가오는 물체를 *포물체*라고

하자. 충돌 후 붙어버린 두 물체는 V의 속력으로 함께 움직인다. 이러한 상황을 식 9.6.2를 사용하여 다시 쓰면

$$m_1 v_{1i} = (m_1 + m_2)V \tag{9.6.3}$$

즉,

$$V = \frac{m_1}{m_1 + m_2} v_{1i} \tag{9.6.4}$$

로 쓸 수 있다. 만일 두 물체의 질량과 포물체의 초기속도 v_{1i}를 안다면 최종속도 V를 식 9.6.4로부터 알 수 있다. 이때 질량의 비율 $m_1/(m_1 + m_2)$가 항상 1보다 작기 때문에 V는 v_{1i}보다 항상 작다.

질량중심의 속도

닫힌 고립계에서 계의 질량중심의 속도 $\vec{v}_{com}$은 변하지 않는다. 왜냐하면 고립계에서는 $\vec{v}_{com}$을 변화시키는 데 필요한 외부력이 없기 때문이다. $\vec{v}_{com}$에 관한 식을 구하기 위해 그림 9.6.1의 1차원 충돌을 살펴보자. 식 9.3.4($\vec{P} = M\vec{v}_{com}$)로부터 $\vec{v}_{com}$을 두 물체의 전체 선운동량 $\vec{P}$와 다음과 같이 연관시킬 수 있다.

$$\vec{P} = M\vec{v}_{com} = (m_1 + m_2)\vec{v}_{com}. \tag{9.6.5}$$

총 선운동량 $\vec{P}$는 충돌 중에 보존되므로 식 9.6.1의 왼쪽 항이나 오른쪽 항을 동등하게 쓸 수 있다. 왼쪽 항을 사용한다면

$$\vec{P} = \vec{p}_{1i} + \vec{p}_{2i} \tag{9.6.6}$$

이고, 이것을 식 9.6.5의 $\vec{P}$에 대입하여 $\vec{v}_{com}$을 구하면 다음을 얻는다.

$$\vec{v}_{com} = \frac{\vec{P}}{m_1 + m_2} = \frac{\vec{p}_{1i} + \vec{p}_{2i}}{m_1 + m_2}. \tag{9.6.7}$$

이 식의 오른쪽 항은 상수이므로 $\vec{v}_{com}$은 충돌 전후에 일정하다.

그림 9.6.3은 그림 9.6.2의 완전 비탄성충돌에서 질량중심의 움직임을 순차적인 정지모습으로 나타낸 것이다. 물체 2는 표적이고 식 9.6.7에서 초기 선운동량은 $\vec{p}_{2i} = m_2\vec{v}_{2i} = 0$이다. 물체 1은 포물체이고 식 9.6.7에서 초기 선운동량은 $\vec{p}_{1i} = m_1\vec{v}_{1i}$이다. 정지모습을 따라가면서 보면 충돌 후에도 질량중심이 동일한 속도로 움직이고 있음을 알 수 있다. 따라서 충돌 후 붙어버린 물체의 최종속도 V는 $\vec{v}_{com}$과 똑같다. 완전 비탄성충돌로 두 물체가 붙어버려서 질량중심과 같아졌기 때문이다.

확인문제 9.6.1

물체 1과 2가 1차원 완전 비탄성충돌을 한다. 그들의 처음 선운동량이 다음과 같을 때 충돌 후의 선운동량을 각각 구하여라. (a) 10 kg · m/s와 0 (b) 10 kg · m/s와 4 kg · m/s (c) 10 kg · m/s와 −4 kg · m/s.

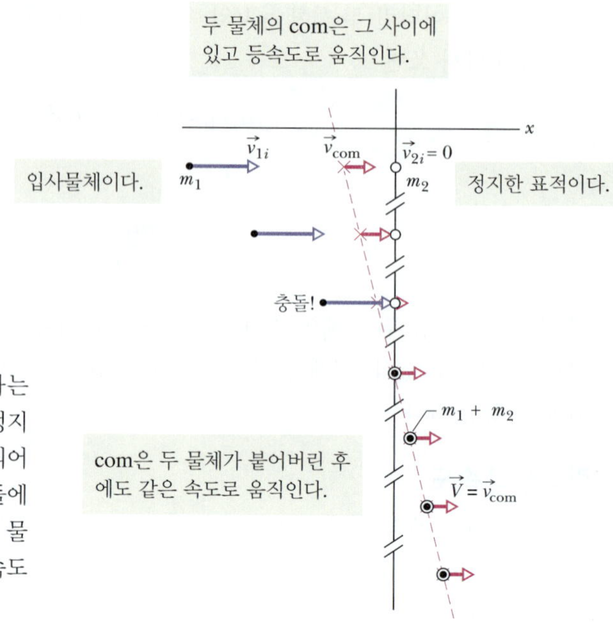

그림 9.6.3 완전 비탄성충돌하는 그림 9.6.2의 정지모습. 각각의 정지 좌표에서 계의 질량중심이 표시되어 있다. 질량중심 속도 $\vec{v}_{com}$은 충돌에 의해 변하지 않는다. 충돌 후 두 물체가 서로 붙었기 때문에 최종속도 $\vec{V}$는 $\vec{v}_{com}$과 같다.

보기문제 9.6.1 정면충돌에서 살아남기

가장 위험한 두 자동차의 충돌은 정면충돌이다(그림 9.6.4*a*). 놀랍게도 자료에 의하면 자동차 안에 운전자 외에 승객이 더 있을 때 운전자의 치사율은 줄어든다. 그 이유를 살펴보자.

그림 9.6.4*b*에 x축을 따라 정면으로 일차원 완전비탄성 충돌하기 직전 동일한 두 자동차를 나타내었다. 각 자동차의 전체 질량은 1400 kg이다. 충돌하는 동안 두 자동차는 고립계를 이룬다. 충돌하는 동안 자동차 사이의 충격량은 매우 커서 길이 타이어에 작용하는 마찰력에 의한 상대적으로 미미한 충격량은 무시할 수 있다고 가정한다. 그러면 두 자동차 계에 작용하는 알짜 외부힘은 없다고 가정할 수 있다.

x축 방향으로 자동차 1의 초기 속도에 대한 x 성분은 +25 m/s이고, 자동차 2의 속도는 $v_{2i} = -25$ m/s이다. 충돌하는 동안 각 자동차에 작용하는 힘(따라서 충격량)으로 인해 차의 속도변화 Δv가 생긴다. 운전자의 치사율은 그 운전자 자동차의 Δv의 크기에 의존한다. (a) 두 자동차의 변화 Δv_1과 Δv_2를 계산하려고 한다.

(*a*)

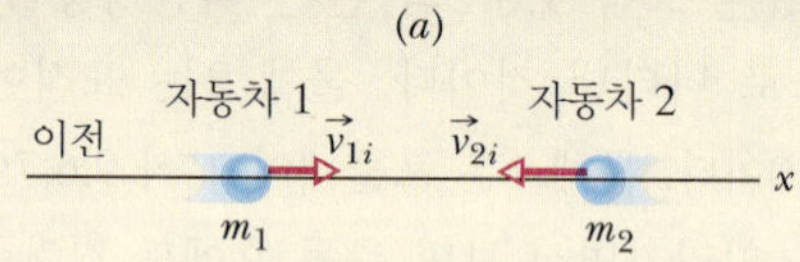

(*b*)

그림 9.6.4 (*a*) 정면충돌. (*b*) 두 자동차가 정면충돌하기 직전.

요점

계는 닫혀 있고, 고립되어 있으므로 전체 선운동량은 보존된다.

풀이: 식 9.6.2로부터 이 식을 다음과 같이 쓸 수 있다.

$$m_1 v_{1i} + m_2 v_{2i} = m_1 v_{1f} + m_2 v_{2f}.$$

완전비탄성충돌이므로 두 자동차는 서로 달라붙고, 따라서 충돌 후 속력은 V로 같다. 두 최종 속도에 V를 대입하면

$$V = \frac{m_1 v_{1i} + m_2 v_{2i}}{m_1 + m_2}$$

을 얻는다. 그리고 주어진 자료를 대입하면 다음을 얻는다.

$$V = \frac{(1400\text{ kg})(+25\text{ m/s}) + (1400\text{ kg})(-25\text{ m/s})}{1400\text{ kg} + 1400\text{ kg}} = 0.$$

따라서 자동차 1의 속도 변화는

$$\Delta v_1 = v_{1f} - v_{1i} = V - v_{1i}$$
$$= 0 - (+25 \text{ m/s}) = -25 \text{ m/s}$$ 답

이고, 자동차 2의 속도 변화는 다음과 같다.

$$\Delta v_2 = v_{2f} - v_{2i} = V - v_{2i}$$
$$= 0 - (-25 \text{ m/s}) = +25 \text{ m/s}.$$ 답

(b) 이번에는 자동차 1에 80 kg의 승객이 타고 있을 경우 충돌을 고려하자. 이제 Δv_1과 Δv_2는 얼마인가?

풀이: 위의 과정을 $m_1 = 1480$ kg을 대입하여 다시 풀면

$$V = 0.694 \text{ m/s}$$

을 얻으므로, 답은 다음과 같다.

$$\Delta v_1 = -24.3 \text{ m/s} \quad \text{and} \quad \Delta v_2 = +25.7 \text{ m/s}.$$ 답

(c) 정면충돌에 대한 자료에는 Δv 값이 포함되어 있지 않지만, 자동차의 질량과 충돌이 치명적인 지는 포함되어 있다. 연구에 의해 주어진 자료를 함수로 표현하면 운전자 1의 치사율 r_1은

$$r_1 = c\left(\frac{m_2}{m_1}\right)^{1.79}$$

으로 주어진다. 여기서 c는 상수이다. 이 식에서 비율 m_2/m_1이 나타나는 이유를 정당화하고, 이 식을 승객이 있는 경우와 없는 경우 운전자 1의 치사율과 비교하여라.

풀이: 먼저 운동량보존에 대한 식을

$$m_1(v_{1f} - v_{1i}) = -m_2(v_{2f} - v_{2i})$$

으로 다시 쓴다. $\Delta v_1 = v_{1f} - v_{1i}$와 $\Delta v_2 = v_{2f} - v_{2i}$를 대입하고, 간단히 하면 다음을 얻는다.

$$\frac{m_2}{m_1} = -\frac{\Delta v_1}{\Delta v_2}.$$

운전자의 치사율은 그 운전자의 변화 Δv에 의존한다. 따라서 충돌할 때 Δv 값의 비율은 질량 비율의 역수임을 알 수 있고, 이것이 연구자들이 치사율과 식에서 r로 쓴 질량의 비율 사이에 관계를 맺을 수 있는 이유이다. 운전자 1이 승객이 없을 때 계산하면 치사율은

$$r_1 = c\left(\frac{1400 \text{ kg}}{1400 \text{ kg}}\right)^{1.79} = c$$

이고, 승객이 운전자 1과 같이 타고 있을 때 치사율은 다음과 같다.

$$r'_1 = c\left(\frac{1400 \text{ kg}}{1400 \text{ kg} + 80 \text{ kg}}\right)^{1.79} = 0.9053c.$$

$c = r_1$을 대입하면 다음을 얻는다.

$$r'_1 = 0.9053 r_1 \approx 0.91 r_1.$$ 답

말로 하면 운전자 1의 치사율은 자동차에 승객이 있을 때 약 9% 정도 줄어든다.

▶ 교육용 비디오는 웹사이트 www.wiley.com에서 볼 수 있다.

9.7 ▸ 1차원 탄성충돌

요점 _Key Ideas_

1. 탄성충돌은 충돌 물체계의 운동에너지가 보존되는 특별한 형태의 충돌이다. 닫힌 고립계에서는 선운동량도 보존된다. 물체 2가 표적이고 물체 1이 들어오는 포물체인 1차원 충돌에서는 운동에너지와 선운동량의 보존을 통해 충돌 직후의 속도를 다음과 같이 표현할 수 있다.

$$v_{1f} = \frac{m_1 - m_2}{m_1 + m_2} v_{1i},$$

$$v_{2f} = \frac{2m_1}{m_1 + m_2} v_{1i}.$$

학습목표 _Learning Objectives_

이 단원을 읽은 후 다음을 이해해야 한다.

9.7.1 1차원의 고립된 탄성충돌에서 전체 에너지와 충돌물체의 알짜 운동량에 대한 보존법칙을 적용하여 충돌의 초기 값으로부터 최종 값을 구한다.

9.7.2 정지한 표적에 충돌하는 포물체에 대해 같은 질량, 표적이 포물체보다 질량이 큰 경우, 포물체가 표적보다 질량이 큰 경우의 세 가지 일반적인 경우에 대한 운동을 이해한다.

▶▶ 1차원 탄성충돌

9.6단원에서 논의한 바와 같이 일상적인 충돌은 비탄성적이지만 일부는 탄성충돌로

근사할 수 있다. 즉, 전체 운동에너지가 다른 형태의 에너지로 전환되지 않고, 다음과 같이 보존된다고 근사할 수 있다.

$$(\text{충돌 전의 운동에너지}) = (\text{충돌 후의 운동에너지}). \tag{9.7.1}$$

이것은 다음과 같은 뜻이다.

> 탄성충돌에서 충돌과 관련된 각 물체의 운동에너지는 변할 수 있으나 계의 전체 운동에너지는 변하지 않는다.

예컨대 당구 게임에서 큐볼과 표적공의 충돌을 탄성충돌로 근사할 수 있다. 만일 정면충돌이 일어난다면 큐볼의 운동에너지는 거의 전부 표적공으로 전달된다고 볼 수 있다(물론 들리는 소리에너지의 일부가 충돌할 때 전달된다).

정지한 표적

이것이 정지한 표적과의 탄성충돌이다.

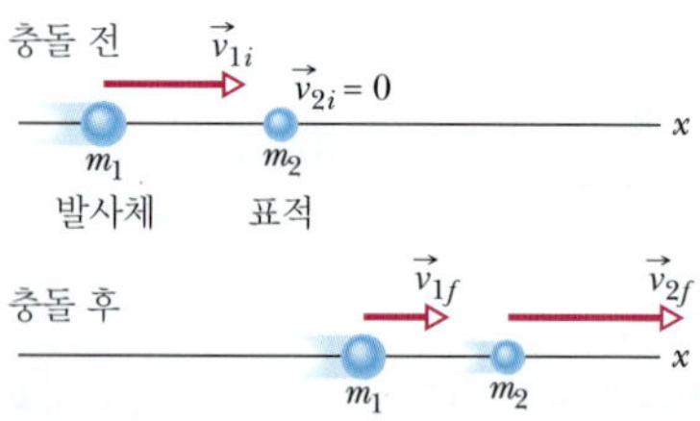

그림 9.7.1 두 물체의 탄성충돌 전에는 정지해 있던 물체 2에 x축을 따라 물체 1이 다가가고 있다. 충돌 후 두 물체 모두 x축을 따라 움직인다.

그림 9.7.1에는 당구공의 정면충돌처럼 1차원 충돌을 하기 전과 후의 두 물체가 있다. 질량 m_1의 포물체가 v_{1i}의 초기속도로 정지해 있는($v_{2i} = 0$) 질량 m_2의 표적을 향해 움직이고 있다. 두 물체로 구성된 계를 닫힌 고립계라고 가정하자. 이때 계의 선운동량이 보존되어야 하므로 식 9.6.2에서 다음을 얻는다.

$$m_1 v_{1i} = m_1 v_{1f} + m_2 v_{2f} \qquad (\text{선운동량}). \tag{9.7.2}$$

만일 탄성충돌이면 전체 운동에너지도 다음과 같이 보존된다.

$$\tfrac{1}{2} m_1 v_{1i}^2 = \tfrac{1}{2} m_1 v_{1f}^2 + \tfrac{1}{2} m_2 v_{2f}^2 \qquad (\text{운동에너지}). \tag{9.7.3}$$

위 수식에서 아래첨자 i는 초기속도를, f는 최종속도를 나타낸다. 만일 두 물체의 질량을 알고 물체 1의 초기속도 v_{1i}를 안다면 모르는 것은 두 물체의 최종속도 v_{1f}와 v_{2f}뿐이다. 위의 두 방정식을 이용하여 두 물체의 최종속도를 구해 보자.

우선 식 9.7.2를

$$m_1(v_{1i} - v_{1f}) = m_2 v_{2f} \tag{9.7.4}$$

로 정리하고, 식 9.7.3은 다음과 같이 쓸 수 있다.[1]

$$m_1(v_{1i} - v_{1f})(v_{1i} + v_{1f}) = m_2 v_{2f}^2. \tag{9.7.5}$$

이제 식 9.7.5를 9.7.4로 나누고 정리하면 다음을 얻는다.

$$v_{1f} = \frac{m_1 - m_2}{m_1 + m_2} v_{1i}, \tag{9.7.6}$$

$$v_{2f} = \frac{2m_1}{m_1 + m_2} v_{1i}. \tag{9.7.7}$$

여기서 v_{2f}가 항상 양의 값임을 알 수 있다(질량 m_2의 표적은 항상 앞으로 움직인다). 식 9.7.6에서 v_{1f}는 양이나 음의 값 모두를 가질 수 있다($m_1 > m_2$이면 포물체가 앞으로 움직이고 $m_1 < m_2$이면 뒤로 튕겨 나온다).

[1] 항등식 $a^2 - b^2 = (a - b)(a + b)$을 사용하면 연립방정식 식 9.7.4 및 9.7.5를 푸는 데 필요한 계산의 양을 줄일 수 있다.

이러한 탄성충돌에서 몇 가지 특수한 경우를 살펴보자.

1. ***동일 질량*** 만일 $m_1 = m_2$이면 식 9.7.6과 9.7.7로부터 다음을 얻는다.

$$v_{1f} = 0 \quad \text{및} \quad v_{2f} = v_{1i}.$$

즉, 질량이 같은 물체끼리 정면충돌하면 처음에 움직이던 물체는 충돌한 자리에서 멈추고, 정지해 있던 물체는 자신을 때린 물체와 같은 속도로 움직이기 시작한다. 정면충돌에서 질량이 같은 물체는 서로의 속도를 바꿔 가진다. 이 결과는 충돌 전 표적이 움직이고 있는 경우에도 마찬가지로 적용된다.

2. ***질량이 큰 표적*** 그림 9.7.1에서 $m_2 \gg m_1$인 경우이다. 예컨대 골프공을 대포알에 던지는 것이다. 이 경우에 식 9.7.6과 9.7.7로부터 다음을 얻는다.

$$v_{1f} \approx -v_{1i} \quad \text{및} \quad v_{2f} \approx \left(\frac{2m_1}{m_2}\right)v_{1i}. \tag{9.7.8}$$

즉, 물체 1(골프공)은 충돌 전과 거의 같은 속도로 뒤로 튕겨 나오고, 물체 2(대포알)는 식 9.7.8 괄호 안의 양이 1보다 훨씬 작으므로 매우 작은 속도로 천천히 앞으로 움직인다. 이 모든 것을 예측해야 한다.

3. ***질량이 큰 포물체*** $m_1 \gg m_2$인 경우이다. 예컨대 골프공을 향해 대포알을 쏘는 경우이다. 이 경우에 식 9.7.6과 9.7.7로부터 다음을 얻는다.

$$v_{1f} \approx v_{1i} \quad \text{및} \quad v_{2f} \approx 2v_{1i}. \tag{9.7.9}$$

즉, 물체 1(대포알)은 충돌 후에도 원래의 속도로 움직이고, 물체 2(골프공)는 물체 1의 두 배의 속도로 앞으로 움직임을 알 수 있다. "왜 두 배의 속도인가?"에 관한 의문을 풀기 위해 식 9.7.8을 다시 살펴보자. 가벼운 골프공의 속도가 $+v$에서 $-v$로 $2v$만큼 *변화*하였다. 여기서도 같은 속도 *변화*가 일어나는데, 바로 속도가 0에서 $2v$로 변한 것이다.

움직이는 표적

지금까지는 표적이 정지해 있는 탄성충돌을 다루었다. 이제부터는 두 물체가 탄성충돌 전에 모두 움직이고 있는 경우를 살펴보겠다.

그림 9.7.2인 경우에 선운동량의 보존은

$$m_1v_{1i} + m_2v_{2i} = m_1v_{1f} + m_2v_{2f} \tag{9.7.10}$$

로, 운동에너지의 보존은

$$\tfrac{1}{2}m_1v_{1i}^2 + \tfrac{1}{2}m_2v_{2i}^2 = \tfrac{1}{2}m_1v_{1f}^2 + \tfrac{1}{2}m_2v_{2f}^2 \tag{9.7.11}$$

로 쓸 수 있다. 이들 v_{1f}와 v_{2f}의 연립방정식을 풀기 위해 먼저 식 9.7.10을

$$m_1(v_{1i} - v_{1f}) = -m_2(v_{2i} - v_{2f}) \tag{9.7.12}$$

로 쓰고, 식 9.7.11을

$$m_1(v_{1i} - v_{1f})(v_{1i} + v_{1f}) = -m_2(v_{2i} - v_{2f})(v_{2i} + v_{2f}) \tag{9.7.13}$$

로 쓴다. 이제 식 9.7.13을 식 9.7.12로 나누고 정리하면 다음을 얻는다.

$$v_{1f} = \frac{m_1 - m_2}{m_1 + m_2} v_{1i} + \frac{2m_2}{m_1 + m_2} v_{2i}, \quad (9.7.14)$$

$$v_{2f} = \frac{2m_1}{m_1 + m_2} v_{1i} + \frac{m_2 - m_1}{m_1 + m_2} v_{2i}. \quad (9.7.15)$$

여기서 물체의 아래첨자 1과 2는 임의로 주어진 것이다. 그림 9.7.2와 식 9.7.14 및 9.7.15에서 첨자를 서로 맞바꾸더라도 수식의 모양은 변하지 않는다. 또한 $v_{2i} = 0$으로 한다면 물체 2는 그림 9.7.1처럼 정지한 표적이 되고 식 9.7.14 및 9.7.15는 각각 식 9.7.6 및 9.7.7과 같다.

움직이는 두 물체의 전형적인 탄성충돌이다.

그림 9.7.2 두 물체가 1차원 정면충돌하고 있다.

확인문제 9.7.1

그림 9.7.1에서 포물체의 초기 선운동량이 6 kg · m/s이고 최종 선운동량이 (a) 2 kg · m/s일 때와 (b) −2 kg · m/s일 때 표적의 나중 선운동량은 각각 얼마인가? (c) 만일 포물체의 초기와 최종 운동에너지가 5 J과 2 J이라면 표적의 최종 운동에너지는 얼마인가?

보기문제 9.7.1 연쇄적으로 일어나는 탄성충돌

그림 9.7.3*a*에서 토막 1이 속도 $v_{1i} = 10$ m/s로 정지한 두 토막에 접근한다. 이 토막은 토막 2에 충돌하고, 토막 2는 질량 $m_3 = 6.0$ kg의 토막 3에 충돌한다. 두 번째 충돌 후 토막 2는 다시 정지하고, 토막 3의 속도는 $v_{3f} = 5.0$ m/s이다(그림 9.7.3*b* 참조). 탄성충돌이 일어났다고 가정한다. 토막 1과 2의 질량을 구하여라. 토막 1의 최종속도 v_{1f}를 구하여라.

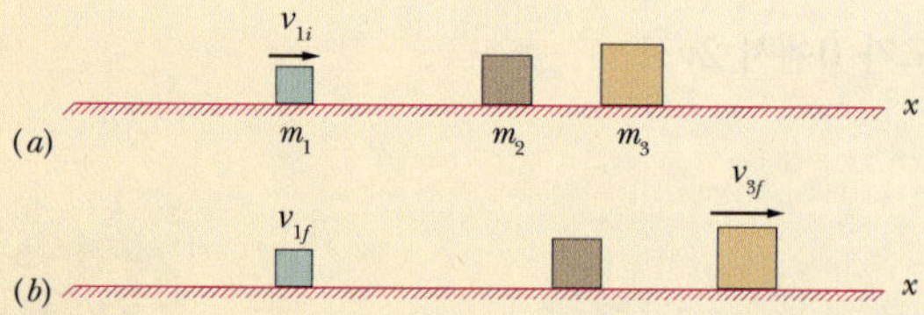

그림 9.7.3 토막 1이 정지한 토막 2에 충돌하고, 토막 2는 정지한 토막 3에 충돌한다.

요점

탄성충돌이므로 역학에너지가 보존된다(따라서 소리, 열 토막의 진동에 의한 에너지 손실은 무시한다). 토막에 작용하는 외부 수평력이 없으므로 *x*축 방향의 선운동량이 보존된다. 이 두 이유로 각각의 충돌에 식 9.7.6과 9.7.7을 적용할 수 있다.

풀이: 첫 번째 충돌부터 시작하면 문제를 풀기에는 미지수가 너무 많다. 토막의 질량들과 최종속도를 알지 못하기 때문이다. 그러므로 토막 2가 토막 3과 충돌하여 정지하는 두 번째 충돌부터 시작하자. 이 충돌에 식 9.7.6을 적용하면 다음을 얻는다.

$$v_{2f} = \frac{m_2 - m_3}{m_2 + m_3} v_{2i}.$$

여기서 v_{2i}는 충돌 직전 토막 2의 속도이고, v_{2f}는 충돌 직후의 속도이다. (토막 2가 정지하여) $v_{2f} = 0$이고, $m_3 = 6.0$ kg을 대입하면 다음을 얻는다.

$$m_2 = m_3 = 6.00 \text{ kg}. \quad \text{(답)}$$

같은 방식으로 표현하여 두 번째 충돌에 대해 식 9.7.7을 다시 쓰면 다음과 같다.

$$v_{3f} = \frac{2m_2}{m_2 + m_3} v_{2i}.$$

여기서 v_{3f}는 토막 3의 최종 속도이다. $m_2 = m_3$로 놓고, 주어진 $v_{3f} = 5.0$ m/s를 대입하면

$$v_{2i} = v_{3f} = 5.0 \text{ m/s}$$

을 얻는다.

다음으로 토막 2에 대한 표기에 조심하여 첫 번째 충돌을 다시 생각하자. 첫 번째 충돌 직후의 속도 v_{2f}는 두 번째 충돌 전의 속도 v_{2i}(= 5.0 m/s)와 같다. 식 9.7.7을 첫 번째 충돌에 적용하고 주어진 $v_{1i} = 10$ m/s를 대입하면

$$v_{2f} = \frac{2m_1}{m_1 + m_2} v_{1i}$$

$$5.0 \text{ m/s} = \frac{2m_1}{m_1 + m_2} (10 \text{ m/s})$$

을 얻고, 따라서 다음을 얻는다.

$$m_1 = \tfrac{1}{3}m_2 = \tfrac{1}{3}(6.0\text{ kg}) = 2.0\text{ kg}.$$ (답)

마지막으로 이 결과를 얻은 첫 번째 충돌에 식 9.7.6을 적용하고 주어진 v_{1i}를 사용하면 다음과 같이 쓸 수 있다.

$$v_{1f} = \frac{m_1 - m_2}{m_1 + m_2} v_{1i},$$

$$= \frac{\tfrac{1}{3}m_2 - m_2}{\tfrac{1}{3}m_2 + m_2}(10\text{ m/s}) = -5.0\text{ m/s}.$$ (답)

▶ 교육용 비디오는 웹사이트 www.wiley.com에서 볼 수 있다.

9.8 ▸ 2차원 충돌

요점 Key Ideas

1. 두 물체가 충돌하면서 단일 축 위에 있지 않으면(정면충돌이 아니면)이 충돌은 2차원 충돌이다. 두 입자계가 닫힌 고립계일 경우 이 충돌에 운동량 보존법칙이 적용되며 다음과 같이 쓸 수 있다.

$$\vec{P}_{1i} + \vec{P}_{2i} = \vec{P}_{1f} + \vec{P}_{2f}.$$

성분으로 쓰면 이 법칙은 충돌을 기술하는 두 개의 식을 얻는다(2차원의 각 차원에 대해 한 개의 식). 충돌이 또한 탄성충돌이면(특별한 경우) 충돌과정에서 운동에너지 보존법칙을 사용하면 세 번째 식을 얻는다.

$$K_{1i} + K_{2i} = K_{1f} + K_{2f}.$$

학습목표 Learning Objectives

이 단원을 읽은 후 다음을 이해해야 한다.

9.8.1 2차원 충돌이 일어나는 고립계에 좌표계의 각 축 방향으로 운동량 보존을 적용하여 충돌 전의 한 축에 대한 운동량 성분으로부터 충돌 후 *같은 축 방향의* 운동량 성분을 구한다.

9.8.2 2차원 *탄성*충돌이 일어나는 고립계에 대해 (a) 좌표계의 각 축 방향에 대한 운동량 보존을 적용하여 충돌 전의 그 축에 대한 운동량 성분으로부터 충돌 후 *같은 축 방향*의 운동량 성분을 구하고 (b) 전체 운동에너지 보존법칙을 적용하여 충돌 전후의 운동에너지 사이의 관계를 맺는다.

▶ 2차원 충돌

두 물체가 충돌할 때 물체 사이의 충격량이 충돌 후에 움직일 방향을 결정한다. 특히 정면충돌이 아니면 물체들이 처음 움직이던 축을 따라 움직이지 않는다. 하지만 닫힌 고립계의 2차원 충돌일 경우에 전체 선운동량은 여전히 보존되므로 다음과 같이 쓸 수 있다.

$$\vec{P}_{1i} + \vec{P}_{2i} = \vec{P}_{1f} + \vec{P}_{2f}. \tag{9.8.1}$$

만약 충돌이 탄성충돌이라면(특수한 경우임) 전체 운동에너지 역시 보존되므로 다음과 같이 쓸 수 있다.

$$K_{1i} + K_{2i} = K_{1f} + K_{2f}. \tag{9.8.2}$$

식 9.8.1을 xy 좌표계에서 성분별로 표시하면 2차원 운동을 분석하는 데 매우 편리하다. 예를 들어 그림 9.8.1과 같은 입사체와 정지한 표적 사이의 *스침충돌*(정면충돌이 아님)을 생각해 보자. 두 물체 사이의 충격량은 입사체가 움직인 x축으로부터 θ_1, θ_2 각도로 물체를 움직이게 한다. 식 9.8.1의 x축 성분은

$$m_1v_{1i} = m_1v_{1f}\cos\theta_1 + m_2v_{2f}\cos\theta_2 \tag{9.8.3}$$

이고, y축 성분은

$$0 = -m_1 v_{1f} \sin\theta_1 + m_2 v_{2f} \sin\theta_2 \qquad (9.8.4)$$

이다. 또한 식 9.8.2를 (특별히 탄성충돌인 경우)

$$\tfrac{1}{2}m_1 v_{1i}^2 = \tfrac{1}{2}m_1 v_{1f}^2 + \tfrac{1}{2}m_2 v_{2f}^2 \qquad \text{(운동에너지)} \qquad (9.8.5)$$

로 쓸 수 있다. 식 9.8.3~9.8.5에는 일곱 개의 변수가 있다. 두 질량 m_1과 m_2, 세 속력 v_{1i}, v_{1f}, v_{2f}, 두 각도 θ_1과 θ_2이다. 만약 이 중 네 개를 알고 있다면 세 방정식을 풀어서 남은 세 변수의 값을 구할 수 있다.

스침충돌에서는 운동량과 운동에너지가 보존된다.

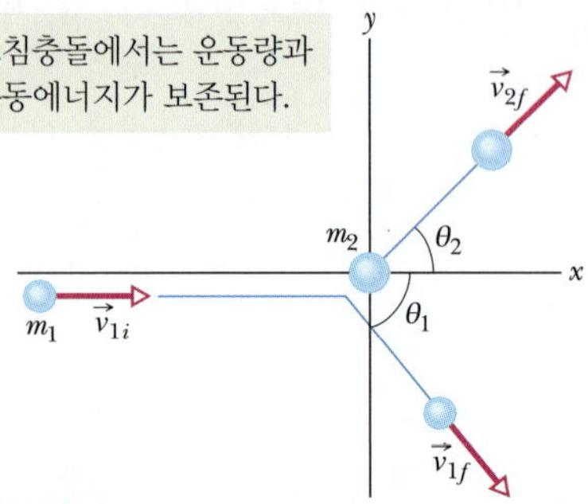

그림 9.8.1 두 물체의 2차원 탄성충돌. 표적인 질량 m_2는 처음에 정지해 있다.

확인문제 9.8.1

그림 9.8.1에서 입사체의 초기 선운동량은 6 kg · m/s이고, 최종 선운동량의 x성분은 4 kg · m/s, y성분은 −3 kg · m/s이다. 표적의 (a) 최종 선운동량의 x성분 (b) 최종 선운동량의 y성분은 얼마인가?

보기문제 9.8.1 충돌하는 두 스케이터

두 스케이터가 충돌하며 서로 껴안아서 완전비탄성 충돌을 한다. 따라서 그림 9.8.2에 나타낸 대로 충돌 후 서로 달라붙고, 충돌하는 점을 원점으로 놓았다. 질량 m_A가 83 kg인 Alfred는 처음에 동쪽으로 속력 u_A = 6.2 km/h로 움직인다. 질량이 u_B = 55 kg인 Barbara는 처음에 북쪽으로 속력 u_B = 7.8 km/h로 움직인다.

(a) 이들이 충돌한 후 속도 $\vec{V}$(크기와 각도 θ)를 구하여라.

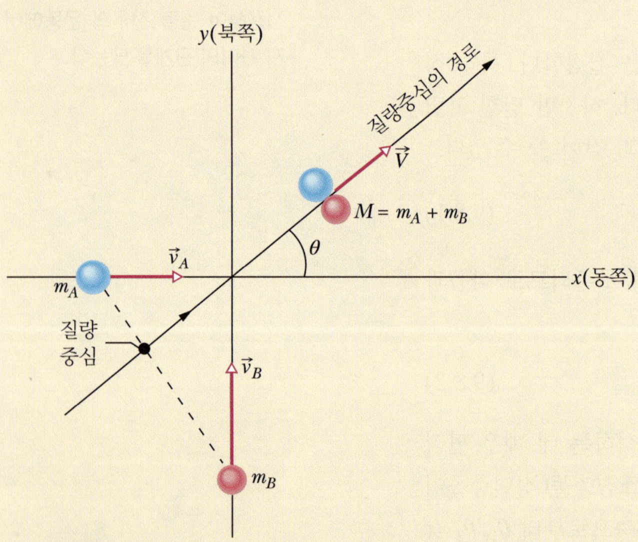

그림 9.8.2 이 단순화시킨 위에서 본 그림에서 공으로 나타낸 Alfred (A)와 Barbara (B)의 두 스케이터가 완전비탄성충돌 한다. 그 후 이들은 달라붙어서 각도 θ, 속력 V로 움직인다. 질량중심의 경로를 나타내었다. 충돌 전후 스케이터를 나타낸 위치에 대한 질량중심의 위치도 표시하였다.

요점

(1) 두 스케이터는 닫힌 고립계를 이룬다고 가정한다. 즉 어떤 외부힘도 작용하지 않는다고 가정한다. 특히 얼음이 스케이트에 작용하는 어떤 마찰력도 무시하고, 각 스케이터에 작용하는 중력은 수직항력으로 상쇄된다는 것을 주목하자. 따라서 계에 전체 선운동량 $\vec{P}$의 보존을 적용할 수 있다. (2) x축과 y축에 대해 따로 보존법칙을 적용한다.

풀이: 운동량보존 $\vec{P}_i = \vec{P}_f$를

$$m_A \vec{v}_A + m_B \vec{v}_B = (m_A + m_B)\vec{V}$$

로 쓴다. 주어진 자료를 대입하여 벡터를 계산하는 계산기를 이용하면 직접 이 식을 $\vec{V}$에 대해 풀 수 있지만, 여기서는 벡터의 성분을 이용한다. x축에 대해서는

$$m_A v_A = m_B(0) = (m_A + m_B)V\cos\theta \qquad (9.8.6)$$

로 쓰고, y축에 대해서는 다음과 같이 쓴다.

$$m_A(0) + m_B v_B = (m_A + m_B)V\sin\theta. \qquad (9.8.7)$$

두 식은 모두 두 미지수(V와 θ를 포함하고 있으므로, 이 식을 따로 풀 수는 없지만, 식 9.8.7을 식 9.8.6으로 나누면 동시에 풀 수 있다.

$$\tan\theta = \frac{m_B v_B}{m_A v_A} = \frac{(55\,\text{kg})(7.8\,\text{km/h})}{(83\,\text{kg})(6.2\,\text{km/h})} = 0.834.$$

따라서 다음을 얻는다.

$$\theta = \tan^{-1} 0.834 = 39.8° \approx 40°. \qquad \text{(답)}$$

$m_A + m_B$ = 138 kg을 이용하면 식 9.8.7로부터 다음을 얻는다.

$$V = \frac{m_B v_B}{(m_A + m_B)\sin\theta} = \frac{(55\,\text{kg})(7.8\,\text{km/h})}{(138\,\text{kg})(\sin 39.8°)}$$
$$= 4.86\,\text{km/h} \approx 4.9\,\text{km/h}.$$ 답

(b) 충돌 전과 후에 스케이터들의 질량중심의 속도 $\vec{v}_{com}$을 구하여라.

요점

(1) 충돌 후 스케이터들은 한 물체가 되어 같이 움직이므로 그림 9.8.2에 나타낸 대로 질량중심은 이들과 함께 움직인다. (2) 계의 $\vec{v}_{com}$은 알짜 외부힘에 의해서만 변할 수 있지, 내부힘은 영향을 주지 않는다.

풀이: 충돌 후 속도 $\vec{v}_{com}$는 (a)에서 계산한 $\vec{V}$와 같다. 스케이터에는 어떤 알짜외부힘도 작용하지 않는다고 가정한 것을 기억하여라. 충돌에 의해서는 계의 내부힘만 생긴다. 따라서 충돌 전의 $\vec{v}_{com}$ 또한 $\vec{V}$와 같아야 하고, 충돌 전후에 다음을 얻는다.

$$\vec{v}_{com} = \vec{V}.$$ 답

9.9 ▸ 질량이 변하는 계: 로켓

요점_*Key Ideas*

1. 외부력이 없을 때 로켓은

$$Rv_{rel} = Ma \qquad \text{(첫 번째 로켓 방정식)}$$

로 주어지는 순간비율로 가속된다. 여기서 M은(사용하지 않은 연료를 포함한) 로켓의 순간질량, R은 연료 소비율이고, v_{rel}은 로켓에 대한 연료 배기물의 속력이다. Rv_{rel}은 로켓 엔진의 추진력이다.

2. 일정한 R과 v_{rel}을 가진 로켓이 질량이 M_i에서 M_f로 변할 때 v_i에서 v_f로 변하는 속력변화는 다음과 같다.

$$v_f - v_i = v_{rel} \ln \frac{M_i}{M_f} \qquad \text{(두 번째 로켓 방정식).}$$

학습목표_*Learning Objectives*

이 단원을 읽은 후 다음을 이해해야 한다.

9.9.1 첫 번째 로켓 방정식을 적용하여 로켓이 질량을 잃는 비율, 로켓에 대한 배기물의 속력, 로켓의 질량과 로켓의 가속도 사이의 관계를 얻는다.

9.9.2 두 번째 로켓 방정식을 적용하여 배기물에 대한 로켓의 상대속력의 변화와 로켓의 초기와 최종 질량 사이의 관계를 얻는다.

9.9.3 정해진 비율로 질량이 변하는 운동하는 계에 대해 운동량의 변화에 대한 비율을 얻는다.

▶ 질량이 변하는 계: 로켓

지금까지는 계의 총질량이 일정한 계를 다루었다. 그러나 로켓처럼 그렇지 않은 경우도 가끔 있다. 발사대에 놓여 있는 로켓의 대부분의 질량은 연료이며, 결국에는 엔진의 배기구로 배출된다. 로켓이 가속되면서 질량이 변하는 경우에 Newton의 제2법칙을 로켓뿐만 아니라 로켓과 연소되어 배출되는 물체 전체에 적용하여 다룰 수 있다. 전체 계의 질량은 로켓이 가속되더라도 변하지 *않는다*.

가속도 구하기

중력이나 대기에 의한 항력이 없는 우주 공간에서 로켓이 가속하고 있는 모습을 관성기준계에서 본다고 하자. 이러한 1차원 운동에서 M을 어떤 순간 t에서 로켓의 질량이라고 하고 v를 속력이라고 하자(그림 9.9.1*a* 참조).

그림 9.9.1*b*는 시간 dt 후에 물체가 어떻게 되었는지 나타낸다. 로켓은 $M + dM$의 질량으로 $v + dv$의 속력으로 움직이고 있다. 여기서 dM은 *음의 값*을 가진다. dt 시간 동안 로켓에서 배출된 배기물의 질량은 $-dM$이며 관성기준계에 대한 상대속도는 U이다.

로켓꼬리에서 분출된 질량이 로켓의 속력을 증가시킨다.

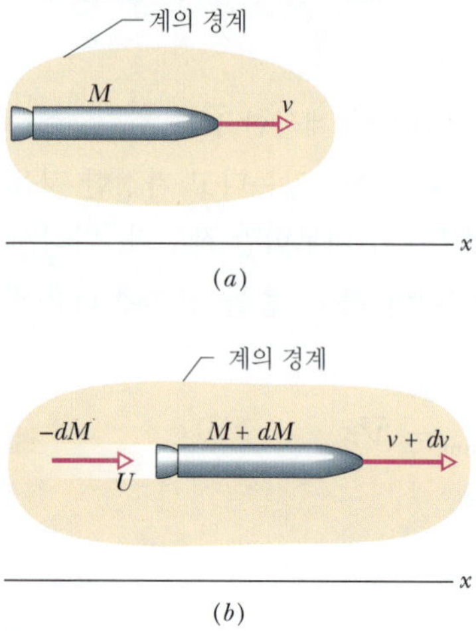

그림 9.9.1 (*a*) 시간 t에서 가속하고 있는 질량 M의 로켓을 관성기준계에서 보고 있다. (*b*) 같은 것을 $t + dt$ 시간에 보고 있다. 배기물이 dt 시간 동안 배출되었다.

▸***운동량 보존.*** 계는 로켓과 dt 시간 동안 배출된 배기물로 이루어져 있다. 계가 닫힌 고립계이므로 dt 시간 동안 선운동량은 다음과 같이 보존된다.

$$P_i = P_f. \tag{9.9.1}$$

여기서 아래첨자 i와 f는 처음과 dt 시간이 지난 후를 각각 나타내므로, 식 9.9.1을

$$Mv = -dM\,U + (M + dM)(v + dv) \tag{9.9.2}$$

로 쓸 수 있다. 여기서 우변의 첫 번째 항은 배기물의 선운동량이고, 두 번째 항은 dt만큼 시간이 지난 후의 로켓의 선운동량이다.

▸***상대속력 사용.*** 로켓과 배기물 사이의 상대속력 v_{rel}를 이용하여 식 9.9.2를 간단하게 나타낼 수 있다. 먼저 상대속도는 기준계에서 본 속도와 다음과 같은 관계가 있다.

$$\begin{pmatrix}\text{기준계에서}\\ \text{본 로켓의 속도}\end{pmatrix} = \begin{pmatrix}\text{배기물에 대한}\\ \text{로켓의 상대속도}\end{pmatrix} + \begin{pmatrix}\text{기준계에서 본}\\ \text{배기물의 속도}\end{pmatrix}.$$

이것을 수식으로 쓰면 다음과 같다.

$$(v + dv) = v_{\text{rel}} + U,$$
$$U = v + dv - v_{\text{rel}}. \tag{9.9.3}$$

U에 대한 결과를 식 9.9.2에 대입하고 정리하면

$$-dM\,v_{\text{rel}} = M\,dv \tag{9.9.4}$$

이고, 위 식의 양변을 dt로 나누면 다음을 얻는다.

$$-\frac{dM}{dt}v_{\text{rel}} = M\frac{dv}{dt}. \tag{9.9.5}$$

여기서 dM/dt(로켓이 질량을 잃는 비율)를 $-R$로 바꾼다. R은 연료를 소비하는 질량의 비율(양의 값)을, dv/dt는 로켓의 가속도를 의미하므로 식 9.9.5는 다음과 같다.

$$Rv_{\text{rel}} = Ma \quad (\text{제1 로켓 방정식}). \tag{9.9.6}$$

식 9.9.6은 질량 M, 연료소비율 R, 가속도 a에 대하여 모든 순간에 성립한다.

식 9.9.6의 좌변은 힘의 차원($\text{kg/s} \cdot \text{m/s} = \text{kg} \cdot \text{m/s}^2 = \text{N}$)이고 로켓 엔진의 연료소비율에만 의존하는 것을 눈여겨볼 필요가 있다. 즉, 연료소비율 R과 상대속력 v_{rel}에 의존한다. 이러한 Rv_{rel}를 **추진력** T라고 부른다. 식 9.9.6을 $T = Ma$로 쓰면 Newton의 제2법칙 형태가 된다. 여기서 a는 질량이 M인 로켓의 가속도이다.

속도 구하기

연료가 소비되면서 로켓의 속도는 어떻게 될까? 식 9.9.4를

$$dv = -v_{\text{rel}}\frac{dM}{M}$$

으로 쓰고, 적분하면 다음과 같다.

$$\int_{v_i}^{v_f} dv = -v_{\text{rel}}\int_{M_i}^{M_f}\frac{dM}{M}.$$

여기서 M_i는 로켓의 초기질량이고 M_f는 최종질량이다. 적분을 계산하면

$$v_f - v_i = v_{rel} \ln \frac{M_i}{M_f} \qquad \text{(제2 로켓 방정식)} \qquad (9.9.7)$$

로, 로켓의 질량이 M_i에서 M_f로 변하는 동안 로켓의 속도의 증가에 대한 식이다(식 9.9.7에서 기호 "ln"은 *자연로그*를 뜻한다). 여기서 다단계 로켓의 장점을 알 수 있다. 즉, 연료가 소진된 연료통을 단계별로 버림으로써 M_f를 줄이는 것이다. 이상적인 로켓은 탑재화물만 남은 상태로 목적지에 도달할 것이다.

확인문제 9.9.1

(a) $M_f = M_i$일 때(연료를 아직 사용하지 않았다) $\ln(M_i/M_f)$ 값은 얼마인가? (b) 연료를 사용하면 $\ln(M_i/M_f)$ 값은 증가하는가, 감소하는가, 같은가?

보기문제 9.9.1 로켓 엔진, 추진력, 가속도

이 장의 모든 이전의 보기문제에서는 계의 질량이(어떤 수로 고정되어) 일정하다. 여기서는 질량을 잃는 계(로켓)에 대한 보기문제이다. 처음 질량 M_i가 850 kg인 로켓이 $R = 2.3$ kg/s의 비율로 연료를 소비한다. 로켓 엔진에 대한 배기가스의 상대속력 v_{rel}은 2800 m/s이다.

(a) 로켓 엔진의 추진력은 얼마인가?

요점

추진력 T는 연료소비율 R과 배기가스의 상대속력 v_{rel}의 곱이다.

풀이: 식 9.9.6에서 다음을 얻는다.

$$T = Rv_{rel} = (2.3\ \text{kg/s})(2800\ \text{m/s}) = 6440\ \text{N} \approx 6400\ \text{N}. \quad \text{(답)}$$

(b) 로켓의 초기 가속도는 얼마인가?

요점

로켓의 추진력 T와 가속도 a는 $T = Ma$로 주어지며, M은 로켓의 질량이다. 그러나 연료를 소비하면서 M은 감소하고 a는 증가한다. 문제에서는 a의 처음 값을 원하므로 로켓의 처음 질량 M_i를 사용해야 한다.

풀이: 처음 가속도로 다음을 얻는다.

$$a = \frac{T}{M_i} = \frac{6440\ \text{N}}{850\ \text{kg}} = 7.6\ \text{m/s}^2. \quad \text{(답)}$$

지상에서 로켓을 발사하려면 로켓의 초기속력은 $g = 9.8\ \text{m/s}^2$보다 커야만 한다. 즉 지면의 중력가속도보다 커야만 한다. 다시 말하면, 로켓 엔진의 추진력 T는 로켓에 작용하는 다음의 초기중력보다 커야만 한다.

$$(850\ \text{kg})(9.8\ \text{m/s}^2) = 8330\ \text{N}.$$

문제에서 구한 추진력($T = 6400$ N)과 가속도가 이 조건에 미달하므로 지상에서는 이 로켓을 발사할 수 없다. 보다 더 강력한 로켓 엔진이 필요하다.

▶ 교육용 비디오는 웹사이트 www.wiley.com에서 볼 수 있다.

정리 및 요약 _Review & Summary

▸***질량중심*** n개의 입자로 이루어진 계의 **질량중심**의 좌표는 다음과 같이 정의한다.

$$x_{com} = \frac{1}{M}\sum_{i=1}^{n} m_i x_i,\ y_{com} = \frac{1}{M}\sum_{i=1}^{n} m_i y_i,\ z_{com} = \frac{1}{M}\sum_{i=1}^{n} m_i z_i. \quad (9.1.5)$$

즉,

$$\vec{r}_{com} = \frac{1}{M}\sum_{i=1}^{n} m_i \vec{r}_i. \quad (9.1.8)$$

여기서 M은 계의 전체 질량이다.

▸***입자계에 대한 Newton의 제2법칙*** 입자계의 질량중심은 다음과 같은 **Newton의 제2법칙**을 따른다.

$$\vec{F}_{net} = M\vec{a}_{com}. \quad (9.2.1)$$

여기서 $\vec{F}_{net}$은 계에 작용하는 *외부*력을 모두 합한 알짜힘이고 M은 계의 전체 질량, $\vec{a}_{com}$은 계의 질량중심의 가속도이다.

▸***선운동량과 Newton의 제2법칙*** 단일입자의 **선운동량** $\vec{p}$는 다음과 같이 정의한다.

$$\vec{p} = m\vec{v}. \quad (9.3.1)$$

선운동량을 이용하여 Newton의 제2법칙을

$$\vec{F}_{net} = \frac{d\vec{p}}{dt} \quad (9.3.2)$$

로 쓸 수 있다. 입자계에서는 다음과 같다.

$$\vec{P} = M\vec{v}_{com} \quad 및 \quad \vec{F}_{net} = \frac{d\vec{P}}{dt}. \quad (9.3.4,\ 9.3.6)$$

▸***충돌과 충격량*** 선운동량으로 표현한 Newton의 제2법칙을 충돌하는 물체에 적용하면 다음과 같은 **충격량-선 운동량 정리**를 얻는다.

$$\vec{p}_f - \vec{p}_i = \Delta\vec{p} = \vec{J}. \quad (9.4.4,\ 9.4.5)$$

여기서 $\vec{p}_f - \vec{p}_i = \Delta\vec{p}$는 물체의 선운동량의 변화를 나타내고, $\vec{J}$는 충돌하면서 한쪽 물체가 다른 쪽 물체에 가한 힘 $\vec{F}(t)$에 의한 **충격량**으로 다음과 같다.

$$\vec{J} = \int_{t_i}^{t_f} \vec{F}(t)\,dt. \quad (9.4.3)$$

만약 F_{avg}를 충돌 중에 작용하는 평균력 $\vec{F}(t)$의 크기, Δt를 충돌이 지속된 시간이라고 하면 1차원 충돌에서

$$J = F_{avg}\,\Delta t \quad (9.4.8)$$

가 성립한다. 질량 m, 속력 v의 물체가 고정된 물체에 연속적으로 충돌할 때 고정된 물체에 작용하는 평균력은

$$F_{avg} = -\frac{n}{\Delta t}\Delta p = -\frac{n}{\Delta t}m\,\Delta v \quad (9.4.10)$$

이다. 여기서 $n/\Delta t$는 물체가 충돌하는 비율이고 Δv는 충돌하는 물체의 속도의 변화량이다. 평균력은 또한 다음과 같이 쓸 수 있다.

$$F_{avg} = -\frac{\Delta m}{\Delta t}\Delta v. \quad (9.4.13)$$

여기서 $\Delta m/\Delta t$는 충돌하는 비율이다. 식 9.4.10과 9.4.13에서 만약 물체가 충돌 후 멈춘다면 $\Delta v = -v$이고, 뒤 방향 같은 속력으로 튕겨나가면 $\Delta v = -2v$이다.

▸***선운동량 보존*** 계가 고립되어 있어서 알짜 *외부*력이 없다면 계의 선운동량 $\vec{P}$는 일정하다.

$$\vec{P} = 상수 \quad (닫힌\ 고립계). \quad (9.5.1)$$

또한 다음과 같이 쓸 수 있다.

$$\vec{P}_i = \vec{P}_f \quad (닫힌\ 고립계). \quad (9.5.2)$$

여기서 아래첨자는 시작점 또는 끝점에서 $\vec{P}$의 값을 나타낸다. 식 9.5.1과 식 9.5.2 모두 동등한 **선운동량 보존법칙**의 표현식이다.

▸***1차원 비탄성충돌*** 두 물체 사이의 *비탄성충돌*에서 두 물체의 운동에너지는 보존되지 않는다(상수가 아니다). 만약 계가 닫힌 고립계라면 계의 전체 선운동량은 *반드시* 보존되어야 한다(상수이다). 이를 벡터 형태로 표현하면 다음과 같다.

$$\vec{p}_{1i} + \vec{p}_{2i} = \vec{p}_{1f} + \vec{p}_{2f}. \quad (9.6.1)$$

여기서 아래첨자 i와 f는 충돌 전과 후를 뜻한다.

물체가 단일 축을 따라 움직인다면, 충돌은 1차원 형태이고 식 9.6.1을 축에 대한 성분으로 다음과 같이 쓸 수 있다.

$$m_1v_{1i} + m_2v_{2i} = m_1v_{1f} + m_2v_{2f}. \quad (9.6.2)$$

만약 물체가 달라붙는다면 충돌은 *완전 비탄성충돌*이며 두 물체의 최종속도 V는 같다(왜냐하면 붙어 있기 때문이다).

▸***질량중심의 운동*** 닫힌 고립계의 질량중심은 충돌에 영향을 받지 않는다. 특히 질량중심의 속도 $\vec{v}_{com}$은 충돌로 바뀌지 않는다.

▸***1차원 탄성충돌*** *탄성충돌*은 특별한 경우로 충돌하는 물체로 이루어진 계의 운동에너지가 보존되는 경우이다. 계가 닫힌 고립계라면 계의 선운동량은 항상 보존된다. 1차원 충돌의 경우 물체 2가 표적이고 물체 1이 입사체라면 운동에너지와 선운동량의 보존으로부터 충돌 직후의 속도에 대한 다음의 관계식을 얻는다.

$$v_{1f} = \frac{m_1 - m_2}{m_1 + m_2}v_{1i} \quad (9.7.6)$$

$$v_{2f} = \frac{2m_1}{m_1 + m_2}v_{1i}. \quad (9.7.7)$$

▸***2차원 충돌*** 충돌하는 두 물체의 움직임이 한 축으로 고정되지 않는다면(즉, 정면충돌이 아니라면) 2차원 충돌이다. 닫힌 고립계에서 운동량 보존법칙이 성립하므로

$$\vec{P}_{1i} + \vec{P}_{2i} = \vec{P}_{1f} + \vec{P}_{2f} \qquad (9.8.1)$$

이다. 성분별로 표시하면 충돌을 기술하는 두 개의 방정식을 얻는다(각 성분별로 하나의 방정식). 만약 충돌이 탄성충돌이라면(특별한 경우로) 운동에너지 보존법칙으로부터 다음의 세 번째 방정식을 얻는다.

$$K_{1i} + K_{2i} = K_{1f} + K_{2f}. \qquad (9.8.2)$$

▸ ***질량이 변하는 계*** 외부력이 없는 상태에서 로켓이 순간적으로 가속되는 비율은 다음과 같다.

$$Rv_{rel} = Ma \quad \text{(제1 로켓 방정식)}. \qquad (9.9.6)$$

여기서 M은 로켓의 순간적인 질량(소모되지 않은 연료를 포함), R은 연료소비율, v_{rel}는 로켓에 대한 배기물의 상대속력이다. Rv_{rel}를 로켓 엔진의 **추진력**이라고 한다. R과 v_{rel}가 일정한 로켓에서 질량이 M_i에서 M_f로 변할 때 속도가 v_i에서 v_f로 변한다고 하면 다음의 식을 얻는다.

$$v_f - v_i = v_{rel} \ln \frac{M_i}{M_f} \quad \text{(제2 로켓 방정식)}. \qquad (9.9.7)$$

연습문제 _Problems

E Easy M Medium H Hard CALC Requires calculus BIO Biomedical application

1 M BIO BC 708년 올림픽의 제자리 멀리뛰기에서 halteres라는 손에 쥐는 보조기구를 이용하였다(그림 9.1). 뛰어오르기 직전 기구를 앞쪽으로 내밀었다가 멀리 뛴 다음 허공에서 뒤로 당겼다. 오늘날 78 kg의 멀리뛰기 선수가 질량 5.50 kg의 두 halteres를 이용하여 공중의 최고 높이에서 지면에 대한 상대속력이 0이 되도록 halteres를 수평방향 뒤쪽으로 던진다고 하자. 멀리뛰기 선수가 디딤판을 떠나는 속도는 halteres에 상관없이 $\vec{v} = (9.5\hat{i} + 4.0\hat{j})$ m/s라고 하고, 선수는 뛴 곳과 같은 높이에 착지한다고 가정한다. halteres를 이용하면 멀리 뛴 거리가 얼마나 증가하는가?

그림 9.1 연습문제 1

2 E 처음에 x축의 양의 방향으로 14 m/s로 움직이고 있는 0.60 kg의 공에 27 ms 동안 x축의 음의 방향으로 힘이 작용하였다. 힘의 크기는 변하고 충격량의 크기는 32.4 N·s이다. 힘이 작용한 직후에 공이 움직이는 (a) 속력과 (b) 운동 방향은 무엇인가? 공에 작용한 (c) 평균힘의 크기와 (d) 충격량의 방향은 무엇인가?

3 M 5.0 kg의 장난감 차가 x축을 따라 움직일 수 있다. 그림 9.2는 차에 t = 0에서 작용하기 시작한 힘 F_x를 나타낸다. 단위벡터 표기법으로 (a) t = 4.0 s, (b) t = 7.0 s에서 $\vec{p}$는 무엇인가? (c) t = 9.0 s에서 $\vec{v}$는 무엇인가?

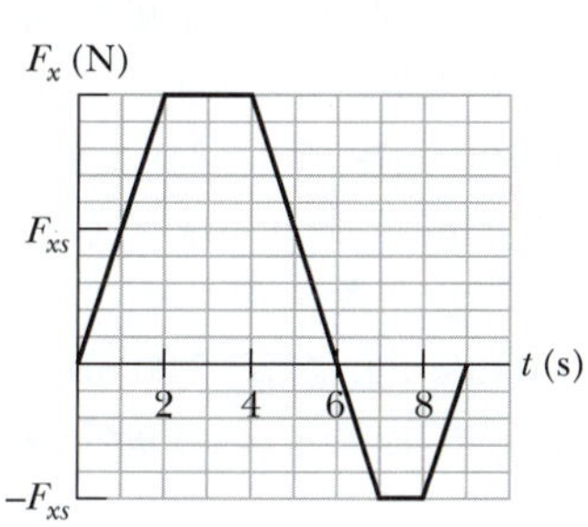

그림 9.2 연습문제 3

4 E t = 0에서 돌을 떨어뜨린다. 첫 번째 돌보다 질량이 두 배인 두 번째 돌이 같은 위치에서 t = 100 ms일 때 떨어진다. (a) t = 250 ms에서 두 돌의 질량중심은 돌이 떨어진 위치로부터 얼마나 아래에 있는가? (두 돌 모두 아직 바닥에 닿지 않았다.) (b) 그 순간 두 돌의 질량중심은 얼마나 빨리 떨어지는가?

5 E 그림 9.3는 m_1 = 6.0 kg, m_2 = 4.0 kg, m_3 = 8.0 kg인 세 개의 입자로 이루어진 계이다. 질량중심의 (a) x 좌표와 (b) y 좌표는 무엇인가? (c) 만약 m_3가 서서히 증가한다면 질량중심은 그 입자쪽으로 움직이는가, 멀어지는가, 그대로 있는가?

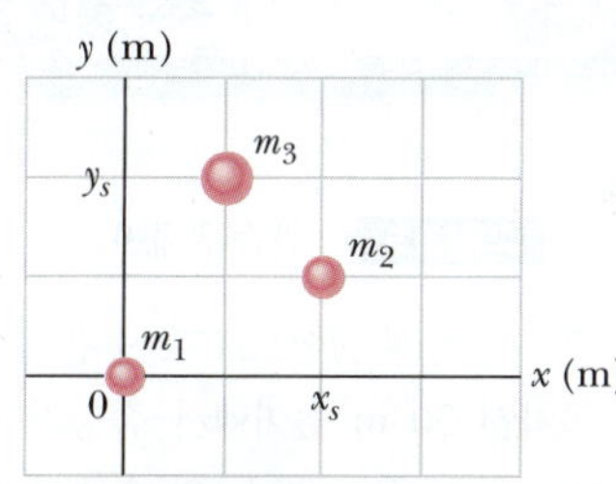

그림 9.3 연습문제 5

6 E 3000 kg의 트럭이 41 km/h로 북쪽으로 가다가 동쪽으로 방향을 바꾸어 51 km/h로 가속하였다. (a) 트럭의 운동에너지의 변화량은 얼마인가? 운동량 변화의 (b) 크기와 (c) 방향은 무엇인가?

7 H 무게 0.500 kg의 강철 공이 길이 70.0 cm이고 한쪽 끝이 벽에 고정된 줄에 매달려 있다. 줄이 수평인 상태에서 공을 놓았다(그림 9.4). 최저점에서 공이 3.00 kg이고, 마찰 없는 표면에 정지해 있는 강철 토막에 부딪혔다. 충돌은 탄성충돌이다. 충돌 직후 (a) 공의 속력과 (b) 토막의 속력을 구하여라.

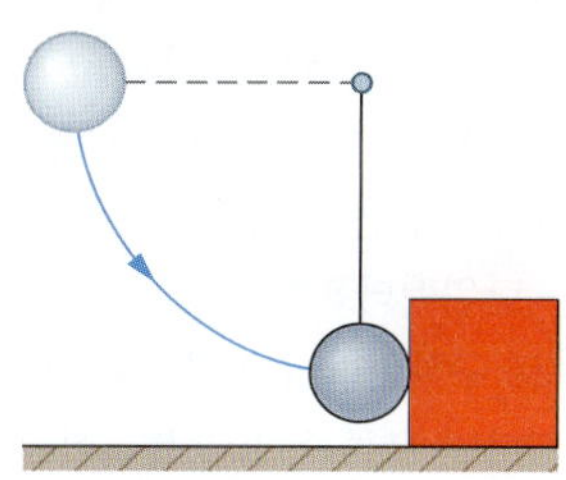

그림 9.4 연습문제 7

8 M 3.0 m/s의 속력으로 움직이는 5.0 kg 토막이 같은 방향으로 속력 2.0 m/s로 움직이는 10 kg의 토막과 충돌한다. 충돌 후 10 kg의 토막은 원래 방향으로 2.5 m/s의 속력으로 움직인다. (a) 충돌 직후 5.0 kg 토막의 속도는 얼마인가? (b) 충돌로 인하여 계의 전체 운동에너지는 얼마나 변했는가? (c) 한편 10 kg 토막의 최종속력이 4.0 m/s이라고 하자. 전체 운동에너지의 변화량은 얼마인가? (d) (c)의 결과를 설명하여라.

9 E CALC 그림 9.5에 두 개의 긴 바지선이 잔잔한 물 위를 하나는 10 km/h의 속력으로 다른 배는 20 km/h의 속력으로 같은 방향으로 움직이고 있다. 서로 지나치는 동안 석탄을 느린 배에서 빠른 배로 1000 kg/min의 비율로 삽으로 퍼나른다. 두 배가 모두 속력이 변하지 않으려면 (a) 빠른 배와 (b) 느린 배의 엔진이 추가로 공급해야 하는 힘은 얼마인가? 삽질은 항상 정확히 옆으로 하고, 배와 물 사이의 마찰력은 배의 질량에 무관하다고 가정한다.

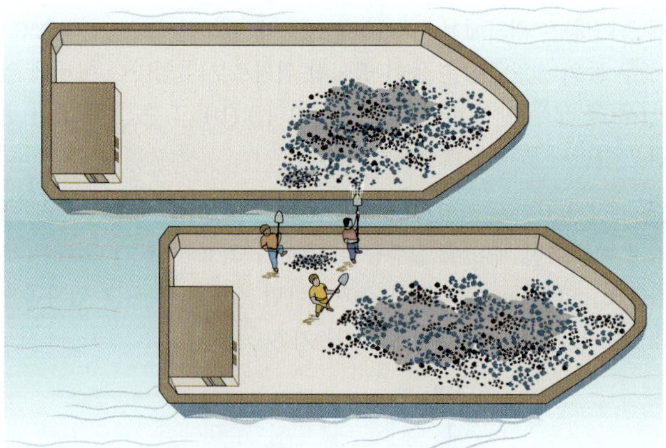

그림 9.5 연습문제 9

10 M *승강기가 부딪치기 전에 뛰어오르기.* 승강기 줄이 끊어지고 안전장치가 작동하지 않아서 30 m 높이에서 승강기가 자유낙하 한다. 승강기 바닥과 충돌하는 동안 질량 90 kg의 승객이 5.0 ms 동안 멈춘다. (승강기와 승객 모두 되튕기지 않는다고 가정한다.) 충돌하는 동안 승객에게 작용하는 (a) 충격량과 (b) 평균력의 크기는 얼마인가? 승강기가 충돌하기 직전에 승객이 위 방향으로 승강기에 대한 상대속력 7.0 m/s로 뛰어 오른다면, 충돌하는 동안 승객에게 작용하는 (a) 충격량과 (b) 평균력의 크기는 얼마인가? (멈춤 시간은 같다고 가정한다.)

11 M 그림 9.6에서 매달린 토막과 줄로 연결된 수레가 공기 궤도 위에 있다. 수레의 질량은 $m_1 = 0.500$ kg이고 처음의 중심은 xy 좌표 (−0.500 m, 0 m)에 있다. 또한 토막의 질량은 $m_2 = 0.400$ kg이고 처음의 중심은 xy 좌표 (0 m, −0.100 m)에 있다. 줄과 도르래의 질량은 무시할 수 있다. 정지상태에서 토막을 놓으면 수레가 도르래에 부딪힐 때까지 수레와 토막이 함께 움직인다. 공기 궤도와 수레 사이, 도르래와 회전축 사이의 마찰은 무시할 수 있다. (a) 수레-토막 계의 질량중심의 가속도를 단위벡터표기법으로 구하여라. (b) 질량중심의 속도를 시간 t의 함수로 구하여라. (c) 질량중심이 지나는 경로를 그려라. (d) 경로가 휘어졌다면 오른쪽 위로 볼록한지 왼쪽 아래로 볼록한지 결정하고, 만약 반듯한 직선이라면 x축과 이루는 각도를 구하여라.

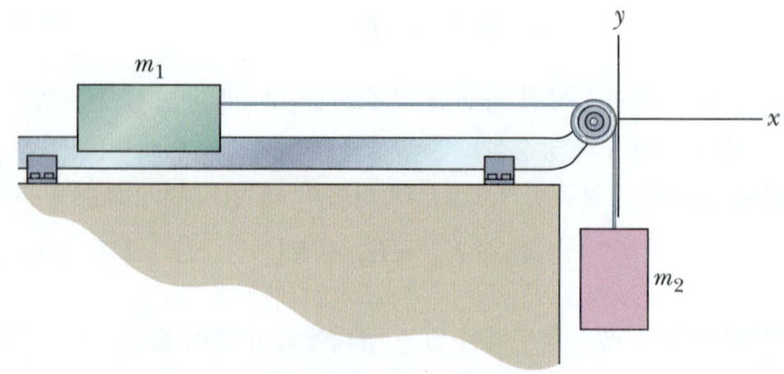

그림 9.6 연습문제 11

12 E 4.00 kg 입자는 xy 좌표 (−1.20 m, 0.500 m)에, 다른 4.00 kg 입자는 xy 좌표 (0.600 m, −0.750 m)에 있다. 모두 수평면에 놓여있다. 3.00 kg의 입자를 어떤 (a) x 좌표와 (b) y 좌표에 놓아야 세 입자계의 질량중심이 (−0.500 m, −0.700 m)가 되겠는가?

13 M 그림 9.19는 0.165 kg의 큐볼이 테이블에 부딪혀서 튕겨나오는 경로를 위에서 본 그림이다. 공의 초기 속력은 1.50 m/s이고 각도 θ_1은 30.0°이다. 튕겨나오면서 속도의 y성분은 부호가 바뀌지만 x 성분은 변하지 않는다. (a) 각도 θ_2와 (b) 공의 선운동량의 변화를 단위벡터 표기법으로 구하여라. (공이 굴러간다는 것은 이 문제에서는 중요하지 않다.)

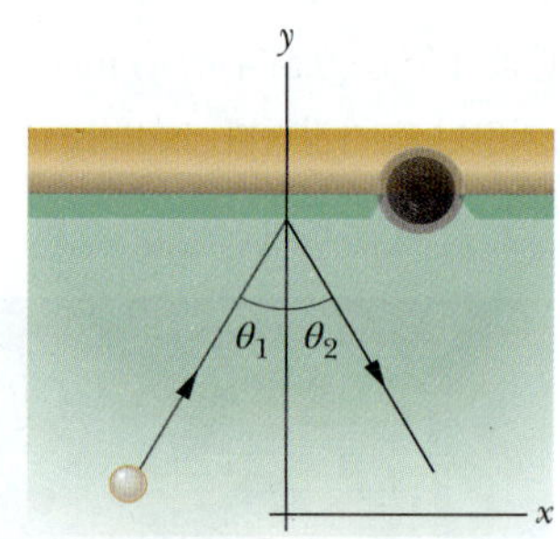

그림 9.7 연습문제 13

14 M 22.0 kg의 물체가 우주 공간에서 x축의 양의 방향으로 200 m/s의 속력으로 움직이다가 내부 폭발로 인하여 세 조각으로 쪼개졌다. 한 부분의 질량은 10.0 kg이고, 폭발위치에서 양의 y 방향으로 속력 100 m/s로 움직인다. 두 번째 조각의 질량은 4.00 kg이고, 음의 x 방향으로 속력 500 m/s로 움직인다. (a) 단위벡터 표기법으로 세 번째 조각의 속도는 얼마인가? (b) 폭발에서 얼마나 많은 에너지가 나왔는가? 중력에 의한 효과는 무시한다.

15 M 그림 9.20은 0.300 kg의 야구공이 야구 방망이에 맞기 바로 직전과 직후를 나타낸다. 직전에 공의 속도 $\vec{v}_1$은 크기 12.0 m/s이고, 각도는 $\theta_1 = 35.0°$이다. 직후의 속도 $\vec{v}_2$는 위쪽을 향하고, 크기는 10.0 m/s이다. 충돌은 3.00 ms 동안 이루어졌다. 공이 야구방망이에서 받은 충격량의 (a) 크기 (b) (x축의 양의 방향에 대한) 방향을 구하여라. 방망이가 공에 작용한 평균힘의 (c) 크기와 (d) 방향을 구하여라.

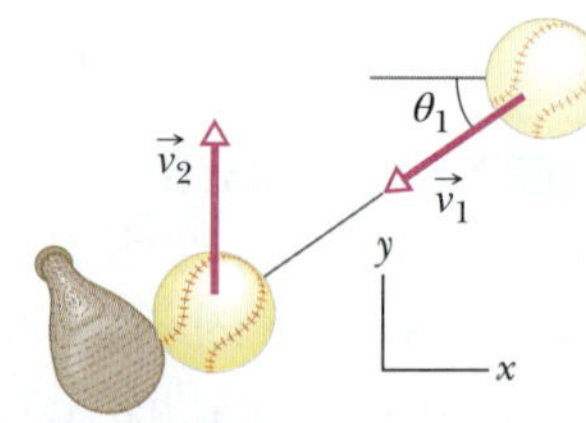

그림 9.8 연습문제 15

16 M CALC 축구선수가 처음에 정지해 있던 0.45 kg의 축구공을 찼다. 선수의 발이 공과 3.0×10^{-3} s 동안 닿았고 차는 힘은 $0 \le t \le 3.0 \times 10^{-3}$ s 동안

$$F(t) = [(6.0 \times 10^6)t - (2.0 \times 10^9)t^2]\ \text{N}$$

이다. t는 초이다. (a) 차는 동안 공에 작용한 충격량의 크기 (b) 선수의 발로부터 공이 받은 평균힘의 크기 (c) 선수의 발이 공에 닿는 동안 작용한 최대힘의 크기 (d) 선수의 발에서 공이 떨어진 직후의 공의 속도의 크기를 구하여라.

17 H 그림 9.9에서 토막 2(질량 1.0 kg)가 마찰 없는 표면에 정지한 상태로 용수철상수 400 N/m의 늘어나지 않은 상태의 용수철 끝에 닿아 있다. 토막 1(질량 2.0 kg)이 $v_1 = 4.0$ m/s의 속력으로 토막 2에 부딪히면서 두 토막이 서로 달라붙는다. 토막이 순간적으로 정지할 때 용수철은 얼마만큼 압축되는가?

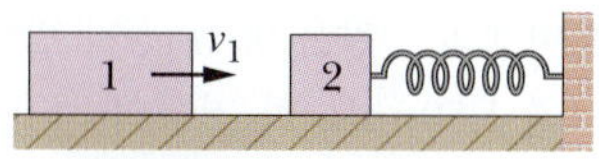

그림 9.9 연습문제 17

18 M 두 개의 2.0 kg 물체 A와 B가 충돌한다. 충돌전의 속도는 $\vec{v}_A = (15\hat{i} + 30\hat{j})$ m/s, $\vec{v}_B = (-10\hat{i} + 5.0\hat{j})$ m/s이다. 충돌 후에는 $\vec{v}'_A = (-5.0\hat{i} + 20\hat{j})$ m/s이다. (a) B의 최종 속도와 (b) (부호를 포함한) 전체 운동에너지의 변화는 얼마인가?

19 M 포탄을 초기 속도 $\vec{v}_0$가 20 m/s이고, 수평선에 대해 $\theta_0 = 60°$의 각도로 발사하였다. 궤도의 최고점에서 포탄이 폭발하여 같은 질량의 두 조각으로 나누어졌다(그림 9.10). 한 조각은 폭발 직후 속력이 0이 되어 수직으로 떨어진다. 다른 조각은 대포로부터 얼마나 떨어진 지점에 떨어지는가? 지표면은 수평이고 공기 저항은 무시할 수 있다고 가정한다.

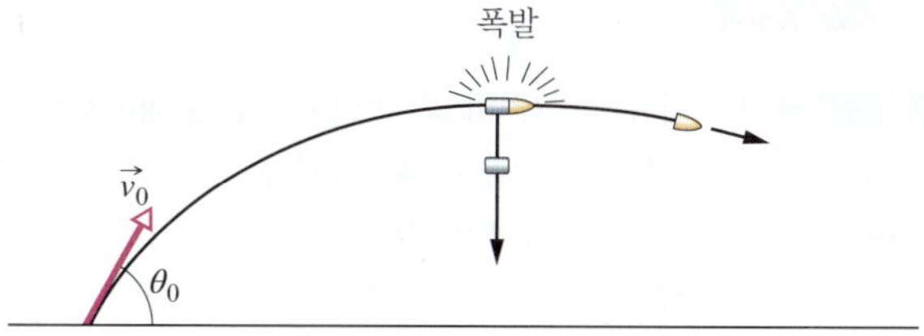

그림 9.10 연습문제 19

20 M 질량 m_1인 토막 1이 x축을 따라 마찰 없는 표면 위를 미끄러져 움직이다가 질량 $m_2 = 0.4\ m_1$인 정지한 토막 2와 일차원 탄성충돌을 하였다. 그 후 두 토막은 운동마찰계수 0.35인 영역으로 들어와서 정지한다. 마찰이 있는 영역에서 (a) 토막 1과 (b) 토막 2가 얼마나 움직였는가?

21 H 그림 9.11에서 토막 1(질량 2.0 kg)이 오른쪽으로 10 m/s로 움직이고 토막 2(질량 5.0 kg)는 오른쪽으로 3.0 m/s로 움직이고 있다. 표면의 마찰은 없고 용수철상수가 6000 N/m인 용수철이 토막 2에 붙어 있다. 토막이 충돌할 때 용수철은 두 토막이 같은 속도일 때 최대로 압축된다. 최대 압축길이를 구하여라.

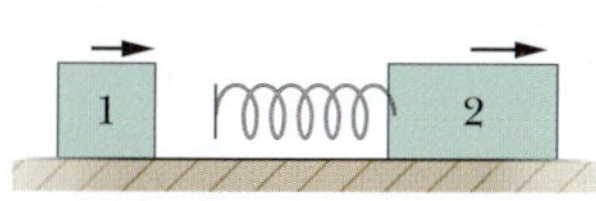

그림 9.11 연습문제 21

22 M 앵커리지에서는 자동차와 말코손바닥 사슴의 충돌이 자주 일어나서 약어로 MVC라고 부른다. 1000 kg의 자동차가 미끄러운 도로에서 미끄러져서 정지해 있는 500 kg의 말코손바닥 사슴과 충돌하여 사슴이 자동차 앞 유리에 부딪힌다고 하자(흔한 MVC 결과이다). (a) 충돌에서 원래 운동에너지의 몇 퍼센트를 다른 형태의 에너지로 잃어버리는가? 사우디아라비아에서도 비슷한 낙타–자동차 충돌이 일어난다(CVC라고 부른다). (b) 300 kg의 낙타와 충돌할 때 원래 운동에너지의 몇 퍼센트를 다른 형태의 에너지로 잃어버리는가? (c) 동물의 질량이 증가하면 에너지의 퍼센트 손실이 증가하는가, 혹은 감소하는가?

23 H 질량 m의 작은 공이 질량 $M = 0.63$ kg의 큰 공 위에 나란히 놓여 있다(그림 9.12a의 야구공과 농구공처럼 작은 간격이 있다). 그 후 두 공이 높이 $h = 1.8$ m에서 동시에 떨어진다(각 공의 반지름은 높이 h에 비해 작다고 가정한다). (a) 큰 공이 바닥에서 탄성충돌하고 작은 공이 큰 공과 탄성충돌한다면 m이 어떤 값일 때 큰 공이 작은 공과 충돌할 때 정지하는가? (b) 그때 작은 공은 얼마나 올라가는가? (그림 9.12b)

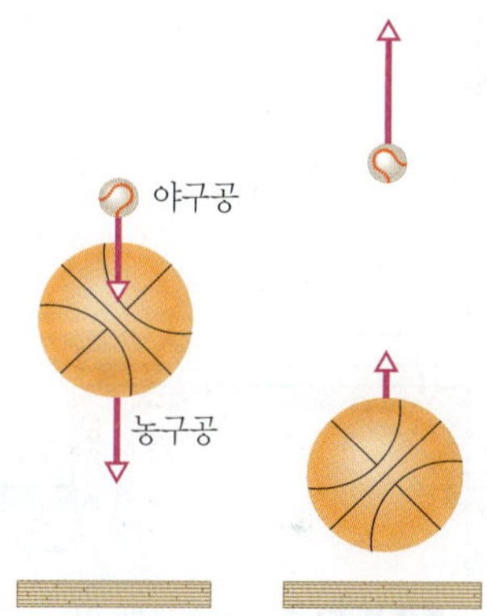

그림 9.12 연습문제 23

24 E 전체 질량 2.55×10^5 kg, 연료 질량 1.81×10^5 kg인 로켓이 우주공간에서 한 관성기준계에 대해 정지한 상태로 있다. 로켓 엔진이 점화되어 250 s 동안 480 kg/s의 비율로 연료가 소모된다. 로켓에 대한 배기물의 속력은 3.27 km/s이다. (a) 로켓의 추진력은 얼마인가? 점화하고 250 s 후에 로켓의 (b) 질량 (c) 속력은 얼마인가?

25 M 그림 9.13에서 두 입자를 좌표계의 원점에서 $t = 0$일 때 발사하였다. 질량 $m_1 = 7.00$ g인 입자 1은 x축을 따라 똑바로 발사되어 마찰 없는 바닥면에서 일정한 속력 10.0 m/s로 움직인다. 질량 $m_2 = 3.00$ g의 입자 2는 초기속력 20.0 m/s로 위쪽으로 발사하여 날아가는 동안 항상 입자 1 바로 위에 있다. (a) 두 입자계의 질량중심이 올라가는 최고 높이 H_{max}는 얼마인가? 질량중심이 H_{max}에 도달할 때 질량중심의 (b) 속도와 (c) 가속도를 각각 단위벡터 표기법으로 나타내어라.

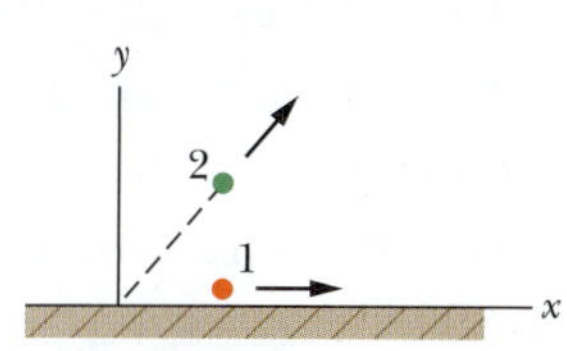

그림 9.13 연습문제 25

26 M 0.30 kg의 소프트볼이 방망이와 부딪히기 직전에 속도 11 m/s로 수평면 아래로 각도 35°를 이루고 있다. 공이 (a) 15 m/s의 속도로 수직 아래로 가는 경우 (b) 15 m/s로 수평으로 투수에게 되돌아가는

경우 공의 운동량의 변화의 크기는 얼마인가?

27 E 그림 9.14에서 토막 A(질량 1.6 kg)가 마찰 없는 표면을 따라 미끄러지다가 토막 B(질량 2.4 kg)와 충돌한다. 그림에 충돌 전(i)과 후(f)의 세 속도의 방향이 표시되어 있고, 크기는 각각 $v_{Ai} = 5.5$ m/s, $v_{Bi} = 2.5$ m/s, $v_{Bf} = 4.9$ m/s이다. 속도 $\vec{v}_{Af}$의 (a) 크기와 (b) 방향(왼쪽 혹은 오른쪽)은 무엇인가? (c) 이 충돌은 탄성충돌인가?

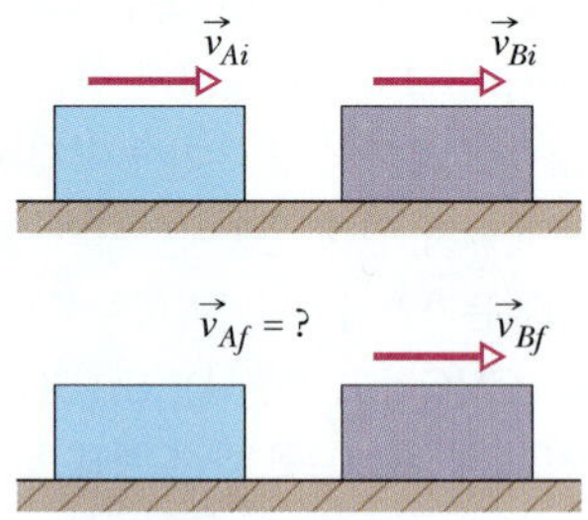

그림 9.14 연습문제 27

28 M 젖은 진흙으로 만든 두 공이 수직축을 따라 마주 보고 오다가 완전비탄성충돌한다. 충돌 직전에 질량 4.0 kg의 공은 위쪽으로 2.0 m/s의 속력으로 움직이고, 질량 2.0 kg의 다른 공은 아래쪽 12 m/s의 속력으로 움직인다. 합쳐진 두 공은 충돌 지점에서 얼마나 높이 올라가는가? (공기항력은 무시한다.)

29 H 그림 9.15에서 질량 $m_1 = 0.30$ kg의 퍽 1이 마찰 없는 실험대 위에서 미끄러지다가 정지해 있는 퍽 2와 일차원 탄성충돌을 한다. 퍽 2는 실험대에서 거리 d인 곳에 떨어지고, 퍽 1은 충돌로 되튕겨서 실험대 반대편에서 거리 $2d$인 곳에 떨어진다. 퍽 2의 질량은 얼마인가? (*힌트*: 부호를 조심하여라.)

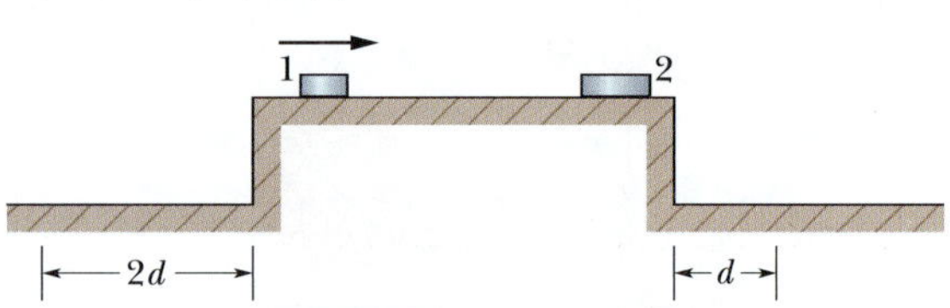

그림 9.15 연습문제 29

30 H 질량 80 kg의 Ricardo와 좀 더 가벼운 Camelita가 머세드 호수에서 40 kg의 카누를 타고 있다. 카누가 잔잔한 물에서 정지해 있을 때 카누의 중심으로부터 대칭적으로 3.0 m 떨어진 서로의 자리를 바꾸었다. 자리를 바꾸는 동안 카누가 선착장의 말뚝에 대해 40 cm 수평으로 움직였다면 Carmelita의 질량은 얼마인가?

31 M 그림 9.16에서 정지해 있는 토막이 폭발하여 L과 R 두 조각으로 나누어져 마찰 없는 바닥을 따라 미끄러져 가다가 마찰 있는 영역으로 들어와서 멈춘다. 질량 2.8 kg의 조각 L은 운동마찰계수가 $\mu_L = 0.40$인 영역에서 $d_L = 0.15$ m를 미끄러지다가 멈추고, 조각 R은 운동마찰계수가 $\mu_R = 0.50$인 영역에서 $d_R = 0.25$ m를 가다가 멈춘다. 토막의 질량은 얼마인가?

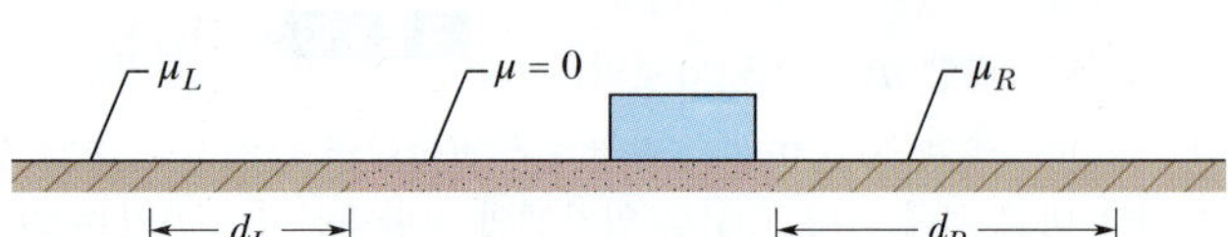

그림 9.16 연습문제 31

32 H 입자 A와 B 사이에 용수철이 압축되어 고정되어 있다. 물체를 놓았을 때 용수철은 물체를 밀어 용수철에서 떨어져 반대 방향으로 날아간다. A의 질량은 B의 2.00배이고 용수철에 저장된 에너지는 90 J이다. 용수철의 질량은 무시할 수 있고 저장된 에너지는 모두 입자로 전달된다고 가정한다. 에너지가 모두 전달된 후 (a) A입자와 (b) B의 운동에너지는 얼마인가?

33 M BIO 바실리스크 도마뱀은 수면 위를 뛰어서 건너갈 수 있다(그림 9.17). 각 걸음마다 도마뱀은 한쪽 발로 수면을 재빨리 내리쳐서 발 주위에 공기방울을 만든다. 물의 항력을 피하기 위해 공기방울로 물이 들어오기 전에 발을 들어올린다. 도마뱀이 가라앉지 않기 위하여 발로 찰싹찰싹 밟고, 밑으로 누르고, 올리면서 받는 윗방향의 평균 충격량이 중력에 의한 아랫방향 충격량과 같아야 한다. 바실리스크 도마뱀의 질량을 90.0 g, 각 발의 질량을 2.50 g, 수면을 밟는 발의 속도를 1.50 m/s, 한 걸음의 시간을 0.600 s라고 하자. (a) 수면을 밟는 동안 도마뱀이 받는 충격량은 얼마인가? (충격은 수직 윗방향이라고 가정한다.) (b) 0.600 s 사이 한 걸음을 걷는 동안 중력에 의한 아랫방향 충격량은 얼마인가? (c) 밟는 것과 밑으로 누르는 것 중 무엇이 도마뱀을 지탱하는 데 더 중요한가? 아니면 거의 같은가?

Stephen Dalton/Science Source

그림 9.17 연습문제 33 수면 위를 뛰어가는 도마뱀

34 E BIO 태권도 격파에서 13 m/s의 속력으로 판을 내려쳐서 5.0 ms 동안 충돌한 후 손을 멈춘다. 팔과는 무관하게 손만 충돌하고 손의 질량은 0.60 kg이라고 하자. 손이 판에 작용하는 (a) 충격량과 (b) 평균 힘의 크기는 얼마인가?

35 M 그림 9.18은 질량 400 g의 공이 속력 $v = 6.0$ m/s, 각도 $\theta = 30°$로 벽을 때린 후 같은 속력과 각도로 튕겨 나오는 것을 위에서 본 것이다. 공이 10 ms 동안 벽과 접촉해 있었다고 하자. (a) 벽으로부터 공이 받은 충격량과 (b) 공이 벽에 가한 평균힘을 단위벡터 표기법으로 구하여라.

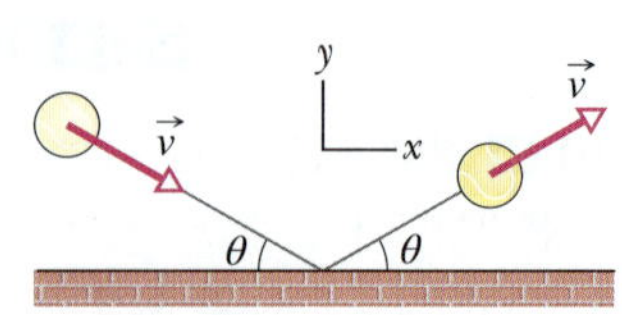

그림 9.18 연습문제 35

36 E 교차로에 질량 1000 kg의 자동차가 정지해 있다. 신호등이 초록색으로 바뀌자 등가속도 4.0 m/s^{2}으로 움직이기 시작한다. 동시에 질량 2000 kg의 트럭이 등속력 8.0 m/s로 움직이면서 자동차를 지나간다. $t = 2.50$ s일 때 (a) 자동차-트럭의 질량중심은 신호등으로부터 얼마나 떨어져 있는가? (b) 질량중심의 속력은 얼마인가?

37 M 그림 9.19에서 질량 m_1의 토막 1이 높이 $h = 2.50$ m에서 정지상태로 출발하여 마찰 없는 비탈을 따라 미끄러져 내려와 질량 $m_2 = 2.00\ m_1$의 정지한 토막 2와 충돌한다. 충돌 후에 토막 2는 운동마찰계수 μ_k가 0.350인 영역에 들어와서 거리 d를 가다가 정지한다. (a) 탄성충돌과 (b) 완전 비탄성충돌인 경우 d 값은 얼마인가?

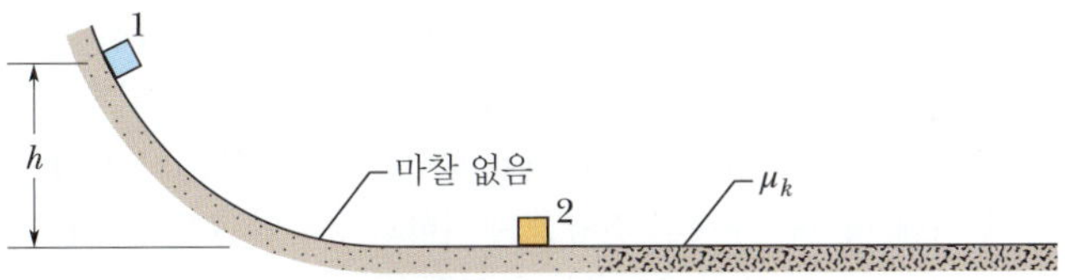

그림 9.19 연습문제 37

38 M 양의 x축 방향으로 속력 v로 움직이는 공 B가 원점에서 정지한 공 A와 부딪쳤다. A와 B의 질량은 다르다. 충돌 후 B는 음의 y축 방향으로 $v/2$의 속력으로 움직인다. (a) A는 어느 방향으로 움직이는가? (b) A의 속력은 주어진 정보만으로는 결정될 수 없음을 보여라.

39 H 그림 9.20a에서 질량 4.5 kg의 개가 해변에서 $D = 6.1$ m 떨어진 곳에 있는 질량 18 kg의 보트에 서 있다. 개가 보트를 따라 해변 쪽으로 3.2 m 걸어가서 정지한다. 보트와 물 사이에 마찰이 없다고 가정하고 개가 해변에서 얼마나 떨어져 있는지 구하여라. (*힌트*: 그림 9.20b 참조)

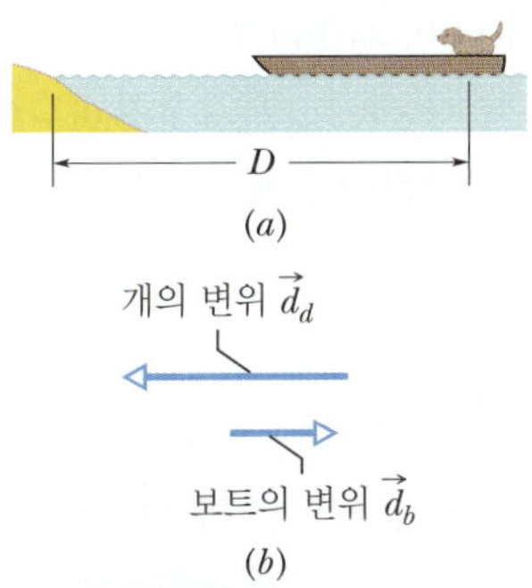

그림 9.20 연습문제 39

40 M 시간 $t = 0$에 공이 바닥에 부딪힌 후 튀어 오른다. 그림 9.21은 공이 튀어 오르는 동안 선운동량 크기 p의 시간 t에 대한 변화이다 ($p_0 = 6.0$ kg · m/s와 $p_1 = 4.0$ kg · m/s). 공의 처음 발사각도는 얼마인가? (*힌트*: 그림의 낮은 점에 해당하는 시간을 읽을 필요가 없는 답을 구하여라.)

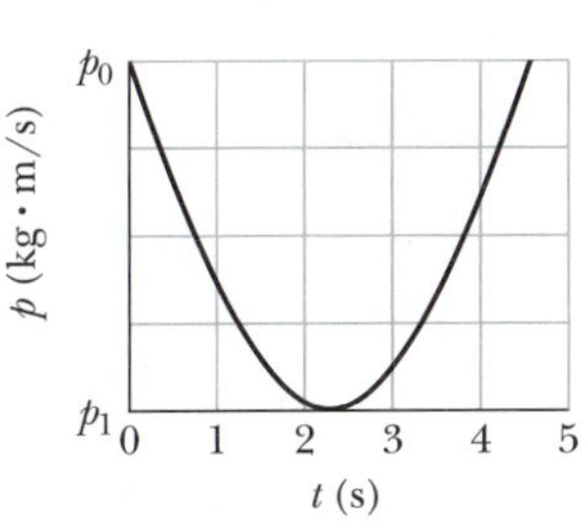

그림 9.21 연습문제 40

41 M 그림 9.22처럼 자동차 A(질량 1000 kg)가 신호등 앞에 정지해 있을 때 자동차 B(질량 1500 kg)가 추돌한다. 두 자동차는 도로의 마찰력($\mu_k = 0.13$) 때문에 바퀴가 정지한 상태로 각각 $d_A = 8.2$ m, $d_B = 6.1$ m를 미끄러진 후 정지한다. 충돌 직후 미끄러지기 시작할 때 자동차 (a) A와 (b) B의 속력은 각각 얼마인가? (c) 충돌하는 동안 선운동량이 보존된다고 가정하고 충돌 직전 자동차 B의 속력을 구하여라. (d) 이 가정이 틀릴 수 있는 이유를 설명하여라.

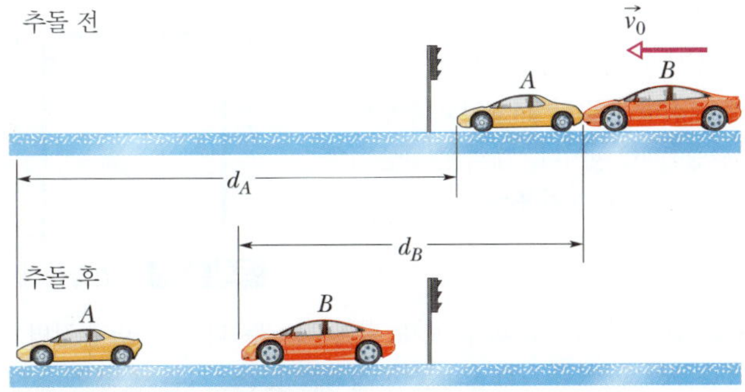

그림 9.22 연습문제 41

42 M 무게 5.0 kg의 물체가 정지한 다른 물체에 탄성충돌하고 원래의 방향으로 원래 속력의 1/4로 계속 움직인다. (a) 다른 물체의 질량은 얼마인가? (b) 만약 5.0 kg 물체의 초기 속력이 4.0 m/s이라면 두 물체의 질량중심 속력은 얼마인가?

43 E BIO Henri LaMothe는 70살이 될 때까지(그림 9.23) 12 m 높이에서 30 cm 깊이의 물에 배치기로 다이빙하여 관객을 흥분시켰다. 물통의 바닥에 닿는 순간에 정지한다고 가정하고 그의 질량을 추측하여 물이 작용하는 충격량의 크기를 구하여라.

그림 9.23 연습문제 43. 수심 30 cm로 배치기 다이빙하기

44 E 6090 kg의 우주탐사선이 기수를 앞으로 하여 태양에 대해 205 m/s의 속력으로 목성을 향하여 움직이다가 로켓 엔진을 점화시켜서 80.0 kg의 배기물을 탐사선에 대해 253 m/s의 속력으로 배출한다. 탐사선의 최종속력을 구하여라.

45 M 그림 9.24는 길이 L = 36 cm인 균일한 가는 막대 세 개가 뒤집어진 U자 형태로 놓여 있는 모습이다. 수직 막대의 질량은 각각 14 g이고 수평막대의 질량은 42 g이다. 계의 질량중심의 (a) x좌표와 (b) y좌표는 무엇인가?

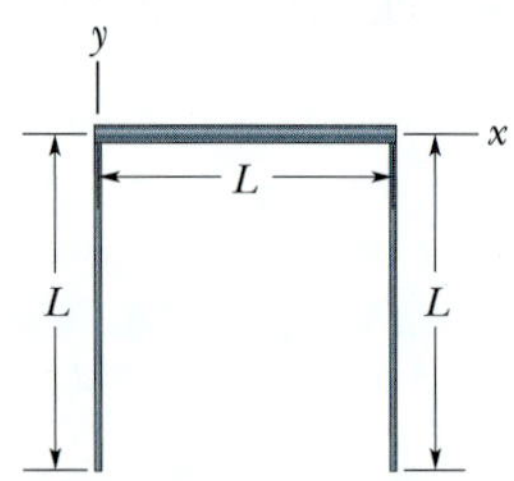

그림 9.24 연습문제 45

46 E 같은 속력으로 마주 보며 날아오는 두 티타늄 공이 정면으로 탄성충돌한 후 질량 600 g의 공이 정지한다. (a) 다른 공의 질량은 얼마인가? (b) 두 공의 초기속력이 모두 2.00 m/s이면 질량중심의 속력은 얼마인가?

47 M 그림 9.25에서 질량 m = 50 g인 공이 v_i = 22 m/s의 속력으로 마찰 없는 표면에 정지해 있는 질량 M = 240 g의 용수철총으로 들어온다. 용수철이 최대로 압축되는 위치에서 공이 총신에 붙었다. 공과 총신 사이의 마찰에 의한 열에너지 증가는 무시할 수 있다고 가정하자. (a) 공이 총신 내부에서 멈추었을 때 용수철 총의 속력은 얼마인가? (b) 처음 운동에너지 중 얼마의 에너지가 용수철에 저장되는가?

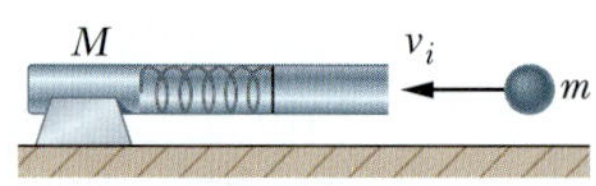

그림 9.25 연습문제 47

48 E BIO 1955년 2월 370 m 상공의 비행기에서 낙하한 병사가 낙하산을 펴지 못하고 눈 위로 떨어졌지만 놀랍게도 가벼운 상처만 입었다. 눈과 충돌할 때의 속력을 56 m/s(종단속력), (장비를 포함한) 질량을 90 kg, 눈이 작용하는 힘을 생존 한계인 1.2×10^5 N이라고 하자. 병사가 비교적 안전하게 착지할 (a) 눈의 최소 두께와 (b) 눈으로부터 받은 충격량의 크기를 구하여라.

49 H CALC 질량 0.200 kg, 높이 12.0 cm의 균일한 금속 깡통에 질량 0.354 kg의 소다수를 채웠다(그림 9.26). 위쪽과 아래쪽에 작은 구멍을 뚫으면 소다수가 빠진다(이렇게 손실된 질량은 무시할 수 있다). (a) 처음과 (b) 소다수가 모두 빠진 다음에 깡통과 소다수의 질량중심의 높이는 얼마인가? (c) 소다수가 빠지면서 h는 어떻게 변화하는가? (d) x가 남아있는 소다수의 높이라면 질량중심이 가장 낮은 점에 있을 때 x 값을 구하여라.

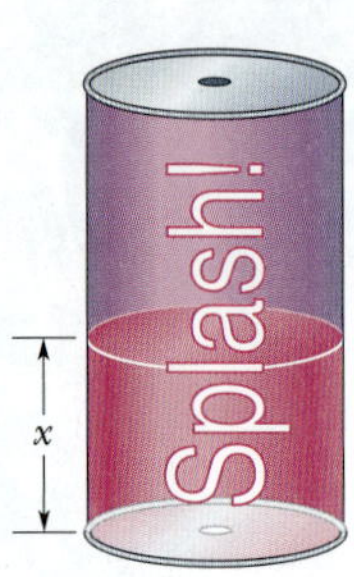

그림 9.26 연습문제 49

50 M 무게 6.0 kg의 물체가 마찰 없는 표면 위에서 미끄러지다가 폭발하여 3.0 kg 부분 두 개로 분리되어, 한 조각은 북쪽으로 3.0 m/s로 움직이고 다른 조각은 5.0 m/s로 동북쪽 30° 방향으로 움직였다. 물체의 원래 속력은 얼마인가?

51 M 그림 9.27a에서 3.50 kg의 총알을 마찰 없는 탁자에 정지해 있는 두 토막을 향해 수평으로 발사하였다. 총알이 토막 1(질량 1.20 kg)을 통과하여 토막 2(질량 1.80 kg)에 박혔다. 토막의 최종속력은 각각 v_1 = 0.630 m/s와 v_2 = 1.20 m/s이다(그림 9.27b). 토막 1에서 총알에 의해 제거된 부분의 질량을 무시하고 총알이 토막 1을 (a) 떠날 때와 (b) 들어갈 때의 속력을 구하여라.

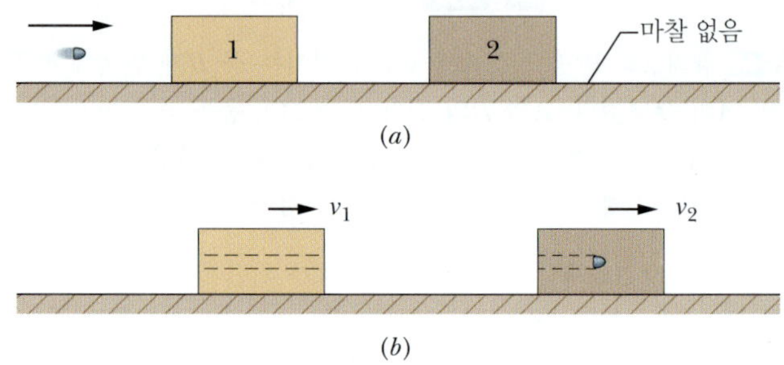

그림 9.27 연습문제 51

52 E 큰 올리브(m = 0.50 kg)가 xy 좌표계의 원점에 있고 큰 브라질 호두(M = 1.5 kg)가 (1.0, 2.0) m에 있다. t = 0에서 $\vec{F}_o = (2.0\hat{\imath} + 3.0\hat{\jmath})$의 힘이 올리브에 작용하고, $\vec{F}_n = (-3.0\hat{\imath} - 2.0\hat{\jmath})$의 힘이 호두에 작용하기 시작한다. t = 0.50 s일 때 t = 0의 위치에 대한 올리브-호두 계의 질량중심의 변위를 단위벡터 표기법으로 구하여라.

53 M 그림 9.28에 두께를 무시할 수 있는 균일한 금속판으로 만든 정육면체 상자가 있다. 상자의 위쪽은 열려 있고 한 변의 길이는 L = 40 cm이다. 상자 질량중심의 (a) x 좌표 (b) y 좌표 (c) z 좌표를 구하여라.

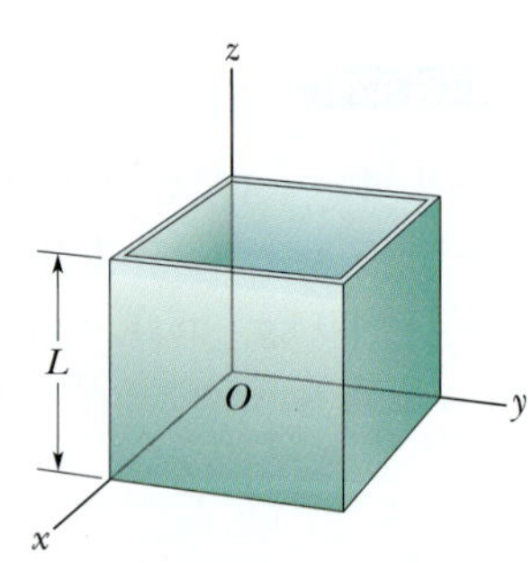

그림 9.28 연습문제 53

54 M 질량과 초기속력이 모두 같은 두 물체가 완전 비탄성충돌한 후 초기속력의 절반으로 함께 움직인다. 두 물체의 초기속도 사이의 각도를 구하여라.

55 M 그림 9.29에 d_1 = 11.0 cm, d_2 = 3.20 cm, d_3 = 18.0 cm인 판이 있다. 판의 절반은 알루미늄(밀도 = 2.70 g/cm^3)이고 다른 절반은 철(밀도 = 7.85 g/cm^3)이다. 판의 질량중심의 (a) x 좌표와 (b) y 좌표 (c) z 좌표를 구하여라.

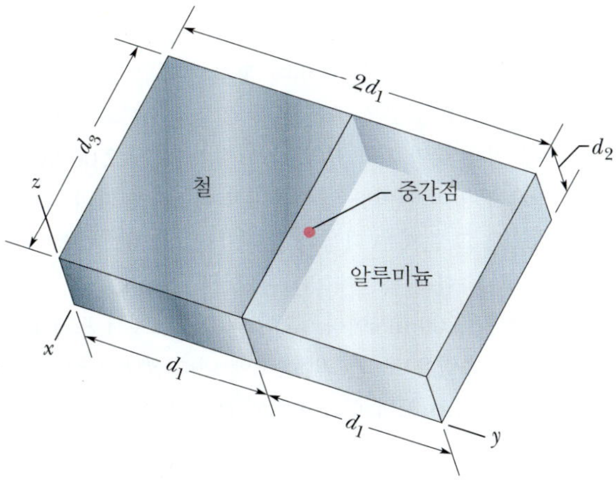

그림 9.29 연습문제 55

56 E 우주공간에서 관성기준계에 대해 정지해 있는 로켓을 생각하자. 로켓 엔진이 일정한 시간 동안 점화되었다. 로켓의 관성계에 대한 속력이 (a) 배기속력(배기물의 로켓에 대한 상대속력)과 같아지거나 (b) 배기속력의 2.0배가 되기 위해서 점화되는 시간 동안 로켓의 *질량 비율*(초기질량과 최종질량의 비율)은 얼마인가?

57 M 그림 9.30에서 질량 $m_1 =$ 0.30 kg의 공 1이 x 축을 따라 마찰 없는 바닥을 오른쪽 방향 2.0 m/s의 속력으로 미끄러지고 있다. 공이 $x =$ 0에 도달할 때 질량 $m_2 = 0.40$ kg의 입자 2와 1차원 탄성충돌한다. 입자 2가 $x_w = 70$ cm인 벽에 도달했을 때 벽에 부딪혀서 속력이 변하지 않고 튕겨 나온다. x 축 위의 어떤 점에서 입자 1이 입자 2와 다시 충돌하는가?

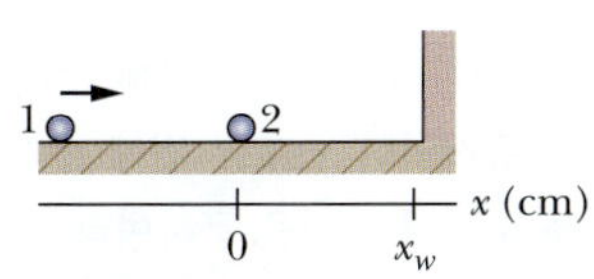

그림 9.30 연습문제 57

58 M 속력 400 m/s의 양성자가 정지해 있는 표적 양성자에 탄성 충돌하였다. 두 양성자는 그 후에 서로 수직인 경로를 따라 움직이고, 입사 입자의 경로는 원래의 방향에 대해 60°를 이루고 있다. 충돌 후 (a) 표적 양성자와 (b) 입사 양성자의 속력을 구하여라.

59 M 그림 9.31에 있는 균일한 판에서 $L = 2.2$ cm일 때 질량중심의 (a) x 좌표와 (b) y 좌표를 구하여라.

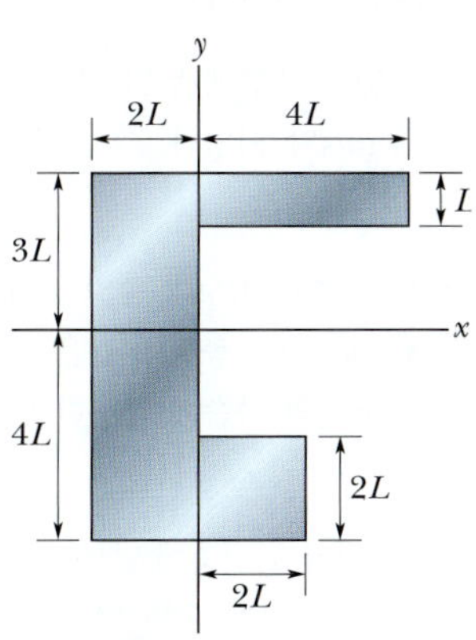

그림 9.31 연습문제 59

60 E 질량이 각각 50 kg과 40 kg인 두 스케이터가 질량을 무시할 수 있는 길이가 10 m인 막대의 끝을 잡고 빙판에 서 있다. 막대의 양 끝에서 막대를 당기면서 서로 만날 때까지 움직인다. 40 kg의 스케이터는 얼마나 움직이는가?

61 M 그림 9.32에서 10 g의 총알이 1000 m/s의 속력으로 위쪽으로 똑바로 날아가다가 정지해 있는 3.0 kg 토막의 질량중심을 관통하여 400 m/s의 속력으로 계속 날아간다. 토막이 원래 위치에서 올라간 최대 높이는 얼마인가?

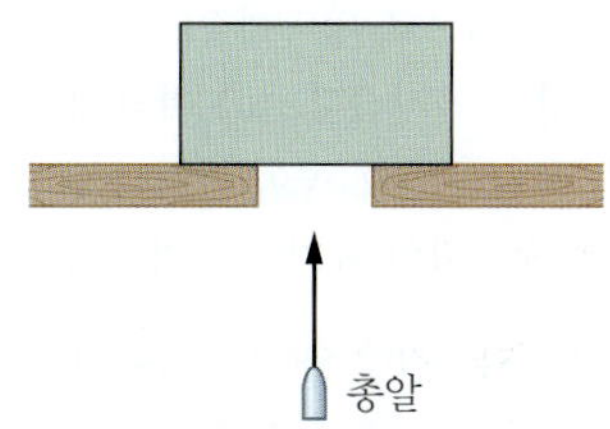

그림 9.32 연습문제 61

62 M 그림 9.8.1에서 입사하는 입자 1은 알파입자이고 표적입자 2는 산소 원자핵이다. 알파입자는 각도 $\theta_1 = 64.0°$로 산란되고 산소 원자핵은 속력 1.2×10^5 m/s와 각도 $\theta_2 = 51.0°$로 튕겨나간다. 원자질량 단위로 알파입자는 4.00 u이고 산소 원자핵의 질량은 16.0 u이다. 알파입자의 (a) 최종속력과 (b) 초기속력을 구하여라.

63 H 그림 9.33의 암모니아 분자(NH_3)는 세 수소 원자(H)가 정삼각형의 꼭지점에 있고 정삼각형의 중심은 수소 원자로부터 $d = 9.40 \times 10^{-11}$ m 떨어져 있다. 질소 원자(N)는 수소 원자가 바닥을 이루는 피라미드의 꼭지점에 있다. 질소 대 수소의 원자질량 비율은 13.9이고 질소에서 수소까지의 거리는 $L = 10.14 \times 10^{-11}$ m이다. 암모니아 분자의 질량중심의 (a) x 좌표와 (b) y 좌표는 무엇인가?

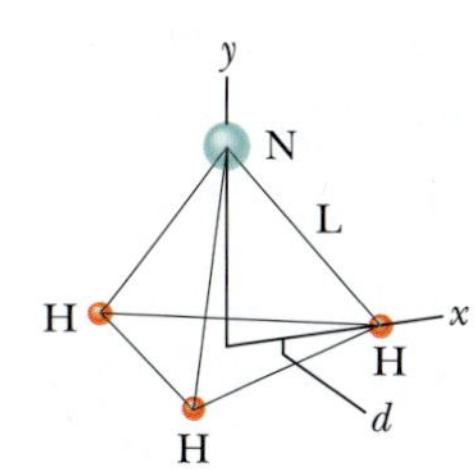

그림 9.33 연습문제 63

64 M 질량 m_1인 토막 1이 마찰 없는 바닥에서 미끄러지다가 질량 $m_2 = 3\ m_1$의 정지한 토막과 일차원 탄성충돌한다. 충돌 전 두 토막계의 질량중심 속력은 3.00 m/s이다. 충돌 후 (a) 질량중심과 (b) 토막 2의 속력은 얼마인가?

65 M *두 가지 평균힘.* 0.250 kg의 눈뭉치를 4.00 m/s의 속력으로 벽에 수직으로 발사하였다. 각각의 눈뭉치는 벽에 달라붙는다. 그림 9.34는 두 눈뭉치가 충돌하는 동안 벽에 작용한 힘 F를 시간 t의 함수로 나타낸 그래프이다. 충돌은 $\Delta t_d = 50.0$ ms 간격으로 $\Delta t_d = 10$ ms 동안 일어났으며 그동안 작용하는 힘은 최대값이 $F_{max} = 200$ N인 이등변삼각형 모양이다. 각각의 충돌에서 (a) 충격량의 크기와 (b) 벽에 작용한 평균힘을 구하여라. (c) 연속 충돌하는 동안 벽에 작용한 힘의 평균 크기는 얼마인가?

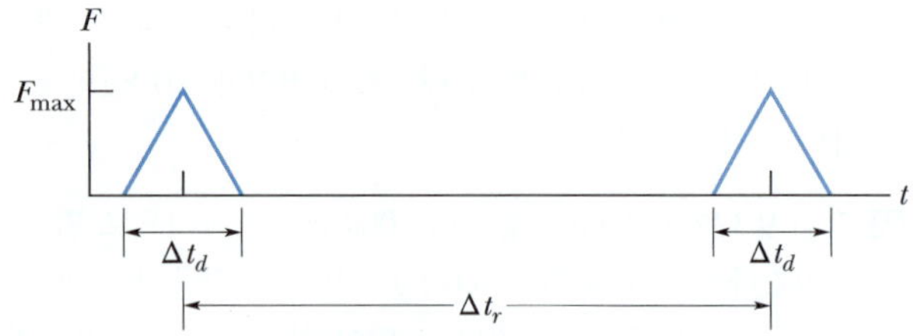

그림 9.34 연습문제 65

66 E 1.2 kg의 공이 수직으로 바닥에 25 m/s로 부딪혔다. 그 후 10 m/s의 초기속력으로 튕겨 올라간다. (a) 바닥에 닿은 동안 공에 작용한 충격량은 얼마인가? (b) 만약 공이 바닥과 0.020 s 동안 닿았다면 바닥에서 공에 작용한 평균힘의 크기는 얼마인가?

67 M CALC 그림 9.35는 질량 58 g의 공이 벽에 부딪히는 동안 작용하는 힘의 크기 F를 시간 t의 함수로 나타낸 그래프이다. 공의 초기속도는 20 m/s이고 벽에 수직이다. 공은 거의 같은 크기의 속력으로 벽에 수직으로 튕겨 나온다. 충돌하는 동안 벽이 공에 작용하는 힘의 최대 크기 F_{max}는 얼마인가?

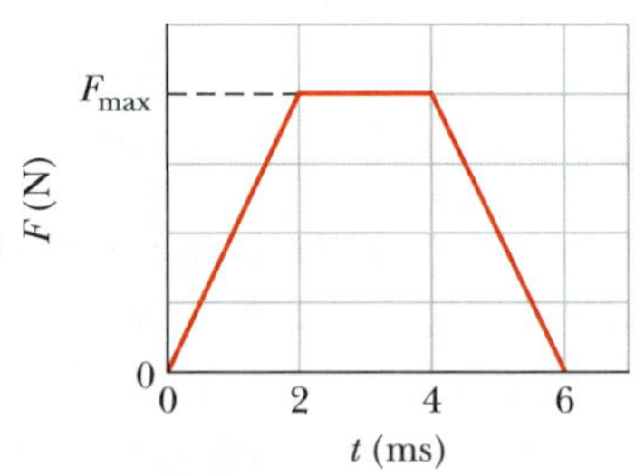

그림 9.35 연습문제 67

68 E 우주비행선이 지구에 대해 5000 km/h의 속력으로 움직이다가 소모된 로켓 엔진이(질량 $4m$) 분리되면서 사령선(질량 m)에 대해 82 km/h의 속력으로 뒤처지게 되었다. 분리 직후 사령선은 지구에 대해 어떤 속력으로 움직이는가?

69 E 질량 0.50 kg의 공이 수평속력 5.0 m/s로 움직이다가 수직벽에 부딪혀서 2.0 m/s의 속력으로 튕겨 나온다. 공의 선운동량 변화의 크기는 얼마인가?

70 M 질량이 m이고, 관측자에 대해 속도 v인 물체가 폭발하여 두 조각으로 나누어져서, 한 조각의 질량이 다른 조각 질량의 3배이다; 폭발은 우주 공간에서 이루어졌다. 질량이 작은 조각은 관측자에 대해 정지하였다. 폭발하는 동안 관측자가 측정했을 때 계에 더해진 운동에너지를 구하여라.

71 E 의자를 잡아당겨 의자에 앉으려는 사람이 엉덩방아를 찧게 만드는 위험한 장난을 흔히 즐긴다. 질량 60 kg의 피해자가 0.50 m를 떨어져서 마룻바닥과 0.082 s 동안 충돌한다. 충돌하는 동안 마룻바닥이 피해자에게 작용하는 (a) 충격량과 (b) 평균힘의 크기를 구하여라.

72 E 5.20 g의 총알이 672 m/s의 속력으로 날아가다가 마찰 없는 표면에 정지해 있는 600 g의 나무토막에 맞았다. 같은 방향으로 나무토막을 통과한 총알의 속력은 428 m/s로 줄어들었다. (a) 토막의 최종 속력은 얼마인가? (b) 총알–토막의 질량중심의 속력은 얼마인가?

73 M 그림 9.36은 마찰 없는 표면에 정지해 있고 중심이 x 축의 원점에 있는 "로켓"이다. 로켓은 중심 토막 C(질량 M = 6.00 kg)와 왼쪽과 오른쪽에 있는 토막 L과 R(각각의 질량 m = 2.00 kg)로 구성되어 있다. 작은 폭발이 일어나 양쪽의 토막이 x축을 따라 토막 C에서 발사할 수 있으며, 그 순서는 다음과 같다. (1) t = 0에서 토막 L은 왼쪽으로 발사되고, 속력은 폭발에 의해 로켓의 나머지 부분이 움직이는 속도에 *상대적으로* 3.00 m/s이다. (2) t = 0.80 s에서 토막 R은 오른쪽으로 발사되고, 속력은 토막 C의 속도에 대해 *상대적으로* 3.00 m이다. t = 2.80 s에서 (a) 토막 C의 속도와 (b) 질량중심의 위치를 구하여라.

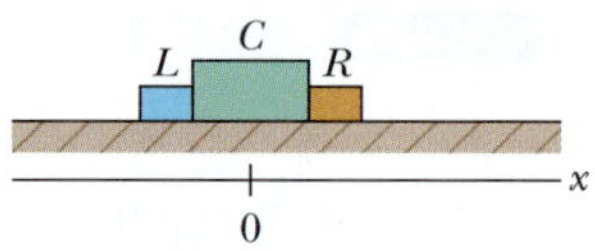

그림 9.36 연습문제 73

74 E 질량 340 g인 수레가 초기 속력 2.5 m/s로 마찰 없는 선형 공기 궤도 위를 움직이다가 질량을 모르는 정지한 수레와 탄성 충돌하였다. 충돌한 후에 첫 번째 수레가 원래의 방향으로 0.66 m/s의 속력으로 움직인다. (a) 두 번째 수레의 질량은 얼마인가? (b) 충돌 후 두 번째 수레의 속력을 구하여라. (c) 두 수레의 질량중심 속력을 구하여라.

75 M CALC 마찰을 무시할 수 있는 얼음 표면 위에 정지해 있는 질량 0.25 kg의 퍽이 있다. 시간 t = 0에서 수평힘이 작용하여 퍽이 움직이기 시작한다. $\vec{F}$를 뉴턴, t를 초로 나타낼 때 $\vec{F} = (12.0 - 3.00t^2)\hat{\mathrm{i}}$인 힘의 크기가 0이 될 때까지 작용한다. (a) t = 0.700 s에서 t = 1.25 s까지 퍽에 작용한 충격량은 얼마인가? (b) t = 0에서 힘의 크기가 0이 될 때까지 퍽의 선운동량은 얼마나 변하는가?

76 M xy 좌표계의 원점에 정지해 있는 배가 폭발해 세 조각으로 나누어졌다. 폭발 직후에 질량 m인 한 조각이 $(-33 \text{ m/s})\hat{\mathrm{i}}$의 속도로 움직이고, 두 번째 조각은 역시 질량이 m이고, 속도 $(-33 \text{ m/s})\hat{\mathrm{j}}$로 움직인다. 세 번째 조각은 질량이 3 m이다. 폭발 직후에 세 번째 조각의 속도의 (a) 크기와 (b) 방향은 무엇인가?

77 E 마찰을 무시할 수 있는 표면에 누워 있는 70 kg의 광대가 68 g을 돌을 밀어 속력이 4.0 m/s가 되었다. 그 결과 광대가 얻은 속력을 구하여라.

78 E 악당이 슈퍼맨의 가슴에 3.0 g의 총알을 1분당 80개를 발사하고 각 총알의 속도는 500 m/s이다. 총알이 같은 속력으로 반대로 튕겨 나온다고 하자. 총알이 슈퍼맨의 가슴에 작용한 평균힘의 크기는 얼마인가?

79 E 10 g의 총알을 꼭대기를 회전축에 달아서 진자처럼 움직이는 질량을 무시할 수 있는 수직막대 아래 끝에 있는 1.5 kg의 토막에 쏘았다. 토막의 질량중심은 12 cm 올라간다. 총알의 초기속력을 구하여라.

제 10장

회전

Rotation

10.1 ▸ 회전변수

요점 _Key Ideas

1. 회전축이라고 부르는 고정축에 대한 강체의 회전을 기술하기 위해 이 축에 수직이고 물체와 같이 회전하는, 물체에 고정된 기준선을 가정한다. 고정된 방향에 대해 이 선의 각위치 θ를 측정한다. θ를 라디안으로 측정하면

$$\theta = \frac{s}{r} \qquad \text{(라디안 단위)}$$

이고, s는 반지름 r이고 각도 θ인 원호의 길이이다.

2. 라디안은 회전과 각도 사이에 다음과 같은 관계가 있다.

$$1\ \text{rev} = 360° = 2\pi\ \text{rad}.$$

3. 회전축에 대해 회전하여 각위치가 θ_1에서 θ_2로 변하는 물체는 각변위

$$\Delta\theta = \theta_2 - \theta_1$$

이 일어났고, $\Delta\theta$는 반시계방향인 경우 양수이고, 시계방향이면 음수이다.

4. 시간간격 Δt 동안 물체가 회전하여 각변위가 $\Delta\theta$로 변했을 때 평균각속도 ω_{avg}는

$$\omega_{avg} = \frac{\Delta\theta}{\Delta t}$$

이다. 물체의 (순간) 각속도 ω는 다음과 같다.

$$\omega = \frac{d\theta}{dt}.$$

ω_{avg}와 ω는 모두 오른손 규칙에 의해 결정되는 방향을 갖는 벡터이다. 이 값은 반시계방향의 회전의 경우 양수이고, 시계방향의 회전일 때는 음수이다. 물체의 각속도 크기는 각속력이다.

5. 물체의 각속도가 시간간격 $\Delta t = t_2 - t_1$ 동안 ω_1에서 ω_2로 변했을 때 물체의 평균 각가속도 α_{avg}는

$$\alpha_{avg} = \frac{\omega_2 - \omega_1}{t_2 - t_1} = \frac{\Delta\omega}{\Delta t}$$

이다. 물체의 (순간) 각가속도 α는 다음과 같다.

$$\alpha = \frac{d\omega}{dt}.$$

α_{avg}와 α는 모두 벡터이다.

학습목표 _Learning Objectives

이 단원을 읽은 후 다음을 이해해야 한다.

10.1.1 물체의 모든 부분이 고정된 축을 중심으로 함께 회전하는 경우 이 물체는 강체이다(이 장은 이와 같은 물체의 운동에 관한 것이다).

10.1.2 회전하는 강체의 각위치는 외부의 고정된 기준선에 대해 내부의 기준선이 만드는 각도이다.

10.1.3 각변위를 이용하여 초기와 최종 각위치를 결정한다.

10.1.4 평균 각속도, 각변위와 이 변위가 일어난 시간간격 사이의 관계를 맺는다.

10.1.5 평균 각가속도, 각속도의 변화와 이 변화가 일어난 시간간격 사이의 관계를 맺는다.

10.1.6 반시계방향의 운동은 양의 방향이고, 시계방향의 운동은 음의 방향이다.

10.1.7 각위치가 *시간의 함수*로 주어졌을 때 특정한 시간에서 순간 각속도와 두 특정한 시간 사이의 평균 각속도를 계산한다.

10.1.8 각위치와 시간의 *그래프*에서 특정한 시간에서의 순간 각속도와 두 특정한 시간 사이에서 평균 각속도를 결정한다.

10.1.9 순간 각속력은 순각 각속도의 크기이다.

10.1.10 각속도가 *시간의 함수*로 주어졌을 때 특정한 시간에서의 순간 각가속도와 두 특정한 시간 사이에서 평균 각가속도를 계산한다.

10.1.11 각속도와 시간의 *그래프*가 주어졌을 때 특정한 시간에서의 순간 각가속도와 두 특정한 시간 사이에서 평균 각가속도를 계산한다.

10.1.12 각가속도 함수를 시간에 대해 적분하여 물체의 각속도 변화를 계산한다.

10.1.13 각속도 함수를 시간에 대해 적분하여 물체의 각위치 변화를 계산한다.

▶ 어떤 물리현상을 다루는가?

지금까지 보았듯이 물리학에서는 물체의 운동에 대해 주로 연구한다. 하지만 그림 10.1.1*a*처럼 물체가 직선이나 곡선을 따라서 움직이는 **병진운동**에 대해서만 살펴보았다. 이제부터는 그림 10.1.1*b*처럼 어떤 축을 중심으로 회전하는 **회전운동**에 대하여 살펴보기로 한다.

일상생활에서는 수없이 회전을 이용한다. 웬만한 기계는 물론이고 음료수 깡통을 딸 때도 회전을 이용한다. 놀이동산에서 놀이기구를 탈 때는 돈을 내면서까지 회전운동을 즐긴다. 또한 골프에서 공이 멀리 나가도록 역회전을 걸거나(공이 공기 중에 오래 떠 있도록 하려면 공을 회전시켜야 한다), 야구에서 투수가 커브 공을 던질 때와 같이(회전하는 공이 왼쪽이나 오른쪽으로 휘는 것은 공기와의 마찰 때문이다) 회전운동은 스포츠에서 많이 응용된다. 뿐만 아니라 오래된 비행기의 금속 결함 같은 심각한 문제에서도 회전운동이 중요하다.

여기서는 2장에서 병진운동에 대해 다룰 때와 마찬가지로 먼저 회전운동을 기술하는 변수를 정의하면서 논의를 시작하기로 한다. 곧 알게 되겠지만, 회전변수는 2장의 1차원 운동, 특히 가속도(여기서는 회전가속도)가 일정한 운동의 변수와 비슷하다. 또한 회전운동에 대한 Newton의 제2법칙을 사용할 수 있지만, 힘 대신 *토크*란 새로운 물리량을 정의해야 한다. 일-에너지 정리도 회전운동에 적용할 수 있지만, 역시 질량 대신 *회전관성*이란 새로운 물리량을 정의해야 한다. 간단히 말해서 지금까지 배운 병진운동에서 약간의 변화만으로도 회전운동을 기술할 수 있다.

▸***주의***: 물리적인 개념을 계속 반복해도 많은 학생이 이 장과 다음 장을 어렵게 받아들인다. 강사는 왜 그런지 여러 이유를 찾을 수 있겠지만, 크게 두 가지 이유가 있다. (1) 구별해야 할 (그리스 문자로 쓴) 여러 기호가 있다. (2) 선운동에는 매우 익숙해 있더라도(방을 가로질러 길로 걸어가는 것은 괜찮다) 회전은 낯설 것이다(그래서 놀이공원 기

(*a*) (*b*)

그림 10.1.1 ▸ 피겨 스케이트 선수 Sasha Cohen이 (*a*) 일정한 방향으로 순수한 병진운동을 하고 있다. (*b*) 수직축에 대해 순수한 회전운동을 하고 있다.

구에 많은 돈을 기꺼이 내는 것도 그 때문이다). 숙제문제가 외국어같이 보인다면 이것을 2장의 1차원 선운동으로 대응시킬 수 있는지 살펴보는 것이 도움이 된다. 예를 들어 *각* 거리를 구하고자 한다면 일단 *각*이라는 단어를 빼고 2장의 표기법과 개념으로 문제를 풀 수 있는지 살펴보아라.

▶ 회전변수

고정축 주위로 회전하는 강체에 대해 생각해 보자. **강체**는 구성요소가 고정되어 있어서 모양이 전혀 변하지 않으면서 회전할 수 있는 물체이다. 여기서 **고정축**이란 회전운동을 하는 동안 움직이지 않는 축을 뜻한다. 따라서 태양처럼 구성 성분인 기체가 고정되어 있지 않은 경우는 생각하지 않기로 한다. 또한 볼링공처럼 구르는 물체도 회전축이 계속해서 변하므로 이 장에서는 고려하지 않는다(볼링공은 회전운동과 병진운동이 함께 일어나는 경우이다).

그림 10.1.2는 **회전축**이라고 부르는 고정축 주위로 회전하는 강체이다. 순수한 회전운동(*각운동*)에서 물체의 점은 각각의 중심이 회전축 위에 있는 원을 따라 움직이고 각 점이 특정한 시간간격 동안 이동하는 각도가 같다. 순수한 병진운동(*선운동*)의 경우에는 물체의 각 점이 직선을 따라서 움직이고 각 점이 특정한 시간간격 동안 이동하는 *거리*가 같다(이 장 내내 각운동과 선운동을 비교하며 설명할 것이다).

이제 각운동에서 선운동의 위치, 변위, 속도, 가속도에 해당하는 양을 하나씩 살펴보자.

각위치

그림 10.1.2처럼 회전축과 수직하고 물체와 함께 돌아가는 *기준선*을 생각해 보자. 다음에는 공간상에 어떤 방향을 정하고 기준선과 이루는 각도를 기준선의 **각위치**로 정의한다. 즉 기준선이 정한 방향과 일치하면 **각위치는 0**이다. 그림 10.1.3에서 각위치 θ는 x축 양의 방향에 대해 측정한 각도이다. 기하학적으로 θ는

$$\theta = \frac{s}{r} \qquad \text{(라디안 단위)} \tag{10.1.1}$$

이다. 여기서 s는 x축에서 기준선까지의 원호 길이이고, r은 원의 반지름이다.

위 식으로 정의한 각도를 **라디안**(rad)이라 하는데, 이것은 회전(rev)이나 도(°)와는 다르다. 라디안은 두 길이의 비율로 정의하므로 차원이 없다. 반지름이 r인 원의 둘레가 $2\pi r$이므로 완전한 원의 각도는 2π rad이다. 즉,

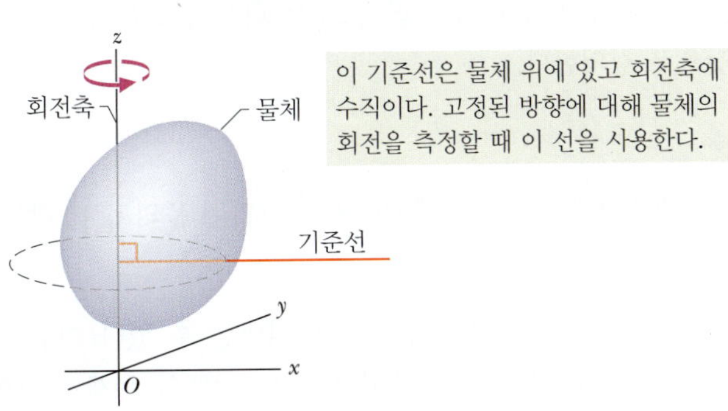

그림 10.1.2 강체가 z축에 대해서 회전하고 있다. 강체에 대한 *기준선*은 회전축과 수직하게 임의로 정한 것이다. 기준선은 물체에 고정되어서 물체와 함께 회전한다.

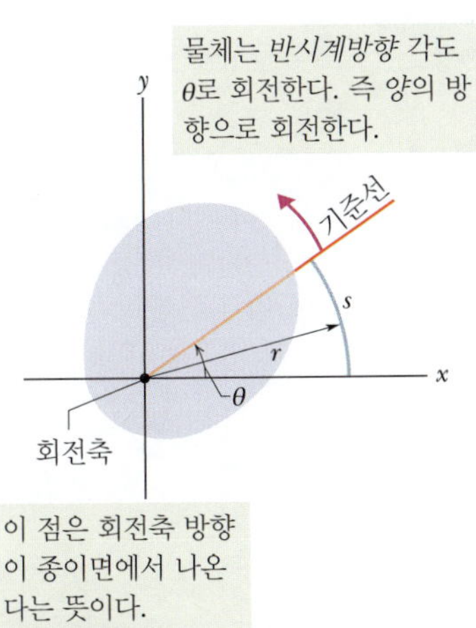

그림 10.1.3 그림 10.1.2의 회전강체를 위에서 본 단면. 단면은 회전축에 수직하고 회전축은 지면에서 나오는 방향이다. 기준선은 x축과 각도 θ를 이루고 있다.

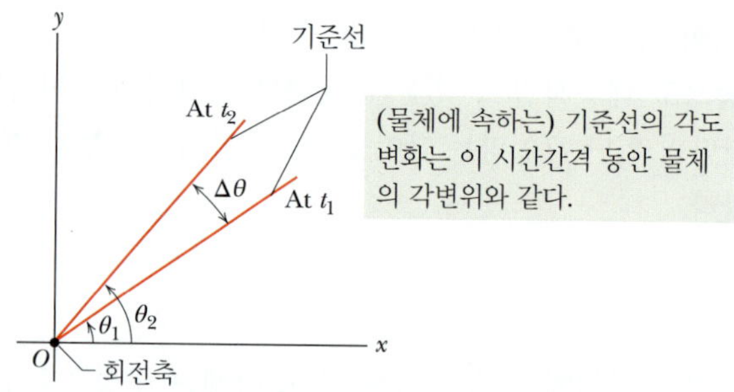

그림 10.1.4 그림 10.1.2와 10.1.3에 있는 기준선의 각위치가 시간 t_1에서 θ_1, 시간 t_2에서 θ_2라 하자. 이때 $\Delta\theta(= \theta_2 - \theta_1)$가 시간간격 $\Delta t(= t_2 - t_1)$ 동안의 각변위이다. 그림에서 물체 자체는 나타내지 않았다.

$$1 \text{ rev} = 360° = \frac{2\pi r}{r} = 2\pi \text{ rad} \tag{10.1.2}$$

이므로, 다음과 같이 쓸 수 있다.

$$1 \text{ rad} = 57.3° = 0.159 \text{ rev}. \tag{10.1.3}$$

기준선이 원을 한 바퀴씩 완전히 회전할 때마다 각도 θ를 0으로 다시 설정하지 *않는다*. 예를 들어 기준선이 두 번 회전했다면 $\theta = 4\pi$ rad이다.

x축을 따라 움직이는 순수한 병진운동의 경우에 물체의 위치를 시간의 함수 $x(t)$로 알고 있다면 물체의 운동에 대해 모든 것을 알 수 있다. 마찬가지로 순수한 회전운동에서는 기준선의 각위치를 시간의 함수 $\theta(t)$로 안다면 회전하는 물체에 대한 모든 정보를 알 수 있다.

각변위

그림 10.1.3의 강체가 그림 10.1.4처럼 회전하여 각위치가 θ_1에서 θ_2로 변할 때 각도의 차이 $\Delta\theta$를 **각변위**라 하고

$$\Delta\theta = \theta_2 - \theta_1 \tag{10.1.4}$$

으로 쓴다. 이러한 각변위의 정의는 강체를 하나의 물체로 생각했을 때뿐만 아니라 *강체를 구성하는 모든 입자*에 대해서도 성립한다.

▸ ***시계는 마이너스.*** 물체가 x축을 따라 병진운동을 할 때 x축 양의 방향으로 움직이는지, 또는 음의 방향으로 움직이는지에 따라 변위 Δx도 양 또는 음의 값을 가진다. 이와 마찬가지로 회전운동에서도 회전체의 각변위 $\Delta\theta$는 다음과 같은 규칙에 따라 양 또는 음의 값을 가지는 것으로 정의한다.

반시계방향의 각변위는 양의 값, 시계방향의 각변위는 음의 값을 갖는다.

이 규칙은 “*시계는 마이너스*”라고 생각하면 쉽게 기억할 수 있다(아침에 시계 자명종이 울려서 억지로 일어나야 하는 상황을 생각해 보아라. 시계의 존재가 마이너스임이 분명하다).

확인문제 10.1.1

원판이 중심축에 대해 회전목마처럼 돌고 있다. 다음 두 값은 초기 각위치와 최종 각위치이다. 이들 중에서 각변위가 음수인 것은 어느 것인가? (*a*) −3 rad, + 5 rad, (*b*) −3 rad, −7 rad, (*c*) 7 rad, −3 rad.

각속도

그림 10.1.4처럼 회전체의 각위치가 시간 t_1에서 θ_1, 시간 t_2에서 θ_2라고 하자. 시간간격 $\Delta t\ (= t_2 - t_1)$ 동안의 **평균 각속도**는 다음과 같이 정의한다.

$$\omega_{\text{avg}} = \frac{\theta_2 - \theta_1}{t_2 - t_1} = \frac{\Delta\theta}{\Delta t}. \tag{10.1.5}$$

여기서 $\Delta\theta$는 Δt 동안의 각변위이다(ω는 그리스 문자 오메가이다).

앞으로 주로 다루게 될 양은 **(순간) 각속도** ω이다. 각속도는 식 10.1.5에서 Δt가 0으로 접근할 때의 극한값으로 다음과 같다.

$$\omega = \lim_{\Delta t \to 0} \frac{\Delta\theta}{\Delta t} = \frac{d\theta}{dt}. \tag{10.1.6}$$

물론 $\theta(t)$를 알면 시간에 대해 미분하여 각속도 ω를 구할 수 있다.

식 10.1.5와 10.1.6은 회전하는 강체를 하나의 물체로 생각했을 때뿐만 아니라 *강체를 구성하는 모든 입자*에 대해서도 성립한다. 왜냐하면 각 입자가 강체 안에서 모두 고정되어 있기 때문이다. 각속도의 단위로는 보통 초당 라디안(rad/s) 또는 초당 회전수(rev/s)를 사용한다. 록음악이 유행한 첫 30년 동안 각속도를 측정하는 다른 방법이 사용되었다. 레코드판을 널리 사용하던 시대에는 턴테이블의 각속도를 "$33\frac{1}{3}$ rpm" 또는 "45 rpm" 등의 단위로 나타냈다. 여기서 rpm은 분당 회전수(rev/min)이다.

물체가 x축을 따라 병진운동을 할 때 x축 양의 방향, 또는 음의 방향으로 움직이는지에 따라 속도 v는 양 또는 음의 값을 가진다. 이와 마찬가지로 회전운동에서도 회전체의 각속도 ω는 반시계방향(양의 방향) 또는 시계방향(음의 방향)에 따라 양 또는 음의 값을 가진다. ("시계는 마이너스"를 상기하여라.) 각속도의 크기를 **각속력**이라고 하며 보통 ω로 쓴다.

각가속도

회전체의 각속도가 상수가 아니면 각가속도가 있다. 시간 t_2와 t_1에서의 각속도를 각각 ω_2와 ω_1이라고 하자. 이 시간간격 동안 회전체의 **평균 각가속도**는 다음과 같이 정의한다.

$$\alpha_{\text{avg}} = \frac{\omega_2 - \omega_1}{t_2 - t_1} = \frac{\Delta\omega}{\Delta t}. \tag{10.1.7}$$

여기서 $\Delta\omega$는 시간간격 Δt 동안 각속도가 변한 값이다. 앞으로 주로 다루게 될 양은 **(순간) 각가속도** α이다. 각가속도는 Δt가 0으로 접근할 때의 극한값으로 다음과 같다.

$$\alpha = \lim_{\Delta t \to 0} \frac{\Delta\omega}{\Delta t} = \frac{d\omega}{dt}. \tag{10.1.8}$$

용어가 암시하듯이, 이것은 주어진 순간의 물체의 각가속도이다. 식 10.1.7과 10.1.8도

*강체를 구성하는 모든 입자*에 대해서 성립한다. 각가속도의 단위로는 보통 제곱초당 라디안(rad/s^2) 또는 제곱초당 회전수(rev/s^2)를 사용한다.

▶ 보기문제 10.1.1 각위치에서 유도한 각속도

그림 10.1.5*a*에서 원판이 중심축에 대하여 회전목마처럼 돌아간다. 원판 기준선의 각위치 $\theta(t)$는 다음과 같다.

$$\theta = -1.00 - 0.600t + 0.250t^2. \qquad (10.1.9)$$

여기서 t는 시간, θ는 라디안으로 잰 값이고 그림처럼 각위치가 0인 기준선을 잡았다. (원한다면 이 모든 것을 잠시 "각위치"에서 "각"이라는 단어를 빼고 기호 θ를 기호 x로 바꾸면 2장의 표기방법으로 표현할 수 있다. 그렇게 하면 2장의 1차원 운동에 대해 위치를 시간의 함수로 표시한 식을 얻게 된다.)

(a) 시간을 수평축으로 하여 $t = -3.0$ s부터 $t = 5.4$ s까지 원판의 각위치를 그래프로 그려라. 또한 $t = -2.0$ s, 0 s, 4.0 s

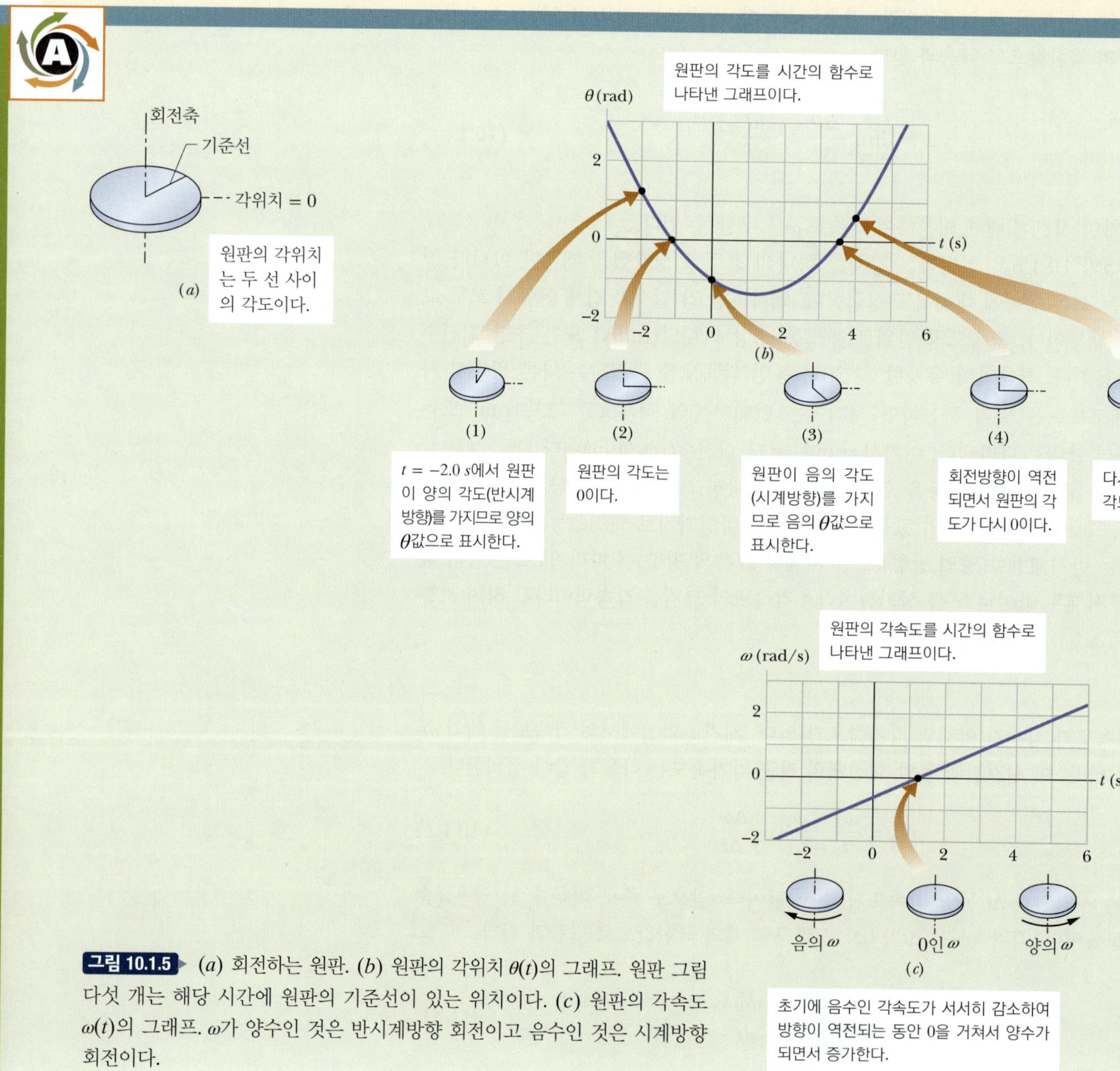

그림 10.1.5 (*a*) 회전하는 원판. (*b*) 원판의 각위치 $\theta(t)$의 그래프. 원판 그림 다섯 개는 해당 시간에 원판의 기준선이 있는 위치이다. (*c*) 원판의 각속도 $\omega(t)$의 그래프. ω가 양수인 것은 반시계방향 회전이고 음수인 것은 시계방향 회전이다.

일 때와 그래프가 t축을 만나는 시간에서 원판과 기준선의 각위치를 각각 개략적으로 그려보아라.

요점

원판의 각위치는 원판 기준선에 대한 각도 $\theta(t)$이다. 각위치의 시간함수인 식 10.1.9를 그래프로 그리면 그림 10.1.5b와 같다.

풀이: 특정한 시간에 원판과 기준선을 그리기 위해서는 그 시간에서의 θ 값을 알아야 한다. 즉, 식 10.1.9에 그 시간을 대입하면 된다. $t = -2.0$ s이면

$$\theta = -1.00 - (0.600)(-2.0) + (0.250)(-2.0)^2$$

$$= 1.2 \text{ rad} = 1.2 \text{ rad}\,\frac{360°}{2\pi \text{ rad}} = 69°$$

이다. 따라서 $t = -2.0$ s일 때 원판의 기준선은 각위치가 0인 곳에서 반시계방향으로 각도 1.2 rad = 69°만큼 회전하였다(θ가 양수이므로 반시계방향이다). 그림 10.1.5b의 그림 (1)이 이에 대한 기준선의 위치이다.

또한 $t = 0$이면 $\theta = -1.00$ rad $= -57°$이므로 기준선은 시계방향으로, 즉 57° 회전하였다[그림 (3) 참조]. $t = 4.0$ s이면 $\theta = -60$ rad $= 34°$[그림 (5) 참조]이다. 마지막으로 그래프가 t축과 만나는 점에서는 그림 그리기가 매우 쉽다. 이때는 $\theta = 0$이므로 기준선은 바로 각위치가 0인 곳에 있다[그림 (2)와 (4) 참조].

(b) 그림 10.1.5b에서 $\theta(t)$가 최소가 되는 시간 t_{min}을 구하여라. 이때 최소값은 얼마인가?

요점

함수의 극값(여기서는 최소값)을 구하려면 함수의 1차미분값이 0이 되는 점을 찾아야 한다.

풀이: $\theta(t)$를 한 번 미분하면

$$\frac{d\theta}{dt} = -0.600 + 0.500t \qquad (10.1.10)$$

이다. 이것을 0으로 놓고 풀면 $\theta(t)$가 최소가 되는 시간은

$$t_{min} = 1.20 \text{ s} \qquad \text{(답)}$$

이다. θ의 최소값은 t_{min}을 식 10.1.9에 대입하여

$$\theta = -1.36 \text{ rad} \approx -77.9° \qquad \text{(답)}$$

를 얻는다. 이렇게 얻은 $\theta(t)$의 *최소값*(그림 10.1.5b의 그래프에서 가장 아래 점)은 *시계방향으로는* 원판이 *최대로* 회전한 각도에 해당한다. 그림으로는 그림 (3)보다 조금 더 회전한 모양이다.

(c) 시간을 수평축으로 하여 $t = -3.0$ s부터 $t = -6.0$ s까지 원판의 각속도 ω를 그래프로 그려라. 또한 $t = -2.0$ s, 4.0 s, t_{min}일 때, 원판이 도는 방향을 원판 그림 위에 표시하고 ω의 부호도 나타내어라. 이때 최소값은 얼마인가?

요점

식 10.1.6으로 주어진 각속도 ω와 식 10.1.10에서 계산한 $d\theta/dt$가 같으므로

$$\omega = -0.600 + 0.500t \qquad (10.1.11)$$

이다. 여기서 $\omega(t)$를 그래프로 그리면 그림 10.1.5c와 같다. 함수가 선형이므로 그림은 직선이다. 기울기는 0.500 rad/s^{2}이고, (나타내지 않은) 수직축과의 교점은 -0.600 rad/s^{2}이다.

풀이: $t = -2.0$ s일 때 원판이 회전하는 모습을 대략 그리기 위해 $t = -2.0$ s를 식 10.1.11에 대입하면

$$\omega = -1.6 \text{ rad/s} \qquad \text{(답)}$$

이다. 답이 음수인 것은 $t = -2.0$ s일 때(그림 10.1.5c의 왼쪽 그림에 나타냈듯이) 원판이 시계방향으로 회전하고 있다는 뜻이다.

$t = 4.0$ s를 식 10.1.11에 대입하면

$$\omega = 1.4 \text{ rad/s} \qquad \text{(답)}$$

이다. 답이 양수인 것은 $t = 4.0$ s일 때 원판이 반시계방향으로 회전하고 있다는 뜻이다(그림 10.1.5c의 오른쪽에 있는 그림).

$t = t_{min}$이면 앞에서 보았듯이 $d\theta/dt = 0$이다. 즉, $\omega = 0$이다. 따라서 θ가 그림 10.1.5b의 최소값에 도달했을 때 원판은 순간적으로 정지하게 된다. 바로 그림 10.1.5c의 가운데 그림에 해당한다. 그림 10.1.5c의 ω와 t의 그래프에서 이 순간적인 정지는 0인 점에서 나타나며, 이 점에서 음의 시계방향 운동에서 양의 반시계방향 운동으로 바뀐다.

(d) 문제 (a)에서 (c)까지의 결과를 이용하여 $t = -3.0$ s부터 $t = 6.0$ s까지 원판이 어떻게 운동하는지 설명하여라.

설명: 처음 $t = -3.0$ s일 때는 원판의 각위치가 양수이고 시계방향으로 회전하고 있으나 점차 느려진다. 그러다가 각위치가 $\theta = -1.36$ rad일 때 원판이 정지하고 그 다음에는 반시계방향으로 회전하기 시작한다. 최종적으로는 각위치도 다시 양수가 된다.

▶ 교육용 비디오는 웹사이트 www.wiley.com에서 볼 수 있다.

보기문제 10.1.2 각가속도에서 유도한 각속도

팽이의 각가속도는 다음과 같다.

$$\alpha = 5t^3 - 4t.$$

여기서 시간 t의 단위는 s이고 각가속도 a의 단위는 rad/s^{2}이다. $t = 0$에서 팽이의 각속도 ω는 5 rad/s이고, 기준선에 대한 각위치는 $\theta = 2$ rad이다.

(a) 팽이의 각속도 $\omega(t)$의 표현식을 구하여라. 즉 각속도의 시간의존성을 명시적으로 나타내어라(팽이의 각가속도가 있기 때문에 각속도는 반드시 시간에 따라 변한다).

요점

정의에 따라 $a(t)$는 $\omega(t)$의 시간에 대한 미분이므로, $a(t)$를 시간에 대해서 적분하면 $\omega(t)$를 얻을 수 있다.

풀이: 식 10.1.8에서

$$d\omega = \alpha\, dt,$$

$$\int d\omega = \int \alpha\, dt$$

이다. 따라서 다음을 얻는다.

$$\omega = \int (5t^3 - 4t)\, dt = \tfrac{5}{4}t^4 - \tfrac{4}{2}t^2 + C.$$

위 식에 $t = 0$와 $\omega = 5$ rad/s를 넣으면

$$5 \text{ rad/s} = 0 - 0 + C$$

이므로, 적분상수는 $C = 5$ rad/s이다. 따라서 각속도는 다음과 같다.

$$\omega = \tfrac{5}{4}t^4 - 2t^2 + 5. \quad \text{답}$$

(b) 팽이의 각위치 $\theta(t)$의 표현식을 구하여라.

요점

정의에 따라 $\omega(t)$는 $\theta(t)$의 시간에 대한 미분이므로, $\omega(t)$를 시간에 대해서 적분하면 $\theta(t)$를 얻을수 있다.

풀이: 식 10.1.6에서

$$d\theta = \omega\, dt$$

이므로, 각위치는 다음과 같다.

$$\begin{aligned}\theta &= \int \omega\, dt = \int (\tfrac{5}{4}t^4 - 2t^2 + 5)\, dt \\ &= \tfrac{1}{4}t^5 - \tfrac{2}{3}t^3 + 5t + C' \\ &= \tfrac{1}{4}t^5 - \tfrac{2}{3}t^3 + 5t + 2. \quad \text{답}\end{aligned}$$

여기서 적분상수 $C' = 2$는 위 식에 $t = 0$와 $\theta = 2$ rad을 넣어서 얻었다.

▶ **교육용 비디오는 웹사이트 www.wiley.com에서 볼 수 있다.**

▶ 각변수는 벡터인가?

입자의 위치나 속도, 가속도는 모두 벡터로 쓸 수 있다. 하지만 입자가 직선 위에서만 움직이도록 제한하면 굳이 벡터를 사용할 필요가 없다. 움직이는 방향이 두 방향뿐이므로 각 방향을 양수와 음수로 표시하면 되기 때문이다.

마찬가지로 어떤 축을 중심으로 회전하는 강체도 축을 따라서 시계방향이나 반시계방향의 회전만 있을 뿐이다. 따라서 각각의 방향을 양수와 음수로 나타낼 수 있다. 그렇다면 다음과 같은 의문이 생긴다. "회전체의 각변위나 각속도, 각가속도를 벡터처럼 다룰 수 있을까?" 답은 "그렇다"이다(다만 각변위에 대해서는 아래에서 알 수 있듯이 주의할 점이 있다).

▸***각속도.*** 우선 각속도에 대해 생각해 보자. 그림 10.1.6*a*는 레코드판이 턴테이블에서 돌아가는 모습이다. 레코드판은 일정한 각속력 $\omega(= 33\tfrac{1}{3}$ rev/min)로 시계방향으로 돌고 있다. 이때 레코드판의 각속도는 그림 10.1.6*b*처럼 회전축을 따라서 벡터 $\vec{\omega}$로 표시할 수 있다. 벡터의 크기는 적당히 편리한 기준을 정해서 잡으면 된다. 예컨대 길이 1 cm가 10 rev/min에 해당하도록 그리면 된다. 벡터의 방향은 그림 10.1.6*c*처럼 **오른손 규칙**을 이용하여 정한다. 즉, 오른손의 엄지를 쭉 편 상태에서 레코드판의 *회전방향을 따라서*

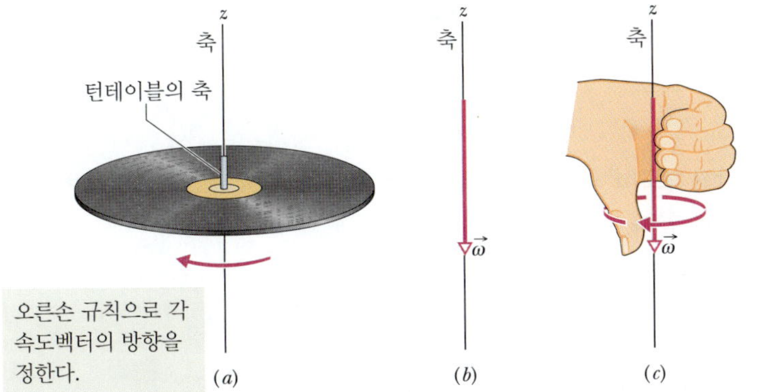

그림 10.1.6 (*a*) 수직방향의 축을 중심으로 돌고 있는 레코드판. (*b*) 레코드판의 각속도는 축을 따라 아래를 가리키는 벡터 $\vec{\omega}$로 나타낼 수 있다. (*c*) 오른손 규칙에 따라 각속도 벡터를 아래 방향으로 잡는다. 오른손의 엄지를 쭉 펴고 나머지 손가락을 레코드판이 돌아가는 방향으로 감았을 때 엄지가 가리키는 방향이 $\vec{\omega}$의 방향이다.

나머지 손가락을 말아 쥐었을 때 엄지가 가리키는 방향을 각속도벡터의 방향으로 정한다. 만약 레코드판이 반대쪽으로 돌고 있다면 각속도벡터는 오른손 규칙에 따라 반대 방향을 가리킨다.

각변수를 벡터로 나타내는 것은 익숙해지기 쉽지 않다. 벡터가 있으면 본능적으로 벡터의 방향을 *따라서* 무엇인가가 움직여야 한다고 생각하기 때문이다. 하지만 여기서는 그렇지 않다. 대신 강체가 벡터의 방향 *주위*로 회전한다. 즉, 순수한 회전운동의 경우, 벡터는 무엇이 움직이는 방향을 나타내는 것이 아니라 회전축을 나타낸다. 그럼에도 불구하고 이런 벡터는 회전운동을 정의할 뿐만 아니라 3장에서 설명했던 벡터의 모든 연산규칙을 만족한다. 따라서 각가속도 $\vec{\alpha}$도 벡터이며 벡터의 모든 연산규칙을 따른다.

일반적인 회전운동은 복잡하지만 이 장에서는 고정된 축을 중심으로 회전하는 경우만 살펴보겠다. 이런 상황에서는 회전을 꼭 벡터로 생각할 필요가 없다. 각속도는 ω, 각가속도는 α로 표시하고 방향은 반시계방향이면 양의 부호, 시계방향이면 음의 부호로 나타내면 되기 때문이다.

▸***각변위.*** 한 가지 주의할 점이 있다. *각변위는*(변위의 크기가 매우 작지 않다면) 벡터로 *다룰 수 없다*. 왜 그럴까? 물론 그림 10.1.6의 각속도의 경우처럼 각변위에 대해서도 같은 방법으로 크기와 방향을 정할 수 있다. 하지만 크기와 방향이 있다고 모두 벡터가 되는 것은 아니고 그밖에 벡터가 만족시켜야 하는 여러 규칙이 있다. 예를 들어 두 벡터를 더할 때, 더하는 순서에 관계없이 같은 결과가 나와야 한다. 그런데 각변위의 경우에는 그렇지 않다.

그림 10.1.7의 예를 생각해 보자. 수평으로 놓인 책을 90°씩 두 번의 각변위로 회전시킨다고 하자. 이때 그림 10.1.7*a*의 순서에 따르거나 그림 10.1.7*b*의 순서에 따르는 두 가지 방법이 있다. 그림 10.1.7*b*의 두 각변위는 그림 10.1.7*a*와 같지만 순서가 바뀌었다. 그러나 두 번의 회전 결과를 보면 책의 방향이 서로 다르다. 다른 예를 들어보자. 차렷 자세로 오른팔을 아래로 하고 손바닥을 넓적다리 쪽으로 향하게 한다. 손목을 고정하고 (1) 수평이 될 때까지 팔을 앞으로 들어올리고, (2) 오른쪽을 향하도록 수평으로 이동한 후 (3) 옆으로 내린다. 손바닥은 앞쪽을 향한다. 단계를 뒤집어 해보면 손바닥은 어디로 향하게 되는가? 어떤 예를 보든 두 각변위의 합이 순서에 따라 달라지므로 각변위는 벡터가 될 수 없다.

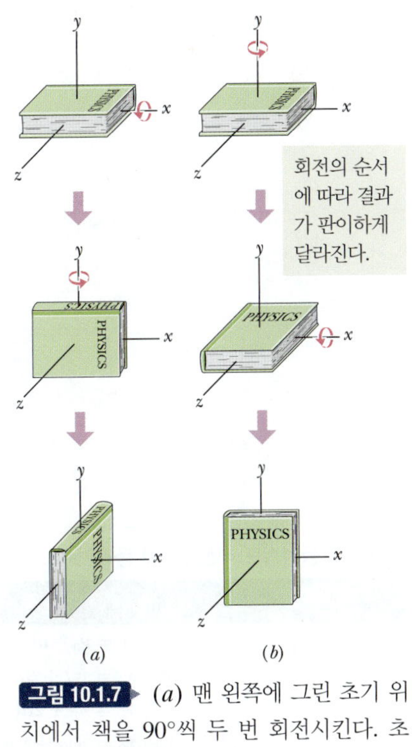

그림 10.1.7 (*a*) 맨 왼쪽에 그린 초기 위치에서 책을 90°씩 두 번 회전시킨다. 초기에는 (수평방향의) x축, 다음에는 (수직방향의) y축을 중심으로 회전시킨다. (*b*) 두 순서를 바꿔서 회전시킨다.

10.2 ▸ 등각가속도 회전

학습목표_Learning Objectives

이 단원을 읽은 후 다음을 이해해야 한다.

10.2.1 일정한 각가속도의 경우 각위치, 각변위, 각속도, 각가속도와 경과시간 사이의 관계를 이해한다(표 10.2.1 참조).

요점_Key Ideas

1. 일정한 각가속도(α = 상수)는 회전운동에 관한 중요하고 특별한 경우이다. 운동방정식은 다음과 같다.

$$\omega = \omega_0 + \alpha t,$$
$$\theta - \theta_0 = \omega_0 t + \tfrac{1}{2}\alpha t^2,$$
$$\omega^2 = \omega_0^2 + 2\alpha(\theta - \theta_0),$$
$$\theta - \theta_0 = \tfrac{1}{2}(\omega_0 + \omega)t,$$
$$\theta - \theta_0 = \omega t - \tfrac{1}{2}\alpha t^2.$$

▶ 등각가속도 회전

순수한 병진운동에서 자유낙하 운동과 같은 *등가속도 직선운동*은 중요하면서도 특별한 예이다. 이 경우에 성립하는 여러 식이 표 2.4.1에 수록되어 있다.

순수한 회전운동에서도 *등각가속도 운동*이 중요하다. 이 경우에도 등가속도 직선운동에 대응하는 일련의 방정식이 성립하기 때문이다. 방정식을 처음부터 유도하지 않아도 병진운동 방정식에 있는 선변수에 대응하는 각변수로 바꾸어 간단히 얻을 수 있다. 이를 표 10.2.1에 정리하였다(식 2.4.1과 2.4.5에서 2.48까지는 식 10.2.1에서 10.2.5까지와 대응한다).

2장에서 보았듯이 식 2.4.1과 2.4.5는 등가속도 직선운동의 기본식이고 나머지 식은 두 식에서 유도할 수 있다. 마찬가지로 식 10.2.1과 10.2.2는 등각가속도 운동의 기본식으로서 나머지 식은 이로부터 유도할 수 있다. 등각가속도와 관련된 문제가 나오면(*만약 이 표를 가지고 있으면*) 보통은 표에 있는 식 중에서 하나를 이용하여 문제를 해결할 수 있다. 표의 여러 식 중에서 구해야 하는 양 이외에 모르는 변수가 포함되지 않은 식을 고르면 된다. 더 좋은 방법은 식 10.2.1과 10.2.2만 기억하고 필요할 때마다 이를 연립하여 푸는 것이다.

→ 확인문제 10.2.1

각위치 $\theta(t)$가 다음과 같은 네 경우가 있다. (a) $\theta = 3t - 4$, (b) $\theta = -5t^3 + 4t^2 + 6$, (c) $\theta = 2/t^2 - 4/t$, (d) $\theta = 5t^2 - 3$. 이 중에서 표 10.2.1의 회전운동 방정식이 적용되는 것은 어떤 것인가?

표 10.2.1 등가속도 직선운동과 등각가속도 운동에 대한 방정식

식 번호	병진운동	빠진 변수		회전운동	식 번호
(2.4.1)	$v = v_0 + at$	$x - x_0$	$\theta - \theta_0$	$\omega = \omega_0 + \alpha t$	(10.2.1)
(2.4.5)	$x - x_0 = v_0 t + \frac{1}{2}at^2$	v	ω	$\theta - \theta_0 = \omega_0 t + \frac{1}{2}\alpha t^2$	(10.2.2)
(2.4.6)	$v^2 = v_0^2 + 2a(x - x_0)$	t	t	$\omega^2 = \omega_0^2 + 2\alpha(\theta - \theta_0)$	(10.2.3)
(2.4.7)	$x - x_0 = \frac{1}{2}(v_0 + v)t$	a	α	$\theta - \theta_0 = \frac{1}{2}(\omega_0 + \omega)t$	(10.2.4)
(2.4.8)	$x - x_0 = vt - \frac{1}{2}at^2$	v_0	ω_0	$\theta - \theta_0 = \omega t - \frac{1}{2}\alpha t^2$	(10.2.5)

보기문제 10.2.1 일정한 각가속도, 연마기

회전연마기(그림 10.2.1 참조)가 등각가속도 $a = 0.35\ \text{rad/s}^2$으로 회전한다. 시간 $t = 0$에서 각속도가 $\omega_0 = -4.6\ \text{rad/s}$이고 기준선의 각위치는 $\theta_0 = 0$인 수평방향이다.

(a) 기준선의 각위치가 $\theta = 5.0\ \text{rev}$일 때 시간을 구하여라.

요점

각가속도가 상수이므로 표 10.2.1의 회전운동에 대한 다음의 식

$$\theta - \theta_0 = \omega_0 t + \tfrac{1}{2}\alpha t^2$$

을 이용한다. 왜냐하면 이 식에서 모르는 변수는 t밖에 없기 때문이다.

풀이: 문제에 주어진 값과 $\theta_0 = 0$, $\theta = 5.0\ \text{rev} = 10\pi\ \text{rad}$을 대입하면 다음과 같다.

$$10\pi\ \text{rad} = (-4.6\ \text{rad/s})t + \tfrac{1}{2}(0.35\ \text{rad/s}^2)t^2.$$

(여기서 단위를 통일하기 위해 5.0 rev를 10π rad으로 바꿨다.) 이제 t에 대한 2차방정식을 풀면 다음을 얻는다.

$$t = 32\ \text{s}.$$ (답)

무언가 이상한 점이 없는가? 연마기가 음의 방향으로 회전할 때 각위치는 $\theta = 0$이다. 그러나 32 s 후에는 각위치가 $\theta = 5.0\ \text{rev}$으로 양수이다. 양수로 바뀌는 동안 무슨 일이 일어났는가?

(b) $t = 0$과 $t = 32\ \text{s}$ 사이에서 연마기가 어떻게 회전하는지 설명하여라.

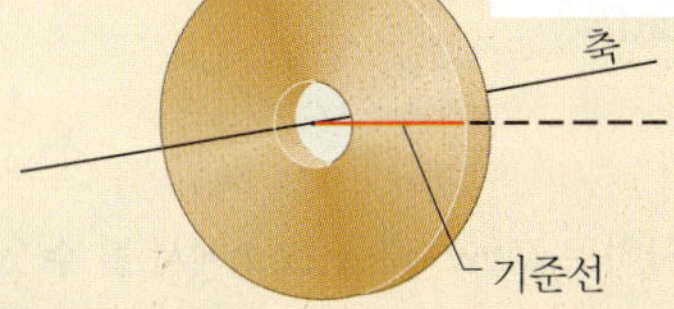

그림 10.2.1 회전연마기. 회전연마기에 설정한 가상의 기준선은 $t = 0$일 때 수평방향이다.

설명: 연마기는 처음에 $\omega_0 = -4.6\ \text{rad/s}$의 각속도로 음의 방향(시계방향)으로 회전하고 있다. 그러나 각가속도는 양수이다. 처음에 각속도와 각가속도의 부호가 다르므로 연마기는 음의 방향으로 회전하다가 정지하고, 그 다음에는 양의 방향으로 회전방향을 바꾼다. 기준선이 처음의 각위치 $\theta = 0$에 돌아온 후에 연마기는 $t = 32\ \text{s}$가 될 때까지 다섯 바퀴를 더 회전한다.

(c) 회전 연마기가 순간적으로 정지하는 시간을 구하여라.

풀이: 여기서도 다시 표를 참조하여 모르는 변수로 t만을 포함하고 있는 식을 찾아서 문제를 풀면 된다. 다만 풀이에 이용할 식에는 ω가 포함되어 있어야 한다. 그러면 ω에 0을 대입하고 그때의 t를 구하면 된다. 이를 고려하여 식 10.2.1을 이용하면 다음을 얻는다.

$$t = \frac{\omega - \omega_0}{\alpha} = \frac{0 - (-4.6\ \text{rad/s})}{0.35\ \text{rad/s}^2} = 13\ \text{s}.$$ (답)

보기문제 10.2.2 일정한 각가속도, 회전 놀이기구

크고 수직인 원통모양의 회전 놀이기구에 탄 사람이 심한 고통을 호소해서, 운영자가 20 rev 동안 등각가속도로 회전을 늦춰 원통의 각속력이 3.40 rad/s에서 2.00 rad/s로 줄었다(이 승객은 아마도 "회전운동"보다는 "병진운동"이 더 잘 맞는 사람인 것 같다).

(a) 각속력이 줄어드는 동안의 일정한 각가속도는 얼마인가?

요점

원통의 각가속도가 상수이므로 등각가속도 운동의 기본 식(식 10.2.1과 10.2.2)을 이용하여 각가속도를 각속도나 각변위와 연결시킬 수 있다.

풀이: 우선 기본 방정식을 풀 수 있는지 빨리 확인해보자. 문제에서 초기 각속도는 $\omega_0 = 3.40\ \text{rad/s}$, 각변위는 $\theta - \theta_0 = 20.0\ \text{rev}$이고 최종 각속도는 $\omega = 2.00\ \text{rad/s}$이다. 두 기본 식은 우리가 구하고자 하는 각가속도 α뿐만 아니라 알 필요가 없는 시간 t도 포함하고 있다.

모르는 변수 t를 없애기 위해 식 10.2.1을 이용하면

$$t = \frac{\omega - \omega_0}{\alpha}$$

이다. 위의 t를 식 10.2.2에 대입하면

$$\theta - \theta_0 = \omega_0\left(\frac{\omega - \omega_0}{\alpha}\right) + \tfrac{1}{2}\alpha\left(\frac{\omega - \omega_0}{\alpha}\right)^2$$

이다. 이 식을 α에 대해 풀고 20 rev을 125.7 rad으로 바꿔 대입하면 다음을 얻는다.

$$\alpha = \frac{\omega^2 - \omega_0^2}{2(\theta - \theta_0)} = \frac{(2.00 \text{ rad/s})^2 - (3.40 \text{ rad/s})^2}{2(125.7 \text{ rad})}$$
$$= -0.0301 \text{ rad/s}^2.$$ (답)

(b) 속력이 줄어들기까지 시간이 얼마나 걸리는가?

풀이: 이제 α를 알고 있으므로 식 10.2.1을 이용하여 다음과 같이 t를 구할 수 있다.

$$t = \frac{\omega - \omega_0}{\alpha} = \frac{2.00 \text{ rad/s} - 3.40 \text{ rad/s}}{-0.0301 \text{ rad/s}^2}$$
$$= 46.5 \text{ s}.$$ (답)

▶ 교육용 비디오는 웹사이트 www.wiley.com에서 볼 수 있다.

10.3 ▸ 선변수와 각변수의 관계

학습목표_Learning Objectives

이 단원을 읽은 후 다음을 이해해야 한다.

10.3.1 고정축 주위로 회전하는 강체에 대해 임의의 반지름에 대해서 물체의 각변수(각위치, 각속도와 각가속도)와 물체에 있는 입자의 선변수(위치, 속도와 가속도) 사이의 관계를 맺는다.

10.3.2 접선가속도와 지름가속도를 구별하고, 한 축 주위를 회전하는 물체의 한 입자를 그린 그림에서 각속력이 증가하는 것과 감소하는 경우 가속도 벡터를 그린다.

요점_Key Ideas

1. 회전축으로부터 수직거리 r만큼 떨어진 회전하는 강체의 한 점은 반지름 r인 원 위를 움직인다. 물체가 각도 θ만큼 회전하면 입자는

$$s = \theta r \qquad \text{(라디안 단위)}$$

로 주어지는 원호길이 s만큼 움직인다.

2. 한 점의 선속도 $\vec{v}$는 원에 접한다. 한 점의 선속력 v는

$$v = \omega r \qquad \text{(라디안 단위)}$$

로 주어진다. ω는 (초당 라디안으로 주어지는) 물체, 따라서 한 점의 각속력이다.

3. 한 점의 선가속도 $\vec{a}$는 접선성분과 지름성분이 있다. 접선성분은

$$a_t = \alpha r \qquad \text{(라디안 단위)}$$

으로 주어지고, α는 (rad/s^2의 단위로 표시하는) 물체의 각가속도 크기이다. $\vec{a}$의 지름성분은 다음과 같다.

$$a_r = \frac{v^2}{r} = \omega^2 r \qquad \text{(라디안 단위).}$$

4. 한 점이 균일한 원운동을 하면 한 점과 그 물체의 운동에 대한 주기 T는 다음과 같다.

$$T = \frac{2\pi r}{v} = \frac{2\pi}{\omega} \qquad \text{(라디안 단위).}$$

▶ 선변수와 각변수의 관계

4.5단원에서는 입자가 회전축에 대해 일정한 선속력 v로 원궤도를 도는 등속 원운동을 공부하였다. 회전목마처럼 강체가 어떤 축을 중심으로 회전할 때는 강체를 구성하는 모든 입자도 회전축에 대해 각각의 원궤도를 따라 움직인다. 강체는 모양이 바뀌지 않으므로 모든 입자는 한 바퀴 회전하는 데 걸리는 시간이 똑같다. 즉, 모든 입자의 각속도 ω는 같다.

하지만 축에서 먼 입자일수록 더 큰 원둘레를 회전하므로 입자의 선속력 v는 더 커야 한다. 예컨대 회전목마를 타고 있다고 생각해 보자. 회전목마 위의 모든 곳에서 ω는 동일하지만 바깥쪽에 탈수록 분명히 더 빠른 선속력 v로 회전한다.

회전운동을 다룰 때는 회전체의 특정한 점에 대해 선변수 s, v, a와 각변수 θ, ω, α 사이의 관계를 알아야 한다. 이 관계는 회전축에서 그 점까지의 *수직거리* r을 도입하여 구할 수 있다. 축에서 수직으로 잰 거리인 수직거리는 회전축 주위로 그 점이 돌게 되는 원의 반지름 r과 같다.

위치

강체의 기준선이 각도 θ만큼 회전하면, 회전축에서 r만큼 떨어진 입자는 원호의 길이 s만큼 이동한다. 이때 s는 식 10.1.1에 따라 다음과 같다.

$$s = \theta r \qquad \text{(라디안 단위)}. \tag{10.3.1}$$

이 식이 선변수와 각변수 사이의 첫 번째 관계식이다. *주의:* 여기서 각도 θ는 반드시 라디안이어야 한다. 식 10.3.1이 각도를 rad 단위로 나타내는 정의식이기 때문이다.

속력

식 10.3.1에서 r은 상수로 두고 시간으로 미분하면 다음과 같다.

$$\frac{ds}{dt} = \frac{d\theta}{dt}r.$$

여기서 ds/dt는 입자의 선속력(즉, 선속도의 크기)이고, $d\theta/dt$는 회전체의 각속력 ω이므로

$$v = \omega r \qquad \text{(라디안 단위)} \tag{10.3.2}$$

이다. *주의:* 각속력 ω는 반드시 rad 단위로 나타내야 한다.

식 10.3.2를 보면 강체 내 모든 입자의 각속력 ω가 같으므로 반지름 r이 큰 입자의 선속력 v가 더 크다는 것을 알 수 있다. 그림 10.3.1*a*를 보면 입자의 선속도는 항상 원궤도에 접선방향이다.

강체의 각속력 ω가 일정하다면 식 10.3.2에 따라 강체 내 같은 수직거리에 있는 입자의 선속력 v도 일정하다. 따라서 강체 내의 모든 입자는 등속 원운동을 한다. 식 4.5.2에 의해 강체 내의 입자와 강체 자체의 회전주기 T는 다음과 같다.

$$T = \frac{2\pi r}{v}. \tag{10.3.3}$$

결국은 한 바퀴 회전하면서 움직인 거리 $2\pi r$을 속력 v로 나누면 1회전하는 데 걸린 시간이다. 여기에 v 대신 식 10.3.2를 대입하면 r이 상쇄되므로

$$T = \frac{2\pi}{\omega} \qquad \text{(라디안 단위)} \tag{10.3.4}$$

이다. 따라서 한 바퀴 회전하는 데 걸린 시간은 1회전에 해당하는 각변위 2π를 각속력으로 나눈 값과 같다.

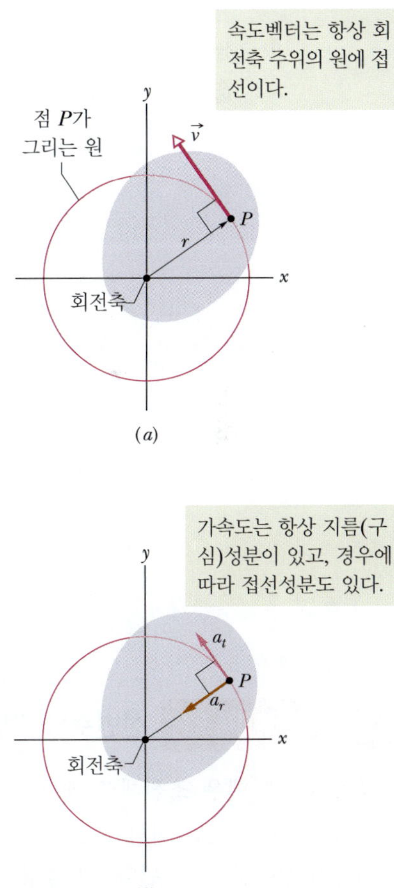

그림 10.3.1 그림 10.1.2의 회전 강체의 단면을 위에서 본 그림. 점 P와 같은 강체 내의 모든 입자는 회전축 주위로 원운동을 한다. (*a*) 각 입자의 선속도 $\vec{v}$는 그 입자가 움직이는 원의 접선방향이다. (*b*) 입자의 선가속도 $\vec{a}$에는 (일반적으로) 접선성분 a_t와 지름성분 a_r이 있다.

가속도

식 10.3.2를 시간으로 미분하면(여기서도 r은 고정시킨다)

$$\frac{dv}{dt} = \frac{d\omega}{dt} r \qquad (10.3.5)$$

이다. 여기서는 상황이 좀 복잡하다. 식 10.3.5에서 dv/dt는 가속도가 아니라 그중의 한 성분으로서 선속도 $\vec{v}$의 *크기*인 v의 변화율만을 나타내고, $\vec{v}$와 마찬가지로 입자의 경로에 대해 접선방향이다. 이것을 선가속도의 *접선성분* a_t라 하며 다음과 같이 쓸 수 있다.

$$a_t = \alpha r \qquad \text{(라디안 단위)}. \qquad (10.3.6)$$

여기서 $\alpha = d\omega/dt$이다. *주의:* 식 10.3.6에서 각가속도 α는 반드시 rad 단위로 나타내야 한다.

식 4.5.1에서 알 수 있듯이 원운동하는 입자의 선가속도에는 원의 중심방향을 향하는 *지름성분* $a_r = v^2/r$이 있다. 이것은 선속도 $\vec{v}$의 *방향*이 변하기 때문에 생긴다. 식 10.3.2를 v에 대입하면 다음과 같이 쓸 수 있다.

$$a_r = \frac{v^2}{r} = \omega^2 r \qquad \text{(라디안 단위)}. \qquad (10.3.7)$$

따라서 그림 10.3.1b처럼 회전하는 강체의 선가속도에는 일반적으로 두 개의 성분이 있다. 중심방향을 향하는 지름성분 a_r은 식 10.3.7로 쓸 수 있고, 물체의 각속도가 0이 아니면 항상 존재한다. 식 10.3.6의 접선성분 a_t는 각가속도가 0이 아니면 항상 존재한다.

확인문제 10.3.1

바퀴벌레가 회전목마의 가장자리에 올라타고 있다. 계(*회전목마 + 바퀴벌레*)의 각속력이 상수라면 바퀴벌레에 (a) 가속도의 지름성분이 있는가? (b) 가속도의 접선성분이 있는가? 만약 ω가 감소하고 있으면 바퀴벌레에 (c) 가속도의 지름성분이 있는가? (d) 가속도의 접선성분이 있는가?

보기문제 10.3.1 선변수와 각변수, 롤러코스터의 가속

공학적으로 매우 조심해도 매년 롤러코스터를 타는 수백만 명 중 불운한 몇몇 사람들은 *롤러코스터 두통*이라고 부르는 의학적 상황을 겪게 된다. 그 증상은 며칠 동안 나타나지 않지만 현기증이나 두통이 생겨 병원 치료가 필요할 정도로 심각하다.

(수평 트랙에서도 자기력으로 가속할 수 있는) *유도 롤러코스터*에 대한 트랙을 고안하여 예상되는 이유를 조사해 보자. 처음에 흥분시키기 위해 각각의 승객이 수평 트랙을 따라 출발점에서 가속도 g로 출발하게 한다. 흥분을 증가시키기 위해 트랙의 첫 부분을 원호로 만들어서(그림 10.3.2) 승객이 구심가속도도 경험하게 한다. 승객이 원호를 따라 가속하면 이 구심가속도의 크기는 놀랍게 빨리 증가한다. 알짜가속도의 크기 a가 원호 위의 어떤 점 P, 각도 θ_P에서 $4g$에 도달했을 때 승객이 원호의 접선 방향으로 직선으로 움직이게 하려고 한다.

(a) 점 P에서 a가 $4g$가 되려면 각도 θ_P는 얼마인가?

요점

(1) 임의의 시간에 승객의 알짜가속도 $\vec{a}$는 (그림 10.3.1b와 같이) 트랙의 접선가속도 $\vec{a}_t$와 원호의 곡률중심을 향하는

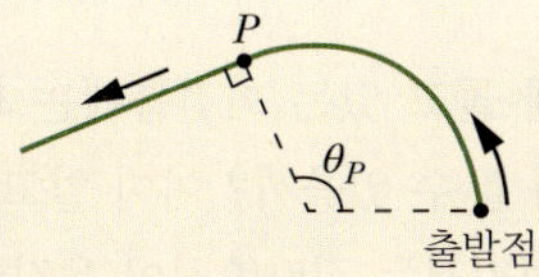

그림 10.3.2 롤러코스터의 수평트랙을 위에서 본 그림. 트랙은 출발점에서 원호 모양으로 시작하고, 점 P에서 원호의 접선 방향으로 이어진다.

지름가속도 $\vec{a}_r$의 벡터합이다. (2) 임의의 시간에 a_r 값은 식 10.3.7($a_r = \omega^2 r$, 여기서 r은 원호의 반지름이다)에 따라 각속력 ω에 의존한다. (3) 원호 주위의 각가속도 α는 트랙 방향의 접선가속도 a_t 사이의 관계는 식 10.3.6($a_t = a_r$)으로 주어진다. (4) a_t와 r은 일정하므로, α도 일정하고 따라서 등각가속도 방정식을 사용할 수 있다.

풀이: 각위치 θ 값을 결정하려고 하므로 등각가속도 방정식 중 식 10.2.3을 선택하자.

$$\omega^2 = \omega_0^2 + 2\alpha(\theta - \theta_0).$$

각가속도 α에 대해서는 식 10.3.6에

$$\alpha = \frac{a_t}{r}$$

을 대입한다. 또한 $\omega_0 = 0$와 $\theta_0 = 0$를 대입하면

$$\omega^2 = \frac{2a_t\theta}{r}$$

을 얻는다. ω^2에 대한 이 결과를

$$a_r = \omega^2 r$$

에 대입하면 지름가속도, 접선가속도와 각위치 θ 사이의 관계를 얻는다.

$$a_r = 2a_t\theta.$$

$\vec{a}_t$와 $\vec{a}_r$은 수직인 벡터이므로, 그 합의 크기는

$$a = \sqrt{a_t^2 + a_r^2}$$

이다. a_r을 대입하고 θ에 대해 풀면 다음을 얻는다.

$$\theta = \frac{1}{2}\sqrt{\frac{a^2}{a_t^2} - 1}.$$

a가 계획한 값 $4g$에 도달할 때 각도 θ가 원하는 각도 θ_P이다. $a = 4g$, $\theta_P = \theta$와 $a_t = g$를 대입하면 다음을 얻는다.

$$\theta_P = \frac{1}{2}\sqrt{\frac{(4g)^2}{g^2} - 1} = 1.94 \text{ rad} = 111°. \quad \text{(답)}$$

(b) 점 P에서, 그리고 점 P를 지난 후 승객의 알짜가속도 크기 a는 얼마인가?

추론: P에서 a는 계획한 값은 $4g$이다. P에 도착한 직후 승객은 직선으로 움직이고 더이상 구심가속도는 없다. 따라서 승객의 가속도 크기는 트랙 방향으로 g일 뿐이다. 따라서 다음을 얻는다.

$$\text{점 } P\text{에서 } a = 4g, \; P\text{를 지난 후 } a = g \quad \text{(답)}$$

승객 머리의 가속도가 갑자기 변해서 변화 전후에 가속도 크기가 클 때 롤러코스터 두통이 생길 수 있다. 그 이유는 이 변화로 인해 뇌가 두개골에 대해 움직여서 뇌와 두개골을 연결하는 혈관을 찢기 때문이다. P로 가는 경로를 따라 가속도를 g에서 $4g$로 증가시키는 계획은 승객을 다치게 할 수 있지만, 승객이 점 P를 지날 때 급작스러운 가속도 변화가 롤러코스터 두통을 일으키는 더 큰 요인이다.

▶ **교육용 비디오는 웹사이트 www.wiley.com에서 볼 수 있다.**

10.4 ▸ 회전 운동에너지

요점_*Key Ideas*

1. 고정축에 대해 회전하는 강체의 운동에너지 K는

$$K = \tfrac{1}{2}I\omega^2 \qquad \text{(라디안 단위)}$$

으로 주어진다. I는 물체의 회전관성으로 여러 입자로 이루어진 계에 대해서 다음과 같이 정의한다.

$$I = \sum m_i r_i^2.$$

학습목표_*Learning Objectives*

이 단원을 읽은 후 다음을 이해해야 한다.

10.4.1 한 점에 대한 입자의 회전관성을 구한다.

10.4.2 같은 고정축 주위로 회전하는 많은 입자의 전체 회전관성을 구한다.

10.4.3 물체의 회전 운동에너지를 회전관성과 각속력으로 계산한다.

▶ 회전 운동에너지

작업대에 고정되어 빠르게 돌고 있는 회전톱에는 회전에 따른 운동에너지가 있다. 회전 운동에너지를 어떻게 나타낼 수 있을까? 이미 알고 있는 공식 $K = \frac{1}{2}mv^2$은 회전톱 질량중심의 운동에너지인데, 여기서는 질량중심이 움직이지 않으므로 0이다.

하지만 회전톱이나 다른 회전강체는 서로 다른 속력으로 움직이는 입자들의 결합체로 취급할 수 있다. 즉, 이들 입자의 운동에너지를 합하면 물체 전체의 운동에너지를 구할 수 있을 것이다. 이런 방법으로 회전체의 운동에너지는 다음과 같이 쓸 수 있다.

$$\begin{aligned} K &= \tfrac{1}{2}m_1v_1^2 + \tfrac{1}{2}m_2v_2^2 + \tfrac{1}{2}m_3v_3^2 + \cdots \\ &= \sum \tfrac{1}{2}m_iv_i^2. \end{aligned} \tag{10.4.1}$$

여기서 m_i, v_i는 각각 i번째 입자의 질량과 속력이고, 둘째 줄의 합은 물체를 구성하는 모든 입자에 대한 합을 뜻한다.

그런데 식 10.4.1에서 v_i는 입자마다 서로 다르므로 이대로는 식을 더 간단히 하기 어렵다. 이것을 해결하기 위해 식 10.3.2($v = \omega r$)를 이용하면 다음을 얻는다.

$$K = \sum \tfrac{1}{2}m_i(\omega r_i)^2 = \tfrac{1}{2}\left(\sum m_ir_i^2\right)\omega^2. \tag{10.4.2}$$

여기서 ω는 모든 입자에 대해 동일하다.

식 10.4.2의 우변에서 괄호 속의 양은 회전체의 질량이 회전축에 대하여 어떻게 분포하고 있는지 알려준다. 이 양을 특정한 회전축에 대한 물체의 **회전관성** 또는 **관성모멘트** I라고 한다. 특정한 회전축에 대해서 강체의 회전관성은 일정한 값을 가진다(*주의*: I의 값이 의미가 있으려면 어떤 축에 대한 값인지 명시하여야 한다).

따라서 회전관성은 다음과 같이 정의한다.

$$I = \sum m_ir_i^2 \quad \text{(회전관성)}. \tag{10.4.3}$$

이것을 식 10.4.2에 대입하면 회전 운동에너지에 대해 구하고자 했던 다음의 식을 얻는다.

$$K = \tfrac{1}{2}I\omega^2 \quad \text{(라디안 단위)}. \tag{10.4.4}$$

이 식을 유도하는 데 관계 $v = \omega r$을 사용했으므로, ω는 rad 단위로 나타내야 한다. 회전관성 I의 SI 단위는 kg · m^{2}이다.

▸***계획.*** 입자가 몇 개 있고 회전축을 지정하면 각 입자에 대해 mr^2를 구해 식 10.4.4처럼 그 결과를 더해 전체 회전관성을 얻는다. 전체 회전 운동에너지를 구하려면 이 I를 식 10.4.4에 대입하면 된다. 이것이 몇 개의 입자에 대한 계획이지만 막대와 같이 수많은 입자가 있는 경우를 생각하자. 다음 절에서 이와 같은 *연속적인 물체*를 어떻게 취급하는지 볼 것이고, 몇 분 안에 계산을 할 수 있을 것이다.

식 10.4.4는 순수한 회전운동을 할 때 강체의 운동에너지로 순수한 병진운동을 할 때 강체의 운동에너지인 $K = \frac{1}{2}Mv_{\text{com}}^2$에 해당하는 식이다. 먼저 두 식에 $\frac{1}{2}$이 있다는 점이 같다. 한편 한 식에는 질량 M이 있는 반면에 다른 식에는 질량과 질량의 분포가 함께 관여하는 I가 들어가 있다. 마지막으로 각 식에는 병진이냐 회전이냐에 따라 해당하는 속력의 제곱이 곱해져 있다. 병진운동과 회전운동의 운동에너지는 다른 종류의 에너지가 아니다. 둘 다 운동에너지이고 각각의 운동에 적합하게 표현된 식이다.

앞에서 회전체의 회전관성은 물체의 질량뿐만 아니라 질량이 어떻게 분포하고 있는가에 따라서도 달라진다고 하였다. 다음과 같은 예를 들어보자. 길고 무거운 막대를(길이가 꽤 긴 막대를 상상하여라) 처음에는 막대의 길이방향 중심축에 대해 회전시키고(그림 10.4.1a 참조), 다음에는 길이방향에 수직하고 중심을 지나는 축에 대해 회전시켜 보자(그림 10.4.1b 참조). 두 경우 모두 같은 질량을 회전시키지만 처음 경우가 최종보다 회전시키기가 훨씬 쉬울 것이다. 왜냐하면 처음 경우에 질량이 회전축에 훨씬 더 가깝게 모여 있기 때문이다. 그 결과 막대의 회전관성은 그림 10.4.1b보다 그림 10.4.1a에서 훨씬 더 작다. 일반적으로 회전관성이 작으면 회전시키기가 쉽다.

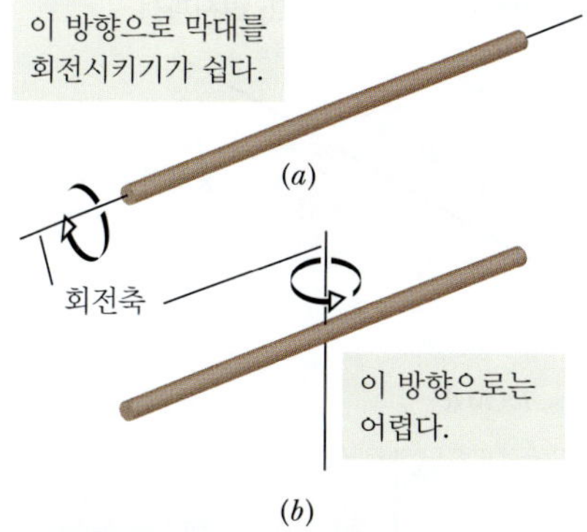

그림 10.4.1 긴 막대는 (a) 길이 방향의 중심축에 대해 회전시키는 것이 (b) 길이 방향에 수직인 중심축에 대해 회전시키는 것보다 훨씬 더 쉽다. 왜냐하면 질량이 (b)보다 (a)의 경우에 회전축에 더 가깝게 모여 있기 때문이다.

확인문제 10.4.1

오른편 그림은 수직축에 대해 돌고 있는 작은 공 세 개를 그린 것이다. 축에서 각 공의 중심까지의 수직거리가 그림에 표시되어 있다. 공의 회전관성이 큰 순서대로 나열하여라.

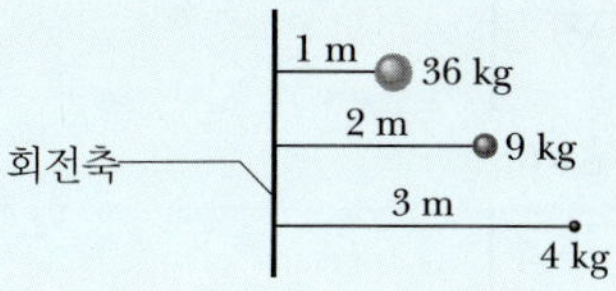

10.5 ▸ 회전관성 계산하기

요점_Key Ideas

1. I는 물체의 회전관성으로 여러 입자가 모여 있는 계에 대해서는

$$I = \sum m_i r_i^2$$

으로 정의하고, 연속적으로 질량이 분포하는 물체에 대해서는

$$I = \int r^2\, dm$$

으로 정의한다. 이 표현에서 r과 r_i는 물체 안에 있는 각 질량요소의 회전축으로부터 수직거리를 나타내고, 모든 질량요소를 포함하도록 물체 전체에 대해 적분한다.

2. 평행축 정리에 의하면 주어진 축에 대한 물체의 회전관성 I는 질량중심을 지나는 평행한 축에 대한 같은 물체의 회전관성과 다음의 관계가 있다.

$$I = I_{com} + Mh^2.$$

여기서 h는 두 축 사이의 수직거리이고, I_{com}은 질량중심을 지나는 축에 대한 물체의 회전관성이다. h는 질량중심을 지나는 회전축에서 이동한 실제 회전축의 거리이다.

학습목표_Learning Objectives

이 단원을 읽은 후 다음을 이해해야 한다.

10.5.1 표 10.5.1에 주어진 물체의 회전관성을 결정한다.

10.5.2 물체의 질량요소에 대해 적분을 하여 물체의 회전관성을 계산한다.

10.5.3 물체의 질량중심을 지나는 축에서 평행이동한 회전축에 대해 평행축 정리를 적용한다.

▶ 회전관성 계산하기

강체가 몇 개의 입자로 이루어져 있다면 주어진 축에 대한 회전관성은 식 10.4.3의 $I = \Sigma m_i r_i^2$으로 구할 수 있다. 즉, 각각의 입자에 대하여 mr^2을 계산하고 더하면 된다(r은 주어진 축에서 입자까지의 수직거리라는 것을 주의하여라).

강체가 수많은 입자가 빽빽이 모여 원반처럼 *연속적인* 물체를 이루고 있다면 식 10.4.3으로 계산하는 것은 아마도 컴퓨터가 필요할 것이다. 따라서 식 10.4.3의 합을 적

표 10.5.1 몇 가지 물체의 회전관성

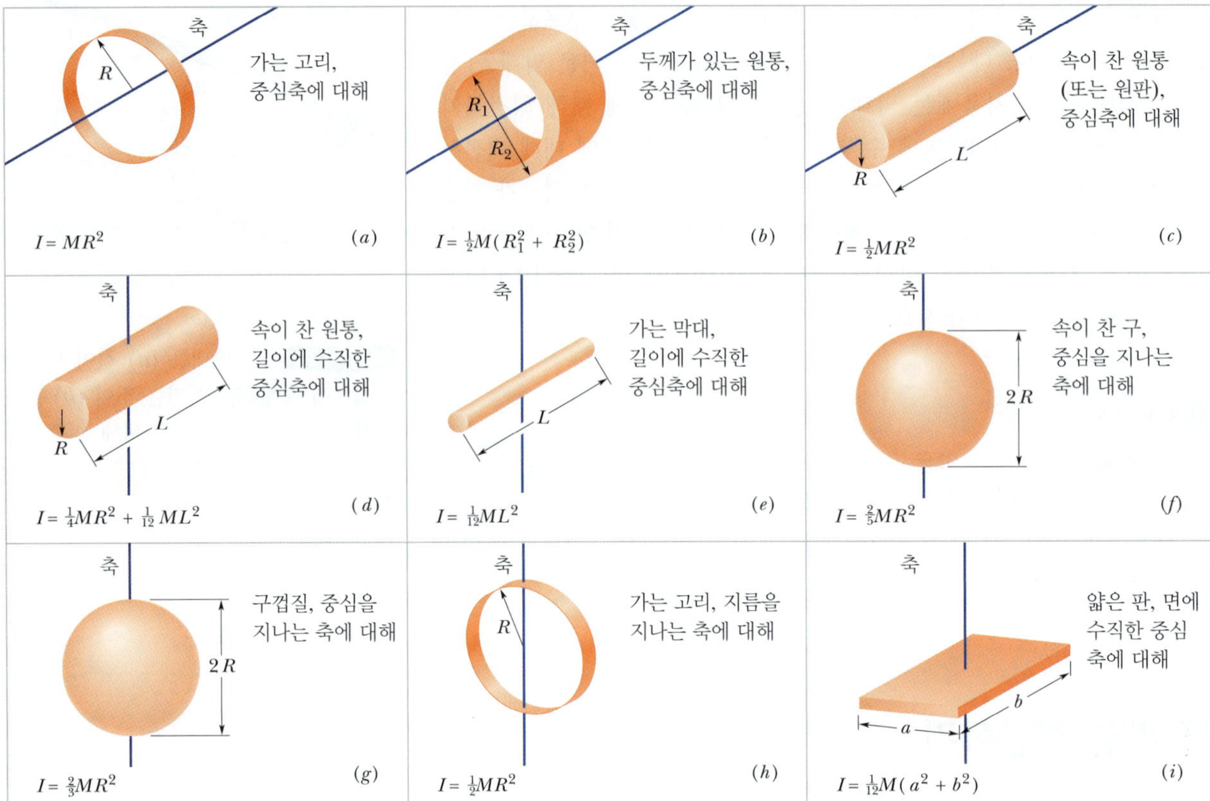

분으로 바꾸어 물체의 회전관성을 다음과 같이 정의한다.

$$I = \int r^2\, dm \qquad \text{(회전관성, 연속적인 물체)}. \tag{10.5.1}$$

표 10.5.1에 흔히 볼 수 있는 물체 아홉 개에 대해서 회전축과 회전관성을 계산하여 정리해 놓았다.

점 P를 지나는 축에 대한 회전관성과 com을 지나는 회전관성의 관계를 알아야 한다.

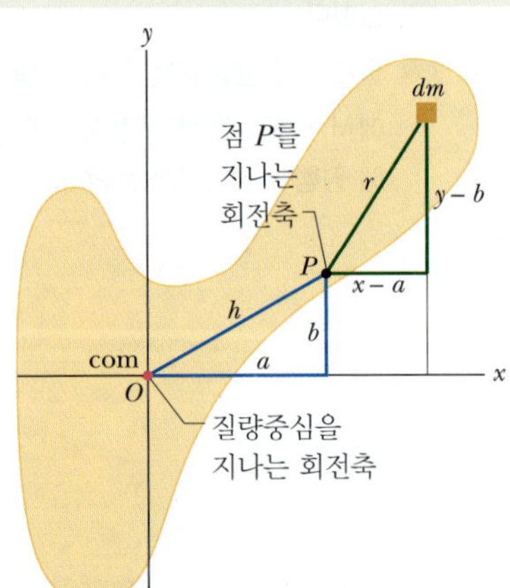

그림 10.5.1 질량중심이 O인 강체의 단면. 평행축 정리(식 10.5.2)는 점 O를 지나는 축에 대한 회전관성과 질량중심으로부터 거리 h만큼 떨어진 점 P를 지나는 평행한 축에 대한 회전관성 사이의 관계식이다.

평행축 정리

주어진 축에 대하여 질량이 M인 물체의 회전관성 I를 구하는 문제를 생각해 보자. 원칙적으로 식 10.5.1의 적분을 계산하면 I를 구할 수 있다. 하지만 주어진 축과 *평행*이면서 물체의 질량중심을 지나는 축에 대한 회전관성 I_{com}을 이미 알고 있다면 I를 간단히 계산하는 방법이 있다. h를 주어진 축과 질량중심을 지나는 축과의 수직거리라 하자(두 축은 반드시 평행이어야 한다). 그러면 주어진 축에 대한 회전관성 I는 다음과 같다.

$$I = I_{\text{com}} + Mh^2 \qquad \text{(평행축 정리)}. \tag{10.5.2}$$

거리 h는 질량중심을 지나는 회전축으로부터 회전축을 이동한 거리로 생각하면 된다. 이 식을 **평행축 정리**라 하고, 아래에서 증명한다.

평행축 정리의 증명

그림 10.5.1은 임의의 모양인 물체의 단면을 그린 것이다. O로 표시한 물체의 질량중심을 좌표의 원점으로 잡자. 이제 종이면에 수직하게 점 O를 지나는 축과 점 P를 지나는 평행한 두 축을 생각해 보자. 점 P의 x, y 좌표는 각각 a, b이다.

좌표가 x, y인 임의의 한 점에서 질량요소를 dm이라 하면 점 P를 지나는 축에 대한 회전관성은 식 10.5.1에 따라 다음과 같이 쓸 수 있다.

$$I = \int r^2\,dm = \int [(x-a)^2 + (y-b)^2]\,dm.$$

이것을 정리하면 다음과 같다.

$$I = \int (x^2 + y^2)\,dm - 2a\int x\,dm - 2b\int y\,dm + \int (a^2 + b^2)\,dm. \qquad (10.5.3)$$

질량중심의 정의 식 9.1.9에 따라 가운데의 두 적분은 질량중심의 좌표이므로 모두 0이다. 또한 $x^2 + y^2 = R^2$이고 R은 원점 O에서 dm까지의 거리이므로 첫째 적분은 I_{com}, 즉 질량중심을 지나는 축에 대한 물체의 회전관성이다. 마지막 항은 그림 10.5.1처럼 Mh^2이다(여기서 M은 물체의 총질량이다). 따라서 식 10.5.3은 식 10.5.2와 같다.

확인문제 10.5.1

오른편 그림은 책처럼 생긴 물체를 그린 것으로 한쪽이 다른 쪽보다 길다. 그림처럼 물체의 면에 모두 수직인 네 회전축에 대해서 회전관성이 큰 순서대로 나열하여라.

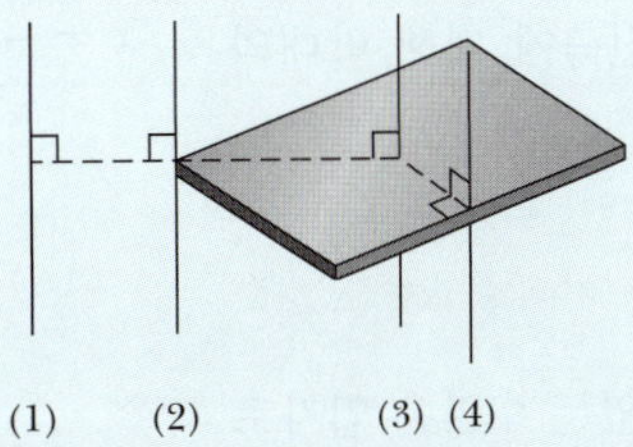

보기문제 10.5.1 두 입자계의 회전관성

그림 10.5.2*a*처럼 질량 m의 두 입자가 길이가 L이고 질량이 거의 없는 막대로 연결되어 강체를 구성하고 있다.

(a) 막대에 수직하게 질량중심을 지나는 회전축에 대해 회전관성 I_{com}을 구하여라.

요점

강체가 두 개의 입자만으로 이루어져 있으므로 적분하지 않고 식 10.4.3을 이용하여 I_{com}을 구할 수 있다. 즉 각 입자의 회전관성을 구하고 이를 더하면 된다.

풀이: 회전축에서 각 입자까지의 수직거리는 $\frac{1}{2}L$이므로 다음의 답을 얻는다.

$$I = \sum m_i r_i^2 = (m)(\tfrac{1}{2}L)^2 + (m)(\tfrac{1}{2}L)^2$$
$$= \tfrac{1}{2}mL^2. \qquad \text{(답)}$$

(b) 원래의 회전축과 평행하고 막대의 왼쪽 끝을 지나는 축에 대한 회전관성 I는 얼마인가(그림 10.5.2*b* 참조)?

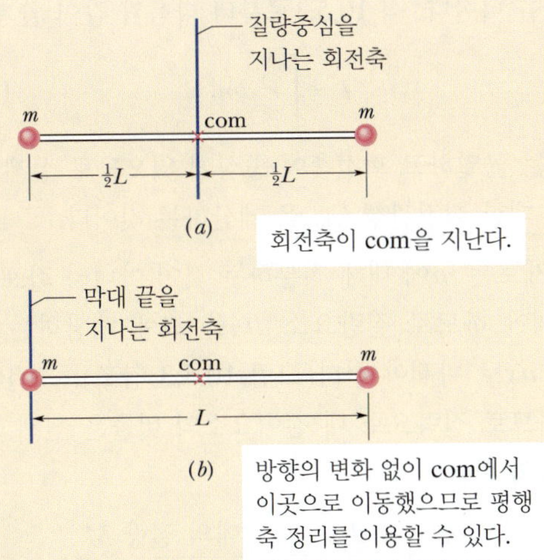

그림 10.5.2 질량 m의 두 입자가 질량이 거의 없는 가벼운 막대로 연결되어 강체를 구성하고 있다.

요점

이 문제는 간단하므로 두 가지 방법으로 I를 구할 수 있다. 첫 번째 방법은 (a)와 같은 방법이고, 두 번째는 평행축 정리를 사용하는 유용한 방법이다.

첫 번째 방법: (a)와 같은 방법을 사용하지만 수직거리 r_i가 왼쪽 입자는 0, 오른쪽 입자는 L이라는 것만 다르므로, 식 10.4.3에 따라 다음과 같다.

$$I = m(0)^2 + mL^2 = mL^2.$$

답

두 번째 방법: 이미 (a)에서 질량중심을 지나는 회전축에 대해 I_{com}을 계산했고, 문제의 회전축이 "질량중심축"에 평행하므로, 식 10.5.2의 평행축 정리를 사용하면 다음과 같다.

$$I = I_{com} + Mh^2 = \tfrac{1}{2}mL^2 + (2m)(\tfrac{1}{2}L)^2 = mL^2.$$

답

▶ 교육용 비디오는 웹사이트 www.wiley.com에서 볼 수 있다.

보기문제 10.5.2 균일한 막대의 회전관성, 적분

가늘고 균일한 막대를 그림 10.5.3처럼 x축에 놓았다. 막대의 질량은 M, 길이는 L이다. 막대의 중심을 원점으로 정하자.

(a) 막대에 수직이고 중심을 지나는 회전축에 대해 막대의 회전관성을 구하여라.

요점

(1) 막대는 회전축으로부터 다른 거리에 있는 수많은 입자로 이루어져 있다. 이들의 회전관성을 각각 더하지는 못한다. 따라서 회전축으로부터 거리 r에 있는 질량요소 dm의 회전관성에 대한 일반적인 표현인 r^2dm을 쓴다.

(2) (이들을 각각 더하는 것 대신) 이 표현을 적분하여 모든 회전관성을 더한다. 식 10.5.1로부터 다음과 같이 쓸 수 있다.

$$I = \int r^2\,dm. \tag{10.5.4}$$

(3) 막대는 균일하고 회전축이 중심에 있으므로 실제로는 질량중심에 대한 회전관성 I_{com}을 계산하는 것이다.

풀이: 실제로는 m에 대해 적분하는 것이 아니라 좌표 x에 대해 적분해야 하므로 질량요소 dm을 그에 해당하는 막대의 길이요소 dx로 바꿔야 한다(그림 10.5.3 참조). 그런데 막대는 균일하므로 질량요소 대 길이요소의 비율은 전체 질량 대 전체 길이의 비율로

$$\frac{\text{질량요소 } dm}{\text{길이요소 } dx} = \frac{\text{막대의 질량 } M}{\text{막대의 길이 } L}$$

이며, 다음과 같이 쓸 수 있다.

$$dm = \frac{M}{L}\,dx.$$

이제 이 결과를 식 10.5.4에 대입하면 된다. 막대의 모든 부분을 포함해야 하므로 막대의 한쪽 끝에서 다른 쪽 끝, 즉 $x = -L/2$부터 $L/2$까지 적분하여 다음을 얻는다.

$$\begin{aligned} I &= \int_{x=-L/2}^{x=+L/2} x^2\left(\frac{M}{L}\right)dx \\ &= \frac{M}{3L}\left[x^3\right]_{-L/2}^{+L/2} = \frac{M}{3L}\left[\left(\frac{L}{2}\right)^3 - \left(-\frac{L}{2}\right)^3\right] \\ &= \tfrac{1}{12}ML^2. \end{aligned}$$

답

이 결과는 표 10.5.1e와 일치한다.

(b) 막대에 수직하고 왼쪽 끝을 지나는 회전축에 대한 회전관성 I는 얼마인가?

요점

x축의 중심을 막대의 왼쪽 끝으로 옮기고 $x = 0$부터 $x = L$까지 적분하면 I를 구할 수 있다. 여기서는 방향의 변화 없이 회전축을 이동하였으므로 평행축 정리(식 10.5.2)를 사용하는 유용한(즉, 손쉬운) 방법으로 구하겠다.

풀이: 막대의 끝을 지나는 축을 질량중심을 지나는 축에 평행하게 이동시키면 식 10.5.2의 평행축 정리를 사용할 수 있다. (a)에서 구한 결과는 $I_{com} = \frac{1}{12}ML^2$이다. 그림 10.5.3에서 새 회전축과 질량중심축 사이의 수직거리 h는 $\frac{1}{2}L$이므로, 식 10.5.2에서 다음을 얻는다.

$$I = I_{com} + Mh^2 = \tfrac{1}{12}ML^2 + (M)(\tfrac{1}{2}L)^2 = \tfrac{1}{3}ML^2.$$

답

이 결과는 막대에 수직한 왼쪽 혹은 오른쪽 끝을 지나는 어떤 축에 대해서도 성립한다.

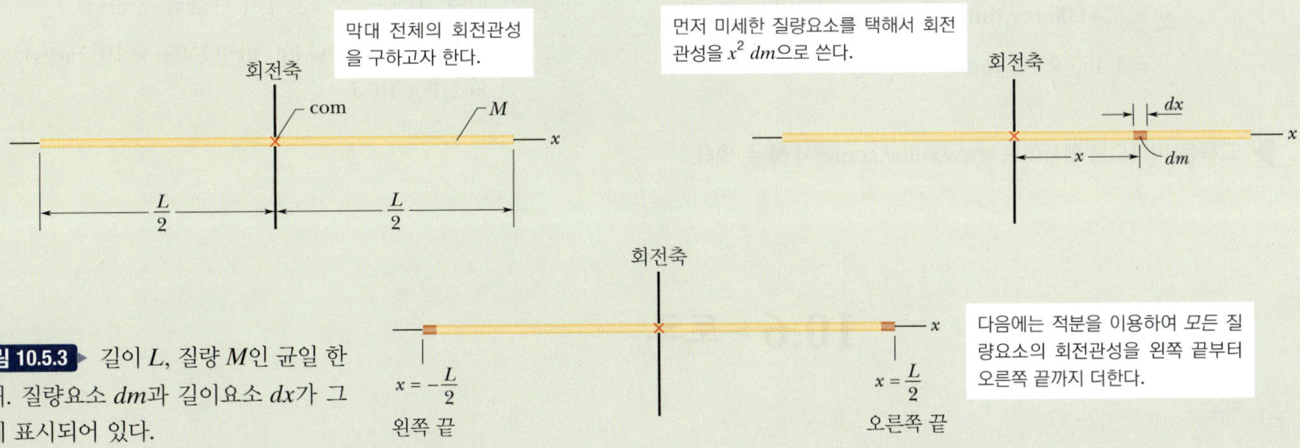

그림 10.5.3 길이 L, 질량 M인 균일 한 막대. 질량요소 dm과 길이요소 dx가 그림에 표시되어 있다.

교육용 비디오는 웹사이트 www.wiley.com에서 볼 수 있다.

보기문제 10.5.3 회전 운동에너지, 회전 검사장비의 폭발

대형 기계의 부품 중에서 오랫동안 빠른 속도로 회전하는 부품은 처음에 *회전 검사장비*로 조사해야 한다. 검사장비는 납벽돌과 봉합 보조재로 만든 원통을 철판으로 둘러싸는 구조로 만들었다. 위쪽에는 여닫개 뚜껑이 달려있다. 원통 내부에서는 속도를 높여가며 부품을 *회전*시키는데, 회전에 의해 부품이 깨어지면 그 조각들은 무른 납벽돌에 박히고 나중에 원인 분석에 사용한다.

1985년 초에 Test Devices사(www.testdevices.com)에서는 질량 $M = 272$ kg, 반지름 $R = 38.0$ cm의 강철 회전체(원판)를 검사하고 있었다. 회전체의 각속력 ω가 14000 rev/min에 도달했을 때 담당 기술자들은 검사장비에서 쿵 하는 둔탁한 소리를 들었다. 당시 검사장비는 기술자들이 있던 방에서 한 층 아래 옆방에 있었다. 조사해 보니 납벽돌들이 복도에 흩어져 있고, 방문은 옆에 있는 주차장으로 떨어져 나갔으며, 납벽돌 하나는 건물 밖으로 날아가 이웃집 부엌에서 발견되었다. 또한 건물의 골조가 손상되었고, 검사장비 아래의 콘크리트 바닥은 0.5 cm 정도 움푹 꺼졌으며, 900 kg에 달하는 뚜껑은 위로 날아가 천장에 부딪혔다가 떨어져서 검사장비 위에 있었다(그림 10.5.4 참조). 폭발 조각들이 담당 기술자의 방을 뚫고 날아오지 않았던 것은 정말 운이 좋았기 때문이다.

원판 회전체가 폭발하면서 얼마나 많은 에너지가 방출되었는가?

그림 10.5.4 빠르게 회전하던 강철 회전체가 폭발하여 파괴된 검사장비의 일부.

요점

회전체의 각속력이 14000 rev/min에 도달한 시점에서 계산한 회전체의 회전 운동에너지 K와 방출된 에너지는 같다.

풀이: K는 식 10.4.4($K = \frac{1}{2}I\omega^2$)를 이용하여 구할 수 있지만 먼저 회전관성 I를 알아야 한다. 회전체가 회전목마처럼 돌아가는 원판이므로 I는 표 10.5.1c에서 $I = \frac{1}{2}MR^2$이다. 따라서

$$I = \tfrac{1}{2}MR^2 = \tfrac{1}{2}(272\text{ kg})(0.38\text{ m})^2 = 19.64\text{ kg}\cdot\text{m}^2$$

이다. 또한 회전체의 각속력은

$$\omega = (14\,000 \text{ rev/min})(2\pi \text{ rad/rev})\left(\frac{1 \text{ min}}{60 \text{ s}}\right)$$
$$= 1.466 \times 10^3 \text{ rad/s}$$

이다. 이제 식 10.4.4를 사용하여 다음을 얻는다.

$$K = \tfrac{1}{2}I\omega^2 = \tfrac{1}{2}(19.64 \text{ kg}\cdot\text{m}^2)(1.466 \times 10^3 \text{ rad/s})^2$$
$$= 2.1 \times 10^7 \text{ J}.$$
(답)

▶ 교육용 비디오는 웹사이트 www.wiley.com에서 볼 수 있다.

10.6 ▸ 토크

학습목표_Learning Objectives

이 단원을 읽은 후 다음을 이해해야 한다.

10.6.1 물체에 작용하는 토크는 힘과 회전축으로부터 이 힘이 작용하는 점에 이르는 위치벡터에 의존한다.

10.6.2 토크를 다음과 같이 계산한다. (a) 위치벡터와 힘 벡터 사이의 각도, (b) 힘의 작용선과 힘의 팔, (c) 위치벡터에 수직한 힘의 성분.

10.6.3 토크를 계산하기 위해서는 반드시 회전축을 정해야 한다.

10.6.4 토크는 특정한 회전축에 대해 물체를 회전시키려고 할 때 방향에 따라 양수 혹은 음수가 된다. "시계방향이 음수이다."

10.6.5 회전축에 대해 물체에 여러 토크가 작용할 때 알짜 토크를 계산한다.

요점_Key Ideas

1. 토크는 힘 $\vec{F}$에 의해 회전축 주위로 물체를 돌거나 비틀게 하는 작용이다. 힘 $\vec{F}$가 축에 대해 위치벡터 $\vec{r}$ 떨어진 점에 작용하면 토크의 크기는 다음과 같다.

$$\tau = rF_t = r_\perp F = rF\sin\phi.$$

여기서 F_t는 $\vec{r}$에 수직한 $\vec{F}$의 성분이고 ϕ는 $\vec{r}$과 $\vec{F}$ 사이의 각도이다. $r_\perp$이란 양은 회전축과 벡터 $\vec{F}$를 지나는 연장선 사이의 수직거리이다. 이 선을 $\vec{F}$의 작용선이라고 하고 $r_\perp$을 $\vec{F}$의 모멘트팔이라고 한다. 마찬가지로 r은 F_t의 모멘트팔이다.

2. 토크의 SI 단위는 N · m이다. 토크 τ는 이로 인해 정지한 물체를 반시계방향으로 회전시키려고 하면 양수이고, 시계방향으로 회전시키려고 하면 음수이다.

▶ 토크

여닫이문의 손잡이가 경첩에서 멀리 떨어져 있는 것은 이유가 있다. 무거운 문을 열려면 물론 힘을 가해야 하지만 그것만으로는 충분하지 않고 힘을 어디에 어떤 방향으로 가하는가도 중요하다. 만약 문의 손잡이가 아니라 경첩 근처에서 문짝에 비스듬하게 힘을 가한다면 문짝에 수직으로 문의 손잡이에 힘을 가하는 것보다 훨씬 더 큰 힘이 필요하다.

그림 10.6.1a는 회전하는 물체의 단면이다. 회전축은 단면에 대해 수직으로 점 O를 지나는 축이다. 점 P에는 힘 $\vec{F}$가 작용하고 점 O에서 점 P까지의 위치벡터는 $\vec{r}$이다. $\vec{F}$와 $\vec{r}$은 각도 ϕ를 이루고 있다(편의상 힘은 회전축과 평행한 성분이 없는 것만 생각하자. 즉, $\vec{F}$는 단면과 같은 평면 위에 있다).

$\vec{F}$가 물체의 회전에 어떤 영향을 주는지 알아보기 위해 $\vec{F}$를 그림 10.6.1b처럼 두 성분으로 분해해 보자. $\vec{r}$과 같은 방향의 성분은 *지름성분* F_r이라 한다. 이 성분은 두 점 P와 O를 잇는 직선상에 있으므로 회전을 일으키지 않는다(예컨대 문짝과 평행하게 문을 잡아당겨도 문은 회전하지 않는다). $\vec{F}$의 다른 한 성분은 *접선성분* $\vec{F}_t$로서 $\vec{r}$과 수직하고 크기는 $F_t = F\sin\phi$이다. 바로 이 성분이 회전을 일으킨다.

▸***토크 계산하기.*** 힘 $\vec{F}$가 물체를 회전시킬 수 있는 정도는 접선성분의 크기 F_t뿐만 아니라 힘을 가하는 점이 O에서 얼마나 멀리 떨어져 있는가에 따라서도 달라진다. 두 인자를 모두 고려하여 **토크**라 부르는 τ를 다음과 같이 정의한다.

$$\tau = (r)(F\sin\phi). \qquad (10.6.1)$$

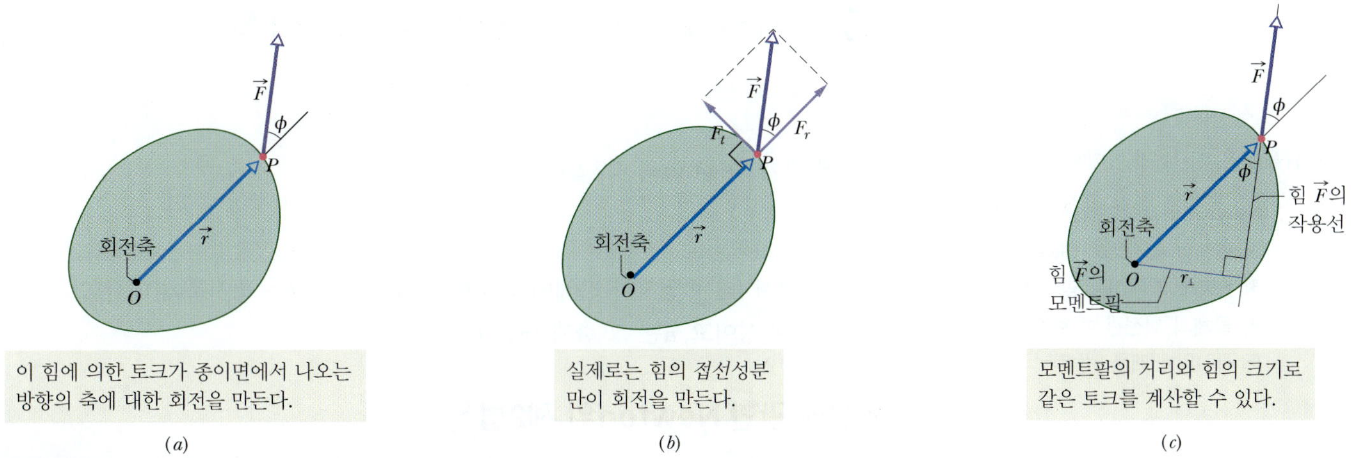

그림 10.6.1 종이면에 수직한 회전축에 대해서 강체 위의 점 P에 힘 $\vec{F}$가 작용한다. (a) 각도 ϕ, (b) 접선성분 F_t (c) 모멘트팔 $r_\perp$로 구할 수 있다.

토크는 다음의 두 방법으로 계산할 수 있다.

$$\tau = (r)(F\sin\phi) = rF_t, \tag{10.6.2}$$

$$\tau = (r\sin\phi)(F) = r_\perp F. \tag{10.6.3}$$

여기서 $r_\perp$는 $\vec{F}$의 연장선과 회전축 사이의 수직거리이다(그림 10.6.1*c* 참조). 이 연장선을 $\vec{F}$의 **작용선**이라 하고, $r_\perp$는 $\vec{F}$의 **모멘트팔**이라 한다. 그림 10.6.1*b*를 보면 $\vec{r}$의 크기인 r은 힘의 접선성분 F_t의 모멘트팔로 생각할 수도 있다.

토크의 어원은 "비틀다"라는 뜻의 라틴어이다. 토크는 대략 말하면 힘 $\vec{F}$로 무언가를 돌리거나 비트는 작용으로 생각할 수 있다. 예컨대, 드라이버나 렌치로 힘을 주어 무언가를 돌릴 때 바로 토크를 가하는 것이다. 토크의 SI 단위는 뉴턴미터(N · m)이다. *주의*: N · m는 일의 단위이기도 하다. 그러나 토크와 일은 전혀 다른 물리량이므로 혼동하면 안 된다. 일의 단위로는 보통 줄(1 J = 1 N · m)을 쓰지만 토크는 어떤 경우에도 줄로 쓰지 않는다.

▸***시계 방향은 음수.*** 11장에서는 토크를 일반적인 벡터로 다루는 방법에 대해 알아보겠지만, 여기서는 단일축 주위의 회전만을 고려하기 때문에 굳이 벡터로 다룰 필요가 없다. 대신에 정지해 있는 물체에 토크를 가했을 때 물체가 어느 쪽으로 돌아가는가에 따라 양의 값과 음의 값을 준다. 물체가 반시계방향으로 돌아가면 토크는 양의 값, 시계방향으로 돌아가면 토크는 음의 값으로 정의한다(10.1단원에서 "시계는 마이너스"라고 했던 것이 여기서도 적용된다).

토크는 5장에서 논의한 중첩원리를 따른다. 한 물체에 여러 개의 토크가 작용하면 **알짜 토크**(또는 **합성 토크**)는 각 토크의 합이 된다. 알짜 토크는 τ_{net}로 쓴다.

› 확인문제 10.6.1

오른쪽 그림은 1 m 막대를 위에서 본 모습이다. 막대는 왼쪽에서 20 cm 떨어진 점을 중심으로 회전할 수 있다. 막대에는 모두 크기가 같은 힘 다섯 개가 수평방향으로 작용한다. 이들이 만드는 토크의 크기가 큰 순서대로 나열하여라.

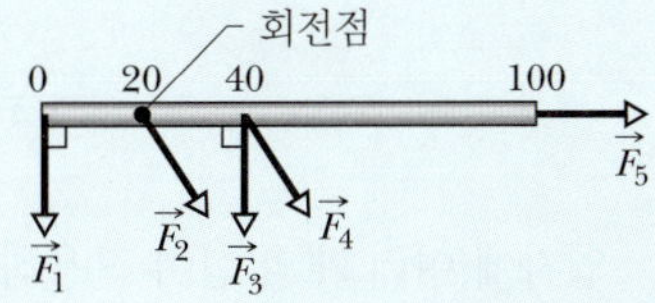

10.7 ▸ 회전에 관한 Newton의 제2법칙

학습목표_Learning Objectives

이 단원을 읽은 후 다음을 이해해야 한다.

10.7.1 Newton의 제2법칙을 적용하여 특정한 회전축에 대해 계산한 물체에 작용하는 알짜 토크와 물체의 회전관성, 회전가속도 사이의 관계를 맺는다.

요점_Key Ideas

1. 회전에 대한 Newton의 제2법칙은

$$\tau_{\text{net}} = I\alpha$$

이다. 여기서 τ_{net}은 입자나 강체에 작용하는 알짜 토크, I는 회전축에 대한 입자나 물체의 회전관성이고, α는 그 축에 대한 각가속도이다.

▶ 회전에 관한 Newton의 제2법칙

문을 여닫을 때처럼 토크는 강체를 회전시킬 수 있다. 여기서는 강체에 작용하는 알짜 토크 τ_{net}과 토크에 의해 회전축 주위로 생기는 각가속도 a 사이의 관계를 구하려고 한다. Newton의 제2법칙 $F_{\text{net}} = ma$에서 이 관계를 유추할 수 있다. Newton의 제2법칙은 질량이 m인 물체가 어떤 좌표축을 따라 움직일 때 물체가 받는 알짜힘 F_{net}와 가속도 α 사이의 관계이다. 여기서 F_{net}은 τ_{net}, m은 I, a는 α로 각각 바꾸면

$$\tau_{\text{net}} = I\alpha \qquad \text{(회전에 관한 Newton의 제2법칙)} \qquad (10.7.1)$$

로 나타낼 수 있다. 단, α는 라디안 단위를 사용해야 한다.

식 10.7.1의 증명

힘의 접선성분에 의한 토크는 회전축 주위에 각가속도를 만든다.

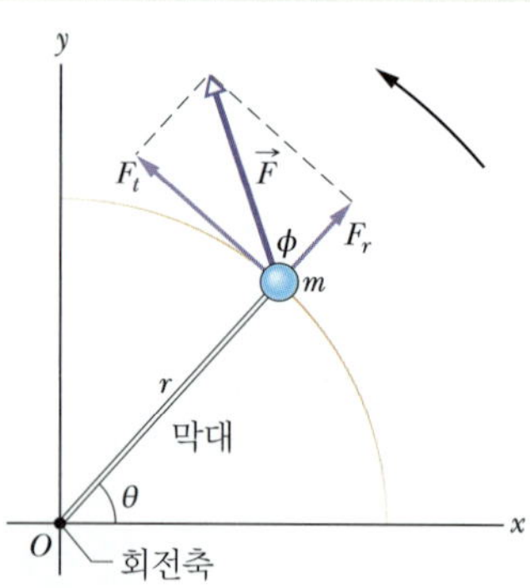

그림 10.7.1 ▸ 회전축 O를 중심으로 회전하는 간단한 모양의 강체. 질량 m의 입자가 길이가 r이고 질량이 없는 막대의 끝에 매달려 있다. 힘 $\vec{F}$가 작용하여 물체가 회전한다.

식 10.7.1를 증명하기 위해 먼저 그림 10.7.1의 간단한 상황을 생각해 보자. 길이가 r이고 질량이 없는 막대의 끝에 질량 m의 입자가 매달려 강체를 이루고 있다. 막대의 다른 끝은 지면에 수직한 축에 고정되어 막대는 수직축 주위로 회전운동만 할 수 있다. 따라서 입자는 회전축을 중심으로 원궤도로만 움직일 수 있다.

힘 $\vec{F}$가 입자에 작용한다고 하자. 입자는 원궤도만을 따라서 움직일 수 있으므로 힘의 접선성분(즉, 원궤도에 대해 접선방향 성분) F_t만이 입자를 가속시킬 수 있다. Newton의 제2법칙에 따라 F_t와 접선방향의 가속도 a_t 사이의 관계식을

$$F_t = ma_t$$

로 쓸 수 있다. 한편 입자에 작용하는 토크는 식 10.6.2에 따라

$$\tau = F_t r = ma_t r$$

이다. 식 10.3.6($a_t = \alpha r$)을 위의 식에 대입하면

$$\tau = m(\alpha r)r = (mr^2)\alpha \qquad (10.7.2)$$

이다. 우변에서 괄호 안에 있는 양은 회전축에 대한 입자의 회전관성이다(식 10.4.3 참조). 따라서 식 10.7.2를 다음과 같이 쓸 수 있다.

$$\tau = I\alpha \qquad \text{(라디안 단위).} \qquad (10.7.3)$$

입자에 여러 개의 힘이 작용하는 경우에는 식 10.7.3를 다음과 같이 일반화할 수 있다.

$$\tau_{\text{net}} = I\alpha \qquad \text{(라디안 단위).} \qquad (10.7.4)$$

따라서 식 10.3.6을 증명하였다. 모든 강체는 단일입자의 조합으로 생각할 수 있으므로 이 식은 고정된 회전축에 대해 회전하는 임의의 강체에 대해서도 적용할 수 있다.

확인문제 10.7.1

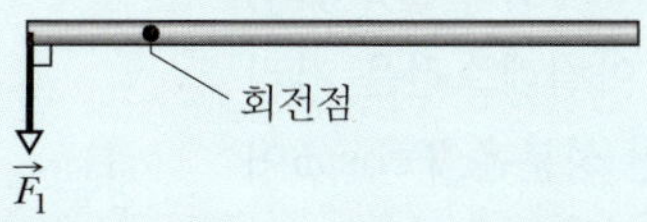

오른편 그림은 1 m 막대를 위에서 본 모습이다. 그림에 표시한 회전점은 막대의 중심에서 왼쪽에 있고 막대는 이 점을 중심으로 회전할 수 있다. 막대에는 지면에서 두 힘 $\vec{F}_1$과 $\vec{F}_2$가 작용한다. 그림에는 $\vec{F}_1$만 표시하였고, $\vec{F}_2$는 막대에 수직하게 오른쪽 끝에 작용한다. 만약 막대가 회전하지 않으면 (*a*) $\vec{F}_2$의 방향은 어떻게 되는가? (*b*) F_2는 F_1에 비해 큰가, 작은가 아니면 같은가?

보기문제 10.7.1 하이힐

하이힐(그림 10.7.2*a*)은 신을 때 받는 고통에도 불구하고 오랫동안 인기가 많았다. 그 이유 중 하나를 조사해보자. 먼저 그림 10.7.2*b*에 무게 mg = 350 N인 사람이 평평한 신발을 신고 양발로 가만히 서있을 때 발에 작용하는 힘을 간단히 나타내었다. 발의 앞면에 작용하는 수직항력 F_{Nf}는 f = 0.40으로 무게 fmg를 지지하고(즉 무게의 40%가 발에 작용한다) 발목으로부터 거리 d_f = 0.18 m인 곳에서 작용한다. 발꿈치에 작용하는 수직항력 F_{Nb}는 발목으로부터 d_b = 0.070 m인 곳에서 b = 0.60으로 무게 bmg를 지지한다. (발뒤꿈치와 종아리 근육을 연결하는) 아킬레스건은 발이 있는 평면의 수직선에서 각도 $\phi = 5.0°$로 힘 $\vec{T}$로 뒤꿈치를 잡아당긴다. 다리뼈로부터 미지의 힘이 아래 방향으로 발목에 작용한다.

(a) $\vec{T}$의 크기는 얼마인가?

요점

발이 평형상태에 있는 계이다. 따라서 힘의 합은 수평 방향과 수직 방형으로 평형을 이루어야 한다. 또한 임의의 점에 대한 토크의 합도 평형을 이루어야 한다.

풀이: 힘의 평형조건으로부터 아킬레스건이 잡아당기는 T의 크기를 구할 수 없다. 왜냐하면 다리뼈가 발목에 작용하는 힘도 모르기 때문이다. 대신 발목을 지나고 그림이 있는 평면에 수직인 회전축에 대해 힘이 만드는 토크에 대한 평형조건을 구할 수 있다. 각 힘이 만드는 토크는 $\tau = rF_t$이다(식 10.6.2). 여기서 r은 힘이 작용하는 점에서 회전축까지 거리이고, F_t는 여기서는 발이 있는 평면에 수직인 r에 수직인 힘의 성분이다.

발 앞면에서 수직항력은 (a) 이 평면에 수직이고 (b) 크기는 $F_{Nf} = fmg$이고 (c) 발목을 지나는 회전축으로부터 거리

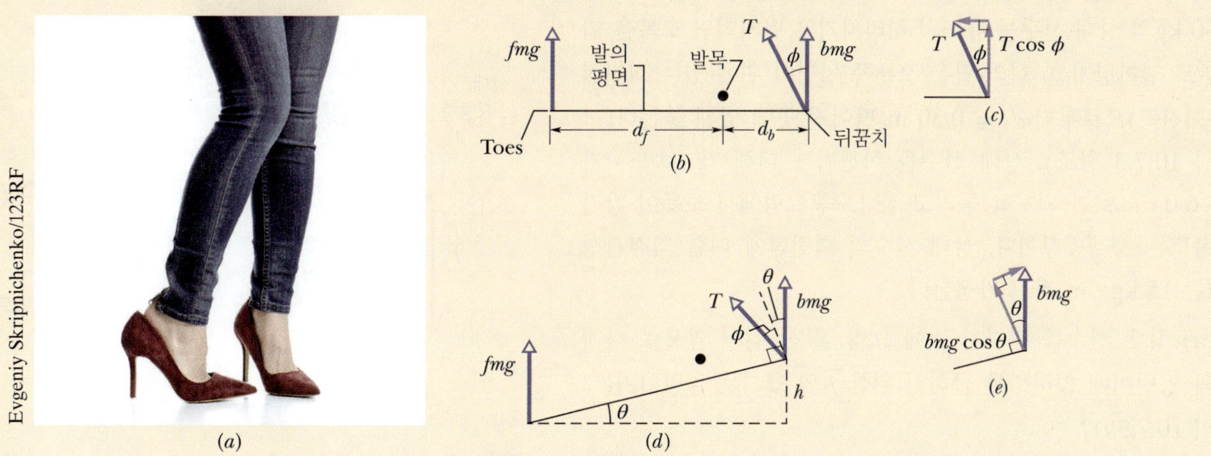

그림 10.7.2 보기문제 10.7.1 (*a*) 적당한 하이힐. (*b*) 발 앞면과 발꿈치에 작용하는 힘. (*c*) 아킬레스건으로부터 힘의 성분. (*d*) 올라간 발꿈치. (*e*) 신발이 발꿈치에 작용하는 힘의 성분.

$r = d_f = 0.18$ m인 곳에 작용하고 (d) 발을 (음의) 시계방향으로 회전시키려고 한다. 발뒤꿈치에서 수직항력은 (a) 역시 발이 있는 평면에 수직이고 (b) 크기는 $F_{Nb} = bmg$이고 (c) 거리 $r = d_b = 0.070$ m인 곳에 작용하고 (d) 발을 (양의) 반시계방향으로 회전시키려고 한다. 또한 아킬레스건은 거리 d_b에서 작용한다. 발이 있는 평면에 수직인 성분은 $T\cos\phi$이고(그림 10.7.2*c*) 양의 토크를 만든다.

이제 이 평형상태에 대해 토크의 평형조건을 다음과 같이 쓸 수 있다.

$$\tau_{\text{net}} = 0$$
$$-d_f(fmg) + d_b(bmg) + d_b(T\cos\phi) = 0.$$

T에 대해 풀고 알고 있는 값을 대입하면 다음을 얻는다.

$$T = \frac{d_f f - d_b b}{d_b \cos\phi} mg$$
$$= \frac{(0.18\text{ m})(0.40) - (0.070\text{ m})(0.60)}{(0.070\text{ m})\cos 5.0°}(350\text{ N})$$
$$= 151\text{ N} \approx 0.15\text{ kN}.$$

(b) 높이가 $h = 3.00$ in.(7.62 cm)인 보통의 하이힐을 신은 사람 또한 무게 350 N을 양발로 지지하고 있다. d_f와 d_b의 값은 변하지 않았지만, 이제 $f = 0.65$(무게의 65%는 발 앞부분)이고 $b = 0.35$이다. 이제 $\vec{T}$의 크기는 얼마인가?

풀이: 그림 10.7.2*d*로부터 발이 있는 평면이 각도 θ로 기울어져 있다.

$$\sin\theta = \frac{h}{d_f + d_b}$$
$$\theta = \sin^{-1}\frac{0.0762\text{ m}}{(0.18\text{ m} + 0.070\text{ m})}$$
$$= 17.74°.$$

발뒤꿈치에서 수직힘은 bmg이고, 발의 평면에 수직인 성분은 $bmg\cos\theta$이다(그림 10.7.2*e*). 발 앞부분에서 수직힘은 fmg이고, 발 평면에 수직인 성분은 $fmg\cos\theta$이다. 아킬레스건의 잡아당기는 힘은 여전이 발 평면의 수직선에 대해 5.0° 기울어져 있다. 이제 토크에 대한 평형조건을 쓰면 다음과 같다.

$$\tau_{\text{net}} = 0$$
$$-d_f(fmg)\cos\theta + d_b(bmg)\cos\theta + d_b(T\cos\phi) = 0.$$

T에 대해 풀어 알고 있는 값을 대입하면 다음을 얻는다.

$$T = \frac{d_f f - d_b b}{d_b\cos\phi} mg\cos\theta$$
$$= \frac{(0.18\text{ m})(0.65) - (0.070\text{ m})(0.35)}{(0.070\text{ m})\cos 5.0°}(350\text{ N})(\cos 17.74°)$$
$$= 442\text{ N} \approx 0.44\text{ kN}.$$

따라서 보통의 하이힐을 신고 가만히 서있더라도 아킬레스건이 작용하는 힘은 평평한 신발의 경우보다 몇 배 크다. 의학자와 생리학자는 하이힐을 계속 신으면 아킬레스건을 영원히 변형시켜 맨발 혹은 평평한 신발을 신고 걷는 것이 고통스러울 것이라고 믿고 있다.

▶ **교육용 비디오는 웹사이트 www.wiley.com에서 볼 수 있다.**

▶ 보기문제 10.7.2 유도 허리치기에서 회전에 대한 Newton의 제2법칙 사용하기

80 kg의 상대 선수를 유도의 허리치기로 던지려면 도복을 힘 $\vec{F}$로 잡아당기고, 힘의 팔은 오른쪽 엉덩이 위에 있는 회전점(회전축)으로부터 $d_1 = 0.30$ m 떨어진 곳에 있게 놓는다(그림 10.7.3 참조). 상대 선수를 회전점에 대해 각가속도 α가 -6.0 rad/s^2가 되도록 돌리고 싶다. 즉 그림에서 보듯이 각가속도는 *시계방향*이다. 상대 선수의 회전점에 대한 회전관성 I는 $15\text{ kg}\cdot\text{m}^2$라고 가정한다.

(a) 상대 선수를 던지기 전에 그의 질량중심이 앞으로 다가와 엉덩이에 얹히도록 굽히기 위한 $\vec{F}$의 크기는 얼마인가(그림 10.7.3*a*)?

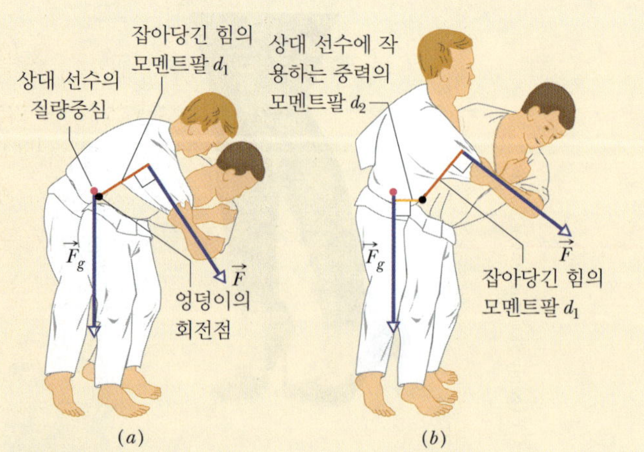

그림 10.7.3 ▶ 유도에서 허리치기. (*a*) 제대로 수행된 경우. (*b*) 제대로 수행되지 않은 경우.

요점

Newton의 제2법칙을 이용하면($\tau_{net} = I\alpha$) 상대 선수를 주어진 각가속도 α로 회전시키기 위한 힘 $\vec{F}$를 구할 수 있다.

풀이: 상대방의 발이 바닥에서 뜰 때 이 선수에게는 단지 세 힘만이 작용한다. 잡아당기는 힘 $\vec{F}$, 회전점이 상대방에 작용하는 힘 $\vec{N}$(이 힘은 그림 10.7.3에 나타내지 않았다)과 중력 $\vec{F}_g$이다. $\tau_{net} = I\alpha$를 사용하기 위해 회전점에 대해 각 힘에 해당하는 세 개의 토크가 필요하다.

식 10.6.3($\tau = r_\perp F$)로부터 잡아당기는 힘 $\vec{F}$에 의한 토크는 $-d_1F$이다. 여기서 d_1은 모멘트팔 $r_\perp$이고, 부호는 이 토크가 일으키는 회전이 시계방향이라는 것을 나타낸다. $\vec{N}$은 회전점에 작용하여 모멘트팔이 $r_\perp = 0$이므로 $\vec{N}$에 의한 토크는 0이다.

$\vec{F}_g$에 의한 토크를 계산하려면 $\vec{F}_g$가 상대선수의 질량중심에 작용한다고 가정한다. 질량중심이 회전점에 있으면 $\vec{F}_g$에 대한 모멘트팔이 $r_\perp = 0$이므로 $\vec{F}_g$에 의한 토크는 0이다. 따라서 상대 선수에 작용하는 유일한 토크는 $\vec{F}$에 의한 토크이고 $\tau_{net} = I\alpha$를

$$-d_1F = I\alpha$$

로 쓸 수 있다. 따라서 다음을 얻는다.

$$F = \frac{-I\alpha}{d_1} = \frac{-(15\ \text{kg}\cdot\text{m}^2)(-6.0\ \text{rad/s}^2)}{0.30\ \text{m}} = 300\ \text{N}. \quad \text{(답)}$$

▶ **교육용 비디오는 웹사이트 www.wiley.com에서 볼 수 있다.**

(b) 상대 선수를 던지기 전에 상대선수가 똑바로 서 있어서 $\vec{F}_g$에 대한 모멘트팔이 $d_2 = 0.12$ m라면 $\vec{F}$의 크기는 얼마인가(그림 10.7.3b)?

요점

$\vec{F}_g$에 대한 모멘트팔이 0이 아니므로 $\vec{F}_g$에 의한 토크는 d_2mg이고, 양수이다. 이는 토크가 반시계방향으로 회전시키려고 하기 때문이다.

풀이: $\tau_{net} = I\alpha$를

$$-d_1F + d_2mg = I\alpha$$

로 쓸 수 있으므로, 다음을 얻는다.

$$F = -\frac{I\alpha}{d_1} + \frac{d_2mg}{d_1}.$$

(a)에서 우변의 첫 항은 300 N이라는 것을 알고 있다. 이 값과 주어진 값을 대입하면 다음을 얻는다.

$$F = 300\ \text{N} + \frac{(0.12\ \text{m})(80\ \text{kg})(9.8\ \text{m/s}^2)}{0.30\ \text{m}} = 613.6\ \text{N} \approx 610\ \text{N}. \quad \text{(답)}$$

이 결과를 보면 상대 선수의 질량중심을 당신의 엉덩이로 가져오려고 처음에 몸을 굽히지 않으면 더 세게 잡아당겨야 한다는 것을 보여준다. 우수한 유도선수는 물리로부터 이러한 교훈을 알고 있다. 참으로 물리학은 대부분의 호신술의 기본을 이루고 있으며 수 세기 동안 여러 시행착오를 통해 이해하게 된 것이다.

10.8 ▸ 일과 회전 운동에너지

요점_Key Ideas

1. 회전운동에서 일과 일률을 계산하는 데 사용하는 식은 병진운동에 대한 식과 대응되며, 다음과 같다.

$$W = \int_{\theta_i}^{\theta_f} \tau\, d\theta,$$

$$P = \frac{dW}{dt} = \tau\omega.$$

2. τ가 일정할 때 적분은 다음과 같다.

학습목표_Learning Objectives

이 단원을 읽은 후 다음을 이해해야 한다.

10.8.1 회전하는 물체에 작용하는 토크에 의해 한 일은 토크를 회전각도에 대해 적분하여 계산한다.

10.8.2 일-운동에너지 정리를 이용하여 토크에 의해 한 일로부터 이로 인해 물체의 회전 운동에너지의 변화를 구한다.

10.8.3 *일정한* 토크에 의해 한 일은 그 일과 물체가 회전한 각도 사이의 관계로부터 계산한다.

10.8.4 토크에 의한 일률은 일을 가한 비율을 구하여 계산한다.

10.8.5 주어진 순간에 토크에 의한 일률은 그 순간의 토크와 각속도를 구하여 계산한다.

$$W = \tau(\theta_f - \theta_i).$$

3. 회전하는 물체에 대한 일-운동에너지 정리의 형태는 다음과 같다.

$$\Delta K = K_f - K_i = \tfrac{1}{2}I\omega_f^2 - \tfrac{1}{2}I\omega_i^2 = W.$$

▶ 일과 회전 운동에너지

7장에서 논의한 바와 같이 힘 F가 작용하여 질량 m인 강체를 좌표축을 따라 가속시키면 힘은 물체에 W의 일을 한다. 이 때문에 물체의 운동에너지($K = \frac{1}{2}mv^2$)가 변한다. 물체의 에너지 중에서 운동에너지만 변한다고 가정하면 운동에너지의 변화 ΔK는 일-운동에너지 정리(식 7.2.8)에 따라 다음과 같이 일 W로 쓸 수 있다.

$$\Delta K = K_f - K_i = \tfrac{1}{2}mv_f^2 - \tfrac{1}{2}mv_i^2 = W \qquad \text{(일-운동에너지 정리)}. \qquad (10.8.1)$$

운동이 x축에 국한되어 있다면 식 7.5.4에 따라 다음과 같이 일을 계산할 수 있다.

$$W = \int_{x_i}^{x_f} F\,dx \qquad \text{(일, 1차원 운동)}. \qquad (10.8.2)$$

여기서 힘 F가 일정하고 물체의 변위가 d라면 간단히 $W = Fd$이다. 시간에 대한 일의 변화율을 일률이라고 하는데 식 7.6.2와 7.6.7에 따라 다음과 같이 쓸 수 있다.

$$P = \frac{dW}{dt} = Fv \qquad \text{(일률, 1차원 운동)}. \qquad (10.8.3)$$

이번에는 이와 비슷한 회전운동을 생각해 보자. 토크가 고정축 주위로 회전하는 강체를 가속시킬 때, 토크는 강체에 일을 한다. 따라서 강체의 회전 운동에너지($K = \frac{1}{2}I\omega^2$)가 변할 수 있다. 물체의 에너지 중에서 회전 운동에너지만 변한다고 가정하자. 운동에너지가 회전 운동에너지로 바뀐 것을 제외하면 일-운동에너지 정리에 따라 운동에너지의 변화 ΔK를 다음과 같이 일 W로 쓸 수 있다.

$$\Delta K = K_f - K_i = \tfrac{1}{2}I\omega_f^2 - \tfrac{1}{2}I\omega_i^2 = W \qquad \text{(일-운동에너지 정리)}. \qquad (10.8.4)$$

여기서 I는 고정축에 대한 물체의 회전관성, ω_i와 ω_f는 일을 하기 전과 후의 물체의 각속력이다.

또한 식 10.8.2를 회전운동에 적용하면 다음과 같이 일을 계산할 수 있다.

$$W = \int_{\theta_i}^{\theta_f} \tau\,d\theta \qquad \text{(일, 고정축에 대한 회전)}. \qquad (10.8.5)$$

여기서 τ는 일 W의 일을 하는 토크이고 θ_i와 θ_f는 각각 일을 하기 전과 후의 물체의 각위치이다. τ가 일정하면 식 10.8.5는

$$W = \tau(\theta_f - \theta_i) \qquad \text{(일, 일정한 토크)} \qquad (10.8.6)$$

이다. 회전운동에서도 일률은 시간에 대한 일의 변화율로 식 10.8.3처럼

$$P = \frac{dW}{dt} = \tau\omega \quad \text{(일률, 고정축에 대한 회전)} \tag{10.8.7}$$

로 쓸 수 있다. 표 10.8.1은 고정축에 대한 강체의 회전운동에 관계된 식을 병진운동의 경우와 비교하여 정리한 것이다.

식 10.8.4에서 10.8.7까지의 증명

그림 10.7.1의 상황을 다시 생각해 보자. 질량이 없는 막대의 한쪽 끝에 질량 m의 단일 입자가 매달려 강체를 이루고 있고, 힘 $\vec{F}$가 작용하여 강체가 회전한다. 회전하는 동안 힘 $\vec{F}$는 물체에 일을 한다. 힘 $\vec{F}$에 의해 변한 에너지가 운동에너지뿐이라면 식 10.8.1의 일-운동에너지 정리를 이용하여 다음과 같이 쓸 수 있다.

$$\Delta K = K_f - K_i = W. \tag{10.8.8}$$

여기서 $K = \frac{1}{2}mv^2$과 식 10.3.2($v = \omega r$)를 이용하여 이 식을 다시 쓰면

$$\Delta K = \tfrac{1}{2}mr^2\omega_f^2 - \tfrac{1}{2}mr^2\omega_i^2 = W \tag{10.8.9}$$

이다. 식 10.4.3에서 입자의 회전관성 $I = mr^2$을 식 10.8.9에 대입하면

$$\Delta K = \tfrac{1}{2}I\omega_f^2 - \tfrac{1}{2}I\omega_i^2 = W$$

이므로, 결국 식 10.8.4를 얻는다. 이 식은 입자 하나로 이루어진 강체에 대해서 유도한 것이지만 고정축 주위로 회전하는 모든 강체에 대해서도 성립한다.

다음에는 그림 10.7.1에서 물체에 한 일 W와 힘 $\vec{F}$에 의한 토크 τ 사이의 관계를 구해 보자. 입자가 원궤도를 따라 거리 ds만큼 움직일 때 힘의 접선성분 F_t만이 궤도를 따라 입자를 가속시킨다. 즉, 입자에 일을 하는 힘은 F_t뿐이므로 이때의 일 dW는 $F_t\,ds$이다. 그런데 입자가 움직여서 변한 각도를 $d\theta$라 하면 ds는 $r\,d\theta$와 같으므로

$$dW = F_t r\,d\theta \tag{10.8.10}$$

이다. 식 10.6.2에서 $F_t r$은 토크 τ이므로

$$dW = \tau\,d\theta \tag{10.8.11}$$

로 쓸 수 있다. 따라서 각위치 θ_i에서 θ_f까지 행한 일은

$$W = \int_{\theta_i}^{\theta_f} \tau\,d\theta$$

표 10.8.1 병진운동과 회전운동의 관계

순수한 병진운동(고정된 방향)		순수한 회전운동(고정축)	
위치	x	각위치	θ
속도	$v = dx/dt$	각속도	$\omega = d\theta/dt$
가속도	$a = dv/dt$	각가속도	$\alpha = d\omega/dt$
질량	m	회전관성	I
Newton의 제2법칙	$F_{net} = ma$	Newton의 제2법칙	$\tau_{net} = I\alpha$
일	$W = \int F\,dx$	일	$W = \int \tau\,d\theta$
운동에너지	$K = \frac{1}{2}mv^2$	운동에너지	$K = \frac{1}{2}I\omega^2$
일률(일정한 힘)	$P = Fv$	일률(일정한 토크)	$P = \tau\omega$
일-운동에너지 정리	$W = \Delta K$	일-운동에너지 정리	$W = \Delta K$

로 식 10.8.5을 얻는다. 이 식은 고정축 주위로 회전하는 모든 강체에 대해서 성립한다. 식 10.8.6은 식 10.8.5에서 바로 나온다.

회전운동에 대한 일률 P는 식 10.8.11에서 다음과 같다.

$$P = \frac{dW}{dt} = \tau\frac{d\theta}{dt} = \tau\omega.$$

이 결과는 식 10.8.7과 같다.

확인문제 10.8.1

고정축에 대해 회전하는 강체에 작용하는 한 토크가 작용하는 네 가지 예가 있다. 표에는 주어진 시간에 토크와 물체의 각속도가 주어져 있다. (a) 가장 양수인 것부터 가장 음수인 것까지 토크를 순서대로 나열하여라. (b) 어느 경우에 회전이 느려지는가? (c) 어느 토크에 의해 양의 일을 하는가?

예	토크 (N · m)	각속도 (rad/s)
A	+5	+3
B	+5	−3
C	−5	−3
D	−5	+3

보기문제 10.8.1 딱총새우에서 공동 현상

딱총새우의 큰 집게발에서 장력을 증가시켜서 근육이 (집게발의 큰 움직이는 부분인) 집게발톱을 (집게발의 반대쪽에 정지한 부분인) 집게발마디로부터 멀리 잡아당긴다. (그림 10.8.1) 근육에 저장된 에너지는 장력이 증가하면서 증가한다. 집게발톱을 갑자기 놓으면 회전점에 대해 회전할 수 있어서 290μs의 시간간격 만에 집게발마디로 꽉 닫히게 된다. 특히 집게발톱의 피스톤 모양의 *플런저*는 집게발마디의 구멍으로 들어가 구멍 안의 물이 매우 빨리 뿜어져 나와 물에서 *공동현상*이 일어난다. 즉 물이 증발하여 수증기 방울이 된다. 이 방울이 주위 물로 들어갈 때 빨리 커졌다가 갑자기 줄어들고, 이로 인해 강력한 음파가 나온다. 많은 수증기 방울에서 나오는 이러한 음파의 결합을 이용하여 새우의 먹이를 실신시킨다.

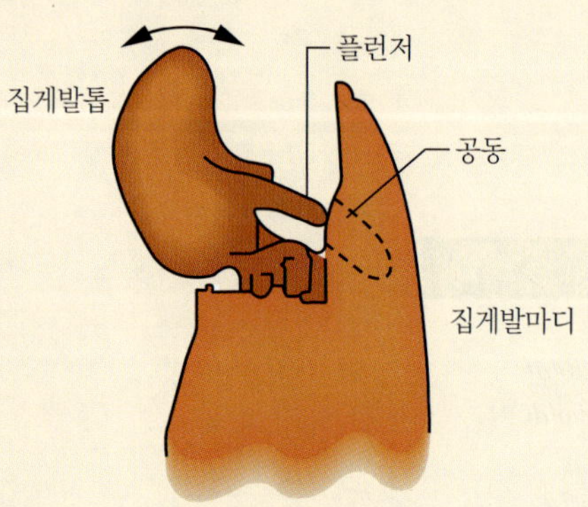

그림 10.8.1 딱총새우의 큰 집게발. 먼저 집게발톱을 집게발마디의 반대편으로 잡아당겼다가 갑자기 닫아서, 플런저가 공동 안으로 갑자기 들어온다.

집게발톱의 최대각속력 ω는 약 2×10^3 rad/s이고, 회전관성 I는 대략 3×11^{-11} kg · m^{2}이다. 근육에서 회전으로 에너지가 전달되는 평균일률은 얼마인가?

요점

(1) 회전운동에너지는 식 10.4.4($K = \frac{1}{2}I\omega^2$)로 주어진다.

(2) 평균일률은 식 8.5.6($P_{avg} = \Delta E/\Delta t$)으로 주어진다.

풀이: 각속력이 최대값에 도달했을 때 회전운동에너지는

$$K = \tfrac{1}{2}I\omega^2 = \tfrac{1}{2}(3\times10^{-11}\ \text{kg}\cdot\text{m}^2)(2\times10^3\ \text{rad/s})^2$$
$$= 6\times10^{-5}\ \text{J}$$

이다. 따라서 평균일률은 다음과 같다.

$$P_{avg} = \frac{\Delta E}{\Delta t} = \frac{6 \times 10^{-5}\text{ J}}{290 \times 10^{-6}\text{ s}}$$
$$= 0.2\text{ W.}$$ 답

이 일률은 새우에서 빨리 움직이는 어떤 근육이 만드는 것보다 훨씬 크다. 그러나 새우의 집게발톱은 사실상 용수철에 의해 잠기므로 장력을 천천히 증가시키면서 에너지를 저장한다. (이 단계에서 일률은 작다.) 그러다가 일단 저장된 에너지가 크면 집게발톱을 놓고, 용수철과 같은 근육이 집게발톱을 닫는다. (이제 일률은 매우 크다.) 많은 다른 동물도 이와 같이 낮은 일률로 에너지를 저장했다가 큰 일률로 에너지를 방출하여 먹이를 잡거나, 먹이가 되는 것을 피한다.

정리 및 요약 _Review & Summary

▸ ***각위치*** 강체가 고정된 축 주위로 회전할 때 그 축을 **회전축**이라 부른다. 회전을 기술하기 위해 회전축에 수직으로 물체에 고정되어 물체와 같이 돌아가는 **기준선** 하나를 가상적으로 설정한다. 어떤 고정된 방향에 대해서 기준선의 **각위치** θ를 측정한다. θ를 **라디안**으로 측정하면 다음과 같다.

$$\theta = \frac{s}{r} \quad \text{(라디안 단위).} \tag{10.1.1}$$

여기서 s는 반지름이 r인 원궤도에서 각도가 θ인 원호의 길이이다. 라디안 단위는 회전수(rev)나 도(°)로 측정하는 각도와는 다음의 관계가 있다.

$$1\text{ rev} = 360° = 2\pi\text{ rad.} \tag{10.1.2}$$

▸ ***각변위*** 물체가 회전축 주위로 회전하여 각위치가 θ_1에서 θ_2로 변하면 **각변위**는

$$\Delta\theta = \theta_2 - \theta_1 \tag{10.1.4}$$

이다. 여기서 $\Delta\theta$는 반시계방향 회전이면 양수, 시계방향의 회전이면 음수이다.

▸ ***각속도와 각속력*** 물체가 시간간격 Δt 동안 각변위 $\Delta\theta$만큼 회전하면 **평균 각속도** ω_{avg}는

$$\omega_{avg} = \frac{\Delta\theta}{\Delta t} \tag{10.1.5}$$

이다. 또한 물체의 **(순간) 각속도** ω는

$$\omega = \frac{d\theta}{dt} \tag{10.1.6}$$

이다. ω_{avg}와 ω는 모두 벡터로 방향은 그림 10.1.6의 **오른손 규칙**으로 결정한다. 이들은 반시계방향으로 회전하면 양수이고 시계방향으로 회전하면 음수이다. 각속도의 크기를 **각속력**이라고 한다.

▸ ***각가속도*** 물체의 각속도가 시간간격 $\Delta t = t_2 - t_1$ 동안 ω_1에서 ω_2로 변하면 물체의 **평균 각가속도** α_{avg}는

$$\alpha_{avg} = \frac{\omega_2 - \omega_1}{t_2 - t_1} = \frac{\Delta\omega}{\Delta t} \tag{10.1.7}$$

이고, 물체의 **(순간) 각가속도** α는

$$\alpha = \frac{d\omega}{dt} \tag{10.1.8}$$

이다. 여기서 α_{avg}와 α는 모두 벡터이다.

▸ ***등각가속도 운동에 대한 식*** *등각가속도 운동*(α = 일정)은 회전운동에서 중요한 특별한 운동이다. 표 10.2.1에서 보듯이 이때의 운동방정식은 다음과 같다.

$$\omega = \omega_0 + \alpha t, \tag{10.2.1}$$

$$\theta - \theta_0 = \omega_0 t + \tfrac{1}{2}\alpha t^2, \tag{10.2.2}$$

$$\omega^2 = \omega_0^2 + 2\alpha(\theta - \theta_0), \tag{10.2.3}$$

$$\theta - \theta_0 = \tfrac{1}{2}(\omega_0 + \omega)t, \tag{10.2.4}$$

$$\theta - \theta_0 = \omega t - \tfrac{1}{2}\alpha t^2. \tag{10.2.5}$$

▸ ***선변수와 각변수의 관계*** 회전하는 강체에서, 회전축에서 *수직거리*로 r만큼 떨어져 있는 입자는 반지름이 r인 원을 그리며 회전한다. 강체가 각도 θ만큼 회전하면 입자가 이동하는 원호의 길이 s는

$$s = \theta r \quad \text{(라디안 단위)} \tag{10.3.1}$$

이다. 여기서 θ의 단위는 라디안이다.

입자의 선속도 $\vec{v}$는 원의 접선방향이고 선속력 v는

$$v = \omega r \quad \text{(라디안 단위)} \tag{10.3.2}$$

이다. 여기서 ω는 rad/s로 나타낸 물체의 각속력이다.

입자의 선가속도 $\vec{a}$에는 *접선*성분과 *지름*성분 둘 다 있다. 접선성분은

$$a_t = \alpha r \quad \text{(라디안 단위)} \tag{10.3.6}$$

이다. 여기서 α는 각가속도의 크기로 rad/s^{2}으로 나타낸 값이다. 한편 $\vec{a}$의 지름성분은 다음과 같다.

$$a_r = \frac{v^2}{r} = \omega^2 r \quad \text{(라디안 단위).} \tag{10.3.7}$$

입자가 등속 원운동을 하면 입자와 강체의 운동주기 T는 다음과 같다.

$$T = \frac{2\pi r}{v} = \frac{2\pi}{\omega} \quad \text{(라디안 단위)}. \qquad (10.3.3, 10.3.4)$$

▸**회전 운동에너지와 회전관성** 고정축 주위로 회전하는 강체의 운동에너지 K는

$$K = \tfrac{1}{2}I\omega^2 \quad \text{(라디안 단위)} \qquad (10.4.4)$$

이다. 여기서 I는 강체의 **회전관성**이다. 강체가 띄엄띄엄 떨어진 몇 개의 입자로 이루어져 있다면 I는

$$I = \sum m_i r_i^2 \qquad (10.4.3)$$

으로 정의한다. 질량이 연속적으로 분포하는 물체라면 I는

$$I = \int r^2\, dm \qquad (10.5.1)$$

이다. 여기서 r과 r_i는 물체를 구성하는 입자요소에서 회전축까지의 수직거리이다. 또한 모든 질량요소를 포함하도록 전체 물체에 대해서 적분한다.

▸**평행축 정리** *평행축 정리*는 임의의 축에 대한 물체의 회전관성 I와 그 축에 평행하게 질량중심을 지나는 축에 대한 회전관성 사이의 관계식으로 다음과 같다.

$$I = I_{com} + Mh^2. \qquad (10.5.2)$$

여기서 h는 두 축 사이의 수직거리이고, I_{com}은 질량중심을 지나는 축에 대한 회전관성이다. 따라서 h는 실제 회전축이 질량중심을 지나는 축에서 이동한 거리이다.

▸**토크** 토크는 힘 $\vec{F}$를 가하여 회전축 주위로 물체를 돌리거나 비트는 작용이다. 축에서 위치벡터 $\vec{r}$ 만큼 떨어진 점에 힘 $\vec{F}$를 가하면 토크의 크기는 다음과 같다.

$$\tau = rF_t = r_\perp F = rF\sin\phi. \qquad (10.6.2, 10.6.3, 10.6.1)$$

여기서 F_t는 힘 $\vec{F}$의 $\vec{r}$에 수직한 성분이고 ϕ는 $\vec{r}$과 $\vec{F}$ 사이의 각도이다. 또한 $r_\perp$는 $\vec{F}$의 연장선과 회전축 사이의 수직거리이다. 연장선을 $\vec{F}$의 **작용선**이라 하고 $r_\perp$는 $\vec{F}$의 **모멘트팔**이라 한다. 마찬가지로 r은 F_t의 모멘트팔이다.

토크의 SI 단위는 뉴턴미터(N · m)이다. 토크 τ는 정지한 물체에 작용하여 반시계방향으로 회전시키려면 양수, 시계방향으로 회전시키려면 음수로 정의한다.

▸**회전에 관한 Newton의 제2법칙** 회전에 관한 Newton의 제2법칙은 다음과 같다.

$$\tau_{net} = I\alpha. \qquad (10.7.4)$$

여기서 τ_{net}은 입자나 강체에 작용하는 알짜 토크이고 I는 회전축에 대한 입자나 물체의 회전관성, α는 회전축에 대한 각가속도이다.

▸**일과 회전 운동에너지** 회전운동에서 일이나 일률을 계산할 때 사용하는 식은 병진운동에서의 식과 비슷하게 다음과 같다.

$$W = \int_{\theta_i}^{\theta_f} \tau\, d\theta, \qquad (10.8.5)$$

$$P = \frac{dW}{dt} = \tau\omega. \qquad (10.8.7)$$

τ가 상수이면 식 10.8.5은 간단히

$$W = \tau(\theta_f - \theta_i) \qquad (10.8.6)$$

으로 쓸 수 있다. 회전운동에 대한 일-운동에너지 정리는 다음과 같다.

$$\Delta K = K_f - K_i = \tfrac{1}{2}I\omega_f^2 - \tfrac{1}{2}I\omega_i^2 = W. \qquad (10.8.4)$$

연습문제 _Problems

E Easy M Medium H Hard CALC Requires calculus BIO Biomedical application

1 E 질량 0.0100 kg의 세 입자가 질량을 무시할 수 있는 길이 L = 6.00 cm의 막대에 그림 10.1처럼 붙어 있다. 막대는 왼쪽 끝의 점 O를 지나는 수직축에 대해 회전한다. 여기서 입자 하나를 없애면 질량은 33%가 줄어든다. (a) 가장 안쪽의 입자와 (b) 가장 바깥쪽의 입자를 없앨 때 각각의 회전축에 대한 회전관성은 몇 퍼센트나 줄어드는가?

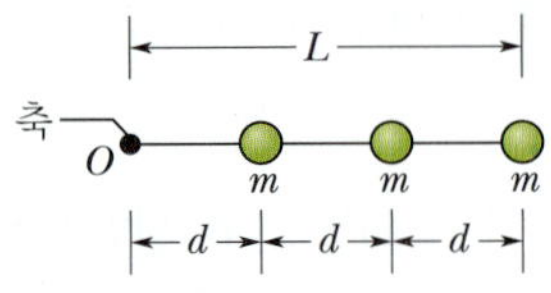

그림 10.1 연습문제 1, 2

2 M 그림 10.1에서 질량 0.0100 kg의 세 입자가 질량을 무시할 수 있는 길이 L = 6.00 cm의 막대에 붙어서 막대 끝의 점 O를 수직으로 지나는 축에 대해 회전한다. 각속력을 (a) 0에서 20.0 rad/s (b) 20.0 rad/s에서 40.0 rad/s (c) 40.0 rad/s에서 60.0 rad/s로 바꾸려면 일을 얼마나 해야 하는가? (d) 강체의 운동에너지를 각속력 제곱의 함수로 그렸을 때 기울기는 얼마인가? (단위는 각각 J과 rad^2/s^2을 사용하여라.)

3 M 그림 10.2처럼 반지름 r_A = 10 cm의 바퀴 A와 반지름 r_C = 25 cm의 바퀴 C가 띠 B로 연결되어 있다. 바퀴 A의 각속력이 정지상태에서 2.0 rad/s^2의 일정한 비율로 증가한다. 띠는 미끄러지지 않는다고 가정하고, 바퀴 C의 각속력이 100 rev/min이 될 때까지 필요한 시간을 구하여라. (*힌트*: 띠가 미끄러지지 않으면 두 바퀴 테두리의 선속력이 같아야 한다.)

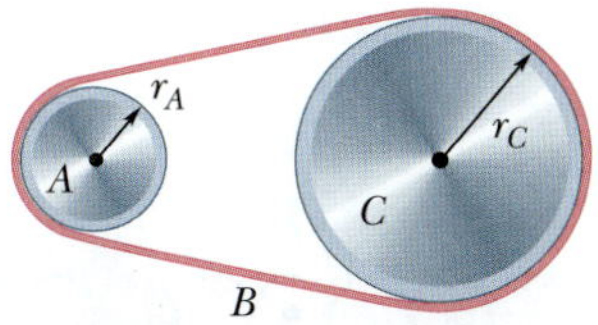

그림 10.2 연습문제 3

4 E 처음에 80 rad/s로 돌던 원판이 4.0 rad/s^{2}의 등각가속도로 느려지고 있다. (a) 원판이 멈출 때까지 걸리는 시간은 얼마인가? (b) 그동안 원판이 회전한 각도는 얼마인가?

5 M 그림 10.3에서 질량 m = 0.60 kg의 두 입자가 두 막대에 연결되어 회전축 O에 대하여 회전한다. 두 막대는 각각 길이 d = 5.6 cm, 질량 M = 1.2 kg이다. 이 계는 회전축에 대해 각 속력은 ω = 0.30 rad/s로 회전한다. 축 O에 대한 이 계의 (a) 회전관성과 (b) 운동에너지를 구하여라.

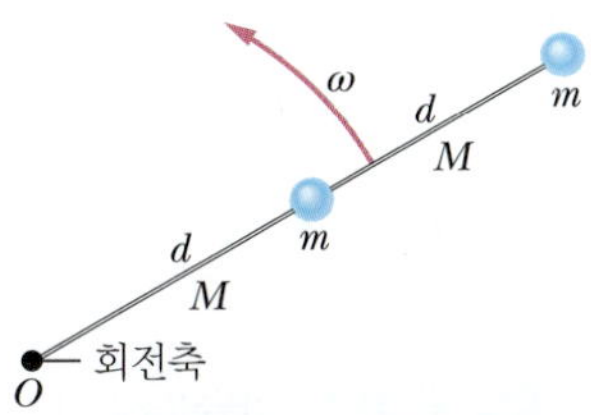

그림 10.3 연습문제 5

6 E 지름이 1.20 m인 바퀴가 290 rev/min의 각속력으로 회전하고 있다. (a) 바퀴의 각 속력을 rad/s로 구하여라. (b) 바퀴 테두리에 있는 점의 선속력은 얼마인가? (c) 바퀴의 각 속력을 60.0 s 동안 1000 rev/min으로 증가시키기 위해 필요한 등각가속도는 얼마인지 rev/min^{2}으로 구하여라. (d) 이 60.0 s 동안 바퀴는 몇 번이나 회전하는가?

7 E 그림 10.4의 물체는 점 O에 대해서 회전하고, 그림처럼 두 힘이 작용한다. r_1 = 1.30 m, r_2 = 2.15 m, F_1 = 6.50 N, F_2 = 4.90 N, θ_1 = 75.0°, θ_2 = 60.0°일 때 회전점에 작용하는 알짜 토크는 얼마인가?

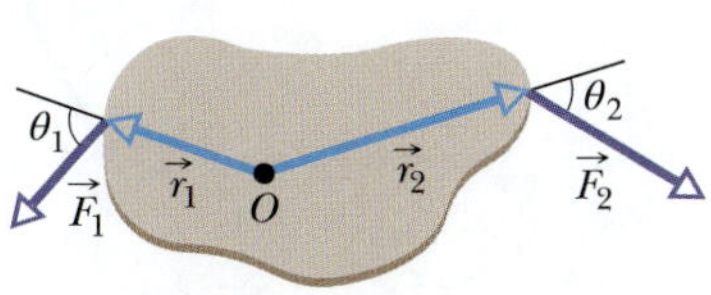

그림 10.4 연습문제 7

8 M 바퀴가 정지상태에서 시작하여 등각가속도 α = 3.0 m/s^{2}로 회전한다. 4.0 s의 시간간격 동안 바퀴가 140 rad만큼 돌았다. 시간간격 4.0 s가 시작하는 순간이 될 때까지 경과한 시간은 얼마인가?

9 H 그림 10.5에서 반지름 30 cm의 바퀴에 여덟 개의 바퀴살이 균일하게 붙어 있다. 바퀴는 고정축에 대해 2.5 rev/s의 각속도로 회전한다. 여기에 길이가 25 cm의 화살을 쏘아 바퀴살에 걸리지 않고 통과시키려고 한다. 바퀴살과 화살 모두 매우 가늘다고 가정한다. (a) 화살이 통과하기 위한 최소 속력은 얼마인가? (b) 축과 테두리 사이의 어느 곳으로 화살을 겨냥할지가 중요한가? 만약 그렇다면 어느 곳을 겨냥하는 것이 가장 좋은가?

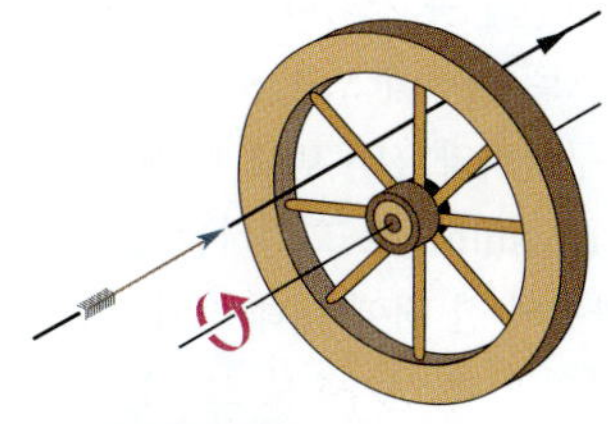

그림 10.5 연습문제 9

10 E 질량 M, 반지름 R인 균일한 원판이 고정된 수평축에 놓여 있다. 질량 m인 토막이 원판 둘레로 감은 질량이 없는 줄에 매달려 있다. (a) R = 12 cm, M = 400 g, m = 50 g일 때, 정지상태에서 출발한 토막이 50 cm 내려온 뒤의 속력을 구하여라. 에너지 보존법칙을 이용하여 풀어라. (b) R = 5.0 cm로 놓고 (a)를 다시 풀어라.

11 M 그림 10.6처럼 질량이 각각 m_1 = 460 g, m_2 = 550 g인 두 토막이 반지름 R = 5.00 cm의 도르래에 매달려 있다. 도르래와 수평축 사이에는 마찰이 없고 줄은 도르래에서 미끄러지지 않는다. 정지상태에서 움직이기 시작하여 5.00 s 후에 토막 m_2가 75.0 cm 내려간다. (a) 토막의 가속도 크기, (b) 장력 T_2, (c) 장력 T_1, (d) 도르래 각가속도의 크기, (e) 도르래의 회전관성을 구하여라.

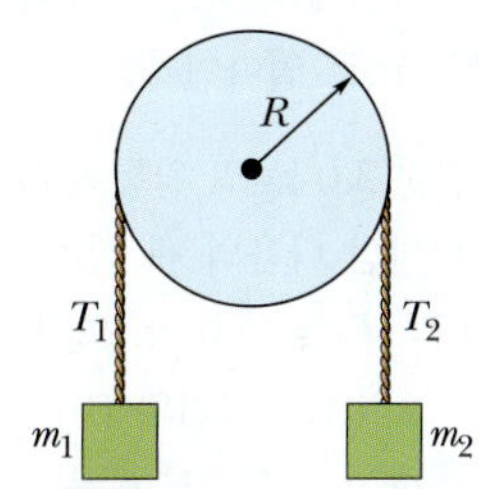

그림 10.6 연습문제 11

12 H 원통 모양의 높은 굴뚝이 바닥이 부서져서 쓰러진다. 굴뚝을 길이 55.0 m의 가는 막대로 생각하자. 굴뚝이 수직선과 35.0°인 순간에 (a) 굴뚝의 각속력, 꼭대기 가속도의 (b) 지름성분과 (c) 접선성분을 각각 구하여라. (*힌트*: 토크보다는 에너지 보존법칙을 이용하여라.) (d) 가속도의 접선성분이 g가 될 때 각도 θ는 얼마인가?

13 E 그림 10.7은 한쪽 끝을 축으로 회전하는 가는 막대의 각속력을 시간함수로 나타낸 그래프이다. ω 축의 크기는 ω_s = 6.0 rad/s이다. (a) 막대의 각가속도 크기는 얼마인가? (b) t = 4.0 s일 때 막대의 회전 운동에너지는 1.60 J이다. t = 0에서 운동에너지는 얼마인가?

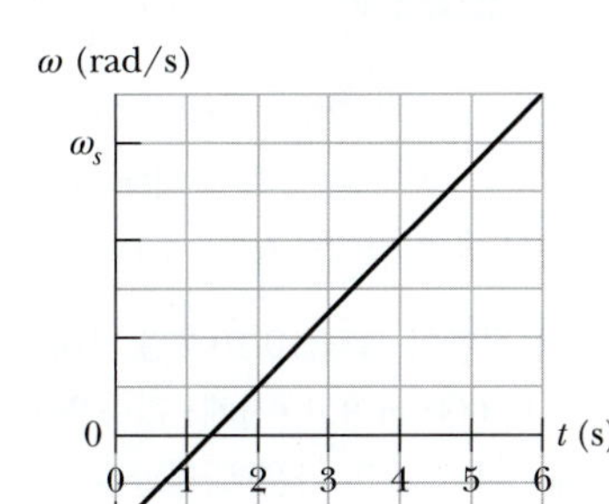

그림 10.7 연습문제 13

14 M 증기기관에서 바퀴가 150 rev/min의 등각속도로 회전한다. 증기가 차단되면 베어링과 공기의 마찰 때문에 바퀴는 1.50 h 후에 멈춘다. (a) 등각가속도로 회전이 느려진다고 가정하고, rev/min^{2}의 단위로 등각가속도를 구하여라. (b) 멈출 때까지 바퀴는 몇 번이나 도는가? (c) 바퀴가 75 rev/min으로 회전하는 순간에 회전축에서 50 cm 떨어진 곳에 있는 바퀴의 한 점에 대해 선가속도의 접선성분을 구하여라. (d) (c)에서 입자의 알짜 선가속도 크기는 얼마인가?

15 M 그림 10.8에 질량이 0.200 kg, 각 변의 길이가 a = 3.5 cm, b = 8.4 cm, c = 1.4 cm인 균일한 고체 토막이 있다. 토막의 넓은 면에 수직으로 한쪽 꼭지점을 지나는 축에 대한 회전관성을 구하여라.

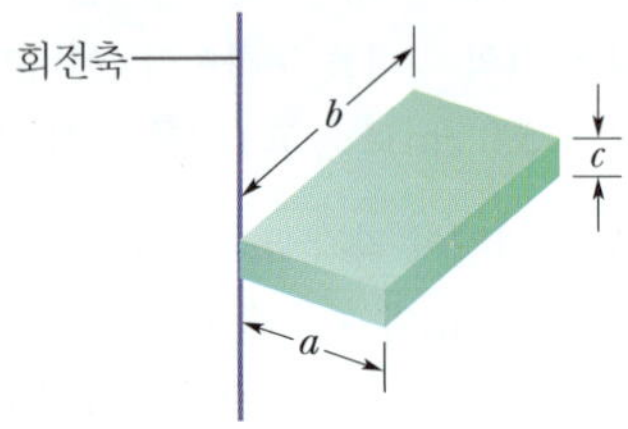

그림 10.8 연습문제 15

16 E 자동차의 크랭크축이 1500 rev/min으로 회전할 때 100 hp (= 74.6 kW)의 비율로 엔진에서 축으로 에너지를 전달한다. 크랭크축이 전달하는 토크는 N · m로 얼마인가?

17 M 그림 10.9에서 질량 3.0 kg의 원통이 O를 지나는 중심축에 대해 회전한다. 그리고 그림처럼 다음의 네 힘이 작용한다. F_1 = 6.0 N, F_2 = 4.0 N, F_3 = 2.0 N, F_4 = 5.0 N. 또한 r = 5.0 cm이고 R = 12 cm이다. 원통 각가속도의 (a) 크기와 (b) 방향을 구하여라. (회전하는 동안 힘은 원통에 대하여 계속해서 같은 각도를 유지한다.)

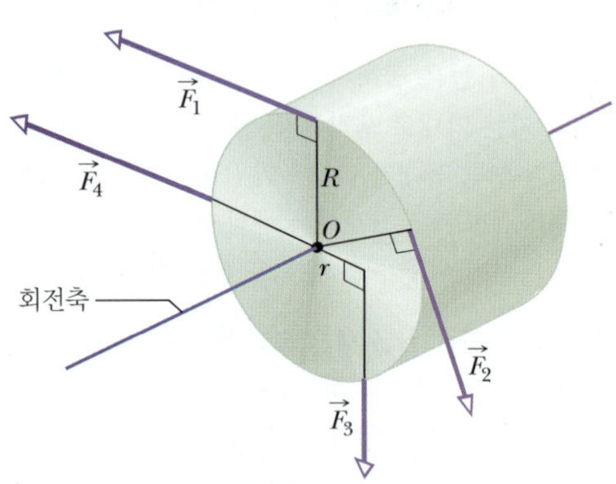

그림 10.9 연습문제 17

18 M (a) 북위 60°에 있는 지면의 한 지점이 지구 자전축에 대해 회전하는 각속력 ω를 구하여라. (지구는 이 축에 대해 자전한다.) (b) 선속력 v를 구하여라. 적도 위의 한 지점에서 (c) ω (d) v는 각각 얼마인가?

19 M 15개의 동일한 원판이 그림 10.10처럼 막대 모양으로 붙어 있다. 전체 길이는 L = 1.0000 m이고 (전체) 질량은 100.0 mg이다. 원판은 균일하고, 이 배열된 원판은 가운데 원판의 중심 O를 수직으로 지나는 축에 대해 회전한다. (a) 이 축에 대한 강체의 회전관성은 얼마인가? (b) 이 모양을 질량 M, 길이 L의 균일한 막대로 근사하여 표10.5.1e의 공식을 사용하여 회전관성을 계산하면 몇 퍼센트의 오차가 발생하는가?

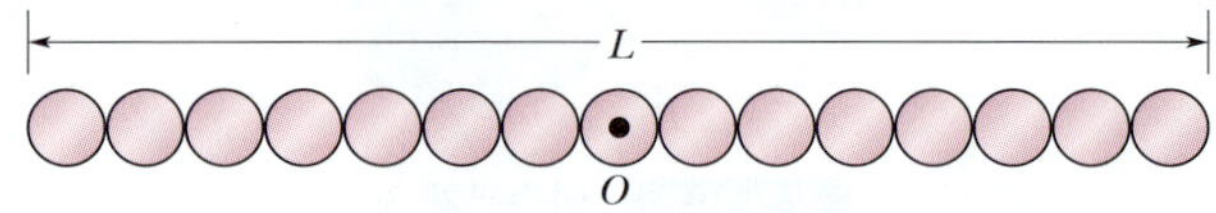

그림 10.10 연습문제 19

20 E 기본적으로 반지름 1.20 m인 32.0 kg의 바퀴가 280 rev/min으로 회전한다. 이 바퀴를 20.0 s에 정지시켜야 한다. (a) 정지시킬 때 필요한 일은 얼마인가? (b) 필요한 평균일률은 얼마인가?

21 M 그림 10.11은 균일한 원판이 중심을 축으로 회전목마처럼 회전하는 모습이다. 원판의 반지름은 2.00 cm, 질량은 20.0 g이고 처음에 정지해 있다. t = 0부터 그림처럼 두 힘이 테두리에 접선방향으로 작용하여, t = 1.25 s에서 원판의 각속도가 반시계방향으로 250 rad/s가 되었다. 힘 $\vec{F}_1$의 크기가 0.200 N이면 $\vec{F}_2$의 크기는 얼마인가?

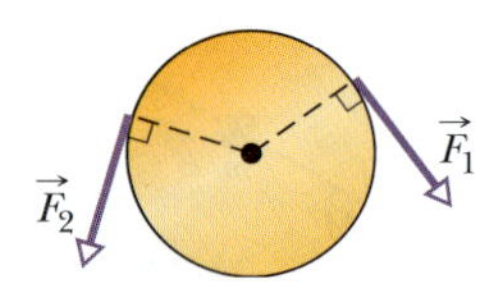

그림 10.11 연습문제 21

22 M $33\frac{1}{3}$ rev/min으로 돌고 있는 턴테이블 위에 수박씨가 회전축에서 7.0 cm인 곳에 떨어져 있다. (a) 수박씨의 가속도를 구하여라. (b) 수박씨가 미끄러지지 않기 위한 수박씨와 턴테이블 사이의 최소 정지마찰계수를 구하여라. (c) 멈춰있던 턴테이블이 0.25 s 동안 등각가속도로 최종속력에 도달한다고 하자. 이 과정에서 수박씨가 미끄러지지 않기 위한 정지마찰계수의 최소값을 구하여라.

23 E 그림 10.12의 물체는 점 O에 대해서 회전한다. 그림처럼 다음의 세 힘이 작용한다. O에서 8.0 m 떨어진 A에 F_A = 14 N, O에서 4.0 m 떨어진 B에 F_B = 16 N, O에서 3.0 m 떨어진 C에 F_C = 19 N. 점 O에 대한 알짜 토크는 얼마인가?

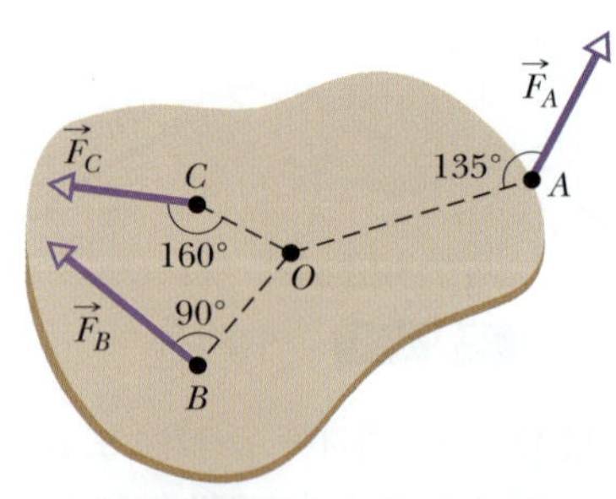

그림 10.12 연습문제 23

24 M 플라이휠이 2.0 rad/s로 회전하다가 느려져서 40 회전을 한 후에 정지한다. (a) 각가속도가 일정하다고 가정하고 정지할 때까지 걸리는 시간을 구하여라. (b) 각가속도는 얼마인가? (c) 40 회전 중 첫 20 회전을 끝냈을 때까지 시간을 구하여라.

25 E 원판의 중심에서 h만큼 떨어진 그림 10.13a의 수직축에 대한 원판의 회전관성 I를 중심에서 원판의 가장자리까지 h의 함수로

나타낸 그림 10.13b에 그래프로 나타내었다. I 축의 크기는 I_A = 0.050 kg · m^{2}와 I_B = 0.150 kg · m^{2}이다. 원판의 질량은 얼마인가?

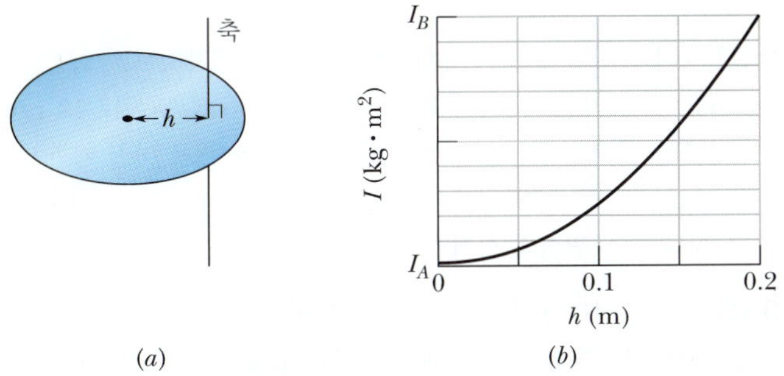

그림 10.13 연습문제 25

26 **H** **CALC** 펄서는 고속으로 회전하는 중성자별로 등대가 광선을 방출하는 방식으로 라디오파를 방출한다. 별이 한 번 회전할 때마다 지구에서는 라디오파의 펄스를 수신하므로 펄스 사이의 시간간격을 측정하면 회전주기 T를 알 수 있다. 게성운에 있는 펄서의 회전주기는 T = 0.033 s이며, 매년 1.26×10^{-5} s 씩 증가하고 있다. (a) 펄서의 각가속도 α는 얼마인가? (b) α가 일정하다면 펄서는 몇 년 후에 정지하는가? (c) 펄서는 1054년 초신성이 폭발할 때 생겼다. α가 일정하다고 가정하고 폭발 직후의 회전주기 T를 구하여라.

27 **M** 옛날에는 그림 10.14에 나타난 것과 같은 회전하는 톱니바퀴를 이용하여 광속을 측정하였다. 일정하게 회전하는 톱니 사이로 빠져나간 한 줄기의 광선이 멀리 떨어진 거울에서 반사되어 돌아와 다음의 톱니 사이를 통과한다. 톱니바퀴는 반지름이 5.0 cm이고 500개의 톱니를 가지고 있다. 거울과 톱니바퀴 사이의 거리가 L = 500 m일 때 광속이 3.0×10^5 km/s인 것으로 측정되었다. (a) 톱니바퀴의 (일정한) 각속력과 (b) 톱니의 선속력을 각각 구하여라.

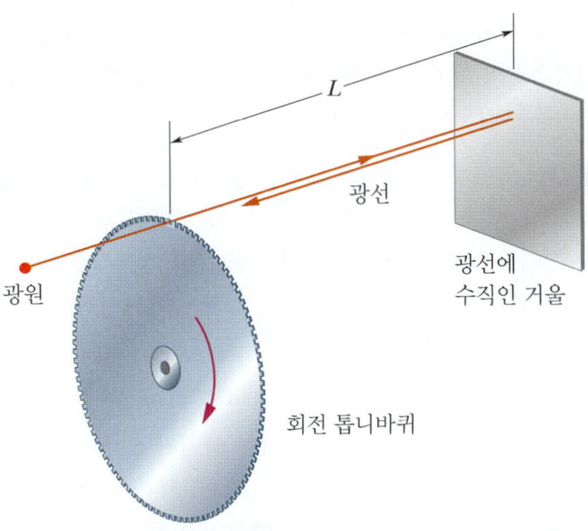

그림 10.14 연습문제 27

28 **E** **BIO** **CALC** 우주비행사를 반지름이 10 m이고, $\theta = 0.30\,t^2$로 회전하는 원심분리기 안에서 시험하고 있다. t = 3.0 s일 때 (a) 각속도, (b) 선속도, (c) 접선가속도, (d) 가속도의 지름성분을 구하여라.

29 **H** **CALC** 질량 M = 4.5 kg, 반지름 R = 8.5 cm의 균일한 공껍질이 마찰 없는 수직축에 대해 회전한다(그림 10.15). 공껍질의 적도에 질량 없는 줄을 감아 회전관성이 3.0×10^{-3} kg · m^{2}이고 반지름이 r = 5.0 cm인 도르래를 지나 질량 m = 0.60 kg의 작은 물체에 연결되어 있다. 도르래 축에는 마찰이 없고 줄은 도르래에서 미끄러지지 않는다. 정지해 있던 물체가 82 cm를 떨어졌을 때 물체의 속력은 얼마인가? 에너지 보존법칙을 이용하여라.

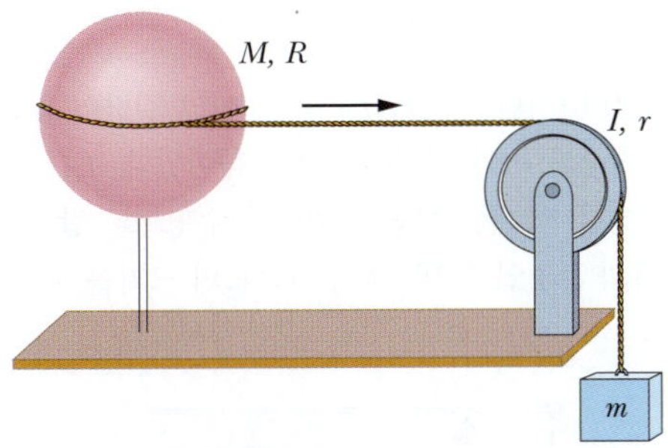

그림 10.15 연습문제 29

30 **E** 정지해 있던 원판이 중심축에 대하여 등각가속도로 회전한다. 50 s 후에는 30 rad 회전하였다. 이 동안 (a) 각가속도와 (b) 평균 각속도의 크기는 얼마인가? (c) 5.0 s일 때 순간 각속도는 얼마인가? (d) 각가속도가 변하지 않는다면 다음 5.0 s 동안 원판이 더 회전하는 각도는 얼마인가?

31 **H** 그림 10.16처럼 (질량 m, 반지름 R = 0.150 m인) 가는 고리와 (질량 m, 길이 L = 2.00 R인) 가는 막대로 만든 강체가 있다. 똑바로 서 있는 강체를 살짝 밀면 강체가 이루는 면에서 막대의 최저점을 지나는 수평축 주위로 강체가 회전한다. 강체가 뒤집어졌을 때 순간각속력은 얼마인가? 살짝 밀었을 때 전달된 에너지는 무시하여라.

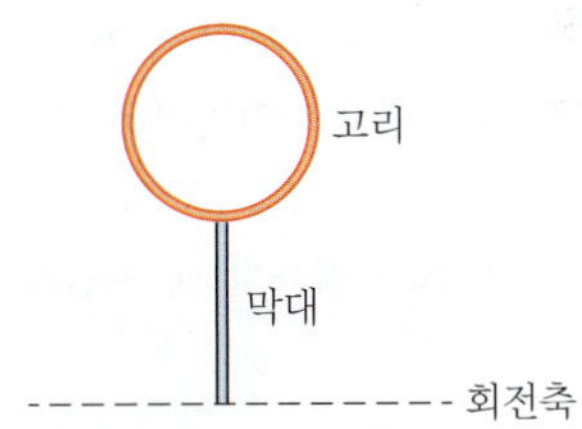

그림 10.16 연습문제 31

32 **E** 부드럽게 돌아가는 아날로그시계에서 (a) 초침, (b) 분침, (c) 시침의 각속력은 얼마인가? rad/s로 답하여라.

33 **M** 그림 10.17a에 두께와 밀도(단위부피당 질량)이 균일한 불규칙한 모양의 플라스틱판이 판에 수직이고 점 O를 지나는 면에 대해 회전시키려 한다. 이 축에 대한 판의 회전관성을 다음 방법에 따라 측정한다. 질량 0.500 kg, 반지름 2.00 cm인 원판의 중심이 점 O와 일치하도록 플라스틱판에 풀로 붙인다(그림 10.17b). 팽이 주위로 줄을 감는 방법으로 원판 둘레로 줄을 감는다. 그리고 끈의 한쪽 끝을 5.00 s 동안 잡아당긴다. 그 결과 원판의 둘레에 접선방향으로 0.400 N의 일정한 힘이 작용하여 원판과 플라스틱판

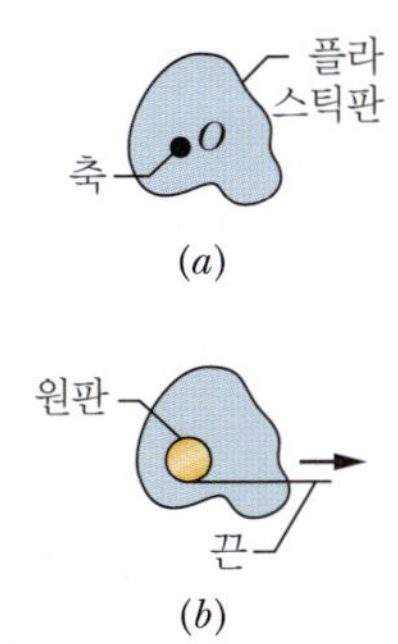

그림 10.17 연습문제 33

이 회전한다. 최종 각속력은 125 rad/s이다. 회전축에 대한 플라스틱 판의 회전관성은 얼마인가?

34 E 자전거에서 페달과 축을 잇는 페달 팔의 길이가 0.152 m이고, 사람이 페달을 아래쪽으로 80 N의 힘으로 누른다. 페달 팔이 수직방향에 대해 각각 (a) 30° (b) 90° (c) 180°의 각도를 이루고 있을 때 페달축에 대한 토크의 크기를 구하여라.

35 M 그림 10.18처럼 길이가 $L_1 + L_2$이고 질량이 없는 막대의 양 끝에 각각의 질량이 m인 입자 1과 2가 붙어있다. $L_1 = 30$ cm이고 $L_2 = 70$ cm이다. 막대를 받침점 위에서 수평으로 잡고 있다가 놓았다. (a) 입자 1과 (b) 입자 2의 초기 가속도의 크기를 구하여라.

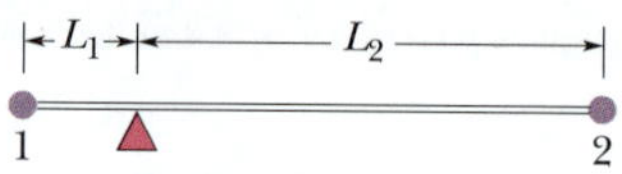

그림 10.18 연습문제 35

36 M 반지름 2.83 cm의 자이로스코프 원판이 정지상태에서 16.8 rad/s^{2}으로 가속되어 각속력이 2760 rev/min이 되었다. (a) 이 과정 동안 원판 테두리에 있는 점의 가속도 접선성분은 얼마인가? (b) 원판이 최종 속력에 도달했을 때 이 점의 가속도 지름성분은 얼마인가? (c) 이 과정 동안 이 점이 움직인 거리는 얼마인가?

37 M BIO 유도의 발기술에는 상대방과 마주한 상태에서 상대방의 도복을 왼쪽으로 잡아당기면서 왼발을 차서 균형을 무너뜨리는 기술이 있다. 성공하면 상대방은 오른발을 축으로 회전하여 바닥에 떨어진다. 그림 10.19는 왼발이 차인 상태의 상대방을 그린 것이다. 회전축은 점 O를 지나고 중력 $\vec{F}_g$는 질량중심에 작용하는 것으로 생각할 수 있다. 질량중심은 점 O에서 수평거리가 $d = 28$ cm인 곳에 있고, 상대방의 질량은 70 kg, 점 O에 대한 회전관성은 65 kg · m^{2}이다. 도복을 잡아당기는 힘 $\vec{F}_a$가 (a) 무시할 정도로 작을 때 (b) $h = 1.4$ m의 높이에서 수평방향으로 300 N이 작용할 때 처음에 상대방의 각가속도 크기를 구하여라.

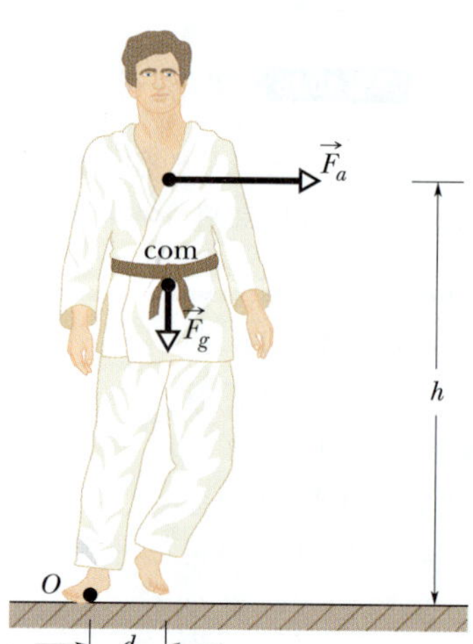

그림 10.19 연습문제 37

38 M 네 입자의 질량과 좌표가 각각 다음과 같다: 80 g, $x = 2.0$ cm, $y = 2.0$ cm; 25 g, $x = 0$, $y = 4.0$ cm; 25 g, $x = -3.0$ cm, $y = -3.0$ cm; 30 g, $x = -2.0$ cm, $y = 4.0$ cm. (a) x축, (b) y축, (c) z축에 대해 전체의 회전관성을 구하여라. (d) (a)와 (b)의 답이 각각 A, B라 하자. (c)의 답을 A와 B로 나타내어라.

39 M 정지해 있던 원판이 중심축에 대하여 등각가속도로 회전한다. 어떤 시간에 원판의 각속력은 10 rev/s이고, 60 rev 뒤에는 18 rev/s이다. 다음을 계산하여라. (a) 각가속도, (b) 60 rev/s을 마칠 때까지 걸린 시간, (c) 각속력이 10 rev/s에 도달하는 시간, (d) 각속력이 10 rev/s에 도달할 때까지 원판의 회전수.

40 M 다이빙 선수가 수면에서 15 m 높이에 있는 다이빙대에서 2.5 회전을 하여 다이빙했다. 처음에 수직방향의 속도가 없었다고 가정하고 다이빙하는 동안 평균각속도를 구하여라.

41 E 우수한 투수가 홈플레이트를 향해 공을 던지면 속력은 90 mi/h, 회전수는 1800 rev/min에 달한다. 공이 홈플레이트에 도달하는 동안 얼마나 회전하는가? 홈플레이트까지의 거리는 60 ft이고 편의상 공이 직선으로 날아간다고 가정한다.

42 M 반지름 10 cm, 질량 20 kg의 균일한 원통이 중심축에서 4.0 cm 떨어져 있고, 중심축에 평행한 수평축에 대해 회전한다. (a) 원통의 회전관성은 얼마인가? (b) 원통의 중심축이 회전축과 같은 높이가 되도록 원통을 들어 올렸다가 놓았다. 원통이 최저점을 지나는 순간각속력을 구하여라.

43 E 다이빙 선수가 점프하여 다이빙대를 떠나는 200 ms 동안 질량중심에 대한 각속력이 0에서 6.20 rad/s로 바뀌었다. 질량중심에 대한 회전관성은 12.0 kg · m^{2}이다. 다이빙대를 떠나는 동안 (a) 평균각가속도 (b) 다이빙대가 선수에 가하는 평균 외부 토크의 크기를 구하여라.

44 M 정지해 있던 자동차가 반지름 30.0 m의 원형 도로를 따라 움직인다. 속력은 0.500 m/s^{2}의 일정한 비율로 늘어난다. (a) 10.0 s 후 *알짜* 선가속도의 크기는 얼마인가? (b) 이때 알짜 가속도벡터가 차의 속도와 이루는 각도는 얼마인가?

45 M 질량 0.25 kg의 동일한 네 입자를 2.0 m × 2.0 m의 정사각형 꼭지점에 하나씩 놓고 변을 따라 질량이 없는 막대로 연결하였다. (a) 서로 마주보는 두 변의 중심을 지나는 축, (b) 정사각형 면에 수직인 한 변의 중심을 지나는 축, (c) 대각선 방향으로 떨어진 두 입자를 지나는 축에 대한 회전관성을 구하여라.

46 E 레코드판은 판을 회전시킬 때 판에 파인 원 모양의 홈에 바늘 끝이 지나가서 소리를 낸다. 홈에는 돌기가 있어서 바늘을 진동시킨다. 이 진동이 전축 안에서 전기신호로, 다음에는 소리로 바뀐다. $33\frac{1}{3}$ rev/min으로 회전하는 레코드판에서 반지름이 8.00 cm인 홈 부분에 있을 때 홈의 돌기는 1.75 mm 간격으로 균일하게 떨어져 있다. 초당 몇 번씩 돌기가 바늘에 부딪히는가?

47 M 반지름이 0.25 m인 원판을 회전목마처럼 회전시켜 정지 상태에서 1600 rad만큼 회전시킬 때 처음 800 rad 동안 각속력은 α_1의 일정한 비율로 늘어나고, 다음에는 정지할 때까지 각속력이 $-\alpha_1$의 일정한 비율로 줄어들게 하려고 한다. 원판의 어느 부분도 구심가속도의

크기가 400 m/s^2을 넘지 않으려면 (a) 회전에 필요한 최소 시간은 얼마인가? (b) 그때 α_1 값은 얼마인가?

48 M 바닥에 똑바로 세운 길이 1 m인 미터자를 기울여 바닥에 떨어지도록 한다. 막대가 바닥에 닿을 때 막대 끝의 속력을 구하여라. 바닥 쪽의 막대 끝은 미끄러지지 않는다고 가정하여라. (*힌트*: 막대를 가늘다고 생각하고, 에너지 보존법칙을 사용하여라.)

49 E 705 rev/min으로 회전하는 바퀴의 운동에너지가 24400 J이다. 회전관성을 계산하여라.

50 H CALC 중심축에 대한 회전관성이 1.0×10^{-3} kg · m^2이고, 반지름이 10 cm인 도르래의 테두리에 접선방향으로 힘이 작용한다. 힘의 크기는 시간에 따라 $F = 0.50\,t + 0.30\,t^2$로 변하며, F는 N, t는 s 단위이다. 처음에 도르래는 정지해 있다. t = 2.0 s에서 (a) 각가속도와 (b) 각속력을 구하여라.

51 M 어떤 트럭은 회전하는 바퀴에 저장된 에너지를 이용하여 움직인다. 바퀴는 전기 모터에 의해 200 π rad/s의 최대속력을 낼 수 있다. 바퀴는 속이 꽉 찬 균일한 원통으로 질량이 500 kg, 반지름이 1.0 m 이라고 하자. (a) 에너지 저장 후 바퀴의 운동에너지는 얼마인가? (b) 트럭이 8.0 kW의 평균일률을 사용한다면, 다시 에너지를 저장할 때까지 몇 분이나 움직일 수 있는가?

52 M t = 0에서 등각가속도 −0.25 rad/s^2으로 회전하는 바퀴의 각속도는 5.0 rad/s이고, 바퀴의 기준선은 $\theta_0 = 0$에 있다. (a) 기준선이 양의 방향으로 회전하는 최대 각도 θ_{max}는 얼마인가? 기준선의 각위치가 $\theta = \frac{1}{2}\theta_{max}$가 되는 (b) 첫 번째 시간과 (c) 두 번째 시간은 언제인가? 기준선의 각위치가 θ = 10.5 rad가 되는 (d) 음의 시간과 (e) 양의 시간은 언제인가? (f) θ를 t의 함수로 그리고 (a)에서 (e)까지의 답을 그래프에 표시하여라.

53 H CALC 바퀴의 각가속도가 $\alpha = 6.0\,t^4 - 4.0\,t^2$이고, α는 rad/s^2, t는 s 단위이다. t = 0에서 바퀴의 각속도는 +4.0 rad/s, 각위치는 +1.0 rad이다. (a) 각속도(rad/s)와 (b) 각위치(ran)를 시간(s)의 함수로 각각 구하여라.

54 E CALC 물체가 고정축에 대해 회전한다. 물체 기준선의 각위치는 $\theta = 0.40e^{3.00t}$이며, θ는 rad, t는 s 단위이다. 회전축에서 4.00 cm 떨어진 물체의 한 점을 고려하자. t = 0에서 이 점의 (a) 가속도 접선 성분과 (b) 지름 성분의 크기를 구하여라.

55 M CALC 회전하는 바퀴의 테두리에 있는 한 점의 각위치는 $\theta = 4.0\,t - 3.0\,t^2 + t^3$이다. θ의 단위는 라디안, t의 단위는 초이다. (a) t = 3.0 s와 (b) t = 4.0 s일 때 각속도는 얼마인가? (c) t = 3.0 s에서 t = 4.0 s까지 평균각가속도는 얼마인가? (d) t = 3.0 s (e) t = 4.0 s일 때 순간각가속도를 구하여라.

56 E 균일한 속이 꽉 찬 원통 두 개가 각각 길이 방향의 중심축 주위로 회전하고 있다. 이들의 질량은 2.00 kg으로 같고 각속력도 235 rad/s로 같지만, 반지름은 다르다. (a) 반지름 0.25 m인 작은 원통과 (b) 반지름 0.75 m인 큰 원통의 회전운동에너지를 구하여라.

57 M 정지해 있던 회전목마가 1.20 rad/s^2의 각가속도로 회전한다. (a) 처음 2.00 rev과 (b) 그 다음 2.00 rev에 걸리는 시간은 각각 얼마인가?

58 E 자동차 엔진의 각속력이 16 s 동안 1200 rev/min에서 3000 rev/min으로 증가한다. (a) 각가속도를 rev/min^2으로 구하여라. (b) 이 시간 동안 엔진은 몇 번이나 회전하는가?

59 E 길이 0.75 m, 질량 0.42 kg의 가는 막대가 한쪽 끝을 축으로 매달려 있다. 진자처럼 진동하도록 막대를 한쪽으로 잡아당겼다가 놓았더니 최저점을 3.0 rad/s의 각속력으로 지나간다. 마찰과 공기저항을 무시할 때 (a) 최저점에서 막대의 운동에너지는 얼마인가? (b) 질량중심은 최저점에서 얼마나 높이 올라가는가?

60 E 1911년부터 1990년까지 이탈리아에 있는 피사의 사탑 꼭대기가 평균 1.2 mm/y의 비율로 남쪽으로 기울었다. 탑의 높이는 55 m이다. 바닥에 대해 탑 꼭대기의 평균 각속력을 rad/s로 구하여라.

61 M 한쪽에 버터를 바른 토스트 조각을 실수로 식탁 모서리 위로 밀어 떨어지면서 회전한다. 바닥까지 거리가 85.0 cm이고, 토스트는 한 바퀴를 돌지 못한다. 버터를 바른 면이 바닥에 떨어질 수 있는 (a) 최소 각속력과 (b) 최대 각속력을 구하여라.

62 E 북이 중심축에 대해 12.60 rad/s의 각속도로 회전한다. 북이 5.00 rad/s^2의 일정한 비율로 회전이 느려지고 있다. 정지할 때까지 (a) 시간이 얼마나 걸리는가? (b) 북이 회전하는 각도는 얼마인가?

63 E 2900 km/h의 속력으로 반지름이 5000 km인 원궤도를 돌고 있는 우주선의 (a) 각속도, (b) 가속도의 지름성분, (c) 가속도의 접선성분을 구하여라.

64 E 질량 0.70 kg인 미터자가 있다. 20 cm로 표시된 지점에서 미터자를 수직으로 지나는 축에 대한 회전관성을 구하여라. (자를 가는 막대로 취급한다.)

65 E 질량이 0.75 kg인 작은 공이 길이 0.85 m인 막대 한 쪽 끝에 붙어있고 막대의 다른쪽 끝은 회전점에 매달려있다. 이렇게 만든 진자가 수직선과 30°의 각도를 이루고 있을 때 회전점에 대한 중력에 의한 토크는 얼마인가?

66 E 어떤 바퀴에 32.0 N · m의 토크를 가했더니 각가속도가 33.0 rad/s^2이 되었다면 이 바퀴의 회전관성은 얼마인가?

67 M CALC 회전하는 바퀴에서 한 점의 각위치는 $\theta = 2.0 + 4.0\,t^2 + 2.0\,t^3$이고, θ는 rad, t는 s 단위이다. t = 0에서 그 점의 (a) 각위치와 (b) 각속도를 구하여라. (c) t = 5.0 s에서 각속도를 구하여라. (d) t = 1.5 s에서 각가속도를 계산하여라. (e) 각가속도는 일정한가?

제 11 장

굴림운동, 토크, 각운동량

Rolling, Torque, and Angular Momentum

11.1 ▸ 병진운동과 회전운동이 결합한 굴림운동

요점_*Key Ideas*

1. 유연하게 굴러가는 반지름 R인 바퀴에서 다음이 성립한다.

$$v_{com} = \omega R.$$

여기서 v_{com}은 바퀴의 질량중심 선속력이고, ω는 중심에 대한 바퀴의 각속력이다.

2. 바퀴는 또한 바퀴와 접촉하고 있는 "길" 위의 점 P 주위로 순간적으로 회전하는 것으로 볼 수 있다. 이 점에 대한 바퀴의 각속력은 중심에 대한 바퀴의 각속력과 같다.

학습목표_*Learning Objectives*

이 단원을 읽은 후 다음을 이해해야 한다.

11.1.1 유연한 굴림운동은 순수한 병진운동과 순수한 회전운동을 결합하여 얻을 수 있다.

11.1.2 유연한 굴림운동에서 질량중심 속력과 물체의 각속력의 관계를 적용한다.

▶ 어떤 물리현상을 다루는가?

10장에서 논의한 것처럼 여기서 다루게 될 물리현상은 회전운동이다. 회전운동과 관련된 물리학은 바퀴나 바퀴처럼 둥근 물체의 굴림으로 이미 오래전부터 응용하여 왔다. 예컨대 선사시대 이스터 섬의 사람들이 거대한 석상을 채석장에서 섬을 가로질러 운반할 때 통나무를 굴림대로 사용하였다. 또한 1800년대에는 개척자가 미국 서부로 이동할 때 초기에는 마차로, 나중에는 기차로 물건을 굴려서 운반한 셈이다. 오늘날 지구에는 자동차, 트럭, 오토바이, 자전거 같은 굴러다니는 수송수단으로 가득 차 있다.

굴림운동과 관련된 물리학과 공학은 아주 오랫동안 주변에서 보아 왔기 때문에 더 이상 발전시킬 새로운 아이디어가 없을 것이라고 생각하기 쉽다. 그러나 최근에 발명되어 공학적으로 제작된 스케이트보드와 인라인 스케이트는 상업적으로 큰 성공을 거두었다. 또 거리를 달릴 수 있는 썰매가 잇따라 개발되고 있으며, 직립이 가능한 세그웨이(그림 11.1.1 참조)는 대도시의 교통체계를 바꿀 수도 있을 것이다. 굴림운동과 관련된 물리학은 아직도 새롭고 놀라우면서도 매우 유용한 결과를 줄 수 있다. 이러한 물리학을 탐구하기 위하여 먼저 굴림운동을 단순화할 필요가 있다.

Tania Whatley/Shutterstock.com

그림 11.1.1 ▸ 직립이 가능한 세그웨이

▶ 병진운동과 회전운동의 결합으로 본 굴림운동

이 절에서는 표면을 따라 *유연하게 굴러가는*, 즉 미끄러짐이나 튕김이 없이 굴러가는 물체만을 고려하기로 한다. 그림 11.1.2는 유연한 굴림운동이 얼마나 복잡한지 잘 보여준다. 물체의 중심은 표면과 평행하게 일직선으로 움직이지만 가장자리에 있는 점은 그렇지 않다. 그러나 굴림운동을 질량중심의 병진운동과 질량중심에 대한 회전운동의 결합으로 취급하면 쉽게 이해할 수 있다.

굴림운동을 이렇게 이해하기 위해 그림 11.1.3처럼 굴러가는 자전거 바퀴를 바라보

그림 11.1.2 굴림운동을 하는 원판의 연속 노출 사진. 원판의 가장자리와 중심에 작은 전구를 붙여 놓았다. 가장자리에 있는 전구의 궤적은 *싸이클로이드* 곡선이다.

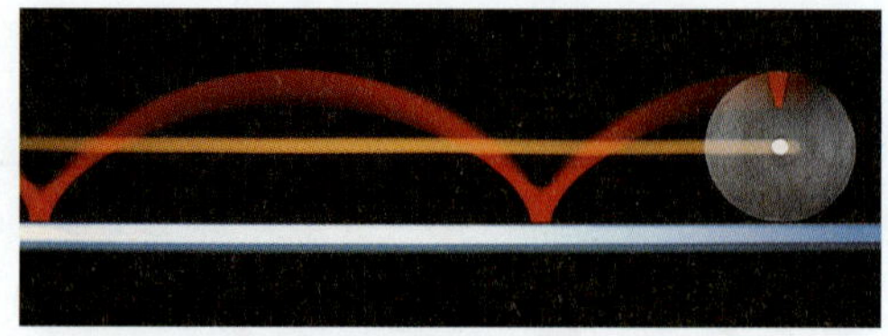

Richard Megna/Fundamental Photographs

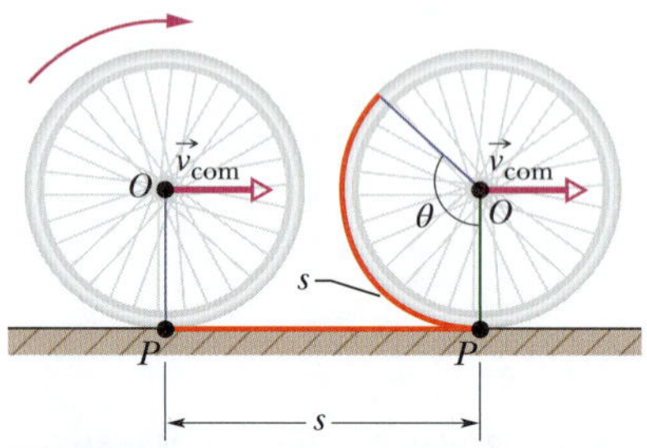

그림 11.1.3 구르는 바퀴의 질량중심 O는 바퀴가 각도 θ를 도는 동안 속도 $\vec{v}_{com}$으로 거리 s만큼 이동한다. 지면과 바퀴가 접하는 점 P도 같은 거리 s만큼 이동한다.

며 옆에서 있다고 하자. 그림처럼 바퀴의 질량중심 O는 일정한 속력 v_{com}으로 앞을 향하여 움직인다. 도로와 접촉하는 바퀴의 점 P도 속력 v_{com}으로 앞을 향하여 움직인다. 따라서 점 P는 항상 질량중심 O의 바로 밑에 있다.

시간 t 동안 점 O와 점 P가 모두 거리 s만큼 앞으로 움직임을 알 수 있다. 자전거를 탄 사람에게는 시간 t 동안에 도로와 접촉했던 바퀴의 한 점이 원호 s만큼 이동하여, 바퀴가 바퀴중심에 대하여 각도 θ만큼 회전한 것으로 보일 것이다. 식 10.3.1에서 원호 s와 회전각도 θ와의 관계는 다음과 같다.

$$s = \theta R. \tag{11.1.1}$$

여기서 R은 바퀴의 반지름이다. 바퀴중심(균일한 바퀴의 질량중심)의 선속도 v_{com}은 ds/dt이고, 바퀴중심에 대한 바퀴의 각속도 ω는 $d\theta/dt$이다. 따라서 식 11.1.1에서 R을 상수로 놓고 시간에 대하여 미분하면 다음을 얻는다.

$$v_{com} = \omega R \qquad \text{(유연한 굴림운동).} \tag{11.1.2}$$

▸***결합.*** 그림 11.1.4는 바퀴의 굴림운동이 병진운동과 회전운동의 결합으로 이루어졌음을 보여준다. 그림 11.1.4*a*는 마치 중심을 지나는 바퀴의 회전축이 멈춰있는 것 같은 순수한 회전운동이다. 이 경우 바퀴 위의 모든 점이 바퀴중심에 대하여 각속력 ω로 회전한다. (이것이 10장에서 고려했던 운동의 형태이다.) 이때 바퀴 둘레에 있는 모든 점의 선속력은 식 11.1.2로 주어진다. 그림 11.1.4*b*는 마치 바퀴가 전혀 회전하지 않는 것처럼 순수한 병진운동이다. 즉, 바퀴의 모든 점이 속력 v_{com}으로 오른쪽으로 움직인다.

그림 11.1.4*a*와 11.1.4*b*의 두 운동을 합하면 그림 11.1.4*c*와 같은 바퀴의 실제 굴림

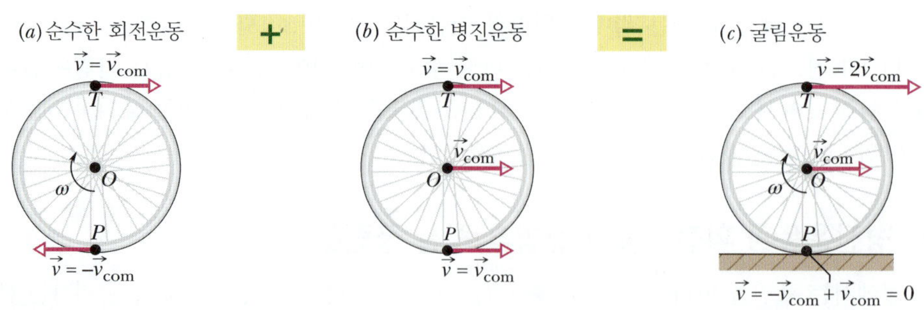

그림 11.1.4 회전운동과 병진운동의 결합으로 본 바퀴의 굴림운동. (*a*) 순수한 회전운동. 바퀴 위의 모든 점은 동일한 각속력 ω로 움직인다. 바퀴의 가장자리에 있는 점은 모두 같은 선속력 $v = v_{com}$으로 움직인다. 바퀴의 꼭대기(T)와 바닥(P)의 선속도 $\vec{v}$가 표시되어 있다. (*b*) 순수한 병진운동. 바퀴의 모든 점은 바퀴중심과 마찬가지로 선속도 $\vec{v}_{com}$으로 오른쪽으로 움직인다. (*c*) 바퀴의 굴림운동은 (*a*)와 (*b*)가 결합된 운동이다.

그림 11.1.5 구르는 자전거 바퀴의 사진. 그림 11.1.4*c*처럼 꼭대기 부근의 바퀴살은 바닥부분의 바퀴살보다 더 빨리 움직이기 때문에 흐리게 보인다.

운동이 된다. 이러한 운동의 결합에서 바퀴의 바닥에 있는 점 *P*는 정지상태에 있고, 맨 꼭대기의 점 *T*는 바퀴의 어떤 부분보다 빠른 속력 $2v_{com}$으로 움직인다. 그림 11.1.5에서 굴러가는 자전거 바퀴의 사진을 보면 이러한 결과가 잘 나타나 있다. 윗부분의 바퀴살이 아래보다 더 흐리게 보이는 것으로 보아 꼭대기 부분이 바닥 부분보다 더 빨리 움직인다는 것을 알 수 있다.

미끄러지지 않고 구르는 모든 둥근 물체의 운동은 그림 11.1.4*a*와 11.1.4*b*처럼 순수한 병진운동과 순수한 회전운동으로 분리할 수 있다.

순수한 회전운동으로 본 굴림운동

그림 11.1.6은 바퀴의 굴림운동을 바퀴가 움직일 때 바퀴가 항상 바닥과 접촉하는 점을 지나는 회전축에 대한 순수한 회전운동으로 보는 방법을 제시한다. 이때 회전축은 그림 11.1.4*c*에서 점 *P*를 지나며 지면에 수직이다. 그림 11.1.6의 벡터들은 구르고 있는 바퀴의 여러 점에서 순간속도이다.

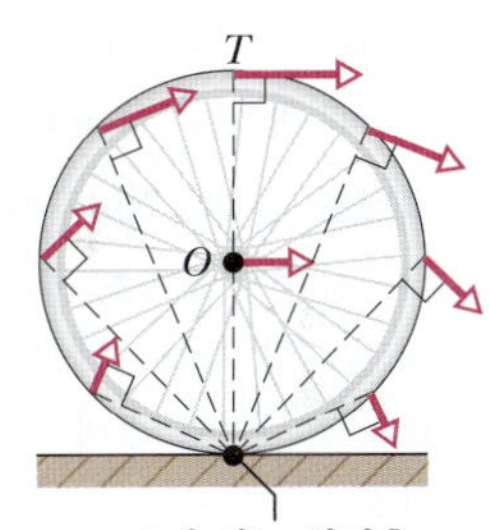

그림 11.1.6 굴림운동은 항상 점 *P*를 지나는 축에 대한 각속력이 ω인 순수한 회전운동으로 볼 수 있다. 그림의 벡터는 구르고 있는 바퀴의 각 점의 순간속도이다. 그림 11.1.4처럼 병진운동과 회전운동을 결합시켜서 벡터를 구할 수 있다.

- **물음:** 정지한 관측자가 볼 때 새로운 회전축에 대한 바퀴의 각속력은 얼마인가?
- **답:** 바퀴의 질량중심 축에 대한 순수한 회전운동의 각속력 ω와 똑같은 각속력을 관측한다.

이 답을 확인하기 위해 정지해 있는 관측자의 관점에서 구르는 바퀴 꼭대기의 선속력을 계산해 보자. 바퀴의 반지름을 *R*이라고 하면 꼭대기 부분은 그림 11.1.6의 점 *P*를 지나는 축에서 거리가 2*R*만큼 떨어져 있다. 따라서 꼭대기 부분의 선속력은 식 11.1.2를 사용하면

$$v_{top} = (\omega)(2R) = 2(\omega R) = 2v_{com}$$

이다. 이 값은 그림 11.1.4*c*와 완전히 일치한다. 마찬가지로 그림 11.1.4*c*의 점 *O*와 점 *P*의 선속력도 확인할 수 있다.

확인문제 11.1.1

광대가 타고 있는 자전거 뒷바퀴의 반지름이 앞바퀴보다 두 배 더 크다고 하자. (a) 자전거가 움직일 때 뒷바퀴 꼭대기의 속도는 앞바퀴 꼭대기의 속력보다 큰가, 작은가, 아니면 같은가? (b) 뒷바퀴의 각속력은 앞바퀴의 각속력보다 큰가, 작은가, 아니면 같은가?

11.2 ▸ 힘과 굴림운동의 운동에너지

학습목표 _Learning Objectives_

이 단원을 읽은 후 다음을 이해해야 한다.

11.2.1 유연하게 굴러가는 물체의 운동에너지는 질량중심의 병진 운동에너지와 질량중심 주위의 회전 운동에너지를 더하여 계산한다.

11.2.2 유연하게 굴러가는 물체에 가한 일과 운동에너지의 변화에 대한 관계를 적용한다.

11.2.3 (미끄러짐이 없는) 유연한 굴림운동에서 역학에너지 보존을 이용하여 초기 에너지 값과 나중의 에너지 값 사이의 관계를 구한다.

11.2.4 수평면이나 비탈을 올라가거나 내려가는 유연하게 굴러가며 가속되는 물체에 대한 자유물체그림을 그린다.

11.2.5 질량중심 가속도와 각가속도 사이의 관계를 적용한다.

11.2.6 비탈을 올라가거나 내려가는 유연하게 굴러가는 물체에 대해 물체의 가속도, 회전관성과 경사각 사이의 관계를 적용한다.

요점 _Key Ideas_

1. 유연하게 굴러가는 바퀴의 운동에너지는

$$K = \tfrac{1}{2}I_{\text{com}}\omega^2 + \tfrac{1}{2}Mv_{\text{com}}^2$$

이다. 여기서 I_{com}은 질량중심에 대한 바퀴의 회전관성이고 M은 바퀴의 질량이다.

2. 바퀴가 가속되지만 여전히 유연하게 굴러간다면 질량중심의 가속도 $\vec{a}_{\text{com}}$은 중심에 대한 각가속도 α와 다음의 관계가 있다.

$$a_{\text{com}} = \alpha R.$$

3. 바퀴가 경사각 θ인 비탈을 따라 유연하게 굴러 내려갈 경우 비탈 방향의 x축에 대한 가속도는 다음과 같다.

$$a_{\text{com},x} = -\frac{g\sin\theta}{1 + I_{\text{com}}/MR^2}.$$

▶ 굴림운동의 운동에너지

구르는 바퀴의 운동에너지를 정지한 관측자의 관점에서 계산해 보자. 그림 11.1.6의 점 P를 지나는 축에 대한 순수한 회전운동으로 굴림운동을 본다면 운동에너지는 식 10.4.4로부터

$$K = \tfrac{1}{2}I_P\omega^2 \tag{11.2.1}$$

으로 쓸 수 있다. 여기서 ω는 바퀴의 각속력이고 I_p는 P를 지나는 축에 대한 바퀴의 회전관성이다. 평행축 정리인 식 10.5.2($I = I_{\text{com}} + Mh^2$)로부터 다음을 얻는다.

$$I_P = I_{\text{com}} + MR^2. \tag{11.2.2}$$

여기서 M은 바퀴의 질량이고 I_{com}은 질량중심을 지나는 축에 대한 회전관성이며 바퀴의 반지름인 R은 수직거리인 h에 해당한다. 식 11.2.1에 식 11.2.2를 대입하면 운동에너지는

$$K = \tfrac{1}{2}I_{\text{com}}\omega^2 + \tfrac{1}{2}MR^2\omega^2$$

이며, 관계식 11.1.2($v_{\text{com}} = \omega R$)를 이용하면 다음과 같다.

$$K = \tfrac{1}{2}I_{\text{com}}\omega^2 + \tfrac{1}{2}Mv_{\text{com}}^2. \tag{11.2.3}$$

첫 번째 항 $\tfrac{1}{2}I_{\text{com}}\omega^2$은 질량중심을 지나는 축에 대한 회전 운동에너지(그림 11.1.4a)이고, 두 번째 항 $\tfrac{1}{2}Mv_{\text{com}}^2$은 그림 11.1.4$b$와 같은 바퀴의 병진운동과 관련된 운동에너지이다. 따라서 다음과 같은 규칙을 얻는다.

> 굴림운동을 하는 물체에는 두 가지 종류의 운동에너지가 있다. 하나는 질량중심에 대한 회전에 의한 회전 운동에너지($\tfrac{1}{2}I_{\text{com}}\omega^2$)이고, 다른 하나는 질량중심의 병진운동에 의한 병진 운동에너지($\tfrac{1}{2}Mv_{\text{com}}^2$)이다.

굴림운동의 힘

마찰과 굴림운동

바퀴가 그림 11.1.3처럼 일정한 속도로 구른다면 접촉점 P에서 바퀴가 미끄러지려고 하지 않으므로 바퀴에 작용하는 마찰력이 없다. 그러나 알짜힘이 바퀴에 작용하여 바퀴중심의 속력을 증가 또는 감소시킨다면 질량중심은 가속도 $\vec{a}_{com}$의 방향으로 가속된다. 이 힘은 또한 바퀴의 회전을 빠르거나 느리게 하므로 각가속도 α가 발생한다. 이러한 가속도 때문에 점 P에서 바퀴가 미끄러지려는 경향이 나타나고, 접촉점에서 이를 억제하려는 마찰력이 바퀴에 작용한다.

만약 바퀴가 미끄러지지 *않는다면* 이 힘은 *정지*마찰력 $\vec{f}_s$이고 바퀴는 유연하게 구르게 된다. 여기서 선가속도 $\vec{a}_{com}$과 각가속도 α의 크기 사이의 관계는 식 11.1.2를 (R을 상수로 놓고) 시간에 대하여 미분하여 얻을 수 있다. 이때 좌변 dv_{com}/dt는 a_{com}이고 우변 $d\omega/dt$는 α이다. 따라서 유연한 굴림운동에 관한 식을 다음과 같이 얻는다.

$$a_{com} = \alpha R \qquad \text{(유연한 굴림운동)}. \tag{11.2.4}$$

알짜힘이 작용할 때 바퀴가 미끄러진다면 그림 11.1.3에서 점 P에 작용하는 마찰력은 운동마찰력 $\vec{f}_k$이다. 이때 바퀴는 유연하게 구르지 않으므로 식 11.2.4를 적용할 수 없다. 이 장에서는 유연한 굴림운동만 취급한다.

그림 11.2.1은 가속되는 자전거처럼 평평한 표면을 따라 구르는 바퀴의 회전이 빨라지고 있는 예이다. 바퀴를 더 빠르게 회전시키면 바퀴의 밑바닥이 점 P에서 왼쪽으로 미끄러지려고 한다. 점 P에서의 마찰력은 바퀴가 미끄러지지 않게 하려고 점 P에서 오른쪽으로 바퀴에 작용한다. 만약 바퀴가 미끄러지지 않는다면 마찰력은 정지마찰력 $\vec{f}_s$가 되고 바퀴는 유연하게 구른다. 이때는 식 11.2.4를 적용할 수 있다(마찰력이 없다면 자전거는 움직일 수 없다).

감속하고 있는 자전거와 같이 바퀴의 회전이 느려지는 경우에는 그림 11.2.1에서 질량중심의 가속도 $\vec{a}_{com}$과 마찰력 $\vec{f}_s$는 왼쪽을 향한다.

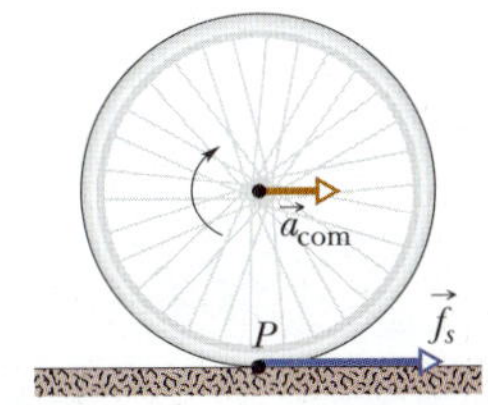

그림 11.2.1 자전거 경주를 시작할 때의 자전거와 같이 바퀴가 미끄러지지 않고 수평으로 선 가속도 $\vec{a}_{com}$으로 굴림운동을 하고 있다. 바퀴가 미끄러지지 않도록 바퀴가 미끄러지려는 방향에 반대 방향으로 정지마찰력 $\vec{f}_s$가 점 P에서 작용한다.

경사면을 내려오는 굴림운동

그림 11.2.2는 질량이 M이고 반지름이 R인 둥글고 균일한 물체가 x축을 따라 경사각이 θ인 경사면을 굴러 내려오는 모습이다. 물체의 가속도 $a_{com,x}$를 구하기 위해 선운동에 적용되는 Newton의 제2법칙 $F_{net} = Ma$와 회전운동에 적용되는 Newton 법칙 $\tau_{net} = I\alpha$를 이용하여 운동을 분석해 보자.

그림 11.2.2에서 물체에 작용하는 힘은 다음과 같다.

1. 중력 $\vec{F}_g$가 수직방향으로 작용한다. 벡터의 꼬리는 질량중심에 위치한다. 경사면 방향(x축)의 성분은 $F_g \sin\theta$, 즉 $Mg\sin\theta$이다.
2. 수직력 $\vec{F}_N$은 경사면에 수직한 방향이고 접촉점 P에 작용한다. 그림 11.2.2에서는 벡터의 꼬리를 질량중심으로 이동시켜 그렸다.
3. 정지마찰력 $\vec{f}_s$는 접촉점 P에 작용하고 경사면 위쪽으로 향한다. (그 이유는 다음과 같다. 만약 물체가 점 P에서 미끄러지려 한다면 물체는 경사면 *아래 방향*으로 미끄러지려 할 것이다. 따라서 마찰력은 물체가 미끄러지지 않도록 경사면의 *위쪽*으로 작용한다.)

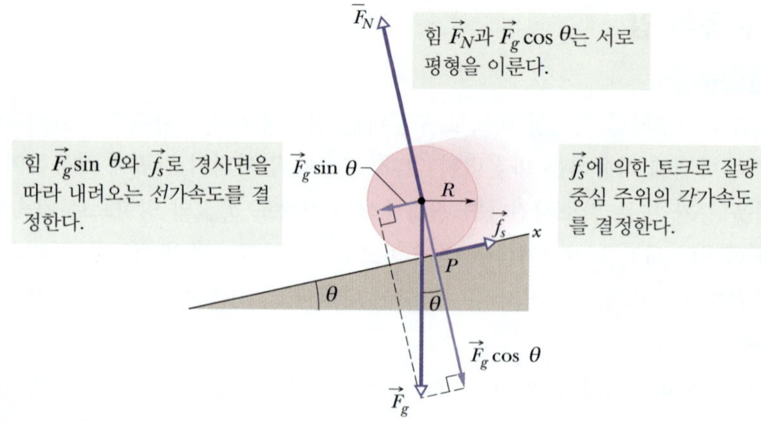

그림 11.2.2 반지름 R인 둥근 모양의 균일한 물체가 경사면을 따라 굴러 내려오고 있다. 물체에는 중력 $\vec{F}_g$, 수직력 $\vec{F}_N$, 그리고 경사면의 위쪽을 향하는 마찰력 $\vec{f}_s$가 작용한다(벡터의 꼬리가 물체의 중심에 오도록 벡터 $\vec{F}_N$은 작용선을 따라 옮겨 그렸다).

그림 11.2.2의 축 성분에 Newton의 제2법칙($F_{\text{net},x} = ma_x$)을 적용하면

$$f_s - Mg\sin\theta = Ma_{\text{com},x} \tag{11.2.5}$$

를 얻는다. 이 식은 두 개의 미지수 f_s와 $a_{\text{com},x}$를 포함하고 있다. (여기서 f_s는 최대 정지마찰력 $f_{s,\max}$가 *아니라* 미끄러지지 않고 경사면을 굴러 내릴 때의 마찰력이다.)

다음은 질량중심에 대한 물체의 회전운동에 대한 Newton의 법칙을 적용하자. 식 10.6.3($\tau = r_\perp F$)을 써서 질량중심에 대해 물체에 작용하는 토크를 구한다. 마찰력 $\vec{f}_s$는 모멘트팔이 R이므로 토크 Rf_s를 만든다. 이는 그림 11.2.2처럼 반시계방향으로 회전시키므로 양의 값을 갖는다. 힘 $\vec{F}_g$와 $\vec{F}_N$은 질량중심에 대하여 모멘트팔을 갖지 않으므로 토크를 만들지 않는다. 따라서 물체의 질량중심을 지나는 축에 대한 Newton의 회전운동법칙($\tau_{\text{net}} = I\alpha$)은

$$Rf_s = I_{\text{com}}\alpha \tag{11.2.6}$$

로 쓸 수 있다. 이 식은 두 개의 미지수 f_s와 α를 포함하고 있다.

물체는 유연한 굴림운동을 하기 때문에 식 11.2.4($a_{\text{com}} = \alpha R$)를 사용하여 두 미지수 $a_{\text{com},x}$와 α에 대한 관계식을 쓸 수 있으나, $a_{\text{com},x}$는 x축 음의 방향이므로 음의 값이고 α는 반시계방향이므로 양의 값이라는 점을 주의하여야 한다. 따라서 식 11.2.6에서 α에 $-a_{\text{com},x}/R$를 대입하면 다음과 같이 f_s를 얻을 수 있다.

$$f_s = -I_{\text{com}}\frac{a_{\text{com},x}}{R^2}. \tag{11.2.7}$$

한편 식 11.2.7의 우변을 식 11.2.5의 마찰력 f_s에 대입하면

$$a_{\text{com},x} = -\frac{g\sin\theta}{1 + I_{\text{com}}/MR^2} \tag{11.2.8}$$

를 얻는다. 이 식을 사용하여 수평면에 대하여 경사각이 θ인 경사면을 따라 구르는 물체의 선가속도 $a_{\text{com},x}$를 얻을 수 있다.

중력이 잡아당겨 물체가 비탈을 따라 내려오지만 물체를 회전하게 만드는 것은 마찰력이고, 따라서 굴러간다. (비탈을 예컨대 얼음이나 기름을 이용해) 마찰을 없애거나

$Mg\sin\theta$가 $f_{s,\max}$를 넘도록 하면 유연하게 굴러가지 않고 물체는 비탈을 따라 미끄러져 내려온다.

확인문제 11.2.1

동일한 두 원판 A와 B가 평면 위에서 같은 속력으로 굴림운동을 하고 있다. 그러다가 원판 A는 경사면을 굴러 올라가서 최대 높이 h에 도달하였다. 그리고 원판 B도 마찰이 없다는 점만 제외하면 원판 A와 마찬가지로 경사면을 올라간다. 이때 원판 B가 도달하는 최대 높이는 h보다 큰가, 작은가, 아니면 같은가?

보기문제 11.2.1 경사면을 굴러 내려오는 공

질량 M이 6.00 kg, 반지름이 R인 균일한 공이 경사각 $\theta = 30°$의 경사면을 따라 정지상태에서 유연하게 굴러서 내려온다(그림 11.2.2 참조).

(a) 공이 수직높이로 $h = 1.20$ m만큼 내려와서 바닥에 도착했을 때의 속력은 얼마인가?

요점

공과 지구의 역학에너지 E는 공이 경사면을 굴러 내려오면서 보존된다. 왜냐하면 공에 일을 하는 힘은 보존력인 중력밖에 없기 때문이다. 공에 대한 경사면의 수직력은 공의 경로에 수직이므로 일을 하지 않는다. 공에 작용하는 마찰력은 공이 미끄러지지 않고 *유연하게 구르기* 때문에 공의 어떤 에너지도 열에너지로 전환되지 않는다.

따라서 역학에너지 보존법칙($E_f = E_i$)을 이용하면

$$K_f + U_f = K_i + U_i \qquad (11.2.9)$$

로 쓸 수 있다. 여기서 첨자 f와 i는 각각 바닥에서의 최종값과 정지상태에서의 초기값이다. 중력 퍼텐셜에너지는 초기에는 $U_i = Mgh$(M은 공의 질량)이고 최종에는 $U_f = 0$이다. 초기상태의 운동에너지는 $K_i = 0$이다. 최종상태의 운동에너지 K_f를 구하기 위해서는 또 다른 요점이 필요하다. 즉, 공이 굴림운동을 하기 때문에 운동에너지는 회전 운동에너지와 병진 운동에너지를 포함하는 식 11.2.3을 사용해야 한다.

풀이: 위의 결과들을 식 11.2.9에 대입하면

$$\left(\tfrac{1}{2}I_{com}\omega^2 + \tfrac{1}{2}Mv_{com}^2\right) + 0 = 0 + Mgh \qquad (11.2.10)$$

로 쓸 수 있다. 여기서 I_{com}은 공의 질량중심에 대한 회전관성이고 v_{com}은 바닥에서의 속력, ω는 바닥에서의 각속력이다.

공이 유연하게 구르기 때문에 ω에 v_{com}/R을, I_{com}에 $\frac{2}{5}MR^2$(표 10.5.1f)을 대입하여 풀면 v_{com}은

$$v_{com} = \sqrt{\left(\tfrac{10}{7}\right)gh} = \sqrt{\left(\tfrac{10}{7}\right)(9.8\ \text{m/s}^2)(1.20\ \text{m})}$$

$$= 4.10\ \text{m/s} \qquad \text{(답)}$$

이다. 이 답이 공의 질량 M, 반지름 R에 무관하다는 사실을 주목하기 바란다.

(b) 공에 작용하는 마찰력의 방향과 크기는 얼마인가?

요점

공이 유연하게 구르기 때문에 마찰력은 식 11.2.7을 사용하여 구할 수 있다.

풀이: 공의 가속도 $a_{com,x}$를 식 11.2.7로부터 구하면

$$a_{com,x} = -\frac{g\sin\theta}{1 + I_{com}/MR^2} = -\frac{g\sin\theta}{1 + \frac{2}{5}MR^2/MR^2}$$

$$= -\frac{(9.8\ \text{m/s}^2)\sin 30.0°}{1 + \frac{2}{5}} = -3.50\ \text{m/s}^2$$

을 얻는다. 이때 $a_{com,x}$는 질량 M과 반지름 R에 무관하다. 따라서 균일한 질량을 가진 모든 크기의 공은 경사각 30.0°의 경사면을 굴러 내려올 때 위와 같은 가속도를 갖는다.

식 11.2.7에 가속도 값을 대입하면 마찰력은

$$f_s = -I_{com}\frac{a_{com,x}}{R^2} = -\tfrac{2}{5}MR^2\frac{a_{com,x}}{R^2} = -\tfrac{2}{5}Ma_{com,x}$$

$$= -\tfrac{2}{5}(6.00\ \text{kg})(-3.50\ \text{m/s}^2) = 8.40\ \text{N} \qquad \text{(답)}$$

이다. 여기서 마찰력을 구하기 위해 질량 M은 필요하지만 반지름 R은 필요 없다. 따라서 질량 6.00 kg의 균일한 공이 경사각 30.0°의 경사면을 따라 유연하게 굴러 내려올 때 공의 크기에 관계없이 경사면의 마찰력은 8.40 N이다. 하지만 이 힘은 질량이 커지면 더 커지게 된다.

▶ 교육용 비디오는 웹사이트 www.wiley.com에서 볼 수 있다.

보기문제 11.2.2 지상 속력 기록, 바퀴의 운동에너지

현재 지상에서 최대속력 기록은 제트엔진을 장착한 *Thrust SSC*가 1997년 미국의 네바다에 있는 Black Rock Desert에서 수립하였다. 차의 속력은 한 방향으로 1222 km/h이고, 반대 방향으로는 1233 km/h이다. 두 속력은 그 위치에서 음속(1207 km/h)보다 크다.

지상 속력의 기록을 만드는 것은 분명히 여러 가지 이유로 매우 위험하다. 그중 하나는 차 바퀴와 관련이 있다. 차의 각 바퀴는 대략 두께가 균일하고 질량 M = 170 kg이라고 근사하고, 부드럽게 굴러간다고 가정한다. 차의 속력이 1233 km/h일 때 각 바퀴의 운동에너지를 구하여라.

요점

식 11.2.3으로 굴러가는 물체의 운동에너지를 얻을 수 있지만, 이를 사용하기 위해 세 가지 개념이 필요하다. (1) 굴러가는 물체의 속력을 말할 때 이 속력은 항상 질량중심의 속력을 의미하므로 여기서는

$$v_{com} = 1233 \text{ km/h} = 342.5 \text{ m/s}$$

이다. (2) 식 11.2.3에 의하면 굴러가는 물체의 각속력 ω는 바퀴의 반지름이 R인 경우 $\omega = v_{com}/R$로 써서 식 11.1.2로부터 v_{com}과 연관시킬 수 있다. (3) 식 11.2.3을 이용하면 질량중심에 대한 물체의 회전관성 I_{com}을 얻는다. 표 10.5.1c로부터 균일한 원판의 경우 $I_{com} = \frac{1}{2}MR^2$이다.

풀이: 식 11.2.3에 의하면 다음을 얻는다.

$$\begin{aligned} K &= \tfrac{1}{2}I_{com}\,\omega^2 + \tfrac{1}{2}Mv_{com}^2 \\ &= \tfrac{1}{2}\left(\tfrac{1}{2}MR^2\right)(v_{com}/R)^2 + \tfrac{1}{2}Mv_{com}^2 = \tfrac{3}{4}Mv_{com}^2 \\ &= \tfrac{3}{4}(170 \text{ kg})\,(342.5 \text{ m/s})^2 \\ &= 1.50 \times 10^7 \text{ J}. \end{aligned}$$

(답)

바퀴의 반지름 R은 계산에서 상쇄된다는 것을 주목하여라.

이 답을 통해 *Thrust SSC*가 지상 속력 기록을 수립했을 때 얼마나 위험한지 볼 수 있다. 자동차의 각 (알루미늄 주조) 바퀴의 운동에너지는 매우 커서 예제 10.5.3에서 폭발한 회전하는 강철 원판의 운동에너지(2.1×10^7 J)만큼 크다. 바퀴가 자동차 경로에 있는 어떤 딱딱한 장애물과 부딪치면 자동차와 운전자가 음속보다 빨리 움직일 때 바퀴는 강철 원판이 폭발한 것처럼 폭발할 것이다!

교육용 비디오는 웹사이트 www.wiley.com에서 볼 수 있다.

11.3 ▸ 요요

학습목표_*Learning Objectives*

이 단원을 읽은 후 다음을 이해해야 한다.

11.3.1 줄을 따라 올라가거나 내려가는 요요에 대한 자유물체그림을 그린다.

11.3.2 요요는 경사각이 90°인 비탈을 따라 유연하게 굴러 올라가거나 내려가는 물체에 해당한다.

11.3.3 줄을 따라 올라가거나 내려가는 요요에 대해 요요의 가속도와 회전관성 사이의 관계를 적용한다.

11.3.4 요요가 줄을 따라 올라가거나 내려갈 때 요요가 매달린 줄의 장력을 결정한다.

요점_*Key Ideas*

1. 줄을 따라 수직으로 올라가거나 내려가는 요요는 각도가 θ = 90°인 비탈면을 따라 굴러가는 바퀴로 취급할 수 있다.

요요

요요는 주머니 크기의 물리학 실험실이라고 할 수 있다. 요요를 거리 h만큼 풀어서 굴러 내리게 하면 mgh만큼의 퍼텐셜에너지를 잃는 대신 병진 운동에너지($\frac{1}{2}Mv_{com}^2$)와 회전 운동에너지($\frac{1}{2}I_{com}\omega^2$)를 얻는다. 요요가 튀어 올라올 때는 운동에너지를 잃고 퍼텐셜에너지를 다시 얻는다.

요즘의 요요에는 끈을 축에 고정하지 않고 축 둘레에 감는다. 요요가 끈의 끝에 "다다랐을 때" 끈이 위쪽으로 축에 가하는 힘에 의해 병진운동을 멈추고 단지 회전 운동에너지만 가지고 고리 안쪽에서 자전하게 된다. 요요는 계속 자전하다가 끈을 갑자기 홱 잡아당기면 끈이 축에 걸리면서 튕겨 올라온다. 끈의 끝 부분에서 요요의 회전 운동에너지는 요요를 초기에 정지상태에서 굴러 내리게 한 것보다 초기 속력 v_{com}과 ω를 갖도록 아

래로 던진 경우에 더 증가된다.

끈을 따라 굴러 내려오는 요요의 선가속도 a_{com}을 구하기 위해서는 그림 11.2.2의 경사면을 구르는 물체를 다룰 때처럼 (선과 각변수에 대한) Newton의 제2법칙을 적용한다. 다만 다음과 같은 차이점이 있음을 주의하여야 한다.

1. 물체가 수평에 대하여 각도 θ로 경사면을 구르는 대신 요요는 줄을 따라 수직 각도 $\theta = 90°$로 구른다.

2. 반지름 R인 바깥 표면을 따라 구르는 대신 요요는 반지름이 R_0인 축을 따라 구른다 (그림 11.3.1a 참조).

3. 마찰력 $\vec{f}_s$ 때문에 감속되는 것이 아니라 요요는 줄에 작용하는 장력 $\vec{T}$ 때문에 감속된다(그림 11.3.1b 참조).

위와 같은 방식으로 연습문제를 풀면 식 11.2.8과 같은 형태의 식을 얻는다. 식 11.2.8에서 각도를 90°로 놓고 풀면 다음을 얻는다.

$$a_{com} = -\frac{g}{1 + I_{com}/MR_0^2}. \tag{11.3.1}$$

여기서 I_{com}은 축에 대한 요요의 회전관성이고, M은 질량이다. 요요가 줄을 따라 다시 오를 때에도 작용하는 힘이 같기 때문에 요요 가속도의 크기는 같고, 아래쪽 방향이다.

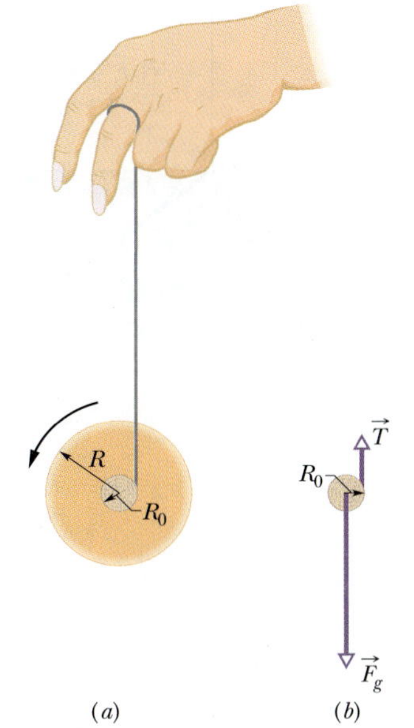

그림 11.3.1 (a) 단면으로 본 요요. 반지름 R_0인 축에 감겨 있는 끈의 굵기는 무시한다. (b) 내려가고 있는 요요에 대한 자유물체그림. 회전축만 나타내었다.

확인문제 11.3.1

축의 반지름을 변화시키지 않고 요요의 회전관성을 증가시키면 요요의 가속도는 증가하는가, 감소하는가, 그대로인가?

11.4 ▸ 다시 살펴본 토크

요점_Key Ideas

1. 3차원에서 토크 $\vec{\tau}$는 (보통 원점인) 고정된 점에 대한 벡터량으로

$$\vec{\tau} = \vec{r} \times \vec{F}$$

로 정의한다. 여기서 $\vec{F}$는 입자에 작용하는 힘이고, $\vec{r}$은 고정점에 대한 입자의 위치 벡터이다.

2. $\vec{\tau}$의 크기는

$$\tau = rF\sin\phi = rF_\perp = r_\perp F$$

로 주어진다. 여기서 ϕ는 $\vec{F}$와 $\vec{r}$ 사이의 각도이고 $F_\perp$은 $\vec{r}$에 수직한 $\vec{F}$의 성분이고, $r_\perp$은 $\vec{F}$의 모멘트팔이다.

3. $\vec{\tau}$의 방향은 벡터곱에 대한 오른손 규칙으로 결정된다.

학습목표_Learning Objectives

이 단원을 읽은 후 다음을 이해해야 한다.

11.4.1 토크는 벡터량이다.

11.4.2 토크를 계산하는 기준점은 언제나 지정되어야 한다.

11.4.3 단위벡터 표기나 크기-각도 표기법을 이용하여 입자의 위치벡터와 힘벡터의 벡터곱을 취하여 입자에 작용하는 힘에 의한 토크를 계산한다.

11.4.4 토크 벡터의 방향을 구하기 위해 벡터곱에 대한 오른손 규칙을 사용한다.

▶ 다시 살펴본 토크

고정된 축 주위를 돌 수 있는 강체에 대한 토크 τ를 10장에서 정의하였다. 이제 토크의

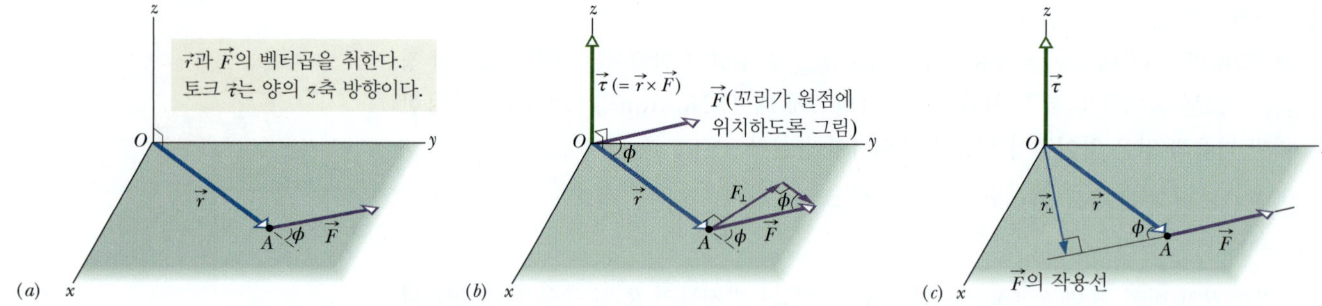

그림 11.4.1 토크의 정의. (a) xy 평면상에 있는 힘 $\vec{F}$가 점 A에 위치한 입자에 작용한다. (b) 이 힘은 원점 O에 대해서 입자에 토크 $\vec{\tau}\,(= \vec{r} \times \vec{F})$를 만든다. 벡터곱의 오른손 규칙에 따라서 토크 벡터는 z축 양의 방향을 가리키고, 크기는 (b)에서 $rF_\perp$이고, (c)에서는 $r_\perp F$이다.

정의를 일반화시켜 고정축이 아니라 고정된 *점*에 대하여 운동하는 입자에 적용해 보자. 이때 입자의 경로는 그 점에 대하여 원일 필요는 없으며, 토크는 임의의 방향을 가질 수 있는 벡터 $\vec{\tau}$로 쓴다. 토크의 크기는 공식을 이용하여 계산할 수 있으며, 그 방향은 벡터곱에 대한 오른손 규칙으로 결정한다.

그림 11.4.1a에는 xy 평면의 점 A에 있는 입자를 나타내었다. 평면에서 단일힘 $\vec{F}$가 입자에 작용하고, 입자의 위치는 원점 O에 대해서 위치벡터 $\vec{r}$로 나타낸다. 이때 고정점 O에 대하여 입자에 작용하는 토크 $\vec{\tau}$는 다음과 같이 정의하는 벡터이다.

$$\vec{\tau} = \vec{r} \times \vec{F} \qquad \text{(토크의 정의)}. \tag{11.4.1}$$

3.3단원에서 주어진 벡터곱의 규칙을 이용하여 위와 같이 정의된 $\vec{\tau}$를 계산할 수 있다. $\vec{\tau}$의 방향을 찾기 위해 벡터 $\vec{F}$의 꼬리가 원점 O에 오도록 그림 11.4.1b처럼 이동시킨 후, 그림 3.3.2a와 같은 벡터곱을 하기 위하여 오른손 규칙을 사용한다. 즉, $\vec{r}$에서 $\vec{F}$ 쪽으로 오른손을 감싼다. 이때 오른손 엄지가 $\vec{\tau}$의 방향이다. 그림 11.4.1b에서 $\vec{\tau}$의 방향은 z축 양의 방향이다.

벡터 $\vec{\tau}$의 크기를 구하기 위해 식 3.3.8($c = ab \sin\phi$)을 적용하면 다음과 같다.

$$\tau = rF \sin\phi. \tag{11.4.2}$$

여기서 ϕ는 $\vec{r}$과 $\vec{F}$ 사이의 각도이다. 그림 11.4.1b로부터 식 11.4.2를

$$\tau = rF_\perp \tag{11.4.3}$$

로 쓸 수도 있다. 여기서 $F_\perp\,(= F\sin\phi)$는 $\vec{r}$에 수직한 $\vec{F}$의 성분이다. 또한 그림 11.4.1c로부터

$$\tau = r_\perp F \tag{11.4.4}$$

로 쓸 수 있으며, $r_\perp\,(= r\sin\phi)$은 $\vec{F}$의 모멘트팔($\vec{F}$의 작용선과 O 사이의 수직거리)이다.

확인문제 11.4.1

입자의 위치벡터 $\vec{r}$은 z축 양의 방향이다. 입자에 작용하는 토크가 (a) 0일 때, (b) x축 음의 방향과 (c) y축 음의 방향을 향할 때, 이러한 토크를 주는 힘은 각각 어느 방향을 향하는가?

보기문제 11.4.1 힘에 의해 입자에 작용하는 토크

그림 11.4.2a에서 크기가 각각 2.0 N인 세 개의 힘이 입자에 작용한다. 입자는 xz 평면 위의 위치벡터 $\vec{r}$로 주어지는 점 A에 있다. 여기서 r = 3.0 m이고 θ는 30°이다. 각각의 힘에 의한 원점 O에 대한 토크는 얼마인가?

요점

세 개의 벡터가 같은 평면상에 놓여 있지 않으므로 벡터곱을 하여 식 11.4.2에 주어진 크기($\tau = rF \sin \phi$)와 오른손 규칙으로 주어진 방향을 구해야 한다.

풀이: 원점에 대한 토크를 구하려고 하므로 필요한 벡터 $\vec{r}$은 위치벡터이다. 각 힘과 $\vec{r}$ 사이의 각도 ϕ를 알기 위해서는 그림 11.4.2a의 힘 벡터의 꼬리를 원점으로 이동한다. 그림 11.4.2b, c, d는 힘 벡터 $\vec{F}_1$, $\vec{F}_2$, $\vec{F}_3$의 꼬리를 원점에 옮겨 놓고 xz평면의 바로 위에서 내려다 본 모습이다. (힘 벡터와 위치벡터 사이의 각도를 보는 것이 얼마나 더 쉬워지는지 주목하여라.) 그림 11.4.2d에서 $\vec{r}$과 $\vec{F}_3$ 사이의 각도는 90°이다. 여기서 기호 ⊗는 $\vec{F}_3$가 지면으로 들어가는 방향이라는 뜻이다(지면에서 나오는 방향은 ⊙로 표시한다).

식 11.4.2를 적용하면 다음을 얻는다.

$$\tau_1 = rF_1 \sin \phi_1 = (3.0\ \text{m})(2.0\ \text{N})(\sin 150°) = 3.0\ \text{N}\cdot\text{m},$$

$$\tau_2 = rF_2 \sin \phi_2 = (3.0\ \text{m})(2.0\ \text{N})(\sin 120°) = 5.2\ \text{N}\cdot\text{m},$$

$$\tau_3 = rF_3 \sin \phi_3 = (3.0\ \text{m})(2.0\ \text{N})(\sin 90°) = 6.0\ \text{N}\cdot\text{m}.$$ (답)

다음으로 오른손의 손가락들을 $\vec{r}$에서 $\vec{F}$ 방향으로 두 방향 사이의 작은 각도만큼 회전하는 오른손 규칙을 적용해 보자. 엄지손가락이 토크의 방향을 나타낸다. $\vec{\tau}_1$은 그림 11.4.2b처럼 지면으로 들어가는 방향이다. $\vec{\tau}_2$는 그림 11.4.2c처럼 지면에서 나오는 방향이다. $\vec{\tau}_3$는 그림 11.4.2d에 나타낸 방향이다. 세 개의 토크 벡터를 그림 11.4.2e에 모두 나타내었다.

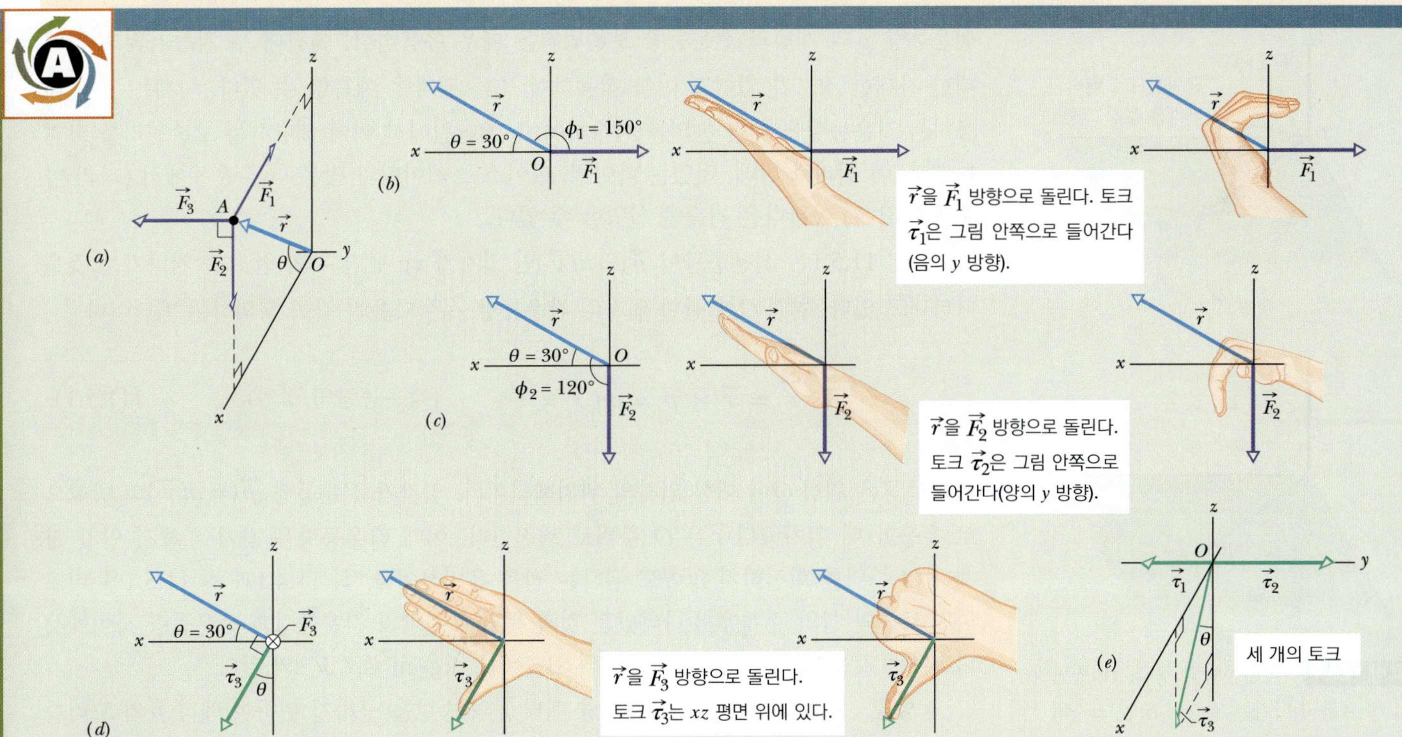

그림 11.4.2 (a) 점 A에 있는 입자에 대해 좌표축에 평행한 세 힘이 작용한다. 토크를 구할 때 이용하는 각도 ϕ를 (b) $\vec{F}_1$과 (c) $\vec{F}_2$에 대해 표시하였다. (d) 토크 $\vec{\tau}_3$는 $\vec{r}$과 $\vec{F}_3$ 모두에 수직이다($\vec{F}_3$는 지면에 수직으로 들어가는 방향이다). (e) 입자에 작용하는 원점 O에 대한 세 토크.

▶ 교육용 비디오는 웹사이트 www.wiley.com에서 볼 수 있다.

11.5 ▸ 각운동량

학습목표_Learning Objectives

이 단원을 읽은 후 다음을 이해해야 한다.

11.5.1 각운동량은 벡터량이다.

11.5.2 각운동량을 계산하는 고정점은 항상 지정되어야 한다.

11.5.3 입자의 각운동량은 입자의 위치 벡터와 운동량 벡터를 단위벡터 표기나 크기-각도 표기방법을 이용하여 벡터곱을 취해 계산한다.

11.5.4 벡터곱에 대한 오른손 규칙을 이용하여 각운동량 벡터의 방향을 구한다.

요점_Key Ideas

1. 선운동량 $\vec{p}$, 질량 m, 선속도 $\vec{v}$를 갖는 입자의 각운동량 $\vec{\ell}$은 (보통 원점으로 잡는) 고정점에 대해 다음과 같이 정의하는 벡터량이다.

$$\vec{\ell} = \vec{r} \times \vec{p} = m(\vec{r} \times \vec{v}).$$

2. $\vec{\ell}$의 크기는 다음으로 주어진다.

$$\begin{aligned}\ell &= rmv \sin \phi \\ &= rp_\perp = rmv_\perp \\ &= r_\perp p = r_\perp mv.\end{aligned}$$

여기서 ϕ는 $\vec{r}$과 $\vec{p}$ 사이의 각도이고, $p_\perp$과 $v_\perp$은 $\vec{r}$에 수직한 성분이며, $r_\perp$은 고정점과 $\vec{p}$의 연장선 사이의 수직거리이다.

3. $\vec{\ell}$의 방향은 오른손 규칙으로 결정한다. 오른손 손가락이 $\vec{r}$의 방향을 향하게 한다. 그리고 이를 손바닥 주위로 회전시켜 $\vec{p}$의 방향으로 오게 한다. 곧게 뻗은 엄지손가락의 방향이 $\vec{\ell}$의 방향이다.

▶ 각운동량

선운동량 $\vec{p}$의 개념과 선운동량 보존법칙은 매우 유용하다. 예컨대 두 자동차의 충돌에 대한 자세한 정보가 없어도 이를 적용하여 충돌 결과를 예측할 수 있다. 이제는 $\vec{p}$에 대응하는 각운동량에 대한 논의를 시작하여, 11.8단원에서 이에 해당하는 보존원리를 고려하겠다. 이 원리로 발레, 멋있는 다이빙, 아이스 스케이팅과 많은 다른 운동에서 (거의 마술과도 같은) 아름다운 기술을 설명할 수 있다.

그림 11.5.1은 선운동량이 $\vec{p}(=m\vec{v})$인 입자가 xy 평면 위의 점 A를 지나가는 것을 나타내고 있다. 원점 O에 관한 입자의 **각운동량** $\vec{\ell}$은 다음과 같이 정의하는 벡터이다.

$$\vec{\ell} = \vec{r} \times \vec{p} = m(\vec{r} \times \vec{v}) \qquad \text{(각운동량의 정의)}. \qquad (11.5.1)$$

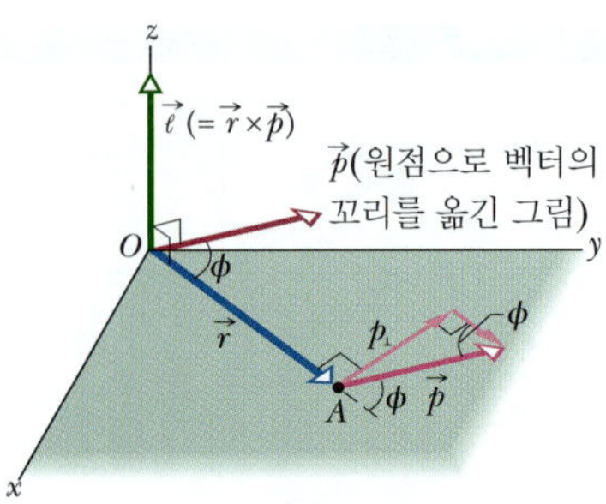

(a)

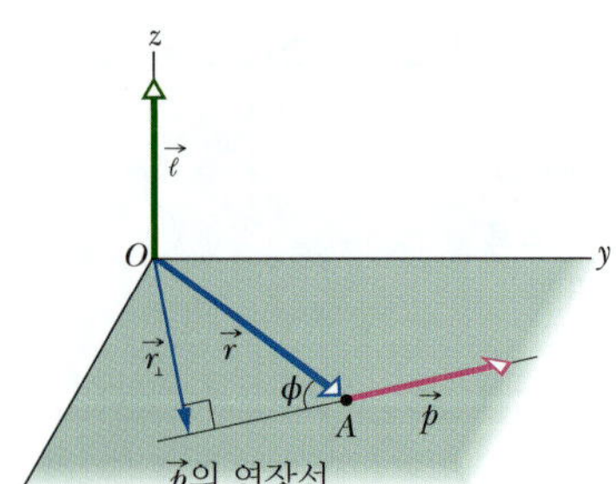

(b)

그림 11.5.1 각운동량의 정의. xy 평면 위의 점 A를 지나가는 질량이 m인 입자의 선운동량이 $\vec{p}(=m\vec{v})$이면 입자의 각운동량은 원점 O에 대해서 $\vec{\ell}(=\vec{r}\times\vec{p})$이다. 이때 각운동량 벡터는 오른손 규칙에 의해 z축 양의 방향을 향한다. $\vec{\ell}$의 크기는 (a) $\ell = rp_\perp = rmv_\perp$ 또는 (b) $\ell = r_\perp p = r_\perp mv$로 쓸 수 있다.

여기서 $\vec{r}$은 원점 O에 대한 입자의 위치벡터이다. 입자가 선운동량 $\vec{p}(=m\vec{v})$의 방향으로 운동할 때 위치벡터 $\vec{r}$은 O 주위로 회전한다. 이때 각운동량을 갖기 위해서 입자 자체가 O 주위를 회전하지 *않아도* 된다는 점을 유의하여라. 식 11.4.1과 식 11.5.1을 비교하면 토크와 힘의 관계에서 나타났던 것과 똑같은 관계가 각운동량과 선운동량 사이에서 나타나는 것을 알 수 있다. 각운동량의 SI 단위는 $kg \cdot m^2/s$로 $J \cdot s$와 같다.

▸***방향.*** 그림 11.5.1에서 각운동량 벡터 $\vec{\ell}$의 방향을 구하기 위하여 벡터 $\vec{p}$의 꼬리를 원점으로 이동시킨 다음 오른손 규칙을 이용하여 손가락을 $\vec{r}$에서 $\vec{p}$로 쓸어가는벡터곱을 하면, 그림과 같이 z축 양의 방향이 $\vec{\ell}$의 방향이 된다. 여기서 $\vec{\ell}$이 양인 방향은 입자의 위치벡터 $\vec{r}$이 반시계방향으로 z축에 대하여 회전하는 방향이다. (반대로 $\vec{\ell}$이 음인 방향은 z축에 대하여 $\vec{r}$이 시계방향으로 회전하는 방향이다.)

▸***크기.*** 식 3.3.8을 사용하면 $\vec{\ell}$의 크기는

$$\ell = rmv \sin \phi \tag{11.5.2}$$

이다. 여기서 ϕ는 $\vec{r}$과 $\vec{p}$ 사이의 각도이다. 그림 11.5.1*a*를 보면 식 11.5.2를

$$\ell = rp_\perp = rmv_\perp \tag{11.5.3}$$

로 쓸 수 있다. 여기서 $p_\perp$는 $\vec{r}$에 수직인 $\vec{p}$의 성분이고, $v_\perp$는 $\vec{r}$에 수직인 $\vec{v}$의 성분이다. 그림 11.5.1*b*를 보면 식 11.5.2를

$$\ell = r_\perp p = r_\perp mv \tag{11.5.4}$$

로 쓸 수도 있다. 여기서 $r_\perp$은 $\vec{p}$의 연장선과 원점 O 사이의 수직거리이다.

▸***요점.*** 여기서 두 가지 특징에 주목하여야 한다. (1) 각운동량은 정해진 원점에 대해서만 의미가 있다. (2) 각운동량 벡터의 방향은 항상 벡터 $\vec{r}$과 $\vec{p}$가 만드는 평면에 수직이다.

→ 확인문제 11.5.1

옆의 그림 (*a*)에서 입자 1과 2가 점 O에 대하여 반지름이 2 m와 4 m인 원을 따라 서로 반대 방향으로 움직이고 있다. 그림 (*b*)에서는 입자 3과 4가 점 O에 대하여 각각 수직거리로 4 m와 2 m 떨어진 두 직선을 따라 같은 방향으로 움직이고 있다. 입자 5는 O부터 시작하여 같은 방향으로 움직인다. 다섯 개 입자의 질량은 모두 같고, 동일한 등속력으로 움직인다. (a) 점 O에 대한 각운동량의 크기가 큰 순서대로 나열하여라. (b) 어떤 입자가 점 O에 대하여 음의 각운동량을 가지는가?

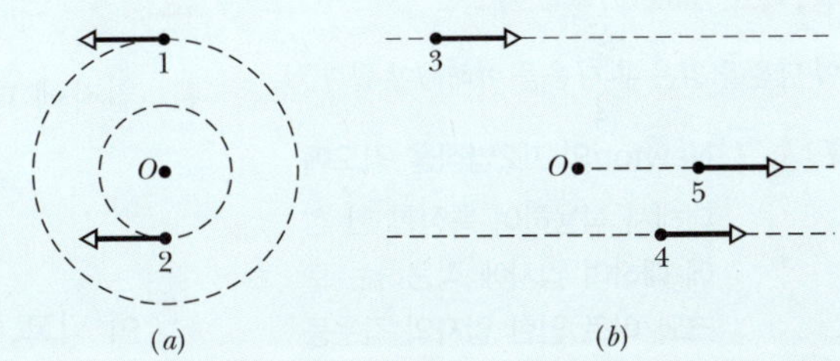

▸ 보기문제 11.5.1 두 입자가 있는 계의 각운동량

그림 11.5.2는 일정한 선운동량으로 수평 경로를 따라 움직이는 두 입자를 위에서 내려다 본 그림이다. 운동량의 크기가 $p_1 = 5.0\ \text{kg}\cdot\text{m/s}$인 입자 1은 위치벡터가 $\vec{r}_1$이며 점 O에서 2.0 m 떨어진 지점을 통과한다. 운동량의 크기가 $p_2 = 2.0\ \text{kg}\cdot\text{m/s}$인 입자 2는 위치벡터가 $\vec{r}_2$이며 점 O에서 4.0 m 떨어진 지점을 통과한다. 두 입자로 이루어진 물리계의 점 O에 대한 알짜 각운동량 $\vec{L}$의 크기와 방향을 구하여라.

요점

알짜 각운동량 $\vec{L}$을 구하기 위해서는 먼저 각각의 각운동량 $\vec{\ell}_1$과 $\vec{\ell}_2$를 구해서 더해야 한다. 크기를 구하기 위해서 식 11.5.1부터 11.5.4까지 어느 식이든 사용할 수 있다. 그러나 연습문제에서 수직거리 $r_{\perp 1}(= 2.0\ \text{m})$와 $r_{\perp 2}(= 4.0\ \text{m})$, 선운동량의 크기 p_1, p_2가 주어졌기 때문에 식 11.5.4를 사용하는 것이 제일 간편하다.

풀이: 입자 1에 대하여 식 11.5.4를 적용하면

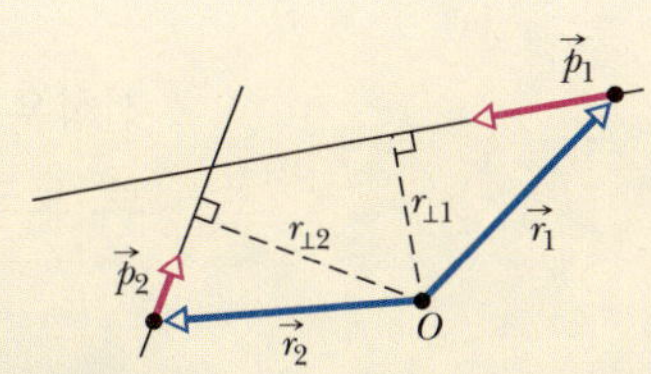

그림 11.5.2 점 O 근처를 지나는 두 입자.

$$\ell_1 = r_{\perp 1}p_1 = (2.0\ \text{m})(5.0\ \text{kg}\cdot\text{m/s}) = 10\ \text{kg}\cdot\text{m}^2/\text{s}$$

를 얻는다. 벡터 $\vec{\ell}_1$의 방향을 구하기 위해 식 11.5.1을 사용하고 벡터곱에 대한 오른손 규칙을 적용하자. $\vec{r}_1 \times \vec{p}_1$은 지면에서 나오는 방향을 향하고, 그림 11.5.2의 평면에 수직이 되어야 한다. 이는 양의 방향이며 입자의 위치벡터 $\vec{r}_1$이 O에 대하여 반시계방향으로 회전한다는 뜻이다. 따라서 입자 1의 각운동량 벡터의 크기는

$$\ell_1 = +10\ \text{kg}\cdot\text{m}^2/\text{s}$$

이다. 마찬가지로 $\vec{\ell}_2$의 크기를 구하면

$$\ell_2 = r_{\perp 2}p_2 = (4.0\ \text{m})(2.0\ \text{kg}\cdot\text{m/s}) = 8.0\ \text{kg}\cdot\text{m}^2/\text{s}$$

이고, 벡터곱 $\vec{r}_2 \times \vec{p}_2$는 지면으로 들어가는, 즉 음의 방향이다. 이것 역시 $\vec{r}_2$가 O에 대하여 시계방향으로 회전한다는 사실과 일치한다. 따라서 입자 2의 각운동량 벡터는

$$\ell_2 = -8.0\ \text{kg}\cdot\text{m}^2/\text{s}$$

이다. 따라서 입자계의 알짜 각운동량은 다음과 같다.

$$L = \ell_1 + \ell_2 = +10\ \text{kg}\cdot\text{m}^2/\text{s} + (-8.0\ \text{kg}\cdot\text{m}^2/\text{s}) = +2.0\ \text{kg}\cdot\text{m}^2/\text{s}.$$ (답)

여기서 양의 부호는 입자계의 점 O에 대한 알짜 각운동량이 지면에서 나오는 방향이라는 뜻이다.

▶ **교육용 비디오는 웹사이트 www.wiley.com에서 볼 수 있다.**

11.6 ▸ 회전운동에 관한 Newton의 제2법칙

학습목표 _Learning Objectives_

이 단원을 읽은 후 다음을 이해해야 한다.

11.6.1 Newton의 제2법칙을 각도에 대해서 적용하여 특정한 한 점에 대하여 입자에 작용하는 토크와 이로 인한 입자의 각운동량의 변화율을 구한다.

요점 _Key Ideas_

1. 입자에 대한 Newton의 제2법칙을 각도에 대해 표현하면

$$\vec{\tau}_{\text{net}} = \frac{d\vec{\ell}}{dt}$$

이 되고, 여기서 $\vec{\tau}_{\text{net}}$는 입자에 작용하는 알짜 토크이고, $\vec{\ell}$은 입자의 각운동량이다.

▶ 회전운동에 관한 Newton의 제2법칙

Newton의 제2법칙은 단일입자에 대한 힘과 선운동량 사이의 관계로 다음과 같다.

$$\vec{F}_{\text{net}} = \frac{d\vec{p}}{dt} \quad \text{(단일입자)}. \tag{11.6.1}$$

선형운동에 관한 물리량과 회전운동에 관한 물리량 사이에 서로 대응하는 관계가 있으므로, 토크와 각운동량 사이에 성립하는 관계가 있을 것으로 예상하여 식 11.6.1로부터

$$\vec{\tau}_{\text{net}} = \frac{d\vec{\ell}}{dt} \quad \text{(단일입자)} \tag{11.6.2}$$

로 쓸 수 있다. 결국 식 11.6.2는 단일입자의 회전운동에 관한 Newton의 제2법칙으로서 다음과 같이 말할 수 있다.

> 입자에 작용하는 모든 토크들의 벡터합은 입자 각운동량의 시간변화율과 같다.

식 11.6.2는 토크 $\vec{\tau}$와 각운동량 $\vec{\ell}$은 사용하는 좌표계의 원점으로 보통 정하는 원점과 같이 동일한 점에 대해서 정의해야 한다.

식 11.6.2의 증명

각운동량의 정의인 식 11.5.1에서 출발해 보자.

$$\vec{\ell} = m(\vec{r} \times \vec{v}).$$

여기서 $\vec{r}$은 입자의 위치벡터이고, $\vec{v}$는 입자의 속도이다. 시간 t에 대하여 미분하면[1]

$$\frac{d\vec{\ell}}{dt} = m\left(\vec{r} \times \frac{d\vec{v}}{dt} + \frac{d\vec{r}}{dt} \times \vec{v}\right) \tag{11.6.3}$$

를 얻는다. 그런데 $d\vec{v}/dt$는 입자의 가속도 $\vec{a}$이며, $d\vec{r}/dt$는 속도 $\vec{v}$이기 때문에 식 11.6.3을

$$\frac{d\vec{\ell}}{dt} = m(\vec{r} \times \vec{a} + \vec{v} \times \vec{v})$$

로 쓸 수 있다. $\vec{v} \times \vec{v} = 0$(두 벡터 사이의 각이 0이기 때문에 벡터곱은 필연적으로 0이 된다)을 이용하여 다시 쓰면

$$\frac{d\vec{\ell}}{dt} = m(\vec{r} \times \vec{a}) = \vec{r} \times m\vec{a}$$

를 얻는다. 따라서 Newton의 제2법칙($\vec{F}_{\text{net}} = m\vec{a}$)을 이용하여 $m\vec{a}$를 입자에 작용하는 힘의 벡터합으로 쓰면

$$\frac{d\vec{\ell}}{dt} = \vec{r} \times \vec{F}_{\text{net}} = \sum(\vec{r} \times \vec{F}) \tag{11.6.4}$$

이다. 기호 Σ는 모든 힘에 대한 벡터곱 $\vec{r} \times \vec{F}$의 합을 뜻한다. 그런데 식 11.4.1에 의하면 각각의 벡터곱은 각각의 힘과 관련된 토크이므로, 결국 식 11.6.4는 다음과 같다.

$$\vec{\tau}_{\text{net}} = \frac{d\vec{\ell}}{dt}.$$

이 결과가 바로 증명하고자 했던 식 11.6.2이다.

확인문제 11.6.1

오른편 그림은 어느 순간에 입자의 위치와 입자를 가속시키는 네 가지의 가능한 방향의 힘이다. 네 힘은 모두 xy 평면에 있다. (a) 위의 네 경우를 점 O에 대한 각운동량의 시간변화율 ($d\vec{\ell}/dt$)의 크기가 큰 순서대로 나열하여라. (b) 어떤 경우에 점 O에 대한 각운동량의 시간변화율이 음수가 되는가?

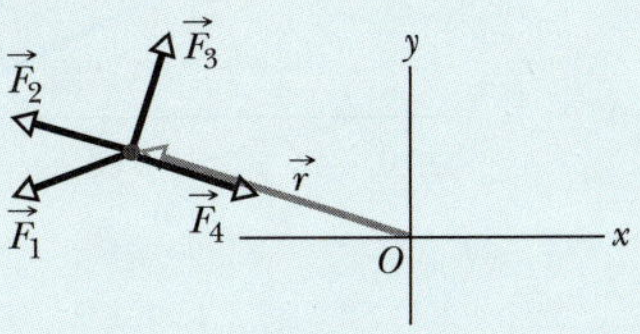

[1] 벡터곱을 미분할 때 두 물리량(여기서는 $\vec{r}$과 $\vec{v}$)의 순서가 바뀌지 않도록 조심하여야 한다(식 3.3.6 참조).

보기문제 11.6.1 토크, 각운동량의 시간 미분

그림 11.6.1a에 0.500 kg의 입자가 위치벡터가

$$\vec{r} = (-2.00t^2 - t)\hat{\text{i}} + 5.00\hat{\text{j}}$$

으로 주어지는 직선 위에 움직이는 모습을 순간적으로 나타내었다. $\vec{r}$은 미터, t는 초로 측정하며 $t = 0$에서 시작한다. 위치벡터는 원점에서 입자로 향한다. 단위벡터 표기법을 이용하여 입자의 각운동량 $\vec{\ell}$과 입자에 작용하는 토크 $\vec{\tau}$를 모두 원점에 대해 구하여라. 입자의 운동을 이용하여 그 부호를 설명하여라.

요점

(1) 입자의 각운동량을 계산하려는 점을 항상 지정해야 한다. 여기서는 원점이다. (2) 입자의 각운동량 $\vec{\ell}$은 식 11.5.1 ($\vec{\ell} = \vec{r} \times \vec{p} = m(\vec{r} \times \vec{v})$)로 주어진다. (3) 입자의 각운동량과 관련된 부호는 입자가 움직일 때 (회전축 주위로) 입자의 위치벡터의 회전 방향에 의해 정해진다. 시계방향이면 음수이고, 반시계방향이면 양수이다. (4) 입자에 작용하는 토크와 입자의 각운동량을 같은 점 주위로 계산했다면 토크와 각운동량의 관계는 식 11.6.2($\vec{\tau} = d\vec{\ell}/dt$)로 주어진다.

풀이: 식 11.5.1을 이용하여 원점 주위의 각운동량을 구하기 위해서 먼저 위치벡터를 시간에 대해 미분하여 입자의 속도에 대한 표현을 구해야 한다. 식 4.2.3($\vec{v} = d\vec{r}/dt$)을 이용하면 다음과 같이 쓸 수 있다.

$$\vec{v} = \frac{d}{dt}((-2.00t^2 - t)\hat{\text{i}} + 5.00\hat{\text{j}}) = (-4.00t - 1.00)\hat{\text{i}}.$$

여기서 $\vec{v}$는 m/s로 측정한다.

다음으로 식 3.3.8에 나타난 벡터곱의 방법을 이용하여 $\vec{r}$과 $\vec{v}$의 벡터곱을 구한다.

$$\vec{a} \times \vec{b} = (a_y b_z - b_y a_z)\hat{\text{i}} + (a_z b_x - b_z a_x)\hat{\text{j}} + (a_x b_y - b_x a_y)\hat{\text{k}}.$$

여기서 임의의 $\vec{a}$는 $\vec{r}$이고, 임의의 $\vec{b}$ 대신 $\vec{v}$를 넣는다. 그러나 필요 이상의 노력을 할 필요가 없으므로 먼저 이 일반적인 벡터곱에 대입하자. $\vec{r}$에는 z성분이 없고, $\vec{v}$는 y나 z성분이 없으므로, 일반적인 벡터곱에서 유일하게 0이 아닌 항은 마지막 항인 $(-b_x a_y)\hat{\text{k}}$이다. 따라서 간단히 다음과 같이 쓴다.

$$\vec{r} \times \vec{v} = -(-4.00t - 1.00)(5.00)\hat{\text{k}} = (20.0t + 5.00)\hat{\text{k}}\ \text{m}^2/\text{s}.$$

항상 그랬듯이 벡터곱으로 얻은 벡터는 원래 벡터들과 수직이라는 것에 주목하자.

식 11.5.1을 완성하기 위해서는 질량을 곱하여 다음을 얻는다.

$$\vec{\ell} = (0.500\ \text{kg})[(20.0t + 5.00)\hat{\text{k}}\ \text{m}^2/\text{s}] = (10.0t + 2.50)\hat{\text{k}}\ \text{kg}\cdot\text{m}^2/\text{s}.$$ (답)

그러면 원점에 대한 토크는 식 11.6.2으로부터 바로 다음을 얻는다.

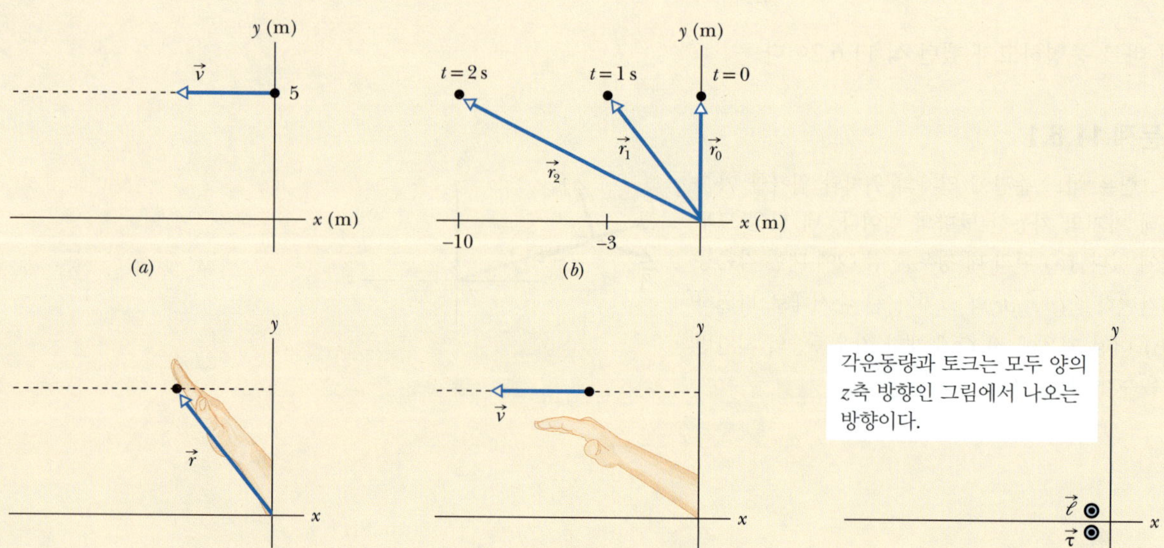

그림 11.6.1 (a) 시간 $t = 0$에서 일직선 위로 움직이는 입자. (b) t = 0, 1.00 s와 2.00 s에서의 위치벡터. (c) 벡터곱에 대한 오른손 규칙을 적용하는 첫 단계. (d) 두 번째 단계. (e) 각운동량과 토크 벡터는 z축을 향하고, 그림의 평면에서 나오는 방향이다.

$$\vec{\tau} = \frac{d}{dt}(10.0t + 2.50)\hat{k}\ \text{kg}\cdot\text{m}^2/\text{s}$$
$$= 10.0\hat{k}\ \text{kg}\cdot\text{m}^2/\text{s}^2 = 10.0\hat{k}\ \text{N}\cdot\text{m}.$$ (답)

이것은 z축에 대해 양의 방향이다.

$\vec{\ell}$의 결과를 보면 각운동량은 z축에 대해 양의 방향이라는 것을 알 수 있다. 위치벡터의 회전을 이용하여 이 양의 결과를 이해하기 위해 이 벡터를 여러 시간에 대해 구해보자.

$$t = 0, \quad \vec{r}_0 = 5.00\hat{j}\ \text{m},$$
$$t = 1.00\ \text{s}, \quad \vec{r}_1 = -3.00\hat{i} + 5.00\hat{j}\ \text{m},$$
$$t = 2.00\ \text{s}, \quad \vec{r}_2 = -10.0\hat{i} + 5.00\hat{j}\ \text{m}.$$

이 결과를 그림 11.6.1b처럼 그려보면 $\vec{r}$은 입자를 따라 가려면 반시계방향으로 회전한다는 것을 볼 수 있다. 이것이 회전의 양의 방향이다. 따라서 비록 입자가 직선운동을 하지만 원점에 대해서는 반시계방향으로 움직이고 있으며, 따라서 양의 각운동량을 갖는다.

또한 벡터곱에 대한 오른손 규칙을 적용하면 $\vec{\ell}$의 방향도 이해할 수 있다(여기서는 $\vec{r} \times \vec{v}$, 혹은 원한다면 $m\vec{r} \times \vec{v}$를 사용해도 방향은 같다). 입자가 운동하는 어떤 순간에도 오른손의 손가락은 먼저 그림 11.6.1c에 나타내었듯이 벡터곱의 첫 벡터($\vec{r}$)의 방향으로 향하게 한다. (책에 나타난) 손의 방향을 적당히 조절하여 손가락이 손바닥 주위로 편하게 움직일 수 있게 하여 그림 11.6.1d에 나타내었듯이 벡터곱의 두 번째 벡터($\vec{v}$)의 방향으로 향하게 한다. 곧게 뻗은 엄지손가락이 벡터곱의 결과에 대한 방향을 나타낸다. 그림 11.6.1e에 나타내었듯이 이 벡터는 z축에 대해 양의 방향이고(그림에서는 책에서 나오는 방향이다) 앞의 결과와 일치한다. 그림 11.6.1e는 또한 z축에 대해 양의 방향인 $\vec{\tau}$의 방향도 나타내었다. 이는 각운동량이 이 방향이고 크기가 증가하기 때문이다.

▶ 교육용 비디오는 웹사이트 www.wiley.com에서 볼 수 있다.

11.7 ▸ 강체의 각운동량

학습목표 _Learning Objectives

이 단원을 읽은 후 다음을 이해해야 한다.

11.7.1 입자계에 대해 각 형태의 Newton 제2법칙을 적용하여 계에 작용하는 알짜 토크와 계의 각운동량의 변화율 사이의 관계를 구한다.

11.7.2 고정축 주위로 회전하는 강체의 각운동량, 물체의 회전관성과 그 축 주위의 각속력 사이의 관계를 적용한다.

11.7.3 두 강체가 같은 축 주위로 회전할 때 전체 각운동량을 계산한다.

요점 _Key Ideas

1. 입자계의 각운동량 $\vec{L}$은 각각의 입자에 대한 각운동량의 벡터합이다.

$$\vec{L} = \vec{\ell}_1 + \vec{\ell}_2 + \cdots + \vec{\ell}_n = \sum_{i=1}^{n} \vec{\ell}_i.$$

2. 이 각운동량의 시간 변화율은 계에 작용하는 (계의 입자들이 계 밖에 있는 입자와 상호작용하여 나타나는 토크의 벡터합인) 알짜 외부 토크와 같다.

$$\vec{\tau}_{\text{net}} = \frac{d\vec{L}}{dt} \qquad (\text{입자계}).$$

3. 고정축에 대해 회전하는 강체에 대해 회전축에 평행한 각운동량 성분은 다음과 같다.

$$L = I\omega \qquad (\text{강체, 고정축}).$$

▶ 입자계의 각운동량

이제는 원점에 대한 입자계의 각운동량을 생각해 보자. 입자계의 총 각운동량 $\vec{L}$은 다음과 같이 각 입자의 각운동량 $\vec{\ell}$의 벡터합이다. 여기서 $\vec{\ell}_i$는 i번째 입자의 각운동량이다.

$$\vec{L} = \vec{\ell}_1 + \vec{\ell}_2 + \vec{\ell}_3 + \cdots + \vec{\ell}_n = \sum_{i=1}^{n} \vec{\ell}_i. \tag{11.7.1}$$

각 입자의 각운동량은 계 내부 입자의 상호작용과 함께 외부에서 계에 작용하는 영향 때문에 변한다. 식 11.7.1을 시간에 대하여 미분하면 $\vec{L}$의 시간에 대한 변화를

$$\frac{d\vec{L}}{dt} = \sum_{i=1}^{n} \frac{d\vec{\ell}_i}{dt} \tag{11.7.2}$$

로 쓸 수 있다. 식 11.7.2에 따르면 $d\vec{\ell}_i/dt$는 i번째 입자에 작용하는 알짜 토크 $\vec{\tau}_{\text{net},i}$이므로 식 11.7.2는

$$\frac{d\vec{L}}{dt} = \sum_{i=1}^{n} \vec{\tau}_{\text{net},i} \tag{11.7.3}$$

로 쓸 수 있다. 즉 계의 각운동량 $\vec{L}$의 변화율은 각 입자에 작용하는 토크의 벡터합과 같다. 이러한 토크는 내부 입자 사이의 *내부 토크*와 계의 외부에서 각각의 입자에 작용하는 *외부 토크*의 벡터합이다. 그러나 입자 사이의 내부 토크는 두 입자 사이에 적용되는 작용–반작용의 법칙 때문에 그 합은 0이다. 따라서 계의 전체 각운동량 $\vec{L}$을 변화시킬 수 있는 토크는 계에 작용하는 외부 토크뿐이다.

▸***알짜 외부 토크.*** $\vec{\tau}_{\text{net}}$이 계에 작용하는 모든 외부 토크의 벡터합인 알짜 외부 토크라고 하면, 식 11.7.3은

$$\vec{\tau}_{\text{net}} = \frac{d\vec{L}}{dt} \qquad \text{(입자계)} \tag{11.7.4}$$

로 쓸 수 있다. 이 식이 바로 입자계의 회전운동에 대한 Newton의 제2법칙이다.

입자계에 작용하는 알짜 외부 토크 $\vec{\tau}_{\text{net}}$은 입자계의 전체 각운동량 $\vec{L}$의 시간변화율이다.

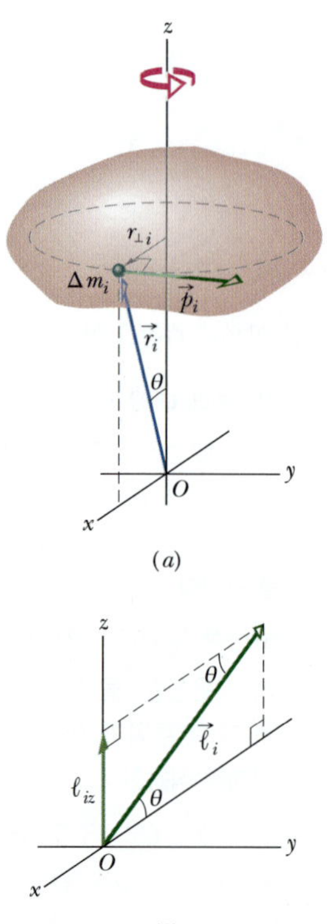

그림 11.7.1 ▸ (*a*) 강체가 각속력 ω로 z축 주위를 회전하고 있다. 물체 내의 질량요소 Δm_i는 z축에 대하여 반지름이 $r_{\perp i}$인 원운동을 한다. 질량요소의 선운동량은 $\vec{p}_i$이며 원점 O에 대한 위치는 $\vec{r}_i$이다. 그림에 있는 질량요소의 $r_{\perp i}$는 x축에 평행이다. (*b*) 그림 (*a*)의 질량요소의 원점 O에 대한 각운동량 $\vec{\ell}_i$와 z축 성분인 ℓ_{iz}.

식 11.7.4는 식 9.3.6의 $\vec{F}_{\text{net}} = d\vec{P}/dt$와 비슷하지만 토크와 각운동량 벡터가 동일한 원점에 대하여 측정되어야 한다는 점에 유의하여야 한다. 입자계의 질량중심이 가속되지 않는 관성기준계에서는 어느 점이나 원점이 될 수 있지만, 질량중심이 가속되고 있으면 질량중심만이 원점이 될 수 있다. 한 예로 바퀴를 생각해 보자. 만일 바퀴가 지면에 대하여 고정된 어느 축에 대하여 회전한다면 식 11.7.4에 필요한 원점은 지면에 대하여 멈춰있는 어느 점이나 가능하다. 그러나 바퀴가 경사면에서 굴러 내려오는 경우처럼 바퀴가 가속되고 있는 축에 대하여 회전하는 경우에는 원점은 반드시 바퀴의 질량중심에 있어야 한다.

▶ 고정된 축 주위로 회전하는 강체의 각운동량

어느 축에 대하여 회전하는 강체를 이루고 있는 입자계의 각운동량을 계산해 보자. 그림 11.7.1*a*가 한 보기이다. 이 경우에 고정된 회전축은 z축이며 물체는 일정한 각속력 ω로 회전축에 대하여 회전한다. 회전축에 대한 물체의 각운동량을 구해 보자.

강체의 각운동량은 각 질량요소의 각운동량의 z축 성분을 모두 더해서 구할 수 있다. 그림 11.7.1a에서 질량요소 Δm_i가 z축 주위를 원운동하고 있다. 질량요소는 원점 O에 대하여 $\vec{r}_i$인 위치에 있고, 원의 반지름은 질량요소와 z축 사이의 수직거리 $r_{\perp i}$이다.

원점 O에 관한 질량요소의 각운동량 $\vec{\ell}_i$의 크기는 다음의 식 11.5.2이다.

$$\ell_i = (r_i)(p_i)(\sin 90°) = (r_i)(\Delta m_i\, v_i).$$

여기서 p_i와 v_i는 각각 질량요소의 선운동량과 선속력이며, $\vec{r}_i$와 $\vec{p}_i$ 사이의 각도는 90°이다. 그림 11.7.1a에 표시된 질량요소의 각운동량 벡터 $\vec{\ell}_i$는 그림 11.7.1b에 표시되었다. 각운동량 벡터 $\vec{\ell}_i$는 $\vec{r}_i$와 $\vec{p}_i$ 모두에 대하여 수직이어야 한다.

▸ ***z*성분.** 각운동량 $\vec{\ell}_i$의 성분 중 회전축인 z축에 평행한 성분은

$$\ell_{iz} = \ell_i \sin\theta = (r_i \sin\theta)(\Delta m_i\, v_i) = r_{\perp i}\, \Delta m_i\, v_i$$

로 쓸 수 있다. 강체의 전체 각운동량의 z성분은 물체를 구성하는 모든 질량요소의 각운동량의 z성분을 모두 더해서 구할 수 있다. $v = \omega r_\perp$을 이용하면

$$L_z = \sum_{i=1}^{n} \ell_{iz} = \sum_{i=1}^{n} \Delta m_i\, v_i r_{\perp i} = \sum_{i=1}^{n} \Delta m_i (\omega r_{\perp i}) r_{\perp i}$$

$$= \omega \left(\sum_{i=1}^{n} \Delta m_i\, r_{\perp i}^2 \right) \tag{11.7.5}$$

이다. 회전하는 강체의 모든 점의 각속력이 모두 ω이므로, 위 식에서 합을 취할 때 ω를 괄호 밖으로 꺼낼 수 있다.

식 11.7.5의 물리량 $\Sigma \Delta m_i\, r_{\perp i}^2$은 고정된 축에 대한 강체의 회전관성이 I이므로(식 10.4.3 참조), 식 11.7.5는 다음과 같이 간단히 쓸 수 있다.

$$L = I\omega \quad \text{(강체, 고정축)}. \tag{11.7.6}$$

아래첨자 z를 생략했지만 식 11.7.6로 정의하는 각운동량은 회전축에 평행한 각운동량 성분만을 표시한다는 것을 유의해야 한다. 이 식에서 I는 같은 회전축에 대한 회전관성이다.

표 11.7.1은 표 10.8.1과 함께 선형운동과 회전운동 사이의 대응관계를 나타낸다.

표 11.7.1 병진운동과 회전운동의 물리량 사이의 대응관계[a]

병진운동		회전운동	
힘	$\vec{F}$	힘	$\vec{\tau}\,(=\vec{r}\times\vec{F})$
선운동량	$\vec{p}$	각운동량	$\vec{\ell}\,(=\vec{r}\times\vec{p})$
선운동량[b]	$\vec{P}\,(=\Sigma\vec{p}_i)$	각운동량[b]	$\vec{L}\,(=\Sigma\vec{\ell}_i)$
선운동량[b]	$\vec{P} = M\vec{v}_{\text{com}}$	각운동량[c]	$L = I\omega$
Newton의 제2법칙[b]	$\vec{F}_{\text{net}} = \dfrac{d\vec{P}}{dt}$	Newton의 제2법칙[b]	$\vec{\tau}_{\text{net}} = \dfrac{d\vec{L}}{dt}$
보존법칙[d]	$\vec{P}$ = 상수	보존법칙[d]	$\vec{L}$ = 상수

[a]표 10.8.1 참조.
[b]강체를 포함하는 입자계에 적용됨.
[c]고정축 주위로 회전하는 강체에 적용됨. L은 각운동량의 축 방향 성분.
[d]닫힌 고립계에 적용됨.

확인문제 11.7.1

그림에서 원판, 고리, 속이 찬 공이 고정된 중심축에 대하여 가장자리에 감긴 끈에 의해 회전한다. 끈은 세 물체에 대하여 모두 동일하게,

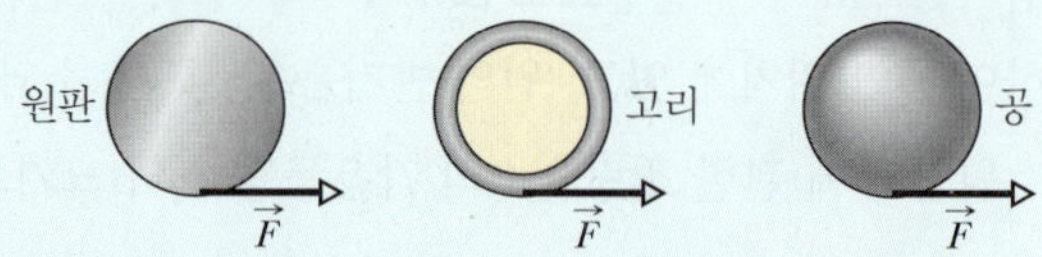

접선방향으로 일정한 크기의 힘을 작용한다. 세 물체의 질량과 반지름은 모두 같으며 초기에는 모두 정지해 있다. 시간 t 동안 끈을 당긴 후에 물체의 (a) 중심축에 대한 각운동량의 크기와 (b) 각속력의 크기가 큰 순서대로 각각 나열하여라.

보기문제 11.7.1 Ferris 바퀴

Rensselaer Polytechnic Institute에서 도시공학을 전공한 George Washington Gale Fessir, Jr는 1893년 Chicago에서 세계 콜럼비아 박람회가 개최되었을 때 처음 Ferris 바퀴를 만들었다. 그 당시 경이적인 공학적 건축물인 이 바퀴에는 36개의 나무로 만든 차가 있고, 각각은 60명까지 싣고 반지름 $R = 38$ m인 원 주위를 돌게 만들었다. 각 차의 질량은 약 1.1×10^4 kg이다. 바퀴 구조의 질량은 약 6.0×10^5 kg이고, 대부분 차가 매달린 원형 격자판에 분포하고 있다. 바퀴는 약 2.0분에 각속력 ω_F로 한 번 회전한다. (a) 바퀴가 ω_F로 회전할 때 바퀴와 승객의 각운동량 L의 크기를 구하여라.

요점

바퀴, 차, 승객을 바퀴축을 고정축으로 하여 회전하는 강체로 취급할 수 있다. 그러면 $L = I\omega$를 이용하여 물체의 각운동량 크기를 구한다. 그러기 위해서는 ω_F와 물체의 회전관성 I를 구해야 한다.

회전관성: I를 구하기 위해 사람이 탄 차부터 시작하자. 이들을 회전축으로부터 거리 R에 있는 입자로 취급할 수 있으므로 10.5절에서 회전관성은 $I_{pc} = M_{pc}R^2$이고, M_{pc}는 전체 질량이다. 36개의 차에 모두 60명의 승객이 있고, 한 승객의 질량은 70 kg이라고 가정하자. 그러면 전체 질량은

$$M_{pc} = 36[1.1 \times 10^4 \text{ kg} + 60(70 \text{ kg})] = 5.47 \times 10^5 \text{ kg}$$

이고, 회전관성은

$$I_{pc} = M_{pc}R^2 = (5.47 \times 10^5 \text{ kg})(38 \text{ m})^2 = 7.90 \times 10^8 \text{ kg} \cdot \text{m}^2$$

이다. 다음으로 바퀴의 구조를 고려한다. 구조물의 회전관성은 주로 차를 매달고 있는 원형 격자에서 나온다. 그리고 격자는 반지름 R, 질량 M_{hoop}는 3.0×10^5 kg(바퀴 질량의 반)인 고리라고 가정하자. 표 10.5.1a로부터 고리의 회전관성은

그림 11.7.2 1893년 Chicago 대학교 근처에 주위 건물 위로 솟아 있는 처음 만든 원래의 Ferris 바퀴.

$$I_{\text{hoop}} = M_{\text{hoop}}R^2 = (3.0 \times 10^5 \text{ kg})(38 \text{ m})^2 = 4.33 \times 10^8 \text{ kg} \cdot \text{m}^2$$

이다. 자동차, 승객과 고리가 결합한 회전관성 I는 다음과 같다.

$$I = I_{pc} + I_{\text{hoop}} = 7.90 \times 10^8 \text{ kg} \cdot \text{m}^2 + 4.33 \times 10^8 \text{ kg} \cdot \text{m}^2 = 1.22 \times 10^9 \text{ kg} \cdot \text{m}^2.$$

각속력: 각속력 ω_F를 구하기 위해 $\omega_{\text{avg}} = \Delta\theta/\Delta t$를 이용한다. 여기서 바퀴의 각변위는 시간 간격 $\Delta t = 2.0$분 동안 $\Delta\theta = 2\pi$만큼 변한다. 따라서 다음을 얻는다.

$$\omega_F = \frac{2\pi \text{ rad}}{(2.0 \text{ min})(60 \text{ s/min})} = 0.0524 \text{ rad/s}.$$

각운동량: 이제 각운동량의 크기 L은 다음과 같다.

$$L = I\omega_F = (1.22 \times 10^9 \text{ kg} \cdot \text{m}^2)(0.0524 \text{ rad/s}) = 6.39 \times 10^7 \text{ kg} \cdot \text{m}^2/\text{s} \approx 6.4 \times 10^7 \text{ kg} \cdot \text{m}^2/\text{s}.$$

(b) 만석이 된 바퀴가 시간 간격 $\Delta t_1 = 5.0$ s 동안 정지상태에서 ω_F로 회전한다면 바퀴에 작용하는 평균 알짜외부토크 τ_{avg}는 얼마인가?

요점

평균 알짜외부토크와 만석이 된 바퀴의 각운동량 변화 ΔL 사이의 관계는 Newton의 제2법칙 $\vec{\tau}_{net} = d\vec{L}/dt$(식 11.7.4)로 구할 수 있다.

풀이: 바퀴는 시간 간격 Δt_1에 고정축에 대해 회전하여 각속력 ω_F에 도달하므로 Newton의 제2법칙을 $\tau = \Delta L/\Delta t_1$으로 쓸 수 있다. ΔL은 0에서 (a)에서 구한 답까지 변한다. 따라서 다음을 얻는다.

$$\tau_{avg} = \frac{\Delta L}{\Delta t_1} = \frac{6.39 \times 10^7 \text{ kg} \cdot \text{m}^2/\text{s} - 0}{5.0 \text{ s}}$$
$$= 1.3 \times 10^7 \text{ N} \cdot \text{m}.$$

▶ 교육용 비디오는 웹사이트 www.wiley.com에서 볼 수 있다.

보기문제 11.7.2 도끼

도끼 전문가는 도끼가 날아가는 동안 질량중심 주위로 정수 번 회전을 하도록 던져 도끼날이 표적에 박히도록 던진다. (그림 11.7.3) 수평속도 성분 $v_x = 20.0$ m/s로 수평거리 $d = 5.90$ m를 날아갈 때 도끼는 1.00 회전을 한다고 하자. 또한 질량중심에 대한 도끼의 회전관성을 1.95×10^{-3} kg · m^{2}라고 하자.

(a) 도끼가 날아가는 동안 질량중심에 대한 도끼의 각운동량 크기를 구하여라.

요점

도끼는 방향이 변하지 않는 축에 대해 일정한 각속력 ω로 회전하므로 각운동량은 식 11.7.6($L = I\omega$)으로 계산할 수 있다.

풀이: 식 11.7.6을 이용하려면 우선 각속력 ω 값을 구해야 한다. 식 10.1.5로부터 회전에 대해 일정한 ω인 경우 회전각도 $\Delta\theta$와 시간간격 Δt_1는

$$\omega = \frac{\Delta\theta}{\Delta t_1}$$

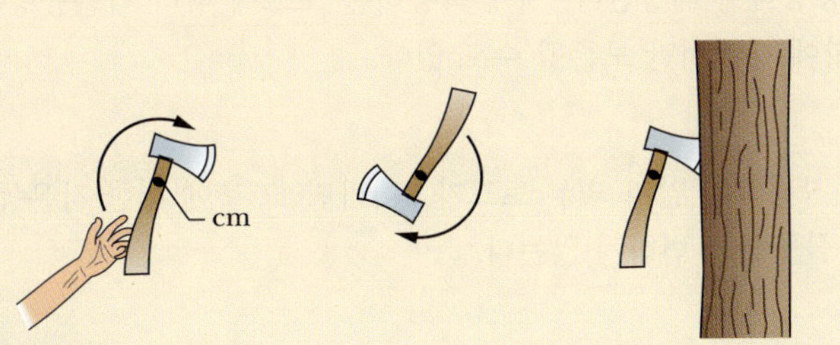

그림 11.7.3 일단 던지고 난 후 도끼는 질량중심을 지나는 축 주위로 회전한다. (질량중심의 포물선 경로는 나타내지 않았다.)

으로 주어진다. 도끼는 일정한 수평속력 v_x로 수평거리 d를 지나므로 Δt_1을 d/v_x로 바꿀 수 있다. 또한 $\Delta\theta = 1.00$ rev. $= 2\pi$ rad이다. 따라서 다음을 얻는다.

$$\omega = \frac{v_x \Delta\theta}{d} = \frac{(20.0 \text{ m/s})(2\pi \text{ rad})}{5.90 \text{ m}} = 21.3 \text{ rad/s}.$$

이제 각운동량 크기를 다음과 같이 계산할 수 있다.

$$L = I\omega = (1.95 \times 10^{-3} \text{ kg} \cdot \text{m}^2)(21.3 \text{ rad/s})$$
$$= 4.15 \times 10^{-2} \text{ kg} \cdot \text{m}^2/\text{s}.$$ (답)

(b) 도끼를 던지는 시간 간격은 $\Delta t_2 = 0.150$ s이다. 도끼의 질량중심에 대해 그림 11.7.3을 참고하면 던지는 동작을 하는 동안 사람이 도끼에 가한 평균토크는 얼마인가?

요점

식 11.7.4로부터 주어진 시간 Δt 동안 각운동량의 변화 ΔL과 평균토크 τ_{avg} 사이의 관계는 $\tau_{avg} = \Delta L/\Delta t$이다.

풀이: 처음 각운동량은 $L_i = 0$이고, (던지는 동작이 끝난 후) 최종 각운동량은 $L_f = -4.15 \times 10^{-2}$ kg · m^{2}이다. (도끼는 그림 11.7.3에서 시계방향으로 회전하므로 음수이다.) 날아가는 동안 시간간격은 $\Delta t_2 = 0.150$ s이다. 따라서 던지는 동안 평균토크는 다음과 같다.

$$\tau_{avg} = \frac{L_f - L_i}{\Delta t_2} = \frac{-4.15 \times 10^{-2} \text{ kg} \cdot \text{m}^2/\text{s}}{0.150 \text{ s}}$$
$$= -0.277 \text{ N} \cdot \text{m}.$$ (답)

11.8 ▸ 각운동량의 보존

학습목표_*Learning Objectives*

이 단원을 읽은 후 다음을 이해해야 한다.

11.8.1 특정한 축을 따라 계에 작용하는 외부의 알짜 토크가 없을 때 각운동량 보존을 적용하여 그 축에 대한 초기 각운동량 값과 나중의 값 사이의 관계를 구한다.

요점_*Key Ideas*

1. 계에 작용하는 알짜 외부 토크가 없을 때 계의 각운동량 $\vec{L}$은 일정하다.

$$\vec{L} = \text{상수 (고립계) 또는}$$

$$\vec{L}_i = \vec{L}_f \text{ (고립계).}$$

이것이 각운동량 보존법칙이다.

▶ 각운동량의 보존

앞에서 에너지의 보존과 선운동량의 보존에 대하여 알아보았다. 이제 각운동량 보존이라는 세 번째 보존법칙을 살펴보자. 먼저 회전운동에 관한 Newton의 제2법칙인 식 11.7.4($\vec{\tau}_{\text{net}} = d\vec{L}/dt$)에서 출발하기로 하자. 계에 작용하는 알짜 외부 토크가 없다면, $d\vec{L}/dt = 0$이므로

$$\vec{L} = \text{상수} \qquad \text{(고립된 계)} \tag{11.8.1}$$

이다. 이 결과가 바로 **각운동량 보존법칙**이며, 다음과 같이 요약할 수 있다.

(초기시간 t_i에서 각운동량의 합) = (최종시간 t_f에서 각운동량의 합).

수식으로는 다음과 같이 쓴다.

$$\vec{L}_i = \vec{L}_f \qquad \text{(고립된 계).} \tag{11.8.2}$$

결국 식 11.8.1과 11.8.2의 의미는 다음과 같다.

외부에서 계에 작용하는 알짜 토크가 없다면 계의 각운동량 $\vec{L}$은 계 내부의 변화와 무관하게 일정하다.

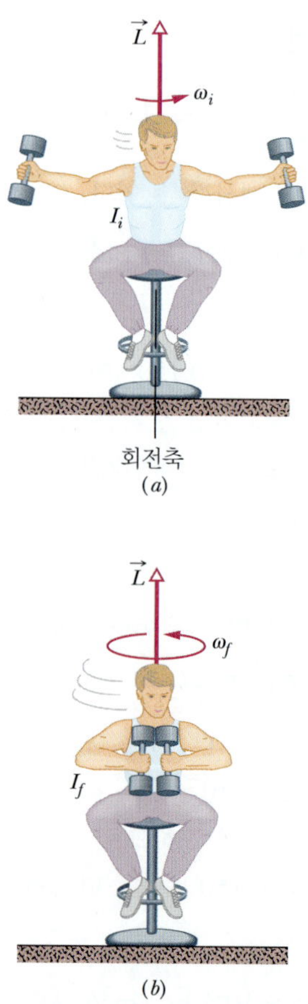

그림 11.8.1 (*a*) 학생의 회전관성이 크므로 각속력은 작다. (*b*) 팔을 오므려 회전관성을 감소시키면 자동적으로 각속력이 증가한다. 이때 회전계의 전체 각운동량 $\vec{L}$은 변하지 않는다.

식 11.8.1와 11.8.2은 벡터방정식이므로, 서로 직각인 세 축에 대한 각운동량 성분의 보존을 나타내는 세 개의 방정식에 해당한다. 계에 작용하는 토크에 따라 각운동량은 모든 방향이 아니라 한두 방향에 대해서만 보존될 수도 있다.

만약 축 방향으로 계에 작용하는 알짜 *외부* 토크가 0이라면 그 축에 대한 각운동량은 계 내부의 변화에도 불구하고 변하지 않는다.

이것은 강력한 표현이다. 이러한 경우에는 단지 계의 초기와 최종상태에만 관심이 있다. 어떤 중간 상태에 대해서도 고려할 필요가 없다.

이 법칙을 그림 11.7.1처럼 z축에 대하여 회전하는 고립된 강체에 적용할 수 있다. 원래 강체였던 물체가 회전축에 대하여 질량이 재분포되면 그 축에 대한 회전관성이 변한다. 그러나 식 11.8.1과 식 11.8.2에 따르면 각운동량은 변하지 않으므로, 식 11.7.6을 식 11.8.2에 대입하면 각운동량 보존법칙을

$$I_i\omega_i = I_f\omega_f \tag{11.8.3}$$

로 쓸 수 있다. 여기서 아래첨자는 질량의 재분포 전후의 회전관성 I와 회전속력 ω의 값이다.

이전에 논의한 두 보존법칙과 마찬가지로 식 11.8.1과 식 11.8.2는 Newton 역학의 한계를 넘어서도 성립한다. 광속에 근접하는 상대론 영역의 속력을 가지는 입자에 대해서도 성립하며 양자역학이 적용되는 원자보다 작은 입자에 대해서도 잘 맞는다. 아직까지 각운동량 보존법칙의 예외가 발견된 적이 없다.

이제 각운동량 보존법칙에 대한 네 가지 보기를 살펴보기로 하자.

1. ***자유회전 의자에 앉은 학생*** 그림 11.8.1은 수직축에 대하여 자유로이 회전할 수 있는 의자에 앉아 있는 학생이다. 초기에는 각속력 ω_i로 회전하는 의자에 앉은 학생이 아령을 들고 있는 두 손을 뻗었다고 하자. 이때 각운동량 벡터 $\vec{L}$은 수직축 방향으로 그림의 위쪽을 향한다.

   그 후 학생이 팔을 안으로 끌어당겼다면, 아령을 회전축에 가까이 이동시켰기 때문에 회전관성이 초기값 I_i보다 작은 최종값 I_f로 줄어든다. 이때 각속력은 ω_i에서 ω_f로 증가한다. 만약 속력을 늦추고 싶으면 팔을 다시 뻗으면 된다.

   학생, 의자 및 아령으로 구성되는 계에는 알짜 외부 토크가 전혀 작용하지 않는다. 따라서 회전축에 대한 계의 전체 각운동량은 아령을 어떻게 움직이든지 상관없이 일정하게 유지되어야 한다. 그림 11.8.1a에서 학생의 각속력 ω_i는 작고 회전관성 I_i는 크다. 식 11.8.3를 만족하려면 그림 11.8.1b에서 회전관성이 감소하므로 각속력은 커져야 한다.

2. ***다이빙 선수*** 그림 11.8.2는 앞으로 한 바퀴 반의 공중회전을 하는 다이빙 선수이다. 이때 다이빙 선수의 질량중심은 포물선 궤도를 그린다. 다이빙 선수는 자신의 질량중심을 지나는 축에 대한 각운동량 $\vec{L}$을 갖고 다이빙대를 떠난다. 각운동량은 그림 11.8.2에서 지면에 수직하고 지면으로 들어가는 방향을 가진 벡터로 표시되어 있다. 다이빙 선수가 공중에 머무는 동안에는 자신의 질량중심에 대하여 외부에서 알짜 토크가 작용하지 않는다. 따라서 질량중심에 대한 전체 각운동량은 변하지 않는다. 팔과 다리를 끌어당겨 *움츠린 자세*가 되면 회전관성이 상당히 감소하고, 각운동량 보존식 11.8.3에 따라 각속력이 증가한다. 끝에 가서 움츠린 자세를 풀고 *쭉 뻗으면* 회전관성이 증가하여 각속력이 작아져서 입수할 때 물이 적게 튀어 오른다. 꼬는 자세와 공중회전을 포함하는 보다 복잡한 다이빙에서도 다이빙 선수의 각운동량은 언제나 크기와 방향이 모두 보존된다.

그림 11.8.2 다이빙 선수의 각운동량 $\vec{L}$은 항상 일정하다. 이것을 지면에 수직인 화살의 꼬리 ⊗로 나타내었다. 점으로 표시한 다이빙 선수의 질량중심은 포물선 경로를 그린다.

그림 11.8.3 공중에서 팔을 풍차처럼 돌리면 멀리뛰기 선수의 자세를 바로잡아서 올바른 착지에 큰 도움이 된다.

그림 11.8.4 (*a*) 뚜르제떼의 초기 동작. 회전관성은 크고 각속력은 작다. (*b*) 뚜르제떼의 끝 동작. 회전관성은 작고 각속력은 크다.

3. ***멀리뛰기*** 멀리뛰기 선수가 발구름판을 뛰어 오를 때 작용하는 힘으로 수평축에 대해서 회전하는 앞쪽 방향의 각운동량을 갖게 된다. 이러한 회전 때문에 멀리뛰기 선수가 모래판에 제대로 착지하기 어렵다. 착지할 때는 두 다리를 모아서 앞쪽으로 내디뎌야 최대한 먼 곳에 발자국을 남길 수 있다. 공중에서는 외부 토크가 없으므로 각운동량이 변하지 않는다(즉, 보존된다). 그러나 멀리뛰기 선수는 그림 11.8.3처럼 팔을 휘둘러서 대부분의 각운동량을 두 팔로 이동시킬 수 있다. 이렇게 하면 상체를 곧게 세울 수 있어서 올바른 착지가 가능하다.
4. ***뚜르제떼*** 뚜르제떼 동작에서 무용수는 바닥을 한 다리로 딛고 다른 다리는 수직으로 들어 올린 자세로 몸을 약간 비틀면서 뛰어오른다(그림 11.8.4*a* 참조). 이때의 각속력은 관중들이 알지 못할 정도로 매우 작다. 무용수가 바닥에 닿기 전까지는 수직으로 뻗은 다리를 아래로 내리고 다른 다리를 위로 올려서 몸과 각도 θ를 이루게 두 다리를 모은다(그림 11.8.4*b*). 초기에 수직으로 뻗은 다리를 함께 모으면 보기에도 매혹적일 뿐만 아니라 무용수의 회전관성이 감소하면서 회전이 증가한다. 무용수가 공중에 떠 있을 때는 외부에서 작용하는 토크가 없으므로 각운동량은 변하지 않는다. 따라서 회전관성이 감소하면 각속력이 증가한다. 두 다리를 모으는 뚜르제떼의 끝 동작은 무용수가 갑자기 빙글 돌면서 180° 회전하는 것처럼 보인다. 또한 바닥에 내린 다음에 다시 한쪽 다리를 수직으로 뻗으면 마치 회전이 사라진 것처럼 보인다.

확인문제 11.8.1

회전하는 원판의 가장자리에 풍뎅이가 타고 있다. 풍뎅이가 원판의 중심을 향하여 움직인다고 할 때 다음 질문에 답하여라. 풍뎅이와 원판으로 이루어진 계를 고려할 때, 중심 축에 대하여 (a) 회전관성, (b) 각운동량, (c) 각속력은 각각 증가하는가, 감소하는가, 아니면 변하지 않는가?

보기문제 11.8.1 회전하는 바퀴 시범에서 보는 각운동량의 보존

그림 11.8.5*a*에서 수직축에 대하여 자유롭게 돌 수 있는 바퀴의 테두리에 납을 채운 자전거 바퀴를 들고 있다. 의자에 학생이 앉아 있다.

초기의 정지상태에서 학생이 자전거바퀴의 중심축에 대한 회전관성 I_{wh}는 1.2 kg·m^{2}이며 자전거 바퀴의 초기 각속력 ω_{wh}는 초당 3.9회전이다. 위에서 내려다보았을 때 회전방

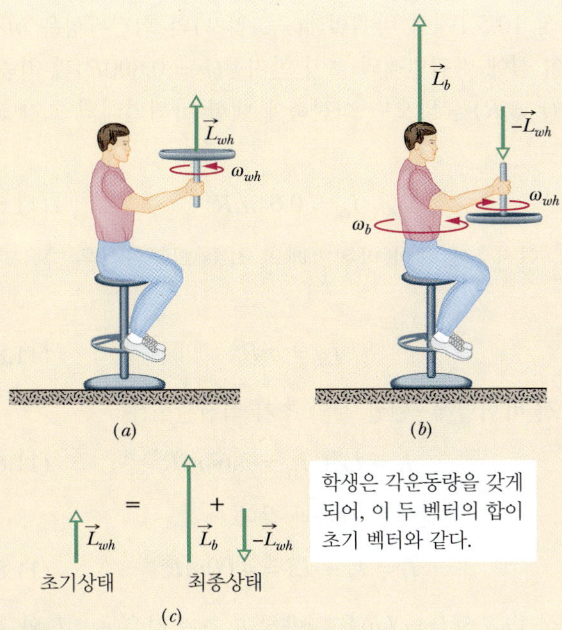

그림 11.8.5 (a) 학생이 수직축 주위를 도는 자전거 바퀴를 들고 있다. (b) 학생이 바퀴를 뒤집어 스스로 회전하는 상태가 되었다. (c) 바퀴를 뒤집었음에도 불구하고 계의 알짜 각운동량은 같은 값을 유지해야 한다.

향은 반시계방향이고 바퀴의 축은 수직방향이어서, 각운동량 $\vec{L}_{wh}$는 수직 위를 향하고 있다.

학생이 자전거 바퀴를 그림 11.8.5b처럼 뒤집었다면 바퀴의 각운동량은 $-\vec{L}_{wh}$가 된다. 그 결과 학생, 의자, 회전하는 바퀴 모두 하나의 복합체로서의 의자의 회전축에 대하여 회전한다. 복합체의 회전관성 I_b는 6.8 kg·m^{2}이다. (바퀴가 회전한다는 것은 복합체 질량의 재분포와 전혀 상관이 없다. 따라서 바퀴의 회전 여부에 상관없이 회전관성은 동일하다.) 복합체는 어떤 크기의 각속력 ω_b로 어떤 방향으로 회전하는가?

요점

1. 구하고자 하는 각속력 ω_b는 의자의 회전축에 대한 복합체의 최종상태에서의 각운동량 $\vec{L}_b$와 식 11.7.6($L = I\omega$)과 관련되어 있다.
2. 바퀴의 초기 각속력 ω_{wh}는 같은 식 11.7.6에 따라 중심에 대한 각운동량 $\vec{L}_{wh}$와 관련되어 있다.
3. $\vec{L}_b$와 $\vec{L}_{wh}$의 벡터합은 학생, 의자, 바퀴로 이루어진 계의 전체 각운동량 $\vec{L}_{tot}$이다.
4. 바퀴가 뒤집힐 때 수직축에 대한 $\vec{L}_{tot}$을 바꾸도록 작용하는 *외부*의 알짜 토크가 없다. (바퀴가 뒤집히면서 학생과 바퀴 사이에 작용하는 힘에 의한 토크는 계의 *내부*에 속한 것이다.) 따라서 의자를 지나는 회전축을 포함하여 모든 수직축에 대하여 계의 전체 각운동량은 보존된다.

풀이: $\vec{L}_{tot}$의 보존은 그림 11.8.5c에 벡터로 표시되었다. 각운동량의 수직성분에 대하여 보존법칙을

$$L_{b,f} + L_{wh,f} = L_{b,i} + L_{wh,i} \tag{11.8.4}$$

로 쓸 수 있다. 여기서 i는 바퀴를 뒤집기 전의 초기상태, f는 뒤집은 후의 최종상태를 나타낸다. 바퀴가 뒤집히면 각운동량 벡터의 방향이 반대가 되므로 $L_{wh,f}$를 $-L_{wh,f}$로 놓을 수 있다. 초기에는 학생, 의자, 바퀴의 중심이 모두 정지하고 있기 때문에 $L_{b,i} = 0$이라 놓으면 식 11.8.4는

$$L_{b,f} = 2L_{wh,i}$$

이다. 식 11.7.6을 이용하여 $I_b\omega_b$를 $L_{b,f}$에 $I_{wh}\omega_{wh}$를 $L_{wh,i}$에 대입하여 ω_b에 대하여 풀면

$$\omega_b = \frac{2I_{wh}}{I_b}\omega_{wh}$$

$$= \frac{(2)(1.2 \text{ kg}\cdot\text{m}^2)(3.9 \text{ rev/s})}{6.8 \text{ kg}\cdot\text{m}^2} = 1.4 \text{ rev/s} \quad \text{(답)}$$

이다. 이 결과가 양의 값을 갖는다는 것은 위에서 보았을 때 의자의 축에 대하여 학생이 반시계방향으로 회전하고 있다는 뜻이다. 만약 학생이 회전을 멈추고 싶다면 바퀴를 도로 뒤집으면 된다.

▶ **교육용 비디오는 웹사이트 www.wiley.com에서 볼 수 있다.**

▶ 보기문제 11.8.2 원판 위의 바퀴벌레에서 본 각운동량 보존

질량 m의 바퀴벌레가 반지름이 R이고 질량이 6.00 m인 원판 위에 그림 11.8.6처럼 놓여 있다. 원판은 각속력 ω_i = 1.50 rad/s로 중심축에 대해서 회전목마처럼 회전한다. 바퀴벌레는 초기에 반지름이 $r = 0.800R$인 곳에 있다가 원판의 가장자리로 기어나간다. 바퀴벌레를 입자처럼 취급하고 바퀴벌레의 각속력을 구하여라.

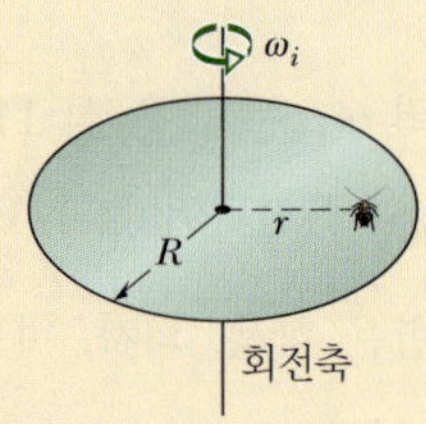

그림 11.8.6 회전목마처럼 회전하는 원판의 중심에서 r인 곳에 바퀴벌레가 있다.

요점

(1) 바퀴벌레가 기어가면서 바퀴벌레-원판 계의 질량분포(따라서 회전관성)가 변한다. (2) 외부 토크가 없으므로 계의 각운동량은 변하지 않는다. (바퀴벌레가 기어갈 때 발생하는 힘과 토크는 계의 내부 힘이다). (3) 강체 또는 입자의 각운동량은 식 11.7.6($L = I\omega$)이다.

풀이: 최종의 각속력을 구하고자 한다. 따라서 각속력과 회전관성 I를 포함하는 초기 각운동량 L_i와 최종 각운동량 L_f를 연결시키면 된다. 바퀴벌레가 기어가기 전에 바퀴벌레-원판 계의 회전관성을 먼저 구해보자.

중심축에 대해서 회전하는 원판의 회전관성은 표 10.5.1c에서 $\frac{1}{2}MR^2$이다. 질량 M에 $6.00m$를 넣으면 회전관성은 다음과 같다.

$$I_d = 3.00mR^2. \tag{11.8.5}$$

(m과 R의 값을 몰라도 물리계산에는 지장이 없다.)

식 10.5.1에서 바퀴벌레(즉, 입자)의 회전관성은 mr^2이다. 이 식에 바퀴벌레의 초기 반지름($r = 0.800R$)과 최종 반지름($r = R$)을 넣으면 회전축에 대한 바퀴벌레의 초기 회전관성은

$$I_{ci} = 0.64mR^2 \tag{11.8.6}$$

이고, 회전축에 대한 바퀴벌레의 최종 회전관성은 다음과 같다.

$$I_{cf} = mR^2. \tag{11.8.7}$$

따라서 바퀴벌레-원판 계의 초기 회전관성은

$$I_i = I_d + I_{ci} = 3.64mR^2 \tag{11.8.8}$$

이고, 최종 회전관성은 다음과 같다.

$$I_f = I_d + I_{cf} = 4.00mR^2. \tag{11.8.9}$$

식 11.7.6($L = I\omega$)을 사용하여 초기 각운동량 L_i와 최종 각운동량 L_f를 같다고 놓으면

$$I_f\omega_f = I_i\omega_i$$

에서, 다음을 얻는다.

$$4.00mR^2\omega_f = 3.64mR^2(1.50 \text{ rad/s}).$$

위 식에서 미지수 m과 R을 없애면 각속력은 다음과 같다.

$$\omega_f = 1.37 \text{ rad/s}. \quad \text{(답)}$$

계의 일부 질량이 회전축에서 먼 쪽으로 움직였기 때문에 전체 회전관성이 늘어나서 ω가 줄어들었다.

▶ 교육용 비디오는 웹사이트 www.wiley.com에서 볼 수 있다.

11.9 ▸ 자이로스코프의 축돌기운동

학습목표_Learning Objectives

이 단원을 읽은 후 다음을 이해해야 한다.

11.9.1 자전하는 자이로스코프에 작용하는 중력이 자전 각운동량 벡터(따라서 자이로스코프)를 수직축 주위로 회전하는 운동을 일으키며, 이를 축돌기운동이라고 한다.

11.9.2 자이로스코프의 축돌기 비율을 계산한다.

11.9.3 자이로스코프의 축돌기 비율은

요점_Key Ideas

1. 회전하는 자이로스코프는 지지점을 지나는 수직축에 대해 축돌기운동을 하며 그 회전율은 다음과 같다.

$$\Omega = \frac{Mgr}{I\omega}.$$

여기서 M은 자이로스코프의 질량, r은 모멘트팔, I는 회전관성, ω는 회전비율이다.

▶ 자이로스코프의 축돌기운동

간단한 자이로스코프는 축에 부착된 바퀴로 이루어져 있고, 축에 대하여 자유롭게 돌 수

있다. 만일 *자전하지 않는* 자이로스코프의 축의 한쪽 끝이 다음 쪽 그림 11.9.1*a*처럼 지지대 위에 있고, 자이로스코프를 놓으면 자이로스코프는 지지대의 꼭대기에 대하여 아래로 회전하면서 떨어진다. 떨어지는 과정을 지지대의 꼭대기에 대한 회전으로 볼 수 있기 때문에 회전운동에 적용되는 Newton의 제2법칙인 다음의 식 11.7.4를 적용할 수 있다.

> 자이로스코프의 질량에 무관하다.

$$\vec{\tau} = \frac{d\vec{L}}{dt}. \tag{11.9.1}$$

이 식으로부터 자이로스코프의 각운동량이 0인 초기 값에서 아래 방향으로 회전을 일으키는 토크에 의하여 변하는 것을 알 수 있다. 토크 $\vec{\tau}$는 자이로스코프의 질량중심에 작용하는 중력 $M\vec{g}$에 의하여 생긴다. 질량중심은 바퀴의 중심에 있는 것으로 생각하자. 그림 11.9.1*a*처럼 지지대의 꼭대기인 점 O에 대한 모멘트팔은 $\vec{r}$이다. $\vec{\tau}$의 크기는 $M\vec{g}$와 $\vec{r}$ 사이의 각도가 90°이므로

$$\tau = Mgr \sin 90° = Mgr \tag{11.9.2}$$

이다. 방향은 그림 11.9.1*a*에 나타낸 바와 같다.

빠르게 자전하는 자이로스코프는 다르게 운동한다. 자이로스코프의 축이 위로 살짝 들린 상태에서 놓아졌다고 가정해 보자. 초기에는 아래 방향으로 약간 회전한다. 그러다가 자이로스코프가 자신의 축에 대하여 자전하면서 지지대의 점 O를 지나는 수직축에 대하여 수평방향으로 회전하기 시작한다. 이런 운동을 **축돌기운동**이라고 한다.

▸***왜 그냥 떨어지지 않는가?*** 왜 자전하는 자이로스코프가 자전하지 않는 자이로스코프처럼 아래로 떨어지지 않고 떠 있을 수 있을까? 그 이유는 중력 $M\vec{g}$에 의한 토크가 초기 값이 0이 아닌 자전에 의한 각운동량을 변화시켜야 하기 때문이다.

초기 값이 0이 아닌 각운동량이 어떻게 축돌기운동을 일으키는지를 보기 위하여 자전에 의한 자이로스코프의 각운동량 $\vec{L}$을 생각해 보자. 문제를 간단히 하기 위해 자이로스코프의 자전속도가 매우 빨라서 축돌기운동에 의해 생기는 각운동량은 $\vec{L}$에 비하여 무시할 수 있다고 가정하자. 또 축돌기운동이 시작할 때 자이로스코프의 축은 그림 11.9.1*b* 처럼 수평이라고 가정해 보자. 그러면 $\vec{L}$의 크기는 식 11.7.6으로 주어진 다음의 식으로 쓸 수 있다.

$$L = I\omega. \tag{11.9.3}$$

여기서 I는 자이로스코프의 축에 대한 회전관성이고, ω는 축에 대한 자전운동의 각속력이다. 벡터 $\vec{L}$은 그림 11.9.1*b*처럼 축 방향을 향한다. $\vec{L}$이 $\vec{r}$ 방향이기 때문에 토크 $\vec{\tau}$는 $\vec{L}$에 대해 수직이어야 한다.

식 11.9.1에 의하면 토크 $\vec{\tau}$는 dt 동안에 다음과 같이 자이로스코프의 각운동량을 $d\vec{L}$만큼 변화시킨다.

$$d\vec{L} = \vec{\tau}\, dt. \tag{11.9.4}$$

그러나 *빠르게 자전하는* 자이로스코프에 대해서 $\vec{L}$의 크기는 식 11.9.3으로 고정된 값이다. 따라서 토크 $\vec{\tau}$는 $\vec{L}$의 크기가 아닌 $\vec{L}$의 방향만 바꿀 수 있다.

식 11.9.4에서 $d\vec{L}$ 방향은 $\vec{\tau}$의 방향과 같으므로 $\vec{L}$에 수직이다. 따라서 $\vec{L}$이 변할 수 있는 유일한 방법은 z축에 대하여 그림 11.9.1*c*처럼 회전하는 것이다. $\vec{L}$의 크기가 유지되고 벡터 $\vec{L}$의 머리는 원형궤적을 그리며 $\vec{\tau}$는 항상 원형궤적의 접선방향을 향한다. $\vec{L}$은

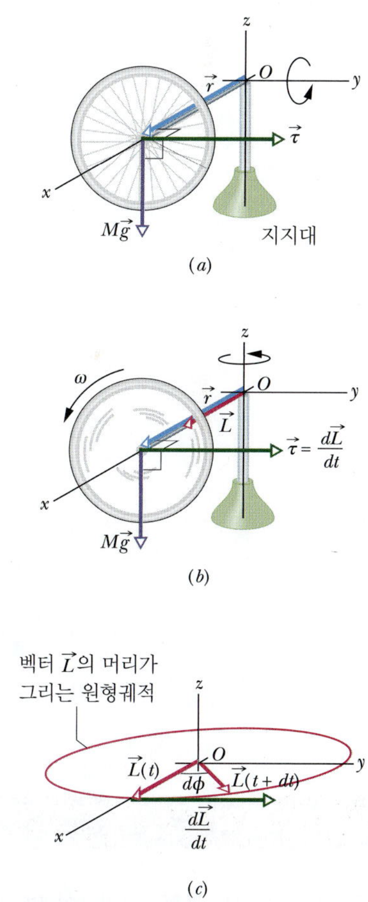

그림 11.9.1 (*a*) 자전하지 않는 자이로스코프가 토크 $\vec{\tau}$ 때문에 xz 평면에서 회전하면서 아래로 떨어지고 있다. (*b*) 각운동량 $\vec{L}$을 가지고 빠르게 자전하는 자이로스코프가 z축에 대하여 축돌기운동을 하고 있다. 축돌기운동은 xy 평면상에서 일어난다. (*c*) 각운동량의 변화 $d\vec{L}/dt$에 의하여 점 O 주위로 $\vec{L}$이 회전하게 된다.

항상 자이로스코프의 축 방향을 향하기 때문에 이 축은 $\vec{\tau}$의 방향으로 z축 주위로 회전해야 한다. 즉, 축돌기운동이 생겨야 한다. 자전하는 자이로스코프는 초기 각운동량의 변화에 대하여 Newton의 회전운동에 관한 제2법칙을 만족시켜야 하기 때문에 아래로 단순히 떨어지는 대신에 축돌기운동을 한다.

▸**축돌기운동.** **축돌기운동의 각속도 Ω**를 구하기 위해서 식 11.9.4와 11.9.2를 이용하여 다음과 같은 $d\vec{L}$의 크기를 구해 보자.

$$dL = \tau\, dt = Mgr\, dt. \tag{11.9.5}$$

짧은 시간 dt 동안에 $\vec{L}$은 조금 변하기 때문에 자이로스코프의 축과 $\vec{L}$은 z축에 대하여 $d\phi$만큼 회전하면서 축돌기운동을 한다(그림 11.9.1c에서는 $d\phi$가 실제보다 크게 그려져 있다). 식 11.9.3과 11.9.5를 이용하면 $d\phi$가

$$d\phi = \frac{dL}{L} = \frac{Mgr\, dt}{I\omega}$$

라는 것을 알 수 있다. 이 식을 dt로 나누고 $\Omega = d\phi/dt$로 놓으면 다음을 얻는다.

$$\Omega = \frac{Mgr}{I\omega} \quad \text{(축돌기운동의 각속도).} \tag{11.9.6}$$

이 결과는 자전의 각속도 ω가 매우 빠르다고 가정하면 성립한다. ω가 증가할수록 Ω가 감소한다. 또한 중력 $M\vec{g}$가 자이로스코프에 작용하지 않으면 축돌기운동이 생기지 않는다. I가 질량 M의 함수이기 때문에 식 11.9.6에서 질량은 서로 상쇄되어 Ω는 질량에 무관하다.

식 11.9.6은 자전하는 자이로스코프의 축이 수평면에 대하여 기울어 있어도 성립한다. 식 11.9.6은 돌고 있는 팽이에 대해서도 적용될 수 있다. 돌고 있는 팽이는 수평면에 대하여 각도를 이루고 있는 자전하는 자이로스코프로 취급할 수 있기 때문이다.

확인문제 11.9.1

만일 (a) 회전비율 ω를 증가시킬 때 (b) 모멘트팔 r을 변화시키지 않고 질량을 증가시킬 때 (c) 자이로스코프를 해수면에서 산꼭대기로 옮겨 g 값을 증가시킬 때 축돌기 비율은 증가하는가, 감소하는가, 그대로인가?

정리 및 요약 _Review & Summary

▸***굴림운동을 하는 물체*** 반지름이 R인 바퀴가 유연한 굴림운동을 하면 다음이 성립한다.

$$v_{\text{com}} = \omega R. \tag{11.1.2}$$

여기서 v_{com}은 바퀴의 질량중심의 선속력이고 ω는 질량중심에 대한 바퀴의 각속력이다. 바퀴는 바닥과 접촉하는 점 P에 대하여 순간적으로 회전운동을 하는 것으로 취급할 수도 있다. 접촉점에 대한 바퀴의 각속력은 질량중심에 대한 각속력과 같다. 굴림운동을 하는 바퀴의 운동에너지는 다음과 같다.

$$K = \tfrac{1}{2}I_{\text{com}}\omega^2 + \tfrac{1}{2}Mv_{\text{com}}^2. \tag{11.2.3}$$

여기서 I_{com}은 질량중심에 대한 바퀴의 회전관성이고 M은 바퀴의 질량이다. 바퀴가 가속되면서 굴림운동을 하고 있다면 질량중심의 선가속도 $\vec{a}_{\text{com}}$과 질량중심에 대한 각가속도 α 사이에는

$$a_{\text{com}} = \alpha R \tag{11.2.4}$$

의 관계가 있다. 바퀴가 경사각이 θ인 경사면을 굴러 내려온다면 경사면에 평행한 x축 방향의 가속도 성분은

$$a_{\text{com},x} = -\frac{g \sin\theta}{1 + I_{\text{com}}/MR^2} \tag{11.2.8}$$

이다. 여기서 x축 양의 방향은 경사면의 위쪽 방향이다.

▸***토크 벡터*** 3차원에서의 토크 $\vec{\tau}$는 고정점(보통 원점을 취함)에 대하여 다음과 같이 정의한 벡터량이다.

$$\vec{\tau} = \vec{r} \times \vec{F}. \tag{11.4.1}$$

여기서 $\vec{F}$는 입자에 가한 힘이고 $\vec{r}$은 고정점에 대한 입자의 위치벡터이다. $\vec{\tau}$의 크기는 다음과 같다.

$$\tau = rF\sin\phi = rF_\perp = r_\perp F. \qquad (11.4.2, 11.4.3, 11.4.4)$$

여기서 ϕ는 $\vec{F}$와 $\vec{r}$ 사이의 각도이며, $F_\perp$는 $\vec{r}$에 수직한 $\vec{F}$의 성분, 그리고 $r_\perp$은 $\vec{F}$의 모멘트팔이다. $\vec{\tau}$의 방향은 오른손 규칙으로 결정한다.

▸***입자의 각운동량*** 질량이 m, 선속도가 $\vec{v}$, 선운동량이 $\vec{p}$인 입자의 고정점(보통 원점을 취함)에 대한 각운동량은

$$\vec{\ell} = \vec{r} \times \vec{p} = m(\vec{r} \times \vec{v}) \tag{11.5.1}$$

로 정의한 벡터이며, $\vec{\ell}$의 크기는 다음과 같다.

$$\ell = rmv\sin\phi \tag{11.5.2}$$

$$= rp_\perp = rmv_\perp \tag{11.5.3}$$

$$= r_\perp p = r_\perp mv. \tag{11.5.4}$$

여기서 ϕ는 $\vec{r}$과 $\vec{p}$ 사이의 각도이고, $p_\perp$와 $v_\perp$는 $\vec{r}$에 수직한 $\vec{p}$와 $\vec{v}$의 성분이고, $r_\perp$는 고정점과 $\vec{p}$의 연장선 사이의 수직거리이다. $\vec{\ell}$의 방향은 벡터곱에 대한 오른손 규칙으로 결정한다.

▸***회전운동에 대한 Newton의 제2법칙*** 입자의 회전운동에 대한 Newton의 제2법칙은 다음과 같다.

$$\vec{\tau}_{\text{net}} = \frac{d\vec{\ell}}{dt}. \tag{11.6.2}$$

여기서 $\vec{\tau}_{\text{net}}$는 입자에 작용하는 알짜 토크고 $\vec{\ell}$ 입자의 각운동량이다.

▸***입자계의 각운동량*** 입자계의 각운동량 $\vec{L}$은 각각의 입자의 각운동량의 벡터합으로 다음과 같다.

$$\vec{L} = \vec{\ell}_1 + \vec{\ell}_2 + \cdots + \vec{\ell}_n = \sum_{i=1}^{n} \vec{\ell}_i. \tag{11.7.1}$$

각운동량의 시간에 대한 변화율은 다음과 같이 물리계에 작용하는 알짜 외부 토크와 같다. 알짜 외부 토크는 입자계를 이루는 입자와 외부의 입자 사이의 상호작용에 의한 토크들의 벡터합이다.

$$\vec{\tau}_{\text{net}} = \frac{d\vec{L}}{dt} \quad (\text{입자계}). \tag{11.7.4}$$

▸***강체의 각운동량*** 고정축에 대하여 회전하는 강체의 회전축에 평행한 각운동량 성분은 다음과 같다.

$$L = I\omega \quad (\text{강체, 고정축}). \tag{11.7.6}$$

▸***각운동량의 보존*** 물리계에 작용하는 알짜 외부 토크가 0이 되면 물리계의 각운동량 $\vec{L}$은 변하지 않는다. 즉, 다음과 같이 쓸 수 있다.

$$\vec{L} = \text{상수} \quad (\text{고립계}) \tag{11.8.1}$$

$$\vec{L}_i = \vec{L}_f \quad (\text{고립계}). \tag{11.8.2}$$

이것이 **각운동량의 보존법칙**이다.

▸***자이로스코프의 축돌기운동*** 자전하는 자이로스코프는 지지대를 지나는 수직축에 대하여 축돌기운동을 할 수 있다. 축돌기운동의 각속도는 다음과 같다.

$$\Omega = \frac{Mgr}{I\omega}. \tag{11.9.6}$$

여기서 M은 자이로스코프의 질량이며, r은 모멘트팔, I는 회전관성이고 ω는 자이로스코프의 자전 각속력이다.

연습문제 _Problems

E Easy M Medium H Hard CALC Requires calculus BIO Biomedical application

1 M 그림 11.1은 질량이 M이고 길이가 0.800 m인 가늘고 균일한 막대가 중심을 지나는 축에 대하여 수평으로 20.0 rad/s의 각속력으로 회전하는 것을 위에서 본 그림이다. 질량이 M/3.00인 입자가 처음에는 막대의 끝에 붙어 있다가 막대에 수직인 방향으로 방출되었다. 방출 직후 입자의 속도 v_p가 막대 끝의 속력보다 6.00 m/s만큼 크다면 v_p 값은 얼마인가?

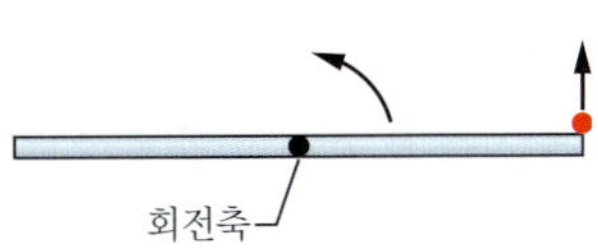

그림 11.1 ▸ 연습문제 1

2 E 회전관성 800 g·m^2, 질량 120 g인 요요가 있다. 축의 반지름은 3.2 mm이고 끈의 길이는 120 cm이다. 요요는 정지상태로부터 끈의 끝부분까지 굴러 내린다. (a) 선가속도의 크기는 얼마인가? (b) 끈의 끝부분까지 도달하는 데 걸리는 시간은 얼마인가? 끈의 끝부분에 도달했을 때 (c) 선속력, (d) 병진운동에너지, (e) 회전운동에너지, (f) 각속력은 얼마인가?

3 E 그림 11.2에서 질량이 각각 65 kg인 두 스케이트 선수가 3.0 m만큼 떨어져 서로 평행인 경로를 따라서 접근하고 있다. 그들의 속도는 반대 방향이며 크기는 1.4 m/s로 같다. 한 스케이트 선수가 질량을 무시할 수 있는 긴 막대의 한쪽 끝을 잡고 움직이고 다른 선수는 통과

하면서 막대의 또 다른 끝을 잡는다. 두 스케이트 선수는 이제 막대의 중심에 대하여 회전하게 된다. 스케이트와 얼음 사이의 마찰은 무시한다. 회전운동의 (a) 반지름과 (b) 각속력을 구하여라. (c) 두 선수로 이루어진 물리계의 운동에너지를 구하여라. 선수들이 막대를 서로 당겨서 1.0 m 떨어지게 되었다. 이때 (d) 각속력과 (e) 계의 운동에너지를 구하여라. (f) 증가한 운동에너지는 어디서 온 것인가?

그림 11.2 연습문제 3

4 E 시간 $t = 0$에서 질량 3.0 kg인 입자가 위치 $x = 3.0$ m, $y = 8.0$ m에서 속도는 $\vec{v} = (8.0\ \text{m/s})\hat{\text{i}} - (6.0\ \text{m/s})\hat{\text{j}}$이다. 이 물체를 음의 x방향으로 8.0 N의 힘으로 잡아당긴다. 원점에 대하여 (a) 입자의 각운동량은 얼마인가? (b) 입자에 작용하는 토크는 얼마인가? (c) 각운동량의 변화율은 얼마인가?

5 E 그림 11.3의 순간에 4.0 kg의 입자 P의 위치벡터 $\vec{r}$은 크기 3.0 m이고, 각도는 $\theta_1 = 45°$이며, 속도벡터 $\vec{v}$의 크기는 4.0 m/s이고 각도는 $\theta_2 = 30°$이다. 크기가 2.0 N이고 각도가 $\theta_3 = 30°$인 힘 $\vec{F}$가 P에 작용한다. 모든 벡터는 xy 평면 위에 있다. 원점에 대한 입자 의 각운동량의 (a) 크기와 (b) 방향을 구하여라. 또한 입자 P에 작용하는 토크의 (c) 크기와 (d) 방향을 구하여라.

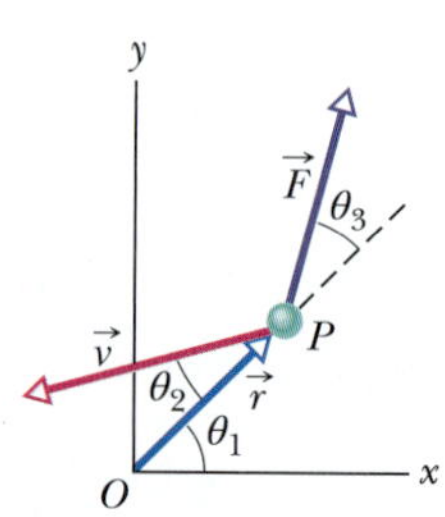

그림 11.3 연습문제 5

6 E 1980년 샌프란시스코 만에 있는 거대한 기중기에서 초대형 요요를 떨어뜨렸다. 질량 116 kg 요요는 반지름이 32 cm인 두 개의 균일한 원판이 반지름 3.2 cm의 축에 연결된 구조이다. 요요가 (a) 낙하할 때와 (b) 상승할 때 가속도의 크기를 구하여라. (c) 요요가 구를 때 끈의 장력은 얼마인가? (d) 앞에서 구한 장력이 끈의 한계값인 52 kN에 근접한 값인가? 이제 (같은 모양과 재료로) 더 큰 요요를 제작하는 것을 생각해 보자. (e) 커다란 요요의 가속도의 크기는 샌프란시스코 만의 요요의 경우와 비교했을 때 더 큰가, 작은가, 아니면 같은가? (f) 끈의 장력은 어떤가?

7 E 장난감 기차 궤도를 수직축에 대하여 마찰 없이 자유롭게 돌 수 있는 커다란 바퀴 위에 올려 놓았다(그림 11.4). 질량 m인 장난감 기차가 궤도 위에 초기에는 정지해 있다가 전기동력이 켜진 다음에 움직여서 바퀴 위의 궤도에 대하여 일정한 속력 0.15 m/s 도달한다. 바퀴의 질량이 $1.1m$이고 반지름이 0.60 m라면 바퀴의 각속력은 얼마인가? (바퀴를 원형고리로 취급하고 바퀴살과 축의 질량을 무시한다.)

그림 11.4 연습문제 7

8 M 어떤 자이로스코프는 반지름 50 cm의 균일한 원판이 길이가 11 cm이고 질량을 무시할 수 있는 축의 중간점에 고정되어 있다. 축은 수평 방향이며 한쪽 끝이 지지되어 있다. 원판이 분당 800회전의 각속력으로 축에 대하여 회전한다면 축돌기운동의 각속력은 얼마인가?

9 H *불균일한 공.* 그림 11.5에서 질량 M, 반지름 R인 공이 경사면을 정지상태로부터 굴러서 반지름 0.60 m의 원형고리에 도달하였다. 공의 초기 높이는 $h = 0.36$ m이다. 원형고리의 바닥에서 공에 작용하는 수직력의 크기는 $2.00Mg$이다. 이 공은 밀도가 균일한 껍질부분을 밀도가 다른 중심부분의 공에 붙여 만들었다. 이 공의 회전관성은 $I = \beta MR^2$인 일반적인 형태로 쓸 수 있지만, 균일한 공에 해당하는 β 값인 0.4는 아니다. β 값을 구하여라.

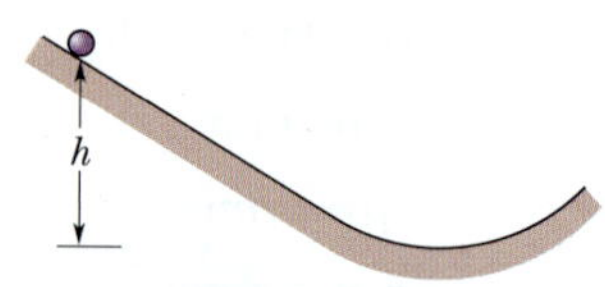

그림 11.5 연습문제 9

10 E 질량 90.0 kg인 고리가 수평한 바닥을 따라 질량중심의 속력 0.150 m/s로 굴러간다. 이 고리를 멈추려면 일을 얼마나 해야 하는가?

11 M 그림 11.6에서 질량 0.400 kg의 공을 40.0 m/s의 초기속력으로 위쪽 방향으로 발사하였다. 발사점으로부터 수평방향으로 3.00 m 떨어진 점 P에 대한 각운동량을 (a) 공이 최고 높이에 있을 때 (b) 최고 높이에 도달한 후 아래로 반만큼 내려온 때 각각 구하여라. 점 P에 대하여 중력에 의해 입자에 작용하는 토크를 (c) 공이 최고 높이에 있을 때, (d) 최고 높이에 도달한 후 아래로 반만큼 내려온 때에 대하여 구하여라.

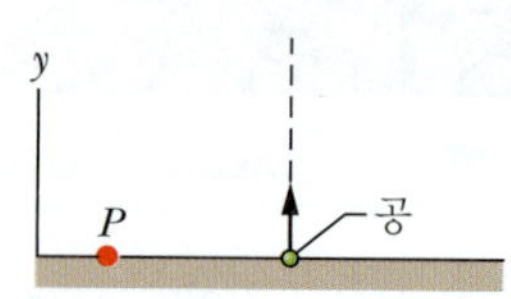

그림 11.6 연습문제 11

12 M CALC 시간 t에서 4.0 kg인 입자의 xy 좌표계의 원점에 대한 위치벡터는 $\vec{r} = 4.0t^2\hat{\text{i}} - (2.0t + 6.0t^2)\hat{\text{j}}$이다. ($\vec{r}$의 단위는 미터이고, t의 단위는 초이다.) (a) 원점에 대해 이 입자에 작용하는 토크를 구하여라. (b) 원점에 대한 입자의 각운동량의 크기는 증가하는가, 감소하는가, 아니면 변하지 않는가?

13 M 그림 11.7은 반지름 R, 질량 m인 원형고리와 각 변이 길이 R, 질량 m인 네 개의 가는 막대로 만든 정사각형 강체이다. 강체는 주기가 4.0 s인 일정한 속력으로 수직축에 대하여 회전한다. $R = 0.50$ m,

m = 2.0 kg이라고 할 때 (a) 회전축에 대한 강체의 회전관성과 (b) 회전축에 대한 각운동량을 구하여라.

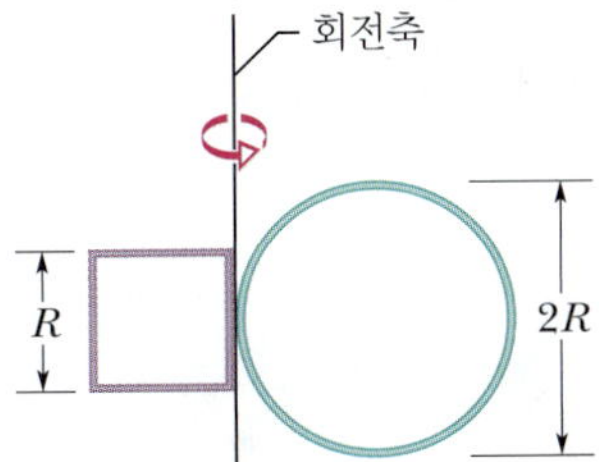

그림 11.7 연습문제 13

14 M 질량 m인 바퀴벌레가 질량이 4.00 m인 균일한 원판의 가장자리에 있다. 원판은 중심에 대하여 자유롭게 회전할 수 있다. 처음에 바퀴벌레와 원판이 0.180 rad/s의 각속도로 같이 회전한다. 그러다가 바퀴벌레가 중심을 향하여 반만큼 이동하였다. (a) 바퀴벌레–원판 계의 각속도는 얼마인가? (b) 초기상태의 운동에너지에 대한 현재의 운동에너지의 비율 K/K_0를 구하여라. (c) 운동에너지가 변한 이유는 무엇인가?

15 H 그림 11.8에서, 균일하게 속이 찬 공이 점 P에서 발사되어 수평경로, 경사면, 그리고 경사면 위의 수평면을 구른 다음 수평면을 떠나서 오른쪽 가장자리로부터 수평거리로 d만큼 떨어진 평면 위의 한 지점 d = 6.00 cm에 도달하였다. 각각의 수직높이는 h_1 = 5.00 cm, h_2 = 1.40 cm이다. d = 6.00 cm에 도달하려면 P에서 발사속력은 얼마인가?

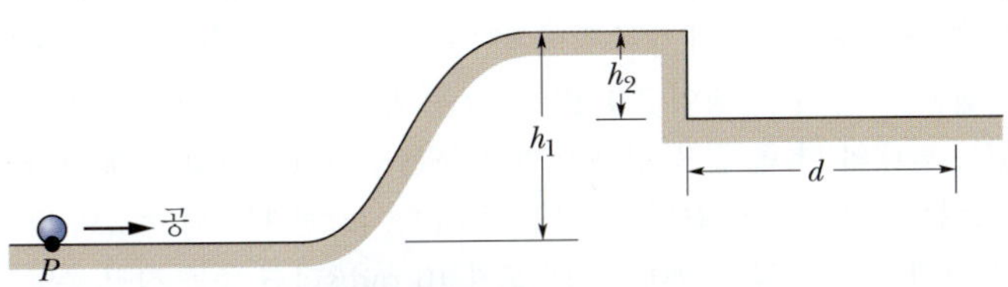

그림 11.8 연습문제 15

16 E 자동차가 평평한 길 위를 x축의 양의 방향으로 90 km/h로 움직이고 있다. 타이어의 지름은 66 cm이다. 자동차를 타고 있는 승객의 관점에서 각 타이어의 (a) 중심 (b) 꼭대기 (c) 바닥의 속도 $\vec{v}$를 단위벡터 표기법을 이용해서 나타내어라. 또한 각 타이어의 (d) 중심 (e) 꼭대기 (f) 바닥의 가속도의 크기 a를 구하여라. 이번에는 길에 서 있는 관측자에 대하여 각 타이어의 (g) 중심 (h) 꼭대기 (i) 바닥의 속도 $\vec{v}$와 각 타이어의 (j) 중심 (k) 꼭대기 (l) 바닥의 가속도의 크기 a를 구하여라.

17 H 질량 2.00 kg의 두 공이 길이 50.0 cm의 질량을 무시할 수 있는 막대의 양 끝에 붙어 있다. 막대는 중심을 지나는 수평축에 대하여 자유롭게 수직평면에서 회전할 수 있다. 처음에 막대는 수평으로 놓여 있을 때(그림 11.9) 질량 75.0 g의 진흙 덩어리가 한 개의 공에 3.00 m/s의 속력으로 떨어져서 공에 달라붙었다. (a) 진흙 덩어리와 충돌 직후 계의 각속력을 구하여라. (b) 충돌 직전 진흙 덩어리의 운동에너지에 대한 충돌한 직후에 계의 운동에너지의 비율을 구하여라. (c) 계가 순간적으로 멈추기 전 얼마의 각도만큼 회전하는가?

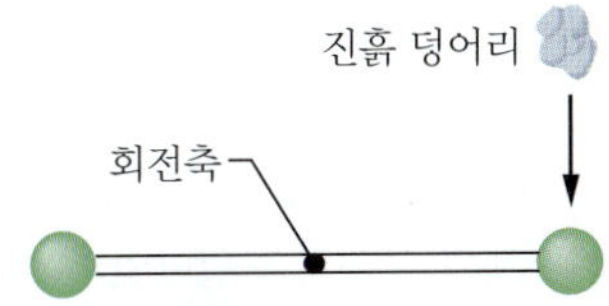

그림 11.9 연습문제 17

18 M 질량 10m, 반지름 3.0 r인 균일한 원판이 고정된 중심에 대해서 자유롭게 회전할 수 있다. 질량 m, 반지름 r인 더 작은 원판을 큰 원판 위에 중심이 같도록 놓았다. 초기에는 두 원판이 같은 각속도 30 rad/s로 회전한다. 작은 원판을 살짝 건드려서 작은 원판이 큰 원판의 가장자리 쪽으로 미끄러져서 작은 원판의 바깥 가장자리가 큰 원판의 바깥 가장자리와 닿게 되었다. 그렇게 된 후에는 (더 이상 미끄러지지 않고) 다시 같은 각속도로 회전한다. (a) 큰 원판의 중심에 대한 각속도를 구하여라. (b) 초기상태의 운동에너지에 대한 현재의 운동에너지의 비율 K/K_0를 구하여라.

19 E 그림 11.10에서 두 개의 입자가 xy 평면에서 움직이고 있다. 입자 P_1의 질량은 4.0 kg이고 속력은 v_1 = 2.2 m/s이며, 점 O로부터 d_1 = 1.5 m만큼 떨어져있다. 입자 P_2의 질량은 3.1 kg이고 속력은 v_2 = 3.6 m/s이며, 점 O로부터 d_2 = 2.8 m만큼 떨어져있다. O에 대한 두 입자의 알짜 각운동량의 (a) 크기와 (b) 방향을 구하여라.

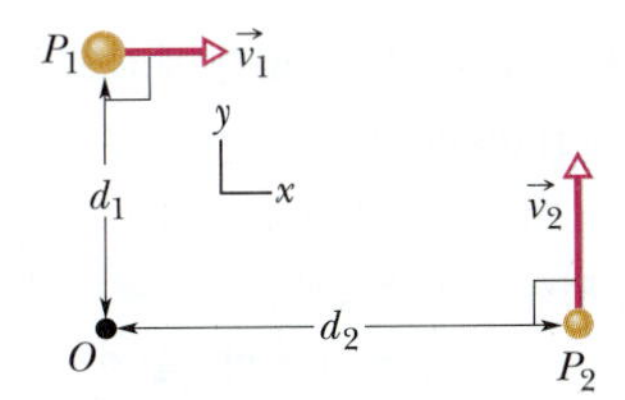

그림 11.10 연습문제 19

20 E CALC 입자가 z축의 양의 방향에서 보았을 때 원점에 대하여 시계방향으로 xy 평면상에서 움직인다. 원점에 대한 입자의 각운동량의 크기가 다음과 같을 때 입자에 작용하는 토크를 구하여라. (a) 5.0 kg·m²/s, (b) 5.0 t^2 kg·m²/s, (c) $5.0\sqrt{t}$ kg·m²/s, (d) $5.0/t^2$ kg·m²/s.

21 M CALC 그림 11.11은 초기에 정지해 있는 회전목마처럼 중심에 대해 회전하는 회전원판에 작용하는 토크 τ의 시간변화이다. τ축의 눈금은 τ_s = 8.0 N·m이다. (a) t = 7.0 s와 (b) t = 20 s일 때 회전축에 대한 원판의 각운동량은 얼마인가?

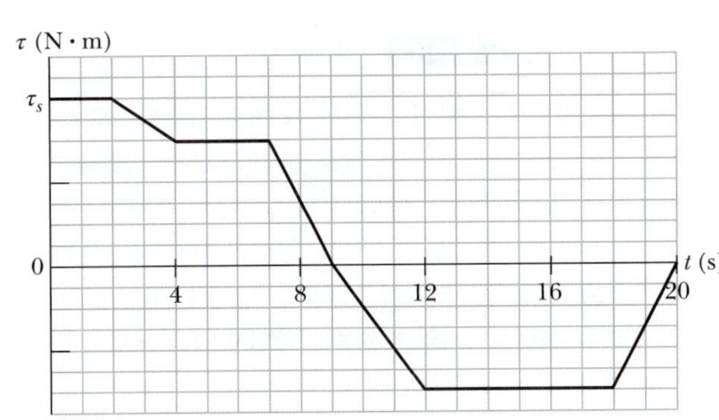

그림 11.11 연습문제 21

22 **E** 바퀴가 회전관성을 무시할 수 있는 축 주위로 분당 800회전의 각속력으로 회전하고 있다. 회전관성이 첫 번째 바퀴의 3.00배이며 초기에 정지해 있던 두 번째 바퀴가 갑자기 같은 축에 연결되었다. (a) 축과 두 바퀴가 결합된 계의 각속력은 얼마인가? (b) 원래의 회전 운동에너지 중 어떤 비율만큼 잃었는가?

23 **H** 그림 11.12는 길이 0.600 m, 질량 M인 가늘고 균일한 막대가 중심을 지나는 축에 대하여 수평하게 40.0 rad/s의 각속력으로 반시계 방향으로 회전하는 것을 위에서 본 모습이다. 질량이 $M/3.00$이고 40.0 m/s의 속력으로 수평방향으로 움직이는 입자가 막대에 달라붙었다. 입자가 막대를 치는 순간에 입자의 경로는 막대에 수직하고 막대의 중심에서 d만큼 떨어져 있다. (a) 어떤 d 값에 대하여 입자와 막대가 충돌 후 정지상태에 있는가? (b) d가 이 값보다 크다면 막대와 입자는 어느 방향으로 회전하는가?

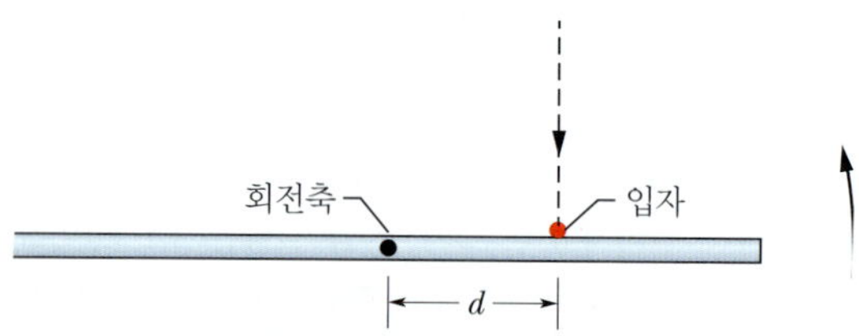

그림 11.12 연습문제 23

24 **M** 질량 0.10 kg, 반지름 0.10 m인 레코드판이 중심을 통과하는 수직축에 대하여 4.7 rad/s의 각속력으로 자유롭게 회전하고 있다. 레코드판의 축에 대한 회전관성은 5.4×10^{-4} kg · m^{2}이다. 질량이 0.030 kg인 접착제 덩어리가 수직방향으로 떨어져서 레코드판의 가장자리에 달라붙었다. 접착제 덩어리가 달라붙은 직후 레코드판의 각속력은 얼마인가?

25 **E** 그림 11.13처럼 질량이 각각 m = 41 g인 세 입자가 길이가 d = 12 cm인 질량을 무시할 수 있는 세 막대에 의해 회전축에 묶여 있다. 계가 직선을 유지한 채 회전축 O에 대하여 각속도 ω = 0.85 rad/s로 회전한다. 원점 O에 대한 (a) 계의 회전관성, (b) 가운데 입자의 각운동량 크기, (c) 세 입자의 전체 각운동량을 구하여라.

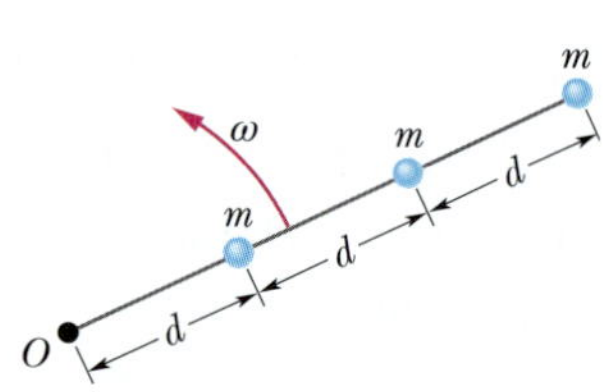

그림 11.13 연습문제 25

26 **E** 회전을 가르치는 사람이 초당 1.2 rev/s의 각속력으로 (마찰 없이) 회전하는 판 위에 서 있다. 그는 팔을 벌리고 양손에 벽돌을 들고 있다. 이 자세에서 사람과 벽돌, 그리고 판 전체의 중심축에 대한 회전관성은 6.0 kg · m^{2}이다. 벽돌을 움직여서 계의 회전관성을 3.0 kg · m^{2}로 줄인다면 (a) 판의 각속력은 어떻게 되는가? (b) 계의 새로운 운동에너지와 원래의 운동에너지의 비율은 얼마인가? (c) 무엇이 이 더해진 운동에너지를 공급하는가?

27 **H** **BIO** 다른 줄의 동료 쪽으로 떠난 공중곡예사는 t = 1.75 s 동안 4번 공중제비를 돈다. 처음과 마지막 1/4 회전하는 동안 그림 11.14처럼 몸을 펴서 질량중심(그림의 점)에 대한 회전관성은 I_1 = 19.9 kg · m^{2}이다. 반면에 나머지 공중제비를 할 때는 몸을 구부려서 회전관성은 I_2 = 3.93 kg · m^{2}이다. 몸을 구부린 동안 질량중심에 대한 각속력 ω_2는 얼마이어야 하는가?

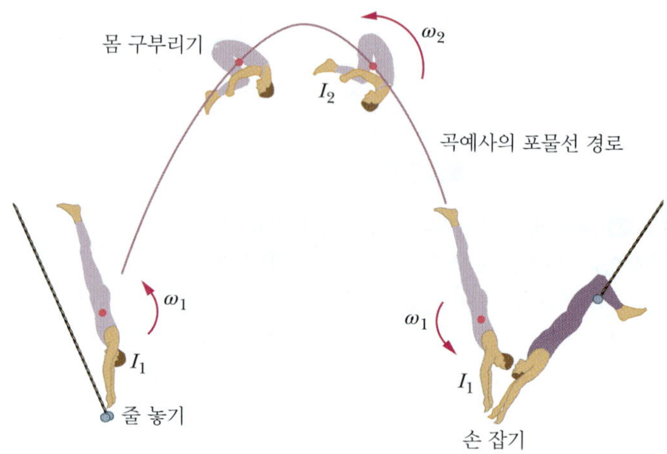

그림 11.14 연습문제 27

28 **E** **CALC** 입자에 다음과 같은 두 토크가 작용한다. $\vec{\tau}_1$의 크기는 3.0 N · m이고 x축 양의 방향을 향하고 있다. $\vec{\tau}_2$의 크기는 3.0 N · m이고 y축 음의 방향을 향하고 있다. $\vec{\ell}$이 원점에 대한 입자의 각운동량일 때 $d\vec{\ell}/dt$를 구하여라.

29 **M** 그림 11.15(위에서 본 그림)에서길이 0.500 m, 질량 3.00 kg인 가늘고 균일한 막대가 수평면에서 중심을 지나는 수직축에 대하여 회전할 수 있다. 질량이 3.0 g인 총알을 막대의 회전면에서 정지하고 있는 막대의 한 쪽 끝을 향하여 발사하였다. 위에서 보았을 때 탄환의 경로는 막대와 θ = 60.0°의 각도를 이룬다. (그림 11.15) 총알이 막대에 박히고 충돌 직후 막대의 각속도가 10 rad/s라면 충돌 직전 총알의 속력은 얼마인가?

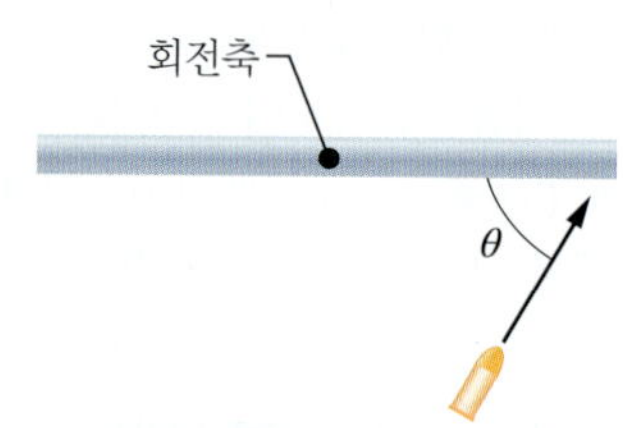

그림 11.15 연습문제 29

30 **M** 원점에 대해 위치벡터 $\vec{r}$ = (0.50 m)$\hat{\jmath}$ − (2.0 m)$\hat{k}$에 있는 조약돌에 $\vec{F}$ = (2.0 N)$\hat{\imath}$ − (3.0 N)$\hat{k}$의 힘이 작용한다. (a) 원점과 (b) 점 (2.0 m, 0, −3.0 m)에 대해 조약돌에 작용하는 토크를 단위벡터 표기법으로 구하여라.

31 **H** 그림 11.16처럼 질량 50 g의 토막이 마찰이 없는 면을 h = 20 cm만큼 미끄러져 내려와서 질량 100 g, 길이 40 cm인 균일한 막대에 달라붙는다. 막대는 점 O를 중심으로 θ만큼 회전한 후 순간적으로 정지한다. θ를 구하여라.

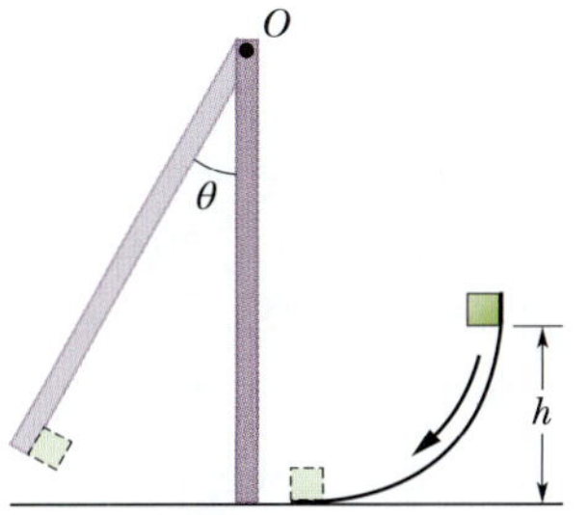

그림 11.16 연습문제 31

32 M 점 (3.0 m, −2.0 m, 4.0 m)에 있는 할라페뇨 고추 병에 다음의 힘이 작용할 때 원점에 대한 토크를 각각 단위벡터 표기법으로 구하여라. (a) $\vec{F}_1 = (3.0\text{ N})\hat{i} - (4.0\text{ N})\hat{j} + (5.0\text{ N})\hat{k}$ (b) $\vec{F}_2 = (-3.0\text{ N})\hat{i} - (4.0\text{ N})\hat{j} - (5.0\text{ N})\hat{k}$, (c) $\vec{F}_1$과 $\vec{F}_2$의 합, (d) (c)를 좌표 (3.0 m, 2.0 m, 4.0 m)인 점 중에 대한 토크를 구하여라.

33 M 그림 11.17은 중심에 대하여 회전할 수 있는 원형고리를 위에서 내려다 본 모습이다. 바깥쪽 반지름은 $R_2 = 0.800$ m이고 안쪽 반지름 R_1은 $R_1 = R_2/2.00$이다. 원형고리의 질량 M은 8.00 kg이고 중심에 있는 빗살의 질량은 무시할 수 있다. 초기에는 반지름 R_2에 있는 바깥쪽 가장자리에서 질량이 $m = M/4.00$인 고양이가 있고 8.00 rad/s의 각속력으로 회전한다. 고양이가 반지름 R_1에 있는 안쪽 가장자리로 이동하면 원형고리–고양이 계의 운동에너지는 얼마나 증가하는가?

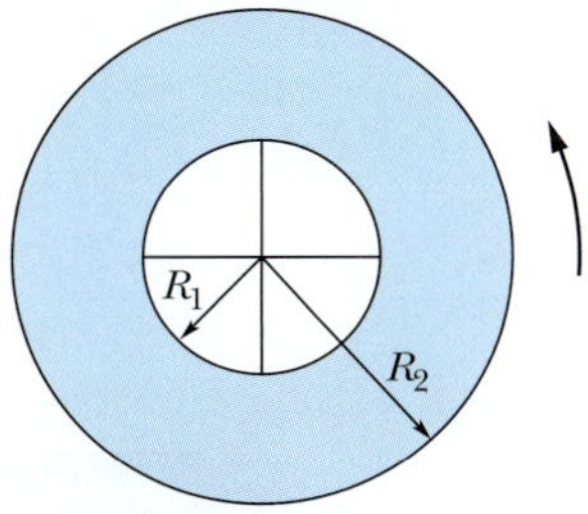

그림 11.17 연습문제 33

34 E 좌표 (0, −7.0 m, 5.0 m)에 있는 벼룩에 힘 $\vec{F}_1 = (3.0\text{ N})\hat{k}$, $\vec{F}_2 = (-2.0\text{ N})\hat{j}$가 작용할 때 원점에 대한 토크를 단위벡터 표기방법으로 나타내어라.

35 H 그림 11.18에서 질량 30 kg의 아이가 반지름 2.0 m인 정지해 있는 회전목마의 가장자리에 서 있다. 회전축에 대한 회전목마의 회전관성은 150 kg·m^{2}이다. 이때 친구가 던진 질량 1.0 kg의 공을 아이가 잡았다. 공을 잡기 직전에 수평방향인 공의 속도 $\vec{v}$의 크기는 8.0 m/s이고 회전목마 가장자리의 접선과 $\vec{v}$가 이루는 각도는 나타낸 대로 $\phi = 37°$이다. 아이가 공을 잡은 직후 회전목마의 각속력을 구하여라.

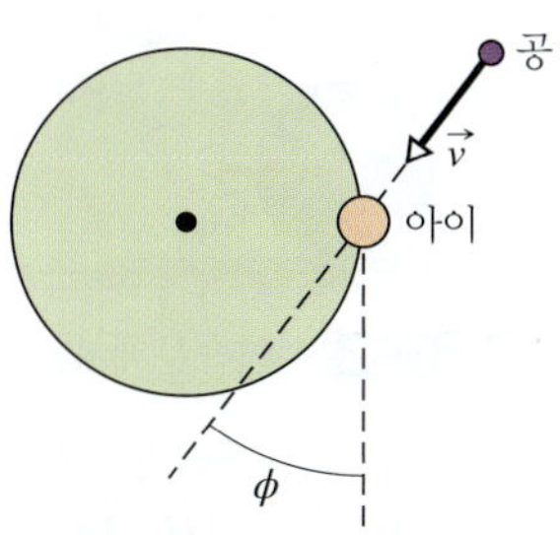

그림 11.18 연습문제 35

36 E 어느 순간 위치벡터 $\vec{r} = (3.0\hat{i} - 3.0\hat{k})$m, 속도벡터 $\vec{v} = (-5.0\hat{i} + 5.0\hat{k})$ m/s인 0.25 kg의 물체에 힘 $\vec{F} = 4.0\hat{j}$ N의 힘이 작용한다. 원점에 대해 (a) 물체의 각운동량, (b) 물체에 작용하는 토크를 단위벡터 표기법으로 써라.

37 E 그림 11.19처럼 세 개의 회전하는 균일한 원판이 벨트로 연결되어 있다. 한 벨트는 원판 A와 C에 감겨있다. 다른 벨트는 원판 A의 중심축과 원판 B에 감겨있다. 벨트는 미끄러지지 않고 유연하게 움직인다. 원판 A의 반지름은 R이고 그 축의 반지름은 0.5000R이다. 원판 B의 반지름은 0.2500R이고, 원판 C의 반지름은 2.000R이다. 원판 B와 원판 C의 밀도(단위부피당 질량)와 두께는 같다. 원판 C의 각운동량 크기와 원판 B의 각운동량 크기의 비율을 구하여라.

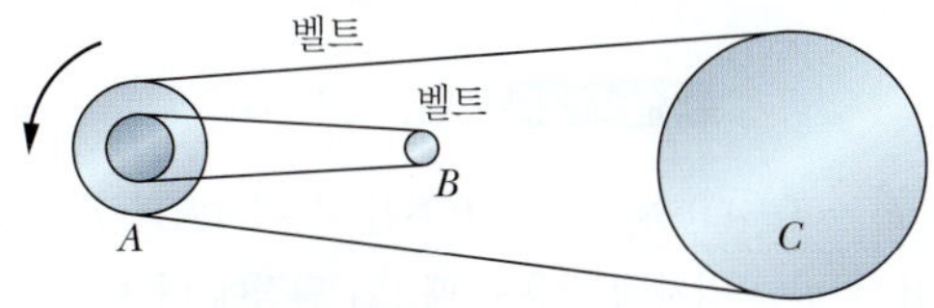

그림 11.19 연습문제 37

38 E 균일하게 속이 찬 공이 경사면을 굴러 내려오고 있다. (a) 공 중심의 선가속도 크기가 0.180g라면 경사면의 경사각도는 얼마인가? (b) 어느 물체가 (a)와 같은 각도에서 마찰 없이 미끄러져 내려온다면 물체의 가속도는 0.180g보다 큰가, 작은가, 아니면 같은가? 그 이유는 무엇인가?

39 M 질량 0.280 g의 속이 꽉찬 놋쇠공이 그림 11.20처럼 원을 그리는 궤도 직선 부분의 한 점에서 정지상태로부터 출발하여 미끄러지지 않고 구른다. 원형궤도의 반지름은 $R = 16.0$ cm이고 구슬의 반지름 r은 $r \ll R$이다. (a) 구슬이 원형 궤도의 꼭대기에서 궤도를 벗어나기 직전일 때 처음 구슬이 출발하는 높이 h는 얼마인가? 구슬을 $h = 6.00R$의 높이에서 놓았다면 점 Q에서 공에 수평으로 작용하는 힘의 (b) 크기와 (c) 방향을 구하여라.

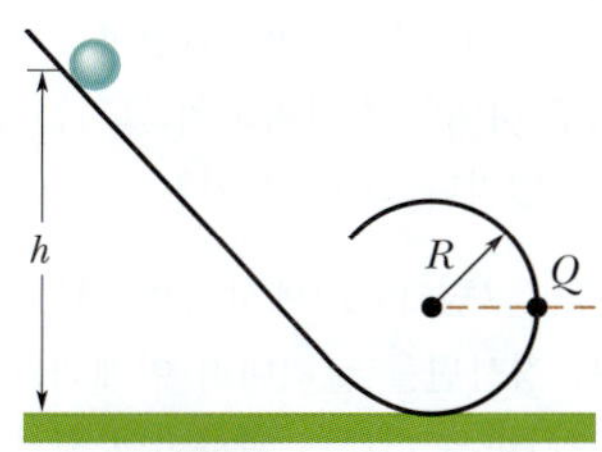

그림 11.20 연습문제 39

40 E 회전관성이 0.140 kg · m^{2}인 관성바퀴의 중심축에 대한 각운동량이 0.75 s만에 3.00에서 0.800 kg · m^{2}로 감소하였다. 이 동안 (a) 관성바퀴에 작용한 중심축에 대한 평균 토크는 얼마인가? (b) 등각가속도라고 가정할 때 관성바퀴가 회전한 각도는 얼마인가? (c) 관성바퀴에 한 일은 얼마인가? (d) 관성바퀴의 평균 일률은 얼마인가?

41 M 그림 11.21에서 질량 0.50 kg, 길이가 0.60 m인 불균일한 막대 끝에 달려있는 질량 0.50 kg의 토막을 향해 질량 2.0 g의 총알을 발사하였다. 토막–막대–총알로 이루어진 계는 A에 있는 고정축에 대하여 그림의 평면에서 회전한다. A에 있는 고정축에 대한 막대의 회전관성은 0.060 kg · m^{2}이다. 토막을 입자처럼 다룰 수 있다고 가정하자. (a) 점 A에 대한 토막–막대–총알 계의 회전관성을 구하여라. (b)

충돌 직후 점 A에 대한 계의 각속력이 4.5 rad/s라면 충돌 직전에 총알의 속력은 얼마인가?

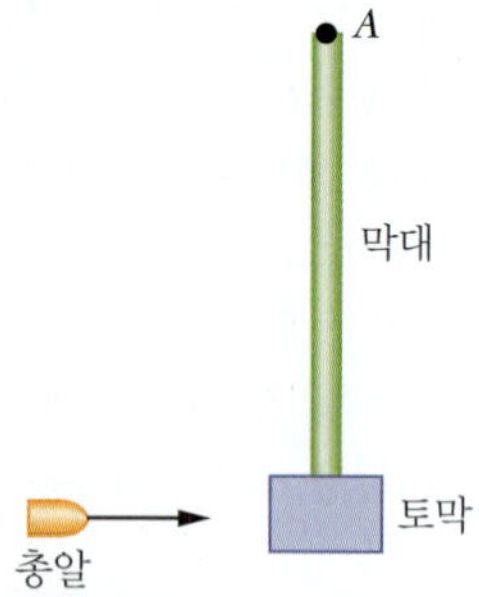

그림 11.21 연습문제 41

42 **M** 힘 $\vec{F} = (-4.0\ \text{N})\hat{\text{i}} + (3.0\ \text{N})\hat{\text{j}}$ 이 위치벡터 $\vec{r} = (3.0\ \text{m})\hat{\text{i}} + (4.0\ \text{m})\hat{\text{j}}$ 에 있는 입자에 작용할 때 (a) 원점에 대해 입자에 작용하는 토크를 단위벡터 표기법으로, (b) $\vec{r}$과 $\vec{F}$ 사이의 각도를 구하여라.

43 **E** 텍사스 바퀴벌레 한 마리가 (외부의 토크 없이 자유롭게 회전하는 회전목마와 같이 회전하는) 원판의 중심에서 반지름이 R인 원판의 가장자리 쪽으로 움직인다. 그림 11.22는 벌레가 움직이는 동안 바퀴벌레–원판 계의 각속력을 나타낸 그래프이다. (ω_a = 5.0 rad/s, ω_b = 6.0 rad/s) 벌레가 R에 도달했을 때 원판에 대한 벌레의 회전관성의 비율을 구하여라.

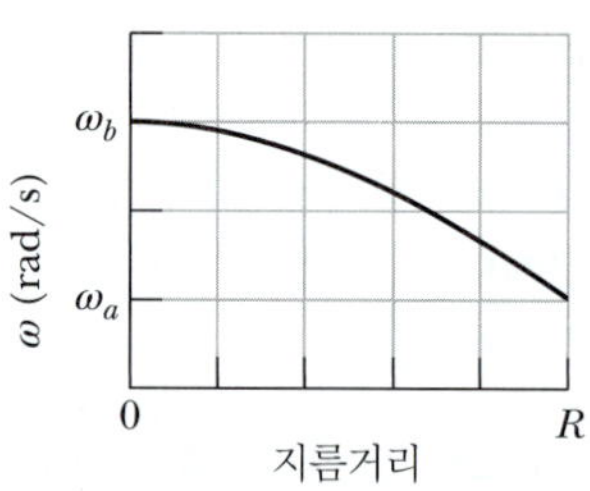

그림 11.22 연습문제 43

44 **E** 타이어의 지름이 75.0 cm인 자동차가 90.0 km/h의 속력으로 달리고 있다. (a) 타이어의 차축에 대한 각속력은 얼마인가? (b) 자동차가 미끄러지지 않고 타이어가 30.0번 회전하는 동안 (미끄러지지 않고) 균일하게 멈춘다면 타이어 각가속도의 크기는 얼마인가? (c) 감속하는 도중에 자동차는 얼마나 움직이는가?

45 **H** *불균일한 원통.* 그림 11.23에서 질량 M, 반지름 R인 원통형 물체가 정지상태에서 경사면을 굴러내려 아래의 수평한 부분에 도달하였다. 이 물체는 경사면을 떠나서 경사면의 끝부분으로부터 수평거리로 d = 0.506 m 떨어진 바닥의 한 지점에 떨어졌다. 물체의 초기 높이는 H = 0.90 m이고 경사면 끝부분의 높이는 h = 0.10 m이다. 물체는 (밀도가 균일한) 바깥 껍질부분과 (밀도가 다른 균일한) 중심부분의 원통으로 이루어져 있다. 물체의 회전관성은 $I = \beta MR^2$이다. β값은 균일한 원통의 경우인 0.5는 아니다. β값을 구하여라.

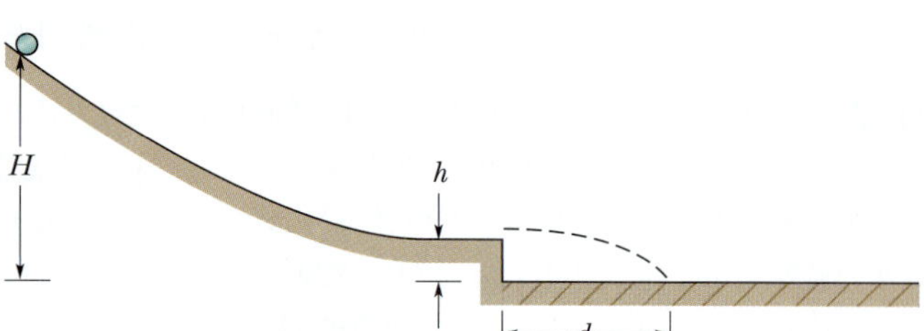

그림 11.23 연습문제 45

46 **E** 질량 0.17 kg의 벌레가 반지름 20 cm, 회전관성 5.0×10^{-3} kg · m^{2}이고, 마찰을 무시할 수 있는 베어링에 의해 중심이 수직축에 고정된 원판의 가장자리를 따라서 반시계방향으로 움직이고 있다. 지면에 대한 벌레의 속력은 2.0 m/s이고, 원판은 ω_0 = 2.8 rad/s의 각속도로 시계방향으로 회전한다. 벌레는 가장자리에 있는 빵부스러기를 발견하고 멈췄다. (a) 벌레가 멈춘 후 원판의 각속력을 구하여라. (b) 벌레가 멈출 때 역학에너지는 보존되는가?

47 **M** 그림 11.24를 보면 (길이 0.60 m, 질량 1.0 kg인) 균일한 막대가 막대 끝에 위치한 회전축에 대하여 그림의 평면 내에서 회전하고, 그 축에 대한 막대의 회전관성은 0.12 kg · m^{2}이다. 막대가 가장 낮은 지점을 지날 때 질량 0.30 kg의 접착제 덩어리와 충돌하여 덩어리는 막대의 끝에 달라붙는다. 충돌 직전에 막대의 각속력이 2.4 rad/s라면 충돌 직후 막대–덩어리 계의 각속력은 얼마인가?

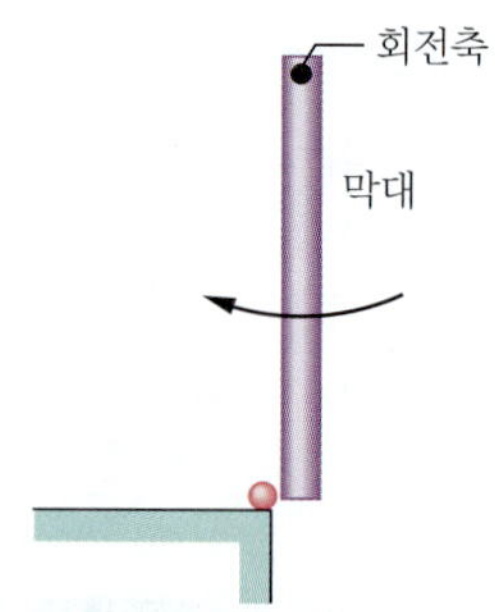

그림 11.24 연습문제 47

48 **E** 회전하면서 붕괴하는 별의 회전관성이 초기 값의 0.5배로 줄어들었다. 초기의 회전운동에너지에 대한 현재 상태의 회전운동에너지의 비율은 얼마인가?

49 **H** 볼링선수가 반지름 R = 11 cm의 볼링공을 던진다. 볼링공은 (그림 11.25) 초기속력 $v_{\text{com},0}$ = 8.5 m/s로 미끄러지며 초기 각속력은 ω_0 = 0이다. 볼링공과 바닥 사이의 운동마찰계수는 0.21이다. 운동마찰력 $\vec{f}_k$는 볼링공에 각가속도를 주는 토크를 만들면서 동시에 볼링공에 선가속도를 준다. 속력 v_{com}이 충분히 감소하고 각속력 ω가 충분히 증가하면 볼링공은 더 이상 미끄러지지 않고 굴러간다. 이때 (a) v_{com}을 ω로 나타내어라. 미끄러지는 동안 (b) 볼링공의 선가속도와 (c) 각가속도를 구하여라. (d) 볼링공이 미끄러지는 시간과 (e) 미끄러진 거리는 각각 얼마인가? (f) 굴림운동이 시작될 때 볼링공의 선속도를 구하여라.

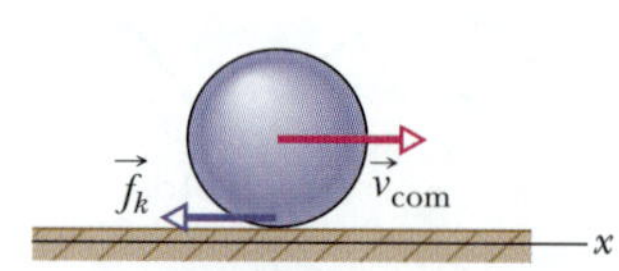

그림 11.25 연습문제 49

50 **E** 두 개의 원판이 마찰이 작은 베어링을 통하여 같은 축에 놓여 있고, 필요에 따라 한 개로 결합되어 함께 회전할 수도 있다. 첫 번째 원판의 중심축에 대한 회전관성은 3.30 kg · m^{2}이며 분당 450회전의 각속력으로 반시계방향으로 회전한다. 두 번째 원판의 중심축에 대한 회전관성은 6.60 kg · m^{2}이며 분당 700회전의 각속력으로 반시계방향

으로 회전한다. 이때 두 원판이 하나로 결합되었다. (a) 결합 후의 각속력은 얼마인가? 만일 두 번째 원판이 시계방향으로 분당 700회전의 각속력으로 회전하고 있었다면 결합 후의 (b) 각속력과 (c) 회전방향은 각각 얼마인가?

51 M 그림 11.26은 질량 0.500 kg, 반지름 5.00 cm인 물체가 경사각도 30°의 경사면을 부드럽게 굴러 내려올 때 속력 대 시간의 그래프이다. 속도축의 크기는 $v_s = 4.0$ m/s이다. 물체의 회전관성은 얼마인가?

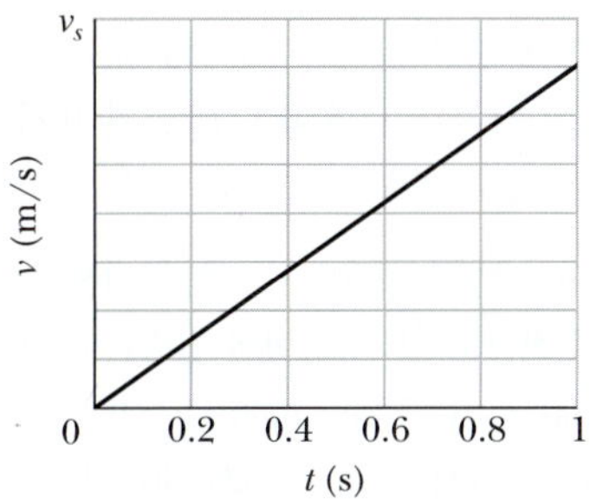

그림 11.26 연습문제 51

52 E 좌표 (0, −8.0 m 3.0 m)에 있는 입자에 대하여 다음의 힘이 작용할 때 원점에 대한 토크를 단위벡터 표기법으로 구하여라. (a) 성분이 $F_{1x} = 2.0$ N, $F_{1y} = 0$인 힘 $\vec{F}_1$, (b) 성분이 $F_{2x} = 0$ N, $F_{2y} = 2.0$ N, $F_{2z} = 4.0$ N인 힘 $\vec{F}_2$.

53 M 그림 11.27에서 질량 10 kg, 반지름 0.30 m인 바퀴에 크기 12 N의 힘 $\vec{F}_{app}$가 수평방향으로 일정하게 작용하고 있다. 바퀴는 수평면에 대하여 부드럽게 굴러가며 질량중심 가속도의 크기는 0.60 m/s^{2}이다. (a) 바퀴에 작용하는 마찰력을 단위벡터 표기법으로 구하여라. (b) 질량중심을 지나는 회전축에 대한 바퀴의 회전관성을 구하여라.

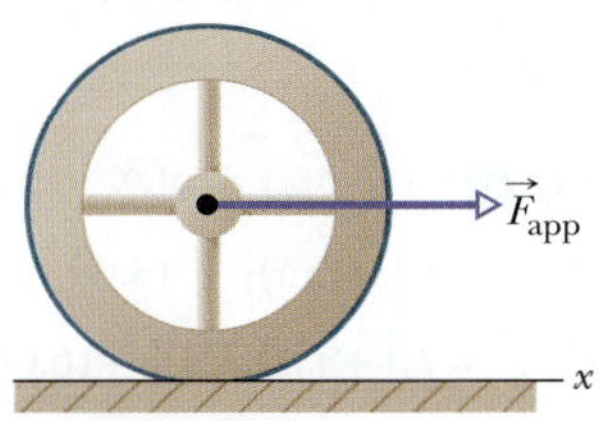

그림 11.27 연습문제 53

54 E 회전관성이 1.2×10^{-3} kg · m^{2}인 연마용 원판에 모터로 구동되는 전기드릴이 달려 있고, 모터는 원판의 중심축에 대하여 크기 16 N · m의 토크를 가한다. 중심축에 대하여 토크가 50 ms 동안 작용했을 때 원판의 (a) 각운동량 크기와 (b) 각속도 크기를 각각 구하여라.

55 M 그림 11.28에서 속이 찬 공이 (높이 $H = 7.0$ m에서 시작하여) 정지상태로부터 출발하여 부드럽게 굴러 내려와 $h = 20$ m 높이에 있는 궤도 끝의 수평부분을 떠났다. 공이 바닥에 닿았을 때 점 A로부터의 수평거리는 얼마인가?

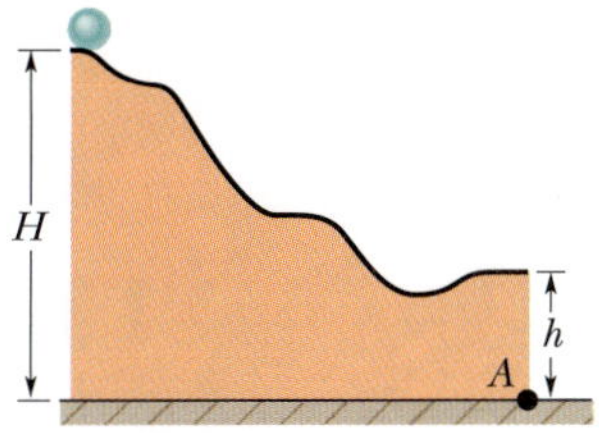

그림 11.28 연습문제 55

56 M CALC 회전관성이 7.00 kg · m^{2}인 원판에 토크 $\tau = (5.00 + 2.00\,t)$ N · m가 작용하여 회전목마처럼 회전한다. 시간 $t = 1.00$ s에서 원판의 각운동량은 5.00 kg · m^2/s이다. $t = 4.50$ s에서 원판의 각운동량은 얼마인가?

57 M 그림 11.29는 x축에서 부드럽게 굴러가는 속이 찬 공의 퍼텐셜에너지 곡선 $U(x)$이다. U축의 크기는 $U_s = 100$ J이다. 공은 균일하며, 부드럽게 굴러가고, 질량은 0.400 kg이다. 이 공이 $x = 7.0$ m인 지점에서 음의 x축 방향으로 75 J의 역학에너지를 가지고 출발하였다. (a) 만일 공이 $x = 0$인 지점에 도달한다면 그 지점에서 속력은 얼마인가? 만일 도달할 수 없다면 반환점은 어디인가? 이제 공이 $x = 7.0$ m인 지점에서 x축 양의 방향으로 75 J의 역학에너지를 가지고 출발하였다고 하자. (b) 만일 공이 $x = 13$ m인 지점에 도달할 수 있다면 그 지점에서의 속력은 얼마인가? 만일 도달할 수 없다면 반환점은 어디인가?

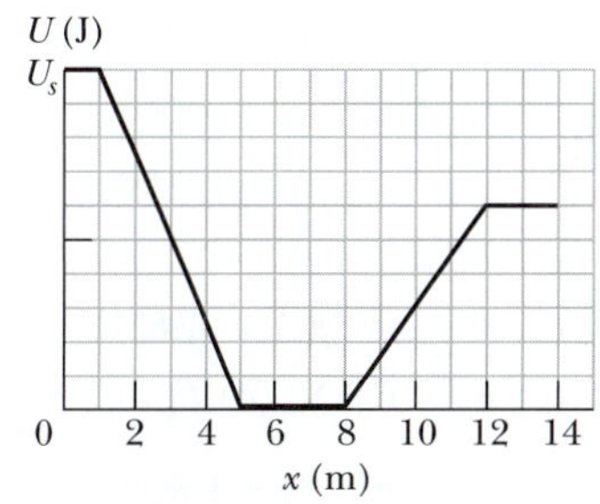

그림 11.29 연습문제 57

58 M 어느 순간에 질량이 4.00 kg인 물체의 위치벡터는 $\vec{d} = (2.00\text{ m})\hat{i} + (4.00\text{ m})\hat{j} - (3.00\text{ m})\hat{k}$이고, 속도는 $\vec{v} = -(6.00\text{ m/s})\hat{i} + (3.00\text{ m/s})\hat{j} + (3.00\text{ m/s})\hat{k}$이다. 물체에 작용하는 힘은 $\vec{F} = (6.00\text{ N})\hat{i} - (8.00\text{ N})\hat{j} + (4.00\text{ N})\hat{k}$이다. 물체의 (a) 가속도, (b) 원점에 대한 각운동량, (c) 원점에 대한 물체에 작용하는 토크, (d) 물체의 속도와 물체에 작용하는 힘 사이의 각도를 구하여라.

59 M 그림 11.30에서 반지름 12 cm, 질량 12 kg인 속이 찬 원통이 정지상태로부터 경사각이 $\theta = 30°$인 지붕의 표면을 따라 $L = 6.0$ m의 거리를 미끄러지지 않고 굴러 내려온다. (a) 원통이 지붕을 벗어날 때 원통의 중심에 대한 원통의 각속력을 구하여라. (b) 지붕의 처마는 지상으로부터 $H = 5.0$ m의 높이에 있다. 원통이 지표면에 떨어졌을 때 지붕의 처마끝으로부터 수평거리는 얼마인가?

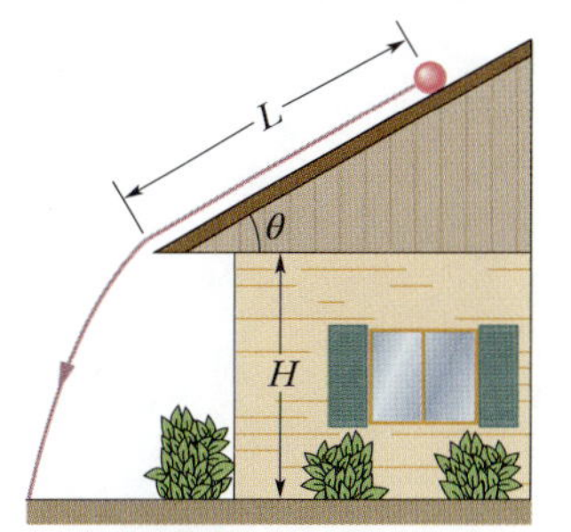

그림 11.30 연습문제 59

60 E CALC 전기모터에서 회전자의 중심축에 대한 회전관성은

$I_m = 2.0 \times 10^{-3}$ kg · m^{2}이다. 이 모터는 우주비행선의 방향을 바꾸기 위해 사용한다. 이때 모터의 축이 우주선의 중심축과 나란하게 탑재되었다. 중심축에 대한 우주비행선의 회전관성은 $I_p = 12$ kg · m^{2}이다. 우주비행선이 중심축에 대하여 40° 회전하기 위해서는 모터의 회전자가 회전하는 회수를 계산하여라.

61 M 반지름이 0.12 m인 속이 빈 공의 질량중심을 지나는 선에 대한 회전관성은 $I = 0.040$ kg · m^{2}이고, 수평면에서 30° 기울어진 경사면에서 공이 미끄러지지 않고 굴러 내려온다. 처음 지점에서 공의 전체 운동에너지는 30 J이다. (a) 처음 운동에너지 중 얼마가 회전운동에너지인가? (b) 처음 지점에서 공의 질량중심의 속력은 얼마인가? 공이 경사면을 따라서 처음 지점으로부터 1.0 m 위로 움직였을 때 (c) 전체 운동에너지와 (d) 질량중심의 속력을 각각 구하여라.

62 E 자두가 좌표 (−2.0 m, 0, 6.0 m)인 곳에 있다. 이 자두에 작용하는 힘의 유일한 성분이 다음과 같을 때 이 힘에 의해 생기는 원점에 대한 토크를 구하여 단위벡터 표기법으로 구하여라.

63 E 질량 2.0 kg의 입자가 평면에서 움직인다. 이 입자의 (x, y) 좌표가 (3.0, −4.0) m인 점을 지날 때 속도 성분은 $v_x = 80$ m/s, $v_y = 60$ m/s이다. 이때 (a) 원점과 (b) 점 (−2.0, −2.0) m에 대한 물체의 각운동량을 각각 단위벡터 표기법으로 구하여라. (a) $F_x = 6.0$ N, (b) $F_x = -6.0$ N, (c) $F_z = 6.0$ N, (d) $F_z = -6.0$ N.

64 M 수평 원판이 마찰이 없는 베어링 위에서 원판의 중심을 지나는 수직축에 대하여 회전하고 있다. 판의 질량은 150 kg, 반지름은 2.0 m, 회전축에 대한 회전관성은 300 kg · m^{2}이다. 질량 60 kg의 학생이 판의 가장자리로부터 중심 방향으로 천천히 걸어간다. 학생이 가장자리에서 출발할 때 계의 각속력이 3.0 rad/s라면 학생이 중심에서 0.50 m의 거리에 있을 때 각속력은 얼마인가?

65 M BIO 멀리뛰기에서 지면에서 뛰어오른 선수는 초기 각운동량 때문에 몸이 앞으로 회전하려고 하여 착지에 실패할 수 있다. 이를 막기 위해서 뻗은 두 팔을 회전시켜서 각운동량을 상쇄시킨다(그림 11.8.3). 처음 0.850 s 동안 한쪽 팔은 0.500 회전하고, 다른 팔은 1.000 회전한다. 각 팔을 질량 4.0 kg, 길이 0.60 m인 가는 막대로 취급한다. 운동선수의 기준계에서 어깨를 지나는 공통 회전축에 대한 두 팔의 전체 각운동량은 얼마인가?

66 H BIO 뚜르제떼 동작을 시작하는 무용수의(그림 11.8.4a) 각속력은 ω_i이고, 회전관성은 두 부분으로 이루어져 있다. 몸에 대해 $\theta = 90.0°$로 뻗은 다리의 회전관성은 $I_{leg} = 1.44$ kg · m^{2}이고, (주로 몸통인) 나머지 부분의 회전관성은 $I_{trunk} = 0.660$ kg · m^{2}이다. 무용수가 최고 높이에 도달한 순간 두 다리의 각도를 $\theta = 30.0°$로 유지하고, 각속력은 ω_f이다(그림 11.8.4b). I_{trunk}가 변하지 않는다고 가정하면 ω_i/ω_f의 비율은 얼마인가?

67 M 수직선과 30°의 각도를 이루는 축에 대하여 팽이가 초당 30회전의 각속력으로 회전하고 있다. 팽이의 질량은 0.25 kg이고 회전축에 대한 회전관성은 5.0×10^{-4} kg · m^{2}이다. 질량중심은 팽이와 바닥의 접촉점에서 4.0 cm 떨어져 있다. 위에서 내려다 보았을 때 팽이는 시계방향으로 돌고 있다. (a) 축돌기운동의 각속력을 구하여라. (b) 위에서 내려다 보았을 때 축돌기운동의 방향은 어디인가?

68 E 질량이 1200 kg인 자동차에 질량이 10 kg인 바퀴가 네 개 달려있다. 자동차가 움직일 때 전체 운동에너지 중 회전축에 대한 네 바퀴의 회전으로 인한 에너지의 비율을 구하여라. 바퀴는 같은 질량과 크기를 갖는 균일한 원판이라고 가정한다. 왜 바퀴의 반지름을 알 필요가 없는가?

69 M 어느 입자가 힘을 받으며 xy 좌표계에서 움직이고 있다. 입자가 $\vec{r} = (2.00\ \text{m})\hat{i} - (3.00\ \text{m})\hat{j} + (2.00\ \text{m})\hat{k}$에 있을 때 작용하는 힘은 $\vec{F} = F_x\hat{i} + (7.00\ \text{N})\hat{j} - (6.00\ \text{N})\hat{k}$이고 원점에 대한 토크는 $r = (4.00\ \text{N}\cdot\text{m})\hat{i} + (2.00\ \text{N}\cdot\text{m})\hat{j} - (1.00\ \text{N}\cdot\text{m})\hat{k}$이다. F_x를 결정하여라.

제 12 장

평형과 탄성

Equilibrium and Elasticity

12.1 ▸ 평형

요점_*Key Ideas*

1. 정지해 있는 강체는 정적 평형상태에 있다고 한다. 이와 같은 물체에 대해 이 물체에 작용하는 외부힘의 벡터합은 0이다.

$$\vec{F}_{\text{net}} = 0 \qquad \text{(힘의 균형)}.$$

모든 힘들이 xy 평면에 있으면 이 벡터식은 두 개의 성분식과 동등하다.

$$F_{\text{net},x} = 0\text{과 } F_{\text{net},y} = 0 \qquad \text{(힘의 균형)}.$$

2. 정적 평형은 또한 *임의의* 점에 대해 물체에 작용하는 외부 토크의 벡터합도 0이 된다는 것을 뜻한다. 즉 다음과 같이 쓴다.

$$\vec{\tau}_{\text{net}} = 0 \qquad \text{(토크의 균형)}.$$

힘이 xy 평면에 있다면 모든 토크 벡터는 z축에 평행이고, 토크의 평형에 대한 식은 다음의 단일 성분에 대한 식과 같다.

$$\tau_{\text{net},z} = 0 \qquad \text{(토크의 균형)}.$$

3. 중력은 물체의 각 요소에 작용한다. 모든 각각의 작용에 대한 알짜효과는 무게중심에 작용하는 이와 동등한 전체 중력 $\vec{F}_g$가 작용한 것으로 상상하여 구할 수 있다. 중력가속도 $\vec{g}$가 물체의 각 요소마다 같다면 무게중심은 질량중심이다.

학습목표_*Learning Objectives*

이 단원을 읽은 후 다음을 이해해야 한다.

12.1.1 평형과 정적 평형을 구별한다.

12.1.2 정적 평형에 대한 네 가지 조건을 나열한다.

12.1.3 무게중심을 설명하고 이것이 질량중심과 어떤 관계에 있는지 이해한다.

12.1.4 주어진 입자의 분포에 대해 무게중심과 질량중심의 좌표를 계산한다.

▶ 어떤 물리현상을 다루는가?

인간이 만든 구조물은 어떤 힘이 작용해도 안정적이어야 한다. 예컨대 고층빌딩은 중력이나 바람을 견뎌내야 하고, 다리는 아래로 잡아당기는 중력이나 자동차와 트럭들이 지나가면서 반복적으로 덜컹거려도 안정해야 된다.

여러 힘의 작용에도 불구하고 물체가 안정한 이유를 물리학적 관점에서 이해할 수 있다. 이 장에서는 안정성과 관련된 두 가지 중요한 측면에 대해 공부할 것이다. 강체에 작용하는 힘과 토크의 *평형*, 그리고 비강체의 변형에 대한 특성, 즉 *탄성*이 바로 그것이다. 이러한 특성을 제대로 이해하고 적용한다면 물리학이나 공학의 끝없는 연구주제가 되겠지만 제대로 적용하지 못하면 사회적으로나 법률적으로 큰 문제를 초래할 수도 있다.

평형

다음의 물체를 생각해 보자. (1) 책상 위에 놓인 책, (2) 마찰이 없는 표면을 일정한 속도로 미끄러져 가는 하키 퍽, (3) 천장에 달린 선풍기의 회전날개, (4) 직선 궤도로 등속운동하는 자전거의 바퀴. 이 모두에 대해 다음이 성립한다.

1. 질량중심의 선운동량 $\vec{P}$가 일정하다.
2. 질량중심이나 임의의 점에 대한 각운동량 $\vec{L}$도 일정하다.

이러한 경우에 물체들이 **평형상태**에 있다고 한다. 따라서 평형상태가 되기 위한 두 가지 조건은 다음과 같다.

$$\vec{P} = \text{상수}, \qquad \vec{L} = \text{상수}. \tag{12.1.1}$$

이 장에서는 평형상태 중에서도 식 12.1.1의 상수값이 0인 경우에 대해 공부한다. 즉, 관측 좌표계에서 병진운동이나 회전운동을 하지 않는 경우만을 다룬다. 이때 물체가 **정적 평형상태**에 있다고 한다. 위에 열거한 네 개의 물체 중 책상 위에 놓인 책만이 정적 평형상태에 있다.

그림 12.1.1 균형 잡힌 바위. 밑받침이 불안정해 보이지만 바위는 정적 평형상태에 있다.

그림 12.1.1의 균형 잡힌 바위는 정적 평형상태를 보여주는 또 다른 보기이다. 이 외에도 교회, 집, 서류함, 자판기 등 오랫동안 움직이지 않는 정적 평형상태의 보기는 일상의 주변에 무수히 널려 있다.

8.3단원에서 배운 것처럼, 물체가 힘을 받아 움직였다가 다시 정적 평형상태로 되돌아오면 물체가 *안정한* 평형상태에 있다고 한다. 오목한 사발에 들어 있는 구슬이 이 경우에 해당된다. 한편 작은 힘으로도 물체를 움직여 평형상태에서 벗어나게 할 수 있을 경우에 물체가 *불안정*한 평형상태에 있다고 한다.

▸***도미노.*** 예를 들어 그림 12.1.2*a*처럼 도미노의 질량중심이 받침점의 수직선상에 놓인 경우를 생각해 보자. 중력 $\vec{F}_g$의 작용선이 받침점을 지나므로 받침점을 중심으로 하는 중력에 의한 토크는 0이 되므로 도미노는 평형상태에 있다. 그러나 조금만 힘을 가해도 평형상태는 깨어지게 된다. 만일 중력 $\vec{F}_g$의 작용선이 받침점의 어느 한쪽으로 기울게 되면(그림 12.1.2*b* 참조) $\vec{F}_g$가 만드는 토크는 도미노의 회전을 증가시킨다. 따라서 그림 12.1.2*a*의 도미노는 불안정한 평형상태에 있다.

그림 12.1.2*c*의 도미노는 이처럼 불안정하지는 않다. 도미노를 쓰러뜨리려면 힘을 가해서 도미노를 회전시키면서, 그림 12.1.2*a*의 균형점, 즉 질량중심이 받침점 바로 위에 있는 상태보다 더 바깥쪽으로 가도록 해야 하기 때문이다. 따라서 작은 힘으로는 넘어지

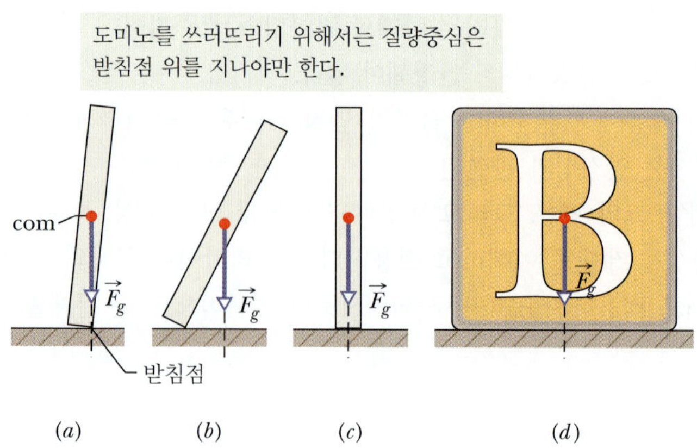

그림 12.1.2 (*a*) 질량중심이 정확히 도미노의 받침점 위에 있어서 균형을 유지하고 있다. 도미노에 작용하는 중력 $\vec{F}_g$가 바로 받침점을 지난다. (*b*) 이렇게 균형 잡힌 상태의 도미노에 힘을 가해서 조금만 돌려놓아도 $\vec{F}_g$가 회전을 증가시키는 방향으로 토크를 만든다. (*c*) 좁은 면을 바닥으로 세운 도미노는 (*a*)의 경우보다는 안정적이다. (*d*) 정육면체 토막은 (*c*)의 경우보다도 더 안정적이다.

지 않겠지만, 손가락으로 세게 튕기면 도미노가 쓰러질 것이다(이렇게 세워진 도미노들 중 첫 번째 것을 손가락으로 툭 치면 전체 도미노가 연쇄적으로 쓰러진다).

▸***토막.*** 그림 12.1.2*d*와 같은 정육면체의 장난감 토막에서는 질량중심을 더 많이 움직여야만 받침점 바깥쪽으로 벗어나게 되므로 상당히 안정적이다. 손가락으로 튕겨서는 토막을 쓰러뜨릴 수 없을지도 모른다(따라서 정육면체 토막으로는 도미노 놀이를 하지 않는다). 그림 12.1.3의 사람은 도미노와 토막의 두 경우를 다 포함하고 있다. 강철들보와 평행한 방향으로는 발을 넓게 벌려서 안정적이지만, 들보와 수직인 방향으로는 발의 폭이 좁아서 돌풍이 불 경우 불안정하다.

정적 평형상태에 대한 분석은 공학적 응용에서 매우 중요하다. 설계사는 외부에서 구조물에 가해지는 모든 힘과 토크를 모두 찾아내서, 알맞은 설계와 현명한 재료의 선택으로 외부에서 작용하는 어떠한 하중에도 구조물이 견딜 수 있도록 안전하게 만들어야 한다. 예컨대 많은 차량이 지나다니고 거센 바람이 불어도 무너지지 않는 다리, 거친 착륙의 충격에 견딜 수 있는 비행기의 착륙장치 등을 만들기 위해서는 이와 같은 평형상태에 대한 분석이 필수적이다.

그림 12.1.3 ▸ 강철들보 위에 균형을 잡고 서 있는 근로자는 정적 평형상태에 있으나, 들보와 수직인 방향보다 평행인 방향으로 더 안정적이다.

▶ 평형조건

물체의 병진운동은 Newton의 제2법칙인 다음의 식 9.3.6을 따른다.

$$\vec{F}_{\text{net}} = \frac{d\vec{P}}{dt}. \tag{12.1.2}$$

만약 물체가 병진운동에 대해 평형상태에 있으면 $\vec{P}$ = 상수, 즉 $d\vec{P}/dt = 0$이므로 다음을 얻는다.

$$\vec{F}_{\text{net}} = 0 \qquad \text{(힘의 균형)}. \tag{12.1.3}$$

한편 물체의 회전운동은 각운동량에 대한 Newton의 제2법칙인 다음의 식 11.7.4를 따른다.

$$\vec{\tau}_{\text{net}} = \frac{d\vec{L}}{dt}. \tag{12.1.4}$$

만약 물체가 회전운동에 대해 평형상태에 있다면 $\vec{L}$ = 상수, 즉 $d\vec{L}/dt = 0$이므로

$$\vec{\tau}_{\text{net}} = 0 \qquad \text{(토크의 균형)} \tag{12.1.5}$$

이다. 따라서 물체가 평형상태에 있기 위한 두 가지 조건은 다음과 같다.

1. 물체에 가해지는 모든 외부력의 벡터합은 0이다.
2. 물체에 가해지는 모든 외부 토크의 벡터합은 *어느* 점에 대해 측정하여도 0이다.

이 조건들은 $\vec{P}$와 $\vec{L}$이 0인 *정적* 평형상태뿐만 아니라 임의의 상수인 더 일반적인 평형상태에도 적용된다.

식 12.1.3과 12.1.5는 벡터식으로 다음과 같이 좌표축에 따라 각각 세 개씩의 독립적인 식으로 이루어져 있다.

힘의 균형	토크의 균형
$F_{\text{net},x} = 0$	$\tau_{\text{net},x} = 0$
$F_{\text{net},y} = 0$	$\tau_{\text{net},y} = 0$
$F_{\text{net},z} = 0$	$\tau_{\text{net},z} = 0$

(12.1.6)

▸*중요한 식.* 물체에 작용하는 힘이 xy 평면 위에 놓인 간단한 경우만을 생각해 보자. 이때 물체에 작용하는 토크는 z 방향이므로 힘에 관한 한 개의 식과 토크에 관한 두 개의 식이 없어져서 식 12.1.6에서

$$F_{\text{net},x} = 0 \quad \text{(힘의 균형)}, \tag{12.1.7}$$

$$F_{\text{net},y} = 0 \quad \text{(힘의 균형)}, \tag{12.1.8}$$

$$\tau_{\text{net},z} = 0 \quad \text{(토크의 균형)} \tag{12.1.9}$$

만 남는다. 위 식에서 $\tau_{\text{net},z}$는 z축 방향 또는 z축에 평행한 *임의의* 축 방향에 대해서 외부력이 만드는 토크이다.

얼음 위를 등속으로 미끄러지는 하키 퍽은 식 12.1.7, 12.1.8, 12.1.9를 만족하므로 평형상태에 있지만 *정적 평형상태는 아니다.* 정적 평형상태에 있기 위해서는 선운동량 $\vec{P}$가 상수일 뿐만 아니라 0이 되어야 한다. 즉 하키 퍽은 얼음 위에 정지해 있어야 한다. 따라서 정적 평형상태를 위한 또 하나의 조건은 다음과 같다.

물체의 선운동량 $\vec{P}$는 0이다.

확인문제 12.1.1

아래 그림은 두 개 이상의 힘이 서로 수직으로 작용하는 여섯 개의 균일한 막대를 위에서 내려다 본 것이다. 힘의 크기를 적절히 조절하면(그러나 0은 아니다) 어느 경우에 막대가 정적 평형상태가 될 수 있는가?

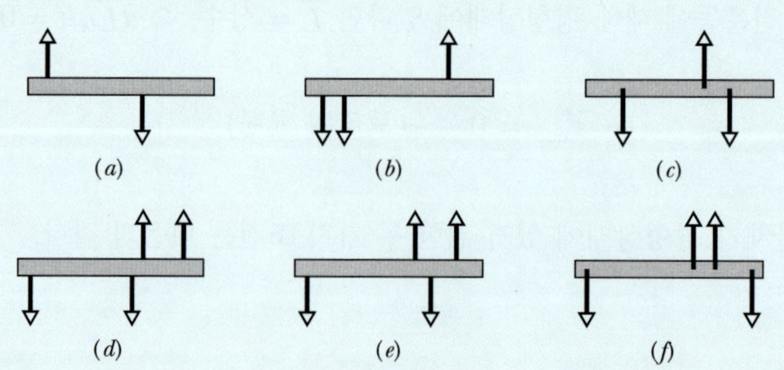

▶ 무게중심

물체에 작용하는 중력은 물체의 각 부분(원자)에 작용하는 중력의 벡터합이다. 따라서 물체의 모든 부분을 다 고려하는 대신 다음과 같이 기술할 수 있다.

물체에 작용하는 중력 $\vec{F}_g$는 사실상 **무게중심**(cog)이라고 부르는 하나의 점에 작용하는 것으로 볼 수 있다.

여기서 "사실상"이라는 말의 뜻은 물체의 각 부분에 작용하는 중력 대신에 무게중심에 작용하는 힘 $\vec{F}_g$만을 생각하여 물체에 작용하는 알짜힘과 임의의 점에 대한 알짜 토크를 계산하여도 결과가 같다는 뜻이다.

지금까지 중력 $\vec{F}_g$는 물체의 질량중심에 작용한다고 가정하였다. 즉, 물체의 질량중심과 무게중심이 일치한다는 뜻이다. 질량이 M인 물체에서 중력 $\vec{F}_g$는 $M\vec{g}$ ($\vec{g}$는 자유낙하 시의 중력가속도)와 같다는 사실을 배웠다. 이제 다음 사실을 증명해 보자.

$\vec{g}$가 물체의 모든 부분에 대해 같다면 물체의 질량중심(com)과 무게중심(cog)은 일치한다.

중력가속도 $\vec{g}$는 지면에서는 거의 일정하고 고도가 높아지더라도 조금밖에 감소하지 않으므로 위 사실은 모든 일상적인 물체에 대해 근사적으로 잘 적용된다. 따라서 지금까지 쥐나 사슴 같은 물체에 대해 중력이 질량중심에 작용하는 것으로 가정한 것은 합리적이다. 다음의 증명 후 그 가정에 대해 다시 논의할 것이다.

증명

우선 물체의 각 부분을 생각해 보자. 그림 12.1.4*a*처럼 질량 M의 물체가 질량 m_i인 질량요소로 이루어져 있다고 하자. 이 부분에 작용하는 중력 $\vec{F}_{gi}$는 $m_i\vec{g}_i$이다. 이때 $\vec{g}_i$의 아래첨자 i는 *물체의 i번째 부분* 바로 그 위치에서의 중력가속도를 의미한다(물체의 다른 부분에 대해서는 다른 값을 가질 수 있다).

그림 12.1.4*a*에 있는 물체에서 각각의 요소에 작용하는 힘 $\vec{F}_{gi}$는 모멘트팔 x_i만큼 떨어진 원점 O에 대해서 τ_i만큼의 토크를 만든다. 식 10.6.3($\tau = r_\perp F$)에 따라 각각의 토크 τ_i는

$$\tau_i = x_i F_{gi} \tag{12.1.10}$$

이다. 따라서 물체의 모든 부분에 작용하는 알짜 토크는 다음과 같다.

$$\tau_{\text{net}} = \sum \tau_i = \sum x_i F_{gi}. \tag{12.1.11}$$

이제 물체 전체를 생각해 보자. 물체의 무게중심에 작용하는 중력 $\vec{F}_g$가 그림 12.1.4*b*에 나타나 있다. 이 힘은 O에 대해 모멘트팔이 x_{cog}인 토크 τ를 만들므로, 다시 식 10.6.3을 사용하여 토크를 구하면 다음을 얻는다.

$$\tau = x_{\text{cog}} F_g. \tag{12.1.12}$$

한편 물체에 작용하는 중력 $\vec{F}_g$는 각 부분에 작용하는 중력 $\vec{F}_{gi}$의 합과 같으므로 위 식에서 F_g 대신 ΣF_{gi}로 바꾸어 다음과 같이 쓸 수 있다.

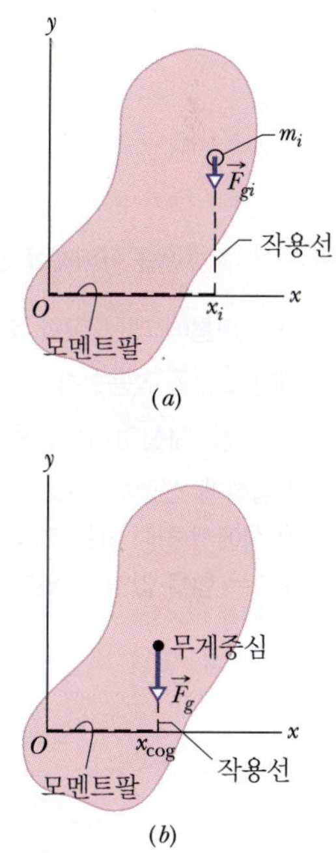

그림 12.1.4 (*a*) 물체의 질량요소 m_i에 작용하는 중력 $\vec{F}_{gi}$의 원점 O에 대한 모멘트팔은 x_i이다. (*b*) 물체에 미치는 중력 $\vec{F}_g$는 무게중심에 작용한다. 이때 원점에 대한 모멘트팔은 x_{cog}이다.

$$\tau = x_{cog} \sum F_{gi}. \tag{12.1.13}$$

한편 무게중심에 작용하는 중력 $\vec{F}_g$가 만드는 토크는 물체의 각 부분에 작용하는 힘 $\vec{F}_{gi}$가 만드는 토크의 합과 같으므로(무게중심은 이렇게 정의한다) 식 12.1.13의 τ는 식 12.1.11의 τ_{net}과 같다. 따라서

$$x_{cog} \sum F_{gi} = \sum x_i F_{gi}$$

이고, 위 식의 F_{gi}에 $m_i g_i$를 대입하면 다음과 같다.

$$x_{cog} \sum m_i g_i = \sum x_i m_i g_i. \tag{12.1.14}$$

이제 물체의 모든 부분에서의 중력가속도 g_i가 같다면 위 식의 양변에서 g_i를 없애서

$$x_{cog} \sum m_i = \sum x_i m_i \tag{12.1.15}$$

를 얻는다. 한편 모든 부분의 질량의 합 Σm_i는 물체의 질량 M이므로 식 12.1.15는

$$x_{cog} = \frac{1}{M} \sum x_i m_i \tag{12.1.16}$$

로 쓸 수 있다. 그런데 이 식의 우변은 물체의 질량중심 좌표 x_{com}을 나타낸다(식 9.1.4). 이것이 우리가 증명하려던 것이다. 만일 중력가속도가 물체의 요소가 있는 모든 위치에서 같다면, 물체의 질량중심과 무게중심의 좌표는 같다.

$$x_{cog} = x_{com}. \tag{12.1.17}$$

12.2 ▸ 정적 평형의 몇 가지 보기

학습목표_Learning Objectives

이 단원을 읽은 후 다음을 이해해야 한다.

12.2.1 정적 평형에 대한 힘과 토크에 대한 조건을 적용한다.

12.2.2 (토크를 계산하려는) 원점을 현명하게 선택하면 토크에 관한 식에서 하나 혹은 그 이상의 모르는 힘을 없앨 수 있다.

요점_Key Ideas

1. 정지해 있는 강체는 정적 평형상태에 있다고 한다. 이와 같은 물체에 대해 이 물체에 작용하는 외부 힘의 벡터합은 0이다.

$$\vec{F}_{net} = 0 \qquad \text{(힘의 균형)}.$$

모든 힘이 xy 평면 위에 있다면 이 벡터방정식은 두 개의 성분에 대한 식과 동등하다.

$$F_{net,x} = 0\text{과 } F_{net,y} = 0 \qquad \text{(힘의 균형)}.$$

2. 정적 평형은 또한 *임의의* 어떤 점에 대해 물체에 작용하는 외부 토크의 벡터합도 0이라는 것을 의미한다. 즉

$$\vec{\tau}_{net} = 0 \qquad \text{(토크의 평형)}$$

이다. 힘들이 xy 평면에 있다면 모든 토크 벡터는 z축에 평행이고, 토크의 평형에 대한 식은 한 요소에 대한 식과 동등하다.

$$\tau_{net,z} = 0 \qquad \text{(토크의 균형)}.$$

▶ 정적 평형의 몇 가지 보기

여기서는 정적 평형에 관한 네 개의 보기문제를 다루고자 한다. 각각의 보기에서 정적 평형상태에 관한 식 12.1.7, 12.1.8, 12.1.9를 적용할 물체를 선택하고, 작용하는 모든 힘은 xy 평면상에 있어서 토크의 방향은 z축 방향이 된다고 하자. 따라서 식 12.1.9를 적용해서 토크의 균형을 볼 때 토크를 계산할 축은 z축과 평행하게 선택한다. 식 12.1.9는 회전축을 어떻게 택하더라도 성립하지만 회전축을 잘 선택하면 모르는 힘에 관한 항을 없앨 수 있으므로 식 12.1.9를 적용하기가 훨씬 쉬워진다.

→ 확인문제 12.2.1

다음은 정적 평형상태에 있는 균일한 막대를 위에서 내려다본 그림이다. (a) 힘의 균형으로부터 미지의 힘 $\vec{F}_1$과 $\vec{F}_2$의 크기를 구할 수 있는가? (b) 한 개의 식으로 $\vec{F}_2$를 구하고자 할 때 회전축을 어디에 두어야 하는가? (c) $\vec{F}_2$가 65 N이라면 $\vec{F}_1$의 크기는 얼마인가?

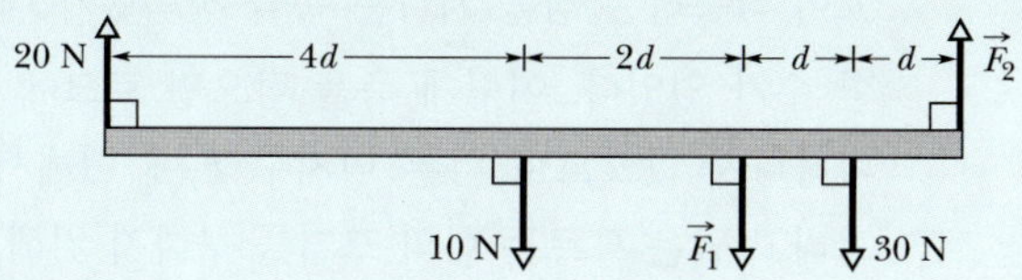

▶ 보기문제 12.2.1 수평막대 균형 잡기

그림 12.2.1a에서 길이 L, 질량 m = 1.8 kg인 균일한 막대가 양 끝에 있는 저울 위에 놓여 있다. 질량 M = 2.7 kg의 물체를 막대의 왼쪽으로부터 L/4만큼 떨어진 곳에 올려 놓았다면 저울의 눈금은 각각 얼마인가?

요점

정적 평형에 관한 문제를 풀기 위해서는 우선 분석할 계를 명확히 규정하고, 계에 작용하는 모든 힘이 표시된 자유물체그림을 그려야 한다. 막대와 토막으로 이루어진 계에 작용하는 모든 힘이 표시된 자유물체그림은 12.2.1b와 같다(대개의 경우 여러 계를 선택할 수 있는데 그중 어떤 계를 선택할 것인가는 경험이 필요하다). 계가 정적 평형상태에 있으므로 힘의 균형에 관한 식 12.1.7, 12.1.8 및 토크의 균형에 관한 식 12.1.9를 적용하여 문제를 풀 수 있다.

풀이: 막대의 왼쪽과 오른쪽에 작용하는 수직력은 각각 $\vec{F}_l$과 $\vec{F}_r$이고 저울에서 읽고자 하는 무게도 바로 이 힘이다. 막대의 중력 $\vec{F}_{g,\mathrm{beam}} = m\vec{g}$는 막대의 질량중심에, 물체의 중력 $\vec{F}_{g,\mathrm{block}} = M\vec{g}$는 물체의 질량중심에 작용할 것이다. 그림 12.2.1b에서 물체의 질량중심이 편의상 막대 위에 점으로 표시되어 있다. (이처럼 작용선을 따라 벡터 $\vec{F}_{g,\mathrm{block}}$을 이동시

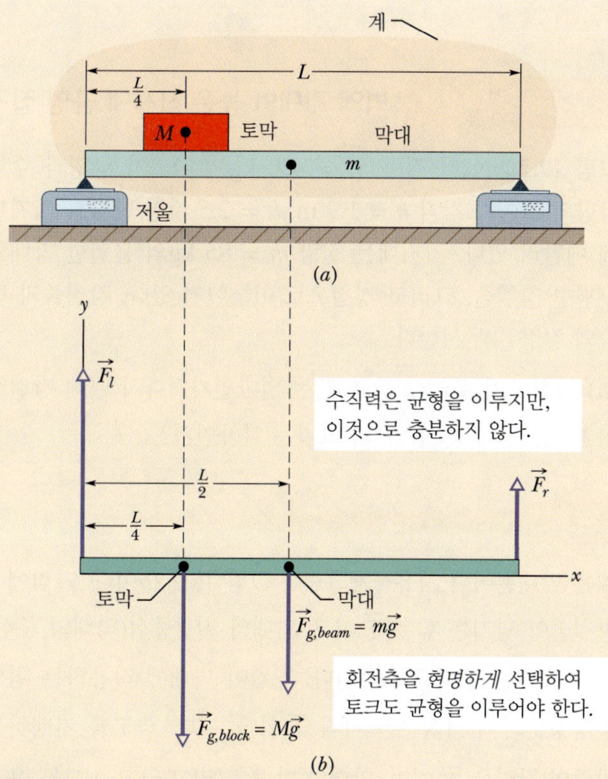

그림 12.2.1 (a) 질량 m의 막대가 질량 M의 물체를 받치고 있다. (b) 막대 + 토막 계에 작용하는 모든 힘을 나타낸 자유물체그림.

켜도 지면에 수직한 어떤 축에 대해서도 $\vec{F}_{g,\mathrm{block}}$이 만드는 토

크가 달라지지 않는다.)

힘의 x성분은 존재하지 않으므로 식 12.1.7($F_{\text{net},x} = 0$)은 아무런 정보를 주지 못한다. y성분에 대해서 식 12.1.8 ($F_{\text{net},y} = 0$)을 이용하면 다음과 같다.

$$F_l + F_r - Mg - mg = 0. \tag{12.2.1}$$

이 식에서 미지수는 F_l과 F_r 두 개이므로 토크의 균형에 관한 식 12.1.9를 이용하여야 한다. 그림 12.2.1에서 회전축은 *어느* 곳을 택해도 되므로 막대의 왼쪽 끝을 회전축으로 택하자. 정지한 물체가 토크에 의해 시계방향으로 회전하면 토크의 부호를 음으로, 반시계방향으로 회전하면 부호를 양으로 하고 토크의 크기를 $r_\perp F$로 나타내자. 여기서 $r_\perp$은 $\vec{F}_l$에 대해서는 0, $M\vec{g}$에 대해서는 $L/4$, $m\vec{g}$에 대해서는 $L/2$, $\vec{F}_r$에 대해서는 L이다.

따라서 토크의 균형에 대한 식 12.1.9($\tau_{\text{net},z} = 0$)는

$$(0)(F_l) - (L/4)(Mg) - (L/2)(mg) + (L)(F_r) = 0$$

이고, 정리하면

$$\begin{aligned} F_r &= \tfrac{1}{4}Mg + \tfrac{1}{2}mg \\ &= \tfrac{1}{4}(2.7\ \text{kg})(9.8\ \text{m/s}^2) + \tfrac{1}{2}(1.8\ \text{kg})(9.8\ \text{m/s}^2) \\ &= 15.44\ \text{N} \approx 15\ \text{N} \end{aligned}$$ (답)

이다. 이 F_r 값을 식 12.2.1에 대입하여 F_l에 대해서 풀면 다음을 얻는다.

$$\begin{aligned} F_l &= (M + m)g - F_r \\ &= (2.7\ \text{kg} + 1.8\ \text{kg})(9.8\ \text{m/s}^2) - 15.44\ \text{N} \\ &= 28.66\ \text{N} \approx 29\ \text{N}. \end{aligned}$$ (답)

문제풀이 요령을 다시 살펴보자. 힘의 균형에 대한 식을 썼을 때 미지수가 두 개여서 풀리지 않았다. 만일 *임의의* 축에 대한 토크에 대한 식을 썼다 해도 역시 미지수가 두 개이기 때문에 풀 수가 없었을 것이다. 그러나 한 개의 모르는 힘 $\vec{F}_l$이 작용하는 점을 지나는 축을 선택했기 때문에 쉽게 해결할 수가 있었다. 이렇게 축을 잡으면 토크에 관한 식에 힘이 나타나지 않으므로 다른 미지수 F_r에 대해서 풀 수가 있다. 그리고 남은 모르는 힘의 크기를 구하기 위해 힘 성분의 균형에 대한 식으로 돌아갔다.

▶ 보기문제 12.2.2 벽에 기대어 놓은 지지대 균형 잡기

그림 12.2.2a에서 질량 $M = 430$ kg의 금고가 수평과 수직 방향의 길이가 각각 $a = 1.9$ m, $b = 2.5$ m인 밧줄로 지지대에 매달려 있다. 지지대는 질량 $m = 85$ kg의 균일한 막대와 수평한 강철줄, 그리고 경첩으로 이루어져 있다. 강철줄과 밧줄의 질량은 무시한다.

(a) 강철줄에 걸리는 장력 T_c는 얼마인가? 다시 말해 강철줄이 막대에 가하는 힘 $\vec{T}_c$의 크기는 얼마인가?

그림 12.2.2 (a) 무거운 금고가 균일한 막대와 수평 강철줄로 이루어진 지지대에 매달려 있다. (b) 막대의 자유물체그림.

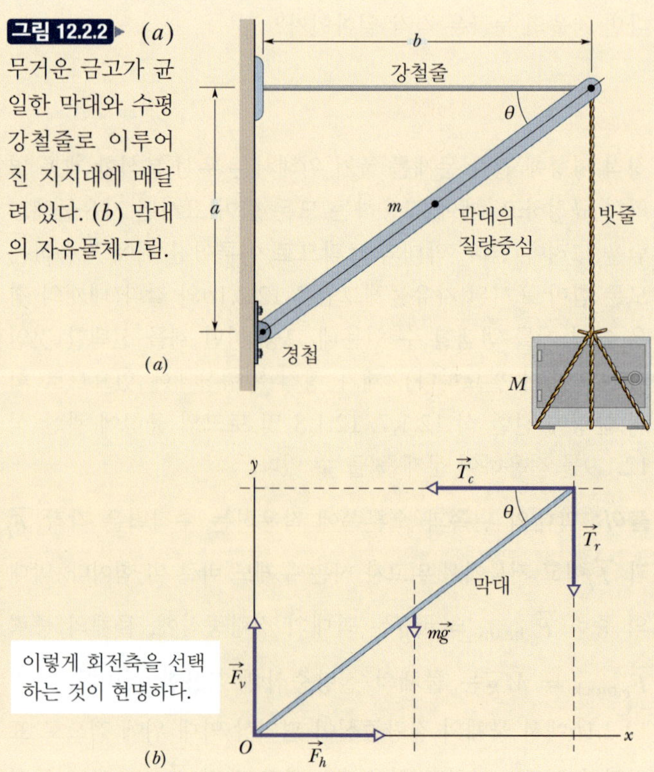

요점

계는 막대뿐이며 자유물체그림은 그림 12.2.2b이다. 그림에서 강철줄이 당기는 힘은 $\vec{T}_c$이고, 막대의 질량중심(막대의 중심)에 작용하는 중력은 $m\vec{g}$이다. 경첩이 막대에 작용하는 힘의 수평성분과 수직성분은 각각 $\vec{F}_h$와 $\vec{F}_v$이다. 금고를 지탱하는 밧줄의 장력은 $\vec{T}_r$이며, 막대와 밧줄, 그리고 금고는 모두 움직이지 않으므로 $\vec{T}_r$의 크기는 금고의 무게와 같아서 $T_r = Mg$이다. xy 좌표계의 원점을 경첩의 위치에 놓기로 하자. 계가 정적 평형상태에 있으므로 힘의 균형식을 적용할 수가 있다.

풀이: 식 12.1.9($\tau_{\text{net},z} = 0$)부터 시작한다. 구하고자 하는 것은 점 O에서 경첩에 작용하는 힘 $\vec{F}_h$와 $\vec{F}_v$가 아니라 $\vec{T}_c$의 크기이다. 따라서 토크 계산에 $\vec{F}_h$와 $\vec{F}_v$가 나타나지 않도록 O를 지나고 지면에 수직한 회전축에 대한 토크를 고려해야 한다. 그렇게 되면 $\vec{F}_h$와 $\vec{F}_v$에 대한 모멘트팔은 0이며, 힘 $\vec{T}_c$, $\vec{T}_r$, $m\vec{g}$의 모멘트팔은 그림 12.2.2b에 점선으로 표시된 바와 같이 각각 a, b, $b/2$가 된다.

토크를 $r_\perp F$의 형태로 쓰고 토크의 부호에 관한 정의를 이용하면 균형에 대한 식 $\tau_{\text{net},z} = 0$은 다음과 같다.

$$(a)(T_c) - (b)(T_r) - (\tfrac{1}{2}b)(mg) = 0. \qquad (12.2.2)$$

$T_r = Mg$를 이용하여 T_c를 구하면 다음을 얻는다.

$$\begin{aligned} T_c &= \frac{gb(M + \frac{1}{2}m)}{a} \\ &= \frac{(9.8\ \text{m/s}^2)(2.5\ \text{m})(430\ \text{kg} + 85/2\ \text{kg})}{1.9\ \text{m}} \\ &= 6093\ \text{N} \approx 6100\ \text{N}. \end{aligned}$$ (답)

(b) 경첩이 막대에 가하는 알짜힘의 크기 F를 구하여라.

요점

수평성분 F_h와 수직성분 F_v를 구하여 알짜힘의 크기 F를 계산할 수 있다. 또한 T_c를 알고 있으므로 막대에 가해지는 힘의 균형에 관한 식을 이용한다.

풀이: 수평방향에 대한 힘의 균형 식 $F_{\text{net},x} = 0$을

$$F_h - T_c = 0 \qquad (12.2.3)$$

으로 쓰면 다음과 같다.

$$F_h = T_c = 6093\ \text{N}.$$

한편 수직방향에 대해서 $F_{\text{net},y} = 0$이므로

$$F_v - mg - T_r = 0$$

이고, $T_r = Mg$를 이용하여 F_v에 대해서 풀면

$$\begin{aligned} F_v &= (m + M)g = (85\ \text{kg} + 430\ \text{kg})(9.8\ \text{m/s}^2) \\ &= 5047\ \text{N} \end{aligned}$$

이다. 이제 피타고라스 정리를 이용하면 다음을 얻는다.

$$\begin{aligned} F &= \sqrt{F_h^2 + F_v^2} \\ &= \sqrt{(6093\ \text{N})^2 + (5047\ \text{N})^2} \approx 7900\ \text{N}. \end{aligned}$$ (답)

경첩에 걸리는 힘 F가 금고와 막대 무게의 합인 5000 N이나 강철줄에 걸리는 장력인 6100 N보다 상당히 크다는 것에 주목하여라.

▶ 교육용 비디오는 웹사이트 www.wiley.com에서 볼 수 있다.

보기문제 12.2.3 기울어진 사다리의 균형잡기

그림 12.2.3a에서 길이 $L = 12$ m, 질량 $m = 45$ kg인 사다리가 마찰이 없는 벽에 기대어 있다. 사다리의 위쪽 끝은 마찰이 있는 바닥면에서 높이 $h = 9.3$ m인 곳에 있고, 질량중심은 아래쪽에서 $L/3$ 되는 곳에 있다. 질량 $M = 72$ kg의 소방관이 자신의 질량중심이 사다리의 중간에 있도록 올라갔다. 이때 벽과 바닥면이 사다리에 작용하는 힘을 구하여라.

요점

먼저 사다리와 소방관이 이루는 계를 선택하고 그림 12.2.3b처럼 자유물체그림을 그린다. 계가 정적 평형상태에 있으므로 힘과 토크의 균형에 관한 식 12.1.7에서 12.1.9까지 적용할 수 있다.

풀이: 그림 12.2.3b에서 소방관은 점으로 표시되었는데 소방관에 작용하는 중력 $M\vec{g}$의 벡터 끝이 바로 그 점에 놓이도록 작용선에 따라 중력벡터를 이동시킨다. (이렇게 이동시켜도 바닥면과 수직인 어떤 축에 대해서도 $M\vec{g}$가 만드는 토크는 변하지 않는다. 따라서 이러한 이동으로 인해 토크의 균형에 관한 식이 영향을 받지 않는다.)

마찰이 없는 벽을 따라 마찰력이 없으므로 벽면이 사다리에 작용하는 힘은 수평성분 $\vec{F}_w$만 있다. 바닥면이 사다리에 작용하는 힘 $\vec{F}_p$는 수평성분인 정지마찰력 $\vec{F}_{px}$와 수직성분인 수직력 $\vec{F}_{py}$로 나눌수 있다.

먼저 식 12.1.9($\tau_{\text{net},z} = 0$)를 보자. 토크를 계산하기 위한 축을 선택하기 위해 사다리의 양 끝에 미지의 힘($\vec{F}_w$와 $\vec{F}_p$)이 있음을 주목하여라. 예컨대 $\vec{F}_p$를 계산식에서 없애기 위해서는

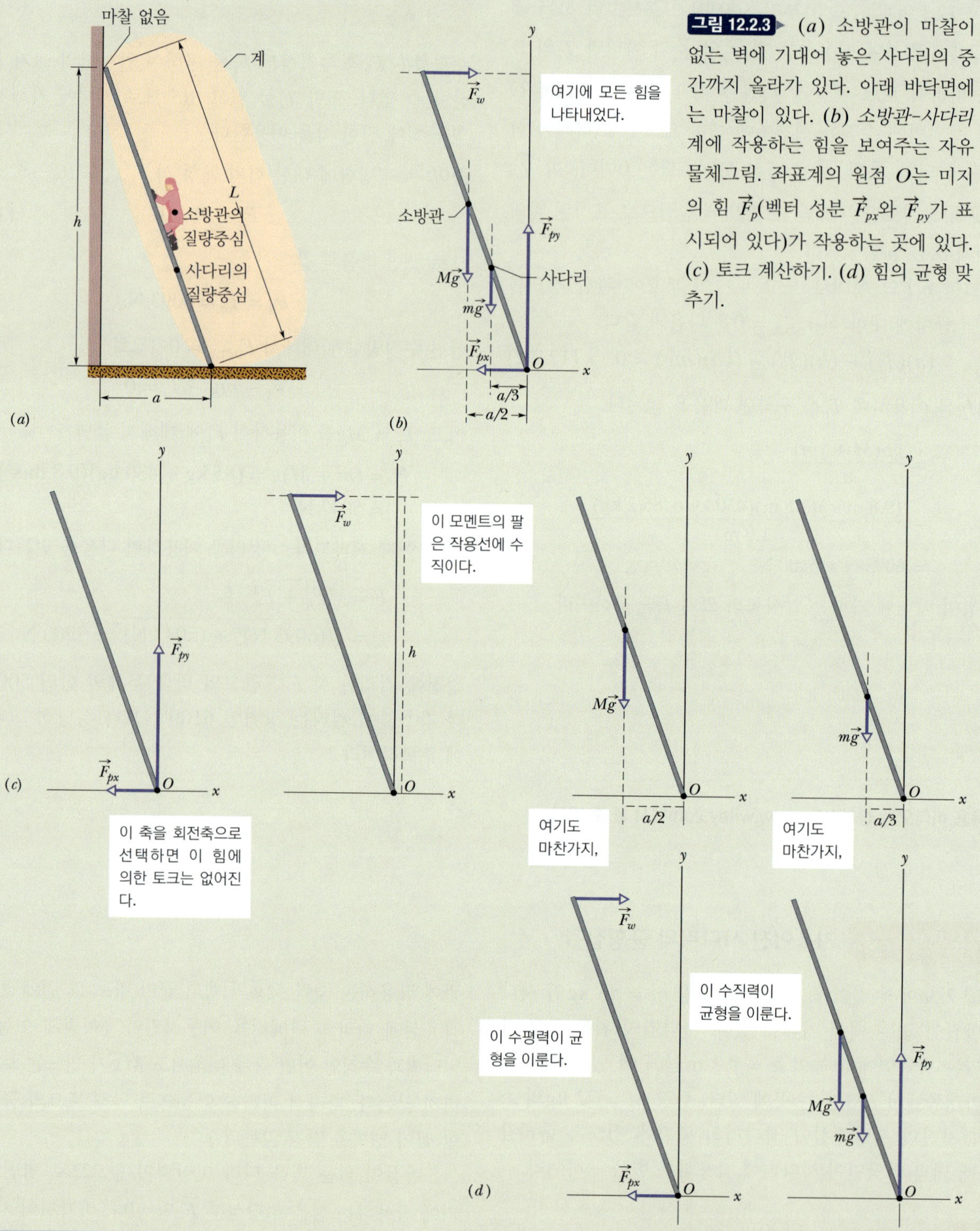

그림 12.2.3 (*a*) 소방관이 마찰이 없는 벽에 기대어 놓은 사다리의 중간까지 올라가 있다. 아래 바닥면에는 마찰이 있다. (*b*) *소방관–사다리* 계에 작용하는 힘을 보여주는 자유물체그림. 좌표계의 원점 O는 미지의 힘 $\vec{F}_p$(벡터 성분 $\vec{F}_{px}$와 $\vec{F}_{py}$가 표시되어 있다)가 작용하는 곳에 있다. (*c*) 토크 계산하기. (*d*) 힘의 균형 맞추기.

축을 그림 12.2.3*b*에 수직이 되도록 하고, 점 O에 잡아야 한다. xy 좌표계의 원점을 점 O에 잡으면 식 10.6.1에서 10.6.3까지의 식을 이용하여 O에 대한 토크를 구할 수 있는데, 그 중 식 10.6.3($\tau = r_\perp F$)을 가장 쉽게 적용할 수 있다. *현명하게 원점을 선택하면 토크에 대한 계산이 훨씬 쉬워진다.*

벽으로부터의 수평력 $\vec{F}_w$의 모멘트팔을 구하기 위해 벡터의 작용선이 그 벡터를 지나도록 그림 12.2.3*c*처럼 수평 점선으로 그리면, $r_\perp$은 그림 12.2.3*c*에 나타나 있듯이 O와 작용선 사이의 y축 방향의 수직거리이며 높이 h와 같다. $M\vec{g}$와 $m\vec{g}$에 대해서도 같은 방법으로 모멘트팔을 그리면 이번에는 모멘트팔이 x축 방향의 거리가 된다. 그림 12.2.3a를 보면 벽면에서 사다리 끝까지의 길이가 a이므로 모멘트팔은 각각 $a/2$(소방관은 사다리의 중간까지 올라가 있다)와 $a/3$(사다리의 질량중심은 전체 길이의 1/3 지점에 있다)이다. 여기서 $\vec{F}_{px}$와 $\vec{F}_{py}$ 힘에 대한 모멘트팔은 이 힘이 작용하는 점이 원점에 있으므로 모두 0이다.

따라서 토크를 $r_\perp F$로 잡을 때 균형에 대한 식 $\tau_{\text{net},z} = 0$은 다음과 같다.

$$-(h)(F_w) + (a/2)(Mg) + (a/3)(mg) + (0)(F_{px}) + (0)(F_{py}) = 0. \quad (12.2.4).$$

(토크는 반시계방향일 때 양이고 시계방향일 때 음이다.)

그림 12.2.3a에서 사다리로 만들어지는 직각삼각형에 대해 피타고라스 정리를 이용하면

$$a = \sqrt{L^2 - h^2} = 7.58 \text{ m}$$

이므로, 식 12.2.4를 정리하면 F_w는 다음과 같다.

$$F_w = \frac{ga(M/2 + m/3)}{h} = \frac{(9.8 \text{ m/s}^2)(7.58 \text{ m})(72/2 \text{ kg} + 45/3 \text{ kg})}{9.3 \text{ m}} = 407 \text{ N} \approx 410 \text{ N}.$$ 답

이제 힘의 균형에 대한 식과 그림 12.2.3d를 이용하면, $F_{\text{net},x} = 0$으로부터

$$F_w - F_{px} = 0$$

이고, 따라서

$$F_{px} = F_w = 410 \text{ N}$$ 답

이다. 한편 $F_{\text{net},y} = 0$에서

$$F_{py} - Mg - mg = 0$$

이므로, 다음을 얻는다.

$$F_{py} = (M + m)g = (72 \text{ kg} + 45 \text{ kg})(9.8 \text{ m/s}^2) = 1146.6 \text{ N} \approx 1100 \text{ N}.$$ 답

▶ **교육용 비디오는 웹사이트 www.wiley.com에서 볼 수 있다.**

▷ 보기문제 12.2.4 굴뚝 등반

그림 12.2.4에서 질량 $m = 55$ kg인 암벽등반가가 틈 간격 $w = 1.0$ m인 벽에 어깨와 발을 밀어서 정지하고 있다. 질량중심은 어깨로 누르고 있는 벽으로부터 수평거리 $d = 0.20$ m인 곳에 작용하고 정지마찰계수는 $\mu_2 = 0.70$이다. 쉬기 위해 등반가는 벽을 수평으로 미는 힘을 최소로 만들려고 한다. 발과 어깨 모두 미끄러지기 직전에 최소값이 된다. (a) 벽을 미는 최소 수평힘은 얼마인가?

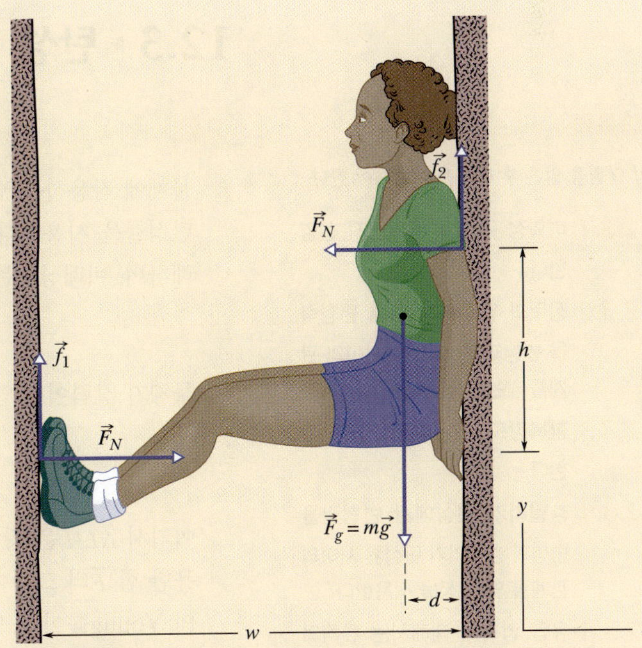

그림 12.2.4 바위 굴뚝에 정지해있는 등반가에 작용하는 힘. 등반가가 굴뚝벽을 밀면 수직항력 $\vec{F}_N$, 정지마찰력 $\vec{f}_1$, $\vec{f}_2$가 작용한다.

요점

먼저 등반가를 계로 선택한다. 등반가는 정적평형상태에 있으므로 수평힘에 대한 평형식과 수직힘에 대한 평형식을 적용할 수 있다. 또한 임의의 회전축에 대한 토크도 평형을 이룬다.

풀이: 그림 12.2.4에 등반가에 작용하는 힘을 나타내었다. 유일한 수평힘은 벽으로부터 등반가의 발과 어깨에 작용하는 수직항력 $\vec{F}_N$이다. 등반가에 작용하는 정지마찰력은 위 방향으로 $\vec{f}_1$과 $\vec{f}_2$이다. 크기 mg인 중력 $\vec{F}_g$는 질량중심에 작용한다. 식 $F_{\text{net},x} = 0$에 의하면 등반가에 작용하는 두 수직항력은 크기가 같고, 방향은 반대이어야 한다. 이 두 힘의 크기

F_N을 구해야 하고, 이것은 등반가가 벽을 미는 힘의 크기와 같다.

수직힘에 대한 평형식 $F_{net,y} = 0$에 의하면

$$f_1 + f_2 - mg = 0$$

을 얻는다. 등반가가 발과 어깨가 미끄러지기 직전이 되도록 만들고 싶다. 이것은 정지마찰력이 최대값 $f_{s,\,max}$가 되어야 한다는 것을 의미한다. 6.1절에서 이 최대값은

$$f_1 = \mu_1 F_N \quad \text{그리고} \quad f_2 = \mu_2 F_N$$

이다. 이것을 수직힘의 평형식에 대입하면 다음을 얻는다.

$$F_N = \frac{mg}{\mu_1 + \mu_2} = \frac{(55\text{ kg})(9.8\text{ m/s}^2)}{1.1 + 0.70} = 299\text{ N} \approx 300\text{ N}.$$

따라서 수평으로 미는 힘의 최소값은 약 300 N이다.

(b) 이렇게 밀 때 안정된 평형상태에 있으려면 발과 어깨 사이의 수직거리 h는 얼마인가?

풀이: 여기서는 등반가의 토크가 평형을 이룬다. 토크는 $r_\perp F$의 형태로 쓸 수 있다. 여기서 $r_\perp$은 힘 F의 모멘트팔이다. 이때 임의의 회전축을 선택할 수 있지만, 현명하게 선택하면 계산을 간단히 할 수 있다. 어깨를 지나는 축을 선택하자. 그러면 이곳에 작용하는 힘(수직항력과 마찰력)의 모멘트팔은 단순히 0이다. 발에서 마찰력 $\vec{f}_1$, 수직항력 $\vec{F}_N$과 중력 $\vec{F}_g$의 모멘트팔은 w, h와 d이다.

토크에 대한 부호와 해당하는 방향에 대한 규칙을 기억하면 회전축에 대한 토크평형식 $\tau_{net} = 0$은

$$-(w)(f_1) + (h)(F_N) + (d)(mg) + (0)(f_2) + (0)(F_N) = 0$$

으로 쓸 수 있다. $f_1 = \mu_1 F_N$으로 놓고 $F_N = 299$ N과 다른 알고 있는 값을 대입하여 h에 대해 풀면 다음을 얻는다.

$$h = \frac{f_1 w - mgd}{F_N} = \frac{\mu_1 F_N w - mgd}{F_N} = \mu_1 w - \frac{mgd}{F_N}$$
$$= (1.1)(1.0\text{ m}) - \frac{(55\text{ kg})(9.8\text{ m/s}^2)(0.20\text{ m})}{299\text{ N}}$$
$$= 0.739\text{ m} \approx 0.74\text{ m}.$$

h가 0.74 m보다 크거나 작으면 안정된 상태로 있으려면 벽에 299 N보다 큰 힘을 가해야 한다. 굴뚝을 등반하기 전에 물리학을 이해하는 이점이 여기에 있다. 쉴 필요가 있을 때 발을 너무 높이, 혹은 너무 낮게 놓는 초보 등반가의 (심각한) 실수를 피할 수 있다. 그 대신 최소의 힘으로 밀어 쉴 기회를 만드는 어깨와 발 사이의 "최적"거리가 있다는 것을 알게 된다.

12.3 ▸ 탄성

학습목표_Learning Objectives

이 단원을 읽은 후 다음을 이해해야 한다.

12.3.1 미확정 구조가 무엇인지 설명한다.

12.3.2 장력과 압축력에 대해 변형력을 변형과 Young률 사이의 관계를 맺는 식을 적용한다.

12.3.3 항복강도와 한계강도를 구별한다.

12.3.4 층밀리기 현상에서 변형력을 변형과 층밀리기 탄성률 사이의 관계를 맺는 식을 적용한다.

12.3.5 유압 압축에 대해서는 유체의 압력을 변형과 부피탄성률 사이의 관계를 맺는 식을 적용한다.

요점_Key Ideas

1. 물체에 작용하는 힘에 반응하는 물체의 탄성적인 반응(변형)을 기술할 때 세 종류의 탄성률을 사용한다. 변형(길이의 비율 변화)은 작용한 변형력(단위면적당 힘)과 비례하며, 비례상수는 적절한 탄성률이다. 일반적인 변형력-변형 관계는 다음과 같다.

$$\text{변형력} = \text{탄성률} \times \text{변형}.$$

2. 물체가 장력이나 압축력을 받을 때 변형력-변형 관계는 다음과 같이 쓸 수 있다.

$$\frac{F}{A} = E\,\frac{\Delta L}{L}.$$

여기서 $\Delta L/L$은 장력이나 압축력에 의한 물체의 변형이고, F는 변형을 일으키는 작용한 힘 $\vec{F}$의 크기이고, A는 (A에 수직방향인) $\vec{F}$가 작용하는 단면적이고, E는 물체의 Young률이다. 변형력은 F/A이다.

3. 물체가 층밀리기 변형력을 받을 때 변형력-변형 관계는 다음과 같다.

$$\frac{F}{A} = G\,\frac{\Delta x}{L}.$$

여기서 $\Delta x/L$는 물체의 층밀리기 변형이고, Δx는 물체의 한쪽 끝이 작용한 힘 $\vec{F}$ 방향으로 변한 변위이고, G는 물체의 층밀리기 탄성률이다. 변형력은 F/A이다.

4. 주위의 유체가 작용하는 변형력에 의해 물체가 유압 압축과정을 거칠 때 변형력-변형 관계는 다음과 같이 쓸 수 있다.

$$p = B\frac{\Delta V}{V}.$$

여기서 p는 유체가 물체에 작용하는 압력(유압 변형력)이고, $\Delta V/V$(변형)는 이 압력으로 인한 물체의 부피가 변한 비율의 절대값이고, B는 물체의 부피탄성률이다.

미확정 구조

앞의 보기문제에서는 세 개의 독립된 식을 사용했다. 보통 두 개는 힘의 균형식이고 한 개는 한 축에 대한 토크의 균형식이었다. 따라서 미지수가 세 개 이상인 문제라면 풀 수가 없다.

비대칭으로 짐을 실은 자동차에 대해 생각해 보자. 네 바퀴에 작용하는 크기가 모두 다른 힘의 크기는 각각 얼마일까? 독립된 세 개의 식만으로는 답을 구할 수 없다. 마찬가지로 다리가 세 개인 책상에 대한 평형문제는 풀 수 있지만 다리가 네 개인 책상에 대해서는 풀 수가 없다. 이와 같이 식의 수보다 미지수가 더 많은 문제를 **미확정 문제**라고 한다.

그러나 미확정 문제에 대한 답이 실제 세계에서는 존재한다. 만약 네 바퀴를 각각 편평한 저울 위에 올려 놓으면 각 저울은 분명한 값을 줄 것이고 그 합은 자동차의 무게가 될 것이다. 그렇다면 식을 풀어 각각의 힘들을 구하는 데 빠뜨린 것은 무엇일까?

앞에서 강조하지는 않았지만 연습문제는 정적 평형상태에 관한 식을 적용하는 물체가 완벽한 강체라고 가정한 데 있다. 즉, 물체에 힘을 가해도 물체가 찌그러지지 않는다는 가정이다. 엄격히 말하자면 세상에 그런 물체는 없다. 예컨대 자동차 바퀴도 짐을 실으면 자동차가 정적 평형에 이를 때까지 찌그러진다.

기우뚱거리는 책상다리 밑에 종이를 접어 넣어서 균형을 잡는 경우가 자주 있다. 만약 책상 위에 커다란 코끼리가 올라타도 부서지지 않는다면 책상이 자동차 바퀴처럼 변형된다는 것을 쉽게 알 수 있다. 책상다리가 모두 바닥에 접촉하고 있으면, 책상다리에 위쪽으로 작용하는 힘은 그림 12.3.1처럼 특정한(그러나 모두 다른) 값을 가지면서 책상

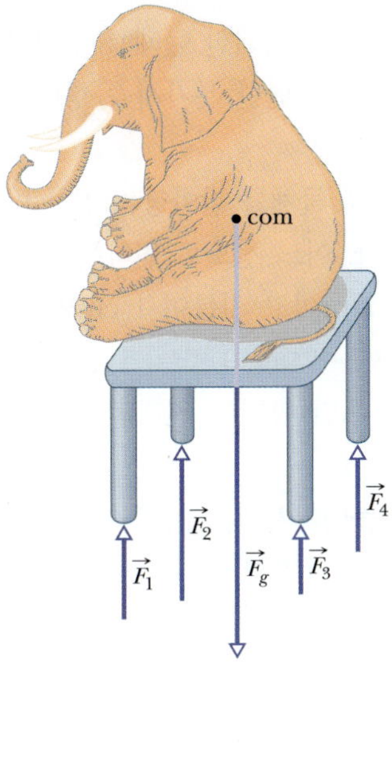

그림 12.3.1 책상은 미확정 구조물이다. 책상의 네 다리에 작용하는 힘의 크기는 서로 다르며 정적평형 조건만 가지고는 구할 수가 없다.

이 더 이상 기우뚱거리지 않을 것이다. 이와 같이 변형이 있는 경우 책상다리에 작용하는 각각의 힘을 어떻게 구할 수 있을까?

이와 같이 미확정 평형 문제를 풀기 위해서는 *탄성*에 관한 정보를 이용하여 평형식을 보완해야 한다. 여기서 탄성이란 물체에 힘이 가해질 때 물체가 실제로 어떻게 변형되는가를 기술하는 물리학이나 공학의 한 분야이다. 이에 대해서는 다음 절에서 소개하기로 한다.

확인문제 12.3.1

무게 10 N의 균일한 막대가 철사로 천장에 수평하게 매달려 있을 때, 위 방향의 힘 $\vec{F}_1$과 $\vec{F}_2$가 작용한다. 그림에는 철사 위치에 따라 네 경우가 있다. 네 경우 중 어떤 경우가 미확정 문제인가?(즉, $\vec{F}_1$과 $\vec{F}_2$의 값을 얻을 수 없는 문제인가?)

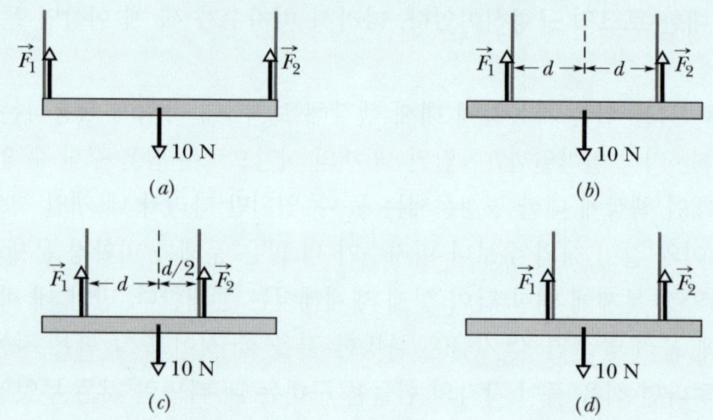

탄성

쇠못과 같이 많은 원자가 모인 금속고체에서는 원자가 3차원 *격자*에서 평형점을 찾아 안정되어 있다. 여기서 격자란 각 원자가 가장 가까운 이웃 원자와 일정한 평형거리를 유지하며 반복되어 있는 배열모양을 말한다. 원자는 그림 12.3.2처럼 매우 작은 용수철로 묘사된 원자 사이의 힘에 의해 서로 연결되어 있다. 금속격자는 매우 단단하다. 다른 말로 하면 "원자 사이의 용수철"이 매우 강하다는 뜻이다. 이와 같은 특성 때문에 금속으로 만든 사다리, 책상, 숟가락 같은 대부분의 물체는 완벽한 강체라고 느끼는 것이다. 물론 정원용 호스나 고무장갑 같은 물체는 강체라는 느낌을 주지 않는다. 이러한 물체를 구성하는 원자는 그림 12.3.2처럼 단단한 격자를 이루지 *못하고* 길고 유연한 분자사슬 형태로 배열되어 있으며 서로 느슨하게 연결되어 있다.

그림 12.3.2 금속 고체 안의 원자는 3차원 격자로 배열되어 있다. 용수철은 원자 사이에 작용하는 힘을 나타낸다.

실제로는 모든 "강체"가 어느 정도는 **탄성**을 갖고 있으므로 물체를 잡아당기거나, 밀거나, 비틀거나, 누르면 그 크기를 약간씩 변화시킬 수가 있다. 어느 정도로 변하는지 감을 잡기 위해 공장의 천장에 수직으로 매달려 있는 길이가 1 m이고 지름이 1 cm인 강철막대를 생각해 보자. 막대의 끝에 소형 자동차를 매달아 보면 막대는 대략 0.5 mm, 즉 0.05% 정도밖에 늘어나지 않는다. 더구나 자동차를 내려놓으면 막대는 원래의 길이로 되돌아간다.

그러나 강철막대에 자동차 두 대를 매달면 막대가 너무 늘어나서 자동차를 제거해도 원래의 길이로 돌아가지 않을 것이다. 만일 세 대의 자동차를 매달면 막대는 끊어질 것이다. 막대가 끊어지기 직전에 늘어난 길이는 0.2%보다 작다. 비록 이 정도의 변형은 작아

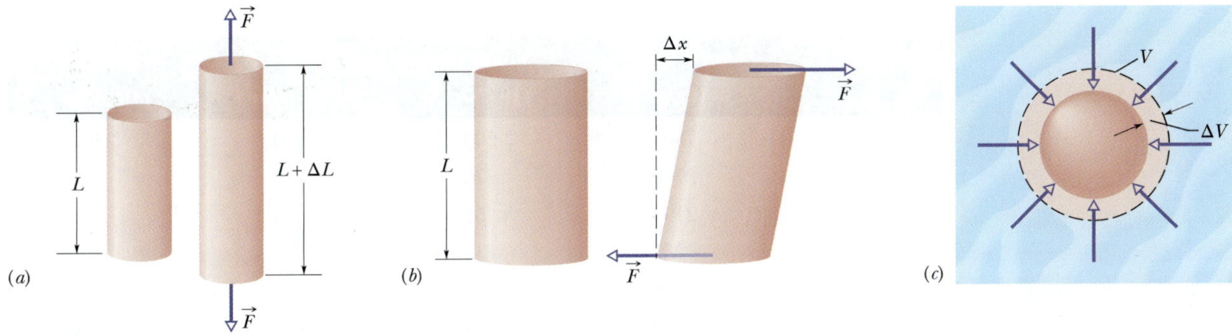

그림 12.3.3 (*a*) *장력*을 받아 길이가 ΔL만큼 늘어난 원통형 막대. (*b*) *층밀리기 변형력*에 의해 카드 뭉치처럼 Δx만큼 찌그러진 막대. (*c*) 유체 내에서 균일한 *압력*에 의해 부피가 ΔV만큼 찌그러진 고체공(변형은 과장되어 있음).

보이지만 공학적 응용에서는 중요하다(비행기의 날개가 어느 정도의 힘에 버틸 수 있을지에 대한 문제는 대단히 중요하다).

▸***세 가지 방법.*** 그림 12.3.3에는 고체가 힘을 받을 때 크기와 모양이 변하는 세 가지 유형이 나타나 있다. 그림 12.3.3*a*는 원통형 막대가 늘어나는 모양이고, 그림 12.3.3*b*는 책이나 카드 뭉치가 긴 축 방향에 수직인 힘을 가했을 때 찌그러지는 모양이다. 그림 12.3.3*c*는 높은 압력을 받는 유체 안에 들어 있는 고체가 모든 면에서 균일하게 압축되는 모양이다. 이러한 세 가지 유형의 찌그러짐에서 공통적인 점은 단위면적당 가해지는 **힘**, 즉 변형력이 단위 찌그러짐, 즉 **변형**을 일으킨다는 점이다. 그림 12.3.3에서 (*a*)는 *장력*(잡아당기는 변형력), (*b*)는 *층밀리기 변형력*, (*c*)는 *유압 변형력*이다.

그림 12.3.3의 세 가지 상황에서 변형력과 변형이 각각 다른 형태를 갖지만, 공학적으로 유용한 한도 내에서 변형력과 변형은 서로 비례관계에 있다. 그 비례상수를 **탄성률**이라 부르며 다음과 같이 정의한다.

$$\text{변형력} = \text{탄성률} \times \text{변형}. \tag{12.3.1}$$

늘어나는 성질에 관한 표준시험을 위해서는 그림 12.3.4와 같은 원통형 시험막대에 가해지는 장력을 0에서부터 막대가 끊어질 때까지 천천히 증가시키면서 변형을 측정하고 둘 사이의 관계를 그리면 된다. 실험결과로 그림 12.3.5와 같은 변형력 대 변형의 곡선을 얻는다. 상당히 넓은 장력의 영역에서 변형력과 변형의 관계가 선형적이고, 변형력을 제거하면 본래 크기로 되돌아가므로 식 12.3.1을 적용할 수 있다. 변형력이 막대의 **항복점** S_y 이상으로 증가하면, 막대는 영구히 변형된다. 변형력이 계속 더 이상 증가하여 **한계강도** S_u에 도달하면 막대는 결국 끊어진다.

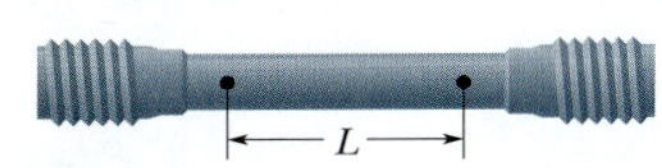

그림 12.3.4 그림 12.3.5와 같은 변형력 대 변형의 곡선을 얻기 위해 사용하는 막대. 변형력 대 변형 시험에서는 주어진 길이 L에 대해 변화 ΔL을 측정한다.

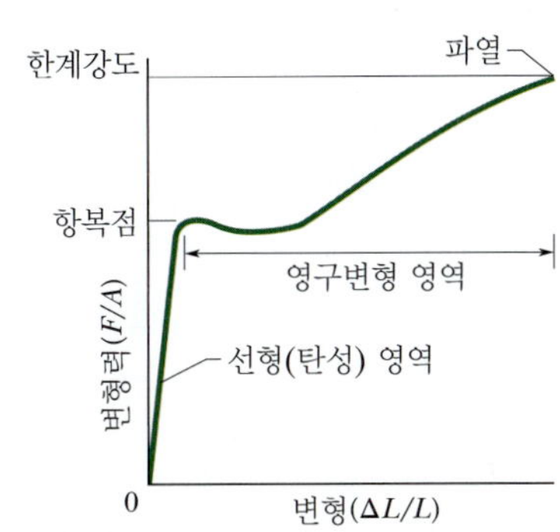

그림 12.3.5 그림 12.3.4와 같은 강철 막대에 대한 변형력 대 변형의 곡선. 변형력이 물질의 *항복점*에 도달하면 물질은 영구히 변형되며, *한계강도*에 이르면 끊어진다.

장력과 압축력

간단한 형태의 장력이나 압축력일 경우에, 힘이 가해지는 물체의 면적이 A이고 면적에 수직인 방향의 힘의 크기가 F일 때 변형력은 F/A로 정의한다. 단위 찌그러짐인 변형은 차원이 없는 양 $\Delta L/L$, 즉 막대 길이의 변화율(경우에 따라서는 백분율)이다. 긴 막대에 가해지는 변형력이 항복점을 넘지 않는다면 전체 막대뿐 아니라 막대의 모든 부분이 동일하게 변형한다. 변형은 차원이 없기 때문에 식 12.3.1의 탄성률은 단위면적당 힘이라는 변형력과 같은 차원을 갖는다.

장력이나 압축력에 대한 탄성률을 **Young률**이라고 부른다. 공학분야에서 보통 사용하는 기호 E로 표기하면 식 12.3.1은 다음과 같다.

표 12.3.1 공학적으로 중요한 몇 가지 물질의 탄성 특성

물질	밀도 ρ (kg/m³)	Young률 E (10^9 N/m²)	한계강도 S_u (10^6 N/m²)	항복점 S_y (10^6 N/m²)
강철[a]	7860	200	400	250
알루미늄	2710	70	110	95
유리	2190	65	50[b]	–
콘크리트[c]	232	30	40[b]	–
목재[d]	525	13	50[b]	–
뼈	1900	9[b]	170[b]	–
폴리스티렌	1050	3	48	–

[a]구조물용 강철(ASTM-A36), [b]압축의 경우, [c]고강도 콘크리트, [d]미송.

$$\frac{F}{A} = E\frac{\Delta L}{L}. \tag{12.3.2}$$

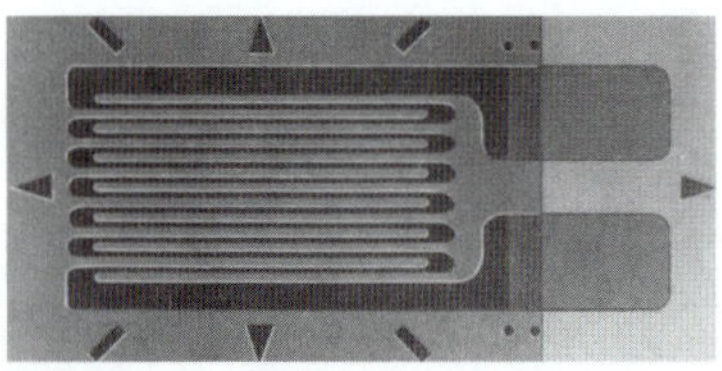

Micro Measurements, a Division of Vishay Precision Group, Raleigh, NC의 허가

그림 12.3.6 가로가 9.8 mm, 세로가 4.6 mm인 변형 측정기. 측정기는 변형을 측정하고자 하는 물체에 접착제로 붙이는데, 물체에 생기는 변형과 동일하게 변형된다. 측정기의 전기저항은 변형에 따라 변하는데 3%까지의 변형을 잴 수 있다.

막대의 변형 $\Delta L/L$은 그림 12.3.6과 같은 *변형 측정기*로 간단하게 측정할 수 있다. 간단하여 사용하기에 매우 편리한 이런 종류의 측정기는 작동 중인 기계에 직접 부착하여 사용한다. 측정기의 동작원리는 측정기에 가해지는 변형에 따라 측정기의 전기적 특성이 달라지는 현상을 이용한 것이다.

물체의 Young률은 장력이나 압축력에 따라 달라지지 않고 동일하지만, 물체의 한계강도는 변형력의 형태에 따라 달라질 수 있다. 예컨대 콘크리트는 압축에 대해서는 매우 강하지만 잡아당기는 장력에 대해서는 매우 약해서 그런 분야에는 절대로 사용하지 않는다. 표 12.3.1에는 공학적으로 흥미 있는 여러 물질에 대해 Young률 및 다른 탄성에 관한 특성이 있다.

층밀리기

층밀리기의 경우 변형력은 역시 단위면적당 힘이지만 힘 벡터가 면에 수직하지 않고 면 안에 있다. 이때 변형은 그림 12.3.3*b*에 표시된 양을 사용하여 차원이 없는 $\Delta x/L$이다. 이에 해당하는 탄성률은 공학에서 주로 G로 표기하고, **층밀리기 탄성률**이라고 부른다. 층밀리기에서는 식 12.3.1을 다음과 같이 쓴다.

$$\frac{F}{A} = G\frac{\Delta x}{L}. \tag{12.3.3}$$

층밀리기 변형력은 하중을 받은 회전축이 부러지거나, 뼈가 구부러져 금이 갈 때 일어난다.

유압압축

그림 12.3.3*c*에서 변형력은 유체가 물체에 가하는 유압 p이다. 14장에서 곧 배우게 되겠지만 압력은 단위면적에 작용하는 힘이다. 변형은 $\Delta V/V$이며, V는 초기 부피이고 ΔV는 부피 변화의 절대값이다. 이러한 탄성률을 물질의 **부피탄성률**이라고 부르며 B로 표기한다. 이때 물체는 *유압에 의한 압축상태*에 있으며 압력을 *유압 변형력*이라고 부른다. 이 경우 식 12.3.1은 다음과 같이 쓴다.

$$p = B\frac{\Delta V}{V}. \tag{12.3.4}$$

물의 부피탄성률은 2.2×10^9 N/m²이고 강철의 경우는 1.6×10^{11} N/m²이다. 평균

깊이가 4000 m인 태평양 해저의 압력은 $4.0 \times 10^7\ \mathrm{N/m^2}$이다. 이만한 압력에 의한 물의 부피변형 $\Delta V/V$는 1.8%인 데 반해, 강철의 경우는 겨우 0.025% 정도밖에 안 된다. 일반적으로 고체는 단단한 원자격자를 이루므로 원자가 이웃 원자와 덜 강하게 연결된 액체보다 압축하기가 훨씬 어렵다.

▶ 보기문제 12.3.1 늘어나는 막대의 변형력과 변형

반지름 R이 9.5 mm, 길이 L이 81 cm인 강철막대가 있다. 강철막대를 62 kN의 힘 F로 막대의 단면에 수직한 길이방향으로 잡아당긴다. 강철막대에 가해지는 변형력, 늘어난 길이 ΔL, 변형은 각각 얼마인가?

요점

(1) 힘이 단면에 수직이고 균일하므로, 변형력은 수직력 F를 면적 A로 나눈 비율이다. 이 비율은 식 12.3.2의 왼쪽 항으로 주어진다. (2) 늘어난 길이 ΔL은 변형력과 Young률 E와 식 12.3.2($F/A = E\ \Delta L/L$)로 연결된다. (3) 변형은 늘어난 길이와 초기 길이 L의 비율이다.

풀이: 막대에 작용하는 변형력을 구하면

$$\text{변형력} = \frac{F}{A} = \frac{F}{\pi R^2} = \frac{6.2 \times 10^4\ \mathrm{N}}{(\pi)(9.5 \times 10^{-3}\ \mathrm{m})^2}$$
$$= 2.2 \times 10^8\ \mathrm{N/m^2} \quad \text{(답)}$$

이다. 구조물용 강철의 항복점은 $2.5 \times 10^8\ \mathrm{N/m^2}$이므로 막대는 위험할 정도로 항복점에 가까운 크기의 힘을 받고 있다.

표 12.3.1에서 강철의 Young률 E를 이용하면 식 12.3.2에서 다음을 얻는다.

$$\Delta L = \frac{(F/A)L}{E} = \frac{(2.2 \times 10^8\ \mathrm{N/m^2})(0.81\ \mathrm{m})}{2.0 \times 10^{11}\ \mathrm{N/m^2}}$$
$$= 8.9 \times 10^{-4}\ \mathrm{m} = 0.89\ \mathrm{mm}. \quad \text{(답)}$$

변형은 원래 길이에 대한 길이의 변화율로 다음과 같다.

$$\frac{\Delta L}{L} = \frac{8.9 \times 10^{-4}\ \mathrm{m}}{0.81\ \mathrm{m}}$$
$$= 1.1 \times 10^{-3} = 0.11\%. \quad \text{(답)}$$

▶ 보기문제 12.3.2 기우뚱거리는 책상 균형잡기

책상다리 중 세 개는 길이가 1.00 m이지만, 네 번째 다리는 길이가 $d = 0.50$ mm 길어서 약간 기우뚱거리는 책상이 있다. 질량 $M = 290$ kg 강철막대를 책상(질량은 M보다 아주 작다) 위에 올려놓았더니 네 다리에 압축력이 가해져서 더 이상 기우뚱거리지 않게 되었다. 이때 책상다리는 휘지 않고 책상의 윗면은 수평을 유지한다. 책상다리의 단면적은 $A = 1.0\ \mathrm{cm^2}$이고 Young률이 $E = 1.3 \times 10^{10}\ \mathrm{N/m^2}$인 원통나무이다. 바닥이 다리에 가하는 힘의 크기는 얼마인가?

요점

책상과 막대를 합한 계를 생각해 보자. 책상 위에 강철 막대가 있다는 것 말고는 그림 12.3.1와 비슷하다. 만일 책상이 수평으로 유지되고 있다면 책상다리는 다음과 같이 압축되어야 한다. 즉, 짧은 다리 세 개는 같은 힘 F_3으로 같은 길이 ΔL_3만큼 압축되는 반면, 긴 다리 한 개는 더 큰 힘 F_4를 받아 더 크게 ΔL_4만큼 압축되어야 한다. 다시 말해 책상면이 수평이므로 다음 관계가 성립해야 한다.

$$\Delta L_4 = \Delta L_3 + d. \tag{12.3.5}$$

식 12.3.2로부터 길이 변화와 변화를 주는 힘 사이의 관계 $\Delta L = FL/\Delta E$를 알 수 있다. 여기서 L은 다리의 본래 길이이다. 이 관계를 이용하여 식 12.3.5의 ΔL_3와 ΔL_4를 바꿀 수 있다. 여기서 네 다리의 본래 길이 L은 근사적으로 모두 같다고 볼 수 있다.

풀이: 이 값을 식 12.3.5에 대입하면

$$\frac{F_4 L}{AE} = \frac{F_3 L}{AE} + d \tag{12.3.6}$$

가 되는데, 이 식은 미지수가 F_3와 F_4 두 개라서 풀 수가 없다.

F_3와 F_4를 포함하는 두 번째 식을 만들기 위해 수직 y축 방향의 힘을 고려하는데, Mg가 계에 작용하는 중력의 크기이므로 수직방향 힘의 균형식($F_{\mathrm{net},y} = 0$)은

$$3F_3 + F_4 - Mg = 0 \tag{12.3.7}$$

이다(*세* 다리에는 $\vec{F}_3$이라는 힘이 작용한다). 식 12.3.6과

12.3.7을 연립해서 풀기 위해 식 12.3.7에서 $F_4 = Mg - 3F_3$를 식 12.3.6에 대입하면 F_3는

$$F_3 = \frac{Mg}{4} - \frac{dAE}{4L}$$
$$= \frac{(290\text{ kg})(9.8\text{ m/s}^2)}{4} - \frac{(5.0\times10^{-4}\text{ m})(10^{-4}\text{ m}^2)(1.3\times10^{10}\text{ N/m}^2)}{(4)(1.00\text{ m})}$$
$$= 548\text{ N} \approx 5.5\times10^2\text{ N}$$ (답)

이고, 식 12.3.7로부터 F_4 값은 다음과 같다.

$$F_4 = Mg - 3F_3 = (290\text{ kg})(9.8\text{ m/s}^2) - 3(548\text{ N}) \approx 1.2\text{ kN}.$$ (답)

결국 세 개의 짧은 다리는 각각 0.42 mm만큼, 한 개의 긴 다리는 0.92 mm만큼 압축되어야 한다.

▶ 교육용 비디오는 웹사이트 www.wiley.com에서 볼 수 있다.

정리 및 요약 _Review & Summary

▸***정적 평형*** 정지해 있는 강체는 **정적 평형상태**에 있다고 말한다. 이와 같은 물체에 외부에서 작용하는 힘의 벡터합은 0이므로

$$\vec{F}_{\text{net}} = 0 \quad \text{(힘의 균형식)} \qquad (12.1.3)$$

이다. 모든 힘이 xy 평면상에 있다면 위 벡터식은 다음과 같이 두 성분에 대한 두 개의 식과 같다.

$$F_{\text{net},x} = 0\text{과 } F_{\text{net},y} = 0 \quad \text{(힘의 균형식)}. \qquad (12.1.7, 12.1.8)$$

또한 정적 평형상태는 외부에서 물체에 작용하는 모든 토크의 벡터합도 *임의의* 점에 대해 0이므로 다음과 같다.

$$\vec{\tau}_{\text{net}} = 0 \quad \text{(토크의 균형식)}. \qquad (12.1.5)$$

만일 가해지는 힘이 xy 평면상에 있다면 모든 토크 벡터는 z축 방향이므로, 식 12.1.5는 다음과 같은 한 개의 성분에 관한 식과 같다.

$$\tau_{\text{net},z} = 0 \quad \text{(토크의 균형식)}. \qquad (12.1.9)$$

▸***무게중심*** 중력은 물체의 모든 부분에 따로따로 작용한다. 각 부분에 작용하는 힘의 전체 효과는 **무게중심**에 작용하는 전체 중력 $\vec{F}_g$와 동등하다고 생각할 수 있다. 만일 중력가속도 $\vec{g}$가 물체의 모든 부분에서 같다면 무게중심은 질량중심과 일치한다.

▸***탄성률*** 물체에 가해지는 힘에 대해 반응하는 탄성특성(찌그러짐)은 세 가지의 **탄성률**로 기술할 수 있다. **변형**(길이의 변화율)은 **변형력**(단위면적당 힘)과 일반적으로 다음과 같은 선형적인 관계이다.

$$\text{변형력} = \text{탄성률} \times \text{변형}. \qquad (12.3.1)$$

▸***장력과 압축력*** 물체가 장력이나 압축력을 받을 때 식 12.3.1은 다음과 같다.

$$\frac{F}{A} = E\frac{\Delta L}{L}. \qquad (12.3.2)$$

여기서 $\Delta L/L$은 물체를 잡아당기거나 압축할 때 생기는 변형, F는 변형을 일으키는 힘 $\vec{F}$의 크기이다. A는 $\vec{F}$가 그림 12.3.3a처럼 수직으로 작용하는 단면적이고, E는 그 물체의 **Young률**이며, 변형력은 F/A이다.

▸***층밀리기*** 물체가 층밀리기 변형력을 받으면 식 12.3.1은 다음과 같다.

$$\frac{F}{A} = G\frac{\Delta x}{L}. \qquad (12.3.3)$$

여기서 $\Delta x/L$은 물체의 층밀리기 변형, Δx는 물체의 한 끝이 힘 $\vec{F}$를 가하는 방향으로 늘어난 길이, G는 물체의 **층밀리기 탄성률**, 그리고 변형력은 F/A이다.

▸***유압압축*** 물체가 주위 유체로부터 변형력을 받아 *유압 압축*되면 식 12.3.1은 다음과 같다.

$$p = B\frac{\Delta V}{V}. \qquad (12.3.4)$$

여기서 p는 유체가 물체에 가하는 압력(*유압 변형력*), $\Delta V/V$(변형)는 압력에 의해 생긴 부피의 변화율, B는 물체의 **부피탄성률**이다.

연습문제 _Problems

E Easy M Medium H Hard CALC Requires calculus BIO Biomedical application

1 M 그림 12.1에서 균일한 막대의 길이 L은 3.00 m, 무게는 W = 200 N이며, 물체의 무게는 각도는 $\theta = 30.0°$이다. 줄이 견딜 수 있는 최대 장력은 400 N이다. (a) 줄이 끊어지지 않고 물체를 놓을 수 있는 최대거리 x는 얼마인가? (b) 최대 x에 물체가 있을 때 경첩 A가 막대에 가하는 힘의 (b) 수평성분과 (c) 수직성분은 얼마인가?

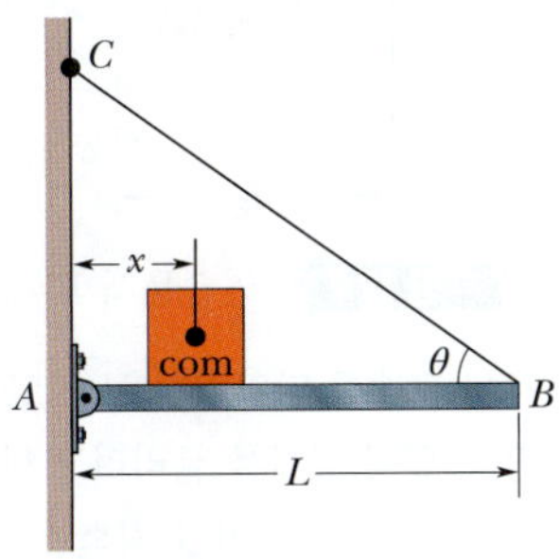

그림 12.1 연습문제 1, 2

2 M 그림 12.1에 무게를 무시할 수 있고, 길이 L인 수평 막대가 A에서 수직벽에 경첩으로 연결되어 있고, B에서 수평선과 각도 θ를 이루는 가는 줄 BC에 매달려 있다. 무게 W인 토막은 막대를 따라 어느 곳으로도 움직일 수 있다. 그 위치는 벽에서 질량중심까지 거리 x로 정의한다. x의 함수로 다음을 구하여라. (a) 줄의 장력과 A에 있는 경첩이 막대에 작용하는 힘의 (b) 수평성분 (c) 수직성분.

3 H 그림 12.2a에서 질량 m_b, 길이 L인 수평이고 균일한 막대가 왼쪽은 경첩으로 벽에 붙어 있고, 오른쪽은 수평과 각도 θ인 줄에 매여 있다. 질량 m_p의 물체가 왼쪽 끝에서 x인 곳에 얹혀 있고, 전체 질량은 $m_b + m_p = 61.22$ kg이다. 그림 12.2b는 줄의 장력을 물체의 위치 x/L의 함수로 나타낸 그래프이며, $T_a = 500$ N과 $T_b = 700$ N이다. (a) 각도 θ, (b) 질량 m_b, (c) 질량 m_p를 구하여라.

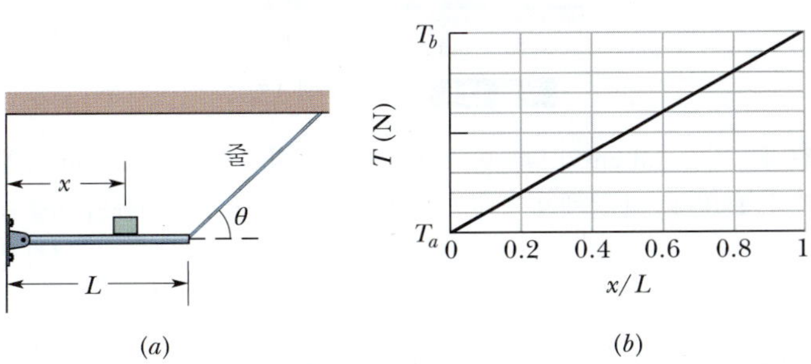

그림 12.2 연습문제 3

4 M 문은 y축을 따라 위로 높이 2.1 m이고, 문의 경첩이 있는 모서리에서 밖으로 뻗어나가는 x축을 따라 폭이 0.91 m이다. 한 경첩은 맨 위에서 0.30 m 아래쪽에, 다른 경첩은 맨 아래에서 0.30 m 위에 달려 있고, 각각 문의 질량 32 kg을 지탱하고 있다. (a) 위쪽 경첩 (b) 아래쪽 경첩에서 문에 작용하는 힘을 단위벡터 표기법으로 나타내어라.

5 H 그림 12.3은 강체 막대가 그림에 수직축에 대해 돌다가 축에서 각각 $r_A = 7.0$ cm, $r_B = 4.0$ cm 떨어진 고무로 만든 제동장치 A와 B가 딱딱한 벽으로부터 힘을 받고 있는 것을 내려다 본 모습이다. 초기에는 제동장치가 압축되지 않고 벽에 닿아 있다. 축에서 $R = 5.0$ cm 떨어진 지점에 크기 300 N의 힘 $\vec{F}$를 막대에 수직으로 가하였다. 제동장치 (a) A, (b) B를 압축하는 힘의 크기를 구하여라.

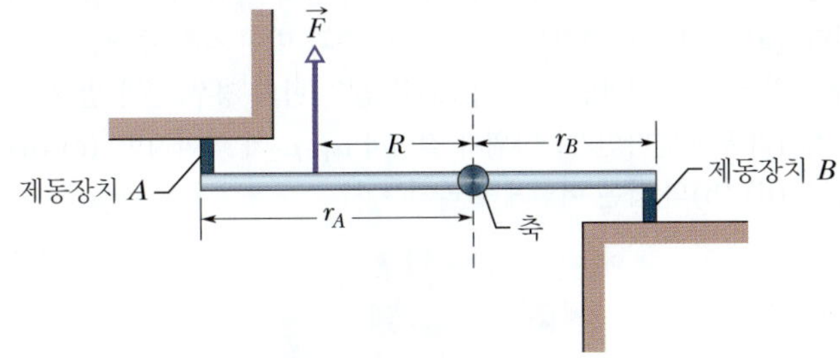

그림 12.3 연습문제 5

6 H 한 변의 길이가 1.2 m인 정육면체의 나무상자에 기계가 들어 있고, 전체의 질량중심은 나무상자의 기하학적인 중심에서 0.30 m 위에 있다. 나무상자가 수평과 θ인 경사면에 놓여 있다. θ가 0부터 점차 증가할 때 어떤 각도가 되면 나무상자가 넘어지거나 미끄러진다. 경사면과 나무상자 사이의 정지마찰계수 μ_s가 0.60일 때 (a) 나무상자가 넘어지는가, 미끄러지는가? (b) 이때 각도는 얼마인가? 만일 $\mu_s = 0.70$이라면, (c) 나무상자가 넘어지는가, 미끄러지는가? (d) 그 각도는 얼마인가? (*힌트*: 넘어지는 순간 수직력은 어느 점에 작용하는가?)

7 M BIO CALC 그림 12.4는 거미줄의 변형에 따른 근사적인 변형력 그래프로 변형이 2.00인 점에서 거미줄이 끊어진다. 수직축 값은 $a = 0.12$ GN/m^2, $b = 0.30$ GN/m^2, $c = 0.80$ GN/m^{2}이다. 거미줄의 처음 길이는 0.80 cm이고, 단면적은 8.0×10^{-12} m^{2}이고, (거미줄이 늘어나는 동안) 부피는 일정하다고 가정하자. 줄의 변형은 처음 길이에 대한 줄의 길이 변화에 대한 비율이고, 줄의 변형력은 충돌힘을 처음의 단면적으로 나눈 비율이다. 충돌힘에 의해 줄이 한 일은 그래프의 곡선 아래의 면적이라고 가정한다. 또한 한 거미줄에 곤충이 걸릴 때 곤충의 운동에너지가 전달되어 줄이 늘어난다고 가정하자. (a) 거미줄이 끊어지기 직전까지 얼마나 많은 운동에너지를 줄에 전달할 수 있는가? (b) 질량은 6.00 mg이고 속력이 1.7 m/s인 초파리와 (c) 질량은 0.388 g이고 속력이 0.420 m/s인 호박벌의 운동에너지는 얼마인가? (d) 초파리 (e) 호박벌은 거미줄을 끊을 수 있는가?

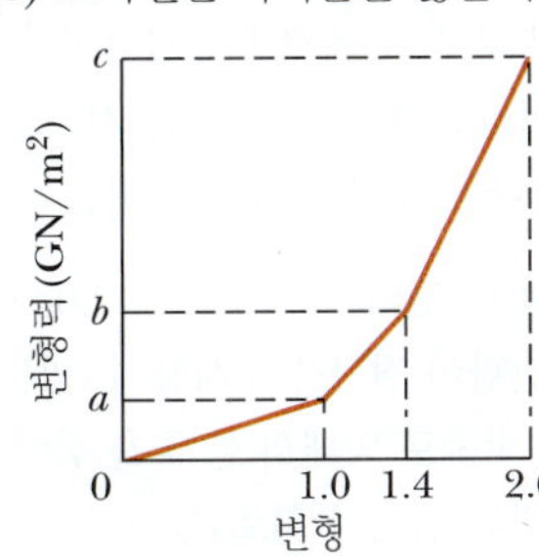

그림 12.4 연습문제 7

8 E 질량 60 kg, 길이 5.0 m인 발판이 양 끝에 있는 줄로 수평으로 매달려 있다. 질량 70 kg의 창문 닦는 사람이 한쪽 끝으로부터 1.5 m 되는 지점에 서 있다. (a) 가까운 쪽 줄과 (b) 먼 쪽 줄에 걸리는 장력은 얼마인가?

9 M BIO 그림 12.5에서 바위를 타는 질량 65 kg의 등반가가 손으로 바위틈 한쪽을 잡아당기고 발로는 바위틈 반대쪽을 누르면서 '뒤로 기대 오르기'를 하고 있다. 바위틈의 폭은 $w = 0.20$ m이고, 사람의 질량중심은 바위틈에서 수평으로 $d = 0.40$ m의 거리에 있다. 정지마찰계수는 손과 바위 사이가 $\mu_1 = 0.40$이고 신발과 바위 사이는 $\mu_2 = 1.2$이다. (a) 사람이 안정적으로 있으려면 손과 발이 각각 수평을 가해야 하는 최소 힘은 얼마인가? (b) (a)와 같은 힘의 경우 손과 발 사이의 수직거리 h는 얼마인가? 바위가 젖어서 μ_1, μ_2가 작아지면, (c) (a)의 답과, (d) (b)의 답은 어떻게 달라지는가?

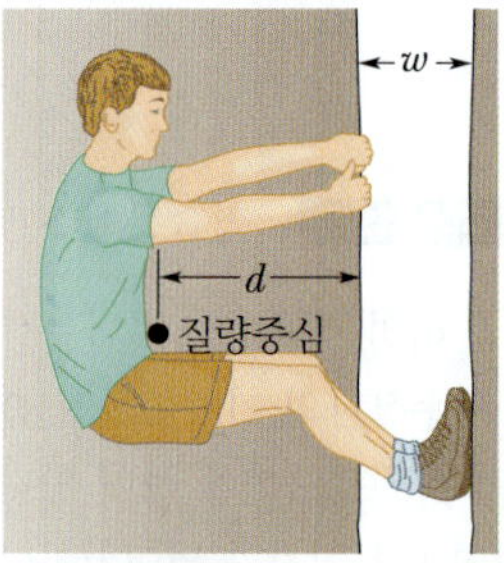

그림 12.5 연습문제 9

10 E 각 변의 길이가 0.750 m이고 무게가 500 N인 정육면체 상자가 마루 위에 고정된 매우 작은 장애물에 한 모서리가 걸려 있다. 수평방향으로 크기 400 N의 힘을 가해 상자를 넘어뜨리려면 바닥으로부터 최소한 어느 높이에 가해야 하는가?

11 M 그림 12.6에 질량 103 kg의 균일한 통나무를 모두 반지름 1.00 mm인 두 개의 강철선 A와 B로 매달아 놓았다. 처음에 길이 2.50 m의 줄 A가 줄 B보다 2.00 mm 짧았다. 이제 통나무는 수평이 되었다. (a) 줄 A와 (b) 줄 B가 통나무에 작용하는 힘의 크기는 얼마인가? (c) d_A/d_B의 비율은 얼마인가?

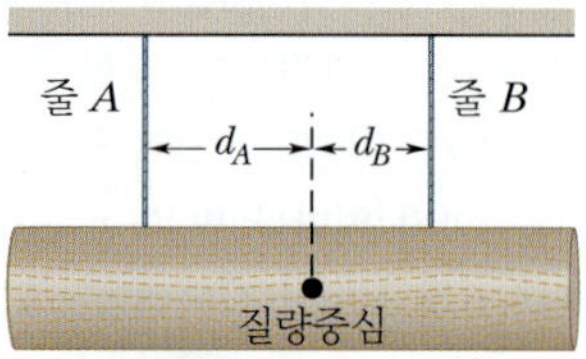

그림 12.6 연습문제 11

12 H 그림 12.2.3과 관련된 예제에서 사다리와 바닥면 사이의 정지마찰계수 μ_s가 0.40이라고 하자. 소방관은 사다리가 미끄러지기 직전까지 (퍼센트로) 얼마나 더 올라갈 수 있는가?

13 M 그림 12.7처럼 한 변의 길이가 $L = 2.00$ m이고, 질량 60.0 kg인 균일한 정사각형 간판이 질량을 무시할 수 있는 길이 $d_h = 3.00$ m의 막대에 걸려 있다. 밧줄로 막대의 한 끝을 잡아매고 다른 끝은 막대가 벽에 경첩으로 연결된 점에서 위로 $d_v = 4.00$ m인 곳의 벽에 묶어두었다. (a) 줄의 장력은 얼마인가? 벽이 막대에 가하는 (b) 수평방향 힘의 크기와 (c) 방향(왼쪽 또는 오른쪽), (d) 수직방향 힘의 크기와 (e) 방향(위 또는 아래)을 구하여라.

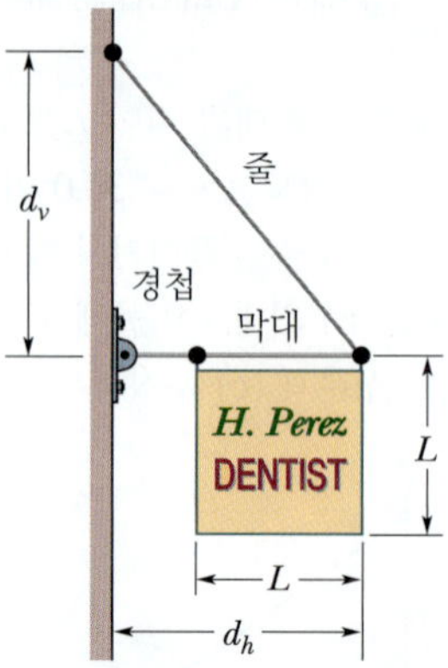

그림 12.7 연습문제 13

14 M 정육면체 상자에 모래를 담았더니 무게 520 N이 되었다. 상자의 위 모서리를 수평으로 밀어 상자를 굴리려고 한다. (a) 필요한 최소 힘은 얼마인가? (b) 상자와 바닥 사이의 최소한의 정지마찰계수는 얼마인가? (c) 상자를 굴릴 수 있는 더 효과적인 방법이 있다면 상자에 직접 가하는 최소힘을 구하여라. (*힌트*: 상자가 막 넘어가려고 할 때 수직항력은 어디에 작용하는가?)

15 M 그림 12.8처럼 납 벽돌이 두 개의 원통기둥 A와 B 위에 수평으로 놓여 있다. 두 기둥의 위 단면적은 $A_A = 2.5\ A_B$의 관계가 있고, Young률은 $E_A = 2E_B$의 관계가 있다. (a) 기둥 A와 (b) 기둥 B가 지탱하는 벽돌의 질량 비율은 각각 얼마인가? 벽돌의 질량중심에서 기둥의 중심선까지의 거리는 d_A이고, 기둥 B의 중심선까지 거리가 d_B라고 할 때 (c) d_A/d_B의 비율을 구하여라.

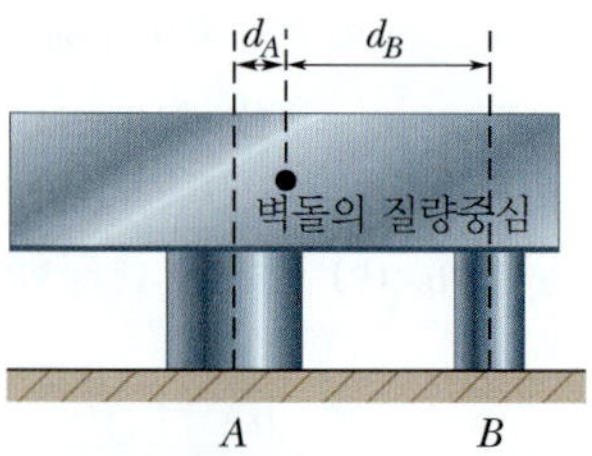

그림 12.8 연습문제 15

16 E 지름 4.8 cm인 알루미늄 막대가 벽에서 수평으로 7.0 cm 나와 있다. 1500 kg의 물체가 막대의 끝에 매달려 있다. 알루미늄의 비틀림 탄성률은 3.0×10^{10} N/m^{2}이다. (a) 막대에 작용하는 비틀림 변형력 (b) 막대의 한 쪽 끝이 수직으로 휜 거리를 구하여라.

17 E 호두까기로 호두를 까기 위해 호두껍데기 양쪽에 최소한 32 N의 힘을 가해야 한다. 그림 12.9에 있는 호두까개가 $L = 12$ cm, $d = 2.6$ cm일 때 40 N에 해당하는 (손잡이에 수직인) 힘의 성분 $F_\perp$는 얼마인가?

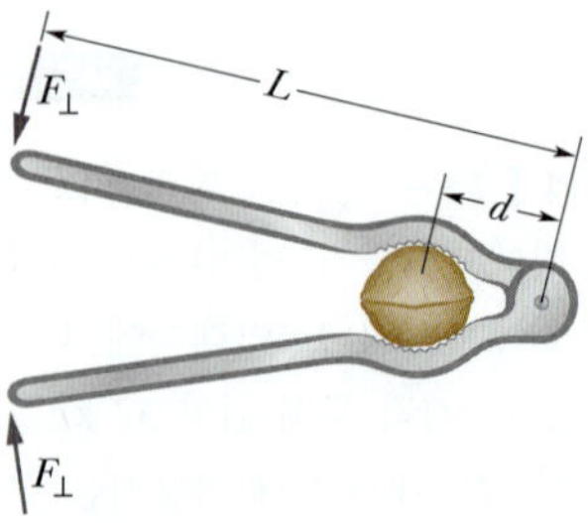

그림 12.9 연습문제 17

18 E 질량이 60 kg인 창문 닦는 사람이 질량 10 kg, 길이 5.0 m인 사다리를 사용한다. 사다리 밑쪽 끝을 벽에서 2.5 m 되는 곳에 놓고, 위쪽은 금이 간 창문에 기댄 채 사다리를 기어오르고 있다. 그가 사다리를 3.0 m 올라갔을 때 창문이 깨졌다. 창문과 사다리 사의의 마찰은 무시하고, 사다리의 밑 부분은 미끄러지지 않는다고 가정한다. 창문이 깨지기 직전에 (a) 사다리가 창문에 가한 힘의 크기와 (b) 바닥이 사다리에 가한 힘의 크기 및 (c) 사다리에 가한 힘이 (수평면과) 이루는 각도를 구하여라.

19 M 그림 12.10처럼 무게 260 N인 균일한 막대의 한 끝이 경첩으로 벽에 붙어 있고, 다른 끝은 벽과 막대와의 각도가 모두 $\theta = 30°$가 되도록 줄로 매어 놓았다. (a) 줄의 장력, 경첩이 막대에 가하는 힘의 (b) 수평성분과 (c) 수직성분을 구하여라.

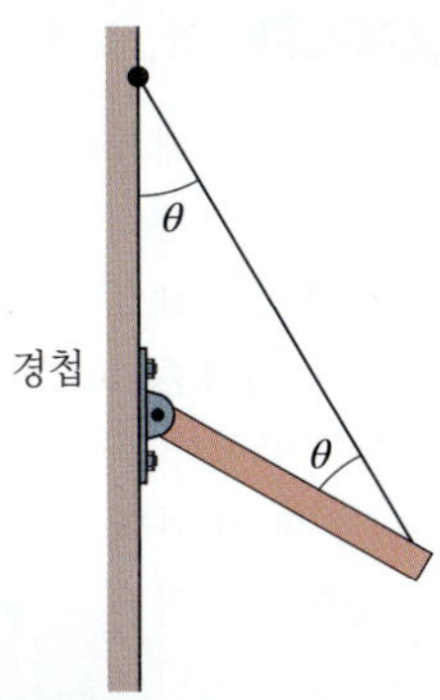

그림 12.10 연습문제 19

20 E 줄의 장력이 가한 힘의 크기의 두 배가 될 때까지 활줄의 중심을 잡아당겼다. 반쪽의 두 줄이 이루는 각도는 얼마인가?

21 M 그림 12.11에서 높이 $h = 3.00$ cm의 문턱을 넘기 위해 바퀴의 축에 수평방향으로 가해야 할 (일정한) 힘 $\vec{F}$의 크기를 구하여라. 바퀴의 반지름은 $r = 6.00$ cm이고 질량은 $m = 0.600$ kg이다.

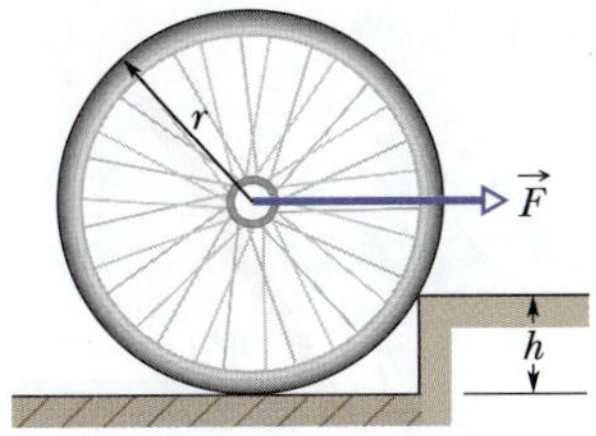

그림 12.11 연습문제 21

22 E 질량 1360 kg인 자동차의 앞뒤 차축 사이의 거리는 3.65 m이다. 차의 무게중심은 앞 차축에서 1.78 m 뒤에 있다. 차가 평평한 땅 위에 있을 때 지표면이 차의 (a) (양쪽 앞바퀴에 가하는 힘이 같다고 가정한) 앞바퀴와 (b) (양쪽 뒷바퀴에 가하는 힘은 서로 같다고 가정하고) 뒷바퀴에 작용하는 힘을 구하여라.

23 E 그림 12.12처럼 길이 2.00 m, 질량 50.0 kg인 균일한 발판이 양쪽 끝의 두 줄로 건물에 수평하게 매달려 있다. 발판 위 여기저기에 여러 개의 페인트 통이 쌓여 있다. 페인트 통 전체의 질량은 60.0 kg이고 오른쪽 줄의 장력은 722 N이다. 페인트 통의 질량중심은 오른쪽 줄로부터 수평하게 얼마나 떨어져 있는가?

그림 12.12 연습문제 23

24 E 3.44 m 떨어진 두 지지대 사이에 질량이 무시할 만한 밧줄을 수평으로 잡아당겼다. 줄의 중간에 무게 3160 N인 물체를 매달아 놓았더니, 밧줄이 아래로 22.0 cm 처졌다. 밧줄의 장력은 얼마인가?

25 E 그림 12.13처럼 어떤 사람이 진흙에 빠진 자동차를 끌어내려고 한다. 밧줄의 한 끝은 차의 앞 범퍼에 묶고 다른 한쪽은 18 m 떨어진 전봇대에 단단히 감은 다음 밧줄의 한가운데 점에서 밧줄과 직각방향으로 450 N의 힘을 가해 밧줄의 중심이 원래 위치에서 움직였을 때 차가 겨우 움직이기 시작했다. 밧줄이 차에 가한 힘의 크기는 얼마인가? (밧줄은 약간 늘어난다.)

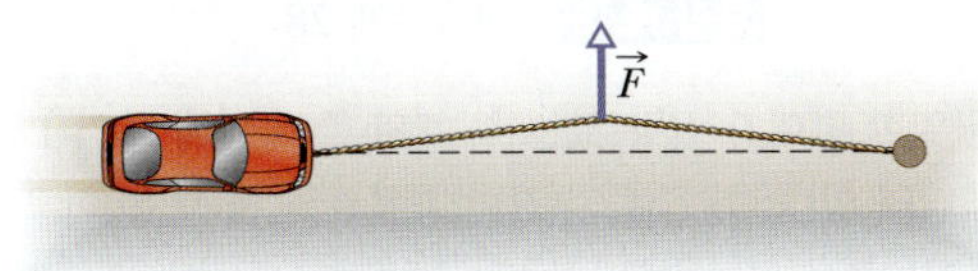

그림 12.13 연습문제 25

26 M 볼트로 헐겁게 연결된 균일한 두 막대 A와 B가 경첩에 의해 그림 12.14처럼 벽에 붙어 있다. (한 경첩이 다른 경첩에 토크를 작용하지는 않는다.) 막대 A의 길이는 $L_A = 2.40$ m, 질량은 54.0 kg이고, 막대 A의 질량은 68.0 kg이다. 두 경첩 사이의 거리는 $d = 1.80$ m이다. (a) 경첩이 막대 A에 가하는 힘, (b) 볼트가 막대 A에 가하는 힘, (c) 경첩이 막대 A에 가하는 힘, (d) 볼트가 막대 B에 작용하는 힘을 단위벡터 표기법으로 구하여라.

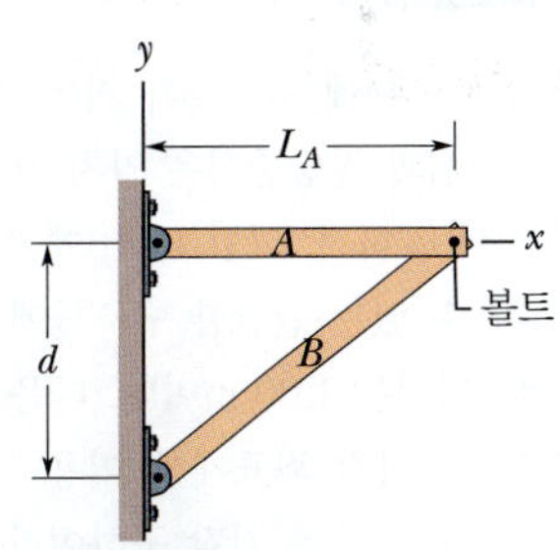

그림 12.14 연습문제 26

27 M CALC 그림 12.15는 양 끝에서 기계로 반대 방향으로 잡아당긴 알루미늄 줄의 변형력과 변형 곡선이다. 변형력 축의 크기는 10^7 N/m^{2}의 단위로 $s = 7.0$이다. 줄의 원래 길이는 0.600 m이고 원래 단면적은 2.00×10^{-6} m^{2}이다. 1.00×10^{-3}만큼의 변형을 일으키려면 기계가 줄에 얼마나 일을 해야 하는가?

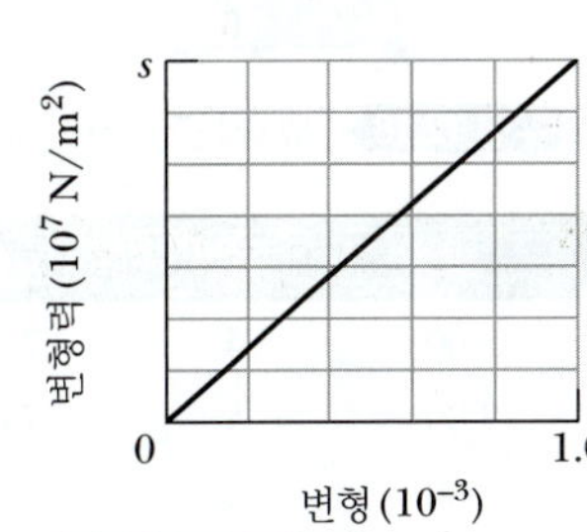

그림 12.15 연습문제 27

28 H BIO 그림 12.16은 거미줄 중간에 걸린 곤충의 모습이다. 거미줄은 2.00의 변형에서 변형력이 7.90×10^8 N/m^{2}이면 끊어진다. 초기에 수평으로 걸린 거미줄의 길이는 2.00 cm이고, 단면적은 8.00×10^{-12} m^{2}이다. 곤충의 무게로 거미줄이 늘어질 때 줄의 부피는 일정하다. 곤충의 무게로 거미줄이 끊어지기 직전이라면 곤충의 질량은 얼마인가? (거미는 호박벌처럼 잠재적으로 위험한 곤충이 걸리면 줄이 끊어지도록 거미줄을 만든다.)

그림 12.16 연습문제 28

29 M 불균일한 막대가 질량 없는 두 개의 줄에 의해 그림 12.17처럼 수평으로 매달려 있다. 한 줄은 수직 방향에 $\theta = 36.9°$를 이루고, 다른 줄은 $\phi = 53.1°$를 이룬다. 막대의 길이 L이 6.10 m일 때 왼쪽 끝에서 질량중심까지 거리 x를 구하여라.

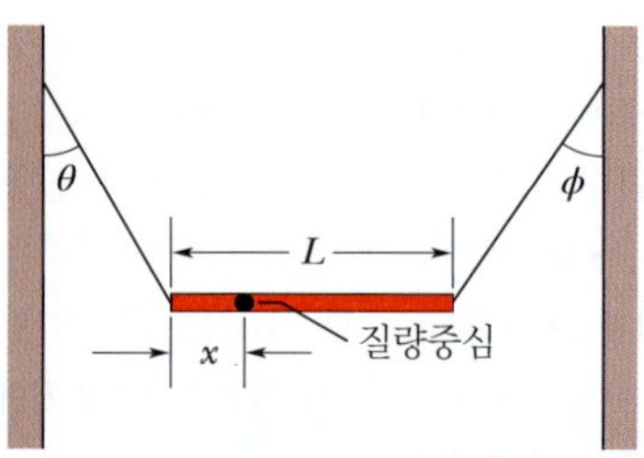

그림 12.17 연습문제 29

30 E 대부분 구조물에서 물체에 걸쳐 g가 거의 변하지 않기 때문에 어떤 구조물에서도 무게중심과 질량중심은 일치한다. 이제 g가 상당히 변하는 가상의 세계가 있다고 하자. 그림 12.18에 질량이 m인 여섯 개의 입자가 질량을 무시할 수 있는 단단한 구조물에 붙어 있다. 가장자리를 따라 이웃 입자와의 거리는 1.00 m이다. 다음 표는 각 입자의 위치에 따른 값(m/s^2)이다. 주어진 좌표계를 이용하여, 여섯 입자계의 질량중심 좌표 (a) x_{com}, (b) y_{com}을 각각 구하여라. 또한 여섯 입자계의 무게중심 좌표 (c) x_{cog}와 (d) y_{cog}를 구하여라.

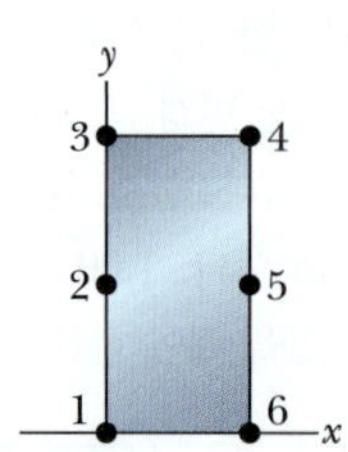

그림 12.18 연습문제 30

입자	g	입자	g
1	8.00	4	7.40
2	7.80	5	7.60
3	7.60	6	7.80

31 E 그림 12.19는 구조물에 힘 $\vec{F}_1$, $\vec{F}_2$, $\vec{F}_3$를 가했을 때 위에서 본 그림이다. 점 P에서 네 번째 힘을 가해 구조물이 평형을 이루도록 한다. 네 번째 힘의 벡터 성분은 $\vec{F}_h$와 $\vec{F}_v$이다.여기서 $a = 2.0$ m, $b = 3.0$ m, $c = 1.0$ m, $F_1 = 15$ N, $F_2 = 10$ N, $F_3 = 5.0$ N일 때 (a) F_h (b) F_v (c) d를 구하여라.

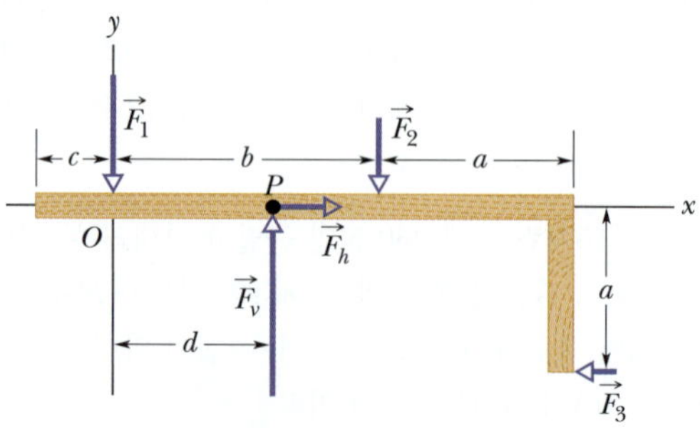

그림 12.19 연습문제 31

32 M BIO 그림 12.20에서 무게 600 N의 등반가가 밧줄걸이가 있는 줄과 안전벨트를 이용하여 줄에 매달려 있다. 줄의 힘은 등반가의 질량중심을 지나는 작용선을 따라 작용한다. 그림에서 각도는 각각 $\theta = 40.0°$와 $\phi = 30.0°$이다. 등반가의 발이 미끄러지기 직전이라면 등산화와 벽 사이의 정지마찰계수는 얼마인가?

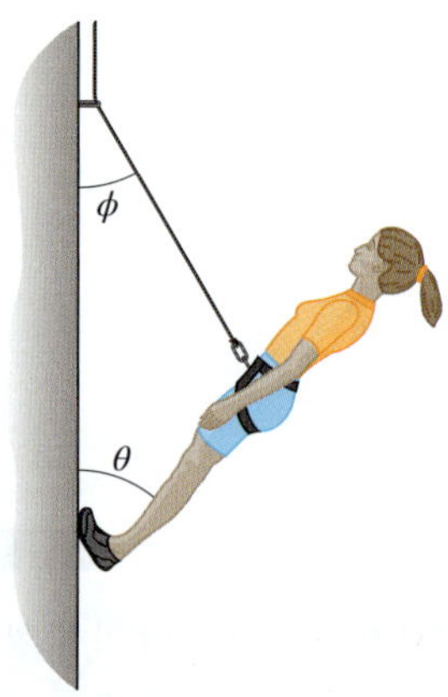

그림 12.20 연습문제 32

33 M 그림 12.21에서 길이 L이 5.50 m이고 무게가 445 N인 균일한 널빤지가 바닥과 높이 $h = 3.05$ m인 벽 꼭대기에 기대어 있고 벽 꼭대기에는 마찰 없는 바퀴가 달려 있다. 이 널빤지가 $\theta \geq 70°$일 때에는 평형상태에 있지만, $\theta < 70°$이면 미끄러진다. 널빤지와 바닥 사이의 정지마찰계수는 얼마인가?

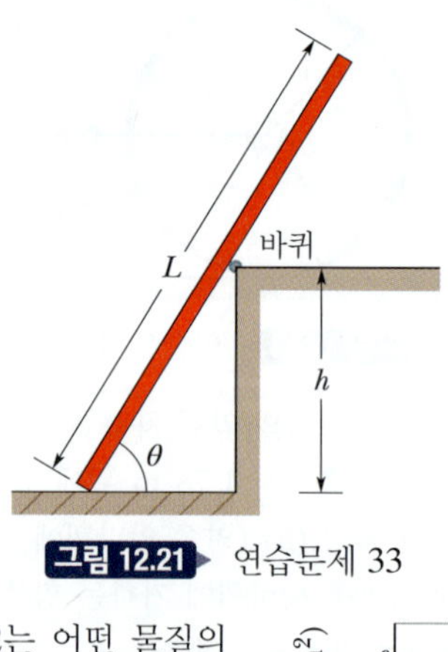

그림 12.21 연습문제 33

34 E 그림 12.22는 어떤 물질의 변형력–변형 곡선이다. 변형력 축의 길이는 10^6 N/m^{2}의 단위로 $s = 300$이다. 이 물질의 (a) Young률과 (b) 대략적인 항복점 값은 얼마인가?

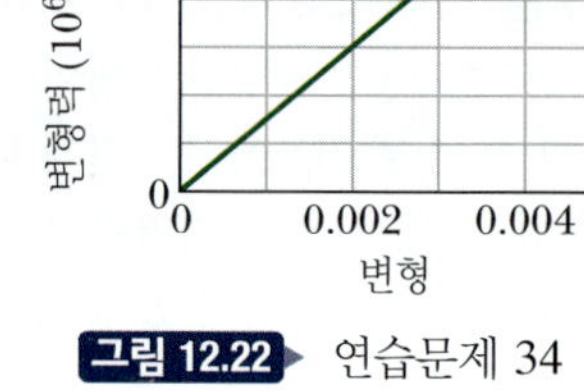

그림 12.22 연습문제 34

35 M BIO 그림 12.23과 같은 도르래를 이용하여 20 kg의 토막을 들고 있다. 위 팔은 수직방향이고, 팔뚝은 수평선과 $\theta = 30°$의 각도를 이루고 있다. 팔뚝과 손을 합친 질량은 2.0 kg이고 질량중심은 팔뼈와 위팔 뼈(상박골)의 접점에서 $d_1 = 15$ cm 되는 점에 있다. 삼두박근은 접점에서 뒤쪽으로 $d_2 = 2.5$ cm만큼 떨어진 곳에서 팔을 수직상방으로 잡아당긴다. d_3는 35 cm이다. 삼두박근이 앞 팔에 가하는 힘의 (a) 크기와 (b) 방향, 그리고 상박골이 팔뚝에 작용하는 힘의 (c) 크기와 (d) 방향을 구하여라.

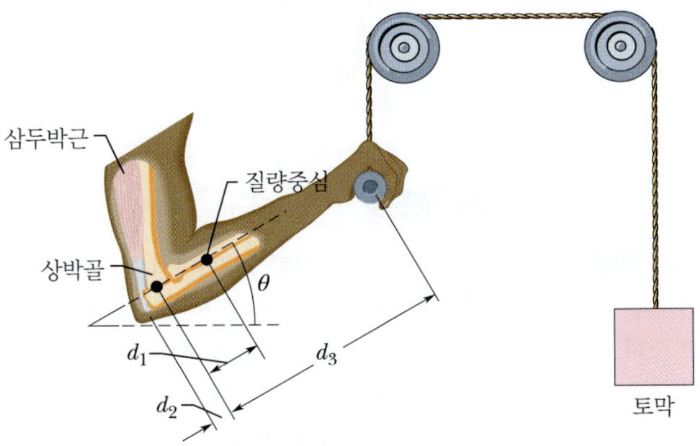

그림 12.23 연습문제 35

36 M 그림 12.24*a*에서 길이가 L인 균일한 막대의 아래 끝은 경첩이 달려 있고 똑바로 서 있다. 아래 끝으로부터 y인 곳에 수평힘 $\vec{F}_a$를 작용한다. 막대는 수평선과 θ의 각도를 이루면서 막대 위 끝에 묶여 있는 줄 때문에 막대는 그대로 서 있을 수 있다. 그림 12.24*b*는 줄에 걸리는 장력 T를 힘이 작용하는 위치, 즉 y/L의 함수로 나타낸 그래프이다. T축의 크기는 $T_s = 600$ N이다. 그림 12.24*c*는 경첩이 막대에 가하는 수평력의 크기 F_h를 y/L의 함수로 나타낸 그래프이다. (a) 각도 θ와 (b) $\vec{F}_a$의 크기를 구하여라.

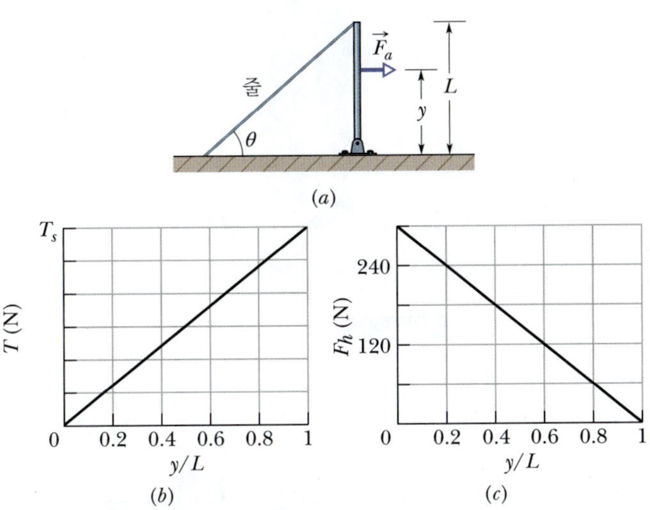

그림 12.24 연습문제 36

37 E 그림 12.25와 같이 무게가 뉴턴 단위로 주어진 여덟 사람이 시소에 타고 균형을 이루고 있다. *받침대 f*를 회전축으로 했을 때 (a) 종이면에서 나오는 방향과 (b) 종이면으로 들어가는 방향으로 가장 큰 토크를 주는 사람은 각각 몇 번인가?

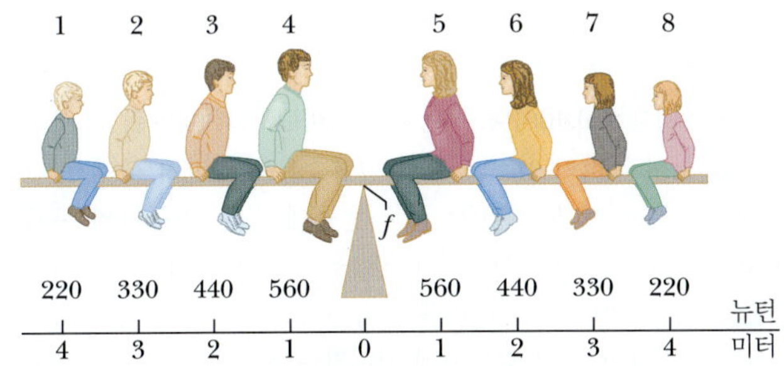

그림 12.25 연습문제 37

38 M 그림 12.26의 계가 평형상태에 있다. 질량 250 kg의 콘크리트 토막이 질량 45.0 kg의 균일한 버팀대 끝에 매달려 있다. 줄은 지면에서 시작하여 버팀대 끝을 지나 토막으로 내려와서 토막을 매달고 있다. 각도 $\phi = 30.0°$, $\theta = 45.0°$에 대해 (a) 줄에 걸린 장력 T, 경첩이 버팀대에 가하는 힘의 (b) 수평성분 (c) 수직성분을 구하여라.

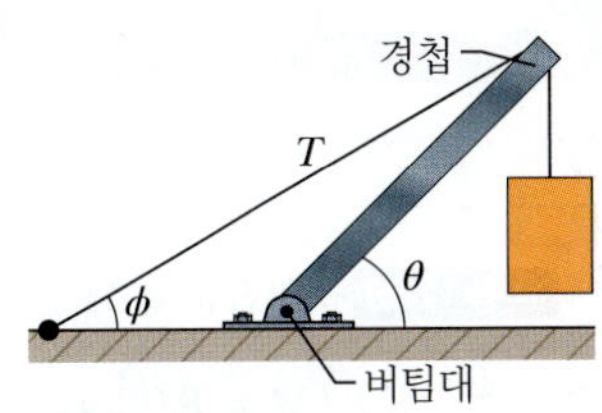

그림 12.26 연습문제 38

39 M 등반가가 마찰이 거의 없는 빙벽에 그림 12.27처럼 몸을 기대고 있다. 거리 a는 1.10 m, 거리 L은 2.10 m이다. 등반가의 질량중심은 발과 땅바닥의 접촉점에서 $d = 0.940$ m인 곳에 있다. 등반가가 미끄러지기 시작한다면, 발과 땅바닥 사이의 정지마찰계수는 얼마인가?

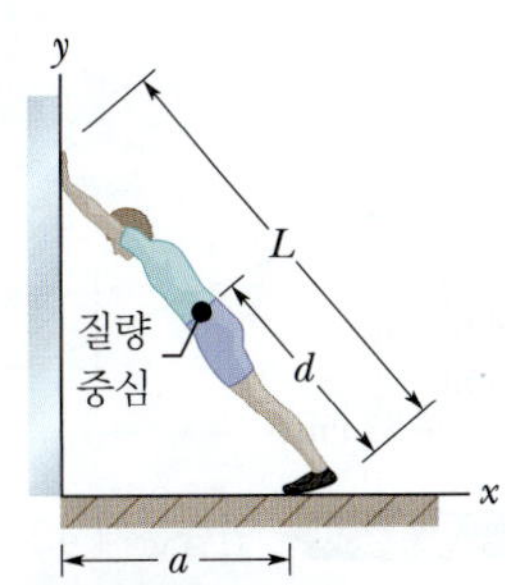

그림 12.27 연습문제 39

40 E 그림 12.28의 계는 평형상태에 있고 가운데 줄은 정확히 수평을 유지하고 있다. 물체 A의 무게는 30 N, 물체 B의 무게는 50 N이며, 각도 ϕ는 35°이다. 장력 (a) T_1, (b) T_2, (c) T_3와 (d) 각도 θ를 구하여라.

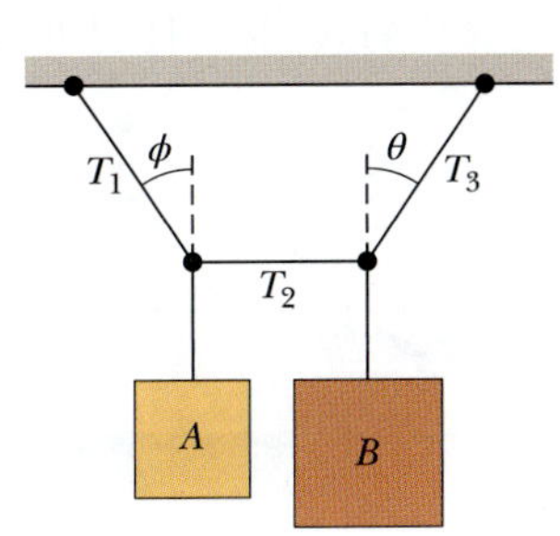

그림 12.28 연습문제 40

41 M 그림 12.29에서 수평한 길 위를 달리던 운전자가 브레이크를 밟아 네 바퀴 모두가 미끄러지며 급정지한다. 자동차 바퀴와 길 사이의 운동마찰계수는 0.40이다. 자동차의 앞바퀴 축과 뒷바퀴 축 사이의 거리는 L = 4.2 m이며, 자동차의 질량중심은 앞바퀴 축에서 뒤로 d =1.8 m, 길 위로 h = 0.75 m되는 곳에 있다. 자동차의 무게는 13 kN이다. (a) 자동차가 브레이크를 밟을 때 가속도, (b) 각 뒷바퀴에 걸리는 수직항력, (c) 각 앞바퀴에 걸리는 수직항력, (d) 각 뒷바퀴에 가해지는 정지힘, (e) 각 앞바퀴에 가해지는 정지힘의 크기를 구하여라. (*힌트*: 자동차가 선운동에 대해서는 평형이 아니지만, 회전운동에 관해서는 평형상태이다.)

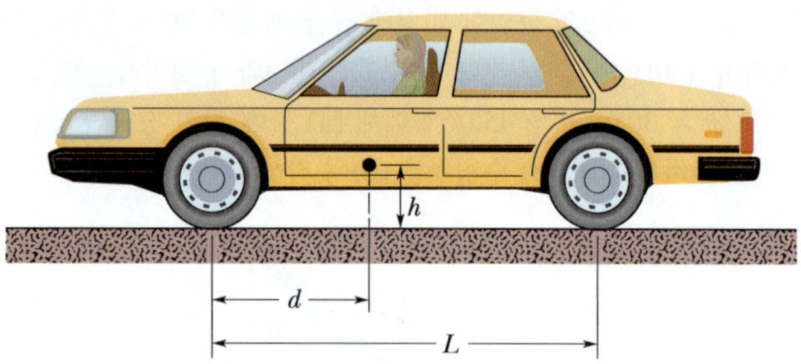

그림 12.29 연습문제 41

42 E BIO 볼링선수가 볼링공을(M = 8.0 kg) 손바닥 위에 들고 있다(그림 12.30). 위 팔은 수직이고 아래 팔(1.8 kg)은 수평이다. (a) 이두박근이 아래팔에 작용하는 힘, (b) 뼈 사이의 근육이 팔꿈치 접점에 작용하는 힘은 얼마인가?

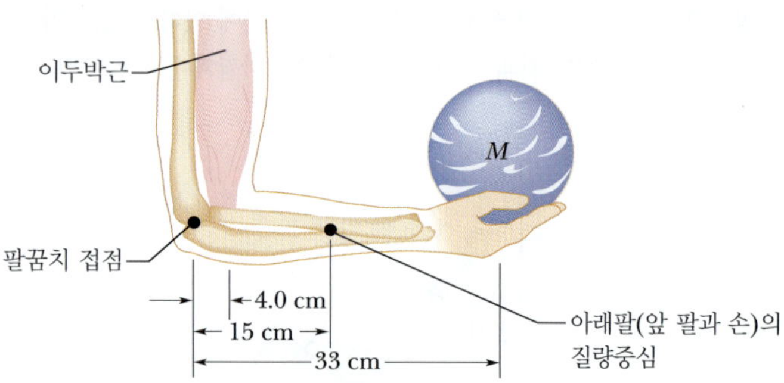

그림 12.30 연습문제 42

43 E 그림 12.31에서 무게 400 N인 사람이 길이가 L = 4.5 m이고 질량을 무시할 만한 다이빙대 끝에 서 있다. 다이빙대는 d = 1.5 m 떨어진 두 받침대에 고정되어 있다. 다이빙대에 작용하는 힘 중 왼쪽 받침대에 의한 힘의 (a) 크기와 (b) 방향 (위 또는 아래), 그리고 오른쪽 받침대에 의한 힘의 (c) 크기와 (d) 방향 (위 또는 아래)은 얼마인가? 어느 받침대가(왼쪽 또는 오른쪽) (e) 늘어나는가 또는 (f) 압축되는가?

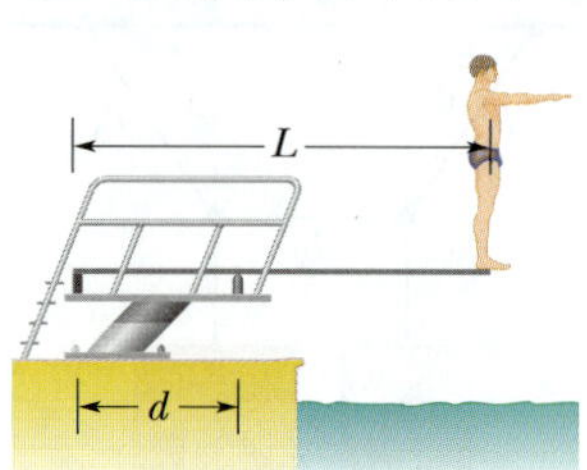

그림 12.31 연습문제 43

44 E 그림 12.32에 질량 m = 0.70 kg, 반지름 r = 4.2 cm인 균일한 공이 마찰이 없는 벽에 고정된 질량이 없는 줄에 매달려 있고, 공의 질량중심과 줄 끝 사이의 수직거리는 L = 8.0 cm이다. (a) 줄의 장력과 (b) 벽이 공에 가하는 힘을 구하여라.

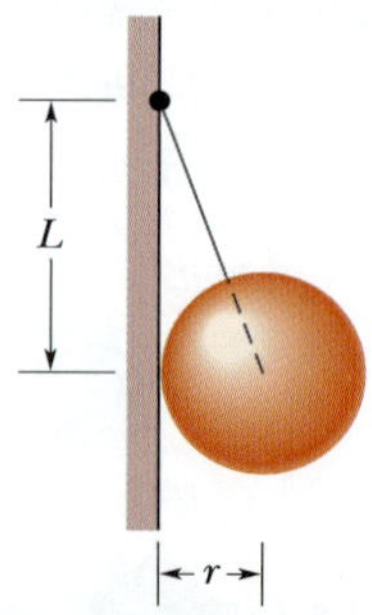

그림 12.32 연습문제 44

45 M BIO 질량 60 kg의 등반가가 그림 12.33처럼 한 손으로 좁은 바위 턱을 붙잡고 매달려 있다. (즉, 손가락 끝을 눌러서 몸을 끌어올리고 있다.) 등반가의 발은 H = 2.0 m 아래의 바위벽에 닿아있지만 전혀 도움이 안 된다. 등반가의 질량중심은 벽에서 a = 0.20 m 떨어져 있다. 바위 턱을 누르는 네 손가락에 힘이 골고루 걸린다고 하자. *각각*의 손가락 끝에 작용하는 힘의 (a) 수평성분 F_h와 (b) 수직성분 F_v는 얼마인가?

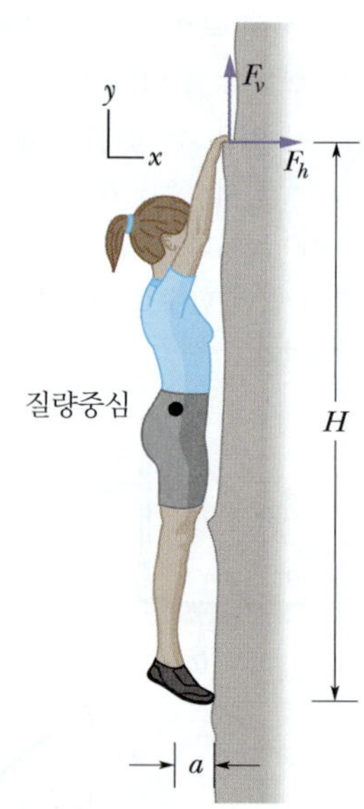

그림 12.33 연습문제 45

46 E 그림 12.34에 무게 700 N, 길이 3.0 m인 균일한 막대가 수평으로 매달려 있다. 왼쪽은 경첩으로 벽에 붙어 있고, 오른쪽은 막대로부터 수직거리 D인 벽면에 고정된 줄에 매여 있다. 줄이 끊어지기 위한 최소한의 장력은 1200 N이다. (a) 그 정도의 장력을 주기 위해서는 D 값이 얼마가 되어야 하나? (b) 줄이 끊어지지 않게 하기 위해서는 D가 이 값보다 커야 할까, 작아야 할까?

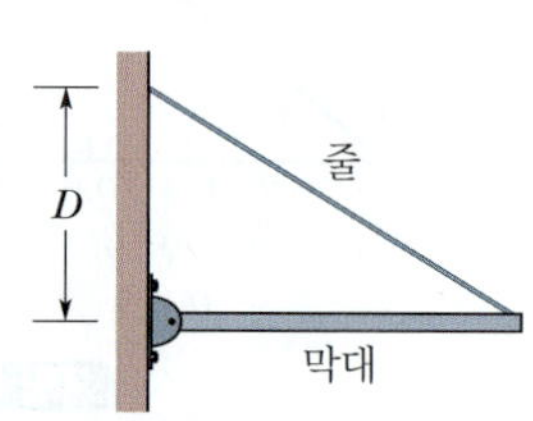

그림 12.34 연습문제 46

47 H 그림 12.35에 발판 사다리의 양쪽 길이 AC와 CE는 각각 2.44 m이고 C에서 경첩으로 연결되어 있다. 중간 지점에 있는 막대 BD는 길이 0.762 m의 이음막대이다. 몸무게 854 N의 사람이 사다리를 타고 1.80 m 올라갔다. 바닥은 마찰이 없다고 가정하고 사다리의 질량은 무시한다. (a) 이음막대에 걸리는 장력, 그리고 (b) 점 A와 (c) 점 E에서 바닥이 사다리에 가하는 힘의 크기를 구하여라. (*힌트*: 사다리의 일부분만을 따로 떼어 평형조건을 고려하여라.)

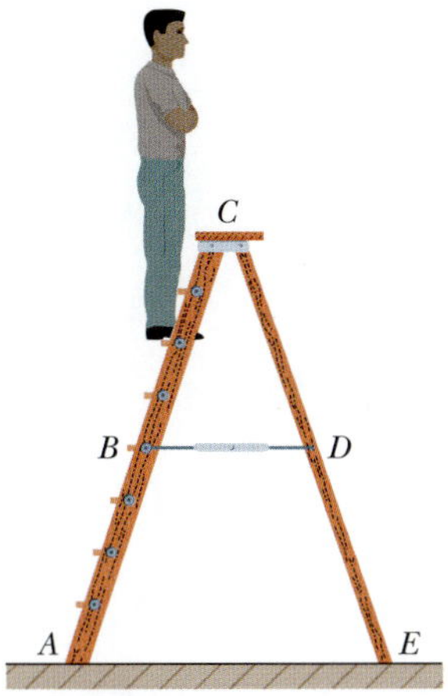

그림 12.35 연습문제 47

48 M 길이 $L = 150$ m, 높이 $H = 7.2$ m, 폭 5.8 m인 터널을 지하 $d = 60$ m 깊이에서 (천장이 평평하게) 파내려고 한다(그림 12.36). 터널의 천장을 면적이 800 cm^2인 정사각형 단면의 강철기둥으로 지탱하려고 한다. 흙 1.0 cm^3당 질량은 2.8 g이다. (a) 기둥이 지탱해야 할 흙의 전체 무게는 얼마인가? (b) 각각의 기둥에 가해지는 압축력이 기둥의 한계강도의 반이 되려면 몇 개의 기둥이 필요한가?

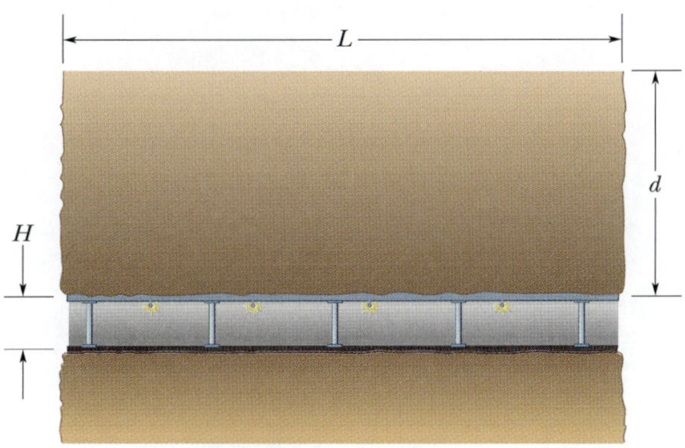

그림 12.36 연습문제 48

49 E BIO 그림 12.37은 발목과 발의 해부학 그림으로, 발끝으로 서 있는 발을 나타내었다. 뒤꿈치를 약간 들고 있어서 실제 발은 점 P에서만 바닥과 접촉한다. $a = 5.0$ cm, $b = 15$ cm, 사람의 몸무게는 $W = 800$ N으로 가정한다. 발에 가해지는 힘 중 종아리 근육이 점 B에 가하는 힘의 (a) 크기, (b) 방향(위 또는 아래), 그리고 발목뼈가 점 B에 작용하는 힘의 (c) 크기, (d) 방향(위 또는 아래)을 구하여라.

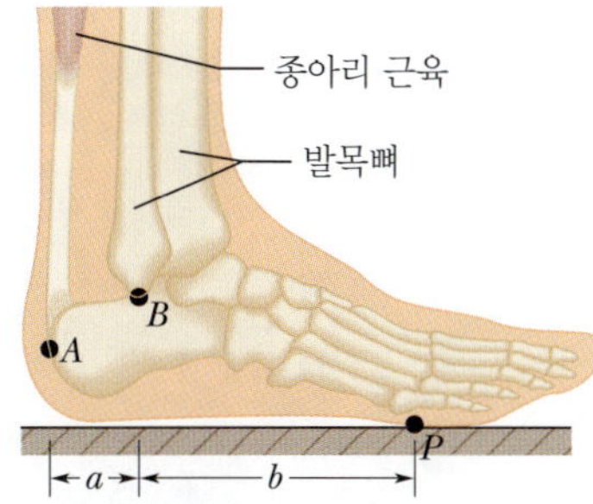

그림 12.37 연습문제 49

50 E 1미터짜리 막대자를 눈금 50.0 cm 점에서 뾰족한 모서리로 받쳤더니 수평하게 평형을 이루었다. 2.27 g짜리 동전 세 개를 12.0 cm 지점에 올려놓았더니 45.5 cm 되는 곳을 받쳐야 평형을 이루었다. 미터자의 질량은 얼마인가?

51 E 그림 12.38에 균일한 질량 $m_2 = 30.0$ kg, 길이 $L_2 = 2.00$ m인 수평 조립대 2가 균일한 질량 $m_1 = 70.0$ kg인 조립대 1에 매달려 있다. 20.0 kg의 못 상자를 조립대 2의 왼쪽에서 거리 $d = 0.500$ m 떨어진 곳에 놓았다. 그림에서 표시된 장력 T는 얼마인가?

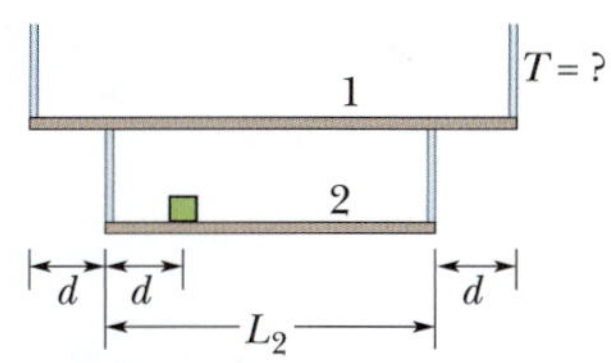

그림 12.38 연습문제 51

제 13 장

중력
Gravitation

13.1 ▸ Newton의 중력법칙

학습목표 _Learning Objectives

이 단원을 읽은 후 다음을 이해해야 한다.

13.1.1 Newton의 중력법칙을 적용하여 두 입자 사이의 중력을 질량과 두 입자 사이의 거리로 표현한다.

13.1.2 균일한 구 껍질 모양의 물질은 껍질 바깥에 있는 입자를 마치 모든 껍질의 질량이 중심에 한 입자로 모여 있는 것처럼 잡아당긴다.

13.1.3 다른 입자나 균일한 공 모양으로 분포한 물체가 한 입자에 작용하는 중력을 나타내는 자유물체그림을 그린다.

요점 _Key Ideas

1. 우주의 어떤 입자도

$$F = G\frac{m_1 m_2}{r^2} \qquad \text{(Newton의 중력법칙)}$$

의 크기로 주어지는 중력으로 다른 모든 입자를 잡아당긴다. 여기서 m_1과 m_2는 입자의 질량이고, r은 이 사이의 거리이고, $G(= 6.67 \times 10^{-11}\ \text{N} \cdot \text{m}^2/\text{kg}^2)$는 중력상수이다.

2. 크기가 있는 물체 사이의 중력은 물체 안에 있는 각각의 입자에 작용하는 각각의 힘을 더하여(적분하여) 구한다. 그러나 물체 중의 하나가 균일한 구껍질이거나 구형대칭인 고체일 경우에는 이 물체가 다른 *외부* 물체에 작용하는 알짜 중력은 마치 껍질 혹은 물체의 모든 질량이 중심에 위치한 것처럼 계산할 수 있다.

▶ 어떤 물리현상을 다루는가?

물리학의 오랜 목표 중 하나는 중력을 이해하는 것이다. 중력은 우리를 지구에 붙들어 두고, 달이 지구 주위를, 지구가 태양 주위를 돌게 한다. 또한 우리 은하의 전 공간에 퍼져 있는 중력은 수십억 개에 달하는 별뿐만 아니라 별 사이의 무수히 많은 분자와 먼지 입자를 하나로 묶어준다. 우리는 별과 다른 물질로 이루어진 원판처럼 생긴 은하의 중심으로부터 약 2.6×10^4광년(2.5×10^{20} m) 떨어진 은하계 가장자리에서 천천히 공전하고 있다.

중력은 은하와 은하 사이에도 작용하기 때문에 우리 은하 외에 지구로부터 2.3×10^6 광년 거리에 있는 안드로메다 은하(그림 13.1.1 참조) 및 마젤란 대성운 같은 작은 은하를 소우주단으로 함께 묶어준다. 소우주단은 초우주군의 한 부분이고, 초우주군은 중력에 의해 거대 끌개라 부르는 엄청나게 무거운 영역으로 끌리고 있다. 이 영역은 지구로부터 은하수 반대쪽으로 약 3×10^8광년 떨어진 곳에 있는 것 같다. 중력은 이보다 더 먼 곳까지 작용하여 팽창하는 우주 전체를 하나로 묶어두려고 한다.

중력은 우주에서 가장 불가사의한 구조 중 하나인 *블랙홀*을 만들기도 한다. 태양보다 훨씬 더 큰 별이 다 타고나면, 그 속의 입자 사이에 작용하는 중력이 별을 붕괴시켜 블랙홀을 만든다. 그렇게 붕괴된 별의 표면에 작용하는 중력은 너무 강해서 빛을 포함한 어떤 것도 밖으로 빠져나갈 수 없다(그래서 "블랙홀"이라고 부른다). 블랙홀의 강한 중력은 가까이 지나가는 모든 별을 산산이 부수어 블랙홀 속으로 빨아들인다. 이런 것을 반복하면 *초질량 블랙홀*이 된다. 우주에는 그런 불가사의한 괴물이 도처에 있는 것 같다. 사실

그림 13.1.1 지구로부터 2.3 × 10^6광년 거리에 있어서 육안으로도 희미하게 보이는 안드로메다 은하는 우리 은하와 매우 비슷하다.

이와 같은 괴물이 우리 운하계의 중심에 숨어 있다. Sagittarius A*라고 부르는 블랙홀은 질량이 대략 태양 질량의 3.7 × 10^6배 정도 된다. 이 블랙홀 주위의 중력은 너무도 강해서 주위에서 돌고 있는 별이 블랙홀 주위로 매우 빨리 돌아서 약 15.2년 안에 한 바퀴를 공전한다.

아직도 중력은 완전히 이해되지 못한 채로 남아 있지만, 이 장에서는 Isaac Newton의 *중력법칙*부터 시작해서 중력에 대한 이해를 넓히기로 한다.

Newton의 중력법칙

식을 공부하기 전에 잠깐 우리가 당연하게 여기는 것에 대해 생각해 보자. 우리는 지면에 적당히 잡아당겨진다. 그 힘은 학교에 기어 올 정도로 세지도 않고(비록 가끔 시험 볼 때에는 집에 기어 올 수도 있지만), 한 걸음을 내딛을 때 천정에 머리를 부딪칠 정도로 약하지도 않다. 중력은 또 적당히 세서 우리가 지면에는 붙어 있지만, 서로가 붙어 있거나(어떤 강의실에서도 매우 어색할 것이다) 우리 주위의 물체와 붙어 있지는 않다. 이 잡아당기는 힘은 분명히 우리 또는 다른 물체 안에 어떤 "요소"가 얼마나 많은가에 의존한다. 지구는 많은 "요소"를 가지고 있어서 매우 세게 잡아당기지만, 다른 사람은 이보다는 적은 "요소"를 가지고 있어서 작게(혹은 무시할 정도로) 잡아당긴다. 게다가 이 "요소"는 항상 다른 "요소"를 잡아당기고, 결코 밀어내지 않는다.

과거에 사람들은 아래로 잡아당겨진다는 것을(특히 발이 걸려 넘어질 때) 분명히 알았지만, 아래로 향하는 힘은 지구에만 유일한 것이고, 하늘에 있는 다른 천체의 운동과는 무관한 것으로 이해하고 있었다. 그러나 1665년 23세의 Isaac Newton은 이 힘이 달을 궤도에 잡아두는 것으로 인식하였다. 그는 우주의 모든 물체는 다른 모든 물체를 잡아당긴다는 것을 보였다. 물체가 서로를 향해 움직이는 경향을 **중력**이라고 불렀고, 이 "요소"는 각 물체의 질량이다. 떨어지는 사과 때문에 Newton이 **중력법칙**에 대한 영감을 받았다면 이 인력은 사과의 질량과 지구의 질량 사이의 인력이다. 이 중력이 꽤 큰 것은 지구의 질량이 매우 크기 때문이지만, 그렇더라도 그 힘은 0.8 N 정도밖에 되지 않는다. 버스 안에서 가까이 서 있는 두 사람 사이의 인력은 (고맙게도) 훨씬 작으며 (1 μN보다 작다) 거의 느낄 수 없다.

두 사람과 같이 크기가 있는 물체 사이의 중력을 계산하기는 어렵다. 여기서는 두 (크기가 없는) *입자* 사이의 Newton의 힘에 초점을 맞출 것이다. 질량을 m_1과 m_2라고 하고, r이 그 사이의 거리라고 하자. 그러면 다른 물체가 존재하기 때문에 서로 작용하는 중력의 크기는 다음과 같다.

$$F = G\frac{m_1 m_2}{r^2} \quad \text{(Newton의 중력법칙)}. \qquad (13.1.1)$$

여기서 G는 **중력상수**이다.

$$\begin{aligned} G &= 6.67 \times 10^{-11}\ \mathrm{N \cdot m^2/kg^2} \\ &= 6.67 \times 10^{-11}\ \mathrm{m^3/kg \cdot s^2}. \end{aligned} \qquad (13.1.2)$$

그림 13.1.2a에서 $\vec{F}$는 질량 m_2의 입자 2가 질량 m_1의 입자 1에 작용하는 중력이다. 크

기가 식 13.1.1로 주어지는 힘은 입자 2가 입자 1을 끌어당기는 힘이므로 *인력*이다. 입자 1을 원점으로 하여 입자 2를 지나는 축을 r축이라고 하면 $\vec{F}$는 r축 양의 방향이고(그림 13.1.2b 참조), 지름방향의 단위벡터(크기가 1인 벡터) $\hat{\mathrm{r}}$으로 표현할 수 있다(그림 13.1.2c 참조). 식 13.1.1에서 입자 1에 작용하는 힘은 다음과 같다.

$$\vec{F} = G\frac{m_1 m_2}{r^2}\hat{\mathrm{r}}. \tag{13.1.3}$$

입자 1이 입자 2에 작용하는 중력은 입자 1에 작용하는 힘과 크기는 같고 방향은 반대이다. 두 힘은 제3법칙을 만족하는 힘의 쌍을 이루고, 두 입자 *사이*에 작용하는 중력의 크기는 식 13.1.1로 주어진다. 이 힘은 다른 물체가 두 입자 사이에 있다 하더라도 변하지 않는다. 즉, 어떤 물체도 하나의 입자가 다른 입자에 작용하는 중력을 막을 수 없다.

중력의 세기, 즉 질량과 거리가 주어졌을 때 두 입자가 서로 끌어당기는 정도는 중력상수 G로 결정된다. 만약 G가 갑자기 열 배로 커진다면 지구의 중력이 커져서 바닥으로 짓눌려질 것이고, 반대로 십분의 일로 줄어든다면 지구의 중력이 약해져서 높은 건물도 쉽게 뛰어 넘을 수 있을 것이다.

▸***입자가 아닌 물체.*** 비록 Newton의 중력법칙이 엄격하게는 입자에만 적용되지만 물체의 크기가 물체 간의 거리에 비해 매우 작으면 실제 물체에도 적용할 수 있다. 달과 지구는 충분히 멀리 떨어져 있으므로 근사적으로 입자로 다룰 수 있다. 그러나 사과와 지구는 어떠할까? 사과의 입장에서 본다면 지구는 지평선까지 퍼져 있는, 넓고 편평한 모양이므로 입자처럼 보이지 않을 것이다.

Newton은 사과–지구 문제를 *껍질정리*로 해결하였다.

> 구형의 균일한 껍질 물질은 마치 모든 질량이 중심에 모여 있는 것처럼 외부의 입자를 끌어당긴다.

지구는 껍질이 여러 겹으로 싸여 있는 것으로 볼 수 있고, 각 껍질은 지면 바깥의 입자를 마치 껍질의 모든 질량이 중심에 있는 것처럼 끌어당긴다. 따라서 사과의 입장에서 보면 지구는 중심에 모든 질량이 모여 있는 입자와 같다.

▸***제3법칙의 쌍.*** 그림 13.1.3처럼 지구가 사과를 0.80 N의 힘으로 아래로 끌어당긴다고 하자. 그러면 사과도 0.80 N의 힘으로 지구를 위로 당겨야 하는데, 그 힘은 지구중심에 작용하는 것으로 볼 수 있다. 5장에서 사용한 언어로 표현하면 이 힘들은 Newton의 제3법칙의 힘의 짝을 이룬다. 두 힘의 크기는 같지만 사과를 떨어뜨리면 지구와 사과는 서로 다른 가속도를 가진다. 사과가 얻는 가속도는 약 9.8 m/s^2, 즉 지면 근처에서 낙하하는 물체의 가속도와 같다. 그러나 사과의 기준계에서 지구의 가속도는 겨우 1×10^{-25} m/s^2 정도이다.

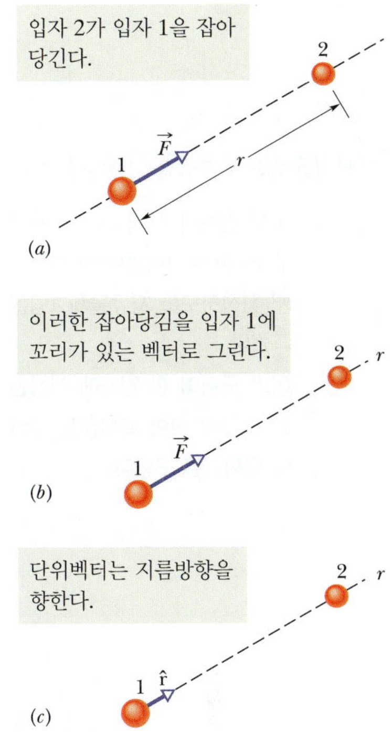

그림 13.1.2 (a) 입자 2가 입자 1에 작용하는 중력 $\vec{F}$는 입자 1을 끌어당기는 인력이다. (b) $\vec{F}$의 방향은 입자 1을 원점으로 하여 입자 2를 지나는 지름 좌표축 r의 방향이다. (c) $\vec{F}$는 r축의 단위벡터 $\hat{\mathrm{r}}$의 방향이다.

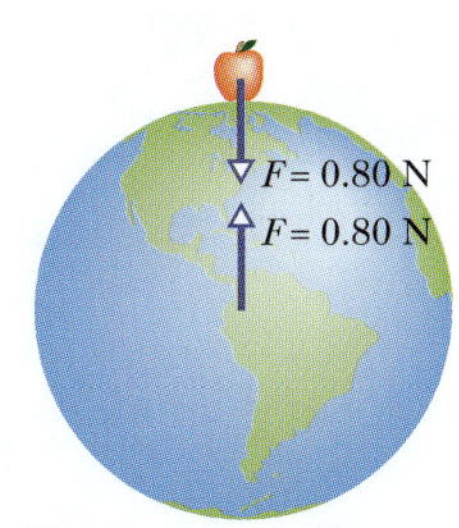

그림 13.1.3 지구가 사과를 아래로 끌어당기는 힘과 같은 크기로 사과도 지구를 위로 끌어당긴다.

➔ 확인문제 13.1.1

질량이 m인 다음의 네 물체 외부에 입자를 놓았다. (1) 균일한 큰 공, (2) 균일한 큰 껍질, (3) 균일한 작은 공, (4) 균일한 작은 껍질. 네 경우 모두 입자와 물체의 중심 사이의 거리는 d이다. 각 물체가 입자에 작용하는 중력이 큰 순서대로 나열하여라.

13.2 ▸ 중력과 중첩원리

학습목표_Learning Objectives

이 단원을 읽은 후 다음을 이해해야 한다.

13.2.1 여러 중력이 한 입자에 작용할 때 이 힘 벡터의 끝점이 입자에서 시작하도록 자유물체그림을 그린다.

13.2.2 여러 중력이 한 입자에 작용할 때 각각의 힘의 벡터합을 구하여 알짜힘을 구한다.

요점_Key Ideas

1. 중력은 중첩원리를 따른다. 즉 n개의 입자가 상호작용할 때 입자 1로 이름 붙인 입자에 작용하는 알짜힘 $\vec{F}_{1,\text{net}}$은 모든 다른 입자가 이 입자에 작용하는 힘을 하나씩 더한 것이다.

$$\vec{F}_{1,\text{net}} = \sum_{i=2}^{n} \vec{F}_{1i}.$$

여기서 합은 입자 2, 3, ... n이 입자 1에 작용하는 힘 $\vec{F}_{1i}$의 벡터합이다.

2. 크기가 있는 물체가 입자에 작용하는 중력 $\vec{F}_1$은 먼저 물체를 미소질량 dm의 단위로 잘게 나눈 뒤, 각각의 요소가 입자에 작용하는 미소 힘 $d\vec{F}$를 구하고, 이 모든 요소에 대해 적분하여 이 힘의 합을 구한다.

$$\vec{F}_1 = \int d\vec{F}.$$

▶ 중력과 중첩원리

여러 개의 입자가 있을 때, 그중 하나에 나머지 입자가 작용하는 알짜(또는 결과적인) 중력은 **중첩원리**를 써서 구한다. 이것은 알짜 효과가 개별적 효과의 합이라고 하는 일반 원리이다. 즉, 앞에서 힘을 더할 때 했듯이 먼저 한 입자에 다른 입자가 작용하는 중력을 차례대로 계산하고, 힘을 벡터적으로 합하면 알짜힘이 된다는 뜻이다.

(아마도 빨리 읽고 지나갔을) 위의 마지막 문장에서 두 가지 중요한 점을 살펴보자. (1) 힘은 벡터이고, 다른 방향을 향할 수 있으므로 이들은 방향을 고려하여 *벡터로 더해야 한다*(두 사람이 당신을 반대 방향으로 잡아당기면 당신에게 작용하는 알짜힘은 분명히 두 사람이 같은 방향으로 잡아당길 때와는 다르다). (2) 각각의 힘을 *더한다*. 만일 상황에 따라 힘마다 다른 숫자를 곱하여 더하고, 알짜힘이 이러한 숫자에 의존한다면 이러한 세상은 불가능할 것이다. 다행스럽게도 이 세상에서는 이 힘의 단순한 벡터합만이 필요하다.

상호작용을 하는 n개의 입자 중에 입자 1에 작용하는 중력에 대한 중첩원리는

$$\vec{F}_{1,\text{net}} = \vec{F}_{12} + \vec{F}_{13} + \vec{F}_{14} + \vec{F}_{15} + \cdots + \vec{F}_{1n} \tag{13.2.1}$$

이다. 여기서 $\vec{F}_{1,\text{net}}$은 다른 입자들이 입자 1에 작용하는 알짜힘이고 $\vec{F}_{13}$은 입자 3이 입자 1에 작용하는 힘이다. 이것을 다음과 같이 벡터합으로 간결하게 쓸 수 있다.

$$\vec{F}_{1,\text{net}} = \sum_{i=2}^{n} \vec{F}_{1i}. \tag{13.2.2}$$

▸***실제 물체.*** 유한한 크기의 물체가 한 입자에 작용하는 중력은 어떻게 될까? 물체를 입자로 취급할 수 있을 만큼 작은 부분으로 나눈 후, 각 부분이 입자에 작용하는 힘의 벡터합을 식 13.2.2로 구하면 된다. 극한을 이용하면 커다란 물체를 입자에 미소힘 $d\vec{F}$를

작용하는 미소질량 dm으로 나눌 수 있다. 이 극한에서 식 13.2.2의 합은 다음과 같이 적분으로 바뀐다.

$$\vec{F}_1 = \int d\vec{F}. \tag{13.2.3}$$

여기서 적분은 물체 전체에 대해서 행한다. 편의상 아래첨자 "net"은 생략한다. 물체가 균일한 공이나 껍질이면 물체의 질량이 물체의 중심에 집중되어 있다고 가정하여 식 13.2.3의 적분 대신 식 13.1.1을 사용할 수 있다.

보기문제 13.2.1 2차원에서 세 입자 사이의 알짜 중력

그림 13.2.1a는 세 입자의 배열이다. 입자 1의 질량은 m_1 = 6.0 kg이고 입자 2와 3의 질량은 $m_2 = m_3$ = 4.0 kg이며, 거리는 a = 2.0 cm이다. 다른 입자들이 입자 1에 작용하는 알짜 중력 $\vec{F}_{1,net}$은 얼마인가?

요점

(1) 다른 입자가 입자 1에 작용하는 중력의 크기는 식 13.1.1 ($F = Gm_1m_2/r^2$)이다. (2) 입자 1에 작용하는 중력의 방향은 다른 입자가 끌어당기는 방향이다. (3) 힘들이 한 방향으로만 작용하지 않으므로 힘의 크기나 성분을 단순히 더하거나 뺄 수 *없다*. 반드시 벡터합을 구해야 한다.

풀이: 식 13.1.1에서 입자 2가 입자 1에 작용하는 힘 $\vec{F}_{12}$의 크기는 다음과 같다.

$$\begin{aligned} F_{12} &= \frac{Gm_1m_2}{a^2} \\ &= \frac{(6.67 \times 10^{-11}\ \text{m}^3/\text{kg}\cdot\text{s}^2)(6.0\ \text{kg})(4.0\ \text{kg})}{(0.020\ \text{m})^2} \\ &= 4.00 \times 10^{-6}\ \text{N}. \end{aligned}$$

같은 방법으로 입자 3이 입자 1에 작용하는 힘 $\vec{F}_{13}$의 크기는 다음과 같다.

$$\begin{aligned} F_{13} &= \frac{Gm_1m_3}{(2a)^2} \\ &= \frac{(6.67 \times 10^{-11}\ \text{m}^3/\text{kg}\cdot\text{s}^2)(6.0\ \text{kg})(4.0\ \text{kg})}{(0.040\ \text{m})^2} \\ &= 1.00 \times 10^{-6}\ \text{N}. \end{aligned}$$

그림 13.2.1b에서 $\vec{F}_{12}$는 y축 양의 방향이고 y성분 F_{12}만을 가지고 있다. 마찬가지로 $\vec{F}_{13}$는 x축 음의 방향이고 유일한 성분인 x성분 $-F_{13}$를 가지고 있다(그림 13.2.1c). (중요한 점이 있다. 힘에 대한 그림을 그릴 때 힘 벡터의 꼬리점을 힘을 받는 입자에서 시작하도록 그린다. 다른 방법으로 그리면 특히 시험 볼 때 실수하기 쉽다.)

입자 1에 작용하는 알짜힘 $\vec{F}_{1,net}$를 구하기 위해서는 두 힘을 벡터로 더해야 한다(그림 13.2.1d와 e). 벡터 연산이 가능한 계산기로 벡터합을 구할 수도 있지만, 여기서는 $-F_{13}$와 F_{12}가 사실 각각 $\vec{F}_{1,net}$의 x성분과 y성분임을 알아야 한다. 따라서 식 3.1.6을 이용해서 $\vec{F}_{1,net}$의 크기와 방향을 구할 수 있다. 그 크기는

$$\begin{aligned} F_{1,net} &= \sqrt{(F_{12})^2 + (-F_{13})^2} \\ &= \sqrt{(4.00 \times 10^{-6}\ \text{N})^2 + (-1.00 \times 10^{-6}\ \text{N})^2} \\ &= 4.1 \times 10^{-6}\ \text{N} \end{aligned}$$ (답)

이고, x축 양의 방향에 대한 $\vec{F}_{1,net}$의 방향은 식 3.1.6에서

$$\theta = \tan^{-1}\frac{F_{12}}{-F_{13}} = \tan^{-1}\frac{4.00 \times 10^{-6}\ \text{N}}{-1.00 \times 10^{-6}\ \text{N}} = -76°$$

이다. 이것이 맞는 방향일까(그림 13.2.1f)? 아니다. 왜냐하면 $\vec{F}_{1,net}$는 $\vec{F}_{12}$와 $\vec{F}_{13}$의 사이를 향해야 하기 때문이다. 3장(문제풀이 요령 3)을 돌이켜보면 계산기는 $\tan^{-1}$ 함수의 두 가지 답 중에 하나만 표시한다고 했다. 다른 하나의 답은 180°를 더하여 다음과 같이 얻을 수 있다.

$$-76° + 180° = 104°.$$ (답)

이 결과는 $\vec{F}_{1,net}$의 방향으로서 합당하다(그림 13.2.1g).

▶ 교육용 비디오는 웹사이트 www.wiley.com에서 볼 수 있다.

확인문제 13.2.1

그림과 같이 질량이 같은 세 입자가 네 가지 형태로 배열되어 있다. (a) m으로 표시된 입자에 작용하는 알짜 중력의 크기가 큰 순서대로 나열하여라. (b) 2번 배열에서 알짜힘의 방향이 길이 d의 선분에 가까운가, 길이 D인 선분에 가까운가?

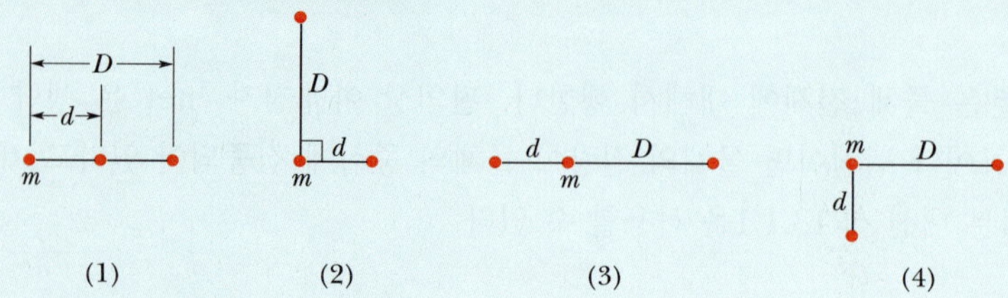

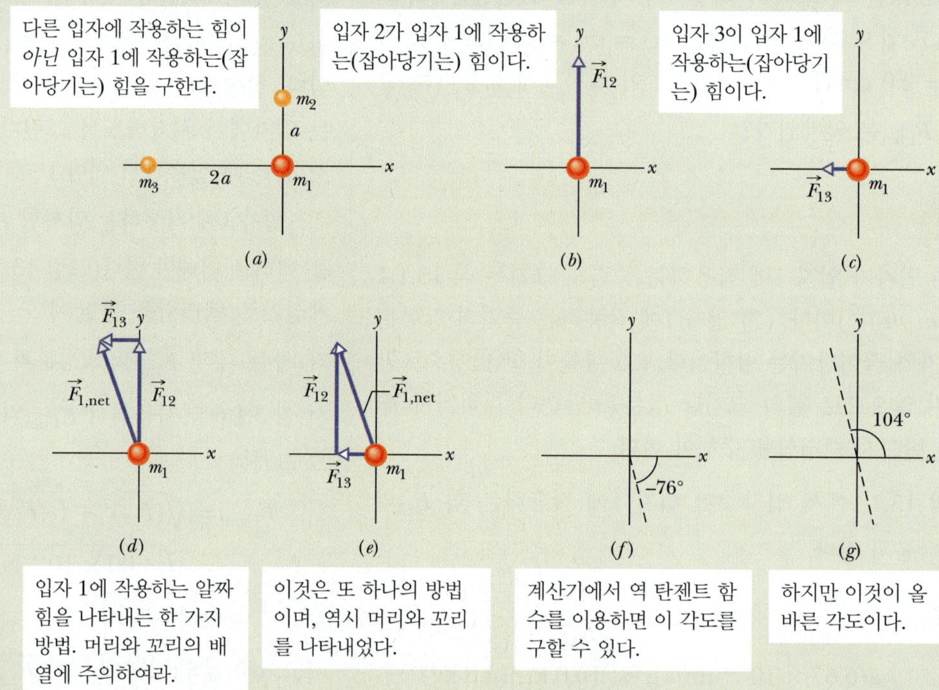

그림 13.2.1 (*a*) 세 입자의 배열. (*b*) 입자 2가 (*c*) 입자 3이 각각 입자 1에 작용하는 힘. (*d*)~(g) 알짜힘의 크기와 방향을 구하기 위해 힘을 결합하는 방법.

13.3 ▸ 지면 근처의 중력

학습목표_*Learning Objectives*

이 단원을 읽은 후 다음을 이해해야 한다.

13.3.1 자유낙하 가속도와 중력가속도를 구별한다.

13.3.2 균일한 구 형태인 천체의 바로

요점_*Key Ideas*

1. (질량 m인) 입자의 중력가속도 a_g는 이 입자에 작용하는 중력으로 인해 생긴다. 입자가 질량 M인 균일한 공 모양의 물체 중심에서 거리 r만큼 떨어져 있을 때 입자에 작용하는 중력의 크기 F는 식 13.1.1로 주어진다. 따라서 Newton의 제2법칙인

$$F = ma_g$$

에 의해 다음을 얻는다.

$$a_g = \frac{GM}{r^2}.$$

2. 지구의 질량은 균일하게 분포되어 있지 않고, 지구는 완벽한 공 모양도 아니고, 자전하기 때문에 지구 근처에 있는 입자의 실제 자유낙하 가속도 $\vec{g}$는 중력가속도 $\vec{a}_g$와 약간 다르고, (mg와 같은) 입자의 무게는 이 입자에 작용하는 중력의 크기와 다르다.

바깥쪽에서 중력가속도를 계산한다.

13.3.3 측정한 무게와 중력의 크기를 구별한다.

▶ 지면 근처의 중력

지구가 질량 M의 균일한 공이라고 가정하자. 질량 m의 입자가 지구중심에서 거리 r만큼 떨어진 외부에 있을 때 지구로부터 받는 중력의 크기는 식 13.1.1에서

$$F = G\frac{Mm}{r^2} \tag{13.3.1}$$

이다. 이때 입자를 놓아주면 중력 $\vec{F}$ 때문에 **중력가속도** $\vec{a}_g$로 지구중심을 향하여 떨어진다. 한편 Newton의 제2법칙에서 F와 a_g 사이에는 다음의 관계가 성립한다.

$$F = ma_g. \tag{13.3.2}$$

이제 식 13.3.1의 F를 식 13.3.2에 대입하면 a_g는 다음과 같다.

$$a_g = \frac{GM}{r^2}. \tag{13.3.3}$$

표 13.1.1에는 지면 위의 여러 고도에 대한 a_g값을 나타내었다. 고도 400 km에서도 a_g가 상당히 큰 값을 갖는 것에 주목하여라.

5.1단원 이후로 지구의 자전을 무시함으로써 지구가 관성계라고 가정하고 있다. 이렇게 단순화시키면 입자의 자유낙하 가속도 g와 중력가속도 a_g를 같게 둘 수 있었다. 더욱이 g는 지면에서 9.8 m/s^{2}으로 일정하다고 가정한다. 하지만 우리가 측정하는 g와 식 13.3.3로 계산한 a_g는 다음과 같은 세 가지 이유로 서로 다르다. (1) 지구의 질량이 균일하게 분포되어 있지 않고 (2) 완전한 공 모양도 아니고 (3) 회전하고 있기 때문이다. 그리고 g와 a_g가 다르기 때문에 측정한 입자의 무게 mg와 식 13.3.1로 주어진 중력의 크기도 다르다. 세 가지 이유를 자세히 살펴보자.

표 13.3.1 고도에 따른 a_g의 변화

고도(km)	a_g(m/s^2)	예
0	9.83	평균 해수면
8.8	9.80	에베레스트 산
36.6	9.71	유인기구의 최고 높이
400	8.70	우주왕복선의 궤도
35700	0.225	통신위성

1. **지구의 질량은 균일하게 분포되어 있지 않다.** 지구의 밀도는 그림 13.3.1에서 보듯이 지름방향에 따라 달라지고, 지각의 밀도는 지면의 지점에 따라 다르다. 따라서 중력가속도 g는 지면의 각 지점마다 서로 다르다.

2. **지구는 공 모양이 아니다.** 지구는 극지방이 납작하고 적도 부분이 볼록한 형태인 타원체에 가깝다. 지구의 (중심점에서 적도까지의) 적도반지름은 (중심점에서 북극이나 남극까지의) 극반지름보다 21 km나 더 크다. 따라서 적도 근처보다 극지방이 밀도가 높은 지구중심에 더 가깝다. 이것은 해수면에서 측정한 자유낙하 가속도 g가 적도에서 극점으로 접근함에 따라 증가하는 이유 중 하나이다. 극지방으로 움직일수록 사실 지구중심에 가까워지며, 따라서 Newton의 중력법칙에 의하면 g는 증가한다.

3. **지구는 자전하고 있다.** 자전축은 북극과 남극을 연결하는 선이다. 두 극점을 제외하고는 지상의 모든 물체가 자전축을 중심으로 원운동하므로, 원의 중심으로 향하는 구심가속도가 있다. 따라서 중심으로 향하는 알짜 구심력이 필요하다.

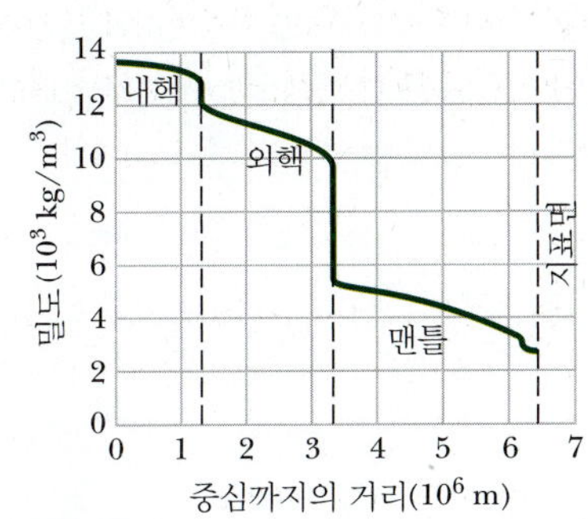

그림 13.3.1 중심으로부터의 거리에 따른 지구의 밀도. 단단한 내핵과 대부분 액체인 외핵 및 고체인 맨틀의 경계를 표시하였으나 지각은 너무 얇아서 표시할 수 없다.

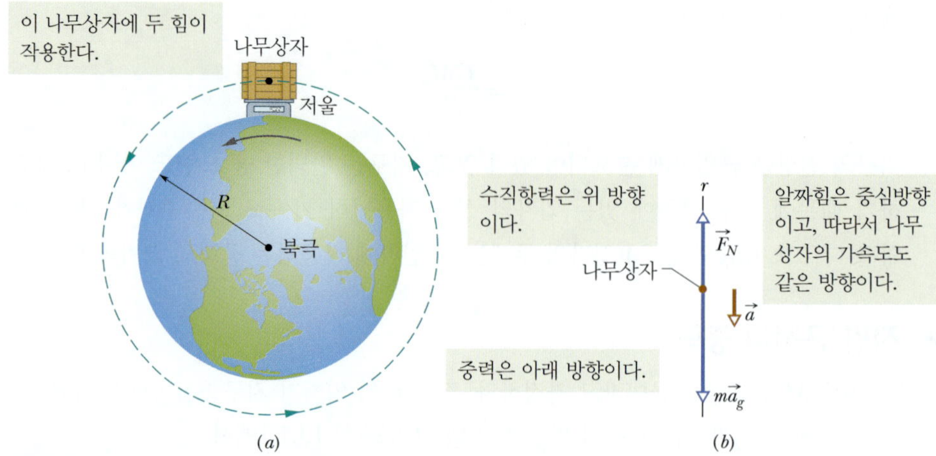

그림 13.3.2 (*a*) 나무상자가 적도에서 저울 위에 놓여 있는 모습을 북극 위에서 내려다본 그림이다. (*b*) 나무상자에 대한 자유물체그림. 상자에 작용하는 중력은 $m\vec{a}_g$이고 저울이 작용하는 수직력은 $\vec{F}_N$이다. 지구의 자전 때문에 지구중심을 향하는 상자의 구심가속도는 $\vec{a}$이다.

지구의 자전이 어떻게 g를 a_g와 다르게 만드는지 알기 위하여 적도에서 저울 위에 놓인 질량 m인 나무상자를 생각해 보자. 그림 13.3.2*a*는 북극 위의 한 점에서 내려다본 그림이다.

그림 13.3.2*b*에는 지구중심에서 시작한 지름방향의 r축을 따라 나무상자에 작용하는 두 힘이 있다. 저울이 작용하는 수직력 $\vec{F}_N$은 바깥방향, 즉 r축 양의 방향이다. 중력 $m\vec{a}_g$는 안으로 향한다. 한편 지구가 회전함에 따라 나무상자는 지구중심 주위로 원운동을 하기 때문에 지구중심을 향하는 구심가속도는 $\vec{a}$이다. 식 10.3.7에서 구심가속도는 $\omega^2 R$이며, ω는 지구의 각속력이고 R은 원의 반지름(근사적으로 지구의 반지름)이다. 따라서 r축에 대한 Newton의 제2법칙($F_{\text{net},r} = ma_r$)은

$$F_N - ma_g = m(-\omega^2 R) \tag{13.3.4}$$

이다. 수직력의 크기 F_N은 저울로 측정한 무게 mg와 같다. 위 식에서 F_N 대신 mg를 대입하면

$$mg = ma_g - m(\omega^2 R) \tag{13.3.5}$$

이다. 이것은 다음과 같은 의미를 갖는다.

(측정된 무게) = (중력의 크기) − (질량과 구심가속도의 곱).

즉, 무게는 지구의 자전 때문에 실제 중력보다 작게 측정된다.

▸***가속도의 차이.*** g와 a_g 사이의 관계식을 얻기 위해 식 13.3.5의 양변을 m으로 나누면

$$g = a_g - \omega^2 R \tag{13.3.6}$$

이고, 다음과 같은 의미를 갖는다.

(자유낙하 가속도) = (중력가속도) − (구심가속도).

즉, 자유낙하 가속도는 지구의 자전 때문에 실제 중력가속도보다 작게 측정된다.

▸***적도.*** 두 가속도 g와 a_g의 차이는 $\omega^2 R$이고 적도에서 최대이다(적도에서 상자의

원운동 반지름이 최대가 된다는 것이 하나의 이유이다). 이 차이를 계산하기 위하여 식 10.1.5($\omega = \Delta\theta/\Delta t$)와 지구의 반지름 $R = 6.37 \times 10^6$ m를 이용할 수 있다. 지구가 한 번 자전하는 동안 θ는 2π rad이 지나고 시간 Δt는 약 24시간이 흐른다. 이 값을 사용하면(시간은 초로 변환) g는 a_g에 비해 단지 0.034 m/s^2 정도 작을 뿐이다(9.8 m/s^{2}과 비교하면 아주 작은 값이다). 따라서 두 가속도 g와 a_g의 차이는 대체로 무시할 수 있다. 같은 이유로 측정한 무게와 중력의 크기 차이도 무시할 수 있다.

확인문제 13.3.1

질량이 균일하게 분포된 이상적인 자전하는 행성에서 중간 위도 지역의 값은 적도의 값보다 큰가, 작은가, 같은가?

보기문제 13.3.1 머리와 발에서 가속도의 차이

(a) 키 h가 1.70 m인 우주비행사가 지구중심으로부터 거리 $r = 6.77 \times 10^6$ m인 궤도를 선회하는 우주비행선 안에서 "발을 아래로" 하고 떠 있다. 우주비행사의 발과 머리 사이에서 중력가속도의 차이는 얼마인가?

요점

지구를 질량 M_E의 균일한 공으로 근사하면, 식 13.3.3으로부터 지구중심에서 거리 r인 점의 중력가속도는

$$a_g = \frac{GM_E}{r^2} \tag{13.3.7}$$

이다. 발의 위치는 $r = 6.77 \times 10^6$ m를, 머리의 위치는 $r = 6.77 \times 10^6$ m + 1.70 m를 식 13.3.7에 대입하면 각각의 중력가속도를 얻을 수 있다. 그러나 h가 r에 비해 너무 작기 때문에 계산기는 같은 값을 나타낼 것이다. 우주비행사의 발과 머리 사이의 거리가 r의 미소변화 dr에 해당하므로 식 13.3.7을 r에 대해 미분할 수 있다.

풀이: 미분하면 다음과 같다.

$$da_g = -2\frac{GM_E}{r^3}\,dr. \tag{13.3.8}$$

여기서 da_g는 r의 미소변화 dr에 의한 중력가속도의 미소변화이다. 우주비행사의 경우에는 $dr = h$이고 $r = 6.77 \times 10^6$ m이다. 이 값을 식 13.3.8에 대입하면

$$da_g = -2\frac{(6.67 \times 10^{-11}\ \text{m}^3/\text{kg}\cdot\text{s}^2)(5.98 \times 10^{24}\ \text{kg})}{(6.77 \times 10^6\ \text{m})^3}(1.70\ \text{m})$$
$$= -4.37 \times 10^{-6}\ \text{m/s}^2 \quad \text{(답)}$$

을 얻는다. 여기서 M_E는 부록 C에 있는 값을 사용했다. 이 결과는 지구중심을 향한 우주비행사 발의 중력가속도가 머리의 중력가속도보다 약간 크다는 것을 의미한다. (*조석효과*로 부르는) 이 차이로 인해 우주비행사의 몸은 늘어나지만 그 차이가 너무 작기 때문에 고통을 느끼기는 커녕 알아차리지도 못한다.

(b) 만약 우주비행사가 질량 $M_h = 1.99 \times 10^{31}$ kg(태양 질량의 10배)인 블랙홀로부터 같은 거리 $r = 6.77 \times 10^6$ m인 궤도에 "발을 아래로" 하여 떠 있다면, 우주비행사의 발과 머리 사이에서 중력가속도의 차이는 얼마인가? 참고로 블랙홀에는 반지름 $R_h = 2.95 \times 10^4$ m인 *사건의 지평선*이라고 부르는 수학적인 표면이 있다. 어떤 것도, 심지어 빛조차도 그 표면 또는 내부에서 빠져 나올 수 없다. 우주비행사는 그 표면에서 충분히($r = 229\ R_h$) 떨어져 있다.

풀이: 우주비행사의 발과 머리 사이의 거리가 r의 미소 변화 dr에 해당하므로 식 13.3.8을 사용할 수 있다. 그리고 M_E 대신에 $M_h = 1.99 \times 10^{31}$ kg을 대입하면

$$da_g = -2\frac{(6.67 \times 10^{-11}\ \text{m}^3/\text{kg}\cdot\text{s}^2)(1.99 \times 10^{31}\ \text{kg})}{(6.77 \times 10^6\ \text{m})^3}(1.70\ \text{m})$$
$$= -14.5\ \text{m/s}^2 \quad \text{(답)}$$

을 얻는다. 이것은 우주비행사 발의 중력가속도가 머리에 비해 눈에 띄게 크다는 뜻이다. 그 결과로 우주비행사의 몸을 늘이는 힘을 참을 수는 있겠지만 아주 고통스러울 것이다. 만약 우주비행사가 블랙홀에 더 가까이 다가가면 이 힘은 급격하게 증가한다.

▶ 교육용 비디오는 웹사이트 www.wiley.com에서 볼 수 있다.

13.4 ▸ 지구 내부의 중력

학습목표_Learning Objectives

이 단원을 읽은 후 다음을 이해해야 한다.

13.4.1 균일한 껍질로 이루어진 물체 안에 있는 입자에 대해 물체가 작용하는 알짜 중력은 없다.

13.4.2 회전하지 않는 균일한 공 모양으로 이루어진 물체 내부의 주어진 반지름에 있는 입자에 작용하는 중력을 계산한다.

요점_Key Ideas

1. 균일한 구껍질로 이루어진 물체는 그 안에 있는 입자에 대한 *알짜* 중력은 0이다.
2. 균일한 속이 꽉찬 공 안에 중심으로부터 거리 r에 있는 입자에 작용하는 중력 $\vec{F}$는 그 반지름 r "안쪽의 구"에 있는 질량 M_{ins}에만 의존한다.

$$M_{\text{ins}} = \tfrac{4}{3}\pi r^3\rho = \frac{M}{R^3}r^3.$$

여기서 ρ는 고체구의 밀도, R은 반지름, M은 질량이다. 이 내부의 질량이 고체구의 중심에 입자로 이루어져 있다고 하고 입자 사이에 Newton의 중력법칙을 적용한다. 질량 m에 작용하는 힘의 크기는 다음과 같다.

$$F = \frac{GmM}{R^3}r.$$

▶ 지구 내부의 중력

Newton의 껍질정리를 입자가 균일한 껍질 *내부*에 있을 때에도 적용하여 다음을 증명할 수 있다.

> 균일한 껍질은 내부에 있는 입자에 아무런 중력도 작용하지 않는다.

주의: 입자가 껍질로부터 받는 중력이 마술처럼 사라진다는 뜻이 *아니라*, 입자에 작용하는 힘의 벡터합이 0이라는 뜻이다.

지구의 밀도가 균일하다면 어떤 입자에 작용하는 중력은 지면에서 최대가 되고 바깥으로 멀리 갈수록 감소한다. 입자가 깊은 수직 갱도를 따라 지구 안으로 들어간다면 중력은 두 가지 이유로 달라진다. (1) 지구중심에 좀 더 가까이 왔으므로 중력이 증가한다. (2) 입자의 위치 밖에 있는 껍질의 알짜힘은 0이므로 중력이 감소한다.

균일한 지구 내부에서의 중력에 대한 식을 얻기 위해서는 George Griffith의 초기 공상과학 소설 '*극에서 극으로*'에 있는 그림을 사용하자. 세 명의 탐험가가 그림 13.4.1처럼 남극과 북극을 관통하는 (물론 소설에서나 가능한) 터널 속으로 캡슐을 타고 여행을 시도한다. 그림 13.4.1은 (질량 m인) 캡슐이 지구중심에서 거리 r인 곳에 떨어져 있을 때를 나타낸다. 이 순간에 캡슐에 작용하는 *알짜* 중력은 (점선 안쪽에 있는 질량이) 반지름 r인 구 안의 질량 M_{ins}에만 의존하고, 바깥쪽 구껍질(점선 바깥쪽)의 질량에는 의존하지 않는다. 게다가 내부의 질량 M_{ins}는 지구중심에 입자로 집중되어 있다고 가정한다. 따라서 캡슐에 작용하는 중력의 크기에 대해 식 13.1.1을 다음과 같이 쓸 수 있다.

$$F = \frac{GmM_{\text{ins}}}{r^2}. \qquad (13.4.1)$$

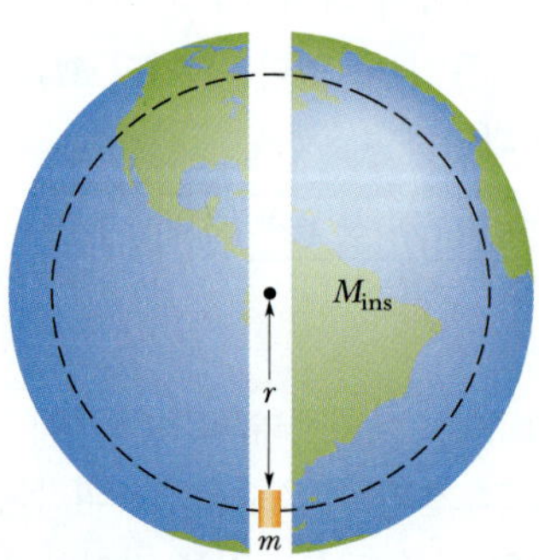

그림 13.4.1 질량 m의 캡슐이 정지상태에서 남극과 북극을 연결하는 터널 속으로 떨어진다. 캡슐이 지구중심에서 r의 거리에 있을 때 반지름 r 안쪽의 지구질량은 M_{ins}이다.

밀도 ρ가 균일하다고 가정하였으므로 이 내부의 질량을 지구의 전체 질량 M과 반지름 R로 쓸 수 있다.

밀도 = (내부 질량) / (내부 부피) = (전체 질량) / (전체 부피).

$$\rho = \frac{M_{ins}}{\frac{4}{3}\pi r^3} = \frac{M}{\frac{4}{3}\pi R^3}.$$

이것을 M_{ins}에 대해 풀면 다음을 얻는다.

$$M_{ins} = \tfrac{4}{3}\pi r^3 \rho = \frac{M}{R^3} r^3. \tag{13.4.2}$$

M_{ins}에 대한 두 번째 표현을 식 13.4.1에 대입하면 캡슐에 작용하는 중력의 크기를 지구 중심으로부터 캡슐의 거리 r의 함수로 쓸 수 있다.

$$F = \frac{GmM}{R^3} r. \tag{13.4.3}$$

Griffith의 소설에 따르면 캡슐이 지구중심에 가까이 갈수록 중력은 매우 커지다가 정확히 지구중심에서 갑자기 한 순간만 사라진다. 식 13.4.3을 보면 사실은 힘의 크기는 캡슐이 중심에 접근하면서 선형적으로 줄어들다가 중심에서는 0이 된다. Griffith는 적어도 중심에서는 중력이 0이 된다는 사실은 맞추었다.

식 13.4.3은 힘의 벡터 $\vec{F}$와 지구중심에서 나가는 방향인 캡슐의 위치벡터 $\vec{r}$로 쓸 수 있다. 식 13.4.3에 있는 모든 상수를 K로 바꾸면 이 식을 벡터 형태로 다음과 같이 쓸 수 있다.

$$\vec{F} = -K\vec{r}. \tag{13.4.4}$$

여기서 $\vec{F}$와 $\vec{r}$이 반대 방향이라는 의미에서 음의 부호를 추가하였다. 식 13.4.4는 Hooke의 법칙(식 7.4.1, $\vec{F} = -k\vec{d}$)과 같은 형태이다. 따라서 이상적인 조건에서 캡슐은 용수철에 매달린 나무토막처럼 지구중심을 중심으로 진동할 것이다. 캡슐은 남극에서 지구중심으로 떨어진 후에 (Griffith가 기술한 것처럼) 중심에서 북극으로 갔다가 다시 돌아간다. 그리고 영원히 왕복운동을 한다.

질량이 균일하지 않게 분포한 실제 지구에서는(그림 13.3.1 참조) 캡슐에 작용하는 힘은 처음에 캡슐이 내려갈 때 *증가한다*. 그리고 난 후 이 힘은 어떤 깊이에서 최대가 되었다가 캡슐이 더 내려가면 감소하기 시작한다.

→ 확인문제 13.4.1

(a) (거의 자전하지 않는) 이상적인 행성에서 중력가속도는 수직터널로 내려갈 때 증가하는가, 감소하는가, 그대로 있는가?
(b) 행성 내부의 반지름 r인 점에서 다음 중 어느 것이 중력가속도를 결정하는가? 반지름 r 안쪽에 있는 구 껍질의 질량, 반지름 r인 구 안에 있는 질량.

13.5 ▸ 중력 퍼텐셜에너지

요점_Key Ideas

1. 질량이 M, m이고 거리 r만큼 떨어진 두 입자계의 중력 퍼텐셜에너지 $U(r)$은 두 입자 사이의 거리가 무한대(매우 큰 값)에서 r이 될 때 한 입자가 다른 입자에 작용하는 중력이 한 일의 음수이다. 이 에너지는 다음과 같다.

$$U = -\frac{GMm}{r} \quad \text{(중력 퍼텐셜에너지)}.$$

학습목표_Learning Objectives

이 단원을 읽은 후 다음을 이해해야 한다.

13.5.1 입자계(혹은 입자로 취급할 수 있는 균일한 구 껍질)의 중력 퍼텐셜에너지를 계산한다.

13.5.2 입자가 중력을 받으며 초기 지점에서 최종 지점으로 움직일 때 이 힘이 한 일(따라서 중력 퍼텐셜에너지의 변화)은 경로에 무관하다.

13.5.3 천체(혹은 공간에 고정된 어떤 두 번째 물체) 근처의 입자에 작용하는 중력을 이용하여 이 물체가 움직일 때 힘이 한 일을 계산한다.

13.5.4 (중력 퍼텐셜에너지를 포함한) 역학에너지의 보존을 천체(혹은 공간에 고정된 어떤 두 번째 물체)에 대해 움직이는 입자에 적용한다.

13.5.5 입자가 (흔히 균일한 구로 이루어졌다고 가정하는) 천체로부터 탈출하는 데 필요한 에너지에 대해 설명한다.

13.5.6 천체를 벗어나는 입자의 탈출 속도를 계산한다.

2. 물리계 안에 두 개 이상의 입자가 있으면 전체 중력 퍼텐셜에너지 U는 모든 쌍에 대한 퍼텐셜에너지를 더하여 구한다. 예를 들어 질량이 m_1, m_2, m_3인 세 입자에 대해서는 다음과 같다.

$$U = -\left(\frac{Gm_1m_2}{r_{12}} + \frac{Gm_1m_3}{r_{13}} + \frac{Gm_2m_3}{r_{23}}\right).$$

3. 질량 M, 반지름 R인 천체의 중력을 벗어나려면(즉 무한히 먼 거리에 도달하려면) 천체의 표면에서 물체의 속도는 적어도

$$v = \sqrt{\frac{2GM}{R}}$$

으로 주어지는 탈출속력과 같아 야 한다.

중력 퍼텐셜에너지

8.1단원에서 입자-지구 계의 중력 퍼텐셜에너지를 논의하였다. 입자가 지면 근처에 있다면 중력이 일정하다고 생각할 수 있었고, 대부분의 경우 지면에서 계의 퍼텐셜에너지를 0으로 두었다. 지면에 있지 않은 입자에 대해서는 입자와 지구의 거리가 감소함에 따라 중력 퍼텐셜에너지도 감소하였다.

이것을 확장하여 거리 r만큼 떨어져 있는 질량이 m과 M인 두 물체의 중력 퍼텐셜에너지 U를 구해 보자. 식을 간단하게 만들기 위하여 두 물체가 *무한히* 떨어져 있을 때의 U를 0으로 잡으면 거리가 감소함에 따라 중력 퍼텐셜에너지도 감소한다. $r = \infty$일 때 $U = 0$이므로 임의의 유한한 거리에 대해 퍼텐셜에너지는 음수이고 입자가 점점 가까이 갈 때 점차로 더 큰 음수가 된다.

이 사실로부터 두 입자로 이루어진 계의 중력 퍼텐셜에너지를 다음과 같이 추정할 수 있다.

$$U = -\frac{GMm}{r} \quad \text{(중력 퍼텐셜에너지)}. \qquad (13.5.1)$$

r이 무한대로 감에 따라 $U(r)$은 0으로 가고 임의의 유한한 r에 대해 $U(r)$은 음수임을 주목하여라.

▸***사용하는 언어.*** 식 13.5.1의 퍼텐셜에너지는 한 입자만의 특성이 아니라 두 입자로 이루어진 계의 특성이다. 이 에너지를 나누어서 어느 정도는 한 입자의 것이고 또 어느 정도는 다른 입자의 것이라고 할 수 없다. 그러나 지구(질량 M)와 야구공(질량 m)에서와 같이 $M \gg m$이면 대체로 "야구공의 퍼텐셜에너지"라고 말한다. 이렇게 말할 수 있는 이유는 야구공이 지면 근처에서 움직일 때 야구공-지구 계의 퍼텐셜에너지의 변화가 거의 전부 야구공의 운동에너지의 변화로 나타나기 때문이다. 이때 지구의 운동에너지 변화는 측정할 수 없을 정도로 매우 작다. 마찬가지로 13.7단원에서 지구를 도는 "인공위성의 퍼텐셜에너지"라고 기술하는데, 그것도 위성의 질량이 지구의 질량보다 훨씬 작기 때문이다. 그러나 비슷한 질량을 가진 두 물체의 퍼텐셜에너지를 언급할 때는 그들을 하나의 계로 다루어야 한다.

▸ ***여러 입자들.*** 계가 두 개 이상의 물체를 포함하면 차례로 쌍을 택하여 다른 물체는 없는 것처럼 생각하고 식 13.5.1을 써서 그 쌍의 중력 퍼텐셜에너지를 계산한 후 모두 합하면 된다. 예를 들어 그림 13.5.1의 세 쌍 각각에 식 13.5.1을 적용하면 계의 퍼텐셜에너지는 다음과 같다.

$$U = -\left(\frac{Gm_1m_2}{r_{12}} + \frac{Gm_1m_3}{r_{13}} + \frac{Gm_2m_3}{r_{23}}\right). \tag{13.5.2}$$

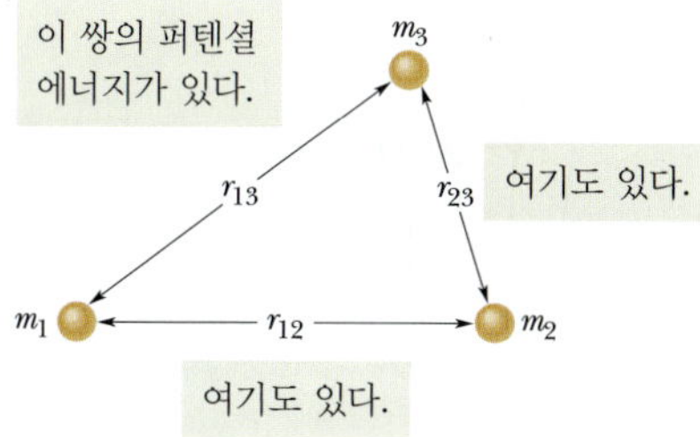

그림 13.5.1 ▸ 세 입자로 이루어진 계. 이 *계의* 중력 퍼텐셜에너지는 세 입자 쌍의 중력 퍼텐셜에너지의 합이다.

식 13.5.1의 증명

그림 13.5.2처럼 야구공을 지구에서 수직 위로 쏘아 올릴 때 그 경로를 따라 지구중심에서 R의 거리에 있는 점 P에서 그 공의 중력 퍼텐셜에너지 U를 계산해 보자. 먼저 공이 점 P에서 지구로부터 무한히 먼 거리까지 갈 때 중력이 공에 한 일 W를 구해야 한다. 중력 $\vec{F}(r)$은 r에 의존하여 변화하는 힘이기 때문에 일을 계산하기 위하여 7.5절의 방법을 사용하자. 벡터로 표시하면 다음과 같다.

$$W = \int_R^\infty \vec{F}(r) \cdot d\vec{r}. \tag{13.5.3}$$

적분은 힘 $\vec{F}(r)$과 공의 경로를 따르는 미소 변위벡터 $d\vec{r}$의 스칼라곱을 포함한다. 이 스칼라곱을 전개하면

$$\vec{F}(r) \cdot d\vec{r} = F(r)\, dr \cos\phi \tag{13.5.4}$$

이다. 여기서 ϕ는 $\vec{F}(r)$과 $d\vec{r}$의 사이각이다. ϕ에 180°를 대입하고 $F(r)$에 식 13.1.1을 대입하면

$$\vec{F}(r) \cdot d\vec{r} = -\frac{GMm}{r^2}\, dr$$

을 얻는다. 여기서 M은 지구의 질량이고 m은 공의 질량이다.

이 식을 식 13.5.3에 대입하고 적분하면

$$W = -GMm \int_R^\infty \frac{1}{r^2}\, dr = \left[\frac{GMm}{r}\right]_R^\infty$$

$$= 0 - \frac{GMm}{R} = -\frac{GMm}{R} \tag{13.5.5}$$

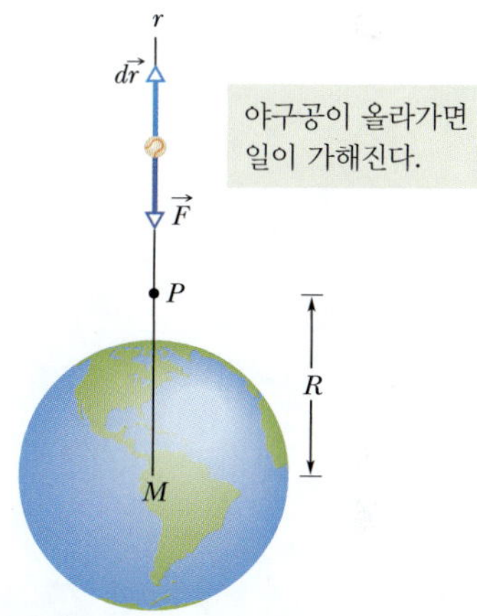

그림 13.5.2 ▸ 지구중심에서 거리가 R인 점 P를 지나도록 야구공을 수직으로 쏘아 올린다. 공에 작용하는 중력 $\vec{F}$와 미소 변위벡터 $d\vec{r}$이 표시되어 있다. 둘 다 r축에 평행한 방향이다.

이다. 여기서 W는 공을 점 P(거리 R)에서 무한대로 보내기 위해 필요한 일이다. 한편 식 8.1.1($\Delta U = -W$)에 따라 다음과 같이 일을 퍼텐셜에너지로 바꾸어 쓸 수 있다.

$$U_\infty - U = -W.$$

무한대에서의 퍼텐셜에너지 U_∞는 0이고 U는 P에서의 퍼텐셜에너지이므로 식 13.5.5를 W에 대입하면 위의 식은

$$U = W = -\frac{GMm}{R}$$

으로 정리할 수 있다. R을 r로 바꾸면 증명하려고 한 식 13.5.1을 얻는다.

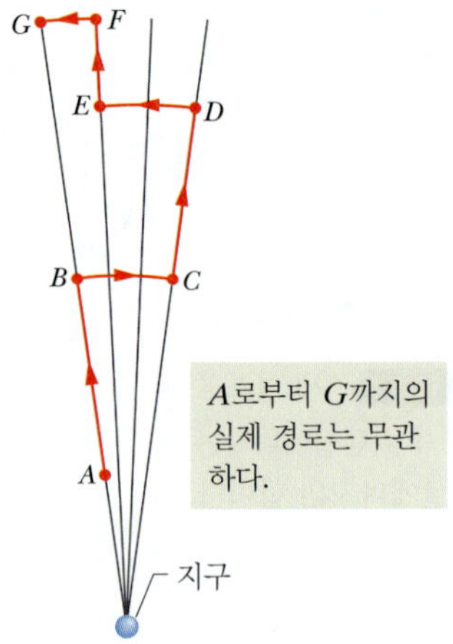

그림 13.5.3 지구 근처에서 야구공이 지구중심 방향의 선분과 원호로 이루어진 경로를 따라 점 A에서 점 G로 움직인다.

경로에 무관하다

그림 13.5.3처럼 세 개의 지구중심 방향의 선분과 지구를 중심으로 한 세 개의 원호로 이루어진 경로를 따라 점 A에서 점 G로 야구공을 움직여 보자. 여기서는 공이 A에서 G까지 움직이는 동안 공에 작용하는 지구의 중력 $\vec{F}$가 한 전체 일 W에 관심이 있다. 원호의 각 점에서 $\vec{F}$는 원호에 대해 수직이므로 각 원호를 따라 한 일은 0이다. 따라서 전체 일 W는 $\vec{F}$가 세 개의 지구중심 방향의 선분을 따라서 한 일의 합이다.

이제 머릿속으로 원호의 길이를 0으로 수축시켜 보자. 그러면 공은 하나의 중심방향 선분을 따라 A에서 G로 바로 움직일 것이다. 이것이 W를 변화시킬까? 아니다. 원호를 따라서는 아무런 일도 하지 않기 때문에 원호를 없애도 한 일은 변하지 않는다. 물론 A에서 G로 가는 경로는 명백히 다르다. 그러나 $\vec{F}$가 한 전체 일은 같다.

8.1절에서 이와 같은 결과를 일반적으로 논의한 바 있다. 중요한 것은 중력이 보존력이라는 것이다. 즉, 출발점 i에서 도착점 f로 움직이는 입자에 중력이 한 일은 두 점을 잇는 실제 경로와는 무관하다. 식 8.1.1에서 점 i에서 점 f로 갈 때 중력 퍼텐셜에너지의 변화 ΔU는 다음과 같다.

$$\Delta U = U_f - U_i = -W. \tag{13.5.6}$$

보존력이 한 일 W는 실제 경로와는 무관하므로 중력 퍼텐셜에너지의 변화 ΔU *또한* 실제 경로에 *무관하다*.

퍼텐셜에너지와 힘

식 13.5.1을 증명할 때 힘의 함수 $\vec{F}(r)$에서 퍼텐셜에너지 함수 $U(r)$을 유도하였다. 이와 반대 방향으로도 유도할 수 있어야 한다. 즉, 퍼텐셜에너지 함수로부터 힘의 함수를 유도할 수 있다. 식 8.3.2($F(x) = -dU(x)/dx$)로부터 다음을 얻는다.

$$\begin{aligned} F &= -\frac{dU}{dr} = -\frac{d}{dr}\left(-\frac{GMm}{r}\right) \\ &= -\frac{GMm}{r^2}. \end{aligned} \tag{13.5.7}$$

이 결과는 바로 Newton의 중력법칙인 식 13.1.1이고, 음의 부호는 인력을 뜻한다.

탈출속력

물체를 위로 쏘아 올리면 대개 점점 느려져서 순간적으로 멈추었다가 지구로 되돌아온다. 그러나 계속 위로만 올라가서 이론적으로 무한대에서만 정지하는 초기 속력이 있다. 이러한 초기 속력을 지구의 **탈출속력**이라 한다.

탈출속력 v로 행성(또는 다른 천체나 계)의 표면을 떠나는 질량 m인 물체를 생각해 보자. 물체의 운동에너지는 $\frac{1}{2}mv^2$이고 퍼텐셜에너지 U는 식 13.5.1에 따라

$$U = -\frac{GMm}{R}$$

이다. 여기서 M은 행성의 질량이고 R은 행성의 반지름이다.

물체가 무한대에 도달하면 정지하므로 운동에너지는 없다. 또한 무한대에서 퍼텐셜에너지를 0으로 두었기 때문에 퍼텐셜에너지도 없다. 따라서 무한대에서 물체의 총에너지는 0이다. 에너지 보존의 원리에 따라 행성의 표면에서도 총에너지는 0이 되어야 한다.

표 13.5.1 탈출속력

물체	질량(kg)	반지름(m)	탈출속력(km/s)
Ceres[a]	1.17×10^{21}	3.8×10^{5}	0.64
달	7.36×10^{22}	1.74×10^{6}	2.38
지구	5.98×10^{24}	6.37×10^{6}	11.2
목성	1.90×10^{27}	7.15×10^{7}	59.5
태양	1.99×10^{30}	6.96×10^{8}	618
Sirius B[b]	2×10^{30}	1×10^{7}	5200
중성자 별[c]	2×10^{30}	1×10^{4}	2×10^{5}

[a]소행성 중 가장 질량이 큼.
[b]밝은 별 Sirius의 동반별인 한 *백색왜성*(별의 진화에서 마지막 단계).
[c]*초신성* 사건에서 폭발 후 남아 있는 수축된 별의 핵심부.

$$K + U = \tfrac{1}{2}mv^2 + \left(-\frac{GMm}{R}\right) = 0.$$

따라서 다음을 얻는다.

$$v = \sqrt{\frac{2GM}{R}}. \tag{13.5.8}$$

탈출속력 v는 물체가 행성에서 발사되는 방향과 무관하다. 하지만 행성의 자전을 고려하여 발사대가 움직이는 방향으로 발사하면 탈출속력을 더 쉽게 얻을 수 있다. 예를 들어 Cape Canaveral에서 로켓을 동쪽으로 발사하면 지구자전의 도움으로 1500 km/h의 속력을 더 얻을 수 있다.

임의의 천체에서 물체의 탈출속력을 계산하려면 식 13.5.8에 천체의 질량 M과 반지름 R을 대입하면 된다. 표 13.5.1에는 몇몇 천체에서의 탈출속력이 수록되어 있다.

확인문제 13.5.1

질량 M의 큰 공에서 질량이 m의 작은 공을 떼어내고 있다. (a) 작은 공과 큰 공으로 이루어진 계의 중력 퍼텐셜에너지는 증가하는가, 감소하는가? (b) 작은 공과 큰 공 사이에 작용하는 중력이 한 일은 양인가, 음인가?

보기문제 13.5.1 우주에서 떨어지는 소행성, 역학에너지

지구를 향하는 소행성이 지구중심에서 지구반지름의 10배의 거리에 있을 때 지구에 대한 상대속력은 12 km/s이다. 지구 대기의 효과를 무시하고, 지면에 도달할 때의 속력 v_f를 구하여라.

요점

대기의 효과를 무시하기 때문에 떨어지는 동안 소행성-지구 계의 역학에너지는 보존된다. 따라서 소행성이 지면에 도달할 때의 최종 역학에너지는 초기 역학에너지와 같다. 이것을 운동에너지 K와 중력 퍼텐셜에너지 U를 이용하여 식으로 쓰면 다음과 같다.

$$K_f + U_f = K_i + U_i. \tag{13.5.9}$$

또한 계가 고립되어 있으므로 떨어지는 동안 계의 선운동량은 보존되어야 한다. 따라서 소행성의 운동량 변화와 지구의 운동량 변화는 크기는 같고 부호는 반대이다. 그러나 지구의 질량은 소행성의 질량에 비해 너무 크기 때문에 지구의 속력 변화는 소행성의 속력 변화에 비해 무시할 수 있다. 즉, 지구의 운동에너지 변화는 무시할 수 있다. 따라서 식 13.5.9의 운동에너지를 소행성만의 운동에너지라고 가정할 수 있다.

풀이: m은 소행성의 질량이고 M이 지구의 질량(5.98×10^{24} kg)이라고 하자. 소행성의 초기위치는 $10R_E$이고 최종위치는 R_E이며, R_E는 지구반지름(6.37×10^6 m)이다. U에 식 13.5.1을 대입하고 K에 $\frac{1}{2}mv^2$을 대입하면 식 13.5.9는 다음과 같다.

$$\tfrac{1}{2}mv_f^2 - \frac{GMm}{R_E} = \tfrac{1}{2}mv_i^2 - \frac{GMm}{10R_E}.$$

이 식을 정리하고, 알려진 값을 대입하면

$$v_f^2 = v_i^2 + \frac{2GM}{R_E}\left(1 - \frac{1}{10}\right)$$
$$= (12\times10^3\ \text{m/s})^2$$
$$+ \frac{2(6.67\times10^{-11}\ \text{m}^3/\text{kg}\cdot\text{s}^2)(5.98\times10^{24}\ \text{kg})}{6.37\times10^6\ \text{m}}0.9$$
$$= 2.567\times10^8\ \text{m}^2/\text{s}^2$$

을 얻는다. 따라서 v_f는 다음과 같다.

$$v_f = 1.60\times10^4\ \text{m/s} = 16\ \text{km/s}.$$ (답)

이 정도 속력이면, 소행성이 특별히 크지 않아도 충돌할 때 커다란 피해를 준다. 예컨대 지름 5 m의 소행성이 지구와 충돌할 때도 히로시마에서의 핵폭발만큼이나 많은 에너지를 방출한다. 이 정도 크기의 소행성은 5억 개 정도가 지구 근처에 있다. 실제로 1994년에 그중 하나가 대기를 뚫고 들어와 남태평양 상공 20 km에서 폭발하여 6개의 군사위성에 핵폭발 경고등이 켜진 적이 있다. 지구 궤도 근처에 백만 개 정도 있는 것으로 추정되는 지름 500 m의 소행성이 지구와 충돌하면 현대 문명과 인류를 멸망시킬 수도 있다.

▶ 교육용 비디오는 웹사이트 www.wiley.com에서 볼 수 있다.

13.6 ▸ 행성과 위성: Kepler의 법칙

학습목표_Learning Objectives

이 단원을 읽은 후 다음을 이해해야 한다.

13.6.1 Kepler의 세 법칙을 이해한다.

13.6.2 어떤 Kepler의 법칙이 각운동량 보존법칙과 동등한 것인지 알아본다.

13.6.3 타원궤도를 그렸을 때 장축, 이심률, 근일점, 원일점과 초점을 알아낸다.

13.6.4 타원궤도에서 장축, 이심률, 근일점, 원일점 사이의 관계를 적용한다.

13.6.5 공전하는 자연적인 혹은 인공위성에 대해 공전주기와 반지름, 그리고 공전하는 천체의 질량 사이의 Kepler 관계를 적용한다.

요점_Key Ideas

1. 자연적이든 인공적이든 위성의 운동은 Kepler의 법칙을 따른다.
   a. *궤도법칙*. 모든 행성은 태양을 한 초점으로 하는 타원궤도 위에서 움직인다.
   b. *면적법칙*. 행성과 태양을 잇는 선은 같은 시간간격 동안 같은 면적을 쓸고 지나간다(이것은 각운동량 보존과 동등하다).
   c. *주기법칙*. 임의의 행성의 주기 T의 제곱은 궤도의 장축 a의 세제곱에 비례한다. 반지름 r인 원궤도에 대해서는 다음과 같다.

$$T^2 = \left(\frac{4\pi^2}{GM}\right)r^3 \quad \text{(주기법칙)},$$

여기서 M은 태양계에서는 태양에 해당하는 잡아당기는 물체의 질량이다. 타원 행성궤도에 대해서는 r 대신 장축 a를 대입하면 된다.

▶ 행성과 위성: Kepler의 법칙

별을 배경으로 볼 때 정처 없이 헤매는 것처럼 보이는 행성의 운동은 유사 이래 수수께끼였다. 그림 13.6.1과 같은 화성의 "공중제비" 운동은 특히 난해한 문제였다. Johannes Kepler (1571~1630)는 일생 동안의 연구 끝에 행성의 운동을 지배하는 실험법칙을 이 끌어 냈다. 망원경 없이 천체를 관측한 마지막 천문학자 Tycho Brahe(1546~1601)는 방대한 관측 자료를 수집하였고, 이 자료를 바탕으로 Kepler는 오늘날 그의 이름이 붙은 행성 운동에 대한 세 법칙을 얻었다. 그 후 Newton(1642~1727)은 Kepler의 법칙이 중력법칙을 따른다는 것을 증명하였다.

Kepler의 법칙을 하나씩 논의해 보자. 여기서는 이 법칙을 태양 주위를 도는 행성에 적용하지만 지구 또는 어떤 다른 무거운 중심체 주위를 도는 위성이나 인공위성에도 적용할 수 있다.

그림 13.6.1 지구에서 염소자리를 배경으로 본 화성의 1971년 궤도. 네 위치에 날짜가 표시되어 있다. 화성과 지구는 모두 태양 주위를 돌고 있기 때문에 우리는 화성의 상대적인 위치를 보게 된다. 그래서 때로는 고리 모양의 화성궤도를 관측할 수 있다.

1. 궤도법칙: 모든 행성은 태양을 하나의 초점으로 하는 타원궤도로 운동한다.

그림 13.6.2는 질량 M의 태양 주위를 돌고 있는 질량 m의 행성이다. $M \gg m$이라고 가정하여 행성-태양 계의 질량중심이 대부분 다 태양의 중심에 있다고 하자.

그림 13.6.2의 타원궤도는 **장축** a와 **이심률** e를 알면 구할 수 있다. 이심률 e는 타원의 중심에서 초점 F 또는 F'까지의 거리가 ea가 되도록 정의한다. *이심률이 0이면 두 초점이 만나서 원이 된다.* 보통 행성 궤도의 이심률은 크지 않으므로 거의 원처럼 보인다. 그림 13.6.2에서 이해를 돕기 위하여 과장되게 그린 타원의 이심률은 0.74이다. 그러나 지구 궤도의 이심률은 0.0167에 불과하다.

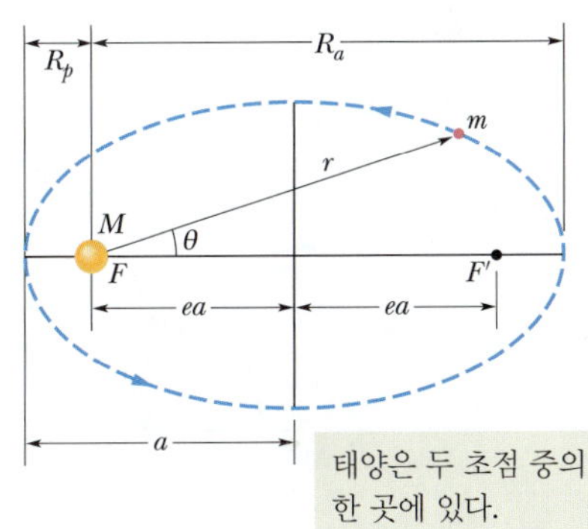

그림 13.6.2 태양 주위를 타원궤도로 돌고 있는 질량 m의 행성. 질량 M의 태양은 타원의 한 초점 F에 있다. 다른 초점 F'은 빈 공간에 있다. 타원의 장축 a와 태양에 가장 가까운 근일점 거리 R_p 및 (태양에서 가장 먼) 원일점 거리 R_a도 표시되어 있다.

2. 면적법칙: 행성과 태양을 연결하는 선분은 같은 시간 동안 같은 면적의 궤도면을 휩쓸고 지나간다. 즉 면적 A를 휩쓸고 지나가는 비율 dA/dt는 일정하다.

정성적으로 제2법칙은 행성이 태양에서 가장 멀 때는 가장 천천히 운동하고 태양에서 가장 가까울 때는 가장 빨리 운동함을 의미한다. Kepler의 제2법칙은 각운동량의 보존법칙과 완전히 동등하다. 이를 증명해 보자.

그림 13.6.3a에서 색칠한 쐐기모양의 면적은 태양과 행성을 잇는 선분이 Δt 시간 동안 휩쓸고 지나간 면적과 어림잡아 같다. 쐐기의 면적 ΔA는 밑변이 $r\Delta\theta$이고 높이가 r인 삼각형의 면적과 근사하여 같으므로, $\Delta A \approx \frac{1}{2}r^2\Delta\theta$이다. ΔA에 대한 이 식은 Δt(즉 $\Delta\theta$)가 0으로 접근할 때 더 정확해진다. 한편 면적을 휩쓸고 지나가는 순간 비율은

$$\frac{dA}{dt} = \frac{1}{2}r^2\frac{d\theta}{dt} = \frac{1}{2}r^2\omega \tag{13.6.1}$$

이다. 여기서 ω는 태양과 행성을 잇는 선분이 태양 주위를 회전할 때 이 선의 각속력이다.

그림 13.6.3b는 행성의 선운동량 $\vec{p}$와, $\vec{p}$의 중심방향과 그에 수직한 방향의 성분을 나타낸다. 식 11.5.3($L = rp_\perp$)로부터 태양에 대한 행성의 각운동량 $\vec{L}$의 크기는 r과 $\vec{p}$의 r에 대한 수직성분인 $p_\perp$의 곱이다. 질량 m인 행성에 대한 식은 다음과 같다.

$$\begin{aligned} L &= rp_\perp = (r)(mv_\perp) = (r)(m\omega r) \\ &= mr^2\omega. \end{aligned} \tag{13.6.2}$$

여기서 $v_\perp$ 대신 그와 동등한 ωr(식 10.3.2 참조)을 대입하였다. 식 13.6.1과 13.6.2에서 $r^2\omega$를 없애면 다음을 얻는다.

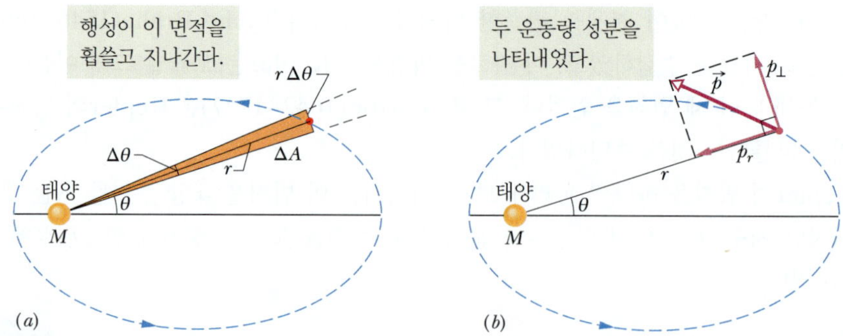

그림 13.6.3 (*a*) 시간 Δt 동안에 행성과 질량 M의 태양을 잇는 선분 r은 각도 $\Delta\theta$를 지나 색칠한 면적 ΔA를 휩쓸고 지나간다. (*b*) 행성의 선운동량 $\vec{p}$와 그 성분.

$$\frac{dA}{dt} = \frac{L}{2m}. \tag{13.6.3}$$

식 13.6.3은 Kepler가 서술한 바와 같이 dA/dt가 일정하다면 L 또한 일정하므로 각운동량이 보존된다. 결국 Kepler의 제2법칙은 각운동량 보존법칙과 동등하다.

3. 주기법칙: 행성 주기의 제곱은 행성 궤도 장축의 세제곱에 비례한다.

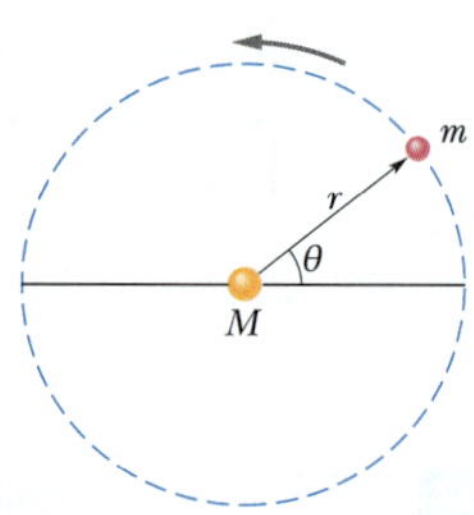

그림 13.6.4 반지름이 r인 원 궤도로 태양 주위를 도는 질량 m의 행성.

이것을 확인하기 위하여 그림 13.6.4처럼 반지름 r의 원궤도를 생각하자. 원의 반지름은 타원의 장축에 대응한다. 그림 13.6.4에서 선회하는 행성에 Newton의 제2법칙($F = ma$)을 적용하면

$$\frac{GMm}{r^2} = (m)(\omega^2 r) \tag{13.6.4}$$

을 얻는다. 여기서 힘의 크기 F 대신 식 13.1.1을 대입하고 식 10.3.7을 이용하여 구심가속도 대신 $\omega^2 r$을 대입하였다. 운동의 주기를 T라고 할 때 식 10.3.4를 사용하여 ω 대신 $2\pi/T$로 바꾸면 다음과 같은 Kepler의 제3법칙을 얻는다.

$$T^2 = \left(\frac{4\pi^2}{GM}\right)r^3 \quad \text{(주기법칙)}. \tag{13.6.5}$$

괄호 안에 있는 양은 행성궤도의 중심에 있는 물체의 질량에만 의존하는 상수이다.

식 13.6.5는 r 대신 타원의 장축인 a로 바꾸면 타원궤도에서도 성립한다. 이 법칙은 주어진 무거운 물체 주위를 선회하는 모든 행성 궤도에 대해 비율 T^2/a^3이 본질적으로 같은 값이라는 것을 예측한다. 표 13.6.1은 이 법칙이 태양계의 행성의 궤도에 대해 얼마나 잘 들어맞는지를 보여준다.

표 13.6.1 태양계에 대한 Kepler의 주기법칙

행성	장축 a (10^{10} m)	주기 T(년)	T^2/a^3 (10^{-34} y^2/m^3)
수성	5.79	0.241	2.99
금성	10.8	0.615	3.00
지구	15.0	1.00	2.96
화성	22.8	1.88	2.98
목성	77.8	11.9	3.01
토성	143	29.5	2.98
천왕성	287	84.0	2.98
해왕성	450	165	2.99
명왕성	590	248	2.99

확인문제 13.6.1

어떤 행성 주위를 위성 1이 원궤도로 돌고, 위성 2는 더 큰 원궤도로 돌고 있다. (a) 주기가 더 긴 위성은 어느 것인가? (b) 속력이 더 큰 위성은 어느 것인가?

보기문제 13.6.1 초거대질량 블랙홀 검출하기

그림 13.6.5에 별 S2가 우리 은하계 중심에 있는 Sagittarius A*("A 스타"로 읽는다)라고 부르는 신비한, 관측되지 않은 물체 주위로 움직일 때 관측되는 궤도를 나타내었다. 2020년에 Reinhard Genzel과 Andrea Chez는 이를 관측하여 노벨물리학상을 받았다. S2는 Sagittarius A* 주위로 주기 T = 15.2년으로 공전하고, 장축의 길이는 a = 5.50 광일 (= 1.4256×10^{14} m)이다. Sagittarius A*의 질량 M은 얼마인가?

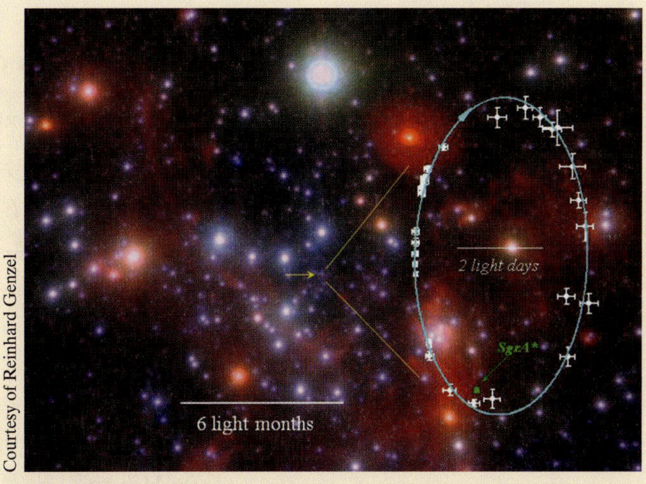

Courtesy of Reinhard Genzel

그림 13.6.5 Sagittarius A*(Sgr A*) 주위로 별 S2가 공전하는 궤도. 궤도면 바로 위에서 보지 않았기 때문에 타원궤도는 찌그러져 보인다. S2 위치의 불확정도는 십자형 막대로 나타내었다.

요점

주기 T와 궤도의 장축 a는 Kepler의 주기법칙으로부터 Sagittarius A*의 질량 M과 관계가 있다.

풀이: 식 13.6.5에서 원궤도의 반지름 r 대신 a를 대입하면

$$T^2 = \left(\frac{4\pi^2}{GM}\right)a^3$$

을 얻는다. 주어진 값을 대입하고 M에 대해 풀면 다음을 얻는다.

$$\begin{aligned} M &= \frac{4\pi^2 a^3}{GT^2} \\ &= \frac{4\pi^2(1.4256 \times 10^{14}\ \text{m})^3}{(6.67 \times 10^{-11}\ \text{N} \cdot \text{m}^2/\text{kg}^2)[(15.2\ \text{y})(3.16 \times 10^7\ \text{s/y})]^2} \\ &= 7.43 \times 10^{36}\ \text{kg}. \end{aligned}$$

Sagittarius A*가 무엇인지 이해하기 위해 이 질량을 태양의 질량($M_{\text{Sun}} = 1.99 \times 10^{30}$ kg)으로 나누면

$$M = (3.7 \times 10^6)M_{\text{Sun}}$$

을 얻는다. Sagittarius A*의 질량은 태양보다 370만 배 크다! 그러나 (아직) 영상으로 찍지 못했다. 따라서 이것은 극한적으로 압축된 물체이다. 이와 같이 작은 물체에 이렇게 큰 질량이 있다는 것은 이 물체가 *초거대질량* 블랙홀이라고 합리적인 결론을 내릴 수 있다. 사실 초거대질량 블랙홀이 대부분 은하의 중심에 숨어있다는 증거가 늘어나고 있다. Sagittarius A* 주위를 공전하는 별에 대한 영상은 웹에서 볼 수 있다. "black hole galactic center"를 찾아보아라.

▶ 교육용 비디오는 웹사이트 www.wiley.com에서 볼 수 있다.

13.7 ▸ 위성: 궤도와 에너지

요점 *Key Ideas*

1. 질량 m인 행성이나 위성이 반지름 r인 원궤도를 움직일 때 퍼텐셜에너지 U와 운동에너지 K는 다음과 같다.

$$U = -\frac{GMm}{r} \text{과 } K = \frac{GMm}{2r}.$$

역학에너지 $E = K + U$는

$$E = -\frac{GMm}{2r}$$

이다. 장축이 a인 타원궤도에 대해서는 다음과 같다.

학습목표 *Learning Objectives*

이 단원을 읽은 후 다음을 이해해야 한다.

13.7.1 천체 주위로 원궤도를 움직이는 위성에 대해 중력 퍼텐셜에너지, 운동에너지와 전체 에너지를 계산한다.

13.7.2 타원궤도를 움직이는 위성에 대해 전체 에너지를 계산한다.

$$E = -\frac{GMm}{2a}.$$

▶ 위성: 궤도와 에너지

위성이 타원궤도로 지구를 선회할 때 운동에너지 K를 결정하는 속력과 퍼텐셜에너지 U를 결정하는 지구중심에서의 거리가 모두 일정한 주기로 커졌다 작아졌다 한다. 그러나 위성의 역학에너지 E는 일정하게 유지된다. (여기서 위성의 질량은 지구의 질량보다 훨씬 작기 때문에 지구–위성 계의 U와 E를 위성 하나에만 부여하기로 한다.)

퍼텐셜에너지는 식 13.5.1에서

$$U = -\frac{GMm}{r}$$

으로 주어진다(무한대에서 $U = 0$). 여기서 r은 궤도의 반지름이고 궤도는 원이라고 가정하자. M과 m은 각각 지구와 위성의 질량이다.

원궤도의 위성에 대한 운동에너지를 구하기 위하여 Newton의 제2법칙($F = ma$)을

$$\frac{GMm}{r^2} = m\frac{v^2}{r} \tag{13.7.1}$$

으로 쓴다. 여기서 v^2/r은 위성의 구심가속도이다. 그러면 식 13.7.1에서 운동에너지는

$$K = \tfrac{1}{2}mv^2 = \frac{GMm}{2r} \tag{13.7.2}$$

이다. 이 식은 원궤도를 도는 위성에 대하여

$$K = -\frac{U}{2} \quad \text{(원궤도)} \tag{13.7.3}$$

가 성립한다. 따라서 선회하는 위성의 전체 역학에너지는 다음과 같다.

$$E = K + U = \frac{GMm}{2r} - \frac{GMm}{r}.$$

즉,

$$E = -\frac{GMm}{2r} \quad \text{(원궤도)} \tag{13.7.4}$$

이다. 이것은 원궤도를 도는 위성이 갖는 총에너지 E가 다음과 같이 운동에너지 K의 음수 값임을 뜻한다.

$$E = -K \quad \text{(원궤도).} \tag{13.7.5}$$

한편 타원궤도를 도는 위성에 대해서는 식 13.7.4에 r 대신 장축 a를 대입하면 다음의 역학에너지를 얻는다.

$$E = -\frac{GMm}{2a} \quad \text{(타원궤도).} \tag{13.7.6}$$

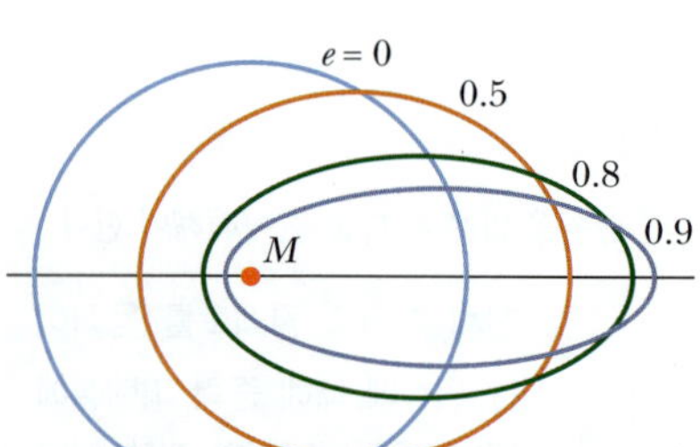

그림 13.7.1 질량 M의 물체 주위를 도는 네 궤도의 이심률 e는 서로 다르지만, 장축 a가 모두 같으므로 전체 역학에너지도 모두 같다. 각 궤도의 이심률 e가 표시되어 있다.

식 13.7.6에 의하면 선회하는 위성의 총에너지는 궤도의 장축에만 의존하고 이심률 e와는 무관함을 알 수 있다. 예컨대 그림 13.7.1처럼 네 궤도의 긴 반지름이 모두 같다면

같은 위성은 네 궤도에서 모두 같은 전체 역학에너지 E를 갖게 된다. 그림 13.7.2는 무거운 중심 물체 주위를 원궤도로 선회하는 위성의 r에 대한 K와 U 및 E의 변화이다. r이 증가하면 운동에너지(따라서 궤도속력)는 감소한다는 것을 알 수 있다.

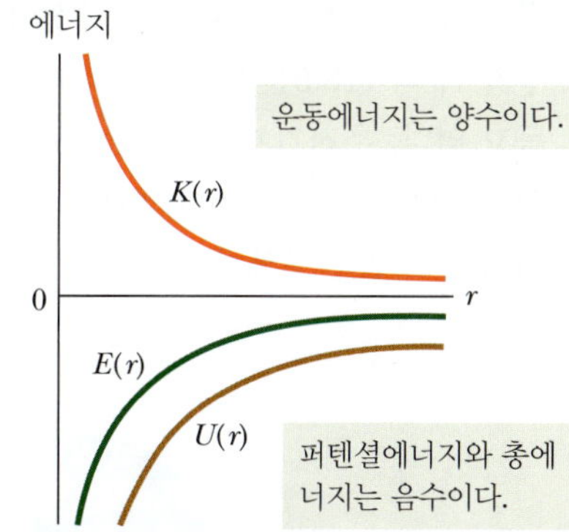

그림 13.7.2 원궤도를 선회하는 위성의 운동에너지 K, 퍼텐셜에너지 U 및 총에너지 E의 반지름 r에 대한 변화. r의 모든 값에 대해서 U와 E의 값은 음이고 K 값은 양이며 $E = -K$이다. r이 무한대로 접근하면 세 곡선은 모두 0으로 수렴한다.

확인문제 13.7.1

그림처럼 우주선이 반지름 r인 원궤도로 지구 주위를 돌고 있다. 점 P에서 우주선의 운동에너지 K와 역학에너지 E를 줄이기 위해 전방의 엔진을 잠깐 동안 점화했다. (a) 우주선은 점선으로 표시된 궤도 중 어느 궤도를 따라 움직이는가? (b) 우주선의 선회 주기(점 P로 돌아오는 데 걸리는 시간) T는 커지는가, 작아지는가, 아니면 원궤도의 경우와 같은가?

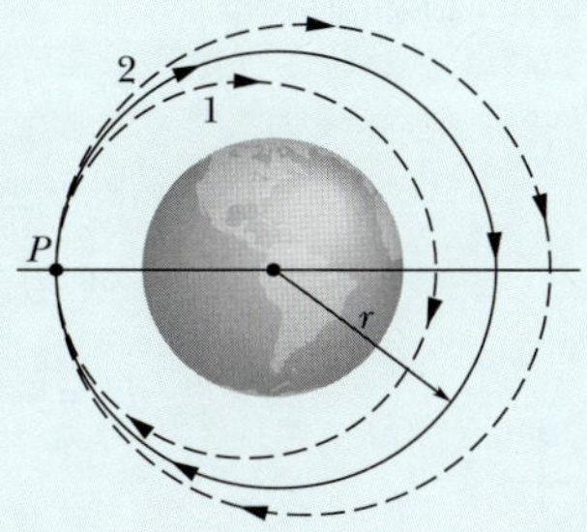

보기문제 13.7.1 궤도를 도는 볼링공의 역학적에너지

우주비행사가 질량 $m = 7.20$ kg의 볼링공을 고도 $h = 350$ km에서 지구 주위의 원궤도에 올려놓았다고 가정하자.

(a) 이 궤도에서 공의 역학에너지 E는 얼마인가?

요점

궤도반지름 r을 구하면(이것이 바로 주어진 고도는 *아니다*) 식 13.7.4($E = -GMm/2r$)로 주어지는 궤도 에너지에서 E를 구할 수 있다.

풀이: 볼링공의 궤도반지름 r은

$$r = R + h = 6370 \text{ km} + 350 \text{ km} = 6.72 \times 10^6 \text{ m}$$

이다. 여기서 R은 지구의 반지름이다. 지구 질량 $M = 5.98 \times 10^{24}$ kg을 사용한 식 13.7.4를 사용하면 역학에너지는 다음과 같다.

$$\begin{aligned} E &= -\frac{GMm}{2r} \\ &= -\frac{(6.67 \times 10^{-11} \text{ N}\cdot\text{m}^2/\text{kg}^2)(5.98 \times 10^{24} \text{ kg})(7.20 \text{ kg})}{(2)(6.72 \times 10^6 \text{ m})} \\ &= -2.14 \times 10^8 \text{ J} = -214 \text{ MJ}. \end{aligned}$$ (답)

(b) (발사되기 전) 케네디 우주센터의 발사대에 있을 때 공의 역학적에너지 E_0는 얼마인가? 그곳에서 궤도까지 공의 역학에너지 변화 ΔE는 얼마인가?

요점

발사대에서는 공이 궤도에 있지 *않아서* 식 13.7.4를 쓸 수 *없으므로* $E_0 = K_0 + U_0$를 구해야 한다. 여기서 K_0는 공의 운동에너지이고 U_0는 공–지구 계의 중력 퍼텐셜에너지이다.

풀이: 식 13.5.1에서 U_0를 구하면 다음과 같다.

$$\begin{aligned} U_0 &= -\frac{GMm}{R} \\ &= -\frac{(6.67 \times 10^{-11} \text{ N}\cdot\text{m}^2/\text{kg}^2)(5.98 \times 10^{24} \text{ kg})(7.20 \text{ kg})}{6.37 \times 10^6 \text{ m}} \\ &= -4.51 \times 10^8 \text{ J} = -451 \text{ MJ}. \end{aligned}$$

공의 운동에너지 K_0는 지구의 자전으로 인한 공의 운동 때문에 생긴다. 계산을 해보면 K_0는 1 MJ 미만이므로 U_0에 비해 무시할 수 있다. 따라서 발사대에서 공의 역학에너지는

$$E_0 = K_0 + U_0 \approx 0 - 451 \text{ MJ} = -451 \text{ MJ}$$ (답)

이다.

따라서 발사대에서 궤도까지 공의 역학에너지의 *증가량*은 다음과 같다.

$$\begin{aligned} \Delta E &= E - E_0 = (-214 \text{ MJ}) - (-451 \text{ MJ}) \\ &= 237 \text{ MJ}. \end{aligned}$$ (답)

이 값은 전력회사의 입장에서 수천 원에 불과하다. 따라서 물체를 궤도에 올리는 데 막대한 비용이 드는 것은 필요한 역학에너지 때문이 아님이 분명하다.

▶ **교육용 비디오는 웹사이트 www.wiley.com에서 볼 수 있다.**

보기문제 13.7.2 원궤도를 타원궤도로 바꾸기

질량 $m = 4.50 \times 10^3$ kg인 우주선이 반지름 $r = 8.00 \times 10^6$ m, 주기 $T_0 = 118.6$분 $= 7.119 \times 10^3$ s인 지구 주위의 원궤도를 돌고 있다. 추진기가 앞 방향으로 작용하여 속력이 원래 속력의 96.0%로 감소하였다. 이로 인해 만들어지는 타원궤도 주위의 주기 T를 구하여라(그림 13.7.3 참조).

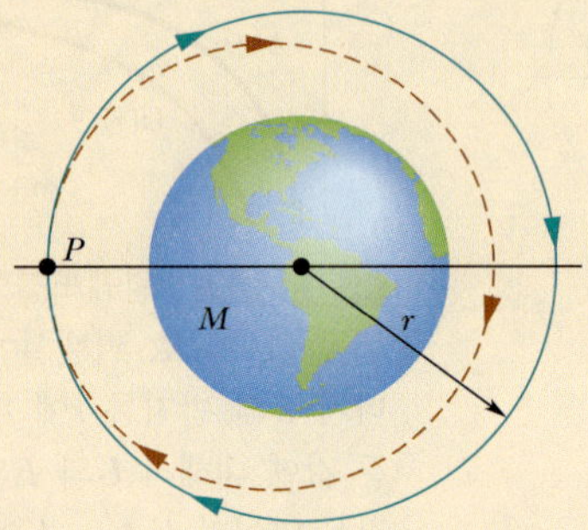

그림 13.7.3 점 P에서 추진기가 작동하여 우주선의 궤도가 원에서 타원으로 바뀐다.

요점

(1) 타원궤도의 주기는 식 13.6.5($T^2 = 4\pi^2 r^3/GM$)로 주어지는 Kepler 제3법칙에 의해 장축 a와 관계가 있고, r 대신 a를 대입하면 된다. (2) 장축 a는 우주선의 전체 역학에너지 E와 식 13.7.6($E = -GMm/2a$)의 관계가 있고, 여기서 지구의 질량은 $M = 5.98 \times 10^{24}$ kg이다. (3) 지구중심으로부터 반지름 r에 있는 우주선의 퍼텐셜에너지는 식 13.5.1 ($-U = GMm/r$)로 주어진다.

풀이: 요점을 살펴보면 장축 a를 구하려면 총에너지 E를 계산해야 하고, 그러면 타원궤도의 주기를 결정할 수 있다. 추진기가 작용한 직후 운동에너지를 계산하는 것으로 시작하자. 속력 v는 초기속력 v_0의 96%이다. 초기속력은 초기 원궤도의 둘레를 궤도의 초기 주기로 나눈 비율과 같다. 따라서 추진기가 작동한 직후 운동에너지는 다음과 같다.

$$K = \tfrac{1}{2}mv^2 = \tfrac{1}{2}m(0.96v_0)^2 = \tfrac{1}{2}m(0.96)^2\left(\frac{2\pi r}{T_0}\right)^2$$

$$= \tfrac{1}{2}(4.50 \times 10^3 \text{ kg})(0.96)^2\left(\frac{2\pi\,(8.00 \times 10^6 \text{ m})}{7.119 \times 10^3 \text{ s}}\right)^2$$

$$= 1.0338 \times 10^{11} \text{ J}.$$

추진기가 작동한 직후 우주선은 여전히 반지름 r인 궤도에 있고, 따라서 중력 퍼텐셜에너지는

$$U = -\frac{GMm}{r}$$

$$= -\frac{(6.67 \times 10^{-11} \text{ N}\cdot\text{m}^2/\text{kg}^2)(5.98 \times 10^{24} \text{ kg})(4.50 \times 10^3 \text{ kg})}{8.00 \times 10^6 \text{ m}}$$

$$= -2.2436 \times 10^{11} \text{ J}$$

이다. 식 13.7.6을 고쳐 쓰고 r 대신 a를 쓰고, 에너지 결과에 대입하면 장축을 구할 수 있다.

$$a = -\frac{GMm}{2E} = -\frac{GMm}{2(K+U)}$$

$$= -\frac{(6.67 \times 10^{-11} \text{ N}\cdot\text{m}^2/\text{kg}^2)(5.98 \times 10^{24} \text{ kg})(4.50 \times 10^3 \text{ kg})}{2(1.0338 \times 10^{11} \text{ J} - 2.2436 \times 10^{11} \text{ J})}$$

$$= 7.418 \times 10^6 \text{ m}.$$

한 단계만 더 거치면 된다. 식 13.6.5에서 r을 a로 바꾸고, 주기 T에 대해 풀고, a에 대한 결과를 대입하면 다음을 얻는다.

$$T = \left(\frac{4\pi^2 a^3}{GM}\right)^{1/2}$$

$$= \left(\frac{4\pi^2(7.418 \times 10^6 \text{ m})^3}{(6.67 \times 10^{-11} \text{ N}\cdot\text{m}^2/\text{kg}^2)(5.98 \times 10^{24} \text{ kg})}\right)^{1/2}$$

$$= 6.356 \times 10^3 \text{ s} = 106 \text{ min}. \quad \text{(답)}$$

이것이 추진기가 작동한 후 타원궤도를 움직일 때의 주기이다. 이 주기는 원궤도에 대한 주기 T_0보다 작은데, 두 가지 이유가 있다. (1) 공전궤도 길이는 이제 줄어들었다. (2) 타원궤도에서는 우주선이 추진기 발사점을 제외하고는 어느 곳에서도 지구에 더 가까이 있다(그림 13.7.3 참조). 이로 인해 중력 퍼텐셜에너지가 감소하여 운동에너지가 늘어나고, 따라서 우주선의 속력이 증가한다.

▶ 교육용 비디오는 웹사이트 www.wiley.com에서 볼 수 있다.

13.8 ▸ Einstein과 중력

요점_Key Ideas

1. Einstein은 중력과 가속도가 동등하다고 지적하였다. 이 등가원리로 인해 그는 중력 효과를 공간의 곡률로 설명하는 중력이론(일반상대론)을 만들었다.

학습목표_Learning Objectives

이 단원을 읽은 후 다음을 이해해야 한다.

13.8.1 Einstein의 등가원리를 설명한다.

13.8.2 Einstein의 중력 모형은 시공간의 곡률에 의한 것이다.

▶ Einstein과 중력

등가원리

Albert Einstein은 이런 말을 한 적이 있다. "내가 Bern에 있는 특허 사무소에서 의자에 앉아 있을 때 갑자기 어떤 생각이 머리를 스쳐 갔다. '사람이 자유낙하를 한다면 자신의 무게를 느끼지 못할 것이다.' 나는 깜짝 놀랐다. 이처럼 단순한 생각이 나에게 깊은 인상을 주었다. 이것이 나를 중력 이론으로 몰고 갔다."

그러면서 Einstein은 어떻게 **일반상대론**을 수식화했는지를 말한다. 상대성 이론의 기본 가설은 중력과 가속도가 동등하다는 **등가원리**이다. 한 물리학자가 그림 13.8.1처럼 작은 상자 속에 갇혀 있다고 할 때 그는 중력과 가속도 간의 차이를 알 수 없을 것이다. 가령 물리학자가 저울 위에 서 있다고 하자. 그림 13.8.1*a*에서 상자는 지구 위에 정지해 있고(지구의 중력만을 받으며), 그림 13.8.1*b*에서 상자는 9.8 m/s^{2}으로 성간 공간에서 (가속시키는 힘만 받으며) 가속된다고 하자. 물리학자는 둘 사이의 차이를 알 수가 없다. 즉 두 저울의 눈금은 같다. 그뿐 아니라 자신을 지나 떨어지는 물체를 본다면 두 경우 모두 똑같은 상대 가속도를 볼 것이다.

공간의 곡률

지금까지 중력을 질량 사이에 작용하는 힘으로 해석해 왔다. 그러나 Einstein은 중력을 질량이 만드는 공간의 곡률에 의한 것으로 해석했다(나중에 다루겠지만, 공간과 시간은 얽혀 있어서 Einstein이 말한 곡률이란 사실은 *시공간*, 즉 우리 우주의 네 차원이 묶여 있는 것의 곡률이다).

진공과 같은 공간이 어떻게 곡률을 가질 수 있는지 상상하는 것은 어려운 일이지만, 다음과 같은 비유가 도움이 될 것이다. 두 보트가 적도에서 20 km 떨어진 상태로 출발하여 남극을 향해 달리는 경주를 위성 궤도에서 보고 있다고 하자(그림 13.8.2*a* 참조). 선원에게는 보트가 평평한 수면 위를 평행하게 달리는 것처럼 보일 것이다. 그러나 시간이 흐르면 두 보트는 점점 가까워지고 남극에 다가가면 결국 부딪칠 것이다. 선원들은 이 현상을 보트 사이에 힘이 작용하는 것으로 해석할 것이다. 하지만 우주에서 보면 이 현상은

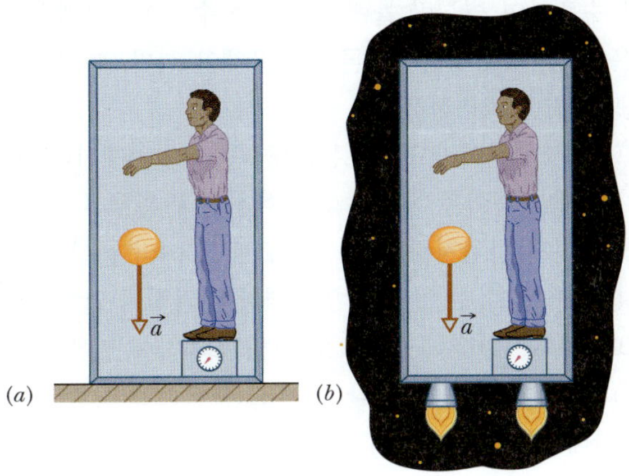

그림 13.8.1 ▸ (*a*) 지구 위에 정지해 있는 상자 속에서 물리학자는 멜론이 가속도 a = 9.8 m/s^{2}으로 떨어지는 것을 본다. (*b*) 그와 상자가 먼 우주 공간에서 9.8 m/s^{2}으로 가속되면 멜론은 그에 대하여 똑같은 가속도를 가진다. 이 상자 속에서 실험을 하며 그가 어떤 상태에 있다는 것을 말한다는 것은 불가능하다. 예컨대 그가 서 있는 저울도 두 경우 모두 같은 값을 가리킨다.

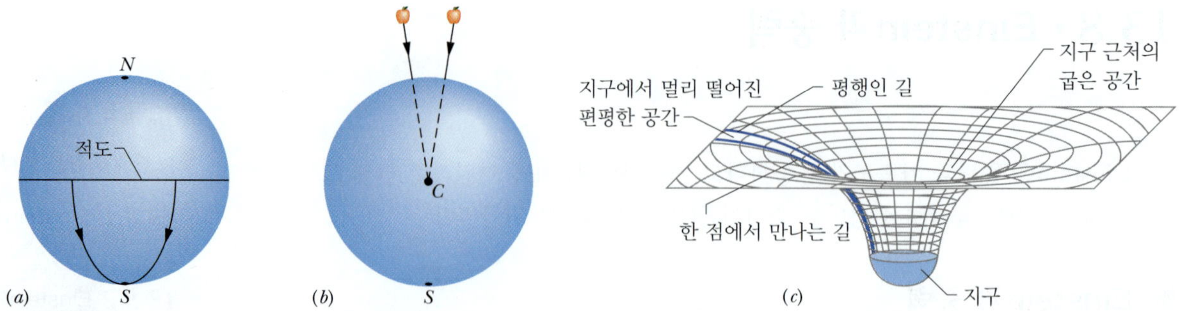

그림 13.8.2 (*a*) 경도선을 따라 남극을 향해 움직이는 두 물체는 지면의 곡률 때문에 만나게 된다. (*b*) 지구 주위에서 자유낙하 하는 두 물체는 지구 주위의 공간의 곡률 때문에 지구중심을 향해 움직인다. (*c*) 지구로부터 (그리고 다른 질량으로부터) 멀리 떨어진 공간은 편평하고 평행인 길은 계속 평행이다. 지구에 가까워지면 지구 질량 때문에 공간이 굽어 있기 때문에 평행인 길은 한 점에서 만난다.

단순히 지면의 곡률 때문에 일어나는 것이다. 그 이유는 지면 "바깥"에서 경주를 보기 때문이다.

그림 13.8.2*b*에 비슷한 경우를 그려 놓았다. 수평으로 떨어져 있는 두 개의 사과가 지구 위의 같은 높이에서 떨어진다. 사과의 입장에서는 평행으로 떨어지는 것 같지만, 실제로는 둘 다 지구중심을 향하여 떨어지고 있으므로 서로 점점 가까워진다. 우리는 사과의 운동을 지구와 사과 사이의 중력으로 기술할 수도 있고, 지구 주위의 공간의 곡률, 즉 지구의 질량이 만든 곡률로 설명할 수도 있다. 이번엔 우리가 보트의 예에서처럼 굽은 공간 "바깥"으로 나갈 수 없기 때문에 곡률을 볼 수 없다. 하지만, 지구의 질량 때문에 지구 쪽으로 굽어 있는 공간을 따라 사과가 움직이는 그림 13.8.2*c*와 같은 그림을 통해 곡률을 추정할 수 있다.

빛이 지구 가까이 지나가게 되면 공간의 곡률 때문에 빛의 경로가 휘어진다. 이것을 *중력 렌즈*라고 부른다. 빛이 은하나 블랙홀과 같이 더 무거운 구조를 지나게 되면 빛의 경로는 더 많이 휜다. 그런 무거운 구조가 우리와 퀘이사(극도로 밝고 극도로 먼 광원) 사이에 있으면 퀘이사에서 나온 빛은 무거운 구조 주위에서 휘어져서 우리에게 도달한다(그림 13.8.3*a* 참조). 그러면 빛은 여러 경로로 우리에게 오기 때문에 같은 퀘이사를 여러 방향에서 볼 수 있다. 어떤 경우에는 여러 방향으로 오는 퀘이사의 빛이 모여서 *Einstein 고리*라고 부르는 빛의 고리를 형성하기도 한다(그림 13.8.3*b* 참조).

블랙홀

밝은 별의 크기는 내부 핵에서 일어나는 핵반응으로 인해 생기는 바깥 방향의 압력으로 인해 크다. 이 핵반응이 멈추면 별에 작용하는 중력으로 별이 수축할 수 있다. 별의 질량이 태양 질량의 세 배가 넘으면 별은 수축하여 *별질량* 블랙홀을 만들 수 있다. 블랙홀의 형성과정 및 특성과 관련된 물리학은 복잡하고, 일반상대론을 이용해야 한다. 여기서는 (회전하지 않는) 정지한 고전적인 블랙홀만을 고려하겠다.

이 간단한 모형에서 블랙홀에는 사건지평선이라고 부르는 닫힌 구면이 존재한다. 원래 별의 표면이 사건지평선을 지나 수축하면 블랙홀 내부의 어떤 현상도 관측할 수 없다. 심지어 빛도 내부에서 탈출할 수 없다. 현재 사건지평선의 성질에 대한 여러 논란이 있다. 이것은 물리적인 표면이 아닌 이론적인 면일 수 있거나, 양자역학적 과정이 일어나는 실제 표면일 수도 있다. 고전적으로 보면 별은 완전히 중력으로 인해 붕괴하여 별은 무한한 밀도로 별의 중심의 한 점(*특이점*)으로 줄어든다. 그러나 이와 같은 결론을 시험할 방법은 전혀 없다. (더구나 자연계에 무한대라는 양은 없다.)

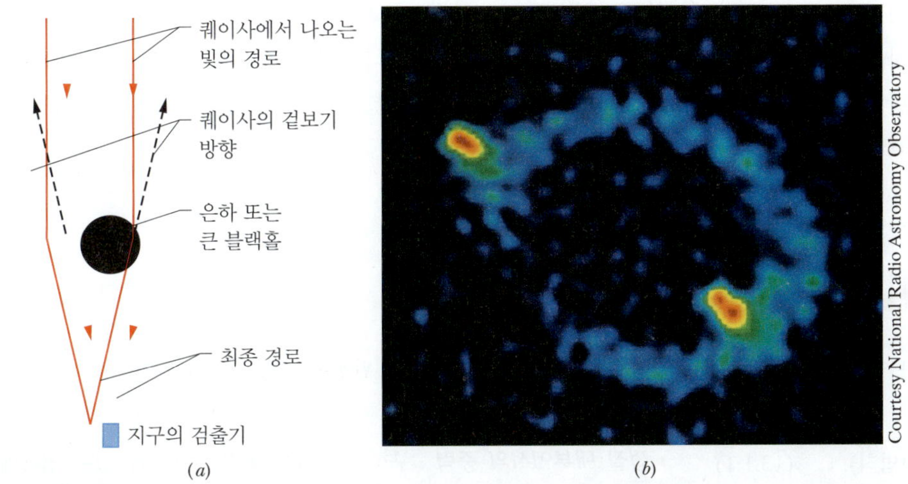

그림 13.8.3 (*a*) 멀리 있는 퀘이사에서 나오는 빛은 어떤 은하나 큰 블랙홀 주위에서 질량이 인접한 공간을 구부리기 때문에 굽은 경로를 따라 움직인다. 만약 그 빛을 관측하게 되면, 빛의 경로를 거꾸로 확장하여(점선) 도달하는 곳에 광원이 있는 것처럼 보일 것이다. (*b*) MG1131 + 0456으로 알려진 Einstein 고리를 망원경으로 촬영한 컴퓨터 영상. 광원(정확하게는 가시광선 영역 밖의 라디오파)은 고리를 만드는 크고 보이지 않는 은하를 넘어 먼 곳에 있다. 광원의 일부는 고리 위에 두 개의 밝은 점으로 표시되었다.

사건지평선에 대해서는 Einstein의 일반상대론을 이용하여 블랙홀에 대한 첫 번째 정확한 해를 구한 Karl Schwazrzschild를 기념하여 Schwarzschild 반지름이라고 부르는 반지름 R_S가 있다. 간단한 고전적인 모형에서 반지름은

$$R_S = \frac{2GM}{c^2} \tag{13.8.1}$$

이고, M은 별의 질량이고 c는 진공에서 광속(3.0×10^8 m/s)이다. 또한 별질량 블랙홀은 매우 큰 별이 초신성 폭발을 하는 동안 생성될 수 있다. 초신성 폭발을 할 때 별의 대부분이 폭발하여 밖으로 튀어나가지만, 핵은 사건지평선을 지나 안쪽으로 압축된다.

대부분(아마도 모든) 은하는 그 중심에 *초거대질량 블랙홀*이 있다. 이 괴물의 질량은 큰 별의 질량에 비교해도 매우 크다. 블랙홀을 찍은 첫 영상인 그림 13.8.4에는 처녀자리의 은하 M87의 중심에 있는 초거대질량 블랙홀이 있다. 블랙홀의 질량은 태양 질량의 6.5×10^6배이다. 이 사진에서 블랙홀은 시계 방향으로 회전하고 있고, 이를 둘러싼 공전

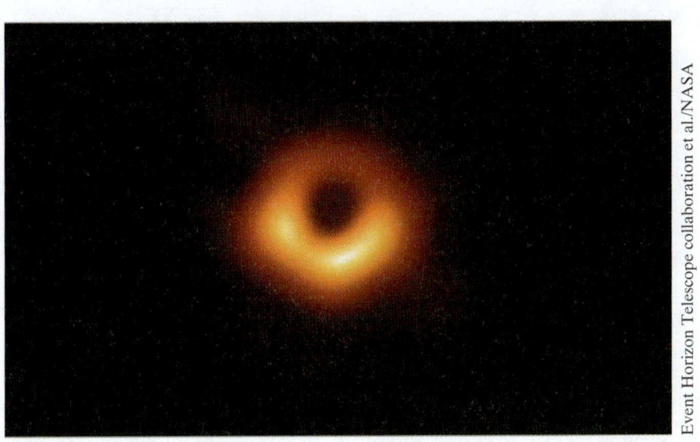

그림 13.8.4 블랙홀의 첫 영상에 거리 53×10^6 광년 떨어진 은하 Messier 87 안에 있는 초거대질량 블랙홀이 있다.

하고 있는 뜨거운 플라즈마에서 빛이 나온다. 초거대질량 블랙홀의 형성 과정은 이해하지 못하지만, 우주가 시작된 빅뱅 이후 매우 일찍 처음 나타나서 별질량 블랙홀이 우연히 충돌하여 형성되었다고 설명하는 것은 믿을만하지 않다. 이 괴물이 어떻게 생겨났는지 알지 못할 뿐이다.

정리 및 요약 _Review & Summary

▸중력법칙 우주에 있는 모든 물체는 **중력**으로 다른 모든 물체를 잡아당기며 그 크기는 다음과 같다.

$$F = G\frac{m_1 m_2}{r^2} \quad \text{(Newton의 중력법칙)}. \qquad (13.1.1)$$

여기서 m_1과 m_2는 입자의 질량이고 r은 입자 사이의 거리이며 G $(= 6.67 \times 10^{-11}\ \mathrm{N \cdot m^2/kg^2})$는 *중력상수*이다.

▸균일한 껍질의 중력 특성 크기가 있는 물체 사이의 중력은 물체 내 입자에 작용하는 모든 힘을 합하여(적분하여) 구해야 한다. 그러나 두 물체 중 하나가 균일한 껍질이거나 구대칭 고체인 경우 물체 *외부에* 존재하는 물체에 작용하는 알짜 중력은 마치 대칭인 물체의 질량이 그 중심에 모여 있다고 보고 계산하면 된다.

▸중첩 중력은 **중첩원리**를 따른다. 즉 입자 1이라고 번호 붙인 한 입자에 작용하는 총 힘 $\vec{F}_{1,\mathrm{net}}$는 나머지 모든 입자가 한 번에 하나씩 입자 1에 작용하는 힘의 벡터합으로

$$\vec{F}_{1,\mathrm{net}} = \sum_{i=2}^{n} \vec{F}_{1i} \qquad (13.2.2)$$

이다. 여기서 합은 입자 2, 3, ⋯, n이 입자 1에 작용하는 힘 $\vec{F}_{1i}$의 벡터합이다. 크기가 있는 물체가 한 입자에 작용하는 중력 $\vec{F}_1$은 물체를 미소질량 dm으로 나누고, 미소질량이 입자에 작용하는 미소힘 $d\vec{F}$를 구한 후 전체 힘을 적분하여 구한다.

$$\vec{F}_1 = \int d\vec{F}. \qquad (13.2.3)$$

▸중력가속도 질량이 m인 입자의 *중력가속도* a_g는 물체에 작용하는 중력에만 의존한다. 입자가 질량 M의 균일한 공 모양의 물체의 중심에서 r인 거리에 있을 때 입자에 대한 중력의 크기는 식 13.1.1로 주어진다. 따라서 Newton의 제2법칙

$$F = ma_g \qquad (13.3.2)$$

에서, a_g는 다음 식으로 주어진다.

$$a_g = \frac{GM}{r^2}. \qquad (13.3.3)$$

▸자유낙하 가속도와 무게 지구 근방에서 한 물체의 자유낙하 가속도 $\vec{g}$는 중력가속도 $\vec{a}_g$와 약간 다르고, 물체의 무게 mg도 Newton의 중력법칙에 의해 계산된 물체에 작용하는 중력 식 13.1.1과 다르다. 그 이유는 지구가 균일하지 않고 완전한 구형도 아니며 지구가 자전하기 때문이다.

▸껍질 내부에서의 중력 구형의 균일한 껍질은 내부에 있는 입자에 어떤 중력도 작용하지 않는다. 이것은 입자가 균일한 공의 중심에서 거리 r되는 구의 내부에 있을 때 (*내부구*) 입자에 미치는 중력이 반지름 r인 공 내부의 질량에만 의존한다는 뜻이다. 힘의 크기는

$$F = \frac{GmM}{R^3} r \qquad (13.4.3)$$

이다. 여기서 M은 구의 질량이고, R은 반지름이다.

▸중력 퍼텐셜에너지 거리 r만큼 떨어져 있고 질량이 M과 m인 두 물체의 중력 퍼텐셜에너지 $U(r)$은 무한대 거리에서 r까지 떨어지는 동안 한 물체가 다른 물체에 미치는 중력이 한 일의 음의 값으로 다음과 같다.

$$U = -\frac{GMm}{r} \quad \text{(중력 퍼텐셜에너지)}. \qquad (13.5.1)$$

▸계의 퍼텐셜에너지 어떤 계의 입자가 두 개보다 많으면 전체 중력 퍼텐셜에너지는 모든 입자 쌍의 퍼텐셜에너지 항의 합이다. 예를 들어 질량이 m_1, m_2, m_3인 세 개의 입자에 대해서는 다음과 같다.

$$U = -\left(\frac{Gm_1m_2}{r_{12}} + \frac{Gm_1m_3}{r_{13}} + \frac{Gm_2m_3}{r_{23}}\right). \qquad (13.5.2)$$

▸탈출속력 질량 M, 반지름 R인 천체의 중력으로부터 물체가 탈출하려면(즉, 서로 무한대의 거리로 멀어지려면) 천체 표면에서 물체의 속력은 적어도 다음의 **탈출속력**과 같아야 한다.

$$v = \sqrt{\frac{2GM}{R}}. \qquad (13.5.8)$$

▸Kepler의 법칙 인공위성이나 행성의 운동은 다음의 법칙을 따른다.

1. ***궤도법칙.*** 모든 행성은 태양을 하나의 초점으로 하는 타원궤도에서 운동한다.

2. ***면적법칙.*** 어느 행성과 태양을 잇는 선은 같은 시간에 같은 면적을 휩쓸고 지나간다(각운동량의 보존과 동일).

3. ***주기법칙.*** 어느 행성이 태양을 도는 주기 T의 제곱은 궤도의 장축 a의 세제곱에 비례한다. 반지름이 r인 원궤도인 경우에는 장축 a를 r로 바꾸면 주기법칙은

$$T^2 = \left(\frac{4\pi^2}{GM}\right)r^3 \quad \text{(주기법칙)} \tag{13.6.5}$$

이다. 여기서 M은 인력을 미치는 물체(태양계인 경우에는 태양)의 질량이다. 타원궤도인 경우에는 원의 반지름 r 대신 장축 a를 대입하면 된다.

▸***행성운동의 에너지*** 질량 m인 행성이나 위성이 원궤도에서 운동할 때 퍼텐셜에너지 U와 운동에너지 K는 다음과 같다.

$$U = -\frac{GMm}{r} \text{과 } K = \frac{GMm}{2r}. \tag{13.5.1, 13.7.2}$$

전체 역학에너지 $E = K + U$는 다음과 같다.

$$E = -\frac{GMm}{2r}. \tag{13.7.4}$$

장축이 a인 타원궤도의 경우에는 다음과 같다.

$$E = -\frac{GMm}{2a}. \tag{13.7.6}$$

▸***중력에 대한 Einstein의 관점*** Einstein은 중력과 가속도가 동등함을 지적하였다. 이 **등가원리**는 그가 중력효과를 공간의 곡률로 보는 중력이론(**일반상대론**)을 수립하는 데 기초가 되었다.

연습문제 _Problems

E Easy **M** Medium **H** Hard **CALC** Requires calculus **BIO** Biomedical application

1 **E** 그림 13.1은 반지름이 R_s인 행성의 표면에서부터 바깥쪽으로 그린 발사체의 퍼텐셜에너지 곡선 $U(r)$이다. 발사체를 행성의 표면에서 쏘아 올릴 때 행성을 "탈출"하기 위해서 필요한 운동에너지의 최소값은 얼마인가?

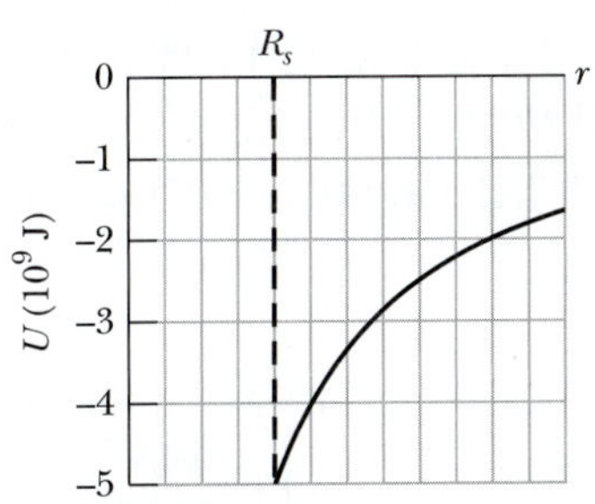

그림 13.1 연습문제 1, 2

2 **E** 그림 13.2는 반지름이 R_s인 행성의 표면에서부터 바깥쪽으로 그린 발사체의 퍼텐셜에너지 곡선 $U(r)$이다. -1.0×10^9 J의 역학에너지로 표면에서 지름방향으로 발사체를 쏘아 올릴 때 (a) $r = 1.15\ R_s$일 때의 운동에너지와 (b) *반환점*(8.3단원 참조)을 각각 R_s로 나타내어라.

3 **E** 질량이 각각 M_1과 M_2인 균일한 밀도의 두 동심 구껍질이 그림 13.2와 같이 놓여 있다. 질량 m인 입자가 (a) a (b) b (c) c에 있을 때 두 구껍질이 이 입자에 작용하는 알짜 중력을 구하여라.

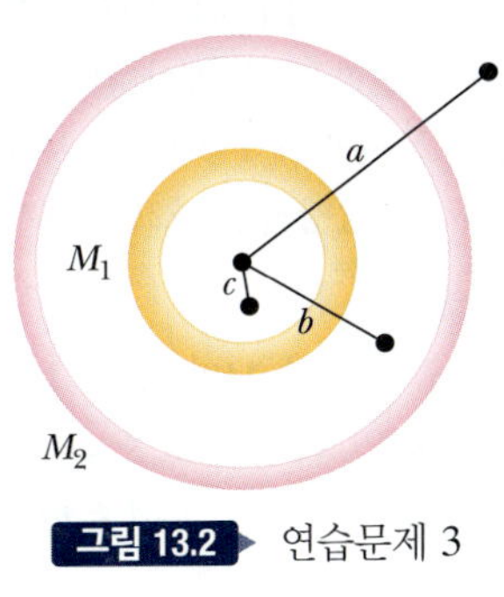

그림 13.2 연습문제 3

4 **E** 질량이 지구의 2.0×10^{-4} 배인 소행성이 태양 주위를 원궤도로 돌고, 궤도반지름은 태양과 지구 사이 거리의 2.5배이다. (a) 소행성의 공전주기를 계산하여라. (b) 소행성과 지구의 운동에너지 비율은 얼마인가?

5 **H** 질량이 각각 m = 2000 kg인 작은 두 우주선이 고도가 h = 400 km인 그림 13.3의 원형 지구궤도를 돌고 있다. 한 우주선의 선장인 Igor가 다른 우주선의 Picard 선장보다 90 s 앞서서 원궤도의 한 고정점에 도달하였다. Igor 우주선의 (a) 주기 T_0 (b) 속력 v_0는 얼마인가? 그림 13.14의 점 P에서 Picard가 자기 우주선의 속력을 1.00% *감소*시키는 방향으로 순간적으로 연료를 분출시켜서 점선인 타원궤도로 진입하였다. 점화 직후 우주선의 (c) 운동에너지 (d) 퍼텐셜에너지는 얼마인가? Picard의 새로운 타원궤도에서 (e) 전체 에너지 E (f) 장축 a (g) 궤도주기 T는 얼마인가? (h) Picard는 Igor보다 얼마나 빨리 점 P로 되돌아오는가?

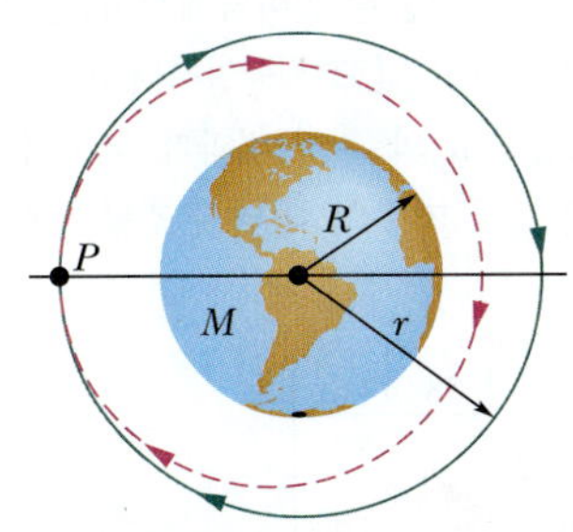

그림 13.3 연습문제 5

6 **E** 작동 중인 인공위성과 우주 쓰레기가 충돌한 최초의 사건은 1996년에 일어났다. 즉, 1년이 지난 프랑스의 첩보위성이 10년 동안 궤도를 돌고 있던 Ariane 로켓의 조각과 고도 700 km에서 충돌했다. 위성의 안정장치는 망가졌고 결국 통제 불능이 되었다. 둘 다 원궤도를 돌고 있었다면 (a) 정면충돌한 경우와 (b) 서로 수직인 경로를 따라 충돌한 경우 충돌 직전의 로켓 조각의 위성에 대한 상대속도는 시간당 킬로미터의 단위로 각각 얼마인가?

7 **M** 그림 13.4에서 질량이 m_A = 80 g, m_B = 30 g, m_C = 20 g인 세

공의 중심이 일직선 위에 있으며, $L = 12$ cm, $d = 4.0$ cm이다. C의 중심에서 B의 중심까지 거리가 $d = 4.0$ cm가 되도록 B를 이동시킬 때 (a) 한 일과 (b) A와 C의 알짜 중력이 한 일은 각각 얼마인가?

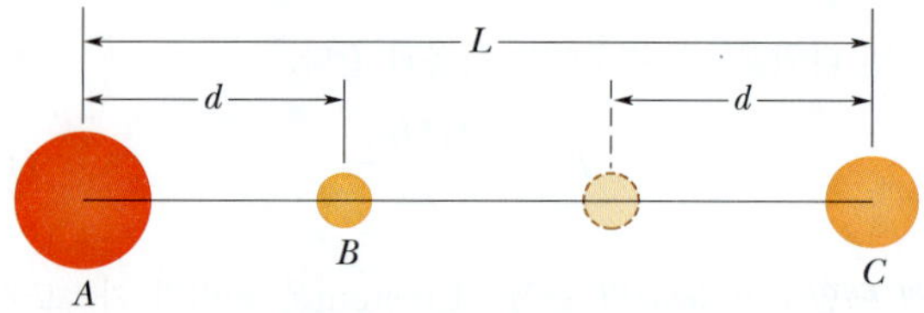

그림 13.4 연습문제 7

8 M 지구 주위에서 원궤도를 도는 위성이 있다. 궤도면의 면적 A는 $A = \pi r^2$이므로 r^2에 의존한다. 위성의 다음 특성이 궤도반지름 r에 어떻게 의존하는지 결정하여라. (a) 주기, (b) 운동에너지, (c) 각운동량, (d) 속력.

9 H CALC 그림 13.5에서 질량 $m_1 = 0.67$ kg의 입자가 길이 $L = 3.0$ m, 질량 $M = 7.0$ kg인 균일한 막대의 끝에서 $d = 23$ cm인 곳에 놓여 있다. 막대가 입자에 작용하는 중력 $\vec{F}$의 크기는 얼마인가?

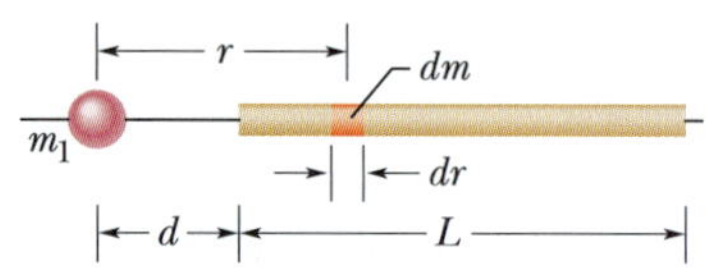

그림 13.5 연습문제 9

10 E 태양과 지구 모두 달에 중력을 작용한다. 두 힘 F_{Sun}/F_{Earth}의 비율은 얼마인가? (해와 달 사이의 평균 거리는 해와 지구의 거리와 같다.)

11 M 그림 13.6은 정확하게 크기를 나타내지는 않았지만 지구 내부의 단면을 나타낸다. 지구는 전체적으로 균일하지 않고 외부의 *지각*과 *맨틀* 및 내부의 *핵*의 세 영역으로 구분한다. 이 영역의 크기와 질량을 그림에 표시하였다. 지구의 전체 질량은 5.98×10^{24} kg이고 반지름은 6370 km이다. 지구의 자전은 무시하고 지구를 공이라고 가정한다. (a) 지표면에서 a_g를 계산하여라. (b) 깊이 25.0 km에 있는 지각-맨틀의 경계까지 굴을 뚫었다면 굴 밑바닥에서 a_g는 얼마인가? (c) 지구의 크기와 질량은 위와 같고 밀도가 균일하다고 가정하면 깊이 지점의 a_g는 얼마인가? (정밀한 a_g의 측정 결과가 국소적 밀도 변동에 따라 오차가 생길 수는 있지만 지구의 내부 구조를 알아내는 예민한 탐사 방법이다.)

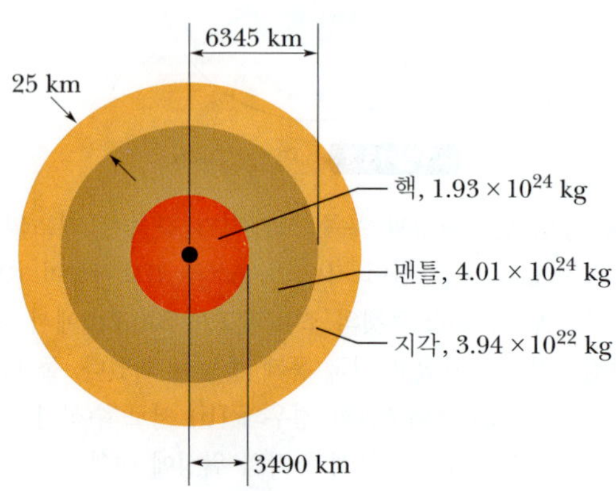

그림 13.6 연습문제 11

12 E 타원궤도를 돌고 있는 위성이 지표면에서 가장 멀 때는 400 km이고 가장 가까울 때는 150 km이다. (a) 궤도의 장축과 (b) 이심률을 구하여라.

13 M 그림 13.7에 반지름이 $R = 4.00$ cm인 납덩어리 공 내부에 만면은 안으로 공의 중심을 지나고, 밖으로는 공의 표면에 "접한다." 구멍을 만들기 전에 납덩어리 공의 질량은 $M = 2.95$ kg이었다. 질량 $d = 0.900$ kg의 작은 공이 납덩어리의 중심에서 떨어져 있다. 두 공의 중심선이 구멍의 중심을 지날 때 m을 잡아당기는 중력을 구하여라.

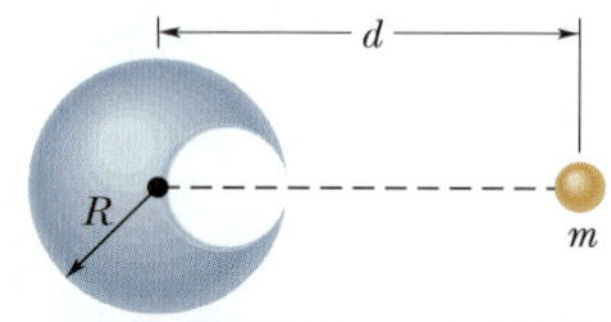

그림 13.7 연습문제 13

14 E 질량 M인 물체가 두 개로 갈라져서 m과 $M - m$이 된 후 어떤 거리만큼 떨어져 있다. 이 두 부분 사이의 중력이 최대가 되는 m/M의 비율은 얼마인가?

15 M 그림 13.8a에서 입자 A는 y축을 따라 무한대에서 원점까지 움직일 수 있다. 원점은 질량이 같은 두 입자 B와 C의 중점에 있고, y축은 두 입자 사이의 수직이등분선이다. 거리 D는 0.3057 m이다. 그림 13.8b는 y축을 따라 움직이는 입자 A의 위치에 대한 세 입자 계의 퍼텐셜에너지 곡선 U이다. 곡선을 오른쪽으로 확장하면 $y \to \infty$일 때 -2.0×10^{-11} J로 접근한다. (a) 입자 B와 C 및 (b) 입자 A의 질량은 얼마인가?

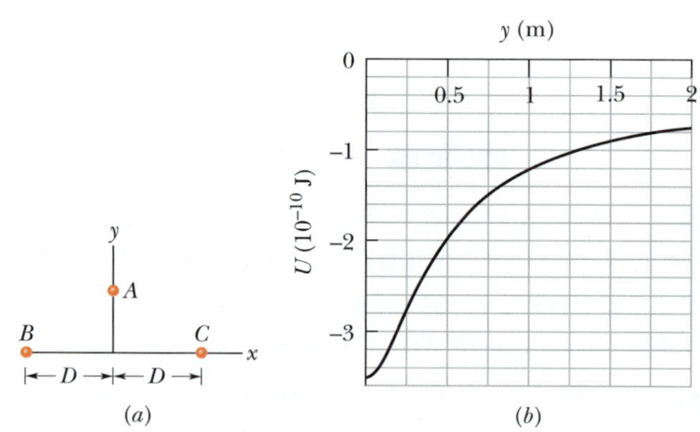

그림 13.8 연습문제 15

16 E *초고층 빌딩*. 1956년에 Frank Lloyd Wright는 시카고에 1 마일 높이의 건물을 건설할 것을 제안했다. 건물이 완성되었다고 가정하고 지구의 자전을 무시할 때 1층에서 몸무게가 700 N인 사람이 1층에서 건물의 꼭대기까지 승강기를 타고 올라가면 몸무게는 얼마나 변하는가?

17 M 질량이 m인 두 공과 질량 M인 공이 그림 13.9처럼 정삼각형을 이루고 있고, 질량이 m_4인 네 번째 공은 그 중심에 있다. m_4에 작용하는 세 공의 알짜 중력은 0이다. (a) M을 m으로 나타내어라. (b) m_4의 질량을 두 배로 만들면 m_4에 작용하는 알짜 중력은 얼마인가?

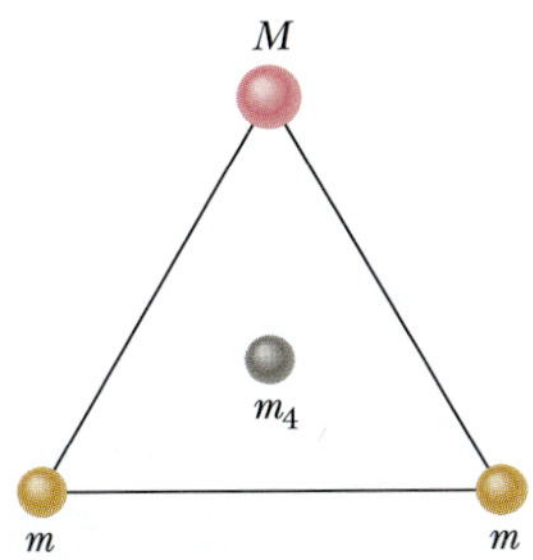

그림 13.9 연습문제 17

18 H 고도 640 km에서 거의 원에 가까운 궤도를 도는 220 kg의 인공위성의 (a) 속력과 (b) 주기를 구하여라. 인공위성이 평균적으로 한 회전당 1.4×10^5 J의 역학적에너지를 잃는 경우 궤적이 "서서히 반지름이 줄어드는 원"이라는 타당한 근사를 하여 1500 번째 회전이 끝났을 때 위성의 (c) 고도, (d) 속력, (e) 주기를 구하여라. (f) 속력을 늦추는 평균힘의 크기는 얼마인가? 지구중심에 대한 각운동량이 (g) 위성과 (h) 위성-지구 계에서 보존되는가? (계는 고립되었다고 가정한다.)

19 E *1차원 문제.* 그림 13.10에 거리 d만큼 떨어진 두 점입자가 x축 위에 고정되어 있다. 입자 A의 질량은 m_A이고, 입자 B의 질량은 $3.00m_A$이다. 질량 $120m_A$인 세 번째 입자 C를 두 입자 A와 B 근처에 있는 x축 위의 한 점에 놓을 때, 입자 A에 작용하는 입자 B와 C의 알짜 중력이 0이 되는 C의 x 좌표를 거리 d로 나타내어라.

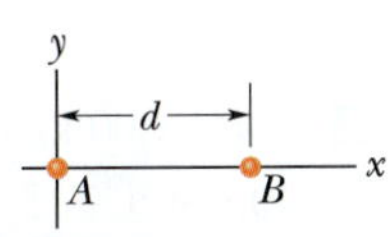

그림 13.10 연습문제 19

20 M 반지름이 1.0 m인 속이 꽉 찬 균일한 공의 질량은 1.0×10^4 kg이다. 공의 중심으로부터 거리가 (a) 1.5 m (b) 0.60 m인 위치에 질량 m인 입자가 있을 때 공이 입자에 작용하는 중력의 크기는 얼마인가? (c) 공의 중심에서 거리가 $r \le 1.0$ m인 곳에 있는 입자에 작용하는 중력의 크기에 대한 일반적인 표현식을 구하여라.

21 M 그림 13.11a처럼 입자 A는 x축 위 $x = -8.0$ m에, 질량 1.0 kg인 입자 B는 원점에 각각 고정되어 있다. (표시되지 않은) 입자 C는 x축을 따라서 입자 B와 $x = \infty$ 사이를 움직일 수 있다. 그림 13.11b는 1.0 입자 C의 위치 x의 함수로 두 입자 A와 C가 입자 B에 작용하는 알짜 중력의 x 성분인 $F_{net,x}$의 그래프이다. 그래프를 오른쪽으로 확장하면 $x \to \infty$일 때 -4.17×10^{-10} N으로 접근한다. (a) 입자 A와 (b) 입자 C의 질량은 얼마인가?

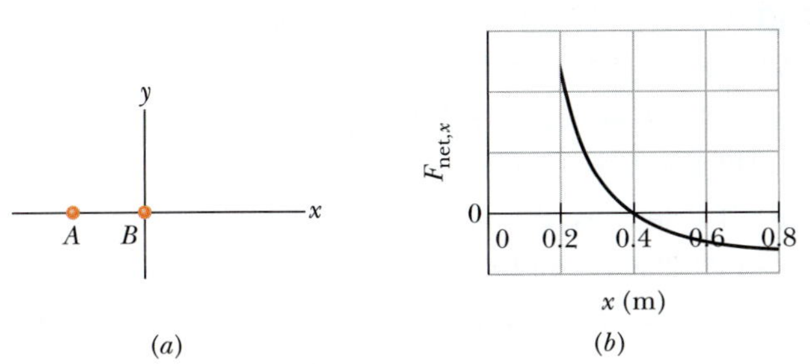

그림 13.11 연습문제 21

22 E 질량을 모르는 행성 주위를 한 위성이 반지름 2.0×10^7 m의 원궤도로 돌고 있다. 행성이 위성에 작용하는 중력의 크기는 $F = 100$ N이다. (a) 이 궤도에서 위성의 운동에너지는 얼마인가? (b) 궤도반지름이 3.0×10^7 m로 증가하면 F는 어떻게 되는가?

23 M *블랙홀 찾기.* 어떤 별에서 나오는 빛을 관측해 보면 쌍성(두 개의 별) 중 하나임을 알 수 있다. 보이는 별의 궤도속력은 $v = 270$ km/s이고, 궤도주기는 $T = 1.70$일이며, 대략적인 질량은 $m_1 = 6\ M_s$이다. 여기서 태양의 질량 M_s는 1.99×10^{30} kg이다. 보이는 별과 보이지 않는 암흑별은 원궤도를 돈다고 가정한다(그림 13.12). 암흑별의 질량 m_2는 *대략* M_s의 몇 배인가?

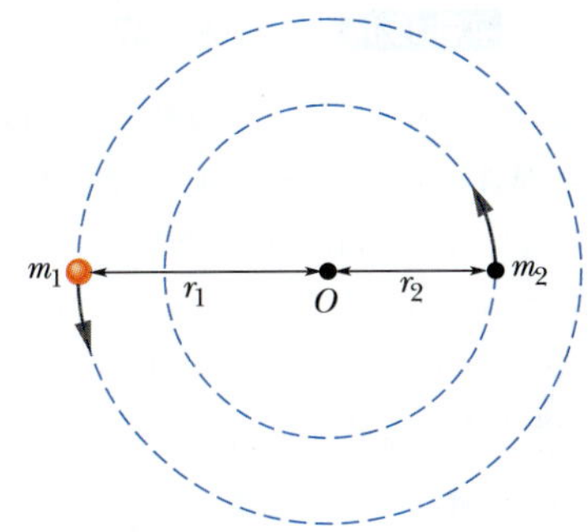

그림 13.12 연습문제 23

24 M 로켓을 지구 표면에서 지름 방향 바깥쪽으로 쏘아 올렸다. 지구의 자전은 무시한다. 로켓을 (a) 지구로부터 탈출속력의 0.400배로 (b) 지구를 탈출하는 데 필요한 운동에너지의 0.400배로 발사하였을 때 로켓이 도달하는 거리를 지구반지름 R_E로 나타내어라. (c) 발사할 때 지구를 탈출하기 위한 최소 역학에너지는 얼마인가?

25 M 세 개의 점입자가 xy 평면에 고정되어 있다. 거리 $d_{AB} = 0.500$ m만큼 떨어져 있는 질량 6.00 g의 입자 A와 질량 12.0 g의 입자 B가 그림 13.13에 각도 $\theta = 30°$와 함께 표시되어 있다. 질량 14.0 g의 입자 C는 표시되어 있지 않다. 두 입자 B와 C가 입자 A에 작용하는 알짜 중력의 크기는 2.77×10^{-14} N이고, x축 양의 방향을 기준으로 한 각도는 $-163.8°$이다. 입자 C의 (a) x 좌표와 (b) y 좌표는 무엇인가?

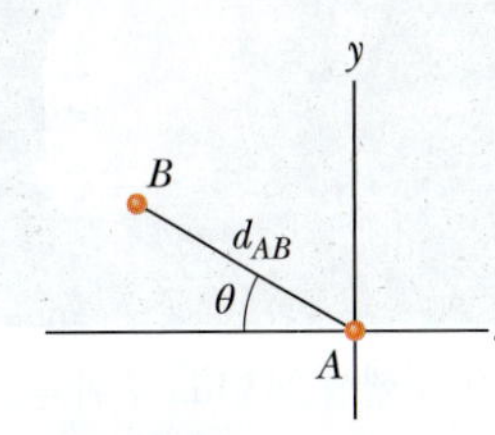

그림 13.13 연습문제 25

26 E *달의 효과.* 어떤 사람들은 달이 인간의 행동에 영향을 미친다고 생각한다. 달이 지구의 반대 방향에서 머리 바로 위 방향으로 움직일 때 (a) 달이 끌어당기는 중력은 몇 퍼센트 증가하고, (b) (저울로 측정한) 무게는 몇 퍼센트 감소하는가? 지구-달의 중심거리는 3.82×10^8 cm이고, 지구반지름은 6.37×10^6 m이다.

27 M *2차원 문제.* 그림 13.14에서 세 개의 점입자는 xy 평면 위에 고정되어 있다. 입자 A의 질량은 m_A이고, 입자 B의 질량은 $3.00m_A$,

입자 C의 질량은 $3.00m_A$이다. 질량 $4.00m_A$의 네 번째 입자 D를 세 개의 입자 근처에 놓았다. 입자 A에 작용하는 입자 B, C, D의 알짜 중력이 0이 되려면 입자 D를 어디에 놓아야 하는가? (a) x 좌표와 (b) y 좌표를 거리 d로 나타내어라.

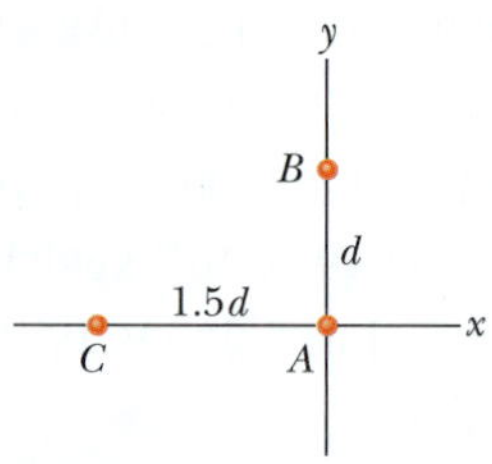

그림 13.14 연습문제 27

28 M 지구 궤도를 도는 인공위성을 공격하는 한 가지 방법은 한 무리의 총알을 인공위성과 같은 궤도에 반대 방향으로 진입시키는 것이다. 한 인공위성이 지상 고도 500 km인 원궤도에 있고 질량 3.0 g의 총알과 충돌한다고 하자. (a) 인공위성을 기준으로 하는 좌표계에서 충돌 직전에 총알의 운동에너지는 얼마인가? (b) 이 운동에너지와 3.0 g의 총알이 현대식 소총에서 950 m/s의 속력으로 발사될 때 운동에너지의 비율을 구하여라.

29 M 1993년 우주탐사선 Galileo에서 소행성 243 Ida와 그 주위를 도는 (지금은 Dactyl로 알려진) 작은 달의 사진(그림 13.15)이 전송되었다. 이것은 처음으로 확인된 소행성–달 계의 예이다. 사진을 보면 너비 1.5 km의 달이 길이가 55 km인 소행성의 중심으로부터 100 km 거리에 있다. 달의 궤도가 어떤 모양인지는 잘 알려져 있지 않지만, 27시간을 주기로 하는 원궤도라고 가정하자. (a) 소행성의 질량은 얼마인가? (b) 사진으로부터 구한 소행성의 부피는 14100 km^3이다. 소행성의 밀도(단위부피당 질량)는 얼마인가?

그림 13.15 연습문제 29. 소행성 243 Ida 주위를 도는 작은 달(오른쪽).

30 E (a) 인공위성을 지표면 위 어느 높이까지 쏘아 올리는 데 필요한 에너지와 그 높이의 궤도를 도는 인공위성의 운동에너지가 같아지는 높이를 구하여라. (b) 더 높은 곳에서는 인공위성을 쏘아 올리는 에너지와 그 높이에서의 인공위성의 운동에너지 중 어느 것이 더 큰가?

31 E 화성에는 Phobos라는 위성이 있다. 궤도반지름은 대략 9.4×10^6 m이고 주기 7시간 39분으로 원운동을 한다. 이 정보를 이용하여 화성의 질량을 계산하여라.

32 E 그림 13.8.1b에서 질량 70 kg의 물리학자가 서 있는 저울의 눈금이 220 N을 가리켰다. 바닥에서 2.1 m 높은 곳에서 (물리학자에 대해 정지상태인) 멜론을 떨어뜨릴 때 멜론이 바닥까지 떨어지는 데 걸리는 시간은 얼마인가?

33 E 그림 13.16에서 질량이 각각 $m_1 = 5.00$ g, $m_2 = 3.00$ g, $m_3 = 1.00$ g, $m_4 = 5.00$ g인 네 개의 공이 한 변이 20.0 cm인 정사각형의 꼭지점에 놓여 있다. 질량이 $m_4 = 9.00$ g인 가운데 있는 공에 작용하는 알짜 중력을 단위벡터 표기법으로 구하여라.

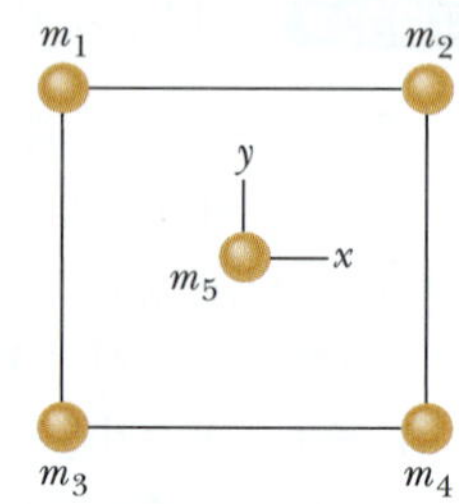

그림 13.16 연습문제 33

34 E 연습문제 14에서 계의 중력 퍼텐셜에너지가 최소가 되는 m/M의 비율은 얼마인가?

35 E 질량이 7.00 kg인 세 공이 그림 13.17처럼 거리 $d_1 = 0.300$ m, $d_2 = 0.400$ m인 곳에 놓여 있다. 물체 B가 다른 물체 A와 C로부터 받는 알짜 중력의 (a) 크기와 (b) (x축 양의 방향에 대한) 방향은 무엇인가?

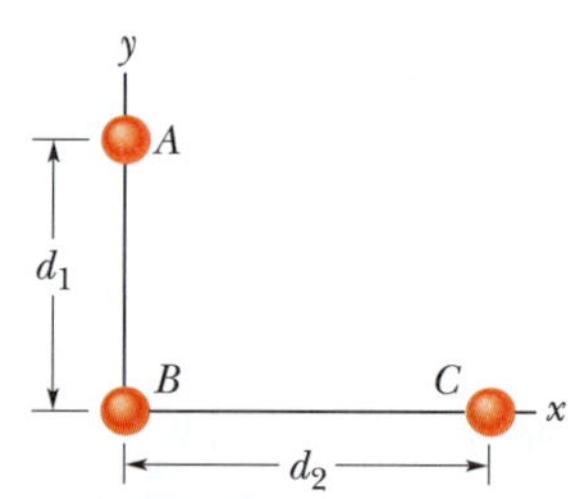

그림 13.17 연습문제 35

36 E 같은 질량 m인 인공위성 A와 B를 지구 주위의 원궤도로 진입시키기 위해 발사한다. 위성 A는 고도 6370 km에서, 위성 B는 고도 12000 km에서 궤도를 돌 것이다. 지구반지름 R_E는 6370 km이다. (a) 궤도를 도는 위성 B의 위성 A에 대한 퍼텐셜에너지 비율은 얼마인가? (b) 궤도에서 위성 B의 위성 A에 대한 운동에너지의 비율은 얼마인가? 각 위성의 질량이 14.6 kg이라면 (c) 어떤 위성의 전체 에너지가 큰가? (d) 얼마나 더 큰가?

37 H 멀리 있는 별의 움직임을 관측하면 별 주위를 도는 눈에 보이지 않는 행성의 존재를 알 수 있다. 별과 행성이 모두 별–행성 계의 질량중심 주위로 돌고 있기 때문에 별이 소위 *시선속도*라고 부르는 속도로 우리에게 가까워졌다가 멀어졌다가 하는 것을 볼 수 있다. 그림 13.18은 14 Herculis 별의 시간에 대한 시선속도의 그래프이다. 별의 질량은 태양질량의 0.90배로 추정된다. 이 별 주위에는 단 하나의 행성만 있고 행성의 궤도면을 옆에서 보고 있다고 가정하자. (a) 행성의 질량을 근사적으로 목성의 질량 m_J로 나타내어라. (b) 행성의 궤도반지름을 근사적으로 지구의 궤도반지름 r_E로 나타내어라.

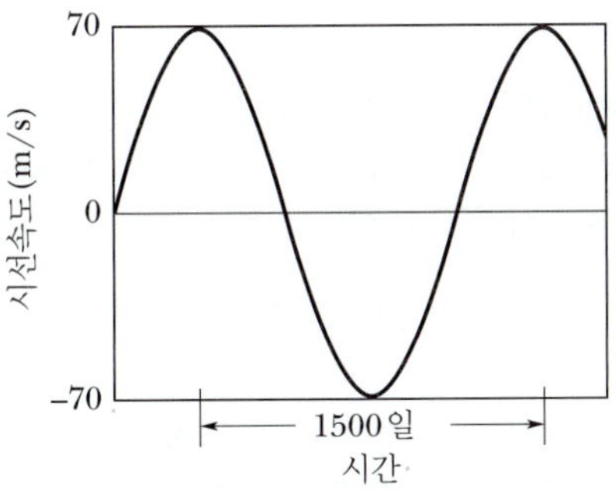

그림 13.18 연습문제 37

38 M (a) 반지름이 700 km인 공 모양 소행성의 표면에서 중력가속도가 3.5 m/s²일 때 탈출속력은 얼마인가? (b) 소행성 표면에서 물체가 1000 m/s의 지름방향 속력으로 출발하면 얼마나 높이 올라가는가? (c) 표면으로부터 1000 km인 상공에서 물체를 떨어뜨린다면 얼마의 속력으로 소행성에 부딪히는가?

39 E 그림 13.19에 질량이 $m = 250$ kg으로 같은 두 인공위성 A와 B가 지구 주위에서 반지름 $r = 7.87 \times 10^6$ m인 같은 궤도에서 서로 반대방향으로 돌고 있어서 충돌하려는 상황을 나타내었다. (a) 충돌 전에 *두 위성과 지구*로 된 계의 전체 역학에너지 $E_A + E_B$를 구하여라. (b) 완전비탄성충돌이어서 잔해물이 한 덩어리로 뒤엉킨 물질(질량 $2m$)로 남을 경우 충돌 직후 전체 역학에너지를 구하여라. (c) 충돌 후 잔해물은 바로 지구로 떨어지는가, 지구 주위를 도는가?

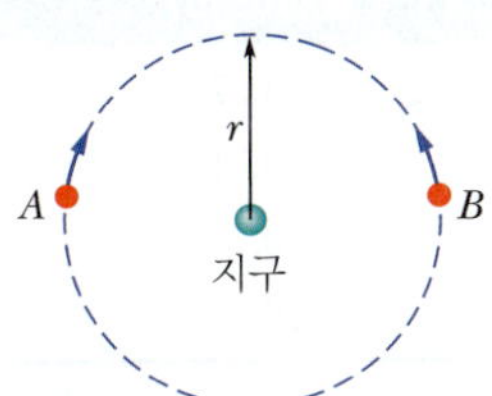

그림 13.19 연습문제 39

40 E 화성과 지구의 평균 지름은 각각 6.9×10^3 km와 1.3×10^4 km이다. 화성의 질량은 지구의 0.11배이다. (a) 화성과 지구의 평균 밀도(단위부피당 질량) 비율은 얼마인가? 화성에서 (b) 중력가속도는 얼마인가? (c) 탈출속력은 얼마인가?

41 M 각각 태양 질량의 두 배인 별로 이루어진 쌍성계에서 두 별은 그들의 질량중심 주위를 회전하고 있다. 두 별 사이의 거리는 지구와 태양 사이의 거리와 같다. 회전주기는 몇 년인가?

42 M 우주 공간에서 x축의 원점에 질량 20 kg의 공 A가 있고, 질량 30 kg인 공 B가 $x = 0.80$ m에 있다. 공 A는 원점에 고정되어 있고 공 B를 정지상태에서 놓는다. (a) B를 놓는 순간 계의 중력 퍼텐셜에너지는 얼마인가? (b) B가 A쪽으로 0.20 m 움직였을 때, B의 운동에너지는 얼마인가?

43 E *산의 인력.* 커다란 산은 추를 "아래로" 내려뜨려 정한 아래 방향에 작은 영향을 미칠 수 있다. 산을 반지름 $R = 2.0$ km, 밀도(단위부피당 질량) 2.6×10^3 kg/m³인 공으로 가정하자. 또한 공의 중심에서 $2.0R$ 떨어진 곳에 길이 0.50 m의 다림줄을 매달아 거대한 공이 줄 끝을 끌어당긴다고 하자. 다림줄의 끝은 공쪽으로 얼마나 멀리 움직이는가?

44 M 반지름이 R인 균일한 공 모양의 행성에 중심을 관통하는 좁은 지름방향의 터널이 있다고 가정하자(그림 13.4.1). 또한 터널 내부 또는 공 바깥의 어느 곳에나 사과를 놓을 수 있다고 가정하자. 행성의 표면에 있는 사과에 작용하는 중력의 크기는 F_R이다. 사과를 (a) 행성에서 멀어지게 하는 경우와 (b) 터널 속에 집어넣는 경우에서, 사과에 작용하는 중력이 $0.400F_R$인 곳은 행성의 표면에서 각각 얼마나 떨어진 곳인가?

45 E 5.2 kg의 입자와 2.4 kg인 입자 사이의 중력 크기가 9.0×10^{-12} N일 때 그 사이의 거리는 얼마인가?

46 H *3차원 문제.* 세 개의 점입자가 xyz 좌표계에 고정되어 있다. 질량 m_A의 입자 A는 원점에 있다. 질량이 $2.00m_A$인 입자 B의 xyz 좌표는 $(2.00d, 1.00d, 2.00d)$이고 질량이 $3.00m_A$인 입자 C의 좌표는 $(-1.00d, 2.00d, -3.00d)$이다. 질량이 $4.00m_A$인 네 번째 입자 D는 다른 입자 근처에 있다. 입자 A에 작용하는 입자 B, C, D의 알짜 중력이 0이 되는 입자 D의 (a) x 좌표 (b) y 좌표 (c) z 좌표를 거리 d로 나타내어라.

47 E (a) 지구의 인공위성이 고도 200 km에서 원궤도를 돌려면 선속력은 얼마인가? (b) 회전주기는 얼마인가?

48 E (a) 연습문제 45에서 두 입자로 이루어진 계의 중력 퍼텐셜에너지는 얼마인가? 입자 사이의 거리를 세 배로 늘린다면 (b) 입자 사이의 중력과 (c) 외부힘이 한 일은 각각 얼마인가?

49 H 질량이 M인 세 개의 똑같은 별이 정삼각형의 꼭지점에 있고, 정삼각형의 중심에 대해 정삼각형을 이루며 회전하고 있다. 삼각형의 한 변의 길이는 L이다. 별의 속력은 얼마인가?

50 E 태양에서 화성까지의 평균 거리는 태양에서 지구까지의 평균 거리의 1.52배이다. Kepler의 주기법칙에 따르면 화성이 태양을 한 번 도는 데 몇 년이 걸리는가? 얻은 답을 부록 C의 값과 비교하여라.

51 M 블랙홀의 반지름 R_h와 질량 M_h 사이에는 $R_h = 2GM_h/c^2$의 관계가 있으며, c는 광속이다. 블랙홀의 중심으로부터 거리 $r_o = 1.001R_h$에 있는 물체의 중력가속도 a_g는 식 13.3.3으로 주어진다고 가정한다. (즉, 큰 블랙홀로 가정한다.) (a) r_o에서 a_g를 M_h로 나타내어라. (b) M_h가 증가하면 r_o에서 a_g는 증가하는가, 감소하는가? (c) 태양 질량 1.99×10^{30} kg의 4.00×10^{12}배의 질량을 가진 아주 큰 블랙홀에 대해 r_o에서의 a_g는 얼마인가? (d) 키가 1.70 m인 우주비행사가 r_o에서 발이 블랙홀 쪽으로 향해 있다면 머리와 발 사이에서 중력가속도의 차이는 얼마인가? (e) 우주비행사를 늘리는 힘은 심각한가?

52 E 태양의 중심은 지구 궤도의 한 초점에 있다. (a) 또 하나의 초점은 이 초점에서 몇 미터 거리에 있는가? (b) (a)의 결과를 태양반지름 6.96×10^8 m의 단위로 나타내어라. 지구 궤도의 이심률은 0.0167이고 장축은 1.5×10^{11} m이다.

53 M 두 중성자별이 2.0×10^{10} kg 떨어져 있다. 각각의 질량은 1.0×10^{30} kg이고 반지름은 1.0×10^5 m이다. 이 별들은 처음에 서

로에 대하여 정지해 있다. (a) 두 별 사이의 거리가 처음 값의 반으로 줄어들 때와 (b) 충돌하기 직전의 속력은 얼마인가?

54 M 질량 5.0×10^{23} kg, 반지름 3.0×10^{6} kg인 가상적인 행성 Zero에는 대기가 없다. 질량 10 kg의 우주탐사선을 Zero의 표면에서 수직으로 발사하려고 한다. (a) 초기 에너지 5.5×10^{7} J로 발사한다면 탐사선이 Zero의 중심으로부터 4.0×10^{6} m인 위치에서 갖게 될 운동에너지는 얼마인가? (b) 탐사선이 Zero의 중심에서 최대거리 8.0×10^{6} m까지 도달하려면 Zero의 표면에서 발사할 때 초기 운동에너지의 크기는 얼마이어야 하는가?

55 E (a) 달과 (b) 목성에서 탈출하는 데 필요한 에너지는 각각 지구에서 탈출하는 데 필요한 에너지의 몇 배인가?

56 M 행성의 구조에 관한 모형을 살펴보면 반지름 R, 질량 M인 핵과 핵을 둘러싸고 있는 안쪽 반지름 R, 바깥쪽 반지름 $2R$이고, 질량 $4M$인 외각으로 구성되어 있다. $M = 4.1 \times 10^{24}$ kg이고 $R = 6.0 \times 10^{6}$ m일 때 행성의 중심으로부터 거리가 (a) R인 점과 (b) $4R$인 점에서의 중력가속도는 얼마인가?

57 E (a) 어떤 물체의 무게가 지구 표면에서 80 N이면 달 표면에서는 얼마인가? (b) 달에서의 무게와 같아지는 지점의 지구 중심부터의 거리는 지구 반지름의 몇 배인가?

58 E *소형 블랙홀*. 우주의 대폭발 후 남아 있는 소형 블랙홀이 우주를 떠다니고 있을지도 모른다. 질량은 4.0×10^{11} kg인 (반지름은 1.0×10^{-16} m에 불과한) 소형 블랙홀이 지구에 도달한다면, 어떤 거리에서 사람의 머리를 끌어당기는 힘의 크기가 지구중력과 같아지는가?

59 E 중국인들에게 우우일로 알려진 574년 4월의 어느 날에 중국 천문학자들이 발견한 혜성이 1994년 5월에 다시 관측되었다. 두 관측 사이에 걸린 시간이 우우일 혜성의 주기이고, 이심률은 0.9932라고 가정하자. (a) 혜성 궤도의 장축과 (b) 원일점 거리를 각각 명왕성의 평균 궤도반지름 R_P로 나타내어라.

60 E 인공위성을 지구 위 원궤도로 올려놓고, 궤도반지름은 달 궤도 반지름의 40%이다. 인공위성의 공전 주기는 월력으로 몇 달인가? (월력의 한 달은 달의 공전주기이다.)

61 E 인공위성이 자전하는 지구 적도 상의 한 점 위에 계속 떠 있다. (*정지궤도*라고 부르는) 궤도의 지상 고도는 얼마인가?

62 M 어떤 중성자별(밀도가 매우 큰 별)은 약 4.0 rev/s으로 자전한다고 알고 있다. 그러한 별의 반지름이 20 km라면 그 별 표면에 있는 물체가 빠른 자전에도 불구하고 그 자리에 그대로 남아 있기 위해 필요한 별의 최소 질량은 얼마인가?

63 M 반지름이 R인 균일하게 속이 꽉 찬 공의 표면에서 중력가속도는 a_g이다. 공의 (a) 내부와 (b) 외부에서 중력가속도가 $a_g/4$인 점은 공의 중심에서 얼마나 떨어져 있는가?

64 E 태양 표면의 폭발 플레어를 관측하기 위하여 태양으로부터 지름 방향으로 나오는 직선을 따라 우주탐사기구를 설치하려고 한다. 지구와 태양을 잇는 선상에서 우주탐사선이 지구에서 얼마나 멀리 가면 태양과 지구의 인력이 같아지는가?

65 M 질량 20 kg의 위성이 질량을 알 수 없는 행성 주위를 2.4시간 주기로 반지름 8.5×10^{6} m인 원궤도를 돌고 있다. 행성의 표면에서 중력가속도의 크기가 $8.0\ \text{m/s}^2$이라면 행성의 반지름은 얼마인가?

66 E 태양은 은하계의 중심으로부터 2.2×10^{20} m 떨어져서 2.5×10^{8}년에 한 번씩 공전한다. 은하계 안에 있는 각각의 별의 질량이 태양의 질량인 2.0×10^{30} kg이고, 은하계 중심에 대하여 공 모양으로 균일하게 분포되어 있으며, 또한 태양이 공의 가장자리에 있다고 가정하고 은하계 안에 있는 별의 수를 추정하여라.

67 E 어느 고도에서 중력가속도의 크기가 $8.0\ \text{m/s}^2$인가?

68 M 1610년 Galileo는 망원경으로 목성 주위를 돌고 있는 네 개의 위성을 발견하였다. 그 평균반지름 a와 주기 T는 다음과 같다.

위성의 이름	a (10^8 m)	T(일)
Io	4.22	1.77
Europa	6.71	3.55
Ganymede	10.7	7.16
Callisto	18.8	16.7

(a) log T(x축)에 대한 log a(y축)의 그래프를 그려서 직선이 됨을 보여라. (b) 직선의 기울기를 재어서 Kepler의 제3법칙에서 예상되는 값과 비교하여라. (c) 직선의 y축 절편에서 목성의 질량을 구하여라.

69 M 그림 13.20에서 질량이 30.0 g인 네 입자가 한 변의 길이가 $d = 0.600$ m인 정사각형을 이룬다. 만약 $d = 0.200$ m로 줄어들면 계의 중력 퍼텐셜에너지 변화는 얼마인가?

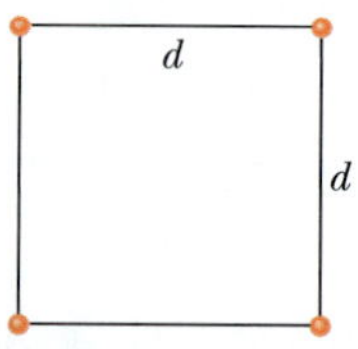

그림 13.20 연습문제 69

제 14장

유체

Fluids

14.1 ▸ 유체, 밀도, 압력

요점_Key Ideas

1. 물질의 밀도 ρ는 물질의 단위부피당 질량으로 정의한다.

$$\rho = \frac{\Delta m}{\Delta V}.$$

보통 물체가 원자 크기보다 매우 크면

$$\rho = \frac{m}{V}$$

로 쓸 수 있다.

2. 유체는 흐를 수 있는 물질이다. 유체는 층밀리기 변형력을 버틸 수 없으므로 그릇의 경계면과 같은 모양을 이룬다. 그러나 표면에 수직으로 힘을 가할 수 있다. 이 힘은 압력 p로 기술한다.

$$p = \frac{\Delta F}{\Delta A}.$$

여기서 ΔF는 면적 ΔA인 표면 요소에 작용하는 힘이다. 이 힘이 평평한 면적에 대해 균일하면 다음과 같이 쓸 수 있다.

$$p = \frac{F}{A}.$$

3. 유체 내부의 특정한 점에서 유체의 압력에 의해 생기는 힘은 모든 방향에 대해 크기가 같다.

학습목표_Learning Objectives

이 단원을 읽은 후 다음을 이해해야 한다.

14.1.1 유체와 고체를 구별한다.

14.1.2 질량이 균일하게 분포할 때 밀도, 질량과 부피 사이의 관계를 맺는다.

14.1.3 유체의 압력, 힘과 이 힘이 작용하는 표면의 면적 사이의 관계를 적용한다.

▶ 어떤 물리현상을 다루는가?

유체물리학은 다양한 분야에 응용되는 수력학이라는 공학 분야의 기초이다. 핵공학자는 오래된 원자로의 배관 속에 있는 유체의 흐름을 연구하고, 의공학자는 환자의 핏줄에 흐르는 혈액의 흐름을 연구하며, 환경공학자는 폐기물 처리장의 배수나 효율적인 관개방법을 연구한다. 해군에서는 심해잠수부에게 생길 수 있는 위험이나 침몰한 잠수함에서 선원들을 구조하는 방법을 연구한다. 항공공학자는 제트기의 보조날개를 작동시키는 유압장치를 설계한다. 수력학은 브로드웨이나 라스베이거스 쇼에서 거대한 무대장치를 재빨리 올리고 내리기 위해 사용하는 유압장치에 적용되기도 한다.

유체물리학의 응용에 대해 공부하기 전에 "유체란 무엇인가"라는 질문에 먼저 답을 해야 한다.

유체란 무엇인가?

고체와 달리 **유체**는 흐를 수 있는 물질이다. 유체는 표면의 접선방향으로 힘을 받을 수 없기 때문에 담겨 있는 그릇의 형태에 따라 모양이 변한다(12.3단원의 용어를 사용하면 유체는 층밀리기 변형력을 버틸 수 없기 때문에 흐르는 물질이다. 그러나 표면에 수직인 방향으로는 힘을 가할 수 있다). 송진같이 끈끈한 물질은 담긴 그릇의 모양으로 변하는 데 오랜 시간이 걸리지만 결국에는 그릇 모양으로 채워지기 때문에 유체로 분류한다.

그러면 물과 수증기는 물과 얼음만큼이나 다른데도 불구하고 왜 액체와 기체를 다 함께 유체로 분류하는지 의문이 생길 수 있다. 얼음은 다른 결정질 고체처럼 결정격자라고 하는 3차원 배열을 따라 원자가 정렬되어 있다. 그러나 물이나 수증기에는 그런 먼 거리 질서가 존재하지 않는다는 점에서 얼음과 구분된다.

밀도와 압력

강체를 배울 때에는 나무토막, 야구공, 쇠막대같이 덩어리를 이룬 물체를 다루었다. Newton의 법칙을 적용하는 데 있어서 중요한 물리량은 질량과 힘이었다. 예를 들면 3.6 kg의 나무토막에 25 N의 힘이 작용한다고 표현했다.

그러나 유체는 넓게 퍼져 있으며 유체 내의 위치에 따라 특성이 변하므로 질량과 힘보다는 **밀도**와 **압력**을 사용하는 것이 더 편리하다.

표 14.1.1 밀도의 크기

물질 또는 물체	밀도(kg/m^3)
성간 공간	10^{-20}
실험실에서 얻을 수 있는 최대 진공	10^{-17}
공기: 20°C 1 atm	1.21
20°C 50 atm	60.5
스티로폼	1×10^2
얼음	0.917×10^3
물: 20°C 1 atm	0.998×10^3
20°C 50 atm	1.000×10^3
바닷물: 20°C 1 atm	1.024×10^3
혈액	1.060×10^3
철	7.9×10^3
수은	13.6×10^3
지구: 평균	5.5×10^3
핵	9.5×10^3
지각	2.8×10^3
태양: 평균	1.4×10^3
핵	1.6×10^5
백색왜성(중심부)	10^1
우라늄핵	3×10^{17}
중성자별(중심부)	10^{18}

밀도

유체 내 어느 한 점에서의 **밀도** ρ는 그 점을 포함하는 작은 부피 ΔV 안에 들어 있는 질량이 Δm이라고 할 때 다음과 같이 정의한다.

$$\rho = \frac{\Delta m}{\Delta V}. \qquad (14.1.1)$$

이론적으로는 어느 한 점에서의 밀도는 그 점을 포함하는 부피 ΔV가 무한히 작아지는 극한값으로 정의한다. 실제로는 유체 표본이 원자의 크기보다 훨씬 크기 때문에 균일한 밀도를 갖고 있다고 가정할 수 있으므로, 표본의 질량이 m이고 부피가 V인 물체의 밀도를 다음과 같이 쓸 수 있다.

$$\rho = \frac{m}{V} \quad \text{(균일한 밀도)}. \qquad (14.1.2)$$

밀도는 스칼라량이고 SI 단위는 kg/m^{3}이다. 표 14.1.1에 여러 물질의 밀도와 몇 가지 물체의 평균밀도가 수록되어 있다. 여기서 공기와 같은 기체의 밀도는 압력에 따라 크게 변하지만, 물과 같은 액체의 밀도는 그렇지 않다. 다시 말해 기체는 액체보다 쉽게 *압축할 수 있다*.

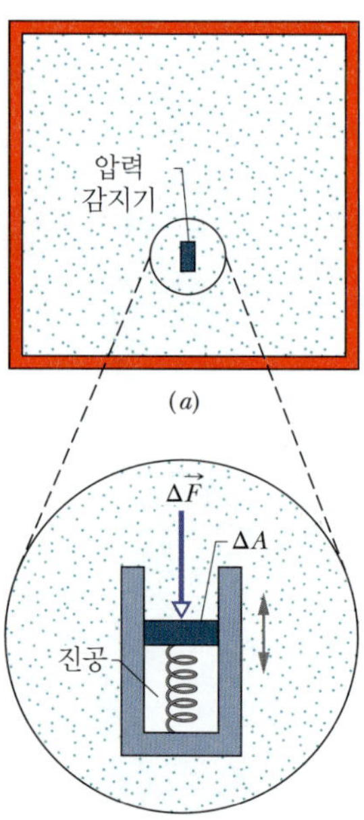

그림 14.1.1 (*a*) (*b*)에 나타낸 작은 압력 감지기와 함께 유체를 담고 있는 용기. 움직이는 피스톤의 상대적 위치로 압력을 측정한다.

압력

그림 14.1.1*a*처럼 유체가 들어 있는 용기 내에 압력을 감지하는 장치가 들어 있다고 하자. 감지기(그림 14.1.1*b* 참조) 안에는 면적 ΔA의 피스톤이 실린더 안의 용수철 위에 얹혀 있다. 주위의 유체가 용수철을 압축하는 정도를 읽어서 피스톤에 수직방향으로 작용

하는 힘 ΔF를 알 수 있다. 이때 유체가 피스톤에 가하는 **압력**을 다음과 같이 정의한다.

$$p = \frac{\Delta F}{\Delta A}. \quad (14.1.3)$$

이론적으로는 유체 내 어느 한 점에서의 압력은 그 점을 중심으로 하는 면의 면적 ΔA가 무한히 작아지는 극한값이다. 그러나 평평한 면 A에 작용하는 힘이 균일할 때(힘이 표면 위의 모든 점에 고르게 분포할 때) 식 14.1.3을 다음과 같이 다시 쓸 수 있다.

$$p = \frac{F}{A} \quad \text{(편평한 면에 작용하는 균일한 힘에 의한 압력).} \quad (14.1.4)$$

여기서 F는 면적 A에 작용하는 수직력의 크기이다.

정지해 있는 유체의 어느 한 점에서 식 14.1.4로 정의한 압력은 압력 감지기의 방향에 무관하다는 것을 실험적으로 확인할 수 있다. 압력은 방향에 무관한 스칼라량이다. 압력 감지기의 피스톤에 작용하는 힘은 벡터이지만, 식 14.1.4에서는 스칼라량인 힘의 *크기*만을 사용하였다.

압력의 SI 단위는 N/m^2이며, 흔히 **파스칼**(Pa)이라고 부른다. 미터법을 사용하는 나라에서는 타이어의 압력계를 킬로파스칼(kPa)로 나타낸다. SI 단위는 아니지만 흔히 사용하는 다른 단위는 다음과 같이 환산한다.

$$1 \text{ atm} = 1.01 \times 10^5 \text{ Pa} = 760 \text{ torr} = 14.7 \text{ lb/in.}^2.$$

기압(atm)은 해수면에서의 평균 대기압력이다. 1674년에 수은기압계를 발명한 Evangelista Torricelli의 이름을 딴 *torr*는 과거에 mmHg로 부르기도 했다. 제곱인치당 파운드(lb/in^2)는 psi라고도 쓴다. 표 14.1.2에서 여러 상황에서의 압력을 알 수 있다.

표 14.1.2 압력의 크기

	압력(Pa)
태양의 중심	2×10^{16}
지구의 중심	4×10^{11}
실험실에서 얻을 수 있는 최대 압력	1.5×10^{10}
가장 깊은 바닷속	1.1×10^{8}
구두 뒤축이 마룻바닥에 가하는 압력	10^{6}
자동차 타이어[a]	2×10^{5}
해수면에서의 대기압	1.0×10^{5}
정상적인 혈압[a, b]	1.6×10^{4}
실험실에서 얻을 수 있는 최대 진공	10^{-12}

[a] 대기압을 초과한 압력.
[b] 심장이 수축할 때의 압력으로서 의료용 혈압계로는 120 torr에 해당한다.

확인문제 14.1.1

평면에 힘을 균일하게 작용한 세 가지 상황이 있다. 힘의 크기와 표면적이 주어졌다. 표면에 작용하는 압력을 큰 것부터 순서대로 나열하여라.

상황	힘(N)	면적(m^2)
(1)	19	2.0
(2)	200	50
(3)	600	200

보기문제 14.1.1 대기압과 힘

방바닥의 크기는 3.5 m × 4.2 m이고 높이는 2.4 m이다.

(a) 방 안의 공기 압력이 1.0 atm일 때, 방안 공기의 무게는 얼마인가?

요점

(1) 공기의 질량이 m일 때 무게는 mg이다. (2) 질량 m은 공기의 밀도 ρ와 부피 V로부터 식 14.1.2를 이용해 얻을 수 있다.

풀이: 표 14.1.1에 나와 있는 1.0 atm에서의 공기의 밀도를 이용하면 다음을 얻는다.

$$\begin{aligned} mg &= (\rho V)g \\ &= (1.21 \text{ kg/m}^3)(3.5 \text{ m} \times 4.2 \text{ m} \times 2.4 \text{ m})(9.8 \text{ m/s}^2) \\ &= 418 \text{ N} \approx 420 \text{ N}. \end{aligned}$$ 답

이 무게는 콜라 100캔의 무게와 거의 같다.

(b) 머리의 단면적이 0.040 m^2일 때 머리 위에 공기가 아래로 누르는 힘의 크기는 얼마인가?

요점

면적이 A인 표면에 작용하는 유체의 압력이 p이면 유체가 작용하는 힘은 식 14.1.4($p = F/A$)이다.

풀이: 대기압이 매일 변하기는 하지만 근사하여 $p = 1.0$ atm이라면 식 14.1.4에 따라 유체가 작용하는 힘은 다음과 같다.

$$F = pA = (1.0\ \text{atm})\left(\frac{1.01\times10^5\ \text{N/m}^2}{1.0\ \text{atm}}\right)(0.040\ \text{m}^2)$$
$$= 4.0\times10^3\ \text{N}.$$ (답)

이 엄청난 크기의 힘은 방바닥으로부터 대기권의 끝까지에 쌓여 있는 공기기둥의 무게에 해당된다.

▶ **교육용 비디오는 웹사이트 www.wiley.com에서 볼 수 있다.**

14.2 ▸ 정지해 있는 유체

학습목표_*Learning Objectives*

이 단원을 읽은 후 다음을 이해해야 한다.

14.2.1 정지유체 압력, 유체의 밀도와 기준선 위 혹은 밑의 높이 사이의 관계를 적용한다.

14.2.2 전체 압력(절대압력)과 계기압력을 구분한다.

요점_*Key Ideas*

1. 정지한 유체 안의 압력은 수직 위치 y에 따라 변한다. y를 위 방향을 양수로 정하여 측정할 때

$$p_2 = p_1 + \rho g(y_1 - y_2)$$

이다. h가 압력이 p_0인 기준선 *아래*에 있는 유체의 *깊이*라면 이 식은

$$p = p_0 + \rho gh$$

가 된다. 여기서 p는 유체의 압력이다.

2. 유체 안의 압력은 같은 높이의 모든 점에서 같다.
3. 계기압력은 한 점에서 대기압과 실제 압력(절대압력)의 차이이다.

▶ 정지해 있는 유체

그림 14.2.1a는 뚜껑이 없는 큰 통에 물 또는 다른 액체가 담겨 있는 그림이다. 잠수부가 잘 알고 있듯이 수면 아래로 깊이 내려갈수록 압력이 *증가한다*. 잠수부가 사용하는 수심계는 사실 그림 14.1.1b와 같은 압력 감지기의 일종이다. 또한 등산가가 잘 알고 있듯이 고도가 올라갈수록 압력이 *감소한다*. 잠수부나 등산가가 느끼는 압력은 정지해 있는 유체에 의한 것이기 때문에 정지 *유체압력*이라고 한다. 이제 정지 유체압력을 깊이나 높이의 함수로 구해 보자.

먼저 깊이에 따른 압력의 증가를 살펴보자. 수면을 원점으로 하고 위로 가는 방향이 양의 방향이 되도록 수직으로 y축을 잡고, 수평인 밑면의 면적이 A인 가상적인 원통 안에 들어 있는 물 표본을 고려하자. 원통의 윗면과 아랫면의 위치가 각각 y_1과 y_2라면 두 값은 모두 음수이다.

그림 14.2.1e는 원통 안에 들어 있는 물에 대한 자유물체그림이다. 물은 정지해 있으며, 작용하는 모든 힘은 평형을 이루고 있어서 *정적 평형상태*에 있다. 물에 수직으로 작용하는 힘은 원통 위에 있는 물이 원통 윗면에 작용하는 힘 $\vec{F}_1$(그림 14.2.1b), 원통 아래에 있는 물이 원통 아랫면에 작용하는 힘 $\vec{F}_2$(그림 14.2.1c), 그리고 원통 안에 있는 물에 작용하는 중력 $m\vec{g}$이다(그림 14.2.1d). 여기서 m은 원통 안에 있는 물의 질량이다. 세 힘이 평형을 이루므로 다음과 같이 쓸 수 있다.

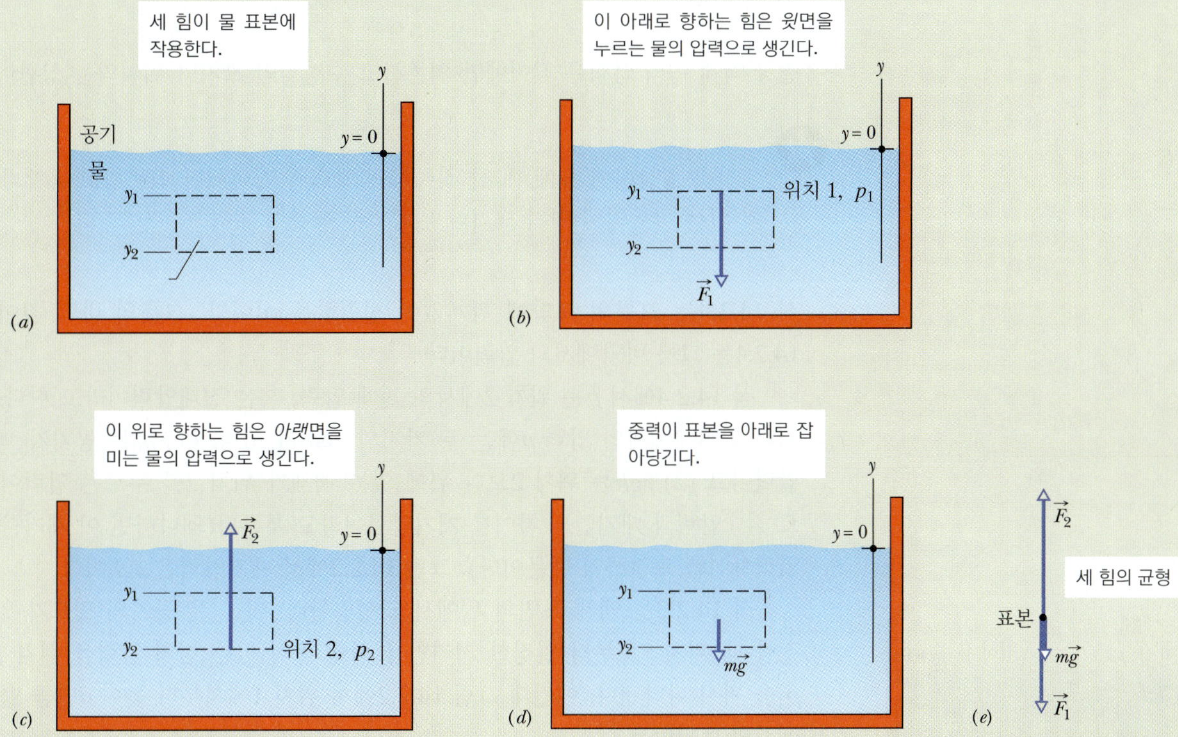

그림 14.2.1 (*a*) 물통 가운데에 면적이 A이고 밑면이 수평인 가상적인 원통이 있다고 하고, 그 안에 들어 있는 물 표본을 생각해 보자. (*b~d*) 힘 $\vec{F}_1$은 원통의 윗면에 작용하고, 힘 $\vec{F}_2$는 원통의 아랫면에 작용한다. 물 표본에 작용하는 중력은 $m\vec{g}$이다. (*e*) 물 표본에 대한 자유물체그림.

$$F_2 = F_1 + mg. \tag{14.2.1}$$

압력으로 표현하려면 식 14.1.4를 이용하여

$$F_1 = p_1 A \quad \text{및} \quad F_2 = p_2 A \tag{14.2.2}$$

로 쓴다. 식 14.1.2에 의하면, 원통 안에 들어 있는 물의 질량은 $m = \rho V$인데, 원통의 부피 V는 밑면의 면적 A와 높이 $y_1 - y_2$의 곱이므로 $m = \rho V(y_1 - y_2)$이다. 이것을 식 14.2.2와 함께 14.2.1에 대입하면

$$p_2 A = p_1 A + \rho A g(y_1 - y_2),$$

즉, 다음을 얻는다.

$$p_2 = p_1 + \rho g(y_1 - y_2). \tag{14.2.3}$$

이 식을 이용하면 액체 속에서 깊이에 따른 압력뿐만 아니라 대기에서 높이에 따른 압력도 구할 수 있다. 수면 아래 깊이 h인 위치에서 압력 p를 구하기 위하여 (그림 14.2.2 처럼) 위치 1을 수면으로 정하고, 위치 2는 거리 h만큼 아래에 있다고 하면

$$y_1 = 0, \quad p_1 = p_0 \quad \text{및} \quad y_2 = -h, \quad p_2 = p$$

로 놓고 식 14.2.3에 대입하면 다음과 같다.

$$p = p_0 + \rho g h \qquad (\text{깊이 } h\text{에서의 압력}). \qquad (14.2.4)$$

결국 액체 속의 압력은 깊이에만 의존하고 수평적인 크기나 위치와는 상관이 없다.

> 정적 평형상태인 유체 내 한 점에서의 압력은 깊이에만 의존하고 유체나 유체가 담겨 있는 그릇의 수평적 크기나 위치와는 상관이 없다.

식 14.2.4는 그릇의 모양에 관계없이 성립하는 식이다. 그릇의 바닥 깊이가 h라면 식 14.2.4는 그릇 바닥에서의 압력이다.

식 14.2.4에서 p는 위치 2에서의 전체 압력, 혹은 **절대압력**이라고 한다. 그림 14.2.2처럼 위치 2에서의 압력 p에는 두 가지의 요소가 있다. (1) p_0는 공기가 액체를 누르는 압력이고 (2) ρgh는 위치 2보다 위에 있는 액체가 위치 2를 누르는 압력이다. 일반적으로 절대압력과 대기압의 차이를 **계기압력**이라고 부른다(왜냐하면 이 계기를 이용하여 이 압력차이를 측정하기 때문이다). 그림 14.2.2에서 계기압력은 ρgh이다.

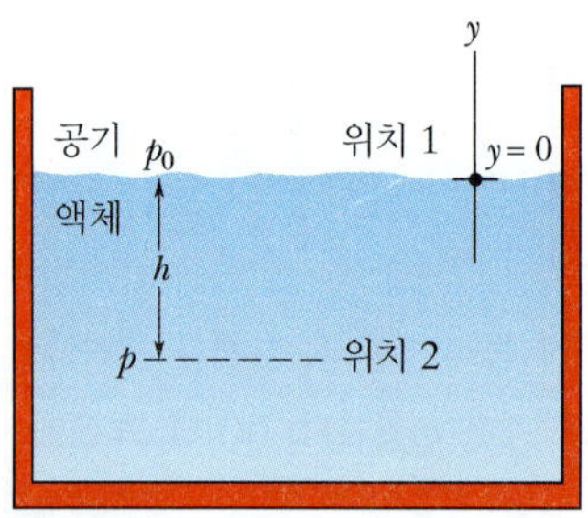

그림 14.2.2 압력 p는 식 14.2.4처럼 액체 표면으로부터의 깊이 h에 따라 증가한다.

식 14.2.3은 액체 표면의 위에서도 성립한다. 이 식은 공기의 밀도가 일정하다고 가정할 때 위치 1로부터 일정한 거리만큼 위에 놓여 있는 점의 압력을 위치 1에서의 압력 p_1을 써서 나타낸다. 예컨대 그림 14.2.2에서 위치 1에서부터 높이 d만큼 떨어져 있는 점에서의 대기압은

$$y_1 = 0, \quad p_1 = p_0 \quad \text{및} \quad y_2 = d, \quad p_2 = p$$

로 놓고 $\rho = \rho_{air}$를 사용하여 다음과 같이 얻는다.

$$p = p_0 - \rho_{air} g d.$$

확인문제 14.2.1

아래 그림에는 올리브유가 담긴 네 개의 그릇이 있다. 깊이 h에서의 압력이 큰 순서대로 배열하여라.

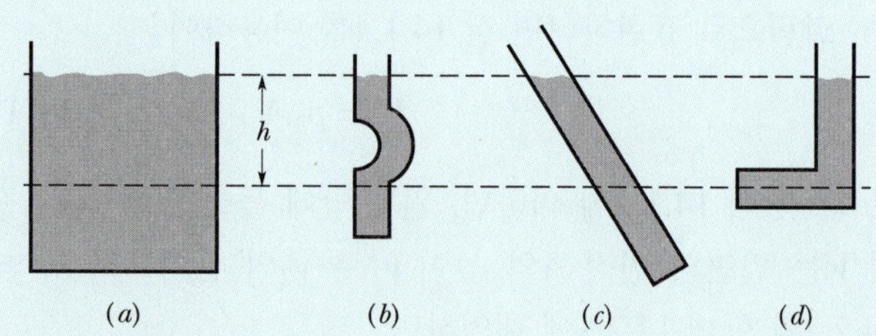

보기문제 14.2.1 U관 안에서 압력의 균형

그림 14.2.3의 U관 안에서 두 종류의 액체가 정적 평형을 이루고 있다. 밀도 $\rho_w(= 998\ \text{kg/m}^3)$의 물이 오른쪽에 있고, 밀도를 알 수 없는 기름이 왼쪽에 있다. l = 135 mm이고 d = 12.3 mm라고 할 때 기름의 밀도 ρ_x를 구하여라.

요점

(1) 기름과 물의 경계면에서 압력 p_{int}는 밀도 ρ_x와 경계면 위 기름의 높이에 의존한다. (2) 정적 평형상태에 있는 물에서 같은 깊이에 있는 두 지점의 압력이 같아야 하므로 오른쪽 관에서 *경계면*에 해당하는 높이에 있는 지점의 압력은 p_{int}와 같다.

풀이: 오른쪽 관에서 경계면은 물의 표면에서 l만큼 떨어져 있으므로, 식 14.2.4에서

$$p_{int} = p_0 + \rho_w g l \qquad (\text{오른쪽 관})$$

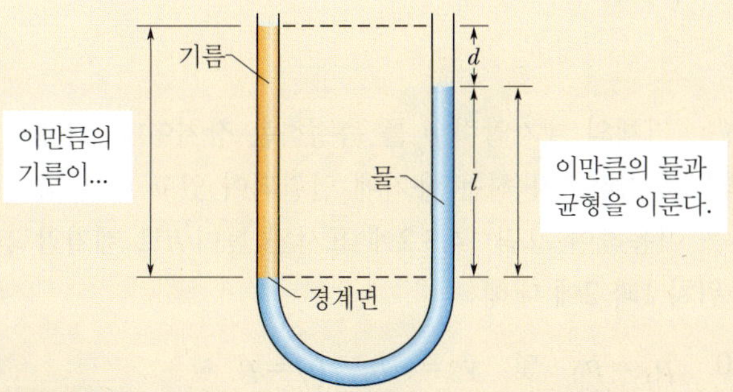

그림 14.2.3 기름이 물보다 가볍기 때문에 왼쪽 관에 있는 기름이 물보다 더 올라간다.

▶ **교육용 비디오는 웹사이트 www.wiley.com에서 볼 수 있다.**

을 얻는다. 왼쪽 관에서는 경계면이 *기름*의 표면에서부터 $l + d$만큼 떨어져 있으므로, 식 14.2.4에서

$$p_{\text{int}} = p_0 + \rho_x g(l + d) \qquad (\text{왼쪽 관})$$

을 얻는다. 두 식으로부터 ρ_x를 구하면,

$$\rho_x = \rho_w \frac{l}{l+d} = (998\ \text{kg/m}^3)\frac{135\ \text{mm}}{135\ \text{mm} + 12.3\ \text{mm}}$$
$$= 915\ \text{kg/m}^3 \qquad \text{(답)}$$

이다. 이 결과는 대기압 p_0나 자유낙하 가속도 g의 값과는 상관이 없다.

14.3 ▸ 압력의 측정

요점 _Key Ideas_

1. 수은 기압계는 기압을 측정하는 데 사용할 수 있다.
2. 열린 관 압력계는 밀폐된 기체의 계기압력을 측정하는 데 사용할 수 있다.

학습목표 _Learning Objectives_

이 단원을 읽은 후 다음을 이해해야 한다.

14.3.1 기압계가 어떻게 압력을 측정하는지 설명한다.

14.3.2 열린 관 압력계는 기체의 계기압력을 어떻게 측정하는지 설명한다.

▶ 압력의 측정

수은기압계

그림 14.3.1a는 대기의 압력을 측정하는 데 사용하는 매우 간단한 *수은기압계*이다. 수은으로 채워진 긴 유리관은 수은이 담긴 그릇에 입구가 아래로 세워져 있다. 수은 기둥의 위쪽 공간에는 수은 증기만이 있는데, 그 압력은 매우 작아서 보통의 온도에서는 무시할 수 있다.

식 14.2.3을 이용하여 수은 기둥의 높이 h로부터 대기압 p_0를 구할 수 있다. 그림 14.3.1a에 표시한 것처럼 공기와 수은의 경계면을 그림 14.2.1에서의 위치 1로 잡고 수은 기둥의 꼭대기를 위치 2로 잡는다. 식 14.2.3에

$$y_1 = 0, \quad p_1 = p_0 \quad \text{및} \quad y_2 = h, \quad p_2 = 0$$

을 대입하면, 수은의 밀도를 ρ라고 할 때

$$p_0 = \rho g h \qquad (14.3.1)$$

를 얻는다.

주어진 압력에 대해 수은 기둥의 높이 h는 유리관의 단면적과 상관이 없다. 그림 14.3.1b의 복잡한 수은기압계에서도 같은 h값을 가진다.

식 14.3.1에 의하면 같은 압력에 대해 수은 기둥의 높이는 기압계가 위치한 곳에서의 g값과 온도에 따라 변하는 수은의 밀도에 의존한다. 기압계가 위치한 곳의 g값이 g의 표준값인 9.80665 m/s^{2}이고 수은의 온도가 0°C인 경우에만 밀리미터로 측정한 수은 기둥의 높이가 torr로 나타내는 압력과 같아진다. 이러한 조건이 만족되지 않는 대부분의 경우에는 수은 기둥의 높이를 압력으로 변

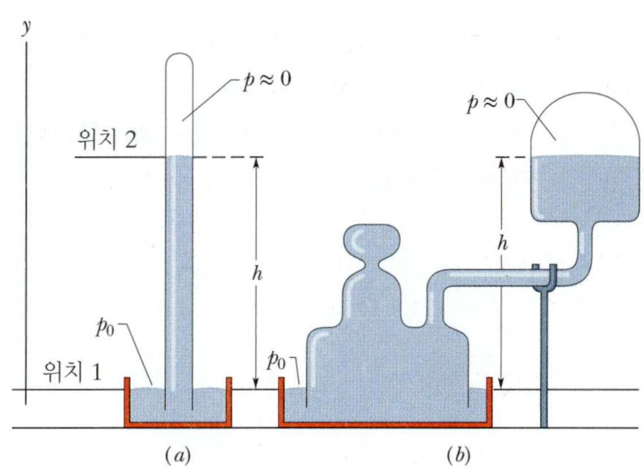

그림 14.3.1 (a) 수은기압계. (b) 또 다른 수은기압계. 높이 h는 두 경우 모두 같다.

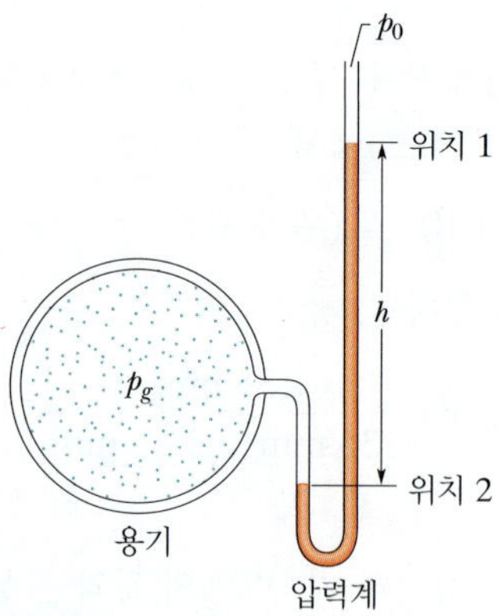

그림 14.3.2 ▸ 열린관 압력계가 왼쪽의 용기에 들어 있는 기체의 계기 압력을 측정하기 위해 연결되어 있다. U관의 위쪽 끝은 대기에 노출되어 있다.

환할 때 이에 대한 보정을 해주어야 한다.

열린관 압력계

그림 14.3.2의 *열린관 압력계*는 기체의 계기압력 p_g를 측정하는 장치이다. 액체가 담겨 있는 U관의 한쪽은 계기압력을 측정하고자 하는 용기에 연결되어 있고 다른 쪽은 대기에 노출되어 있다. 식 14.2.3을 이용하여 그림 14.3.2에 표시된 높이 h로 계기압력을 알아낼 수 있다. 그림 14.3.2의 위치 1과 2에 대해

$$y_1 = 0, \quad p_1 = p_0 \quad \text{및} \quad y_2 = -h, \quad p_2 = p$$

를 식 14.2.3에 대입하면 다음을 얻는다.

$$p_g = p - p_0 = \rho g h. \tag{14.3.2}$$

여기서 ρ는 액체의 밀도이다. 계기압력 p_g는 h에 비례한다.

계기압력은 $p > p_0$ 또는 $p < p_0$에 따라 양수 또는 음수일 수 있다. 타이어나 혈관에서 절대압력은 대기압보다 크므로 계기압력은 양수이다. 빨대를 이용하여 음료수를 빨아들일 때 허파 속의 절대압력은 대기압보다 작아서 계기압력은 음수이다.

➡ 확인문제 14.3.1

이 절에 나타난 대로 기체 용기에 연결된 수은압력계 팔을 세 그림에 나타내었다. 기체 안의 계기압력이 큰 것부터 순서대로 나열하여라.

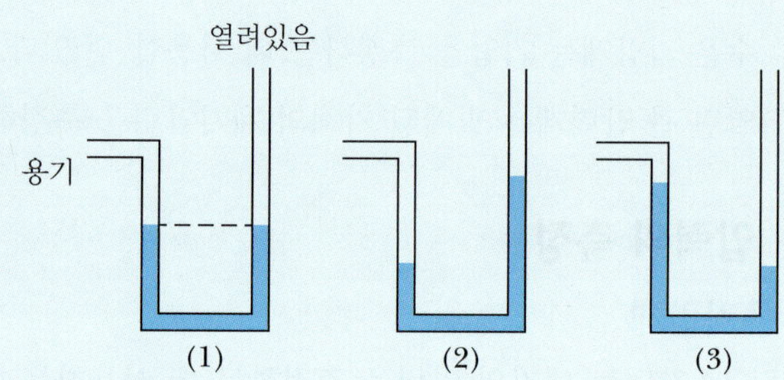

14.4 ▸ Pascal의 원리

학습목표 _Learning Objectives_

이 단원을 읽은 후 다음을 이해해야 한다.

14.4.1 Pascal의 원리를 설명한다.

14.4.2 유압 지렛대에서 입력 면적, 변위와 출력 면적, 변위 사이의 관계를 적용한다.

요점 _Key Ideas_

1. Pascal의 원리란 밀폐된 유체에 작용하는 압력의 변화는 줄어들지 않고 유체의 모든 점과 담은 용기 벽에 그대로 전달된다는 것이다.

▶ Pascal의 원리

치약튜브의 한쪽 끝을 누르면 다른 쪽 끝에서 치약이 나오는 것은 **Pascal의 원리** 때문이다. 또한 목에 걸린 음식물을 빼내기 위해서 배에 갑자기 압력을 가하면, 그 압력이 식도에 전달되어 걸려 있던 음식물이 빠져나오게 되는 것도 같은 원리 때문이다. 다음의 원리는 1652년 Blaise Pascal이 최초로 발견하였고, 압력의 단위도 그의 이름을 따서 명명되었다.

> 갇혀 있는 비압축성 유체에 가해진 압력은 유체의 모든 부분과 유체를 담고 있는 그릇의 모든 부분에 똑같이 전달된다.

Pascal의 원리의 예

그림 14.4.1처럼 비압축성 액체가 긴 원통에 들어 있는 경우를 생각해 보자. 원통의 위쪽은 납알이 담긴 통이 얹혀 있는 피스톤으로 막혀 있다. 대기, 통, 납알은 모두 p_{ext}의 압력을 피스톤에 가하고, 이 압력은 액체에 전달된다. 액체 내의 임의의 점 P에서의 압력 p는

$$p = p_{\text{ext}} + \rho g h \tag{14.4.1}$$

이다. 납알을 조금 더 올려놓아서 p_{ext}를 Δp_{ext}만큼 증가시키면, 식 14.4.1에서 ρ, g, h는 변하지 않으므로 점 P에서의 압력의 변화는

$$\Delta p = \Delta p_{\text{ext}} \tag{14.4.2}$$

이다. 이 압력의 변화는 h와 무관하므로 액체 내의 모든 점에서 성립한다.

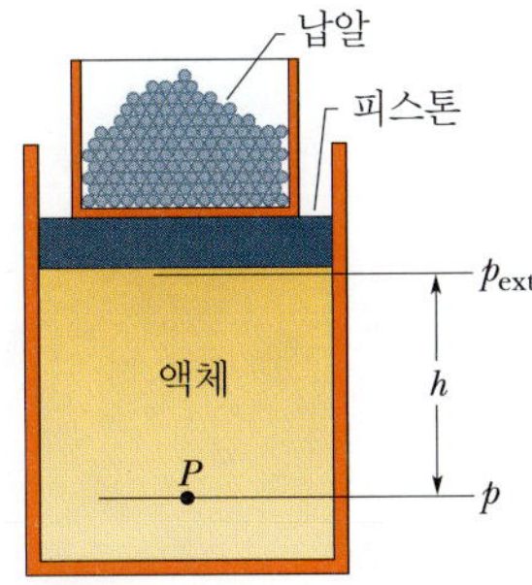

그림 14.4.1 피스톤 위에 올려 놓은 납알은 밀폐된 비압축성 액체에 압력 p_{ext}를 가한다. 납알을 더 올려놓아서 p_{ext}가 증가하면 액체 내 모든 점의 압력은 같은 양만큼 증가한다.

Pascal의 원리와 유압지렛대

그림 14.4.2는 유압지렛대에 Pascal의 원리가 어떻게 적용되는지를 보여준다. 외부에서 크기 F_i의 힘이 작용하여 면적 A_i의 왼쪽 입력 피스톤을 눌러주면, 장치 안의 비압축성 액체를 통해서 크기 F_o의 힘이 면적 A_o의 오른쪽 출력 피스톤에 작용하여 위로 밀어 올린다. 이때 계가 평형을 유지하기 위해서는 외부에서 크기 F_o의 힘으로 출력 피스톤을 눌러주어야 한다. 왼쪽 피스톤에 가해준 힘 $\vec{F}_i$와 외부에서 오른쪽 피스톤에 가해 주는 힘 $\vec{F}_o$는 압력의 변화 Δp를 일으키는데, 그 크기는

$$\Delta p = \frac{F_i}{A_i} = \frac{F_o}{A_o}$$

이고, 이를 다시 쓰면 다음과 같다.

$$F_o = F_i \frac{A_o}{A_i}. \tag{14.4.3}$$

따라서 그림 14.4.2처럼 $A_o > A_i$이면 F_o는 F_i보다 크다.

또한 입력 피스톤을 거리 d_i만큼 아래로 움직이면 출력 피스톤은 d_o만큼 올라가서, 양쪽 피스톤의 위치변화로 생기는 비압축성 액체의 부피변화는 같게 된다. 따라서

$$V = A_i d_i = A_o d_o$$

이고, 이를 다시 쓰면 다음과 같다.

$$d_o = d_i \frac{A_i}{A_o}. \tag{14.4.4}$$

따라서 그림 14.4.2처럼 $A_o > A_i$이면 출력 피스톤은 입력 피스톤보다 짧은 거리를 움직인다.

식 14.4.3과 식 14.4.4로부터 출력 피스톤이 한 일은 다음과 같다.

$$W = F_o d_o = \left(F_i \frac{A_o}{A_i}\right)\left(d_i \frac{A_i}{A_o}\right) = F_i d_i. \tag{14.4.5}$$

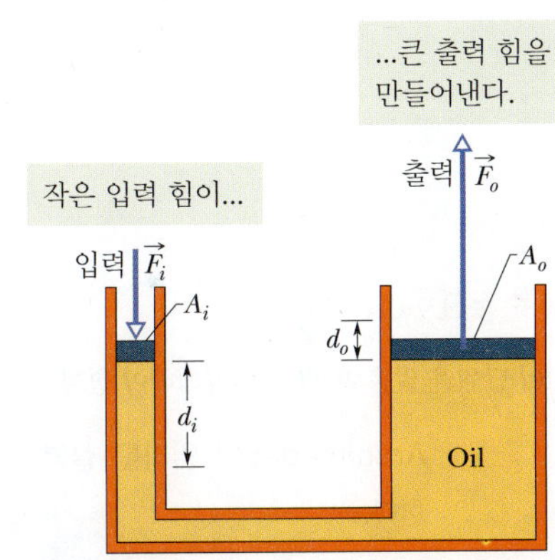

그림 14.4.2 유압장치를 사용하여 힘 $\vec{F}_i$를 증폭시킬 수 있다. 이때 한 일은 증폭되지 않으며 입력이나 출력 단계에서 한 일은 같다.

즉, 입력 피스톤에 가해준 힘이 한 일과 출력 피스톤이 그 위에 놓인 부하를 밀어올리기 위해 한 일이 같음을 알 수 있다.

따라서 유압지렛대의 이점은 다음과 같다.

> 유압지렛대를 사용하면 짧은 거리를 움직이는 대신에 작은 힘을 큰 힘으로 변환시킬 수 있다.

힘과 거리의 곱은 변하지 않으므로 한 일은 같지만 큰 힘을 얻을 수 있으므로 많은 경우에 큰 이점이 된다. 예컨대 대부분의 사람은 자동차를 직접 들어 올릴 수가 없다. 그러나 유압 잭을 사용하면 자동차가 올라가는 거리보다 손잡이를 훨씬 더 많이 움직여야 하지만 자동차를 들어 올릴 수 있다. 이 장치에서 변위 d_i는 손잡이를 여러 번 움직여서 얻는다.

확인문제 14.4.1

유압지렛대에서 (a) 변위가 최대, (b) 힘의 크기가 더 큰, (c) 이동한 부피가 더 큰 피스톤은 어느 것인가? 가능한 답은 다음과 같다. 면적이 더 큰 피스톤, 면적이 작은 피스톤, 그리고 같은 면적의 피스톤.

14.5 ▸ Archimedes의 원리

학습목표_Learning Objectives

이 단원을 읽은 후 다음을 이해해야 한다.

14.5.1 Archimedes의 원리를 설명한다.

14.5.2 물체에 작용하는 부력과 물체에 의해 밀려난 유체의 질량 사이의 관계를 적용한다.

14.5.3 떠있는 물체에 대해 부력과 중력 사이의 관계를 맺는다.

14.5.4 떠있는 유체에 대해 중력과 물체에 의해 밀려난 유체의 질량 사이의 관계를 맺는다.

14.5.5 겉보기 무게와 실제 무게를 구별한다.

14.5.6 완전히 혹은 부분적으로 잠겨 있는 물체의 겉보기 무게를 계산한다.

요점_Key Ideas

1. Archimedes의 원리란 물체가 유체에 완전히 혹은 부분적으로 잠겨 있을 때 유체는 크기가

$$F_b = m_f g$$

인 부력으로 밀어 올린다는 것이다. 여기서 m_f는 물체로 인해 밀려난 유체의 질량이다.

2. 물체가 유체에 떠 있을 때 물체에 작용하는 (위 방향의) 부력은 물체에 작용하는 (아래 방향의) 중력 F_g와 크기가 같다.
3. 부력이 작용하는 물체의 겉보기 무게는 실제 무게와 다음의 관계가 있다.

$$\text{겉보기 무게} = \text{무게} - F_b.$$

▸ Archimedes의 원리

그림 14.5.1의 수영장에서 한 학생이 물이 가득 찬 얇은(질량을 무시할 수 있는) 비닐봉지를 들고 있다. 봉지에 담긴 물은 정적 평형상태이기 때문에 뜨거나 가라앉지 않는다. 따라서 봉지 안의 물에 가해진 중력 $\vec{F}_g$는 봉지 주위의 물이 위쪽 방향으로 작용하는 알짜힘과 균형을 이루어야만 한다.

이와 같은 위쪽 방향의 알짜힘 $\vec{F}_b$를 **부력**이라고 한다. 부력은 주위에 있는 물의 압력이 깊이에 따라 증가하기 때문에 생겨난다. 즉, 봉지 아래쪽의 압력이 위쪽의 압력보다

크기 때문에 봉지에 작용하는 힘의 크기가 아래로 갈수록 더 커진다. 그림 14.5.2*a*는 봉지 속의 물이 차지하고 있던 봉지 공간에 작용하는 힘이다. 봉지의 바닥 근처에 있는 힘 벡터의 길이가 봉지의 위쪽 근처에 있는 힘 벡터의 길이보다 더 길다. 봉지 주위의 물이 봉지에 작용하는 모든 힘의 벡터합을 구하면, 수평성분은 서로 상쇄되고 위쪽으로 향하는 부력 $\vec{F}_b$가 봉지에 작용한다. (부력 $\vec{F}_b$는 그림 14.5.2*a*의 오른쪽에 표시되어 있다.)

봉지 안의 물은 정적 평형상태이므로 $\vec{F}_b$의 크기는 봉지 안의 물에 작용하는 중력 $\vec{F}_g$의 크기 $m_f g$와 같아야 한다. 즉, 부력의 크기는 봉지 안의 물의 무게와 같다.

그림 14.5.2*b*에서는 물봉지를 똑같은 모양의 돌로 바꾸었다. 돌은 물을 밀어내고 물이 차지하던 공간을 차지한다. 그런데 공간의 모양은 물봉지가 들어 있을 때와 똑같으므로 이 공간의 표면에 작용하는 힘은 물봉지가 들어 있을 때와 같다. 따라서 물봉지에 작용하던 부력과 같은 크기의 부력이 돌에 작용하게 된다. 즉, 부력의 크기 F_b는 돌에 의해 밀려 나간 물의 무게에 해당되는 $m_f g$와 같다.

그러나 물봉지의 경우와는 달리, 돌은 정적 평형상태에 있지 않다. 그림 14.5.2*b*의 자유물체그림에 표시된 것처럼 돌에 작용하는 중력 $\vec{F}_g$의 크기가 위쪽으로 작용하는 부력의 크기보다 더 크므로 돌덩어리는 아래쪽으로 가라앉는다.

이번에는 그림 14.5.2*a*의 빈 공간을 그림 14.5.2*c*처럼 가벼운 나무로 채워보자. 빈 공간의 표면에 작용하는 힘은 전혀 변하지 않았으므로 부력의 크기 F_b는 여전히 밀려나간 물의 무게인 $m_f g$이다. 이때에도 나무토막은 정적 평형상태에 있지 않다. 이때에는 중력 $\vec{F}_g$의 크기가 부력보다 작기 때문에 나무토막은 위쪽으로 가속되어 수면 위로 떠오른다.

지금까지의 결과를 요약하여 **Archimedes의 원리**를 다음과 같이 기술할 수 있다.

> 어떤 물체의 전부 또는 일부가 유체에 잠기게 되면 잠긴 물체가 밀어낸 유체의 무게 $m_f g$와 같은 크기의 부력이 위쪽으로 작용한다.

유체 속의 물체에 작용하는 부력의 크기는

그림 14.5.1 수영장에서 학생이 들고 있는 물 봉지는 정적 평형상태에 있다. 즉, 물 봉지에 작용하는 중력은 봉지 주위의 물이 위쪽 방향으로 작용하는 알짜힘과 균형을 이루고 있다.

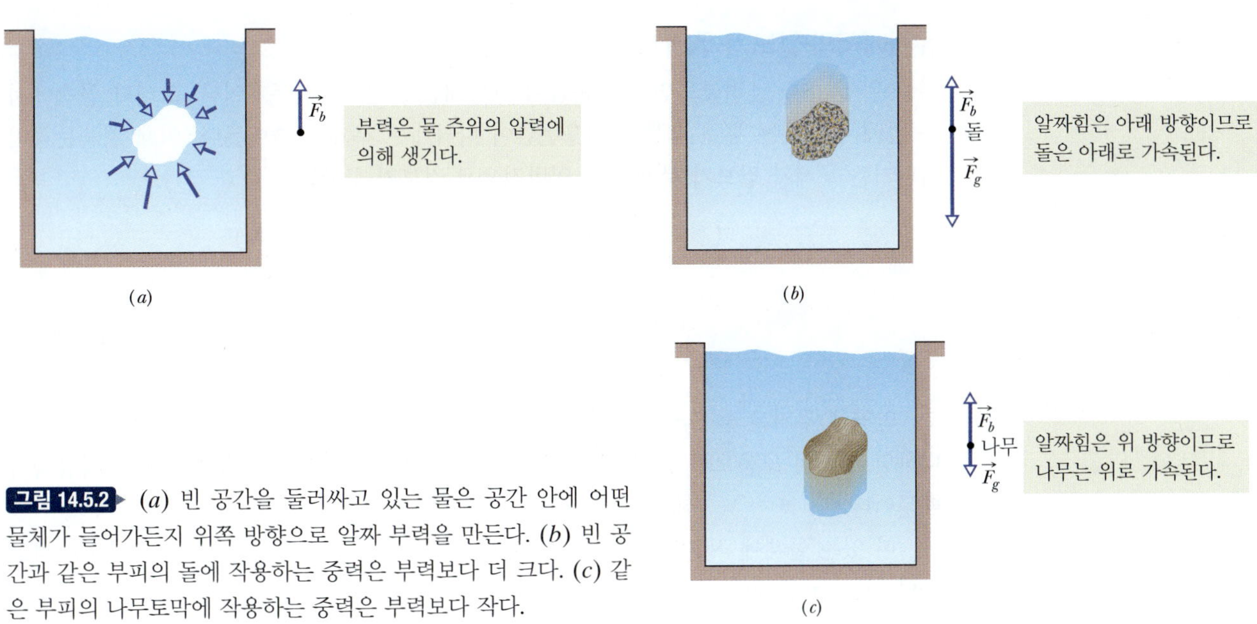

그림 14.5.2 (*a*) 빈 공간을 둘러싸고 있는 물은 공간 안에 어떤 물체가 들어가든지 위쪽 방향으로 알짜 부력을 만든다. (*b*) 빈 공간과 같은 부피의 돌에 작용하는 중력은 부력보다 더 크다. (*c*) 같은 부피의 나무토막에 작용하는 중력은 부력보다 작다.

$$F_b = m_f g \qquad \text{(부력)} \tag{14.5.1}$$

이고, 여기서 m_f는 잠긴 물체가 밀어낸 유체의 질량이다.

떠 있는 물체

수면 바로 위에서 나무토막을 내려놓으면 중력이 나무토막을 아래쪽으로 당기기 때문에 물속으로 들어간다. 나무토막이 물속으로 들어가면서 물을 밀어냄에 따라 위쪽으로 향하는 부력의 크기 F_b가 점점 커져서 결국에는 나무토막에 작용하는 중력의 크기 F_g와 같아진다. 이때 나무토막은 정적 평형상태가 되어 물 위에 *떠 있게* 된다. 일반적으로 다음과 같이 기술할 수 있다.

> 어떤 물체가 유체에 떠 있으면 물체에 작용하는 부력 F_b와 중력 F_g의 크기는 같다.

이를 식으로 쓰면 다음과 같다.

$$F_b = F_g \qquad \text{(떠 있는 물체).} \tag{14.5.2}$$

식 14.5.1에서 $F_b = m_f g$이므로 다음과 같이 기술할 수 있다.

> 어떤 물체가 유체에 떠 있으면 물체에 작용하는 중력 F_g의 크기와 물체에 의해 밀려난 유체의 무게 $m_f g$가 같다.

이를 식으로 나타내면

$$F_g = m_f g \qquad \text{(떠 있는 물체)} \tag{14.5.3}$$

이므로 떠 있는 물체는 자체 무게만큼의 유체를 밀어낸다고 기술할 수 있다.

유체에서의 겉보기 무게

저울 위에 돌을 올려놓으면 저울눈금이 나타내는 것은 돌의 무게이다. 그러나 물속에서는 돌에 작용하는 부력 때문에 저울눈금이 나타내는 무게가 줄어든다. 이때 저울눈금이 가리키는 무게가 **겉보기 무게**이다. 일반적으로 겉보기 무게는 다음과 같다.

$$\text{(겉보기 무게)} = \text{(실제 무게)} - \text{(부력의 크기)}.$$

$$\text{무게}_{\text{app}} = \text{무게} - F_b \qquad \text{(겉보기 무게).} \tag{14.5.4}$$

만약에 무거운 돌을 들어야 할 일이 있으면 물속에서 들어 올리는 것이 더 쉽다. 왜냐하면 부력의 도움으로 돌의 실제 무게가 아닌 겉보기 무게에 해당하는 힘만 작용하기 때문이다.

떠 있는 물체에 작용하는 부력의 크기는 그 물체의 무게와 같다. 따라서 식 14.5.4로부터 떠 있는 물체의 겉보기 무게가 0이라는 것을 알 수 있다. 즉 저울로 달았을 때 눈금이 0을 가리킨다. 예를 들어 우주비행사가 우주에서 행할 작업을 연습할 때 겉보기 무게가 0이 되도록 물속에서 연습한다.

확인문제 14.5.1

펭귄이 초기에 밀도가 ρ_0인 유체에 떠 있다. 다음에는 밀도가 $0.95\rho_0$, 그다음에는 밀도가 $1.1\rho_0$인 유체에 떠 있다. (a) 펭귄에 작용하는 부력이 큰 순서대로 유체의 밀도를 나열하여라. (b) 펭귄에 의해 밀려나는 액체의 양이 많은 순서대로 나열하여라.

보기문제 14.5.1 서핑

그림 14.5.3*a*에 파도를 타는 서퍼가 파도 앞면에 있는 파도 접선의 기울기가 $\theta = 30.0°$인 점에 있다. 서퍼와 보드의 질량은 $m = 83.0$ kg이고, 보드의 물에 잠긴 부피는 $V = 2.50 \times 10^{-2}$ m^{3}이다. 서퍼는 파도가 해변쪽으로 일정한 속력으로 움직일 때 파도 위에서 같은 위치를 유지한다. 물에 의한 보드의 끌림힘의 크기와 (그림 14.5.3*b*에서 양의 x축 방향에 대한) 방향을 구하여라.

요점

(1) 서퍼에 작용하는 부력의 크기 F_b는 보드가 잠긴 부피를 갖는 바닷물의 무게와 같다. 힘의 방향은 서퍼 위치의 표면에 수직인 방향이다. (2) Newton의 제2법칙에 의하면 서퍼는 해변쪽으로 일정한 속력으로 움직이므로 부력 $\vec{F}_b$, 중력 $\vec{F}_g$와 끌림힘 $\vec{F}_d$의 (벡터)합은 0이 되어야 한다.

풀이: 힘과 그 성분을 그림 14.5.3*b*의 자유물체그림에 나타내었다. 중력 $\vec{F}_g$는 아래 방향이고, (5장에서 보았듯이) 경사면 아래 방향의 성분은 $mg \sin\theta$이고, 경사면에 수직은 성분은 $mg\cos\theta$이다. 물에 의한 끌림힘 $\vec{F}_d$는 보드에 작용한다. 왜냐하면 파도가 계속하여 해변쪽으로 움직이면서 물이 연속적으로 파도에서 위쪽으로 밀려오기 때문이다. 이 보드를 미는 힘은 위로 향하고, x축에 대한 각도는 ϕ이다. 부력 $\vec{F}_b$는

그림 14.5.3 (*a*) 서퍼 (*b*) 서퍼-보드계에 작용하는 힘을 나타내는 자유물체그림

물 표면에 수직이다. 크기는 보드가 밀어낸 물의 질량 m_f에 의하여 $F_b = m_f g$이다. 식 14.1.2($\rho = m/V$)로부터 질량을 바닷물의 밀도 ρ_w와 보드가 잠긴 부피 V를 이용하여 $m_f = \rho_w V$로 쓸 수 있다. 표 14.1.1로부터 ρ_w는 1.024×10^3 kg/m^{3}이다. 따라서 부력의 크기는 다음과 같다.

$$\begin{aligned} F_b &= m_f g = \rho_w V g \\ &= (1.024 \times 10^3 \text{ kg/m}^3)(2.50 \times 10^{-2} \text{ m}^3)(9.8 \text{ m/s}^2) \\ &= 2.509 \times 10^2 \text{ N}. \end{aligned}$$

따라서 y축에 대한 Newton의 제2법칙은

$$F_{dy} + F_b - mg\cos\theta = m(0)$$

이 되므로

$$F_{dy} + 2.509 \times 10^2 \text{ N} - (83 \text{ kg})(9.8 \text{ m/s}^2)\cos 30.0° = 0$$

을 얻는다. 마찬가지로 축에 대해 Newton의 제2법칙 $\vec{F} = m\vec{a}$인

$$F_{dy} = 453.5 \text{ N}$$

에 의하면

$$F_{dx} - mg\sin\theta = m(0)$$

$$F_{dx} = 406.7 \text{ N}.$$

을 얻는다. 끌림힘의 두 성분을 결합하면 힘의 크기는 다음과 같다.

$$\begin{aligned} F_d &= \sqrt{(406.7 \text{ N})^2 + (453.5 \text{ N})^2} \\ &= 609 \text{ N}. \end{aligned}$$ (답)

그리고 각도는 다음과 같다.

$$\phi = \tan^{-1}\left(\frac{453.5 \text{ N}}{406.7 \text{ N}}\right) = 48.1°.$$ (답)

자빠지는 것을 피하는 방법: 서퍼가 보드를 약간 앞으로 기울이면 끌림힘의 크기가 감소하고, 각도 ϕ는 감소한다. 이로 인해 알짜힘은 더이상 0이 아니고 서퍼는 파도면의 아래로 움

직인다. 이렇게 내려가는 것은 자동조정된다. 왜냐하면 서퍼가 내려가면 파도면의 기울어진 각도 θ가 감소하고, 따라서 서퍼를 경사면 아래로 잡아당기는 중력의 성분 $mg \sin\theta$도 감소한다. 따라서 서퍼는 보드를 조절하여 다시 평형상태에 도달할 수 있고, 이제 파도 아래 쪽에 있다. 마찬가지로 보드를 약간 뒤로 기울이면 서퍼는 끌림힘을 증가시켜 파도면 위로 움직인다. 서퍼가 여전히 파도의 낮은 부분에 있으면 와가 모두 증가하여 서퍼는 다시 힘을 조절할 수 있고, 평형상태에 다시 도달한다.

▶ **교육용 비디오는 웹사이트 www.wiley.com에서 볼 수 있다.**

보기문제 14.5.2 떠있기, 부력, 밀도

그림 14.5.4에서 밀도 $\rho = 800\ \text{kg/m}^3$의 토막이 밀도가 $\rho_f = 1200\ \text{kg/m}^3$인 유체에 둥둥 떠 있다. 토막의 높이는 $H = 6.0$ cm이다.

(a) 토막이 잠긴 깊이 h는 얼마인가?

요점

(1) 토막이 떠 있으려면, 토막에 작용하는 아래 방향의 중력과 같은 크기의 위 방향 부력이 있어야 한다. (2) 부력은 토막이 잠긴 부피가 밀어낸 유체의 무게 $m_f g$와 같다.

풀이: 식 14.5.1에서 부력의 크기는 $F_b = m_f g$이며, m_f는 토막이 잠긴 부피 V_f로 밀어낸 유체의 질량이다. 또한 식 14.1.2 ($\rho = m/V$)에 따라 밀어낸 유체의 질량은 $m_f = \rho_f V_f$이다. 토막이 잠긴 부피 V_f는 모르지만 토막 면의 길이를 L, 폭을 W라면 그림 14.5.4에서 $V_f = LWh$이다. 따라서 위 방향 부력의 크기는 다음과 같다.

$$F_b = m_f g = \rho_f V_f g = \rho_f LWhg. \qquad (14.5.5)$$

한편 토막에 작용하는 중력의 크기 F_g를 토막의 질량 m, 밀도 ρ, 전체 부피 V, 그리고 토막의 길이 L, 폭 W, 전체 높이 H로 쓰면 다음과 같다.

$$F_g = mg = \rho V g = \rho LWHg. \qquad (14.5.6)$$

떠 있다는 것은 부력이 중력과 균형을 이룬다는 것을 의미한다.

그림 14.5.4 높이가 H인 토막이 유체에 잠긴 높이는 h로 떠 있다.

떠 있는 토막은 정지상태에 있으므로, Newton의 제2법칙에서 y축 성분($F_{\text{net},y} = ma_y$)은

$$F_b - F_g = m(0)$$

이고, 식 14.5.5와 14.5.6에서

$$\rho_f LWhg - \rho LWHg = 0$$

이므로, 토막의 잠긴 높이는 다음과 같다.

$$h = \frac{\rho}{\rho_f} H = \frac{800\ \text{kg/m}^3}{1200\ \text{kg/m}^3}(6.0\ \text{cm})$$
$$= 4.0\ \text{cm}.$$ (답)

(b) 토막을 눌러서 완전히 잠갔다가 놓으면 토막의 가속도 크기는 얼마인가?

풀이: 토막에 작용하는 중력은 전과 같지만, 토막이 완전히 잠겼으므로 밀어낸 유체의 부피는 $V = LWH$이다. 즉, F_b의 크기가 커지면서 토막이 위 방향으로 가속되기 시작한다. 이제 Newton의 제2법칙은

$$F_b - F_g = ma$$

에서 다음과 같다.

$$\rho_f LWHg - \rho LWHg = \rho LWHa.$$

여기서 토막의 질량 m 대신 ρLWH를 사용하였다. 이 식에서 a를 구하면 다음과 같다.

$$a = \left(\frac{\rho_f}{\rho} - 1\right) g = \left(\frac{1200\ \text{kg/m}^3}{800\ \text{kg/m}^3} - 1\right)(9.8\ \text{m/s}^2)$$
$$= 4.9\ \text{m/s}^2.$$ (답)

▶ **교육용 비디오는 웹사이트 www.wiley.com에서 볼 수 있다.**

14.6 ▸ 이상유체의 운동

요점_Key Ideas

1. 이상유체는 비압축성이고, 점성이 없으며, 정상흐름이고 비회전성 유체이다.
2. *유선*은 각 유체 입자가 움직이는 경로이다.
3. *흐름관*은 유선들의 묶음이다.
4. 관 안에서 유체의 흐름은 연속방정식

$$R_V = Av = \text{상수}$$

를 만족한다. 여기서 R_V는 부피흐름률, A는 임의의 점에서 유체의 단면적, v는 그 점에서 유체의 속력이다.

5. 질량흐름률 R_m은 다음과 같다.

$$R_m = \rho R_V = \rho Av = \text{상수}.$$

학습목표_Learning Objectives

이 단원을 읽은 후 다음을 이해해야 한다.

14.6.1 정상흐름, 비압축성 흐름, 비점성 흐름과 비회전 흐름을 설명한다.

14.6.2 유선이라는 용어를 설명한다.

14.6.3 연속방정식을 적용하여 관 안의 한 점에서 단면적과 유체의 속력 사이의 관계를 맺는다.

14.6.4 부피흐름률을 설명하고 계산한다.

14.6.5 질량흐름률을 설명하고 계산한다.

▶ 이상유체의 운동

*실제 유체*의 운동은 매우 복잡하며, 아직까지도 완전히 이해하지 못하고 있다. 여기서는 수학적으로 간단하면서도 유용한 결과를 도출할 수 있는 **이상유체**의 운동을 공부한다. 이상유체의 흐름에 관하여 다음과 같이 가정한다.

1. ***정상흐름*** *정상흐름*(또는 *층흐름*)에서는 유체 속 한 지점에서 속도의 방향과 크기가 시간에 따라 변하지 않는다. 잔잔히 흐르는 시냇물 중심부에서 물의 흐름은 정상흐름이지만 급류에서는 그렇지 않다. 그림 14.6.1에서는 담배연기가 올라가면서 정상흐름에서 *막흐름*으로 바뀐다. 연기 입자의 속력은 올라가면서 증가하여 어떤 일정한 속력 이상이 되면 막흐름으로 바뀐다.

2. ***비압축성 흐름*** 이상유체는 비압축성이어서 밀도가 균일하고 일정한 값을 가진다고 가정한다.

3. ***비점성 흐름*** 유체의 점성이란 유체의 흐름에 대한 저항의 척도라고 할 수 있다. 예를 들어 꿀은 물보다 흐름에 대한 저항이 더 크므로, 물보다 점성이 크다고 말한다. 점성은 마찰과 마찬가지로 움직이는 물체의 운동에너지를 열에너지로 변환시킨다. 마찰이 없으면 나무토막이 편평한 바닥에서 일정한 속력으로 계속 미끄러질 수 있는 것처럼 점성이 없는 유체에서 움직이는 물체는 *점성에 의한 저항*이 없어서 유체 속에서 일정한 속력으로 계속 움직일 수 있다. 영국의 과학자 Rayleigh경이 지적했듯이 이상유체에 떠 있는 배의 프로펠러를 아무리 돌려도 앞으로 추진 되지는 않겠지만 배가 일단 움직이기만 하면 프로펠러가 필요 없을 것이다.

4. ***비회전 흐름*** 이상유체는 *비회전* 흐름을 한다. 작은 먼지를 유체와 함께 흐르게 할 때 먼지가 원형 궤적을 그리며 움직일 수는 있지만, 자신의 질량중심을 축으로 자전하지는 않는다. 이는 마치 놀이공원의 대회전식 관람차의 큰 바퀴는 회전하지만 승객은 각 좌석을 기준으로 볼 때 회전하지 않는 것과 비슷하다.

*추적자*를 첨가하여 유체의 흐름을 볼 수 있다. 흐르는 액체에 물감을 조금씩 풀거나

Will McIntyre/Science Source

그림 14.6.1 올라오는 연기와 가열된 기체의 흐름이 어떤 점에서는 정상흐름에서 막흐름으로 바뀐다.

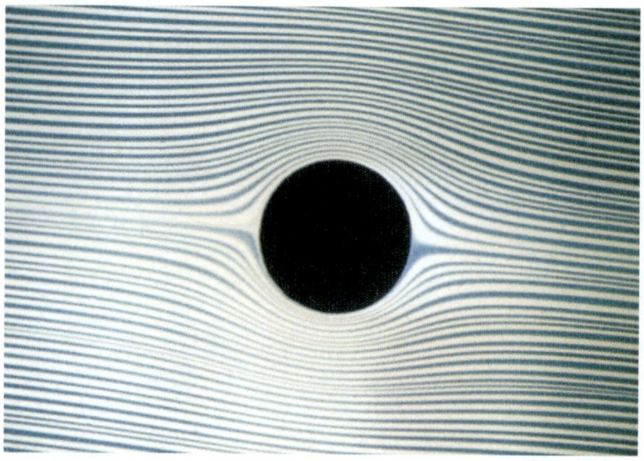

Courtesy D. H. Peregrine, University of Bristol

그림 14.6.2 원통 주위를 지나는 유체의 정상흐름. 물감을 조금씩 풀어 유체의 흐름을 볼 수 있게 했다.

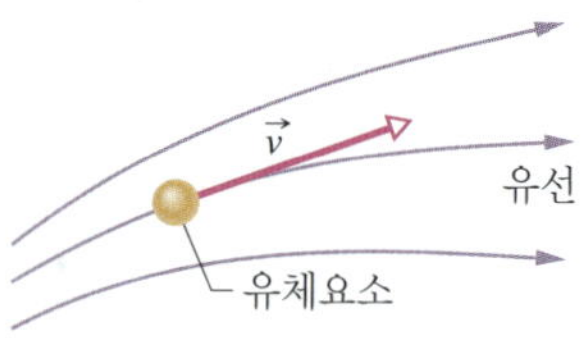

그림 14.6.3 유체요소가 유선을 따라 움직인다. 임의의 점에서 유체요소의 속도는 유선의 접선방향이다.

(그림 14.6.2 참조) 기체의 흐름에 연기를 섞어서(그림 14.6.1 참조) 유체의 흐름을 눈으로 볼 수 있다. 이때 유체가 *유선*을 따라 흐르는 것을 알 수 있다. 유선은 유체를 이루는 각 유체요소가 흐르는 길을 말한다. 4장에서 움직이는 입자의 속도가 경로의 접선방향으로 주어졌던 것처럼 유체요소를 입자로 보면 유체의 속도 $\vec{v}$는 항상 유선의 접선방향이다(그림 14.6.3 참조). 따라서 두 유선은 절대로 교차할 수 없다. 만약에 두 유선이 교차한다면 교차점에 있는 유체요소는 동시에 두 가지 속도를 가져야 하므로 이는 불가능하다.

▶ 연속방정식

물이 나오는 호스 끝의 일부분을 막으면 물의 속력이 빨라지는 것처럼 물의 속력 v는 물이 흐르는 단면적 A에 의존한다.

이 절에서는 그림 14.6.4처럼 단면적이 일정하지 않은 관을 지나는 이상유체에서 v와 A의 관계를 구해 보자. 이 그림에서 유체는 길이가 L인 관(긴 관의 일부분)을 통해 오른쪽으로 흐른다. 유체의 속력은 왼쪽 끝에서 v_1, 오른쪽 끝에서 v_2이고, 관의 단면적은 왼쪽 끝에서 A_1, 오른쪽 끝에서 A_2이다. 시간 Δt 동안 부피 ΔV만큼의 유체(그림 14.6.4*a*에서 보라색 부분)가 왼쪽에서 들어온다고 하자. 이상유체는 비압축성이기 때문에 같은 부피의 유체(그림 14.6.4*b*의 초록색 부분)가 오른쪽으로 나가야 한다.

부피의 변화량 ΔV를 이용하여 속력과 단면적 사이의 상관관계를 구할 수 있다. 우선 *균일한* 단면적을 가진 관을 나타낸 그림 14.6.5를 고려하자. 그림 14.6.5*a*에서 유체요소 e는 점선으로 표시된 경계를 막 지나려고 한다. 요소의 속력은 v이고, 시간 Δt 동안에 관을 따라 $\Delta x = v\Delta t$만큼의 거리를 움직인다. 이때 Δt 동안 점선을 지난 유체의 부피는

$$\Delta V = A\ \Delta x = Av\ \Delta t \tag{14.6.1}$$

이다.

식 14.6.1을 그림 14.6.4의 관의 양쪽 끝에 적용하면

$$\Delta V = A_1 v_1\ \Delta t = A_2 v_2\ \Delta t,$$

즉

$$A_1 v_1 = A_2 v_2 \qquad \text{(연속방정식)} \tag{14.6.2}$$

를 얻는다. 속력과 단면적 사이의 이러한 관계식을 이상유체의 흐름에 대한 **연속방정식**이라고 한다. 따라서 단면적을 줄이면(즉, 호스 끝의 일부를 막으면) 유체의 속력이 증가한다.

식 14.6.2는 실제의 관뿐만이 아니라 유선을 가상적인 경계로 정의한 *흐름관*에 대해서도 적용할 수 있다. 유체요소는 유선을 가로지를 수 없기 때문에 흐름관도 마치 실제의 관처럼 작용하여 흐름관 안에 들어 있는 유체는 경계 안에 항상 머무르게 된다. 그림 14.6.6은 흐름에 따라 단면적이 A_1에서 A_2로 증가하는 흐름관이다. 식 14.6.2에 의하면 단면적이 증가하면 속력이 감소하므로, 그림 14.6.6처럼 유선 사이의 간격이 늘어난다. 마찬가지로 그림 14.6.2에서 유체의 흐름은 원통의 바로 위와 바로 아래에서 가장 빠르다.

식 14.6.2을 다시 쓰면 다음과 같다.

$$R_V = Av = \text{상수} \qquad \text{(부피흐름률, 연속방정식)}. \tag{14.6.3}$$

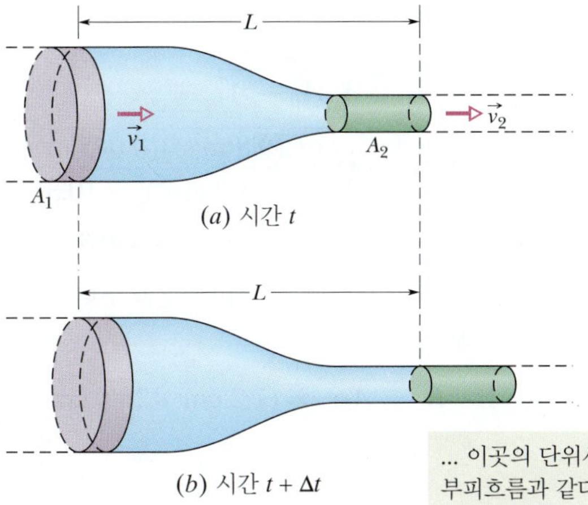

그림 14.6.4 길이가 L인 관을 통해 유체가 왼쪽에서 오른쪽으로 일정하게 흐른다. 유체의 속력은 왼쪽에서 v_1, 오른쪽에서 v_2이고, 관의 왼쪽 단면적은 A_1, 오른쪽 단면적은 A_2이다. 시간 t(그림 a)에서 시간 $t + \Delta t$(그림 b)까지 가는 동안에 보라색으로 표시된 만큼의 유체가 왼쪽에서 들어오고, 초록색으로 표시된 같은 부피의 유체가 오른쪽으로 나간다.

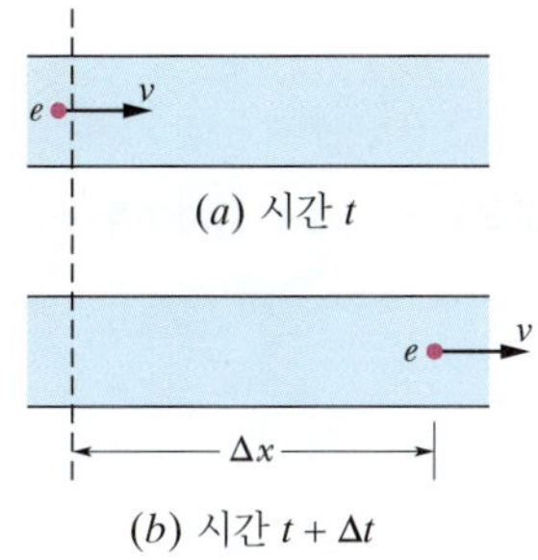

그림 14.6.5 유체가 일정한 속력 v로 관 속을 흐르고 있다. (a) 시간 t에 유체요소 e는 점선을 막 지나고 있다. (b) 시간 $t + \Delta t$에 유체요소 e는 점선으로부터 $\Delta x = v\Delta t$인 위치에 있다.

여기서 R_V는 단위시간당 지나가는 부피를 나타내는 **부피흐름률**이고, SI 단위는 m^3/s이다. 유체의 밀도 ρ가 균일하면 식 14.6.3에 밀도를 곱하여 단위시간당 지나가는 질량을 나타내는 **질량흐름률** R_m을 다음과 같이 얻는다.

$$R_m = \rho R_V = \rho A v = \text{상수} \qquad (\text{질량흐름률}). \qquad (14.6.4)$$

질량흐름률의 SI 단위는 kg/s이다. 식 14.6.4는 그림 14.6.4의 관으로 매초마다 흘러들어오는 질량이 매초마다 흘러나가는 질량과 같다는 뜻이다.

확인문제 14.6.1

옆 그림과 같은 관에서 cm^3/s로 나타낸 부피흐름률과 흐름의 방향이 한 부분만 빼놓고 표시되어 있다. 그 부분에서의 부피흐름률과 흐름의 방향은 무엇인가?

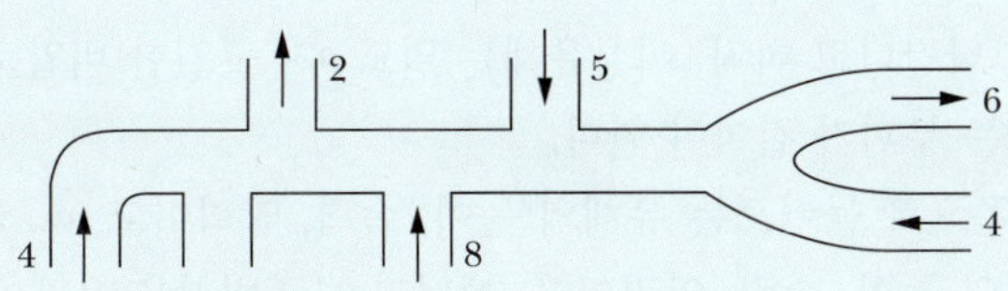

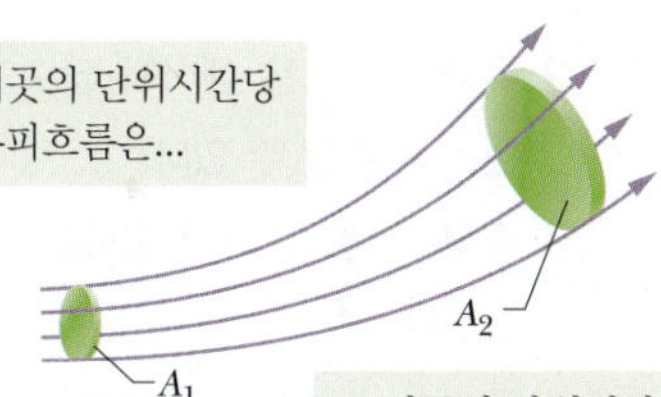

그림 14.6.6 관의 경계를 이루는 유선으로 흐름관을 정의할 수 있다. 흐름관의 모든 단면에서 부피흐름률은 일정하다.

보기문제 14.6.1 떨어지면서 가늘어지는 물줄기

그림 14.6.7은 수도꼭지에서 흘러나오는 물줄기이다. 수평단면적이 변화하는 것은 중력이 물줄기의 속도를 증가시키기 때문에 떨어지는 모든 (막흐름이 아닌) 층흐름을 이루는 물줄기에서 나타나는 특징이다. $A_0 = 1.2\ cm^2$, $A = 0.35\ cm^2$이며 두 위치 사이의 수직거리는 $h = 45$ mm이다. 수도꼭지에서 흘러나오는 물의 부피흐름률은 얼마인가?

요점

물줄기 아래와 위에서 부피흐름률이 같다.

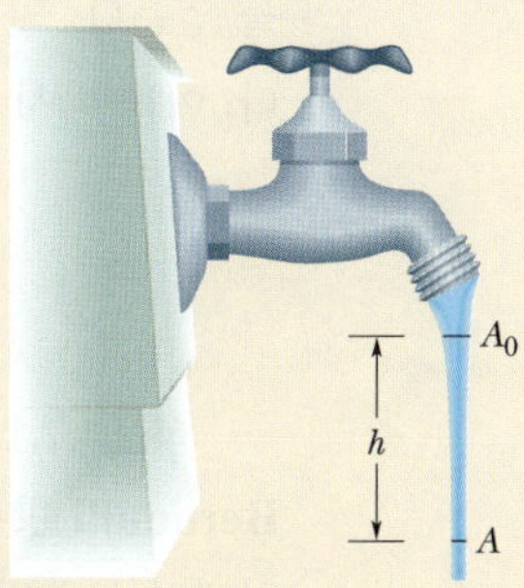

그림 14.6.7 수도꼭지에서 나오는 물은 아래로 떨어지면서 속력이 증가한다. 이때 부피흐름률은 항상 같아야 하므로 아래로 갈수록 물줄기가 가늘어진다.

풀이: A_0와 A에서 물의 속도를 각각 v_0와 v라고 하면, 식 14.6.3에서 다음과 같다.

$$A_0 v_0 = Av. \qquad (14.6.5)$$

물은 자유낙하하고 있으므로 식 2.4.6에서 다음과 같다.

$$v^2 = v_0^2 + 2gh. \qquad (14.6.6)$$

식 14.6.5와 14.6.6에서 v를 없애고 v_0에 대해 풀면

$$v_0 = \sqrt{\frac{2ghA^2}{A_0^2 - A^2}}$$

$$= \sqrt{\frac{(2)(9.8\ \text{m/s}^2)(0.045\ \text{m})(0.35\ \text{cm}^2)^2}{(1.2\ \text{cm}^2)^2 - (0.35\ \text{cm}^2)^2}}$$

$$= 0.286\ \text{m/s} = 28.6\ \text{cm/s}$$

를 얻는다. 따라서 식 14.6.3으로부터 부피흐름률 R_V는 다음과 같다.

$$R_V = A_0 v_0 = (1.2\ \text{cm}^2)(28.6\ \text{cm/s}) = 34\ \text{cm}^3/\text{s}. \quad \text{(답)}$$

▶ **교육용 비디오는 웹사이트 www.wiley.com에서 볼 수 있다.**

14.7 ▸ Bernoulli 방정식

학습목표_Learning Objectives

이 단원을 읽은 후 다음을 이해해야 한다.

14.7.1 유체의 밀도와 유체의 속력으로 운동에너지 밀도를 계산한다.

14.7.2 유체의 압력은 에너지 밀도의 한 종류로 볼 수 있다.

14.7.3 중력 퍼텐셜에너지 밀도를 계산한다.

14.7.4 Bernoulli 방정식을 적용하여 유선의 한 점에서 전체 에너지 밀도와 다른 점에서의 값 사이의 관계를 맺는다.

14.7.5 Bernoulli 방정식은 에너지 보존법칙을 표현한 것이다.

요점_Key Ideas

1. 역학에너지 보존 원리를 이상유체 흐름에 적용하면 임의의 유선관을 따라 만족하는 Bernoulli 방정식을 얻는다.

$$p + \tfrac{1}{2}\rho v^2 + \rho g y = \text{상수}.$$

▶ Bernoulli 방정식

그림 14.7.1에서 이상유체가 관을 통해 일정하게 흐르고 있다. 시간 Δt 동안 부피 ΔV만큼의 유체(그림의 보라색 부분)가 왼쪽에서 들어오고, 같은 부피의 유체(그림의 초록색 부분)가 오른쪽으로 나간다고 하자. 이상유체는 밀도 ρ가 균일한 비압축성이기 때문에 들어오는 부피와 나가는 부피가 같아야 한다.

y_1, v_1, p_1은 왼쪽으로 들어오는 유체의 높이, 속력, 압력이고, y_2, v_2, p_2는 각각 오른쪽으로 나가는 유체의 높이, 속력, 압력이다. 에너지 보존법칙을 유체에 적용하면 최종에 증명할

$$p_1 + \tfrac{1}{2}\rho v_1^2 + \rho g y_1 = p_2 + \tfrac{1}{2}\rho v_2^2 + \rho g y_2 \qquad (14.7.1)$$

를 얻는다. 일반적으로 $\frac{1}{2}\rho v_1^2$은 유체의 **운동에너지 밀도**(단위부피당 운동에너지)라고 한다. 이를 다시 쓰면 다음과 같다.

$$p + \tfrac{1}{2}\rho v^2 + \rho g y = \text{상수} \quad \text{(Bernoulli 방정식)}. \qquad (14.7.2)$$

식 14.7.1과 식 14.7.2는 1700년대의 유체역학자인 Daniel Bernoulli의 이름을 딴 **Bernoulli 방정식**의 두 가지 형태이다.* Bernoulli 방정식은 새로운 법칙이 아니라 이미 알려진 보존법칙을 유체역학에 알맞게 재구성한 것이다. 이를 확인하기 위해 Bernoulli

*비회전성 흐름에서는 식 14.7.2의 상수는 흐름의 모든 지점에서 같은 값을 갖고, 두 지점이 같은 유선 위에 있을 필요는 없다. 마찬가지로 식 14.7.1의 위치 1과 2는 흐름관 내의 임의의 위치로 정할 수 있다.

방정식을 정지하고 있는 유체에 적용해 보자. 즉, $v_1 = v_2 = 0$으로 놓으면 식 14.7.1을 얻는다.

$$p_2 = p_1 + \rho g(y_1 - y_2).$$

유체의 높이가 변하지 않는다고 하면 y를 상수로 놓아서 식 14.2.3을

$$p_1 + \tfrac{1}{2}\rho v_1^2 = p_2 + \tfrac{1}{2}\rho v_2^2 \tag{14.7.3}$$

으로 쓸 수 있다. 이것은 Bernoulli 방정식의 중요한 결과 중의 하나로, 다음과 같은 뜻이다.

> 수평인 유선을 따라 유체요소가 움직이면서 속력이 빨라지면 유체의 압력은 감소해야 하고 그 역도 성립한다.

다시 말해, 유선이 가까이 모여 있는 곳(속력이 상대적으로 빠른 곳)에서는 상대적으로 압력이 낮아지고 그 역도 성립한다.

속력과 압력 변화 사이의 관계는 너비가 다른 관을 지나는 유체요소를 생각해보면 이해할 수 있다. 좁은 지역에서 요소의 속력은 빠르고 넓은 지역에서는 속력은 느리다. 유체요소가 넓은 곳으로부터 좁은 곳에 다다르면 뒤쪽의 압력이 앞쪽의 압력보다 더 높기 때문에 유체요소를 밀어서 더 빠른 속력으로 좁은 곳을 지나게 가속시킨다. 반대로 요소가 넓은 곳에 다다르면, 앞쪽의 높은 압력이 유체요소를 감속시켜서 넓은 곳을 지날 때에는 더 느린 속력으로 지나게 된다.

Bernoulli 방정식은 이상유체에만 적용할 수 있다. 점성이 있는 경우에는 열에너지를 고려해야 하지만 여기서는 무시하겠다.

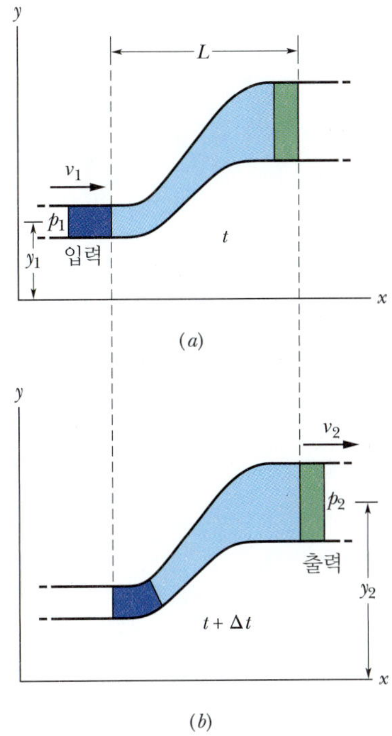

그림 14.7.1 유체가 일정한 비율로 관 속을 왼쪽에서 오른쪽으로 흘러간다. (a)의 시간 t에서 (b)의 시간 $t + \Delta t$까지 보라색으로 표시된 부분이 왼쪽으로 들어오고, 초록색으로 표시된 같은 부피의 유체가 오른쪽으로 나간다.

Bernoulli 방정식의 증명

그림 14.7.1의 이상유체 전체를 하나의 계로 생각하고, 계가 초기상태(그림 14.7.1a)에서 최종상태(그림 14.7.1b)로 변할 때 에너지 보존법칙을 적용해 보자. 이때 그림 14.7.1에서 거리 L만큼 떨어진 두 개의 수직면 사이에 있는 유체의 특성은 전혀 변하지 않으므로 양쪽 끝에서 일어나는 변화만 고려하면 된다.

일-운동에너지 정리에 의하면 계의 운동에너지의 변화는 외부에서 계에 한 일과 같다. 즉, 다음과 같다.

$$W = \Delta K. \tag{14.7.4}$$

또한 운동에너지의 변화는 양쪽 끝에서의 속력의 차이에서 생기므로

$$\begin{aligned}\Delta K &= \tfrac{1}{2}\Delta m\, v_2^2 - \tfrac{1}{2}\Delta m\, v_1^2 \\ &= \tfrac{1}{2}\rho\, \Delta V(v_2^2 - v_1^2)\end{aligned} \tag{14.7.5}$$

이다. 여기서 $\Delta m(= \rho \Delta V)$은 시간 Δt 동안 입구로 들어오거나 출구로 나가는 유체의 질량이다.

계에 한 일은 두 가지가 있다. 질량 Δm인 유체가 입구 높이에서 출구 높이까지 이동하는 동안 중력 $\Delta m\, \vec{g}$가 한 일 W_g는

$$W_g = -\Delta m\, g(y_2 - y_1) \\ = -\rho g\, \Delta V(y_2 - y_1) \quad (14.7.6)$$

이다. 변위의 방향은 위쪽이고 중력의 방향은 아래쪽이기 때문에 일은 음수가 된다.

또한 입구 쪽에서는 들어가는 유체를 밀어 넣기 위해 계에 일을 해주고 출구 쪽에서는 유체를 밀어내기 위해 계가 일을 한다. 일반적으로 크기가 F인 힘이 단면적이 A인 관에 들어 있는 유체를 거리 Δx만큼 움직였을 때 한 일은

$$F\,\Delta x = (pA)(\Delta x) = p(A\,\Delta x) = p\,\Delta V$$

이다. 이때 계에 한 일은 $p_1\Delta V$이고 계가 한 일은 $-p_2\Delta V$이므로, 합 W_p는

$$W_p = -p_2\,\Delta V + p_1\,\Delta V \\ = -(p_2 - p_1)\,\Delta V \quad (14.7.7)$$

이다. 식 14.7.4의 일-운동에너지 정리를 적용하면

$$W = W_g + W_p = \Delta K$$

이고, 식 14.7.5, 14.7.6 및 14.7.7을 대입하면 다음을 얻는다.

$$-\rho g\,\Delta V(y_2 - y_1) - \Delta V(p_2 - p_1) = \tfrac{1}{2}\rho\,\Delta V(v_2^2 - v_1^2).$$

양변의 항을 정리하면 식 14.7.1과 같다.

확인문제 14.7.1

그림의 관을 통해 물이 흘러 내려간다. 점선으로 표시된 네 구간을 (a) 부피흐름률 R_V, (b) 속력 v, (c) 압력 p가 큰 순서대로 나열하여라.

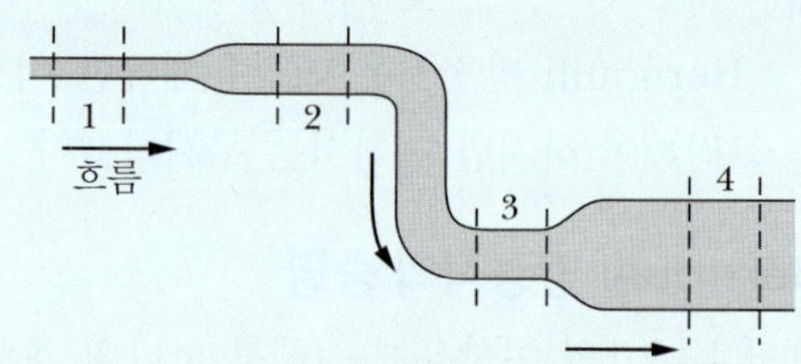

보기문제 14.7.1 좁은 관을 지나는 유체의 Bernoulli 원리

밀도 $\rho = 791\ \text{kg/m}^3$의 에틸알코올이 그림 14.6.4처럼 단면적이 $A_1 = 1.20 \times 10^{-3}\ \text{m}^2$에서 $A_2 = A_1/2$로 점점 가늘어지는 관을 통해 수평으로 흐르고 있다. 관 양쪽 압력의 차이는 4120 Pa이다. 에틸알코올의 부피흐름률 R_V는 얼마인가?

요점

(1) 관의 넓은 부분을 흐르는 모든 유체는 좁은 부분을 지나야 하므로 두 부분에서의 부피흐름률 R_V는 같아야 한다. 따라서 식 14.6.3을 이용하면 다음을 얻는다.

$$R_V = v_1 A_1 = v_2 A_2. \quad (14.7.8)$$

하지만 두 속력을 모르기 때문에 이 식을 이용하여 R_V를 구할 수는 없다. (2) 유체가 부드럽게 흐르므로 Bernoulli 방정식을 쓸 수 있다. 식 14.7.1을 이용하여 다음과 같이 쓸 수 있다.

$$p_1 + \tfrac{1}{2}\rho v_1^2 + \rho g y = p_2 + \tfrac{1}{2}\rho v_2^2 + \rho g y. \quad (14.7.9)$$

여기서 아래첨자 1과 2는 관의 넓은 부분과 좁은 부분을 각각 나타낸다. 관이 수평으로 되어 있으므로, y는 양변에서 같은 값을 갖는다. 이 식은 원하는 R_V를 포함하지 않고, 모르는 속력 v_1과 v_2가 있으므로 거의 도움이 되지 않는 것처럼 보인다.

풀이: 식 14.7.9가 도움이 될 수 있는 간편한 방법이 있다. 먼저 식 14.7.8과 $A_2 = A_1/2$를 사용하면

$$v_1 = \frac{R_V}{A_1} \quad \text{및} \quad v_2 = \frac{R_V}{A_2} = \frac{2R_V}{A_1} \qquad (14.7.10)$$

를 얻는다. 이들 식을 식 14.7.9에 대입하여 미지의 속력 v_1과 v_2를 없애고 원하는 부피흐름률을 도입하여 R_V에 대해 풀면 다음과 같다.

$$R_V = A_1\sqrt{\frac{2(p_1 - p_2)}{3\rho}}. \qquad (14.7.11)$$

이때 주어진 압력차가 4120 Pa인 것은 알고 있지만 이것은 $p_1 - p_2$가 4120 Pa인지 −4120 Pa인지를 알아야 한다. 앞의 값이 맞는다는 것을 짐작할 수 있는데, 그렇지 않으면 식 14.7.11의 근호에서 허수가 나오기 때문이다. 짐작만 하지 말고 실제로 따져보도록 하자. 식 14.7.8로부터 좁은 영역(작은 A_2)에서의 속력 v_2가 넓은 영역(큰 A_1)에서의 속력 v_1보다 커야 한다. (이 문제처럼) 수평 경로를 따라 유체가 움직일 때 유체의 속력이 빨라지므로, 압력은 감소해야 한다. 따라서 p_1이 p_2보다 커야 하고, $p_1 - p_2 = 4{,}120$ Pa이다. 이를 식 14.7.11에 대입하면 다음을 얻는다.

$$R_V = 1.20 \times 10^{-3}\,\text{m}^2\sqrt{\frac{(2)(4120\text{ Pa})}{(3)(791\text{ kg/m}^3)}}$$
$$= 2.24 \times 10^{-3}\,\text{m}^3/\text{s}. \quad \text{(답)}$$

▶ 교육용 비디오는 웹사이트 www.wiley.com에서 볼 수 있다.

정리 및 요약 _Review & Summary

▸**밀도** 물질의 **밀도** ρ는 물질의 부피당 질량으로 다음과 같이 정의한다.

$$\rho = \frac{\Delta m}{\Delta V}. \qquad (14.1.1)$$

물질이 원자의 크기보다 훨씬 더 큰 경우에는 식 14.1.1을 다음과 같이 쓸 수 있다.

$$\rho = \frac{m}{V}. \qquad (14.1.2)$$

▸***유체의 압력*** **유체**는 흐를 수 있는 물질이다. 유체는 층밀리기 힘을 버틸 수 없기 때문에 담겨 있는 그릇의 모양에 따라 형태가 변한다. 하지만 표면에 수직인 방향의 힘은 받을 수 있다. 그 힘은 **압력** p로 다음과 같다.

$$p = \frac{\Delta F}{\Delta A}. \qquad (14.1.3)$$

여기서 ΔF는 면적이 ΔA인 표면요소에 작용하는 힘이다. 힘이 평평한 면에 대해 균일하면, 식 14.1.3은

$$p = \frac{F}{A} \qquad (14.1.4)$$

로 쓸 수 있다. 한 지점에서 유체의 압력에 의한 힘의 크기는 모든 방향에 대해 같다. **계기압력**은 *절대압력*과 대기압의 차이이다.

▸***높이와 깊이에 따른 압력의 변화*** 정지하고 있는 유체의 압력은 수직 위치 y에 따라 변한다. 위쪽을 양의 y방향으로 잡으면

$$p_2 = p_1 + \rho g(y_1 - y_2) \qquad (14.2.3)$$

이다. 유체 안에서 높이가 같은 모든 점의 압력은 같다. 압력이 p_0인 기준점에서부터의 *깊이*를 h라고 할 때, 표본의 압력은 다음과 같다.

$$p = p_0 + \rho gh. \qquad (14.2.4)$$

▸***Pascal의 원리*** 밀폐된 유체의 어느 한 지점에 가해진 압력은 유체의 모든 지점과 유체를 담고 있는 용기의 벽에 똑같이 전달된다.

▸***Archimedes의 원리*** 물체의 전부 또는 일부가 유체에 잠겨 있으면 주위의 유체에 의해 부력 $\vec{F}_b$를 받는다. 부력은 위쪽을 향하며, 그 크기는 다음과 같다.

$$F_b = m_f g. \qquad (14.5.1)$$

여기서 m_f는 물체에 의해 밀려난 유체의 질량이다.

물체가 떠 있으면 부력의 크기 F_b와 물체에 작용하는 중력의 크기 F_g가 같다. 부력이 작용하는 물체의 **겉보기 무게**는 다음과 같다.

$$(\text{겉보기 무게}) = (\text{실제 무게}) - (\text{부력의 크기}). \qquad (14.5.4)$$

▸***이상유체의 흐름*** **이상유체**는 비압축성이며 점성이 없고, 정상흐름과 비회전성 흐름을 한다. *유선*은 유체 내의 개별 입자가 움직이는 길이다. *흐름관*은 유선의 다발이다. 흐름관을 따르는 흐름은 **연속방정식**

$$R_V = Av = \text{상수} \qquad (14.6.3)$$

를 만족한다. 여기서 R_V는 **부피흐름률**이고, A는 임의의 점에서의 관의 단면적, v는 유체의 속력이다. **질량흐름률** R_m은 다음과 같다.

$$R_m = \rho R_V = \rho Av = \text{상수}. \qquad (14.6.4)$$

▸***Bernoulli 방정식*** 역학에너지 보존의 원리를 이상유체의 흐름에 적용하면 흐름관 내의 임의의 지점에 대해 다음의 **Bernoulli 방정식**을 얻는다.

$$p + \tfrac{1}{2}\rho v^2 + \rho gy = \text{상수}. \qquad (14.7.2)$$

연습문제 _Problems

E Easy M Medium H Hard CALC Requires calculus BIO Biomedical application

1 M 피토관(그림 14.1)은 비행기의 속력을 결정하는 데 사용한다. 바깥 관에는 작은 구멍 *B*가 있어서 (네 개를 나타내었다) 관 안으로 공기가 들어올 수 있다. 피토관이 U 관의 한쪽에 연결되어 있고, 관의 다른 쪽은 비행 방향을 향하고 있는 장치의 앞쪽 끝에 있는 구멍 *A*에 연결되어 있다. *A* 지점에서는 공기가 거의 움직이지 않아서 $v_A = 0$으로 놓을 수 있다. 반면에 *B*에서는 공기의 상대속력이 비행기의 비행 속력 v에 해당한다. (a) Bernoulli 방정식을 사용하여 v가 다음과 같음을 보여라.

$$v = \sqrt{\frac{2\rho g h}{\rho_{\text{air}}}}.$$

여기서 ρ는 U관 안에 들어 있는 액체의 밀도이고, h는 U관 양쪽 액체의 높이차이다. (b) U관에 들어 있는 액체가 알코올이고 $h = 15.0$ cm라고 할 때 공기에 대한 비행기의 속력은 얼마인가? 공기의 밀도는 1.03 kg/m^{3}이고, 알코올의 밀도는 810 kg/m^{3}이다.

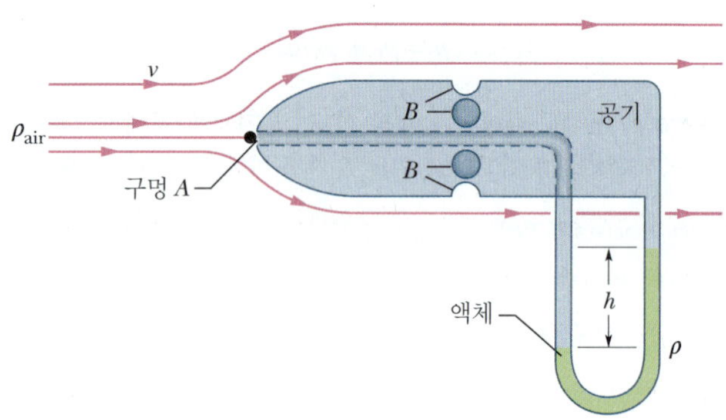

그림 14.1 연습문제 1, 2

2 M 높은 고도에 있는 비행기에서 피토관(연습문제 1 참조)으로 측정한 압력차가 180 Pa이다. 이곳에서 공기의 밀도가 0.062 kg/m^{3}라면 비행기의 속력은 얼마인가?

3 M *벤투리관*은 관을 흐르는 유체의 속력을 측정하는 데 사용한다. 이 장치는 파이프의 두 영역 사이에 연결되어 있다(그림 14.2). 장치의 입구와 출구의 단면적 *A*는 파이프의 단면적과 같다. 입구와 출구 사이에서 속력 *V*로 들어온 유체는 단면적이 *a*인 가운데의 가는 부분(목)을 지나면서 속력이 v가 된다. 입구 근처와 목 사이에는 압력계가 연결되어 있다. 유체의 속력이 변하면서 압력이 Δp만큼 변하여, 압력계의 두 관 사이에 높이차 h가 발생한다. (Δp는 목과 입구 사이의 압력차이다.) (a) Bernoulli 방정식과 연속방정식을 그림 14.2의 지점 1과 2에 대해 적용하여 유체의 밀도가 ρ라고 할 때 속력이 다음과 같음을 보여라.

$$V = \sqrt{\frac{2a^2 \Delta p}{\rho(a^2 - A^2)}}.$$

(b) 유체가 물이고 관의 단면적이 64 cm^2, 목의 단면적이 55 kPa, 관의 압력이 14 kPa, 목에서의 압력이 이다. 물의 부피흐름률은 얼마인가?

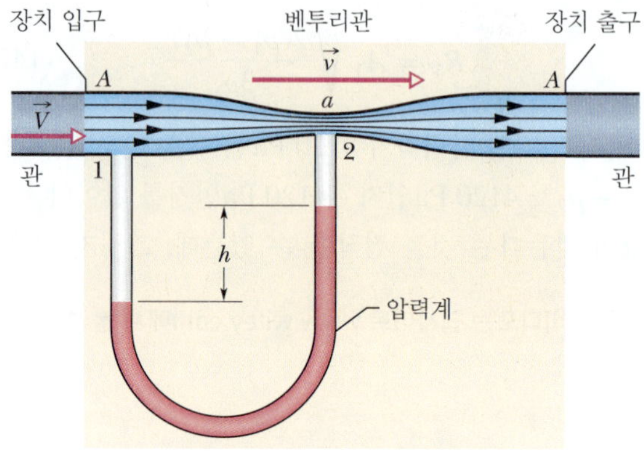

그림 14.2 연습문제 3, 4

4 M 연습문제 3과 그림 14.2의 벤투리관에서 압력계가 없는 경우를 고려하자. $A = 5a$이고 *A*의 압력 p_1이 2.0 atm이라고 하자. *a*에서의 압력이 $p_2 = 0$이 되는 (a) *A*에서 속력 V와 (b) *a*에서 속력 v를 구하여라. (c) 만약에 *A*의 지름이 5.0 cm인 경우, 이에 해당하는 부피흐름률은 얼마인가? *a*에서 p_2가 거의 0이 되는 현상을 공동화라고 한다. 이렇게 되면 물이 증발하여 작은 거품방울이 생긴다.

5 M 지질학적 분석에서 지구 깊은 곳에 수평의 *보정준위*를 설정하고 거기에서의 압력이 넓은 지역에 걸쳐 똑같으며, 그 압력은 보정준위 위에 놓인 물질에 작용하는 중력에 의해 주어진다고 가정할 수 있다. 그러면 보정준위에서의 압력은 유체 압력의 계산식으로부터 구할 수 있다. 이런 모형에 의하면 산은 밀도가 더 큰 맨틀 안으로 박힌 *뿌리*가 있어야 한다(그림 14.3). 높이 $H = 5.5$ km의 산이 두께 $T = 32$ km의 대륙 위로 솟아 있는 경우를 고려해 보자. 대륙의 암석은 밀도가 2.9 g/cm^{3}이고, 아래에 있는 맨틀의 밀도가 3.3 g/cm^{3}이다. 이 산의 '뿌리' 깊이 *D*를 구하여라. (*힌트*: *a*와 *b* 지점의 압력을 같게 놓으면 보정준위의 깊이에 해당하는 y는 상쇄되어 없어진다.)

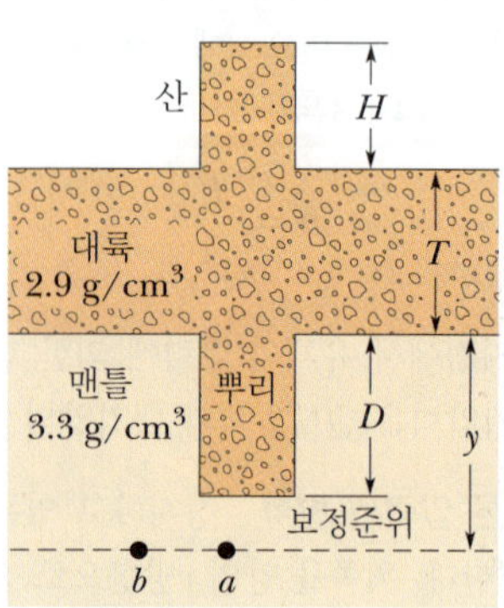

그림 14.3 연습문제 5

6 E 사무실 창의 크기는 4.0 m × 2.1 m이다. 태풍이 지나가며 바깥쪽의 압력이 0.96 기압으로 떨어졌지만, 실내의 압력은 1.0 기압으로

유지된다. 창을 밀어내는 알짜힘은 얼마인가?

7 E *운하 효과*. 그림 14.4는 폭이 $d = 30$ m이고, 물속 깊이 $b = 12$ m로 잠긴 거룻배가 운하에 닻을 내리고 있는 모습이다. 운하의 너비는 $D = 55$ m이고 깊이는 $H = 13$ m이며, 운하에서 균일한 물의 속력은 $v_i = 1.5$ m/s이다. 거룻배 주위의 물 흐름이 균일하다고 하자. 물결이 뱃머리를 지날 때는 수면이 갑자기 깊어지는 운하 효과가 생긴다. 수면의 깊이가 $h = 0.80$ m일 때 (a) 점 a와 (b) 점 b의 수직 단면적을 지나서 배의 옆면을 흐르는 물의 속력은 얼마인가? 물의 속력이 증가하여 생기는 침식작용은 수력기사의 주된 관심사이다.

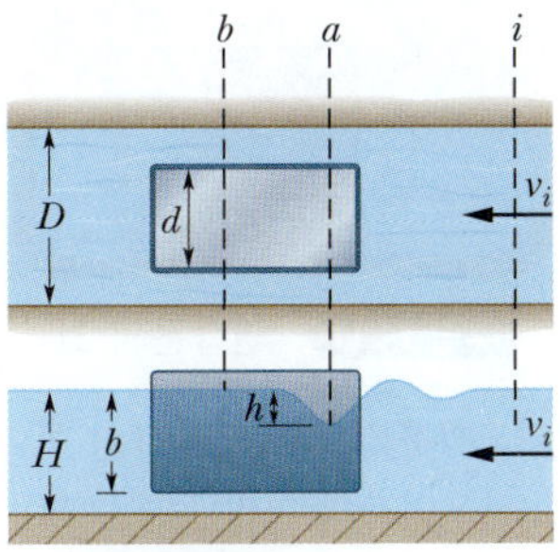

그림 14.4 연습문제 7

8 M 밀도 1200 kg/m^{3}의 액체가 수평으로 놓인 관을 따라 흐른다. 관의 단면적은 A 부분에서 1.90×10^{-2} m^{2}이고, B 부분에서는 9.50×10^{-2} m^{2}이다. 두 부분에서의 압력의 차이는 7.20×10^3 Pa이다. (a) 부피흐름률과 (b) 질량흐름률을 구하여라.

9 H 가정집의 빗물 배수시설을 그림 14.5에 간단히 나타내었다. 경사진 지붕에 떨어진 빗물은 지붕 주위에 있는 홈통으로 떨어져 홈통을 따라 지하실 밑에 있는 주배수관 M으로 흘러들어가고, 결국 집 밖의 더 큰 하수관으로 흘러간다. 그림 14.5에서 지하실 바닥의 배수구도 배수관 M에 연결되어 있다. 다음과 같은 가정이 성립한다고 하자.

(1) 홈통 입구의 높이는 $h_1 = 11$ m이다. (2) 지하실 바닥에 있는 배수구의 높이는 $h_2 = 1.2$ m이다. (3) 배수관 M의 반지름은 3.0 cm이다. (4) 집의 폭은 $w = 30$ m이고 길이는 $L = 60$ m이다. (5) 지붕에 떨어진 물은 모두 배수관 M으로 들어간다. (6) 홈통에 들어갈 때의 물의 초기속력은 무시할 수 있다. (7) 바람의 속력은 무시할 수 있다. (빗방울은 수직으로 떨어진다.)

강수량이 시간당 몇 센티미터 이상이 되면 배수관 M에서 물이 차올라서 지하실 바닥으로 넘치겠는가?

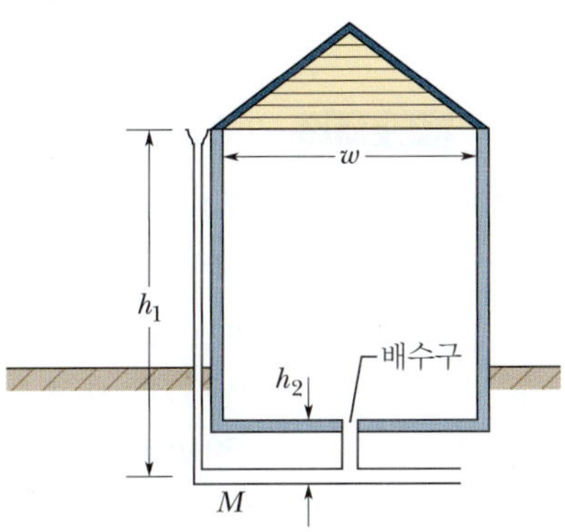

그림 14.5 연습문제 9

10 M 나무토막(질량 3.50 kg, 밀도 600 kg/m^3)에 밀도 1.14×10^4 kg/m^{3}인 납을 넣어 물 위에 띄웠더니 전체 부피의 0.900이 물 속에 잠겼다. 납을 토막의 (a) 위, (b) 아래에 붙였을 때 각각 납의 질량을 구하여라.

11 M 속이 찬 작은 공을 액체에 완전히 잠긴 상태에서 가만히 놓은 다음 액체 안에서 4.0 cm 움직였을 때 운동에너지를 측정하였다. 그림 14.6은 여러 종류의 액체에 대해 같은 실험을 반복하여 측정한 운동에너지를 액체의 밀도 ρ_{liq}의 함수로 그린 그래프이며, 수직축의 크기는 $K_s = 160$ J이다. 공의 (a) 밀도와 (b) 부피를 구하여라.

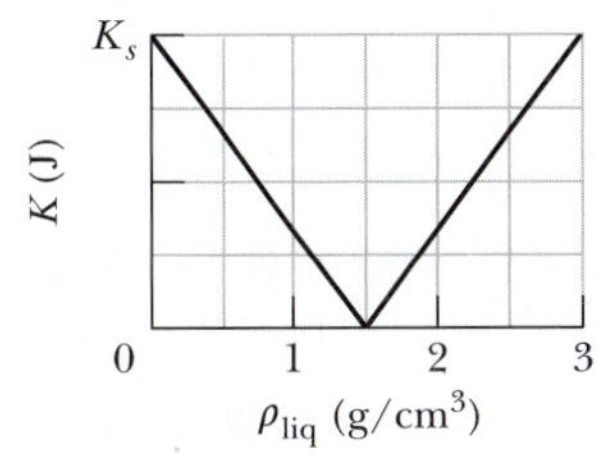

그림 14.6 연습문제 11

12 E 밀도 7870 kg/m^{3}의 철로 만든 닻의 무게가 물속에서는 공기 중에서보다 150 N 가볍다. (a) 닻의 부피는 얼마인가? (b) 공기 중에서 무게는 얼마인가?

13 M 그림 14.7에 있는 L자형으로 생긴 탱크에 물이 담겨 있고, 위는 열려있다. $d = 4.0$ m일 때 물이 (a) 면 A에 작용하는 힘과 (b) 면 B에 작용하는 (전체) 힘을 구하여라.

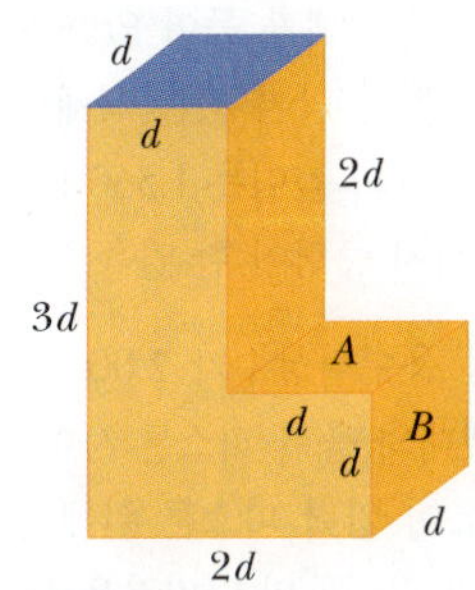

그림 14.7 연습문제 13

14 E 마리아나 해구의 챌린저 해연은 깊이가 10.9 km나 되어 어느 바다보다도 깊은 곳이다. 그러나 1960년에 Donald Walsh와 Jacques Piccard는 심해잠수정 *Trieste*호를 타고 챌린저 해연까지 내려가는데 성공했다. 바닷물의 밀도가 1024 kg/m^{3}으로 균일하다고 가정하고 *Trieste*호가 견뎌야 하는 압력을 atm의 단위로 나타내어라. (*Trieste*호의 아주 작은 구조적 결함이 있어도 매우 위험할 것이다.)

15 E 그림 14.8은 언덕을 통과하는 낡은 배관 시스템으로 $d_A = d_B = 30$ m, $D = 110$ m이다. 언덕의 양쪽에서 관의 반지름은 2.20 cm이다. 그러나 언덕 안에서는 관의 반지름이 얼마인지 알지 못한다. 이를 알아내기 위해 기술자들이 언덕 양쪽 부분에서 물이 흐르는 속력이 2.50 m/s가 되도록 조절하였다. 그리고 점 A에서 염료를 풀어서 점 B에 도달하는 시간을 측정하였더니 88.8 s가 걸렸다. 언덕 안에 있는 관의 평균 반지름은 얼마인가?

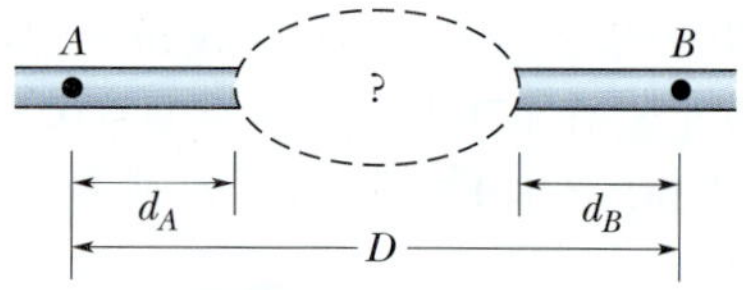

그림 14.8 연습문제 15

16 E 풍동에서 비행기 모형을 시험하듯이 어뢰 모형은 수평으로 물이 흐르는 관 안에서 시험한다. 안지름 25.0 cm의 관 안에 어뢰 모형이 길이 방향으로 들어 있다. 모형의 지름은 6.00 cm이고, 어뢰 주위에서 흐르는 물의 속력은 2.50 m/s이다. (a) 어뢰가 없는 부분에서 물의 속력은 얼마인가? (b) 어뢰가 있는 부분과 없는 부분의 압력차는 얼마인가?

17 M BIO *잠복중인 악어*: 먹잇감을 기다리는 악어는 머리의 일부분만 물 밖에 나와 있어서 먹잇감이 쉽게 볼 수 없다. 이렇게 잠복하려면 폐의 크기를 조절해야 한다. 다른 방법은 돌멩이를 삼켜 위 안에 넣는 것이다. 질량 200 kg의 악어가 떠 있는 모습을 그림 14.9처럼 단순화시켜 보자. 머리 윗면의 면적은 0.20 m^2이다. 악어가 자기 무게의 1.0%에 해당하는 돌멩이를 삼키면 얼마나 깊이 잠기는가?

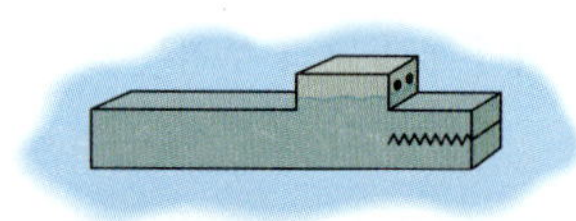

그림 14.9 연습문제 17

18 M 똑같은 두 원통형 그릇의 바닥이 같은 높이에 있고, 그 안에 밀도 1.30×10^3 kg/m^3의 액체가 들어 있다. 그릇 바닥의 면적은 모두 3.00 cm^2이지만 한 그릇에 담겨 있는 액체의 높이는 0.854 m이고, 다른 그릇에 담겨 있는 액체의 높이는 1.560 m이다. 두 그릇을 연결해서 높이가 똑같이 될 때까지 중력이 한 일을 구하여라.

19 M 그림 14.10처럼 용수철상수가 2.00×10^4 N/m인 용수철이 단단한 들보와 유압지렛대의 출력 피스톤 사이에 연결되어 있다. 질량을 무시할 수 있는 빈 통이 입력 피스톤 위에 놓여 있다. 입력 피스톤의 단면적은 A_i이고 출력 피스톤의 단면적은 $18.0A_i$이다. 초기에 용수철은 늘어나지 않은 길이이다. 천천히 빈 통에 모래를 부어 몇 kg을 넣어야 용수철이 5.00 cm 수축하는가?

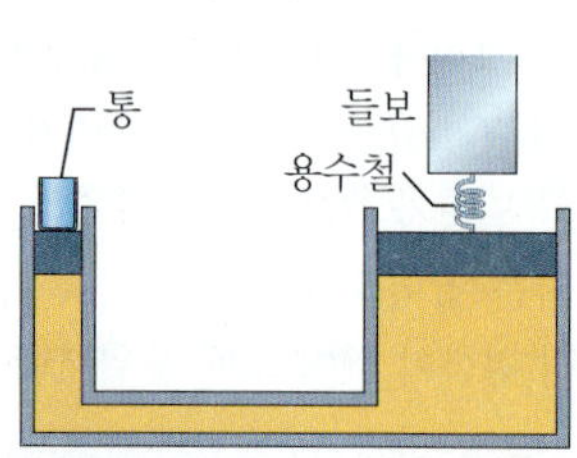

그림 14.10 연습문제 19

20 E 그릇 속의 공기를 일부 뽑아내고 밀봉한 용기의 뚜껑은 넓이가 77 m^2이고, 질량은 무시할 수 있다. 뚜껑을 여는 데 필요한 힘의 크기가 600 N이고 대기압이 1.0×10^5 Pa이라면 뚜껑을 열기 전 용기 내부의 압력은 얼마인가?

21 E 한 변의 길이가 L = 0.500 m이고 질량이 450 kg인 정육면체가 밀도 1030 kg/m^3의 액체가 담긴 통에 그림 14.11처럼 끈으로 매달려 있다. (a) 대기압이 1.00 atm일 때 대기와 액체에 의해 정육면체의 윗면에서 아래로 작용하는 전체 힘 (b) 아랫면에 작용하는 위쪽 방향 전체 힘 (c) 끈의 장력을 구하여라. (d) Archimedes의 원리를 사용하여 정육면체에 작용하는 부력을 계산하여라. 이 양 사이에 어떤 관계가 있는가?

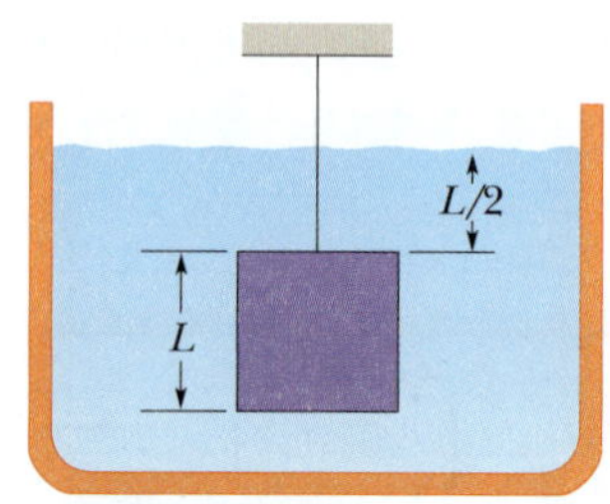

그림 14.11 연습문제 21

22 E BIO *아르헨티노사우루스의 혈압*: (a) 목이 긴 거대한 용각류의 일종인 아르헨티노사우루스의 머리 높이는 20 m이고 심장의 높이는 9.0 m이다. 뇌 혈압이 80 torr(뇌에 혈액을 공급할 정도의 압력)일 때 심장이 필요로 하는 (계기) 혈압은 torr(mmHg) 단위로 얼마인가? 혈액 밀도는 1.06×10^3 kg/m^3이다. (b) 발에서 혈압은 (torr나 mmHg로) 얼마인가?

23 M 그림 14.12a처럼 직육면체 물체를 액체 속으로 천천히 누른다. 물체의 높이는 d이고, 아랫면과 윗면의 면적은 A = 5.67 cm^2이다. 그림 14.12b는 아랫면의 깊이 h의 함수로 겉보기 무게 W_{app}를 나타낸 그래프이다. 수직축의 크기는 W_s = 0.20 N이다. 액체의 밀도는 얼마인가?

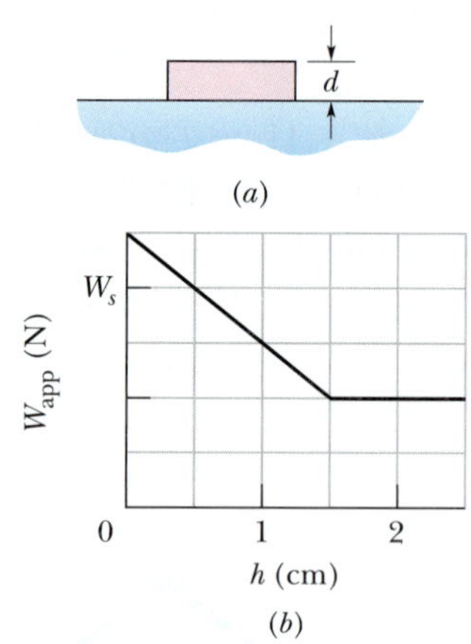

그림 14.12 연습문제 23

24 E 내부 지름 13 mm의 관을 통해 1.4 m^3의 물을 내보낸다. 관의 양쪽에서의 압력차가 1.5 atm이라면 물이 한 일은 얼마인가?

25 H 그림 14.13처럼 일부가 물에 잠긴 채 떠있는 원통에 질량을 무시할 수 있는 실로 쇠공을 매달았다. 원통의 높이는 6.00 cm, 윗면과 아랫면의 면적은 12.0 cm^2, 밀도는 0.30 g/cm^3이고, 높이 2.00 cm 만큼 물 위에 나와 있다. 쇠공의 반지름은 얼마인가?

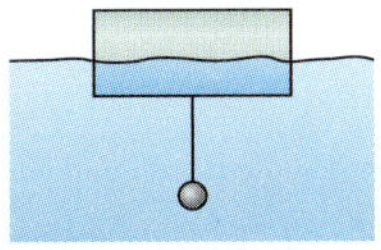

그림 14.13 연습문제 25

26 M CALC 높이가 0.600 m이고 윗면과 아랫면의 면적이 4.00 m^2이며, 밀도가 물의 0.400배인 원통이 있다. 초기에 윗면이 수면과 일치하도록 물에 완전히 잠겨 있다가 완전히 뜰 때까지 천천히 올라가게 하였다. 원통이 뜨는 동안 부력이 한 일은 얼마인가?

27 M 그림 14.14에 있는 저수지 댐의 깊이가 $D = 15$ m이다. 수면에서 깊이 $d = 6.0$ m되는 지점에 지름 4.0 cm의 관이 댐을 가로질러 수평으로 설치되어 있다. 마개로 관의 끝을 막아 놓았다. (a) 마개와 관의 벽 사이의 마찰력을 구하여라. (b) 마개를 빼면 3시간 동안 얼마만큼의 물이 나오는가?

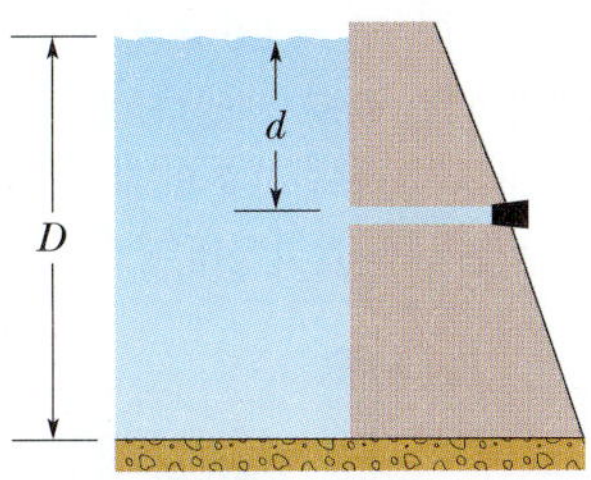

그림 14.14 연습문제 27

28 E (그림 14.3.1*a*에 나타낸 대로) 수은 기압계의 높이 h를 측정했더니 735.35 mm이다. 기온은 −5.0°C이고, 이 온도에서 수은 밀도 ρ는 1.3608×10^4 kg/m^3이다. 기압계 위치에서 자유낙하 가속도 g는 9.7895 m/s^2이다. 이곳의 대기압은 Pa과 torr(통상적인 기압계 단위)로 각각 얼마인가?

29 M CALC 공기펌프를 발명한 Otto von Guericke는 1654년에 신성로마제국의 귀족 앞에서 두 반구를 붙인 다음에 그 안의 공기를 빼내면 양쪽에서 각각 말 여덟 마리가 끌어도 두 반구를 분리할 수 없다는 시범을 보였다. (a) 반구의 벽이 얇아서 그림 14.15에서 안쪽 반지름과 바깥 반지름이 모두 R이라고 놓을 수 있다고 하자. 두 반구를 분리하기 위해 필요한 힘 $\vec{F}$의 크기는 반구 안팎의 압력차가 Δp일 때 $F = \pi R^2 \Delta p$ 임을 보여라. (b) R이 25 cm, 내부의 압력이 0.10 atm, 외부의 압력이 1.00 atm일 때, 반구를 분리시키는 데 필요한 힘의 크기를 구하여라. (c) 이 장치의 한쪽을 든든한 벽에 고정시켜 놓고 반대쪽에서 여덟 마리의 말이 끌게 해도 두 반구를 분리할 수 없음을 설명하여라.

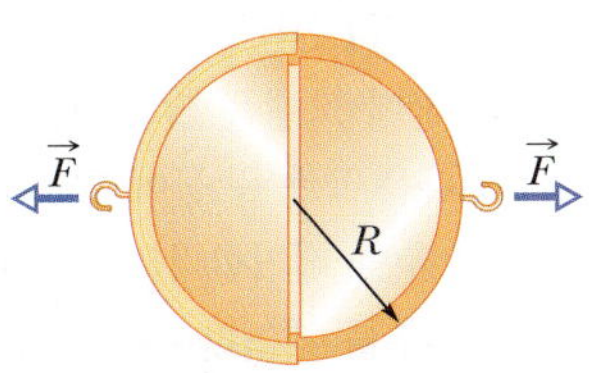

그림 14.15 연습문제 29

30 M 침수된 지하실에서 펌프를 이용하여 4.0 m/s로 일정하게 물을 퍼내고 있다. 호스의 반지름은 1.0 cm로 균일하고, 호스는 수면으로부터 3.0 m 위에 있는 창을 통해 밖으로 나간다. 펌프의 일률을 구하여라.

31 M 그림 14.16에서 수평으로 설치된 관을 통해 물이 대기 중으로 $v_1 = 15$ m/s의 속력으로 나온다. 왼쪽과 오른쪽의 관의 지름은 각각 5.0 cm와 2.5 cm이다. (a) 10분 동안 흘러나오는 물의 양은 얼마인가? 관의 왼쪽 부분에서 (b) 속력 v_2와 (c) 계기압력은 얼마인가?

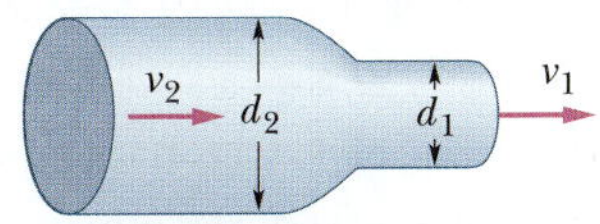

그림 14.16 연습문제 31

32 E BIO 수심 100 m에서 망가진 잠수함으로부터 선원이 대피하려고 한다. 크기 1.0 m × 0.60 m의 탈출구를 열려면 힘을 얼마나 작용해야 하는가? 바닷물의 밀도는 1024 kg/m^3이고, 내부 기압은 1.00 atm이라고 가정한다.

33 E 단면적이 a인 유압지렛대의 작은 피스톤이 밀폐된 액체에 작은 크기의 힘 f를 가하고 있다. 여기에 단면적 A의 큰 피스톤이 관으로 연결되어 있다(그림 14.17). (a) 큰 피스톤이 움직이지 않게 하려면 힘의 크기 F는 얼마인가? (b) 작은 피스톤의 지름이 3.80 cm이고 큰 피스톤의 지름은 53.0 cm이다. 큰 피스톤에 20.0 kN의 힘을 가하려면 작은 피스톤에 가해야 하는 힘의 크기는 얼마인가?

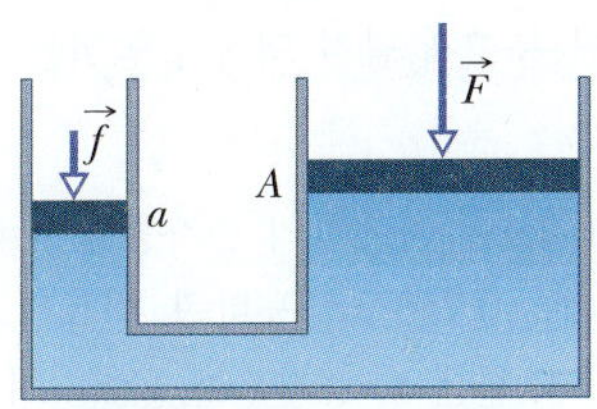

그림 14.17 연습문제 33

34 E BIO 간호사가 32 N의 힘으로 반지름이 1.1 cm인 주사기의 원형 피스톤을 누를 때 주사기 안에 들어있는 액체의 압력 증가를 구하여라.

35 E BIO *인간과 코끼리의 스노클링*: 사람이 스노클링을 할 때는 관을 통해서 공기와 직접 닿아 있으므로 폐의 압력은 대기압과 같다. 길이가 (a) 18 cm(보통의 경우), (b) 4.0 m(위험한 경우)인 관으로 스노클링을 할 때, 인체 내부의 공기 압력과 물이 인체에 가하는 압력의 차이 Δp는 각각 얼마인가? 후자인 경우에는 큰 압력차로 폐 벽의 혈관이 파열되어 폐 속으로 혈액이 흐를 위험이 있다. 그러나 그림 14.18처럼 코끼리는 폐가 수면 아래 4.0 m 깊이에 있어도 안전하게 스노클링을 즐길 수 있다. 폐 주위의 세포막에 혈관을 보호하는 연결 조직이 있어서 혈관의 파열을 막아주기 때문이다.

그림 14.18 연습문제 35

36 **E** 배가 민물 위에 떠 있을 때는 무게 30.0 kN의 물을 밀어낸다. (a) 밀도 1.10×10^3 kg/m^{3}의 소금물 위에 떠 있을 때 밀어내는 소금물의 무게는 얼마인가? (b) 밀어낸 민물과 소금물의 부피 차이는 얼마인가?

37 **E** 그림 14.19에서 플라스틱 관의 단면적은 5.00 cm^{2}이다. (길이 d = 0.400 m인) 짧은 관이 채워질 때까지 물을 채운다. 그리고 짧은 관을 막고 계속해서 긴 관에 물을 채운다. 마개에 작용하는 힘이 9.80 N보다 크면 마개는 튀어나간다. 마개가 튀어나가기 직전이라면 긴 관에 있는 물의 전체 높이는 얼마가 되어야 하는가?

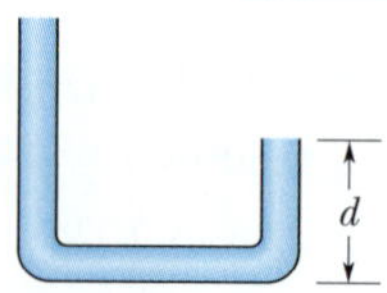

그림 14.19 연습문제 37

38 **E** 뚜껑이 없는 큰 통 1과 2에 다른 액체가 담겨 있다. 두 액체의 표면에서 같은 깊이 h만큼 내려간 곳에서 통의 옆면에 각각 작은 구멍을 뚫었다. 통 1의 구멍의 단면적은 통 2의 구멍 단면적의 40%이다. (a) 구멍을 통해 나오는 질량흐름률이 같다면 밀도의 비율 ρ_1/ρ_2는 얼마인가? (b) 부피흐름률의 비율 R_{V_1}/R_{V_2}는 얼마인가? (c) 어느 순간에 통 1에 담긴 액체의 표면은 구멍으로부터 12.0 cm 위에 있다. 이때 부피흐름률이 *같다*면 통 2에 담긴 액체의 높이는 구멍으로부터 얼마나 위에 있는가?

39 **M** 질량이 1800 kg인 자동차의 승차공간 부피는 5.00 m^{3}이다. 엔진과 앞바퀴의 부피는 0.750 m^3, 뒷바퀴, 연료탱크와 트렁크의 부피는 모두 0.800 m^{3}이고, 물은 이 공간으로 들어가지 못한다. 이 자동차가 호수에 빠졌다. (a) 처음에는 승차공간에 물이 들어가지 않는다. 자동차가 떠 있을 때 물에 잠긴 부분의 부피는 m^3 단위로 얼마인가? (그림 14.20) (b) 물이 점점 승차공간으로 들어감에 따라 자동차가 가라앉는다. 자동차 전체가 물에 잠기는 순간 몇 세제곱미터의 물이 자동차 안으로 들어갔는가? (트렁크에 무거운 짐이 들어 있어서 자동차는 계속 수평을 유지한다고 가정한다.)

그림 14.20 연습문제 39

40 **E** 부피 V의 60%가 물에 잠긴 채 나무토막이 떠 있고, 기름에서는 0.90 V가 잠긴다. (a) 나무토막과 (b) 기름의 밀도를 구하여라.

41 **H** **CALC** 그림 14.21에 폭이 W = 400 m인 댐의 상류 쪽에 D = 35.0 m 깊이로 물이 차 있다. (a) 물의 계기압력으로부터 댐에 작용하는 알짜 힘을 구하고 (b) 그 힘에 의해 생기는 알짜 토크를 점 O를 지나고 댐의 긴 폭에 평행인 축에 대해 구하여라. 이 토크는 댐이 무너지게 할 수 있는 방향으로 이 선 주위로 회전시키려고 한다. (c) 토크의 모멘트팔을 구하여라.

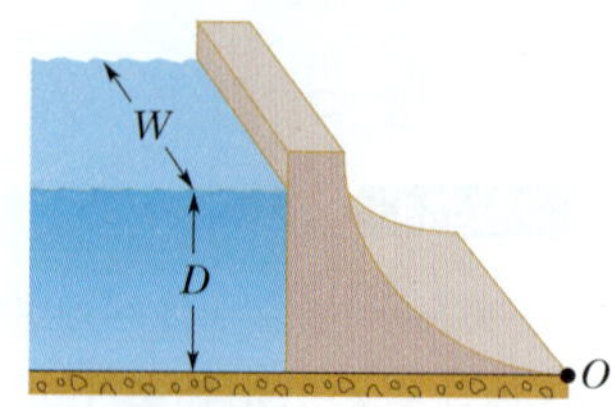

그림 14.21 연습문제 41

42 **E** **BIO** 물고기는 구멍이 많은 뼈와 부레에 담긴 공기의 양을 조절해서 자신의 평균밀도가 물의 밀도와 같아지도록 유지한다. 부레의 공기를 제거한 후에 측정한 물고기의 밀도가 1.06 g/cm^{3}이라고 하자. 부레에 공기를 넣어 팽창한 몸의 부피의 비율이 얼마나 되어야 평균밀도가 물의 밀도와 같아지는가?

43 **E** 그림 14.22에 길이 L = 1.6 m, 단면적 A = 4.6 cm^{2}인 열린 관이 지름 D = 1.2 m, 높이 H = 1.6 m의 드럼통에 연결되어 있다. 통과 관을 (관의 꼭대기까지) 물로 채웠다. 물의 압력이 통의 바닥에 가하는 힘과 물에 가해지는 중력의 비율을 구하여라. 왜 이 비율은 1.0이 아닌가? (대기압은 고려할 필요가 없다.)

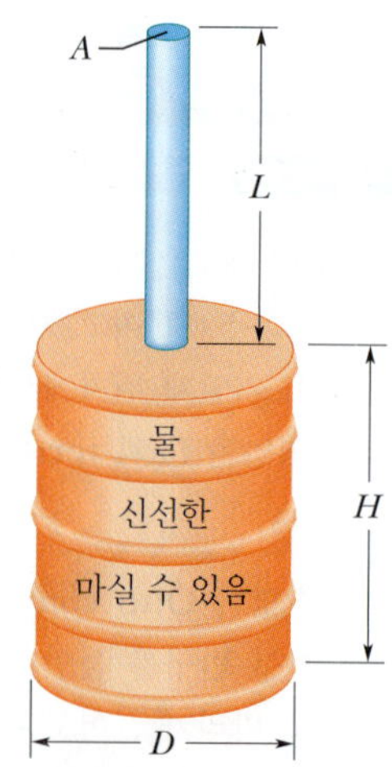

그림 14.22 연습문제 43

44 **M** 속이 군데군데 비어 있는 주물 덩어리의 무게가 공기 중에서는 6000 N이고 물 속에서는 4500 N이다. 빈 공간의 전체 부피는 얼마인가? 속이 꽉찬 주물의 밀도는 7.87 g/cm^{3}이다.

45 **M** **BIO** 거의 완전한 공룡 화석을 발견하면 화석 뼈의 크기를 토대로 만든 플라스틱 모형을 이용하여 실제 공룡의 질량과 부피를 추정할 수 있다. 모형의 축척은 1/20이어서 모형의 길이는 실제 길이의 1/20이고 면적은 실제 면적의 $(1/20)^2$, 부피는 실제 부피의 $(1/20)^3$이다. 먼저 양팔저울의 한쪽 팔에 모형을 달고 평형을 이루도록 반대쪽 팔에 추를 올려놓는다. 그 다음 모형을 물에 완전히 담그고 다시 평형을 이루도록 필요한 만큼의 추를 제거한다(그림 14.23). 티라노사우루스 모형인 경우 633.76 g의 추를 제거하여야 했다. (a) 모형과 (b) 실제 공룡의 부피는 각각 얼마인가? (c) 공룡의 밀도가 대략 물의 밀도와 같다면 공룡의 질량은 얼마인가?

그림 14.23 연습문제 45

46 M (a) 밀도 1024 kg/m^{3}의 바다(짠물), (b) 밀도 1000 kg/m^{3}의 강(민물)에 떠 있는 밀도가 917 kg/m^{3}인 빙산의 보이는 부피의 비율은 얼마인가? (짠물이 얼어서 얼음이 되면 소금이 빠져나오므로 빙산이 녹으면 민물이 된다.)

47 M 단면적 A_1의 관으로부터 단면적 A_2의 관으로 물이 수평으로 흐른다. 그림 14.24는 유체의 흐름이 항상 정상흐름일 때 어떤 부피흐름율에 대해 예상하는 $p_2 - p_1$을 단면적의 역수 A_1^{-2}의 함수로 나타낸 것이다. 수직축의 크기는 Δp_0 = 300 kN/m^{2}이다. 그림의 조건에 대해 (a) A_2와 (b) 부피흐름률을 구하여라.

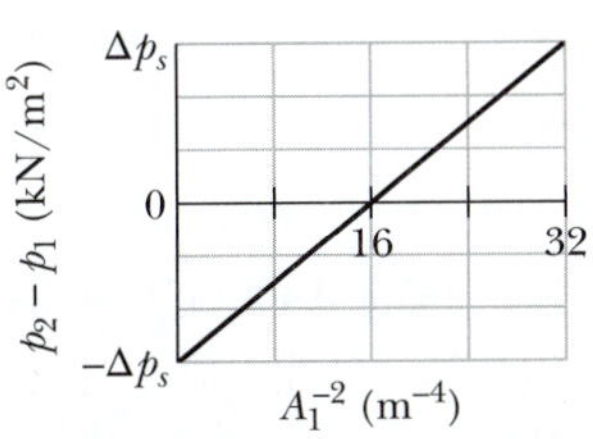

그림 14.24 연습문제 47

48 E BIO *물 마시려고 목을 굽힌 기린*: 머리가 심장 위 2.0 m 높이에 있고, 심장은 발 위 2.0 m 높이에 있는 기린의 심장 (정역학) 계기 혈압은 240 torr이다. 기린은 똑바로 서있다고 가정하고, 혈액 밀도는 1.06 × 10^3 kg/m^{3}이다. (a) 뇌(기린이 기절하지 않도록 뇌에 혈액을 공급할 정도의 압력)와 (b) 발(압력 스타킹처럼 피부를 꽉 조이는 압력)에 걸리는 (계기) 혈압을 torr(혹은 mmHg) 단위로 각각 구하여라. (c) 기린이 연못의 물을 먹으려고 다리를 벌리면서 서서히 머리를 숙이지 않으면 뇌의 혈압은 얼마나 증가하는가? (이 행동은 아마도 치명적일 것이다.)

49 E 그림 14.25에서 흡입구의 면적은 0.74 m^{2}이고 물의 속력은 0.40 m/s이다. 흡입구보다 거리 D = 200 m 아래에 있는 배출구에서 배출구의 단면적은 흡입구의 단면적보다 작고 물의 속력은 9.5 m/s로 기계로 흘러 들어간다. 흡입구와 배출구의 압력차는 얼마인가?

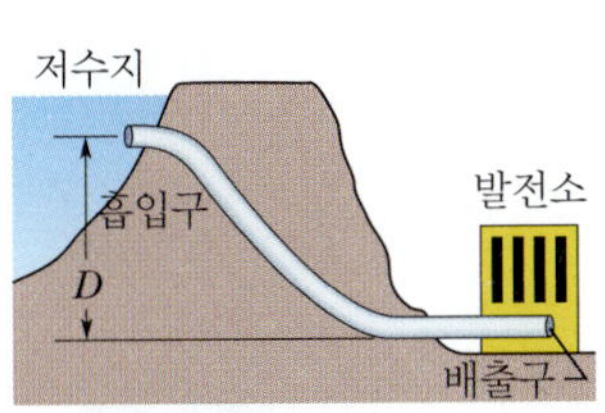

그림 14.25 연습문제 49

50 M 속이 비어 있는 쇠공이 물에 거의 잠긴 채 떠 있다. 바깥 지름이 40.0 cm이고, 쇠의 밀도는 7.87 g/cm^{3}이다. 안쪽 지름을 구하여라.

51 E 자동차 앞 타이어를 28 psi로 공기를 넣었다. 그 다음에 혈압을 측정하였더니 mmHg 단위로 160/80이 나왔다. 킬로파스칼(kPa) 단위로 (a) 타이어 압력과 (b) 혈압은 각각 얼마인가?

52 M CALC 그림 14.26에 높이 H = 40 cm까지 물이 차 있는 물탱크 벽의 수면에서부터 깊이 h = 10 cm인 지점에 구멍이 뚫려 있다. (a) 물줄기가 땅에 닿는 지점까지의 거리 x는 얼마인가? (b) 다른 깊이에 구멍을 뚫어 같은 x 값을 얻으려면 깊이가 얼마이어야 하는가? (c) x가 최대가 되도록 하려면 어느 깊이에 구멍을 뚫어야 하는가?

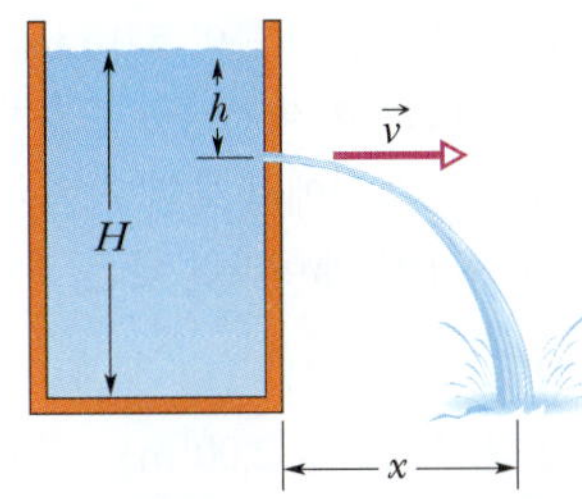

그림 14.26 연습문제 52

53 M CALC 공기의 밀도가 (a) 일정하다면 (b) 고도에 따라 선형적으로 0까지 감소한다면 대기권의 높이는 각각 얼마가 되는가? 해수면에서의 대기압은 1.0 atm이고 공기의 밀도는 1.3 kg/m^{3}이다.

54 E 지름이 큰 원통형 물탱크에 깊이 D = 0.40 m까지 물이 차있다. 이제 물탱크의 바닥에 있는 단면적 A = 6.5 cm^{2}의 구멍을 통해 물을 뺀다고 하자. (a) 물이 빠지는 부피흐름률을 초당 세제곱미터로 구하여라. (b) 물줄기의 단면적이 구멍의 단면적의 절반이 되는 곳은 물탱크 바닥에서 얼마나 떨어져 있는가?

55 M 그림 14.27에서 (반지름이 r_1 = 2.00 R) 왼쪽 파이프 부분에서 (반지름이 r_3 = 3.00 R) 가운데 부분을 지나 (반지름이 R) 오른쪽 부분으로 물이 흐른다. 가운데 부분에서 물의 속력은 0.700 m/s이다. 0.400 m^{3}의 물이 왼쪽 부분에서 오른쪽 부분으로 이동하였을 때 한 일은 얼마인가?

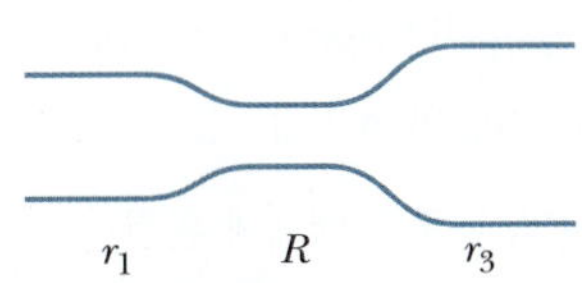

그림 14.27 연습문제 55

56 E 안지름 1.9 cm의 호스가 각각 지름이 0.13 cm의 구멍이 24개 뚫려 있는 (멈춰있는) 스프링클러에 연결되어 있다. 호스 안에서의 물의 속력이 0.80 m/s일 때 스프링클러의 구멍에서 나오는 물의 속력은 얼마인가?

57 E 관을 이용하여 밀도 1800 kg/m^{3}의 진흙을 높이 0.900 m로 빨아올리려면 기계가 만드는 계기압력은 얼마인가?

58 E BIO *비행 중 발생하는 혈류장애*. 스쿠버 다이빙할 때 사용한 혼합기체의 질소가 혈액 속으로 흐를 수 있기 때문에 스쿠버 다이빙 후 24시간 내에는 비행기를 타지 말라고 권장한다. 질소가 서서히 빠져나오지 못하게 갑자기 공기압이 감소하면 (비행기가 이륙할 때) 혈

액 속에 질소 거품이 생기는 혈류장애 현상이 발생하여 고통스럽거나 심하면 생명을 잃을 수도 있다. 특전사 대원은 특히 위험하다. 수심 15 m로 스쿠버 다이빙을 한 특전사 대원이 다음 날 7.6 km 높이에서 낙하하면 인체의 압력이 얼마나 변하는가? 이 범위의 고도에서 공기의 평균밀도가 0.87 km/m^{3}라고 가정한다.

59 M 안쪽 반지름이 8.0 cm이고 바깥 반지름이 9.0 cm인 속이 빈 공이 밀도 700 kg/m^{3}의 액체에 절반이 잠긴 채 떠 있다. (a) 공의 질량은 얼마인가? (b) 공을 만든 물질의 밀도를 구하여라.

60 E 단면적 4.0 cm^{2}의 관을 통해 물이 5.0 m/s의 속력으로 움직이고 있다. 관의 단면적이 8.0 cm^{2}까지 서서히 증가하는 동안 관의 높이는 15 m 감소한다. (a) 낮은 높이에서 물의 속력은 얼마인가? (b) 높은 위치에서 압력이 1.5×10^5 Pa이라면 낮은 위치에서 압력은 얼마인가?

61 M 높이 5.00 m의 큰 수족관을 2.00 m의 깊이로 민물로 채웠다. 폭이 8.00 m인 수족관의 한쪽 벽은 두꺼운 플라스틱이다. 물을 더 채워 수심이 3.00 m가 되었다면 벽에 작용하는 전체 힘은 얼마나 증가하는가?

62 E BIO 물 바깥으로 연결된 공기호스를 사용하여 잠수할 수 있는 최대 깊이 d_{max}는 물의 밀도와 인간이 숨을 쉴 수 있는 허파 안팎의 최대 압력차 0.050기압에 의해 정해진다. 민물의 경우와 (지구상에서 가장 소금기가 많아서 밀도가 1.5×10^3 kg/m^{3}이나 되는) 사해에서의 d_{max}를 각각 구하여라.

63 E 안지름 2.5 cm의 관을 통해 0.50 m/s의 속력과 170 kPa의 압력으로 지하실에 물을 공급한다. 관의 안지름이 1.2 cm로 가늘어져서 지하실보다 7.6 m 높은 2층으로 물을 공급한다고 할 때 2층에서 (a) 물의 속력과 (b) 압력을 구하여라.

64 E BIO 키가 1.70 m인 사람의 뇌와 발끝의 (정지) 혈압 차이를 구하여라. 혈액의 밀도는 1.06×10^3 kg/m^{3}이다.

65 E 밀도가 1000 kg/m^{3}인 레몬주스를 빨대를 이용하여 높이 3.5 cm까지 빨아올리려면 몇 기압의 계기압력을 허파가 만들어야 하는가?

66 E 질량 6.00 kg의 물체를 액체에 완전히 잠긴 상태에서 가만히 놓았다. 물체에 의해 밀려난 액체의 질량이 3.00 kg이다. 액체의 점성에 의한 저항을 무시하고, 물체는 자유롭게 움직인다고 가정할 때 물체는 0.200 s 동안 어느 방향으로 얼마나 움직이는가?

67 E 몸무게가 각각 300 N인 세 어린이가 지름 0.30 m, 길이 1.80 m인 통나무를 엮어 뗏목을 만든다. 세 어린이를 태우고 물 위에 뜨려면 통나무 몇 개가 필요한가? 통나무의 밀도는 800 kg/m^{3}이다.

68 E 서로 섞이지 않는 세 액체가 원통형 그릇에 부었다. 세 액체의 부피와 밀도는 각각 0.50 L, 2.6 g/cm^3, 0.25 L, 1.0 g/cm^3, 0.70 L, 0.80 g/cm^{3}이다. 액체가 그릇의 바닥에 작용하는 힘의 크기는 얼마인가? 1리터 = 1 L = 1000 cm^3(대기압에 의한 힘은 제외한다.)

69 M BIO *공중전에서 발생하는 g-상실*: 최신 전투기의 조종사가 고속으로 급회전할 때 뇌의 혈압이 감소하여 순간적으로 혈액 공급이 중단되고, 뇌 안의 피는 샐 수 있다. 조종사가 4.5 g의 수평 구심가속도로 비행할 때 대동맥의 (정역학) 계기압력이 120 torr(mmHg)이면, 심장으로부터 안쪽으로의 지름거리가 30 cm인 뇌의 혈압은 몇 torr인가? 만약 뇌의 혈압이 낮아서 흑백이 바뀌어 보이고 "시야가 좁아지면" g-상실(g-유도 의식상실)에 빠지게 된다. 혈액 밀도는 1.60×10^3 kg/m^{3}이다.

70 M 작은 공을 수면으로부터 0.600 m 깊이의 지점에서 가만히 놓았다. 공의 밀도가 물의 밀도의 0.400배일 때 공은 수면 위로 얼마나 높이 튀어 오르는가? (물의 저항이나 튀는 물, 물결파 등으로 전달되는 에너지 전달은 무시한다.)

71 E 두 냇물이 합쳐져 강줄기를 만든다. 한쪽 냇물은 폭이 8.2 m, 깊이가 3.4 m, 물의 속력은 2.3 m/s이다. 다른 냇물은 폭이 6.8 m, 깊이가 3.2 m, 물의 속력은 2.6 m/s이다. 합쳐진 강의 폭이 10.5 m이고, 속력이 3.5 m/s이면 깊이는 얼마인가?

72 M (안지름) 1.9 cm의 관이 안지름 1.3 cm인 세 개의 관에 연결되어 있다. (a) 작은 관에 흐르는 물의 흐름률이 각각 26, 16, 11 L/min이라고 할 때, 1.9 cm 관에서의 흐름률은 얼마인가? (b) 1.9 cm관에서의 속력과 26 L/min의 흐름률을 가진 관에서의 속력의 비율을 구하여라.

제 15장

진동

Oscillations

15.1 ▸ 단순조화운동

요점_Key Ideas

1. 주기 혹은 진동운동의 진동수 f는 초당 진동수이다. SI 단위계에서 헤르츠의 단위로 측정한다: $1\ \text{Hz} = 1\ \text{s}^{-1}$.
2. 주기 T는 완전한 한 번의 진동, 혹은 주기를 거치는 데 필요한 시간이다. 이것은 진동수와 $T = 1/f$의 관계가 있다.
3. 단순조화운동에서 평형위치로부터 입자의 변위 $x(t)$는 다음의 식으로 기술한다.

$$x = x_m \cos(\omega t + \phi) \quad (\text{변위}).$$

여기서 x_m은 변위진폭, $\omega t + \phi$는 운동의 위상이고, ϕ는 위상상수이다. 각진동수 ω는 운동의 주기와 진동수에 대해 $\omega = 2\pi/T = 2\pi f$의 관계가 있다.

4. $x(t)$를 미분하면 입자의 단순조화진동 속도와 가속도를 시간의 함수로 얻을 수 있다.

$$v = -\omega x_m \sin(\omega t + \phi) \quad (\text{속도}),$$

$$a = -\omega^2 x_m \cos(\omega t + \phi) \quad (\text{가속도}).$$

속도 함수에서 양수인 양 ωx_m은 속도진폭 v_m이다. 가속도 함수에서 양수의 양 $\omega^2 x_m$은 가속도 a_m진폭이다.

5. Hooke의 법칙을 만족하는 복원력 $F = -kx$의 영향을 받아 움직이는 질량 m인 입자는 선형 단순조화진동자이고 다음의 관계를 만족한다.

$$\omega = \sqrt{\frac{k}{m}} \quad (\text{각진동수}),$$

$$T = 2\pi\sqrt{\frac{m}{k}} \quad (\text{주기}).$$

학습목표_Learning Objectives

이 단원을 읽은 후 다음을 이해해야 한다.

15.1.1 단순조화운동과 다른 형태의 주기운동을 구별한다.

15.1.2 단순조화운동에서 위치 x와 시간 t의 관계를 적용하여 한 값이 주어졌을 때 다른 값을 계산한다.

15.1.3 주기 T, 진동수 f, 각진동수 ω 사이의 관계를 구한다.

15.1.4 (변위)진폭 x_m, 위상상수(혹은 위상각도) ϕ와 위상 $\omega t + \phi$를 구별한다.

15.1.5 진동자의 위치 x를 시간 t의 함수로 그래프를 그리고, 진폭 x_m과 주기 T를 표시한다.

15.1.6 위치와 시간, 속도와 시간, 혹은 가속도와 시간의 그래프에서 진폭과 위상상수 ϕ의 값을 결정한다.

15.1.7 위치 x와 시간 t의 그래프에서 주기 T, 진동수 f, 진폭 x_m, 혹은 위상상수 ϕ를 바꾸었을 때 나타나는 효과를 기술한다.

15.1.8 단순조화운동을 하는 입자가 극점에 있거나 중심점을 지날 때를 시작하는 시간($t = 0$)으로 맞추도록 위상상수 ϕ를 결정한다.

15.1.9 진동자의 위치 $x(t)$가 시간의 함수로 주어졌을 때 속도 $v(t)$를 시간의 함수로 구하고, 그 결과에서 속도 진폭 v_m을 결정하

▶ 어떤 물리현상을 다루는가?

일상생활에서 물체가 반복적으로 앞뒤로 움직이는 진동현상을 많이 볼 수 있다. 진동현상은 일상생활에서 우리에게 즐거움을 주거나 화나게도 만든다. 어떤 진동현상은 경제적으로 중요하며, 경우에 따라 위험하기도 하다. 몇 가지 예를 살펴보자. 야구방망이로 야구공을 칠 때 야구방망이는 타자의 손을 얼얼하게 할 정도로 진동하고 심지어는 진동 때문에 방망이가 부러질 때도 있다. 전송선 주위로 바람이 심하게 불면 전선이 끊길 정도로

고, 임의의 시간에서 속도를 계산한다.

15.1.10 진동자의 속도 v를 시간 t에 대해 그리고, 속도진폭 v_m을 구한다.

15.1.11 속도진폭 v_m, 각진동수 ω와 (변위)진폭 x_m 사이의 관계를 구한다.

15.1.12 진동자의 속도 $v(t)$가 시간의 함수로 주어졌을 때 가속도 $a(t)$를 시간의 함수로 계산하고, 그 결과에서 가속도 진폭 a_m을 구하고, 임의의 시간에서 가속도를 계산한다.

15.1.13 진동자의 가속도 a를 시간 t에 대해 그래프를 그리고, 가속도 진폭 a_m을 구한다.

15.1.14 단순조화진동자의 경우 임의의 시간에서 가속도 a는 *항상* 그 때의 변위 x에 음의 상수를 곱한 양으로 항상 주어진다.

15.1.15 진동하는 어떤 순간에 대해서도 가속도 a, 각진동수 ω와 변위 x에 대한 관계를 구한다.

15.1.16 한 순간에서 위치 x와 속도 v에 대한 자료가 주어졌을 때 위상 $\omega t + \phi$와 위상상수 ϕ를 결정한다.

15.1.17 용수철-토막 진동자에서 주기 T나 각진동수 ω를 용수철상수 k, 질량 m으로 표현한다.

15.1.18 Hooke의 법칙을 적용하여 임의의 시간에서 단순조화진동자에 작용하는 힘 F와 그 순간에서의 진동자의 변위 x 사이의 관계를 구한다.

진동하여 마을에 전력 공급이 중단되기도 한다. 비행기가 날 때에 날개 주위에 발생하는 난기류 때문에 날개가 진동하는데, 심한 경우에는 금속이 약해지거나 파손될 수도 있다. 또한 기차가 커브를 돌 때에 바퀴가 힘을 받으면서 좌우로 심하게 진동하기도 한다.

도시 근처에서 지진이 발생하면 건물이 진동하면서 흔들리고, 심한 경우에는 건물이 붕괴된다. 화살을 쏠 때 화살이 진동하기 때문에 화살 끝에 있는 깃털은 활대를 건드리지 않고 나아간다. 금속판에 떨어진 동전은 진동하며 이때의 진동소리로 얼마짜리 동전인지 구분할 수 있다. 로데오 카우보이가 황소를 탈 때 카우보이는 황소가 날뛰는 것과 같은 주기로 격렬하게 진동한다.

물리학과 공학의 주된 목표 중 하나는 진동현상의 이해와 제어이다. 이 장에서는 가장 기본적 진동인 *단순조화운동*에 대해 공부한다.

▸***주의.*** 이 단원은 대부분의 학생에게 어렵게 느껴질 수 있다. 한 가지 이유는 정의와 기호가 매우 많다는 것이지만, 주된 이유는 (우리가 보거나 심지어 경험하는 현상인) 물체의 진동을 진동에 대한 식들과 그래프로 연관시켜야 한다는 것이다. 실제로 보이는 운동을 식이나 그래프로 추상화시키는 것은 매우 힘든 일이다.

▶ 단순조화운동

그림 15.1.1에 x축의 원점을 중심으로 같은 양만큼 좌우로 반복하여 움직이는 진동을 나타내었다. 진동의 **진동수** f는 일 초당 완전한 진동(한 *순환과정*)을 하는 횟수이고, 그 단위는 (Hz로 줄여서 쓰는) 헤르츠이다.

$$1\ \text{헤르츠} = 1\ \text{Hz} = 1\text{초당 진동} = 1\ \text{s}^{-1}. \tag{15.1.1}$$

한 주기를 끝내는 데 걸리는 시간을 진동의 **주기** T라고 하며 다음과 같다.

$$T = \frac{1}{f}. \tag{15.1.2}$$

일정한 시간간격 동안 반복하는 어떤 운동도 진동운동, 혹은 조화운동이라고 부른다. 그러나 여기서는 **단순조화운동**(SHM)이라고 부르는 특별한 형태의 주기 운동만을 다룰 것이다. 이와 같은 운동은 시간 t의 사인함수이다. 즉 이 운동은 시간 t의 사인이나 코사인으로 쓸 수 있다. 여기서는 임의로 코사인함수를 선택하고 그림 15.1.1에 있는 입자의 변위(혹은 위치)를 다음과 같이 쓰겠다.

$$x(t) = x_m \cos(\omega t + \phi) \qquad (\text{변위}). \tag{15.1.3}$$

여기서 x_m, ω, ϕ는 곧 정의할 것이다.

▸***정지화면.*** 운동의 정지화면 몇 개를 골라 종이에 차례대로 놓아보자(그림 15.1.2a 참조). 첫 번째 정지화면은 입자가 x축의 가장 오른쪽에 있을 때로 $t = 0$이다. 이 좌표를 x_m으로 표시한다(첨자는 *최대값*을 뜻한다). 이것이 식 15.1.3에 코사인 앞에 있는 기호이다. 다음 정지화면에서는 입자가 x_m의 약간 왼쪽으로 왔다. 입자는 계속 음의 x 방향으로 움직여서 좌표가 $-x_m$인 제일 왼쪽 끝까지 이동한다. 이후 시간이 지나면서 아래쪽 그림에 있는 여러 정지화면을 거쳐, 입자는 다시 x_m으로 돌아오고, 그 이후 x_m과 $-x_m$ 사이에서 진동을 반복한다. 식 15.1.3에서 코사인함수 자체는 +1과 −1 사이에서 진동한다. x_m의 값은 입자가 진동할 때 얼마나 멀리 가는지를 결정하며 (그림 15.1.3의 간단한 안

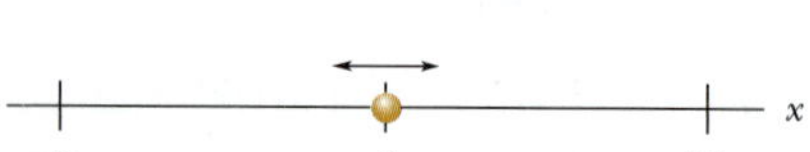

그림 15.1.1 ▸ 입자가 끝점 x_m과 $-x_m$ 사이에서 x축을 따라 좌우로 반복하여 진동하는 입자.

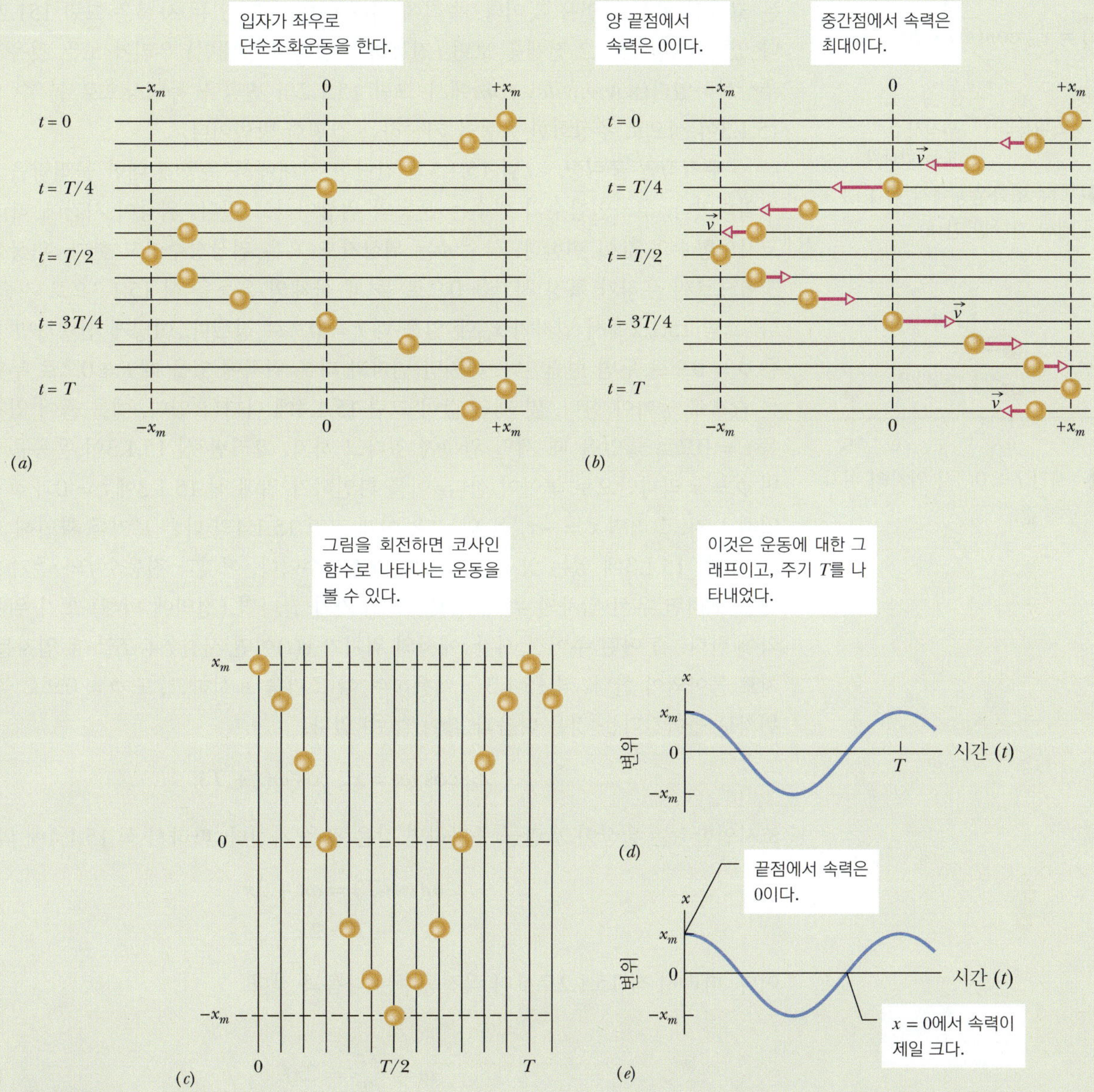

그림 15.1.2 (*a*) 원점을 중심으로 x축에서 두 점 $+x_m$과 $-x_m$ 사이를 왕복하는 입자의 "정지화면"을 순차적으로 나타낸 그림. (*b*) 벡터 화살표의 크기는 입자의 속력에 비례하여 원점에서 가장 크고 양 끝점 $\pm x_m$에서 0이다. 입자가 $+x_m$에 있을 때의 시간을 $t = 0$으로 잡으면 입자는 시간 $t = T$ 후에 같은 점 $+x_m$으로 돌아온다. 이때 T를 운동의 주기라고 하며, 이후 같은 운동이 되풀이된다. (*c*) 이 그림을 회전하면 (*d*)에 나타난 것과 같이 시간의 코사인함수 형태의 운동 형태가 나타난다. (*e*) 속력(기울기)이 변한다.

내에 표시되어 있듯이) 진동의 **진폭**이라고 한다.

그림 15.1.2*b*는 연속된 정지화면에서 시간에 대한 입자의 속도를 나타낸다. 속도를 나타내는 함수를 곧 다루겠지만 지금은 입자가 끝점에서 순간적으로 정지하고, 중심점을 지날 때 (가장 긴 속도벡터로 나타낸) 최대속력을 갖는다는 것을 알면 된다.

그림 15.1.2*a*를 반시계방향으로 90°만큼 돌려서 정지화면이 시간이 지나면서 오른쪽으로 진행하는 것을 생각해 보자. 입자가 x_m에 있을 때 시간을 $t = 0$으로 정한다. 입자는 (진동의 주기인) 시간 $t = T$일 때 다시 x_m에 돌아오며, 다음의 진동을 시작한다. 중

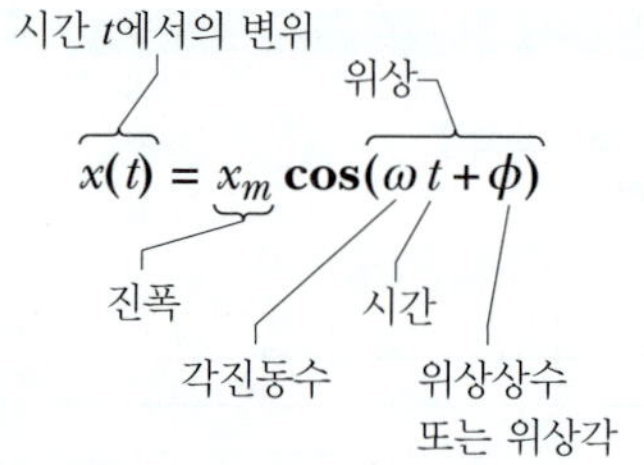

그림 15.1.3 단순조화운동에서 식 15.1.3의 물리량에 대한 간단한 안내.

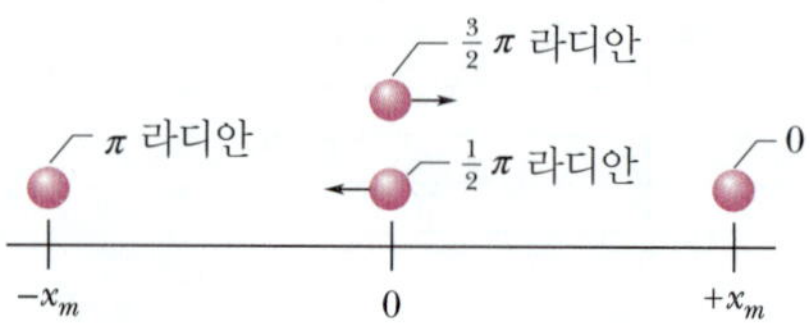

그림 15.1.4 시간 $t = 0$에서 입자의 위치에 해당하는 ϕ의 값.

간에 많은 정지화면을 채워 넣고 입자의 위치를 지나는 선을 그리면 그림 15.1.2*d*에 있는 코사인 곡선을 얻을 것이다. 속력에 대해 이미 알고 있는 사실은 그림 151.2*e*에 나타나 있다. 그림 15.1.2 전체를 보면 (진동하는 입자의 상태인) 우리가 보는 것을 그래프로 추상화하였다(*www.wiley.com*에서 그림 15.1.2의 변환을 동영상으로 볼 수 있다). 식 15.1.3이 식으로 추상화한 운동을 기술하는 간편한 방법이다.

▸***추가적인 물리량.*** 그림 15.1.3의 간단한 안내에서 운동에 대한 물리량을 추가해서 정의하였다. 코사인함수의 변수는 운동의 **위상**이라고 한다. 위상이 시간에 따라 변하면 코사인함수의 값이 변한다. 상수 ϕ는 **위상각도** 혹은 **위상상수**라고 한다. 위상상수를 설정함으로써 우리가 특정 시간을 0으로 둘 때 물체의 운동을 식 15.1.3으로 기술할 수 있다. 그림 15.1.2에서 입자가 x_m에 있을 때 $t = 0$으로 정했다. 이렇게 선택하면 식 15.1.3은 $\phi = 0$으로 두면 성립한다. 하지만 입자가 다른 위치에 있을 때 $t = 0$으로 두면 ϕ는 다른 값으로 놓아야 한다. 몇 개의 값이 그림 15.1.4에 나타나 있다. 예를 들어 입자가 시간을 $t = 0$으로 놓았을 때 제일 왼쪽에 있다고 하자. 그러면 식 15.1.3이 운동을 기술하려면 $\phi = \pi$ 라디안으로 놓아야 한다. 이를 확인하기 위해 식 15.1.3에 $t = 0$과 $\phi = \pi$를 대입해 보자. 그러면 $x = -x_m$을 얻는다. 이제 그림 15.1.4의 다른 보기를 확인해 보자.

그림 15.1.3에 있는 양 ω는 운동의 **각진동수**이다. 이것과 진동수 f와 주기 T와의 관계를 보려면 우선 입자의 위치 $x(t)$는 한 주기가 끝나면 (정의에 의해) 초기 위치로 돌아와야 한다. 즉 어떤 주어진 시간 t에서의 위치가 $x(t)$이면 시간 $t + T$일 때 입자는 같은 위치로 돌아와야 한다. 식 15.1.3을 이용하여 이 조건을 표시하고, 또 $\phi = 0$으로 놓자. 같은 위치로 돌아간다는 것은 다음과 같이 쓸 수 있다.

$$x_m \cos \omega t = x_m \cos \omega(t + T). \tag{15.1.4}$$

코사인함수는 *위상*이 2π만큼 증가하면 같은 값을 가진다. 따라서 식 15.1.4에 의하면

$$\omega(t + T) = \omega t + 2\pi$$

$$\omega T = 2\pi$$

이다. 따라서 식 15.1.2로부터 각진동수는 다음과 같다.

$$\omega = \frac{2\pi}{T} = 2\pi f. \tag{15.1.5}$$

각진동수의 SI 단위는 라디안/초(rad/s)이다.

지금까지 많은 양을 다루었는데 이 양을 실험적으로 변화시켜 입자의 단순조화운동에 끼치는 영향을 볼 수 있다. 그림 15.1.5에 몇 가지 예를 들었다. 그림 15.1.5*a*의 곡선은 진폭을 변화시킨 효과이다. 두 곡선 모두 주기가 같다. ("최고점"이 나란히 있는 것을 보아라.) 그리고 모두 $\phi = 0$이다. ($t = 0$에서 두 곡선의 최대값이 어디서 나타나는가를 보아라.) 그림 15.1.5*b*에서 두 곡선은 진폭 x_m은 같지만 한 곡선의 주기가 다른 곡선의 두 배이다(따라서 진동수는 반이 된다). 그림 15.1.5*c*는 아마 더 이해하기 힘들 것이다. 곡선들의 진폭과 주기는 같지만, ϕ 값이 다르기 때문에 한 곡선이 다른 곡선에 비해 이동해 있다. $\phi = 0$인 곡선이 코사인 곡선인 것을 확인하여라. ϕ 값이 음수인 곡선은 오른쪽으로 이동하였다. 이것은 일반적인 결과이다. ϕ 값이 음수이면 정상적인 코사인 곡선이 오른쪽으로 이동하고, ϕ 값이 양수이면 왼쪽으로 이동한다. (이것을 그래프를 그리는 계산기로 확인해 보아라.)

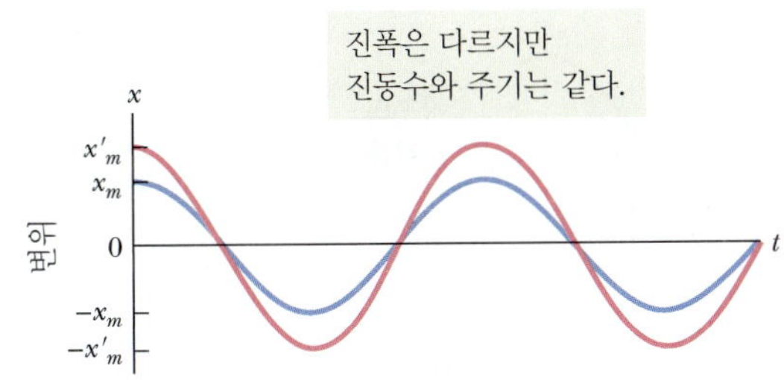

(a)

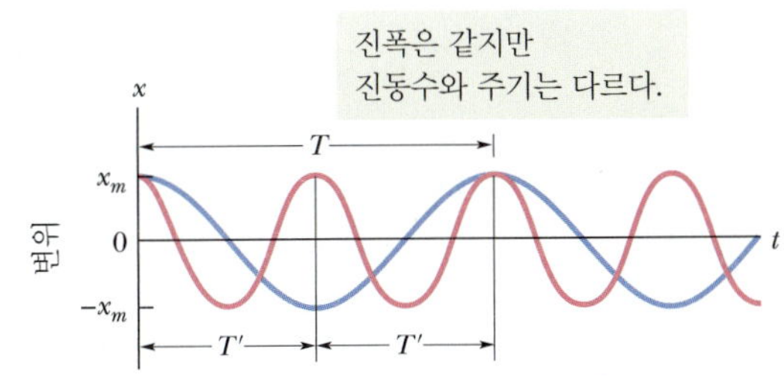

(b)

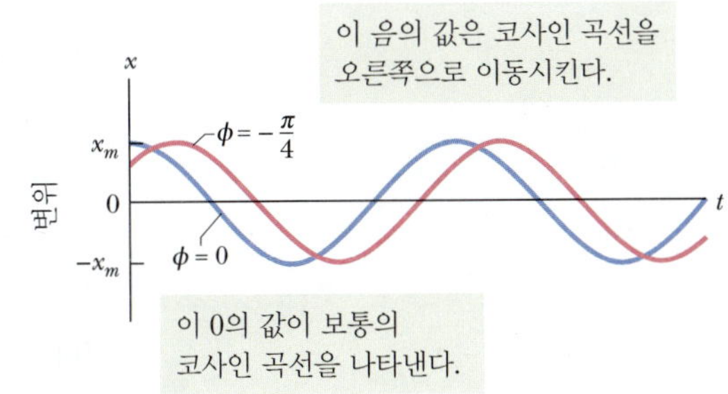

(c)

그림 15.1.5 각각의 그림에서 푸른 선은 식 15.1.3에서 $\phi = 0$인 경우에 해당한다. (*a*) 빨간 선의 진폭 x_m이 푸른 선의 진폭보다 큰 경우(빨간 선의 극대점이 더 높거나 낮다). (*b*) 푸른 선에 비해 빨간 선 운동의 주기가 $T' = T/2$로 바뀐 경우. (*c*) 푸른 선에 비해 빨간 선의 위상각이 $\phi = -\pi/4$로 바뀐 경우(음의 ϕ 값은 빨간 선을 오른쪽으로 이동시킨다).

확인문제 15.1.1

그림 15.1.2처럼 주기가 T인 단순조화운동을 하는 입자가 시간 $t = 0$일 때 $-x_m$에 있다. 이 입자는 (*a*) $t = 2.00T$, (*b*) $t = 3.50T$, (*c*) $t = 5.25T$일 때 $-x_m$, $+x_m$, 0, $-x_m$과 0 사이, 0과 $+x_m$ 사이 중 어디에 있는가?

단순조화운동의 속도

그림 15.1.2*b*에서 보았듯이 입자가 양쪽 끝점(이곳에서 속력이 순간적으로 0이 된다) 사이에서 그리고 중심점(이곳에서 속력은 최대가 된다)을 통과하여 움직이면서 속도의 크기와 방향이 변한다는 것을 간단히 논의하였다. 속도 $v(t)$를 시간의 함수로 구하기 위해 식 15.1.3에 있는 위치함수 $x(t)$를 시간에 대해 미분하면

$$v(t) = \frac{dx(t)}{dt} = \frac{d}{dt}[x_m \cos(\omega t + \phi)]$$

이 되어, 다음을 얻는다.

$$v(t) = -\omega x_m \sin(\omega t + \phi) \qquad (\text{속도}). \qquad (15.1.6)$$

사인 함수는 시간에 따라 +1과 −1 값 사이에서 변하므로 속도는 시간에 의존한다. 사인 함수 앞에 있는 양은 $+\omega x_m$과 $-\omega x_m$ 사이에서 속도의 변화 정도를 결정한다. ωx_m을 속도 변화의 **속도진폭** v_m이라고 한다. 입자가 $x = 0$인 점을 오른쪽으로 지날 때, 속도는 양수이고 크기는 이 최대값이 된다. 입자가 $x = 0$을 왼쪽으로 움직이고 있을 때 속도는 음수이며, 그 크기는 다시 이 최대값이다. 이러한 시간에 대한 변화(음의 사인 함수)를 그림 15.1.6*b*에 나타내었다. 여기서 위상상수는 $\phi = 0$으로 놓았으며, 이는 그림 15.1.6*a*에 나타낸 시간에 대한 변위를 나타낸 코사인함수에 대응된다.

$t = 0$에서 입자의 위치와 무관하게 $x(t)$에 대해 코사인함수를 쓸 수 있다는 것을 주목하자. 단순히 적당한 ϕ 값을 선택하면 식 15.1.3으로 $t = 0$에서 올바른 위치를 얻을 것

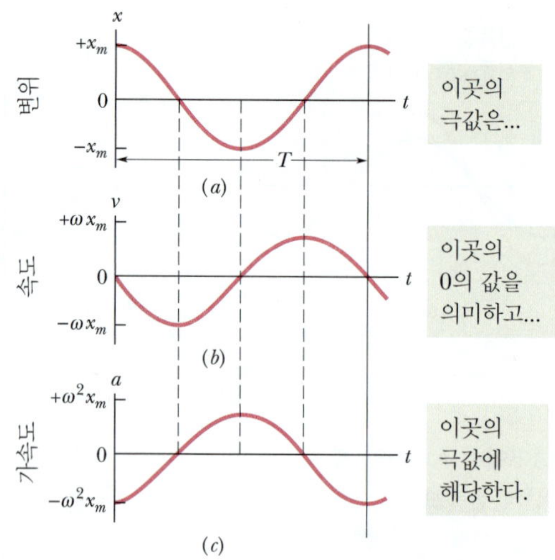

그림 15.1.6 (*a*) 위상각 ϕ가 0일 때 단순조화운동을 하는 입자의 시간에 따른 변위 $x(t)$. 주기 T가 지나면 진동을 완전히 한 번 마친다. (*b*) 같은 운동에서 입자의 속도 $v(t)$와 (*c*) 가속도 $a(t)$.

이다. 코사인함수에 대해 이렇게 정했기 때문에 식 15.1.6에서 속도에 대해서는 음의 사인 함수를 얻게 되었고, 이제 ϕ 값으로 인해 $t = 0$에서 올바른 속도를 얻게 된다.

단순조화운동의 가속도

한 단계 더 나아가서 식 15.1.6의 속도 함수를 시간에 대해 미분하여 단순조화운동을 하는 입자의 가속도 함수를 구해 보자.

$$a(t) = \frac{dv(t)}{dt} = \frac{d}{dt}[-\omega x_m \sin(\omega t + \phi)]$$

이므로, 가속도는 다음과 같다.

$$a(t) = -\omega^2 x_m \cos(\omega t + \phi) \qquad \text{(가속도)}. \tag{15.1.7}$$

다시 코사인함수로 돌아왔지만 그 앞에 음의 부호가 붙었다. 이것은 우리가 잘 알고 있는 결과이다. 코사인함수는 시간에 따라 −1에서 1까지 변하므로 가속도도 변한다. 가속도 크기의 변화는 **가속도 진폭** a_m으로 정해지며, 이것은 코사인함수에 곱해지는 $\omega^2 x_m$의 곱이다.

그림 15.1.6*c*는 그림 15.1.6*a*와 15.1.6*b*와 마찬가지로 위상상수 $\phi = 0$으로 놓은 것이다. 코사인이 0일 때 가속도의 크기가 0이 되고, 이때는 입자가 $x = 0$의 위치에 있다. 그리고 코사인의 크기가 최대일 때 가속도의 크기도 최대인데, 이때는 입자가 끝점에 있어서 느려지다가 멈추어서 운동방향이 바뀌는 때이다. 식 15.1.3과 15.1.7을 비교하면 극단적으로 간단한 관계를 볼 수 있다.

$$a(t) = -\omega^2 x(t). \tag{15.1.8}$$

이것이 단순조화운동의 특징이다. (1) 입자의 가속도는 항상 변위와 반대방향이다. (따라서 음의 부호가 있다.) (2) 두 양은 항상 상수(ω^2)로 관련되어 있다. (전기회로에서의 전류나 파도가 칠 때 물이 올라가고 내려오는 것과 같은) 진동하는 상황에서 이 관계를 보면 이 운동은 단순조화운동이라는 것을 금방 알아채고, 운동의 각진동수는 ω라는 것을 알아야 한다. 간단히 요약하면 다음과 같다.

단순조화운동에서 가속도 a는 변위 x에 비례하지만 부호는 반대이며, 비례상수는 각진동수 ω의 제곱이다.

확인문제 15.1.2

입자의 가속도 a와 그 위치 x의 관계가 다음과 같이 주어졌을 때 단순조화운동을 하는 것은 어느 것인가? (a) $a = 3x^2$, (b) $a = 5x$, (c) $a = -4x$, (d) $a = -2/x$. 단순조화운동일 경우 (단위가 rad/s라고 가정하면) 각진동수는 얼마인가?

단순조화운동에 대한 힘의 법칙

식 15.1.8에서 가속도를 변위로 표현하였으므로, 단순조화운동을 하게 만드는 힘을 기술하기 위해 Newton의 제2법칙을 적용할 수 있다.

$$F = ma = m(-\omega^2 x) = -(m\omega^2)x. \tag{15.1.9}$$

음의 부호는 입자에 작용하는 힘의 방향은 입자의 변위 방향과 *반대*라는 것을 의미한다. 즉 단순조화운동에서 힘은 *복원력*이다. 왜냐하면 그 힘이 변위를 거슬러 입자를 중심점인 $x = 0$으로 돌려놓으려고 하기 때문이다. 그림 15.1.7에 있는 용수철에 달린 토막에 대해 8장에서 논의할 때 식 15.1.9의 일반적인 형태를 보았다. 거기서 토막에 작용하는 힘에 대한 Hooke의 법칙을 다음으로 썼다.

$$F = -kx. \tag{15.1.10}$$

식 15.1.9와 15.1.10을 비교해 보면 (용수철의 딱딱한 정도를 나타내는) 용수철상수 k를 토막의 질량 m과 단순조화운동에서 나타나는 각진동수로 표현할 수 있다.

$$k = m\omega^2. \tag{15.1.11}$$

식 15.1.10은 단순조화운동에 대한 중요한 식을 표현하는 다른 방법이다.

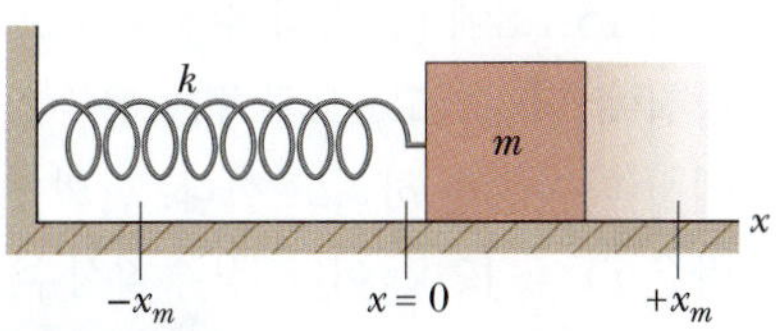

그림 15.1.7 바닥과 토막 사이에 마찰이 없는 경우의 선형 단순조화진동자. $x = 0$의 위치에서 토막을 잡아당기거나 밀었다가 놓아주면 토막은 그림 15.1.2의 입자처럼 단순조화운동을 하고, 이때의 변위는 식 15.1.3으로 주어진다.

단순조화운동은 입자에 작용하는 힘이 입자의 변위에 비례하지만 방향이 반대일 때 일어나는 입자의 운동이다.

그림 15.1.7에 있는 토막-용수철 계는 **선형단순조화진동자**(간단하게는 선형진동자)라고 하며, *선형*이란 F가 x의 (다른 차수가 아닌) *일차*항에 비례한다는 의미이다.

진동할 때 힘이 항상 변위에 비례하고 방향이 반대인 상황을 보면 즉시 이 진동이 단순조화운동이라는 것을 알아차려야 한다. 또한 이와 관련된 용수철상수 k도 즉시 찾을 수 있어야 한다. 진동하는 물체의 질량을 알고 있다면 이 운동의 각진동수는 식 15.1.11을

$$\omega = \sqrt{\frac{k}{m}} \quad \text{(각진동수)} \tag{15.1.12}$$

로 써서 결정할 수 있다(이것이 보통 k 값보다 더 중요하다). 또한 식 15.1.5와 15.1.12를 결합하면 운동의 주기를 결정할 수 있고 다음과 같이 쓸 수 있다.

$$T = 2\pi\sqrt{\frac{m}{k}} \quad (주기). \tag{15.1.13}$$

식 15.1.12와 15.1.13의 물리적 의미를 알아보자. (k가 큰) 딱딱한 용수철이 (빠른 진동인) 큰 ω를 만들어내고, 따라서 주기 T가 작아지는 것을 볼 수 있는가? 큰 질량 m은 작은 ω를 만들어서 (느릿느릿한 진동) 주기 T가 커지는 것을 볼 수 있는가?

모든 진동하는 계는 다이빙보드이든 바이올린 줄이든 "탄성"의 요소와 "관성", 즉 질량의 요소가 있다. 그림 15.1.7을 보면 이 요소들이 분리되어 있다. 탄성은 전적으로 질량이 없다고 가정하는 용수철에 있고, 관성은 강체를 가정하는 토막에 모두 있다. 그러나 바이올린 줄에는 두 요소가 모두 줄 안에 있다.

확인문제 15.1.3

다음 중 입자에 작용하는 힘 F와 입자의 위치 x 사이의 관계가 단순조화운동인 것은 어느 것인가? (a) $F = -5x$, (b) $F = -400x^2$, (c) $F = 10x$, (d) $F = 3x^2$.

보기문제 15.1.1 스프링보드 위의 펭귄

그림 15.1.8에 (분명히 수중 스포츠에 익숙한) 펭귄이 왼쪽은 경첩에 달려있고, 오른쪽은 용수철이 붙어있는 균일한 보드에서 다이빙을 하려고 한다. 판의 길이는 $L = 2.0$ m이고, 질량은 $m = 12$ kg이다. 용수철상수 k는 1300 N/m이다. 펭귄이 다이빙을 할 때 보드와 작은 진폭으로 진동을 하는 용수철을 떠난다. 보드는 휘지 않을 정도로 딱딱하다고 가정하고 진동의 주기 T를 구하여라.

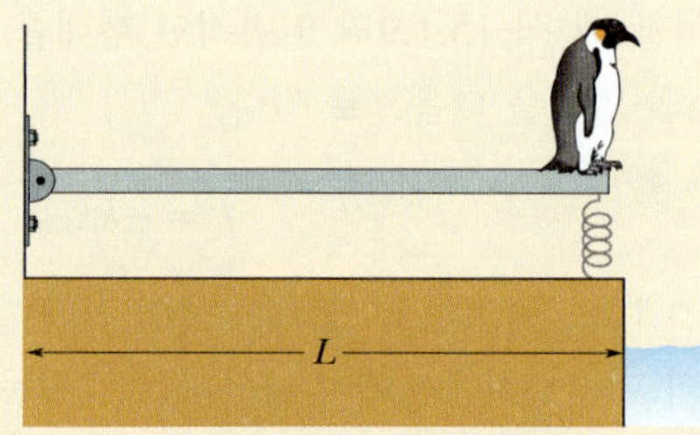

그림 15.1.8 보드에서 펭귄이 다이빙을 하면 보드와 용수철이 진동한다.

요점

용수철이 포함되어 있으므로 단순조화진동이라고 짐작할 수 있지만, 확실하게 알지는 못한다. 보드가 단순조화운동을 하면 보드의 진동하는 끝의 가속도와 변화는 식 15.1.8 ($a = \omega^2 x$)의 형태로 나타낸 표현이 되어야 한다. 그러면 주기 T를 구할 수 있다.

풀이: 보드는 한쪽 끝이 진동할 때 경첩 주위로 회전하므로, 경첩에 대해 보드에 작용하는 토크 $\vec{\tau}$에 관심이 있다. 이 토크는 경첩이 보드에 작용하는 힘 $\vec{F}$에 의해 생긴다. $\vec{F}$는 시간에 따라 변하므로 $\vec{\tau}$도 그렇다. 그러나 임의의 순간에 $\vec{T}$와 $\vec{F}$ 사이의 관계는 식 10.6.2($\tau = rF\sin\phi$)로 주어진다. 여기서

$$\tau = LF\sin 90°$$

이고, L는 힘 $\vec{F}$의 모멘트팔이고, 90°는 모멘트팔과 힘의 작용선 사이의 각도이다. 이 식을 식 11.7.1($\tau = I\alpha$)과 결합하면

$$LF = I\alpha,$$

를 얻는다. 여기서 I는 경첩에 대한 보드의 회전관성이고, α는 그 점에 대한 각가속도이다. 보드를 한쪽 끝에 대해 회전하는 가는 막대로 취급할 수 있다. 그러면 표 10.6.1e와 식 10.5.2에 있는 평행축정리에 의하면 회전관성은 다음과 같다.

$$I = I_{com} + mh^2 = \tfrac{1}{12}mL^2 + m\left(\tfrac{1}{2}L\right)^2 = \tfrac{1}{3}mL^2.$$

다음으로 머리 속에서 진동하는 보드의 오른쪽 끝을 지나고, 위 방향이 양의 방향인 수직 방향의 x축을 세우자. 그러면 용수철이 보드의 오른쪽 끝에 작용하는 힘은 $F = kx$이고, x는 오른쪽 끝의 수직변위이다.

I와 F에 대한 표현을 $LF = I\alpha$에 대입하면 다음을 얻는다.

$$-Lkx = \frac{mL^2\alpha}{3}.$$

여기서 (수직 방향으로) 선형변위 x와 (경첩에 대한) 회전 가속도 α가 섞여 있다. 접선 방향의 가속도에 대해 $a = \alpha r$ (식 10.3.6)을 x축에 대한 (선형)가속도 a를 α에 대입할 수 있다. 여기서 회전 반지름 r은 L이므로 $\alpha = a/L$이다. 이렇게 대입하면

$$-Lkx = \frac{mL^2 a}{3L}$$

을 얻고, 따라서

$$a = -\frac{3k}{m}x$$

이다. 이 식은 $a = -\omega^2 x$와 같은 형태이다. 그러므로 보드는 정말로 단순조화운동을 하고, 두 식을 비교하면

$$\omega^2 = \frac{3k}{m}$$

이 된다. 따라서 $\omega = \sqrt{3k/m}$이다. $\omega = 2\pi/T$를 이용하면 다음을 얻는다.

$$T = 2\pi\sqrt{\frac{m}{3k}} = 2\pi\sqrt{\frac{12\text{ kg}}{3(1300\text{ N/m})}} = 0.35\text{ s.}$$

놀랍게도 주기는 보드의 길이 L과 무관하다.

▶ **교육용 비디오는 웹사이트 www.wiley.com에서 볼 수 있다.**

보기문제 15.1.2 변위와 속도에서 단순조화운동의 위상 찾기

$t = 0$일 때 그림 15.1.7과 같은 선형진동자의 변위 $x(0)$는 -8.50 cm이다. ($x(0)$는 "시간 0에서 x"라고 읽는다.) 그때의 속도 $v(0)$는 -0.920 m/s이고 가속도 $a(0)$는 $+47.0$ m/s^{2}이다.

(a) 계의 각속도 ω는 얼마인가?

요점

식 15.1.3, 15.1.6 및 15.1.7이 각각 단순조화운동의 변위, 속도, 가속도에 관한 식이며, 각각 ω를 포함하고 있다.

풀이: $t = 0$을 이들 식에 대입하고 ω에 관해 풀 수 있는지 알아보면

$$x(0) = x_m \cos\phi, \tag{15.1.14}$$

$$v(0) = -\omega x_m \sin\phi, \tag{15.1.15}$$

$$a(0) = -\omega^2 x_m \cos\phi \tag{15.1.16}$$

를 얻는다. 이때 식 15.1.14에서는 ω가 사라졌으며, 식 15.1.15과 15.1.16에서 좌변의 값을 알지만 x_m과 ϕ는 알지 못한다. 식 15.1.16을 식 15.1.14로 나누어 x_m과 ϕ의 미지수들을 없애면 ω는 다음과 같다.

$$\omega = \sqrt{-\frac{a(0)}{x(0)}} = \sqrt{-\frac{47.0\text{ m/s}^2}{-0.0850\text{ m}}} = 23.5\text{ rad/s.}$$ (답)

(b) 위상각 ϕ와 진폭 x_m을 구하여라.

풀이: ω를 알고 ϕ와 x_m을 구하고자 한다. 식 15.1.15를 식 15.1.14로 나누어, 미지수 한 개를 없애고 다른 양들을 하나의 삼각함수로 표현하면

$$\frac{v(0)}{x(0)} = \frac{-\omega x_m \sin\phi}{x_m \cos\phi} = -\omega\tan\phi$$

를 얻고, 이를 $\tan\phi$에 대해 풀면 다음과 같다.

$$\tan\phi = -\frac{v(0)}{\omega x(0)} = -\frac{-0.920\text{ m/s}}{(23.5\text{ rad/s})(-0.0850\text{ m})} = -0.461.$$

한편 이 식은 다음과 같이 두 개의 해를 갖는다.

$$\phi = -25° \quad \text{및} \quad \phi = 180° + (-25°) = 155°.$$

보통 계산기를 이용하면 첫 번째 해만 나타나지만, 이것이 물리적으로 가능하지 않을 수도 있다. 적당한 해를 선택하려면 이들 값을 사용하여 진폭 x_m을 계산하여 시험해보아야 한다. 만약 $\phi = -25°$라면

$$x_m = \frac{x(0)}{\cos\phi} = \frac{-0.0850\text{ m}}{\cos(-25°)} = -0.094\text{ m}$$

이고, 반면에 $\phi = 155°$를 대입하면 $x_m = 0.094$ m이다. 단순조화운동의 진폭은 항상 양의 값이므로 올바른 답은 다음과 같다.

$$\phi = 155° \quad \text{및} \quad x_m = 0.094\text{ m} = 9.4\text{ cm.}$$ (답)

▶ **교육용 비디오는 웹사이트 www.wiley.com에서 볼 수 있다.**

15.2 ▸ 단순조화운동의 에너지

학습목표_Learning Objectives

이 단원을 읽은 후 다음을 이해해야 한다.

15.2.1 용수철-토막 진동자에서 주어진 시간에 운동에너지와 탄성 퍼텐셜에너지를 계산한다.

15.2.2 에너지 보존을 적용하여 한순간에서 용수철-토막 진동자의 전체 에너지를 다른 순간의 전체 에너지와 관계를 맺는다.

15.2.3 용수철-토막 진동자에서 운동에너지, 퍼텐셜에너지와 전체 에너지를 우선 시간의 함수로, 그리고 진동자의 위치의 함수로 그래프를 그린다.

15.2.4 용수철-토막 진동자에서 전체 에너지가 모두 운동에너지일 때와 모두 퍼텐셜에너지일 때 토막의 위치를 결정한다.

요점_Key Ideas

1. 단순조화운동을 하는 입자는 어떤 시간에서도 운동에너지 $K = \frac{1}{2}mv^2$과 퍼텐셜에너지 $U = \frac{1}{2}kx^2$을 가진다. 마찰이 없는 경우 K와 U는 변하더라도 역학에너지 $E = K + U$는 일정하다.

▶ 단순조화운동의 에너지

8장에서 선형진동자의 에너지가 운동에너지와 퍼텐셜에너지의 형태로 바뀌는 것을 공부하였다. 이때 두 에너지의 합인 역학에너지 E가 보존된다. 그림 15.1.7과 같은 선형진동자의 퍼텐셜에너지는 모두 용수철에 저장되며, 그 값은 용수철이 늘어난 정도를 나타내는 $x(t)$에 의존한다. 식 8.1.11과 15.1.3을 이용하면 다음과 같다.

$$U(t) = \tfrac{1}{2}kx^2 = \tfrac{1}{2}kx_m^2\cos^2(\omega t + \phi). \qquad (15.2.1)$$

주의: 여기서 $\cos^2 A$는 $(\cos A)^2$이지 $\cos(A^2)$이 *아니라는* 것에 유의하여라.

한편 그림 15.1.7과 같은 계의 운동에너지는 모두 토막에 저장되며, 그 값은 토막의 속도를 나타내는 $v(t)$에 의존한다. 따라서 식 15.1.6을 이용하면 다음을 얻는다.

$$K(t) = \tfrac{1}{2}mv^2 = \tfrac{1}{2}m\omega^2x_m^2\sin^2(\omega t + \phi). \qquad (15.2.2)$$

만일 식 15.1.12를 써서 ω^2을 k/m으로 바꾸면 운동에너지를

$$K(t) = \tfrac{1}{2}mv^2 = \tfrac{1}{2}kx_m^2\sin^2(\omega t + \phi) \qquad (15.2.3)$$

로 쓸 수 있다.

그러면 식 15.2.1과 15.2.3으로부터 계의 역학에너지는

$$\begin{aligned} E &= U + K \\ &= \tfrac{1}{2}kx_m^2\cos^2(\omega t + \phi) + \tfrac{1}{2}kx_m^2\sin^2(\omega t + \phi) \\ &= \tfrac{1}{2}kx_m^2[\cos^2(\omega t + \phi) + \sin^2(\omega t + \phi)] \end{aligned}$$

이다. 임의의 각도 α에 대해

$$\cos^2\alpha + \sin^2\alpha = 1$$

이므로, 괄호 안에 있는 양은 1이고 다음을 얻는다.

$$E = U + K = \tfrac{1}{2}kx_m^2. \qquad (15.2.4)$$

즉, 선형진동자의 역학에너지는 시간에 관계없이 일정하다. 한편, 퍼텐셜에너지와 운동에너지의 변화를 그림 15.2.1a에 시간 t의 함수로, 그림 15.2.1b에 변위 x의 함수로 그렸

그림 15.2.1 (*a*) 시간의 함수로 나타낸 선형진동자의 퍼텐셜에너지 $U(t)$와 운동에너지 $K(t)$ 및 역학에너지 E. 모든 에너지의 값은 항상 양수이고 퍼텐셜에너지와 운동에너지는 한 주기 동안 각각 두 번의 최대값을 가진다. (*b*) 변위 x의 함수로 나타낸 선형진동자의 퍼텐셜에너지 $U(x)$와 운동에너지 $K(x)$ 및 역학에너지 E. $x = 0$일 때는 모든 에너지가 운동에너지이고, $x = \pm x_m$일 때는 모든 에너지가 퍼텐셜에너지이다.

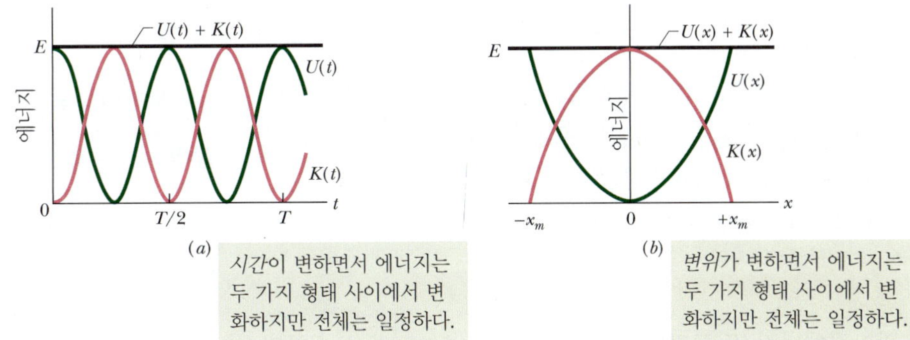

다. 어떤 진동하는 계에서도 탄성의 요소는 퍼텐셜에너지를 저장하기 위해 필요하고, 운동에너지를 저장하기 위해서는 관성의 요소가 필요하다.

확인문제 15.2.1

그림 15.1.7에서 토막이 $x = +2.0$ cm에 있을 때 토막의 운동에너지는 3 J이고, 용수철의 탄성 퍼텐셜에너지는 2 J이다. (a) $x = 0$일 때의 운동에너지는 얼마인가? (b) $x = -2.0$ cm일 때와 (c) $x = -x_m$일 때의 탄성 퍼텐셜에너지는 얼마인가?

보기문제 15.2.1 단순조화운동의 퍼텐셜에너지, 운동에너지, 질량감쇠자

많은 고층건물에는 바람이 불 때 진동하는 것을 막기 위해 *질량감쇠자*, 즉 반진동장치가 설치되어 있다. 이 장치는 용수철 끝에 매단 거대한 토막이 기름 친 트랙 위를 움직이게 만들어 놓았다. 건물이 예를 들어 동쪽으로 기울어지면 토막도 동쪽으로 움직이지만, 기울어지는 시간이 지연되어 결국 움직이게 될 때에는 건물은 다시 서쪽으로 움직인다. 따라서 진동자의 운동은 건물의 운동과 어긋나 있다.

질량 $m = 2.72 \times 10^5$ kg의 토막이 진폭 $x_m = 20.0$ cm, 진동수 $f = 10.0$ Hz로 진동한다고 하자.

(a) 용수철-토막 계의 전체 역학에너지 E는 얼마인가?

요점

토막의 운동에너지 $K = \frac{1}{2}mv^2$과 용수철의 퍼텐셜에너지 $U = \frac{1}{2}kx^2$의 합인 역학에너지 E는 진동 중에 일정하다. 따라서 어떤 곳에서 E를 구해도 무방하다.

풀이: 진폭 x_m을 알고 있으므로, 속력이 $v = 0$인 $x = x_m$에 토막이 있을 때 E를 구해 보자. 이곳에서 U를 구하려면 용수철상수 k를 알아야 한다. 식 15.1.12($\omega = \sqrt{k/m}$)와 식 15.1.5($\omega = 2\pi f$)에서 용수철상수 k는 다음과 같다.

$$\begin{aligned} k &= m\omega^2 = m(2\pi f)^2 \\ &= (2.72 \times 10^5\ \text{kg})(2\pi)^2(10.0\ \text{Hz})^2 \\ &= 1.073 \times 10^9\ \text{N/m}. \end{aligned}$$

따라서 E는 다음과 같다.

$$\begin{aligned} E &= K + U = \tfrac{1}{2}mv^2 + \tfrac{1}{2}kx^2 \\ &= 0 + \tfrac{1}{2}(1.073 \times 10^9\ \text{N/m})(0.20\ \text{m})^2 \\ &= 2.147 \times 10^7\ \text{J} \approx 2.1 \times 10^7\ \text{J}. \end{aligned}$$ (답)

(b) 평형점을 통과하는 토막의 속력은 얼마인가?

풀이: 평형점 $x = 0$에서 퍼텐셜에너지는 $U = \frac{1}{2}kx^2 = 0$이므로 역학에너지에는 운동에너지만 있다. 따라서 토막의 속력은 다음과 같다.

$$E = K + U = \tfrac{1}{2}mv^2 + \tfrac{1}{2}kx^2$$

$$2.147 \times 10^7\ \text{J} = \tfrac{1}{2}(2.72 \times 10^5\ \text{kg})v^2 + 0,$$

$$v = 12.6\ \text{m/s}.$$ (답)

E에는 운동에너지만 있으므로 이 값은 최대속력 v_m이다.

▶ 교육용 비디오는 웹사이트 www.wiley.com에서 볼 수 있다.

보기문제 15.2.2 단순조화운동 퍼텐셜에너지, 운동에너지, 질량감쇠기

질량 680 g인 토막을 용수철상수 $k = 65$ N/m인 용수철에 매달았다. 토막을 마찰이 없는 표면에서 평형위치 $x = 0$으로부터 거리 $x = 11$ cm만큼 잡아당겼다가 놓았다.

(a) 진동자의 역학적에너지를 구하여라.

요점

역학적에너지 E(토막의 운동에너지 $K = \frac{1}{2}mv^2$와 용수철의 퍼텐셜에너지 $U = \frac{1}{2}kx^2$의 합)는 진동운동을 하는 동안 일정하다. 따라서 운동하는 동안 임의의 점에서 E를 계산할 수 있다.

풀이: 토막을 놓는 순간 진동자의 초기조건($x = 0.11$ m와 $v = 0$)을 알고 있으므로, E를 구할 수 있다. 에너지는 다음과 같다.

$$E = K + U = \frac{1}{2}mv^2 + \frac{1}{2}kx^2 = 0 + \frac{1}{2}(65\ \text{N/m})(0.11\ \text{m})^2$$
$$= 0.393\ \text{J} \approx 0.39\ \text{J}.$$ (답)

(b) 토막이 $x = \frac{1}{2}x_m$에 있을 때 U와 K를 구하여라.

풀이: $x = \frac{1}{2}x_m$에 있을 때 다음을 얻는다.

$$U = \frac{1}{2}kx^2 = \frac{1}{2}k(\tfrac{1}{2}x_m)^2 = \frac{1}{4}(\tfrac{1}{2}kx_m^2).$$

(a)로부터 괄호 안에 있는 표현은 전체 에너지 $E = 0.393$ J임을 알고 있다. 따라서 다음을 얻는다.

$$U = \frac{1}{4}E = \frac{1}{4}(0.393\ \text{J}) = 0.098\ \text{J}.$$ (답)

다시 $E = K + U$인 관계를 사용하면 다음과 같이 쓸 수 있다.

$$K = E - U = 0.393\ \text{J} - 0.098\ \text{J} \approx 0.30\ \text{J}.$$ (답)

$x = \frac{1}{2}x_m$일 때 이 계산을 다시 하면 이 변위에 대해서도 같은 답을 얻고, 이는 그림 15.2.1b의 좌우대칭성과 잘 맞는다.

15.3 ▸ 단순조화 각진동자

학습목표_*Learning Objectives*

이 단원을 읽은 후 다음을 이해해야 한다.

15.3.1 단순조화 각진동자의 운동을 기술한다.

15.3.2 단순조화 각진동자에서 토크 τ와 (평형상태로부터) 각변위 θ의 관계를 적용한다.

15.3.3 단순조화 각진동자에서 주기 T(혹은 진동수 f), 회전관성 I와 비틀림 상수 κ 사이의 관계를 적용한다.

15.3.4 단순조화 각진동자에서 주어진 시간에 각가속도 α, 각진동수 ω와 각변위 θ 사이의 관계를 적용한다.

요점_*Key Ideas*

1. 비틀림진자는 줄에 매달린 물체로 이루어져 있다. 줄을 비틀었다가 놓으면 이 물체는 단순조화 각진동을 하고, 그 주기는 다음과 같다.

$$T = 2\pi\sqrt{\frac{I}{\kappa}}.$$

여기서 I는 회전축에 대한 물체의 회전관성이고 κ는 줄의 비틀림 상수이다.

▶ 단순조화 각진동자

그림 15.3.1은 단순조화 각진동자로서 용수철, 즉 탄성요소는 이전의 용수철이 늘어나거나 압축되기보다는 매달려있는 줄의 *비틀림*과 관련되어 있다. 이러한 장치를 **비틀림진자**라고 부른다.

그림 15.3.1의 원판을 평형위치($\theta = 0$)에서 θ만큼 돌렸다 놓으면 원판은 그 위치를 중심으로 좌우로 움직이는 **조화 각진동**을 한다. 원판을 각도 θ만큼 회전시키면 아래와 같은 복원 토크를 받는다.

$$\tau = -\kappa\theta. \tag{15.3.1}$$

여기서 κ는 **비틀림상수**이며 줄의 길이, 지름, 재질 등에 따라 결정된다.

식 15.3.1과 15.1.10을 비교하면 식 15.3.1가 각변위에 관한 Hooke의 법칙임을 알 수 있다. 따라서 선형 단순조화운동의 주기를 나타내는 식 15.1.13의 용수철상수 k를 비틀림상수 κ로 바꾸고, 질량 m을 원판의 회전관성 I로 바꾸면 비틀림진자의 주기에 대한 식을 다음과 같이 얻을 수 있다.

$$T = 2\pi\sqrt{\frac{I}{\kappa}} \quad \text{(비틀림진자)}. \tag{15.3.2}$$

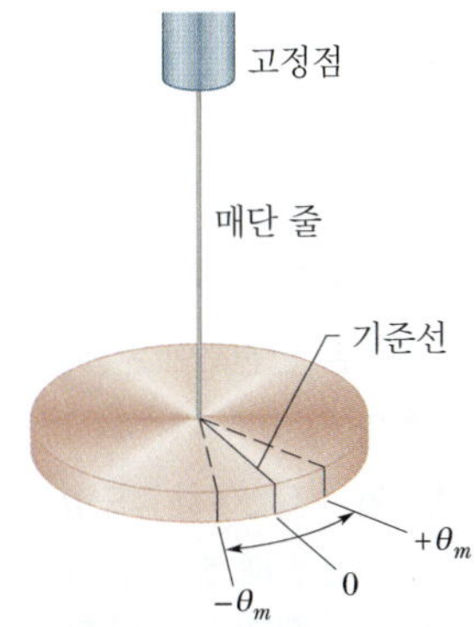

그림 15.3.1 단순조화 각진동자(비틀림진자)는 그림 15.1.5의 선형 단순조화 진동자의 길이 변화가 각변위의 변화로 바뀐 것이다. 원판은 수평면 위에서 각변위 진폭 θ_m으로 진동한다. 줄의 비틀림에 저장되는 퍼텐셜에너지가 원판에 복원 토크를 준다.

확인문제 15.3.1

(*a*) 같은 물질, 같은 두께지만 반지름이 R_0, $1.2R_0$, $1.5R_0$로 다른 세 개의 원판으로 각조화진동자를 만들 수 있다. 줄에 매달았을 때 주기가 큰 것부터 차례로 원판을 나열하여라. (*b*) 이제 이 중 원판 한 개를 이용하지만, 비틀림상수가 κ_0, $1.1\kappa_0$, $1.3\kappa_0$로 다른 세 개의 줄을 사용한다. 원판의 진동주기가 큰 것부터 차례로 줄을 나열하여라. (*c*) 다음으로 원판 한 개와 줄 한 개를 사용하지만, 원판을 세 개의 다른 각변위 $\theta_m = 1°$, $\theta_m = 2°$, $\theta_m = 3°$에서 놓는다. 원판의 진동주기를 큰 것부터 나열하여라.

보기문제 15.3.1 단순조화 각진동, 회전관성, 주기

그림 15.3.2*a*처럼 길이 $L = 12.4$ cm, 질량 $m = 135$ g인 가는 막대의 중심이 줄에 매달려 있다. 단순조화 각진동의 주기는 $T_a = 2.53$ s였다. 한편 그림 15.3.2*b*의 불규칙한 모양의 물체 X를 같은 줄로 매단 후 관측한 주기가 $T_b = 4.76$ s로 변했다면 물체 X의 회전축에 대한 회전관성은 얼마인가?

요점

막대와 물체 X의 회전관성은 모두 식 15.3.2처럼 진동 주기와 관련이 있다.

풀이: 표 10.5.1*e*에서 가는 막대의 중심점을 지나고 길이 방향에 수직한 회전축에 대한 관성모멘트는 $\frac{1}{12}mL^2$이므로 그림 15.3.2*a*의 막대에 대해서 다음을 얻는다.

$$I_a = \tfrac{1}{12}mL^2 = (\tfrac{1}{12})(0.135\text{ kg})(0.124\text{ m})^2$$
$$= 1.73 \times 10^{-4}\text{ kg}\cdot\text{m}^2.$$

이제 식 15.3.2을 막대와 물체 X에 대해서 쓰면

$$T_a = 2\pi\sqrt{\frac{I_a}{\kappa}}, \quad T_b = 2\pi\sqrt{\frac{I_b}{\kappa}}$$

이다. 여기서 κ는 줄의 비틀림상수로 두 식에서 모두 같은 값을 가지지만, 주기와 회전관성이 다르므로 두 식을 제곱하여 서로 나누고 I_b에 관해 정리하면 다음을 얻는다.

$$I_b = I_a\frac{T_b^2}{T_a^2} = (1.73 \times 10^{-4}\text{ kg}\cdot\text{m}^2)\frac{(4.76\text{ s})^2}{(2.53\text{ s})^2}$$
$$= 6.12 \times 10^{-4}\text{ kg}\cdot\text{m}^2. \quad \text{(답)}$$

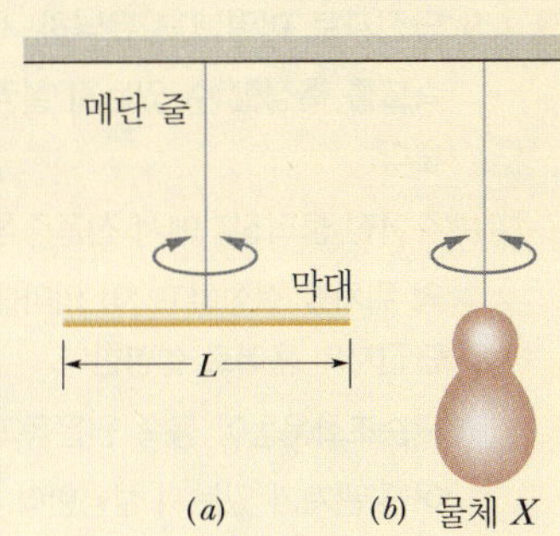

그림 15.3.2 (*a*) 줄과 가는 막대. (*b*) 줄과 불규칙한 모양의 물체로 구성된 비틀림진자.

▶ 교육용 비디오는 웹사이트 www.wiley.com에서 볼 수 있다.

15.4 ▸ 진자, 원운동

학습목표_Learning Objectives

이 단원을 읽은 후 다음을 이해해야 한다.

15.4.1 진동하는 단진자의 운동을 기술한다.

15.4.2 진자가 수직선에서 각도 θ만큼 기울어졌을 때 진자의 추에 대한 자유물체그림을 그린다.

15.4.3 *단진자*의 작은 각도 진동에서 주기 T(혹은 진동수 f)와 진자의 길이 L 사이의 관계를 구한다.

15.4.4 단진자와 물리진자를 구별한다.

15.4.5 *물리진자*의 작은 각도 진동에서 주기 T(혹은 진동수 f)와 회전점과 질량중심 사이의 거리 h 사이의 관계를 구한다.

15.4.6 각진동하는 계에서 각진동수 ω를 토크 τ와 각변위 θ 사이의 관계식 또는 각가속도 α와 각변위 θ 사이의 관계식으로부터 결정한다.

15.4.7 (주기를 완성하는 비율과 관련된) 진자의 각진동수 ω와 (수직선에 대해 각도가 변하는 비율인) $d\theta/dt$를 구별한다.

15.4.8 한순간에 각위치 θ와 변화율 $d\theta/dt$에 대한 자료가 주어졌을 때 위상상수 ϕ와 진폭 θ_m을 결정한다.

15.4.9 단진자로 어떻게 자유낙하 가속도를 측정할 수 있는지 설명한다.

15.4.10 주어진 물리진자에서 진동중심의 위치를 결정하고, 이 의미를 단진자의 용어로 설명한다.

15.4.11 단순조화운동이 등속 원운동과 어떤 관계가 있는지 설명한다.

요점_Key Ideas

1. 단진자는 질량을 무시할 수 있는 막대의 위쪽 끝을 중심으로 회전하고 입자(구슬)가 아래 끝에 매달려 있는 것이다. 막대가 작은 각도로 흔들린다면 이 운동은 거의 단순조화운동이고, 그 주기는 다음과 같다.

$$T = 2\pi\sqrt{\frac{I}{mgL}} \qquad \text{(단진자).}$$

여기서 I는 회전축에 대한 입자의 회전관성, m은 입자의 질량이고, L은 막대의 길이이다.

2. 물리진자는 질량의 분포가 더 복잡하다. 작은 각도로 흔들리면 단순조화운동을 하고, 그 주기는 다음과 같다.

$$T = 2\pi\sqrt{\frac{I}{mgh}} \qquad \text{(물리진자).}$$

여기서 I는 회전축에 대한 진자의 회전관성, m은 진자의 질량, 그리고 h는 회전축과 진자의 질량중심 사이의 거리이다.

3. 단순조화운동은 등속 원운동을 원의 지름 방향으로 투영시킨 것으로 볼 수 있다.

▶ 진자

이 절에서는 압축 또는 팽창되는 용수철이나 비틀린 줄과 관계없는 복원력의 보기로서 중력과 관계된 단순조화운동에 대해 공부하겠다.

단진자

사과가 긴 줄에 매달려 흔들리면 단순조화운동을 할까? 만일 그렇다면 진동의 주기 T는 얼마일까? 이에 답하기 위해서 그림 15.4.1a처럼 질량 m의 입자(진자의 추)와 질량이 없고 길이가 L인 줄이 다른 끝에 고정되어 있는 **단진자**를 고려하자. 추는 매단 점을 지나는 수직선의 좌우로 지면 위에서 자유롭게 진동한다.

▸복원 토크. 추에 작용하는 힘은 그림 15.4.1b처럼 줄의 장력 $\vec{T}$와 중력 $\vec{F}_g$가 있다. 줄과 수직선이 이루는 각도가 θ일 때 중력 $\vec{F}_g$를 지름성분 $F_g\cos\theta$와 접선성분 $F_g\sin\theta$로 나누자. 이때 중력의 접선성분은 항상 진자의 각변위를 줄이려는 방향으로 작용하여 진자의 매단 점을 지나는 축에 대한 회전운동을 *평형상태*($\theta = 0$)로 복원시키려는 토크를 만든다.

식 10.6.3($\tau = r_\perp F$)에서 복원 토크는 다음과 같다.

$$\tau = -L(F_g \sin\theta). \tag{15.4.1}$$

위 식에서 음의 부호는 토크가 θ를 줄이려는 방향으로 작용한다는 뜻이다. L은 힘 $F_g\sin\theta$가 가해질 때의 매단 점을 회전축으로 하는 모멘트팔의 크기이다. 식 15.4.1를 식 10.7.3($\tau = I\alpha$)에 대입하여 풀면

$$-L(mg\sin\theta) = I\alpha \tag{15.4.2}$$

를 얻는다. 여기서 I는 진자의 매단 점에 대한 회전관성이고 α는 회전운동의 각가속도

이다.

식 15.4.2에서 각도 θ가 작은 경우 $\sin\theta$를 θ로 근사할 수 있다(라디안으로 나타냈을 경우). 예를 들면 $\theta = 5.00° = 0.0873$ rad인 경우 $\sin\theta = 0.0872$이므로 두 값의 차이는 0.1%밖에 되지 않는다. 따라서 근사하여 식을 정리하면 다음을 얻는다.

$$\alpha = -\frac{mgL}{I}\theta. \tag{15.4.3}$$

이 식은 단순조화운동의 식 15.1.8에 해당하는 식으로 작은 진폭으로 움직이는 단진자에서 각가속도 α의 크기는 각변위 θ에 비례하고 부호가 반대이다. 따라서 진자의 추가 그림 15.4.1*a*처럼 오른쪽으로 움직이면 가속도가 *왼쪽으로* 증가하여 마침내 추가 잠깐 섰다가 왼쪽으로 움직인다. 그러면 평형위치의 왼쪽에 있을 때 가속도는 오른쪽이고, 오른쪽으로 되돌아가려고 하면서 단순조화운동에서 앞뒤로 진동한다. 정확히 말하자면 *작은 각도 내에서 움직이는 단진자*의 움직임은 어림잡아 단순조화운동과 같다. 즉, 작은 각도의 조건을 만족하기 위해서는 최대각도인 **각진폭** θ_m이 작아야 한다.

▸***각진동수.*** 식 15.4.3은 단순조화운동에 대한 식 15.1.8과 같은 형태이므로 진자의 각진동수는 변위 앞에 있는 상수에 근호를 취한 값이라는 것을 바로 알 수 있다.

$$\omega = \sqrt{\frac{mgL}{I}}.$$

숙제 문제에서 진자처럼 보이지 않는 진동계를 접할지도 모른다. 그러나 (선 혹은 각)가속도와 (선 혹은 각)변위 사이의 관계를 구하면, 여기서 했던 것처럼 각진동수를 바로 구할 수 있다.

▸***주기.*** 또한 식 15.1.5($\omega = 2\pi/T$)를 이용하면 진자의 진동주기는 다음과 같다.

$$T = 2\pi\sqrt{\frac{I}{mgL}}. \tag{15.4.4}$$

단진자에서는 모든 질량 m이 진자의 추처럼 매단 점에서 L만큼 떨어진 곳에 모여 있다고 가정한다. 이 경우 식 10.4.3($I = mr^2$)에 따라 진자의 회전관성은 $I = mL^2$이며 이 값을 위 식에 대입하면 작은 각도로 움직이는 단진자의 주기는 다음과 같다.

$$T = 2\pi\sqrt{\frac{L}{g}} \quad \text{(단진자, 작은 진폭).} \tag{15.4.5}$$

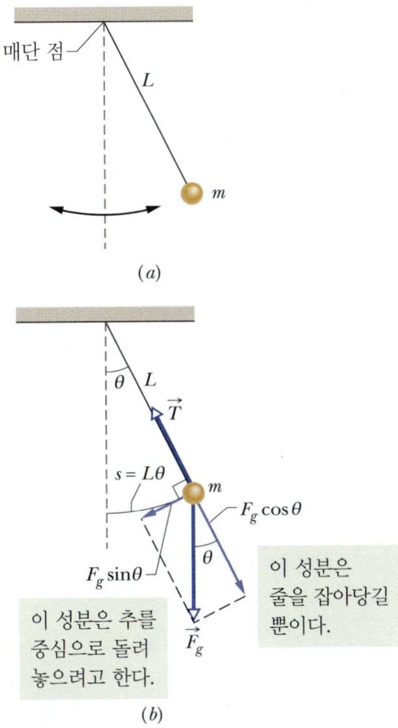

그림 15.4.1 (*a*) 단진자. (*b*) 단진자의 추에 작용하는 힘은 중력 $\vec{F}_g$와 줄의 장력 $\vec{T}$이다. 중력의 접선성분 $F_g \sin\theta$는 진자를 중심 위치로 돌려놓으려는 복원력으로 작용한다.

물리진자

실제의 진자는 단진자와는 달리 질량분포가 복잡한데 이를 **물리진자**라고 부른다. 물리진자가 과연 단순조화운동을 할 수 있는가? 단순조화운동이라면 주기는 얼마인가?

그림 15.4.2는 한쪽으로 각도 θ만큼 기울어져 있는 물리진자의 모습이다. 중력 $\vec{F}_g$는 매단 점 O에서 거리 h만큼 떨어진 질량중심 C에 작용한다. 모양은 서로 다르지만 그림 15.4.2와 15.4.1*b*를 비교하면 단진자와 물리진자 간의 큰 차이점은 한 가지뿐이다. 물리진자의 경우 복원력 $F_g \sin\theta$에 대한 모멘트팔은 단진자처럼 실의 길이 L이 아니라 매단 점에서 질량중심까지의 거리 h라는 점이다. 다른 모든 점에 있어서는 식 15.4.4까지 이르는 단진자의 운동을 분석한 것과 같은 방법을 이용하면 된다. 따라서 물리진자의 경우에도 각진폭 θ_m이 작을 경우 어림잡아 단순조화운동으로 다룰 수 있다.

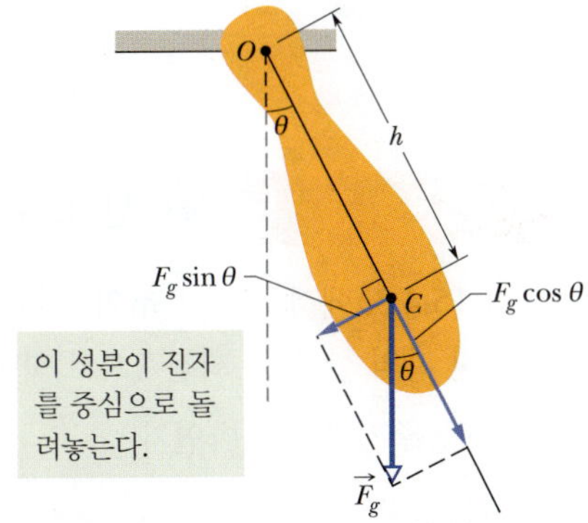

그림 15.4.2 물리진자. 복원 토크는 $hF_g \sin\theta$이다. $\theta = 0$일 때 물체의 질량중심 C는 매단 점 O의 바로 아래에 놓인다.

식 15.4.4의 L을 h로 바꾸면 물리진자의 주기 T는 다음과 같다.

$$T = 2\pi\sqrt{\frac{I}{mgh}} \quad \text{(물리진자, 작은 진폭)}. \tag{15.4.6}$$

단진자처럼 I는 매단 점 O에 대한 진자의 회전관성인데, 단진자처럼 mL^2이 아니라 물리진자의 모양에 따라 바뀌지만 질량 m에 비례하는 값이다.

물리진자는 질량중심에 매달면 진동하지 않는데 식 15.4.6에서 $h = 0$일 때가 이 경우에 해당하며, 이때 $T \to \infty$가 되어 진자는 주기운동을 하지 않는다.

매단 점 O를 중심으로 주기 T로 진동하는 임의의 물리진자에 대해서도 실의 길이 L_0를 조절하여 주기가 같은 단진자를 만들 수 있다. 이때 물리진자의 점 O에서부터 L_0 만큼 떨어진 점을 매단 점에 대한 물리진자의 *진동중심*이라고 부른다.

g의 측정

물리진자를 이용하면 지면의 특정한 곳에서 자유낙하 가속도 g를 잴 수 있다.

길이가 L인 막대의 한쪽 끝을 매단 진자를 예로 다루어 보자. 이때 식 15.4.6의 h에 해당하는 값은 $\frac{1}{2}L$이다. 표 10.5.1e에 의해 막대의 중심을 회전축으로 할 때의 회전관성은 $\frac{1}{12}mL^2$이고 식 10.5.2에 있는 평행축 정리($I = I_{com} + Mh^2$)를 이용하면 막대의 한쪽 끝에 회전축이 지날 경우의 회전관성은

$$I = I_{com} + mh^2 = \tfrac{1}{12}mL^2 + m(\tfrac{1}{2}L)^2 = \tfrac{1}{3}mL^2 \tag{15.4.7}$$

이다. $h = \frac{1}{2}L$과 $I = \frac{1}{3}mL^2$을 식 15.4.6에 대입하고 g에 대해서 풀면 다음을 얻는다.

$$g = \frac{8\pi^2 L}{3T^2}. \tag{15.4.8}$$

따라서 막대의 길이 L과 진동주기 T를 측정하여 진자가 있는 곳에서의 자유낙하 가속도 g를 알아낼 수 있다(만일 정확한 측정을 하려면 진자를 진공 속에서 진동시키는 것과 같은 미세 조정을 해야 한다).

확인문제 15.4.1

질량이 각각 m_0, $2m_0$, $3m_0$인 세 물리진자가 같은 모양과 크기를 갖고 있으며, 같은 점에 매달려 있다. 진자의 주기가 긴 순서대로 나열하여라.

보기문제 15.4.1 물리진자, 주기와 길이

그림 15.4.3a에서 길이 1 m의 미터자가 질량중심에서 h만큼 떨어진 자의 한 끝을 회전축으로 하여 진동하고 있다.

(a) 진동주기 T는 얼마인가?

요점

미터자의 질량이 한 점에 집중되어 있지 않으므로 단진자가 아니라 물리진자이다.

풀이: 주기는 식 15.4.6으로 주어지며 주기를 계산하려면 미터자의 회전관성 I를 알아야 한다. 막대는 길이 L, 질량 m인 균일한 막대로 취급할 수 있다. 그러면 식 15.4.7에서 $I = \frac{1}{3}mL^2$이고 식 15.4.6에서 $h = \frac{1}{2}L$이다. 이 값을 대입하면 다음과 같다.

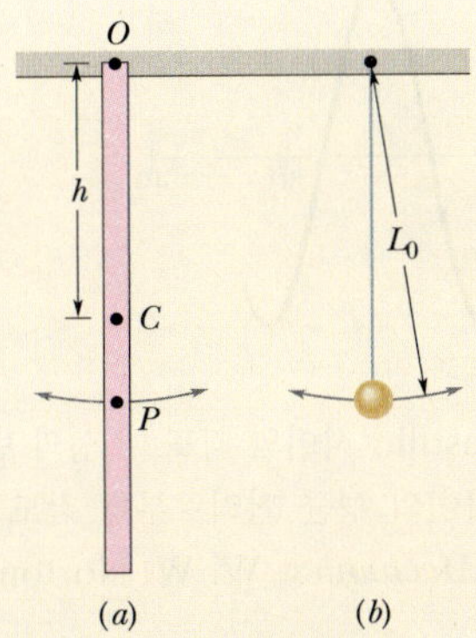

그림 15.4.3 (*a*) 미터자의 한쪽 끝을 매단 물리진자. (*b*) (*a*)의 경우와 주기가 같도록 길이 L_0를 조절한 단진자. 물리진자 (*a*) 위의 점 *P*가 진동중심이다.

$$T = 2\pi\sqrt{\frac{I}{mgh}} = 2\pi\sqrt{\frac{\frac{1}{3}mL^2}{mg(\frac{1}{2}L)}} \tag{15.4.9}$$

$$= 2\pi\sqrt{\frac{2L}{3g}} \tag{15.4.10}$$

$$= 2\pi\sqrt{\frac{(2)(1.00\text{ m})}{(3)(9.8\text{ m/s}^2)}} = 1.64\text{ s}.$$ 답

주기는 진자의 질량 m에 무관하다는 점에 유의하여라.

(b) 매단 점 O와 미터자 진동중심 사이의 거리 L_0는 얼마인가?

풀이: (그림 15.4.3*b*에 그린) L_0는 그림 15.4.3*a*의 물리진자와 주기가 같은 단진자의 길이이다. 식 15.4.5와 식 15.4.10의 값이 같아야 하므로

$$T = 2\pi\sqrt{\frac{L_0}{g}} = 2\pi\sqrt{\frac{2L}{3g}} \tag{15.4.11}$$

이고, 양변을 비교하면

$$L_0 = \tfrac{2}{3}L \tag{15.4.12}$$

$$= (\tfrac{2}{3})(100\,\text{cm}) = 66.7\,\text{cm}$$ 답

이다. 그림 15.4.3*a*에서 점 P는 매단 점 O부터의 거리이다. 따라서 점 P는 주어진 매단 점에 대한 막대의 진동중심이다. 매단 점이 다르면 점 P도 달라진다.

▶ **교육용 비디오는 웹사이트 www.wiley.com에서 볼 수 있다.**

단순조화운동과 등속 원운동

1610년에 Galileo는 새로 만든 망원경을 이용하여 목성의 위성 네 개를 관측하였다. 그는 몇 주에 걸쳐서 그 위성이 목성을 중심으로 왕복하는 단순조화운동과 같은 움직임을 관측하였다. Galileo가 손으로 직접 쓴 관찰 기록은 아직도 존재한다. 미국 MIT의 A. P. French는 Galileo의 자료를 분석하여 목성에 대한 위성 Callisto의 위치(사실은 지구에서 본 목성의 각위치)를 계산하였고, 관측자료는 그림 15.4.4의 곡선과 대략 일치하는 것을 발견하였다. 이 곡선은 단순조화운동에 대한 변위함수를 나타내는 식 15.1.3을 강하게 암시한다. 약 16.8일의 주기를 그림에서 측정할 수 있지만 이것은 정확하게 무엇에 대한 주기일까? 사실 위성은 용수철 끝에 매달린 토막과 같이 앞뒤로 진동할 수는 없다. 그렇다면 식 15.1.3은 무슨 관계가 있을까?

사실 위성 Callisto는 목성 주위를 등속 원운동한다. 실제의 운동은 전혀 단순조화운동이 아니며 이 궤도를 따라 도는 등속 원운동이다. Galileo가 본 것은 등속 원운동하는 면 방향으로 투영시킨 결과이다. 좋은 쌍안경으로 주의 깊게 관찰하면 우리도 볼 수 있다. Galileo의 놀라운 관측으로부터 단순조화운동은 등속 원운동하는 면의 한쪽에서 본 것임을 알게 되었다. 좀 더 일반적으로 말하면 다음과 같다.

> 단순조화운동은 등속 원운동을 원의 지름방향으로 투영시킨 것과 같다.

그림 15.4.5*a*가 한 예이다. *기준입자* P'은 *기준원* 주위로 각속도 ω로 등속 원운동을 한다. 원의 반지름 x_m은 입자의 위치벡터의 크기이다. $t = 0$일 때 입자의 각위치가 ϕ라면 시간 t에서의 입자의 각위치는 $\omega t + \phi$이다.

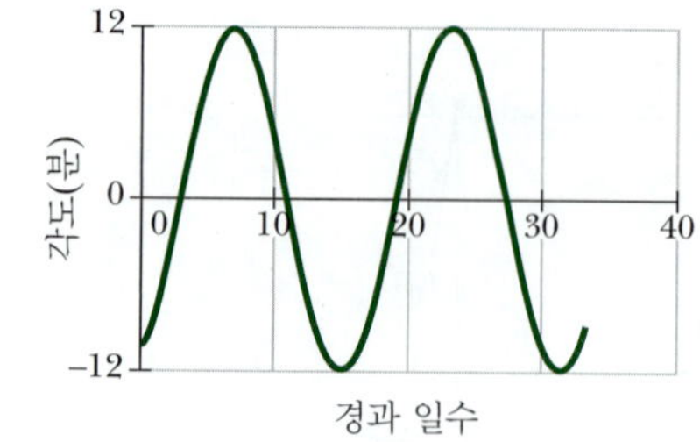

그림 15.4.4 지구에서 본 목성과 목성의 위성 Castillo 사이의 각도. 위성의 변위가 단순조화운동을 암시하는 곡선과 대략 일치한다. 목성과 지구 사이의 평균 거리로부터 각도 10분은 2×10^6 km 임을 알 수 있다. (A. P. French, *Newtonian Mechanics*, W. W. Norton & Company, New York, 1971, p. 288에서 인용.)

▸***위치.*** 입자 P'을 x축에 투영한 것이 점 P이고, 이것을 두 번째 입자로 생각한다. 입자 P'의 위치벡터를 x축에 투영시킨 것이 P의 위치 $x(t)$이다(그림 15.4.5a에서 삼각형의 x 성분을 볼 수 있는가?) 따라서

$$x(t) = x_m \cos(\omega t + \phi) \tag{15.4.13}$$

를 얻으며, 이 식은 바로 식 15.1.3이다. 결론적으로 기준입자 P'이 등속 원운동을 하면 운동의 투영은 원의 지름을 따라 단순조화운동을 한다.

▸**속도.** 그림 15.4.5b에는 기준입자의 속도 $\vec{v}$가 표시되어 있다. 식 10.3.2($v = \omega r$)에 따라 속도벡터의 크기는 ωx_m이므로 속도벡터의 x축에 대한 투영은

$$v(t) = -\omega x_m \sin(\omega t + \phi) \tag{15.4.14}$$

이며, 바로 식 15.1.6이다. 이 식에서 (−) 부호는 그림 15.4.5b에서 P의 속도 방향이 왼쪽이며, x축 음의 방향이라는 뜻이다(음의 부호는 식 15.4.13을 시간에 대해 미분해서 얻는다).

▸***가속도.*** 그림 15.4.5c에 입자의 가속도 $\vec{a}$가 표시되어 있다. 식 10.3.7($a_r = \omega^2 r$)에 따라 가속도 벡터의 크기가 $\omega^2 x_m$이므로 가속도 벡터의 x축에 대한 투영은

$$a(t) = -\omega^2 x_m \cos(\omega t + \phi) \tag{15.4.15}$$

로서, 바로 식 15.1.7이다. 따라서 등속 원운동을 투영하면 변위, 속도, 가속도 모두 단순조화운동하는 것을 알 수 있다.

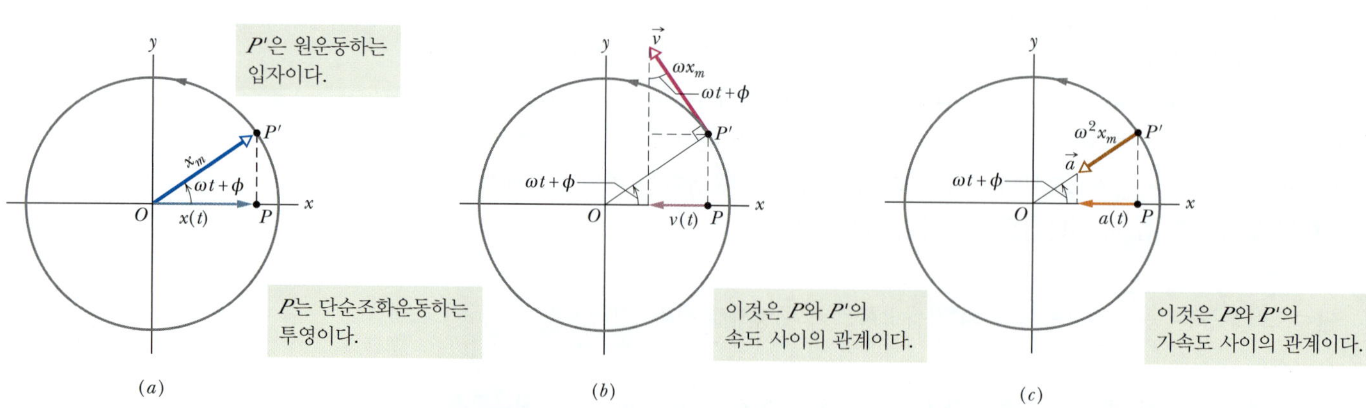

그림 15.4.5 (a) 기준입자 P'이 반지름 x_m의 등속 원운동을 한다. 운동의 x축에 대한 투영 P는 단순조화운동이다. (b) 기준입자의 속도 $\vec{v}$의 투영은 단순조화운동의 속도와 같다. (c) 기준입자의 지름방향 가속도 $\vec{a}$의 투영은 단순조화운동의 가속도와 같다.

15.5 ▸ 감쇠 단순조화운동

요점_Key Ideas

1. 실제 진동계에서 역학에너지 E는 진동하는 동안 감소한다. 왜냐하면 항력과 같은 외부력이 진동을 방해하고, 역학에너지를 열에너지로 변환시키기 때문이다. 실제 진동자의 이 운동은 감쇠되었다고 한다.

2. $\vec{v}$가 진동자의 속도이고, b가 감쇠상수일 때 감쇠력이 $\vec{F}_d = -b\vec{v}$로 주어진다면 진동자의 변위는 다음과 같다.

$$x(t) = x_m\, e^{-bt/2m} \cos(\omega' t + \phi).$$

여기서 ω'은 감쇠진동자의 각진동수이며 다음으로 주어진다.

$$\omega' = \sqrt{\frac{k}{m} - \frac{b^2}{4m^2}}.$$

3. 감쇠상수가 작다면($b \ll \sqrt{km}$), $\omega' \approx \omega$이다. 여기서 ω는 감쇠되지 않은 진동자의 각진동수이다. b가 작으면 진동자의 역학에너지 E는 다음과 같다.

$$E(t) \approx \tfrac{1}{2}kx_m^2 e^{-bt/m}.$$

학습목표_Learning Objectives

이 단원을 읽은 후 다음을 이해해야 한다.

15.5.1 감쇠 단순조화운동을 기술하고, 진동자의 위치를 시간의 함수로 그래프를 그린다.

15.5.2 임의의 시간에서 감쇠 단순조화진동자의 위치를 계산한다.

15.5.3 주어진 시간에서 감쇠 단순조화진동자의 진폭을 결정한다.

15.5.4 감쇠 단순조화진동자의 각진동수를 용수철상수, 감쇠상수와 질량으로 계산하고, 감쇠상수가 작을 때 각진동수를 근사하여 구한다.

15.5.5 감쇠 단순조화진동자의 (대략적인) 전체 에너지를 시간의 함수로 표현하는 식을 적용한다.

▶ 감쇠 단순조화운동

진자가 물속에서 진동하면 물의 저항에 의해서 진자의 진동이 느려진다. 공기 중에서 진자가 진동하는 경우는 물속보다는 덜 하겠지만 역시 공기의 저항에 의해서 진동이 느려진다.

진동자의 운동이 외부력에 의해 약해질 때 진동자의 진동이 **감쇠된다**고 말한다. 감쇠진동자의 이상적인 예가 그림 15.5.1이다. 질량 m의 토막이 용수철상수 k의 용수철에 매달려 위아래로 진동한다. 이 토막은 그림과 같이 저항판에 막대로 연결되어 있다(막대와 저항판은 질량이 없다고 가정한다). 물속에 잠겨 있는 저항 판이 위아래로 움직일 때마다, 진동계는 액체의 저항에 의하여 진동이 약해진다. 즉, 시간이 지남에 따라 토막–용수철 계의 역학에너지는 감소한다. 이때 감소된 에너지는 액체와 저항판의 열에너지로 전환된다.

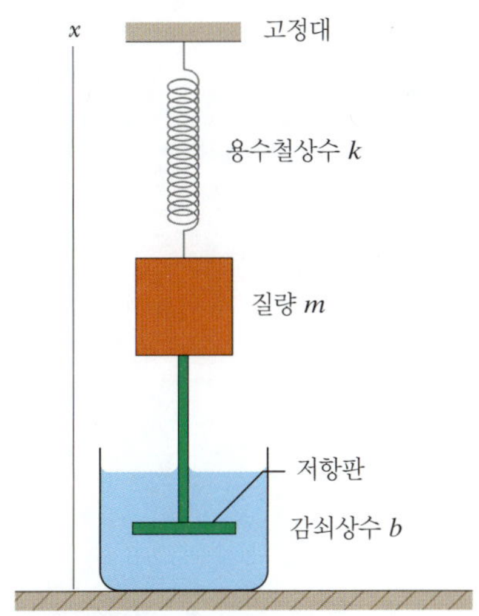

그림 15.5.1 이상적인 감쇠 단순조화진동자 토막이 x축을 따라 진동할 때, 액체 속의 저항판이 토막에 감쇠력을 작용한다.

액체가 작용하는 **감쇠력** $\vec{F}_d$는 토막과 저항판의 속력 $\vec{v}$에 비례한다고 가정하자(저항판이 천천히 움직인다면 이는 정확한 가정이다). 그림 15.5.1에서 힘과 속도의 x축 성분은

$$F_d = -bv \tag{15.5.1}$$

이다. 여기서 b는 저항판과 액체의 특성에 의존하는 **감쇠상수**이고, SI 단위로는 kg/s이다. 이때 음의 부호는 힘 F_d가 토막의 운동과 반대방향이라는 것을 뜻한다.

▸***감쇠진동.*** 용수철이 토막에 작용하는 힘은 $F_s = -kx$이다. 토막에 작용하는 중력은 F_d와 F_s에 비해 상대적으로 무시할 수 있다고 가정하자. Newton의 방정식을 x축 성분에 대해서만 기술하면($F_{\text{net},x} = ma_x$) 다음과 같다.

$$-bv - kx = ma. \tag{15.5.2}$$

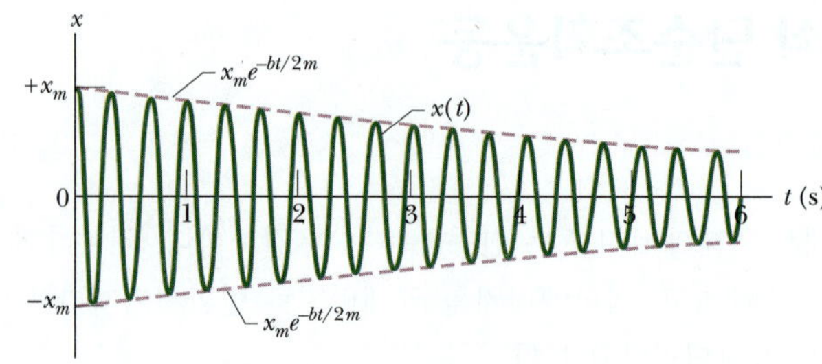

그림 15.5.2 그림 15.5.1의 감쇠진동자에 대한 변위 함수 $x(t)$. 시간에 따라 진폭 $x_m\, e^{-bt/2m}$가 지수함수적으로 감소한다.

v 대신 dx/dt, a 대신 d^2x/dt^2을 대입하여 다음과 같이 미분방정식으로 쓸 수 있다.

$$m\frac{d^2x}{dt^2} + b\frac{dx}{dt} + kx = 0. \tag{15.5.3}$$

이 식의 해는

$$x(t) = x_m\, e^{-bt/2m} \cos(\omega' t + \phi) \tag{15.5.4}$$

이다. 여기서 x_m은 진폭, ω'은 다음과 같이 주어지는 감쇠진동자의 각진동수이다.

$$\omega' = \sqrt{\frac{k}{m} - \frac{b^2}{4m^2}}. \tag{15.5.5}$$

여기서 $b = 0$(감쇠가 일어나지 않는 경우)이면 식 15.5.5는 감쇠하지 않는 진동자의 각진동수인 식 15.1.12($\omega = \sqrt{k/m}$)이다. 마찬가지로 식 15.5.4는 식 15.1.3과 같다. 감쇠상수가 아주 작지만 0이 아니면(즉, $b \ll \sqrt{km}$) $\omega' \approx \omega$이다.

▸***감쇠에너지.*** 식 15.5.4를 그림 15.5.2처럼 진폭이 $x_m e^{-bt/2m}$으로 시간에 따라 점차적으로 감소하는 코사인함수로 생각할 수 있다. 감쇠가 없는 진동자에서의 역학에너지는 상수이며 식 15.2.4($E = \frac{1}{2}kx_m^2$)로 쓴다. 감쇠하는 진동의 경우 역학에너지는 일정하지 않고, 시간에 따라 감소한다. 감쇠가 작으면 식 15.2.4의 x_m을 감쇠진동의 진폭인 $x_m e^{-bt/2m}$으로 바꿔서 $E(t)$를 구할 수 있다. 그러면

$$E(t) \approx \tfrac{1}{2}kx_m^2\, e^{-bt/m} \tag{15.5.6}$$

이므로, 진폭과 같이 역학에너지도 지수함수적으로 감소한다.

확인문제 15.5.1

아래의 표는 그림 15.5.1과 같은 감쇠진동자의 세 가지 다른 경우의 용수철상수, 감쇠상수, 질량이다. 역학에너지가 초기 값의 1/4로 감소되기까지 걸리는 시간이 큰 순서대로 나열하여라.

1	$2k_0$	b_0	m_0
2	k_0	$6b_0$	$4m_0$
3	$3k_0$	$3b_0$	m_0

보기문제 15.5.1 감쇠진동자, 감쇠시간, 에너지

그림 15.5.1의 감쇠진동자에서 $m = 250$ g, $k = 85$ N/m, $b = 70$ g/s이다.

(a) 운동의 주기는 얼마인가?

요점

$b \ll \sqrt{km} = 4.6$ kg/s이기 때문에 주기는 대략 감쇠되지 않은 진동자의 주기와 같다.

풀이: 식 15.1.13에서 다음을 얻는다.

$$T = 2\pi\sqrt{\frac{m}{k}} = 2\pi\sqrt{\frac{0.25\text{ kg}}{85\text{ N/m}}} = 0.34\text{ s.}$$ (답)

(b) 감쇠진동자의 진폭이 초기 값의 반으로 줄어들 때까지 얼마나 걸리는가?

요점

식 15.5.4에서 진폭은 $x_m e^{-bt/2m}$이다.

풀이: 시간 $t = 0$에서 진폭이 x_m이므로 다음과 같이 쓸 수 있다.

$$x_m\, e^{-bt/2m} = \tfrac{1}{2}x_m.$$

위 식에서 x_m을 없애고 양변에 자연로그를 취하면, 우변은 $\ln\frac{1}{2}$이고 좌변은

$$\ln(e^{-bt/2m}) = -bt/2m$$

이다. 이 식을 정리하면 다음을 얻는다.

$$t = \frac{-2m\ln\frac{1}{2}}{b} = \frac{-(2)(0.25\text{ kg})(\ln\frac{1}{2})}{0.070\text{ kg/s}}$$
$$= 5.0\text{ s.}$$ (답)

한편 주기가 $T = 0.34$ s이므로 약 15번 진동한다.

(c) 감쇠진동자의 역학에너지가 초기 값의 반으로 떨어질 때까지 얼마나 걸리는가?

KEY IDEA

식 15.5.6로부터 시간 t에서의 역학에너지는 $\frac{1}{2}kx_m^2\, e^{-bt/m}$이다.

풀이: 시간 $t = 0$일 때 에너지의 초기 값은 $\frac{1}{2}kx_m^2$이므로 다음과 같이 쓸 수 있다.

$$\tfrac{1}{2}kx_m^2\, e^{-bt/m} = \tfrac{1}{2}(\tfrac{1}{2}kx_m^2).$$

이 식을 계산하면 다음을 얻는다.

$$t = \frac{-m\ln\frac{1}{2}}{b} = \frac{-(0.25\text{ kg})(\ln\frac{1}{2})}{0.070\text{ kg/s}} = 2.5\text{ s.}$$ (답)

이는 정확히 (b)에서 계산한 시간의 반이다. 따라서 약 7.5번 진동한다. 그림 15.5.2가 바로 이 보기문제에 해당된다.

▶ **교육용 비디오는 웹사이트 www.wiley.com에서 볼 수 있다.**

15.6 ▸ 강제진동과 공명

요점 *Key Ideas*

1. 각진동수 ω_d인 외부 강제력이 고유 각진동수 ω인 진동계에 작용하면 이 계는 각진동수 ω_d로 진동한다.
2. 계의 속도진폭 v_m은 $\omega_d = \omega$일 때 최대가 된다. 이 조건을 공명이라고 한다. 계의 진폭 x_m은 같은 조건에서 (대략) 최대가 된다.

학습목표 *Learning Objectives*

이 단원을 읽은 후 다음을 이해해야 한다.

15.6.1 고유 각진동수 ω와 강제 각진동수 ω_d를 구별한다.

15.6.2 강제진동자에서 진동 진폭을 강제 각진동수를 고유 각진동수로 나눈 비율 ω_d/ω에 대해 그래프를 그리고, 공명이 일어나는 대략적인 위치를 구하고, 감쇠상수가 증가하면 어떤 영향을 미치는지 설명한다.

▶ 강제진동과 공명

누군가 뒤에서 밀어주지 않고 혼자 그네를 타는 것이 *자유진동*의 예이다. 그러나 규칙적으로 그네를 밀어준다면 그네는 *강제로 진동*하게 된다. 강제진동 하에서 *두 개*의 각진동수는 다음과 같이 계와 연관되어 있다. (1) *고유 각진동수* ω는 순간적으로 교란시킨 후 자유진동하는 계의 각진동수이고 (2) ω_d는 강제진동을 일으키는 외부력의 각진동수이다.

15.6.3 주어진 고유 각진동수 ω에 대해 공명이 일어나는 대략적인 외부 강제 각진동수 ω_d를 구한다.

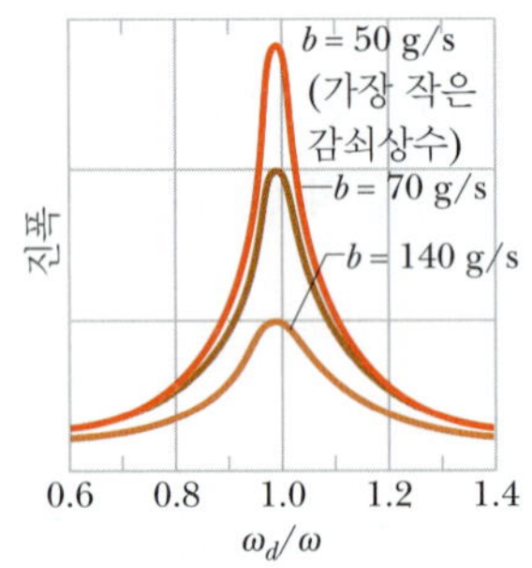

그림 15.6.1 외부력의 각진동수 ω_d의 값에 따라 강제진동자의 변위진폭 x_m이 변한다. 감쇠 상수 b의 세 가지 값에 대응하는 곡선.

John T. Barr/Getty Images

그림 15.6.2 1985년 멀리 떨어진 곳에서 발생한 지진 때문에 멕시코 시에서 중간 높이 건물이 붕괴된 사진. 그러나 낮은 건물과 높은 건물은 무너지지 않았다.

그림 15.5.1에서 "고정대"를 각진동수 ω_d로 움직이면 이상적인 강제 조화진동자에 대해 설명할 수 있다. 강제진동자는 외부력의 각진동수 ω_d로 진동하고 변위 $x(t)$는

$$x(t) = x_m \cos(\omega_d t + \phi) \tag{15.6.1}$$

로 주어진다. 여기서 x_m은 진폭이다.

변위진폭 x_m은 ω_d와 ω의 복잡한 함수에 의존한다. 진동의 속도진폭 v_m은 기술하기가 상대적으로 쉽다. 진폭 v_m은

$$\omega_d = \omega \qquad (\text{공명}) \tag{15.6.2}$$

일 때 최대이다. 이 경우를 **공명**이라고 한다. 식 15.6.2는 *대략* 진동의 변위진폭 x_m이 최대일 조건이다. 만약 고유 각진동수로 그네를 민다면 변위와 속도진폭이 큰 값으로 증가할 것이다. 만약 다른(즉, 높거나 낮은) 각진동수로 민다면 변위와 속도 진폭은 감소할 것이다.

그림 15.6.1은 감쇠상수 b의 세 가지 값에 따라 진동자의 변위진폭이 외부력의 각진동수 ω_d에 어떻게 의존하는지 보여준다. 세 경우 모두 대략 $\omega_d/\omega = 1$일 때 진폭이 최대이다(식 15.6.2의 공명조건). 그림 15.6.1의 곡선은 감쇠가 작을수록 *공명 최고점*이 높아지고 곡선의 폭이 좁아진다.

▸ ***여러 예들.*** 모든 역학적인 구조물은 하나 이상의 고유 각진동수가 있다. 어떤 구조물이 이들 각진동수 중 어느 하나에 일치하는 외부 강제힘을 받는다면 그 구조물은 진동의 결과로 파열될지도 모른다. 예를 들면 항공기 설계사는 날개가 진동할 수 있는 고유 각진동수 중의 어느 것도 엔진의 각진동수와 일치되지 않도록 설계해야 한다. 엔진의 어떤 속도에서 날개가 격렬하게 진동한다면 위험하기 때문이다.

1985년 9월에 멕시코의 서부 해안에서 큰 지진이 발생했을 때 멕시코 시의 건물이 붕괴된 원인이 바로 공명이었다. 지진파가 약 400 km 떨어진 멕시코 시까지 도달했을 때 지진파는 너무 약해서 광범위한 손해를 초래할 정도는 아니었다. 하지만 멕시코 시는 땅이 물처럼 부드러운 곳에 세워져 있었고, 지진파가 약했음에도 불구하고 멕시코 시의 물렁한 땅에서는 진폭이 충분히 커질 수 있었다. 지진파의 가속도 진폭은 0.20g나 되었고, 각진동수는 놀랍게도 3 rad/s 근처에 집중되었다. 결국 땅이 심하게 진동했을 뿐 아니라 중간 높이의 많은 빌딩이 약 3 rad/s의 공명 각진동수를 가지고 있었기 때문에 대부분 중간 높이의 빌딩이 그림 15.6.2처럼 무너졌다. 반면에 공명진동수가 높은 낮은 건물과 공명진동수가 낮은 높은 건물은 무너지지 않았다.

샌프란시스코-오클랜드 지역의 1989년 지진에서 비슷한 공명진동이 일어나 고속도로 일부분을 붕괴시켜서 위층의 도로가 아래층의 도로로 떨어졌다. 고속도로의 이 부분은 부드러운 진흙 구조 위에 지었다.

정리 및 요약 _Review & Summary

▸ ***진동수*** 주기적으로 진동하는 운동의 *진동수* f는 초당 진동하는 횟수이다. SI 단위는 헤르츠이다.

$$1\ \text{헤르츠} = 1\ \text{Hz} = \text{초당 1 진동} = 1\ \text{s}^{-1}. \tag{15.1.1}$$

▸ ***주기*** *주기* T는 한 번 진동하는 동안 걸리는 시간이다. 다음과 같이 **주기**는 진동수의 역수이다.

$$T = \frac{1}{f}. \tag{15.1.2}$$

▸**단순조화운동** 단순조화운동에서 평형위치로부터 측정한 입자의 변위 $x(t)$는 다음과 같다.

$$x = x_m \cos(\omega t + \phi) \quad (\text{변위}). \tag{15.1.3}$$

여기서 x_m은 변위의 **진폭**, $\omega t + \phi$는 운동의 **위상**이고 ϕ는 **위상상수**이다. **각진동수** ω는 운동의 주기, 진동수와 관련이 있다.

$$\omega = \frac{2\pi}{T} = 2\pi f \quad (\text{각진동수}). \tag{15.1.5}$$

식 15.1.3을 미분하면 단순조화운동에서 시간에 따른 입자의 속도와 가속도에 관한 다음의 식을 얻을 수 있다.

$$v = -\omega x_m \sin(\omega t + \phi) \quad (\text{속도}), \tag{15.1.6}$$

$$a = -\omega^2 x_m \cos(\omega t + \phi) \quad (\text{가속도}). \tag{15.1.7}$$

식 15.1.6에서 ωx_m은 운동의 **속도진폭** v_m이다. 식 15.1.7에서 $\omega^2 x_m$은 운동의 **가속도 진폭** a_m이다.

▸**선형진동자** Hooke의 법칙을 따르는 $F = -kx$의 복원력을 받는 질량 m의 입자는 다음과 같은 진동수와 주기로 단순조화운동을 한다.

$$\omega = \sqrt{\frac{k}{m}} \quad (\text{각진동수}), \tag{15.1.12}$$

$$T = 2\pi\sqrt{\frac{m}{k}} \quad (\text{주기}). \tag{15.1.13}$$

이 계를 **선형 단순조화진동자**라 한다.

▸**에너지** 단순조화운동에서 입자의 운동에너지는 $K = \frac{1}{2}mv^2$이고 퍼텐셜에너지는 $U = \frac{1}{2}kx^2$이다. 마찰이 없다면 K와 U가 변하더라도 역학에너지 $E = K + U$는 항상 일정하다.

▸**진자** 단순조화운동 장치의 예로서 그림 15.3.1의 **비틀림진자**, 그림 15.4.1의 **단진자**, 그리고 그림 15.4.2의 **물리진자**를 들 수 있다. 작은 진동에 대한 진동주기는 각각 다음과 같다.

$$T = 2\pi\sqrt{I/\kappa} \quad (\text{비틀림진자}), \tag{15.3.2}$$

$$T = 2\pi\sqrt{L/g} \quad (\text{단진자}), \tag{15.4.5}$$

$$T = 2\pi\sqrt{I/mgh} \quad (\text{물리진자}). \tag{15.4.6}$$

▸**단순조화운동과 등속 원운동** 단순조화운동은 등속 원운동을 원의 지름에 투영시켰을 때 나타나는 운동이다. 그림 15.4.5는 원운동의 모든 변수(위치, 속도, 가속도)가 단순조화운동을 투영한 값과 같다는 사실을 보여준다.

▸**감쇠조화운동** 실제 진동계에서 역학에너지 E는 저항과 같은 외부력에 의해 감소한다. 저항력은 진동을 방해하고 역학에너지를 열에너지로 전환시킨다. 이때 실제 진동자의 운동이 **감쇠된다**고 한다. **감쇠력**이 $\vec{F}_d = -b\vec{v}$이면 진동자의 변위는

$$x(t) = x_m e^{-bt/2m} \cos(\omega' t + \phi) \tag{15.5.4}$$

이다. 여기서 $\vec{v}$는 진동자의 속도, b는 **감쇠상수**이다. 감쇠진동자의 각진동수 ω'은

$$\omega' = \sqrt{\frac{k}{m} - \frac{b^2}{4m^2}} \tag{15.5.5}$$

이다. 감쇠상수가 작으면($b \ll \sqrt{km}$), $\omega' \approx \omega$이다. 여기서 ω는 감쇠되지 않은 진동자의 각진동수이다. b가 작은 경우 역학에너지 E는 다음과 같다.

$$E(t) \approx \tfrac{1}{2}kx_m^2 e^{-bt/m}. \tag{15.5.6}$$

▸**강제진동과 공명** 외부력이 각진동수 ω_d로 고유각진동수가 ω인 계에 작용하면 계는 각진동수 ω_d로 진동한다. 계의 속도진폭 v_m은

$$\omega_d = \omega \tag{15.6.2}$$

일 때 최대이다. 이 조건이 **공명**이다. 계의 진폭 x_m은 대략 같은 조건에서 최대이다.

연습문제 _Problems

E Easy M Medium H Hard CALC Requires calculus BIO Biomedical application

1 E CALC 그림 15.1에서 용수철상수가 9000 N/m인 두 개의 동일한 용수철이 질량 0.245 kg의 토막과 연결되어 있다. 마찰이 없는 바닥 위에서 진동수는 얼마인가?

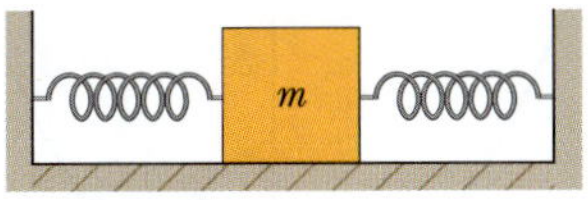

그림 15.1 연습문제 1, 2

2 M 그림 15.1에 두 용수철이 마찰 없는 바닥 위에서 진동할 수 있는 토막에 붙어있다. 왼쪽 용수철을 제거하면, 토막은 25 Hz의 진동수로 진동한다. 반면에 오른쪽 용수철을 제거하면 토막은 40 Hz의 진동수로 진동한다. 양쪽 용수철이 붙어있으면 토막의 진동수는 얼마인가?

3 E 길이가 1.50 m인 두 막대를 그림 15.2처럼 서로 고정시켜 물리진자로 만들었다. 수평 막대의 중심에 있는 A 점을 축으로 하는 진자의 진동주기는 얼마인가?

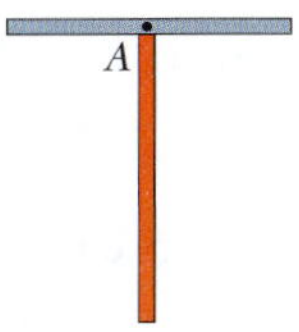

그림 15.2 연습문제 3

4 **H** 질량이 없는 용수철이 작은 물체를 매단 채 천장에 매달려 있다. 초기에 물체는 용수철의 늘어나지 않은 길이에 해당하는 위치 y_i에 정지하여 매달려 있다. 그런 다음 물체를 y_i에서 놓아주면 위 아래로 진동하는데 최저 위치는 y_i 아래로 10 cm인 곳이다. (a) 진동수는 얼마인가? (b) 물체가 초기 위치에서 아래로 8.0 cm에 있을 때 물체의 속력은 얼마인가? (c) 질량 300 g의 물체를 첫 번째 물체에 붙이면 원래 진동수의 절반으로 진동한다. 첫 번째 물체의 질량은 얼마인가? (d) 두 물체가 용수철에 부착되면 새로운 평형위치는 y_i에서 얼마나 아래로 내려가는가?

5 **M** 그림 15.3처럼 질량이 M = 5.4 kg인 토막이 마찰 없는 탁자 위에서 용수철상수 k = 6000 N/m의 용수철로 벽에 부착되어 정지해 있다. 질량은 m = 9.5 g고 속도 $\vec{v}$의 크기가 700 m/s인 총알이 날아와서 토막에 박혔다. 총알이 박힐 때까지 용수철의 압축은 무시할 정도라고 가정하고, 충돌 직후에 (a) 토막의 속력과 (b) 단순조화운동의 진폭을 결정하여라.

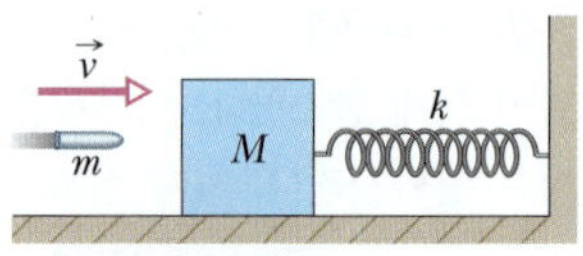

그림 15.3 연습문제 5

6 **E** 단순조화운동에서 변위가 진폭 x_m의 절반일 때 전체 에너지에 대한 (a) 운동에너지와 (b) 퍼텐셜에너지의 비율은 얼마인가? (c) 변위가 진폭에 대해 어느 정도일 때 계의 에너지가 운동에너지 절반, 퍼텐셜에너지 절반으로 되는가?

7 **M** 그림 15.4는 질량 0.600 kg의 길고 균일한 막대가 질량중심을 통과하는 수직한 축에 대해서 수평면 내에서 자유롭게 회전하는 것을 위에서 내려다 본 모습이다. 용수철상수 k = 3000 N/m의 용수철을 막대의 한쪽 끝과 고정된 벽 사이에 수평으로 연결하였다. 막대가 평형상태에 있을 때 막대는 벽과 평행이다. 막대를 약간 회전시켰다가 놓으면 진동의 주기는 얼마인가?

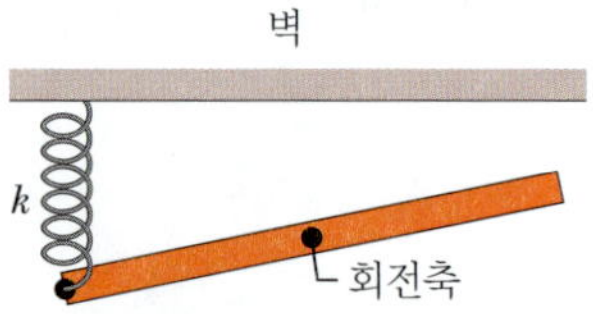

그림 15.4 연습문제 7

8 **M** 질량 4.00 kg의 상자가 용수철상수 100 N/m의 용수철에 매달려 진동한다. t = 1.00 s일 때, 토막의 위치와 속도는 각각 x = 0.129 m와 v = 3.415 m/s이다. (a) 진동의 진폭은 얼마인가? 시간 t = 0 s에서 토막의 (b) 위치와 (c) 속도는 얼마인가?

9 **H** 그림 15.5에 두 용수철이 질량 0.245 kg의 토막과 연결되어 마찰 없는 바닥 위에 놓여 있다. 각 용수철의 용수철상수는 k = 5000 N/m이다. 진동수는 얼마인가?

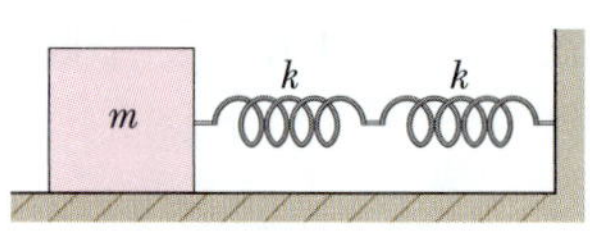

그림 15.5 연습문제 9

10 **E** 0.16 kg의 물체가 진폭 8.5 cm, 주기 0.20초인 단조화운동을 한다. (a) 물체에 작용하는 힘의 최대 크기는 얼마인가? (b) 물체가 용수철에 의해 진동한다면 용수철상수는 얼마인가?

11 **E** 위치함수 $x(t)$의 형태는 $x = x_m \cos(\omega t + \phi)$이고, 속도함수 $v(t)$가 그림 15.6과 같은 단순 조화진동자에서 위상상수는 얼마인가? 수직축의 눈금은 v_s = 2.0 cm/s이다.

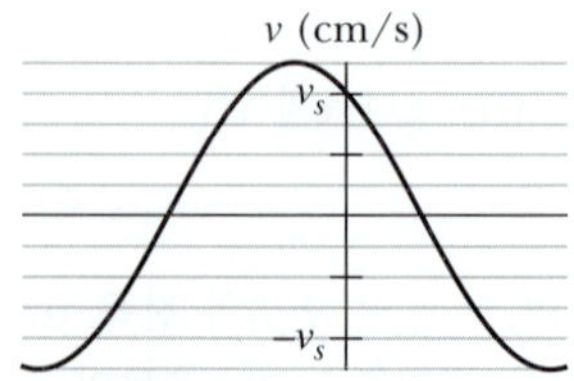

그림 15.6 연습문제 11

12 **E** 반지름 15 cm, 질량 95 kg의 속이 찬 공을 수직 철사줄에 매달았다. 공을 각도 0.85 rad만큼 회전시켜 이 방향을 유지하려면 0.40 N · m의 토크가 필요하다. 그 후 공을 놓았을 때 진동주기는 얼마인가?

13 **M** 두 변의 길이가 각각 a = 40 cm, b = 55 cm인 직사각형 토막을 토막 안에 있는 좁은 구멍을 관통한 얇은 수평 막대에 매달았다. 토막은 진자처럼 작은 각도로 막대를 축으로 진동하는 단순조화운동을 한다. 그림 15.7에 구멍이 중심과 모서리를 연결한 선을 따라 토막의 중심으로부터 거리 r에 있는 경우를 나타내었다. (a) 거리 r에 대한 진자 주기의 곡선을 최소값이 명확히 보이도록 그려라. (b) 어떤 r 값에 대해 최소값이 생기는가? 실제로는 토막의 중심 주위로 진동의 주기가 같은 최소값을 갖는 점으로 이루어진 선이 있다. (c) 이 선은 어떤 모양을 이루는가?

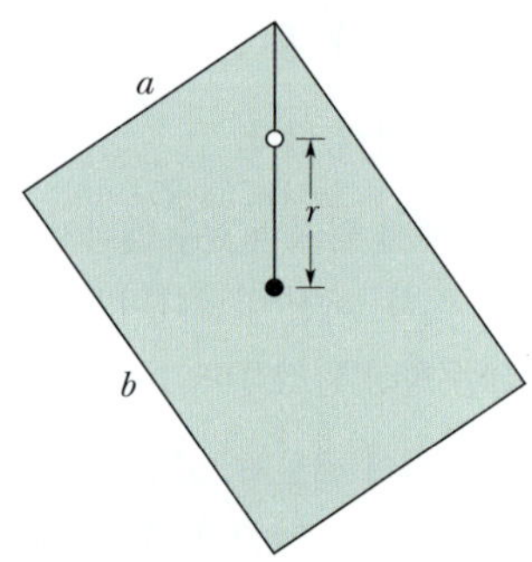

그림 15.7 연습문제 13

14 **E** 약한 감쇠진동자의 진폭이 한 주기마다 4.0%씩 감소한다. 한 주기마다 진동자는 몇 퍼센트의 역학에너지를 잃는가?

15 **E** 그림 15.8은 질량 2.0 kg인 입자의 퍼텐셜에너지 우물을 나타낸다. (함수 $U(x)$는 bx^2 형태이며, 수직축의 크기는 U_s = 2.0 J이다.) (a) 입자가 속도 70 cm/s로 평형위치를 통과한다면 x = 15 cm에 도달하기 전에 되돌아가는가? (b) 그렇다면 돌아가는 위치는 어디인가? 만일 그렇지 않다면 x = 15 cm에서 입자의 속도는 얼마인가?

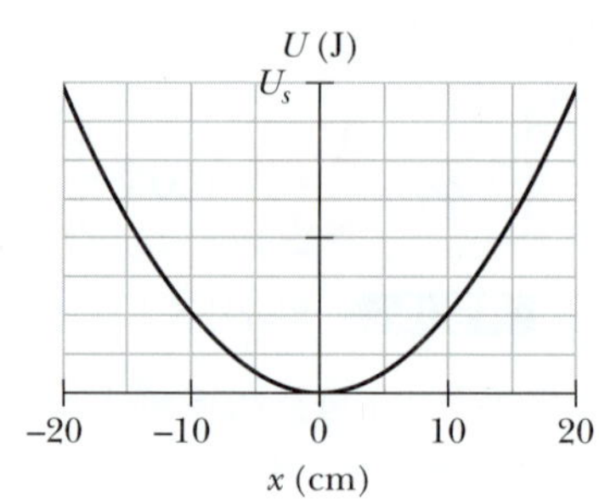

그림 15.8 연습문제 15

16 E CALC 위치함수가 $x = (6.0\text{ m})\cos[(3\pi\text{ rad/s})t + \pi/3\text{ rad}]$이면 물체는 단순조화운동을 한다. $t = 1.0$ s일 때 운동의 (a) 변위, (b) 속도, (c) 가속도, (d) 운동의 위상, 그리고 이 운동의 (e) 진동수, (f) 주기를 구하여라.

17 H 그림 15.9에 두 토막($m = 1.8$ kg, $M = 10$ kg)과 용수철($k = 300$ N/m)이 마찰 없는 수평면 위에 놓여 있다. 두 토막 사이의 정지마찰계수는 0.40이다. 용수철–토막 계의 단순조화운동의 어느 진폭에서 작은 토막이 큰 토막 위에서 미끄러지려고 하는가?

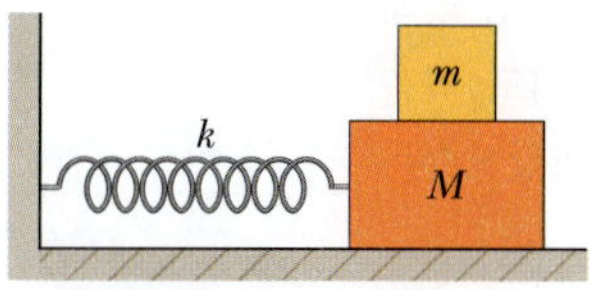

그림 15.9 연습문제 17

18 M 얇고 균일한 막대(질량 0.50 kg)가 막대의 한쪽 끝을 통과하고 진동면에 수직한 축을 중심으로 진동한다. 막대는 주기 2.0 s, 각진폭 10°로 진동한다. (a) 막대의 길이는 얼마인가? (b) 막대의 최대 운동에너지는 얼마인가?

19 M 그림 15.10에서 질량 2.0 kg의 토막 2가 20 ms의 주기로 용수철의 끝에서 단순조화운동을 한다. 토막의 위치는 $x = (1.0\text{ cm})\cos(\omega t + \pi/2)$로 변한다. 질량 5.0 kg의 토막 1이 용수철의 길이 방향을 따라 속도 6.0 m/s로 토막 2를 향해 미끄러진다. 두 토막은 시간 $t = 5.0$ ms에서 완전 비탄성충돌을 한다. (충돌하는 시간이 운동의 주기보다 훨씬 짧다.) 충돌 후 단순조화운동의 진폭은 얼마인가?

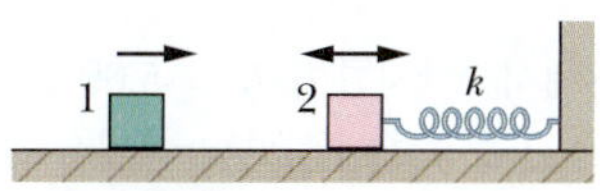

그림 15.10 연습문제 19

20 M 질량이 200 kg인 자동차의 완충 용수철은 차대가 그 위에 놓일 때 5.0 cm 늘어난다. 또한 진동의 진폭은 매주기마다 50%씩 감소한다. 각각의 바퀴가 500 kg을 지지한다고 가정하면 바퀴 하나의 용수철과 충격흡수기에 대해 (a) 용수철상수 k와 (b) 감쇠상수 b의 값을 추정하여라.

21 E 그림 15.11은 단순조화진동자의 위치 x에 대한 운동에너지 K를 나타낸 그래프이다. 수직축의 크기는 $K_s = 8.0$ J이다. 용수철상수는 얼마인가?

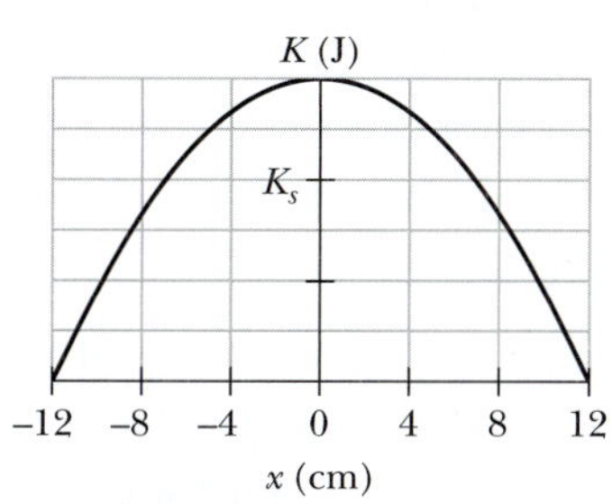

그림 15.11 연습문제 21

22 M 진동수 2.5 Hz로 단순조화운동을 하여 좌우로 흔들리는 수평 테이블 위에 토막이 놓여 있다. 토막과 표면 사이의 정지마찰계수는 0.50이다. 토막이 미끄러지지 않으려면 단순조화운동의 최대 진폭은 얼마인가?

23 M 그림 15.12에서 질량 0.200 kg의 토막 1이 마찰 없는 윗면에서 7.0 m/s의 속력으로 오른쪽으로 미끄러지다가 정지한 토막 2와 탄성충돌을 한다. 토막 2와 연결된 용수철의 용수철상수는 1208.5 N/m이다. (용수철은 충돌에 영향을 주지 않는다고 가정한다.) 충돌 후 토막 2는 주기 0.140 s로 단순조화진동을 하고, 토막 1은 반대쪽으로 미끄러져 밑면으로부터 높이 $h = 4.90$ m를 떨어지며 거리 d인 곳에 도달한다. d값은 얼마인가?

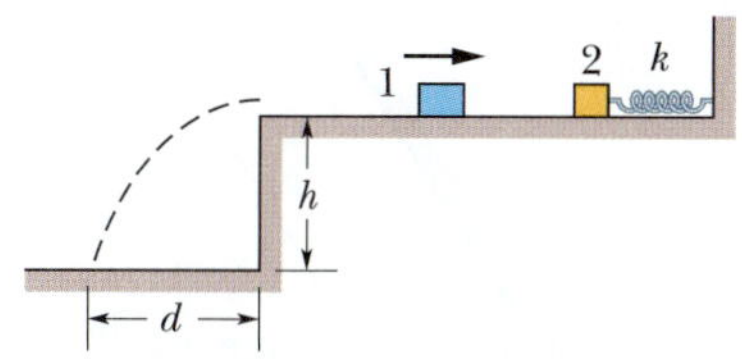

그림 15.12 연습문제 23

24. 두 입자가 근접한 평행선을 따라 같은 진폭과 진동수로 단순조화운동을 한다. 두 입자는 변위가 진폭의 반이 될 때마다 서로 반대 방향으로 지나간다. 위상차는 얼마인가?

25 E CALC 위치함수가 $x = x_m\cos(\omega t + \phi)$의 형태일 때 그림 15.13에 나타낸 위치함수 $x(t)$인 단순조화진동자의 위상상수는 얼마인가? 수직축 값은 $x = 3.0$ cm이다.

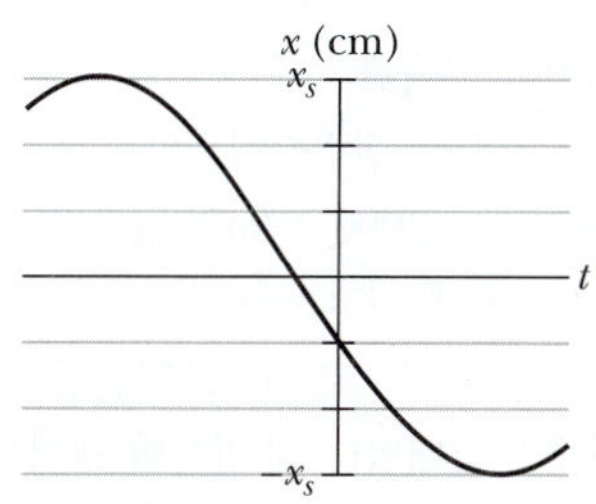

그림 15.13 연습문제 25

26 E 단순조화운동을 하는 물체가 속도 0인 지점에서 이웃한 속도 0인 지점으로 움직이는 데 0.35 s가 걸린다. 두 지점 사이의 거리는 36 cm이다. 이 운동에 대한 (a) 주기 (b) 진동수 (c) 진폭을 구하여라.

27 H 그림 15.14에 무게 14.0 N의 토막이 $\theta = 40.0°$인 마찰 없는 경사면 위에서 평형길이가 0.450 m이고 용수철상수가 250 N/m인 질량이 없는 용수철을 경사면의 꼭대기 사이에 연결하였다. (a) 토막의 평형점은 경사면의 꼭대기로부터 얼마나 멀리 있는가? (b) 토막을 경사면 아래로 약간 당겼다가 놓으면 진동의 주기는 얼마인가?

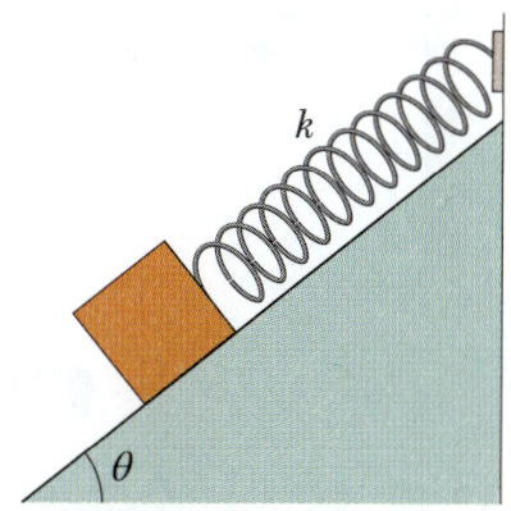

그림 15.14 연습문제 27

28 E 수평 지지대에 길이가 (a) 0.10, (b) 0.30, (c) 0.40, (d) 0.80, (e) 1.2, (f) 2.8, (g) 3.5, (h) 5.0, (i) 6.2 m인 아홉 개의 단진자가 매

달려 있다. 지지대가 2.00 rad/s에서 4.00 rad/s까지의 각진동수 범위에서 수평진동을 한다고 가정하자. 어느 진자가 가장 강하게 진동하는가?

29 E 그림 15.15에서 반지름 r = 10.0 cm, 질량 700 g인 균일한 원판이 길이 L = 500 mm, 질량이 270 g인 균일한 막대에 매달린 진자가 있다. (a) 회전축에 대한 진자의 회전관성을 계산하여라. (b) 회전축과 진자의 질량중심 사이의 거리는 얼마인가? (c) 진동주기를 계산하여라.

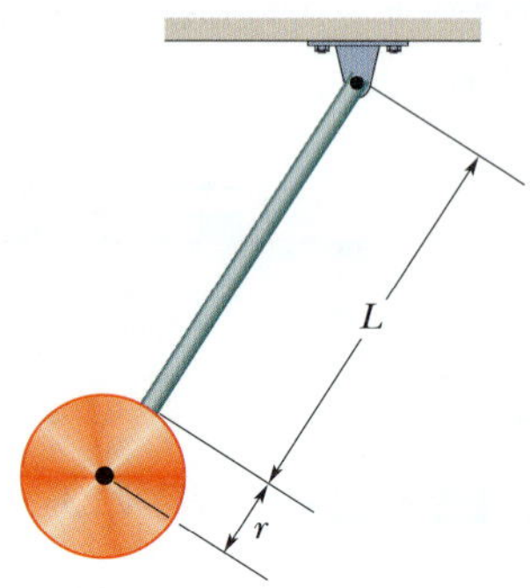

그림 15.15 연습문제 29

30 E 마찰이 없는 수평면 위에 질량 5.00 kg의 물체를 용수철상수 k = 1600 N/m의 용수철에 연결하였다. 물체를 평형위치에서 수평으로 50.0 cm 떨어진 지점에서 초기속도 10.0 m/s로 평형위치로 향해 간다면 (a) 토막의 진동수, (b) 토막–용수철 계의 초기 퍼텐셜에너지, (c) 초기 운동에너지, (d) 운동의 진폭은 얼마인가?

31 M 그림 15.16a에서 금속판이 질량중심을 통과하는 고정축에 대해 회전할 수 있다. 금속판의 질량중심으로부터 거리 r = 2.5 cm에 있는 가장자리의 점을 k = 2000 N/m인 용수철로 벽에 연결하였다. 처음에 용수철은 평형위치에 있다. 금속판을 각도 7°만큼 회전시켰다가 놓으면 금속판은 축을 중심으로 단순조화운동을 하고, 각도의 시간 변화는 그림 15.16b에 나타내었다. 수평축의 크기는 t_s = 20 ms이다. 질량중심에 대한 금속판의 회전관성은 얼마인가?

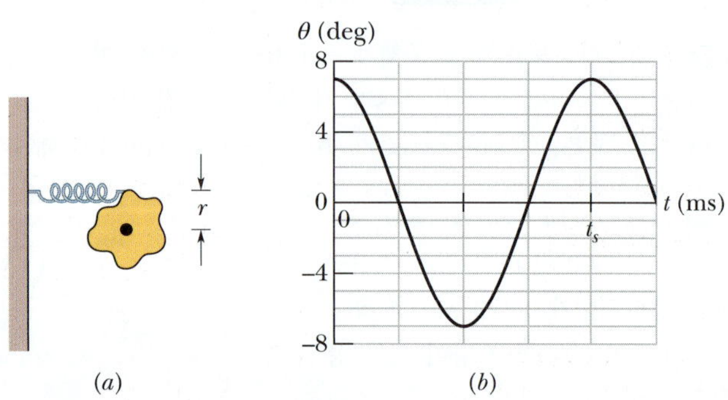

그림 15.16 연습문제 31

32 E 자동차는 수직 방향의 진동에 관해서는 네 개의 동일한 용수철 위에 있는 물체로 생각할 수 있다. 자동차의 용수철을 조절하여 진동수가 3.00 Hz가 되게 하였다. (a) 자동차의 질량 1600 kg이 네 용수철에 고르게 분포되어 있다면 용수철상수는 얼마인가? (b) 평균 질량이 73.0 kg인 사람 다섯이 차의 질량분포가 균일하게 분포되도록 탄다면 진동수는 얼마나 변하는가?

33 M 그림 15.17a는 각진동수가 2.00 rad/s인 단순조화진동자의 위치함수 $x(t)$의 일부분이다. 그림 15.17b는 이에 해당하는 속도함수 $v(t)$의 일부분이다. 수직축 크기는 각각 x_s = 5.0 cm와 v_s = 5.0 cm이다. 위치함수 $x(t)$를 일반적인 형태 $x = x_m \cos(\omega t + \phi)$로 썼을 때 단순조화운동의 위상상수는 얼마인가?

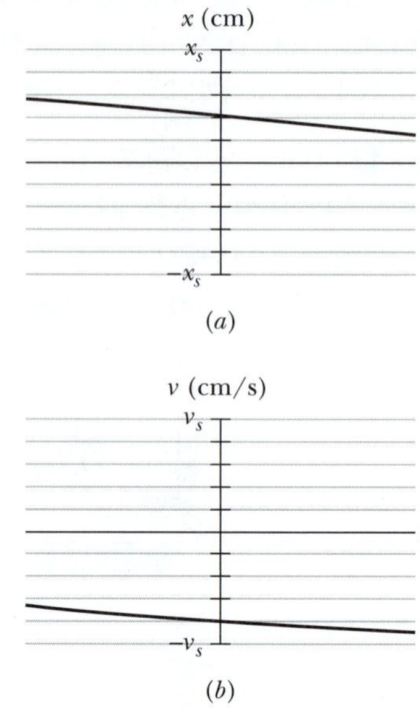

그림 15.17 연습문제 33

34 E 식 15.6.1에서 진폭 x_m이 다음과 같다고 하자.

$$x_m = \frac{F_m}{[m^2(\omega_d^2 - \omega^2)^2 + b^2\omega_d^2]^{1/2}}.$$

여기서 상수 F_m은 그림 15.5.1에서 지지대에 의해 용수철에 작용하는 외부힘의 진폭이다. 공명상태에서 진동하는 물체의 (a) 변위의 진폭과 (b) 속도의 진폭은 얼마인가?

35. E 그림 15.18에서 (반지름이 R = 5.00 cm인) 균일한 원판이 중심으로부터의 거리 d = 1.75 cm되는 지점을 축으로 진동한다. 이 물리진자를 작은 각도만큼 돌렸다가 놓았다면 단조화운동의 주기는 얼마인가?

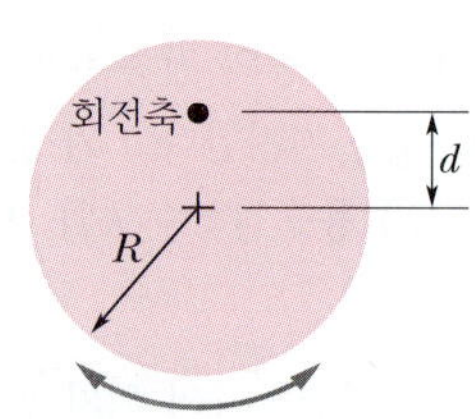

그림 15.18 연습문제 35

36 M 질량 10 g의 입자가 진폭 2.0 mm, 최대 가속도 크기 4.0×10^3 m, 미지의 위상상수 ϕ로 단순조화운동을 한다. (a) 운동의 주기, (b) 입자의 최대 속력, (c) 진동자의 전체 역학에너지를 구하여라. 입자가 (d) 최대 변위에 있을 때, (e) 최대 변위의 반에 있을 때 입자에 작용하는 힘의 크기는 얼마인가?

37 M 그림 15.19에서 질량 3.00 kg의 정육면체를 한 변의 길이가 d = 6.00 cm인 중심을 지나는 회전축에 놓았다. 정육면체의 위쪽 모서리에 용수철(k = 1200 N/m)을 연결하여 벽에 고정시켰다. 처음에 용수철은 평형위치에 있다. 정육면체를 각도 3°만큼 회전시켰다가 놓아 나타나는 단순조화운동의 주기는 얼마인가?

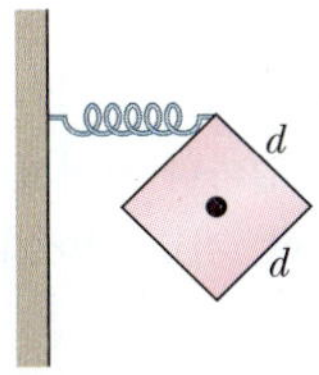

그림 15.19 연습문제 37

38 E 그림 15.5.1에 나타난 감쇠조화진동계에서 토막의 질량은 3.00 kg이고, 용수철상수는 12.0 N/m이다. 감쇠힘은 $-b(dx/dt)$이며 b = 230 g/s이다. 토막을 아래로 12.0 cm 당겼다가 놓았다. (a) 진동의 진폭이 초기값의 1/3로 줄어들 때까지 걸리는 시간을 계산하여라. (b) 이 시간 동안 토막은 몇 번 진동하는가?

39 H 그림 15.20에서 지름 D = 42.0 cm, 1.5 kg의 원판을 질량을 무시할 수 있는 길이 L = 76.0 cm의 막대 끝에 매달았다. (a) 비틀림 용수철이 연결되지 않았을 때 진동의 주기는 얼마인가? (b) 질량이 없는 비틀림 용수철이 연결되면 막대는 수직 방향에서 평형을 이룬다. 진동의 주기가 0.500 s 감소한다면 용수철의 비틀림상수는 얼마인가?

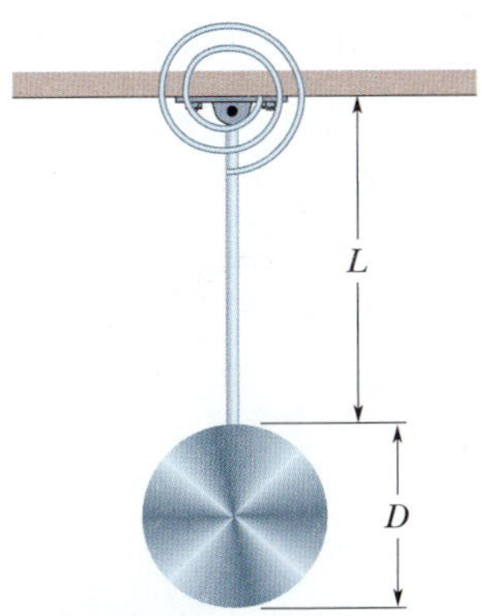

그림 15.20 연습문제 39

40 E 진동하는 토막–용수철 계의 역학에너지는 2.00 J, 진폭은 10.0 cm, 최대 속력은 1.20 m/s이다. (a) 용수철상수 (b) 토막의 질량 (c) 진동수를 구하여라.

41 M CALC 그림 15.21에서 길이 L = 0.700 m인 막대가 물리진자로서 진동한다. (a) 막대의 질량중심과 회전축 O 사이의 거리 x가 얼마일 때 주기가 최소인가? (b) 최소 주기는 얼마인가?

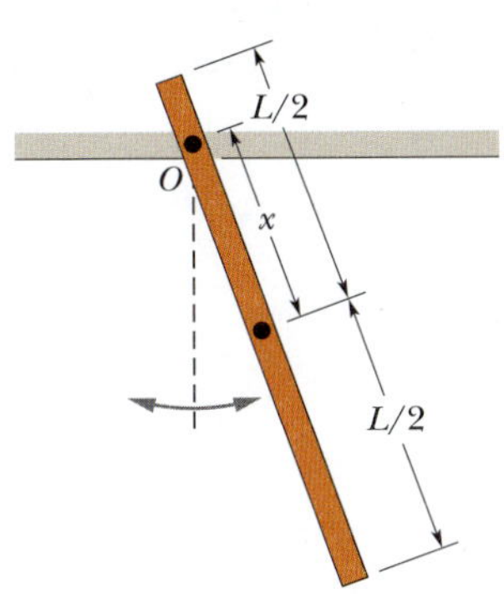

그림 15.21 연습문제 41

42 M 질량 82 kg의 사람 네 명을 태운 1000 kg의 자동차가 굴곡이 5.0 m씩 떨어져 있는 "빨래판"처럼 울퉁불퉁한 도로를 운행한다. 자동차의 속력이 16 km/h일 때 최대 진폭으로 진동한다. 자동차가 정지하고 사람이 내린다면 자동차는 얼마나 많이 올라가는가?

43 E 진동판이 진폭 2.20 cm, 진동수 8.00 Hz로 진동할 때 최대 가속도는 얼마인가?

44 M 수직으로 단순조화운동을 하는 (납작한 원통형) 피스톤 위에 토막을 놓았다. (a) 단순조화운동의 주기가 0.50 s일 때, 운동의 진폭이 얼마가 되면 토막과 피스톤이 분리되는가? (b) 피스톤의 진폭이 2.0 cm일 때, 토막과 피스톤이 같이 움직일 수 있는 최대 진동수는 얼마인가?

45 M 단순조화운동을 하는 토막–용수철 계의 위상각이 $\pi/5$ rad이고 토막의 위치는 $x = x_m \cos(\omega t + \phi)$로 변한다. 시간 $t = 0$에서 퍼텐셜에너지에 대한 운동에너지의 비율은 얼마인가?

46 M 그림 15.4.1b에서 진자의 각도는 $\theta = \theta_m \cos[(4.44\ \text{rad/s})t + \phi]$이다. $t = 0$일 때 $\theta = 0.050$ rad이고 $d\theta/dt = -0.200$ rad/s이면 (a) 위상상수 ϕ와 (b) 최대 각도 θ_m은 얼마인가? (*힌트*: θ가 변화하는 속도 $d\theta/dt$를 단순조화운동의 ω와 혼동하지 말아라.)

47 E CALC 용수철상수가 2.6 N/m이고, 진동의 진폭이 2.4 cm인 토막–용수철 계의 역학에너지를 구하여라.

48 E 토막–용수철 계가 운동을 반복하는 데 0.60 s가 걸린다. (a) 주기 (b) 진동수(Hz) (c) 각진동수(rad/s)를 구하여라.

49 E 질량 1.00×10^{-20} kg의 입자가 주기 2.00×10^{-5} s, 최대 속력 1.00×10^3 m/s인 단순조화운동을 한다. (a) 각진동수와 (b) 입자의 최대 변위를 구하여라.

50 M 어떤 항구에서 조수에 의한 밀물과 썰물은 (최고점에서 최저점까지) 거리 d, 주기 12.5 h인 단순조화운동을 한다. 물의 높이가 최고점에서 0.200 d로 내려가는 데 얼마나 걸리는가?

51 E 질량을 무시할 수 있는 줄의 끝에 매달린 질량 60.0 g의 추로 구성된 단진자가 줄과 수직선 사이에서 각도

$$\theta = (0.0800\ \text{rad})\cos[(5.00\ \text{rad/s})t + \phi]$$

로 진동한다. (a) 진자의 길이와 (b) 최대 운동에너지는 얼마인가?

52 E 전기면도기의 면도날은 1.8 mm의 거리를 120 Hz의 진동수로 앞뒤로 움직이면서 단순조화운동을 한다. 면도날의 (a) 진폭, (b) 최대 속력, (c) 최대 가속도의 크기를 구하여라.

53 M 토막과 용수철(k = 400 N/m)로 이루어진 진동자가 있다. 시간 t에서 (평형점으로부터 측정한) 토막의 위치, 속도, 가속도가 각각 x = 0.200 m, v = −13.6 m/s, a = −123 m/s^{2}이다. (a) 진동수, (b) 토막의 질량, (c) 운동의 진폭을 계산하여라.

54 M CALC 골동품 시계의 평형 바퀴가 각진폭 π rad, 주기 0.500 s로 진동한다. (a) 바퀴의 최대 각속력, (b) 변위 $\pi/2$ rad에서 각속력, (c) 변위 $\pi/4$ rad에서 각가속도의 크기를 구하여라.

55 **M** 길고 얇은 막대 위의 한 점을 축으로 진자를 만들었다. 일련의 실험에서 축과 막대 중심 사이의 거리 x의 함수로 주기를 측정한다. (a) 막대의 길이가 $L = 0.800$ m이고 질량이 $m = 22.1$ g이면 최소 주기는 얼마인가? (b) 주기를 최소화하도록 x를 선택한 다음 L이 증가하면, 주기는 증가하는가, 감소하는가, 아니면 같은가? (c) L 대신 m이 증가한다면, 주기는 증가하는가, 감소하는가, 아니면 같은가?

56 **E** 물리진자의 진동중심은 매달려 있는 점에서 거리가 $2L/3$인 곳에 있다. 임의의 형태를 갖는 물리진자의 매달린 점과 진동중심 사이의 거리는 I/mh임을 보여라. 여기서 I와 h는 식 15.4.6에 주어진 의미를 가지며, m은 진자의 질량이다.

57 **E** 확성기는 진동판을 진동시켜서 소리를 낸다. 진동판의 진폭은 0.60 μm이다. (a) 진동판의 가속도 크기 a가 g일 때 진동수는 얼마인가? (b) 더 큰 진동수에서 a는 g보다 큰가, 작은가?

58 **E** 질량 0.500 kg의 토막이 용수철에 매달려 진동한다. 진폭 35.0 cm의 진동은 0.800 s마다 반복된다. (a) 주기, (b) 진동수, (c) 각진동수, (d) 용수철상수, (e) 최대 속력, (f) 용수철이 토막에 작용하는 힘의 최대값을 구하여라.

59 **M** **CALC** 두 입자가 길이 A인 같은 직선 부분을 따라 단순조화운동을 한다. 각 입자의 주기는 1.5 s로 같으나 위상은 $\pi/6$만큼 다르다. (a) 뒤쳐진 입자가 경로의 한쪽 끝을 떠나고 0.50 s가 지난 후에 두 입자는 (A로 나타내면) 얼마나 떨어져 있는가? (b) 두 입자는 같은 방향, 서로 다가가는 방향, 서로 멀어지는 방향 중 어느 방향으로 움직이는가?

60 **E** 1 m인 자에서 50 cm 표시로부터 거리 d만큼 떨어진 위치에 작은 구멍을 뚫어서 축으로 한 물리진자의 주기는 2.2 s이다. d를 구하여라.

61 **E** (a) 그림 15.4.3과 이와 관련된 보기문제에서 물리진자가 거꾸로 되어 점 P에 매달려 있다면 진동의 주기는 얼마인가? (b) 주기는 이전의 값보다 큰가, 작은가, 같은가?

62 **E** 그림 15.5.1에 있는 감쇠진동계에서 $m = 250$ g, $k = 85$ N/m, $b = 70$ g/s이다. 16 주기가 지난 후 진동진폭과 초기 진동진폭의 비율을 구하여라.

63 **E** 그네에 앉은 곡예사가 6.00 s의 주기로 앞뒤로 진동하고 있다. 곡예사가 일어서서 *그네와 곡예사*로 이루어진 계의 질량중심이 35.0 cm 올라가면 계의 새로운 주기는 얼마인가? *그네와 곡예사*로 이루어진 계를 단진자로 생각하여라.

제 16장

파동—I

Waves — I

16.1 ▸ 가로파동

요점_Key Ideas

1. 역학적 파동은 물질이 매질인 곳에서만 존재하고, Newton의 법칙이 성립한다. 잡아당긴 줄에서의 파동과 같은 가로 역학파동은 매질의 입자가 파동의 운동방향에 수직으로 진동하는 파동이다. 매질의 입자가 파동의 진행방향과 평행하게 진동하는 파동을 세로파동이라고 한다.

2. x축의 양의 방향으로 움직이는 사인파동을 수학적인 형태로 나타내면

$$y(x, t) = y_m \sin(kx - \omega t)$$

이다. 여기서 y_m은 (최대변위의 크기인) 진폭이고, k는 파동수, ω는 각진동수이고 $kx - \omega t$는 위상이다. 파장 λ는 k와 다음의 관계가 있다.

$$k = \frac{2\pi}{\lambda}.$$

3. 파동의 주기 T와 진동수 f는 ω와 다음의 관계가 있다.

$$\frac{\omega}{2\pi} = f = \frac{1}{T}.$$

4. (줄을 따라 이동하는 파동의 속력인) 파동속력 v는 다른 변수와 다음의 관계가 있다.

$$v = \frac{\omega}{k} = \frac{\lambda}{T} = \lambda f.$$

5. $y(x, t) = h(kx \pm \omega t)$의 형태를 갖는 임의의 함수는 위에서 주어진 파동속력으로 움직이는 이동하는 파동을 표현하며, 파동의 모양은 h의 수학적 형태로 주어진다. 양의 부호는 파동의 x축의 음의 방향으로 이동하는 것을 나타내고, 음의 부호는 양의 방향으로 이동하는 파동을 나타낸다.

학습목표_Learning Objectives

이 단원을 읽은 후 다음을 이해해야 한다.

16.1.1 세 가지 주된 파동 형태를 이해한다.

16.1.2 가로파동과 세로파동을 구별한다.

16.1.3 가로파동에 대한 변위함수가 주어졌을 때 진폭 y_m, 각파동수 k, 각진동수 ω, 위상상수 ϕ와 진행방향을 결정하고, 임의의 시간과 위치에서 위상 $kx \pm \omega t + \phi$와 변위를 계산한다.

16.1.4 가로파동에 대한 변위함수가 주어졌을 때 두 주어진 변위 사이의 시간을 계산한다.

16.1.5 가로파동을 위치의 함수로 진폭 y_m과 파장 λ를 나타낸 그래프를 그리고, 기울기가 최대인 곳, 0인 곳과 줄의 요소가 양의 속도, 음의 속도, 속도가 0인 곳을 표시한다.

16.1.6 가로파동에 대해 변위를 시간에 대해 그래프를 그렸을 때 진폭 y_m과 주기 T를 결정한다.

16.1.7 가로파동에서 위상상수 ϕ가 변할 때 나타나는 효과에 대해 기술한다.

16.1.8 파동속력 v, 파동이 이동한 거리와 이동할 때 걸린 시간 사이의 관계를 구한다.

16.1.9 파동속력 v, 각진동수 ω, 각파동수 k, 파장 λ, 주기 T와 진동

▶ 어떤 물리현상을 다루는가?

물리학의 중요한 주제 중의 하나는 파동이다. 현대사회에서 파동의 중요성을 확인하려면 음향 산업만 생각해도 된다. 대학가 술집에서 연주하는 펑크음악에서부터 웹으로 감상할 수 있는 우아한 협주곡까지 모든 종류의 음악은 연주자가 생성하는 파동과 관측자가 검출하는 파동에 달려 있다. 파동의 생성과 검출 사이에서는 (웹에서의 실황공연처럼) 파동으로 전달되는 정보가 녹음되고, (CD나 DVD 또는 공학실험실에서 개발하고 있는 저

수 f 사이의 관계를 구한다.

16.1.10 가로파동이 이동할 때 줄의 한 요소의 운동을 기술하고, 가로속력이 0일 때와 최대일 때를 나타낸다.

16.1.11 가로파동이 지나갈 때 줄 요소의 가로속도 $u(t)$를 계산한다.

16.1.12 가로파동이 지나갈 때 줄 요소의 가로 가속도 $a(t)$를 계산한다.

16.1.13 변위, 가로속도 혹은 가로 가속도의 그래프가 주어졌을 때 위상상수 ϕ를 결정한다.

장장치를 이용하여) 재생된다. 음악의 파동적 특성을 제어하는 것 자체가 시장성이 높기 때문에 새로운 기술을 개발하면 경제적으로 크게 보상받을 수 있을 것이다.

이 장은 기타 줄처럼 팽팽한 줄을 따라 이동하는 파동에 중점을 둔다. 다음 장은 기타가 만들어내는 음파를 주로 다룰 것이다. 먼저 일상생활에서 흔히 접하게 되는 수많은 파동을 기본 유형으로 분류해 보자.

파동의 종류

중요한 파동으로 다음과 같은 네 종류가 있다.

1. ***역학적 파동*** 일상생활에서 흔히 접하는 파동으로서 수면파, 음파, 지진파 등이 여기에 속한다. 이 파동은 두 가지 중요한 특징을 갖고 있다. 역학적 파동은 Newton의 운동 법칙으로 결정되며, 물, 공기, 바위 같은 물질로 이루어진 매질 안에서만 존재한다.
2. ***전자기파*** 이 파동은 덜 친숙하지만 일상생활에서 수없이 사용하고 있다. 가시광선, 자외선, 라디오파, TV파, 마이크로파, 엑스선, 레이더파 등이 바로 전자기파이다. 이 파동은 매질이 필요 없다. 예컨대 별에서 오는 빛은 우주의 진공을 통과하여 우리에게로 온다. 모든 전자기파는 진공에서 같은 속력 c = 299 792 458 m/s로 진행한다.
3. ***물질파*** 이 파동은 최첨단 기술로 사용하는데도 불구하고 여러분에게 매우 생소할 것이다. 이 파동은 전자, 양성자 및 다른 소립자는 물론 원자, 분자와도 관련이 있다. 이러한 입자가 물질을 구성하기 때문에 물질파라고 부른다.
4. ***중력파*** 1916년 Albert Einstein은 어떤 질량도 가속되면 공간 자체(더 정확히는 시공간)가 진동하는 *중력파*를 방출한다는 것을 예측하였다. 보통의 상황에서 진동은 너무 작아 검출할 수 없다. 2015년 MIT의 Rainer Weiss가 고안한 검출기가 멀리 있는 두 개의 블랙홀이 합쳐질 때 생긴 파동을 기록함으로써 이 파동을 처음으로 직접 검출하였다. 진동은 양성자의 반지름보다 매우 작다.

이 장에서 언급하는 많은 부분은 모든 종류의 파동에 대해서 적용할 수 있지만, 여기서는 역학적 파동만을 고려하겠다.

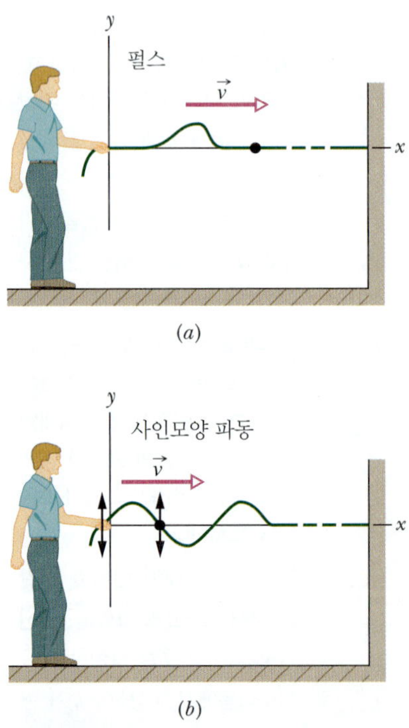

그림 16.1.1 (*a*) 팽팽한 줄을 따라 하나의 펄스가 진행한다. (점으로 표시된) 줄의 요소는 펄스가 진행할 때 아래위로 움직인다. 이런 운동은 파동의 진행방향과 수직이므로 *가로파동*이라고 부른다. (*b*) 사인모양의 파동이 줄을 따라 진행한다. 줄의 요소는 파동이 진행함에 따라 아래위로 움직인다. 즉, 가로파동이다.

가로파동과 세로파동

팽팽한 줄을 따라 진행하는 파동은 가장 간단한 역학적 파동이다. 팽팽한 줄의 한쪽 끝을 아래위로 빠르게 흔들면 한 개의 *펄스*가 줄을 따라 진행한다. 펄스가 생기고 이동하는 것은 줄의 장력 때문이다. 줄의 한 끝을 위쪽으로 당기면 줄의 장력이 이웃한 부분을 위로 당기기 시작하고, 이웃한 부분이 위로 움직이면서 다음의 이웃부분을 위로 당기기 시작한다. 그 사이에 줄의 끝을 아래로 당기면 줄의 앞부분이 차례로 위로 움직인 것처럼 각 부분은 아래 방향으로 당겨진다. 그 결과 변형된 줄 모양(그림 16.1.1a와 같은 펄스)이 특정한 속도 $\vec{v}$로 줄을 따라 진행한다.

줄을 단순조화운동처럼 계속해서 아래위로 흔들어주면 연속적인 파동이 속도 $\vec{v}$로 줄을 따라 진행한다. 시간에 대한 사인함수 모양으로 흔들어주면 파동도 임의의 순간에 그림 16.1.1b처럼 사인모양을 가진다. 즉 파동은 사인 또는 코사인 곡선의 모양을 가진다.

여기서는 "이상적인" 줄을 가정해서 마찰력이 전혀 없기 때문에 파동이 줄을 따라 진행하는 동안 약해지지 않는다고 생각하자. 또한 줄이 충분히 길어서 줄의 다른 끝에서 반사되는 파동은 고려할 필요가 없다고 하자.

그림 16.1.1의 파동을 조사하는 한 가지 방법은 파동이 오른쪽으로 옮겨감에 따라 **파형**(파동의 모양)을 관찰하든가, 또는 파동이 줄을 지나가면서 줄이 위아래로 진동하는 동안 줄 한 부분의 운동을 관찰하는 것이다. 진동하는 줄 요소(줄의 한 부분)의 변위는 그림 16.1.1*b*처럼 파동이 움직이는 방향에 *수직*이라는 것을 알 수 있다. 이런 운동을 **가로운동**이라고 말하고 이런 파동을 **가로파동**이라고 부른다.

▸***세로파동.*** 그림 16.1.2에서 공기를 채운 긴 관의 피스톤을 움직여 음파를 발생시키고 있다. 피스톤을 앞뒤로 빨리 움직이면 관을 따라서 소리의 펄스를 보낼 수 있다. 피스톤을 오른쪽으로 움직이면 공기요소가 이웃한 오른쪽으로 이동하여, 그곳의 공기 압력을 증가시킨다. 이렇게 증가된 공기압력은 파이프를 따라 더 오른쪽으로 공기요소를 밀게 된다. 피스톤을 왼쪽으로 움직이면 피스톤 오른쪽의 공기압력을 감소시킨다. 이렇게 감소된 압력은 먼저 피스톤에 가장 가까운 요소를, 다음에는 옆 요소를 왼쪽으로 움직이게 만든다. 이런 방식으로 공기의 운동과 공기압력의 변화가 파이프를 따라 오른쪽으로 하나의 펄스로 진행한다.

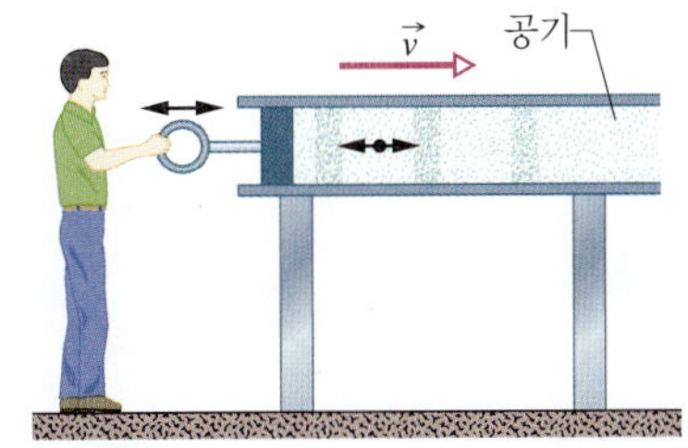

그림 16.1.2 공기로 채워진 관 앞에서 피스톤을 앞뒤로 움직여서 음파를 발생시킨다. (점으로 표시한) 각 공기요소의 진동은 파동의 진행방향과 나란하므로 *세로파동*이다.

그림 16.1.2처럼 피스톤을 단순조화운동처럼 밀고 당기면 사인모양의 파동이 긴 관을 따라 진행한다. 공기요소들의 운동이 파동의 진행방향과 나란하기 때문에 이를 **세로운동**이라고 말하고, 이런 파동을 **세로파동**이라고 부른다. 이 장에서는 가로파동, 특히 줄의 파동을 다루고, 17장에서는 세로파동, 특히 음파를 중점적으로 다룬다.

가로파동과 세로파동은 그림 16.1.1에서 줄의 한 끝에서 다른 끝으로, 그림 16.1.2에서는 관의 한 끝에서 다른 끝으로 진행하기 때문에 모두 **진행파동**이다. 중요한 점은 한쪽 끝에서 다른 쪽 끝으로 움직이는 것은 파동이지 전달되는 물질(줄이나 공기)이 아니라는 것이다.

▶ 파장과 진동수

줄의 파동(과 길이를 따라 어떤 요소의 운동)을 완전히 기술하려면 파동의 모양을 표현하는 함수가 필요하다. 즉,

$$y = h(x, t) \tag{16.1.1}$$

형태의 관계식이 필요하다. 여기서 줄 요소의 가로 변위 y는 줄 요소의 위치 x와 시간 t의 함수인 h이다. 일반적으로 그림 16.1.1*b*와 같은 사인모양의 파동은 사인이나 코사인함수로 쓸 수 있다. 두 함수 모두 파동에 대해 같은 모양을 주기 때문에 이 장에서는 사인함수를 사용한다.

▸***사인 함수.*** 그림 16.1.1*b*의 파동처럼 $+x$축 방향으로 진행하는 사인모양의 함수를 고려해 보자. 파동이 연속적인 줄 요소(줄의 아주 작은 부분)를 지나가면 각 요소는 y축과 평행으로 진동한다. 시간 t에서 위치 x에 있는 줄 요소의 변위 y는 다음과 같다.

$$y(x, t) = y_m \sin(kx - \omega t). \tag{16.1.2}$$

이 식은 위치 x로 나타내므로 시간이 지남에 따라 모든 줄 요소의 변위를 구하는 데 사용할 수 있다. 따라서 이 식으로 임의의 주어진 시간에 파동의 모양과 그 모양이 어떻게 변하는지를 알 수 있다.

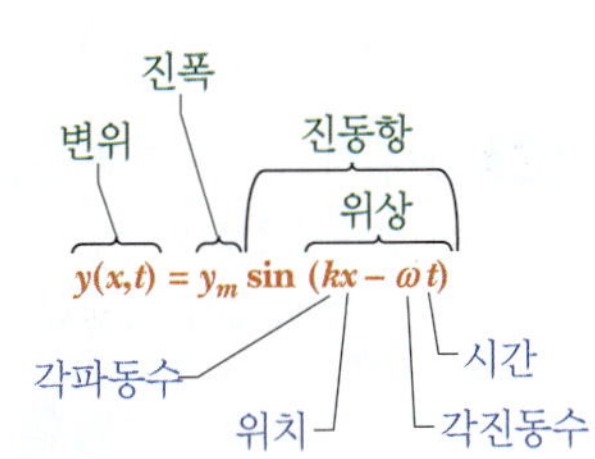

그림 16.1.3 사인모양 가로파동의 파동방정식 16.1.2에서 각 항을 설명하는 용어.

식 16.1.2에 있는 각 항을 설명하는 용어를 그림 16.1.3에 나타내었고 나중에 정의한다. 이들을 설명하기 전에 x축 양의 방향으로 진행하는 사인모양의 파동에 대한 다섯 개의 순간그림 16.1.4를 먼저 살펴보자. 파동의 움직임은 파동의 최고점을 표시한 짧은 화

살표가 오른쪽으로 움직인 것을 보면 알 수 있다. 매 순간마다 짧은 화살표는 파형을 따라 오른쪽으로 움직이지만, 줄은 y축에 평행하게 움직인다. 이것을 알아보기 위해 $x = 0$에서 붉게 표시된 줄 요소의 운동을 생각해 보자. 첫 번째 순간 그림 16.1.4a에서 줄 요소는 변위 $y = 0$에 있다. 다음 순간그림에서는 파동의 골(최저점)을 지나고 있으므로, 이 줄 요소는 가장 낮은 변위에 있다. 줄 요소는 다시 변위 $y = 0$을 지나 네 번째 순간그림에서는 파동의 *마루*(최고점)를 지나고 있으므로 가장 높은 변위에 있다. 다섯 번째 순간그림에서 이 줄 요소는 완전히 한 주기의 진동을 마치면서 다시 $y = 0$에 있다.

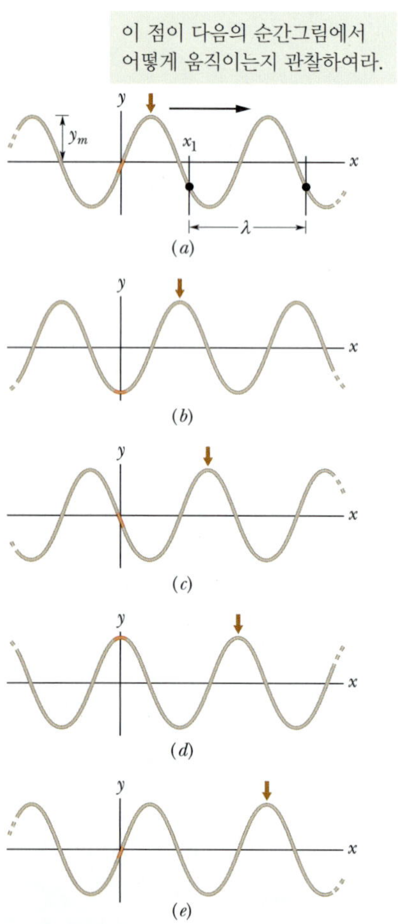

그림 16.1.4 x축 양의 방향으로 줄을 따라 진행하는 파동의 순간그림. y_m은 진폭이고, λ는 임의의 점 x_1에서 측정한 파장이다.

진폭과 위상

그림 16.1.4처럼 파동의 **진폭** y_m은 파동에 의해 줄 요소가 평형위치로부터 벗어난 최대 변위의 크기이다[아래첨자 m은 최대(maximum)를 뜻한다]. y_m은 크기이기 때문에 그림 16.1.4a와 반대로 아래쪽으로 측정하여도 항상 양의 값이다.

파동의 **위상**은 식 16.1.2의 사인함수 괄호 안의 값 $kx - \omega t$이다. 파동이 줄의 한 위치 x에서 줄 요소를 지나감에 따라 위상은 시간에 따라 선형적으로 변한다. 이때 사인값도 + 1과 −1 사이를 진동하면서 변한다. 최대값 (+1)은 파동의 마루에 해당하고 이때 위치 x에서 y값은 y_m이다. 최소값 (−1)은 파동의 골에 해당하며 이때 위치 x에서 y값은 $-y_m$이다. 결국 사인함수와 시간에 의존하는 위상은 줄 요소의 진동에 대응되며, 파동의 진폭은 줄 요소의 변위의 최대값이다.

주의: 위상을 계산할 때 사인함수를 계산하기 전에 숫자를 반올림하면 계산 결과가 많이 달라질 수 있다.

파장과 각파동수

파장 λ는 파동의 모양(*파형*)이 계속 반복될 때 파동의 진행방향으로 생긴 같은 모양의 길이이다. 전형적인 파장은 $t = 0$에서 파동의 순간그림을 보여주는 그림 16.1.4a에 표시되어 있다. $t = 0$에서 식 16.1.2에 의하면 파형은 다음과 같다.

$$y(x, 0) = y_m \sin kx. \tag{16.1.3}$$

정의에 의해서 변위 y는 한 파장의 양 끝에서, 즉 $x = x_1$과 $x = x_1 + \lambda$에서 같은 값을 갖는다. 따라서 식 16.1.3을 이용하면

$$\begin{aligned} y_m \sin kx_1 &= y_m \sin k(x_1 + \lambda) \\ &= y_m \sin(kx_1 + k\lambda) \end{aligned} \tag{16.1.4}$$

를 얻는다. 사인함수는 각도가 2π rad만큼 증가할 때마다 주기적으로 반복하기 때문에 식 16.1.4에서 $k\lambda = 2\pi$, 즉 다음의 관계식을 얻는다.

$$k = \frac{2\pi}{\lambda} \qquad \text{(각파동수).} \tag{16.1.5}$$

여기서 k를 파동의 **각파동수**라고 하며, SI 단위는 rad/m이다(참고로, 여기서 k는 앞에 나왔던 용수철상수가 *아니다*).

그림 16.1.4에서 파동은 한 순간그림에서 다음 순간그림 사이에 오른쪽으로 $\lambda/4$만큼 이동하였다. 따라서 다섯 번째 순간그림에서는 파동이 오른쪽으로 1λ만큼 이동하였다.

주기, 각진동수, 진동수

그림 16.1.5는 여기서는 $x = 0$로 선택한 줄의 한 위치에서 시간 t에 대한 식 16.1.2의 변위 y이다. 줄을 관측하면 $x = 0$에서 줄의 한 요소는 식 16.1.2에 의해

$$\begin{aligned} y(0, t) &= y_m \sin(-\omega t) \\ &= -y_m \sin \omega t \qquad (x = 0) \end{aligned} \tag{16.1.6}$$

으로 주어지는 위아래 방향의 단순조화운동을 한다. 여기서 임의의 각도 α에 대해 성립하는 관계 $\sin(-\alpha) = -\sin \alpha$를 사용하였다. 그림 16.1.5는 시간에 대해 변위를 그린, 위 식의 그래프이지, 파동의 모양을 나타내는 것이 *아니라는* 점을 유의해야 한다(그림 16.1.4가 모양을 나타내고, 이것이 실제 파동의 그림이다. 그림 16.1.5는 그래프이고, 따라서 추상화한 것이다).

이것은 그래프이지 순간그림은 아니다.

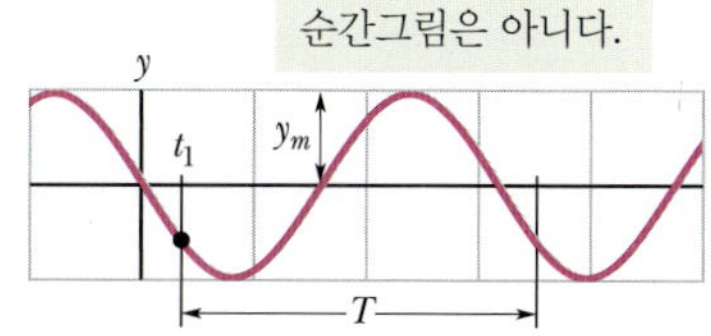

그림 16.1.5 그림 16.1.4의 사인모양 파동이 줄의 요소를 지나갈 때 $x = 0$에서 줄의 변위를 나타낸 그래프. 진폭 y_m과 임의의 시간 t_1부터 측정한 주기 T가 표시되어 있다.

진동의 **주기** T는 줄의 요소가 완전하게 한 번 진동을 하는 데 걸리는 시간이라고 정의한다. 전형적인 주기가 그림 16.1.5의 그래프에 표시되어 있다. 식 16.1.6을 한 주기의 양끝시간에 적용하면

$$\begin{aligned} -y_m \sin \omega t_1 &= -y_m \sin \omega(t_1 + T) \\ &= -y_m \sin(\omega t_1 + \omega T) \end{aligned} \tag{16.1.7}$$

를 얻는다. 이렇게 되려면 $\omega T = 2\pi$, 즉 다음의 관계식을 얻는다.

$$\omega = \frac{2\pi}{T} \qquad \text{(각진동수)}. \tag{16.1.8}$$

여기서 ω를 파동의 **각진동수**라 부르고 SI 단위는 rad/s이다.

다시 그림 16.1.4에 있는 진행파동의 다섯 개의 순간그림을 살펴보자. 두 순간 그림 사이의 시간은 $\frac{1}{4}T$이다. 따라서 다섯 번째 순간그림에서 모든 줄의 요소가 완전한 한 진동을 마치게 된다.

파동의 **진동수** f는 $1/T$로 정의하며 각진동수 ω와 다음의 관계가 있다.

$$f = \frac{1}{T} = \frac{\omega}{2\pi} \qquad \text{(진동수)}. \tag{16.1.9}$$

15장의 단순조화운동의 진동수처럼 이 진동수 f도 단위시간당 진동한 횟수이며 헤르츠(Hz)나 킬로헤르츠(kHz)로 나타낸다.

확인문제 16.1.1

옆의 그림은 줄을 따라 진행하는 파동의 세 순간그림을 포개놓은 것이다. 파동들의 위상은 (a) $2x - 4t$, (b) $4x - 8t$, (c) $8x - 16t$로 주어진다. 그림에서 어떤 위상이 어떤 파동에 대응되는가?

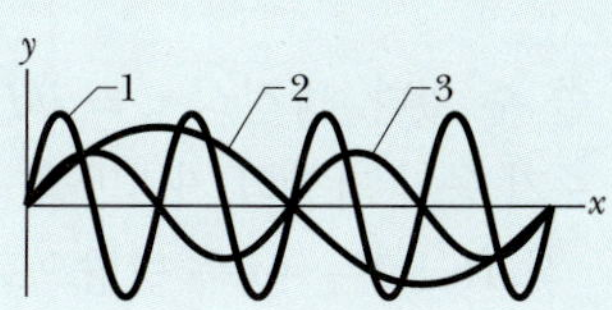

위상상수 ϕ의 효과는 파동을 이동시키는 것이다.

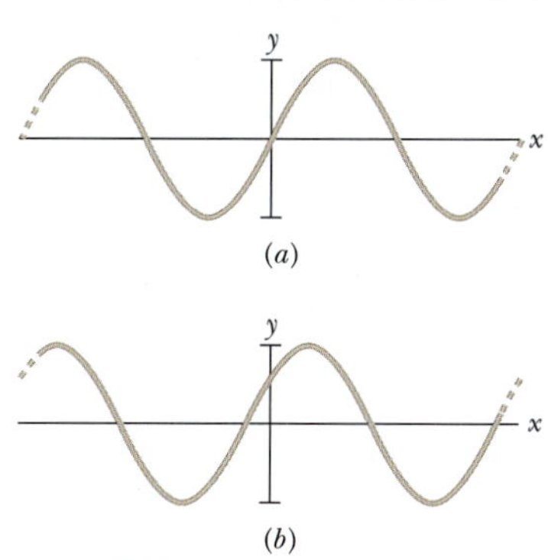

그림 16.1.6 시간 $t = 0$일 때 위상상수 ϕ (*a*) 0과 (*b*) $\pi/5$ rad을 갖는 사인모양의 진행 파동.

위상상수

사인모양의 진행파동이 식 16.1.2의 파동함수로 주어지면 $t = 0$일 때 이 파동은 $x = 0$ 근처에서 그림 16.1.6*a*처럼 보인다. $x = 0$에서 변위는 $y = 0$이고 기울기는 최대값을 갖

는다. 파동방정식에 **위상상수** ϕ를 추가함으로써 식 16.1.2를 다음과 같이 일반화할 수 있다.

$$y = y_m \sin(kx - \omega t + \phi). \tag{16.1.10}$$

이 함수가 $t = 0$일때 $x = 0$에서 다른 기울기와 변위를 갖도록 ϕ 값을 선택할 수도 있다. 예를 들어, $\phi = +\pi/5$를 선택하면 $t = 0$일 때 기울기와 변위는 그림 16.1.6b와 같다. 이 파동은 여전히 같은 y_m, k, ω를 갖는 사인모양으로 그림 16.1.6a의 파동($\phi = 0$인 경우)이 평행이동한 모양이다. 이동하는 방향을 주의해야 한다. 양의 ϕ 값에 대해서는 곡선이 x축의 음의 방향으로 이동하고, 음의 값에 대해서는 곡선이 양의 방향으로 이동한다.

진행파동의 속력

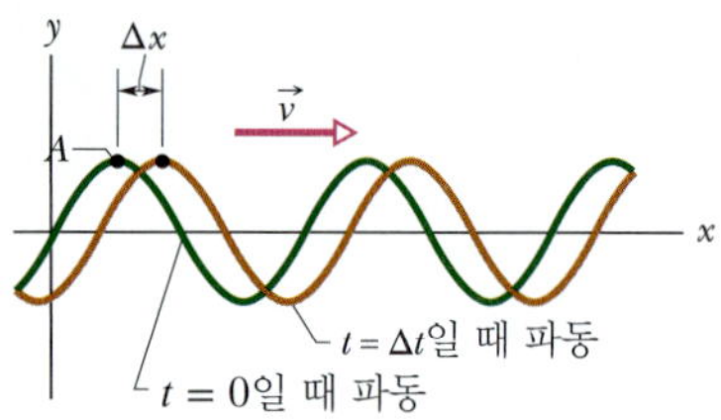

그림 16.1.7 $t = 0$과 $t = \Delta t$인 순간의 그림 16.1.4에 있는 파동의 모습. 파동이 오른쪽으로 속도 v로 움직일 때, 전체 파동곡선은 Δt 동안 Δx만큼 오른쪽으로 이동한다. 점 A는 파동의 형태와 같이 "타고" 가지만, 줄의 요소는 아래위로만 움직인다.

그림 16.1.7은 식 16.1.2로 주어지는 파동의 시간간격 Δt에 대한 두 순간그림이다. 파동은 $+x$축 방향(그림 16.1.7에서 오른쪽)으로 진행하고, 전체적인 파형은 시간간격 Δt 동안 Δx를 움직인다. 비율 $\Delta x/\Delta t$(또는 미분값 dx/dt)는 **파동속력** v이다. 어떻게 이 값을 알 수 있을까?

그림 16.1.7의 파동이 움직여가더라도 파형의 한 점, 예컨대 마루에 표시된 점 A의 변위는 일정하게 유지된다(줄 위의 각 점들은 변위가 일정하지 않지만 파동의 각 점은 변위가 일정하게 유지된다). 점 A가 움직일 때 점 A의 변위 y를 일정하게 유지하려면 식 16.1.2에서 위상이 다음과 같이 일정해야 한다.

$$kx - \omega t = \text{상수}. \tag{16.1.11}$$

비록 이 값이 일정하더라도 x와 t는 둘 다 계속해서 변한다. 사실 t가 증가함에 따라 x도 이 값을 일정하게 유지하기 위해 증가하여야 한다. 즉, 파형이 $+x$축 방향으로 움직인다.

파동속력 v를 구하기 위하여 식 16.1.11을 미분하면

$$k\frac{dx}{dt} - \omega = 0,$$

즉, 다음을 얻는다.

$$\frac{dx}{dt} = v = \frac{\omega}{k}. \tag{16.1.12}$$

식 16.1.5($k = 2\pi/\lambda$)와 식 16.1.8($v = 2\pi/T$)을 사용하여 파동속력을

$$v = \frac{\omega}{k} = \frac{\lambda}{T} = \lambda f \qquad \text{(파동의 속력)} \tag{16.1.13}$$

로 쓸 수 있다. 방정식 $v = \lambda/T$는 파동속력이 한 주기당 파장이라는 뜻이다. 즉, 파동이 한 주기 동안 파장의 거리만큼 움직인다.

식 16.1.2는 $+x$축 방향으로 진행하는 파동을 기술하고 있다. 반대 방향으로 진행하는 파동의 방정식은 식 16.1.2의 $+t$를 $-t$로 바꾸면 얻을 수 있다. 이것은

$$kx + \omega t = \text{상수} \tag{16.1.14}$$

의 조건에 대응하고, 식 16.1.11과 비교하면 x는 시간에 따라 *감소한다*. 따라서 $-x$축 방향으로 진행하는 파동을 다음의 방정식으로 쓸 수 있다.

$$y(x, t) = y_m \sin(kx + \omega t). \tag{16.1.15}$$

식 16.1.2의 파동처럼 식 16.1.15의 파동을 분석하면 다음의 파동속력을 얻는다.

$$\frac{dx}{dt} = -\frac{\omega}{k}. \tag{16.1.16}$$

음의 부호는 파동이 $-x$ 방향으로 움직인다는 뜻이고, t에 대한 부호가 바뀐 것이 타당하다는 것을 알 수 있다.

이제 다음과 같은 임의의 파동을 고려해 보자.

$$y(x, t) = h(kx \pm \omega t). \tag{16.1.17}$$

여기서 h는 *임의의* 함수로서 사인함수일 수도 있다. 앞의 분석에 따르면 변수 x와 t가 $kx \pm \omega t$ 형태로 결합된 파동은 모두 진행파동이라는 것을 알 수 있다. 게다가 모든 진행파동은 식 16.1.17의 형태를 가진다. 따라서 $y(x, t) = \sqrt{ax + bt}$는 가능한 진행파동(물리적으로는 약간 이상하지만)을 표현하지만, 함수 $y(x, t) = \sin(ax^2 - bt)$는 진행파동을 표현하지 *못한다*.

확인문제 16.1.2

다음의 세 가지 파동에 대한 식이 있다. (1) $y(x, t) = 2\sin(4x - 2t)$, (2) $y(x, t) = \sin(3x - 4t)$, (3) $y(x, t) = 2\sin(3x - 3t)$. 파동을 (a) 파동의 속력과 (b) 파동의 진행방향에 수직한 최대 속력(가로 속력)이 큰 순서대로 나열하여라.

보기문제 16.1.1 가로파동에 대한 식에 나타나는 물리량 결정하기

x축으로 이동하는 가로파동은 다음의 형태로 표현한다.

$$y = y_m \sin(kx \pm \omega t + \phi). \tag{16.1.18}$$

그림 16.1.8*a*에는 시간 $t = 0$에서 x에 대한 함수로 줄 요소의 변위를 나타내었다. 그림 16.1.8*b*는 $x = 0$에 있는 줄 요소의 변위를 t의 함수로 나타내었다. 올바른 부호를 선택하여 식 16.1.18에 나타난 모든 양의 값을 구하여라.

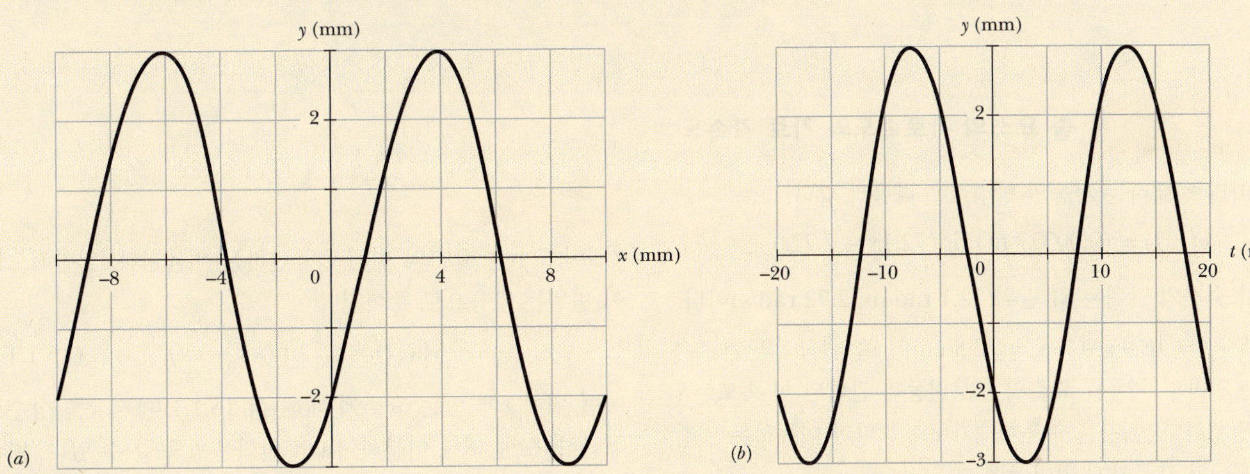

그림 16.1.8 (*a*) 시간 $t = 0$에서 위치 x에 대한 변위 y를 순간적으로 찍은 그림. (*b*) $x = 0$에 있는 줄의 요소에 대해 시간 t에 대한 변위 y의 그래프.

요점

(1) 그림 16.1.8a는 (우리가 볼 수 있는) 실제 상황에 대한 순간그림으로 x축 전체에 퍼져 있는 운동을 볼 수 있다. 이로부터 이 축으로 진행하는 파동의 파장 λ를 결정할 수 있고, 또한 식 16.1.18로부터 각파동수 $k(= 2\pi/\lambda)$를 구할 수 있다. (2) 그림 16.1.8b는 추상화시킨 것으로 시간에 대해 퍼져 있는 운동을 볼 수 있다. 이로부터 단순조화운동을 하는 줄 요소의 주기 T를 결정할 수 있고, 따라서 파동 자체의 주기 T를 구할 수 있다. T로부터 식 16.1.18에 있는 각진동수 $\omega(= 2\pi/T)$를 구할 수 있다. (3) 위상상수 ϕ는 $x = 0$와 $t = 0$에서 줄의 변위로 결정된다.

진폭: 그림 16.1.8a나 16.1.8b로부터 최대 변위는 3.0 mm임을 알 수 있다. 따라서 파동의 진폭은 $x_m = 3.0$ mm이다.

파장: 그림 16.1.8a에서 파장 λ는 x축을 따라 모양이 반복되는 사이의 거리이다. λ를 측정하는 가장 쉬운 방법은 줄이 같은 기울기를 갖는 한 점과 이웃하는 점 사이의 거리를 구하는 것이다. 눈으로 볼 때 이 거리는 축에 나타난 눈금으로 측정할 수 있다. 그 대신 종이의 한 모서리를 그래프에 대고, 종이 위에 만나는 점을 표시하고, 이 종이의 왼쪽에 표시한 점을 원점에 대고, 오른쪽에 한 표시의 위치를 읽으면 된다. 어떤 방법으로든 $\lambda = 10$ mm를 얻게 된다. 식 16.1.5로부터 다음을 얻는다.

$$k = \frac{2\pi}{\lambda} = \frac{2\pi}{0.010\text{ m}} = 200\pi \text{ rad/m}.$$

주기: 주기 T는 줄의 요소가 단순조화진동할 때 자기 자신이 반복되기 시작하는 시간간격이다. 그림 16.1.8b를 보면 T는 t축에서 그림이 같은 기울기를 갖는 한 점과 이웃한 점 사이의 거리이다. 이 거리를 눈으로 혹은 종이를 이용하여 측정하면 $T = 20$ ms를 얻는다. 그러면 식 16.1.8로부터 다음을 얻는다.

$$\omega = \frac{2\pi}{T} = \frac{2\pi}{0.020\text{ s}} = 100\pi \text{ rad/s}.$$

이동방향: 방향을 구하기 위해서는 그림을 보고 생각을 해야 한다. 그림 16.1.8a에 있는 $t = 0$에서의 순간그림을 보면 파동이 오른쪽으로 이동하고 있다면 이 순간그림 직후 $x = 0$에서 파동의 깊이는 늘어날 것이다(머릿속에서 곡선을 오른쪽으로 약간 이동시킨다). 만일 파동이 왼쪽으로 움직인다면 순간그림 직후 $x = 0$에서 파동의 깊이는 줄어들 것이다. 이제 그림 16.1.8b의 그래프를 확인해보자. $t = 0$ 직후 깊이는 증가한다. 따라서 파동은 양의 x 방향인 오른쪽으로 움직임을 알 수 있고, 식 16.1.18에서 음의 부호를 선택한다.

위상상수: 위상상수 ϕ는 $t = 0$인 순간 $x = 0$에서의 조건으로 결정된다. 어떤 그림에서든 그 위치와 시간에 $y = -2.0$ mm임을 알 수 있다. 이 세 값과 $y_m = 3.0$ mm를 식 16.1.18에 대입하면 다음을 얻는다.

$$-2.0\text{ mm} = (3.0\text{ mm})\sin(0 + 0 + \phi),$$

즉

$$\phi = \sin^{-1}(-\tfrac{2}{3}) = -0.73 \text{ rad}.$$

이 결과는 x에 대한 y의 그림에서 음의 위상상수는 사인 함수를 오른쪽으로 이동시킨다는 규칙과 잘 맞고, 이것을 그림 16.1.8a에서 볼 수 있다.

식: 이제 식 16.1.18을 완성시킬 수 있다.

$$y = (3.0\text{ mm})\sin(200\pi x - 100\pi t - 0.73\text{ rad}).$$ (답)

여기서 x는 미터, t는 초이다.

▶ 보기문제 16.1.2 줄 요소의 가로속도와 가로 가속도

줄을 따라 진행하는 파동의 방정식은 다음과 같다.

$$y(x, t) = (0.00327\text{ m})\sin(72.1x - 2.72t).$$

여기서 숫자의 단위는 SI 단위(72.1 rad/m, 2.72 rad/s)이다.

(a) 시간 $t = 18.9$ s에서 $x = 22.5$ cm인 줄의 요소의 가로속도 u는 얼마인가? (줄 요소의 가로진동과 관련된 이 속도는 y축에 평행하다. 이것을 파동형태가 x축을 따라 이동하는 일정한 속도 v와 혼동하지 말아야 한다.)

요점

가로속도 u는 요소의 변위 y가 변하는 비율이다. 일반적으로 이 변위는 다음으로 주어진다.

$$y(x, t) = y_m \sin(kx - \omega t). \tag{16.1.19}$$

어떤 위치 x에 있는 요소에 대해 식 16.1.19에서 x를 상수로 취급하고 t에 대해 미분하여 y의 변화율을 구할 수 있다. 변수 중 하나(혹은 그 이상)를 고정시키고 미분을 취하는 것을 편미분이라고 하고 d/dt라고 쓰지 않고 $\partial/\partial t$의 기호로 나타낸다.

풀이: 다음을 얻는다.

$$u = \frac{\partial y}{\partial t} = -\omega y_m \cos(kx - \omega t). \qquad (16.1.20)$$

다음으로 SI인 단위를 생략하고 값을 대입하면 다음과 같이 쓸 수 있다.

$$u = (-2.72)(0.00327)\cos[(72.1)(0.225) - (2.72)(18.9)]$$
$$= 0.00720 \text{ m/s} = 7.20 \text{ mm/s}. \qquad \text{(답)}$$

따라서 $t = 18.9$ s에서 줄 요소는 7.20 mm/s의 속력으로 양의 y 방향으로 운동하고 있다(*주의:* 코사인함수값을 구할 때 위상 안의 모든 유효숫자를 포함한다. 그렇지 않으면 그 결과는 매우 달라질 수 있다. 예를 들어 유효숫자 두 개를 만들기 위해 숫자들을 반올림하고 u에 대해 얻은 값을 보아라).

(b) $t = 18.9$ s에서 줄 요소의 가로 가속도 a_y는 얼마인가?

요점

가로 가속도 a_y는 요소의 가로속도가 변하는 비율이다.

풀이: 식 16.1.20에서 x를 상수로 취급하고 t가 변할 수 있도록 하면 다음을 얻는다.

$$a_y = \frac{\partial u}{\partial t} = -\omega^2 y_m \sin(kx - \omega t). \qquad (16.1.21)$$

SI 단위를 생략하고 값을 대입하면 다음을 얻는다.

$$a_y = -(2.72)^2(0.00327)\sin[(72.1)(0.225) - (2.72)(18.9)]$$
$$= -0.0142 \text{ m/s}^2 = -14.2 \text{ mm/s}^2. \qquad \text{(답)}$$

(a)에서 $t = 18.9$ s일 때 줄 요소는 y의 양의 방향으로 운동하는 것을 알았고, 여기서는 느려진다는 것을 알게 되었다. 왜냐하면 가속도는 u의 반대 방향이기 때문이다.

▶ **교육용 비디오는 웹사이트 www.wiley.com에서 볼 수 있다.**

16.2 ▸ 팽팽한 줄에 생긴 파동의 속력

요점_Key Ideas

1. 팽팽한 줄에서 파동의 속력은 줄의 성질에 의존하고, 진동수나 진폭과 같은 파동의 성질에 의존하지는 않는다.
2. 장력 τ, 선밀도 μ인 줄에서 파동속력은 다음과 같다.

$$v = \sqrt{\frac{\tau}{\mu}}.$$

학습목표_Learning Objectives

이 단원을 읽은 후 다음을 이해해야 한다.

16.2.1 균일한 줄의 선밀도 μ를 전체 질량과 전체 길이로 계산한다.

16.2.2 파동속력 v, 장력 τ와 선밀도 μ 사이의 관계를 구한다.

▶ 팽팽한 줄에 생긴 파동의 속력

식 16.1.13에 의해 파동의 진동수와 파장에 관계가 있는 파동의 속력은 *매질의 특성에 따라 정해진다*. 만약 파동이 물, 공기, 강철 또는 바위 같은 매질을 지난다면 파동이 지나감에 따라 매질 안의 입자를 진동시켜야만 한다. 이 현상이 일어나려면 매질은 질량(운동에너지)과 탄성(퍼텐셜에너지)을 가져야 한다. 따라서 매질의 질량과 탄성은 파동이 얼마나 빨리 매질 속을 전파하는지 결정한다. 이제 두 가지 방법으로 어떻게 의존하는지 구할 것이다.

차원 분석

차원 분석에서는 결정할 물리량을 계산하기 위해서 주어진 상황에서 모든 물리량의 차원을 주의 깊게 조사하여야 한다. 이 경우에는 길이를 시간으로 나눈 LT^{-1}의 차원을 갖는 속력 v를 구하기 위해 질량과 탄성을 조사해 보자.

질량에 대해서는 줄의 질량 m을 줄의 길이 l로 나눈 줄 요소의 질량을 사용한다. 이것을 줄의 *선밀도* μ라고 부른다. 따라서 $\mu = m/l$이고, 차원은 질량을 길이로 나눈 ML^{-1}이다.

줄은 양 끝점의 두 힘에 의해서 팽팽하게 당겨 장력이 작용하고 있어야 줄을 통하여 파동을 보낼 수 있다. 줄의 장력 τ는 이 공통인 두 힘의 크기와 같다. 파동이 줄을 따라 진행할 때 장력으로 서로 끌어당기는 줄의 인접한 부분에 추가적인 늘임이 일어나 줄 요소의 위치를 변화시킨다. 따라서 줄의 장력을 줄의 탄성과 관련시킬 수 있다. 줄을 늘이는 힘과 장력은 힘의 차원 $MLT^{-2}(F = ma)$을 갖는다.

여기서의 목적은 $v(LT^{-1})$를 만들어낼 수 있도록 $\mu(ML^{-1})$와 $\tau(MLT^{-2})$를 결합하는 것이다. 여러 가지 결합을 시도해서 다음을 얻을 수 있다.

$$v = C\sqrt{\frac{\tau}{\mu}}. \tag{16.2.1}$$

여기서 C는 차원이 없는 상수이고 차원 분석으로 결정할 수 없다. 파동의 속력을 구하기 위한 다음의 두 번째 접근 방법에서 식 16.2.1가 정말로 옳은 식이고 $C = 1$이라는 것을 알게 될 것이다.

Newton의 제2법칙에서 유도하기

그림 16.1.1b의 사인모양 파동 대신에 그림 16.2.1의 파동처럼 속력 v로 줄을 따라 왼쪽에서 오른쪽으로 움직이는 하나의 대칭적인 펄스를 생각해 보자. 편의상 펄스가 정지해 있는 좌표계를 선택하자. 즉, 관찰자가 일정한 파형을 보도록 펄스를 따라 움직인다. 이 좌표계에서는 그림 16.2.1의 줄이 오른쪽에서 왼쪽으로 속력 v로 관찰자를 지나가는 것처럼 보인다.

펄스 안에 반지름 R의 원호를 그리고 그 원의 중심에서 각 2θ를 이루는 길이 Δl의 작은 줄 요소를 고려해 보자. 줄의 장력과 같은 크기를 갖는 힘 $\vec{\tau}$는 줄 요소의 양 끝에서 접선방향으로 끌어당긴다. 이러한 힘의 수평성분은 서로 상쇄되고, 수직성분의 힘은 더해져서 지름방향의 복원력 $\vec{F}$를 이룬다. 그 크기는

$$F = 2(\tau \sin\theta) \approx \tau(2\theta) = \tau\frac{\Delta l}{R} \quad \text{(힘)} \tag{16.2.2}$$

이다. 여기서 그림 16.2.1에 있는 작은 각도 θ에 대해 근사하여 $\sin\theta$를 θ로 놓았고, 그림으로부터 $2\theta = \Delta l/R$을 사용하였다.

줄 요소의 질량은

$$\Delta m = \mu\,\Delta l \quad \text{(질량)} \tag{16.2.3}$$

이고, 여기서 μ는 줄의 선밀도이다.

그림 16.2.1에서 나타낸 순간에 줄 요소 Δl은 원호 위에서 움직이므로, 줄 요소는 다음과 같은 원의 중심을 향한 구심가속도를 갖는다.

$$a = \frac{v^2}{R} \quad \text{(가속도).} \tag{16.2.4}$$

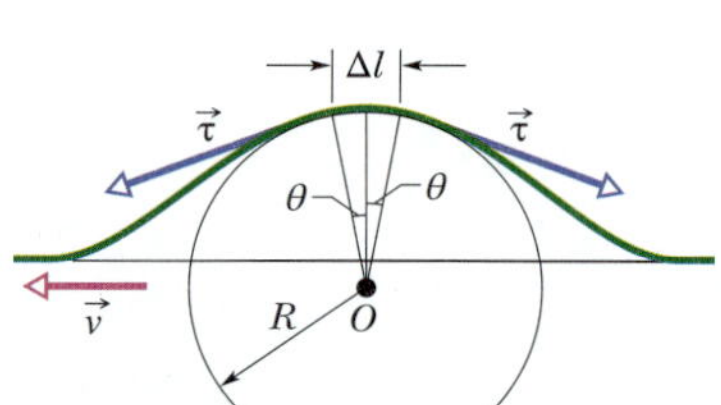

그림 16.2.1 줄이 오른쪽에서 왼쪽으로 속도 v로 움직이는 것처럼 보이고 펄스가 정지한 것처럼 보이는 좌표계에서 본 대칭적인 펄스. 펄스의 맨 위에 위치한 길이 Δl인 줄의 요소에 Newton의 제2법칙을 적용하여 속력 v를 구한다.

식 16.2.2, 16.2.3, 16.2.4를 결합하여, Newton의 제2법칙

$$\text{힘} = \text{질량} \times \text{가속도}$$

의 형태로 쓰면

$$\frac{\tau\,\Delta l}{R} = (\mu\,\Delta l)\,\frac{v^2}{R}$$

을 얻는다. 속력 v에 관해서 이 방정식을 풀면 다음을 얻는다.

$$v = \sqrt{\frac{\tau}{\mu}} \quad \text{(속력)}. \tag{16.2.5}$$

이 식은 식 16.2.1에서 상수 C를 1로 놓은 결과와 같다. 식 16.2.5는 그림 16.2.1에 있는 펄스의 속력이고, 장력이 같으면 줄에 생긴 파동의 속력은 모두 같다.

식 16.2.5의 의미는 다음과 같다.

팽팽한 이상적인 줄을 따라 진행하는 파동의 속력은 줄의 선밀도와 줄에 작용하는 장력에만 의존하고 파동의 진동수에는 의존하지 않는다.

파동의 *진동수*는 파동을 만들어내는 원인에 의해서 완전히 정해지고(예를 들면 그림 16.1.1b에서 사람), 파동의 *파장*은 식 16.1.13에 의해 $\lambda = v/f$로 정해진다.

확인문제 16.2.1

줄의 한 끝을 진동시켜서 진행파를 보낼 수 있다. 만약 진동수를 증가시킨다면 (a) 파동의 속력과 (b) 파동의 파장이 각각 증가하는가, 감소하는가, 같은가? 만약 줄의 장력을 증가시킨다면 (c) 파동의 속력과 (d) 파동의 파장은 각각 증가하는가, 감소하는가, 같은가?

보기문제 16.2.1 매듭을 향해 경주하기

그림 16.2.2에서 두 줄을 묶어 매듭을 만들고 두 개의 고정된 지지대 사이에서 잡아당겨 놓았다. 줄의 선밀도는 $\mu_1 = 1.4 \times 10^{-4}$ kg/m, $\mu_2 = 2.8 \times 10^{-4}$ kg/m이다. 그 길이는 $L_1 = 3.0$ m, $L_2 = 2.0$ m이고, 줄 1의 장력은 400 N이다. 각 줄에서 양쪽 지지대에서 매듭을 향해 동시에 펄스를 보낸다. 어느 펄스가 매듭에 먼저 도달하는가?

요점

(1) 펄스가 길이 L을 이동하는 시간은 $t = L/v$이고, v는 펄스의 일정한 속력이다. (2) 잡아당긴 줄에서 펄스의 속력은 식 16.2.5($v = \sqrt{\tau/\mu}$)에 따라 줄의 장력 τ, 선밀도 μ에 의존한다. (3) 두 줄을 잡아당기고 있으므로, 장력은 모두 $\tau = 400$ N으로 같다.

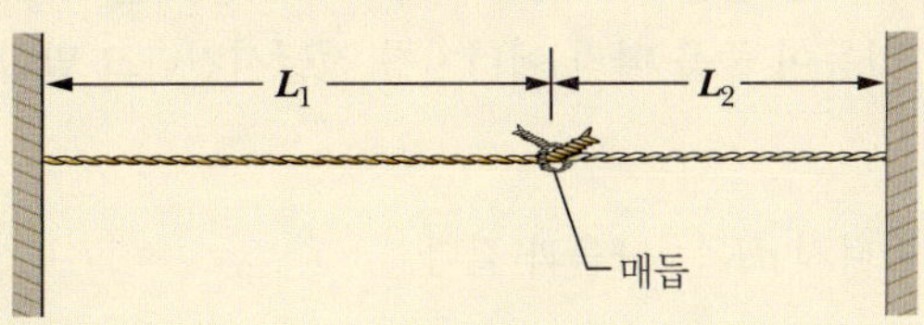

그림 16.2.2 매듭으로 묶고 두 고정된 지지대 사이에서 잡아당긴 길이 L_1, L_2인 두 줄

풀이: 이 세 요점을 합치면 줄 1에 있는 펄스가 매듭에 도달하는 시간은

$$t_1 = \frac{L_1}{v_1} = L_1\sqrt{\frac{\mu_1}{\tau}} = (3.0 \text{ m})\sqrt{\frac{1.4 \times 10^{-4} \text{ kg/m}}{400 \text{ N}}}$$
$$= 1.77 \times 10^{-3} \text{ s}$$

이다. 마찬가지로 줄 2에 대한 값을 이용하면

$$t_2 = L_2\sqrt{\frac{\mu_2}{\tau}} = 1.67 \times 10^{-3} \text{ s}$$

을 얻는다. 따라서 줄 2의 펄스가 매듭에 먼저 도착한다.

이제 두 번째 요점을 살펴보자. 줄 2의 선밀도가 줄 1의 선밀도보다 크므로, 줄 2의 펄스는 줄 1의 펄스보다 느려야 한다. 이 사실만으로 답을 짐작할 수 있는가? 그렇지 않다. 왜냐하면 첫 번째 요점으로부터 펄스가 이동하는 거리도 중요하기 때문이다.

16.3 ▸ 줄을 따라 진행하는 파동의 에너지와 일률

학습목표_Learning Objectives

이 단원을 읽은 후 다음을 이해해야 한다.

16.3.1 가로파동에 의해 전달되는 에너지의 평균비율을 계산한다.

요점_Key Ideas

1. 팽팽한 줄에서 사인파동에 의해 전달되는 평균 일률, 즉 에너지의 비율은 다음과 같다.

$$P_{avg} = \tfrac{1}{2}\mu v \omega^2 y_m^2.$$

▶ 줄을 따라 진행하는 파동의 에너지와 일률

팽팽한 줄에 파동을 만들 때 줄이 운동하도록 에너지를 공급한다. 파동이 멀어짐에 따라 이 에너지는 운동에너지와 탄성 퍼텐셜에너지로 전달된다. 각각을 하나씩 살펴보자.

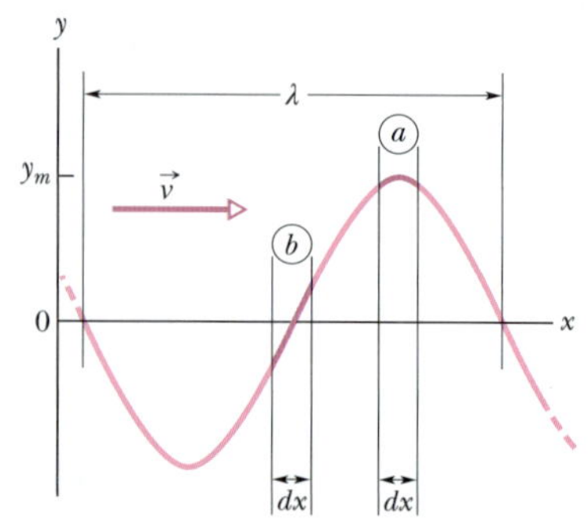

그림 16.3.1▸ 시간 $t = 0$에서 줄을 따라 진행하는 파동의 순간그림. 줄 요소 a의 변위는 $y = y_m$이고 줄 요소 b의 변위는 0이다. 각 점에서 줄 요소의 운동에너지는 줄 요소의 가로속도에 의존한다. 퍼텐셜에너지는 파동이 줄 요소를 통과할 때 줄 요소가 늘어나는 정도에 의존한다.

운동에너지

파동이 통과할 때 단순조화운동하며 가로방향으로 진동하는 질량 dm의 줄 요소는 가로속도 $\vec{u}$와 관계된 운동에너지를 갖는다. 줄 요소가 $y = 0$을(그림 16.3.1의 요소 b) 지나는 순간에 가로속력(운동에너지)이 최대이다. 이 줄 요소가 최대점인 $y = y_m$에 있을 때(요소 a), 그 요소의 가로속력(운동에너지)은 0이다.

탄성 퍼텐셜에너지

사인모양의 파동을 앞에서 말한 줄을 따라 보내려면 파동은 반드시 줄을 잡아 늘려야 한다. 길이 dx의 줄 요소가 가로방향으로 진동할 때 줄 요소가 사인모양의 파동형태와 일치하려면 줄 요소의 길이는 주기적으로 증가하고 감소하여야만 한다. 탄성 퍼텐셜에너지는 용수철처럼 이들 줄 요소의 길이 변화와 관련 있다.

줄 요소가 변위 $y = y_m$에 있을 때(그림 16.3.1에서 요소 a) 이 요소는 늘어나지 않은 길이 dx을 가지므로 탄성 퍼텐셜에너지는 0이다. 그러나 줄 요소가 $y = 0$을 지나갈 때는 줄 요소의 길이는 최대로 늘어나므로 탄성 퍼텐셜에너지도 최대이다.

에너지이동

진동하는 줄 요소는 $y = 0$에서 최대 운동에너지와 최대 탄성 퍼텐셜에너지를 갖는다. 그림 16.3.1의 순간그림에서 변위가 최대가 되는 영역은 에너지를 갖지 않고, 변위가 0인 근처의 영역은 최대 에너지를 갖는다. 파동이 줄을 따라 진행함에 따라서 줄의 장력에 의한 힘은 에너지가 있는 영역에서 없는 영역으로 에너지를 전달한다.

그림 16.1.1b처럼 줄의 변위가 식 16.1.2로 표현되는 수평 x축을 따라 놓인 팽팽한 줄에 파동을 만들어보자. 줄의 끝을 계속 진동시키면 줄이 움직이고 늘어나는 데 필요한 에너지가 계속 공급된다. 줄 요소가 x축에 수직하게 진동할 때 줄 요소들은 운동에너지와 탄성 퍼텐셜에너지를 갖는다. 파동이 이전에 정지해 있던 부분으로 이동하면서, 에너지가 새로운 부분으로 전달된다. 따라서 파동이 줄을 따라 에너지를 *전달*시킨다고 말할 수 있다.

에너지 전달률

질량 dm을 갖는 줄 요소의 운동에너지 dK는 다음과 같다.

$$dK = \tfrac{1}{2}\, dm\, u^2. \tag{16.3.1}$$

여기서 u는 진동하는 줄 요소의 가로속력이다. u를 구하기 위해 식 16.1.2에서 x를 상수로 간주하고 t에 대해 미분하면

$$u = \frac{\partial y}{\partial t} = -\omega y_m \cos(kx - \omega t) \tag{16.3.2}$$

를 얻는다. 이 관계식을 사용하고 $dm = \mu\, dx$를 대입하면 식 16.3.1을

$$dK = \tfrac{1}{2}(\mu\, dx)(-\omega y_m)^2 \cos^2(kx - \omega t) \tag{16.3.3}$$

로 쓸 수 있다. 식 16.3.3을 dt로 나누면 줄 요소를 통과하는 파동이 운반하는 운동에너지의 시간당 전달률을 얻을 수 있다. 비율 dx/dt는 식 16.3.3에 나타난 파동의 속력 v이므로

$$\frac{dK}{dt} = \tfrac{1}{2}\mu v \omega^2 y_m^2 \cos^2(kx - \omega t) \tag{16.3.4}$$

를 얻는다. 따라서 운동에너지의 *평균* 전달률은 다음과 같다.

$$\left(\frac{dK}{dt}\right)_{\text{avg}} = \tfrac{1}{2}\mu v \omega^2 y_m^2 \,[\cos^2(kx - \omega t)]_{\text{avg}}$$

$$= \tfrac{1}{4}\mu v \omega^2 y_m^2. \tag{16.3.5}$$

여기서 평균은 파장의 정수배가 되는 구간에서 취했고, 주기의 정수배에 걸친 코사인함수의 제곱에 대한 평균은 $\frac{1}{2}$이라는 사실을 이용하였다.

탄성 퍼텐셜에너지 역시 식 16.3.5와 같은 평균 전달률로 파동과 함께 전달된다. 여기서 증명은 하지 않겠지만, 앞에서 진자나 용수철에 매달린 물체처럼 진동하는 계에서 평균 운동에너지와 평균 퍼텐셜에너지가 같다는 것을 이미 살펴보았다.

파동에 의해서 전달되는 두 종류의 에너지에 대한 **평균 일률**은

$$P_{\text{avg}} = 2\left(\frac{dK}{dt}\right)_{\text{avg}} \tag{16.3.6}$$

또는 식 16.3.5로부터 다음과 같다.

$$P_{\text{avg}} = \tfrac{1}{2}\mu v \omega^2 y_m^2 \qquad \text{(평균 일률).} \tag{16.3.7}$$

여기서 μ와 v는 줄의 물질과 장력에 의존하고, ω와 y_m은 파동을 만드는 과정에 의존한다. 파동의 평균 일률이 진폭의 제곱과 각진동수의 제곱에 의존하는 것은 일반적인 결과로, 모든 유형의 파동에 대해서도 성립한다.

확인문제 16.3.1

잡아당긴 줄을 따라 사인파동을 보냈을 때 평균전달일률은 P_1이다. (a) 장력을 두 배로 했을 때 평균전달일률 P_2를 P_1으로 나타내어라. (b) 그 대신 선밀도가 두 배인 줄로 바꾸지만 장력, 각진동수와 진폭은 유지한다. 이때 평균전달일률 P_3를 P_1으로 나타내어라.

보기문제 16.3.1 가로파동의 평균 일률

팽팽한 줄의 선밀도는 μ = 525 g/m이고, τ = 45 N의 장력이 작용하고 있다. 진동수 f = 120 Hz, 진폭 y_m = 8.5 mm인 사인모양의 파동을 줄을 따라 보낸다. 파동의 평균 에너지 전달률은 얼마인가?

요점

에너지의 평균 전달률은 식 16.3.7로 주어지는 평균 일률 P_{avg}이다.

풀이: 식 16.3.7을 사용하기 위해서 각진동수 ω와 파동속력 v를 계산해야 한다. 식 16.1.9로부터

$$\omega = 2\pi f = (2\pi)(120\ \text{Hz}) = 754\ \text{rad/s}$$

이고, 식 16.2.5에서

$$v = \sqrt{\frac{\tau}{\mu}} = \sqrt{\frac{45\ \text{N}}{0.525\ \text{kg/m}}} = 9.26\ \text{m/s}$$

를 얻는다. 따라서 식 16.3.7에 의해 다음을 얻는다.

$$\begin{aligned}P_{\text{avg}} &= \tfrac{1}{2}\mu v\omega^2 y_m^2\\ &= (\tfrac{1}{2})(0.525\ \text{kg/m})(9.26\ \text{m/s})(754\ \text{rad/s})^2(0.0085\ \text{m})^2\\ &\approx 100\ \text{W}.\end{aligned}$$

(답)

▶ **교육용 비디오는 웹사이트 www.wiley.com에서 볼 수 있다.**

16.4 ▸ 파동방정식

학습목표 *Learning Objectives*

이 단원을 읽은 후 다음을 이해해야 한다.

16.4.1 줄 요소의 변위를 위치 x와 시간 t의 함수로 나타내는 식에서 x에 대한 이차 미분과 t에 대한 이차 미분 사이의 관계를 구한다.

요점 *Key Ideas*

1. 모든 형태의 이동하는 파동이 만족하는 일반적인 미분방정식은 다음과 같다.

$$\frac{\partial^2 y}{\partial x^2} = \frac{1}{v^2}\frac{\partial^2 y}{\partial t^2}.$$

여기서 파동은 x축을 따라 이동하고, y축에 평행하게 진동하고, x의 양의 방향 혹은 음의 방향으로 속력 v로 이동한다.

▶ 파동방정식

파동이 팽팽한 줄의 한 요소를 통과할 때 줄 요소는 파동이 진행하는 방향에 수직으로 움직인다(가로파동을 다루고 있다). 줄 요소의 운동에 Newton의 제2법칙을 적용하면 모든 유형의 진행파동을 기술하는 *파동방정식*이라고 부르는 미분방정식을 유도할 수 있다.

그림 16.4.1*a*는 파동이 수평 x축을 따라 놓인 선밀도 μ의 줄을 따라 진행할 때 길이 ℓ, 질량 dm인 줄 요소의 순간그림이다. 파동의 진폭은 아주 작아서 파동이 진행할 때 줄 요소는 x축으로부터 약간만 기울어질 수 있다고 가정하자. 줄 요소의 오른쪽 끝에 작용하는 힘 $\vec{F}_2$는 줄의 장력 τ와 크기가 같고 방향은 약간 위를 향한다. 줄 요소 왼쪽 끝에 작용하는 힘 $\vec{F}_1$은 줄의 장력 τ와 크기가 같고 방향은 약간 아래를 향한다. 줄 요소의 작은 곡률 때문에 두 힘은 서로 상쇄되도록 반대 방향을 향하지 않는다. 그 대신 이들이 결합하여 요소가 위로 향하는 가속도 a_y가 생기도록 알짜힘을 만든다. y성분에 대해서

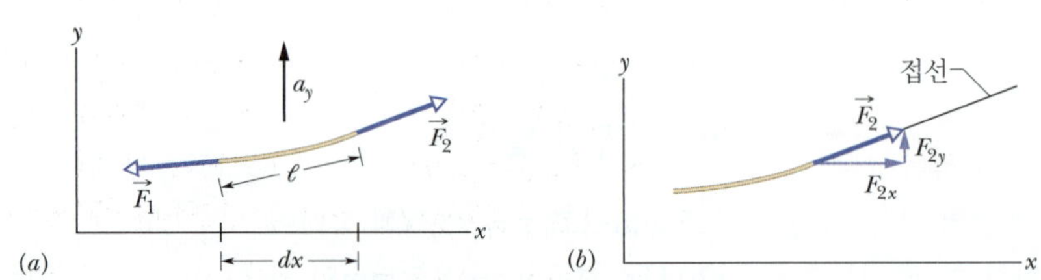

그림 16.4.1 (*a*) 사인모양의 가로파동이 팽팽한 줄을 지날 때의 줄 요소. 힘 $\vec{F}_1$과 $\vec{F}_2$는 왼쪽 끝과 오른쪽 끝에 작용하여 수직성분이 a_y인 가속도 $\vec{a}$를 만든다. (*b*) 줄 요소 오른쪽 끝에 작용하는 힘은 줄 요소의 오른쪽에서 그린 접선방향이다.

Newton의 제2법칙($F_{\text{net},y} = ma_y$)은 다음과 같다.

$$F_{2y} - F_{1y} = dm\, a_y. \tag{16.4.1}$$

이 방정식을 부분별로 분석해 보자. 먼저 질량 dm, 그리고 가속도 성분 a_y, 각각의 힘의 성분 F_{2y}와 F_{1y}, 그리고 마지막으로 식 16.4.1의 좌변에 있는 알짜힘에 대해 알아보자.

▸ ***질량.*** 줄 요소의 질량 dm은 줄 요소의 길이 ℓ과 줄의 선밀도 μ를 써서 $dm = \mu\ell$로 쓸 수 있다. 줄 요소는 약간만 기울어져 있기 때문에 $\ell \approx dx$(그림 16.4.1a)를 써서 다음과 같은 근사식을 얻는다.

$$dm = \mu\, dx. \tag{16.4.2}$$

▸ ***가속도.*** 식 16.4.1의 가속도 a_y는 다음과 같이 변위를 시간에 대해 두 번 미분한 것이다.

$$a_y = \frac{d^2y}{dt^2}. \tag{16.4.3}$$

▸ ***힘.*** 그림 16.4.1b는 $\vec{F}_2$가 줄 요소의 오른쪽 끝에서 줄에 접선방향임을 보여준다. 줄 요소의 오른쪽 끝에서 기울기 S_2와 힘의 성분은

$$\frac{F_{2y}}{F_{2x}} = S_2 \tag{16.4.4}$$

의 관계가 있다. 그리고 힘의 성분들은 크기 $\vec{F}_2(= \tau)$와

$$F_2 = \sqrt{F_{2x}^2 + F_{2y}^2},$$
$$\tau = \sqrt{F_{2x}^2 + F_{2y}^2} \tag{16.4.5}$$

의 관계가 있다. 그러나 줄 요소가 약간만 기울 수 있다고 가정했으므로 $F_{2y} \ll F_{2x}$를 이용하여, 식 16.4.5를

$$\tau = F_{2x} \tag{16.4.6}$$

로 쓸 수 있다. 이것을 식 16.4.4에 대입하고 F_{2y}에 대해 풀면 다음을 얻는다.

$$F_{2y} = \tau S_2. \tag{16.4.7}$$

비슷한 분석을 줄 요소의 왼쪽 끝에 적용하면 다음을 얻는다.

$$F_{1y} = \tau S_1. \tag{16.4.8}$$

▸ ***알짜힘.*** 이제 식 16.4.2, 16.4.3, 16.4.7과 16.4.8을 식 16.4.1에 대입하면

$$\tau S_2 - \tau S_1 = (\mu\, dx)\frac{d^2y}{dt^2},$$

즉

$$\frac{S_2 - S_1}{dx} = \frac{\mu}{\tau}\frac{d^2y}{dt^2} \tag{16.4.9}$$

를 얻는다. 줄 요소가 매우 짧으므로 기울기 S_2와 S_1은 미소량 dS만큼 다르다. 여기서 S는 한 점에서의 기울기로

$$S = \frac{dy}{dx} \tag{16.4.10}$$

이다. 먼저 식 16.4.9에서 $S_2 - S_1$을 dS로 바꾸고 식 16.4.10을 써서 dy/dx를 S로 바꾸면

$$\frac{dS}{dx} = \frac{\mu}{\tau}\frac{d^2y}{dt^2},$$

$$\frac{d(dy/dx)}{dx} = \frac{\mu}{\tau}\frac{d^2y}{dt^2},$$

즉

$$\frac{\partial^2 y}{\partial x^2} = \frac{\mu}{\tau}\frac{\partial^2 y}{\partial t^2} \tag{16.4.11}$$

를 얻는다. 마지막 단계에서 왼쪽 식에는 x에 대한 미분만 하고 오른쪽 식에는 t에 대한 미분만 하므로 미분표기를 편미분 기호로 바꾸었다. 최종적으로 식 16.2.5($v = \sqrt{\tau/\mu}$)를 이용하면

$$\frac{\partial^2 y}{\partial x^2} = \frac{1}{v^2}\frac{\partial^2 y}{\partial t^2} \quad \text{(파동방정식)} \tag{16.4.12}$$

를 얻는다. 이 방정식은 모든 유형의 진행파동을 기술하는 일반적인 미분방정식이다.

확인문제 16.4.1

(a) 곡률 ($\partial^2 y/\partial x^2$)가 최대일 때, (b) 가속도 ($\partial^2 y/\partial t^2$)가 최대일 때 줄요소의 변위가 0인가, 최대 변위인가?

16.5 ▸ 파동의 간섭

학습목표_*Learning Objectives*

이 단원을 읽은 후 다음을 이해해야 한다.

16.5.1 중첩원리를 적용하여 두 파동이 겹쳐서 생기는 합성(알짜) 파동은 둘을 더하여 얻는다는 것을 증명한다.

16.5.2 같은 진폭과 파장을 갖는 두 가로파동이 같이 이동할 때 합성 파동의 변위에 대한 식을 구하고, 각각의 파동 진폭과 위상차로 진폭을 계산한다.

16.5.3 (같은 진폭과 파장을 갖는) 두 가로파동 사이의 위상차이가 어떻게 완전 보강간섭, 완전 상쇄간섭과 중간간섭을 일으키는지 기술한다.

요점_*Key Ideas*

1. 둘 혹은 그 이상의 파동이 같은 매질 안을 지날 때 매질 내에 있는 입자의 변위는 각각의 파동이 주는 변위의 합으로 주어진다. 이것을 파동에 대한 중첩원리라고 한다.
2. 같은 줄에서 두 사인파동은 중첩원리에 의해 더해지거나 상쇄되어 간섭을 나타낸다. 만일 두 파동이 같은 방향으로 이동하고 진폭 y_m과 진동수(따라서 파장)가 같지만 위상이 위상상수 ϕ만큼 차이가 나면 그 결과는 진동수가 같은 단일 파동이다.

   $$y'(x, t) = [2y_m \cos \tfrac{1}{2}\phi] \sin(kx - \omega t + \tfrac{1}{2}\phi).$$

   만일 $\phi = 0$이면 파동들은 정확하게 위상이 같고, 완전 보강간섭이 된다. 만일 $\phi = \pi$ 라디안이면 위상이 정확히 반대가 되어 완전 상쇄간섭을 일으킨다.

▶ 파동의 중첩원리

두 개 이상의 파동이 같은 영역을 동시에 지나가는 경우가 흔히 있다. 예를 들어 음악회에서 여러 악기에서 나오는 소리가 동시에 고막을 울린다. 또한 라디오나 TV 안테나에 있는 전자들은 여러 방송국에서 발사된 많은 신호에 따라서 운동한다. 부두나 호수의 물

이 여러 배가 일으키는 파동에 의해서 움직이기도 한다.

팽팽한 줄에서 동시에 진행하는 두 파동을 생각해 보자. 각각의 파동이 혼자 진행할 때 줄의 변위를 각각 $y_1(x, t)$, $y_2(x, t)$라 한다면, 두 파동이 같이 진행할 때의 변위는

$$y'(x, t) = y_1(x, t) + y_2(x, t) \tag{16.5.1}$$

처럼, 두 파동의 대수적인 합이고, 그 의미는 다음과 같다.

> 중첩된 파동의 **합성파동**은 각 파동의 대수적인 합이다.

이것은 **중첩원리**의 다른 예이다. 그 의미는 여러 가지 효과가 동시에 일어날 때 알짜 효과는 각 효과의 합이라는 것이다. (단순한 합만 필요하다는 것에 감사해야 한다. 만일 두 효과가 서로를 증폭시킨다면, 합성된 비선형적 세상은 이해하기 매우 어려울 것이다.)

그림 16.5.1은 팽팽한 줄에서 반대 방향으로 진행하는 두 펄스의 순간그림이다. 펄스가 중첩될 때 합성파동은 두 펄스의 합이다.

> 중첩된 파동은 다른 파동의 진행을 방해하지 않는다.

16.5.4 파장으로 표현한 두 간섭파동 사이의 위상차이로 파동이 띠는 간섭형태를 빨리 결정한다.

▶ 파동의 간섭

팽팽한 줄을 따라 같은 방향으로 파장과 진폭이 같은 사인모양의 두 파동을 보내면 중첩원리가 적용된다. 합성파동은 어떤 모양일까?

합성파동은 두 파동의 *위상*이 서로 얼마만큼 차이가 있는지(즉, 한 파동의 형태가 다른 파동에 대해서 얼마만큼 이동되어 있는지)에 의존한다. 만약 두 파동의 위상이 정확히 일치하면(두 파동의 마루와 골이 일치하게 배열되면) 파동의 변위가 두 배인 파동이 된다. 그러나 두 파동의 위상이 정반대라면(한 파동의 골과 다른 파동의 마루가 일치하게 배열되면) 파동은 모든 곳에서 상쇄되어 직선모양이 된다. 중첩된 파동의 이런 현상을 **간섭**이라고 하고, '파동이 **간섭한다**'라고 말한다(간섭현상은 오직 파동의 변위에만 영향을 주며 파동의 진행에는 아무런 영향을 주지 않는다).

팽팽한 줄을 따라 진행하는 한 파동의 형태가

$$y_1(x, t) = y_m \sin(kx - \omega t) \tag{16.5.2}$$

이고, 다른 파동은 다음과 같다고 하자.

$$y_2(x, t) = y_m \sin(kx - \omega t + \phi). \tag{16.5.3}$$

이들의 각진동수 ω(진동수 f), 각파동수 k(파장 λ), 진폭 y_m은 모두 같다. 두 파동은 식 16.2.5로 주어지는 속력으로 x축 양의 방향으로 진행한다. 두 파동은 위상상수 ϕ 만큼 차이가 난다. 즉, 각도 ϕ만큼 *위상이 어긋난다*고 하거나, ϕ의 *위상차*가 있다고 하거나, 한 파동이 다른 파동에 비해 ϕ만큼 *위상이동*이 있다고 한다.

식 16.5.1에서 합성파동은 두 파동의 대수적 합으로 변위는

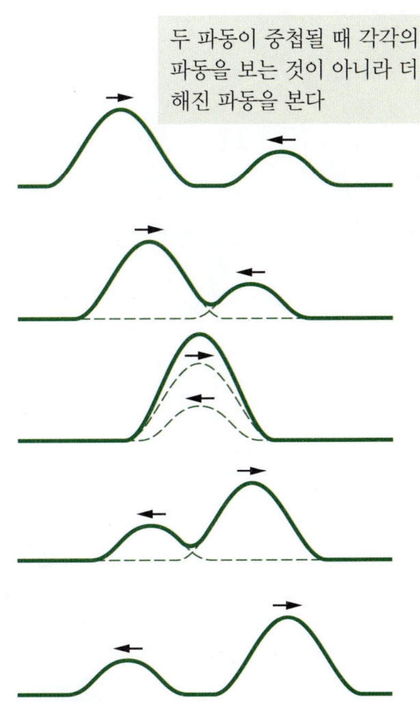

그림 16.5.1 줄을 따라 진행하는 두 펄스의 순간그림. 이들이 서로 지나칠 때 중첩원리가 적용된다.

$$
\begin{aligned}
y'(x,t) &= y_1(x,t) + y_2(x,t) \\
&= y_m \sin(kx - \omega t) + y_m \sin(kx - \omega t + \phi)
\end{aligned} \tag{16.5.4}
$$

이다. 부록 E에서 두 각도 α, β의 사인의 합은

$$\sin \alpha + \sin \beta = 2 \sin \tfrac{1}{2}(\alpha + \beta) \cos \tfrac{1}{2}(\alpha - \beta) \tag{16.5.5}$$

이다. 이 식을 식 16.5.4에 적용하면 다음을 얻는다.

$$y'(x,t) = [2y_m \cos \tfrac{1}{2}\phi] \sin(kx - \omega t + \tfrac{1}{2}\phi). \tag{16.5.6}$$

그림 16.5.2에서 볼 수 있듯이 합성파동은 x가 증가하는 방향으로 진행하는 사인모양 파동이다. 이것이 줄에서 실제로 볼 수 있는 파동이다(식 16.5.2와 16.5.3의 두 간섭파동을 따로따로 보는 것이 *아니다*).

같은 진폭과 파장을 가진 두 사인모양 파동이 줄을 따라 *같은* 방향으로 진행한다면, 서로 간섭하여 사인모양의 합성파동을 만든다.

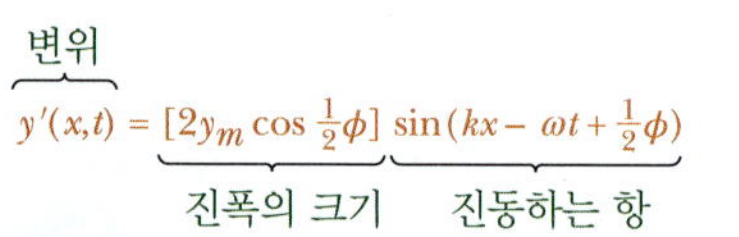

그림 16.5.2 사인모양의 두 가로파동이 간섭하여 만든 식 16.5.6의 합성파동도 역시 진폭항과 진동항을 갖는 사인모양의 가로파동이다.

두 가지 면에서 합성파동과 간섭파동은 다르다. (1) 위상상수가 $\frac{1}{2}\phi$이며, (2) 진폭 y'_m이 식 16.5.6의 [ ] 안의 양으로 다음과 같다.

$$y'_m = |2y_m \cos \tfrac{1}{2}\phi| \qquad \text{(진폭)} \tag{16.5.7}$$

만약 $\phi = 0(0°)$이라면, 두 간섭파동은 그림 16.5.3a처럼 정확히 같은 위상이 되고,

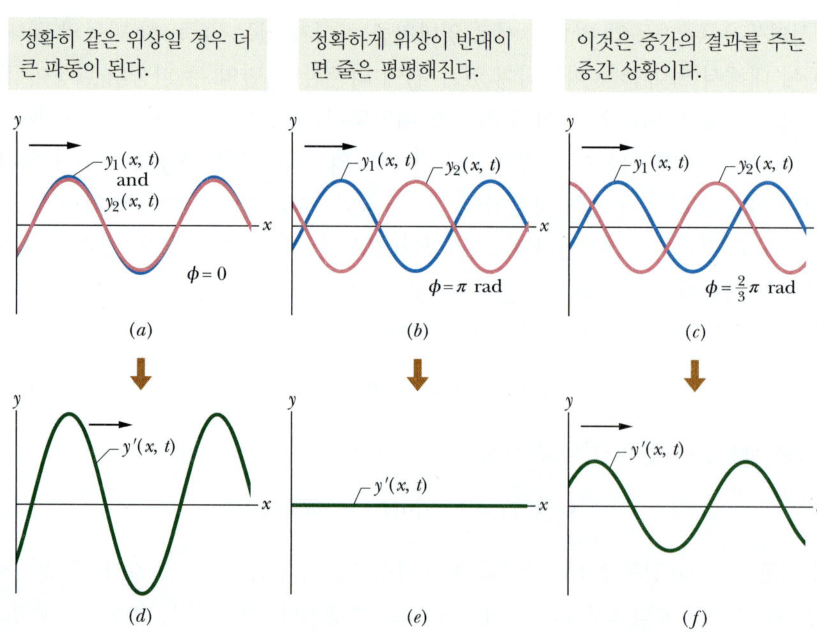

그림 16.5.3 두 동일한 사인모양 파동, $y_1(x, t)$와 $y_2(x, t)$가 $+x$축 방향으로 줄을 따라 진행한다. 두 파동이 간섭하여 합성파동 $y'(x, t)$를 만든다. 합성파동이 실제로 줄에서 보인다. 두 파동 사이의 위상차는 (a) 0, (b) π rad (180°), (c) $\frac{2}{3}\pi$ rad (120°)이다. 각 위상차에 대응하는 합성파동은 각각 (d), (e), (f)이다.

표 16.5.1 위상차와 간섭의 형태[a]

위상차			합성파동의 진폭	간섭의 형태
각도	라디안	파장		
0	0	0	$2y_m$	완전 보강간섭
120	$\frac{2}{3}\pi$	0.33	y_m	중간간섭
180	π	0.50	0	완전 소멸간섭
240	$\frac{4}{3}\pi$	0.67	y_m	중간간섭
360	2π	1.00	$2y_m$	완전 보강간섭
865	15.1	2.40	$0.60y_m$	중간간섭

[a]위상차를 갖고 같은 방향으로 움직이는 진폭 y_m의 동일한 두 파동의 간섭.

식 16.5.6은

$$y'(x, t) = 2y_m \sin(kx - \omega t) \qquad (\phi = 0) \tag{16.5.8}$$

이다. 이 두 파동은 그림 16.5.3*a*에 나타나 있고, 합성파동은 그림 16.5.3*d*이다. 그림과 식 16.5.8에서 알 수 있듯이 합성파동의 진폭은 간섭파동의 두 배이다. 이 크기는 식 16.5.6과 16.5.7의 코사인 항은 $\phi = 0$일 때 최대값 1을 갖기 때문에 합성파동이 가질 수 있는 최대 진폭이다. 최대 진폭이 생기는 간섭을 *완전 보강간섭*이라 한다.

만일 $\phi = \pi$ rad (180°)이라면 간섭하는 파동의 위상은 그림 16.5.3*b*처럼 정반대이다. 이때 $\cos \frac{1}{2}\phi$는 $\cos \pi/2 = 0$이 되고, 식 16.5.7로 주어진 합성파동의 진폭은 0이 된다. 즉, 모든 x, t에 대하여

$$y'(x, t) = 0 \qquad (\phi = \pi \text{ rad}). \tag{16.5.9}$$

이다. 이런 합성파동은 그림 16.5.3*e*이다. 비록 줄을 따라 두 파동을 보낸다 하더라도 줄의 운동을 관찰할 수 없다. 이러한 형태의 간섭을 *완전 상쇄간섭*이라 한다.

사인모양 파동은 2π rad의 주기로 파형이 반복되므로 위상차 $\phi = 2\pi$ rad(360°)은 한 파동이 다른 파동에 대해 한 파장과 같은 거리를 이동한 것과 같다. 즉, 위상차는 각도뿐만 아니라 파장으로도 표현할 수 있다. 예컨대 그림 16.5.3*b*에서 두 파동은 서로 0.5 파장만큼 위상이 어긋나 있다. 표 16.5.1은 여러 가지 위상차와 그에 따른 간섭의 형태를 보여준다. 간섭이 완전보강이나 완전상쇄가 아닌 경우를 *중간간섭*이라고 한다. 이때 합성파동의 진폭은 0과 $2y_m$ 사이의 중간이다. 예를 들어 표 16.5.1에서 간섭파가 120°($\phi = \frac{2}{3}\pi$ rad = 0.33 파장)의 위상차를 가진다면 합성파동은 간섭파동과 같은 진폭을 갖는다(그림 16.5.3*c*, *f* 참조).

같은 파장을 가진 두 파동의 위상차가 0이거나 파장의 정수배라면 위상이 일치한다. 즉, *파장으로 표시된* 위상차의 정수부분은 무시해도 된다. 예를 들어 (완전 상쇄간섭에 가까운 중간 정도의 간섭인) 0.40 파장의 위상차는 2.40 파장의 위상차와 동일하므로 두 숫자 중 간단한 것을 사용해 계산하면 된다. 따라서 이 숫자들만 보고 이것을 0, 0.5, 1.0 파장과 비교하면 두 파동의 간섭형태가 무엇인지 빨리 알 수 있다.

확인문제 16.5.1

보기문제의 두 파동 사이에 0.2, 0.45, 0.6, 0.8 파장의 네 가지 위상차가 가능하다고 할 때, 합성파동의 진폭이 큰 순서대로 나열하여라.

보기문제 16.5.1 같은 방향으로 움직이는 같은 진폭을 갖는 두 파동의 간섭

팽팽한 줄에서 같은 방향으로 진행하는 사인모양의 동일한 두 파동이 서로 간섭한다. 각 파동의 진폭 y_m은 9.8 mm이고 위상차 ϕ는 100°이다.

(a) 두 파동의 간섭으로 생기는 합성파동의 진폭 y'_m을 구하여라. 어떤 종류의 간섭인가?

요점

줄에서 *같은 방향*으로 진행하는 사인모양의 동일한 두 파동이므로 합성파동도 사인모양의 파동이다.

풀이: 두 파동은 동일하기 때문에 *진폭이 같으며* 합성파동의 진폭 y'_m은 식 16.5.7로 다음과 같다.

$$y'_m = |2y_m \cos \tfrac{1}{2}\phi| = |(2)(9.8 \text{ mm}) \cos(100°/2)| = 13 \text{ mm}. \quad \text{(답)}$$

위 간섭은 *중간간섭*이다. 위상차가 0°와 180° 사이이고, 진폭 y'_m이 0과 $2y_m$(= 19.6 mm) 사이이기 때문이다.

(b) 합성파동의 진폭이 4.9 mm가 되는 위상상수는 rad과 파장으로 표기하면 각각 얼마인가?

풀이: 여기서는 y'_m이 주어지고 ϕ를 구한다. 식 16.5.7로부터

$$y'_m = |2y_m \cos \tfrac{1}{2}\phi|$$

를 얻고

$$4.9 \text{ mm} = (2)(9.8 \text{ mm}) \cos \tfrac{1}{2}\phi$$

이므로 (계산기를 rad 모드에 두고 계산하면) 다음과 같다.

$$\phi = 2 \cos^{-1} \frac{4.9 \text{ mm}}{(2)(9.8 \text{ mm})} = \pm 2.636 \text{ rad} \approx \pm 2.6 \text{ rad}. \quad \text{(답)}$$

여기서 두 가지 풀이가 있다. 하나는 첫 번째 파동의 위상이 2.6 rad *앞서는* 경우이고 다른 하나는 *뒤처지는* 경우이다. 한편 파장으로 나타낸 위상차는 다음과 같다.

$$\frac{\phi}{2\pi \text{ rad/파장}} = \frac{\pm 2.636 \text{ rad}}{2\pi \text{ rad/파장}} = \pm 0.42 \text{ 파장}. \quad \text{(답)}$$

▶ 교육용 비디오는 웹사이트 www.wiley.com에서 볼 수 있다.

16.6 ▸ 위상자

학습목표 *Learning Objectives*

이 단원을 읽은 후 다음을 이해해야 한다.

16.6.1 그림을 이용하여 파동이 이동할 때 위상자가 어떻게 줄 요소의 진동을 표현하는지 설명한다.

16.6.2 줄에서 같이 진행하는 두 겹치는 파동에 대한 위상그림을 그리고, 이 그림에서 이들의 진폭과 위상차를 구한다.

16.6.3 위상자를 이용하여 줄을 따라 함께 이동하는 두 가로파동의 합성파동을 구하고, 진폭과 위상을 계산하고, 변위에 관한 식을 쓴다. 그리고 위상그림에 모든 세 위상자를 그려 진폭을 나타내고, 어느 것이 앞서는지, 뒤처지는지 나타내고, 상대 위상을 구한다.

요점 *Key Ideas*

1. 파동 $y(x, t)$는 위상자로 표현할 수 있다. 위상자는 파동의 진폭 y_m이 크기이고, 원점에 대해 파동의 각진동수 ω와 같은 각속력으로 회전하는 벡터이다. 회전하는 위상자를 수직축에 대해 투영하면 파동이 이동할 때 한 점의 변위 y를 얻는다.

▶ 위상자

앞 절에서 논의한 두 파동을 더하는 것은 *동일한* 진폭의 파동에만 제한된 것이다. 이와 같은 파동의 경우 그 기술은 사용하기 쉽지만, 파동이 같은 진폭을 가지는 경우와 그렇지 않은 어떤 파동에 대해서도 적용할 수 있는 더 일반적인 기술이 필요하다. 그 좋은 방법은 파동을 나타낼 때 위상자를 이용하는 것이다. 비록 처음에는 이것이 이상하게 보일지 모르지만, 지저분한 삼각함수를 더하는 대신 3장에서 벡터를 더하는 규칙을 사용하는 그림을 이용하는 방법을 기본적으로 사용하는 것이다.

위상자는 좌표계의 원점을 주위로 회전하는 벡터이다. 이 벡터의 크기는 이것이 나타내는 파동의 진폭 y_m과 같다. 회전하는 각속력은 파동의 각진동수 ω와 같다. 예를 들어 파동

$$y_1(x, t) = y_{m1} \sin(kx - \omega t) \tag{16.6.1}$$

를 그림 16.6.1a~d에서 위상자로 나타내었다. 위상자의 크기는 파동의 진폭 y_{m1}이다. 위상자가 각진동수 ω로 회전하므로 수직한 축에 대한 투영 y_1은 최대값 y_{m1}부터 0을 거쳐 최소값 $-y_{m1}$을 지나 다시 y_{m1}로 되돌아온다. 이런 변화는 파동이 지나가는 줄의 변위인 y_1의 사인모양 변화에 해당한다(이 모든 것은 *www.wiley.com*에서 동영상으로 볼 수 있다).

두 파동이 같은 방향으로 진행할 때 *위상자 그림*으로 합성파동을 표시할 수 있다. 그림 16.6.1e의 두 위상자는 식 16.6.1의 파동과

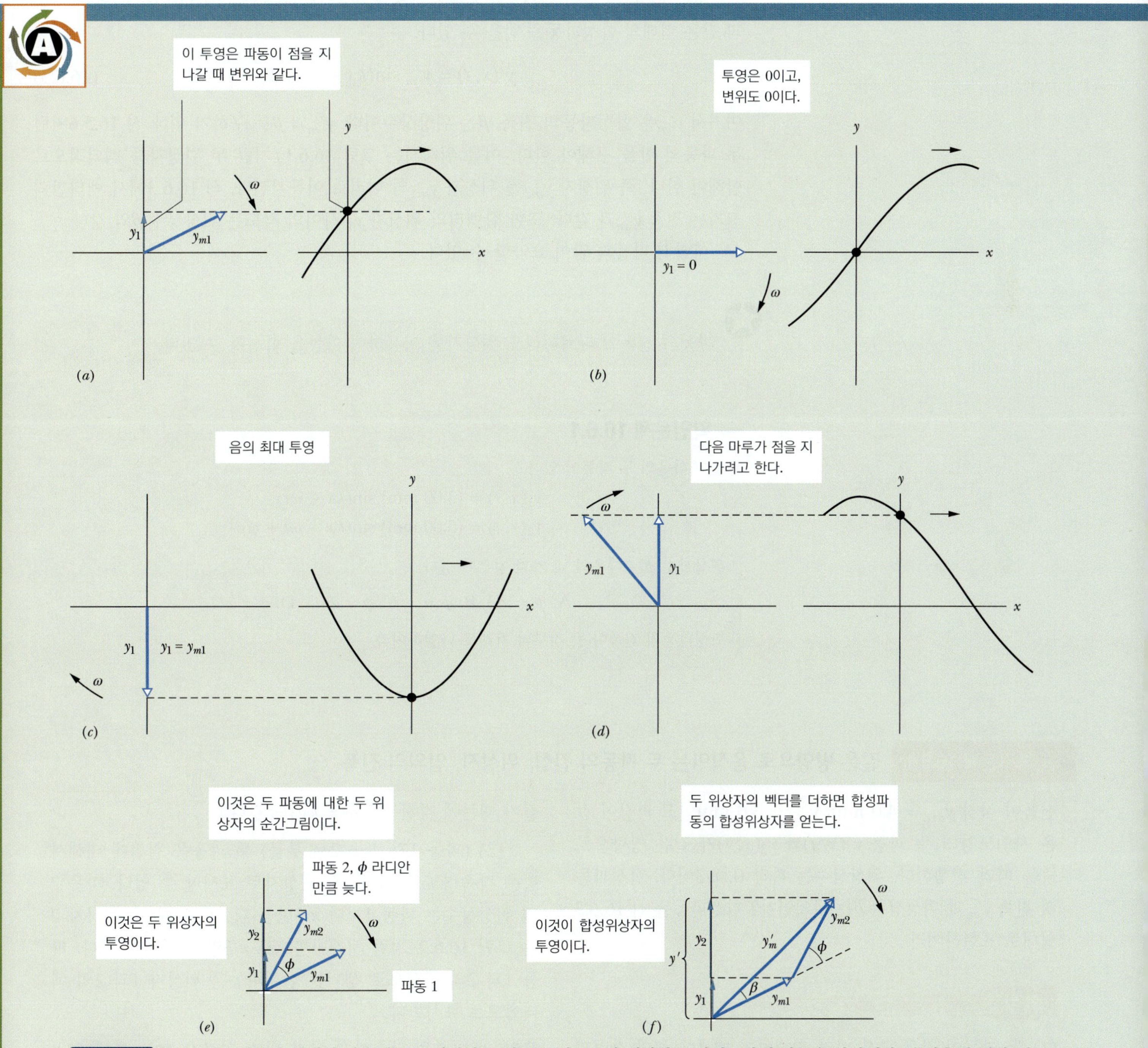

그림 16.6.1 (a)~(d) 원점에 대해서 각속력 ω로 회전하고 있는 크기 y_{m1}의 위상자는 사인모양의 파동을 나타낸다. 수직축에 대한 위상자의 투영 y_1은 파동이 지나가는 점의 변위이다. (e) 첫 위상자로부터 각도 ϕ만큼 떨어져 각속도 ω로 회전하며, 크기가 y_{m2}인 두 번째 위상자는 위상상수 ϕ를 갖는 두 번째 파동이다. (f) 두 파동의 합성파동은 두 위상자의 벡터합 y'_m으로 표시한다.

$$y_2(x, t) = y_{m2} \sin(kx - \omega t + \phi) \tag{16.6.2}$$

로 주어지는 두 번째 파동이다. 두 번째 파동은 위상상수 ϕ만큼 이동한 파동이다. 위상자가 동일한 각속력 ω로 회전하기 때문에 두 위상자 사이의 각도는 항상 ϕ이다. ϕ가 *양수*이면 그림 16.6.1e처럼 파동 2의 위상자는 회전하는 동안 파동 1의 위상자보다 항상 ϕ만큼 *뒤처지게* 된다. 반면에 ϕ가 음수이면 파동 2의 위상자는 파동 1의 위상자보다 *앞서게* 된다.

파동 y_1, y_2는 같은 각파동수 k와 각진동수 ω를 가지므로 식 16.5.6, 16.5.7에서 다음과 같은 형태의 합성파동을 얻을 수 있다.

$$y'(x, t) = y'_m \sin(kx - \omega t + \beta). \tag{16.6.3}$$

여기서 y'_m은 합성파동의 진폭, β는 위상상수이다. y'_m과 β를 구하기 위해 식 16.5.6처럼 두 파동의 합을 구해야 한다. 이를 위해서는 그림 16.6.1f처럼 두 위상자를 벡터적으로 합해야 한다. 즉 위상자 y_{m2}를 위상자 y_{m1}의 머리로 이동시킨다. 식 16.6.3에서 벡터합의 크기는 진폭 y'_m과 같다. 또한 합벡터와 위상자 y_1 사이의 각도는 위상상수 β와 같다.

따라서 다음과 같이 요약할 수 있다.

> ★ *파동의 진폭이 다르더라도* 위상자를 이용하여 파동을 합성할 수 있다.

확인문제 16.6.1

줄에 다음의 두 파동이 있다.

$$y_1(x, t) = (3.00 \text{ mm}) \sin(kx - \omega t)$$
$$y_2(x, t) = (5.00 \text{ mm}) \sin(kx - \omega t + \phi).$$

위상상수 ϕ는 다음의 네 가지 경우가 있다.

$$\text{A: } \phi = \pi/3, \text{ B: } \phi = \pi, \text{ C: } \phi = 2\pi/3, \text{ D: } \phi = \pi/2.$$

합성파동의 진폭이 큰 것부터 차례로 나열하여라.

보기문제 16.6.1 같은 방향으로 움직이는 두 파동의 간섭, 위상자, 임의의 진폭

진폭이 각각 $y_{m1} = 4.0$ mm, $y_{m2} = 3.0$ mm이고 파장이 같은 사인모양의 두 파동 $y_1(x, t)$과 $y_2(x, t)$가 같은 방향으로 줄을 따라 진행한다. 위상상수는 각각 0, $\pi/3$이다. 합성파동의 진폭 y'_m과 위상상수 β는 무엇인가? 합성파동을 식 16.6.3 형태로 표현하여라

요점

(1) 두 파동이 같은 줄을 따라 진행하기 때문에 줄의 장력과 선밀도에 의해 정해지는 속력 v가 같아야 한다. 파장(λ)이 같으면 각파동수 $k(= 2\pi/\lambda)$가 같다. 또한 파동수 k와 속력 v가 같기 때문에 각진동수 $\omega(= kv)$도 같다.

(2) (파동 1과 파동 2로 부를) 두 파동을 원점에 대해서 같은 각속력 ω로 회전하는 위상자로 표시할 수 있다. 파동 2의 위상상수는 파동 1보다 $\pi/3$만큼 더 *크기* 때문에 위상자 2는 그림 16.6.2a처럼 시계방향으로 $\pi/3$만큼 뒤처져 있다. 파동 1과 2의 간섭으로 생기는 합성파동은 위상자 1과 2의 벡터합으로 표시한다.

풀이: 벡터합을 단순하게 하기 위해 위상자 1이 x축에 위치할 때 그림 16.6.2a처럼 위상자 1과 2를 그린다. 이때 양의 각도 $\pi/3$ rad만큼 위상자 2는 뒤처져 그린다. 그림 16.6.2b에

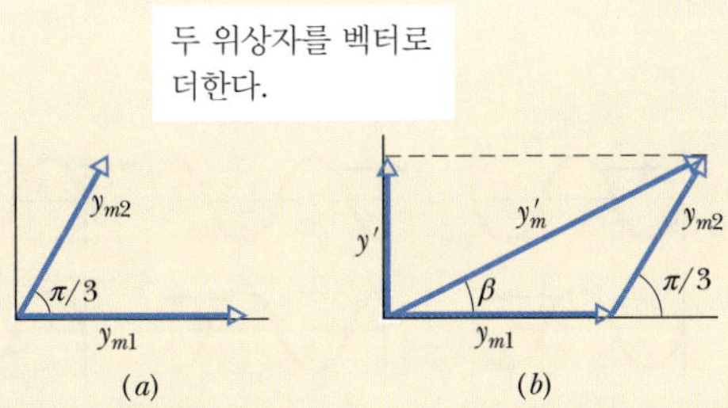

그림 16.6.2 (*a*) 위상차가 $\pi/3$이고 크기가 y_{m1}과 y_{m2}인 두 위상자. (*b*) 이들이 회전하는 임의의 순간에 위상자들의 벡터합은 합성파동에 대한 위상자의 크기이다.

서 위상자 2의 꼬리를 위상자 1의 머리로 이동시키고, 위상자 1의 꼬리부터 위상자 2의 머리로 합성파동의 위상자 y'_m을 그린다. 위상상수 β는 위상자 y'_m과 위상자 1과 만드는 사이각이다.

y'_m과 β를 구하기 위해 벡터 계산법으로 직접 위상자 1과 2를 더할 수도 있다. 여기서는 성분으로 벡터를 더한다. (이것을 수평과 수직성분이라고 부른다. 왜냐하면 기호 x와 y는 파동 자체에서 이미 사용했기 때문이다.) 수평성분은

▶ 교육용 비디오는 웹사이트 www.wiley.com에서 볼 수 있다.

$$\begin{aligned} y'_{mh} &= y_{m1}\cos 0 + y_{m2}\cos \pi/3 \\ &= 4.0\text{ mm} + (3.0\text{ mm})\cos \pi/3 = 5.50\text{ mm} \end{aligned}$$

이고, 수직성분은

$$\begin{aligned} y'_{mv} &= y_{m1}\sin 0 + y_{m2}\sin \pi/3 \\ &= 0 + (3.0\text{ mm})\sin \pi/3 = 2.60\text{ mm} \end{aligned}$$

이므로 합성파동의 진폭은

$$\begin{aligned} y'_m &= \sqrt{(5.50\text{ mm})^2 + (2.60\text{ mm})^2} \\ &= 6.1\text{ mm} \end{aligned}$$ (답)

이고, 위상상수는 다음과 같다.

$$\beta = \tan^{-1}\frac{2.60\text{ mm}}{5.50\text{ mm}} = 0.44\text{ rad.}$$ (답)

그림 16.6.2*b*에서 위상상수는 위상자 1에 대해서 양의 각도이다. 즉, 합성파동은 위상상수 $\beta = +0.44$ rad만큼 파동 1에 *뒤처져서* 진행한다. 이제 식 16.6.3에 따라 합성파동을 다음과 같이 쓸 수 있다.

$$y'(x, t) = (6.1\text{ mm})\sin(kx - \omega t + 0.44\text{ rad}).$$ (답)

16.7 ▸ 정지파와 공명

요점 _Key Ideas_

1. 반대 방향으로 움직이는 두 개의 동일한 사인파동이 간섭하면 정지파를 만든다. 양쪽 끝이 고정된 줄에서 정지파는

$$y'(x, t) = [2y_m \sin kx]\cos \omega t$$

로 주어진다. 정지파는 마디라고 부르는 변위가 0인 고정된 지점과 배라고 부르는 최대 변위가 나타나는 고정된 지점이 나타난다.

2. 줄에서 정지파는 줄의 끝점에서부터 이동하는 파동이 반사되어 만들어진다. 한쪽 끝이 고정되어 있으면 이 끝은 마디의 위치가 되어야 한다. 이 때문에 주어진 줄에서 나타나는 정지파의 진동수가 제한된다. 각각의 가능한 진동수는 공명진동수이고, 이에 해당하는 정지파의 형태는 진동모드이다. 양쪽 끝이 고정된 길이 L의 잡아당긴 줄에서 공명진동수는

$$f = \frac{v}{\lambda} = n\frac{v}{2L}, \qquad n = 1, 2, 3, \ldots.$$

이다. $n = 1$에 해당하는 진동모드는 *기본모드* 혹은 *1차 조화진동*이라고 한다. $n = 2$에 해당하는 모드를 *2차 조화진동*으로 부른다.

학습목표 _Learning Objectives_

이 단원을 읽은 후 다음을 이해해야 한다.

16.7.1 (같은 진폭, 파장의) 반대 방향으로 이동하는 두 개의 겹치는 파동에 대해 마디와 배를 표시한 합성파동의 순간그림을 그린다.

16.7.2 (같은 진폭, 파장의) 반대 방향으로 이동하는 두 개의 겹치는 파동에 대해 합성파동에 대한 변위식을 구하고, 각각의 파동 진폭으로 진폭을 계산한다.

16.7.3 정지파의 배에서 줄 요소의 단순조화운동을 기술한다.

16.7.4 정지파의 배에서 줄 요소에 대해 변위, 가로속도와 가로 가속

도를 시간의 함수로 나타낸 식을 구한다.

16.7.5 경계면에서 줄의 파동에 만드는 "강한" 반사와 "약한" 반사를 구별한다.

16.7.6 두 점 사이에서 팽팽하게 당긴 줄의 공명을 기술하고, 마디와 배로 표시한 처음 몇 개의 정지파 형태를 그린다.

16.7.7 잡아당긴 줄에 첫 번째 몇 개의 배음에 대한 파장을 줄의 길이로 결정한다.

16.7.8 임의의 배음에 대해 진동수, 파동속력과 줄의 길이 사이의 관계를 구한다.

파동이 서로 통과할 때 어떤 점은 전혀 움직이지 않고, 어떤 점은 많이 움직인다.

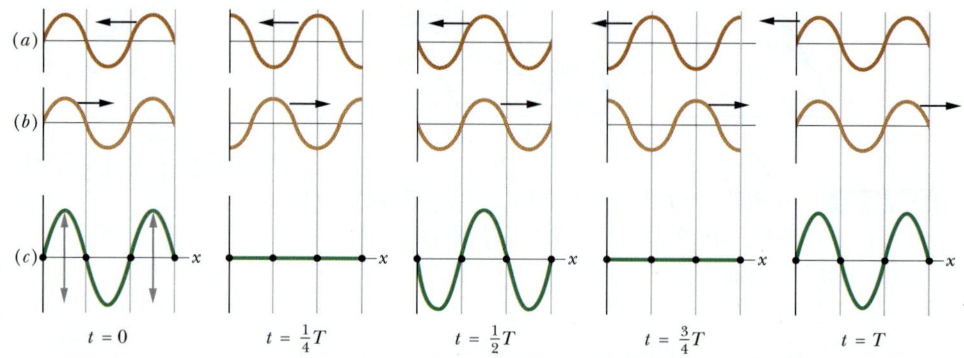

그림 16.7.1 (*a*) 아래에 표시한 시간 t에 왼쪽으로 이동하는 파동의 순간그림(T는 진동의 주기이다), (*b*) 같은 시간에 오른쪽으로 이동하는 동일한 파동의 순간그림, (c) 같은 줄에서 두 파동의 중첩에 대한 순간그림. 시간 $t = 0, \frac{1}{2}T, T$에서 마루와 마루, 골과 골이 같게 배열되어 완전 보강간섭이 일어난다. $t = \frac{1}{4}T, \frac{3}{4}T$에서는 골과 마루가 같게 배열되어 완전 상쇄간섭이 일어난다. 어떤 점(마디)은 전혀 진동하지 않고 어떤 점(배)은 최대로 진동한다.

정지파

16.5절에서는 파장과 진폭이 같은 사인모양의 두 파동이 *같은 방향*으로 진행하는 경우를 논하였다. 만일 이들이 반대 방향으로 진행한다면 어떻게 될까? 이번에도 중첩원리를 적용하여 합성파동을 구할 수 있다.

이러한 경우를 그림 16.7.1에 그림으로 나타내었다. 그림 16.7.1*a*는 왼쪽으로, 그림 16.7.1*b*는 오른쪽으로 진행하는 파동이고, 그림 16.7.1*c*는 중첩원리로 얻은 합성파동이다. 이러한 합성파동의 특징은 항상 정지상태로 고정된 **마디**라고 부르는 점들이 있다는 것이다. 이와 같은 네 개의 마디를 그림 16.7.1*c*에 점으로 표시하였다. 인접한 마디의 중간점을 **배**라고 부르는데, 이곳에서 합성파동의 진폭이 최대이다. 그림 16.7.1*c*의 파동은 파형이 좌우로 진행하지 않고 변위의 최대점과 최소점이 변하지 않기 때문에 **정지파**라고 부른다.

당겨진 줄에서 진폭과 파장이 같은 사인 모양의 두 파동이 *반대* 방향으로 진행하면 서로 간섭하여 정지파를 만든다.

정지파를 분석하기 위해 다음의 두 파동을 고려해 보자.

$$y_1(x, t) = y_m \sin(kx - \omega t), \tag{16.7.1}$$

$$y_2(x, t) = y_m \sin(kx + \omega t). \tag{16.7.2}$$

두 파동에 중첩원리를 적용하면 합성파동은

$$y'(x, t) = y_1(x, t) + y_2(x, t) = y_m \sin(kx - \omega t) + y_m \sin(kx + \omega t)$$

이다. 여기서 식 16.5.5의 삼각함수 관계식을 이용하면

$$y'(x, t) = [2y_m \sin kx] \cos \omega t \tag{16.7.3}$$

를 얻고, 이 결과가 그림 16.7.2에 나타나 있다. 이 식은 식 16.1.17의 형태가 아니기 때문에 진행파동이 아니다. 대신 정지파를 기술한다.

식 16.7.3의 [ ] 안에 있는 $2y_m \sin kx$는 위치 x에 있는 줄의 요소가 진동하는 진폭이라고 할 수 있다. 그러나 진폭은 항상 양수이고, $\sin kx$는 음수가 될 수 있으므로, $2y_m \sin kx$의 절대값을 x에서의 진폭이라 한다.

진행하는 사인모양 파동에서 진폭은 모든 줄의 요소에서 똑같다. 그러나 정지파에서는 *위치에 따라서* 진폭이 변한다. 예를 들어 식 16.7.3의 정지파에서 $\sin kx = 0$이 되는 모든 kx 값, 즉 다음 값에서 진폭은 0이다.

$$kx = n\pi, \qquad n = 0, 1, 2, \ldots . \tag{16.7.4}$$

이 식에 $k = 2\pi/\lambda$를 대입하고 다시 정리하면 다음과 같이 쓸 수 있다.

$$x = n\frac{\lambda}{2}, \qquad n = 0, 1, 2, \ldots \qquad (\text{마디}). \tag{16.7.5}$$

이것은 식 16.7.3의 정지파에서 진폭이 0인 마디의 위치이다. 인접한 마디는 반파장 $\lambda/2$만큼 떨어져 있다.

식 16.7.3의 정지파는 $|\sin(kx)| = 1$이 되는 다음의 kx값에서 최대 진폭 $2y_m$을 갖는다.

$$\begin{aligned} kx &= \tfrac{1}{2}\pi, \tfrac{3}{2}\pi, \tfrac{5}{2}\pi, \ldots \\ &= (n + \tfrac{1}{2})\pi, \qquad n = 0, 1, 2, \ldots . \end{aligned} \tag{16.7.6}$$

식 16.7.6에 $k = 2\pi/\lambda$를 대입하면 다음과 같다.

$$x = \left(n + \frac{1}{2}\right)\frac{\lambda}{2}, \qquad n = 0, 1, 2, \ldots \qquad (\text{배}). \tag{16.7.7}$$

이것은 식 16.7.3의 정지파에서 진폭이 최대가 되는 배의 위치이다. 배는 반파장씩 떨어져 있으므로 마디의 중간점에 위치한다.

경계면에서의 반사

팽팽한 줄의 진행파동이 줄의 먼 끝에서 반사하게 만들면 정지파를 얻을 수 있다. 입사파와 반사파는 식 16.7.1, 16.7.2로 쓸 수 있고 정지파의 형태로 합성할 수 있다.

그림 16.7.3은 단일펄스가 경계면에서 반사하는 모습이다. 그림 16.7.3*a*처럼 줄의 왼쪽을 고정하면 펄스가 끝에 도착할 때 지지대(벽)를 위로 끌어올리려 한다. Newton의 제3법칙에 의하여 지지대는 반대 방향으로 같은 크기의 힘을 작용한다. 이 반작용은 지지대에 펄스를 만들고 줄을 따라서 입사한 펄스와 반대 방향으로 진행한다. 이러한 종류의 "강한" 반사에는 줄의 끝이 고정되어 있으므로 지지대의 위치가 마디가 되어야 한다. 즉, 입사펄스와 반사펄스는 부호가 달라야 이 점에서 서로 상쇄될 수 있다.

그림 16.7.3*b*에는 줄의 왼쪽 끝이 막대를 따라 마찰 없이 움직일 수 있는 가벼운 고리에 걸려 있다. 입사펄스가 도달할 때 고리는 막대를 따라 위로 올라간다. 고리가 움직일 때 줄을 위로 끌어올리며 입사펄스와 부호와 진폭이 같은 반사펄스를 만든다. 이러한 "약한" 반사에서는 입사펄스와 반사펄스가 서로 보강되어 줄의 끝이 두 배가 된다. 즉, 고리의 최대 진폭은 각 펄스의 두 배이다.

$$y'(x,t) = \underbrace{\overbrace{[2y_m \sin kx]}^{\text{변위}}}_{x\text{에서 진폭의 크기}} \underbrace{\cos \omega t}_{\text{진동하는 항}}$$

그림 16.7.2 식 16.7.3의 합성파동은 정지파이고, 반대 방향으로 진행하는 진폭과 파장이 같은 사인모양의 두 파동이 간섭하여 만든다.

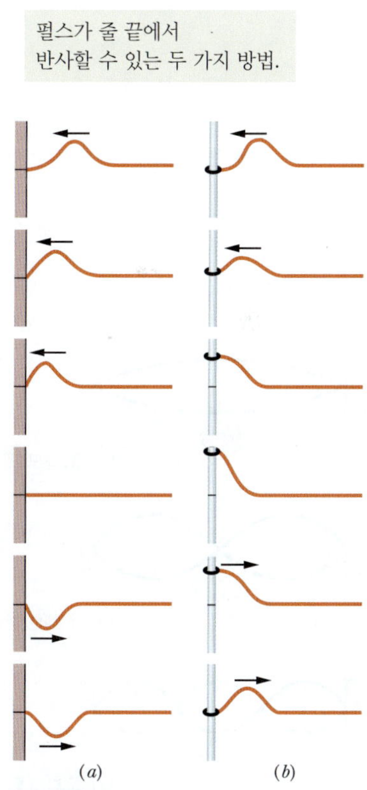

그림 16.7.3 (*a*) 오른쪽에서 입사한 펄스가 벽에 고정되어 있는 왼쪽 끝에서 반사된다. 반사펄스는 입사펄스와 위상이 반대가 된다. (*b*) 줄의 왼쪽 끝이 마찰 없이 막대의 아래위로 움직일 수 있는 고리에 묶여 있다. 이때 반사펄스는 뒤집히지 않고 위상은 변하지 않는다.

확인문제 16.7.1

진폭과 파장이 같은 두 파동이 세 가지 다른 상황에서 간섭한 합성파동은 다음과 같다.

(1) $y'(x, t) = 4\sin(5x - 4t)$

(2) $y'(x, t) = 4\sin(5x)\cos(4t)$

(3) $y'(x, t) = 4\sin(5x + 4t)$

어느 경우에 두 파동이 각각 (a) 양의 x 방향, (b) 음의 x 방향, (c) 서로 반대 방향으로 움직이는가?

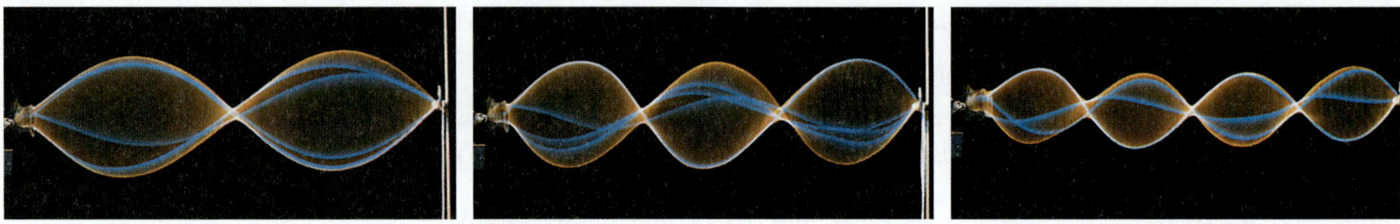

Richard Megna/Fundamental Photographs

그림 16.7.4 줄의 왼쪽 끝을 진동시킬 때 생기는 (불완전한) 정지파의 파형을 찍은 섬광사진. 이런 정지파의 파형은 특정한 진동수에서 일어난다.

정지파와 공명

두 끝이 고정된 팽팽한 줄을 생각해 보자. 줄을 따라 오른쪽으로 사인모양의 파동을 연속적으로 보낸다고 하자. 줄을 따라 오른쪽으로 진행하는 사인파동이 오른쪽 끝에 도달하면 왼쪽으로 되돌아가는 반사가 일어난다. 이때 되돌아가는 파동은 오른쪽으로 진행하는 파동과 중첩된다. 한편 왼쪽으로 진행하는 파동도 왼쪽 끝에서 반사되어 오른쪽으로 진행하여 결국 양쪽으로 진행하는 두 파동이 모두 중첩된다. 다시 말하면 서로 간섭하는 진행파가 많이 생긴다.

어떤 진동수에서 그림 16.7.4처럼 두 진행파동의 간섭은 배와 마디를 가진 정지파(또는 **진동모드**)를 만들어낸다. 이런 정지파는 **공명상태**에서 만들어지고, 줄이 *공명한다*고 한다. 이때의 진동수를 **공명진동수**라 한다. 줄이 공명진동수와 다른 진동수로 진동하고 있다면 정지파는 생기지 않고, 오른쪽과 왼쪽으로 진행하는 파동이 서로 소멸간섭하여 매우 작고, 일시적인 (거의 느낄 수 없는) 진동만 남는다.

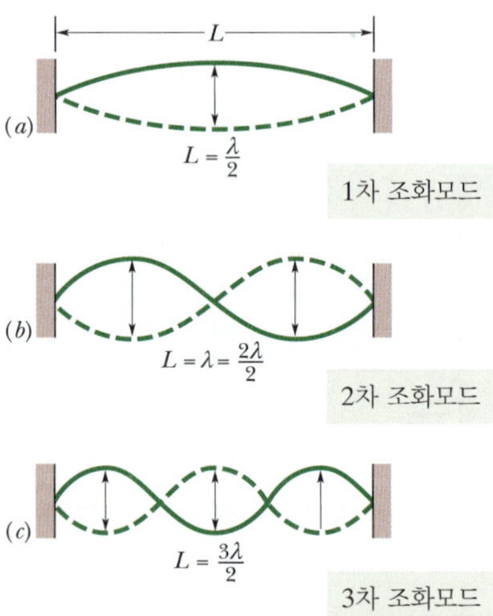

그림 16.7.5 양 끝을 고정시켜 당긴 줄에서 정지파가 발생하도록 줄이 진동한다. (*a*) 가장 간단한 파형은 하나의 *고리*를 갖는다. 고리란 줄이 최대 변위일 때(실선과 점선으로 표시된) 줄이 만드는 합성모양이다. (*b*) 두 번째로 간단한 파형은 두 개의 고리를 가진다. (*c*) 세 번째로 간단한 파형은 세 개의 고리를 갖는다.

거리 L만큼 떨어진 두 고정단 사이의 팽팽한 줄에 생기는 공명진동수를 구해 보자. 양 끝이 고정되어 진동하지 않기 때문에 양 끝에 마디가 생긴다. 이렇게 될 수 있는 가장 간단한 형태가 그림 16.7.5*a*이다. 여기서 양쪽 극한 변위(하나는 실선, 다른 하나는 점선으로 표시하고, 합쳐서 한 개의 "고리"를 이룬다)를 나타낸다. 줄의 중심에 배가 한 개 있다. L은 정지파 파장의 절반인 $\lambda/2$와 같다. 따라서 $\lambda/2 = L$이다. 이 조건은 좌우로 진행하는 두 파동이 간섭하여 이런 형태의 정지파를 만들려면 파장이 $\lambda = 2L$이어야 한다는 뜻이다.

두 번째로 간단한 파동 모양이 그림 16.7.5*b*이다. 여기서는 세 개의 마디와 두 개의 배가 있다. 이런 정지파를 얻으려면 좌우로 진행하는 파동의 파장이 $\lambda = L$이어야 한다. 세 번째 파형은 그림 16.7.5*c*로서, 마디가 네 개, 배가 세 개이므로 $\lambda = \frac{2}{3}L$이다. 이런 식으로 더 복잡한 파형을 계속해서 만들 수 있다. 각각을 만드는 과정에서 파동의 모양은 이전의 파동보다 한 개의 마디와 한 개의 배가 더 생기고, 길이 L 안에 $\lambda/2$씩 더

들어가게 된다.

따라서 줄의 길이 L과 파장 λ와의 관계를

$$\lambda = \frac{2L}{n}, \qquad n = 1, 2, 3, \ldots . \tag{16.7.8}$$

으로 쓸 수 있다. 식 16.1.13에서 이러한 파장에 해당하는 공명진동수는 다음과 같다.

$$f = \frac{v}{\lambda} = n\frac{v}{2L}, \qquad n = 1, 2, 3, \ldots . \tag{16.7.9}$$

여기서 v는 진행파동의 속력이다.

식 16.7.9에서 공명진동수는 $n = 1$에 해당하는 가장 낮은 공명진동수 $f = v/2L$의 정수배임을 알 수 있다. 가장 낮은 공명진동수를 갖는 진동모드를 *기본모드* 또는 *제1조화모드*라고 부른다. $n = 2$, 3 등에 해당하는 진동모드들은 *제2조화모드*, *제3조화모드* 등으로 부른다. 이러한 진동모드에 대한 진동수를 f_1, f_2, f_3으로 나타낸다. 진동모드 전체를 **조화계열**이라고 하고 n을 n번째 조화모드의 **조화차수**라고 한다.

일정한 장력의 현은 각각 특정한 진동모습에 해당하는 공명진동수를 갖고 있다. 따라서 공명진동수가 가청범위이면 줄의 모양에 따라 다른 소리를 들을 수 있다. 공명은 2차원(그림 16.7.6의 케틀드럼의 표면)과 3차원(고층건물의 흔들림과 비틀림)에서도 일어난다.

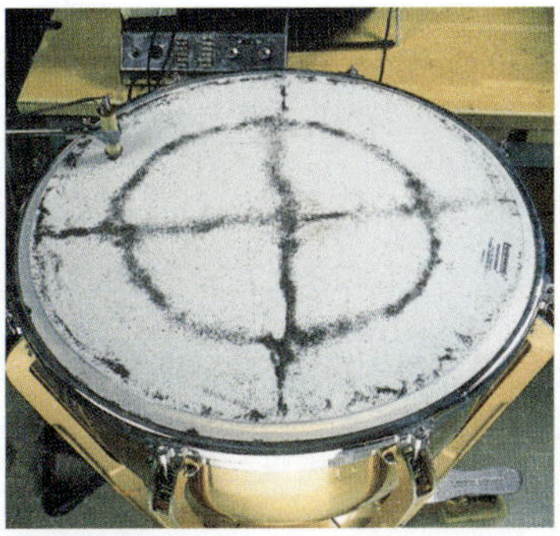

Courtesy Thomas D. Rossing, Northern Illinois University

그림 16.7.6 케틀드럼의 진동판에 검은 분말가루를 뿌려서 눈으로 볼 수 있게 만든 여러 정지파형 중의 하나. 사진의 왼쪽 위에 위치한 진동자에 의해서 진동판에 단일 진동수의 진동이 일어나도록 하면 분말은 2차원의 경우에 직선과 원으로 이루어진 마디에 모여든다.

확인문제 16.7.2

다음의 공명진동수에서 (400 Hz보다) 작은 진동수가 하나 빠져있다. 150, 225, 300, 375 Hz. (a) 빠진 진동수는 얼마인가? (b) 일곱 번째 조화진동수는 얼마인가?

보기문제 16.7.1 전기면도기로 만든 정지파동

그림 16.7.7에서 오른쪽 끝은 손으로 잡고, 다른 쪽은 손에 쥔 전기면도기가 있다. 그 사이에 선질량밀도 $\mu = 3.73 \times 10^{-4}$ kg/m, 길이 $L = 30.3$ cm인 줄을 팽팽하게 잡아당기고 있다. 정지파동이 생기도록 장력을 조절한다. 면도기는 진동수 $f = 62.0$ Hz로 진동한다. (a) 마디가 아닌 임의의 점에서 줄의 진동주기는 얼마인가? (b) 파장, (c) 줄 위의 파동속력은 얼마인가? (c) 장력은 얼마인가? 줄을 휴대전화에 매달아서 정지파동을 만들 수도 있다. 진동모드에서 전화는 모델에 따라 약 160 Hz로 진동한다.

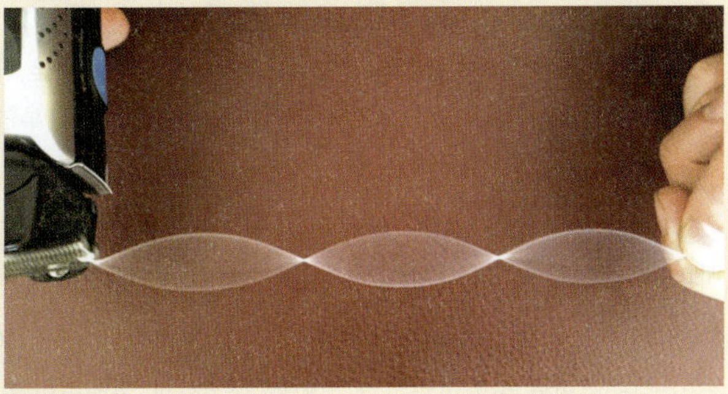

Temiz et.al. Physics Education, 53(3). © 2018 IOP Publishing Ltd

그림 16.7.7 진동하는 전기면도기가 만드는 정지파동.

요점

(1) 정지파동 모양을 만드는 가로파동의 파장은 줄의 길이 L이 반파장의 n 정수배가 되어야 한다. (2) 이러한 파동과 줄요소의 진동수은 식 16.7.9($f = nv/2L$)이다.

풀이: (a) 줄 진동의 주기 T는 면도기와 같고, 이것은 진동수로부터 다음과 같이 구할 수 있다.

$$T = \frac{1}{f} = \frac{1}{62.0\ \text{Hz}} = 1.612 \times 10^{-2}\ \text{s} \approx 16.1\ \text{ms}. \quad \text{(답)}$$

(b) 그림으로부터 줄은 3차조화진동을 한다는 것을 알 수 있고, 이때 줄의 길이 L은 1.5파장이다. 따라서 다음을 얻는다.

$$\tfrac{3}{2}\lambda = L$$
$$\lambda = \tfrac{2}{3}L = \tfrac{2}{3}(30.3\text{ cm}) = 20.2\text{ cm.}$$ 답

(c) 3차조화진동의 진동수로부터 줄 위의 파동속력 v는 다음과 같다.

$$f = \frac{3v}{2L}$$
$$v = \tfrac{2}{3}Lf = \tfrac{2}{3}(30.3 \times 10^{-2}\text{ m})(62.0\text{ Hz})$$
$$= 12.52\text{ m/s} \approx 12.5\text{ m/s.}$$ 답

(d) 다음으로 속력과 선질량밀도로부터 장력을 얻는다.

$$v = \sqrt{\frac{\tau}{\mu}}$$
$$\tau = \mu v^2 = (3.73 \times 10^{-4}\text{ kg/m})(12.52\text{ m/s})^2$$
$$= 5.85 \times 10^{-2}\text{ N.}$$ 답

▶ 교육용 비디오는 웹사이트 www.wiley.com에서 볼 수 있다.

정리 및 요약 _Review & Summary

▸***가로파동과 세로파동*** 역학적인 파동은 매질 내에서만 존재할 수 있고 Newton의 법칙에 의해 결정된다. 팽팽한 줄에 생기는 역학적인 **가로파동**은 파동의 진행방향과 수직한 방향으로 매질의 입자가 진동하는 파동이다. 파동의 진행방향과 매질 입자의 진동방향이 나란한 파동을 **세로파동**이라고 한다.

▸***사인모양 파동*** x축 양의 방향으로 진행하는 사인모양 파동의 형태는 다음과 같다.

$$y(x, t) = y_m \sin(kx - \omega t). \tag{16.1.2}$$

여기서 y_m은 파동의 **진폭**이고, k는 **각파동수**, ω는 **각진동수**, $kx - \omega t$는 **위상**이다. **파장** λ는 k와

$$k = \frac{2\pi}{\lambda} \tag{16.1.5}$$

의 관계가 있다. 파동의 **주기** T와 **진동수** f는 ω와

$$\frac{\omega}{2\pi} = f = \frac{1}{T} \tag{16.1.9}$$

의 관계가 있다. 마지막으로 **파동의 속력** v는 다른 변수와

$$v = \frac{\omega}{k} = \frac{\lambda}{T} = \lambda f \tag{16.1.13}$$

의 관계가 있다.

▸***진행파동의 방정식*** 아래 형태의 어떠한 함수

$$y(x, t) = h(kx \pm \omega t) \tag{16.1.17}$$

도 식 16.1.13으로 주어지는 파동의 속력과 함수 h의 수학적 형태에 의해서 주어지는 모양을 갖는 **진행파동**을 나타낼 수 있다. 양의 부호는 x축 음의 방향으로 진행하는 진행파동이고, 음의 부호는 양의 방향으로 진행하는 파동이다.

▸***팽팽한 줄에 생긴 파동의 속력*** 팽팽한 줄에 생긴 파동의 속력은 줄의 특성에 의해서 정해진다. 선밀도 μ, 장력 τ인 줄에서의 속력은 다음과 같다.

$$v = \sqrt{\frac{\tau}{\mu}}. \tag{16.2.5}$$

▸***일률*** 팽팽한 줄에서 사인모양 파동이 전달하는 **평균 일률**(단위시간당 평균 에너지 전달률)은 다음과 같다.

$$P_{\text{avg}} = \tfrac{1}{2}\mu v \omega^2 y_m^2. \tag{16.3.7}$$

▸***파동의 중첩*** 둘 이상의 파동이 같은 매질을 진행할 때 매질 입자의 변위는 각 파동이 주는 변위의 합으로 주어진다.

▸***파동의 간섭*** 같은 줄에서 사인모양의 두 파동은 중첩원리에 따라 더해지고 상쇄되어서 **간섭**을 일으킨다. 만약 같은 방향으로 진행하는 두 파동의 진폭 y_m과 진동수(따라서 같은 파장)가 같고 위상이 **위상상수** ϕ만큼 다르다면 합성파동은 다음과 같다.

$$y'(x, t) = [2y_m \cos \tfrac{1}{2}\phi] \sin(kx - \omega t + \tfrac{1}{2}\phi). \tag{16.5.6}$$

만약 $\phi = 0$이면 두 파동은 정확히 위상이 같고 완전 보강간섭한다. 만약 $\phi = \pi$ rad이면 두 파동은 완전히 위상이 반대이고 완전 상쇄간섭한다.

▸***위상자*** 파동 $y(x, t)$는 **위상자**로 표현할 수 있다. 위상자의 크기는 파동의 진폭 y_m이고 파동의 각진동수 ω와 같은 각속력으로 원점을 중심으로 회전하는 벡터이다. 회전하는 위상자를 수직축에 투영하면 파동이 진행하는 곳의 변위 y를 얻는다.

▸***정지파*** 반대 방향으로 진행하는 동일한 사인모양의 두 파동이 간섭하면 **정지파**를 만든다. 두 끝이 고정된 줄에서 정지파는 다음과 같다.

$$y'(x, t) = [2y_m \sin kx] \cos \omega t. \tag{16.7.3}$$

정지파는 변위가 0인 **마디**라는 고정된 위치들과 최대변위를 갖는 **배**라는 고정된 위치로 특징지어진다.

▸**공명** 진행파동이 줄의 끝에서 반사되면 줄 위에 정지파가 형성될 수 있다. 만약 끝이 고정되어 있다면 이곳은 마디가 되어야 한다. 이것이 줄에서 생기는 정지파의 진동수를 제한한다. 이때의 가능한 진동수들이 **공명진동수**이고, 대응하는 정지파의 모양을 **진동모드**라고 한다. 고정된 끝을 갖는 길이 L의 팽팽한 줄에서 공명진동수는

$$f = \frac{v}{\lambda} = n\frac{v}{2L}, \qquad n = 1, 2, 3, \ldots. \tag{16.7.9}$$

이다. $n = 1$에 대응하는 진동모드를 *기본모드* 또는 *제1조화모드*, $n = 2$에 대응하는 모드를 *제2조화모드* 등으로 부른다.

연습문제 _Problems

E Easy **M** Medium **H** Hard **CALC** Requires calculus **BIO** Biomedical application

1 **M** 질량 m인 토막이 달려 있는 줄이 그림 16.1처럼 점 P부터 점 Q를 지나서 팽팽하게 걸려 있다. 두 점 사이의 거리는 L = 1.20 m이고, 줄의 선밀도는 μ = 1.60 g/m이며, 진동자의 진동수는 f = 140 Hz이다. 점 P와 점 Q에서의 진폭은 미미하므로 각각 마디로 볼 수 있다. (a) 줄에 4차 조화진동을 만드는 질량 m은 얼마인가? (b) m = 1.00 kg이면 줄에 어떤 정지파가 생기는가?

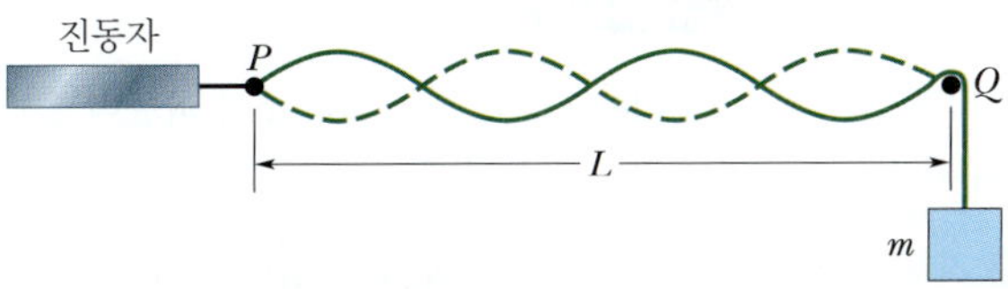

그림 16.1 연습문제 1, 2

2 **H** 그림 16.1에서 줄은 P에서 사인파동의 진동자에 연결되어 있고, 다른 끝점 Q에 묶여 있는 줄을 질량 m인 토막이 잡아당기고 있다. P와 Q 사이의 길이 L은 1.20 m이고, 진동자의 진동수 f는 120 Hz로 고정되어 있다. P에서 운동의 진폭은 충분히 작아서 그 점을 마디로 생각할 수 있다. 점 Q도 마디를 이룬다. 토막의 질량이 286.0 g또는 447.0 g일 때만 정지파가 생기고 그 사이의 질량에서는 정지파가 생기지 않았다. 줄의 선밀도는 얼마인가?

3 **E** 선밀도 7.20 g/m의 나일론 기타줄을 150 n의 장력으로 당기고 있다. 두 고정점 사이의 거리는 D = 80.0 cm이다. 기타줄은 그림 16.2와 같은 정지파의 파형으로 진동한다. 중첩하여 정지파를 만드는 진행파의 (a) 속력, (b) 파장, (c) 진동수를 구하여라.

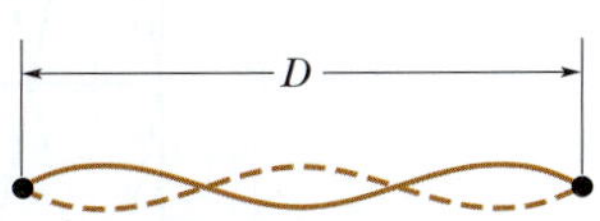

그림 16.2 연습문제 3

4 **M** 팽팽한 줄을 따라 진동수가 같은 사인모양의 두 파동을 같은 방향으로 보냈다. 한 파동의 진폭은 5.0 mm이고, 다른 파동의 진폭은 9.0 mm이다. (a) 합성파동의 진폭을 가장 작게 만들 수 있는 두 파동의 위상차 ϕ_1은 얼마인가? (b) 가장 작은 진폭은 얼마인가? (c) 합성파동의 진폭을 최대로 만드는 두 파동의 위상차 ϕ_2는 무엇인가? (d) 최대 진폭은 얼마인가? (e) 만약 위상각이 $(\phi_1 - \phi_2)/2$이면 합성파동의 진폭은 얼마인가?

5 **M** 진폭 9.00 mm와 파장이 같은 두 사인모양 파동이 축으로 당겨진 줄을 따라 진행한다. 그림 16.3은 합성파동이다. 골 A는 시간 8.0 ms 동안에 x축 음의 방향으로 d = 80.0 cm 이동한다. x축을 따라 10 cm 마다 눈금이 표시되어 있고, 높이는 H = 6.0 mm이다. 그중 한 파동에 대한 식이 $y(x, t) = y_m \sin(kx \pm \omega t + \phi_1)$라고 하자. 여기서 $\phi_1 = 0$이고 ω 앞의 부호는 알맞게 선택한다. 다른 파동에 대한 방정식에서 (a) y_m, (b) k, (c) ω, (d) ϕ_2, (e) ω 앞의 부호는 각각 무엇인가?

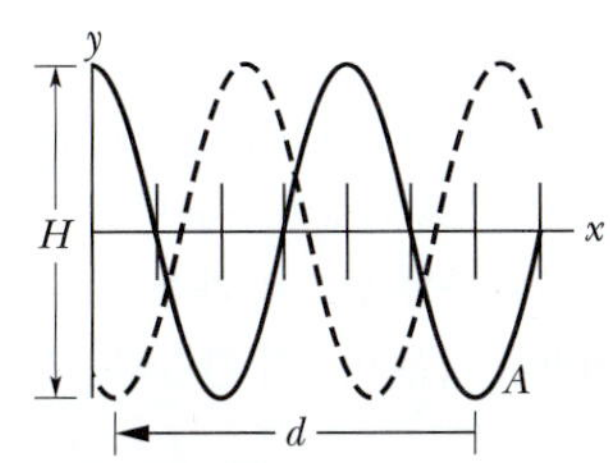

그림 16.3 연습문제 5

6 **E** 줄에 생긴 가로파동의 파동방정식은 다음과 같다.

$$y = (2.0\text{ mm})\sin[(20\text{ m}^{-1})x - (800\text{ s}^{-1})t].$$

줄의 장력은 15 N이다. (a) 파동의 속력은 얼마인가? (b) 이 줄의 선밀도를 미터당 그램으로 구하여라.

7 **M** **CALC** 줄을 따라 사인모양 파동이 진행한다. 그림 16.4는 시간 t = 0에서 줄의 기울기이다. x축의 크기는 x_s = 0.40 m이다. 파동의 진폭은 얼마인가?

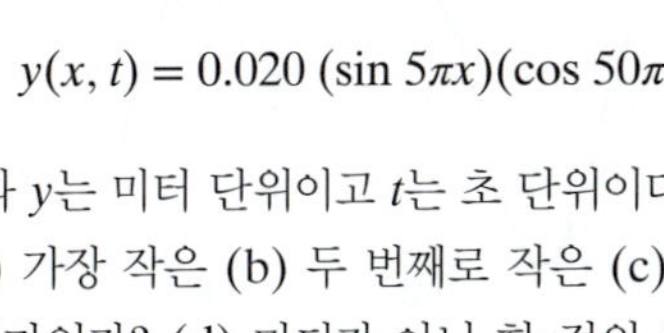

그림 16.4 연습문제 7

8 **M** **CALC** 줄에 생긴 정지파의 파형은

$$y(x, t) = 0.020\,(\sin 5\pi x)(\cos 50\pi t)$$

이다. 여기서 x와 y는 미터 단위이고 t는 초 단위이다. $x \geq 0$에서 마디가 위치하는 (a) 가장 작은 (b) 두 번째로 작은 (c) 세 번째로 작은 x의 값은 각각 얼마인가? (d) 마디가 아닌 한 점의 진동주기는 얼마인가? 이 파동을 만드는 두 진행파동의 (e) 속력과 (f) 진폭을 구하여라. $t \geq 0$에서 줄 위에 있는 모든 점의 가로속도가 0이 되는 (g) 첫 번째, (h) 두 번째, (i) 세 번째 시간은 얼마인가?

9 M CALC 파장이 20 cm인 사인모양 파동이 x축 양의 방향으로 줄을 따라 진행하고 있다. 그림 16.5는 $x = 0$에서 줄 요소의 변위를 시간의 함수로 그린 그래프이다. 수직축의 값은 $y_s = 4.0$ cm이다. 파동방정식은 $y(x, t) = y_m \sin(kx \pm \omega t + \phi)$이다. (a) $t = 0$일 때 x에 대한 y의 그래프가 양의 사인함수인가, 음의 사인함수인가? (b) y_m, (c) k, (d) ω, (e) ϕ, (f) ω 앞의 부호와 (g) 파동의 속력은 무엇인가? $t = 7.0$ s일 때 $x = 0$에서 줄 요소의 가로속력은 얼마인가?

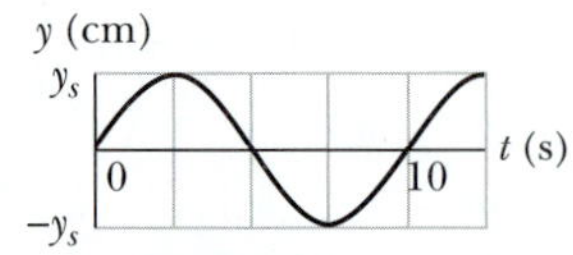

그림 16.5 연습문제 9

10 E 파동 $y(x, t) = (5.0 \text{ mm}) \sin(kx + (600 \text{ rad/s})t + \phi)$가 줄을 따라 진행할 때 줄 위의 한 점이 변위 $y = +2.0$와 $y = -2.0$ 사이를 움직이는 데 걸리는 시간은 얼마인가?

11 H 그림 16.6에 길이 $L_1 = 60.0$ cm, 단면적 1.00×10^{-2} cm^2, 밀도 2.60 g/cm^{3}의 알루미늄 줄이 단면적이 같은 밀도 7.80 g/cm^{3}의 강철 줄과 연결되어 있다. 결합된 줄이 질량 $m = 30.0$ kg이 토막에 매달려 연결점과 도르래 사이의 거리 L_2는 86.6 cm이다. 이 줄에 진동수가 변하는 외부 진동자로 가로파동을 만들었다. (a) 연결점이 마디 중의 하나가 되는 정지파를 만드는 가장 낮은 진동수를 구하여라. (b) 이 진동수에서 얼마나 많은 마디가 관찰되는가?

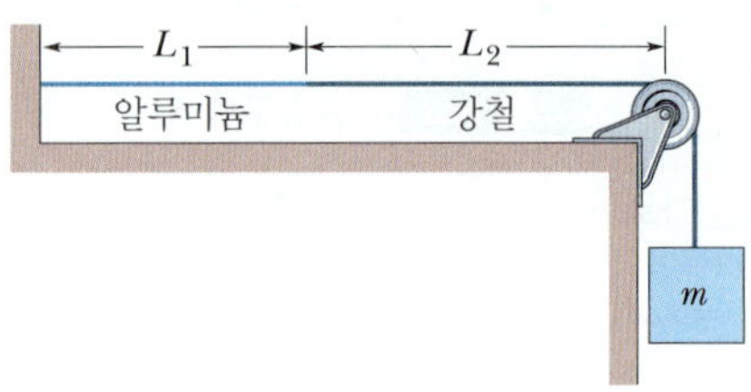

그림 16.6 연습문제 11

12 E 50.0 cm 떨어진 두 고정점 사이에서 팽팽히 당겨진 줄의 공명진동수는 420 Hz, 315 Hz이고, 그 사이에서는 공명이 일어나지 않는다. (a) 최저 공명진동수와 (b) 파동의 속력을 구하여라.

13 M 선밀도 2.0 g/m의 줄을 따라 사인모양의 파동을 보낸다. 파동이 진행함에 따라 줄의 질량요소의 운동에너지가 변한다. 그림 16.7a는 어떤 순간에 줄 요소를 통과하는 운동에너지 전달률 dK/dt를 거리 x의 함수로 나타낸 그래프이다. 그림 16.7b도 비슷하게 (어느 위치의) 줄 요소를 통과하는 운동에너지의 전달률을 시간 t의 함수로 나타낸 그래프이다. 두 그림에서 수직축(비율)의 크기는 $R_s = 10$ W이다. 파동의 진폭은 얼마인가?

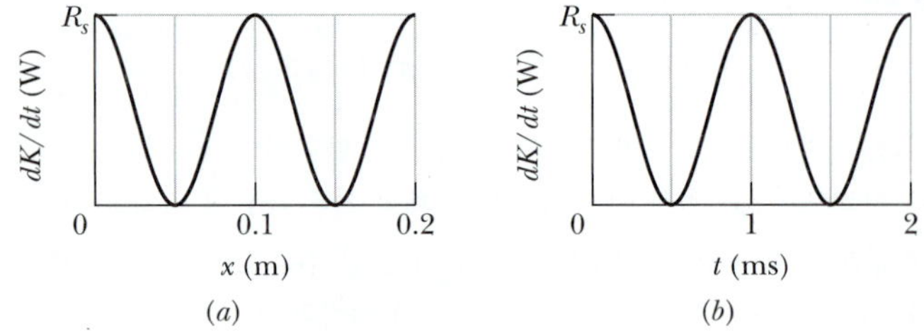

그림 16.7 연습문제 13

14 M 사인모양 파동이 속력 40 cm/s로 진행한다. $x = 10$ cm에서 줄 요소의 변위는 $y = (3.0 \text{ cm}) \sin[2.0 - (2.0 \text{ s}^{-1})t]$로 변한다. 줄의 선밀도는 4.0 g/cm이다. 파동의 (a) 진동수와 (b) 파장은 얼마인가? 파동방정식이 $y(x,t) = y_m \sin(kx \pm \omega t)$의 형태이면 (c) y_m, (d) k, (e) ω, (f) ω 앞의 올바른 부호는 무엇인가? (g) 줄의 장력은 얼마인가?

15 M 그림 16.8은 마루 A가 4.0 ms 동안 $d = 8.0$ cm만큼 x축의 양의 방향으로 줄을 따라 움직이는 사인모양 파동을 두 번 나타낸 모습이다. 가로축의 눈금은 10 cm마다 표시하였고, 높이는 $H = 4.00$ cm이다. 파동 방정식이 $y(x,t) = y_m \sin(kx \pm \omega t)$이면 (a) y_m, (b) k, (c) ω, (d) ω 앞의 올바른 부호는 무엇인가?

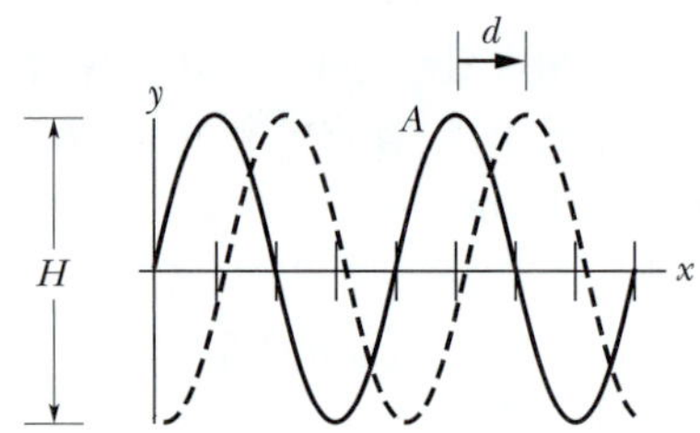

그림 16.8 연습문제 15

16 E 각진동수가 110 rad/s이고 파장이 2.00 m인 파동이 있다. (a) 각파동수와 (b) 파동의 속력을 구하여라.

17 M 진폭과 파장이 같은 사인모양의 두 파동이 x 축을 따라 놓인 팽팽한 줄을 따라 진행한다. 그림 16.9에 합성파동의 배 A가 위의 최대 변위에서 아래의 최대 변위로 6.0 ms 동안에 이동하는 것을 두 번 나타낸 모양이다. 그림에서 x축은 5.0 cm마다 눈금이 표시되어 있고, 높이는 H는 2.00 cm이다. 한 파동의 방정식이 $y(x,t) = y_m \sin(kx + \omega t)$라고 하자. 다른 파동에서 (a) y_m, (b) k, (c) ω, (d) ω 앞의 올바른 부호는 무엇인가?

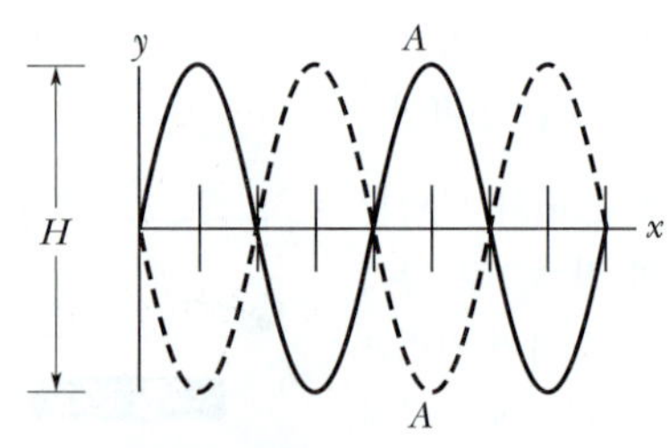

그림 16.9 연습문제 17

18 E 길이가 3.00 m이고 질량이 0.120 kg인 양끝이 고정된 줄에 96.0 N의 장력이 작용하여 진동한다. (a) 줄에 생기는 파동의 속력을 구하여라. (b) 가능한 정지파의 가장 긴 파장은 얼마인가? (c) 그 파동의 진동수를 구하여라.

19 M 사인모양의 가로파동이 음의 x축 방향으로 진행한다. 그림 16.10은 $t = 0$일 때 변위를 위치의 함수로 나타낸 그래프이다. y축의 크기는 $y_s = 2.0$ cm이다. 줄의 장력은 5.4 N이고 줄의 선밀도는 25 g/m이다. (a) 진폭, (b) 파장, (c) 파동의 속력, (d) 파동의 주기를 구하여라. (e) 줄 요소의 최대 가로속력을 구하여라. 파동의 형태가 $y(x,t) = y_m \sin(kx \pm \omega t + \phi)$일 때 (f) k, (g) ω, (h) ϕ, (i) ω 앞의

올바른 부호는 무엇인가?

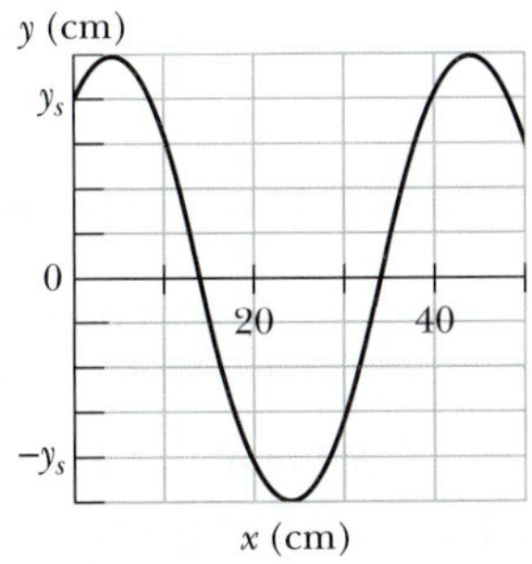

그림 16.10 연습문제 19

20 M 매우 긴 줄에서 두 파동을 만들었다. 한쪽 끝에서 만든 파동은

$$y = (6.0 \text{ cm}) \cos\frac{\pi}{2}[(2.00 \text{ m}^{-1})x + (8.00 \text{ s}^{-1})t]$$

이고, 다른 쪽 끝에서 만든 파동은

$$y = (6.0 \text{ cm}) \cos\frac{\pi}{2}[(2.00 \text{ m}^{-1})x - (8.00 \text{ s}^{-1})t]$$

이다. 각 파동의 (a) 진동수, (b) 파장, (c) 속력을 구하여라. $x \geq 0$에서 (d) 가장 작은 (e) 두 번째로 작은 (f) 세 번째로 작은 마디의 위치 x를 구하여라. $x \geq 0$에서 (g) 가장 작은 (h) 두 번째로 작은 (i) 세 번째로 작은 배의 위치 x를 구하여라.

21 M CALC 그림 16.11은 줄 위의 점 $x = 0$에서 지나가는 파동의 가로속도 u를 시간 t의 함수로 나타낸 그래프이다. 수직축의 크기는 $u_0 = 4.0$ m/s이다. 한편 파동의 형태는 $y(x, y) = y_m \sin(kx - \omega t + \phi)$이다. ϕ는 얼마인가? (*주의*: 계산기는 항상 올바른 역삼각함수를 주지는 않으므로 추정된 ω의 값을 $y(x, y)$에 대입하여 답을 확인하고 함수를 그려 보아라.)

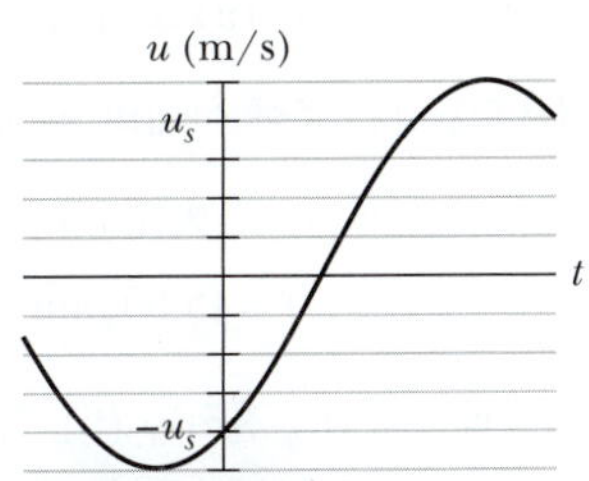

그림 16.11 연습문제 21

22 E 바이올린에서 가장 무거운 줄과 가장 가벼운 줄의 선밀도는 각각 3.0과 0.29 g/m이다. 줄이 같은 종류의 물질이면 가벼운 줄과 무거운 줄의 지름 비율은 얼마인가?

23 E BIO *인간파동*. 운동경기 중에 넓은 관중석을 빽빽하게 메운 관중들이 파동(펄스)을 보낸다(그림 16.12). 사람들은 파동이 밀려오면 자리에서 일어나 고함을 지르고 다시 앉는다. 임의의 순간에서 파동의 폭 w는 시작점(막 일어나려는 사람의 자리)과 끝점(막 앉으려는 사람의 자리) 사이의 거리이다. 39 s 동안 1000개의 좌석으로 인간파동이 전파되며, 관중이 일어났다가 앉는 데 1.8 s 걸린다고 하자. (a) 파동의 속력 v(초당 좌석 수), (b) 파동의 폭 w(좌석 수)는 얼마인가?

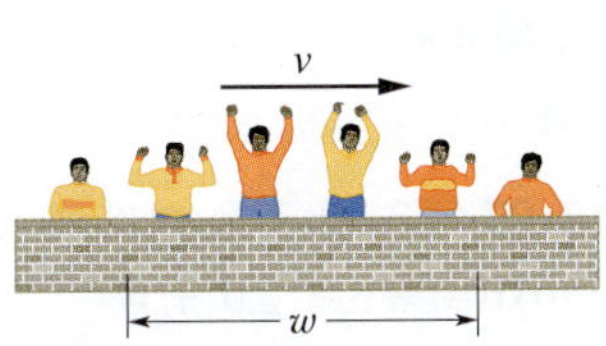

그림 16.12 연습문제 23

24 M 양끝이 고정되고 장력 150 N이 작용하는 줄이 2차 조화진동하고 있다. 줄의 변위는

$$y = (0.10 \text{ m})(\sin \pi x/4.0) \sin 6.0\pi t$$

이고, $x = 0$은 줄의 한쪽 끝이며, x는 미터, t는 초 단위이다. (a) 줄의 길이, (b) 파동의 속력, (c) 줄의 질량은 얼마인가? (d) 만약 3차 조화진동이라면 진동 주기는 얼마인가?

25 M CALC 긴 줄 위에 생긴 특정한 가로 정지파에서 배는 $x = 0$에 있고, 이웃한 마디는 $x = 0.10$ m에 있다. 그림 16.13에 $x = 0$에서 줄 요소의 변위 $y(t)$를 나타내었고, y축의 크기는 $y_s = 4.0$ cm이다. 시간 $t = 0.50$ s 일 때 (a) $x = 0.15$ m와 (b) $x = 0.30$ m에 있는 줄 입자의 변위는 각각 얼마인가? (c) $t = 0.5$ s와 (d) $x = 0.15$ m일 때 $x = 0.15$ m에 있는 줄 요소의 가로속도는 얼마인가? (e) $t = 0.50$ s 일 때 $x = 0.40$ m과 사이에 생기는 정지파를 그려라.

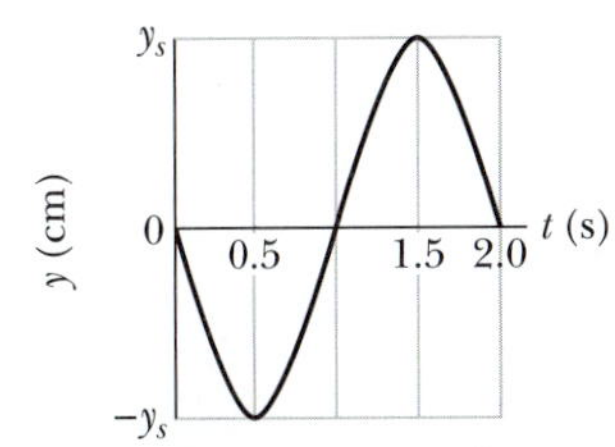

그림 16.13 연습문제 25

26 H 각진동수 1200 rad/s, 진폭 4.00 mm인 사인모양 파동을 선밀도 2.00 g/m, 장력 1200 N인 줄에 보낸다. (a) 줄의 반대 끝으로 파동이 전달하는 에너지의 평균전달률은 얼마인가? (b) 똑같은 다른 파동이 인접한 같은 종류의 줄을 따라 동시에 진행한다면 전달되는 전체 에너지의 평균 전달률은 얼마인가? 만약 하나의 *같은* 줄에 두 파동을 동시에 보낸다면 위상차가 (c) 0, (d) 0.4π rad, (e) π rad일 때 파동이 전달하는 평균 에너지 전달률은 얼마인가?

27 H 그림 16.14*a*에서 줄 1의 선밀도는 3.00 g/m, 줄 2의 선밀도는 5.00 g/m이다. 두 줄에 작용하는 장력은 질량 $M = 800$ g인 매달린 토막에 의해 생긴다. (a) 줄 1과 (b) 줄 2에 생긴 파동의 속력을 구하여라(*힌트*: 줄이 도르래를 반 바퀴 감았을 때 장력의 두 배인 알짜 힘으로 도르래를 끌어올린다). 다음에 토막이 두 개로 갈라졌다($M_1 + M_2 = M$). 그리고 장치는 그림 16.14*b*처럼 다시 배열되었다. 두 줄에서 파동의 속력이 같아지는 (c) M_1과 (d) M_2를 구하여라.

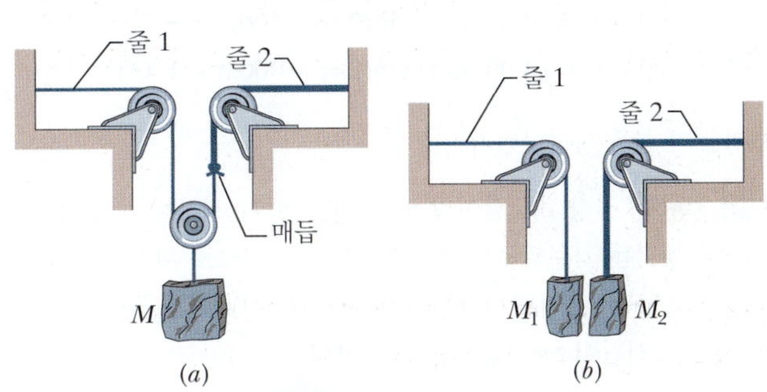

그림 16.14 연습문제 27

28 E 길이 2.00 m, 질량 100 g, 장력 250 N인 줄에 형성된 정지파

의 (a) 가장 낮은 진동수, (b) 두 번째로 낮은 진동수, (c) 세 번째로 낮은 진동수는 얼마인가?

29 E BIO 모래전갈은 모래 위로 전달되는 파동으로 근처에 있는 먹잇감인 딱정벌레의 움직임을 감지할 수 있다(그림 16.15). 두 종류의 파동, 즉 속력이 $v_t = 50$ m/s인 가로파동과 속력이 $v_l = 150$ m/s인 세로파동이 전달된다. 갑작스러운 운동으로 인해 이러한 파동이 전달되면 전갈은 딱정벌레에 가장 가까운 다리에 도달하는 두 파동의 시간차 Δt로 딱정벌레의 위치를 알아낸다. $\Delta t = 3.8$ ms이면 딱정벌레까지의 거리는 얼마인가?

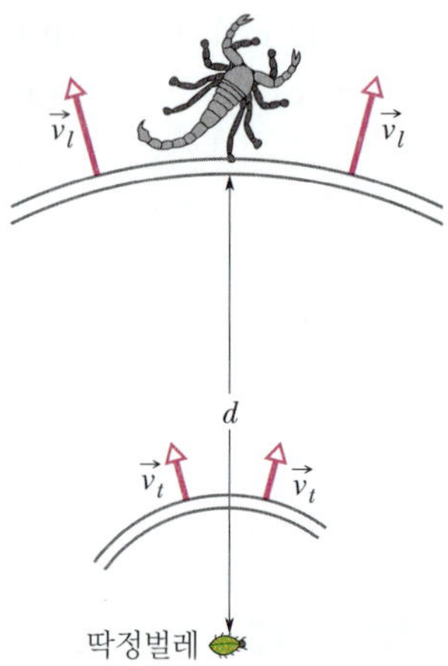

그림 16.15 연습문제 29

30 E 팽팽한 줄의 단위길이당 질량은 5.00 g/m이고 장력은 20.0 N이다. 줄 위의 사인모양 파동이 0.15 mm의 진폭과 150 Hz의 진동수로 x축 음의 방향으로 진행한다. 파동방정식이 $y(x, t) = y_m \sin(kx \pm \omega t)$이면 (a) y_m, (b) k, (c) ω, (d) ω 앞의 올바른 부호는 무엇인가?

31 E 줄 A를 거리 L만큼 떨어진 고정점 사이에서 팽팽히 당겨 놓았다. 줄 A와 선밀도가 같고, 같은 장력을 받는 줄 B는 길이 $4L$인 고정점 사이에서 팽팽히 당겨 놓았다. 줄 B의 첫 번째 8개의 조화진동 중에서 어떤 것이 (a) 줄 A의 1차 조화진동, (b) 2차 조화진동, (c) 3차 조화진동 진동수와 일치하는가?

32 M 한 줄에 다음의 네 파동들을 같은 방향으로 보낸다.

$$y_1(x, t) = (4.00 \text{ mm}) \sin(2\pi x - 400\pi t)$$
$$y_2(x, t) = (4.00 \text{ mm}) \sin(2\pi x - 400\pi t + 0.4\pi)$$
$$y_3(x, t) = (4.00 \text{ mm}) \sin(2\pi x - 400\pi t + \pi)$$
$$y_4(x, t) = (4.00 \text{ mm}) \sin(2\pi x - 400\pi t + 1.4\pi).$$

합성파동의 진폭은 얼마인가?

33 H CALC 질량 m, 길이 L의 균일한 줄이 천장에 매달려 있다. (a) 줄에 생기는 가로파동의 속력이 낮은 쪽 끝으로부터 거리 y의 함수로 $v = \sqrt{gy}$임을 보여라. (b) 가로파동이 줄의 전체 길이를 진행하는데 걸리는 시간이 $t = 2\sqrt{L/g}$ 임을 보여라.

34 M 한쪽 끝은 $x = 0$, 다른 끝은 $x = 12.0$ m에 매어 놓은 질량 100 g의 줄에 250 N의 장력이 작용한다. $t = 0$일 때 $x = 10.0$ m인 끝점에서 펄스 1을 줄을 따라 보내고, $t = 30.0$ ms일 때 $x = 0$인 끝점에서 펄스 2를 보낸다. 어떤 점 x에서 두 펄스가 만나기 시작하는가?

35 H 일반적인 함수 $h(x, t)$ 형태로 아래처럼 주어진 파동의 속력을 구하여라.

$$y(x, t) = (4.00 \text{ mm})\, h[(30 \text{ m}^{-1})x + (12 \text{ s}^{-1})t].$$

36 M 주기는 같고 진폭이 각각 5.0과 7.0 mm인 사인모양 파동이 팽팽한 줄을 따라 같은 방향으로 진행한다. 두 파동은 진폭 10.0 mm의 합성파동을 만든다. 진폭 5.0 mm인 파동의 위상상수는 0이다. 진폭 7.0 mm인 파동의 위상상수는 얼마인가?

37 M 사인모양의 가로파동이 속력 80 m/s로 x축 양의 방향으로 움직이고 있다. $t = 0$일 때 $x = 0$에서 줄 요소가 평형위치로부터 가로변위가 4.0 cm이고 움직이지 않는다. $x = 0$에서 줄 요소의 최대 가로속력은 20 m/s이다. 이 파동의 (a) 진동수, (b) 파장은 얼마인가? 파동방정식이 $y(x, t) = y_m \sin(kx \pm \omega t + \phi)$이면 (c) y_m, (d) k, (e) ω, (f) ϕ, (g) ω 앞의 올바른 부호는 무엇인가?

38 E 120 N의 장력이 작용하여 줄에 생긴 가로파동의 속력은 170 m/s이다. 파동의 속력을 200 m/s로 올리려면 장력을 얼마로 바꾸어야 하는가?

39 E 동일한 두 파동이 같은 방향으로 진행한다. 합성파동이 두 파동의 공통 진폭의 1.20배가 되려면 두 파동 사이의 위상차는 얼마이어야 하는가? 답을 (a) 도, (b) 라디안, (c) 파장으로 나타내어라.

40 M 같은 줄에 아래의 두 파동을 보낸다.

$$y_1(x, t) = (2.70 \text{ mm}) \sin(2\pi x - 400\pi t)$$
$$y_2(x, t) = (5.60 \text{ mm}) \sin(2\pi x - 400\pi t + 0.80\pi \text{ rad}).$$

합성파동의 (a) 진폭과 (b) 위상(파동 1에 대한 상대적인 위상)은 얼마인가? (c) 만약 진폭이 5.00 mm인 세 번째 파동을 초기 두 파동과 같은 방향으로 줄을 따라 보낸다면 새로 합성된 파동의 진폭을 최대로 만들기 위한 위상각은 얼마이어야 하는가?

41 M 길이 2.4 m의 줄에 생긴 두 파동이 진폭이 0.80 cm인 세 개의 고리를 갖는 정지파를 만들었다. 파동의 속력은 100 m/s이다. 한 파동의 방정식이 $y(x, t) = y_m \sin(kx + \omega t)$라고 하자. 다른 파동의 식에서 (a) y_m, (b) k, (c) ω, (d) ω 앞의 부호는 무엇인가?

42 E 800 N의 장력이 작용하고 있는 길이 2.00 m, 질량 60.0 g의 줄을 따라 진행하는 가로파동의 속력을 구하여라.

43 M 매우 긴 줄을 따라 진행하는 가로파동의 방정식은 $y = 4.0 \sin(0.010\,\pi x + 2.0\,\pi t)$이며, x와 y는 센티미터, t는 초 단위이다. 파동의 (a) 진폭, (b) 파장, (c) 진동수, (d) 속력과 (e) 파동의 진행방향 (f) 줄 요소의 최대 가로속력을 구하여라. (g) $t = 0.26$ s, $x = 3.5$ cm에서 가로변위는 얼마인가?

44 M CALC 함수 $y(x, t) = (15.0 \text{ cm}) \cos(\pi x - 15\pi t)$는 줄에 생긴 파동을 기술하며, x는 미터, t는 초 단위이다. 한 점의 변위가 $y = +8.00$ cm인 순간에 파동의 가로속력은 얼마인가?

45 E 진동수가 같은 두 사인모양의 파동이 팽팽한 줄을 따라 같은 방향으로 진행한다. $y_{m1} = 5.0$ cm, $y_{m2} = 4.0$ cm, $\phi_1 = 0$, $\phi_2 = \pi/2$ rad일 때 합성파동의 진폭은 얼마인가?

46 M 줄을 따라 진행하는 가로파동의 방정식

$$y(x, t) = (2.00 \text{ mm})[(10 \text{ m}^{-1})x - (4.0 \text{ s}^{-1})t]^{0.5}$$

을 이용하여 파동의 속력을 구하여라.

47 E 길이 125 cm, 질량 2.00 g의 줄을 장력 21.0 N으로 당기고 있다. 줄에 생기는 (a) 줄의 파동속력은 얼마인가? (b) 가장 낮은 공명진동수는 얼마인가?

48 E 줄의 선밀도는 1.6×10^{-4} kg/m이다. 줄 위 가로파동의 파동방정식은 다음과 같다.

$$y = (0.021 \text{ m}) \sin[(2.0 \text{ m}^{-1})x + (40 \text{ s}^{-1})t].$$

(a) 파동의 속력과 (b) 줄의 장력은 얼마인가?

49 M 수평 줄에 다음의 두 파동을 서로 반대 방향으로 보내서 수직 평면에 정지파를 만든다.

$$y_1(x, t) = (6.00 \text{ mm}) \sin(4.00\pi x - 800\pi t),$$
$$y_2(x, t) = (6.00 \text{ mm}) \sin(4.00\pi x + 800\pi t).$$

여기서 x는 미터, t는 초 단위이다. 점 A에 배가 생긴다. 이 점이 위 방향의 최대 진폭으로부터 아래 방향의 최대 진폭까지 움직이는 데 걸리는 시간 동안 각 파동은 줄을 따라 얼마나 이동하는가?

50 E 같은 방향으로 진행하는 두 개의 같은 가로파동이 $\pi/5$ rad만큼 위상이 어긋나 있다. 합성파동의 진폭을 두 파동의 공통진폭 y_m으로 나타내어라.

51 E 장력 τ_i로 잡아당긴 줄이 제3조화모드의 진동수 f_3로 진동하며, 파장은 λ_3이다. 장력이 $\tau_f = 3\tau_i$로 증가되고 줄이 다시 제3조화모드로 진동한다. 제3조화모드의 (a) 진동수를 f_3로 (b) 파장을 λ_3로 각각 나타내어라.

52 M 진동수가 500 Hz인 사인모양 파동의 속력이 300 m/s이다. (a) 위상이 $\pi/3$ rad만큼 다른 두 점은 얼마나 떨어져 있는가? (b) 같은 점에서 시간 간격이 1.00 ms 떨어진 두 변위 사이의 위상차는 얼마인가?

53 E 양쪽 끝이 고정된 줄에 작용하는 장력을 줄의 길이는 거의 변화시키지 않고 세 배로 늘렸다. 이전의 줄을 따라 진행했던 파동의 속력에 대한 새로운 파동의 속력의 비율은 얼마인가?

54 E 사인모양의 파동이 줄을 따라 진행하고 있다. 최대 변위인 곳에서 0의 변위로 움직이는 데 0.150 s가 걸린다. (a) 주기와 (b) 진동수는 얼마인가? (c) 파장은 1.40 m이다. 파동의 속력은 얼마인가?

55 E 매섭게 추운 날 송전선에 얼어붙은 얼음조각이 커지면 바람이 지나가면서 소용돌이를 일으키게 된다. 이러한 소용돌이로 공기 압력이 변하다가 송전선의 공명진동수와 일치하면 송전선이 빠르게 진동하기 시작한다. 긴 송전신의 공명진동수는 대부분의 풍속과 잘 일치하므로 송전탑을 쓰러트릴 정도로 강하게 진동하여 이웃한 전선과 *합선*되기 쉽다. 송전선의 길이는 300 m이고, 선밀도는 3.35 kg/m, 장력은 65.2 MN이다. (a) 기본 진동의 진동수, (b) 이웃한 두 진동 사이의 진동수 차이는 각각 얼마인가?

56 E 파동이 진행하는 길이 2.70 m, 질량 260 g의 줄이 있다. 줄의 장력은 36.0 N이다. 평균 일률이 85.0 W이고 진폭이 4.00 mm인 진행파동의 진동수는 얼마인가?

57 M 줄이 다음의 식에 의해 진동한다.

$$y' = (0.40 \text{ cm}) \sin\left[\left(\frac{\pi}{3}\text{cm}^{-1}\right)x\right] \cos\left[(60\pi \text{ s}^{-1})t\right].$$

(a) 진폭, (b) 중첩에 의해 이러한 진동을 만드는 (진행방향을 제외하면 동일한) 진행파동의 속력, (c) 마디 사이의 거리 (d) $t = \frac{9}{8}$ s일 때 1.5 cm에서 줄 요소의 가로속력을 구하여라.

58 E 아래 식과 같은 파동의 속력을 구하여라.

$$y(x, t) = (3.00 \text{ mm}) \sin[(4.00 \text{ m}^{-1})x - (8.00 \text{ s}^{-1})t].$$

59 E 한 줄에서 진폭과 파장이 같은 사인모양의 두 파동이 속력 14 cm/s로 서로 반대방향으로 진행한다. 만약 줄이 평평해지는 순간 사이의 시간 간격이 0.50 s이면 파동의 파장은 얼마인가?

60 E 팽팽한 줄의 조화진동수 중 하나는 400 Hz이다. 그 다음으로 높은 조화진동수는 480 Hz이다. 그렇다면 조화진동수 240 Hz 다음으로 높은 조화진동수는 얼마인가?

제 17 장

파동—II

Waves—II

17.1 ▸ 음속

요점_Key Ideas

1. 음파는 고체, 액체 혹은 기체 안에서 이동할 수 있는 역학적 세로 파동이다. 음파의 속력 v는 부피 팽창률 B와 밀도 ρ인 매질 안에서

$$v = \sqrt{\frac{B}{\rho}}$$

이다. 20°C의 공기에서 음속은 343 m/s이다.

학습목표_Learning Objectives

이 단원을 읽은 후 다음을 이해해야 한다.

17.1.1 세로파동과 가로파동을 구별한다.

17.1.2 파동면과 음파선을 설명한다.

17.1.3 물질 속에서 음속, 물질의 부피 팽창률과 물질의 밀도 사이의 관계를 구한다.

17.1.4 음속, 음파가 이동한 거리와 이 거리를 이동하는 데 걸리는 시간 사이의 관계를 구한다.

▶ 어떤 물리현상을 다루는가?

음파 물리학은 많은 연구 분야의 기초이다. 몇 가지 예를 들어보자. 생리학자는 언어의 발성구조, 언어장애와 청각장애의 교정, 코골이의 발생과정 등에서 물리학적 연관성을 찾고 있으며, 음향학자는 성당과 연주장에서의 음향 개선, 각종 도로공사 소음의 감소, 스피커를 통한 생음악의 재생문제에 관하여 연구하고, 항공공학자는 초음속비행 시의 충격파 문제와 공항 근처에서의 비행기 소음에 대한 물리학적 연관성을 찾고 있다. 의공학자도 심장과 폐에서 발생하는 잡음을 환자의 의학적 신호로 사용하기 위해서 연구하고 있다. 고생물학자는 공룡의 화석에서 공룡의 발성기관에 대한 원리를 찾고 있다. 군사학자는 저격수의 발사 소리로부터 저격수의 위치를 병사가 알아내는 기술을 연구하고, 생물학자는 고양이의 그르렁거리는 소리가 어떻게 발생하는지 연구하고 있다.

소리에 대해 물리학적 논의를 시작하기 전에 "음파는 무엇인가?"라는 질문에 먼저 답해 보자.

▶ 음파

16장에서 배운 바와 같이 역학적 파동은 매질이 필요한 파동이다. 역학적 파동에는 두 가지 형태, 즉 *가로파동*과 *세로파동*이 있다. 가로파동은 파동의 진행방향과 수직하게 매질이 진동하고, 세로파동은 파동의 진행방향과 나란하게 매질이 진동하는 파동이다.

이 장에서는 세로파동인 **음파**를 다룬다. 지질탐사단은 석유를 찾기 위해, 선박은 해저의 장애물을 탐지하기 위해, 잠수함은 추진기에서 발생되는 특정 소음을 감지해서 다른 잠수함을 몰래 추적하기 위해 음파를 이용한다. 그림 17.1.1은 초음파가 인체나 동물의 조직과 어떻게 반응하는지 보여준다. 이 장에서는 가청영역의 진동수로 공기 중에서 전파되는 음파를 주로 다루기로 한다.

그림 17.1.2에는 음파를 논의하기 위한 여러 개념이 있다. 점 S는 모든 방향으로 음파

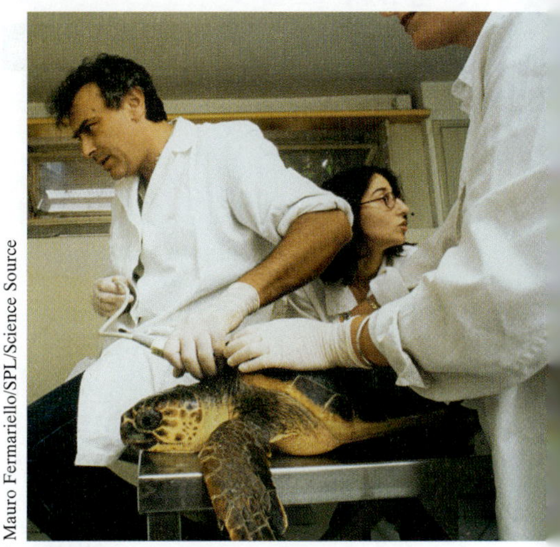

Mauro Fermariello/SPL/Science Source

그림 17.1.1 ▸ (가청범위를 넘어선 진동수의) 초음파로 붉은바다거북을 진단하고 있다. 거북이 내부의 모습이 모니터 화면에 보인다.

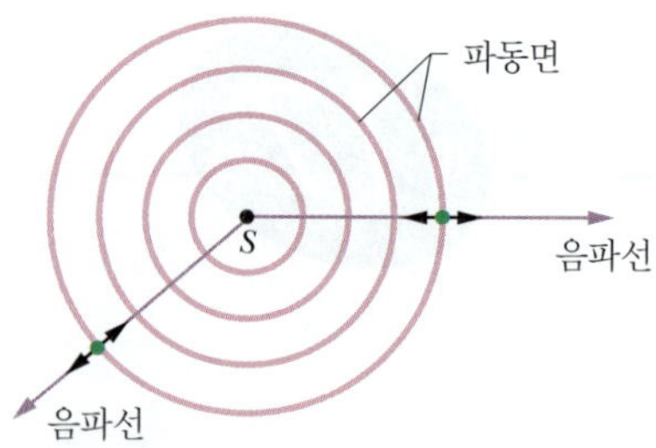

그림 17.1.2 점원 S에서 나온 음파가 3차원 매질로 퍼져나간다. 파동면은 S가 중심인 구형을 이루며 음파선은 지름방향이다. 양방향 화살표는 매질 요소가 음파선과 나란하게 진동한다는 뜻이다.

를 방출하는 *점원*이다. *파동면*과 *음파선*은 음파의 진행방향과 퍼짐을 나타낸다. **파동면**은 음파로 인한 공기의 진동이 같은 값을 가지는 면이다. 파동면은 점원의 2차원적 표현에서 원으로 표시한다. **음파선**은 파동면의 진행방향을 가리키며 파동면과 수직인 직선이다. 음파선에 중첩된 양방향 화살표는 세로파동의 진동이 음파선과 나란하다는 뜻이다.

3차원에서는 그림 17.1.2처럼 점원 근처에서 파동면이 구형으로 퍼져 나간다. 이를 *구면파*라 한다. 파동이 진행함에 따라 파동면의 반지름은 점점 커지고 곡률은 감소한다. 점원으로부터 아주 먼 곳에서 파동면은 평면(2차원에서는 직선)같이 되며, 이를 *평면파*라 한다.

▶ 음속

역학적 파동인 가로파동 또는 세로파동의 속력은 운동에너지를 저장하는 매질의 관성적 특성과 퍼텐셜에너지를 저장하는 매질의 탄성적 특성에 의존하며, 속력의 일반적인 표현은 식 16.2.5이다. 즉, 팽팽한 줄에 생긴 가로파동의 속력은 다음과 같다.

$$v = \sqrt{\frac{\tau}{\mu}} = \sqrt{\frac{\text{탄성적 특성}}{\text{관성적 특성}}}. \tag{17.1.1}$$

여기서 (가로파동이면) τ는 줄의 장력이고 μ는 줄의 선밀도이다. 만약 매질이 공기이고 파동이 세로파동이면 μ에 대응되는 관성에 관한 특성은 공기의 부피밀도 ρ라는 것을 짐작할 수 있다. 그러면 탄성적인 특성에 대해서는 어떤 양을 사용해야 할까?

퍼텐셜에너지는 파동이 생긴 팽팽한 줄이 주기적으로 늘어나는 것과 관련이 있다. 음파는 공기를 통하여 전달되므로 퍼텐셜에너지는 공기의 작은 부피가 주기적으로 압축되고 팽창되는 것과 관계있다. 즉, 매질에 가한 압력이 변화할 때 매질의 부피가 변화하는 정도이다. 이러한 특성을 **부피탄성률** B라고 하며 식 12.3.4에서 다음과 같이 정의한다.

$$B = -\frac{\Delta p}{\Delta V/V} \quad \text{(부피탄성률)}. \tag{17.1.2}$$

여기서 $\Delta V/V$는 Δp의 압력변화에 의한 부피의 미소변화량의 비율을 의미한다. 14.1절에서 설명한 바와 같이 압력의 SI 단위는 N/m^2인 *파스칼*(Pa)로 나타낸다. 식 17.1.2에서 B의 단위가 파스칼임을 알 수 있다. Δp와 ΔV의 부호는 항상 반대이다. 즉, 매질에 가한 압력이 증가하면(Δp가 양수) 부피요소는 감소한다(ΔV는 음수). 식 17.1.2에서 음의 부호를 앞에 붙여서 B의 값이 항상 양수가 되도록 한다. 식 17.1.1에서 τ를 B로, μ를 ρ로 바꾸면 밀도가 ρ이고 부피탄성률이 B인 매질에서 음속을 다음과 같이 쓸 수 있다.

$$v = \sqrt{\frac{B}{\rho}} \quad \text{(음속)}. \tag{17.1.3}$$

표 17.1.1은 여러 가지 매질 내에서의 음속이다.

물의 밀도는 공기의 밀도보다 거의 1000배 정도 더 크다. 만약 식 17.1.3에서 이 부분만 고려하면 공기보다 물속에서 음속이 상당히 작아야 한다. 그러나 표 17.1.1을 보면 반대이다. 따라서 식 17.1.3에 의하면 물의 부피탄성률이 공기의 부피탄성률보다 1000배 이상으로 크다고 결론지을 수 있는데, 실제로 그렇다. 물은 공기에 비해서 훨씬 압축하기 어려워서 부피탄성률이 매우 크기 때문이다.

표 17.1.1 음속[a]

매질	속력(m/s)
기체	
공기(0°C)	331
공기(20°C)	343
헬륨	965
수소	1284
액체	
물(0°C)	1402
물(20°C)	1482
바닷물[b]	1522
고체	
알루미늄	6420
강철	5941
화강암	6000

[a]명시적으로 표시하지 않으면 0°C, 1 기압이다.
[b]20°C와 염도 3.5%

식 17.1.3의 엄밀한 유도

식 17.1.3은 Newton의 법칙을 이용하여 직접 유도할 수 있다. 그림 16.1.2처럼 긴 관 안에서 v의 속도로 오른쪽에서 왼쪽으로 공기를 압축시켜 만든 펄스 하나가 이동한다고 하자. 이 펄스와 같은 속력으로 이동하는 기준계를 생각하면 그림 17.1.3*a*처럼 기준계에서 펄스는 가만히 서 있고 공기는 v의 속력으로 왼쪽에서 오른쪽으로 이동한다.

가만히 있는 공기의 압력을 p, 펄스 안에서의 압력을 $p + \Delta p$라고 하자. 여기서 Δp는 공기가 압축되면 양의 값이다. 속력 v로 펄스로 향해 이동하는 공기요소의 두께를 Δx, 면적을 A라고 하자. 펄스로 들어가는 공기요소의 앞부분은 더 높은 압력영역이므로 펄스 앞면에서는 $v + \Delta v$로 속력이 느려지며, Δv는 음의 값이다. 그 후 움직이는 공기요소의 뒷면이 펄스에 도달하면 속력의 감소가 끝나고, 이때까지 걸린 시간은 다음과 같다.

$$\Delta t = \frac{\Delta x}{v}. \tag{17.1.4}$$

여기에 Newton의 제2법칙을 적용해 보자. Δt 동안 공기요소 뒷면에서 오른쪽으로 작용하는 평균력은 pA이며, 공기요소의 앞면에서 왼쪽으로 작용하는 평균력은 $(p + \Delta p)A$이다(그림 17.1.3*b* 참조). 따라서 Δt 동안 공기요소에 작용하는 알짜힘은

$$\begin{aligned} F &= pA - (p + \Delta p)A \\ &= -\Delta p\, A \qquad \text{(알짜힘)} \end{aligned} \tag{17.1.5}$$

이다. 위 식에서 음의 부호는 공기요소에 작용하는 힘의 방향이 그림 17.1.3*b*처럼 왼쪽 방향임을 알 수 있다. 식 17.1.4를 이용하여 공기요소의 부피가 $A\Delta x$일 때 공기요소의 질량은

$$\Delta m = \rho\, \Delta V = \rho A\, \Delta x = \rho A v\, \Delta t \qquad \text{(질량)} \tag{17.1.6}$$

이고, Δt 시간간격 동안의 평균가속도는 다음과 같다.

$$a = \frac{\Delta v}{\Delta t} \qquad \text{(가속도)}. \tag{17.1.7}$$

따라서 식 17.1.5, 17.1.16, 17.1.7과 Newton의 제2법칙($F = ma$)으로부터

$$-\Delta p\, A = (\rho A v\, \Delta t)\, \frac{\Delta v}{\Delta t} \tag{17.1.8}$$

를 얻을 수 있는데, 이 식은 다음과 같이 정리할 수 있다.

$$\rho v^2 = -\frac{\Delta p}{\Delta v / v}. \tag{17.1.9}$$

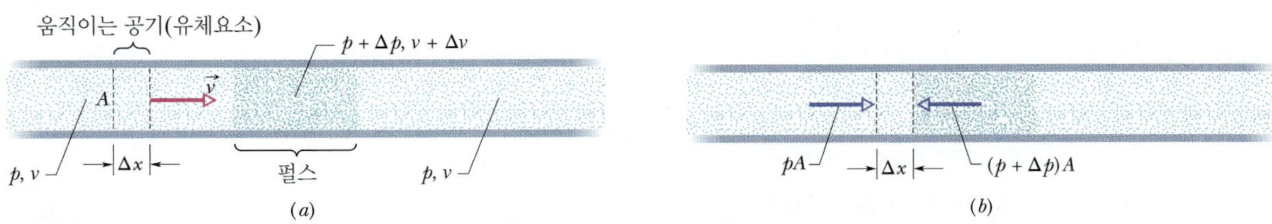

그림 17.1.3 압축된 펄스는 공기로 가득 찬 긴 관에서 오른쪽에서 왼쪽으로 이동한다. 기준계를 그림과 같이 선택하면, 펄스는 고정되어 있고 공기는 왼쪽에서 오른쪽으로 움직인다. (*a*) 폭 Δx의 공기요소가 v의 속력으로 펄스를 향해 움직인다. (*b*) 펄스로 공기요소의 앞면이 들어간다. 공기압력이 공기요소의 앞면과 뒷면에 작용하는 힘으로 표시되어 있다.

펄스 외부에 있는 부피 $V(=Av\Delta t)$의 공기는 펄스 안으로 들어가면서 $\Delta V(=A\,\Delta v\,\Delta t)$만큼 압축된다. 따라서

$$\frac{\Delta V}{V}=\frac{A\,\Delta v\,\Delta t}{Av\,\Delta t}=\frac{\Delta v}{v} \tag{17.1.10}$$

이다. 식 17.1.9에 식 17.1.2와 17.1.10을 넣어서 계산하면 다음을 얻는다.

$$\rho v^2=-\frac{\Delta p}{\Delta v/v}=-\frac{\Delta p}{\Delta V/V}=B. \tag{17.1.11}$$

이 식을 v에 대해 정리하면 그림 17.1.3에서 오른쪽으로 움직이는 공기의 속력 v에 관한 식 17.1.3을 얻는다. 즉, 왼쪽으로 움직이는 펄스의 속력이다.

확인문제 17.1.1

처음 부피가 같은 두 물질에 같은 압력차 Δp를 작용하였다. 물질 A의 부피팽창률은 B보다 크다. 어느 물질의 부피변화가 더 큰가?

보기문제 17.1.1 마야 피라미드에서 생긴 메아리

멕시코의 Chichen Itza에 있는 마야 피라미드 계단 앞에서 손뼉을 쳐서 소리 펄스를 만들면 메아리는 진동수가 감소하는 음악 소리가 된다. 메아리는 차례로 있는 계단에서 반사된 음파에 의해 생긴다. 음파는 가장 가까운(낮은) 계단에서 먼저 도달하고(그림 17.1.4*a*) 가장 먼(높은) 계단에서 마지막으로 도달한다(그림 17.1.4*b*). 계단의 너비와 높이는 d = 0.263 m이고 음속은 343 m/s이다. 음파가 계단 아래 근처에서 계단을 왕복하는 음파가 취하는 경로는 대략 수평선이다. 꼭대기 부근의 계단을 왕복하는 음파의 경로는 대략 수평선과 45°를 이룬다. 바닥 계단에서 사람에 도달하는 메아리 펄스의 진동수 f_{bot}을 구하여라. 잠시 후 꼭대기 계단에서 도달하는 펄스의 진동수 f_{top}을 구하여라.

요점

(1) 사람에게 돌아오는 펄스의 진동수 f는 연속되는 펄스 사이의 시간 Δt의 역수이다. (2) 소리가 주어진 거리 L을 이동할 때 걸리는 시간은 음속 v와 $v = L/t$의 관계가 있다.

풀이: 계단 바닥에서 그림 17.1.4*a*를 한 계단 위에서 반사된 음파는 바로 아래 계단에서 반사된 음파보다 $L = 2d$의 거리를 더 이동한다. (위 계단의 파동은 계단 너비의 두 배를 이동해야 한다.) 따라서 사람 위치에서 메아리 펄스가 도달할 때 시간간격은

$$\Delta t_{bot}=\frac{L}{v}=\frac{2d}{v}=\frac{2(0.263\text{ m})}{343\text{ m/s}}=1.533\times10^{-3}\text{ s}$$

이다. 사람에게 도달하는 펄스의 진동수 f_{bot}은 다음과 같다.

$$f_{bot}=\frac{1}{\Delta t_{bot}}=\frac{1}{1.533\times10^{-3}\text{ s}}=652\text{ Hz.}$$ (답)

시간간격 Δt_{bot}은 너무 짧아서 사람은 각각의 펄스를 구별할 수 없다. 그 대신 진동수 f_{bot}인 청취자가 진동수 652 Hz의 음악 소리로 듣는다.

계단 꼭대기를 나타낸 그림 17.1.4*b*에서 기울어진 곳으로 갔다가 돌아오는 음파 펄스란 한 계단 높은 곳에서 반사된 소리는 바로 밑에서 반사된 소리보다 거리 $L=2\sqrt{2}d$만큼 더 이동한다는 것을 의미한다. (이동한 거리는 길이 d인 수직 이등변삼각형에서 빗변의 두 배이다.) 따라서 이제 사람이 듣는 메아리 펄스는 시간간격

$$\Delta t_{top}=\frac{L}{v}=\frac{2\sqrt{2}d}{v}=\frac{2\sqrt{2}(0.263\text{ m})}{343\text{ m/s}}=2.168\times10^{-3}\text{ s,}$$

으로 도달하고, 느끼는 진동수는 다음과 같다.

$$f_{top} = \frac{1}{\Delta t_{top}}$$

$$= \frac{1}{2.168 \times 10^{-3}\ s} = 461\ Hz.$$ 답

따라서 계단 앞에서 손뼉을 치면 진동수 652 Hz에서 461 Hz에 이르는 메아리를 만든다. 이러한 음악적인 메아리는 다른 계단, 심지어는 나무울타리 옆에 서있을 때도 들을 수 있을 것이다.

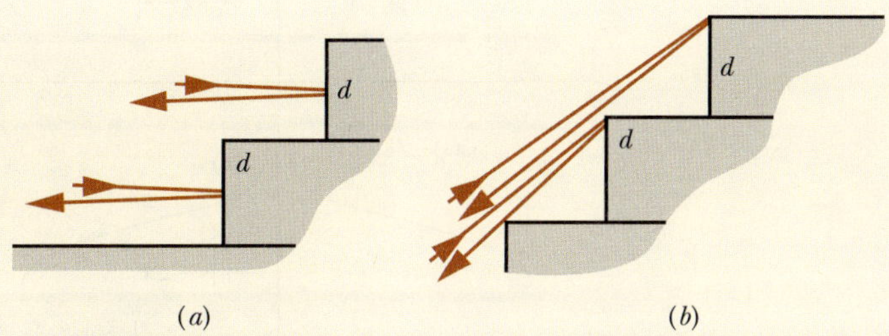

그림 17.1.4 높은 계단에서 (a) 바닥 계단 (b) 꼭대기 계단에서 반사된 음파.

17.2 ▸ 진행 음파

요점_Key Ideas

1. 음파는 매질 안에서

$$s = s_m \cos(kx - \omega t)$$

으로 주어지는 질량요소의 세로 변위 s를 일으킨다. 여기서 s_m은 평형상태로부터의 변위진폭(최대 변위)이고, $k = 2\pi/\lambda$, $\omega = 2\pi f$이다. 여기서 λ는 음파의 파장, f는 진동수이다.

2. 음파는 또한

$$\Delta p = \Delta p_m \sin(kx - \omega t)$$

으로 주어지는 평형상태의 압력으로부터의 압력변화 Δp를 일으킨다. 여기서 압력진폭은 다음과 같다.

$$\Delta p_m = (v\rho\omega)s_m.$$

학습목표_Learning Objectives

이 단원을 읽은 후 다음을 이해해야 한다.

17.2.1 임의의 시간과 위치에서 음파가 그 점을 지날 때 공기 요소의 변위 $s(x, t)$를 계산한다.

17.2.2 음파에 대한 변위함수 $s(x, t)$가 주어졌을 때 두 주어진 변위 사이의 시간을 계산한다.

17.2.3 파동속력 v, 각진동수 ω, 각파동수 k, 파장 λ, 주기 T와 진동수 f 사이의 관계를 구한다.

17.2.4 공기요소의 변위 $s(x)$를 위치의 함수로 그래프를 그리고, 진폭 s_m과 파장 λ를 나타낸다.

17.2.5 임의의 시간과 위치에서 음파가 그 지점을 통과할 때 공기요소의 압력 변화 Δp(대기압으로부터의 변화)를 계산한다.

17.2.6 요소의 압력변화 $\Delta p(x)$를 위치의 함수로 그래프를 그리고 진폭 Δp_m과 파장 λ를 나타낸다.

17.2.7 압력변화 진폭 Δp_m과 변위진폭 s_m 사이의 관계를 구한다.

17.2.8 음파에 대해 위치 s를 시간의 그래프로 나타냈을 때 진폭 s_m과 주기 T를 결정한다.

17.2.9 음파에 대해 압력변화 Δp를 시간의 그래프로 나타냈을 때 진폭 Δp_m과 주기 T를 결정한다.

▶ 진행 음파

사인함수 모양의 파동이 공기에서 진행할 때 압력과 변위를 알아보자. 그림 17.2.1*a*는 공기가 들어 있는 긴 관에서 오른쪽으로 이동하는 파동을 나타낸다. 16장의 내용을 다시 살펴보면 그림 16.1.2에서 관 왼쪽 끝의 피스톤을 움직여 사인함수 형태로 파동을 만든다. 피스톤이 오른쪽으로 공기를 밀면 피스톤의 면과 공기의 압축에 의해서 공기요소가 오른쪽으로 움직인다. 왼쪽으로 당기면 압력이 감소하고 공기요소는 왼쪽으로 움직인다. 이러한 공기의 운동과 압력의 변화는 관을 따라 음파로 전달된다.

그림 17.2.1*b*처럼 두께 Δx의 공기요소가 있다. 공기요소는 평형위치에서 좌우로 단순조화운동을 한다. 따라서 진행하는 음파가 만드는 공기요소의 진동은 줄에 생긴 가로파동과 같은 형식으로 움직인다. 단, 공기요소의 진동은 *가로진동*이 아니고 *세로진동*이다. xy 좌표계에서 줄이 y축에 대해서 평행하게 진동하여 $y(x, t)$로 기술하지만, 공기요소는 x축에 평행하게 진동하기 때문에 $x(x, t)$로 기술해야 한다. 그러나 혼동을 피하기 위하여 여기서는 공기의 진동을 $s(x, t)$로 기술하겠다.

▸***변위.*** 진동을 거리 x와 시간 t의 사인모양 함수로 표현하기 위하여 코사인함수 또는 사인함수를 사용할 수 있다. 이 장에서는 코사인함수를 사용하여 다음과 같이 쓴다.

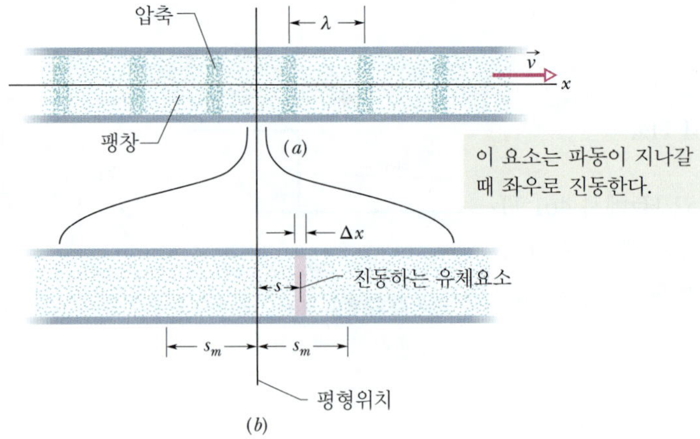

그림 17.2.1 (*a*) 공기로 가득 찬 긴 관에서 음파가 속력 *v*로 움직이고 있다. 주기적으로 공기가 압축된 부분과 팽창하는 부분으로 나누어져 있다. 그림은 어떤 순간의 파동을 나타낸다. (*b*) 관의 작은 부분을 확대해 보면, 파동이 지나갈 때 두께 Δx의 공기요소가 평형위치를 중심으로 좌우로 단순조화진동을 한다. (*b*)는 공기요소가 평형위치로부터 오른쪽으로 *s*만큼 이동한 순간을 나타낸 것이다. 진동하는 최대 거리는 왼쪽으로든 오른쪽으로든 s_m이다.

$$s(x, t) = s_m \cos(kx - \omega t). \tag{17.2.1}$$

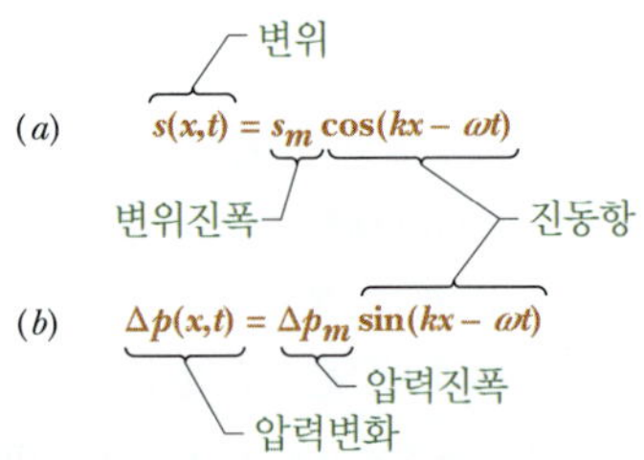

그림 17.2.2 진행 음파의 (*a*) 변위함수 및 (*b*) 압력변화 함수는 진폭과 진동항으로 표현한다.

그림 17.2.2*a*에 이 식의 각 항에 대한 설명이 있다. 여기서 s_m은 **변위진폭**으로 평형위치에 대한 공기요소의 최대변위이다(그림 17.2.1*b* 참조). 음파(세로파동)의 각파동수 *k*, 각진동수 ω, 진동수 *f*, 파장 λ, 속력 *v*, 그리고 주기 *T*는 λ가 공기의 압축과 팽창이 반복되는 거리(그림 17.2.1*a* 참조)라는 것 이외에는 가로파동의 경우와 똑같이 정의한다(여기서는 s_m의 값이 λ보다 아주 작다고 가정한다).

▸***압력.*** 파동이 움직일 때 그림 17.2.1*a*에서 어떤 위치 *x*에서의 압력은 사인모양으로 다음과 같이 쓸 수 있다.

$$\Delta p(x, t) = \Delta p_m \sin(kx - \omega t). \tag{17.2.2}$$

그림 17.2.2*b*에 이 식의 각 항에 대한 설명이 있다. Δp가 음의 값이면 공기의 팽창을 나타내고, 양의 값이면 공기의 압축을 나타낸다. 여기서 Δp_m은 **압력진폭**으로서, 파동에 의한 압력의 최대 증가량 또는 감소량이다. 일반적으로 Δp_m은 음파가 없을 때의 압력에 비해 훨씬 작다. 아래에서 증명하겠지만, 압력진폭 Δp_m은 식 17.2.1의 변위진폭 s_m과

$$\Delta p_m = (v\rho\omega)s_m \tag{17.2.3}$$

의 관계가 있다.

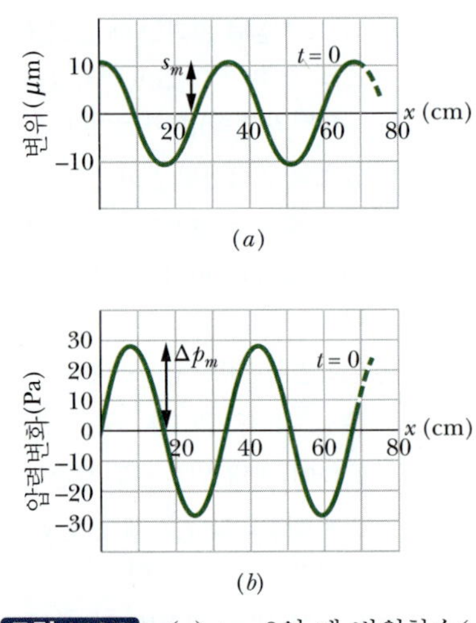

그림 17.2.3 (*a*) $t = 0$일 때 변위함수(식 17.1.12)의 그래프. (*b*) 식 17.1.13의 압력변화 그래프. 두 그래프는 1000 Hz의 음파이며, 이 정도의 압력진폭은 통증을 주기 시작한다.

그림 17.2.3은 $t = 0$일 때 식 17.2.1과 17.2.2의 그래프이다. 두 그래프의 곡선은 수평축의 오른쪽 방향으로 움직인다. 또한 변위와 압력의 위상차가 $\pi/2$ rad(또는 90°)임을 알 수 있다. 예컨대 변위가 최대값일 때 압력의 변화 Δp는 0이다.

→ 확인문제 17.2.1

그림 17.2.1*b*의 공기요소가 변위 0인 점을 지나 오른쪽으로 움직일 때, 공기요소의 압력은 평형값인가, 증가하기 시작하는가, 아니면 감소하기 시작하는가?

식 17.2.2와 17.2.3의 유도

그림 17.2.1*b*에서 단면적 *A*, 두께 Δx의 진동하는 공기요소는 중앙위치가 평형위치에서

거리 s만큼 움직였다. 식 17.1.2로부터 움직인 공기요소의 압력 변화는

$$\Delta p = -B\frac{\Delta V}{V} \tag{17.2.4}$$

이다. 식 17.2.4에서 공기요소의 부피 V는 다음과 같이 쓸 수 있다.

$$V = A\ \Delta x. \tag{17.2.5}$$

식 17.2.4에 나타난 ΔV는 공기요소가 움직일 때의 부피 변화량이다. 이러한 부피 변화가 생기는 것은 공기요소의 두 경계면의 변위가 완전히 일치하지 않아 Δs만큼 차이가 나기 때문이다. 따라서 부피 변화는

$$\Delta V = A\ \Delta s \tag{17.2.6}$$

이다.

식 17.2.5와 17.2.6을 식 17.2.4에 대입하고, 미분형태로 쓰면

$$\Delta p = -B\frac{\Delta s}{\Delta x} = -B\frac{\partial s}{\partial x} \tag{17.2.7}$$

이다. 식 17.2.7에서 ∂ 기호는 *편미분*을 나타내며, 여기서는 시간이 고정되었을 때 x에 따라 s가 어떻게 변화하는가를 나타낸다. 식 17.2.1에서 시간을 상수로 취급하면

$$\frac{\partial s}{\partial x} = \frac{\partial}{\partial x}[s_m \cos(kx - \omega t)] = -ks_m \sin(kx - \omega t)$$

이다. 식 17.2.7의 편미분함수에 이를 대입하면

$$\Delta p = Bks_m \sin(kx - \omega t)$$

를 얻는다. 이것은 압력은 시간에 대한 사인함수 형태로 변하고, 변화의 진폭은 사인함수 앞에 있는 항과 같다는 것을 뜻한다. $\Delta p_m = Bks_m$으로 놓으면 식 17.2.2가 되고, 이것이 증명하려고 했던 식이다.

한편 식 17.2.3을 이용하여 다음과 같이 쓸 수 있다.

$$\Delta p_m = (Bk)s_m = (v^2\rho k)s_m.$$

식 17.2.3을 증명하려면 식 16.1.12에서 k 대신 ω/v로 바꾸면 된다.

▶ 보기문제 17.2.1 압력진폭, 변위진폭

인간의 귀가 견딜 수 있는 소리의 최대 압력진폭 Δp_m은 약 28 Pa이다(평상시 공기압력인 약 10^5 Pa보다는 아주 작다). 공기의 밀도가 $\rho = 1.21\ \text{kg/m}^3$, 진동수가 1000 Hz, 속력이 343 m/s일 때 변위진폭 s_m의 값은 얼마인가?

요점

음파의 변위진폭 s_m은 식 17.2.3에 따라 압력진폭 Δp_m으로 쓸 수 있다.

풀이: 이 식을 s_m에 대하여 풀면

$$s_m = \frac{\Delta p_m}{v\rho\omega} = \frac{\Delta p_m}{v\rho(2\pi f)}$$

이고, 문제에 주어진 값을 대입하면 다음을 얻는다.

$$s_m = \frac{28\ \text{Pa}}{(343\ \text{m/s})(1.21\ \text{kg/m}^3)(2\pi)(1000\ \text{Hz})}$$
$$= 1.1 \times 10^{-5}\ \text{m} = 11\ \mu\text{m}.$$ (답)

이 값은 종이 두께의 1/7 정도밖에 되지 않는다. 귀가 견딜 수 있는 가장 큰 소리라도 변위진폭은 매우 작다. 이와 같이 큰 소리에 일시적으로 노출되면 아마도 내이로 공급되는 혈

액이 감소되어 일시적 청각장애가 생길 것이다. 장시간 노출되면 영구적인 피해가 발생한다.

1000 Hz에서 귀가 들을 수 있는 *가장 작은* 소리의 압력 변위 Δp_m은 2.8×10^{-5} Pa이다. 위 식을 이용하면 $s_m = 1.1 \times 10^{-11}$ m, 즉 11 pm이다. 즉, 전형적인 원자 반지름의 1/10도 못 되는 작은 값이다. 따라서 사람의 귀는 매우 민감한 음파 측정장치이다.

교육용 비디오는 웹사이트 www.wiley.com에서 볼 수 있다.

17.3 ▸ 간섭

학습목표 *Learning Objectives*

이 단원을 읽은 후 다음을 이해해야 한다.

17.3.1 같은 파장을 갖는 두 파동이 같은 위상으로 시작하지만, 다른 경로를 이동하여 같은 점에 도달했을 때 그 점에서의 위상차 ϕ를 경로차 ΔL과 파장 λ를 연관시켜 계산한다.

17.3.2 같은 진폭, 파장, 운동 방향을 갖는 두 음파 사이의 위상차가 주어졌을 때 이 파동 사이의 간섭형태(완전 상쇄간섭, 완전 보강간섭 혹은 중간간섭)를 결정한다.

17.3.3 위상차를 라디안, 도, 파장의 개수로 표현한다.

요점 *Key Ideas*

1. 동일한 파장을 갖는 두 음파가 같은 점을 지날 때의 간섭은 그곳에서의 위상차 ϕ에 의존한다. 음파가 같은 위상으로 방출되어 거의 같은 방향으로 진행하면 ϕ는

$$\phi = \frac{\Delta L}{\lambda} 2\pi$$

로 주어진다. ΔL은 경로차이다.

2. 완전 보강간섭은 ϕ가 2π의 정수배일 때 일어난다.

$$\phi = m(2\pi), \qquad m = 0, 1, 2, \ldots.$$

그리고 마찬가지로 ΔL은 파장 λ와 다음의 관계가 있다.

$$\frac{\Delta L}{\lambda} = 0, 1, 2, \ldots.$$

3. 완전 상쇄간섭은 ϕ가 π의 홀수배일 때 일어난다.

$$\phi = (2m + 1)\pi, \qquad m = 0, 1, 2, \ldots,$$

$$\frac{\Delta L}{\lambda} = 0.5, 1.5, 2.5, \ldots.$$

▶ 간섭

가로파동처럼 음파도 간섭을 일으킬 수 있다. 사실 16.5단원에서 가로파동에서 했던 것처럼 간섭에 대한 식을 쓸 수 있다. x축의 양의 방향으로 진행하며 위상차가 ϕ인 같은 진폭과 파장을 갖는 두 음파를 생각해 보자. 이 파동은 식 16.5.2와 16.5.3으로 표현할 수 있지만 식 17.2.1과 일관성 있게 하려면 사인함수 대신 코사인함수를 사용한다.

$$s_1(x, t) = s_m \cos(kx - \omega t),$$
$$s_2(x, t) = s_m \cos(kx - \omega t + \phi).$$

이 파동은 겹치고 간섭한다. 식 16.5.6으로부터 합성파동을 다음과 같이 쓸 수 있다.

$$s' = [2s_m \cos \tfrac{1}{2}\phi] \cos(kx - \omega t + \tfrac{1}{2}\phi).$$

가로파동에서 보았듯이 합성파동 자체도 진행파동이다. 그 진폭의 크기는 다음과 같다.

$$s'_m = |2s_m \cos \tfrac{1}{2}\phi|. \tag{17.3.1}$$

가로파동과 마찬가지로 ϕ의 값이 각각의 파동이 겪는 간섭 형태를 결정한다.

ϕ를 조정하는 한 가지 방법은 이 파동을 다른 길이의 경로를 따라 보내는 것이다. 그림 17.3.1*a*에 이와 같은 상황을 어떻게 만들어내는지 나타내었다. 두 점원 S_1과 S_2는 파장 λ와 위상이 같은 음파를 발생한다. 두 파동의 위상이 같으므로 *점원*에서 나올 때의 변위는 항상 똑같다. 그림 17.3.1*a*에서 점 P를 통과하는 파동을 고려하자. 이때 P점까지의 거리가 점원 사이의 거리보다 매우 크다고 가정하면, 근사적으로 두 파동은 나란히 진행한다고 볼 수 있다.

만일 두 파동이 P점까지 동일한 거리를 진행하면, 두 파동은 P점에서 같은 위상을 가지므로 가로파동처럼 세로파동도 P점에서 완전 보강간섭을 일으킨다. 하지만 그림 17.3.1*a*에서 S_2가 진행한 길이 L_2는 S_1이 진행한 길이 L_1보다 길다. 진행 거리가 다르다면 파동은 P점에서 위상이 같지 않을 수 있다. 즉, P점에서의 위상차 ϕ는 **경로차** $\Delta L = |L_1 - L_2|$에 의존한다.

위상차 ϕ와 경로차 ΔL 간의 관계는 2π의 위상차가 하나의 파장에 해당하므로(16.1 단원), 그 비율은

$$\frac{\phi}{2\pi} = \frac{\Delta L}{\lambda} \tag{17.3.2}$$

로 쓸 수 있으며, 이로부터 다음을 얻는다.

$$\phi = \frac{\Delta L}{\lambda} 2\pi. \tag{17.3.3}$$

완전 보강간섭은 ϕ가 0, 2π 또는 2π의 정수배일 때 일어나므로

$$\phi = m(2\pi), \qquad m = 0, 1, 2, \ldots \quad \text{(완전 보강간섭)} \tag{17.3.4}$$

로 쓸 수 있다. 따라서 식 17.3.3으로부터 $\Delta L/\lambda$의 비율이

$$\frac{\Delta L}{\lambda} = 0, 1, 2, \ldots \quad \text{(완전 보강간섭)} \tag{17.3.5}$$

일 때 보강간섭을 한다. 예컨대 그림 17.3.1*a*에서 경로차 $\Delta L = |L_1 - L_2|$가 2λ라면, $\Delta L/\lambda = 2$이므로, P에서 완전 보강간섭을 한다(그림 17.3.1*b*). 왜냐하면 P점에서 S_1으로부터 2λ만큼 위상이 이동된 S_2는 *정확히 같은 위상을 갖기 때문이다.*

완전 상쇄간섭은 ϕ가 π의 반정수배일 때 일어나므로

$$\phi = (2m + 1)\pi, \qquad m = 0, 1, 2, \ldots \quad \text{(완전 상쇄간섭)} \tag{17.3.6}$$

로 표기할 수 있다. 즉, $\Delta L/\lambda$의 비율이

$$\frac{\Delta L}{\lambda} = 0.5, 1.5, 2.5, \ldots \quad \text{(완전 상쇄간섭)} \tag{17.3.7}$$

일 때 상쇄간섭을 한다. 그림 17.3.1*a*에서 경로차 $\Delta L = |L_1 - L_2|$가 2.5λ라면 $\Delta L/\lambda = 2.5$이므로, P에서 완전 상쇄간섭을 한다(그림 17.3.1*c*). 왜냐하면 P점에서 S_1으로부터

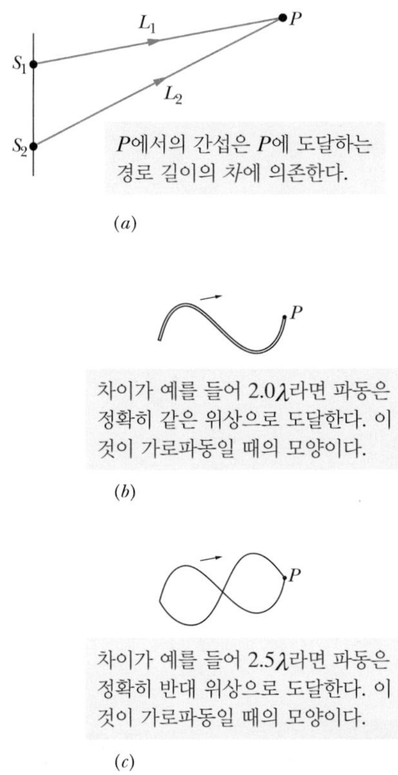

그림 17.3.1 (*a*) 두 점원 S_1과 S_2가 위상이 같은 구면파를 발생한다. 음파선을 따라 파동은 동일한 점 P를 지나간다. (*가로파동으로 나타낸*) 파동이 (*b*) 정확히 같은 위상으로 (*c*) 정확히 반대 위상으로 P에 도달한다.

2.5λ만큼 위상이 이동된 S_2는 *정확히 반대 위상을 갖기 때문이다.*

만약 $\Delta L/\lambda = 1.2$이면 두 파동은 중간간섭을 일으킨다. 이 경우는 완전 상쇄간섭 $(\Delta L/\lambda = 1.0)$보다는 완전 보강간섭$(\Delta L/\lambda = 1.5)$에 더 가깝다.

확인문제 17.3.1

세 쌍의 음파가 있다. 각 쌍의 파동을 같은 축으로 보내어 간섭을 일으킨다. 그 결과 파동의 진폭이 큰 쌍부터 나열하여라.

쌍 *A*: $s_1(x, t) = s_m \cos(kx - \omega t)$
$s_2(x, t) = s_m \cos(kx - \omega t + 0.90\pi)$

쌍 *B*: $s_1(x, t) = s_m \cos(kx - \omega t)$
$s_2(x, t) = s_m \cos(kx - \omega t + 1.10\pi)$

쌍 *C*: $s_1(x, t) = s_m \cos(kx - \omega t)$
$s_2(x, t) = s_m \cos(kx - \omega t + 0.20\pi)$

보기문제 17.3.1 큰 원 주위의 간섭을 일으키는 점

그림 17.3.2*a*에서 위상은 같고 거리가 $D = 1.5\lambda$만큼 떨어진 두 점원 S_1과 S_2가 같은 파장 λ의 음파를 발생한다.

(a) P_1이 D를 수직 이등분하는 선상에 있고, 점원으로부터의 거리가 D보다 매우 클 때 P_1에서 S_1과 S_2에서 나온 파동의 경로차는 얼마인가(그림 17.3.2*b*)? (즉 점원 S_1에서 점 P_1까지의 거리와 점원 S_2에서 P_1까지의 거리의 차는 얼마인가?) P_1에서는 어떤 형태의 간섭이 일어나는가?

풀이: 두 파동이 P_1까지 같은 거리를 진행하므로 경로차는 다음과 같이 0이다.

$$\Delta L = 0. \quad \text{(답)}$$

식 17.3.5로부터 이것은 파동이 점원으로부터 같은 위상으로 시작하고, P_1에 도달할 때 위상이 같으므로 P_1에서 완전 보강간섭한다는 것을 뜻한다.

(b) 그림 17.3.2*c*의 점 P_2에서 경로차와 간섭형태는 각각 무엇인가?

풀이: P_2까지 S_1이 S_2보다 $D(= 1.5\lambda)$만큼 더 진행하므로, 경로차는 다음과 같다.

$$\Delta L = 1.5\lambda. \quad \text{(답)}$$

식 17.3.7로부터 이것은 파동이 P_2에서 정확히 반대 위상이고, 완전 상쇄간섭한다는 것을 뜻한다.

(c) 그림 17.3.2*d*에 두 점원의 중앙을 중심으로 하는 D보다 더 큰 반지름의 원이 있다. 원둘레 위에서 완전 보강간섭이 일어나는 점 N의 개수는 몇 개인가? (즉 얼마나 많은 점에서 두 파동이 정확히 같은 위상으로 도달하는가?)

풀이: 점 a에서 시작하여 점 d까지 시계방향으로 원둘레를 따라 움직인다고 생각해보자. 점 d로 움직이면 경로 차 ΔL이 증가하므로 간섭형태가 변한다. 문제 (a)로부터 점 a에서는 경로차가 $\Delta L = 0\lambda$임을 알 수 있다. 또한 문제 (b)로부터 점 a에서는 경로차가 $\Delta L = 1.5\lambda$임을 알 수 있다. 따라서 그림 17.3.2*e*에 나타낸 것처럼 a와 d 사이에서 반드시 $\Delta L = \lambda$가 되는 점이 존재해야 한다. 식 17.3.5에 의해 완전 보강간섭은 그 점에서 일어난다. a에서의 0과 d에서의 1.5 사이에 정수는 1밖에 없으므로 a와 d 사이에 더 이상의 완전 보강간섭이 일어나는 점은 없다.

한편 대칭성을 이용하여 원둘레에 있는 나머지 완전 보강간섭 위치를 찾을 수 있다(그림 17.3.2*f*). cd선에 대한 a의 대칭점 b는 $\Delta L = 0\lambda$가 되는 점이다. 그리고 나머지 세 개의 점은 그림과 같이 $\Delta L = \lambda$가 되는 점이다. 따라서 모두 더하면(그림 17.3.2*g*) 다음을 얻는다.

$$N = 6. \quad \text{(답)}$$

▶ 교육용 비디오는 웹사이트 www.wiley.com에서 볼 수 있다.

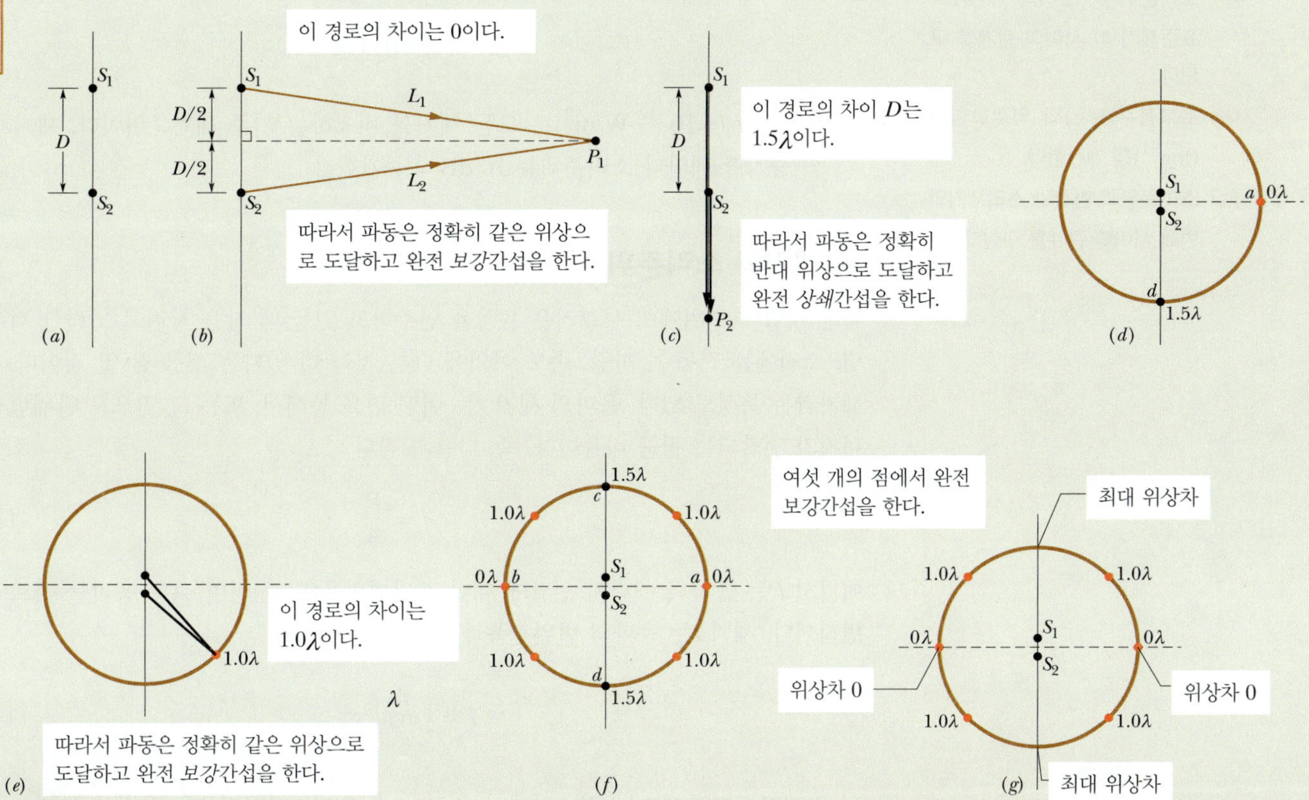

그림 17.3.2 (*a*) 거리 D만큼 떨어진 두 점원 S_1과 S_2가 위상이 같은 구면파를 발생한다. (*b*) 두 파동은 점 P_1까지 같은 거리를 진행한다. (*c*) 점 P_2는 S_1과 S_2를 잇는 직선 위에 있다. (*d*) 큰 원을 따라 움직인다. (*e*) 완전 보강간섭을 하는 다른 점. (*f*) 다른 점을 결정하기 위해 대칭성을 이용한다. (g) 완전 보강간섭을 하는 여섯 개의 점.

17.4 ▸ 세기와 소리준위

요점_Key Ideas

1. 표면에서 소리의 세기 I는 파동이 그 표면을 지나거나, 표면에 쪼일 때 단위면적당 에너지가 전달되는 평균비율이다.

$$I = \frac{P}{A}.$$

여기서 P는 음파의 시간당 에너지 전달률(일률)이고, A는 소리 진행방향에 수직한 표면적이다. 세기 I는 음파의 변위진폭 s_m과 다음의 관계가 있다.

$$I = \tfrac{1}{2}\rho v \omega^2 s_m^2.$$

2. 일률 P_s로 모든 방향으로 같이(등방적으로) 음파를 방출하는 점원으로부터 거리 r에서의 세기는 다음과 같다.

$$I = \frac{P_s}{4\pi r^2}.$$

학습목표_Learning Objectives

이 단원을 읽은 후 다음을 이해해야 한다.

17.4.1 표면에서 소리의 세기 I는 일률 P를 표면적 A로 나눈 비율로 계산한다.

17.4.2 소리의 세기 I와 음파의 변위진폭 s_m 사이의 관계를 구한다.

17.4.3 소리의 등방적 점원을 이해한다.

17.4.4 등방적 점원에서 방출하는 에너지 일률 P_s, 검출기까지의 거리 r과 검출기에서 소리의 세기 I 사이의 관계를 구한다.

17.4.5 소리준위 β, 소리의 세기 I와 표준세기 $I0$ 사이의 관계를 구한다.

17.4.6 로그함수(log)와 역로그함수($\log^{-1}$)를 계산한다.

17.4.7 소리준위의 변화와 소리세기의 변화 사이의 관계를 구한다.

3. 데시벨(dB)로 주어지는 소리준위 β는 다음으로 정의한다.

$$\beta = (10\text{ dB}) \log \frac{I}{I_0}.$$

여기서 $I_0(=10^{-12}\text{ W/m}^2)$는 모든 세기를 비교하는 기준 세기준위이다. 세기가 10배씩 증가할 때마다 소리준위는 10 dB씩 증가한다.

세기와 소리준위

다른 사람이 주위에서 시끄러운 음악을 연주하고 있을 때 잠을 자려고 노력한 적이 있다면, 소리에는 진동수, 파장, 속도 이외에 다른 것이 더 있다는 것을 잘 알 것이다. 음파는 세기라는 특성도 있다. 음파의 **세기** I는 어떤 면을 통해서, 또는 그 면으로 단위면적당 에너지가 전달되는 평균 비율이다. 즉, 다음과 같다.

$$I = \frac{P}{A}. \tag{17.4.1}$$

여기서 P는 음파의 에너지 전달에 대한 시간변화율(일률)이며, A는 음파를 가로막는 단면적이다. 세기 I는 음파의 변위진폭과

$$I = \tfrac{1}{2}\rho v \omega^2 s_m^2 \tag{17.4.2}$$

의 관계가 있다. 세기는 검출기에서 측정할 수 있다. *시끄러움*은 우리가 느끼는 감각이다. 우리 감각은 여러 진동수에 대한 청각의 예민함과 같은 요소에 의존하기 때문에 이 둘은 다를 수 있다.

거리에 따른 세기의 변화

음원까지의 거리에 따라 세기가 어떻게 변하는지는 사실상 다소 복잡하다. 확성기와 같은 실제 음원은 특정 방향으로만 음파를 전파시키며, 주위에서는 대개 메아리(반사되는 음파)가 발생하여 직접 전파되는 음파와 겹쳐지게 된다. 하지만 어떤 경우에는 메아리를 무시하고 음원이 음파를 *등방적으로* 방출하는, 즉 모든 방향으로 같은 세기로 전파하는 하나의 점원이라고 가정할 수 있다. 이러한 등방성 점원 S로부터 퍼져 나가는 파동면의 특정 순간을 그림 17.4.1에서 볼 수 있다.

음파의 역학에너지는 음원으로부터 발생하여 퍼져 나가는 동안 보존된다고 가정하자. 또한 그림 17.4.1처럼 반지름 r의 구면 중심에 음원을 놓자. 음원에서 방출된 모든 에너지는 구면을 통과해야 한다. 즉, 구면을 통과하는 에너지의 일률은 음원이 방출하는 에너지의 일률과 같다. 따라서 식 17.4.1로부터 구면에서의 세기는 다음과 같다.

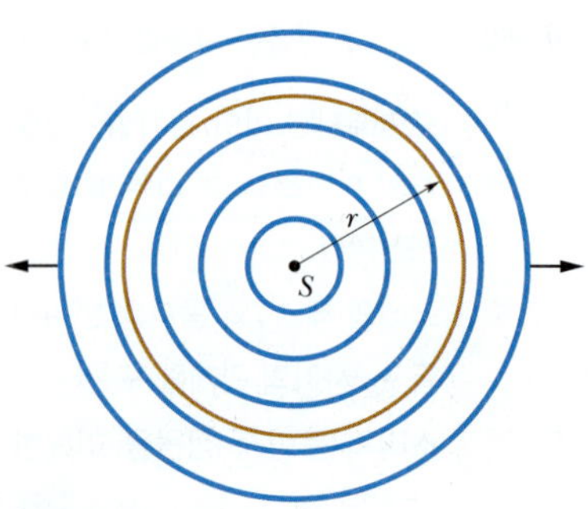

그림 17.4.1 점원 S는 모든 방향으로 균일하게 음파를 방출한다. 파동은 S가 중심이고 반지름이 r인 가상 구면을 통과한다.

$$I = \frac{P_s}{4\pi r^2}. \tag{17.4.3}$$

여기서 $4\pi r^2$은 구면의 표면적이다. 즉, 등방적 점원에서 발생하는 소리의 세기는 음원까지 거리의 제곱에 반비례한다.

확인문제 17.4.1

그림과 같이 두 개의 가상 구면에 1, 2, 3의 작은 면이 있다. 구의 중심에는 음원 S가 있다. 음파에 의한 에너지의 전달률은 세 면에서 모두 같다. 각 면에서 (*a*) 소리의 세기, (*b*) 조각의 면적이 큰 순서대로 각각 나열하여라.

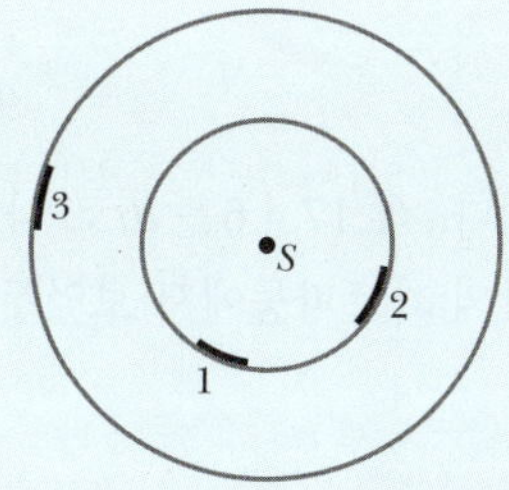

© Ben Rose

소리는 유리잔의 벽을 진동시킬 수 있다. 만일 소리가 진동 정지파를 만들고, 세기가 충분히 크면 유리잔이 깨진다.

데시벨 척도

사람의 귀가 견딜 수 있는 음파의 최대 변위진폭은 약 10^{-5} m이고, 감지할 수 있는 최소값은 10^{-11} m임을 알았다. 이 사이의 비율은 10^6이고, 식 17.4.2에서 음파의 세기는 진폭의 *제곱*에 비례함을 알 수 있으므로, 사람의 청각기관이 들을 수 있는 두 극한의 비율은 10^{12}이다.

이처럼 값이 큰 범위는 로그를 써서 다룬다. 즉, 변수 x와 y의 관계식

$$y = \log x$$

를 생각해 보자. x에 10을 *곱하면* y는 1씩 증가하는 것이 로그 방정식의 특성이다. 즉, 다음과 같이 계산할 수 있다.

$$y' = \log(10x) = \log 10 + \log x = 1 + y.$$

위 식의 x에 10^{12}을 곱하면 y는 12밖에 증가하지 않는다.

따라서 음파의 세기로 표현하는 것보다

$$\beta = (10\text{ dB}) \log \frac{I}{I_0} \tag{17.4.4}$$

로 정의하는 **소리준위** β로 표현하는 것이 훨씬 편리하다. 여기서 dB는 소리의 단위인 **데시벨**(decibel)의 약어이며 Alexander Graham Bell의 업적을 기념하기 위해 붙인 이름이다. 식 17.4.4의 I_0는 표준세기($= 10^{-12}$ W/m^2)이다. 이는 사람이 들을 수 있는 가장 작은 세기에 가깝기 때문에 채택되었다. 식 17.4.4에서 $I = I_0$이면 $\beta = 10 \log 1 = 0$이므로 표준준위는 0 데시벨에 해당한다. β는 소리의 세기가 10배 증가할 때마다 10 dB 증가한다. 따라서 $\beta = 40$은 표준준위보다 10^4배나 큰 세기에 해당한다. 표 17.4.1에는 주변에서 흔히 들을 수 있는 소리의 준위가 있다.

표 17.4.1 소리준위(dB)

가청 최소 준위	0
나뭇잎의 나부낌	10
대화	60
록 공연	110
겨우 참을 수 있는 소리	120
제트엔진	130

식 17.4.2의 유도

그림 17.2.1*a*에서 두께 dx, 면적 A, 그리고 질량 dm인 얇은 공기요소의 진동을 고려해 보자. 이 음파의 진동은 식 17.2.1로 표현한다. 한편 공기요소의 운동에너지 dK는 다음과 같다.

$$dK = \tfrac{1}{2} dm\, v_s^2. \tag{17.4.5}$$

여기서 v_s는 파동의 속력이 아니라 진동하는 공기요소의 속력으로서 식 17.2.1로부터

$$v_s = \frac{\partial s}{\partial t} = -\omega s_m \sin(kx - \omega t)$$

이다. 식 17.4.5에 위의 관계식과 $dm = \rho A$를 넣어서 다시 쓰면

$$dK = \tfrac{1}{2}(\rho A\ dx)(-\omega s_m)^2 \sin^2(kx - \omega t) \tag{17.4.6}$$

이다. 식 17.4.6을 dt로 나누면 파동을 따라 이동하는 운동에너지의 전달률을 얻는다. 16장의 가로파동에서 보았듯이 dx/dt는 파동의 속력 v이므로

$$\frac{dK}{dt} = \tfrac{1}{2}\rho A v \omega^2 s_m^2 \sin^2(kx - \omega t) \tag{17.4.7}$$

이다. 이동하는 운동에너지의 *평균* 시간변화율은 다음과 같다.

$$\left(\frac{dK}{dt}\right)_{\text{avg}} = \tfrac{1}{2}\rho A v \omega^2 s_m^2 [\sin^2(kx - \omega t)]_{\text{avg}}$$

$$= \tfrac{1}{4}\rho A v \omega^2 s_m^2. \tag{17.4.8}$$

여기서 한 번의 진동을 거칠 때 사인 또는 코사인함수의 제곱 평균값 $\frac{1}{2}$을 사용하였다.

*퍼텐셜*에너지도 같은 비율로 파동을 운반한다고 생각할 수 있다. 파동의 세기 I는 파동이 전달하는 두 에너지의 단위면적당 평균 비율로 식 17.4.8로부터 다음과 같이 쓸 수 있다.

$$I = \frac{2(dK/dt)_{\text{avg}}}{A} = \tfrac{1}{2}\rho v \omega^2 s_m^2.$$

이로써 식 17.4.2를 유도하였다.

보기문제 17.4.1 Led Zeppelin

1969년 Led Zeppelin의 야외 콘서트에서(그림 17.4.2) "Heartbreaker"라는 노래를 부르는 동안 음파의 최대변위진폭 s_m은 보통 책의 페이지 두께 정도인 70.0 μm였다. 압력진폭과 세기를 구하여라. 공기밀도는 1.21 kg/m^3, 음속은 343 m/s이고, 진동수는 1000 Hz이다.

Chris Walter/WireImage/Getty Images

그림 17.4.2 Led Zeppelin

요점

음파의 변위진폭 s_m과 파동의 압력진폭 Δp_m 사이의 관계는 식 17.2.3으로 주어진다.

풀이: 주어진 값을 식에 대입하면 다음을 얻는다.

$$\Delta p_m = v\rho\omega s_m = v\rho(2\pi f) s_m$$
$$= (343\ \text{m/s})(1.21\ \text{kg/m}^3)(2\pi)(1000\ \text{Hz})(70 \times 10^{-6}\ \text{m})$$
$$= 182.53\ \text{Pa} \approx 183\ \text{Pa}.$$ (답)

사람의 귀가 견딜 수 있는 최대압력진폭은 약 28 Pa이다. 따라서 Zeppelin 콘서트에서 광적인 Zeppelin 팬이라고 하더라도 청력보호계를 착용하지 않으면 스피커 바로 앞에 서있을 수 없다. (단위를 쓰지 않고) 식 17.4.2로부터 세기는 다음과 같다.

$$I = \tfrac{1}{2}v\rho(2\pi f)^2 s_m^2$$
$$= \tfrac{1}{2}(343)(1.21)(2\pi)^2(1000)^2(70.0 \times 10^{-6})^2$$
$$= 40.1\ \text{W/m}^2.$$ (답)

17.5 ▸ 음악적인 음원

요점_Key Ideas

1. 관 안에서 적당한 파장의 소리가 들어오면 음파의 정지파 형태가 관에서 생길 수 있다(즉 공명이 일어날 수 있다).
2. 양쪽이 열린 관은 다음의 진동수에서 공명이 일어난다.

$$f = \frac{v}{\lambda} = \frac{nv}{2L}, \qquad n = 1, 2, 3, \ldots.$$

여기서 v는 관 안의 공기에서의 음속이다.

3. 한쪽이 닫히고, 다른 쪽은 열린 관에서는 다음의 진동수에서 공명이 일어난다.

$$f = \frac{v}{\lambda} = \frac{nv}{4L}, \qquad n = 1, 3, 5, \ldots.$$

학습목표_Learning Objectives

이 단원을 읽은 후 다음을 이해해야 한다.

17.5.1 줄의 파동에서 정지파 형태를 이용하여 한쪽만 열려 있거나, 양쪽이 모두 열린 관에서 나타나는 첫 몇 개의 음향 조화진동에 대한 정지파 모양을 그린다.

17.5.2 소리의 정지파에 대해 마디 사이의 거리와 파장의 관계를 구한다.

17.5.3 어떤 형태의 관이 짝수의 조화진동이 일어나는지 알아본다.

17.5.4 주어진 조화진동에서 한쪽만 열려 있거나, 양쪽이 모두 열린 관에서 관의 길이 L, 음속 v, 파장 λ, 조화진동수 f와 조화차수 n 사이의 관계를 구한다.

▶ 음악적인 음원

음악적인 소리는 진동하는 줄(기타, 피아노, 바이올린)이나 막(북 종류), 공기관[플루트, 오보에, 파이프 오르간, 디제리두(그림 17.5.1 참조)], 나무판이나 쇠막대(목금, 실로폰), 또는 다른 진동체를 써서 만들 수 있다. 대부분의 악기는 하나 이상의 진동하는 부분이 있다.

16장에서 보았듯이 양 끝이 고정된 팽팽한 줄에 정지파가 생길 수 있다. 정지파는 줄을 따라 진행하는 파동이 양 끝에서 반사되기 때문에 생긴다. 파동의 파장이 줄의 길이와 잘 맞으면 반대 방향으로 진행하는 파동이 중첩되어 정지파(또는 진동모드)를 형성한다. 그러한 조건이 만족되는 음파의 파장은 줄의 *공명진동수*에 대응된다. 정지파의 이점은 줄이 지속적으로 큰 진폭으로 진동하여 주위의 공기를 주기적으로 밀어내고 끌어당김으로써 줄과 같은 진동수의 음파를 발생시킬 수 있다는 것이다. 이러한 음파의 발생은 기타 연주가에게 매우 중요하다.

▸***음파.*** 공기관에서도 비슷한 방식으로 정지파를 발생시킬 수 있다. 음파는 관 속의 공기를 통해 진행하다가 양 끝에서 반사된다(반사는 한 끝이 열려 있어도 일어나지만 양 끝이 닫혀 있을 때보다 완전하지는 못하다). 음파의 파장이 관의 길이와 잘 맞으면 관 속에서 반대 방향으로 진행하는 파동이 중첩되어 정지파를 형성한다. 그러한 조건을 만족시키는 음파의 파장은 관의 공명진동수에 대응된다. 정지파의 이점은 관 속의 공기가 안정적이고 큰 진폭으로 진동하여 관 속의 진동과 같은 음파를 열린 끝으로 내보낼 수 있다는 것이다. 이러한 음파의 발생은 예를 들어 오르간 연주자에게는 매우 중요하다.

정지파의 다른 특성은 줄의 파동과 비슷하다. 관의 막힌 끝에는 줄의 고정단과 같은 마디가 있어야 한다. 그리고 관의 열린 끝에는 그림 16.7.3*b*처럼 자유자재로 움직이는 고리에 연결된 줄의 끝과 같이 배가 있어야 한다(실제로는 관의 열린 끝에 대한 배는 끝으로부터 약간 밖에 있지만 여기서는 더 이상 자세히 다루지 않겠다).

▸***열린 양쪽 끝.*** 그림 17.5.2*a*는 양 끝이 열린 관 속에 형성될 수 있는 가장 간단한 정지파이다. 열린 양 끝에는 배가 생기고 관의 중간에는 마디가 생긴다. 정지 세로음파를 그림 17.5.2*b*처럼 가로파동인 줄의 정지파로 표시하면 이해하기가 쉽다.

그림 17.5.2*a*의 정지파 모양을 *기본모드* 또는 *제1조화모드*라고 한다. 이러한 모드가 형성되려면 길이가 L인 관 속의 음파는 $L = \lambda/2$, 즉 $\lambda = 2L$의 파장을 가져야 한다. 줄의

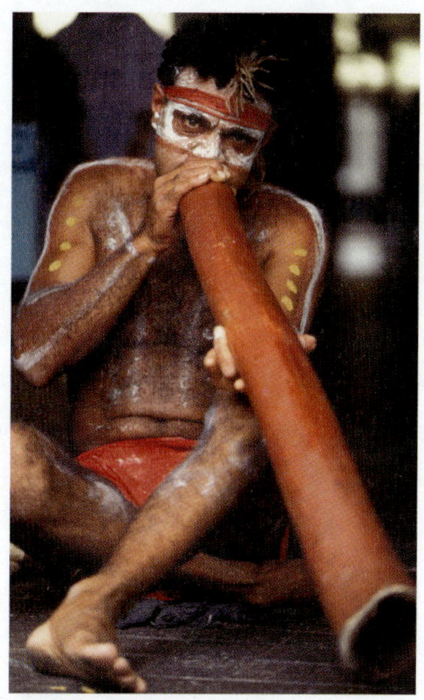

WorldFoto/Alamy Stock Photo

그림 17.5.1 ▸ 악기를 연주하면 디제리두(관) 속의 공기기둥이 진동한다.

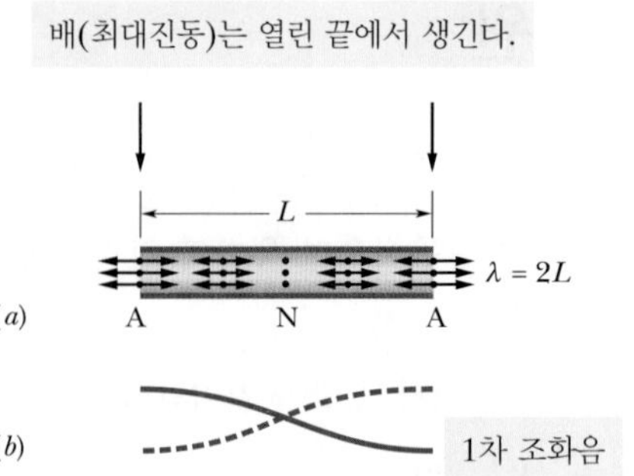

그림 17.5.2 (*a*) 양 끝에 변위의 배(A)가, 중간에 마디(N)가 있는 관 속의 음파(세로파동)에서 생기는 가장 간단한 정지파 모양(이중 화살로 나타낸 세로변위는 매우 과장하여 그렸다), (*b*) 이에 대응하는 줄의 파동(가로파동)모양.

파동처럼 표시해서 양 끝이 열린 관에 대한 정지파 모양을 그림 17.5.3*a*에 나타내었다. *제2조화모드*에서는 파장 $\lambda = L$이다. *제3조화모드*에서는 $\lambda = 2L/3$이다.

일반적으로 양 끝이 열린 길이가 L인 관의 공명진동수는

$$\lambda = \frac{2L}{n}, \qquad n = 1, 2, 3, \ldots \tag{17.5.1}$$

의 파장에 대응하며 n은 *조화차수*라고 한다. 따라서 양 끝이 열린 관의 공명진동수는 다음과 같다.

$$f = \frac{v}{\lambda} = \frac{nv}{2L}, \qquad n = 1, 2, 3, \ldots \quad \text{(양 끝이 열린 관).} \tag{17.5.2}$$

여기서 v는 음속이다.

▸***한쪽만 열린 끝.*** 그림 17.5.3*b*는 한쪽 끝만 열린 관 속에 형성되는 몇 개의 정지파 모양이다. 열린 끝에는 배가 생기고 닫힌 끝에는 마디가 생긴다. 가장 간단한 모양은 $L = \lambda/4$, 즉 $\lambda = 4L$의 파장이고, 다음으로 간단한 모양의 파장은 $L = 3\lambda/4$, 즉 $\lambda = 4L/3$이다.

일반적으로 한끝만 열린 길이 L의 관에 대한 공명진동수는

$$\lambda = \frac{4L}{n}, \qquad n = 1, 3, 5, \ldots \tag{17.5.3}$$

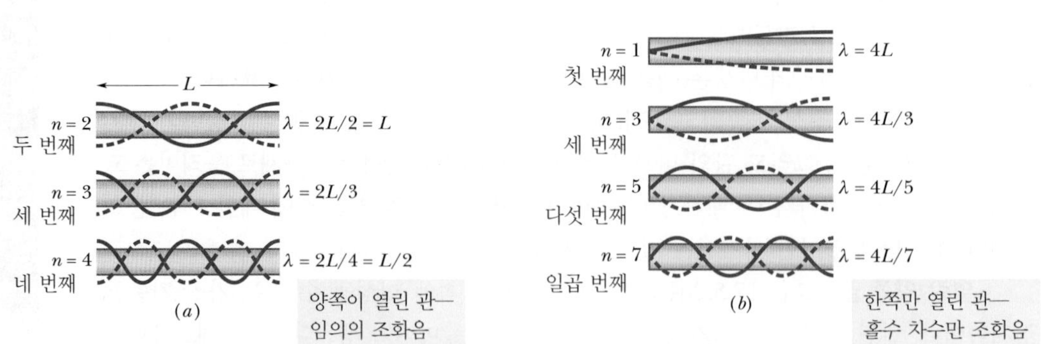

그림 17.5.3 관 속의 정지파를 표시하기 위해 관 위에 그린 정지파 모양 (*a*) 관의 *양 끝이* 열려 있으므로 어떤 조화모드도 존재할 수 있다. (*b*) *한 끝만* 열려 있으면 홀수 차수의 조화모드만이 생긴다.

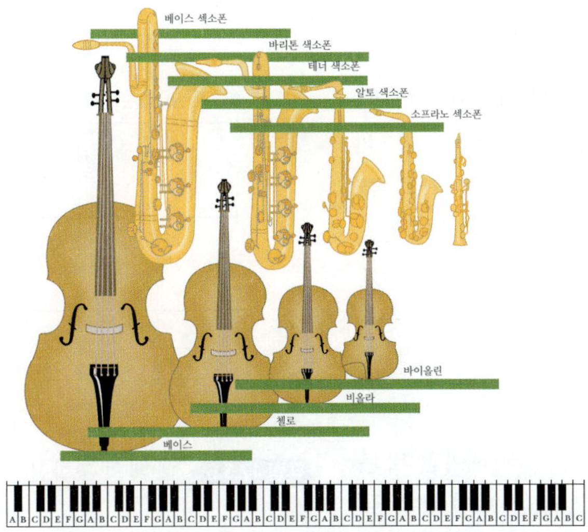

그림 17.5.4 그림은 색소폰과 바이올린 계열 악기의 길이와 진동수 영역의 관계를 보여준다. 각 악기의 진동수 영역은 수평 막대로 표기하고 아래의 건반은 진동수의 음계를 나타낸다. 진동수는 오른쪽 방향으로 증가한다.

의 파장에 대응하며. 조화차수 n은 *홀수여야 한다*. 이때의 공명진동수는 다음과 같다.

$$f = \frac{v}{\lambda} = \frac{nv}{4L}, \qquad n = 1, 3, 5, \ldots \quad (\text{한끝이 열린 관}). \tag{17.5.4}$$

한 끝이 열린 관 속에는 홀수 차수의 조화모드만이 존재한다. 즉 $n = 2$인 제2조화모드는 형성될 수 없다. 주목해야 할 점은 이와 같은 관에서 "3차 조화진동"이라고 하면 조화차수 n을 나타낸다는 것이다(세 번째 가능한 조화음을 뜻하는 것이 아니다). 마지막으로 양쪽이 열린 관에 대한 식 17.5.1과 17.5.2에는 숫자 2와 임의의 정수값 n이 있지만, 한쪽이 열린 관에 대한 식 17.5.3과 17.5.4에는 숫자 4와 홀수값은 n만 있다는 것을 주의하여라.

▸***길이.*** 악기의 길이는 악기를 제작할 때 연주할 수 있는 진동수를 반영하고, 현악기는 식 16.7.9에서, 관악기는 식 17.5.2와 17.5.4에서 알 수 있듯이 작은 길이에서는 큰 진동수의 소리가 나온다. 그림 17.5.4의 예를 보면 색소폰과 바이올린 계열의 악기의 진동수 영역이 그림의 밑단에 있는 건반의 음계에 비교되어 있다. 참고로 모든 악기의 진동수는 서로 겹친다.

▸***알짜 파동.*** 음악적으로 진동하는 계는 바이올린의 줄 혹은 파이프 오르간 안의 공기인데 기본적으로 한 개 혹은 더 많은 조화모드를 동시에 만들어낸다. 따라서 파장이 겹쳐 있는 음파를 동시에 듣게 된다. 서로 다른 악기가 같은 악보를 연주했을 때 기본진동수는 같지만, 높은 조화모드에 대한 음파밀도를 다르게 만들어 낸다. 예를 들어 C 중간음의 제4조화모드를 연주하기 위해서는 한 개의 악기로 비교적 크게 연주하고 다른 악기는 조용하게 연주하거나 혹은 다른 악기를 연주하지 않아야 한다. 왜냐하면 서로 다른 악기는 전혀 다른 음파를 만들어 내기 때문에 같은 악보를 연주해도 서로 다르게 들리기 때문이다. 그림 17.5.5에서 두 개의 파형을 볼 수 있는데 이것은 다른 악기로 같은 악보를 연주한 것이다. 기본음만 듣는다면 연주는 음악적이지 않을 것이다.

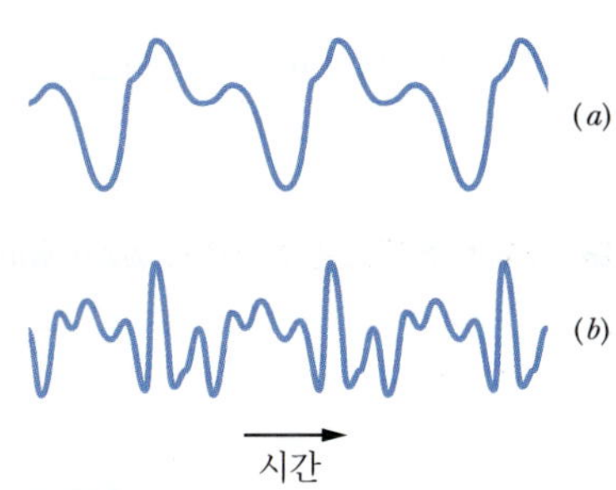

그림 17.5.5 같은 음을 같은 1차 조화진동수로 (a) 플루트와 (b) 오보에로 연주할 때 나타나는 파동의 형태.

확인문제 17.5.1

관 A의 길이가 L, 관 B의 길이가 $2L$이고 양 끝이 열린 관일 때 관 B의 어느 조화모드가 관 A의 기본 진동수와 같은 진동수인가?

보기문제 17.5.1 길이가 다른 관의 공명

관 A는 양쪽이 열려 있고, 길이는 $L_A = 0.343$ m이다. 이 관을 세 개의 다른 관 주위에 놓아 정지파동을 만들어서, 그 소리가 관 A에 정지파를 만들 수 있다. 다른 세 관은 각각 한쪽이 닫혀 있고, 길이는 $L_B = 0.500\ L_A$, $L_C = 0.250\ L_A$, $L_D = 2.00\ L_A$이다. 이 세 관 중에서 어떤 조화진동이 관 A에 조화진동을 만들어 내는가?

요점

(1) 한 관에서 나오는 소리는 조화진동수가 일치해야만 다른 관에 정지파동을 만들 수 있다. (2) 식 17.5.2를 보면 양쪽 끝이 열린 관(대칭적 관)의 조화진동수는 $f = nv/2L$이다. 여기서 $n = 1, 2, 3, \ldots$, 즉 임의의 양의 정수이다. (3) 식 17.5.4를 보면 한쪽 끝만 열린관(비대칭적인 관)에서 조화진동수는 $f = nv/4L$이다. 여기서 $n = 1, 3, 5, \ldots$이다. 즉 임의의 양의 홀수이다.

관 A: (양쪽이 열린) 대칭적인 관 A의 공명진동수는 식 17.5.2를 통해 구할 수 있다.

$$f_A = \frac{n_A v}{2L_A} = \frac{n_A(343\text{ m/s})}{2(0.343\text{ m})}$$
$$= n_A(500\text{ Hz}) = n_A(0.50\text{ kHz}), \quad n_A = 1, 2, 3, \ldots.$$

첫 여섯 개의 조화진동수를 그림 17.5.6의 맨 위에 나타내었다.

관 B: 다음으로 (한쪽 끝만 열린) 비대칭적인 관 B의 공명진동수를 식 17.5.4에서 구하는데 조화차수로는 단지 홀수만 가능하다는 것에 주의하자.

$$f_B = \frac{n_B v}{4L_B} = \frac{n_B v}{4(0.500 L_A)} = \frac{n_B(343\text{ m/s})}{2(0.343\text{ m})}$$
$$= n_B(500\text{ Hz}) = n_B(0.500\text{ kHz}), \quad n_B = 1, 3, 5, \ldots.$$

이 두 결과를 비교하면 다음의 n_B를 고르면 일치하는 것을 볼 수 있다.

$$f_A = f_B \quad n_A = n_B \text{이고,} \quad n_B = 1, 3, 5, \ldots. \quad \text{(답)}$$

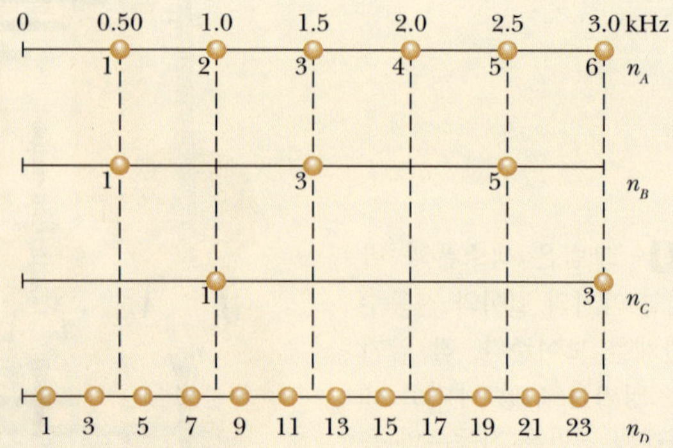

그림 17.5.6 네 관의 조화진동수.

예를 들어 그림 17.5.6에서 보듯이 관 B에 제5조화모드를 만들고 관 A를 가까이 놓으면 관 A에 제5조화모드가 생긴다. 그러나 B의 어떤 조화모드도 A의 짝수 조화모드를 만들어 낼 수는 없다.

관 C: (한쪽 끝만 열린) 관 C에서는 식 17.5.4를 다음과 같이 쓴다.

$$f_C = \frac{n_C v}{4L_C} = \frac{n_C v}{4(0.250 L_A)} = \frac{n_C(343\text{ m/s})}{0.343\text{ m/s}}$$
$$= n_C(1000\text{ Hz}) = n_C(1.00\text{ kHz}), \quad n_C = 1, 3, 5, \ldots.$$

이로부터 C는 A의 조화모드의 일부를 만들어 낼 수 있는데 이때 조화차수 n_A는 홀수의 두 배일 때만 가능하다.

$$f_A = f_C \quad n_A = 2n_C \text{이고,} \quad n_C = 1, 3, 5, \ldots. \quad \text{(답)}$$

관 D: 마지막으로 D에 대해서 같은 과정을 거치면 다음을 얻는다.

$$f_D = \frac{n_D v}{4L_D} = \frac{n_D v}{4(2L_A)} = \frac{n_D(343\text{ m/s})}{8(0.343\text{ m/s})}$$
$$= n_D(125\text{ Hz}) = n_D(0.125\text{ kHz}), \quad n_D = 1, 3, 5, \ldots.$$

그림 17.5.6에서 보듯이, 이 진동수 중 어느 것도 A의 조화진동수와 일치하지 않는다($n_D = 4n_A$이면 진동수가 일치하지만 이것은 불가능하다. 왜냐하면 $4n_A$는 n_D가 만족하는 홀수가 될 수 없기 때문이다). 따라서 D는 A에 정지파동을 만들 수 없다.

▶ 교육용 비디오는 웹사이트 www.wiley.com에서 볼 수 있다.

17.6 ▸ 맥놀이

요점 _Key Ideas_

1. 약간 다른 진동수 f_1과 f_2의 두 파동이 함께 관측될 때 맥놀이가 일어난다. 맥놀이 진동수는 다음과 같다.

$$f_{\text{beat}} = f_1 - f_2.$$

학습목표 _Learning Objectives_

이 단원을 읽은 후 다음을 이해해야 한다.

17.6.1 맥놀이가 어떻게 만들어지는지 설명한다.

17.6.2 진폭은 같지만 약간 다른 진동수의 두 음파의 진폭에 대한 식을 더하여 합성파동의 변위에 대한 식을 구하고 시간에 따라 변하는 진폭을 구한다.

17.6.3 맥놀이 진동수와 진폭은 같지만 진동수(즉, 각진동수)가 약간 다른 두 음파의 진동수 사이의 관계를 구한다.

▶ 맥놀이

수 분 간격으로 552 Hz와 564 Hz의 두 소리를 듣는다면 이 진동수는 서로 가까이 있어서 이를 구별하기 어려울 것이다. 그러나 동시에 귀에 도달하면 두 진동수의 *평균* 558 Hz의 소리를 듣게 된다. 또한 소리의 세기가 뚜렷하게 변화한다. 즉, 느리게 너울너울 밀려오듯이 증가하거나 감소하면서 두 진동수의 *차이*인 12 Hz로 **맥놀이**를 형성한다. 그림 17.6.1은 이러한 맥놀이 현상을 나타낸다.

어떤 곳에서 두 음파에 의한 시간에 따른 변위의 변화를

$$s_1 = s_m \cos \omega_1 t \qquad \text{및} \qquad s_2 = s_m \cos \omega_2 t \tag{17.6.1}$$

라고 하자. 여기서 $\omega_1 > \omega_2$이다. 중첩원리에 따라 합성변위는 각각의 변위의 합으로

$$s = s_1 + s_2 = s_m(\cos \omega_1 t + \cos \omega_2 t)$$

이다. 삼각함수 관계식(부록 E 참조)

$$\cos \alpha + \cos \beta = 2\cos[\tfrac{1}{2}(\alpha - \beta)]\cos[\tfrac{1}{2}(\alpha + \beta)]$$

를 사용하면 합성변위는

$$s = 2s_m \cos[\tfrac{1}{2}(\omega_1 - \omega_2)t]\cos[\tfrac{1}{2}(\omega_1 + \omega_2)t] \tag{17.6.2}$$

이다. 여기서

$$\omega' = \tfrac{1}{2}(\omega_1 - \omega_2) \qquad \text{및} \qquad \omega = \tfrac{1}{2}(\omega_1 + \omega_2) \tag{17.6.3}$$

로 나타내면, 식 17.6.2를 다음과 같이 쓸 수 있다.

$$s(t) = [2s_m \cos \omega' t] \cos \omega t. \tag{17.6.4}$$

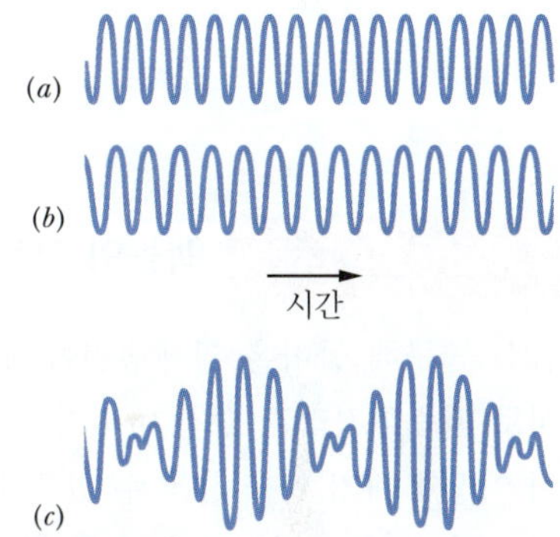

그림 17.6.1 ▸ (*a*, *b*) 따로 검출된 두 음파의 압력변화 Δp. 두 음파의 진동수는 거의 같다. (*c*) 두 파동이 동시에 검출되었을 때 합성압력의 변화.

여기서 두 파동의 각진동수 ω_1과 ω_2가 거의 같다고 가정하자. 즉, 식 17.6.3에서 $\omega \gg \omega'$이다. 그러면 식 17.6.4는 각진동수가 ω이고 진폭은 괄호 안(일정하지 않고 각진동수 ω'으로 변하는)의 양과 같은 코사인함수로 생각할 수 있다.

최대 진폭은 식 17.6.4에서 $\cos \omega' t$가 +1 또는 −1의 값을 가질 때마다 일어나므로, 코사인함수가 한 번 반복될 때마다 두 번 일어난다. $\cos \omega' t$의 각진동수는 ω'이므로 맥놀이가 일어나는 각진동수 ω_{beat}는 $\omega_{\text{beat}} = 2\omega'$이다. 그러면 식 17.6.3에 따라 맥놀이 각진동수는

$$\omega_{beat} = 2\omega' = (2)(\tfrac{1}{2})(\omega_1 - \omega_2) = \omega_1 - \omega_2$$

로 쓸 수 있다. 한편 $\omega = 2\pi f$이므로 맥놀이 진동수는 다음과 같다.

$$f_{beat} = f_1 - f_2 \qquad (\text{맥놀이 진동수}). \tag{17.6.5}$$

악기를 조율할 때 맥놀이 현상을 이용한다. 표준 진동수(오보에의 "A 기준음")와 함께 소리를 내면서 맥놀이가 사라질 때까지 악기를 조율하여 표준 진동수에 동조시킨다. 음악의 도시 비엔나에서는 많은 전문가와 아마추어 음악가를 위하여 A음(440 Hz)을 전화로 서비스하고 있다.

확인문제 17.6.1

다음 세 쌍의 소리 진동수가 있다. (a) 이들을 맥놀이 진동수가 큰 것부터 나열하여라. (b) 이제 감지하는 소리 진동수가 큰 것부터 나열하여라.

쌍 A: 486 Hz, 490 Hz
쌍 B: 501 Hz, 504 Hz
쌍 C: 760 Hz, 762 Hz

보기문제 17.6.1 맥놀이 진동수와 서로를 찾는 펭귄

음식을 구해 돌아온 황제펭귄이 매서운 극지방 추위 속에서 서로 따뜻해지려고 수천 마리가 모여서 뭉쳐 있는 펭귄 중에서 어떻게 자기 짝을 찾을 수 있을까? 펭귄에게조차 다른 펭귄이 비슷하게 보이므로 눈으로 보고 찾는 것은 불가능하다.

대부분의 새는 지저귈 때 울음판이라고 하는 소리기관의 두 면 중의 한 면만을 사용한다. 황제펭귄의 경우에는 동시에 양쪽 면을 사용하여 소리를 내므로, 목구멍과 입 안에서 정지파가 만들어지는데, 이는 양끝이 열린 관과 같다. 한 면 A는 f_{A1} = 432 Hz의 1차 조화진동수를 만들고, 다른 면 B는 f_{B1} = 371 Hz의 1차 조화진동수를 만든다. 두 1차 조화진동수 사이의 맥놀이 진동수와 두 2차 조화진동수 사이의 맥놀이 진동수를 각각 구하여라.

요점

서로 다른 진동수 사이에서 맥놀이 진동수는 식 17.6.5, $f_{beat} = f_1 - f_2$으로 주어진다.

풀이: 1차 조화진동수는 각각 f_{A1}과 f_{B1}이고 맥놀이 진동수는 다음과 같다.

$$f_{beat,1} = f_{A1} - f_{B1} = 432\text{ Hz} - 371\text{ Hz} = 61\text{ Hz}. \quad (\text{답})$$

황제펭귄에서 정지파는 양 끝이 열린 관과 같다. 공명진동수는 식 17.5.2($f = nv/2L$)로 주어지며, L은 관의 유효길이이다. 1차 조화진동수는 $f_1 = v/2L$이고 2차 조화진동수는 $f_2 = 2v/2L$이다. 두 진동수를 비교하면

$$f_2 = 2f_1$$

로 쓸 수 있다. 펭귄에서 면 A의 2차 조화진동수는 $f_{A2} = 2f_{A1}$이고 면 B의 2차 조화진동수는 $f_{B2} = 2f_{B1}$이다. 식 17.6.5에 진동수 f_{A2}와 f_{B2}를 사용하면 2차 조화음과 관련된 맥놀이 진동수를 구할 수 있다.

$$f_{beat,2} = f_{A2} - f_{B2} = 2f_{A1} - 2f_{B1} = 2(432\text{ Hz}) - 2(371\text{ Hz}) = 122\text{ Hz}. \quad (\text{답})$$

실험에 의하면 인간은 인식하지 못하지만 펭귄은 큰 맥놀이 진동수를 인식하는 것으로 확인되었다. 펭귄의 소리는 서로 다른 조화진동과 서로 다른 맥놀이가 풍부하게 섞여 있어서, 수천 마리의 펭귄 무리 가운데에서도 자기 짝의 목소리를 분명하게 구분할 수 있다.

교육용 비디오는 웹사이트 www.wiley.com에서 볼 수 있다.

17.7 ▸ Doppler 효과

요점_Key Ideas

1. Doppler 효과는 (공기와 같은) 매질에 대해 음원이나 검출기가 상대적으로 운동할 때 파동의 관측된 진동수가 변하는 것이다. 소리의 경우 관측된 진동수 f'은 음원의 진동수 f로 다음과 같이 나타낼 수 있다.

$$f' = f\frac{v \pm v_D}{v \pm v_S} \quad \text{(일반적인 Doppler 효과)}.$$

여기서 v_D는 매질에 대한 검출기의 속력이고, v_S는 음원의 속력이며, v는 매질 안에서 음속이다.

2. 부호는 서로를 향하는 상대운동(한 물체가 다른 물체 쪽으로 움직이는 경우)의 f'은 *커지고*, 멀어지는 운동에 대해서는 *작아진다*.

학습목표_Learning Objectives

이 단원을 읽은 후 다음을 이해해야 한다.

17.7.1 Doppler 효과는 음원과 검출기 사이의 상대적인 운동에 의해 음원에서 나오는 진동수로부터 검출되는 진동수가 이동하는 것이다.

17.7.2 음파에서 Doppler 효과를 계산할 때 속력은 (공기, 물과 같은) 움직일 수도 있는 매질에 대해 측정한 것이다.

17.7.3 (a) 음원이 정지한 검출기로 곧장 다가오거나 멀어질 때, (b) 검출기가 정지한 음원으로부터 곧장 다가오거나 멀어질 때, (c) 음원과 검출기 모두 서로 다가오거나 서로 멀어질 때 소리 진동수의 변화를 계산한다.

17.7.4 음원과 검출기 사이의 상대운동에서 *다가오는* 운동은 진동수를 증가시키고, *멀어지는* 운동에 대해서는 진동수가 감소한다.

▶ Doppler 효과

경찰차가 1000 Hz의 사이렌을 울리면서 고속도로 변에 주차해 있다. 고속도로 변에 주차해 있는 사람은 같은 진동수를 들을 것이다. 그러나 관찰자와 경찰차가 다가가거나 멀어지면서 서로 상대운동을 한다면 다른 진동수를 들을 것이다. 예를 들어 경찰차 쪽으로 120 km/h의 속력으로 달린다면 *더 높은* 진동수(96 Hz *증가한* 1096 Hz)로 들릴 것이고, 같은 속력으로 경찰차에서 *멀어지는* 방향으로 달린다면 *더 낮은* 진동수(96 Hz *감소한* 904 Hz)로 들릴 것이다.

이와 같은 상대운동과 관련된 진동수의 변화가 바로 **Doppler 효과**이다. Doppler 효과는 1842년 오스트리아의 물리학자 Johann Christian Doppler가 제안하였고, 1845년 네덜란드의 Buys Ballot이 "몇 개의 트럼펫을 무개차에 설치하고 기관차로 움직이는" 실험으로 검증하였다.

Doppler 효과는 음파뿐만 아니라 초단파, 단파, 가시광선 등 모든 전자기파에서 나타난다. 여기서는 음파에 대해서만 고려할 것이며 파동이 진행하는 공기를 기준계로 삼는다. 즉, 음원 S와 검출기 D의 속력은 *공기에 대한 상대적인 속력*이다. (특별히 언급하지 않으면 공기는 땅에 대해 정지해 있고, 따라서 속력은 땅에 대해 측정한 것이다.) 또한 S와 D는 음속보다는 느리게 서로 접근하거나 멀어진다고 가정한다.

▸ ***일반적인 식.*** 만일 검출기나 음원 또는 둘 다 움직인다면 방출되는 진동수 f와 검출되는 진동수 f'은

$$f' = f\frac{v \pm v_D}{v \pm v_S} \quad \text{(Doppler 효과의 일반화)} \qquad (17.7.1)$$

의 관계를 가진다. 여기서 v는 공기에서 음속이고 v_D는 공기에 대한 검출기의 상대속력, v_s는 공기에 대한 음원의 상대속력이다. ±부호는 다음의 규칙을 따른다.

> 검출기나 음원이 상대방 쪽으로 움직이면 속력의 부호는 진동수가 증가되도록 정한다. 검출기나 음원이 상대방으로부터 멀어지도록 움직이면 속력의 부호는 진동수가 감소되도록 정한다.

간단히 말해서 *서로 가까워지면 진동수가 증가하고, 멀어지면 진동수가 감소한다.*

몇 가지 예를 들어보자. 만일 검출기가 음원을 향하여 움직이면 식 17.7.1에서 진동수가 증가해야 하므로 분자에서 + 부호를 사용한다. 검출기가 음원에서 멀어지면 진동수가 감소해야 하므로 분자에서 − 부호를 사용한다. 정지해 있다면 $v_D = 0$이다. 만일 음원이 검출기를 향해 움직이면 식 17.7.1에서 진동수가 증가해야 하므로 분모에서 − 부호를 사용한다. 음원이 검출기에서 멀어지면 진동수가 감소해야 하므로 분모에서 + 부호를 사용한다. 정지해 있다면 $v_s = 0$이다.

다음 두 가지 상황에서 Doppler 효과에 대한 방정식을 유도하고, 일반적인 상황에 대한 식 17.7.1을 유도해 보자.

1. 공기에 대해 검출기가 움직이고 음원이 정지해 있는 경우, 검출기에 파동면이 지나는 시간간격이 변화하므로 검출되는 진동수가 변한다.
2. 공기에 대해 음원이 움직이고 검출기가 정지해 있는 경우, 운동은 음파의 파장을 변화시키므로 검출되는 진동수가 변한다(진동수는 파장과 관련이 있다는 것을 기억하여라).

음원은 정지해 있고 검출기가 움직일 때

그림 17.7.1에서 귀로 묘사한 검출기 D가 v_D의 속력으로 파장 λ와 진동수 f를 가지고 음속 v의 구면파를 방출하는 정지한 음원 S를 향하여 움직인다. 파동면은 한 파장 간격으로 그렸다. 검출기 D가 측정하는 진동수는 D가 파동면(혹은 각 파장)을 가로지르는 비율이다. 만일 D가 정지해 있다면 그 값은 f이겠지만, D가 파동면 쪽으로 움직이므로 가로지르는 비율이 더 커져서 검출하는 진동수 f'은 f보다 커진다.

우선 D가 정지한 상황을 고려해 보자(그림 17.7.2 참조). 시간 t 동안 파동면은 거리 vt만큼 오른쪽으로 움직인다. 이 거리 v_t 안에 있는 파장의 수는 시간 t 동안 D를 지나가는 파장의 수로서 vt/λ와 같다. D를 파장이 지나는 비율, 즉 D가 검출하는 진동수 f는 다음과 같다.

$$f = \frac{vt/\lambda}{t} = \frac{v}{\lambda}. \tag{17.7.2}$$

점 D가 정지한 이 상황에서 Doppler 효과는 존재하지 않는다. 즉 D가 검출한 진동수는 S가 발생시킨 진동수와 같다.

이제 다시 D가 파동면의 반대쪽으로 움직이는 경우를 고려해 보자(그림 17.7.3 참

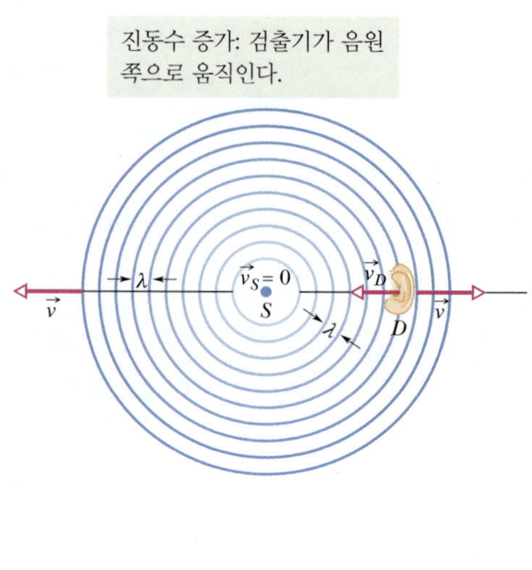

그림 17.7.1 정지한 음원 S에서 속력 v로 퍼져 나가는 공모양 파동면을 한 파장 단위로 표시한 그림. 귀로 나타낸 검출기 D가 음원 쪽으로 속도 $\vec{v}_D$로 움직이고 있다. 검출기는 더 높은 진동수를 측정한다.

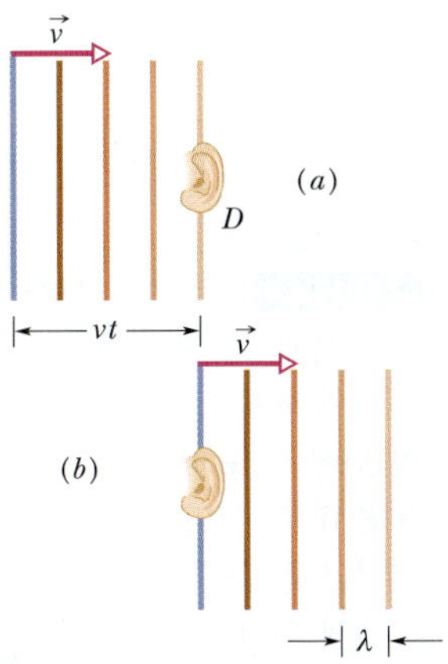

그림 17.7.2 그림 17.7.1의 파동면이 정지한 검출기 D에 (a) 도달하였다가 (b) 지나가고 있다. 파동면은 시간 t 동안 오른쪽으로 거리 v_t만큼 움직인다.

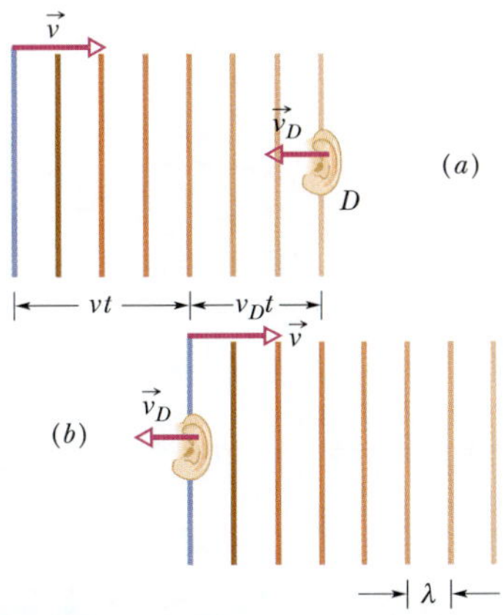

그림 17.7.3 파동면이 파동 진행방향의 반대쪽으로 움직이는 검출기 D에 (a) 도달하였다가 (b) 지나가고 있다. 시간 t 동안 파동은 오른쪽으로 거리 vt만큼 움직이며 D는 왼쪽으로 거리 $v_D t$만큼 움직인다.

조). 시간 t 동안 파동면은 전과 마찬가지로 오른쪽으로 거리 vt만큼 움직이지만, 이제는 D도 왼쪽으로 거리 $v_D t$만큼 움직인다. 따라서 시간 t 동안 D에 대해 파동면이 움직인 거리는 $vt + v_D t$이다. $vt + v_D t$ 안에 있는 파장의 수는 시간 t 동안 D를 지나가는 파장의 수로서 $(vt + v_D t)/\lambda$와 같다. 따라서 D를 파장이 지나가는 *비율*은

$$f' = \frac{(vt + v_D t)/\lambda}{t} = \frac{v + v_D}{\lambda} \tag{17.7.3}$$

이다. 식 17.7.2에서 $\lambda = v/f$이므로, 식 17.7.3은

$$f' = \frac{v + v_D}{v/f} = f\frac{v + v_D}{v} \tag{17.7.4}$$

식 17.7.4에서 $v_D = 0$이 아니라면 f'은 f보다 커야 한다.

마찬가지로 D가 음원으로부터 멀어질 때 D가 검출하는 진동수를 구할 수 있다. 이 경우 시간 t 동안 D에 대하여 파동면은 거리 $vt - v_D t$만큼 움직이므로, f'은 다음과 같다.

$$f' = f\frac{v - v_D}{v}. \tag{17.7.5}$$

이 된다. 식 17.7.5에서 $v_D = 0$이 아니라면 f'은 f보다 작아진다. 식 17.7.4과 17.7.5의 결과는 다음과 같이 요약할 수 있다.

$$f' = f\frac{v \pm v_D}{v} \quad \text{(음원은 정지해 있고 검출기가 움직인다).} \tag{17.7.6}$$

검출기가 정지해 있고 음원이 움직일 때

검출기 D가 공기에 대하여 정지해 있고 음원 S가 D를 향하여 속력 v_s로 움직인다고 하자(그림 17.7.4). S의 운동은 음원이 발사하는 음파의 파장, 따라서 D가 검출하는 진동수를 변화시킨다.

이러한 변화를 보기 위하여 $T(= 1/f)$를 이웃하는 파동면 W_1과 W_2가 발생되는 시간 간격이라 하자. 시간 T 동안 파동면 W_1은 거리 vT만큼 움직이며 음원은 $v_s T$만큼 움직인다. 시간 T가 지난 후, 파동면 W_2가 발생된다. S가 움직이는 방향에서 W_1과 W_2 사이의

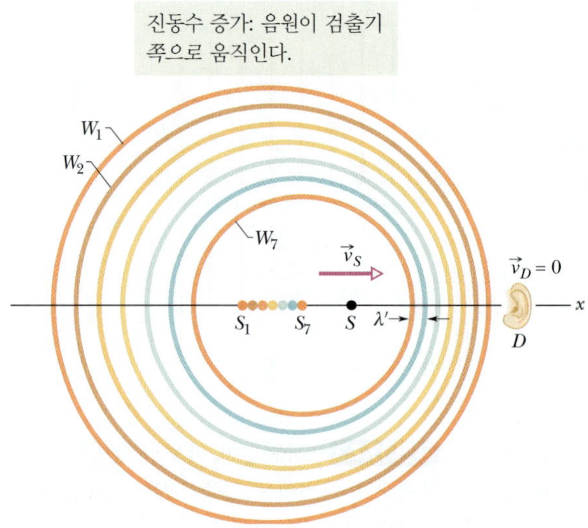

그림 17.4.4 검출기 D가 정지해 있고 음원 S가 검출기를 향해 속력 v_s로 움직인다. 파동면 W_1은 음원이 S_1에 있을 때 발생되었으며, 파동면 W_7은 음원이 S_7에 있을 때 발생되었다. 그림에 보인 순간 음원은 S에 있다. 자신의 파동면을 따라가는 음원이 운동방향으로 감소된 파장 λ'을 발생시키므로 검출기는 더 높은 진동수를 측정한다.

거리, 즉 그 방향으로 움직이는 파동의 파장 λ'은 $vT - v_sT$이다. 만일 D가 이 파동을 검출한다면 진동수 f'은

$$f' = \frac{v}{\lambda'} = \frac{v}{vT - v_ST} = \frac{v}{v/f - v_S/f} = f\frac{v}{v - v_S} \tag{17.7.7}$$

이다. $v_s = 0$이 아니라면 f'은 f보다 커야 한다.

S가 반대 방향으로 움직일 때의 파장 λ'은 역시 이웃한 파동 사이의 거리이지만, 여기서 그 거리는 $vT + v_sT$이다. 이때 검출기 D가 검출하는 파동의 진동수 f'은

$$f' = f\frac{v}{v + v_S} \tag{17.7.8}$$

이다. 이제 $v_s = 0$이 아니라면 f'은 f보다 작아야 한다.

식 17.7.7과 17.7.8의 결과는 다음과 같이 요약할 수 있다.

$$f' = f\frac{v}{v \pm v_S} \quad \text{(검출기는 정지해 있고 음원이 움직일 때).} \tag{17.7.9}$$

Doppler 효과의 일반화

식 17.7.9(음원의 진동수)의 f를 식 17.7.6(검출기가 움직일 때의 진동수)의 f'으로 바꾸면 Doppler 효과를 일반화할 수 있다. 이와 같이 간단히 바꾸어 넣으면 일반화된 Doppler 효과는 식 17.7.1이다. 일반화된 식에서 검출기와 음원이 동시에 움직일 때를 제외하고 다음 두 가지의 특별한 상황에 대해서 생각해 보자. 검출기가 움직이고 음원이 정지해 있을 때 식 17.7.1에서 $v_s = 0$을 대입하면 식 17.7.6을 얻을 수 있고, 검출기가 정지해 있고 음원이 움직이는 상황에서 식 17.7.1에서 $v_D = 0$을 대입하면 식 17.7.9를 얻을 수 있다. 따라서 식 17.7.1 하나만을 기억하면 충분하다.

➔ 확인문제 17.7.1

정지해 있는 공기에서 음원과 검출기의 움직이는 방향에 따른 여섯 가지의 상황이 그림에 나타나 있다. 각 상황에서, 방출되는 진동수보다 측정된 진동수는 큰가, 작은가, 아니면 실제 속력에 대한 정보가 없어서 알 수 없는가?

	음원	검출기		음원	검출기
(a)	⟶	• 0 속력	(d)	⟵	⟵
(b)	⟵	• 0 속력	(e)	⟶	⟵
(c)	⟶	⟶	(f)	⟵	⟶

▶ 보기문제 17.7.1 박쥐가 이용하는 메아리에서의 이중 Dopper 이동

박쥐는 자신이 발사한 초음파가 반사되어 되돌아오는 것을 탐지하여 날아다니고 먹잇감도 찾는다. $\vec{v}_m = (8.00 \text{ m/s})\hat{\text{i}}$의 속력으로 나는 나방을 $\vec{v}_b = (9.00 \text{ m/s})\hat{\text{i}}$의 속력으로 쫓아가는 박쥐가 진동수 $f_{be} = 82.52$ kHz의 초음파를 발사한다고 하자. 나방이 탐지하는 진동수 f_{md}는 얼마인가? 나방에서 반사되어 박쥐가 탐지하는 메아리의 진동수 f_{bd}는 얼마인가?

요점

박쥐와 나방의 상대운동으로 진동수가 이동한다. 둘 다 같은 방향으로 움직이므로 진동수 이동은 Doppler 효과에 대한 식 17.7.1로 구할 수 있다. *다가오는* 진동수는 *증가하고 멀어지는* 진동수는 *감소한다*.

나방이 탐지하는 진동수: Doppler 식은 다음과 같다.

$$f' = f\frac{v \pm v_D}{v \pm v_S}. \tag{17.7.10}$$

여기서 f'이 나방이 탐지하는 진동수 f_{md}이다. 오른쪽 항의 f는 박쥐가 방출하는 초음파의 진동수 $f_{be} = 82.52$ kHz이고, 음속은 $v = 343$ m/s이며, 탐지자의 속력 v_D는 나방의 속력 $v_m = 8.00$ m/s이고, 음원의 속력 v_S는 박쥐의 속력 $v_b = 9.00$ m/s이다.

이 값을 식 17.7.10에 넣어서 계산하면 된다. 그러나 ±부호의 선택은 간단치 않다. *다가가는지 멀어지는지*를 잘 생각해야 한다. 식 17.7.10의 분자에 탐지자인 나방의 속력이 들어 있다. 나방이 박쥐로부터 *멀어지므로* 탐지하는 진동수는 감소한다. 따라서 분자의 속력으로 −부호를 선택해야 분자가 작아져서 진동수가 줄어든다. 표 17.7.1에 모든 경우에 대한 올바른 선택이 표시되어 있다.

식 17.7.10의 분모에 박쥐의 속력이 들어 있다. 박쥐가 나방 쪽으로 *다가가므로* 탐지하는 진동수가 증가한다. 따라서 분모의 속력으로 −부호를 선택해야 분모가 작아져서 진동수가 증가한다. 이렇게 선택한 결과를 식 17.7.10에 넣어서 계산하면 나방이 탐지하는 진동수는 다음과 같다.

$$\begin{aligned} f_{md} &= f_{be}\frac{v - v_m}{v - v_b} \\ &= (82.52 \text{ kHz})\frac{343 \text{ m/s} - 8.00 \text{ m/s}}{343 \text{ m/s} - 9.00 \text{ m/s}} \\ &= 82.767 \text{ kHz} \approx 82.8 \text{ kHz}. \end{aligned}$$ (답)

박쥐가 탐지하는 메아리의 진동수: 박쥐에게 되돌아오는 메아리는 나방이 앞에서 계산한 진동수 f_{md}의 초음파를 방출하는 음원이 된다. 즉, 나방이 음원으로 *멀어지고*, 박쥐가 탐지자로 *다가간다*(표 17.7.1 참조). 이 결과들을 식 17.7.10에 넣어서 계산하면 박쥐가 탐지하는 메아리의 진동수는 다음과 같다.

$$\begin{aligned} f_{bd} &= f_{md}\frac{v + v_b}{v + v_m} \\ &= (82.767 \text{ kHz})\frac{343 \text{ m/s} + 9.00 \text{ m/s}}{343 \text{ m/s} + 8.00 \text{ m/s}} \\ &= 83.00 \text{ kHz} \approx 83.0 \text{ kHz}. \end{aligned}$$ (답)

"칙칙거리는" 초음파로 탐지자를 방해하여 교묘히 회피하는 나방도 있다.

표 17.7.1

박쥐에서 나방으로		박쥐로 되돌아오는 메아리	
탐지자	음원	탐지자	음원
나방	박쥐	박쥐	나방
$v_D = v_m$	$v_S = v_b$	$v_D = v_b$	$v_S = v_m$
멀어진다	다가간다	다가간다	멀어진다
진동수 감소	진동수 증가	진동수 증가	진동수 감소
분자	분모	분자	분모
− 부호	− 부호	+ 부호	+ 부호

▶ **교육용 비디오는 웹사이트 www.wiley.com에서 볼 수 있다.**

17.8 ▸ 초음속, 충격파

학습목표 *Learning Objectives*

이 단원을 읽은 후 다음을 이해해야 한다.

17.8.1 음속 혹은 이보다 빠르게 움직이는 음원에 대해 파동면이 몰리는 것을 그린다.

17.8.2 음속을 넘는 음원에 대해 Mach 수를 계산한다.

17.8.3 음속을 넘는 음원에 대해 Mach 원뿔각, 음속과 음원의 속도 사이의 관계를 구한다.

요점 *Key Ideas*

1. 매질에 대한 음원의 속력이 매질 안에서 음속을 넘어설 때, Doppler 식은 더 이상 적용할 수 없다. 이와 같은 경우에 충격파가 발생한다. Mach 원뿔의 반각 θ는 다음으로 주어진다.

$$\sin\theta = \frac{v}{v_S} \qquad \text{(Mach 원뿔각)}.$$

▶ 초음속, 충격파

만약 정지한 검출기 쪽으로 소리와 같은 속도로 음원이 움직인다면 $v_s = v$이다. 즉, 식 17.7.1과 17.7.9에서 측정한 진동수 f'은 무한히 커진다. 이때 음원의 이동이 너무 빨라서 그림 17.8.1*a*처럼 공모양의 파동면과 같이 움직일 것이다. 만약 $v_s > v$이면 무슨 일이 발생할까? *초음파*의 속도에 대해서는 더 이상 식 17.7.1과 17.7.9를 적용할 수 없다. 그림 17.8.1*b*는 음원의 각 위치에서 발생한 공 모양의 파동면을 보여준다. 이 그림에서 파동면의 반지름은 vt이며, v는 소리의 속력, t는 파동면이 음원에서 방출된 후 경과한 시간이다. 그림 17.8.1*b*에서 2차원으로 그린 파동면의 겹침이 V 형태의 꼬리를 이루면서 진행한다. 실제로는 파동면이 3차원에서 존재하므로 *Mach 원뿔*이라고 불리는 겹친 다발을 이룬다. *충격파*는 원뿔의 표면에 존재한다. 왜냐하면 표면에서 파동면이 겹쳐서 표면이 지나갈 때 공기의 압력이 급격히 증가했다가 감소하기 때문이다. *Mach 원뿔각*이라고 부르는 원뿔의 반각 θ는 그림 17.8.1*b*에서 다음과 같다.

$$\sin\theta = \frac{vt}{v_S t} = \frac{v}{v_S} \qquad \text{(Mach 원뿔각)}. \tag{17.8.1}$$

v_s/v의 비율을 *Mach 수*라고 한다. 비행기가 Mach 2.3으로 비행한다는 말은 음속 2.3배의 속력으로 비행기가 날아간다는 뜻이다. 초음속 비행기나 포물체에 의해서 만들어지는 충격파(그림 17.8.2 참조)는 *충격음파*라고 부르는 폭발과 같은 굉음을 만든다. 이

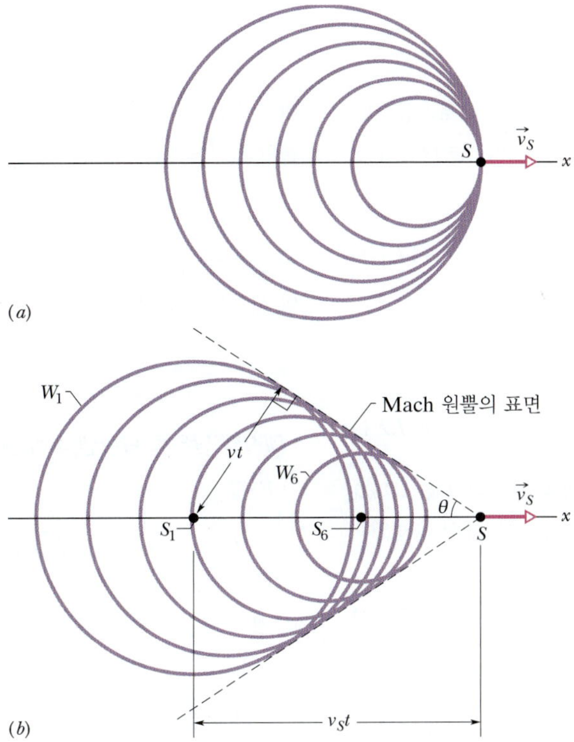

그림 17.8.1 (a) 음원 S가 소리의 속도 v_s로 움직여서 파동면과 같이 움직인다. (b) 음원 S의 속력 v_s는 음속보다 빠르고 파동면보다 빠르다. 음원의 위치가 S_1일 때 만들어진 파동면은 W_1이다. 모든 공모양 파동면이 음속 v로 퍼져서 Mach 원뿔이라고 부르는 원뿔의 표면에서 겹쳐져서 충격파를 형성한다. 원뿔의 표면의 반각은 θ이고, 표면은 모든 파동면에 접한다.

Courtesy of U.S. Navy photo by Ensign John Gay

그림 17.8.2 미 해군 FA-18 전투기의 날개가 만드는 충격파. 충격파가 눈에 보이는 것은 급격한 공기 압력의 감소로 인하여 물 분자가 공기 중에서 응축하여 안개 형태로 나타나기 때문이다.

는 공기의 압력이 급격히 증가했다가 급격히 감소하여 다시 원래의 압력으로 돌아오는 과정에서 일어난다. 충격음파는 총에서 총알이 발사될 때 들리는 소리 중 일부이다. 또한 긴 채찍을 휘두를 때에도 생긴다. 이는 채찍 끝이 소리보다 더 빠르게 움직이면서 충격음파를 만들어 내기 때문이며 채찍에서 "딱" 하는 소리가 나는 것이다.

확인문제 17.8.1

음속은 지구 대기 고도에 따라 변한다. 초음속 비행기가 고도를 바꾸어 공기중 음속이 느려진다면 Mach 각도는 증가하는가, 감소하는가?

정리 및 요약 _Review & Summary

▸음파 음파는 고체와 액체, 기체를 통과하는 역학적 세로파동이다. **부피탄성률**이 B이고 밀도가 ρ인 매질에서 음파의 속력 v는 다음과 같다.

$$v = \sqrt{\frac{B}{\rho}} \quad \text{(음파의 속력)}. \tag{17.1.3}$$

대기의 온도가 20°C일 때 음파의 속력은 343 m/s이다.

매질에서 음파는 질량요소의 세로변위

$$s = s_m \cos(kx - \omega t) \tag{17.2.1}$$

를 일으킨다. 여기서 s_m은 평형상태에서의 **변위진폭**이고 $k = 2\pi/\lambda$, $\omega = 2\pi f$이며, λ와 f는 각각 파장과 진동이다. 또한 음파에서 평형압력에 대한 매질의 압력변화량을

$$\Delta p = \Delta p_m \sin(kx - \omega t) \tag{17.2.2}$$

로 쓴다. 여기서 **압력진폭**은 다음과 같다.

$$\Delta p_m = (v\rho\omega)s_m. \tag{17.2.3}$$

▸간섭 동일한 파장의 두 음파가 공통의 점을 지날 때의 간섭은 위상차 ϕ에 의존한다. 두 음파가 같은 위상으로 방출되고 대략 같은 방향으로 진행하면, ϕ는 다음과 같다.

$$\phi = \frac{\Delta L}{\lambda} 2\pi. \tag{17.3.3}$$

여기서 ΔL은 **경로차**(공통점에 도달하기까지 두 파동이 지나야 하는 거리의 차이)이다. ϕ가 2π의 정수배일 때, 즉

$$\phi = m(2\pi), \quad m = 0, 1, 2, \ldots \tag{17.3.4}$$

일 때, 또는 이와 동등하게 ΔL이 파장 λ와

$$\frac{\Delta L}{\lambda} = 0, 1, 2, \ldots \tag{17.3.5}$$

의 관계가 있을 때 완전 보강간섭이 일어난다. ϕ가 π의 반정수배, 즉

$$\phi = (2m+1)\pi, \quad m = 0, 1, 2, \ldots \tag{17.3.6}$$

이거나, 이와 동등하게 ΔL이 파장 λ와

$$\frac{\Delta L}{\lambda} = 0.5, 1.5, 2.5, \ldots \tag{17.3.7}$$

의 관계가 있을 때 완전 상쇄간섭이 일어난다.

▸소리의 세기 소리의 **세기** I는 어떤 면을 통해서 또는 그 면으로 파동에 의해 전달되는 에너지의 단위면적당 평균 전달률로서 다음과 같다.

$$I = \frac{P}{A}. \tag{17.4.1}$$

여기서 P는 음파의 에너지 전달에 대한 시간변화율(일률)이며, A는 음파를 가로막는 면적이다. 세기 I는 음파의 변위진폭 s_m과

$$I = \tfrac{1}{2}\rho v\omega^2 s_m^2 \tag{17.4.2}$$

의 관계가 있다. 방출음파의 일률이 P_s일 때 점원에서 거리 r인 곳에서의 세기는 다음과 같다.

$$I = \frac{P_s}{4\pi r^2}. \tag{17.4.3}$$

▸데시벨 단위로 나타낸 소리준위 *데시벨*(dB) 단위로 나타낸 *소리준위* β는

$$\beta = (10\text{ dB})\log\frac{I}{I_0} \tag{17.4.4}$$

로 정의한다. 여기서 I_0 ($= 10^{-12}$ W/m^2)는 표준세기이다. 소리의 세기가 10배 증가할 때 소리준위는 10 dB 증가한다.

▸관 안의 정지파 관 안에서 정지파가 형성될 수 있다. 양 끝이 열린 관에서 공명진동수는 다음과 같다.

$$f = \frac{v}{\lambda} = \frac{nv}{2L}, \quad n = 1, 2, 3, \ldots. \tag{17.5.2}$$

여기서 v는 관 속에서의 음속이다. 한 끝만 열린 관에서 공명진동수는 다음과 같다.

$$f = \frac{v}{\lambda} = \frac{nv}{4L}, \quad n = 1, 3, 5, \ldots. \tag{17.5.4}$$

▸맥놀이 서로 다른 진동수 f_1과 f_2의 두 파동이 함께 검출될 때 *맥놀이*라고 한다. 맥놀이 진동수는 다음과 같다.

$$f_{\text{beat}} = f_1 - f_2. \tag{17.6.5}$$

▸Doppler 효과 *Doppler 효과*는 음원 혹은 검출기가 매질(이를테면 공기)에 대해서 상대적으로 움직일 때 관찰되는 파동의 진동수 변화이다. 음원의 진동수를 f'라면 관찰되는 진동수 f은 다음과 같다.

$$f' = f\frac{v \pm v_D}{v \pm v_S} \quad \text{(Doppler 효과의 일반화)}. \tag{17.7.1}$$

여기서 매질에 대한 검출기의 상대적인 속력은 v_D이고 v_S는 음원의 속력이며 매질에서 음속은 v이다. 부호는 상황에 따라서 선택해야 하고 f'은 가까워지면 *커지고* 멀어지면 *작아진다*.

▸충격파 만약 매질에 대한 음원의 속력이 매질에서의 음속이상이 될 때 Doppler 효과는 더 이상 적용되지 않는다. 이런 경우에는 충격파가 발생한다. Mach 원뿔의 반각 θ는 다음과 같다.

$$\sin\theta = \frac{v}{v_S} \quad \text{(Mach 원뿔각)}. \tag{17.8.1}$$

연습문제 _Problems

E Easy M Medium H Hard CALC Requires calculus BIO Biomedical application

문제에서 따로 주어진 경우를 제외하고는 다음 값을 사용한다.

공기 중에서의 음속 = 343 m/s

공기의 밀도 = 1.21 kg/m^3

1 M 그림 17.1과 같이 음파를 등방적으로 방출하는 두 개의 음원 S_1과 S_2가 있다. 방출되는 파의 위상은 같고 파장은 0.50 m이다. 두 음원 간의 거리는 D = 2.75 m이다. 만약 검출기를 이 두 음원 사이의 거리의 중점을 중심으로 하는 큰 원 모양으로 회전을 하면서 측정하면 (a) 정확히 같은 위상으로 측정되는 점과 (b) 완전히 반대 위상으로 측정되는 점은 각각 몇 개인가?

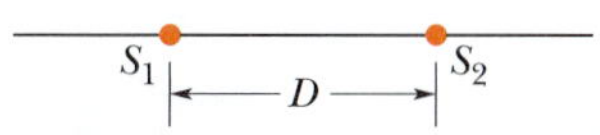

그림 17.1 연습문제 1

2 H 1500 Hz의 사이렌과 사람이 지표면에 대하여 모두 정지해 있다. 바람이 (a) 사이렌에서 사람 쪽으로 (b) 사람에서 사이렌 쪽으로 12 m/s로 불면 사람이 듣는 사이렌 소리의 진동수는 각각 얼마인가?

3 M 두 개의 음원 A와 B가 일정한 출력으로 등방적인 음파를 각각 방출한다. 그림 17.2는 음원까지의 거리 r에 따라 소리준위 β의 변화를 나타낸 그래프이다. 수직축의 크기는 β_1 = 85.0 dB와 β_2 = 65.0 dB이다. (a) r = 10 m에서 두 음파의 작은 출력에 대한 큰 출력의 비율은 얼마인가? (b) 준위차는 얼마인가?

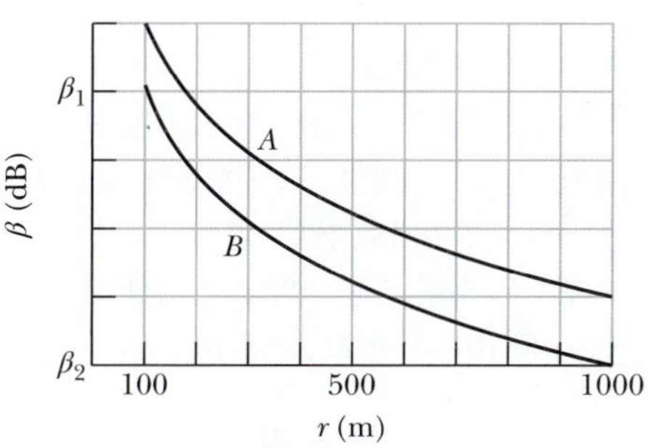

그림 17.2 연습문제 3

4 E BIO 처음에는 화가 나서 75 dB로 대화하다가 나중에는 누그러져서 50 dB로 줄어들었다. 소리의 진동수가 500 Hz라면 (a) 처음과 (b) 최종 소리 세기는 각각 얼마인가? (c) 초기진폭과 (d) 최종진폭은 얼마인가?

5 M 원형극장의 무대에서 손뼉을 치면 폭 w = 0.60 m의 계단형 객석에서 음파가 반사된다(그림 17.3). 따라서 각각의 객석에서 일정한 주기로 손뼉 소리가 무대로 되돌아오는데 이러한 주기적인 연속펄스는 특정한 소리를 낸다. (a) 그림 17.3에서 모든 음파선이 수평이라고 가정하고, 돌아오는 펄스에 의해 인식되는 소리의 진동수를 구하여라. (b) 객석의 폭 w가 작아진다면 진동수는 커지는가, 작아지는가?

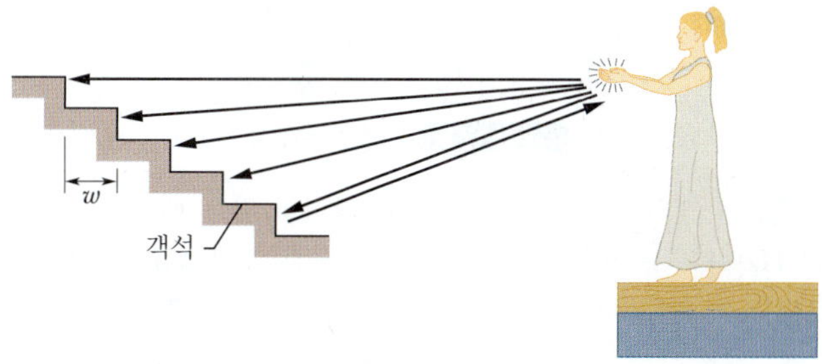

그림 17.3 연습문제 5

6 M 망치로 가는 막대의 한쪽 끝을 내리쳤다. 막대 내부의 음속은 공기 중 음속의 15배이다. 망치로 내려칠 때 다른 한 사람은 막대의 다른 쪽 끝에 귀를 가까이 가져가서 0.15 s 간격으로 두 번에 걸쳐서 소리를 들었다. 한 번은 막대가 진동하면서 전달된 것이고, 다른 것은 주위의 공기를 지나면서 전달된 것이다. 공기 중 음속이 343 m/s이면 막대의 길이는 얼마인가?

7 M 그림 17.4에서 파장 30.0 cm의 음파가 관의 왼쪽에 있는 음원에서 오른쪽으로 이동하는데 일부는 관을 따라 직진하고 일부는 반원 모양의 관을 따라서 이동한다. 반원으로 움직인 음파는 직선으로 움직인 음파와 만난다. 음파가 다시 만나게 되면 위상차가 발생한다. 오른쪽 끝에 있는 검출기가 최소 세기를 검출하게 되는 반지름 r의 최소값은 얼마인가?

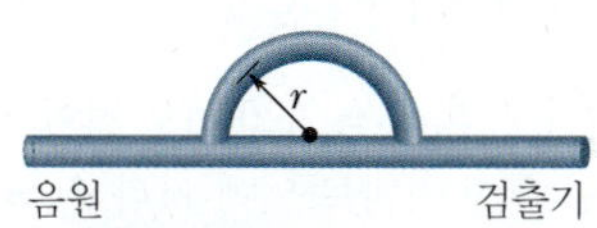

그림 17.4 연습문제 7

8 H 한 소녀가 동쪽으로 10.00 m/s의 속력으로 움직이는 기차의 열린 창 옆에 앉아 있다. 소녀의 삼촌은 선로 옆에 있고 기차가 멀어지는 것을 보고 있다. 기관차가 진동수 600.0 Hz의 기적을 울리면 (a) 삼촌이 듣는 진동수는 얼마인가? 바람은 불지 않고 있다. (b) 소녀가 듣는 진동수는 얼마인가? 동쪽에서 서쪽으로 바람이 10.00 m/s로 불기 시작하면 (c) 삼촌이 듣는 진동수와 (d) 소녀가 듣는 진동수는 얼마인가?

9 E BIO *물속의 착각.* 인간의 뇌가 음원의 방향을 탐지하는 수단 중 하나는 음원에 가까운 귀에 도달하는 소리와 먼 귀에 도달하는 소리 사이의 시간간격 Δt이다. 음원이 멀리 떨어져 있어서 귀에 도달하는 파면이 거의 평면파이고, 두 귀 사이의 간격이 D라고 하자. (a) 음원이 앞쪽으로 각도 θ 방향일 때(그림 17.5) 시간간격 Δt를 D와 공기 중 음속 v로 나타내어라. (b) 물속에서 오른쪽 방향에 음원이 있을 때, 시간간격 Δt를 D와 공기 중 음속 v_w로 나타내어라. (c) 물속에서 측정한 시간간격으로는 마치 앞쪽으로 각도 θ 방향에 음원이 있는 것처럼 착각하게 된다. 20°C 민물에서 각도 θ를 구하여라.

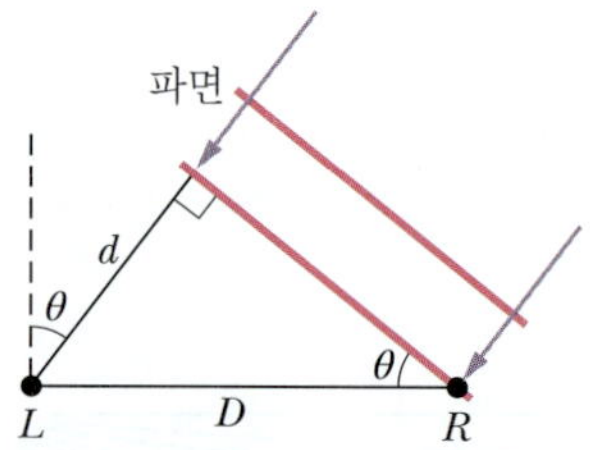

그림 17.5 연습문제 9

10 M 두 개의 동일한 피아노 줄의 장력이 같을 때 기본진동수는 600 Hz이다. 동시에 두 줄을 진동시켰을 때 초당 4.0번의 맥놀이를 발생시키기 위한 피아노 줄 하나의 장력의 증가율을 구하여라.

11 E 그림 17.6에서 확성기 S는 1000 Hz에서 2000 Hz 사이의 진동수로 진동시킬 수 있고, D는 원통형의 양끝이 열린 관으로 길이가 30.0 cm이다. 관에 채워진 공기에서 음속은 344 m/s이다. (a) 확성기의 소리로 관을 공명진동시킬 수 있는 진동수는 몇 개나 있는가? 관에서 공명하는 (b) 가장 낮은 진동수와 (c) 두 번째로 낮은 진동수는 얼마인가?

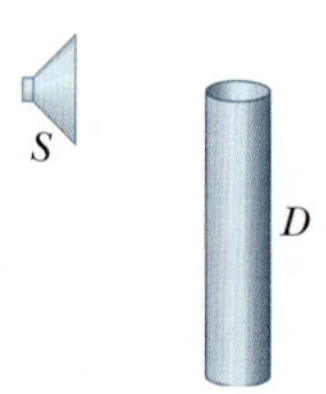

그림 17.6 연습문제 11

12 E 어떤 음원에서 소리준위가 20.0 dB 증가하였다. (a) 세기는 몇 배로 증가하는가? (b) 압력의 진폭은 몇 배로 증가하는가?

13 M 그림 17.7에서 거리 $d_1 = 2.20$ m로 떨어진 두 개의 작은 확성기의 위상은 같다. 한 확성기 바로 앞에 거리 $d_2 = 3.75$ m 떨어진 곳에 청취자에게 확성기에서 나오는 두 음파의 진폭은 거의 같다고 가정한다. 가청범위의 진동수 20 Hz부터 20 kHz까지 변하는 경우를 고려하자. (a) 청취자의 위치에서 소리가 가장 작게 들리는(소멸간섭) 진동수 중 가장 낮은 진동수 $f_{min,1}$은 얼마인가? 그런 진동수 중 (b) 두 번째로 낮은 진동수 $f_{min,2}$ (c) 세 번째로 낮은 진동수 $f_{min,3}$는 각각 $f_{min,1}$의 몇 배인가? (d) 청취자가 듣는 소리가 가장 크게 들리는(보강간섭) 진동수 중 최소값 $f_{min,1}$은 얼마인가? 그런 진동수 중 (e) 두 번째로 낮은 진동수 $f_{min,2}$와 (f) 세 번째로 낮은 진동수 $f_{min,3}$는 각각 $f_{min,1}$의 몇 배인가?

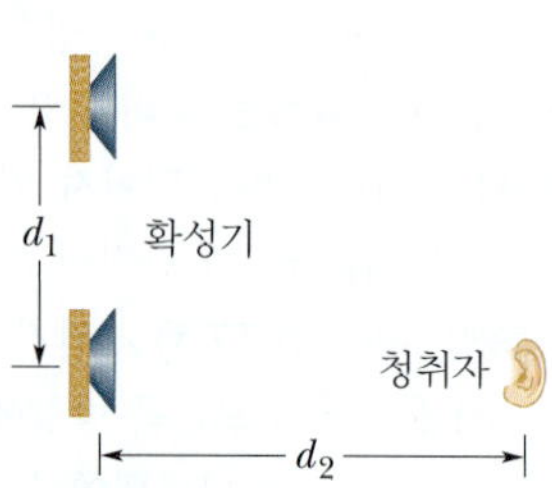

그림 17.7 연습문제 13

14 H 음원이 각진동수 4000 rad/s, 진폭 12.0 nm인 사인모양 음파를 공기로 채워진 관 안으로 보낸다. 관의 안지름은 2.00 cm이다. (a) 관의 반대편 끝에 전달되는 에너지(운동에너지와 퍼텐셜에너지의 합)의 평균 전달률은 얼마인가? (b) 동시에 동일한 두 관에 같은 파동이 이동한다면 두 관의 끝으로 전달되는 에너지의 전체 전달률은 얼마인가? 이번에는 같은 관을 통해 두 개의 파동을 동시에 보낸다면 위상차가 (c) 0, (d) 0.40π, (e) π rad일 때 전달되는 에너지의 전체 전달률은 각각 얼마인가?

15 M 그림 17.8에서 프랑스 잠수함과 미국 잠수함이 북대서양의 해류가 흐르지 않는 해저에서 기동연습 중에 서로 다가가고 있다. 프랑스 잠수함은 $v_F = 50.00$ km/h의 속도로 움직이고 미국 잠수함은 $v_{US} = 70.00$ km/h로 움직인다. 프랑스 잠수함이 진동수 1000 Hz의 음향신호(수중음파)를 발사했다. 음향파는 5470 km/h로 움직인다. (a) 미국 잠수함에서 측정된 음향신호의 진동수는 얼마인가? (b) 미국 잠수함에서 반사되어 프랑스 잠수함에서 측정된 음향신호의 진동수는 얼마인가?

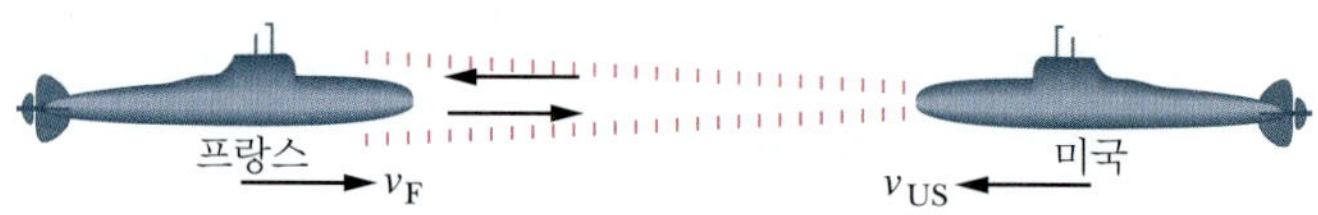

그림 17.8 연습문제 15

16 M 양끝이 열려 있는 길이 1.25 m의 관 A가 세 번째로 낮은 조화진동수로 진동한다. 관에서 공기로 채워진 부분의 음속은 343 m/s이다. 관 B는 한 끝이 닫힌 관이고 두 번째로 낮은 조화진동수로 진동한다. 관 A와 관 B의 이러한 진동수가 일치하였다. 관 B의 내부에 x축을 설정하여 닫힌 끝을 $x = 0$으로 정한다. (a) 축을 따라 몇 개의 마디가 있는가? 마디가 있는 (b) 최소 x값과 (c) 그 다음으로 작은 x값은 얼마인가? (d) B의 기본진동수는 얼마인가?

17 M 그림 17.9에서 파장이 λ로 같은 음파 A와 B가 같은 위상으로 시작해서 그림과 같이 오른쪽으로 진행한다. 파동 A는 네 개의 면들에서 반사되어 최종적으로 초기방향으로 진행한다. 파동 B는 두 개의 면에서 반사된 후 A와 마찬가지로 진행한다. $L = q\lambda$처럼 λ의 배수 q로 L을 나타낼 때 반사된 이후 파동 A와 B의 위상이 정확히 반대가 되는 (a) 가장 작은 q와 (b) 두 번째로 작은 q의 값은 얼마인가?

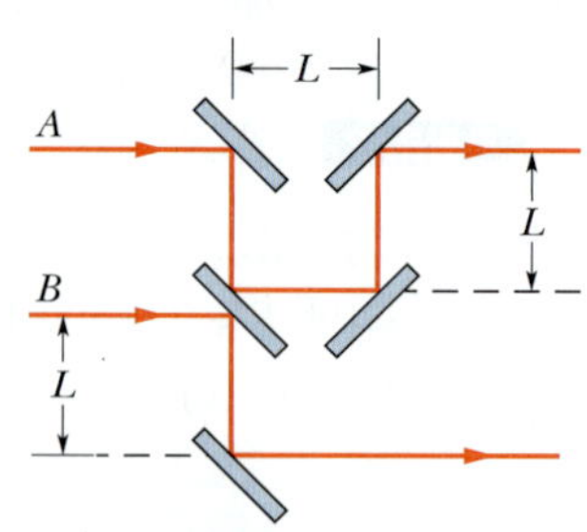

그림 17.9 연습문제 17

18 E 축구경기를 관람하는 두 사람이 경기장에서 선수가 공을 찬 것을 보고, 얼마 후 그 소리를 들었다. 관중 A는 0.27 s 후에 관중 B는 0.15 s 후에 소리를 들었으며, 두 관중이 공을 찬 선수를 바라보는 시선 사이의 각도는 90°이다. 축구선수와 (a) 관중 A, (b) 관중 B 사이의 거리는 얼마인가? (c) 두 관중 사이의 거리는 얼마인가?

19 M 그림 17.10은 밀도가 1.21 kg/m^{3}로 균일한 공기를 음속 343 m/s로 지나가는 단일 진동수의 음파 경로에 놓여 있는 압력 감지기가 측정한 압력의 변화이다. 수직축의 크기는 Δp_s = 2.0 mPa이다. 파동의 변위함수가 $s(x, t) = s_m \cos(kx - \omega t)$이면 (a) s_m, (b) k, (c) ω의 값은 얼마인가? 공기를 식혀 밀도가 1.35 kg/m^{3}로, 음속이 320 m/s로 변했다. 음원에서 방출되는 소리의 진동수와 압력 변화가 전과 같다면 (d) s_m, (e) k, (f) ω는 얼마인가?

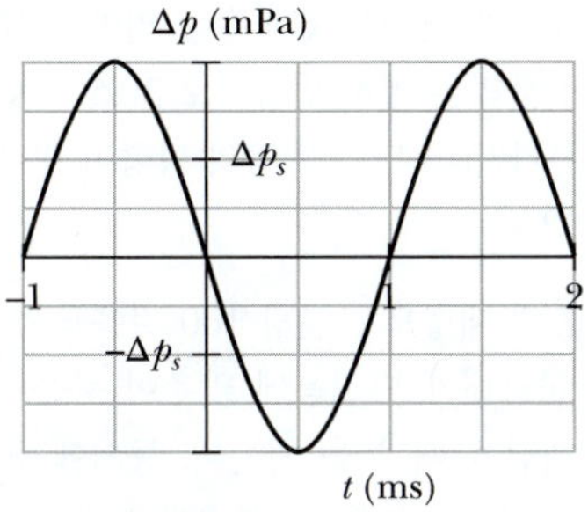

그림 17.10 연습문제 19

20 E (a) 기본진동수가 900 Hz라면 질량 800 mg, 길이 22.0 cm의 바이올린 줄에서 파동의 속력은 얼마인가? (b) 줄의 장력은 얼마인가? 기본진동에 대해 (c) 줄 위에서 파동의 파장은 얼마인가? (d) 줄에서 방출되는 음파의 파장은 얼마인가?

21 M 그림 17.11에서 길이가 1.0 m 또는 2.0 m인 관 네 개가 있는데, 그림처럼 관의 끝 부분이 모두 열려 있거나 한쪽만 열려 있다. 3차 조화진동하는 각 관에서 직선으로 멀어지는 검출기 D로 관에서 나오는 음파를 측정한다. 움직이는 검출기로 측정한 진동수가 각 관에서의 기본진동수와 같기 위해서는 (a) 관 1, (b) 관 2, (c) 관 3, (d) 관 4의 경우에 검출기의 속력은 음속 v의 단위로 얼마이어야 하는가?

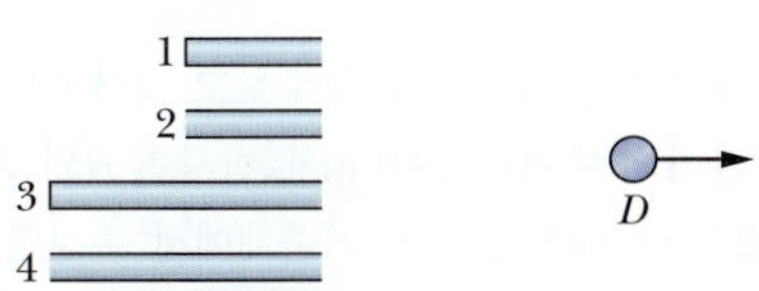

그림 17.11 연습문제 21

22 E BIO 손가락 관절을 꺾을 때 "우두둑"하는 소리가 난다. 이는 관절과 관절 사이의 관절강이 확장되고 내부 액체의 부피가 증가하면서 갑작스럽게 기포가 발생하여 생긴 것이다. 이때 만들어진 기포를 공동이라고 부르며 여기서 음파 펄스가 만들어진다. 소리가 등방적으로 전달되고 주먹 관절에서 외부로 전부 빠져나간다고 가정한다. 귀에 들리는 소리준위가 50 dB인 경우 공동에서 만들어지는 에너지의 일률을 추정하여라.

23 M 그림 17.12에 모든 방향으로 소리를 방출하는 점 음원이 x축을 따라 일정한 간격으로 놓여 있다. 각각의 음원은 동일한 파장 λ와 동일한 진폭 s_m의 음파를 같은 위상으로 방출한다. x축 위에 점 P가 있다. 음파가 P로 이동할 때 진폭의 감소는 무시할 수 있다고 가정한다. 그림에서 d가 (a) $\lambda/4$, (b) $\lambda/2$, (c) λ일 때 P점에서 중첩된 파동의 진폭은 각각 s_m의 몇 배인가?

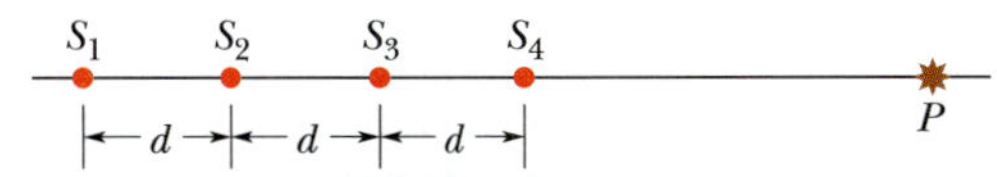

그림 17.12 연습문제 23

24 E 진행하는 음파의 압력이 다음과 같다.

$$\Delta p = (2.00\ \text{Pa})\sin \pi[(0.900\ \text{m}^{-1})x - (400\ \text{s}^{-1})t].$$

(a) 압력진폭, (b) 진동수, (c) 파장, (d) 파동의 속력을 구하여라.

25 H 그림 17.13에서 두 개의 점원 S_1과 S_2가 파장 λ = 2.00 m인 소리를 낸다. 음원은 등방적으로 같은 위상으로 방출하고, 두 음원 사이의 거리는 d = 14.0 m이다. x축 위에 임의의 점 P가 있고 음원 S_1과 S_2에서 방출되는 음파는 서로 간섭한다. 점 P가 매우 멀리($x \approx \infty$) 떨어져 있다면 (a) 점 P에서 S_1과 S_2이 방출하는 음파 사이의 위상차는 얼마이며 (b) 어떤 간섭이 일어나는가? 이제 점 P를 x축을 따라서 음원 S_1 쪽으로 이동시킨다. (c) 음파의 위상차는 감소하는가, 증가하는가? 위상차가 (d) 0.50λ, (e) 1.00λ, (f) 1.50λ가 되는 거리 x는 각각 얼마인가?

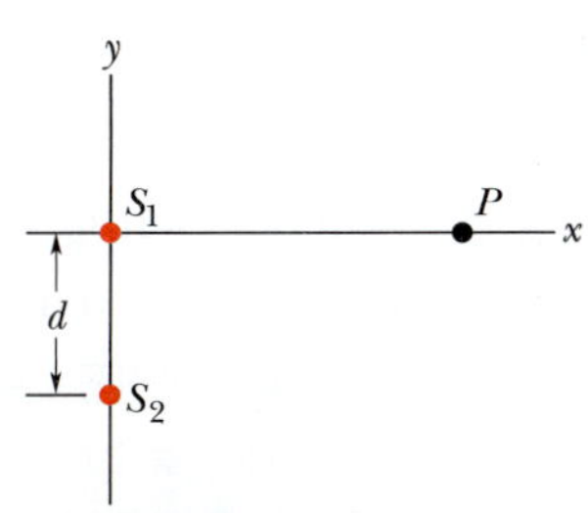

그림 17.13 연습문제 25

26 E 구급차가 진동수 1600 Hz의 사이렌을 울리면서 2.44 m/s로 달리는 자전거를 추월하여 지나가고 있다. 구급차가 지나간 후 자전거에 탄 사람은 진동수 1595 Hz의 사이렌 소리를 들었다. 구급차의 속력은 얼마인가?

27 E 점원에서 등방적으로 음파를 방출하고 있다. 음원에서 1.25 m 떨어진 음파의 세기는 1.91 × 10^{-4} W/m^{2}이다. 음파의 에너지가 보존된다고 가정하고 음원의 출력을 구하여라.

28 M CALC *뜨거운 초콜릿 효과.* 숟가락으로 물잔을 가볍게 두드리면 진동수 f_i의 소리를 들을 수 있다. 다음에는 (초콜릿 믹스나 인스턴트 커피와 같은) 가루를 한 숟가락 타서 잘 저은 다음 다시 숟가락을 가볍게 두드린다. 이때는 낮은 진동수 f_s의 소리를 듣게 된다. 왜냐하면 초콜릿 가루가 만든 미세한 공기방울이 물의 부피탄성률을 바꾸기 때문이다. 공기방울이 수면에 도달하면 사라지면서 진동수는 서서히 초기 값으로 증가한다. 이러한 효과가 나타나는 동안 공기방울은 물의 밀도나 부피 그리고 소리의 파장을 바꾸지 않는다. 대신 dV/dp 값을 바꾼다. 즉, 물속의 음파가 압력을 변화시켜서 부피가 변하게 된다. f_s/f_i = 0.333이면 비율 $(dV/dp)_s/(dV/dp)_i$는 얼마인가?

29 M 양끝이 열린 관 A의 조화진동수 중 하나가 325 Hz이다. 그 다음으로 높은 조화진동수는 380 Hz이다. (a) 조화진동수 165 Hz 다

음으로 높은 조화진동수는 얼마인가? (b) 이 조화진동의 차수는 얼마인가? 한 끝이 열린 관 B의 조화진동수 중 하나가 1080 Hz이다. 그 다음으로 높은 조화진동수는 1320 Hz이다. (c) 조화진동수 600 Hz 다음으로 높은 조화진동수는 얼마인가? (d) 이 다음으로 높은 조화진동의 차수는 얼마인가?

30 M 출력 30.0 W의 소리가 음원에서 등방적으로 방출되고 있다. 음원에서 125 m 떨어져 있고 면적이 0.750 cm^2인 작은 마이크에서 (a) 소리의 세기와 (b) 검출되는 일률을 계산하여라.

31 M 제트기가 Mach 1.5의 속력으로 고도 4500 m 상공을 비행하고 있다. (a) Mach 원뿔각은 얼마인가? (음속은 331 m/s이다.) (b) 제트기가 정확히 머리 위를 지나간 후 충격파가 도착할 때까지 시간은 얼마나 걸리는가?

32 M 다섯 개의 거의 비슷하지만 다른 공명진동수를 갖는 소리굽쇠가 있다. 공명진동수가 서로 어떻게 다른가에 따라 소리굽쇠를 두 개씩 동시에 진동시켰을 때 생기는 다른 맥놀이 진동수 종류의 (a) 최대값과 (b) 최소값은 얼마인가?

33 E 진동수가 500 Hz인 음파의 세기는 1.00 $\mu W/m^2$이다. 이 음파에 의한 공기 진동의 진폭은 얼마인가?

34 M 길이 1.20 m인 한쪽 끝이 닫힌 관이 있다. 관의 열린 끝 근처에 팽팽히 당겨진 줄을 놓았다. 줄의 길이는 0.400 m, 질량은 9.60 g이다. 이 줄은 양끝이 고정되어 있고 기본진동수로 진동한다. 공명에 의하여 관 안의 공기 기둥은 관의 기본진동수로 진동한다. 이때의 (a) 진동수는 얼마인가? (b) 줄의 장력은 얼마인가?

35 E 양 끝이 열려 있는 오르간 파이프 A의 기본진동수는 350 Hz이다. 한쪽만 열린 관 B의 제3조화진동수는 관 A의 제2조화진동수와 같다. (a) 관 A와 (b) 관 B의 길이는 얼마인가?

36 E 32.0 g의 산소가 차지하는 부피가 22.4 L이고, 산소 안에서 음속이 317 m/s이면 산소의 부피탄성률은 얼마인가?

37 M 두 개의 스피커를 야외무대에서 서로 3.35 m의 거리를 두고 설치했다. 청취자는 한 스피커에서 18.0 m, 다른 스피커에서 19.5 m 떨어진 곳에 있다. 같은 진동수와 진폭을 갖는 같은 위상의 펄스를 신호 발생기로 만들어 스피커를 시험했다. 전달된 진동수는 가청 영역 범위(20 Hz에서 20 kHz)로 변화시켰다. (a) 청취자의 위치에서 최소 신호(소멸간섭)가 되는 최소진동수 $f_{min,1}$은 얼마인가? (b) 최소 신호가 되는 두 번째로 낮은 진동수 $f_{min,2}$는 얼마인가? (c) 최소 신호가 되는 세 번째로 낮은 진동수 $f_{min,3}$은 얼마인가? (d) 청취자의 위치에서 최대 신호(보강간섭)가 되는 가장 낮은 진동수 $f_{min,1}$는 얼마인가? $f_{min,1}$의 몇 배가 되어야 (e) 두 번째로 낮은 진동수 $f_{min,2}$ (f) 세 번째로 낮은 진동수는 $f_{min,3}$를 얻을 수 있는가?

38 E BIO *Parasaurolophus* 공룡의 두개골 위를 살펴보면 트럼본 모양으로 생긴, 양끝이 열린 구부러진 관 모양의 긴 숨구멍이 있다. 이 공룡은 긴 경로를 이용하여 기본모드의 소리를 만들어 냈을 것이다. (a) *Parasaurolophus* 화석에서 숨구멍의 길이가 2.0 m라면 공룡이 만드는 소리의 진동수는 얼마인가? (b) 영화 "쥐라기 공원"처럼 이 공룡을 다시 만들 수 있다면 가청영역이 60 Hz에서 20 kHz 사이인 인간이 공룡의 기본모드 소리를 들을 수 있는가? 들을 수 있다면 그 소리는 높은 진동수인가, 낮은 진동수인가? *Parasaurolophus* 암컷의 화석을 보면 숨구멍의 길이가 수컷보다 짧다. (c) 암컷이 만드는 소리의 기본진동수는 수컷보다 높은가, 낮은가?

39 H 두 기차가 지표면에 대해 30.5 m/s의 속력으로 서로 접근하고 있다. 한 기차가 진동수 700 Hz의 기적을 울린다. (a) 공기가 정지된 상태에서 다른 기차에게 들리는 진동수는 얼마인가? (b) 소리를 듣는 기차로부터 기적이 울리는 기차 방향으로 30.5 m/s의 바람이 불면 어떤 진동수로 들리는가? (c) 만약 바람의 방향이 반대로 바뀐다면 어떤 진동수로 들리는가?

40 E 군인들이 종대 대형으로 분당 100 걸음씩 행진하고 있으며, 행진하는 선두에는 군악대가 발걸음에 맞추어 북을 치고 있다. 북치는 사람이 오른발을 내딛을 때 북을 치는데, 동시에 행진의 맨 뒷사람은 왼발을 내딛는다. 행진하는 열의 길이는 대략 얼마인가?

41 E 바이올린의 A 현을 너무 팽팽하게 묶었다. 연주를 하면서 동시에 진동수가 A음(440 Hz)인 소리굽쇠를 울리면 매초 2.00번의 맥놀이가 나타난다. 바이올린 줄의 진동주기는 얼마인가?

42 M BIO *파티에서 소리 듣기*. 파티에 참석하는 사람의 수가 많아지면 다른 사람들의 *배경잡음*보다 말소리를 더 크게 하게 된다. 그러나 고함을 질러야 되는 수준에 도달하면 상대방의 '개인 공간' 속으로 들어가야만 비로소 소리를 들을 수 있다. 당신을 일률이 P인 점원으로, 상대방을 음파를 흡수하는 점으로 모형화해 보자. 두 점의 초기 거리는 r_i = 1.20 m이다. 배경잡음이 $\Delta\beta$ = 3 dB에 이르면 상대방이 청취할 소리준위도 증가해야 한다. 개인 공간에 해당하는 거리 r_f는 얼마인가?

43 M 음원 A와 반사면 B가 서로 마주보고 직선으로 다가오고 있다. 공기에 대한 음원 A의 속력은 29.9 m/s, 반사면 B의 속력은 65.8 m/s이고 음속은 329 m/s이다. 음원의 기준계에서 측정된 방출파동의 진동수는 1500 Hz이다. 반사면의 기준계에서 측정한 음파의 (a) 진동수와 (b) 파장은 얼마인가? 음원의 기준계에서 볼 때 표면에서 반사되어 돌아오는 음파의 (c) 진동수와 (d) 파장은 얼마인가?

44 E 그림 17.8.2에서 FA 18의 조종석에 충격파가 대략 60°의 각도로 생기는 것을 볼 수 있다. 사진을 찍었을 당시 전투기는 약 1350 km/h로 비행했었다. 이 전투기의 고도에서 음속은 대략 얼마인가?

45 E 양끝이 고정된 길이 14.0 cm인 바이올린 줄이 n = 1 모드에서 진동한다. 줄 위에서 음속은 250 m/s이고 공기 중 음속은 348 m/s이다. 방출되는 음파의 (a) 진동수와 (b) 파장은 얼마인가?

46 E BIO 조직 내의 종양을 진단하는 의료 진단용 초음파의 진동수는 4.00 MHz이다. (a) 공기에서 초음파의 파장은 얼마인가? (b) 조직 내부에서 음속이 1500 m/s이면 파장은 얼마인가?

47 M 비행기가 음속의 1.25배로 날아간다. 이 비행기가 지상에 있는 사람의 머리 위를 지나가고 정확히 45.0 s 후에 충격음파가 이 사람에게 도착했다. 전투기의 고도는 얼마인가? 음속은 330 m/s라고 가정한다.

48 M 고정된 속력측정기에서 45.0 m/s의 속력으로 접근하는 트럭을 향해 진동수 0.300 MHz의 음파를 보낸다. 속력측정기로 반사되어 돌아오는 파동의 진동수는 얼마인가?

49 E 진동수 600 Hz의 호루라기를 반지름 60.0 cm의 원궤도에서 각속력 15.0 rad/s로 돌리고 있다. 원의 중심에서부터 아주 멀리 떨어져 있는 관측자에게 들리는 (a) 가장 낮은 진동수와 (b) 가장 높은 진동수는 얼마인가?

50 M 길고 수평인 관 안의 공기를 통과하는 음속은 343 m/s이고, 그 형태는 $s = s_m \cos(kx - \omega t + \phi)$이다. 공기 분자 A가 $x = 2.000$ m에서 양의 최대 변위 5.00 nm에 있고, 공기 분자 B는 $x = 2.070$ m에서 2.00 nm인 양의 변위에 있다. A와 B 사이의 공기 분자는 두 변위 사이에 놓여 있다. 음파의 진동수는 얼마인가?

51 E 큰 성당의 문이 쾅 닫히고 15 s 후에 마지막 메아리를 들었다. (a) 문과 마주 보는 벽에서 한 번만 반사가 일어났다면 벽은 문에서 얼마나 멀리 떨어져 있는가? (b) 벽이 20.0 m 떨어져 있다면 마지막 메아리가 올 때까지 (앞뒤로) 반사가 몇 번 일어나는가?

52 M 도난경보기에 진동수 20.0 kHz의 음파를 방출하는 음원이 내장되어 있다. 경보기에서 방출되는 음파와 경보기에서 직선 방향으로 평균 0.950 m/s의 속력으로 멀어지는 침입자에게서 반사되는 파동 사이의 맥놀이 진동수는 얼마인가?

53 E 관 A에서 특정한 조화진동수와 그 다음 낮은 조화진동수의 비율은 1.2이다. 관 B에서 이 비율이 1.4라면 (a) 관 A와 (b) 관 B에서 열린 끝 부분의 갯수는 얼마인가?

54 E 출력 2.5 W의 음파가 점음원에서 등방적으로 방출되고 있다. 음파의 에너지가 보존된다고 가정하고 (a) 음원에서 1.0 m 떨어진 곳과 (b) 2.5 m 떨어진 곳에서 음파의 세기를 구하여라.

55 E BIO 청각이 정상인 사람의 약 3분의 1은 귀를 따라 연속적으로 아주 작은 세기의 음파를 밖으로 방출한다. 이를 *자발이음향방사*라고 하며 무소음 환경을 제외하고는 거의 느끼지 못한다. 하지만 가끔 충분히 커서 옆에 있는 사람에게 들리기도 한다. 음파의 진동수가 1665 Hz이고 압력진폭이 1.13×10^{-3} Pa일 때 귀에서 방출되는 음파의 (a) 변위진폭과 (b) 세기는 얼마인가?

56 M 벽이 수직이고 바닥에 물이 있는 우물의 공명진동수는 8.00 Hz이며 더 이상 낮은 공명진동수는 없다. 이 우물에서 공기로 채워진 부분은 (바닥에 있는) 한쪽 끝은 닫혀 있고, (꼭대기에 있는) 다른 끝은 열린 관으로 작용한다. 우물 안의 공기밀도는 1.10 kg/m^{3}이고 부피탄성률은 1.33×10^5 Pa이다. 우물은 얼마나 깊은가?

57 E 두 다른 음원에서 진동수 600 Hz의 음파를 같은 방향으로 330 m/s로 방출되고 있다. 음원의 위상은 같다. 이 축 위에서 한 음원으로부터 4.40 m 떨어져 있고, 다른 음원으로부터는 4.00 m 떨어져 있는 검출기에서 파동 사이의 위상차는 얼마인가?

58 M 지구 내부에서 지진으로 인해 음파가 발생한다. 기체와 달리 가로파동(S파)과 세로파동(P파)이 함께 생성된다. 전형적으로 S파의 속력은 4.5 km/s이고 P파의 속력은 8.0 km/s이다. 지진계는 지진으로 발생한 P파와 S파를 분리하여 기록한다. 첫 번째 P파는 첫 번째 S파가 도착하기 2.8분 전에 도착했다. 파동이 직선으로 전파한다면 진원지는 얼마나 멀리 떨어져 있는가?

59 E 고속도로 순찰대가 직선 도로에서 과속차량을 추격하고 있다. 두 차량의 속력은 모두 160 km/h이다. 순찰차에 장착된 사이렌의 진동수는 500 Hz이다. 과속 운전자가 들었을 때 Doppler 효과로 바뀐 사이렌의 진동수는 얼마인가?

60 E 길이 1.00 m의 수직 유리관 안에 물을 넣고 수위를 적절하게 조절할 수 있다. 관의 열린 윗부분에 700 Hz로 진동하는 소리굽쇠를 놓으면 관에서 공기로 채워진 부분에 정지파가 만들어진다. (관에서 공기가 채워진 부분은 한쪽 끝은 닫혀 있고 다른 끝은 열린 관으로 작용한다.) (a) 소리굽쇠와 공명진동이 가능한 물의 수위는 몇 개나 되는가? 소리굽쇠와 공명진동이 일어나는 (b) 가장 낮은 물의 수위와 (e) 두 번째로 낮은 물의 수위는 얼마인가?

61 M 길이가 28.0 cm이고 선밀도가 0.650 g/m인 바이올린 줄의 근처에 가변진동수의 음향진동기에 의해 울리는 확성기가 있다. 확성기에서 500~1500 Hz 영역에서 진동수를 변화시켰을 때 바이올린 줄은 880과 1320 Hz에서만 진동한다. 줄의 장력은 얼마인가?

62 E 두 소리의 소리준위가 3.00 dB만큼 차이가 난다. 작은 세기에 대한 큰 세기의 비율은 얼마인가?

63 E 공기 중에서 이동하는 음파의 형태가

$$s(x, t) = (6.0 \text{ nm}) \cos(kx + (4000 \text{ rad/s})t + \phi)$$

인 경우 소리의 전달경로에 놓여 있는 공기 분자가 $s = +2.0$ nm에서 $s = -2.0$ nm로 이동하는 데 걸리는 시간은 얼마인가?

64 E 음원의 출력이 3.00 μW이다. 음원이 점 음원이라면 (a) 3.00 m 떨어진 곳에서 세기는 얼마인가? (b) 이 거리에서 소리준위는 몇 dB인가?

65 M 정지해 있는 검출기가 초기에는 검출기의 방향으로 일정한 속도로 다가가다 (검출기를 지난 후에는) 똑바로 멀어지는 음원의 진동수를 측정한다. 음원에서 방출되는 진동수는 f이다. 음원이 접근하는 동안 측정한 진동수는 f'_{app}이고, 음원이 멀어질 때 측정한 진동수는 f'_{rec}이다. $(f'_{app} - f'_{rec})/f = 0.500$이면 음속에 대한 음원 속력의 비율 v_s/v는 얼마인가?

66 M BIO 박쥐는 초음파로 길을 찾으며 동굴 속에서 날아다닌다. 박쥐가 내는 초음파의 진동수는 24000 Hz이다. 박쥐가 공기 중에서 음속의 0.025배로 편평한 벽을 향하여 날아갈 때, 벽에서 반사되어 박쥐가 듣는 음파의 진동수는 얼마인가?

67 E BIO 수컷 황소개구리(*Rana catesbeiana*)는 교미를 할 때 내는 큰 울음소리로 유명하다. 큰 울음소리는 개구리의 입에서 나오는 것이 아니라 머리 표면에 있는 고막에서 나온다. 그리고 놀랍게도 소리는 개구리의 튀어나온 목과는 아무 관련이 없다. 황소개구리에서 방출되는 소리의 진동수가 300 Hz이고 준위가 (고막 근처에서) 85 dB

이면 고막이 진동하는 진폭은 얼마인가? 공기의 밀도는 1.21 kg/m^3 이다.

68 E 유체 매질 속의 음파가 벽에서 반사되어 정지파가 되었다. 마디 사이의 거리는 3.8 cm이고 음속은 1400 m/s이다. 음파의 진동수를 구하여라.

69 E 진동수를 알 수 없는 소리굽쇠와 진동수 384 Hz의 표준 소리굽쇠를 동시에 울리면 초당 2.00번의 맥놀이가 생긴다. 미지의 소리굽쇠의 갈라진 포크 위에 작은 왁스 조각을 올려놓으면 맥놀이가 감소한다. 소리굽쇠의 진동수는 얼마인가?

70 M 우물에 돌을 떨어뜨렸다. 2.50 s 후에 물에 떨어지는 소리를 들었다. 우물의 깊이는 얼마인가?

제 18 장

온도, 열, 열역학 제1법칙

Temperature, Heat, and the First Law of Thermodynamics

18.1 ▸ 온도

요점 _Key Ideas_

1. 온도는 뜨겁고 차가운 감각과 관련된 SI 기본 물리량이다. 온도는 물체가 뜨겁거나 차가워지면 규칙적인 방법으로 변하는 길이나 압력과 같은 측정할 수 있는 성질을 갖는 작용물질을 포함하는 온도계로 측정한다.
2. 온도계 혹은 다른 물체가 서로 접촉했을 때 이는 결국 열평형에 도달한다. 온도계가 가리키는 눈금이 접촉한 다른 물체의 온도이다. 이 과정은 열역학 제0법칙 때문에 일관성이 있고 유용한 온도 측정 과정이다. 물체 A와 B가 각각 세 번째 물체 C(온도계)와 열평형을 이루면 A와 B도 서로 열평형을 이룬다.
3. SI 단위계에서 온도는 물의 삼중점(273.16 K)을 기준으로 하는 Kelvin 척도로 측정한다. 다른 온도는 일정 부피 기체온도계를 사용하여 정의한다. 기체 시료를 일정한 부피로 유지시키면 압력은 온도에 비례하게 된다. 기체온도계로 측정한 온도 T는 다음과 같이 정의한다.

$$T = (273.16\ \text{K})\left(\lim_{\text{gas}\to 0} \frac{p}{p_3}\right).$$

여기서 T는 켈빈이고, p_3와 p는 각각 273.16 K에서 기체의 압력과 측정하는 온도에서의 압력이다.

학습목표 _Learning Objectives_

이 단원을 읽은 후 다음을 이해해야 한다.

18.1.1 Kelvin 척도에서는 가장 낮은 온도를 0으로 정한다(절대 영도).

18.1.2 열역학 제0법칙을 설명한다.

18.1.3 삼중점에 대한 조건을 설명한다.

18.1.4 일정 부피 기체온도계로 온도를 측정하는 조건을 설명한다.

18.1.5 일정 부피 기체온도계에서 주어진 상태에서 기체의 압력과, 온도와 삼중점의 압력과, 온도 사이의 관계를 구한다.

▶ 어떤 물리현상을 다루는가?

물리학과 공학에서 중요한 분야 중의 하나가 **열역학**이다. 열역학은 *내부에너지*라고 부르는 계의 *열에너지*를 연구하고 응용하는 분야이다. 열역학의 핵심개념인 온도는 다음 절에서 논의하기로 한다. 모든 사람이 일찍부터 열에너지와 온도에 대한 경험지식을 갖고 있다. 예를 들어 뜨거운 음식이나 뜨거운 난로는 조심해야 하고 상하기 쉬운 음식은 선선한 곳이나 차가운 곳에 저장해야 한다는 것을 잘 알고 있다. 또한 집이나 자동차 내부의 온도를 조절하는 방법과 차가운 바람이나 햇볕에 타지 않기 위해 자신을 보호하는 방법도 잘 안다.

열역학이 일상의 공학이나 과학에서 적용되는 예는 수없이 많다. 자동차 기술자는 자동차경주에서 자동차 엔진이 과열될까 걱정한다. 식품공학자는 피자를 마이크로파로 굽거나 공장에서 식료품을 급냉시키면서, 음식물을 적절하게 가열하거나 냉동시키는 데 관심을 가진다. 지질학자는 엘니뇨 현상으로 인한 열에너지의 전달이나 남극과 북극 빙원의 점진적인 온도상승에 관심이 많다. 농공학자는 농사가 잘 될 것인지 망할 것인지를

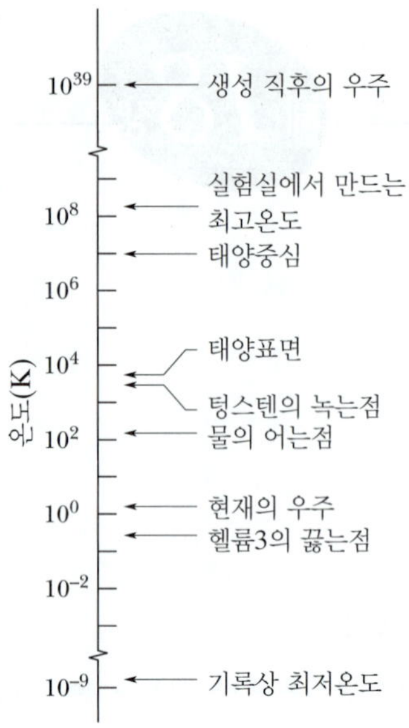

그림 18.1.1 Kelvin 척도로 나타낸 온도. $T = 0$은 $10^{-\infty}$에 해당하므로 주어진 로그 눈금에 표시할 수 없다.

결정할 기상조건에, 의공학자는 환자의 온도로 양성의 바이러스 감염과 암 발병을 어떻게 구별해 낼 수 있을지에 관심을 가진다.

열역학에 대한 논의로서 온도의 개념과 측정방법부터 시작하기로 하자.

온도

온도는 일곱 가지 SI 기본 물리량의 하나이다. 물리학자는 온도를 **Kelvin 척도**로 측정하고 *켈빈*(K)이라는 단위로 나타낸다. 물체의 온도는 한없이 올릴 수 있지만, 더 이상 내릴 수 없는 온도가 있다. 이 온도를 켈빈온도의 0, 즉 *절대영도*라고 한다. 실온은 대략 290 켈빈이며 290 K로 쓴다. 그림 18.1.1은 넓은 범위에 걸친 다양한 온도이다.

137억 년 전 우주가 생성될 때 우주의 온도는 10^{39} K이었다. 우주가 팽창하면서 냉각되어 지금의 평균 온도는 3 K이다. 지구가 이보다 따뜻한 것은 태양 가까이에 있기 때문이다. 태양이 없다면 지구의 온도는 3 K일 것이다(사실은 살아 있지도 못했을 것이다).

열역학 제0법칙

거의 모든 물체는 냉장고에서 따뜻한 오븐으로 옮길 때처럼 온도가 바뀌면 그 특성이 변한다. 몇 가지 예를 들어보자. 온도가 올라가면 액체의 부피가 증가하고, 금속막대가 약간 길어지며, 도선의 전기저항이 증가하고, 용기에 담긴 기체에 작용하는 압력이 증가한다. 이러한 특성 가운데 어떤 것을 사용하더라도 온도의 개념을 이해하는 데 도움이 되는 기구를 만들 수 있다.

그림 18.1.2는 그러한 기구를 보여준다. 유능한 과학자라면 위의 특성 중 하나를 이용해 이런 기구를 고안하고 만들 수 있다. 이 기구는 숫자를 디지털로 표시하며 다음의 특성을 가진다. (예컨대 분젠 버너로) 가열할 때 표시된 숫자는 늘어나기 시작하고, 냉장고에 넣으면 숫자가 감소하기 시작한다. 이 기구는 눈금 맞추기가 되어 있지 않기 때문에 표지된 숫자는 (아직은) 물리적 의미가 없다. 이 소자는 *검온기*이지, (아직은) *온도계*가 아니다.

이제 그림 18.1.3*a*처럼 검온기(물체 *T*)를 다른 물체(물체 *A*)와 접촉시켰다고 하자. 전체 계는 두꺼운 벽을 가진 단열상자 안에 들어 있다. 검온기의 숫자가 계속 변하다가 멈추었고(이 숫자를 "137.04"라고 하자) 더 이상 변하지 않는다. 사실 물체 *T*와 물체 *A*의 모든 측정 가능한 양이 안정하고 변하지 않는 값이 되었다고 가정하는 셈이다. 이때 두 물체는 서로 *열평형*에 있다고 한다. 물체 *T*에 대해 표시된 숫자가 눈금 맞추기에 의한 것은 아니지만 물체 *T*와 *A*의 온도가 같다고 결론지을 수 있다.

이제 물체 *T*를 그림 18.1.3*b*처럼 물체 *B*와 접촉시켜서 두 물체가 열평형을 이루었을 때 *검온기의 숫자가 같았다*고 하자. 그렇다면 물체 *T*와 *B*는 (아직도 그 값을 모르기는 하지만) 온도가 같을 것이다. 만약 물체 *A*와 *B*를 그림 18.1.3*c*와 같이 접촉시킨다면 두 물체는 곧바로 열평형을 이룰까? 실험을 해보면 그렇다.

그림 18.1.3의 실험적 사실은 다음과 같은 **열역학 제0법칙**으로 요약할 수 있다.

그림 18.1.2 검온기. 소자가 가열되면 숫자가 늘어나고 냉각되면 줄어든다. 온도감지부는 여러 가지 특성을 이용할 수 있는데, 예를 들어 도선의 전기저항을 측정하여 숫자로 표시할 수 있다.

> 물체 *A*와 *B*가 다른 물체 *T*와 각각 열평형을 이룬다면 *A*와 *B*도 열평형을 이룬다.

쉽게 말하자면 제0법칙은 "모든 물체는 **온도**라는 특성을 가지고 있다. 두 물체가 열적 평형상태에 있으면 둘의 온도는 같다. 또한 그 역도 성립한다."라고 할 수 있다. 이제

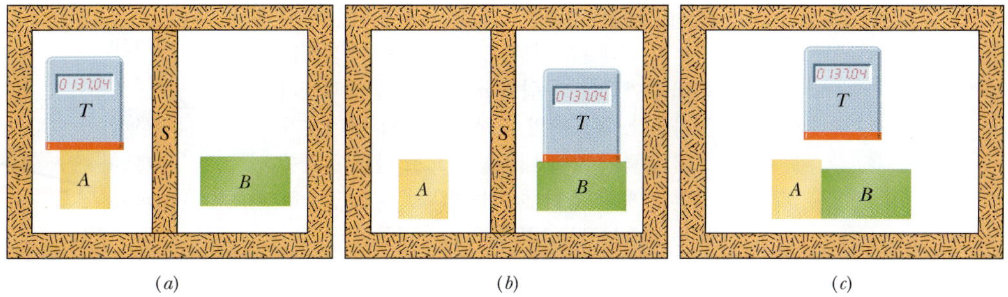

그림 18.1.3 (*a*) 물체 *T*(검온기)와 물체 *A*가 열평형을 이룬다(칸막이 *S*는 절연막이다). (*b*) 물체 *T*와 물체 *B* 또한 열평형을 이루고 표시된 숫자가 같다. (*c*) (*a*)와 (*b*)가 참이라면 열역학 제0법칙에 의해 물체 *A*와 물체 *B*도 열평형을 이룬다.

검온기의 숫자가 물리적으로 의미가 있다는 것이 확실해졌으니 검온기(물체 *T*)를 온도계로 바꿀 수 있다. 이제 남은 일은 눈금 맞추기이다.

실험실에서 제0법칙은 항상 사용된다. 두 용기에 담긴 액체가 같은 온도인지 알고 싶으면 각각의 온도를 온도계로 측정하면 된다. 두 액체를 접촉시키고 둘 사이에 열평형이 이루어졌는지 알 필요가 없다.

제0법칙은 제1법칙과 제2법칙이 발견되고 이름이 붙여진 지 한참 후인 1930년대에나 정립되었지만 논리적 순서에 따라 제0법칙으로 명명되었다. 온도라는 개념이 두 법칙의 기본이므로 온도를 정립하는 법칙을 제0법칙으로 명명한 것이다.

온도의 측정

여기서는 온도를 Kelvin 척도로 정의하고 측정한다. 그리고 눈금 맞추기를 통해 검온기를 온도계로 만들어 보자.

물의 삼중점

온도의 눈금을 정하려면 재현 가능한 열적 현상을 선택하여 주위의 환경에 특정한 켈빈 온도 값을 부여하면 된다. 즉 *표준고정점*을 선택하고 표준고정점 온도를 부여한다. 예를 들어 물의 어는점이나 끓는점을 선택할 수도 있겠지만 기술적인 이유로 **물의 삼중점**을 택한다.

물(액체), 얼음(고체), 수증기(기체)가 열적 평형상태에서 공존할 때 압력과 온도는 유일한 값이다. 그림 18.1.4의 삼중점기구는 실험실에서 물의 삼중점을 구현할 수 있는 장치이다. 국제협약에 따라 물의 삼중점의 온도를 273.16 K으로 하고, 이 온도를 온도계의 눈금 맞추기에 필요한 표준고정점 온도로 한다.

$$T_3 = 273.16 \text{ K} \qquad (\text{삼중점 온도}). \tag{18.1.1}$$

여기서 아래첨자 3은 "삼중점"을 뜻한다. 이 협약에 의하면 1켈빈의 크기는 절대영도와 물의 삼중점 온도 차이의 1/273.16에 해당한다.

켈빈온도를 나타낼 때는 도를 표시하는 기호(°)를 쓰지 않는다. 즉 300°K이 아니라 300 K으로 표기하고 "300켈빈"으로 읽는다. 온도에도 SI 접두어를 사용하여 0.0035 K은 3.5 mK으로 쓴다. 켈빈온도와 온도 차에는 서로 다른 용어가 사용되지 않아서 "황의 끓는점은 717.8 K이다", "수조의 온도가 8.5 K 올라갔다"라고 표현한다.

일정부피 기체온도계

다른 온도계의 눈금 맞추기에 사용되는 표준온도계는 일정부피를 유지하는 기체의 압력을 이용한다. 그림 18.1.5는 이러한 **일정부피 기체온도계**로 기체가 채워진 용기가 수은 압력계에 연결되어 있다. 수은을 담은 용기 *R*을 올리거나 내리면서 U자형 관의 왼쪽 부

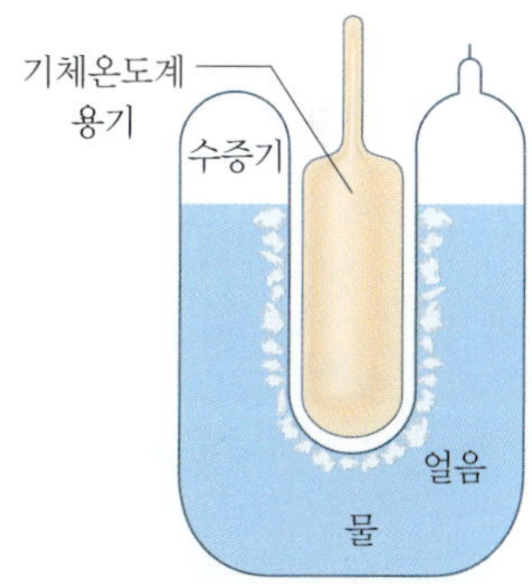

그림 18.1.4 삼중점 기구. 고체 상태인 얼음, 액체 상태인 물, 기체 상태인 수증기가 열적 평형상태에서 공존한다. 국제협약에 따라 혼합물의 온도를 273.16 K으로 정의한다. 기체온도계는 삼중점 기구의 파인 곳에 끼워져 있다.

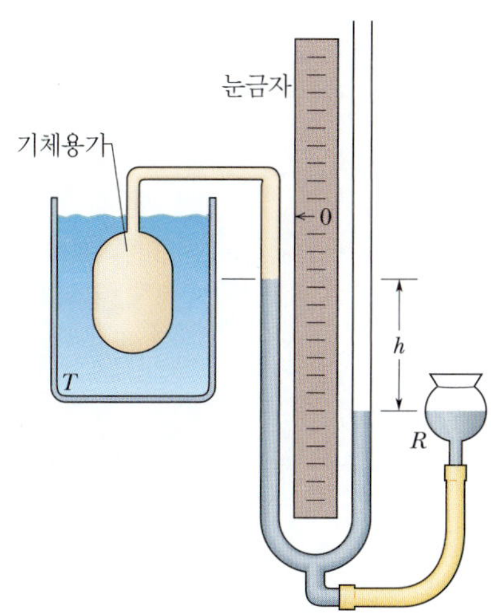

그림 18.1.5 일정부피 기체온도계. 기체용기에 측정하고자 하는 온도 *T*의 액체가 담겨 있다.

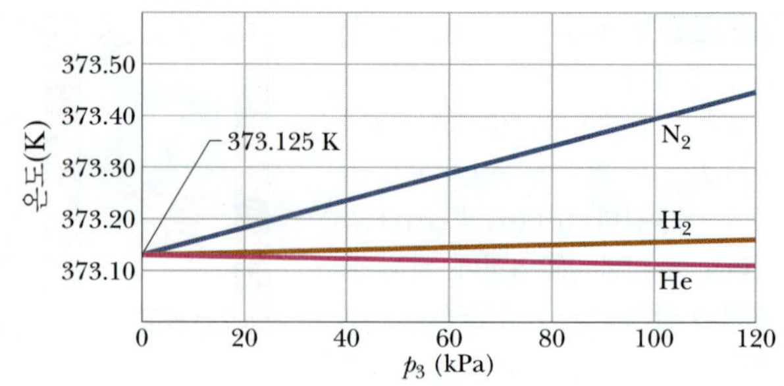

그림 18.1.6 기체용기를 끓는 물에 담갔을 때 일정부피 기체온도계로 측정한 온도. 식 18.1.5로 온도를 계산할 때 압력 p_3은 물의 삼중점에서 측정하였다. 온도계의 기체용기에 담긴 기체가 다르면 압력이 바뀔 때 일반적으로 다른 결과를 얻지만 기체의 양이 줄어들면(즉, p_3가 감소하면) 모든 결과는 373.125 K으로 수렴한다.

분의 수은높이를 눈금의 0에 맞추어 기체의 부피를 일정하게 만들 수 있다(기체 부피의 변화는 온도측정에 영향을 준다).

기체 용기와 접촉하는 물체(그림 18.1.5의 경우 용기를 둘러싼 액체)의 온도는 다음과 같이 정의한다.

$$T = Cp. \tag{18.1.2}$$

여기서 p는 기체에 가해진 압력이고 C는 상수이다. 식 14.3.2로부터 압력 p는

$$p = p_0 - \rho g h \tag{18.1.3}$$

로 쓸 수 있다. 여기서 p_0는 대기압, ρ는 압력계 안 수은의 밀도, h는 관의 양쪽 수은 기둥 높이의 차이이다.* [식 18.1.3에서 부호가 음(−)인 이유는 압력이 p_0인 곳을 기준으로 압력을 측정하기 때문이다.]

기체 용기를 삼중점기구(그림 18.1.4)에 넣고 이때의 기체압력을 p_3라고 할 때 온도는

$$T_3 = Cp_3 \tag{18.1.4}$$

로 쓸 수 있다. 식 18.1.2와 18.1.4에서 C를 없애면 온도는 다음과 같다.

$$T = T_3\left(\frac{p}{p_3}\right) = (273.16\ \text{K})\left(\frac{p}{p_3}\right) \quad \text{(잠정적인 식)}. \tag{18.1.5}$$

하지만 이 온도계도 문제가 있다. 예를 들어 물의 끓는점을 측정한다면 용기 안의 기체가 달라질 때마다 결과는 약간씩 다를 것이다. 하지만 용기를 채우는 기체의 양을 점점 줄여나가면 어떤 기체를 사용하더라도 하나의 온도로 수렴해 간다. 그림 18.1.6은 세 가지 기체에 대해 이러한 수렴성을 보여준다.

따라서 기체온도계로 온도를 측정할 때는 다음의 식을 사용한다.

$$T = (273.16\ \text{K})\left(\lim_{\text{gas}\to 0}\frac{p}{p_3}\right). \tag{18.1.6}$$

즉, 미지의 온도 T를 측정하는 방법은 다음과 같다. 우선 온도계의 용기에 일정량의 기체를 채운 후 삼중점 용기를 사용하여 p_3을 측정하고 기체의 부피를 일정하게 하면서 측정하고 싶은 온도에서 기체의 압력 p도 측정하여 p/p_3의 비율을 계산한다. 기체 용기 안의 기체의 부피를 점점 줄여가면서 같은 측정을 반복하고 p/p_3의 비율도 그때마다 계산한다. 기체의 양을 점차 줄여나가면, 용기 안에 기체가 거의 없다고 볼 수 있는 경우의 p/p_3의

*압력의 단위는 14.1단원에서 도입하였다. 압력의 SI 단위는 제곱미터당 뉴턴이며 파스칼(Pa)이라고 부른다. 파스칼은 통상적으로 사용하는 압력단위와 다음의 관계가 있다.

$$1\ \text{atm} = 1.01 \times 10^5\ \text{Pa} = 760\ \text{torr} = 14.7\ \text{lb/in.}^2.$$

비율을 추정하여 구할 수 있다. 이 비율을 식 18.1.6에 대입하여 온도 T를 계산하면 된다 (이 온도를 *이상기체* 온도라고 한다).

확인문제 18.1.1

네 기체 시료에 대해 온도 T에서 기체의 압력과 삼중점에서 기체의 압력을 나타내었다. 시료를 T가 큰 것부터 나열하여라.

시료	압력 (kPa)	삼중점 압력
1	2.6	2.0
2	4.8	4.0
3	5.5	5.0
4	7.2	6.0

18.2 ▸ 섭씨온도와 화씨온도

요점 *Key Ideas*

1. 섭씨온도 척도는

$$T_C = T - 273.15°$$

로 정의한다. 여기서 T는 켈빈이다. 화씨온도 척도는 다음으로 정의한다.

$$T_F = \tfrac{9}{5}T_C + 32°.$$

학습목표 *Learning Objectives*

이 단원을 읽은 후 다음을 이해해야 한다.

18.2.1 섭씨, 화씨와 Kelvin 척도를 포함한 임의의 두 (선형) 온도척도 사이에서 온도를 변환한다.

18.2.2 섭씨와 켈빈 각각의 척도에서 1도의 변화 간격은 같다.

▶ 섭씨온도와 화씨온도

지금까지 우리는 켈빈온도에 대해서만 이야기했는데, 이 척도는 주로 과학분야에서 사용한다. 그러나 세상의 거의 모든 나라는 섭씨온도를 일상적으로 사용하고 과학의 많은 분야에서도 사용한다. 섭씨온도는 도의 단위로 측정하며 섭씨 1도는 켈빈눈금의 1도와 같은 크기를 가진다. 그러나 섭씨온도의 0도는 절대영도와 다르다. 즉, T_C를 섭씨온도, T를 켈빈 온도라 하면 다음의 관계가 있다.

$$T_C = T - 273.15°. \tag{18.2.1}$$

따라서 섭씨로 20.00°C는 Kelvin 척도로는 293.15 K이다. 한편 섭씨온도를 표시할 때는 통상적으로 도의 기호(°)를 붙인다.

화씨온도는 이상하게도 미국에서만 사용하는데 섭씨보다 눈금이 작고 0도도 다르다. 두 척도가 모두 있는 온도계를 본다면 차이점을 금방 알 수 있다. 섭씨와 화씨온도(T_F) 사이의 관계는

$$T_F = \tfrac{9}{5}T_C + 32° \tag{18.2.2}$$

로 주어진다. 두 척도의 값은 물의 어는점이나 끓는점과 같은 몇 가지 온도의 값(표 18.2.1 참조)을 알고 있으면 쉽게 바꿀 수 있다. 그림 18.2.1에 켈빈, 섭씨, 화씨온도의 눈금을 비교해 보았다.

두 척도는 문자 C와 F로 구별하여

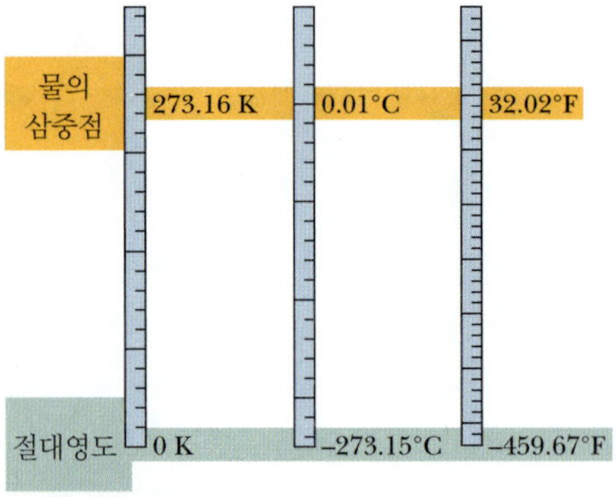

그림 18.2.1 켈빈, 섭씨, 화씨온도의 비교.

표 18.2.1 몇 가지 온도의 값

온도	°C	°F
물의 끓는점[a]	100	212
정상적인 체온	37.0	98.6
물의 어는점[a]	0	32
화씨 0도	≈ −18	0
눈금이 같은 값	−40	−40

[a]엄밀히 말하면 섭씨로 물의 끓는점은 99.975°C이고 어는점은 0.00°C이다. 따라서 두 점의 차이는 100°C보다 약간 작다.

$$0°\text{C} = 32°\text{F}$$

는 섭씨 0°가 화씨 32°와 같은 온도라는 뜻이고,

$$5\ \text{C}° = 9\ \text{F}°$$

는 섭씨로 온도차이가 5도이면 화씨로는 9도 차이가 있다는 뜻이다(이 경우 도를 나타내는 기호는 C *다음에* 온다).

확인문제 18.2.1

오른편 그림은 물의 어는점과 끓는점이 표시된 세 가지 선형 온도척도이다. (a) 온도 1도의 차이가 가장 큰 순서대로 나열하여라. (b) 50°X, 50°W, 50°Y의 온도 중에서 가장 높은 순서대로 나열하여라.

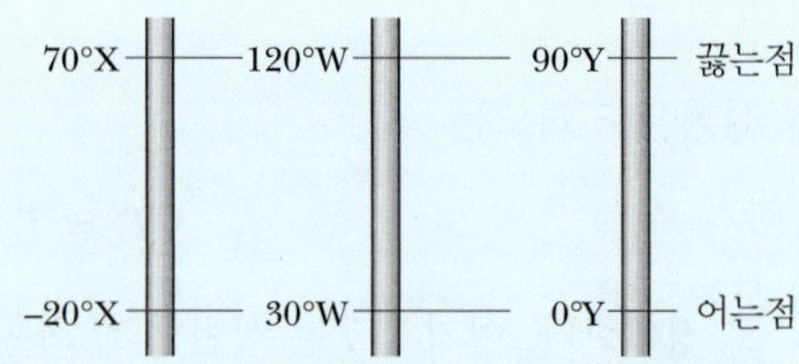

보기문제 18.2.1 두 온도척도의 전환

옛날의 과학 원고를 읽다가 온도척도를 Z라고 하여 물의 끓는점과 어는점을 각각 65.0°Z와 −14.0°Z라고 쓴 기록을 보았다. $T = -98.0°\text{Z}$는 화씨로 몇 도인가? Z라는 척도는 선형, 즉 1도 Z는 Z 척도 어디서나 같다고 가정하자.

요점

끓는점이나 어는점 같은 두 온도를 알면 두 (선형) 온도 척도 사이의 전환인자를 계산할 수 있다. 한 온도척도에서 두 온도 사이의 눈금 수는 다른 온도척도에서의 눈금 수와 같다.

풀이: Z 척도의 알고 있는 온도 값에 온도 T를 대응시켜 보자. $T = -98.0°\text{Z}$는 끓는점(65.0°Z)보다 어는점(−14.0°Z)에 가까우므로 어는점을 기준으로 잡는다. 온도 T는 그림 18.2.2와 같이 *어는점보다* $-14.0°\text{Z} - (-98.0°\text{Z}) = 84.0°\text{Z}$ 만큼 *낮다*.

또한 Z 척도의 온도와 이에 대응하는 화씨온도를 사용하여 Z 척도와 화씨온도 사이의 전환인자를 구해 보자. Z 척도

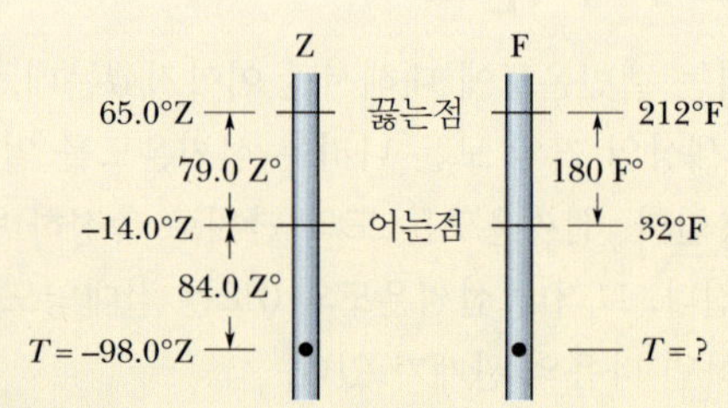

그림 18.2.2 화씨온도와 비교한 미지의 온도척도.

에서 끓는점과 어는점은 $65.0°\text{Z} - (-14.0\text{Z}°) = 79.0°\text{Z}$의 차이가 있고, 화씨온도에서는 $212°\text{F} - (32.0\text{F}°) = 180\text{F}°$의 차이가 있으므로, 79.0Z°의 온도차는 180F°의 온도 차와 같다. 즉 전환인자는 (180F°)/(79.0Z°)이다.

온도 T는 어는점보다 84.0Z°나 낮으므로 화씨로는

$$(84.0\ \text{Z}°)\frac{180\ \text{F}°}{79.0\ \text{Z}°} = 191\ \text{F}°$$

만큼 낮으며, 어는점이 32.0F°이므로 온도 T는 다음과 같다.

$$T = 32.0°\text{F} - 191\ \text{F}° = -159°\text{F}. \quad \text{(답)}$$

▶ 교육용 비디오는 웹사이트 www.wiley.com에서 볼 수 있다.

18.3 ▸ 열팽창

요점_Key Ideas

1. 모든 물체는 온도가 변하면 크기가 변한다. 온도 변화 ΔT에 대해 전체 길이 L에 대한 길이변화 ΔL은

$$\Delta L = L\alpha\,\Delta T$$

로 주어진다. 여기서 α는 선팽창계수이다.

2. 부피 V인 고체나 액체의 변화 ΔV는

$$\Delta V = V\beta\,\Delta T$$

로 주어진다. 여기서 $\beta = 3\alpha$는 물질의 부피팽창계수이다.

학습목표_Learning Objectives

이 단원을 읽은 후 다음을 이해해야 한다.

18.3.1 1차원 열팽창에서 온도변화 ΔT, 길이변화 ΔL, 전체 길이 L과 선팽창계수 α 사이의 관계를 구한다.

18.3.2 2차원 열팽창에서 면적의 변화를 구하기 위해 일차원 팽창계수를 이용한다.

18.3.3 3차원 열팽창에서 온도변화 ΔT, 부피변화 ΔV, 전체 부피 V와 부피팽창계수 β 사이의 관계를 구한다.

▶ 열팽창

꽉 조인 금속 병마개에 따뜻한 물을 흘려보내서 열어본 경험이 있을 것이다. 따뜻한 물은 금속 병마개와 유리병의 원자에 에너지를 전달하여 마개의 금속과 병의 재료인 유리 모두가 팽창하도록 한다(에너지가 더해지면 원자는 평소보다 조금 더 멀리 움직일 수 있는데 원자는 용수철 힘과 비슷한 원자 사이의 상호작용으로 고체를 만든다). 그러나 금속의 원자가 유리의 원자보다 더 멀어져서 병보다 마개가 더 많이 팽창하기 때문에 병마개를 열 수 있다.

온도 상승에 따른 물체의 **열팽창**은 일상생활에서 흔히 볼 수 있다. 다리를 만들 때 계절에 따라 온도변화가 큰 경우에는 다리의 각 부분이 더운 날 *팽창하더라도* 서로 뒤틀림이 없도록 시공한다. 치아의 상한 부분을 제거한 후 때울 때는 치아와 동일한 열팽창 특성을 가져야 한다. 그러지 않았다가는 아이스크림을 먹은 후 뜨거운 차를 마실 때 심하게 아플 것이다. 콩코드 비행기(그림 18.3.1 참조)를 설계할 때는 초음속 비행을 하는 동안 공기에 의한 마찰열이 발생하므로 기체의 열팽창을 고려해야 한다.

어떤 물체의 열팽창 특성은 일상생활에도 사용된다. 온도계나 검온기는 두 가지 금속을 붙인 *금속이중띠*에서 두 금속의 열팽창이 서로 다른 것을 이용하여 만든다(그림 18.3.2 참조). 흔히 사용하는 액체온도계 역시 수은이나 알코올 같은 액체가 유리 용기보다 훨씬 잘 팽창하는 특성을 이용한 것이다.

선팽창

길이 L인 금속막대의 온도가 ΔT만큼 올라간다면 다음과 같이 길이가 늘어난다.

$$\Delta L = L\alpha\,\Delta T. \tag{18.3.1}$$

여기서 α는 **선팽창계수**라고 부른다. 선팽창계수는 "도당" 또는 "켈빈당"의 단위로서, 물체에 따라 다르다(표 18.3.1 참조). α는 온도에 따라 다소 변화하지만, 간단히 사용하기 위해 각 물체마다 상수로 취급할 수 있다. 여기서도 단위 C°를 K로 바꾸어 쓸 수 있다.

고체의 열팽창은 3차원이란 점을 제외하면 사진의 확대와 비슷한 면이 있다. 그림 18.3.3*b*는 (좀 과장되기는 했지만) 강철로 만든 자의 열팽창을 보여준다. 식 18.3.1은 자의 모든 방향에 대해 적용되므로, 모서리 길이, 두께, 대각선 길이, 뚫린 구멍의 지름도 모두 늘어난다. 구멍을 뚫으면서 생긴 원판이 구멍에 딱 맞았다면, 자와 원판의 온도가

Hugh Thomas/BWP Media/Getty Images

그림 18.3.1 ▸ 콩코드 비행기가 음속보다 빨리 날면 공기에 의한 마찰로 열팽창이 일어나서 길이가 12.5 cm나 늘어난다(비행기의 앞부분은 128°C, 비행기의 꼬리 부분은 90°C이고, 객실의 유리창을 만지면 상당히 따뜻하다).

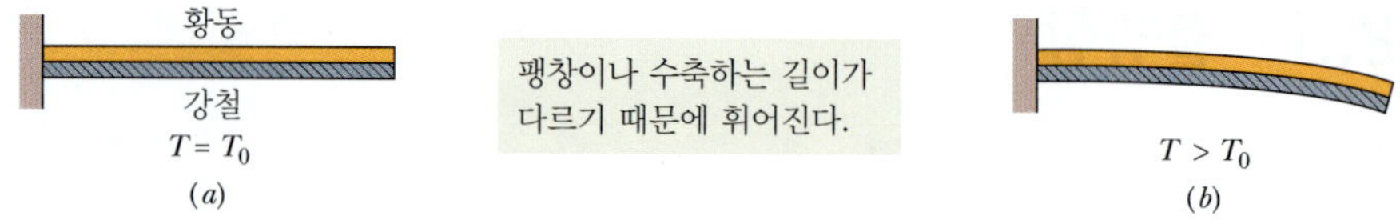

그림 18.3.2 (a) 온도 T_0에서 황동과 강철이 용접되어 붙어 있는 금속이중띠. (b) 이 기준온도보다 온도가 올라가면 띠는 그림처럼 휘어지고, 내려가면 위로 휘게 된다. 많은 검온계가 이 원리로 작동하여 온도의 증감에 따라 전기접촉을 끊거나 잇는다.

표 18.3.1 선팽창계수의 예[a]

물질	$\alpha\ (10^{-6}/\mathrm{C}^\circ)$
얼음(0°C)	51
납	29
알루미늄	23
황동	19
구리	17
콘크리트	12
강철	11
일반 유리	9
내열 유리	3.2
다이아몬드	1.2
인바[b]	0.7
용융석영	0.5

[a] 얼음을 제외하고는 실온에서의 값이다.
[b] 인바 합금의 팽창계수는 낮다. 인바(Invar)는 영어 "invariable"의 약어이다.

같이 올라갈 때 원판은 여전히 구멍에 딱 맞을 것이다.

부피팽창

고체가 온도에 따라 모든 방향으로 팽창한다면 고체의 부피도 늘어나야 한다. 액체의 경우 부피팽창은 유일하게 의미가 있는 팽창계수이다. 부피 V인 고체나 액체의 온도가 ΔT만큼 올라갈 때 부피의 변화는 다음과 같이 쓸 수 있다.

$$\Delta V = V\beta\,\Delta T. \tag{18.3.2}$$

여기서 β는 고체나 액체의 **부피팽창계수**이다. 부피팽창계수와 선팽창계수 사이에는 다음의 관계가 있다.

$$\beta = 3\alpha. \tag{18.3.3}$$

가장 흔한 액체인 물은 일반적인 액체와 열팽창 특성이 다르다. 섭씨 4도 이상이면 물은 온도가 증가하면 팽창하지만, 0°C와 4°C 사이에서는 온도가 증가하면 수축된다. 따라서 약 4°C에서 물의 밀도는 최대가 되고, 다른 온도에서의 물의 밀도는 이때의 값보다 작다.

물의 이러한 특성이 호수가 바닥에서부터 얼지 않고 수면에서부터 어는 이유이다. 예를 들어 수면의 물이 10°C에서부터 어는점으로 냉각된다면, 아래쪽 물보다 밀도가 커져서(무거워져서) 바닥으로 가라앉는다. 하지만 4°C 이하에서는 표면의 물이 그 아래보다 밀도가 *작아져서*(가벼워져서) 얼어붙을 때까지 표면에 남아 있게 된다. 그래서 바닥의 물이 여전히 액체상태일 때도 표면이 얼어붙는 것이다. 호수가 만약 바닥부터 얼어붙는다면, 여름 동안 얼음 위의 물이 단열재 역할을 하여 얼음이 완전히 녹지 않을 수 있다. 몇 년이 지나면 지구상의 물이 일 년 내내 얼어붙는 곳이 많아질 것이고 수중 생태계가 존재할 수 없게 될 것이다.

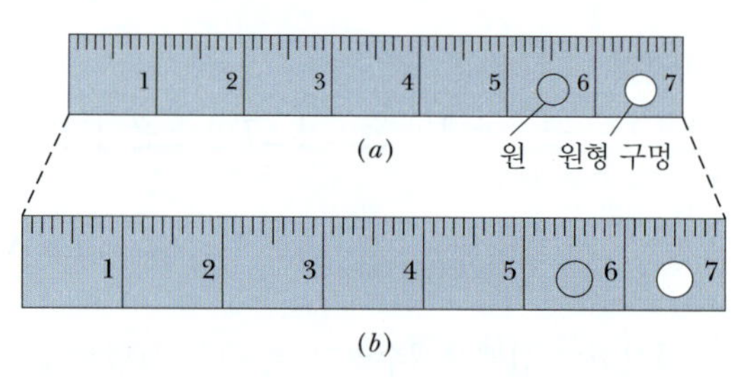

그림 18.3.3 서로 다른 온도에서 강철로 만든 자. 자가 팽창하면 그 위의 척도, 숫자, 자의 두께, 원과 원형 구멍의 지름 등은 모두 동일한 비율로 늘어난다(팽창되었음을 보이기 위해 과장되게 그렸다).

확인문제 18.3.1

오른편 그림처럼 변의 길이가 각각 L, $2L$, $3L$인 직사각형 금속판이 있다. 각 판은 모두 동일한 재질로 만들었고, 온도가 동일하게 증가한다고 하자. (a) 수직방향 높이의 증가와 (b) 면적의 증가가 가장 큰 순서대로 각각 나열하여라.

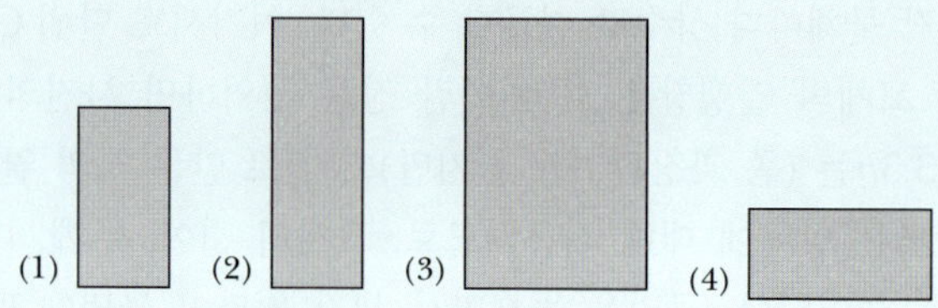

보기문제 18.3.1 **달 위의 열팽창**

Apollo 15호가 달의 Apennines 산맥 기슭에 도착하여 미국 국기를 꽂았다(그림 18.3.4). 망원경이 장착되어 있는 알루미늄 깃대의 길이는 2.0 m이고, 선팽창률은 2.3×10^{-5}/°C이다. 이 위도(26.1°N)의 달에서 온도는 낮에는 290 K, 밤에는 110 K로 변한다. 낮과 밤 사이에 깃대의 길이 변화는 얼마인가?

요점

온도가 높아지면 길이는 늘어난다.

풀이: 바로 식 18.3.1을 이용한다.

$$\Delta L = L\alpha\,\Delta T = (2.0\ \text{m})(2.3 \times 10^{-5}/\text{C°})(180\ \text{K}) = 8.3 \times 10^{-3}\ \text{m} = 8.3\ \text{mm}.$$

그림 18.3.4 Apollo 15호.

보기문제 18.3.2 **부피 열팽창**

무더운 날 유류 수송차량 운전기사가 라스베이거스에서 37000 L의 경유를 싣고 유타 주의 페이손으로 배달을 갔다. 페이손에서는 날씨가 쌀쌀해서 라스베이거스보다 온도가 23.0 K 낮았다면, 배달된 경유는 몇 리터인가? 경유의 부피팽창계수는 9.50×10^{-4}/C°이고, 트럭의 강철탱크의 선팽창계수는 11×10^{-6}/C°이라고 하자.

요점

경유의 부피가 온도에 따라 달라진다. 즉, 온도가 감소하였으므로 경유의 부피도 줄어든다.

풀이: 식 18.3.2($\Delta V = V\beta\Delta T$)로부터 부피의 변화는

$$\Delta V = (37\,000\ \text{L})(9.50 \times 10^{-4}/\text{C°})(-23.0\ \text{K}) = -808\ \text{L}$$

이고, 배달된 양은 다음과 같다.

$$V_{\text{del}} = V + \Delta V = 37\,000\ \text{L} - 808\ \text{L} = 36\,190\ \text{L}.$$ (답)

강철탱크의 열팽창은 이 문제와 아무 관련이 없다. “없어진” 경유값은 누가 대신 지불해야 할까?

18.4 ▸ 열흡수

요점_*Key Ideas*

1. 열 Q는 계와 주위 사이의 온도차이 때문에 이 사이에서 전달되는 에너지이다. 열은 줄(J), 칼로리(Cal), 킬로칼로리(Cal 혹은 kCal) 혹은 영국열단위(Btu)로 측정한다.

$$1\ \text{cal} = 3.968 \times 10^{-3}\ \text{Btu} = 4.1868\ \text{J}.$$

2. 물체가 열 Q를 흡수하면 물체의 온도변화 $T_f - T_i$는 Q와 다음의 관계가 있다.

$$Q = C(T_f - T_i).$$

여기서 C는 물체의 열용량이다. 물체의 질량이 m이면

학습목표_*Learning Objectives*

이 단원을 읽은 후 다음을 이해해야 한다.

18.4.1 *열에너지*는 물체 안의 미시적 구성물체의 막운동과 관련이 있다.

18.4.2 *열 Q*는 물체와 주위 사이의 온도차로 인하여 (물체의 열에너지로 혹은 열에너지로부터) 전달되는 에너지의 양이다.

18.4.3 여러 측정계 사이의 에너지 단위를 변환한다.

18.4.4 역학 혹은 전기에너지와 열에너지를 서로 변환한다.

18.4.5 물질의 온도변화 ΔT에 대해 열전달 Q의 변화와 물질의 열용량 C 사이의 관계를 구한다.

18.4.6 물질의 온도변화 ΔT에 대해 열전달 Q의 변화와 물질의 비열 c와 질량 m 사이의 관계를 구한다.

18.4.7 물질의 세 가지 상태를 이해한다.

18.4.8 물질의 상이 변할 때 열전달 Q, 변환열 L과 변환된 질량 m의 양 사이의 관계를 구한다.

18.4.9 상전이 온도를 지나는 물체에서 열전달 Q가 일어나면, 이 전달은 다음의 단계로 계산해야 한다. (a) 상전이 온도에 도달하는 온도변화, (b) 상변화, (c) 상전이 온도에서 벗어나는 물질의 온도 변화.

$$Q = cm(T_f - T_i)$$

이고, c는 물체를 구성하는 물질의 비열이다.

3. 물질의 몰비열은 몰당 열용량이다. 몰이란 물질의 기본단위로 6.02×10^{23}개의 개수이다.
4. 물질이 흡수한 열은 물질의 상태를 바꿀 수 있다. 예를 들어 고체에서 액체로, 혹은 액체에서 기체로 변할 수 있다. 특정한 물질이 (온도가 아닌) 상태를 바꿀 때 단위질량당 필요한 에너지는 변환열 L이다. 따라서 다음의 관계가 있다.

$$Q = Lm.$$

5. 증발열 L_V는 액체를 기화시키는 데 가하거나 기체를 액화시키는 데 제거해야 할 단위질량당 에너지이다.
6. 융해열 L_F는 고체를 녹이기 위해 가하거나 액체를 얼리기 위해 빼내어야 하는 단위질량당 에너지이다.

온도와 열

냉장고에서 콜라를 꺼내 식탁에 올려놓으면 온도가 올라간다. 콜라의 온도가 초기에는 빨리, 최종에는 천천히 올라가서 방의 온도와 같아진다(즉, 열평형을 이룬다). 마찬가지로 뜨거운 커피를 식탁 위에 놓으면 방의 온도와 같아질 때까지 식는다.

이러한 경우를 일반화하기 위해 콜라나 커피를 *계*(온도 T_S)라 하고, 방 안을 계의 *주위*(온도 T_E)라고 하자. 만약 T_S와 T_E가 같지 않으면, T_S가 변화해서(T_E도 약간은 변할 것이다) 두 온도가 같아져 결국 열평형을 이룬다.

이와 같은 온도의 변화는 계와 주위 사이에 열에너지가 전달된 결과이다(*열에너지*는 원자나 분자 같은 미시입자의 막운동과 관련된 운동에너지와 퍼텐셜에너지로 이루어진 내부에너지이다). 이렇게 전달되는 에너지를 **열**이라 하며 Q로 쓴다. 열은 주위에서 계로 에너지가 전달될 때(즉, 열을 흡수할 때) *양의 값*을 가진다. 반대로 계의 열에너지가 주위로 전달되면(즉, 열을 방출할 때) *음의 값*을 가진다.

이러한 열에너지의 전달을 그림 18.4.1에 나타내었다. 그림 18.4.1a에서 $T_S > T_E$이므로 열에너지는 계에서 주위로 전달되고, Q는 음의 값이다. 그림 18.4.1b에서 $T_S = T_E$이므로 열에너지의 전달이 없고 Q는 0이다. 즉 열은 방출되지도 흡수되지도 않는다. 그림 18.4.1c에서는 $T_S < T_E$이므로 열에너지가 주위에서 계로 전달되고 Q는 양의 값이다.

이제 열을 다음과 같이 정의할 수 있다.

> 열은 계와 주위의 온도 차이에 따라 계와 주위 사이에 전달되는 에너지이다.

▸*용어.* 한편 계에 작용하는 힘이 한 *일* W의 형태로도 계와 주위로 에너지가 전달될 수 있다. 열과 일은 온도, 압력, 부피와는 달리 계의 고유한 특성이 아니다. 열과 일은 계에서 주위로 또는 주위에서 계로 에너지가 전달될 때에만 의미가 있다. 예를 들어 "십만원을 송금"한다는 말은 계좌로 들어오거나 나가는 송금을 설명할 때만 의미가 있지, 계좌에 얼마가 있다는 뜻이 아니다. 왜냐하면 계좌에는 돈이 있지, 송금이 있지 않기 때문이다.

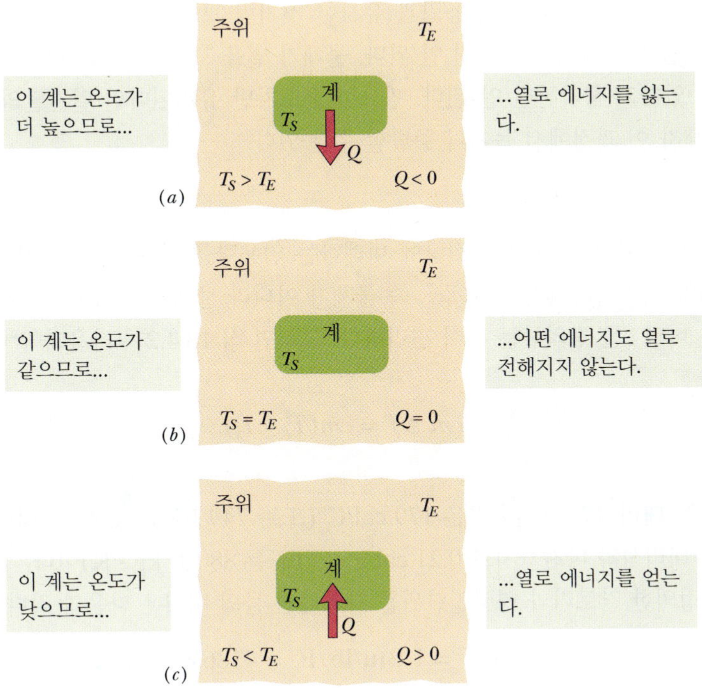

그림 18.4.1 계의 온도가 (*a*)처럼 주위 온도보다 높다면 (*b*)의 열평형에 도달될 때까지 열 Q가 계에서 주위로 방출된다. (*c*) 계의 온도가 주위의 온도보다 낮다면 열평형에 도달될 때까지 계가 열을 흡수한다.

▸***단위.*** 과학자는 열이 전달된 에너지라는 것을 알기 이전에는 물의 온도를 올릴 수 있는 능력으로 열을 측정하였다. 따라서 **칼로리**(cal)는 물 1 g을 14.5°C에서 15.5°C로 올리는 데 필요한 열로 정의하였다. 영국단위계에서 열은 **영국열단위(Btu; British thermal unit)**로 쓰는데, 이것은 1파운드(lb)의 물을 63°F에서 64°F까지 올리는 데 필요한 열이다.

1948년에 학계에서는 열도 일과 마찬가지로 에너지이므로 열의 SI 단위도 에너지 단위인 **줄**이라고 결정하였다. 1 cal는 정확히 4.1868 J로 정의하며 물의 가열과는 아무 관계가 없다(영양학에서의 "칼로리"는 Cal로 쓰기도 하는데 이 값은 1킬로칼로리이다). 여러 양 간의 관계는 다음과 같다.

$$1\ \text{cal} = 3.968 \times 10^{-3}\ \text{Btu} = 4.1868\ \text{J}. \qquad (18.4.1)$$

▶ 고체와 액체의 열흡수

열용량

열용량 C는 물체가 흡수하거나 방출하는 열 Q와 물체의 온도변화 ΔT 사이의 비례상수로서 다음과 같이 정의한다.

$$Q = C\,\Delta T = C(T_f - T_i). \qquad (18.4.2)$$

여기서 T_i와 T_f는 물체의 초기온도와 최종온도이다. 열용량 C의 단위는 도당 또는 켈빈당 에너지이다. 예를 들어 빵 가열기에 사용되는 대리석 판의 열용량은 179 cal/C°, 179 cal/K, 749 J/K 등으로 쓸 수 있다.

표 18.4.1 실온에서 여러 물질의 비열과 몰비열

물질	비열 cal/(g·K)	비열 J/(kg·K)	몰비열 J/(mol·K)
고체 원소			
납	0.0305	128	26.5
텅스텐	0.0321	134	24.8
은	0.0564	236	25.5
구리	0.0923	386	24.5
알루미늄	0.215	900	24.4
다른 고체			
황동	0.092	380	
화강암	0.19	790	
유리	0.20	840	
얼음 (−10°C)	0.530	2,220	
액체			
수은	0.033	140	
에틸알코올	0.58	2,430	
바닷물	0.93	3,900	
물	1.00	4,190	

"용량"이라는 단어는 물통의 용량과 유사한 것처럼 보이므로 실제로는 *부적절한* 것이고, 두 용어를 비슷하게 생각하면 안 된다. 물체가 열을 "저장하거나" 열을 흡수하는 능력에 제한이 있다고 생각하면 안 된다. 필요한 온도차만 유지된다면 열전달의 한계는 없다. 물론 물체가 이 과정에서 녹거나 증발할 수는 있다.

비열

같은 물질로 만들어진 두 물체는 질량에 비례하는 열용량을 가질 것이다. 따라서 물체의 질량에 관계없는 "단위질량당 열용량", 즉 물체가 아니라 물체를 구성하는 물질의 단위질량을 말하는 **비열** c를 정의하는 것이 편리하다. 그러면 식 18.4.2는 다음과 같다.

$$Q = cm\,\Delta T = cm(T_f - T_i). \qquad (18.4.3)$$

실험하는 동안 대리석판의 열용량은 179 cal/C°(또는 749 J/K)이겠지만, 대리석 자체의 비열은 다른 대리석과 마찬가지로 0.21 cal/g · C°(또는 880 J/ kg · K)이다.

앞에서 정의한 칼로리와 영국열단위를 사용하면 물의 비열은 다음과 같다.

$$c = 1\ \text{cal/g}\cdot\text{C}^\circ = 1\ \text{Btu/lb}\cdot\text{F}^\circ = 4186.8\ \text{J/kg}\cdot\text{K}. \qquad (18.4.4)$$

표 18.4.1은 실온에서 몇 가지 물질의 비열이다. 물의 비열은 상대적으로 큰 편이다. 실제로 물질의 비열은 온도에 다소 의존하는데, 표 18.4.1의 값은 실온 근처의 온도에서 사용할 수 있다.

→ 확인문제 18.4.1

일정한 열 Q로 1 g의 물질 A는 3 C°만큼, 1 g의 물질 B는 4 C°만큼 온도를 올릴 수 있다. 어느 쪽의 비열이 더 큰가?

몰비열

많은 경우 물질의 양을 나타내는 데 가장 편리한 단위는 몰(mol)이고 1 mol은 *어느* 물질에서나

$$1\ \text{mol} = 6.02 \times 10^{23} \quad \text{기본단위}$$

로 주어진다. 따라서 1 mol의 알루미늄에는 6.02×10^{23}개의 기본단위, 즉 원자가 들어있고, 1 mol의 산화알루미늄에도 6.02×10^{23}개의 기본단위, 즉 산화물 분자가 들어 있다.

물질의 양을 몰로 표현하듯이 비열을 단위질량이 아니라 몰당 열용량으로 정의하면 **몰비열**이 된다. 표 18.4.1은 단원자로 이루어진 고체 원소들의 실온에서의 몰비열 값이다.

중요한 사실

물질의 비열을 결정하고 사용할 때 에너지가 열의 형태로 전달되는 조건을 알아야 한다. 보통 고체와 액체에서 에너지 전달이 있는 동안 압력은(대기압으로) 일정하다고 가정한다. 열이 흡수되는 동안 부피가 일정한 경우도 생각할 수 있는데, 이 경우는 외부에서 압력을 가하여 시료의 열팽창을 억제하는 것이다. 고체와 액체에서 이 상황을 실험적으로 구현하는 것은 매우 어렵지만 그 효과를 계산할 수는 있다. 고체와 액체에서 압력이 일정한 경우(등압)와 부피가 일정한 경우(등적)의 비열은 몇 퍼센트밖에 차이가 나지 않는다. 그러나 기체의 등압비열과 등적비열은 크게 다르다.

변환열

고체나 액체가 열에너지를 흡수하더라도 시료의 온도가 반드시 올라가는 것은 아니다. 시료는 하나의 *상*(또는 *상태*)에서 다른 상으로 바뀔 수 있다. 물질은 세 가지의 상태로 존재한다. *고체상태*에서는 시료의 분자가 매우 견고한 구조로 고정되어 있다. *액체상태*에서는 분자가 이보다는 많은 에너지를 가지고 잘 움직인다. 분자가 모여서 작은 분자송이를 만들기도 하지만, 고정된 구조를 갖지 않으므로 용기에 따라 자유자재로 형태가 바뀐다. *기체상태*에서는 분자가 훨씬 많은 에너지를 가지고 자유롭게 움직이므로 용기 전체의 부피를 채울 수 있다.

▸***녹이기.*** 고체를 *녹이*는 것은 고체상태를 액체상태로 바꾸는 것이다. 이 과정에는 고체의 분자가 고정된 구조로부터 벗어나기 위해 에너지가 필요하다. 얼음을 녹여서 물을 만드는 것이 가장 흔한 예이다. 액체를 *응고시켜서* 고체로 만드는 것은 녹이는 것의 반대과정이며 액체로부터 에너지를 제거하여 분자가 고정된 구조에 자리 잡도록 해야 한다.

▸***증발시키기.*** 액체를 *증발시키*는 것은 기체상태로 바꾸는 것이다. 이 과정에서는 분자송이를 해체해야 하므로 녹일 때와 마찬가지로 에너지가 필요하다. 물을 끓여서 수증기로 바꾸는 것이 좋은 예이다. 기체를 액체로 *응축시키*는 것은 증발의 반대과정이며 기체로부터 에너지를 제거하여 분자송이를 만드는 과정이다.

시료가 완전한 상변화를 일으키기 위해 열로 전달되는 단위질량당 에너지를 **변환열** L이라고 한다. 따라서 질량이 m인 물질의 상이 완전히 변하려면 총에너지 전달량은 다음과 같다.

$$Q = Lm. \tag{18.4.5}$$

물체의 상이 액체에서 기체, 또는 기체에서 액체로 바뀔 때의 변환열을 **증발열** L_V라고 한다. 물의 경우 끓는점, 즉 응축점에서 증발열은 다음과 같다.

$$L_V = 539 \text{ cal/g} = 40.7 \text{ kJ/mol} = 2256 \text{ kJ/kg}. \tag{18.4.6}$$

물체의 상이 고체에서 액체, 또는 액체에서 고체로 바뀔 때의 변환열을 **융해열** L_F라고 한다. 물의 어는점, 즉 녹는점에서 융해는 다음과 같다.

$$L_F = 79.5 \text{ cal/g} = 6.01 \text{ kJ/mol} = 333 \text{ kJ/kg}. \tag{18.4.7}$$

표 18.4.2는 몇 가지 물질의 변환열이다.

표 18.4.2 변환열

물질	녹음		끓음	
	녹는점(K)	융해열 L_F (kJ/kg)	끓는점(K)	증발열 L_V (kJ/kg)
수소	14.0	58.0	20.3	455
산소	54.8	13.9	90.2	213
수은	234	11.4	630	296
물	273	333	373	2256
납	601	23.2	2017	858
은	1235	105	2323	2336
구리	1356	207	2868	4730

보기문제 18.4.1 평형에 도달하는 물속의 뜨거운 덩어리

질량(m_c) 75 g의 구리 덩어리를 실험실에서 312°C까지 가열한 후, 물 220 g이 담긴 유리 비커에 떨어뜨렸다. 비커의 열용량 C_b는 45 cal/K이고, 물과 비커의 초기온도는 12°C이다. 구리 덩어리와 비커, 물이 고립계를 이루며 물은 증발하지 않는다고 가정할 때, 열평형을 이룬 계의 최종온도 T_f를 구하여라.

요점

(1) 계는 고립되어 있으므로 계의 전체 에너지는 변할 수 없고 열에너지의 내부전달만 일어날 수 있다. (2) 계의 어떤 것도 위상의 변화가 없으므로 열에너지 전달로 온도만 변할 수 있다.

풀이: 식 18.4.2와 18.4.3을 사용하여 온도변화와 에너지 전달을 다음과 같이 쓸 수 있다.

$$\text{물: } Q_w = c_w m_w (T_f - T_i), \tag{18.4.8}$$

$$\text{비커: } Q_b = C_b (T_f - T_i), \tag{18.4.9}$$

$$\text{구리: } Q_c = c_c m_c (T_f - T). \tag{18.4.10}$$

한편 계의 전체 에너지가 변하지 않는다. 즉, 세 가지 에너지 전달의 총합은 0으로 다음과 같다.

$$Q_w + Q_b + Q_c = 0. \tag{18.4.11}$$

식 18.4.8, 18.4.9, 18.4.10을 식 18.4.11에 대입하면

$$c_w m_w (T_f - T_i) + C_b (T_f - T_i) + c_c m_c (T_f - T) = 0 \tag{18.4.12}$$

이다. 식 18.4.12는 온도의 차이로 표시되어 있다. 섭씨나 켈빈온도로 표시한 온도 차이는 같으므로 이 방정식을 풀기 위해 어떤 척도를 사용하여도 괜찮다. 정리하면 T_f는 다음과 같다.

$$T_f = \frac{c_c m_c T + C_b T_i + c_w m_w T_i}{c_w m_w + C_b + c_c m_c}.$$

한편 섭씨온도를 사용하고 표 18.4.1의 C_c와 C_w를 대입하면 분자는

$$(0.0923 \text{ cal/g}\cdot\text{K})(75 \text{ g})(312°\text{C}) + (45 \text{ cal/K})(12°\text{C}) + (1.00 \text{ cal/g}\cdot\text{K})(220 \text{ g})(12°\text{C}) = 5339.8 \text{ cal}$$

이고, 분모는 다음과 같다.

$$(1.00 \text{ cal/g}\cdot\text{K})(220 \text{ g}) + 45 \text{ cal/K} + (0.0923 \text{ cal/g}\cdot\text{K})(75 \text{ g}) = 271.9 \text{ cal/C°}$$

이므로 다음 값을 얻는다.

$$T_f = \frac{5339.8 \text{ cal}}{271.9 \text{ cal/C°}} = 19.6°\text{C} \approx 20°\text{C}.$$ (답)

주어진 정보로부터 다음을 구할 수 있다.

$$Q_w \approx 1670 \text{ cal}, \qquad Q_b \approx 342 \text{ cal}, \qquad Q_c \approx -2020 \text{ cal}.$$

마지막 자릿수에 의한 오차를 제외하면 세 에너지 전달을 더하면 에너지 보존에 의해 0이 된다(식 18.4.11).

보기문제 18.4.2 온도와 상태를 바꾸는 열

(a) 질량 m = 720 g인 −10°C의 얼음이 15°C의 액체상태로 바뀌려면 열을 얼마나 흡수해야 되는가?

요점

가열과정은 다음과 같은 세 단계를 거친다. (1) 얼음은 어는점 이하에서는 녹지 않는다. 따라서 초기에 얼음으로 전달된 에너지는 0°C에 도달할 때까지 얼음의 온도를 올릴 뿐이다. (2) 모든 얼음이 녹을 때까지는 온도가 상승하지 못한다. 따라서 얼음으로 전달된 모든 에너지는 얼음이 녹을 때까지 얼음을 액체인 물로 바꾸는 데만 사용된다. (3) 액체인 물에 전달된 에너지가 비로소 물의 온도를 올리는 데 사용된다.

얼음 데우기: 먼저 얼음을 녹는점까지 가열시켜야 한다. 초기온도 T_i = −10°C에서 얼음이 녹는 최종온도 T_f = 0°C까지 가열하는 데 필요한 열 Q_1은 식 18.4.3과 표 18.4.1의 얼음의 비열값 c_{ice}를 사용하면 다음과 같다.

$$\begin{aligned} Q_1 &= c_{\text{ice}} m (T_f - T_i) \\ &= (2220 \text{ J/kg}\cdot\text{K})(0.720 \text{ kg})[0°\text{C} - (-10°\text{C})] \\ &= 15\,984 \text{ J} \approx 15.98 \text{ kJ}. \end{aligned}$$

얼음 녹이기: 얼음을 녹이는 데 필요한 열 Q_2는 식 18.4.5를 사용하고($Q = L_m$) 식 18.4.7과 표 18.4.2에 주어진 융해열 L_F를 사용하면 다음과 같다.

$$Q_2 = L_F m = (333 \text{ kJ/kg})(0.720 \text{ kg}) \approx 239.8 \text{ kJ}.$$

액체 데우기: 이제 0°C의 물만 있으므로 열로 전달되는 에너지는 물의 온도를 상승시킨다. 초기온도 T_i = 0°C의 물을 최종온도 T_f = 15°C까지 가열하는 데 필요한 열 Q_3는 물의 비열 c_{liq}를 식 18.4.3에 대입하여 다음과 같이 구한다.

$$\begin{aligned} Q_3 &= c_{\text{liq}} m (T_f - T_i) \\ &= (4186.8 \text{ J/kg}\cdot\text{K})(0.720 \text{ kg})(15°\text{C} - 0°\text{C}) \\ &= 45\,217 \text{ J} \approx 45.22 \text{ kJ}. \end{aligned}$$

열 더하기: 이제 전체 열량은 앞의 세 단계에서 구한 값의 합으로 다음과 같다.

$$\begin{aligned}Q_{tot} &= Q_1 + Q_2 + Q_3\\ &= 15.98\ \text{kJ} + 239.8\ \text{kJ} + 45.22\ \text{kJ}\\ &\approx 300\ \text{kJ}.\end{aligned}$$ (답)

이 문제에서 얼음을 녹이려면 얼음이나 물을 가열하는 데 필요한 열보다 훨씬 많은 열이 필요한 것을 알 수 있다.

(b) 얼음에 210 kJ의 에너지만 (열로) 공급한다면 최종상태와 온도는 어떻게 되는가?

요점

얼음 데우기에서 녹는점까지 얼음을 가열하는 데 필요한 열이 15.98 kJ이라는 것을 알았으므로 나머지 열 Q_{rem}은 210 kJ − 15.98 kJ, 즉 194 kJ이다. 그러나 이 열량은 얼음을 녹이는 데 충분하지 않다. 따라서 최종상태는 얼음과 물의 혼합물이며, 그 온도는 어는점 0°C이다.

풀이: 에너지 Q_{rem}으로 녹일 수 있는 얼음의 질량 m은 식 18.4.5를 사용하여 다음과 같이 구할 수 있다.

$$m = \frac{Q_{rem}}{L_F} = \frac{194\ \text{kJ}}{333\ \text{kJ/kg}} = 0.583\ \text{kg} \approx 580\ \text{g}.$$

따라서 남아있는 얼음의 질량은 720 g − 580 g, 즉 140 g이고, 답은 다음과 같다.

0°C, 물 580 g, 얼음 140 g. (답)

▶ 교육용 비디오는 웹사이트 www.wiley.com에서 볼 수 있다.

18.5 ▸ 열역학 제1법칙

요점_Key Ideas

1. 기체는 일을 하여 주위와 에너지를 교환할 수 있다. 기체가 초기 부피 V_i에서 최종 부피 V_f로 팽창하거나 압축될 때 기체가 한 일 W는 다음으로 주어진다.

$$W = \int dW = \int_{V_i}^{V_f} p\, dV.$$

부피가 변하는 동안 압력 p도 변하므로 반드시 적분을 해야 한다.

2. 열적 과정에 대한 에너지 보존원리는 열역학 제1법칙으로 표현하고, 다음과 같은 형태를 갖는다.

$$\Delta E_{int} = E_{int,f} - E_{int,i} = Q - W \quad (\text{제1법칙})$$

혹은

$$dE_{int} = dQ - dW \quad (\text{제1법칙}).$$

E_{int}는 물질의 내부에너지이고, 이 에너지는 물질의 상태(온도, 압력, 부피)에만 의존한다. Q는 계와 주위 사이에 열로 교환된 에너지를 나타낸다. 계가 열을 흡수하면 Q는 양수이고, 계가 열을 잃으면 음수이다. W는 계가 한 일이다. 주위로부터 나타나는 외부력을 거슬러 계가 팽창하면 W는 양수이고, 계가 외부력 때문에 압축되면 음수이다.

3. Q와 W는 경로에 의존한다. ΔE_{int}는 경로와 무관하다.

4. 열역학 제1법칙은 여러 특별한 과정에서 다양하게 적용된다.

단열과정: $Q = 0, \quad \Delta E_{int} = -W$

일정 부피 과정: $W = 0, \quad \Delta E_{int} = Q$

순환과정: $\Delta E_{int} = 0, \quad Q = W$

자유팽창: $Q = W = \Delta E_{int} = 0$

학습목표_Learning Objectives

이 단원을 읽은 후 다음을 이해해야 한다.

18.5.1 용기 안의 기체가 팽창하거나 압축될 때 기체가 한 일 W는 기체 압력을 용기부피에 대해 적분하여 계산한다.

18.5.2 기체의 팽창과 압축과 관련된 일 W의 부호를 이해한다.

18.5.3 한 과정에서 압력 대 부피의 p-V 그래프가 주어졌을 때 시작점(초기상태)과 최종점(최종상태)을 찾고, 그래프로 적분하여 일을 계산한다.

18.5.4 기체에 대한 압력 대 부피의 p-V 그래프가 주어졌을 때 오른쪽으로 이동하는 과정과 왼쪽으로 이동하는 과정과 관련된 일의 부호를 찾는다.

18.5.5 열역학 제1법칙을 적용하여 기체의 내부에너지 변화 ΔE_{int}, 열로 기체에서 교환되는 에너지 Q와 기체가 하거나 기체에 한 일 W 사이의 관계를 구한다.

18.5.6 기체로 전달되거나 기체로부터 빠져나간 열전달 Q의 부호를 정한다.

18.5.7 기체의 내부에너지 ΔE_{int}는 열이 기체로 전달되면 증가하고, 기체가 주위에 일을 하면 감소한다.

18.5.8 기체의 단열과정에서는 주위와 열전달 Q가 없다.

18.5.9 기체의 일정부피 과정에서 기체는 일 W를 하지 않는다.

18.5.10 기체의 순환과정에서는 내부에너지 ΔE_{int}의 알짜 변화는 없다.

18.5.11 기체의 자유팽창에서 열전달 Q, 한 일 W와 내부에너지의 변화 ΔE_{int}는 각각 0이다.

열과 일

여기서는 계와 주위 사이에 열과 일의 형태로 에너지가 어떻게 전달되는지를 살펴보기로 한다. 계를 그림 18.5.1처럼 움직일 수 있는 피스톤이 달린 원통에 갇혀 있는 기체라고 하자. 기체의 압력이 피스톤을 위로 미는 힘은 피스톤의 위에 놓인 납알의 무게와 같다. 원통의 벽은 절연체이므로 열전달이 없지만, 원통의 바닥은 열에너지의 저장고인 *열저장고*와 열적으로 접촉하고 있다. 열저장고의 온도 T는 조절손잡이로 조절이 가능하다고 하자.

초기상태 i에서 압력 p_i, 부피 V_i, 온도 T_i인 (기체로 이루어진) 계를 압력 p_f, 부피 V_f, 온도 T_f인 *최종상태* f로 바꾼다고 하자. 계를 이와 같이 초기상태에서 최종상태로 바꾸는 과정을 열역학과정이라고 한다. 열역학과정 동안 열저장고에서 계로 열이 전달되거나(양의 열), 반대로 열이 빠져나간다(음의 열). 또한 계는 부하가 걸린 피스톤을 올리기 위해(양의 일), 또는 내리기 위해(음의 일) 일을 한다. 이러한 모든 변화가 매우 천천히 일어나서 계가 (어림잡아) 항상 열평형을 이룬다고 가정하자(계의 모든 부분이 항상 열평형에 있다).

이제 그림 18.5.1의 피스톤 위에서 납알 몇 개를 없애보자. 그러면 기체는 피스톤과 남아 있는 납알을 힘 $\vec{F}$로 미소변위 $d\vec{s}$만큼 위로 올린다. 변위가 매우 작으므로 변화가 있는 동안 힘의 크기가 일정하다고 가정할 수 있다. 이때 $\vec{F}$의 크기는 pA와 같으며, p는 기체의 압력이고 A는 피스톤의 면적이다. 따라서 피스톤이 움직이는 동안 기체가 한 미소량의 일은 다음과 같다.

$$\begin{aligned} dW &= \vec{F}\cdot d\vec{s} = (pA)(ds) = p(A\,ds) \\ &= p\,dV. \end{aligned} \tag{18.5.1}$$

여기서 dV는 피스톤이 움직이면서 생긴 기체 부피의 변화량이다. 기체 부피를 V_i에서 V_f로 변화시킬 수 있도록 납알을 없애면 기체가 한 전체 일은

$$W = \int dW = \int_{V_i}^{V_f} p\,dV \tag{18.5.2}$$

이다. 부피가 변하는 동안 기체의 압력과 온도도 변할 수 있다. 식 18.5.2를 직접 적분하려면 계가 상태 i에서 상태 f로 변하는 실제 과정에서 압력이 부피에 따라 어떻게 바뀌는지 알아야 한다.

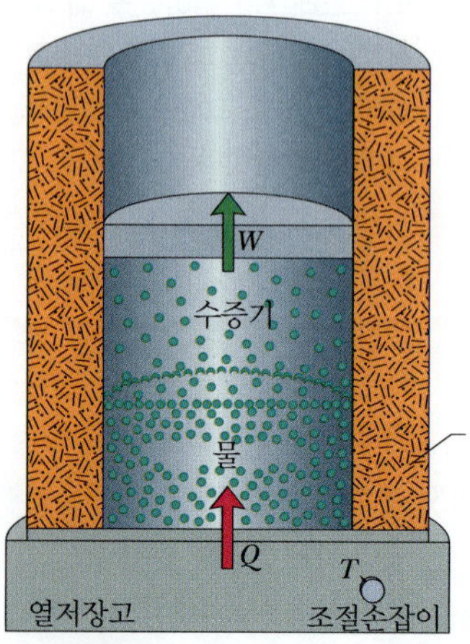

그림 18.5.1 피스톤이 달린 원통 안에 기체가 갇혀 있다. 열저장고의 온도 T를 조절하여 열 Q를 기체에 더하거나 기체에서 제거할 수 있다. 피스톤이 움직일 때 기체는 W의 일을 한다.

▸***하나의 경로.*** 기체가 상태 i에서 상태 f로 변하는 방법은 수없이 많다. 한 가지 방법이 그림 18.5.2a의 p-V 곡선을 따르는 것이다. 이 그림은 기체의 압력을 부피에 대해 그린 그림이고, 따라서 p-V 그림이라고 한다. 이 곡선은 부피가 증가하면 압력이 감소하는 관계를 보여준다. 식 18.5.2의 적분, 즉 기체가 한 일 W는 점 i와 f 사이의 곡선 아래 색칠한 부분의 면적이다. 기체가 곡선 위의 상태에 있도록 하기 위해 정확히 무엇을 하든지 기체는 항상 양의 일을 해야 한다. 왜냐하면 피스톤을 밀어올리면서 기체의 부피가 증가하기 때문이다.

▸***다른 경로.*** 상태 i에서 상태 f로 가는 또 다른 방법이 그림 18.5.2b에 표시되어 있다. 여기서의 변화는 먼저 상태 i에서 상태 a로, 그다음에 상태 a에서 상태 f로 가는 두 단계를 거친다.

첫 번째 단계 ia는 일정한 압력하에서 일어난다. 즉 그림 18.5.1의 피스톤 위에 있는 납알을 그대로 놓아둔다. 온도 조절손잡이를 천천히 돌려 기체 온도를 더 높은 온도 T_a로

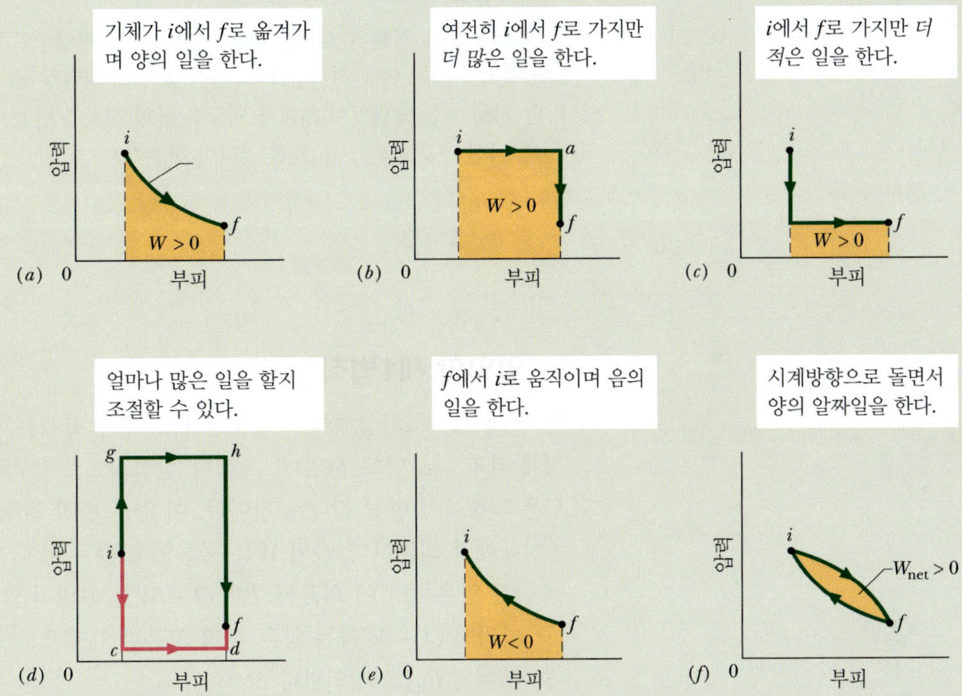

그림 18.5.2 (*a*) 색칠한 부분은 초기상태 *i*에서 최종상태 *f*로 가면서 계가 한 일 *W*를 나타낸다. 계의 부피가 증가하므로 일 *W*는 양의 값이다. (*b*) *W* 역시 양의 값이지만 (*a*)의 경우보다 크다. (*c*) *W*는 여전히 양의 값이지만 (*a*)보다 더 작다. (*d*) *W*는 훨씬 더 작을 수도 있고(경로 *icdf*), 훨씬 더 클 수도 있다(경로 *ighf*). (*e*) 상태 *f*에서 *i*로 갈 때 외부력이 가해져서 기체가 수축된다. 이때 계(기체)가 한 일 *W*는 음의 값이다. (*f*) 한 번의 순환과정 동안 계가 한 알짜 일 W_{net}은 색칠한 부분의 면적이다.

올리면 부피를 (V_i에서 V_f로) 증가시킬 수 있다. (온도를 높이면 기체가 피스톤에 작용하는 힘을 증가시켜 위로 올라가게 만든다.) 이 단계에서 (피스톤을 올려) 기체를 증가시켜 양의 일을 하고, (온도를 높이면서 만드는 임의로 작은 온도차에 반응하여) 계는 열저장고로부터 열을 흡수한다. 열은 계에 가해지므로 양의 값이다.

그림 18.5.2*b*의 두 번째 단계 *af*는 일정한 부피에서 일어나야 하므로 먼저 피스톤이 움직이지 않도록 한다. 그다음 조절손잡이를 돌려 온도를 내리면, 압력은 p_a에서 p_f로 감소한다. 이 단계에서 계는 열저장고로 열을 내놓는다.

전체 과정 *iaf*에서 계는 단계 *ia*에서만 곡선 아래 색칠한 면적만큼 양의 일 *W*를 한다. 열의 형태로 이루어진 에너지 전달은 두 단계 *ia*와 *af* 모두에서 일어난다.

▸***뒤집은 단계.*** 그림 18.5.2*c*는 앞의 두 단계의 순서가 바뀐 과정이다. 이 경우 계가 한 일과 흡수한 열이 작다. 그림 18.5.2*d*에서 기체가 하는 일을 원하는 만큼 작게(경로 *icdf*) 또는 크게(경로 *ighf*) 하는 방법을 알 수 있다.

요약하면 주어진 초기상태에서 주어진 최종상태로 가는 과정은 무수히 많다. 각각의 과정에서 일 *W*와 열 *Q*는 서로 다른 값을 가질 것이다. 즉, 열과 일은 *경로에 의존하는* 양이다.

▸***음의 일.*** 그림 18.5.2*e*에서는 외부력이 계의 부피를 감소시키므로 계가 한 일은 음의 값이다. 한 일의 절대값은 여전히 곡선 아래의 면적이지만 기체가 *수축되었으므로* 기체가 한 일은 음의 값이다.

▸***순환과정.*** 그림 18.5.2*f*는 계가 초기상태 *i*에서 최종상태 *f*로 변했다가 다시 초기상태 *i*로 돌아오는 *열역학적 순환과정*이다. 순환과정 동안 계가 하는 알짜일은 팽창하는 동안의 *양의 값*과 수축하는 동안의 *음의 값*의 합이다. 이때 그림 18.5.2*f*에서는 팽창곡선(*i*에서 *f*) 아래의 면적이 수축곡선(*f*에서 *i*) 아래의 면적보다 크므로 알짜일이 양의 값이다.

확인문제 18.5.1

그림과 같이 기체의 상태변화를 나타내는 수직경로로 연결되어 있는 여섯 가지 p-V 곡선이 있다. 순환과정 동안 기체가 한 알짜일이 최대가 되도록 닫힌 경로를 만들 때, 곡선 가운데 어느 두 개를 골라야 하는가?

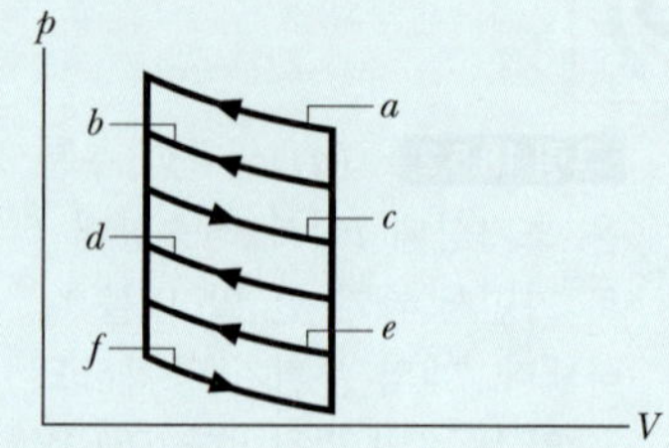

열역학 제1법칙

앞 절에서는 초기상태에서 최종상태로 계가 바뀌는 동안, 일 W와 열 Q가 열역학적 과정에 따라 다르다고 하였다. 그러나 실험적으로 놀라운 사실이 한 가지 있다. $Q - W$는 *모든 과정에서 항상 같다*는 것이다. 이 양은 중간 과정과는 상관없이 오직 초기상태와 최종상태에만 의존한다. Q와 W는 물론이고 $Q + W$나 $Q - 2W$와 같이 Q와 W로 이루어진 다른 양은 *경로에 의존하지만*, $Q - W$는 그렇지 않다.

따라서 $Q - W$라는 양은 계의 고유한 특성으로 볼 수 있다. 이 특성을 다음과 같이 *내부에너지* E_{int}로 정의한다.

$$\Delta E_{\text{int}} = E_{\text{int},f} - E_{\text{int},i} = Q - W \qquad (\text{제1법칙}). \qquad (18.5.3)$$

식 18.5.3은 바로 **열역학 제1법칙**이다. 열역학적인 계가 미세하게 변한다면 제1법칙은 다음과 같이 쓸 수 있다.*

$$dE_{\text{int}} = dQ - dW \qquad (\text{제1법칙}). \qquad (18.5.4)$$

계의 내부에너지 E_{int}은 열(Q)의 형태로 에너지가 더해지면 증가하고 계가 일(W)을 하면 감소한다.

8장에서는 고립계, 즉 에너지의 출입이 없는 계에 적용되는 에너지 보존법칙을 보았다. 열역학 제1법칙은 *비*고립계로 에너지 보존법칙을 확장한 것으로, 이 경우 일 W나 열 Q의 형태로 에너지가 계로 전달되거나 계에서 주위로 전달될 수 있다. 위의 열역학 제1법칙에서 가정한 것은 계의 운동에너지와 퍼텐셜에너지가 변하지 않는다는 것이다 ($\Delta K = \Delta U = 0$).

▸***규칙.*** 이 장 이전에서는 *일*이라는 용어와 W라는 기호는 항상 계*에* 가해지는 것이었다. 하지만 식 18.5.1부터 열역학을 다루는 19장과 20장에서는 그림 18.5.1처럼 계*가* 하는 일로 정의하겠다.

계*에* 가해지는 일은 항상 계가 하는 일과 부호가 반대이므로 식 18.5.3을 계에 가해

*여기서 dQ와 dW는 dE_{int}과는 달리 미분을 나타내는 것이 아니다. 다시 말하면 계의 상태에만 의존하는 $Q(p, V)$나 $W(p, V)$와 같은 함수는 없다. dQ와 dW라는 양은 *불완전미분*이고, 보통 $đQ$, $đW$로 쓴다. 여기서는 단지 매우 작은 에너지 전달이 있다는 것으로만 받아들이자.

지는 일 W_{on}으로 바꾸어 쓰면 $\Delta E_{int} = Q + W_{on}$이다. 즉, 계의 내부에너지는 계가 열을 흡수하든지 계에 양의 일이 가해지면 증가한다. 반대로 계가 열을 잃든지 계*에* 가해지는 일이 음의 값이라면 내부에너지는 감소한다.

확인문제 18.5.2

그림의 p-V 곡선 네 가지는 기체가 초기상태 i에서 최종상태 f로 변할 때의 경로이다. 다음의 양이 큰 경로부터 순서대로 나열하여라. (*a*) 기체 내부에너지의 변화 ΔE_{int}, (*b*) 기체가 한 일 W, (*c*) 기체와 주위 사이에 전달된 열에너지 Q의 크기.

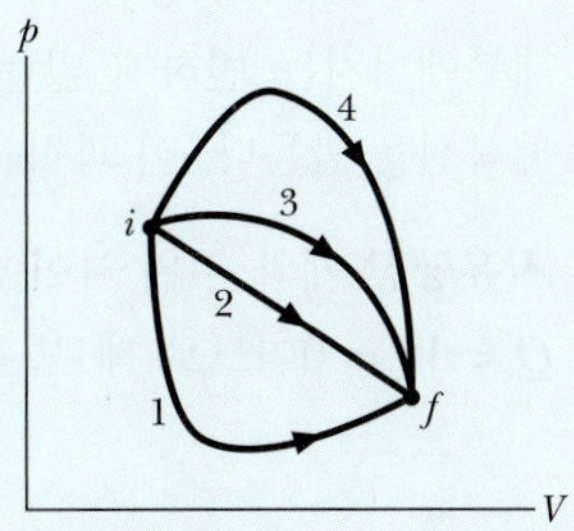

열역학 제1법칙의 특수한 경우

다음의 네 열역학 과정이 표 18.5.1에 요약되어 있다.

1. ***단열과정*** 단열과정은 그 과정이 매우 빨리 진행되거나, 단열이 매우 잘 되어 *열에너지 전달이 일어나지 않는 과정*이다. $Q = 0$을 제1법칙(식 18.5.3)에 대입하면

$$\Delta E_{int} = -W \qquad (\text{단열과정}) \qquad (18.5.5)$$

이다. 따라서 계가 일을 하면($W>0$) 계의 내부에너지는 그만큼 감소하고, 반대로 계*에* 일이 가해지면($W<0$) 계의 내부에너지는 그만큼 증가한다.

그림 18.5.3은 이상적인 단열과정이다. 단열벽 때문에 열의 출입이 없다. 따라서 계와 주위 사이에서 에너지가 전달될 수 있는 유일한 방법은 일에 의한 것이다. 피스톤 위의 납알을 없애서 기체가 팽창하도록 하면 계가 한 일은 양의 값이고 내부에너지는 감소한다. 대신에 납알을 더하여 기체를 압축시키면 계가 한 일은 음의 값이고 내부에너지는 증가한다.

2. ***등적과정*** 만일 (기체로 이루어진) 계의 부피가 일정하게 유지된다면 계는 일을 할 수 없다. 제1법칙(식 18.5.3)에 $W = 0$을 대입하면 다음과 같다.

$$\Delta E_{int} = Q \qquad (\text{등적과정}). \qquad (18.5.6)$$

즉, 계가 열을 흡수하면($Q>0$) 계의 내부에너지는 증가한다. 반대로 열을 잃으면 ($Q<0$) 계의 내부에너지는 감소한다.

3. ***순환과정*** 계가 열과 일을 교환한 후 초기상태로 되돌아오는 열역학적 과정도 있다. 이

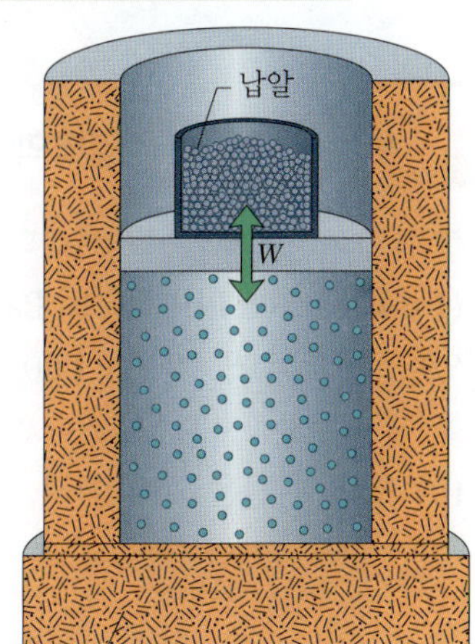

그림 18.5.3 단열팽창은 피스톤 위에 놓인 납알을 천천히 없애면 구현할 수 있다. 납알을 더하면 언제든지 반대 과정을 만들 수 있다.

표 18.5.1 열역학 제1법칙: 네 가지 특별한 과정

법칙: $\Delta E_{int} = Q - W$(식 18.5.3)		
과정	제한조건	결과
단열	$Q = 0$	$\Delta E_{int} = -W$
등적과정	$W = 0$	$\Delta E_{int} = Q$
순환	$\Delta E_{int} = 0$	$Q = W$
자유팽창	$Q = W = 0$	$\Delta E_{int} = 0$

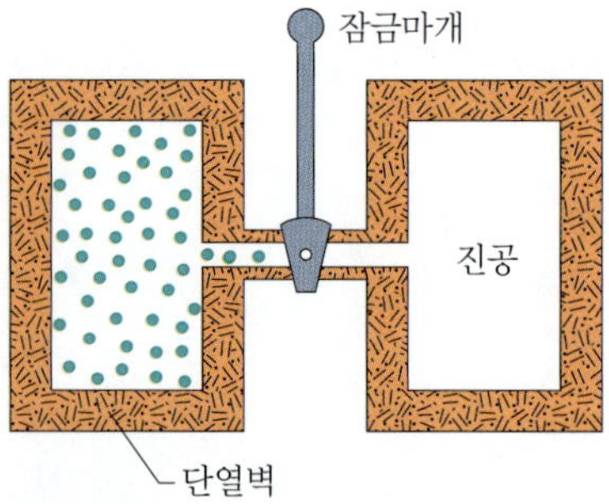

그림 18.5.4 자유팽창과정의 초기단계. 잠금마개를 열면 기체가 양쪽 방을 채우면서, 결국에는 평형상태에 도달하게 된다.

때 계의 고유한 특성, 즉 내부에너지는 변하지 않는다. 제1법칙(식 18.5.3)에 $\Delta E_{\text{int}} = 0$을 대입하면 다음을 얻는다.

$$Q = W \qquad (\text{순환과정}). \tag{18.5.7}$$

따라서 순환과정 동안 알짜일은 열의 형태로 전달된 알짜에너지와 정확히 같고 계의 내부에너지는 변하지 않는다. 순환과정은 그림 18.5.2f에서 보았듯이 p-V 그림에서 폐곡선을 만든다. 이 과정은 20장에서 자세히 다룰 것이다.

4. ***자유팽창*** 계와 주위 사이에 열의 전달이 없고, 계가 일도 하지 않는 단열과정이다. 즉, $Q = W = 0$이므로 제1법칙에 따라

$$\Delta E_{\text{int}} = 0 \qquad (\text{자유팽창}) \tag{18.5.8}$$

이다. 그림 18.5.4는 자유팽창과정의 한 예이다. 기체는 자체적으로 열평형을 이루고, 초기에는 단열된 한쪽 방에 잠금마개로 갇혀 있고 다른 방은 비어 있다. 잠금마개를 열면 기체가 자유롭게 팽창하여 양쪽 방을 모두 채운다. 이때 두 방은 단열되어 있으므로 열전달이 없다. 또한 기체가 진공으로 들어가면서 아무런 압력도 받지 않으므로 일도 하지 않는다.

자유팽창은 느리게 일어나지도 않고 제어 가능한 형태로 일어나지도 않기 때문에 앞에서 본 과정과 본질적으로 다르다. 결과적으로 갑작스럽게 팽창하는 동안의 어느 순간에도 기체는 열적 평형상태가 아니고 기체의 압력도 균일하지 않다. 따라서 p-V 그림에서 초기상태와 최종상태는 표시할 수 있지만 팽창하는 중간 과정에 대해서는 어떤 표시도 할 수 없다.

확인문제 18.5.3

오른편의 p-V 그림은 어떤 순환과정이다. (*a*) 기체의 ΔE_{int}, (*b*) 알짜 열에너지 전달량 Q는 양수인가, 음수인가, 아니면 0인가?

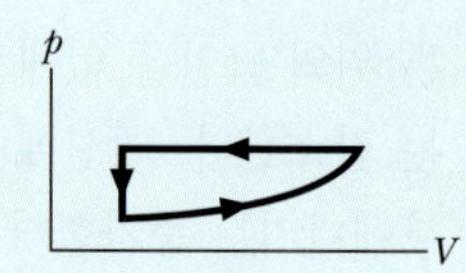

보기문제 18.5.1 열역학 제1법칙: 일, 열, 내부에너지 변화

그림 18.5.5처럼 100°C의 물 5.00 kg이 표준대기압(1.00 atm, 즉 1.01×10^5 Pa)에서 100°C의 수증기로 바뀌었다. 물의 초기 부피는 1.00×10^{-3} m^{3}였고 수증기가 되었을 때 부피는 1.671 m^{3}였다.

(a) 계가 한 일은 얼마인가?

요점

(1) 계의 부피가 늘어났으므로 계는 양의 일을 한다. (2) 일 W는 식 18.5.2처럼 압력을 부피에 대해 적분해서 얻는다.

풀이: 그러나 압력이 1.01×10^5 Pa로 일정하므로 p를 적분 밖으로 꺼낼 수 있으며, 그 결과는 다음과 같다.

$$W = \int_{V_i}^{V_f} p\, dV = p \int_{V_i}^{V_f} dV = p(V_f - V_i)$$
$$= (1.01 \times 10^5 \text{ Pa})(1.671 \text{ m}^3 - 1.00 \times 10^{-3} \text{ m}^3)$$
$$= 1.69 \times 10^5 \text{ J} = 169 \text{ kJ}. \qquad \text{(답)}$$

(b) 이 과정에서 열의 형태로 전달된 에너지는 얼마인가?

요점

열은 상태를 변화시킬 뿐 온도를 바꾸지는 않으므로 식 18.4.5($Q = Lm$)를 사용한다.

풀이: 액체에서 기체로 상변화가 일어나므로 L은 증발열 L_V이고, 식 18.4.6과 표 18.4.2의 값을 사용하면 다음을 얻는다.

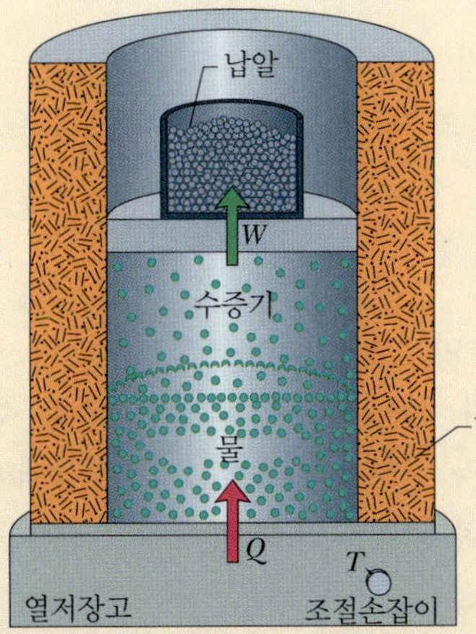

그림 18.5.5 ▶ 물이 일정한 압력에서 끓는다. 액체인 물이 완전히 수증기로 변환할 때까지 열저장고는 에너지를 열로 전달한다. 팽창하는 기체는 피스톤을 밀어 올리면서 일을 한다.

$$Q = L_V m = (2256\ \text{kJ/kg})(1.00\ \text{kg})$$
$$= 2256\ \text{kJ} \approx 2260\ \text{kJ}.$$ 답

▶ **교육용 비디오는 웹사이트 www.wiley.com에서 볼 수 있다.**

(c) 이 과정에서 계의 내부에너지 변화량은 얼마인가?

요점

계의 내부에너지 변화는 열역학 제1법칙(식 18.5.3)으로 열(여기서는 계로 전달된 에너지이다)과 일(여기서는 계의 밖으로 전달된 에너지이다)에 관련이 있다.

풀이: 계의 내부에너지 변화량을 열역학 제1법칙 식 18.5.3에서 다음과 같이 구할 수 있다.

$$\Delta E_{\text{int}} = Q - W = 2256\ \text{kJ} - 169\ \text{kJ}$$
$$\approx 2090\ \text{kJ} = 2.09\ \text{MJ}.$$ 답

이 값은 양수이므로 물이 끓는 동안 계의 내부에너지가 증가한다. 증가된 에너지는 액체상태에서 강한 인력이 작용하던 H_2O 분자들을 분리시키는 데 사용된다. 물이 끓는 동안 7.5%(= 169 kJ/2260 kJ)의 열은 대기를 밀어내는 일로 변하고, 나머지가 계의 내부에너지로 전환된 것이다.

18.6 ▸ 열전달 과정

요점_*Key Ideas*

1. 한 면은 높은 온도 T_H로, 다른 한 면은 낮은 온도 T_C로 유지시킨 판을 통과하여 전달되는 에너지의 비율 P_{cond}는 다음과 같다.

$$P_{\text{cond}} = \frac{Q}{t} = kA\ \frac{T_H - T_C}{L}.$$

여기서 판의 각 면의 넓이는 A이고, (면 사이의 거리인) 판의 길이가 L이다. k는 물질의 열전도도이다.

2. 온도차가 유체 안의 운동에 의한 에너지 전달을 일으킬 때 대류가 일어난다.
3. 복사는 전자기에너지의 방출을 통한 에너지 전달이다. 물체가 열복사를 통하여 방출하는 비율 P_{rad}는

$$P_{\text{rad}} = \sigma\varepsilon A T^4$$

으로 주어진다. 여기서 σ (= 5.6704×10^{-8} W/m$^2\cdot$K^4)는 Stefan–Boltzmann 상수, ε은 물체 표면의 방출률, A는 표면적, T는 (켈빈으로 측정한) 표면온도이다. 물체가 균일한 (켈빈) 온도 T_{env}로 유지되는 주위로부터 열복사를 통해 물체가 에너지를 흡수하는 비율 P_{abs}는 다음과 같다.

$$P_{\text{abs}} = \sigma\varepsilon A T^4_{\text{env}}.$$

학습목표_*Learning Objectives*

이 단원을 읽은 후 다음을 이해해야 한다.

18.6.1 판을 통한 열전달에서 에너지 전달비율 P_{cond}, 판의 넓이 A, 열전도도 k, 두께 L과 (두 면 사이의) 온도차 ΔT 사이의 관계를 구한다.

18.6.2 (둘 혹은 그 이상의 판을 모은) 복합판이 정상상태에 도달하여 온도가 더 이상 변하지 않을 때 (에너지 보존에 의해) 판을 지나는 열전도 비율 P_{cond}가 같다.

18.6.3 판을 통한 열전달에서 열저항 R, 두께 L과 열전도도 k 사이의 관계를 구한다.

18.6.4 열에너지는 (기체 혹은 액체인) 더 따뜻한 유체가 더 차가운 유체 위로 올라가려는 경향이 있는 대류에 의해 전달될 수

있다.

18.6.5 물체에 의한 열복사 *방출*에서 에너지 전달비율 P_{rad}, 물체의 표면적 A, 방출률 ε과 (켈빈으로 측정한) *표면온도* T 사이의 관계를 구한다.

18.6.6 물체가 열복사를 *흡수*할 때 에너지 전달비율 P_{abs}, 물체의 표면적 A, 방출률 ε과 (켈빈으로 측정한) *주위온도* T 사이의 관계를 구한다.

18.6.7 물체가 주위로 복사를 방출하거나 주위로부터 복사를 흡수하는 물체의 알짜 에너지 전달률 P_{net}을 계산한다.

▶ 열전달 과정

지금까지 계와 주위 사이의 열전달을 보았지만 열전달이 어떻게 일어나는지를 설명하지 않았다. 열전달의 방법에는 전도, 대류, 복사의 세 가지가 있다. 이 과정을 차례로 조사해 보자.

전도

금속 부지깽이의 한쪽 끝을 불 속에 오래 놓아두면 손잡이가 뜨거워진다. 에너지가 불에서 부지깽이를 따라 손잡이로 **전도**된 것이다. 불(부지깽이의 입장에서는 주위)의 온도가 높기 때문에 불 속에 있는 쪽의 금속 원자와 전자가 진동하는 폭이 상대적으로 커진다. 이렇게 늘어난 진동의 폭과 에너지는 원자의 충돌을 통해 원자에서 원자로 전달되어 부지깽이를 따라 손잡이까지 온도가 올라간다.

이제 면적이 A이고 두께가 L인 판을 생각해 보자. 그림 18.6.1과 같이 두 면의 온도는 뜨거운 열저장고와 차가운 열저장고에 의해 고온 T_H와 저온 T_C로 유지되고 있다. 시간 t 동안 뜨거운 면에서 차가운 면으로 판을 통해 열의 형태로 전달된 에너지를 Q라고 하자. 실험적으로 단위시간당 전달되는 에너지 양인 *전도율* P_{cond}는 다음과 같이 정의한다.

$$P_{cond} = \frac{Q}{t} = kA\,\frac{T_H - T_C}{L}. \tag{18.6.1}$$

여기서 k는 *열전도도*로서 판을 만든 물질의 상수이다. 전도현상으로 에너지를 빨리 전달하는 물질은 *좋은 열전도체*로서 k값이 크다. 표 18.6.1에 많이 사용하는 금속, 기체, 건축자재의 열전도도가 수록되어 있다.

표 18.6.1 열전도도

물질	k (W/m · K)
금속	
스테인레스 강철	14
납	35
철	67
황동	109
알루미늄	235
구리	401
은	428
기체	
건조한 공기	0.026
헬륨	0.15
수소	0.18
건축자재	
폴리우레탄 폼	0.024
암석섬유	0.043
유리섬유	0.048
전나무	0.11
창유리	1.0

전도에 대한 열저항(R값)

집을 단열시키거나 소풍길에 콜라깡통을 차갑게 유지하려면 열전도도가 나쁜 물체를 찾아야 한다. 이때 물리학적으로는 *열저항*(R)이라는 개념을 도입하여, 두께 L인 판의 열저항 R값을 다음과 같이 정의한다.

$$R = \frac{L}{k}. \tag{18.6.2}$$

열전도도가 낮은 물질로 판을 만들수록 R값이 커지기 때문에 R값이 높은 물체는 *나쁜 열전도체*이면서 *좋은 단열재*이다.

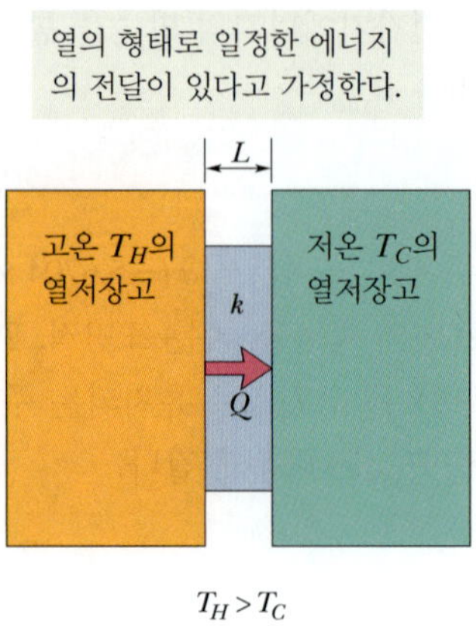

그림 18.6.1 ▶ 열전도. 에너지는 두께가 L이고 열전도도가 k인 판을 통해 고온 T_H의 열저장고에서 저온 T_C의 열저장고로 열의 형태로 전달된다.

R값은 특정한 두께를 갖는 판의 특성이지 물질의 특성이 아니다. (적어도 미국에서는 전혀 언급되지 않는) 흔히 사용하는 R에 대한 단위는 제곱 foot—화씨온도—시간당 영국열단위($ft^2 \cdot F° \cdot h/Btu$)이다. (이제 왜 이 단위가 거의 사용되지 않는 이유를 알 것이다.)

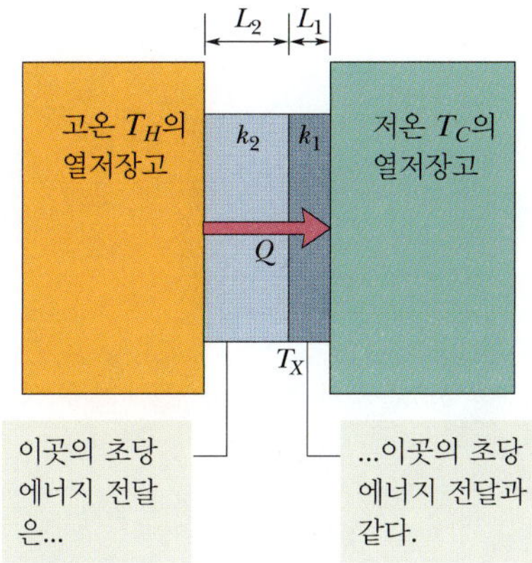

그림 18.6.2 두께가 다르고 열전도도가 다른 두 물체로 이루어진 복합판을 통해 열이 전달된다. 두 물체 경계면의 정상상태 온도는 T_X이다.

복합판을 통한 열전도

그림 18.6.2처럼 각각의 두께와 열전도도가 L_1, L_2 그리고 k_1, k_2인 두 판으로 이루어진 복합판이 있다. 판의 바깥면 온도가 각각 T_H, T_C이고 면적이 A일 때, 열전달이 *정상상태*의 과정이라고 가정하고 판을 통한 열전도를 식으로 써보자. 정상상태는 온도와 에너지 전달률이 판의 모든 곳에서 시간에 따라 변하지 않는다는 뜻이다.

정상상태에서 두 물체를 통한 전도율이 같아야 한다. 주어진 시각에 한 물체를 통한 에너지 전달량은 같은 시각에 다른 물체를 통한 에너지 전달량과 같다. 만일 이것이 옳지 않다면, 판의 온도는 변할 것이고 정상상태가 아닐 것이다. 두 물체의 경계면에서 온도를 T_X라 하고 식 18.6.1을 사용하면

$$P_{\text{cond}} = \frac{k_2 A(T_H - T_X)}{L_2} = \frac{k_1 A(T_X - T_C)}{L_1} \tag{18.6.3}$$

가 된다. 식 18.6.3을 다시 T_X에 대해 정리하면

$$T_X = \frac{k_1 L_2 T_C + k_2 L_1 T_H}{k_1 L_2 + k_2 L_1} \tag{18.6.4}$$

이고, 이 식을 다시 식 18.6.3의 두 등식 중 하나에 대입하면 다음을 얻는다.

$$P_{\text{cond}} = \frac{A(T_H - T_C)}{L_1/k_1 + L_2/k_2}. \tag{18.6.5}$$

식 18.6.5는 여러 물질로 이루어진 판에 확장하여 사용할 수 있다. 물질의 개수가 n이라면

$$P_{\text{cond}} = \frac{A(T_H - T_C)}{\Sigma\,(L/k)} \tag{18.6.6}$$

이다. 분모에서 수열의 합 기호는 사용한 모든 물질에 대해 L/k를 더한다는 뜻한다.

확인문제 18.6.1

오른편 그림처럼 두께가 같은 네 가지 물질로 이루어진 복합판에 열이 정상상태로 전달되고 있다. 표면과 경계면의 온도가 그림과 같을 때 열전도도가 가장 큰 순서대로 나열하여라.

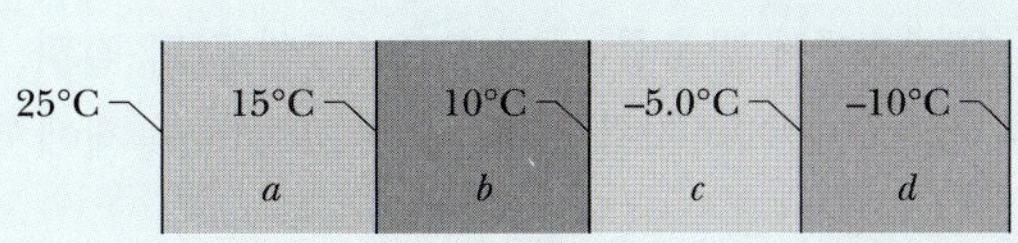

대류

촛불이나 성냥의 불꽃을 보면 **대류**에 의해 열에너지가 위로 전달되는 것을 볼 수 있다. 이와 같은 에너지 전달은 공기나 물과 같은 유체가 온도가 높은 물체와 접촉할 때 생긴다. 뜨거운 물체와 접촉하고 있는 유체 부분의 온도가 올라가면 대부분 경우에 유체는 팽창하고, 따라서 밀도가 낮아진다. 팽창한 유체는 주위의 차가운 유체에 비해 상대적으로

가벼워졌기 때문에 부력에 의해 위로 올라간다. 이때 주위를 둘러싼 차가운 유체가 올라간 유체의 자리를 채우고, 이 과정은 계속된다.

대류는 많은 자연적인 과정의 일부이다. 대기의 대류는 지구 전체의 기후변화와 일기변화를 결정한다. 글라이더 조종사나 새는 따뜻한 공기로 이루어진 상승기류를 이용하여 떠 있으려 한다. 바다에서도 대류과정으로 엄청나게 큰 규모의 에너지가 전달된다. 또한 태양중심의 핵융합 과정에서 발생한 에너지가 대류를 통해서 태양표면으로 전달된다. 뜨거운 기체는 핵에서 표면으로 올라오고, 차가운 기체는 표면 아래 핵쪽으로 내려간다.

복사

물체와 주위가 열의 형태로 에너지를 교환하는 세 번째 방법인 복사는 전자기파에 의한 것이다(가시광선은 전자기파의 한 종류이다). 이러한 방법으로 전달되는 에너지를 흔히 **열복사**라고 하며, 텔레비전 방송 등과 같은 전자기복사나 핵자가 에너지와 입자를 내놓는 핵 복사와 구별하여 부른다("복사"라는 것은 무엇인가를 방출한다는 것이다). 불꽃 앞에 서 있으면 열복사를 흡수하여 따뜻해진다. 복사에는 열전달을 위한 매개체가 필요없고 전자기 복사가 태양에서 지구로 전달되듯이 열복사도 진공을 통해 전달될 수 있다.

물체가 전자기복사로 에너지를 내놓는 비율 P_{rad}는 물체의 표면적 A와 그 면의 켈빈 온도 T에 다음과 같은 관계가 있다.

$$P_{\text{rad}} = \sigma\varepsilon A T^4. \tag{18.6.7}$$

여기서 $\sigma = 5.6704 \times 10^{-8}\ \text{W/m}^2\cdot\text{K}^4$은 1879년 식 18.6.7을 실험적으로 발견한 Josef Stefan과 이 식을 이론적으로 유도한 Ludwig Boltzmann의 이름을 따서 *Stefan–Boltzmann 상수*라고 한다. 기호 ε은 물체 표면의 *방출률*로서 0과 1 사이의 값을 가진다. *방출률*이 1.0으로 최대인 물체를 *흑체*라고 하지만, 사실상 흑체는 이상적인 모형으로 자연 상태에는 존재하지 않는다. 식 18.6.7의 온도는 켈빈온도이다. 절대영도에서는 복사가 일어나지 않지만, 절대영도 이상의 온도에서는 모든 물체가 열복사를 내고 있다(그림 18.6.3 참조).

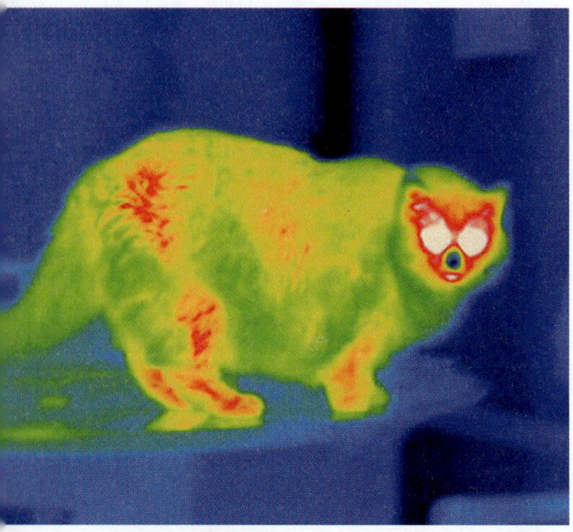

Edward Kinsman/Science Source

그림 18.6.3 색깔을 입힌 열상사진은 고양이의 에너지 복사율을 나타낸다. 흰색과 빨간색은 복사율이 가장 높은 곳이다. 따라서 고양이 코가 가장 차다.

물체가 주위로부터 열복사로 에너지를 흡수하는 비율 P_{abs}은 주위 온도 T_{env}가 균일하다고 할 때 다음과 같다.

$$P_{\text{abs}} = \sigma\varepsilon A T_{\text{env}}^4. \tag{18.6.8}$$

식 18.6.8에서 방출률 ε은 식 18.6.7의 값과 같다. $\varepsilon = 1$인 이상적인 흑체는 물체에 쪼이는 모든 복사에너지를 흡수한다. 보통의 물체에서는 복사의 일부가 반사되거나 산란된다.

물체는 열복사를 방출하기도 하고 흡수도 하기 때문에 열복사에 의한 에너지 교환의 알짜 비율 P_{net}은 다음과 같다.

$$P_{\text{net}} = P_{\text{abs}} - P_{\text{rad}} = \sigma\varepsilon A(T_{\text{env}}^4 - T^4). \tag{18.6.9}$$

여기서 P_{net}은 에너지를 얻으면 양의 값이고 잃으면 음의 값이다.

죽은 방울뱀을 만지려던 손이 물려서 병원에 실려 온 환자에게도 열복사가 관여한다. 방울뱀 두 눈 사이의 구멍과 콧구멍(그림 18.6.4 참조)이 바로 열복사 감지기이다. 예컨대, 쥐가 방울뱀 머리 쪽으로 움직이면 쥐에서 나온 열복사가 이 감지기를 자극시켜서 조건반사작용으로 방울뱀은 쥐를 물어서 독액을 주입한다. 방울뱀이 30분 전에 이미 죽었더라도 접근하는 손에서 나오는 열복사의 조건반사작용으로 방울뱀의 신경계가 반응할 수 있다. 따라서 뱀 전문가는 손 대신에 긴 막대기로 죽은 방울뱀을 제거하기를 권장한다.

그림 18.6.4 방울뱀의 얼굴에는 캄캄한 야음에도 동물을 공격할 수 있는 열복사 감지기가 있다.

보기문제 18.6.1 여러 층의 벽을 통한 열전도

그림 18.6.5의 벽은 맨 안쪽이 두께 L_a인 전나무 판이고 바깥쪽은 두께 $L_d(= 2.0\ L_a)$인 벽돌로 이루어져 있다. 두 벽 사이에는 두께와 열전도도가 동일한 두 판이 들어가 있다. 전나무와 벽돌의 열전도도는 각각 k_a, $k_d(= 5.0\ k_a)$이고, 벽의 면적 A의 값은 모른다. 벽을 통한 열전도가 정상상태에 도달했을 때 알고 있는 온도는 $T_1 = 25°C$, $T_2 = 20°C$, $T_5 = -10°C$이다. 경계면의 온도 T_4는 얼마인가?

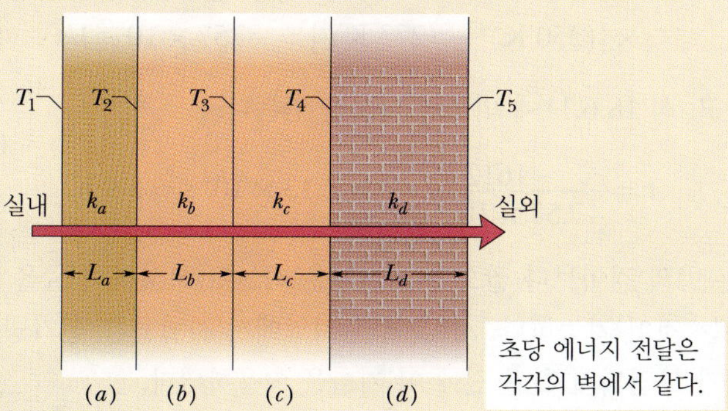

그림 18.6.5 정상상태의 열전도가 이루어지고 있는 네 겹으로 이루어진 벽.

▶ **교육용 비디오는 웹사이트 www.wiley.com에서 볼 수 있다.**

요점

(1) 식 18.6.1처럼 에너지가 벽돌을 통해 전달되는 비율인 P_d를 결정하는 데 온도 T_4가 필요하다. 하지만 식 18.6.1로 T_4를 풀기에는 정보가 부족하다. (2) 전도가 정상상태를 이루고 있으므로 벽돌을 통한 열전도율 P_d는 전나무를 통한 열전도율 P_a와 같다.

풀이: 식 18.6.1과 그림 18.6.5에서

$$P_a = k_a A \frac{T_1 - T_2}{L_a} \quad \text{및} \quad P_d = k_d A \frac{T_4 - T_5}{L_d}$$

이다. 이제 $P_a = P_d$로 놓고 T_4에 대해 풀면

$$T_4 = \frac{k_a L_d}{k_d L_a}(T_1 - T_2) + T_5$$

이고 $L_d = 2.0\ L_a$, $k_d = 5.0\ k_a$와 주어진 온도를 대입하면 다음을 얻는다.

$$T_4 = \frac{k_a(2.0L_a)}{(5.0k_a)L_a}(25°C - 20°C) + (-10°C)$$

$$= -8.0°C.$$ (답)

보기문제 18.6.2 하늘로 복사하여 얼음 만들기

긴 황야 도보여행을 하는 동안 얼음을 먹고 싶어졌다. 불행하게도 공기의 온도는 밤마다 6.0°C로 떨어져 얼음이 얼기에는 온도가 너무 높다. 그러나 맑고, 달이 없는 밤하늘은 온도 $T_s = -23°C$에서 흑체와 같이 작용하므로 물의 얇은 층에서 에너지를 밤하늘로 복사 방출하여 얼음을 만들 수 있을 것이다. 먼저 거품 고무, 거품 포장지, 스티로폼이나 밀짚과 같이 열을 잘 전달하지 않는 층을 용기 아래 지면에 놓아 용기를 열적으로 고립시킨다. 그리고 질량 $m = 4.5$ g, 윗면의 넓이 $A = 9.0\ \text{cm}^2$, 깊이 $d = 5.0$ mm, 복사율 $\varepsilon = 0.90$, 초기 온도 6.0°C인 용기에 물을 붓는다. 복사에 의해 물이 어는 데 걸리는 시간을 구하여라. 하루 밤 동안 얼릴 수 있는가?

요점

(1) 물은 어는점 위의 온도에서 얼 수 없다. 그러므로 복사에 의해 에너지 Q_1을 제거하여 물의 온도를 6.0°C에서 어는 점 0°C로 낮춘다. (2) 그리고 복사에너지 Q_2를 제거하여 모든 물을 얼게 한다. (3) 이 과정을 통해 물은 하늘에서 용기로 복사에너지를 흡수한다. 알짜 에너지 손실이 있도록 만든다.

물 냉각: 식 18.4.3과 표 18.4.1을 이용하여 물을 0°C로 냉각시키려면 에너지 손실은

$$\begin{aligned}Q_1 &= cm(T_f - T_i)\\ &= (4190\ \text{J/kg}\cdot\text{K})(4.5\times10^{-3}\ \text{kg})(0°\text{C} - 6.0°\text{C})\\ &= -113\ \text{J}\end{aligned}$$

이어야 한다. 따라서 113 J의 복사에너지가 물에서 방출되어 어는점으로 온도를 낮추어야 한다.

물 얼리기: 식 18.4.5($Q = mL$)를 이용할 때 식 18.4.7이나 표 18.4.2로부터 L을 L_F로 놓고, 에너지 손실을 나타내는 음의 부호를 집어넣으면

$$\begin{aligned}Q_2 &= -mL_F = -(4.5\times10^{-3}\ \text{kg})(3.33\times10^{5}\ \text{J/kg})\\ &= -1499\ \text{J}\end{aligned}$$

을 얻는다. 따라서 필요한 전체 에너지손실은 다음과 같다.

$$Q_{tot} = Q_1 + Q_2 = -113\ \text{J} - 1499\ \text{J} = -1612\ \text{J}.$$

복사: 물이 하늘로 복사에너지를 잃는 동안 하늘로부터 물로 복사에너지를 흡수한다. 전체 시간 t 동안 이 알짜 에너지교환이 에너시 손실 Q_{tot}가 되도록 한다. 따라사 이 에너지 교환에 의한 일률은 다음과 같다.

$$\text{일률} = \frac{\text{알짜에너지}}{\text{시간}} = \frac{Q_{tot}}{t}. \tag{18.6.10}$$

이와 같은 에너지교환의 일률은 또한 식 18.6.9로 주어진 열복사의 알짜일률 P_{net}이다. 따라서 에너지손실이 Q_{tot}가 되기 위한 시간 t는 다음과 같다.

$$t = \frac{Q}{P_{net}} = \frac{Q}{\sigma\varepsilon A(T_s^4 - T^4)}. \tag{18.6.11}$$

물이 냉각되는 동안 물의 온도 T는 약간 감소하지만 T를 어는점 273 K로 근사할 수 있다. $T_s = 250$ K로 놓으면 식 18.6.11의 분모는

$$\begin{aligned}&(5.67\times10^{-8}\ \text{W/m}^2\cdot\text{K}^4)(0.90)(9.0\times10^{-4}\ \text{m}^2)\\ &\quad\times[(250\ \text{K})^4 - (273\ \text{K})^4] = -7.57\times10^{-2}\ \text{J/s}\end{aligned}$$

이고, 식 18.6.11에 의하면 다음을 얻는다.

$$t = \frac{-1612\ \text{J}}{-7.57\times10^{-2}\ \text{J/s}} = 2.13\times10^4\ \text{s} = 5.9\ \text{h}.$$ (답)

t는 밤의 길이보다 짧으므로 어두운 하늘로 복사하여 물을 얼리는 것이 가능하다. 사실 어떤 지역에서 사람들은 전기냉동기가 도입되기 휠씬 전에 이 기술을 이용하였다.

정리 및 요약 _Review & Summary

▸ ***온도, 온도계*** 온도는 뜨겁거나 차갑다고 느끼는 감각과 관련된 SI 단위로 표시되는 기본 물리량이다. 온도계는 뜨거워지거나 차가워질 때 일정한 방식으로 변화하는 특성, 즉 길이나 압력과 같이 측정 가능한 양을 이용하여 온도를 측정한다.

▸ ***열역학 제0법칙*** 어떤 물체가 온도계와 접촉하면 궁극적으로 열평형을 이룬다. 이 물체의 온도는 온도계의 눈금으로 정한다. **열역학 제0법칙**은 이 과정을 통한 온도측정이 일관됨을 보장한다. 즉, 물체 A와 B가 제3의 물체인 C와 각각 열평형을 이룬다면 A와 B 또한 서로 열평형을 이룬다(제3의 물체가 온도계인 경우를 생각하여라).

▸ ***켈빈온도*** SI 단위계에서 온도는 **Kelvin 척도**로 측정하고 이 척도는 물의 *삼중점*(273.16 K)을 사용하여 정의한다. 다른 온도값은 일정부피 기체온도계를 사용하여 정의하고, 이 온도계는 기체의 부피를 일정하게 유지하여 압력이 온도에 비례하는 특성을 사용한다. 기체온도계로 측정한 온도 T는 다음과 같이 정의한다.

$$T = (273.16\ \text{K})\left(\lim_{\text{gas}\to 0}\frac{p}{p_3}\right). \tag{18.1.6}$$

여기서 T는 켈빈온도이고, p_3와 p는 273.16 K일 때와 측정할 온도에서의 기체의 압력이다.

▸ ***섭씨와 화씨온도*** 섭씨온도는 T가 켈빈온도일 때

$$T_C = T - 273.15° \tag{18.2.1}$$

로 정의하고, 화씨온도는 다음과 같이 정의한다.

$$T_F = \tfrac{9}{5}T_C + 32°. \tag{18.2.2}$$

▸ ***열팽창*** 모든 물체는 온도가 변하면 크기도 변한다. 온도가 ΔT만큼 변할 때 어느 방향으로나 ΔL만큼 길이가 변하고 그 관계는

$$\Delta L = L\alpha\,\Delta T \tag{18.3.1}$$

로 주어진다. 여기서 a는 **선팽창계수**이다. 고체나 액체의 부피변화는 다음과 같다.

$$\Delta V = V\beta\,\Delta T. \tag{18.3.2}$$

여기서 $\beta = 3\alpha$는 물체의 **부피팽창계수**이다.

▸ ***열*** 열 Q는 계와 주위의 온도 차이 때문에 일어나는 에너지 전달이다. 단위는 **줄**(J), **칼로리**(cal), **킬로칼로리**(Cal 또는 kcal), 또는 **영국열단위**(Btu)를 쓰는데, 이들 사이에는 다음과 같은 관계가 있다.

$$1\ \text{cal} = 3.968\times 10^{-3}\ \text{Btu} = 4.1868\ \text{J}. \tag{18.4.1}$$

▸ ***열용량과 비열*** 물체가 열 Q를 흡수할 때 온도의 변화 $T_f - T_i$는

$$Q = C(T_f - T_i) \tag{18.4.2}$$

로 주어진다. 여기서 C를 물체의 **열용량**이라고 한다. 물체의 질량이 m이라면 위의 관계식은 다음과 같다.

$$Q = cm(T_f - T_i). \tag{18.4.3}$$

여기서 c는 물체를 구성하는 물질의 **비열**이다. 물질의 **몰비열**은 6.02×10^{23}개의 입자, 즉 1 mol당 비열이다.

▸ ***변환열*** 물질은 고체, 액체, 기체의 세 가지 상태로 존재할 수 있다. 물체가 열을 흡수하면 고체에서 액체로, 액체에서 기체로 변하는 것처럼 물리적 상태가 변할 수도 있다. 온도가 변하지 않으면서 물체의 상태를 변화시키는 데 필요한 단위질량당 에너지를 **변환열** L이라고 하고 다음과 같이 정의한다.

$$Q = Lm. \tag{18.4.5}$$

증발열 L_V는 액체를 기화시킬 때 더해지거나 기체를 액화시킬 때 물체에서 빼내야 하는 단위질량당 에너지이다. **용해열** L_F는 고체를 녹일 때 더해지거나 액체를 기화시킬 때 물체에서 빼내야 하는 단위질량당 에너지이다.

▸ ***부피변화에 따른 일*** 기체는 일을 하여 주위와 에너지를 교환할 수 있다. 기체가 초기 부피 V_i에서 최종 부피 V_f로 팽창하거나 수축하면서 하는 일 W는 다음과 같다.

$$W = \int dW = \int_{V_i}^{V_f} p\,dV. \tag{18.5.2}$$

압력 p는 부피에 따라 바뀔 수 있으므로 적분이 필요하다.

▸ ***열역학 제1법칙*** 열역학과정에서 에너지 보존법칙은 **열역학 제1법칙**으로 표현하며, 수식은 다음과 같다.

$$\Delta E_{\text{int}} = E_{\text{int},f} - E_{\text{int},i} = Q - W \quad (\text{제1법칙}), \tag{18.5.3}$$

$$dE_{\text{int}} = dQ - dW \quad (\text{제1법칙}). \tag{18.5.4}$$

E_{int}는 물체의 내부에너지로 물체의 상태(온도, 압력, 부피)와 관련 있는 값이다. Q는 계와 주위 사이에 열의 형태로 교환된 에너지인데, 계가 열을 흡수하면 양(+)의 값이고 열을 잃으면 음(−)의 값이다. W는 계가 한 일로서 주위의 외부력을 이기고 계가 팽창하면 양(+)의 값이고 계가 외부력에 의해 수축되면 음(−)의 값이다. *Q와 W는 경로에 의존하지만 ΔE_{int}는 경로에 무관하다.*

▸ ***열역학 제1법칙의 특수한 경우*** 열역학 제1법칙은 아래의 특수한 경우에 대해 다음의 관계를 갖는다.

단열과정: $Q = 0,\ \Delta E_{\text{int}} = -W$
등적과정: $W = 0,\ \Delta E_{\text{int}} = Q$
순환과정: $\Delta E_{\text{int}} = 0,\ Q = W$
자유팽창: $Q = W = \Delta E_{\text{int}} = 0$

▸ ***전도, 대류, 복사*** 판의 양쪽 면의 온도가 T_H, T_C를 유지할 때, 판을 통해 *전도*되는 에너지의 비율 P_{cond}는

$$P_{\text{cond}} = \frac{Q}{t} = kA\,\frac{T_H - T_C}{L} \tag{18.6.1}$$

로 주어진다. 여기서 A와 L은 판의 면적과 길이이고 k는 물체의 열전도도이다.

*대류*는 온도변화에 따른 유체의 움직임이 에너지를 전달하는 것이다.

*복사*는 전자기파를 방출하여 에너지를 전달하는 것이다. 열복사에 의해 어떤 물체가 에너지를 방출하는 비율 P_{rad}은

$$P_{\text{rad}} = \sigma\varepsilon A T^4 \tag{18.6.7}$$

이다. 여기서 $\sigma\ (= 5.6704\times 10^{-8}\ \text{W/m}^2\cdot\text{K}^4)$는 Stefan–Boltzmann 상수이고, ε은 물체 표면의 방출률, A는 물체표면의 면적, T는 표면의 켈빈온도이다. 물체가 주위로부터 열복사의 형태로 흡수하는 에너지의 비율 P_{abs}는 주위 온도 T_{env}가 균일하다고 할 때 다음과 같다.

$$P_{\text{abs}} = \sigma\varepsilon A T_{\text{env}}^4. \tag{18.6.8}$$

연습문제 _Problems

E Easy M Medium H Hard CALC Requires calculus BIO Biomedical application

1 M CALC 그림 18.1에 나타낸 대로 추운 날씨에 옥외의 물탱크 표면에 7.5 cm의 얼음이 생겼다. 공기 온도는 −10°C이다. 얼음이 만들어지는 비율을 (시간당 센티미터로) 구하여라. 얼음의 열전도도는 0.0040 cal/s · cm · C°이고, 밀도는 0.92 g/cm^{3}이다. 탱크의 벽, 바닥으로 에너지의 전달은 없다고 가정한다.

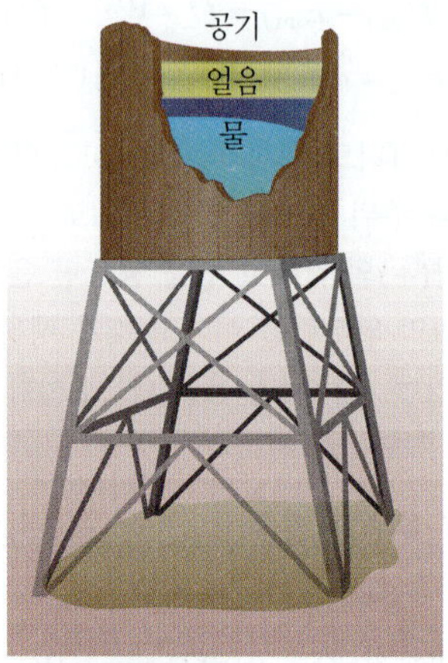

그림 18.1 연습문제 1

2 M 500 g의 따뜻한 차(실제로는 거의 물)와 녹는점에 있는 같은 질량의 얼음을 섞어 냉차를 만들었다. 혼합물은 주위와 에너지 교환을 하지 않는다고 가정한다. 차의 초기온도가 T_i = 90°C라면, 열평형에 도달했을 때 (a) 혼합물의 온도 T_f, (b) 남은 얼음의 질량 m_f를 구하여라. 또한 T_i = 65°C이면 열평형에 도달했을 때 (c) T_f, (d) m_f는 얼마인가?

3 M 어떤 실험에서 작은 방사선샘을 매우 느린 속도로 움직여야 한다. 방사선샘을 알루미늄 막대의 한쪽 끝에 달고 막대의 가운데를 가열하면 이러한 운동을 얻을 수 있다. 그림 18.2에서 가열되는 막대의 길이 d가 2.00 cm이고 방사선샘이 70.0 nm/s의 일정한 속력으로 움직이게 하려면 막대 가운데 부분의 일정한 온도변화율은 얼마이어야 하는가?

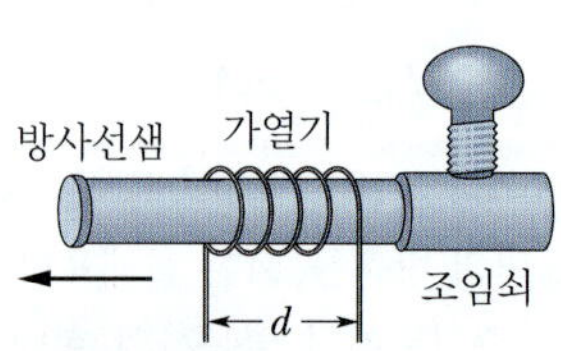

그림 18.2 연습문제 3

4 E (a) 1964년에 시베리아의 오이미야콘 마을의 온도는 −71°C였다. 화씨온도로는 몇 도인가? (b) 미국에서 공식적인 최고온도는 캘리포니아 데스밸리(Death Valley)에서 기록된 134°F였다. 섭씨온도로는 몇 도인가?

5 M 초기온도가 다른 두 시료 A와 B를 단열용기에 넣어 열평형에 도달하였다. 그림 18.3a는 시간 t에 따른 온도 T의 변화이다. 시료 A의 질량은 5.0 kg이고, 시료 B의 질량은 1.5 kg이다. 그림 18.9b는 시료 B 물질에 대한 일반적인 그림이다. 이 그림을 보면 열 Q로 에너지가 전달될 때 단위질량의 물질의 온도변화 ΔT를 물질의 단위질량당 에너지 Q에 대해 그린 것이다. 수직축의 눈금 크기는 ΔT_s = 4.0 C°이다. 시료 A의 비열은 얼마인가?

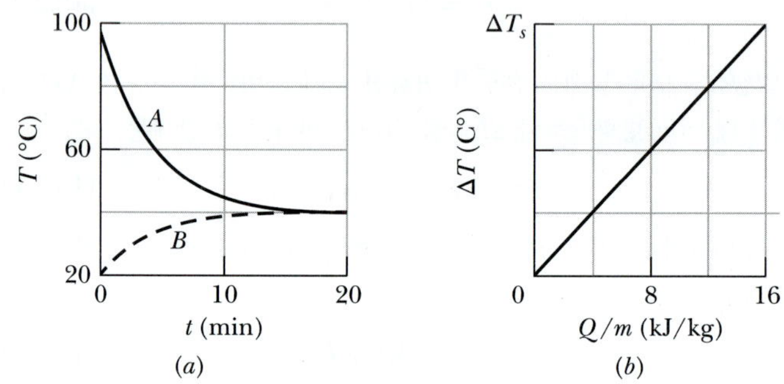

그림 18.3 연습문제 5

6 E 알루미늄 합금막대의 길이가 20.000°C에서 10.000 cm이고, 물의 끓는점에서 길이는 10.015 cm이다. (a) 물의 어는점에서 막대의 길이는 얼마인가? (b) 막대의 길이가 10.004 cm일 때 온도는 몇 도인가?

7 M 그림 18.4의 p-V 그림에서 순환경로 $abca$를 따라 변한다. 기체가 한 알짜일은 +1.2 J이다. 경로 ab를 따라갈 때 내부에너지의 변화가 +3.0 J이고 한 일의 크기는 6.0 J이며, 경로 ca를 따라갈 때 기체로 전달된 열에너지는 +2.5 J이다. (a) 경로 ab와 (b) 경로 bc에서 전달된 열에너지는 얼마인가?

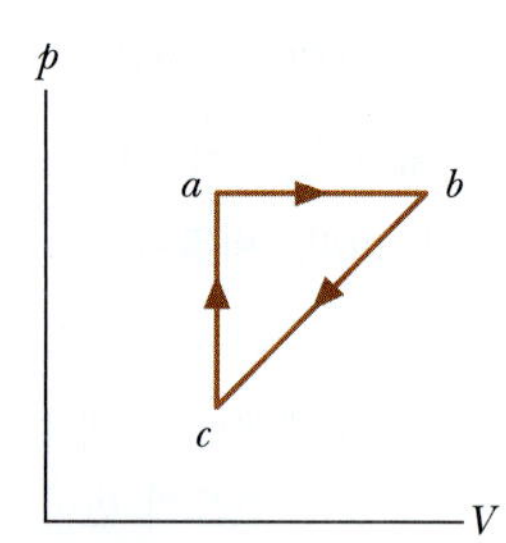

그림 18.4 연습문제 7

8 M 다음의 자료를 이용하여 금속의 비열을 계산하여라. 금속 3.6 kg으로 만든 용기 안에 12 kg의 물이 들어 있다. 이 물에 온도가 180°C인 1.8 kg의 금속덩어리를 넣었다. 처음에 물과 용기의 온도는 16.0°C이고, 전체 (단열된) 계의 최종 온도 18.0°C이다.

9 M BIO 커다란 말벌(*Vespa mandarinia japonica*)은 일본벌을 잡아 먹는다. 그러나 말벌 한 마리가 꿀벌통을 공격하면 수백 마리의 일본벌들이 말벌 주위를 공처럼 에워싸서 공격을 막는다. 일본벌은 말벌을 찌르거나 물거나 짓밟거나 질식시키지 않는다. 다만 자신의 정상 체온을 35°C에서 47°C나 48°C로 올려서 말벌을 가열시킨다. 이 온

도에서 말벌은 죽지만 일본벌은 죽지 않는다(그림 18.5). 500마리의 일본벌들이 $t = 16$분 동안 반지름 $R = 2.0$ cm의 공 모양으로 뭉치고, 공은 주로 열복사로 에너지를 잃는다고 가정한다. 공 표면의 방출률은 $\varepsilon = 0.80$이고 공의 온도는 균일하다. 16분 동안 온도를 47°C로 올리는 데 일본벌 한 마리가 내놓는 평균 에너지는 얼마인가?

© Dr. Masato Ono, Tamagawa University

그림 18.5 연습문제 9

10 E 추운 곳에서 주택 천장의 R값은 32가 되어야 한다. 이 정도로 단열이 되려면 (a) 폴리우레탄 폼이나 (b) 은으로 천장을 만들 때 두께는 각각 얼마나 되어야 하는가?

11 E CALC 닫힌 용기 안의 기체가 그림 18.6의 p-V 그림에 나타낸 대로 순환과정을 따른다. 수평축의 눈금은 $V_s = 8.0$ m^{3}이다. 한 순환과정 동안 열의 형태로 계에 더해지는 알짜 에너지를 구하여라.

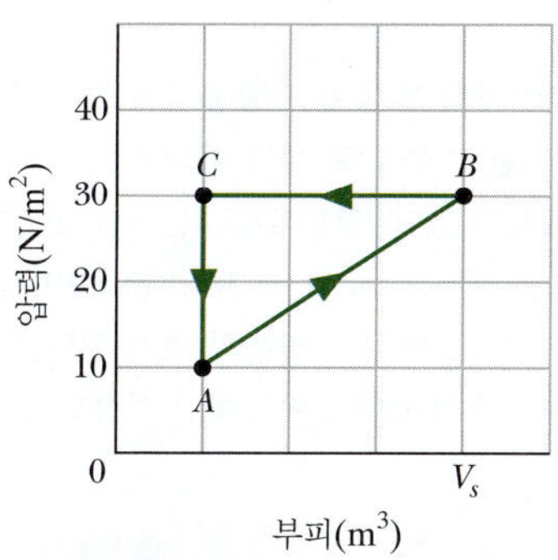

그림 18.6 연습문제 11

12 H CALC *음료수의 증발 냉각*: 더운 날에 물에 적신 다공질 질그릇 속에 넣으면 음료수통을 차게 유지할 수 있다. 음료수통의 윗면과 옆면에서 증발로 잃어버리는 에너지와 복사로 얻는 에너지가 균형을 유지한다고 가정한다. 음료수와 음료수통의 온도는 $T = 10$°C, 주변의 온도는 $T_{env} = 32$°C이고, 원통 음료수통의 반지름은 $r = 2.2$ cm, 높이는 10 cm이다. 방출률을 대략 $\varepsilon = 1$이라고 하고, 다른 에너지 교환은 무시한다. 음료수통이 잃어버리는 질량손실률 dm/dt는 얼마인가?

13 M 일정한 비율로 열을 빼앗는 냉각장치에 0.350 kg의 시료가 들어 있다. 그림 18.7은 시간 t에 따른 시료 온도 T의 변화이며, 수평눈금의 크기는 $t_s = 80.0$ min이다. 시료는 에너지를 빼앗기면서 얼었다. 초기 액체상태일 때 시료의 비열은 3000 J/kg · K이었다. (a) 시료의 융해열과 (b) 언 상태에서 비열은 얼마인가?

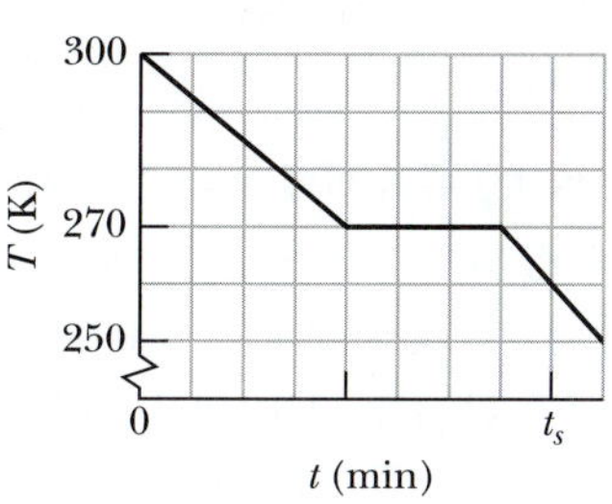

그림 18.7 연습문제 13

14 E 몰질량 50.0 g/mol의 물질이 있다. 이 물질 30.0 g에 350 J의 열을 가하면 온도가 25.0°C에서 45.0°C로 증가한다. 이 물질의 (a) 비열은 얼마인가? (b) 몰비열은 얼마인가? (c) 이 물질은 몇 mol인가?

15 E 두 개의 기체용기로 이루어진 기체온도계가 있고, 두 용기는 각각 그림 18.8에 나타낸 대로 물에 담겨 있다. 두 온도계 사이의 압력차는 수은압력계로 측정한다. 그림에 표시되지 않은 적절한 열저장고에 의해 두 용기의 기체 부피를 일정하게 유지한다. 두 용기가 물의 삼중점에 있을 때 압력차는 없다. 한쪽 물이 삼중점에 있고 다른 쪽이 물의 끓는점에 있을 때 압력차는 100 torr이다. 한쪽이 삼중점에 있고 다른 쪽의 온도를 알지 못할 때 압력차가 90.0 torr라면 다른 쪽의 온도는 몇 도인가?

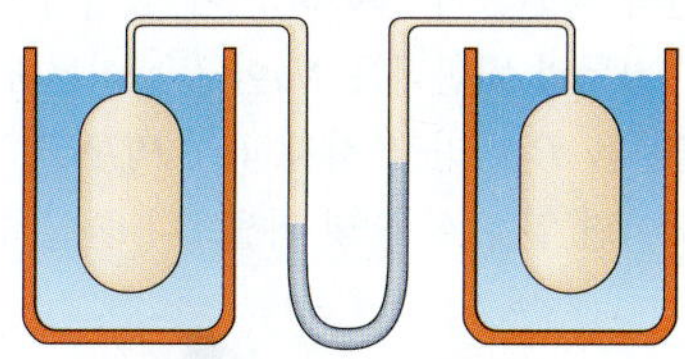

그림 18.8 연습문제 15

16 M 200 g의 구리 그릇에 물 220 g을 담고, 온도는 20.0이다. 매우 뜨거운 300 g의 구리원통을 물에 넣었더니 물이 끓어서 5.00 g이 수증기가 되었다. 계의 최종온도는 100°C이다. 주위와의 에너지 교환은 무시한다. (a) 열로 물에 전달된 에너지를 (칼로리로) 구하여라. (b) 그릇에 전달된 에너지는 얼마인가? (c) 구리원통의 초기온도는 몇 도인가?

17 H 32 C°만큼 온도가 올라가서 막대 가운데가 위로 쪼개졌다(그림 18.9). 고정된 길이 L_0는 2.40 m이고 막대의 선팽창계수가 25×10^{-6}/C°라면, 중간에서 막대가 올라가는 거리 x를 구하여라.

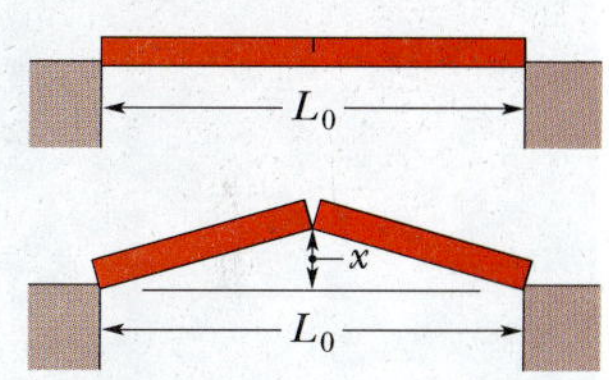

그림 18.9 연습문제 17

18 M 20.00°C에서 강철막대의 지름이 3.000 cm이다. 20.00°C에서 내부 지름이 2.992 cm인 황동 고리 안으로 강철막대가 겨우 미끄러져 들어가려면 고리와 강철막대의 공통 온도는 몇 도인가?

19 E CALC 그림 18.10에서 기체의 압력이 p_0에서 $p_0/4.0$으로 감소하는 동안 부피는 V_0에서 4.0 V_0로 증가하였다. $V_0 = 1.0$ m^{3}와 $p_0 = 20$ Pa일 때 부피에 대한 압력의 변화가 (a) 경로 A, (b) 경로 B, (c) 경로 C를 따라 일어날 때 기체가 한 일을 구하여라.

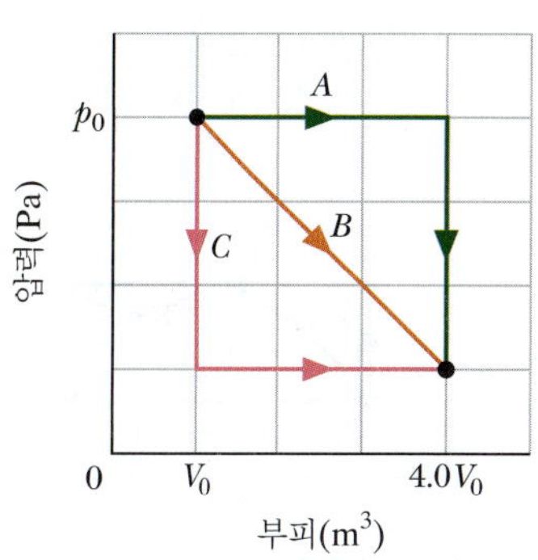

그림 18.10 연습문제 19

20 E BIO (영화 *2001, A Space Odyssey*에서 우주인이 하듯이) 태양에서 제법 떨어진 곳에서 우주복 없이 우주유영을 잠깐 한다면 에너지를 내보내기만 하고 주위로부터 열을 흡수하지 못하므로 추위를 느끼게 될 것이다. (a) 에너지를 잃는 비율은 얼마인가? (b) 15초 동안 얼마만큼의 에너지를 잃는가? 사람의 방출률은 0.90이라고 가정하고, 계산에 필요한 값은 추정하여 사용하여라.

21 M BIO *펭귄의 모여 있기.* 극지방의 매서운 추위를 견디기 위하여 황제펭귄들은 무리를 지어 모여 있다(그림 18.11). 펭귄을 윗면적 $a = 0.34\ m^2$, 높이 $h = 1.1$ m의 원통이라고 가정한다. P_r을 펭귄 한 마리가 (윗면과 옆면을 통해) 주변으로 전달하는 에너지방출률이라고 하자. 그러면 서로 적당히 분리된 같은 N 마리 펭귄 전체의 에너지 방출률 NP_r이다. 만약 펭귄들이 촘촘히 모여 있어서 하나의 큰 원통으로 간주한다면 큰 원통의 윗면적은 Na이고 높이는 h이다. 이때 큰 원통의 에너지 방출률을 P_h이라고 하자. (a) P_h/NP_r의 비율은 얼마인가? (b) 이렇게 모이면 열 손실을 몇 퍼센트나 줄일 수 있는가?

© Alain Torterotot / Biosphoto

그림 18.11 연습문제 21

22 M 얕은 연못에 얼음이 얼어 정상상태에 도달하고, 얼음 바로 위의 공기 온도는 −5.0°C이고, 연못 바닥의 온도는 4.0°C이다. 얼음과 물을 합친 깊이가 2.0 m라면, 얼음은 얼마나 두꺼운가? (얼음과 물의 열전도도는 각각 0.40 cal/m · °C · s, 0.12 cal/m · °C · s이다.)

23 M 계가 상태 i에서 상태 f로 그림 18.12처럼 경로 iaf를 따라 변할 때 $Q = 50$ cal이고 $W = 20$ cal이다. 경로 ibf를 따라 변할 때 $Q = 36$ cal이다. (a) 경로 ibf를 따라갈 때 W는 얼마인가? (b) 돌아오는 경로 fi에 대해 $W = -13$ cal라면 Q는 얼마인가? (c) $E_{\text{int},i} = 10$ cal 라면 $E_{\text{int},f}$는 얼마인가? $E_{\text{int},b} = 22$ cal라면 (d) 경로 ib와 (e) 경로 bf에서 Q는 얼마인가?

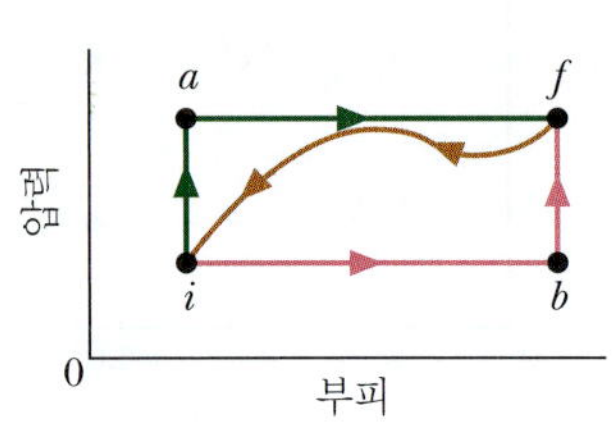

그림 18.12 연습문제 23

24 E 기체의 온도는 373.15 K이고, 이 온도는 물의 끓는 점이다. 물의 삼중점 압력과 끓는점 압력의 비율의 극한값은 무엇인가? (기체의 부피는 두 온도에서 같다고 가정한다.)

25 M 그림 18.13은 세 층으로 이루어진 벽의 단면이다. 각 층의 두께는 L_1, $L_2 = 0.700L_1$, $L_3 = 0.250L_1$이며 열전도도는 k_1, $k_2 = 0.900k_1$, $k_3 = 0.800k_1$.이다. 벽의 왼쪽과 오른쪽의 온도가 각각 $T_H = 30.0°C$, $T_C = -15.0°C$이다. 정상상태에서 열전도가 일어난다. (a) (왼쪽과 오른쪽 층 사이에 있는) 층 2의 온도차 ΔT_2는 얼마인가? 만약 k_2의 값이 위와 달리 $k_2 = 1.1k_1$이라면 (b) 위의 경우에 비해 벽의 에너지 전달률은 늘어나는가, 줄어드는가, 아니면 같은가? (c) 이 경우 ΔT_2는 얼마인가?

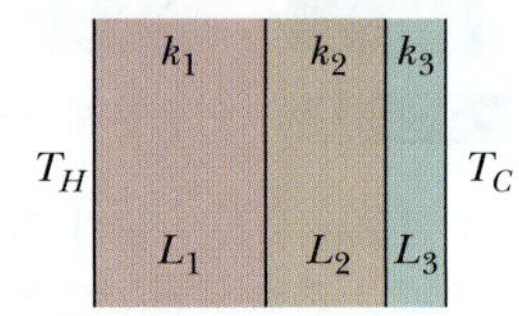

그림 18.13 연습문제 25

26 M 구리 동전의 온도가 100 C°만큼 올라갈 때 지름은 0.14% 늘어났다. (a) 표면적, (b) 두께, (c) 부피, (d) 동전의 질량이 몇 퍼센트나 늘어나는지 유효숫자 두 자리까지 구하여라. (e) 동전의 선팽창계수를 계산하여라.

27 M 0.530 kg의 물과 얼음이 단열용기에 들어 있다. 이 용기 안에는 열평형까지 일정한 비율 P로 물의 에너지를 열로 빼앗아 얼음으로 전달할 수 있는 장치가 있다. 그림 18.14는 시간 t에 따른 물과 얼음의 온도 T이며, 수평눈금의 크기는 $t_s = 80.0$ min이다. (a) 비율 P를 구하여라. (b) 용기 안에 들어있는 얼음의 초기 질량을 구하여라. (c) 열평형에 도달했을 때 이 과정으로 만들어진 얼음의 질량은 얼마인가?

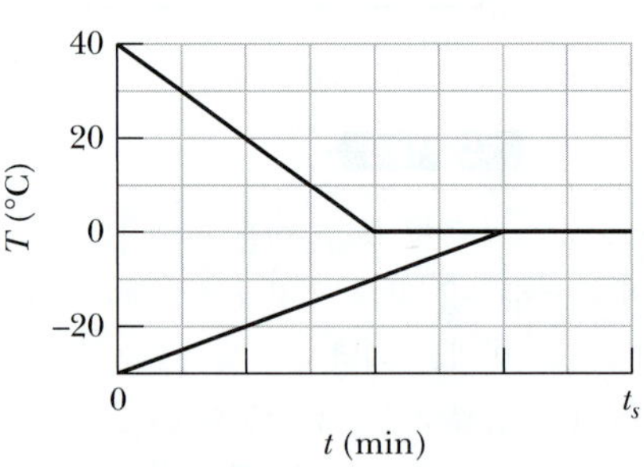

그림 18.14 연습문제 27

28 M 선형 온도척도 X에서 물이 −53.5°X에서 끓고 −170°X에서 언다고 하자. 400 K는 X 온도로 몇 도인가? (물의 끓는점은 대략 373 K이다.)

29 M 용기 안에 들어 있는 기체가 그림 18.15의 순환과정을 거친다. 일정 압력 과정에 대한 경로 CA에서 계로부터 전달된 열에너지는 얼마인가? 일정 부피 과정에 의한 경로 AB를 따라갈 때 더해지는 열에너지 Q_{AB}는 20.0 J이고, 단열과정 BC에서는 에너지의 출입이 없으며, 순환과정 동안 18.0 J의 알짜 일을 한다.

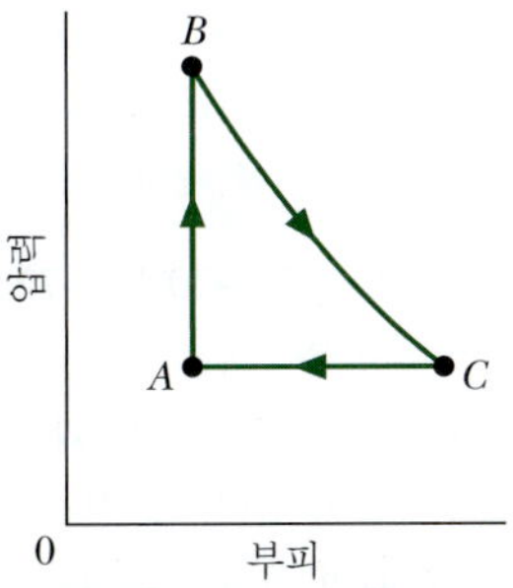

그림 18.15 연습문제 29

30 E 초기 온도 15.0°C에서 80.0 g의 은을 완전히 녹이는 데 필요한 최소 에너지는 몇 J인가?

31 M 그림 18.16에서 동일한 직사각형 모양의 두 금속막대를 용접하여 왼쪽은 $T_1 = 0°C$, 오른쪽은 $T_2 = 100°C$가 되도록 하였다. 4.0분 동안 오른쪽에서 왼쪽으로 일정한 비율로 10 J의 에너지가 전달되었다. 두 막대를 그림 18.16*b*처럼 용접한다면 10 J의 에너지를 전달하는 데 걸리는 시간은 얼마인가?

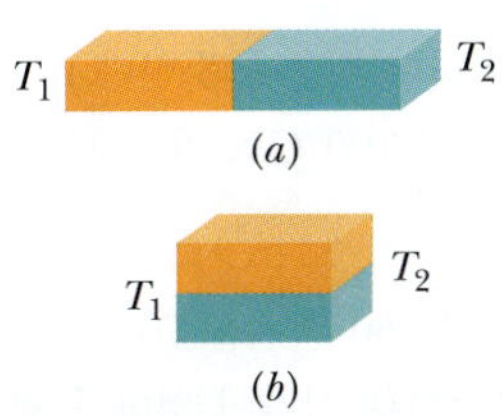

그림 18.16 연습문제 31

32 E 0.000°C의 온도에서 알루미늄 판에 있는 원형 구멍의 지름은 4.050 cm이다. 판의 온도를 100.0°C로 증가시키면 지름은 얼마가 되는가?

33 H 20.0 g의 구리고리의 안쪽 지름은 0.000°C에서 $D = 2.54000$ cm이다. 100.0°C에서 알루미늄 공의 지름은 $d = 2.54508$ cm이다. 공을 고리 위에 놓고(그림 18.17) 주위로의 열손실이 없이 열평형을 이루게 하였다. 평형온도에서 공이 고리를 겨우 빠져나간다면 공의 질량은 얼마인가?

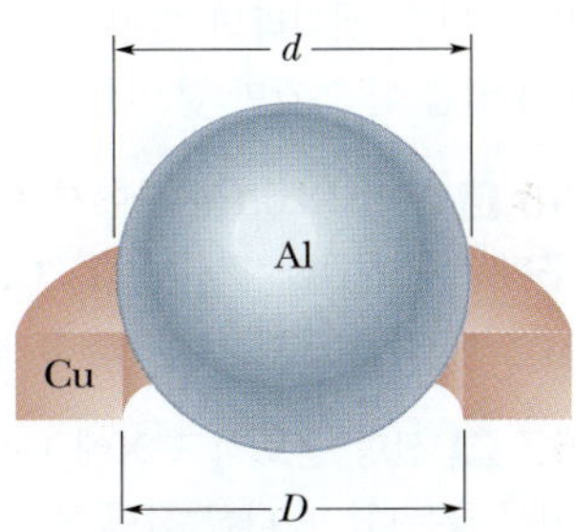

그림 18.17 연습문제 33

34 E CALC 길이 1.2 m, 단면적 3.0 cm^2인 원통형의 구리막대의 옆면은 단열되어 있다. 막대의 한쪽 끝은 물과 얼음의 혼합물에, 다른 쪽 끝은 물과 수증기의 혼합물에 두어 온도차를 100 C°로 유지한다. (a) 막대를 따라 에너지가 전달되는 비율을 구하여라. (b) 얼음이 녹는 비율을 구하여라.

35 M *Leidenfrost 효과*. 온도가 100°C에서 200°C 사이의 프라이팬에 물방울이 떨어지면 약 1 s 동안 남아 있다. 그러나 프라이팬이 훨씬 뜨거우면 몇 분 동안 물방울상태로 남아 있을 수 있고, 이 효과를 처음 발견한 사람의 이름을 따서 Leidenfrost 효과라고 부른다. 물방울이 오래 남는 이유는 물방울과 금속표면 사이에 얇은 공기층(그림 18.18에서 거리 L)이 형성되기 때문이다. $L = 0.100$ mm이고, 물방울의 높이는 $h = 1.50$ mm, 아래면적은 $A = 5.00 \times 10^{-6}\ m^2$인 물방울은 평평하다고 가정하자. 또한 프라이팬의 온도는 $T_s = 300°C$, 물방울의 온도는 100°C라고 가정한다. 물의 밀도는 $\rho = 1000\ kg/m^3$, 공기층의 열전도도는 $k = 0.026$ W/m · K이다. (a) 물방울의 바닥면을 통해서 프라이팬으로부터 물방울로 전달되는 에너지 전달률은 얼마인가? (b) 전도가 주된 에너지 전달수단이라면 물방울은 얼마나 오래 동안 남아 있는가?

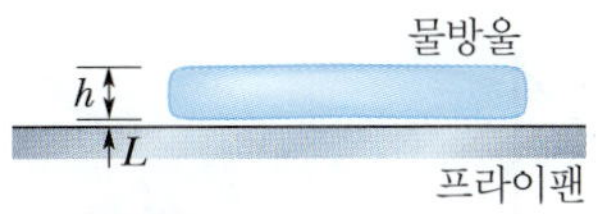

그림 18.18 연습문제 35

36 M 금속 원통의 온도가 0.0°C에서 100°C로 오를 때 길이는 0.23% 늘어난다. (a) 밀도는 몇 퍼센트 변하는가? (b) 이 금속은 무엇인가? 표 18.3.1을 사용하여라.

37 M 그림 18.19는 기체의 순환과정이다. (그림은 실제 축척으로 그리지 않았다.) 경로 abc를 따라 a에서 c로 갈 때 기체의 내부에너지 변화가 −200 J이다. c에서 d로 갈 때 기체에 180 J의 열에너지가 더해진다. d에서 a로 갈 때 추가적으로 90 J의 열에너지가 기체로 전달된다. c에서 d로 갈 때 기체에 한 일은 얼마인가?

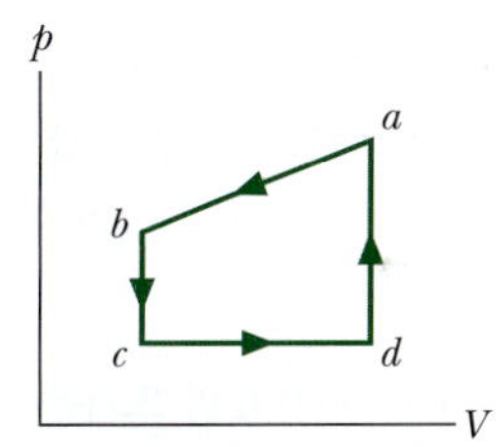

그림 18.19 연습문제 37

38 M CALC 어떤 물질의 비열은 온도에 따라 $c = 0.20 + 0.14T + 0.023T^2$로 변하며, T는 섭씨온도이고 c의 단위는 cal/g · K이다. 이 물질 3.2 g을 5.0°C에서 15°C로 가열하는 데 필요한 에너지를 구하여라.

39 M 그림 18.20은 네 층으로 이루어진 벽의 단면이다. 각 층의 열전도도는 $k_1 = 0.060$ W/m · K, $k_3 = 0.040$ W/m · K, $k_4 = 0.12$ W/m · K이다(k_2는 모른다). 두께는 $L_1 = 1.5$ cm, $L_3 = 2.8$ cm, $L_4 = 3.0$ cm이다(L_2는 모르는 값이다). 알고 있는 온도는 $T_1 = 30°C$, $T_{12} = 25°C$, $T_4 = -10°C$이다. 벽을 통한 에너지 전달이 정상상태를 유지한다. 경계면 온도 T_{34}는 몇 도인가?

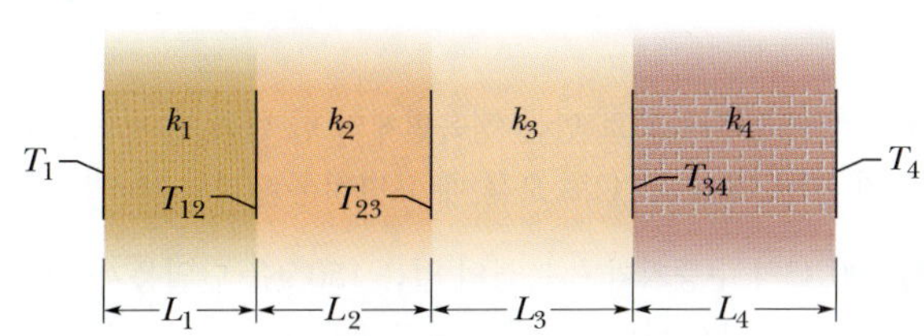

그림 18.20 연습문제 39

40 **E** 화씨온도 눈금이 (a) 섭씨온도 눈금의 두 배가 되는 온도는 얼마인가? (b) 섭씨온도 눈금의 반이 되는 온도는 얼마인가?

41 **E** **CALC** 열역학적 상태가 그림 18.21*a*의 *p*-*V* 그림에 나타낸 대로 *A*에서 *B*와 *C*를 거쳐서 다시 *A*로 돌아왔다. 그림에서 수직 눈금의 크기는 p_s = 20 Pa이고, 수평 눈금의 크기는 V_s = 4.0 m^{3}이다. (a)~(g) 빈 칸에 +, −, 혹은 0을 넣어 그림 18.21*b*의 표를 완성하여라. (b) 계가 *ABCA*를 한 번 순환하면서 한 알짜일은 얼마인가?

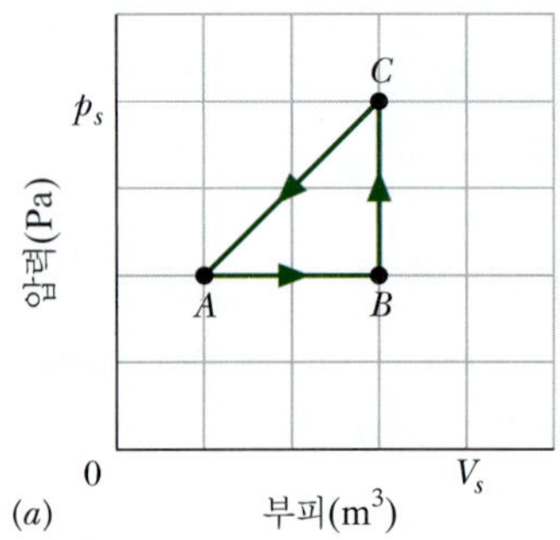

(b)

	Q	W	ΔE_{int}
$A \longrightarrow B$	(a)	(b)	+
$B \longrightarrow C$	+	(c)	(d)
$C \longrightarrow A$	(e)	(f)	(g)

그림 18.21 연습문제 41

42 **M** 20°C에서 강철자로 어떤 막대의 길이를 재었더니 정확히 20.05 cm이었다. 자와 막대를 270°C의 오븐에 넣고 막대의 길이를 그 자로 재었을 때는 20.11 cm이었다. 막대를 만든 물질의 선팽창계수는 얼마인가?

43 **E** 두 개의 일정부피 기체온도계를 만들어서 각각 질소와 수소로 채웠다. 둘 다 p_3 = 80 kPa이다. (a) 끓는 물에 두 온도계를 담그면 압력의 차이는 얼마인가? (*힌트*: 그림 18.1.6 참조) (b) 어느 쪽의 압력이 더 높은가?

44 **M** 단열보온병에 온도가 90.0°C인 뜨거운 커피 130 cm^{3}를 담았다. 커피를 식히려고 녹는점의 온도에 있는 12.0 g의 얼음을 넣었다. 일단 얼음이 녹고 평형에 도달했을 때 커피는 몇 도나 떨어졌는가? 커피를 순수한 물로 취급하고 주위와 교환하는 에너지는 무시한다.

45 **E** 어떤 계에 250 J의 일을 하고 70.0 cal의 열에너지를 내놓았다. 열역학 제1법칙에 의하면 (a) W, (b) Q, (c) ΔE_{int}는 (부호를 포함하여) 얼마인가?

46 **E** **BIO** 얼음물을 마시면 살을 뺄 수 있다고 주장하는 의사가 있다. 그의 이론에 의하면 0.00°C의 물을 체온인 37.0°C까지 올리기 위해 인체의 지방을 태워야 한다. 454 g, 즉 1파운드의 지방을 태우기 위해 몇 리터의 얼음물을 마셔야 하는가? 지방을 태우기 위해 3500 Cal가 얼음물로 전달되어야 한다고 가정한다. 살빼기 방법으로 추천하지 못할 이유는 무엇인가? (1 리터 = 10^3 cm^{3}이고, 물의 밀도는 1.00 g/cm^{3}이다.)

47 **E** 20°C에서 황동으로 만든 정육면체의 한 변의 길이가 15 cm이다. 온도가 20°C에서 75°C로 오를 때 표면적은 얼마나 변하는가?

48 **M** 100°C의 수증기와 녹는점의 얼음 150 g을 단열용기에서 섞어서 45°C의 물이 되게 하려면 수증기의 질량은 얼마이어야 하는가?

49 **M** 에틸알코올의 끓는점은 78.0°C, 어는점은 −114°C이며, 증발열과 융해열은 각각 879 kJ/kg, 109 kJ/kg이고 비열은 2.43 kJ/kg · K이다. 초기에 78.0°C 기체였던 에틸알코올 0.650 kg을 −114°C의 고체로 바꾸려면 얼마나 많은 에너지를 빼앗아야 하는가?

50 **M** (a)실외와 실내온도가 각각 −20°F, +72°F일 때 두께 3.5 mm의 유리창을 통한 에너지 손실율을 단위제곱미터당 와트로 구하여라. (b) 두께가 같은 방풍유리창을 앞의 유리창과 평행하게 달았는데, 두 창 사이에는 5.5 cm의 공기층이 있다. 열전도만이 에너지손실에 가장 큰 요인이라고 가정하고, 이때의 에너지 손실률을 구하여라.

51 **E** 반지름 0.250 m, 온도 27.0°C, 방출률 0.850의 공을 주위 온도가 77.0°C인 곳에 놓았다. (a) 열복사를 방출하는 비율과, (b) 열복사를 흡수하는 비율을 구하여라. (c) 공의 알짜 에너지변화율을 구하여라.

52 **E** 60.00°C에서 납공의 부피가 30.00 cm^{3}이다. 온도가 30.00°C가 되면 부피는 얼마가 되는가?

53 **E** 인스턴트 커리를 만들기 위해 전기가열기로 물 150 g을 가열하려고 한다. 전기가열기에는 "200 와트"라고 써있다. (이것은 전기에너지를 열에너지로 전환하는 비율을 뜻한다.) 물에서 열손실이 없다고 가정하고 물을 23.0°C에서 100°C로 가열하는 데 걸리는 시간을 계산하여라.

54 **M** *비 SI 단위*: (a) 물 60 갤런을 70°F에서 100°F로 가열하려면 2.0 × 10^5 Btu/h의 온수기로 시간이 얼마나 걸리는가? *SI 단위*: (b) 물 225 L를 21°C에서 38°C로 가열하려면 59 kW의 온수기로 시간이 얼마나 걸리는가?

55 **H** (a) 50 g의 얼음 두 조각을 단열용기에 들어 있는 200 g의 물에 넣었다. 물의 초기온도가 25°C이고 얼음이 −15°C의 냉동고에서 바로 나온 것이라면 열평형을 이룬 후 음료수의 온도는 몇 도인가? (b) 얼음 한 조각만 넣으면 최종온도는 몇 도인가?

56 **E** 그림 18.6.1의 판에서 L = 12.0 cm, A = 90.0 cm^{2}이고 판은 구리로 만들었다. T_H = 125°C, T_C = 10.0°C이고 정상상태가 이루어졌을 때 판을 통한 열전도율을 구하여라.

57 **M** 선형 온도척도 X에 대해 물은 −125.0°X에서 얼고 375.0°X에서 끓는다. 또 다른 선형 온도척도 Y에 대해 물은 −70.00°Y에서 얼고 −30.00°Y에서 끓는다. 80.00°Y는 X 온도로 몇 도인가?

58 **M** 용량이 150 cm^{3}인 알루미늄 컵에 22°C의 글리세린이 가득 채워져 있다. 이 컵과 글리세린이 모두 28°C로 가열된다면 글리세린은 얼마나 넘치는가? (글리세린의 부피팽창계수는 5.1 × 10^{-4}/C°이다.)

59 **E** 어는점에 있는 260 g의 물이 41.0 kJ의 열을 잃으면 얼지 않은 물은 얼마나 되는가?

60 **E** 처음 반지름이 12 cm인 고체 알루미늄 공이 0.0°C에서 100°C로 가열되었을 때 부피변화율을 구하여라.

61 **M** 반지름 r_1 = 2.5 cm, 길이 h_1 = 5.0 cm, 방출률이 0.85, 온도가 30°C인 속이 찬 원통을 주위 온도가 55°C인 곳에 놓았다. (a) 물체의 알짜 열복사전달률 P_1은 얼마인가? (b) 원통을 늘려서 반지름이

$r_2 = 0.50$ cm가 되었을 때 알짜 열복사전달률을 P_2라 하자. 두 값의 비율 P_2/P_1은 얼마인가?

62 M CALC 길이 $L = 0.800000$ m인 유리관을 수직으로 세우고 20.000 000°C인 액체를 절반 채웠다. 관과 액체의 온도가 30.000000°C가 되면 액체기둥의 높이는 얼마나 변하는가? $\alpha_{유리} = 1.000000 \times 10^{-5}$/K, $\beta_{액체} = 4.000000 \times 10^{-5}$/K를 사용하여라.

63 E 길이 33 m인 알루미늄으로 만든 깃대가 있다. 온도가 10°C 증가하면 길이는 얼마나 늘어나는가?

64 E 매섭게 추운 겨울날 한밤중에 차고 안의 물건들이 어는 것을 막기 위하여 물통을 차고 안에 넣어둔다. 물의 질량은 140 kg이고 초기 온도가 20°C이다. (a) 물통이 완전히 얼 때까지 물이 주위로 방출하는 에너지는 얼마인가? (b) 물통이 완전히 얼면 물과 주위의 최저 온도는 얼마인가?

65 E 버터의 열량은 6.0 Cal/g(= 6000 cal/g)이다. 해수면에서 고도 8.84 km의 에베레스트산 정상까지 65.0 kg의 사람이 올라갈 때 중력 퍼텐셜에너지의 변화는 버터 몇 그램에 해당하는가? 등반하는 동안 평균 g값은 9.80 m/s^{2}이라고 가정한다.

66 M 태양열 온수기는 지붕의 집열판 안에 있는 관으로 물이 순환되면서 태양에너지를 모으는 장치이다. 태양복사가 투명한 덮개를 통해 관 속의 물을 데우고 데워진 물은 저장고로 보낸다. 이 모든 과정이 20%의 효율로 이루어진다고 가정하자. (즉 이 계는 입사된 태양에너지의 80%를 잃어버린다.) 입사된 태양빛의 세기가 700 W/m^{2}일 때 200 L의 물을 20°C에서 40°C로 1.8 시간에 데우려면 집열판의 면적은 얼마이어야 하는가?

제 19 장

기체운동론

The Kinetic Theory of Gases

19.1 ▸ Avogadro 수

요점_Key Ideas

1. 기체운동론은 (예컨대 압력과 온도 같은) 기체의 거시적인 성질과 (예컨대 속력이나 운동에너지 같은) 기체 분자의 미시적 성질 사이의 관계를 맺어준다.
2. 물질 1몰은 (Avogadro 수) N_A개의 기본단위(주로 원자나 분자)를 나타낸다. 여기서 N_A는 실험적으로 다음과 같다.

$$N_A = 6.02 \times 10^{23}\ \text{mol}^{-1} \qquad (\text{Avogadro 수}).$$

물질의 1몰질량 M은 그 물질 1몰의 질량이다.

3. 몰은 물질의 각각의 분자의 질량 m과 다음의 관계가 있다.

$$M = mN_A.$$

4. N개의 분자로 구성된 질량 M_{sam}의 시료에 포함된 몰수 n은 분자의 몰질량 M과 Avogadro 수 N_A 사이에 다음의 관계가 있다.

$$n = \frac{N}{N_A} = \frac{M_{sam}}{M} = \frac{M_{sam}}{mN_A}.$$

학습목표_Learning Objectives

이 단원을 읽은 후 다음을 이해해야 한다.

19.1.1 Avogadro 수 N_A.

19.1.2 몰수 n, 분자수 N과 Avogadro 수 N_A 사이의 관계를 구한다.

19.1.3 시료의 질량 m, 시료 안에 있는 분자들의 몰질량 M, 시료의 몰수 n과 Avogadro 수 N_A 사이의 관계를 구한다.

▶ 어떤 물리현상을 다루는가?

열역학의 주요 주제 중 하나는 기체의 물리학이다. 기체는 용기의 부피를 채우고 용기의 벽에 압력을 가하는 원자로 이루어져 있다. 또한 기체에 온도를 지정할 수 있다. 기체와 관련된 부피, 압력, 온도의 세 변수는 모두 원자가 운동하기 때문에 나타난다. 부피는 원자가 용기 전체로 퍼져 나가는 특성이 있기 때문이고, 압력은 원자가 용기의 벽과 충돌한 결과이며, 온도는 원자의 운동에너지와 관계가 있다. 이 장의 주제인 **기체운동론**은 원자가 운동을 기체의 부피, 압력, 온도와 연결시키는 것이다.

기체운동론에 대한 응용은 셀 수 없이 많다. 자동차 기술자는 자동차 엔진에서 기화된 연료의 연소에 관심이 있고, 식품공학자는 빵을 구울 때 부풀게 하는 발효 기체의 생성률에 관심이 있다. 음료공학자는 기체가 어떻게 맥주잔에서 거품을 만들 수 있는지, 또는 샴페인 병의 코르크 마개를 어떻게 쏠 수 있는지에 관심이 있으며, 의공학자나 생리학자는 잠수부가 상승하는 동안 혈류로부터 질소 기체를 제거하기 위해서 숨을 얼마나 멈춰야 할지를 계산하는 데 관심이 있고, 환경과학자는 대양과 대기 사이의 열교환이 기상상태에 어떤 영향을 주는지에 관심이 있다.

기체운동론을 논하는 첫 단계는 시료에 존재하는 기체의 양을 측정하는 방법을 다루는 것인데, 이를 위해서 Avogadro 수를 사용한다.

Avogadro 수

원자와 분자를 다룰 때는 시료의 크기를 mol 단위로 재는 것이 좋다. 왜냐하면 같은 수의 원자나 분자를 가진 시료를 대등하게 비교할 수 있기 때문이다. *mol*은 일곱 가지 SI 기본 단위 중 하나이고 다음과 같이 정의한다.

> 1 mol은 12 g의 탄소-12에 들어 있는 원자의 수이다.

이어지는 당연한 질문은 "1 mol에는 얼마나 많은 원자나 분자가 있는가?"이다. 답은 실험에 의해서 결정되고, 18장에서 보았듯이 다음과 같다.

$$N_A = 6.02 \times 10^{23}\ \text{mol}^{-1} \qquad (\text{Avogadro 수}). \tag{19.1.1}$$

여기서 mol^{-1}이란 "몰당"을 나타내는 몰의 역수이며 mol은 mole을 줄인 기호이다. 숫자 N_A는 같은 온도와 압력하에서 같은 부피를 가지는 모든 기체는 같은 수의 원자나 분자를 가진다고 제안한 이탈리아의 과학자 Amadeo Avogadro(1776~1856)의 이름을 따서 **Avogadro 수**라고 부른다.

어떤 물질 시료의 몰수 n은 시료에 있는 분자의 수 N과 1 mol의 분자의 수 N_A의 비율로

$$n = \frac{N}{N_A} \tag{19.1.2}$$

이다(*주의*: 이 식에 있는 세 기호는 혼동하기 쉬우므로 의미를 명확히 해 두어야 한다). 시료의 몰수 n은 시료의 질량 M_{sam}과 물질의 *몰질량* M(1 mol의 질량) 또는 분자 질량 m(분자 하나의 질량)과 다음의 관계가 있다.

$$n = \frac{M_{sam}}{M} = \frac{M_{sam}}{mN_A}. \tag{19.1.3}$$

위 식에서 1 mol의 질량 M은 분자 하나의 질량 m과 1 mol의 분자수 N_A의 곱으로 다음과 같다.

$$M = mN_A. \tag{19.1.4}$$

확인문제 19.1.1

우주공간에서 (단원자분자인) 수소 H를 모아 (H_2 분자가 형성되는) 용기 안으로 밀어 넣으면 몰수는 2를 곱해야 하는가, 2로 나누어야 하는가, 변하지 않는가?

19.2 ▸ 이상기체

요점_Key Ideas

1. 이상기체는 압력 p, 부피 V와 온도 T의 관계가

$$pV = nRT \qquad \text{(이상기체법칙)}$$

로 주어지는 기체이다. 여기서 n은 기체의 몰수이고, R(8.31 J/mol · K)은 기체상수라고 부르는 상수이다.

2. 이상기체법칙은 다음과 같이 쓸 수도 있다.

$$pV = NkT.$$

여기서 Boltzmann 상수 k는

$$k = \frac{R}{N_A} = 1.38 \times 10^{-23}\ \text{J/K}$$

으로 주어진다.

3. 부피 V_i에서 부피 V_f로 변하는 등온(일정한 온도) 과정에서 이상기체가 한 일은 다음과 같다.

$$W = nRT \ln \frac{V_f}{V_i} \qquad \text{(이상기체, 등온과정)}.$$

학습목표_Learning Objectives

이 단원을 읽은 후 다음을 이해해야 한다.

19.2.1 이상기체를 왜 이상적이라고 하는지 이해한다.

19.2.2 이상기체 법칙을 몰수 n, 혹은 분자수 N을 사용한 두 형태를 쓴다.

19.2.3 이상기체상수 R과 Boltzmann 상수 k 사이의 관계를 구한다.

19.2.4 이상기체법칙에서 온도는 켈빈으로 쓴다.

19.2.5 기체의 등온팽창과 등온압축에 대한 p-V 그림을 그린다.

19.2.6 등온선이라는 용어를 이해한다.

19.2.7 등온선을 따라 팽창하거나 압축할 때 부호를 포함하여 기체가 한 일을 계산한다.

19.2.8 등온과정에서 내부에너지의 변화 ΔE는 0이고, 전달된 열에너지 Q와 한 일 W는 같다.

19.2.9 p-V 그림에서 등적과정을 그리고, 한 일의 양을 그림의 면적으로 구한다.

19.2.10 p-V 그림에서 등압과정을 그리고, 그림의 면적으로 한 일을 결정한다.

▶ 이상기체

이 장의 목표는 압력과 온도 같은 기체의 거시적인 특성을 기체를 이루고 있는 분자의 운동으로 설명하는 것이다. 그렇다면 '어떤 기체를 설명할 것인가?'라는 질문이 제기된다. 그 기체가 수소, 산소, 메탄, 또는 불화 우라늄이어야 할까? 이는 모두 다른 기체이다. 그렇지만 여러 종류의 기체 1 mol을 같은 부피의 용기에 넣어 온도를 같게 하고 압력을 측정하면 정확하게 같지는 않지만 거의 같다는 것이 실험적으로 발견되었다. 기체의 밀도를 낮춰가면서 이 실험을 반복하면 측정한 압력의 작은 차이가 점점 줄어든다. 계속 밀도를 낮추면 충분히 낮은 밀도에서는 모든 기체가 다음의 방정식을 따르는 것을 알 수 있다.

$$pV = nRT \qquad \text{(이상기체 법칙).} \tag{19.2.1}$$

여기서 p는 절대압력(계기압력이 아님), n은 기체의 몰수이고, T는 절대온도이다. 기호 R은 **기체상수**라고 부르는 상수로서 모든 기체에 대하여 같은 값

$$R = 8.31\ \text{J/mol} \cdot \text{K} \tag{19.2.2}$$

이다. 식 19.2.1을 **이상기체 법칙**이라고 한다. 만약 기체의 밀도가 낮으면 이 법칙은 어떤 종류의 단일 기체나 혼합 기체에도 성립한다(혼합 기체에서 n은 혼합 기체의 전체 몰수이다).

식 19.2.1를 다른 형태로 쓸 수 있는데 **Boltzmann 상수** k를

www.doctorslime.com 제공

그림 19.2.1 내부의 수증기가 냉각되고 응축되어 찌그러진 큰 강철 탱크의 (*a*) 전과 (*b*) 후.

$$k = \frac{R}{N_A} = \frac{8.31 \text{ J/mol} \cdot \text{K}}{6.02 \times 10^{23} \text{ mol}^{-1}} = 1.38 \times 10^{-23} \text{ J/K} \tag{19.2.3}$$

로 정의하면 $R = kN_A$로 쓸 수 있고 식 19.1.2($n = N/N_A$)에서 다음을 얻는다.

$$nR = Nk. \tag{19.2.4}$$

이 식을 식 19.2.1에 대입하면 다음과 같은 이상기체 법칙의 두 번째 표현식을 얻는다.

$$pV = NkT \qquad (\text{이상기체 법칙}). \tag{19.2.5}$$

(*주의*: 이상기체 법칙의 두 표현식의 차이에 주목하자. 식 19.2.1은 몰수 n으로 쓴 것이고, 식 19.2.5는 분자수 N으로 쓴 것이다.)

"도대체 *이상기체*란 무엇이고 무엇이 그리도 '이상적'일까?" 답은 이상기체의 거시적 특성을 지배하는 법칙(식 19.2.1와 19.2.5)의 간결성에서 찾을 수 있다. 앞으로 알 수 있듯이 이 법칙을 이용하여 이상기체의 여러 특성을 간단하게 알아낼 수 있다. 비록 자연계에 진정한 이상기체는 존재하지 않지만 *모든 실제* 기체는 충분히 낮은 밀도, 즉 기체 분자가 서로 충분히 멀리 떨어져 있어서 상호작용을 할 수 없는 조건에서는 이상적인 상태로 접근해 간다. 따라서 이상기체 법칙을 사용해도 실제 기체의 거동에 대한 정상적 설명이 가능하다.

그림 19.2.1은 이상기체 법칙에 대한 극적인 예를 나타낸다. 부피 18 m^3의 스테인리스강 탱크에 한쪽 끝에 있는 밸브를 통해 온도 110°C의 수증기를 채웠다. 수증기 공급을 끝내고 밸브를 닫아서 수증기는 탱크 안에 갇혀 있다(그림 19.2.1*a*). 소방호스로 탱크에 물을 부어 빨리 식게 한다. 일 분도 지나지 않아 B급 공상과학소설에서 나오는 보이지 않는 거대한 괴물이 밟아 놓은 것처럼 매우 강한 탱크가 찌그러졌다(그림 19.2.1*b*).

사실 탱크를 찌그러뜨린 것은 공기이다. 물을 뿌려 탱크가 식으면서 수증기가 식고 대부분이 응축되었다. 이것은 탱크 안의 기체의 분자수 N과 온도 T가 감소했음을 의미한다. 따라서 식 19.2.5의 우변이 감소하고 V는 일정하기 때문에 좌변의 기체 압력 p 또한 감소한다. 기체의 압력이 너무 많이 감소해서 외부 기압이 탱크의 강철벽을 찌그러뜨릴 수 있었다. 그림 19.2.1은 계획하고 만든 것이지만, 이런 형태의 찌그러짐으로 인해 가끔 산업재해가 일어난다(사진과 비디오는 웹에서 찾아볼 수 있다).

온도가 일정할 때 이상기체가 한 일

18장처럼 피스톤-원통 장치에 이상기체를 넣고 기체의 온도 T를 일정하게 유지하면서 초기부피 V_i에서 최종부피 V_f까지 기체를 팽창시킨다고 하자. *일정한 온도*에서 이루어지는 이러한 과정을 **등온팽창**이라고 한다(반대 과정은 **등온압축**이라고 한다).

p-V 그림에서 등온곡선은 온도가 같은 점을 연결한 곡선이다. 즉, 온도 T가 일정하게 유지되는 기체의 압력 대 부피 곡선이다. n mol의 이상기체에 대한 등온곡선의 방정식은 다음과 같다.

$$p = nRT\frac{1}{V} = (\text{상수})\ \frac{1}{V}. \tag{19.2.6}$$

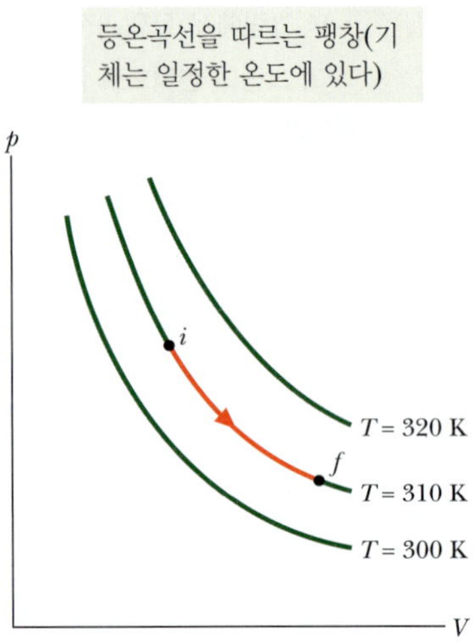

그림 19.2.2 p-V 그림의 세 등온곡선. 중간에 있는 등온곡선을 따르는 경로는 초기상태 i에서 최종상태 f로 기체가 등온팽창하는 과정이다. 등온곡선을 따라 f에서 i로 가는 경로는 반대 과정, 즉 등온압축 과정이다.

그림 19.2.2는 서로 다른 온도의 세 등온곡선이다(등온곡선의 온도 T의 값이 위로 올라갈수록 증가함에 주목하여라). 중간의 등온곡선에는 어떤 기체가 310 K의 일정한 온도에서 상태 i에서 상태 f로 등온팽창하는 경로를 표시하였다.

등온팽창하는 동안 이상기체가 한 일을 계산하기 위하여, 식 18.5.2인

$$W = \int_{V_i}^{V_f} p\,dV \tag{19.2.7}$$

에서 시작해 보자. 이 식은 어떤 기체의 부피 변화가 일어나는 동안 기체가 한 일에 대한 일반적인 표현식이다. 이상기체에 대해서는 식 19.2.1($pV = nRT$)의 p를 대입하면

$$W = \int_{V_i}^{V_f} \frac{nRT}{V}\,dV \tag{19.2.8}$$

를 얻는다. 온도 T가 상수인 등온팽창을 고려하고 있으므로 T를 적분기호 밖으로 빼낼 수 있어서

$$W = nRT \int_{V_i}^{V_f} \frac{dV}{V} = nRT \Big[\ln V\Big]_{V_i}^{V_f} \tag{19.2.9}$$

를 얻는다. 양쪽 적분극한에서 괄호 안의 값을 계산하고 $\ln a - \ln b = \ln(a/b)$를 사용하면

$$W = nRT \ln \frac{V_f}{V_i} \quad \text{(이상기체, 등온과정)} \tag{19.2.10}$$

을 얻는다. 기호 ln은 밑이 e인 *자연로그*이다.

기체가 팽창하면 V_f가 V_i보다 크기 때문에 식 19.2.10의 비 V_f/V_i는 1보다 크다. 1보다 큰 수의 자연로그 값은 양수이므로 이상기체가 등온팽창 동안에 한 일 W는 예상한 대로 양의 값이다. 반대로 압축되면 V_f가 V_i보다 작아서 식 19.2.10의 부피의 비는 1보다 작다. 따라서 식에 있는 자연로그의 값은 음수이고, 예상한 대로 일 W는 음의 값이다.

압력과 부피가 일정할 때 한 일

식 19.2.14가 모든 열역학 과정 동안 이상기체가 한 일을 나타내지는 않는다. 온도가 일정하게 유지되는 과정에 대한 일만을 나타낸다. 만일 부피가 변하는 과정에서 온도가 변한다면 식 19.2.8에 있는 기호 T는 식 19.2.9에서 한 것처럼 적분기호 밖으로 빼낼 수 없으므로, 식 19.2.10처럼 쓸 수 없다.

그러나 식 19.2.7로 돌아가서 등적과정이나 등압과정 같은 열적과정 동안에 이상기체가 한 일을 구할 수 있다. 만일 기체의 부피가 일정하다면 식 19.2.7은

$$W = 0 \quad \text{(등적과정)} \tag{19.2.11}$$

으로 쓸 수 있고, 부피는 변하지만 압력이 일정하다면 식 19.2.7은 다음과 같다.

$$W = p(V_f - V_i) = p\,\Delta V \quad \text{(등압과정).} \tag{19.2.12}$$

→ 확인문제 19.2.1

이상기체가 초기압력 3 압력단위와 초기부피 4 부피단위를 가진다. 표는 다섯 가지 과정에서 기체의(같은 단위로 나타낸) 최종압력과 최종부피를 나타낸다. 어떤 과정들이 같은 등온곡선에서 시작하고 끝나는가?

	a	b	c	d	e
p	12	6	5	4	1
V	1	2	7	3	12

보기문제 19.2.1 이상기체와 온도, 부피, 압력의 변화

원통에 20°C, 15 atm의 산소 12 L가 들어있다. 온도가 35°C로 올라가고 부피가 8.5 L로 줄었다면 기체의 최종 압력은 몇 atm인가? 이상기체라고 가정한다.

요점

기체가 이상기체이므로 초기상태 i와 최종상태 f(변화 후) 모두에서 변수들의 관계를 맺어주는 이상기체 법칙을 사용할 수 있다.

풀이: 식 19.2.1로부터

$$p_iV_i = nRT_i \quad \text{및} \quad p_fV_f = nRT_f$$

로 쓸 수 있다. 두 번째 방정식을 첫 번째 방정식으로 나누고 p_f에 대하여 풀면

$$p_f = \frac{p_iT_fV_i}{T_iV_f} \qquad (19.2.13)$$

이다. 여기서 주목할 것은 주어진 초기와 최종 부피를 L에서 m^3로 변환하면 전환인자는 식 19.2.13에서 서로 상쇄된다는 것이다. 이것은 압력을 atm에서 Pa로 바꾸는 변환인자에 대해서도 마찬가지이다. 그러나 주어진 온도를 K로 변환하는 것은 상쇄가 안 되는 양을 더하는 것이어서 반드시 변환해 주어야 한다. 즉, 다음과 같다.

$$T_i = (273 + 20)\ \text{K} = 293\ \text{K},$$

$$T_f = (273 + 35)\ \text{K} = 308\ \text{K}.$$

이제 주어진 자료를 식 19.2.13에 넣으면 다음을 얻는다.

$$p_f = \frac{(15\ \text{atm})(308\ \text{K})(12\ \text{L})}{(293\ \text{K})(8.5\ \text{L})} = 22\ \text{atm}.$$ (답)

▶ **교육용 비디오는 웹사이트 www.wiley.com에서 볼 수 있다.**

보기문제 19.2.2 이상기체가 하는 일

산소(이상기체라고 가정하자) 1 mol이 310 K의 일정한 온도에서 초기부피 V_i = 12 L에서 최종부피 V_f = 19 L로 팽창한다. 팽창하는 동안 기체가 한 일은 얼마인가?

요점

일반적으로 식 19.2.7을 사용하여 기체의 압력을 기체의 부피에 대하여 적분하면 한 일을 구할 수 있다. 문제의 기체는 이상기체이고 등온팽창하므로 필요한 적분은 식 19.2.10이다.

풀이: 따라서 한 일은 다음과 같다.

$$W = nRT \ln \frac{V_f}{V_i}$$

$$= (1\ \text{mol})(8.31\ \text{J/mol}\cdot\text{K})(310\ \text{K}) \ln \frac{19\ \text{L}}{12\ \text{L}}$$

$$= 1180\ \text{J}.$$ (답)

이 과정을 그림 19.2.3의 p-V 그림에 나타내었다. 팽창하는 동안 기체가 한 일은 곡선 if 아래의 면적과 같다.

▶ **교육용 비디오는 웹사이트 www.wiley.com에서 볼 수 있다.**

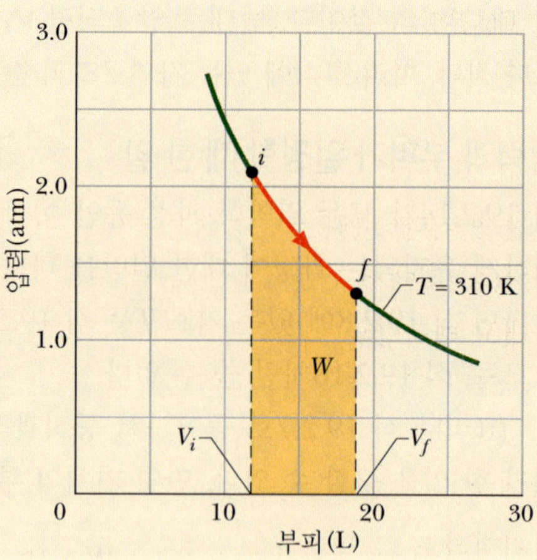

그림 19.2.3 색칠한 부분의 면적은 1 mol의 산소가 일정 온도 T = 310 K에서 V_i에서 V_f로 팽창할 때 한 일이다.

만일 팽창의 반대로 기체가 19 L에서 12 L로 등온압축된다면 기체가 한 일은 −1180 J이다. 즉, 기체를 압축하기 위해서는 외부력이 1180 J의 일을 해야 한다.

19.3 ▸ 압력, 온도 및 제곱평균제곱근 속력

요점 _Key Ideas_

n몰의 이상기체가 가하는 압력을 분자의 속력으로 표현하면 다음과 같다.

$$p = \frac{nMv_{\rm rms}^2}{3V}.$$

여기서 $v_{\rm rms} = \sqrt{(v^2)_{\rm avg}}$는 분자의 제곱평균제곱근 속력, M은 몰질량, V는 부피이다.

제곱평균제곱근 속력을 온도로 표현하면 다음과 같다.

$$v_{\rm rms} = \sqrt{\frac{3RT}{M}}.$$

학습목표 _Learning Objectives_

이 단원을 읽은 후 다음을 이해해야 한다.

19.3.1 기체 용기의 내부벽에 작용하는 압력은 분자가 벽과 충돌하여 생긴다.

19.3.2 용기 벽에 작용하는 압력을 기체 분자의 운동량과 벽과 충돌하는 시간 간격 사이의 관계로부터 구한다.

19.3.3 이상기체의 분자에 대해 제곱평균제곱근 속력 $v_{\rm rms}$와 평균 속력 $v_{\rm avg}$ 사이의 관계를 구한다.

19.3.4 이상기체의 압력과 분자의 제곱평균제곱근 속력 $v_{\rm rms}$ 사이의 관계를 구한다.

19.3.5 이상기체에서 기체 온도 T, 제곱평균제곱근 속력 $v_{\rm rms}$와 분자의 몰질량 M 사이의 관계를 구한다.

▶ 압력, 온도 및 제곱평균제곱근 속력

기체운동론에 대한 첫 번째 문제는 다음과 같다. n mol의 이상기체가 그림 19.3.1처럼 정육면체 상자에 들어 있다고 하자. 상자의 벽은 같은 온도 T로 유지된다. 이때 기체가 상자의 벽에 가하는 압력 p와 분자의 속력 사이에는 어떤 관계가 있을까?

상자 안의 분자는 제각각의 속력으로 사방으로 막 움직이며 라켓볼장의 공처럼 서로 부딪치거나 벽에 부딪혀 튕겨 나온다. 당분간 분자끼리의 충돌은 무시하고 분자와 벽의 탄성충돌만을 고려해 보자.

그림 19.3.1은 질량이 m이고 속도가 $\vec{v}$인 한 분자가 색칠한 벽면에 충돌하려는 모습이다. 분자와 벽의 충돌을 탄성충돌이라고 가정하였으므로 분자가 색칠한 벽에 충돌할 때 x성분만 변하고, 방향이 정반대로 바뀐다. 즉, 입자의 선운동량 변화가 x축 방향으로만 있으며 그 변화량이

$$\Delta p_x = (-mv_x) - (mv_x) = -2mv_x$$

라는 뜻이다. 따라서 충돌하는 동안 분자에 의해 벽에 전달되는 선운동량 Δp_x는 $+2mv_x$이다(이 책에서 기호 p는 선운동량과 압력 둘 다 나타내지만, 여기서 p는 선운동량을 나타내고 벡터량임에 유의해야 한다).

그림 19.3.1의 분자는 색칠한 벽을 계속해서 반복적으로 때릴 것이다. 반복되는 충돌 사이의 시간간격 Δt는 속력 v_x의 분자가 반대쪽 벽까지 갔다가 다시 돌아오는 데(길이 $2L$) 걸리는 시간이다. 따라서 Δt는 $2L/v_x$이다(분자가 왕복하는 동안 다른 벽에 부딪치더라도 그 벽은 x축과 평행해서 v_x를 바꿀 수 없으므로, 이 결과가 여전히 성립함에 유의하여라). 따라서 분자 하나가 색칠한 벽에 전달하는 평균 단위시간당 선운동량은 다음과 같다.

$$\frac{\Delta p_x}{\Delta t} = \frac{2mv_x}{2L/v_x} = \frac{mv_x^2}{L}.$$

Newton의 제2법칙($\vec{F} = d\vec{p}/dt$)에서 벽에 전달하는 단위시간당 선운동량은 벽에 작용하는 힘이다. 전체 힘을 구하려면 제각각의 속력으로 벽을 때리는 모든 분자의 기여를 더해주어야 한다. 전체 힘 F_x의 크기를 벽의 면적($= L^2$)으로 나누면 벽에 작용하는 압력 p가 된다(여기와 이 논의의 나머지 부분에서 p는 압력을 나타낸다). 따라서 $\Delta p_x/\Delta t$의 표현을 사용하여 압력을

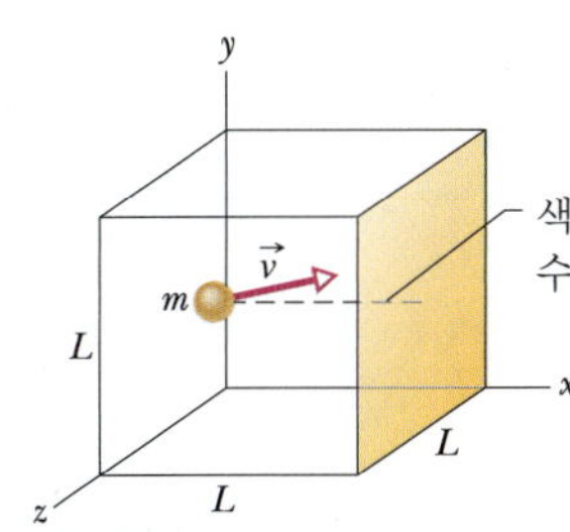

그림 19.3.1 한 변의 길이가 L인 정육면체 상자에 n mol의 이상기체가 들어 있다. 질량이 m이고 속도가 $\vec{v}$인 한 분자가 면적 L^2인 색칠한 벽면과 충돌하려고 한다. 점선은 벽면의 수직선이다.

$$p = \frac{F_x}{L^2} = \frac{mv_{x1}^2/L + mv_{x2}^2/L + \cdots + mv_{xN}^2/L}{L^2}$$
$$= \left(\frac{m}{L^3}\right)(v_{x1}^2 + v_{x2}^2 + \cdots + v_{xN}^2) \quad (19.3.1)$$

으로 쓸 수 있다. 여기서 N은 상자 안에 들어 있는 분자수이다.

$N = nN_A$이므로 식 19.3.1의 두 번째 괄호 안에는 nN_A개의 항이 있다. 이것을 $nN_A(v^2{}_x)_{avg}$로 바꿀 수 있고, 여기서 $(v^2{}_x)_{avg}$는 모든 분자속력의 x성분을 제곱하여 평균한 값이다. 따라서 식 19.3.1을

$$p = \frac{nmN_A}{L^3}(v_x^2)_{avg}$$

로 쓸 수 있다. 여기서 mN_A는 기체의 몰질량(기체 1 mol의 질량) M이다. 또한 L^3은 상자의 부피이므로 다음과 같다.

$$p = \frac{nM(v_x^2)_{avg}}{V}. \quad (19.3.2)$$

어떤 분자에 대해서도 $v^2 = v^2{}_x + v^2{}_y + v^2{}_z$이다. 또한 많은 분자가 있고 그들 모두 막 방향으로 움직이므로 분자의 각 속도성분의 제곱의 평균값은 모두 같아서 $v_x^2 = \frac{1}{3}v^2$이다. 따라서 식 19.3.2는 다음과 같다.

$$p = \frac{nM(v^2)_{avg}}{3V}. \quad (19.3.3)$$

$(v^2)_{avg}$의 제곱근은 일종의 평균속력인데 **제곱평균제곱근**(rms) **속력**이라고 부르고 v_{rms}로 쓴다. 그 이름이 잘 표현하듯이 각각의 속력을 *제곱하고* 모든 속력 제곱의 *평균값*을 구한 다음에 평균값의 제곱근을 취한 것이다. $\sqrt{(v^2)_{avg}} = v_{rms}$를 사용하여 식 19.3.3을

$$p = \frac{nMv_{rms}^2}{3V} \quad (19.3.4)$$

로 쓸 수 있다. 이 식은 기체의 압력(순수하게 거시적인 양)이 분자의 속력(순수하게 미시적인 양)에 어떻게 좌우되는가를 알려준다.

식 19.3.4를 사용하여 v_{rms}를 계산할 수 있다. 식 19.3.4와 이상기체 법칙($pV = nRT$)을 합치면

$$v_{rms} = \sqrt{\frac{3RT}{M}} \quad (19.3.5)$$

를 얻는다. 표 19.3.1에 식 19.3.5로 계산한 rms 속력 값이 수록되어 있다. 놀랍게도 속력이 매우 빠르다. 실온(300 K)에서 수소 분자의 rms 속력은 1920 m/s이므로 날아가는 총알보다 더 빠르다! 온도가 2×10^6 K인 태양표면에서는 수소 분자의 rms 속력이 실온에서보다 82배나 더 빠르다. 하지만 이처럼 높은 속력에서는 분자 사이의 충돌로 인해서 분자가 살아남을 수 없다. 따라서 rms 속력이 일종의 평균속력이라는 사실을 기억할 필요가 있다. 즉, 어떤 분자는 평균속력보다 더 빠르게 움직이고 어떤 분자는 더 느리게 움직인다.

표 19.3.1 실온(T = 300 K)[a]에서 RMS 속력

기체	몰질량 (10^{-3} kg/몰)	v_{rms} (m/s)
수소(H_2)	2.02	1920
헬륨(He)	4.0	1370
수증기(H_2O)	18.0	645
질소(N_2)	28.0	517
산소(O_2)	32.0	483
이산화탄소(CO_2)	44.0	412
이산화황(SO_2)	64.1	342

[a]비록 27°C나 81°F인 방은 꽤 더운 방이지만 편의상 실온을 300 K로 정한다.

기체에서 음속은 기체 분자의 rms 속력과 밀접하게 관련되어 있다. 음파에서는 한 분자와 다른 분자의 충돌 때문에 계속해서 요동이 전달된다. 음파는 분자의 "평균"속력보다 더 빨리 진행할 수 없다. 사실 모든 분자가 정확하게 파동과 같은 방향으로 움직이지 않기 때문에 음속은 "평균" 분자속력보다 작아야 된다. 한 예로 실온에서 수소와 질소의 rms 속력은 각각 1920 m/s와 517 m/s이지만, 음속은 같은 온도에서 각각 1350 m/s와 350 m/s로 서로 다르다.

자주 나오는 질문 하나는 분자가 그렇게 빨리 움직인다면 "사람이 방 반대편에서 향수병을 열었을 때 그 냄새를 맡을 때까지 왜 1분 이상이 걸릴까"라는 것이다. 답은 19.5절에서 논의할 것인데, 각각의 향수 분자는 매우 빠른 속력을 가질 수 있지만 끊임없이 다른 분자와 충돌하기 때문에 방을 가로질러 바로 오지는 못하고 매우 천천히 퍼져 나간다는 것이다.

확인문제 19.3.1

세 기체에 대해 온도와 (기본양 M_0로 나타낸) 몰질량을 나타내었다. rms 속력이 큰 것부터 차례로 기체를 나열하여라.

기체	T	M
A	400 K	$4M_0$
B	360 K	$3M_0$
C	280 K	$2M_0$

보기문제 19.3.1 평균과 제곱평균제곱근

5, 11, 32, 67, 89 등 다섯 개의 숫자가 있다.

(a) 평균 n_{avg}는 얼마인가?

풀이: 답은 다음과 같다.

$$n_{avg} = \frac{5 + 11 + 32 + 67 + 89}{5} = 40.8. \quad \text{(답)}$$

(b) rms 값 n_{rms}는 얼마인가?

풀이: 답은 다음과 같다.

$$n_{rms} = \sqrt{\frac{5^2 + 11^2 + 32^2 + 67^2 + 89^2}{5}} = 52.1. \quad \text{(답)}$$

rms 값이 평균값보다 더 크다. 왜냐하면 rms 값을 구할 때 제곱하면 큰 숫자가 상대적으로 더 중요해지기 때문이다.

▶ **교육용 비디오는 웹사이트 www.wiley.com에서 볼 수 있다.**

19.4 ▸ 병진 운동에너지

학습목표 _Learning Objectives_

이 단원을 읽은 후 다음을 이해해야 한다.

19.4.1 이상기체에서 분자의 평균 운동에너지와 제곱평균제곱근 속력 사이의 관계를 구한다.

19.4.2 평균 운동에너지와 기체의 온도 사이의 관계를 적용한다.

요점 _Key Ideas_

1. 이상기체에서 분자당 평균 병진 운동에너지는 다음과 같다.

$$K_{avg} = \tfrac{1}{2}mv_{rms}^2.$$

2. 평균 병진 운동에너지는 기체의 온도와 다음의 관계가 있다.

$$K_{avg} = \tfrac{3}{2}kT.$$

19.4.3 기체 온도를 측정하는 것은 기체 분자의 평균 운동에너지를 측정하는 것과 동등하다.

병진 운동에너지

그림 19.3.1의 상자 안에서 움직이는 이상기체 분자 하나를 다시 생각하되, 이제는 그 분자가 다른 분자와 충돌할 때 속력이 변한다고 가정하자. 어느 순간의 병진 운동에너지가 $\frac{1}{2}mv^2$이므로, 관찰하는 동안의 *평균* 병진 운동에너지는 다음과 같다.

$$K_{avg} = (\tfrac{1}{2}mv^2)_{avg} = \tfrac{1}{2}m(v^2)_{avg} = \tfrac{1}{2}mv^2_{rms}. \tag{19.4.1}$$

여기서 관찰하는 동안 분자의 평균속력은 어느 주어진 시점에서 모든 분자의 평균속력과 같다고 가정하였다(기체의 총에너지가 변하지 않고, 또한 오랫동안 관찰한다면 이 가정은 적절한 것이다). 식 19.3.5에서 v_{rms}를 대입하면,

$$K_{avg} = (\tfrac{1}{2}m)\frac{3RT}{M}$$

이다. 몰질량을 분자의 질량으로 나눈 M/m은 바로 Avogadro 수이다. 따라서

$$K_{avg} = \frac{3RT}{2N_A}$$

를 얻는다. 또한 식 19.4.1($k = R/N_A$)을 사용하여 다음과 같이 쓸 수 있다.

$$K_{avg} = \tfrac{3}{2}kT. \tag{19.4.2}$$

이 결과는 예상하지 못한 다음과 같은 사실을 말하고 있다.

주어진 온도 T에서 모든 이상기체 분자는 그 질량에 관계없이 평균 병진 운동에너지 $\frac{3}{2}kT$는 같다. 결국, 기체의 온도를 측정하는 것은 기체 분자들의 평균 병진 운동에너지를 측정하는 것이다.

확인문제 19.4.1

한 혼합기체가 분자질량이 $m_1 > m_2 > m_3$인 분자 1, 2, 3으로 이루어져 있다. 세 분자를 (a) 평균 운동에너지와 (b) rms 속력이 큰 순서대로 나열하여라.

19.5 ▸ 평균자유거리

학습목표_Learning Objectives

이 단원을 읽은 후 다음을 이해해야 한다.

19.5.1 평균자유거리가 무엇인지 이해한다.

19.5.2 평균자유거리, 분자의 지름과 단위부피당 분자수의 관계를 구한다.

요점_Key Ideas

1. 기체 분자의 평균자유거리 λ는 충돌 사이의 평균 경로 길이이며 다음과 같이 주어진다.

$$\lambda = \frac{1}{\sqrt{2}\pi d^2\, N/V}.$$

여기서 N/V는 단위부피당 분자의 개수, d는 분자의 지름이다.

평균자유거리

이상기체에서 분자의 운동을 계속 조사해 보자. 그림 19.5.1은 한 분자가 다른 분자와 탄

성충돌하여 속력과 방향을 바꾸면서 기체 속을 막 움직이는 전형적인 경로이다. 충돌과 충돌 사이에 분자는 일정한 속력으로 직선을 따라 움직인다. 그림에서 다른 분자는 정지한 것처럼 보이지만 그 또한 움직이고 있다.

이런 막운동을 기술하는 쓸모 있는 매개변수가 분자의 **평균자유거리** λ이다. 그 이름에서 연상할 수 있듯이 λ는 충돌과 충돌 사이에 분자가 가로지르는 평균 거리이다. λ는 단위부피당 분자수 N/V(분자의 밀도)에 반비례할 것으로 기대한다. N/V가 클수록 충돌이 더 많아지므로 평균자유거리가 작아진다. 또한 λ는 분자의 크기, 즉 분자의 지름 d에 반비례할 것으로 기대한다(만약 분자가 점입자라고 가정하면 분자는 충돌을 하지 않고 평균자유거리는 무한대가 될 것이다). 따라서 분자가 클수록 평균자유거리는 작아질 것이다. 더 나아가 분자의 단면적이 분자의 유효 표면적을 결정하기 때문에 λ가 분자 지름의 *제곱*에 (반)비례할 것으로 예측할 수 있다.

사실 평균자유거리에 대한 표현식은 다음과 같다.

$$\lambda = \frac{1}{\sqrt{2}\pi d^2\, N/V} \qquad \text{(평균자유거리)}. \qquad (19.5.1)$$

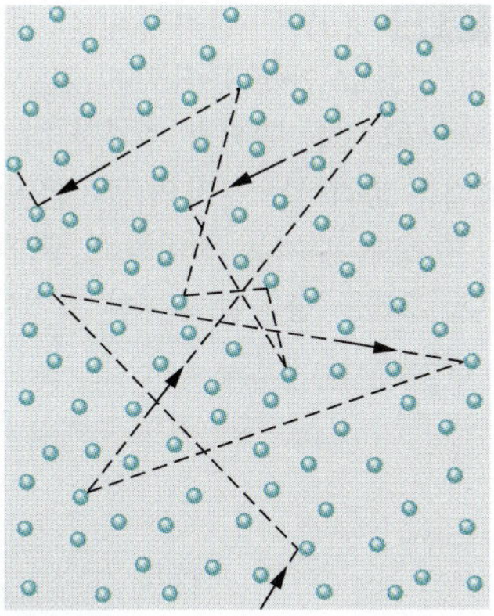

그림 19.5.1 한 분자가 기체 속을 막 움직이며 지나가는 경로에 있는 다른 분자들과 충돌하는 모습. 다른 분자들은 정지해 있는 것으로 나타냈지만 실제로는 비슷한 방식으로 움직이고 있다.

식 19.5.1을 입증하기 위해서 분자 하나에 초점을 맞추고, 그림 19.5.1에서 연상할 수 있듯이 분자가 일정한 속력으로 돌아다니고 모든 다른 분자는 정지해 있다고 가정해 보자. 나중에는 이 가정을 없앨 것이다.

더 나아가 분자는 지름 d의 공이라고 가정한다. 그림 19.5.2a처럼 두 분자의 중심이 거리 d 안으로 들어오면 충돌이 일어난다. 이 상황을 이해하는 데 도움이 되는 또 다른 방법은 그림 19.5.2b처럼 한 분자는 *반지름*이 d이고 다른 모든 분자는 *점*이라고 생각하는 것이다. 이렇게 해도 충돌에 대한 판단 기준은 바뀌지 않는다.

분자가 기체 속을 이리저리 돌아다니면 분자는 두 연속적인 충돌 사이에 단면적이 πd^2인 짧은 원통을 쓸고 지나간다. 분자를 Δt의 시간 동안 지켜본다면 거리 $v\Delta t$만큼 움직이며, v는 분자의 속력이다. 따라서 시간 Δt 동안에 쓸고 지나간 짧은 원통을 모두 모아서 정렬하면 길이가 $v\Delta t$이고 부피가 $(\pi d^2)(v\Delta t)$인 원통이 된다(그림 19.5.3 참조). 그러면 시간 Δt 동안 일어난 충돌횟수는 원통 안에 놓여 있는 분자(점)의 수와 같다.

N/V는 단위부피당 분자의 수이므로 원통 안의 분자의 수는 N/V 곱하기 원통의 부피, 즉 $(N/V)(\pi d^2 v\Delta t)$이다. 이것은 시간 Δt 동안 충돌한 횟수이기도 하다. 따라서 평균자유거리는 다음과 같이 경로(원통)의 길이를 충돌횟수로 나눈 값이다.

$$\lambda = \frac{\Delta t \text{ 동안 경로길이}}{\Delta t \text{ 동안 충돌횟수}} \approx \frac{v\Delta t}{\pi d^2\, v\Delta t\, N/V} = \frac{1}{\pi d^2\, N/V}. \qquad (19.5.2)$$

이 식은 분자 하나만 빼고 나머지 모든 분자가 정지해 있다는 가정에 근거하고 있기 때문에 근사적으로만 맞는다. 사실 모든 분자는 움직이고 있다. 이 사실을 제대로 고려한 것이 식 19.5.2이다. 근사식인 19.5.2는 단지 상수 $1/\sqrt{2}$ 만큼만 다르다는 것에 주목하여라.

식 19.5.2에서 근사할 때 상쇄시킨 두 개의 v 기호가 있다. 분자에 있는 v는 *용기에 대해 상대적인* 분자의 평균속력 v_{avg}이다. 분모의 v는 움직이고 있는 *다른 분자에 대한 상대적인* 평균속력 v_{rel}이다. 충돌횟수를 결정하는 것은 후자의 평균속력이다. 분자의 실

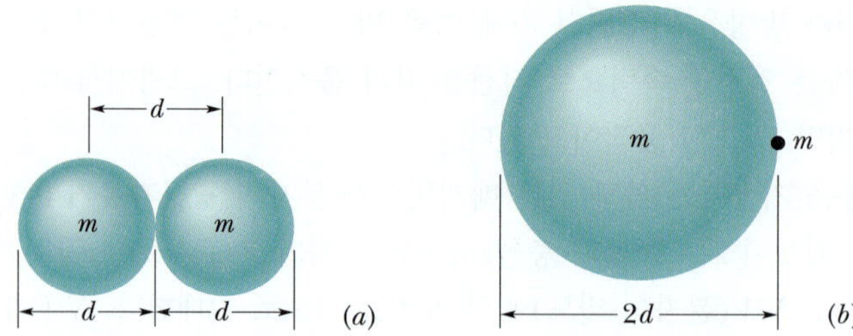

그림 19.5.2 (*a*) 두 분자의 중심 거리가 분자의 지름 d 안에 들어오면 충돌이 일어난다. (*b*) 같은 결과를 주지만 더 편리한 방법은 움직이는 분자의 *반지름*이 d이고 다른 모든 분자는 점이라고 생각하는 것이다. 그래도 충돌이 일어날 조건은 바뀌지 않는다.

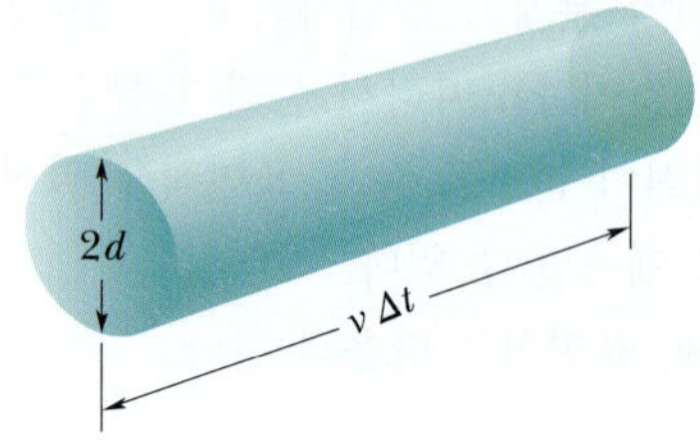

그림 19.5.3 움직이는 분자는 Δt의 시간 동안 길이 $v\Delta t$, 반지름 d인 원통을 쓸고 지나간다.

제 속력분포를 고려한 자세한 계산은 $v_{rel} = \sqrt{2}v_{avg}$이므로 상수 $\sqrt{2}$를 얻는다.

해수면에서 공기 분자의 평균자유거리는 약 0.1 μm이다. 100 km의 고도에서는 평균자유거리가 16 cm로 커질 정도로 공기의 밀도가 낮아진다. 300 km에서는 평균자유거리가 약 20 km이다. 실험실에서 상층 대기의 물리와 화학을 연구하는 사람들이 겪는 문제는 상층 대기의 상황을 흉내낼 기체 시료를 잡아둘 수 있을 정도로 큰 용기가 없다는 것이다. 그렇지만 여전히 대기권 상층부의 프레온, 이산화탄소와 오존의 농도에 대한 연구는 없어서는 안 될 중요한 일이다.

확인문제 19.5.1

분자의 지름이 $2d_0$이고 평균 분자속력이 v_0인 1 mol의 기체 A가 어떤 용기에 담겨 있다. 분자의 지름이 d_0이고 평균 분자속력이 $2v_0$인 1 mol의 B가 똑같은 용기에 담겨 있다. 어떤 기체가 용기 내에서의 평균 충돌빈도가 더 큰가?

보기문제 19.5.1 평균자유거리, 평균속력, 충돌횟수

(a) 온도 $T = 300$ K, 압력 $p = 1.0$ atm에서 산소 분자의 평균자유거리 λ는 얼마인가? 분자 지름은 $d = 290$ pm이고 기체는 이상기체라고 가정하여라.

요점

각 산소 분자는 충돌 때문에 *움직이고 있는* 다른 산소 분자가 사이를 지그재그 모양으로 막 움직인다. 따라서 평균자유거리에 대한 식 19.5.1을 쓸 수 있다.

풀이: 먼저 단위부피당 분자의 수 N/V를 알 필요가 있다. 이상기체이므로 식 19.2.5의 이상기체 법칙($pV = NkT$)을 써서 $N/V = p/kT$라고 쓸 수 있다. 이것을 식 19.5.1에 넣으면

$$\lambda = \frac{1}{\sqrt{2}\pi d^2 N/V} = \frac{kT}{\sqrt{2}\pi d^2 p}$$

$$= \frac{(1.38 \times 10^{-23}\ \text{J/K})(300\ \text{K})}{\sqrt{2}\pi(2.9 \times 10^{-10}\ \text{m})^2(1.01 \times 10^5\ \text{Pa})}$$

$$= 1.1 \times 10^{-7}\ \text{m} \quad \text{(답)}$$

를 얻는다. 즉, 분자 지름의 약 380배이다.

(b) 산소 분자의 평균속력을 $v = 450$ m/s로 가정하자. 어떤 특정 분자의 연속적인 충돌 사이의 평균 시간은 얼마인가? 분자가 충돌하는 단위시간당 횟수, 즉 충돌빈도는 얼마인가?

요점

(1) 충돌 사이에 분자는 평균적으로 속력 v로 평균자유거리 λ 만큼 움직인다. (2) 평균 충돌횟수 또는 평균 충돌빈도는 충돌 사이의 시간 t의 역수이다.

풀이: 충돌 사이의 평균 시간은

$$t = \frac{\text{거리}}{\text{속력}} = \frac{\lambda}{v} = \frac{1.1 \times 10^{-7}\ \text{m}}{450\ \text{m/s}}$$

$$= 2.44 \times 10^{-10}\ \text{s} \approx 0.24\ \text{ns} \qquad \text{(답)}$$

이다. 즉, 충돌과 충돌 사이의 시간이 나노초보다 작다.

두 번째 요점으로부터 충돌빈도는 다음과 같다.

$$f = \frac{1}{t} = \frac{1}{2.44 \times 10^{-10}\ \text{s}} = 4.1 \times 10^{9}\ \text{s}^{-1}. \qquad \text{(답)}$$

즉, 1초에 약 40억 번 충돌한다.

▶ **교육용 비디오는 웹사이트 www.wiley.com에서 볼 수 있다.**

19.6 ▸ 분자의 속력분포

요점_*Key Ideas*

1. Maxwell 속력분포 $P(v)$는 $P(v)\,dv$가 속력 v에서 간격 dv 안에 있는 분자의 상대적인 수를 나타내는 함수로 다음과 같이 주어진다.

$$P(v) = 4\pi\left(\frac{M}{2\pi RT}\right)^{3/2} v^2\, e^{-Mv^2/2RT}.$$

2. 기체 분자들의 속력의 분포를 알 수 있는 세 가지 물리량은 다음과 같다.

$$v_{avg} = \sqrt{\frac{8RT}{\pi M}} \quad \text{(평균속력)},$$

$$v_P = \sqrt{\frac{2RT}{M}} \quad \text{(가장 잦은 속력)},$$

$$v_{rms} = \sqrt{\frac{3RT}{M}} \quad \text{(제곱평균제곱근 속력)}.$$

학습목표_*Learning Objectives*

이 단원을 읽은 후 다음을 이해해야 한다.

19.6.1 어떤 속력의 영역에 분자가 얼마나 있는지 구하기 위해 Maxwell의 속력분포법칙을 어떻게 이용하는지 설명한다.

19.6.2 Maxwell의 속력분포를 그리고, 속력에 의존하는 확률분포를 보이고, 평균속력 v_{avg}, 가장 잦은 속력 v_P와 제곱평균제곱근 속력 v_{rms}의 상대적인 위치를 표시한다.

19.6.3 Maxwell의 속력분포를 이용하여 어떻게 평균속력, 가장 잦은 속력과 제곱평균제곱근 속력을 구할 수 있는지 설명한다.

19.6.4 주어진 온도 T와 몰질량 M에 대해 평균속력 v_{avg}, 가장 잦은 속력 v_P와 제곱평균제곱근 속력 v_{rms}를 계산한다.

▶▶ 분자의 속력분포

제곱평균제곱근 속력 v_{rms}는 주어진 온도에서 분자의 속력에 대한 대략적인 정보를 준다. 하지만 때로는 더 많은 것을 알 필요가 있다. 예컨대 분자 중 얼마나 많은 분자가 rms 값보다 더 큰 속력을 가지고 있을까? 분자 중 얼마나 많은 분자가 rms 값보다 2배 이상 큰 속력을 가지고 있을까? 이런 질문에 대답하기 위하여 분자의 속력이 어떻게 분포하고 있는지 알 필요가 있다. 그림 19.6.1*a*는 실온(T = 300 K)에서 얻은 산소 분자의 속력분포이다. 그림 19.6.1*b*는 이것과 T = 80 K에서의 분포를 비교한 것이다.

1852년에 스코틀랜드의 물리학자 James Clerk Maxwell은 기체 분자의 속력분포를 찾는 문제를 처음으로 풀었다. 그가 찾은 결과인 **Maxwell의 속력분포 법칙**은 다음과 같다.

$$P(v) = 4\pi\left(\frac{M}{2\pi RT}\right)^{3/2} v^2\, e^{-Mv^2/2RT}. \qquad (19.6.1)$$

여기서 M은 기체의 몰질량이고, R은 기체상수, T는 기체의 온도, v는 분자의 속도이다. 그림 19.6.1a, b에 그려놓은 곡선이 바로 이 식이다. 식 19.6.1과 그림 19.6.1에 나오는 양 $P(v)$는 *확률분포함수*로서 $P(v)\,dv$(차원이 없는 양)는 어떤 속력 v를 중심으로 dv의 간격에 놓인 속력을 갖는 분자의 비율이다.

그림 19.6.1a처럼 이 비율은 높이가 $P(v)$이고 너비가 dv인 띠의 면적과 같다. 분포 곡선 아래의 전체 면적은 속력이 0에서 무한대 사이인 분자의 비율에 해당한다. 모든 분자는 이 범주에 다 들어가므로, 전체 면적의 값은 1이다. 즉,

$$\int_0^\infty P(v)\,dv = 1 \tag{19.6.2}$$

이다. 예를 들어 속력이 v_1과 v_2 사이인 분자의 비율은 다음과 같다.

$$\text{비율} = \int_{v_1}^{v_2} P(v)\,dv. \tag{19.6.3}$$

평균속력, RMS 속력, 가장 잦은 속력

원칙적으로 기체 분자의 **평균속력** v_{avg}는 다음과 같은 과정으로 구할 수 있다. 분포에 있는 각각의 v값에 대하여 v를 중심으로 dv의 간격에 놓인 속력을 갖는 분자의 비율인 $P(v)\,dv$를 곱하여 *가중치*를 준다. 그런 다음 모든 $vP(v)dv$를 더한다. 그 결과가 v_{avg}이다. 실제로

$$v_{avg} = \int_0^\infty v\,P(v)\,dv \tag{19.6.4}$$

를 계산함으로써 이 과정을 수행하는 것이다. 식 19.6.1에 있는 $P(v)$를 대입하고 부록 E에 있는 적분 목록에서 일반적분 20번을 사용하면 다음을 얻는다.

$$v_{avg} = \sqrt{\frac{8RT}{\pi M}} \quad \text{(평균속력).} \tag{19.6.5}$$

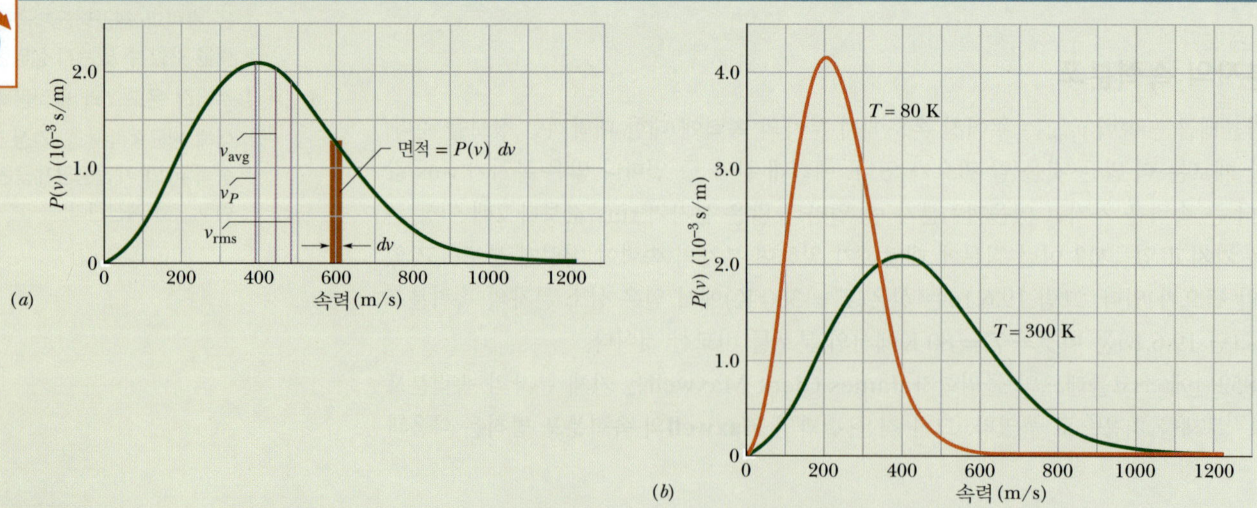

그림 19.6.1 (a) T = 300 K에서 산소 분자의 Maxwell 속력분포. 세 고유 속력이 표시되어 있다. (b) 300 K와 80 K에서의 곡선. 낮은 온도에서 분자는 더 느리게 움직인다. 이 곡선들은 확률분포 곡선이므로, 각 곡선 아래의 면적은 1이다.

비슷한 방법으로 속력 제곱의 평균 $(v^2)_{avg}$를

$$(v^2)_{avg} = \int_0^\infty v^2\, P(v)\, dv \tag{19.6.6}$$

로 구할 수 있다. 식 19.6.1에 있는 $P(v)$를 대입하고 부록 E에 있는 적분 목록에서 일반 적분 16번을 사용하면 다음을 얻는다.

$$(v^2)_{avg} = \frac{3RT}{M}. \tag{19.6.7}$$

이 $(v^2)_{avg}$의 제곱근이 rms 속력 v_{rms}이다. 따라서

$$v_{rms} = \sqrt{\frac{3RT}{M}} \quad \text{(rms 속력)} \tag{19.6.8}$$

이고, 이 결과는 식 19.3.5와 일치한다.

가장 잦은 속력 v_P는 $P(v)$가 최대가 되는 속력이다(그림 19.6.1*a* 참조). v_P를 계산하려면 $dP/dv = 0$으로 놓고(그림 19.6.1*a*에 있는 곡선의 기울기는 곡선의 최대값에서 0이다), 이것을 v에 대하여 풀면 다음을 얻는다.

$$v_P = \sqrt{\frac{2RT}{M}} \quad \text{(가장 잦은 속력)}. \tag{19.6.9}$$

분자는 다른 속력보다도 v_P의 속력을 가질 가능성이 많지만, 어떤 분자는 v_P의 몇 배가 되는 속력도 가질 수 있다. 이 분자는 그림 19.6.1*a*에 있는 분포곡선의 *고속 꼬리* 부분에 놓여 있다. 몇 개 안 되는 이 고속의 분자에게 고마워해야 한다. 왜냐하면 고속분자가 비와 햇빛을 가능하게 만들기 때문이다(비와 햇빛이 없다면 우리는 존재할 수 없다). 왜 그런지 살펴보자.

▸***비.*** 예를 들어 여름철 연못에 있는 물 분자의 속력분포는 그림 19.6.1*a*와 비슷한 곡선으로 나타낼 수 있다. 대부분 분자는 표면을 통해서 물을 빠져나가기에 충분한 운동에너지를 가지고 있지 않다. 그러나 곡선의 꼬리 끝 부분에 놓인 작은 수의 아주 빠른 분자는 빠져나갈 수 있다. 이렇게 고속분자가 증발해서 구름과 비를 만든다.

고속의 물 분자는 표면을 떠나면서 에너지를 가지고 나가지만 남아 있는 물의 온도는 주위와의 열전달 때문에 그대로 유지된다. 이때 아주 운이 좋은 어떤 충돌로 생겨나는 또 다른 고속의 분자가 떠난 분자의 자리를 재빠르게 차지하여 물 분자의 속력분포가 유지된다.

▸***햇빛.*** 이제 식 19.6.1에 있는 분포함수를 태양의 중심부에 있는 양성자에 적용해 보자. 태양에너지는 두 개의 양성자를 융합하면서 시작되는 핵융합 과정에 의해 공급된다. 그러나 양성자는 그 전하 때문에 서로 밀어내고 평균속력을 가진 양성자는 이 반발을 극복하여 융합을 할 수 있을 정도로 충분히 가까이 갈 만큼의 충분한 운동에너지를 가지고 있지 않다. 그러나 분포곡선의 고속 꼬리에 놓인 고속 양성자의 운동에너지는 충분히 크기 때문에 태양이 빛을 낼 수 있는 것이다.

→ 확인문제 19.6.1

주어진 온도에서 세 개의 속력 v_{avg}, v_P, v_{rms}를 큰 것부터 나열하여라.

보기문제 19.6.1 기체의 속력분포

실온(300 K)의 (몰질량 M이 0.0320 kg/mol인) 산소 기체에서 속력이 599에서 601 m/s 사이에 있는 분자의 비율은 얼마인가?

요점

1. 분자의 속력은 식 19.6.1의 분포함수 $P(v)$로 넓은 범위에 분포되어 있다.
2. 미소 구간 dv에 있는 속력을 갖는 분자의 비율은 $P(v)\,dv$이다.
3. 더 큰 구간일 경우에는 $P(v)$를 구간 위에서 적분을 하여 비율을 구한다.
4. 그러나 여기서의 구간 $\Delta v = 2$ m/s는 중심 속력 $v = 600$ m/s에 비해서 작다.

풀이: Δv가 작으므로 적분을 하지 않고 다음과 같이 비율을 근사할 수 있다.

$$\text{비율} = P(v)\,\Delta v = 4\pi\left(\frac{M}{2\pi RT}\right)^{3/2} v^2\, e^{-Mv^2/2RT}\,\Delta v.$$

그림 19.6.1a에 있는 $P(v)$의 그림 아래에 있는 전체 면적이 분자 전체의 비율(1)이고, (크기는 맞지 않지만) 얇은 줄의 면적이 구하려고 하는 비율이다. 이 비율을 두 부분으로 나누어 계산하면

$$\text{비율} = (4\pi)(A)(v^2)(e^B)(\Delta v) \qquad (19.6.10)$$

이고, 여기서

$$A = \left(\frac{M}{2\pi RT}\right)^{3/2} = \left(\frac{0.0320\ \text{kg/mol}}{(2\pi)(8.31\ \text{J/mol}\cdot\text{K})(300\ \text{K})}\right)^{3/2}$$
$$= 2.92\times10^{-9}\ \text{s}^3/\text{m}^3,$$

$$B = -\frac{Mv^2}{2RT} = -\frac{(0.0320\ \text{kg/mol})(600\ \text{m/s})^2}{(2)(8.31\ \text{J/mol}\cdot\text{K})(300\ \text{K})}$$
$$= -2.31.$$

이다. A와 B를 식 19.6.10에 대입하면

$$\text{비율} = (4\pi)(A)(v^2)(e^B)(\Delta v)$$
$$= (4\pi)(2.92\times10^{-9}\ \text{s}^3/\text{m}^3)(600\ \text{m/s})^2(e^{-2.31})(2\ \text{m/s})$$
$$= 2.62\times10^{-3} = 0.262\%$$ (답)

을 얻는다.

보기문제 19.6.2 평균속력, rms 속력, 가장 잦은 속력

산소의 몰질량 M은 0.0320 kg/mol이다.

(a) $T = 300$ K에서 산소 분자의 평균속력 v_{avg}는 얼마인가?

요점

평균속력을 구하기 위해서는 속력 v에 식 19.6.1의 분포함수 $P(v)$로 가중치를 준 다음 가능한 속력 범위(0에서 ∞)에서 적분해야 한다.

풀이: 이렇게 구한 식 19.6.5에서

$$v_{avg} = \sqrt{\frac{8RT}{\pi M}}$$
$$= \sqrt{\frac{8(8.31\ \text{J/mol}\cdot\text{K})(300\ \text{K})}{\pi(0.0320\ \text{kg/mol})}}$$
$$= 445\ \text{m/s}$$ (답)

를 얻는다. 이 결과는 그림 19.6.1a에 나타내었다.

(b) 300 K에서 rms 속력 v_{rms}는 얼마인가?

요점

v_{rms}를 구하기 위하여 먼저 식 19.6.1의 분포함수 $P(v)$로 v^2에 가중치를 주고 가능한 속력 범위에서 적분해서 $(v^2)_{avg}$를 구해야 한다. 그런 다음에 제곱근을 취한다.

풀이: 이렇게 구한 식 19.6.8에서

$$v_{rms} = \sqrt{\frac{3RT}{M}}$$
$$= \sqrt{\frac{3(8.31\ \text{J/mol}\cdot\text{K})(300\ \text{K})}{0.0320\ \text{kg/mol}}}$$
$$= 483\ \text{m/s}$$ (답)

를 얻는다. 이 결과는 그림 19.6.1a에 있고, v를 적분할 때보다 v^2를 적분할 때 큰 속력이 더 큰 영향을 미치므로 v_{avg}보다 크다.

(c) 300 K에서 가장 잦은 속력 v_P는 얼마인가?

요점

v_P는 분포함수 $P(v)$가 최대값이 되는 점이므로, $dP/dv = 0$으로 놓고 v_P를 구해야 한다.

풀이: 이렇게 구한 식 19.6.9에서

$$v_P = \sqrt{\frac{2RT}{M}} = \sqrt{\frac{2(8.31\ \text{J/mol}\cdot\text{K})(300\ \text{K})}{0.0320\ \text{kg/mol}}} = 395\ \text{m/s}$$ (답)

를 얻는다. 이 결과도 그림 19.1.8a에 있다.

▶ 교육용 비디오는 웹사이트 www.wiley.com에서 볼 수 있다.

19.7 ▸ 이상기체의 몰비열

요점_Key Ideas

1. 일정한 부피에서 기체의 몰비열 C_V는 다음으로 정의한다.

$$C_V = \frac{Q}{n\,\Delta T} = \frac{\Delta E_{\text{int}}}{n\,\Delta T}.$$

여기서 Q는 기체 n몰에 열로 전달되는 에너지이고, ΔT는 이로 인한 기체 온도의 변화, 그리고 ΔE_{int}는 기체의 내부에너지 변화이다.

2. 단원자 이상기체에서는

$$C_V = \tfrac{3}{2}R = 12.5\ \text{J/mol}\cdot\text{K}$$

이다.

3. 일정한 압력에서 기체의 몰비열 C_p는

$$C_p = \frac{Q}{n\,\Delta T}$$

으로 정의한다. $Q, n, \Delta T$는 위에서 정의하였다. C_p는 다음으로도 쓸 수 있다.

$$C_p = C_V + R.$$

4. n몰의 이상기체에 대해

$$E_{\text{int}} = nC_VT \qquad \text{(이상기체)}$$

이다.

5. 밀폐된 n몰의 이상기체가 *임의의* 과정에서 온도 변화 ΔT가 생기면, 기체의 내부에너지 변화는 다음과 같다.

$$\Delta E_{\text{int}} = nC_V\,\Delta T \qquad \text{(이상기체, 임의의 과정)}.$$

학습목표_Learning Objectives

이 단원을 읽은 후 다음을 이해해야 한다.

19.7.1 단원자 이상기체의 내부에너지는 원자의 병진 운동에너지 합이다.

19.7.2 단원자 이상기체의 내부에너지 E_{int}, 몰수 n과 기체 온도 T 사이의 관계를 구한다.

19.7.3 단원자, 이원자와 다원자 이상기체를 구별한다.

19.7.4 단원자, 이원자, 다원자 이상기체에서 등적과정과 등압과정에서의 몰비열을 구한다.

19.7.5 등압몰비열 C_p는 등적몰비열 C_V에 R을 더하여 얻고, C_p가 왜 더 큰지 (물리적으로) 설명한다.

19.7.6 등적과정에서 열로 이상기체에 전달된 열은 모두 (병진 막운동인) 내부에너지로 전달되지만, 등압과정에서 에너지는 또한 기체를 팽창시키는 데 하는 일로도 전달된다.

19.7.7 주어진 온도변화에서 이상기체의 내부에너지 변화는 *어떤* 과정에서도 같고, 등적과정을 가정하면 가장 쉽게 계산할 수 있다.

19.7.8 이상기체에서 적당한 몰비열을 이용하여 열 Q, 몰수 n, 온도변화 ΔT 사이의 관계를 구한다.

19.7.9 p-V 그림의 두 등온선 사이에서 하나의 등적과정, 하나의 등압

▶ 이상기체의 몰비열

이 절에서는 이상기체의 내부에너지 E_{int}에 대한 표현식을 유도한다. 즉, 기체에서 원자나 분자들의 제멋대로의 운동과 관련된 에너지에 대한 표현식을 얻고자 한다. 그런 다음에 이상기체의 몰비열을 유도하겠다.

내부에너지 E_{int}

우선 이상기체가 헬륨, 네온, 아르곤 같은 (분자라기보다 개개의 원자로 되어 있는) *단원*

과정을 그리고, 각각에 대해 한 일을 그래프의 면적으로 구한다.

19.7.10 등압과정에서 이상기체가 한 일을 계산한다.

19.7.11 일정한 부피에서는 한 일은 0이다.

*자 기체*라고 가정한다. 또한 이상기체의 내부에너지 E_{int}는 단순히 원자의 병진 운동에너지의 합이라고 가정한다(단원자 기체는 양자론에 의하면 회전 운동에너지는 허용되지 않는다).

단일 원자의 평균 병진운동에너지는 기체의 온도에만 의존하며 식 19.4.2인 $K_{\text{avg}} = \frac{3}{2}kT$로 주어진다. n mol의 기체에는 nN_A개의 원자가 들어 있다. 따라서 기체의 내부에너지는

$$E_{\text{int}} = (nN_{\text{A}})K_{\text{avg}} = (nN_{\text{A}})(\tfrac{3}{2}kT) \tag{19.7.1}$$

이며 식 19.2.3($k = R/N_A$)을 이용하면 다음과 같다.

$$E_{\text{int}} = \tfrac{3}{2}nRT \qquad \text{(단원자 이상기체)}. \tag{19.7.2}$$

따라서 다음과 같이 기술할 수 있다.

이상기체의 내부에너지 E_{int}는 기체 온도*만*의 함수이고 다른 변수에는 의존하지 않는다.

식 19.7.2에서 이상기체의 몰비열에 대한 표현을 유도할 수 있다. 실제로 두 개의 표현을 유도할 수 있다. 하나는 에너지가 열로 드나들면서 기체의 부피가 일정하게 유지되는 경우에 대한 것이고, 다른 하나는 에너지가 열로 드나들면서 기체의 압력이 일정하게 유지되는 경우에 대한 것이다. 두 몰비열의 기호는 각각 C_V와 C_p이다(C_V와 C_p는 열용량이 아니라 비열을 나타내는 것이지만 관용적으로 두 경우 모두 대문자 C로 쓴다).

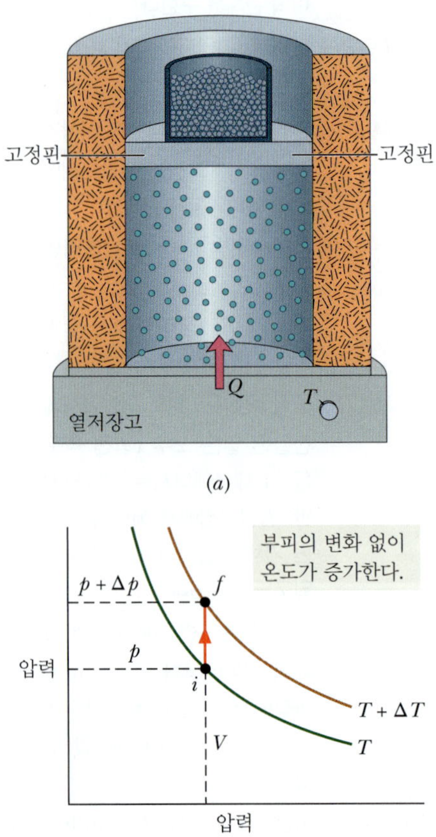

(*a*) (*b*)

그림 19.7.1 (*a*) 등적과정에서 이상기체의 온도가 T에서 $T + \Delta T$로 올라간다. 열은 더해지지만 일을 하지는 않는다. (*b*) p-V 그림에서 등적과정.

부피가 일정할 때의 몰비열

그림 19.7.1*a*에서 압력 p, 온도 T인 이상기체 n mol이 고정된 부피 V의 원통에 들어 있다. 기체의 *초기상태* i는 그림 19.7.1*b*의 p-V 그림에 표시되어 있다. 열저장고의 온도를 천천히 올려서 기체에 작은 양의 열에너지를 더한다고 생각해 보자. 기체의 온도는 $T + \Delta T$로 올라가고, 압력은 $p + \Delta p$로 올라가서 *최종상태* f에 도달한다. 이런 실험에서 열 Q는 온도변화 ΔT와

$$Q = nC_V\,\Delta T \qquad \text{(일정부피)} \tag{19.7.3}$$

의 관계가 있다. 여기서 C_V는 **등적 몰비열**이라 부르는 상수이다. Q에 대한 이 표현을 식 18.5.3에 있는 열역학 제1법칙($\Delta E_{\text{int}} = Q - W$)에 대입하면

$$\Delta E_{\text{int}} = nC_V\,\Delta T - W \tag{19.7.4}$$

를 얻는다. 부피가 일정하게 유지되어 기체는 팽창할 수 없고, 따라서 일을 할 수 없다. 즉, $W = 0$이므로 식 19.7.4에서

$$C_V = \frac{\Delta E_{\text{int}}}{n\,\Delta T} \tag{19.7.5}$$

를 얻는다. 식 19.7.4에서 $E_{\text{int}} = \frac{3}{2}nRT$이므로, 내부에너지의 변화는 다음과 같다.

$$\Delta E_{\text{int}} = \tfrac{3}{2}nR\,\Delta T. \tag{19.7.6}$$

이 결과를 식 19.7.2에 대입하면 다음을 얻는다.

$$C_V = \tfrac{3}{2}R = 12.5\ \text{J/mol}\cdot\text{K} \qquad (\text{단원자 기체}). \qquad (19.7.7)$$

표 19.7.1에서 알 수 있듯이 이상기체에 대한 기체운동론의 예측이 실제 단원자 기체에 대해서는 실험과 잘 맞는다. (두 원자로 된 분자를 가진) *이원자 기체*와 (두 개 이상의 원자로 된) *다원자 기체*에 대한 C_V의 (예측값과) 실험값은 19.8절에 제시될 이유 때문에 단원자 기체의 값보다 더 크다. 여기서 일단 더 복잡하게 생긴 분자는 회전할 수 있으므로, 회전 운동에너지를 갖기 때문에 이원자와 다원자 기체에 대한 C_V값이 단원자 기체의 값보다 크다고 가정한다. 그러면 이원자 혹은 다원자 기체에 Q가 전달될 때 일부분만이 병진 운동에너지로 가서 온도를 높인다(이제부터는 에너지를 분자의 진동에 집어넣는 가능성을 무시하겠다).

이제 $\frac{3}{2}R$을 C_V로 바꾸어서 이상기체의 내부에너지에 대한 식 19.7.2를 일반화해서 다음을 얻는다.

$$E_{\text{int}} = nC_VT \qquad (\text{이상기체}). \qquad (19.7.8)$$

이 식은 단원자뿐만 아니라 적절한 C_V값이 사용된다면, 이 원자나 다원자 분자에도 적용된다. 식 19.1.38처럼 기체의 내부에너지는 기체의 온도에만 의존하고 압력이나 밀도에는 의존하지 않는다는 것을 알 수 있다.

이상기체가 담겨 있는 용기의 온도가 ΔT만큼 변화할 때 내부에너지의 변화를 식 19.1.41이나 식 19.1.44로부터

$$\Delta E_{\text{int}} = nC_V\,\Delta T \qquad (\text{이상기체, 임의의 과정}) \qquad (19.7.9)$$

로 쓸 수 있다. 이 식이 뜻하는 바는 다음과 같다.

> 갇혀 있는 이상기체의 내부에너지 변화는 기체의 온도변화에만 의존하고, 온도를 변화시키는 과정에 대해서는 *무관하다*.

그 예로 그림 19.7.2의 p-V 그림에 있는 두 등온곡선 사이의 세 경로를 생각해 보자. 경로 1은 등적과정이고, 경로 2는 등압과정이며, 경로 3은 계의 주위와 열교환이 없는 단열과정이다(19.9절에서 이것을 논의할 것이다). p_f와 V_f가 달라서 세 개의 경로와 관련된 열 Q와 일 W는 서로 다르지만, 모두 같은 온도변화 ΔT와 연관되므로 세 개의 경로와 관련된 ΔE_{int}의 값은 모두 같고 식 19.7.9로 주어진다. 따라서 T와 $T+\Delta T$ 사이에 실제로 어떤 경로를 거쳤든지 간에 경로 1과 식 19.7.9를 사용하여 ΔE_{int}를 쉽게 계산할 수 있다.

압력이 일정할 때의 몰비열

이제 이상기체의 온도를 이전과 같은 작은 양 ΔT만큼 올리되 일정한 압력 하에서 필요한 에너지(열 Q)를 더했다고 생각해 보자. 그림 19.7.3a는 실험장치이고, 그림 19.7.3b는 p-V 그림이다. 이 실험에서 열 Q는 온도변화 ΔT와

$$Q = nC_p\,\Delta T \qquad (\text{등압}) \qquad (19.7.10)$$

의 관계가 있음을 알 수 있다. 여기서 C_p는 **등압 몰비열**이라고 부르는 상수이다. C_p가 등

표 19.7.1 등적 몰비열

분자	예		C_V (J/mol·K)
단원자	이상기체		$\frac{3}{2}R = 12.5$
	실제기체	He	12.5
		Ar	12.6
이원자	이상기체		$\frac{5}{2}R = 20.8$
	실제기체	N_2	20.7
		O_2	20.8
다원자	이상기체		3R = 24.9
	실제기체	NH_4	29.0
		CO_2	29.7

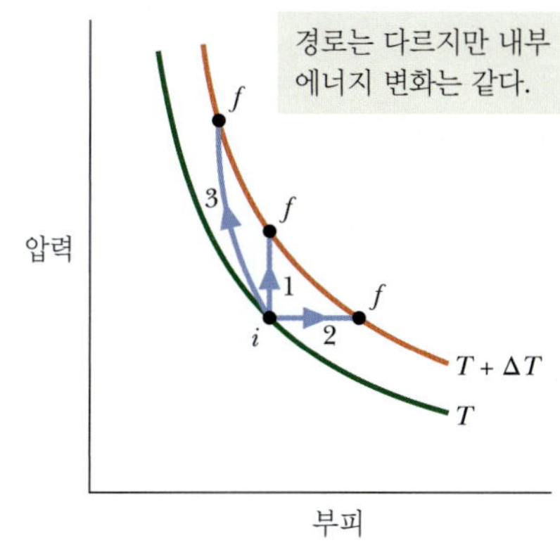

그림 19.7.2 이상기체를 온도 T의 초기 상태 i에서 온도 $T+\Delta T$의 최종상태 f로 가져가는 서로 다른 과정을 나타내는 세 경로. 기체의 내부에너지 변화 ΔE_{int}는 세 과정 및 같은 온도변화를 주는 어떤 과정에 대해서도 같다.

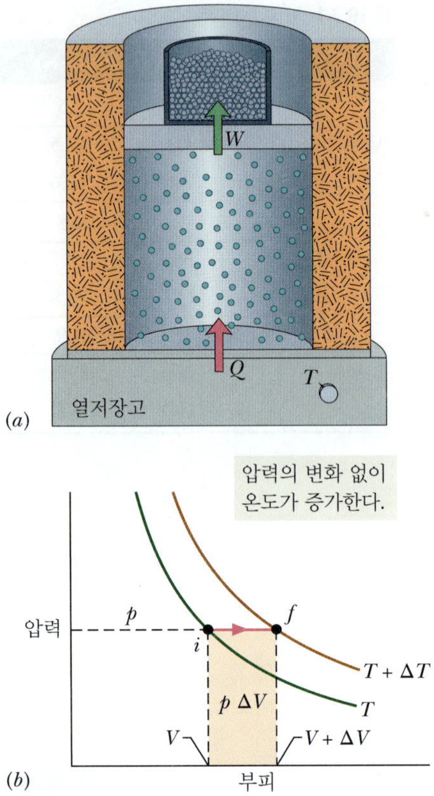

그림 19.7.3 (a) 등압과정에서 이상기체의 온도를 T에서 $T + \Delta T$로 올린다. 열이 더해지면 피스톤을 밀어올리며 일을 한다. (b) p-V 그림으로 나타낸 등압과정. 일 $p\Delta V$는 색칠한 부분의 면적이다.

적 몰비열 C_V보다 *크다*. 왜냐하면 기체의 온도를 올리기 위해서뿐만 아니라 기체가 일을 하기 위해서, 즉 그림 19.7.3*a*의 무거운 피스톤을 밀어 올리기 위해서도 에너지가 공급되어야 하기 때문이다.

몰비열 C_p와 C_V의 관계를 알아보기 위해 열역학 제1법칙 식 18.5.3

$$\Delta E_{\text{int}} = Q - W \tag{19.7.11}$$

에서 시작해 보자. 식 19.7.11에 있는 각 항을 바꾸는 데 ΔE_{int}는 식 19.7.9를, Q는 식 19.9.10을 사용한다. W를 바꾸기 위해서 먼저 압력이 일정하기 때문에 식 19.2.12에 의해 $W = p\,\Delta V$가 되는 것에 주목하자. 그러면 이상기체 방정식($pV = nRT$)을 사용하여

$$W = p\,\Delta V = nR\,\Delta T \tag{19.7.12}$$

로 쓸 수 있다. 식 19.7.11에 이 모든 것을 대입하고 전체를 $n\,\Delta T$로 나누면

$$C_V = C_p - R$$

이므로, 결국 다음과 같다.

$$C_p = C_V + R. \tag{19.7.13}$$

이러한 기체운동론의 예측은 기체의 밀도가 충분히 작아서 이상기체로 취급할 수만 있다면 단원자뿐만 아니라 일반적인 기체에 대해서도 실험결과와 잘 맞는다.

그림 19.7.4의 왼쪽은 등적과정($Q = \frac{3}{2}nR\,\Delta T$) 또는 등압과정($Q = \frac{5}{2}nR\,\Delta T$)을 거치는 단원자 기체의 Q값이다. 최종 Q값은 기체가 팽창하면서 한 일 W만큼 커진다. 또한 등적과정에서는 들어온 열에너지 Q는 모두 내부에너지의 변화 ΔE_{int}로, 등압과정에서는 ΔE_{int}와 한 일 ΔW로 전달된다.

확인문제 19.7.1

오른쪽 p-V 그림은 한 기체가 지나가는 다섯 가지 경로이다. 기체의 내부에너지 변화가 큰 순서대로 나열하여라.

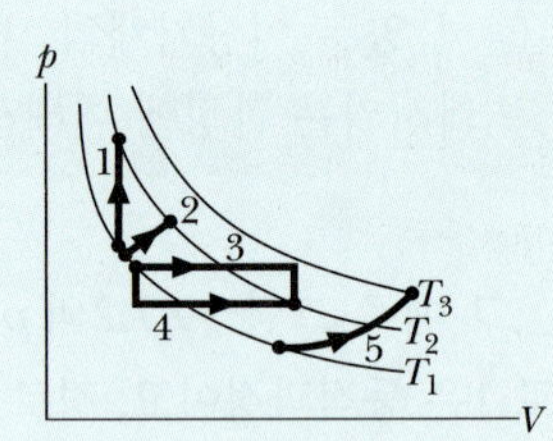

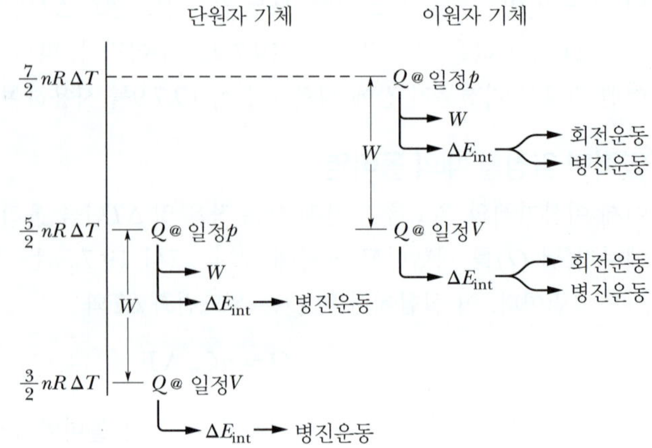

그림 19.7.4 단원자 기체의 Q 값(왼쪽)과 등적과정(일정 V로 표기)과 등압과정(일정 p로 표기)을 거치는 이원자 기체의 Q 값. 한 일 W와 내부에너지(ΔE_{int})로의 에너지 전달도 표시되어 있다.

보기문제 19.7.1 단원자 기체, 열, 내부에너지와 일

5.00 mol의 헬륨 기체방울 하나가 물속에 잠겨 있고, 일정한 압력에서 물의 온도(따라서 헬륨의 온도도)가 ΔT = 20.0C° 증가하면, 기체방울이 팽창한다. 헬륨은 단원자 이상기체이다.

(a) 온도가 증가하는 동안 얼마나 많은 열에너지가 헬륨에 더해지는가?

요점

열 Q는 온도변화 ΔT와 기체의 몰비열에 의해 연결된다.

풀이: 열이 더해지는 동안 압력이 일정하게 유지되므로 등압 몰비열 C_p와 식 19.7.10으로부터

$$Q = nC_p\,\Delta T \tag{19.7.14}$$

를 사용하여 Q를 구할 수 있다. C_p를 계산하려면 이상기체에 대한 식 19.7.13($C_p = C_V + R$)을 쓴다. 식 19.7.7로부터 (헬륨 같은) *단원자 분자*에 대해서도 $C_V = \frac{3}{2}R$임을 알 수 있다. 따라서 식 19.7.14에 의해 다음을 얻는다.

$$\begin{aligned} Q &= n(C_V + R)\,\Delta T = n(\tfrac{3}{2}R + R)\,\Delta T = n(\tfrac{5}{2}R)\,\Delta T \\ &= (5.00\text{ mol})(2.5)(8.31\text{ J/mol}\cdot\text{K})(20.0\text{ C°}) \\ &= 2077.5\text{ J} \approx 2080\text{ J}. \end{aligned}$$ (답)

(b) 온도가 증가하는 동안 헬륨의 내부에너지 변화 ΔE_{int}는 얼마인가?

요점

기체방울이 팽창하기 때문에 등적과정이 아니다. 그러나 헬륨은 (기체방울에) 갇혀 있다. 따라서 내부에너지 변화 ΔE_{int}는 같은 온도변화 ΔT를 갖는 등적과정과 같다.

풀이: 식 19.7.9를 써서 내부에너지 변화 ΔE_{int}를 다음과 같이 쉽게 구할 수 있다.

$$\begin{aligned} \Delta E_{int} &= nC_V\,\Delta T = n(\tfrac{3}{2}R)\,\Delta T \\ &= (5.00\text{ mol})(1.5)(8.31\text{ J/mol}\cdot\text{K})(20.0\text{ C°}) \\ &= 1246.5\text{ J} \approx 1250\text{ J}. \end{aligned}$$ (답)

(c) 온도가 증가하는 동안 둘러싼 물의 압력에 맞서서 팽창하면서 헬륨이 하는 일 W는 얼마인가?

요점

주변의 압력에 맞서서 팽창하는 기체가 한 일은 $p\Delta V$를 적분하는 식 19.2.7로 주어진다. 압력이 일정하면 $W = p\Delta V$로 간단히 계산할 수 있다. 기체가 *이상기체*이면 이상기체 법칙(식 19.2.1)을 써서 $p\Delta V = nR\Delta T$로 쓸 수 있다.

풀이: 결국 한 일은 다음과 같다.

$$\begin{aligned} W &= nR\,\Delta T \\ &= (5.00\text{ mol})(8.31\text{ J/mol}\cdot\text{K})(20.0\text{ C°}) \\ &= 831\text{ J}. \end{aligned}$$ (답)

다른 방법: Q와 ΔE_{int}를 알고 있기 때문에 이 연습문제를 다른 방법으로 풀 수 있다. 즉, 열역학 제1법칙으로 다음과 같이 한 일이 있다.

$$\begin{aligned} W &= Q - \Delta E_{int} = 2077.5\text{ J} - 1246.5\text{ J} \\ &= 831\text{ J}. \end{aligned}$$ (답)

전달과정: 온도가 증가하는 동안 헬륨에 전달된 열에너지 (2077.5 J) 중 831 J은 팽창하는 데 필요한 일 J로 가고, 1246.5 J은 헬륨의 내부에너지 E_{int}로 갔다. 단원자 기체에서 내부에너지는 모두 병진운동 때문에 나타나는 원자의 운동에너지이다. 이러한 몇 가지 결과가 그림 19.7.4의 왼쪽에 나타나 있다.

▶ 교육용 비디오는 웹사이트 www.wiley.com에서 볼 수 있다.

19.8 ▸ 자유도와 몰비열

요점_Key Ideas

1. 분자의 모든 자유도(즉 에너지를 저장할 수 있는 모든 독립적인 방법)에 대해 평균적으로 분자당 $\frac{1}{2}kT$(몰당 $\frac{1}{2}RT$)의 에너지가 연관되어 있다는 에너지 등분배 정리에 의해 C_V를 구한다.

2. f가 자유도의 개수이면 $E_{int} = (f/2)nRT$이고,

학습목표_Learning Objectives

이 단원을 읽은 후 다음을 이해해야 한다.

19.8.1 자유도는 기체가 에너지를 저장할 수 있는 각각의 방법(병진, 회전과 진동)과 관련있다.

19.8.2 분자당 $\frac{1}{2}kT$ 에너지가 각 자유도와 연관되어 있다.

19.8.3 단원자 기체는 병진운동으로 이루어진 내부에너지만 가질 수 있다.

19.8.4 낮은 온도에서 이원자 기체는 병진 운동에너지만 갖는다. 더 높은 온도에서는 분자의 회전 에너지를 가질 수도 있다. 더 높은 온도에서는 분자의 진동 에너지도 갖는다.

19.8.5 등적과정과 등압과정에서 단원자와 이원자 이상기체의 몰비열을 계산한다.

$$C_V = \left(\frac{f}{2}\right)R = 4.16f \text{ J/mol}\cdot\text{K}.$$

이다.

3. 단원자 기체는 $f = 3$(세 개의 병진 자유도)이고, 이원자 기체는 $f = 5$(세 개의 병진 자유도와 두 개의 회전 자유도)이다.

자유도와 몰비열

표 19.7.1에서 알 수 있듯이 예측값 $C_V = \frac{3}{2}R$은 단원자 기체의 경우에는 실험과 잘 맞지만 이원자나 다원자 기체의 경우에는 전혀 맞지 않는다. 두 개 이상의 원자로 된 분자가 병진 운동에너지 이외의 다른 형태로 내부에너지를 저장할 수 있는 가능성을 고려해서 그 이유를 설명해 보자.

그림 19.8.1은 헬륨(하나의 원자를 가진 *단원자 분자*), 산소(두 개의 원자를 가진 *이원자 분자*), 그리고 메탄(*다원자 분자*)의 모형이다. 이런 모형으로부터 세 종류의 분자가 모두 (좌우 위아래로 움직이는) 병진운동과 (팽이처럼 한 축을 중심으로 회전하는) 회전운동을 할 수 있다고 가정한다. 여기에 더해 이원자나 다원자 분자는 용수철의 양 끝에 매달려 있는 것처럼 원자가 서로 조금씩 가까워졌다 멀어졌다 하는 진동운동을 할 수 있다고 가정한다.

기체에 에너지가 저장되는 다양한 방법을 정리하기 위해서 James Clerk Maxwell은 다음과 같은 **에너지 등분배** 정리를 도입했다.

> 모든 종류의 분자는 *자유도 f*를 가지고 있다. 자유도란 분자가 에너지를 저장할 수 있는 독립적인 방법이다. 각 자유도는 평균적으로 분자당 $\frac{1}{2}kT$(또는 mol당 $\frac{1}{2}RT$)의 에너지를 가진다.

이 정리를 그림 19.8.1에 있는 분자의 병진운동과 회전운동에 적용해 보자(진동운동은 다음 절에서 논의한다). 먼저 기체에 xyz 좌표계를 설정하자. 기체 분자는 세 좌표축 모든 방향으로 운동할 수 있다. 따라서 모든 기체 분자의 병진운동 자유도(병진운동하는 세 방법)는 3이고, 평균적으로 분자당 $3(\frac{1}{2}kT)$의 에너지를 가진다.

회전운동에서는 그림 19.8.1에 있는 각 분자의 중심에 xyz 좌표계의 원점이 있다고 생각하자. 기체에서는 각 분자가 세 축 모두에 대해서 각속도 성분을 가진 회전을 할 수 있으므로, 각 기체는 세 개의 회전 자유도를 가져서 평균적으로 분자당 $3(\frac{1}{2}kT)$의 에너지를 더 가질 수 있다. *그러나* 실험에 의하면 이것은 다원자 분자에 대해서만 성립한다. 분자와 원자의 가능한 운동과 에너지를 다루는 *양자론*에 따르면, 단원자 기체 분자는 회전을 하지 않으므로 회전 운동에너지가 없다(단원자는 팽이처럼 회전할 수 없다). 이원자 분자는 두 원자를 잇는 선에 수직한 축(그림 19.8.1*b*의 축)에 대해서만 팽이처럼 회전할 수 있고, 그 선 자체에 대해서는 회전할 수 없다. 따라서 이원자 분자의 회전운동 자유도는 2이고 분자당 $2(\frac{1}{2}kT)$의 회전 운동에너지를 가진다.

몰비열(19.7절의 C_p와 C_V) 분석을 이원자와 다원자 이상기체까지 확장하기 위해서는 앞의 유도과정을 자세히 되돌아볼 필요가 있다. 우선 식 19.7.2($E_{int} = \frac{3}{2}nRT$)를 $E_{int} = (f/2)nRT$로 바꾼다. 여기서 f는 표 19.8.1에 수록한 자유도이다. 이렇게 하면 다음과 같이 예측할 수 있다.

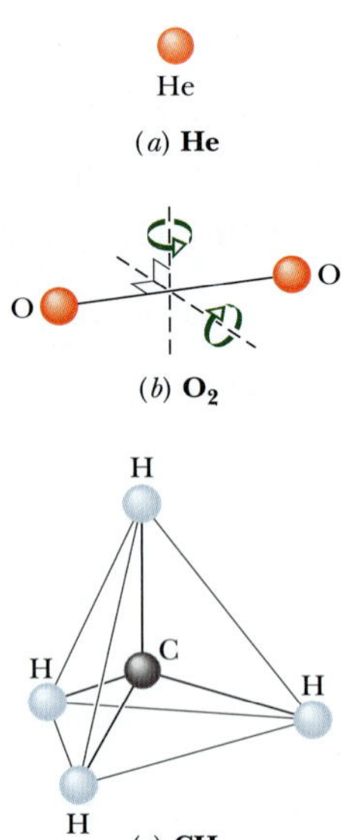

그림 19.8.1 기체운동론에서 사용하는 분자 모형. (*a*) 헬륨, 전형적인 단원자 분자. (*b*) 산소, 전형적인 이원자 분자. (*c*) 메탄, 전형적인 다원자 분자. 공은 원자를, 공을 잇는 선은 결합을 나타낸다. 산소 분자 모형에는 두 회전축이 있다.

표 19.8.1 다양한 분자의 자유도

분자	예	자유도			몰비열 예측값	
		병진운동	회전운동	계(f)	C_V(식 19-51)	$C_p = C_V + R$
단원자	He	3	0	3	$\frac{3}{2}R$	$\frac{5}{2}R$
이원자	O_2	3	2	5	$\frac{5}{2}R$	$\frac{7}{2}R$
다원자	CH_4	3	3	6	$3R$	$4R$

$$C_V = \left(\frac{f}{2}\right)R = 4.16f \text{ J/mol}\cdot\text{K}. \tag{19.8.1}$$

이것은 단원자 기체의 경우($f = 3$)에 대한 식 19.7.7과 (당연히) 잘 맞는다. 표 19.7.1에서 알 수 있듯이 이 예측은 또한 이원자 기체($f = 5$)에 대한 실험과도 맞는다. 그러나 다원자 기체(CH_4와 비슷한 분자인 경우 $f = 6$)에 대해서는 여전히 맞지 않는다.

확인문제 19.8.1

같은 온도변화 $\Delta T = 10$ C°가 일어나는 등적과정을 거치는 n값이 같은 세 기체가 있다.

1. 단원자기체
2. 회전이 없는 이원자기체
3. 회전이 있는 이원자기체

(a) 등적몰비열 C_V의 값이 큰 과정부터 나열하여라. (b) 병진운동에너지의 변화값 ΔK_{tran}이 큰 것부터 나열하여라. (c) 내부에너지 변화값 ΔE_{int}가 큰 것부터 나열하여라.

보기문제 19.8.1 이원자 분자, 열, 온도, 내부에너지

이원자 기체에 1,000 J의 열에너지 Q를 가해서 등압상태로 팽창시킨다. 기체 분자는 내부축 주위로 회전할 수 있지만, 진동하지는 않는다. 얼마나 많은 에너지가 기체의 내부에너지 변화로 전달되는가? 그중 얼마나 많은 에너지가 ΔK_{tran}(분자의 병진 운동에너지)와 ΔK_{rot}(분자의 회전 운동에너지)로 전달되는가?

요점

1. 등압과정에서 열 Q로 들어온 에너지는 식 19.7.10($Q = nC_p\Delta T$)으로 온도의 변화 ΔT와 연결된다.
2. 이원자 기체는 진동이 아니라 회전운동을 하므로 그림 19.7.4와 표 19.8.1에서 몰비열은 $C_p = \frac{7}{2}R$이다.
3. 내부에너지의 변화 ΔE_{int}는 온도변화 ΔT가 같은 등적과정과 같다. 즉, 식 19.7.9에서 $\Delta E_{int} = nC_V\Delta T$이고, 그림 19.7.4와 표 19.8.1에서 몰비열은 $C_V = \frac{5}{2}R$이다.
4. n과 ΔT가 같으면, 회전운동에 에너지가 더 필요하므로, 단원자 기체보다 이원자 기체의 ΔE_{int}가 더 크다.

E_{int}의 증가: 열에너지의 전달로 생긴 온도변화 ΔT를 먼저 구해 보자. 식 19.7.10에 C_p 대신에 $\frac{7}{2}R$을 넣으면 다음을 얻는다.

$$\Delta T = \frac{Q}{\frac{7}{2}nR}. \tag{19.8.2}$$

다음에는 등압과정에 몰비열 $C_v(=\frac{5}{2}R)$를 넣고 위에서 구한 ΔT를 넣어서 ΔE_{int}를 구해 보자. 이원자 기체이므로 $\Delta E_{int,\,dia}$로 쓰면 식 19.7.9에서 다음을 얻는다.

$$\Delta E_{int,dia} = nC_V\,\Delta T = n\tfrac{5}{2}R\left(\frac{Q}{\frac{7}{2}nR}\right) = \tfrac{5}{7}Q$$
$$= 0.71428Q = 714.3 \text{ J}.$$ (답)

즉, 약 71%의 에너지가 내부에너지로 전환된다. 나머지는 기체가 용기벽을 바깥쪽으로 밀어내면서 기체의 부피를 증가시키는 데 필요한 일로 전환된다.

K의 증가: 식 19.8.2의 값으로 (n값이 같은) *단원자* 기체의

온도를 증가시키려면 내부에너지는 $\Delta E_{\text{int,mon}}$만큼 적게 변해야 한다. 왜냐하면 단원자 기체가 회전운동을 하지 않기 때문이다. 위와 마찬가지로 식 19.7.9를 사용하지만 단원자 기체의 C_V값, 즉 $C_V = \frac{3}{2}R$을 넣어야 한다. 따라서 다음을 얻는다.

$$\Delta E_{\text{int,mon}} = n\tfrac{3}{2}R\,\Delta T.$$

위 결과에 식 19.8.2의 ΔT를 넣으면 다음과 같다.

$$\Delta E_{\text{int,mon}} = n\tfrac{3}{2}R\left(\frac{Q}{n\frac{7}{2}R}\right) = \tfrac{3}{7}Q$$
$$= 0.42857Q = 428.6\ \text{J}.$$

▶ 교육용 비디오는 웹사이트 www.wiley.com에서 볼 수 있다.

단원자 기체에서는 이 에너지가 모두 원자의 병진 운동에너지로 전환된다. 여기서 중요한 점은 n과 ΔT가 같은 이원자 기체에서도 같은 양의 에너지가 분자의 병진 운동에너지로 전환된다는 것이다. $A E_{\text{int, dia}}$의 나머지 에너지(즉, 285.7 J)는 분자의 회전 운동에너지로 전환된다. 따라서 이원자 기체에서 다음을 얻는다.

$$\Delta K_{\text{trans}} = 428.6\ \text{J} \quad \text{및} \quad \Delta K_{\text{rot}} = 285.7\ \text{J}.$$ (답)

▶ 보기문제 19.8.2 오두막집 난방

부피 V인 오두막집에 처음에 낮은 온도 T_i인 (이상적인 이원자기체로 생각하는) 공기로 채워져 있다. 나무 난로를 켠 후 공기 온도는 T_f로 증가하였다. 오두막집 안에 있는 공기의 내부에너지 변화 ΔE_{int}를 구하여라.

요점

공기 온도가 증가할 때 공기압력 p는 변하지 않고, 오두막집 밖의 대기압과 항상 같아야 한다. 왜냐하면 오두막집은 밀폐되어 있지 않으므로, 공기가 집 안에만 있지 않기 때문이다. 온도가 올라가면 공기 분자는 여러 출구를 통해 빠져 나가고, 따라서 방 안의 공기 몰수 n은 감소한다. 따라서 ΔE_{int}를 구하기 위해 식 19.7.9($\Delta E_{\text{int}} = nC_V\Delta T$)를 사용할 수 없다. 왜냐하면 이 식에서 n은 일정해야 하기 때문이다. 그러나 임의의 순간에 내부에너지 E_{int}와 n, 온도 T 사이의 관계는 식 19.7.8($E_{\text{int}} = nC_VT$)로 주어진다.

풀이: 식 19.7.8로부터

$$\Delta E_{\text{int}} = \Delta(nC_V\,T) = C_V\,\Delta(nT)$$

으로 쓸 수 있다. 이제 식 19.2.1($pV = nRT$)을 이용하여 nT를 pV/R로 바꾸면

$$\Delta E_{\text{int}} = C_V\,\Delta\left(\frac{pV}{R}\right)$$

을 얻는다. p, V와 R은 모두 상수여서 값이 변하지 않으므로, 온도가 변하더라도 다음을 얻는다.

$$\Delta E_{\text{int}} = 0.$$ (답)

왜 높은 온도의 오두막집이 더 편안하다고 느끼는가? 적어도 두 가지 요소가 있다. (1) 오두막집 내부의 표면과 전자기파 복사(열복사)를 교환하고 (2) 사람과 충돌하는 공기 분자와 에너지를 교환한다. 오두막집의 온도가 증가할 때 (1) 표면이 방출한 열복사량과 사람이 흡수한 복사량은 증가하고 (2) 사람과 충돌하는 공기 분자를 통해 얻는 에너지양이 증가한다.

▶ 양자론의 단서

이원자나 다원자 기체 분자에 원자의 진동을 포함시켜서 기체운동론을 실험값에 더 잘 맞게 개선할 수 있다. 그 예로 그림 19.8.1*b*에서 산소 분자의 두 원자는 용수철처럼 작용하는 원자간 결합에 의해 서로 멀어지고 가까워지는 진동을 한다. 그러나 이런 진동은 상대적으로 높은 온도에서만 일어난다. 즉, 기체 분자가 상대적으로 큰 에너지를 가지고 있을 때만 진동운동이 "켜지는" 것으로 보인다. 회전운동도 이런 "켜짐" 현상을 보이지만 보다 낮은 온도에서 일어난다.

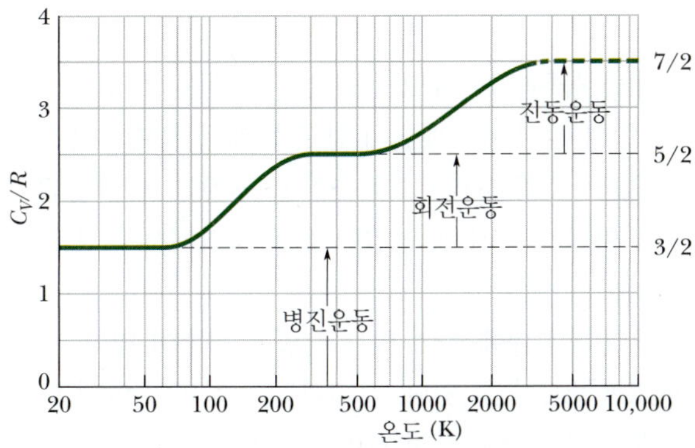

그림 19.8.2 (이원자) 수소 기체의 온도에 대한 C_V/R. 회전운동과 진동운동은 특정한 에너지에서 시작되기 때문에 낮은 온도에서는 병진운동만 가능하다. 온도가 올라가면서 회전운동이 시작될 수 있다. 더 높은 온도에서는 진동운동이 시작될 수 있다.

회전운동과 진동운동의 이런 켜짐을 보는 데 그림 19.8.2가 도움이 될 것이다. 그림에는 이원자 수소 기체(H_2)의 C_V/R 비율을 온도에 대해서 그려놓았는데, 온도는 대수 눈금을 사용하여 여러 크기의 자릿수를 볼 수 있도록 하였다. 약 80 K 아래에서는 $C_V/R = 1.5$이다. 이 결과는 수소의 세 병진운동 자유도만 비열에 관여하고 있다는 것을 알려준다.

온도가 올라가면 C_V/R값은 점차적으로 2.5까지 증가하는데 이것은 두 개의 자유도가 더 관여하게 되었다는 뜻이다. 양자론에 따르면 두 자유도가 수소 분자의 회전운동과 관련되어 있고, 회전운동이 최소한의 에너지를 필요로 한다는 사실을 알 수 있다. 아주 낮은 온도(80 K 이하)에서는 분자가 회전에 필요한 에너지를 가지고 있지 않다. 온도가 80 K 이상으로 올라가면서 우선 몇 개의 분자가 최종에는 점점 더 많은 분자가 회전에 필요한 에너지를 얻으므로, 모든 분자가 회전해서 $C_V/R = 2.5$가 될 때까지 C_V/R가 증가한다.

마찬가지로 양자론에 따르면 분자의 진동운동도 어떤 (회전운동의 경우보다는 더 높은) 최소한의 에너지가 필요하다. 그림 19.8.2에서 알 수 있듯이 약 1000 K의 온도가 될 때까지는 분자들이 필요한 최소 에너지도 갖지 못한다. 온도가 1000 K 넘어서 많은 분자가 진동하기에 충분한 에너지를 가지면 분자들이 진동을 시작하여 $C_V/R = 3.5$가 될 때까지 C_V/R가 증가한다(그림 19.8.2의 곡선은 3200 K에서 멈추는데, 이 온도에서는 수소 분자의 원자들이 너무 빨리 진동해서 원자결합을 압도하여 분자가 두 개의 원자로 *분리되기* 때문이다).

이원자와 다원자 분자에서 회전과 진동이 포함되기 시작하는 것은 이러한 운동이 양자화되어 있다는, 즉 특정한 값으로 제한되어 있다는 사실 때문이다. 각 운동 형태에 대한 허용되는 가장 낮은 값이 있다. 주위의 분자들이 열적 에너지가 커져서 이러한 가장 낮은 양의 에너지를 공급하지 않는 한 분자는 회전하거나 진동할 수 없다.

19.9 ▸ 이상기체의 단열팽창

학습목표 *Learning Objectives*

이 단원을 읽은 후 다음을 이해해야 한다.

19.9.1 p-V 그림에서 단열팽창(혹은 압축)을 그린다. 이 경우 주위와 열교환 Q가 없다.

요점 *Key Ideas*

1. 이상기체가 천천히 단열적 부피 변화($Q = 0$인 변화)를 일으킬 때 다음을 만족한다.

$$pV^{\gamma} = \text{상수} \qquad (\text{단열과정}).$$

여기서 $\gamma\ (= C_p/C_V)$는 기체의 몰비열의 비율이다.

2. 자유팽창에서는 $pV =$ 상수이다.

19.9.2 단열팽창에서 기체는 주위에 일을 하여 기체의 내부에너지가 감소하고, 단열압축에서는 기체에 일을 하여 내부에너지가 증가 한다.

19.9.3 단열팽창 또는 압축에서 초기 압력과 부피를 이용하여 최종 압력과 부피를 구한다.

19.9.4 단열팽창 또는 압축에서 초기 온도와 부피를 이용하여 최종 온도와 부피를 구한다.

19.9.5 단열과정에서 압력을 부피에 대해 적분하여 한 일을 계산한다.

19.9.6 기체가 진공으로 자유팽창하는 것은 단열과정이지만, 아무런 일도 하지 않는다. 따라서 열역학 제1법칙에 의해 기체의 내부에너지와 온도는 변하지 않는다.

▶ 이상기체의 단열팽창

17.2단원에서 음파가 공기나 다른 기체를 통해 압축과 팽창을 반복하면서 퍼져 나가는 것을 보았다. 이 매질의 진동은 너무나 빨리 일어나서 매질의 한 부분에서 다른 부분으로 에너지가 열의 형태로 전달될 시간이 없다. 18.5절에서 보았듯이 $Q = 0$인 과정이 *단열과정*이다. 음파처럼 과정이 매우 빨리 일어나게 하거나, 단열이 잘된 용기에서 과정을 진행함으로써 $Q = 0$임을 보장할 수 있다.

그림 19.9.1*a*에 이상기체를 담고 단열 받침대에 놓여 있는 단열된 원통이 있다. 피스톤에 놓인 납알을 제거하여 기체를 단열팽창시킬 수 있다. 부피가 증가하면서 압력과 온도는 모두 떨어진다. 다음에 단열과정 동안에 압력과 부피 사이의 관계가

$$pV^{\gamma} = \text{상수} \qquad (\text{단열과정}) \tag{19.9.1}$$

임을 증명하겠다. 여기서 $\gamma = C_p/C_V$는 기체 몰비열의 비이다. 그림 19.9.1*b*의 p-V 그림에서 이 과정은 $p = (\text{상수})/V^{\gamma}$인 곡선(*단열곡선*이라고 부른다)을 따라 일어난다. 기체가 초기상태 i에서 최종상태 f로 변하므로 식 19.9.1을 다음과 같이 다시 쓸 수 있다.

$$p_i V^{\gamma}_i = p_f V^{\gamma}_f \qquad (\text{단열과정}). \tag{19.9.2}$$

또한 단열과정에 대한 식을 T와 V로도 쓸 수 있다. 이상기체 방정식($pV = nRT$)을 사용하여 식 19.9.1에서 p를 제거하면

$$\left(\frac{nRT}{V}\right)V^{\gamma} = \text{상수}$$

를 얻는다. 이 식에서 n과 R이 상수이므로, 다음과 같이 쓸 수 있다.

$$TV^{\gamma-1} = \text{상수} \qquad (\text{단열과정}). \tag{19.9.3}$$

여기서의 상수는 식 19.9.1의 상수와는 다른 상수이다. 기체가 초기상태 i에서 최종상태 f로 변할 때 식 19.9.3을 다음과 같이 쓸 수 있다.

$$T_i V_i^{\gamma-1} = T_f V_f^{\gamma-1} \qquad (\text{단열과정}). \tag{19.9.4}$$

단열과정을 이해하면 차가운 샴페인 병의 마개나 차가운 음료수 깡통의 꼭지를 땄을 때 입구에 살짝 물안개가 서리는 것을 이해할 수 있다. 따지 않은 탄산음료의 꼭대기에는 이산화탄소 기체와 수증기가 들어 있다. 기체의 압력이 대기압보다 크기 때문에 용기를 열었을 때 기체는 공기 중으로 팽창해 나간다. 즉 기체의 부피가 증가하므로, 기체가 공기를 밀어내기 위해서 일을 해야만 한다. 빠르게 팽창하기 때문에 단열과정이며, 이때 일을 하기 위한 유일한 에너지원은 기체의 내부에너지이다. 내부에너지가 감소하기 때문에 기체의 온도가 내려가서 기체에 있는 수증기가 작은 안개방울로 응집된다.

식 19.9.1의 증명

그림 19.9.1*a*의 피스톤에서 약간의 납알을 제거하여 이상기체가 피스톤과 남아 있는 납알을 위로 밀어 올리면서 부피가 미소량 dV만큼 증가한다고 하자. 부피 변화량이 아주 작으므로 이 변화 동안 피스톤에 작용하는 기체의 압력은 일정하다고 가정할 수 있다. 이 가정에 의해 부피가 증가하는 동안 기체가 한 일 dW는 $p\,dV$와 같다. 식 18.5.4로부터 열

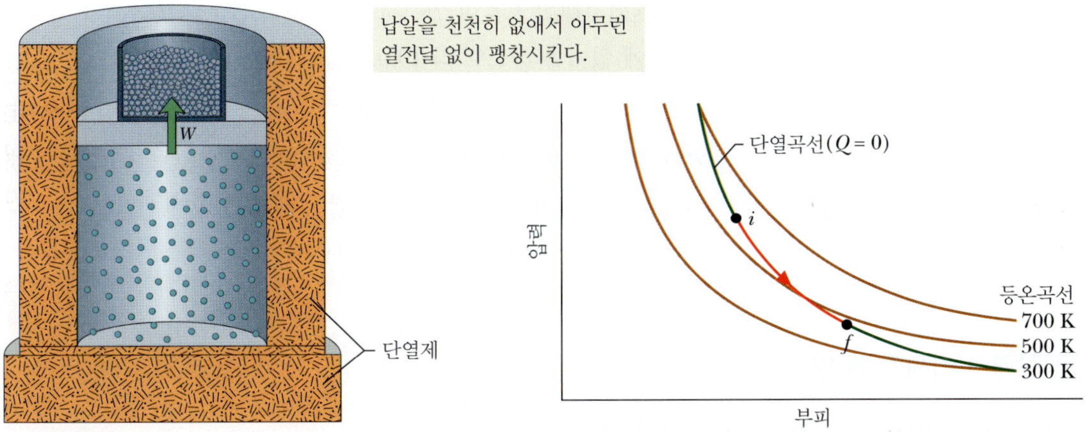

그림 19.9.1 (*a*) 피스톤 위의 납알을 제거하면 이상기체의 부피는 증가한다. 이 과정은 단열과정($Q = 0$)이다. (*b*) p-V 그림에서 단열과정은 i에서 f로 단열곡선을 따라 진행한다.

역학 제1법칙을

$$dE_{\text{int}} = Q - p\,dV \tag{19.9.5}$$

로 쓸 수 있다. 기체가 단열되어 있으므로(즉, 단열팽창이다) $Q = 0$이다. 그리고 식 19.7.9를 사용하여 dE_{int}에 $nC_V dT$를 대입하고 정리하면

$$n\,dT = -\left(\frac{p}{C_V}\right)dV \tag{19.9.6}$$

를 얻는다. 이제 이상기체 법칙($pV = nRT$)으로부터

$$p\,dV + V\,dp = nR\,dT \tag{19.7.7}$$

를 얻는다. 식 19.9.7에서 R을 $C_p - C_V$로 바꾸면

$$n\,dT = \frac{p\,dV + V\,dp}{C_p - C_V} \tag{19.9.8}$$

이다. 식 19.9.6과 19.9.8을 같게 놓고 다시 정리하면

$$\frac{dp}{p} + \left(\frac{C_p}{C_V}\right)\frac{dV}{V} = 0$$

을 얻는다. 몰비열의 비를 γ로 놓고 적분하면(부록 E에 있는 적분 5를 참조)

$$\ln p + \gamma \ln V = \text{상수}$$

이다. 왼편을 $\ln pV^\gamma$로 쓰고 양쪽의 로그를 벗기면 증명하고자 했던 다음 식을 얻는다.

$$pV^\gamma = \text{상수}. \tag{19.9.9}$$

자유팽창

18.5절로부터 기체의 자유팽창은 기체가 한 일도, 기체에 가해진 일도 없고 기체의 내부에너지 변화도 없는 단열과정이었음을 되새겨 보자. 따라서 자유팽창은 식 19.9.1에서 19.9.9까지 기술되는 일이 행해지고 내부에너지가 변하는 단열과정의 유형과는 다른 것이다. 자유팽창이 단열팽창이기는 하지만 이 식은 자유팽창에는 적용되지 *않는다*.

또한 자유팽창에서 기체가 초기상태와 최종상태에서만 평형에 있기 때문에, p-V 그림에서 두 점만을 나타낼 수 있고 팽창과정 자체는 나타낼 수 없다. 게다가 $\Delta E_{\text{int}} = 0$

이므로 최종상태의 온도는 초기상태의 온도와 같아야 한다. 따라서 p-V 그림에서 시작점과 끝점은 같은 동온곡선 위에 있어야 하므로 식 19.9.4 대신 다음 식을 얻는다.

$$T_i = T_f \qquad \text{(자유팽창)}. \tag{19.9.10}$$

또한 기체를 이상기체($pV = nRT$)로 가정하면 온도의 변화가 없으므로 pV에도 변화가 없다. 따라서 식 19.9.1 대신에 자유팽창은 다음과 같은 관계가 있다.

$$p_iV_i = p_fV_f \qquad \text{(자유팽창)}. \tag{19.9.11}$$

보기문제 19.9.1 단열팽창에서 기체가 한 일

초기에 이원자 이상기체의 압력은 $p_i = 2.00 \times 10^5$ Pa, 부피는 $V_i = 4.00 \times 10^{-6}$ m^{3}이다. 이 기체가 단열적으로 팽창하여 부피 $V_f = 8.00 \times 10^{-6}$ m^{3}이 되었다면 이 과정에서 기체가 한 일 W와 내부에너지의 변화 ΔE_{int}는 얼마인가? 이 과정에서 분자들은 회전하지만 진동은 하지 않는다.

요점

(1) 단열팽창에서 기체와 주위 사이의 열교환은 없고, 기체가 한 일에 대한 에너지는 내부에너지에서 나온다. (2) 최종 압력, 부피와 초기 압력, 부피 사이의 관계는 식 19.9.2 ($p_iV_i^\gamma = p_fV_f^\gamma$)에 의해 주어진다. (3) 어떤 과정에서도 기체가 한 일은 압력을 부피에 대해 적분하여 계산할 수 있다(일은 기체가 용기 벽을 밖으로 밀어내는 것이다).

풀이: 다음의 적분을 하여 일을 계산하려고 한다.

$$W = \int_{V_i}^{V_f} p\, dV. \tag{19.9.12}$$

그러나 먼저 압력을 부피의 함수로 나타내야 한다(그래야 그 식은 부피에 대해 적분할 수 있다). 따라서 식 19.9.2를 (첨자 f가 없는) 일반적인 기호로 쓰면 다음과 같다.

$$p = \frac{1}{V^\gamma} p_iV_i^\gamma = V^{-\gamma}p_iV_i^\gamma. \tag{19.9.13}$$

초기 양은 주어진 상수이지만 압력 p는 변하는 부피 V의 함수이다. 이 표현을 식 19.9.12에 대입하고 적분하면 다음을 얻는다.

$$\begin{aligned} W &= \int_{V_i}^{V_f} p\, dV = \int_{V_i}^{V_f} V^{-\gamma}p_iV_i^\gamma\, dV \\ &= p_iV_i^\gamma \int_{V_i}^{V_f} V^{-\gamma}\, dV = \frac{1}{-\gamma+1} p_iV_i^\gamma [V^{-\gamma+1}]_{V_i}^{V_f} \\ &= \frac{1}{-\gamma+1} p_iV_i^\gamma [V_f^{-\gamma+1} - V_i^{-\gamma+1}]. \end{aligned} \tag{19.9.14}$$

주어진 값을 대입하기 전에 회전은 있지만 진동이 없는 이원자 분자 기체의 몰비열의 비율 γ를 결정해야 한다. 표 19.8.1에서 다음을 얻는다.

$$\gamma = \frac{C_p}{C_V} = \frac{\frac{7}{2}R}{\frac{5}{2}R} = 1.4. \tag{19.9.15}$$

이제 기체가 한 일을(부피는 세제곱미터로, 압력은 파스칼로) 다음과 같이 쓸 수 있다.

$$\begin{aligned} W &= \frac{1}{-1.4+1}(2.00 \times 10^5)(4.00 \times 10^{-6})^{1.4} \\ &\quad \times [(8.00 \times 10^{-6})^{-1.4+1} - (4.00 \times 10^{-6})^{-1.4+1}] \\ &= 0.48 \text{ J}. \end{aligned}$$ (답)

열역학 제1법칙(식 18.5.3)에 의하면 $\Delta E_{int} = Q - W$이다. 단열팽창에서는 $Q = 0$이므로 다음을 얻는다.

$$\Delta E_{int} = -0.48 \text{ J}.$$ (답)

이렇게 내부에너지가 감소하면 기체 온도도 팽창하기 때문에 역시 감소해야 한다.

▶ 교육용 비디오는 웹사이트 www.wiley.com에서 볼 수 있다.

보기문제 19.9.2 단열팽창, 자유팽창

1 mol의 산소(이상기체)가 초기부피 12 L, 온도 310 K에서 최종부피 19 L로 팽창한다.

(a) 기체가 최종부피로 단열팽창을 한다면 최종 온도는 얼마인가? 산소(O_2)는 이원자 분자이고 회전운동은 있지만 진동운동은 없다.

요점

1. 기체가 주변의 압력에 대항해서 팽창할 때는 반드시 일을 해야 한다.
2. 단열과정(에너지가 열로서 전달되지 않는다)이므로 일을 하는 데 필요한 에너지는 기체의 내부에너지로부터만 생긴다.
3. 내부에너지가 감소하므로 온도는 반드시 감소한다.

풀이: 초기와 최종의 온도와 부피를 다음과 같이 식 19.9.4로 연결할 수 있다.

$$T_iV_i^{\gamma-1} = T_fV_f^{\gamma-1}. \qquad (19.9.16)$$

분자가 이원자이고 회전운동은 하되 진동운동은 하지 않으므로 표 19.8.1에서 몰비열을 취하면

$$\gamma = \frac{C_p}{C_V} = \frac{\frac{7}{2}R}{\frac{5}{2}R} = 1.40$$

이다. 식 19.9.16을 T_f에 대해 풀고 알려진 자료를 넣으면 다음을 얻는다.

$$T_f = \frac{T_iV_i^{\gamma-1}}{V_f^{\gamma-1}} = \frac{(310\text{ K})(12\text{ L})^{1.40-1}}{(19\text{ L})^{1.40-1}}$$
$$= (310\text{ K})(\tfrac{12}{19})^{0.40} = 258\text{ K}. \quad \text{(답)}$$

(b) 기체가 초기압력 2.0 Pa에서 새로운 부피로 자유팽창 한다면 최종 온도와 압력은 각각 얼마인가?

요점

자유팽창에서는 분자의 운동에너지를 변화시키는 것이 전혀 없으므로 온도가 변하지 않는다.

풀이: 따라서 최종온도는 다음과 같다.

$$T_f = T_i = 310\text{ K}. \quad \text{(답)}$$

식 19.9.11을 사용하여 최종압력을 구하면 다음과 같다.

$$p_f = p_i\frac{V_i}{V_f} = (2.0\text{ Pa})\frac{12\text{ L}}{19\text{ L}} = 1.3\text{ Pa}. \quad \text{(답)}$$

문제풀이 요령 **네 기체 과정에 대한 그림 요약**

이 장에서는 이상기체가 겪을 수 있는 특별한 네 과정을 논의했다. (단원자 이상기체에 대한) 각 과정의 예를 그림 19.9.2에서 볼 수 있으며, 관련된 특성이 표 19.9.1에 수록되어 있다.

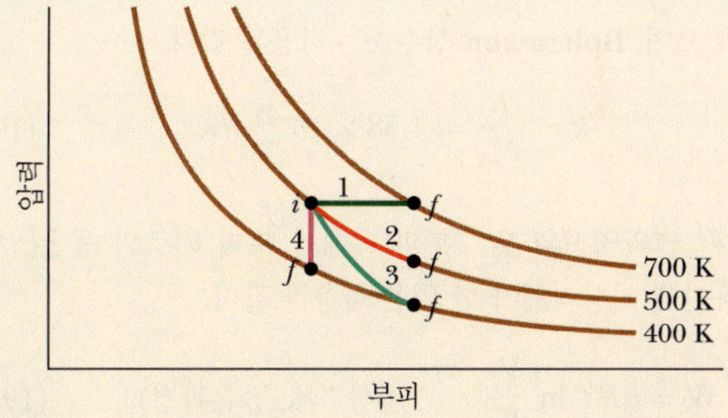

그림 19.9.2 단원자 이상기체에 대한 특별한 네 과정을 나타내는 p-V 그림.

확인문제 19.9.1

그림 19.9.2의 경로 1, 2, 3을 기체로 전달된 열에너지가 큰 순서대로 나열하여라.

표 19.9.1 특별한 네 과정

그림 19-16에서의 경로	상수인 양	유형	특별한 결과 (모든 경로에 대해 $\Delta E_{int} = Q - W, \Delta E_{int} = nC_V\Delta T$)
1	p	등압	$Q = nC_p\Delta T, W = p\Delta V$
2	T	등온	$Q = W = nRT\ln(V_f/V_i), \Delta E_{int} = 0$
3	pV^γ, $TV^{\gamma-1}$	단열	$Q = 0, W = -\Delta E_{int}$
4	V	등적	$Q = \Delta E_{int} = nC_V\Delta T; W = 0$

▶ 교육용 비디오는 웹사이트 www.wiley.com에서 볼 수 있다.

정리 및 요약 _Review & Summary

▸기체운동론 *기체운동론*은 기체의 *거시적* 특성(예를 들면 압력과 온도)을 기체 분자의 *미시적* 특성(예를 들면 속력과 운동에너지)과 연관시킨다.

▸Avogadro 수 어떤 물질 1 mol은 N_A(*Avogadro 수*)의 기본 단위(대개 원자나 분자)를 가지고 있다. N_A가

$$N_A = 6.02 \times 10^{23}\ \text{mol}^{-1} \quad \text{(Avogadro 수)} \tag{19.1.1}$$

이라는 것을 실험적으로 구하였다. 어떤 물질의 몰질량 M은 물질 1 mol의 질량이다. 몰질량은 물질의 단일 분자의 질량 m과 다음과 같은 관계가 있다.

$$M = mN_A. \tag{19.1.4}$$

N개의 분자로 된 질량 M_{sam}의 시료에 들어 있는 몰수는 다음과 같다.

$$n = \frac{N}{N_A} = \frac{M_{sam}}{M} = \frac{M_{sam}}{mN_A}. \quad (19.1.2,\ 19.1.3)$$

▸이상기체 *이상기체*는 압력 p, 부피 V, 온도 T가

$$pV = nRT \quad \text{(이상기체 법칙)} \tag{19.2.1}$$

의 관계를 갖는 기체이다. 여기서 n은 기체의 몰수이고 R은 **기체상수**라 불리는 상수(8.31 J/mol · K)이다. 이상기체 법칙은

$$pV = NkT \tag{19.2.5}$$

로 쓸 수 있으며, **Boltzmann 상수** k는 다음과 같다.

$$k = \frac{R}{N_A} = 1.38 \times 10^{-23}\ \text{J/K}. \tag{19.2.3}$$

▸등온 부피 변화에서의 일 부피 V_i에서 부피 V_f로의 **등온**(일정 온도)과정 동안에 이상기체가 한 일은 다음과 같다.

$$W = nRT \ln \frac{V_f}{V_i} \quad \text{(이상기체, 등온과정)}. \tag{19.2.10}$$

▸압력, 온도 및 분자의 속력 이상기체 n mol의 압력은 기체 분자의 속력으로 쓰면

$$p = \frac{nMv_{rms}^2}{3V} \tag{19.3.4}$$

이다. 여기서 $v_{rms} = \sqrt{(v^2)_{avg}}$는 기체분자들의 **제곱평균제곱근 속력**이며, 식 19.2.1에 따라 다음과 같다.

$$v_{rms} = \sqrt{\frac{3RT}{M}}. \tag{19.3.5}$$

▸온도와 운동에너지 이상기체의 분자당 평균 병진 운동에너지 K_{avg}는 다음과 같다.

$$K_{avg} = \tfrac{3}{2}kT. \tag{19.4.2}$$

▸평균자유거리 기체 분자의 *평균자유거리* λ는 충돌 사이의 평균 거리로 다음과 같다.

$$\lambda = \frac{1}{\sqrt{2}\pi d^2\ N/V}. \tag{19.5.1}$$

여기서 N/V는 단위부피당 분자의 수이고 d는 분자의 지름이다.

▸Maxwell 속력분포 *Maxwell 속력분포* $P(v)$는 $P(v)dv$가 속력이 v에서 dv의 구간에 있는 분자들의 비율을 나타내는 함수로 다음과 같다.

$$P(v) = 4\pi\left(\frac{M}{2\pi RT}\right)^{3/2} v^2 e^{-Mv^2/2RT}. \tag{19.6.1}$$

기체 분자들의 속력분포를 알려주는 세 양은

$$v_{avg} = \sqrt{\frac{8RT}{\pi M}} \quad \text{(평균속력)}, \tag{19.6.5}$$

$$v_P = \sqrt{\frac{2RT}{M}} \quad \text{(가장 잦은 속력)} \tag{19.6.9}$$

와 식 19.3.5로 정의한 rms 속력이다.

▸몰비열 기체의 등적 몰비열 C_V는

$$C_V = \frac{Q}{n\,\Delta T} = \frac{\Delta E_{int}}{n\,\Delta T} \quad (19.7.3,\ 19.7.5)$$

로 정의한다. 여기서 Q는 기체 n몰에 열로 전달되거나 받은 에너지, ΔT는 그 결과로 생기는 기체의 온도변화, ΔE_{int}는 결과로 생기는 기체의 내부에너지 변화이다. 이상기체에 대해서는

$$C_V = \tfrac{3}{2}R = 12.5\ \text{J/mol} \cdot \text{K} \tag{19.7.7}$$

이다. 기체의 등압몰비열 C_p는

$$C_p = \frac{Q}{n\,\Delta T} \tag{19.7.10}$$

로 정의한다. 여기서 Q, n, ΔT는 위와 같다. 또한 C_p는 다음과 같다.

$$C_p = C_V + R. \tag{19.7.13}$$

이상기체 n mol에 대해서는

$$E_{int} = nC_VT \quad \text{(이상기체)} \tag{19.7.8}$$

이다. n mol의 갇힌 이상기체가 *임의의* 과정에 의해 온도변화 ΔT를 겪을 때 기체의 내부에너지 변화

$$\Delta E_{int} = nC_V\,\Delta T \quad \text{(이상기체, 임의의 과정)} \tag{19.7.9}$$

이다.

▸자유도와 C_V *에너지 등분배* 정리는 분자의 모든 *자유도*(에너지를 저장할 수 있는 모든 독립된 방법)가 평균적으로 분자당 $\frac{1}{2}kT$(mol 당 $\frac{1}{2}RT$)의 에너지를 가진다는 것이다. f가 자유도의 수라면 $E_{int} = (f/2)nRT$이고

$$C_V = \left(\frac{f}{2}\right)R = 4.16f\ \text{J/mol}\cdot\text{K} \qquad (19.8.1)$$

이다. 단원자 기체는 $f = 3$(세 개의 병진 자유도), 이원자 기체는 $f = 5$ (세 개의 병진 자유도와 두 개의 회전 자유도)이다.

▸ ***단열과정*** 이상기체가 천천히 단열과정으로 부피가 변화할 때($Q = 0$인 변화), 기체의 압력과 부피는 다음의 관계가 있다.

$$pV^{\gamma} = \text{상수} \quad (\text{단열과정}). \qquad (19.9.1)$$

여기서 γ ($= C_p/C_V$)는 기체 몰비열의 비율이다. 그러나 자유팽창에 대해서는 pV = 상수이다.

연습문제 _Problems

E Easy M Medium H Hard CALC Requires calculus BIO Biomedical application

1 M 기체가 그림 19.1에서 초기상태 i에서 최종상태 f로 이동한다. 경로 1은 등온팽창(일의 크기는 50 J), 단열팽창(일의 크기는 35 J), 등온압축(일의 크기는 30 J), 그리고 단열압축(일의 크기는 25 J)으로 이루어져 있다. 경로 2를 따라 상태 i에서 상태 f로 갈 때 기체의 내부에너지의 변화는 얼마인가?

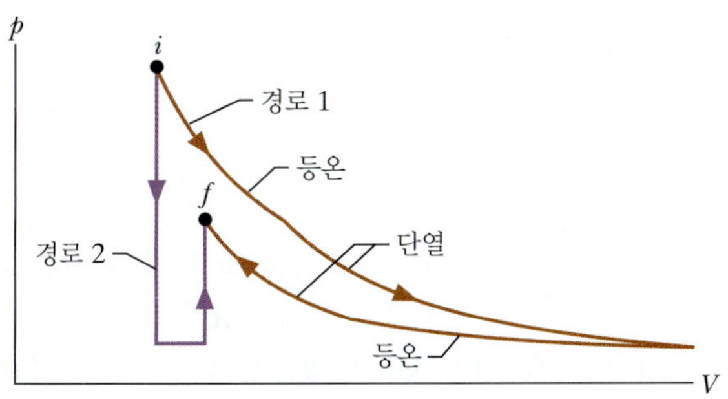

그림 19.1 연습문제 1

2 E 압력 270 Pa, 온도 220 K의 이상기체 1.00 cm^3의 (a) 몰수와 (b) 분자의 수를 계산하여라.

3 E 600 K에서 헬륨 원자의 rms 속력을 구하여라. 헬륨 원자의 몰질량은 부록 F를 참조하여라.

4 E 공기에서 소리의 파장이 압력 1.0 atm, 27.0°C에서 산소 분자의 평균자유거리와 같아지는 진동수는 얼마인가? 산소 분자의 지름은 3.0×10^{-8} cm이다.

5 M 이상기체 시료가 그림 19.2의 $abcd$ 순환과정을 거친다. 수직축 눈금은 $p_b = 7.5$ kPa과 $p_{ac} = 2.5$ kPa이다. 점 a에서 $T = 300$ K이다. (a) 시료에 있는 기체는 몇 몰인가? (b) 점 b와 (c) 점 c에서 기체의 온도는 얼마인가? (d) 순환과정 동안 기체에 열로 더해지는 알짜 에너지는 얼마인가?

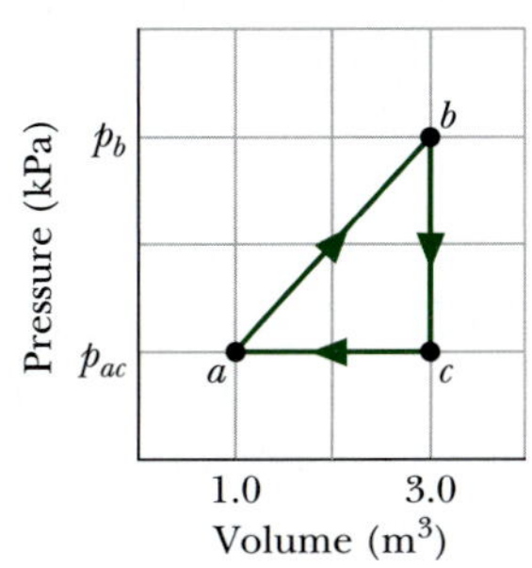

그림 19.2 연습문제 5

6 E 몰질량이 74.9 g/몰인 비소 원자 9.15×10^{24}개의 질량은 몇 kg인가?

7 M 이상기체의 부피가 200 L에서 74.3 L로 단열압축되었다. 초기의 압력과 온도는 1.00 atm, 300 K이다. 최종압력은 4.00 atm이다. (a) 기체는 단원자, 이원자, 다원자 중 어떤 것인가? (b) 최종 온도는 얼마인가? (c) 기체는 몇 mol인가?

8 M 단원자 이상기체 2.00 mol의 온도가 일정한 압력에서 20.0 K 증가시켰다. (a) 기체가 한 일 W, (b) 열로 전달된 에너지 Q, (c) 기체의 내부에너지 변화 ΔE_{int}, (d) 원자당 평균 운동에너지의 변화 ΔK는 얼마인가?

9 M 그림 19.3은 질소 기체의 확률분포이다. 수평축 값은 $v_s = 2400$ m/s이다. (a) 기체의 온도, (b) 분자의 rms 속력은 얼마인가?

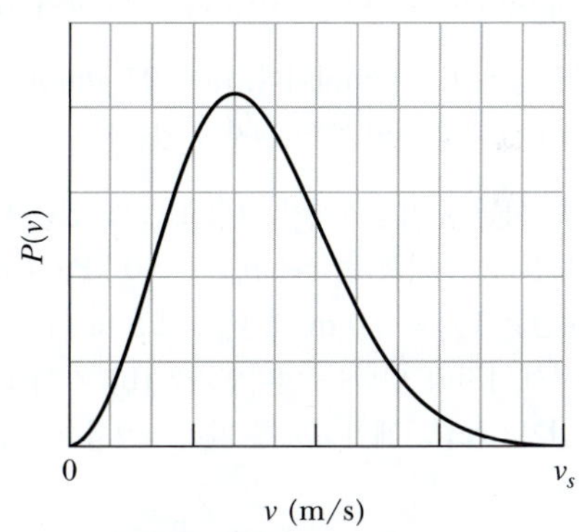

그림 19.3 연습문제 9

10 E 분자 10개의 속력이 2.0, 3.0, 4.0, . . . , 12 km/s이다. (a) 평균 속력과 (b) rms 속력은 얼마인가?

11 M 한 기체가 p-V 그림에서 경로 1 또는 경로 2를 따라 초기상태 i에서 최종상태 f로 팽창한다. 경로 1은 등온팽창(일의 크기는 40 J), 단열팽창(일의 크기는 15 J), 그리고 또 한 번의 등온팽창(일의 크기는 30 J)인 세 단계로 되어 있다. 경로 2는 일정 부피에서 압력 감소, 그리고 등압팽창인 두 단계로 되어 있다. 경로 2를 따라 이동했을 때 기체 내부에너지의 변화는 얼마인가?

12 M 이상기체에 15.0 J의 열을 가했을 때 압력은 1.00 atm으로 유지되면서 기체의 부피가 50.0 cm^3에서 100 cm^3으로 변하였다. (a) 기체의 내부에너지 변화는 얼마인가? 기체의 양은 2.00×10^{-3} mol이다. (b) C_p와 (c) C_V를 구하여라.

13 M 0.900 mol의 이상기체에 열에너지 Q를 가하여 등온팽창한다. 그림 19.4의 Q에 대한 최종 부피 V_f의 변화라면 기체의 온도는 얼마인가? 수직축 눈금은 V_{fs} = 0.30 m^{3}이고, 수평축 눈금은 Q_s = 1200 J이다.

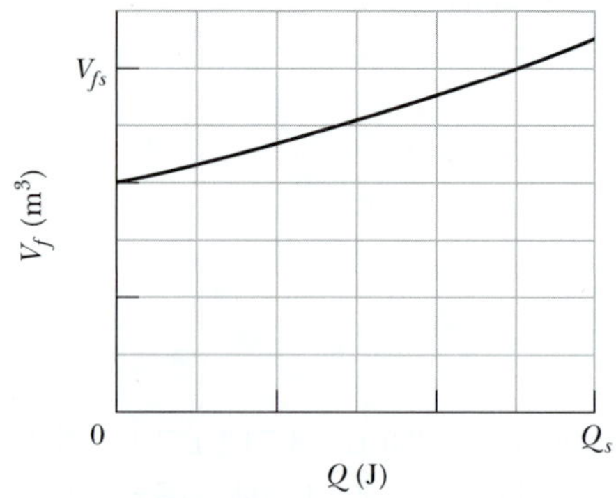

그림 19.4 연습문제 13

14 M 20°C, 750 torr 압력에서 아르곤 기체(Ar)와 질소 기체(N_2)의 평균자유거리는 각각 $\lambda_{Ar} = 9.9 \times 10^{-6}$ cm와 $\lambda_{N_2} = 27.5 \times 10^{-6}$ cm이다. (a) Ar 원자와 N_2 분자 지름의 비율을 구하여라. (b) 20°C, 75.0 torr와 (c) −40°C, 750 torr에서 아르곤의 평균자유거리는 얼마인가?

15 M 273 K, 1.00×10^{-2} atm에서 기체의 밀도는 1.24×10^{-5} g/cm^{3}이다. (a) 기체 분자의 v_{rms}를 구하여라. (b) 기체의 몰질량을 구하여라. (c) 기체가 무엇인지 밝혀라. 표 19.3.1을 참조하여라.

16 E 금의 몰질량은 197 g/mol이다. (a) 197 g/mol의 순금 시료는 몇 mol인가? (b) 시료에는 몇 개의 원자가 있는가?

17 M 1 mol의 이원자 이상기체가 그림 19.5에 있는 대각선 경로를 따라 a에서 c로 간다. 수직축 눈금은 p_{ab} = 5.0 kPa과 p_c = 2.0 kPa이고, 수평축 눈금은 V_{bc} = 3.0 m^{3}과 V_a = 1.5 m^{3}이다. 이 과정 동안 (a) 기체의 내부에너지의 변화는 얼마인가? (b) 기체에 열로 더해진 에너지는 얼마인가? (c) 기체가 abc를 따라 a에서 c로 간다면 필요한 열은 얼마인가?

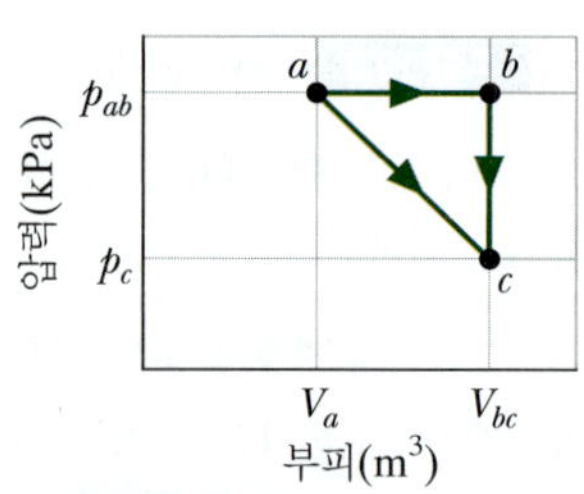

그림 19.5 연습문제 17

18 M 일정한 대기압에서 산소(O_2) 기체 20.0 g을 25.0°C에서 125°C로 가열한다. (a) 산소는 몇 mol인가? (몰질량은 표 19.3.1 참조) (b) 산소에 열로 전달된 에너지는 얼마인가? (분자는 회전하지만 진동하지 않는다.) (c) 산소의 내부에너지를 올리기 위해서 사용된 열의 비율은 얼마인가?

19 H 그림 19.6은 1.00 mol의 단원자 이상기체의 순환과정이다. 각 점의 온도는 T_1 = 300 K, T_2 = 600 K, T_3 = 455 K이다. 1 → 2과정에서 (a) 열 Q, (b) 내부에너지 변화 ΔE_{int}, (c) 한 일 W는 얼마인가? 2 → 3과정에서 (d) Q, (e) ΔE_{int}, (f) W는 각각 얼마인가? 3 → 1과정에서 (g) Q, (h) ΔE_{int}, (i) W는 얼마인가? 전체 순환과정에서 (j) Q, (k) ΔE_{int}, (l) W는 얼마인가? 점 1에서 초기 압력은 1.00 atm (= 1.013×10^5 Pa)이다. 점 2에서 (m) 부피, (n) 압력은 얼마인가? 점 3에서 (o) 부피와 (p) 압력은 얼마인가?

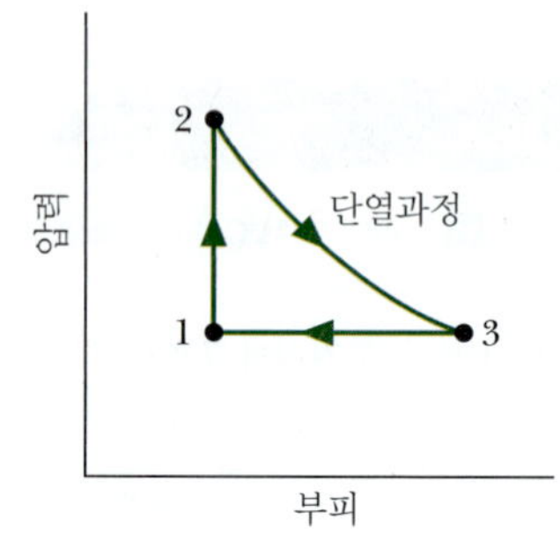

그림 19.6 연습문제 19

20 E 입자 23개의 속력이 다음과 같다. (N_i는 속력 v_i를 가진 입자의 수이다.) (a) v_{avg}, (b) v_{rms}, (c) v_P는 얼마인가?

N_i	2	4	6	8	3
v_i (cm/s)	1.0	2.0	3.0	4.0	5.0

21 M rms 속력으로 움직이는 수소 분자(지름 1.0×10^{-8} cm)가 4000 K의 가마를 빠져나와서 밀도가 4.0×10^{19} 원자/cm^{3}인 *차가운* 아르곤 원자(지름 3.0×10^{-8} cm)가 있는 방으로 들어간다. (a) 수소 분자의 속력은 얼마인가? (b) 수소 분자가 아르곤 원자와 충돌하면, 각각을 구라고 생각했을 때 두 중심이 최대한 얼마까지 가까워질 수 있는가? (c) 초기에 수소 분자가 1초당 충돌하는 횟수는 얼마인가? (*힌트*: 아르곤 원자는 정지해 있는 것으로 가정하여라. 그러면 수소 분자의 평균자유거리는 식 19.5.1이 아니라 식 19.5.2로 주어진다.)

22 E 몰질량 M_1인 이상기체 1.7 mol과 몰질량 $M_2 = 3M_1$인 두 번째 이상기체 0.50 mol이 한 용기에 담겨 있다. 용기 벽에 작용하는 전체 압력 중에서 두 번째 기체가 기여하는 비율은 얼마인가? (압력에 대한 기체운동론에서 실험적으로 발견된 화학반응을 하지 않는 혼합기체에 대한 다음의 분압법칙을 유도할 수 있다. '*혼합기체가 작용하는 전체 압력은 기체가 각각 주어진 용기 안에 있을 때 작용하는 압력들의 합이다*'. 한 종류의 기체분자가 벽에 충돌하는 것은 다른 종류의 기체가 있다고 해도 변하지 않는다.)

23 H 그림 19.7에 있는 용기 A에 압력 5.0×10^5 Pa, 온도 200 K의 이상기체가 들어 있다. 용기 A는 가는 관과 닫힌 밸브로 부피가 용기 A의 네 배인 용기 B에 연결되어 있다. 용기 B에는 압력 1.0×10^5 Pa, 온도 400 K의 이상기체가 들어 있다. 밸브를 열어 압력이 같도록 만들되 각 용기의 온도는 그대로 유지

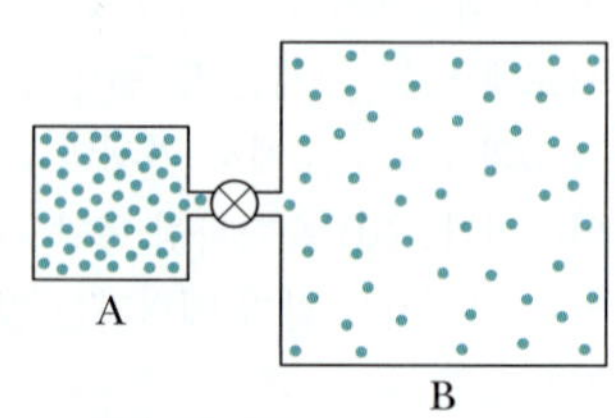

그림 19.7 연습문제 23

한다. 이때 압력은 얼마인가?

24 E (a) 0.00°C와 (b) 120°C에서 이상기체 분자의 병진운동에너지의 평균값을 구하여라. (c) 0.00°C와 (d) 120°C에서 이상기체의 몰당 병진운동에너지는 얼마인가?

25 M 어떤 입자가속기에서는 양성자가 진공실에서 지름 23.0 m의 원형 경로를 돌고, 진공실에 남아 있는 기체는 295 K, 2.00×10^{-6} torr이다. (a) 이 압력에서 cm^3당 기체 분자의 수를 계산하여라. (b) 분자의 지름이 2.00×10^{-8} cm이면 기체 분자의 평균자유거리는 얼마인가?

26 H 회전은 하지만 진동하지 않는 이원자 이상기체가 단열압축한다. 기체의 초기 압력과 부피는 1.20 atm과 0.300 m^3이며, 최종 압력은 2.40 atm이다. 기체가 한 일은 얼마인가?

27 M 분자가 회전하되 진동하지 않는 3.00 mol의 이원자 이상기체가 일정한 압력에서 온도가 60.0 K만큼 증가한다. (a) 열로 전달되는 에너지 Q, (b) 기체의 내부에너지 변화 ΔE_{int}, (c) 기체가 한 일 W, (d) 기체의 병진운동에너지 변화 ΔK는 얼마인가?

28 E 10개의 입자 중 4개는 200 m/s, 2개는 500 m/s, 4개는 700 m/s의 속력으로 움직이고 있다. 입자들의 (a) 평균 속력과 (b) rms 속력을 구하여라. (c) $v_{rms} > v_{avg}$인가?

29 E $\gamma = 1.30$인 2.00 L의 기체가 초기 상태 350 K, 1.00 atm에서 갑자기 초기 부피의 반으로 단열압축되었다. 기체의 (a) 최종압력과 (b) 최종온도를 구하여라. (c) 그 다음 기체를 일정한 압력에서 273 K까지 냉각하였다면 최종부피는 얼마인가?

30 E (a) 10.0°C에서 질소 분자의 rms 속력을 구하여라. 질소 분자(N_2)의 몰질량은 표 19.3.1에 있다. rms 속력이 이 값의 (b) 절반과 (c) 두 배가 되는 온도는 각각 얼마인가?

31 E 1400 K에서 질소 분자의 평균 병진운동에너지는 얼마인가?

32 M 10.0°C, 100 kPa에서 부피 300 kPa의 이상기체가 있다. (a) 기체는 몇 몰인가? (b) 압력이 300 kPa로 높아지고 온도가 30.0°C로 올라가면 부피는 얼마인가? 기체는 새지 않는다고 가정한다.

33 M 그림 19.8은 N개의 기체입자 표본의 가상적인 속력분포이다. ($v > 2v_0$에 대해서 $P(v) = 0$이라는 것을 주목하여라.) (a) av_0, (b) v_{avg}/v_0, (c) v_{rms}/v_0의 값은 얼마인가? (d) 속력이 $1.2v_0$에서 $2.0v_0$ 사이에 있는 입자의 비율은 얼마인가?

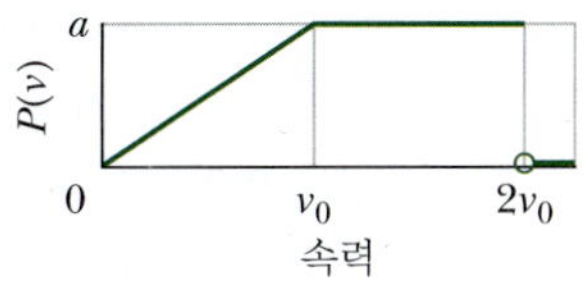

그림 19.8 연습문제 33

34 M 단원자 이상기체 3.00 mol의 온도가 일정한 압력에서 15.0 K 올라간다. (a) 기체가 한 일 W, (b) 열로 전달된 에너지 Q, (c) 기체의 내부에너지 변화 ΔE_{int}, (d) 원자당 평균운동에너지의 변화 ΔK는 얼마인가?

35 E 이원자 기체에 50 J의 열을 가하고, 일정한 압력에서 팽창시킨다. 기체 분자는 회전하지만 진동하지 않는다. 기체의 내부에너지는 얼마나 증가하는가?

36 M *샴페인 터트리기*. 샴페인병 안에서 액체와 병마개 사이의 (주로 이산화탄소인) 기체 압력은 $p_i = 4.00$ atm이다. 병마개를 따면 기체가 단열팽창하여 주변의 대기압 1.00 atm과 같아진다. 몰비열의 비는 $\gamma = \frac{4}{3}$라고 가정한다. 기체의 초기 온도가 $T_i = 5.00$°C이면 단열팽창 후의 온도는 얼마인가?

37 M 310 K에서 330 K의 온도 범위에서 어떤 이상적이 아닌 기체의 압력 p는 부피 V, 온도 T와 다음과 같은 관계가 있다.

$$p = (28.0\ \text{J/K})\frac{T}{V} - (0.006\,62\ \text{J/K}^2)\frac{T^2}{V}.$$

압력을 일정하게 유지하면서 온도를 315 K에서 325 K으로 올리면 기체가 한 일은 얼마인가?

38 E 40.0°C, 1.01×105 Pa에서 부피가 1800 cm^3인 산소 기체를 부피 1500 cm^3, 압력 1.06×10^5 Pa로 팽창시켰다. (a) 산소는 몇 몰인가? (b) 최종온도는 얼마인가?

39 M 32.0°C에서 노출되어 있는 물은 표면의 분자가 빠져나가기 때문에 증발한다. 증발열(539 cal/g)은 어림잡아 εn과 같다. 여기서 ε은 빠져나가는 분자의 평균 에너지이고 n은 그램당 분자의 수이다. (a) ε을 구하여라. (b) H_2O 분자의 평균 운동에너지가 기체와 똑같이 온도에 의존한다고 가정하면 H_2O 분자의 평균 운동에너지에 대한 ε의 비율은 얼마인가?

40 E 우주에서 가능한 가장 낮은 온도는 2.7 K이다. 이 온도에서 수소 분자의 rms 속력은 얼마인가? (몰질량은 표 19.3.1에 있다.)

41 M *단열바람*. 로키산맥 위의 공기는 통상 서쪽에서 동쪽으로 흐른다. 서쪽에서 불어오는 공기는 수분을 잃어버리므로 산맥의 서쪽방향을 타고 올라올 때는 찬 공기로 바뀐다. 그 후 산맥의 동쪽 면으로 내려갈 때는 압력이 증가하여 공기의 온도가 올라간다. 즉, 치누크라고 부르는 샛바람이 산맥 아래의 기온을 급속히 증가시킨다. 고도 y에서 공기압력 p는 $p = p_0 \exp(-ay)$라고 가정한다. 여기서 $p_0 = 1.00$ atm이고 $a = 1.16 \times 10^{-4}\ m^{-1}$이다. 또한 몰비열의 비는 $\gamma = \frac{4}{3}$로 가정한다. 초기 온도 −5.00°C의 공기덩어리가 $y_1 = 4267$ m에서 $y = 1400$ m까지 단열적으로 하강한다고 하자. 하강 후 공기온도는 얼마인가?

42 M (a) H_2(수소 분자)와 (b) O_2(산소 분자)의 rms 속력이 지구의 탈출속력(표 13.5.1)과 같아지는 온도는 얼마인가? (c) H_2와 (d) O_2의 rms 속력이 달의 탈출속력(달 표면에서 중력가속도는 0.16 g이다)과 같아지는 온도는 얼마인가? (a)와 (b)의 답을 고려할 때 온도가 약 1000 K인 지구 대기권의 상층부에는 (e) 수소와 (f) 산소가 많이 있어야 하는가?

43 M 한 용기에 서로 반응하지 않는 세 종류의 혼합기체가 담겨 있다. $C_{V1} = 12.0$ J/mol·K인 기체 1은 6.00 mol, $C_{V2} = 12.8$ J/mol·K

인 기체 2는 1.50 mol, C_{V3} = 20.0 J/mol · K인 기체 3은 3.20 mol 이다. 혼합기체의 C_V는 얼마인가?

44 E 어떤 기체의 부피는 압력 1.8 atm과 온도 310 K에서 4.3 L이다. 기체가 부피 0.76 L로 단열압축된다. 기체가 $\gamma = 1.4$인 이상기체라 가정하고 (a) 최종 압력과 (b) 최종 온도를 구하여라.

45 M 어떤 기체에서 온도가 T_2인 분자의 가장 잦은 속력과 온도가 T_1인 평균 속력이 같다. T_2/T_1을 구하여라.

46 M BIO *잠수함 구조.* 고장이 나서 80 m 깊이에 가라앉은 미국 잠수함 *Squalus*호에서 승무원을 구출하기 위하여 구조선에서 구조용 원통을 내려 보냈다. 밑바닥이 열려 있는 원통의 반지름은 1.00 m, 높이가 4.00 m이며, 두 명의 구조대원이 타고 있다. 줄에 매달아 내려 보낸 원통을 잠수함 해치 위에 올려놓고 꽉 조이면 승무원들이 원통으로 탈출할 수 있다. 원통을 내려 보내는 동안에는 바닷물이 밀려들어오는 것을 막기 위하여 공기를 뿜어준다. 원통 내부의 공기압력은 $p_0 + \rho gh$로 주어지는 깊이 h에서의 바닷물 압력과 같다고 하자. 여기서 수면의 대기압은 p_0 = 1.000 atm, 바닷물의 밀도는 ρ = 1024 kg/m^3 이다. 또한 수면의 온도는 20.0°C이고 물속의 온도는 −30.0°C이다. (a) 수면에서 원통 안 공기의 부피는 얼마인가? (b) 공기를 뿜어주지 않으면 h = 80.0 m 깊이에서 공기의 부피는 얼마인가? (3) 원통 안 공기의 부피를 원래대로 유지하려면 몇 mol의 공기를 내보내야 하는가?

47 E 2500 km 높이에서 대기의 밀도는 1분자/cm^{3}이다. (a) 분자의 지름을 2.0 × 10^{-8} cm로 가정해서 식 19.5.1로 예측되는 평균자유거리를 구하여라. (b) 예측한 값이 의미가 있는지 설명하여라.

48 M 수소(H_2) 분자빔을 벽면에 수직 방향과 30°의 각도로 쏘았다. 분자빔에서 각 분자의 속력과 질량은 1.0 km/s와 3.3 × 10^{-24} g이다. 분자빔이 벽 위 2.0 cm^{2}의 면적에 초당 10^{23}개의 분자로 벽을 때린다. 분자빔이 벽에 가하는 압력은 얼마인가?

49 M 기체 분자의 질량은 등적비열 c_V(C_V가 아니다)로부터 계산할 수 있다. 아르곤의 경우 c_V = 0.075 cal/g · C°를 이용하여 (a) 아르곤 원자의 질량과 (b) 몰질량을 구하여라.

50 M 두 용기가 같은 온도에 있다. 첫 번째 용기는 압력 p_1, 분자 질량 m_1, rms 속력 v_{rms1}인 기체를 담고 있다. 두 번째 용기는 압력 2.0p_1, 분자 질량 m_2, 평균 속력 $v_{avg2} = 2.5v_{rms1}$인 기체를 담고 있다. 질량비 m_1/m_2를 구하여라.

51 E 단열과정에서는 pV^γ = 상수임을 알고 있다. 압력이 정확히 p =1.0 atm, 온도가 T = 300 K인 상태를 지나가는 부피가 정확히 3.0 mol인 이상기체의 단열과정에 대하여 상수값을 구하여라. 분자가 회전운동은 하지만 진동운동은 하지 않는 이원자 기체로 가정한다.

52 H 부피 12 cm^{3}의 공기방울 하나가 깊이 40 m인 호수의 바닥에 있다. 호수 바닥의 온도는 4.0°C이다. 공기방울이 온도 20°C의 표면으로 떠오를 때, 공기방울에 있는 공기의 온도는 둘러싸고 있는 물의 온도와 같다고 하자. 공기방울이 수면에 도달하는 순간 부피는 얼마인가?

53 E 실험실에서 얻을 수 있는 최고의 진공의 압력은 약 1.00 × 10^{-18} atm 기압, 즉 1.01 × 10^{-13} Pa이다. 167 K에서 이 진공에는 세제곱센티미터당 몇 개의 기체분자가 있는가?

54 E 273 K의 단원자 이상기체 2.3 mol의 내부에너지는 얼마인가?

55 E 일정한 압력에서 산소(O_2) 기체 2.5 mol이 0°C부터 가열될 때 부피가 두 배가 되면 기체에 열로 가해지는 에너지는 얼마인가? (분자는 회전하지만 진동은 하지 않는다.)

56 E 0.700 mol의 이상기체가 30°C에서 등온압축되어 부피가 3.00 m^{3}에서 1.50 m^{3}가 되었다. (a) 압축되는 동안 열로 전달되는 에너지는 얼마인가? (b) 열은 기체에서 *나오는가*, 기체로 *들어가는가*?

57 M 이원자 이상기체 1.80 mol의 온도가 압력 변화 없이 40.0°C 증가한다. 기체 분자는 회전하지만 진동하지 않는다. (a) 기체에 열로 전달된 에너지는 얼마인가? (b) 기체의 내부에너지 변화는 얼마인가? (c) 기체가 한 일은 얼마인가? (d) 기체의 회전운동에너지는 얼마나 증가하는가?

58 E 0.0°C, 1.0 기압에서 질소 분자의 평균자유거리는 0.80 × 10^{-5} cm 이다. 이 온도와 압력에서는 2.7 × 10^{19} 분자/cm^{3}이다. 분자의 지름은 얼마인가?

59 E 태양 대기의 온도와 압력은 2.00 × 10^6 K과 0.0300 Pa이다. 그곳에서 자유전자(질량 9.11 × 10^{-31} kg)의 rms 속력을 자유전자가 이상기체라고 가정하고 구하여라.

60 E 자동차 타이어의 온도가 0.00°C일 때 계기압력(대기압에 더해진 압력) 165 kPa에서 부피는 1.64 × 10^{-2} m^{3}이다. 온도가 15.0°C로 올라가고 부피가 1.67 × 10^{-2} m^{3}으로 증가할 때 타이어 공기의 계기압력은 얼마인가? 대기압은 1.01 × 10^5 Pa이다.

61 E 400 K에서 아르곤 원자의 rms 속력을 구하여라. 아르곤 원자의 몰질량은 부록 F를 참조하여라.

62 M CALC 103.0 kPa의 계기압력에서 부피 0.220 m^{3}의 공기가 101.3 kPa의 압력까지 등온팽창한 다음 일정압력에서 초기 부피가 될 때까지 냉각되었다. 공기가 한 알짜 일을 계산하여라. (계기압력은 실제 압력과 대기압의 차이이다.)

63 E *뜨거운 자동차 안의 물병.* 미국 남서부 지역에서 뜨거운 여름 햇빛 아래에 세워둔 자동차 안의 온도는 살을 태울 정도로 높다. 5.00°C의 냉장고에서 꺼낸 물병을 열었다가 다시 닫은 채로 60.0°C의 자동차 안에 두었다고 하자. 물과 병의 팽창은 무시하고 병 속에 갇힌 공기덩어리의 압력을 구하여라. (이 정도의 압력이면 병뚜껑이 저절로 열릴 수도 있다.)

제 20 장

엔트로피와 열역학 제2법칙

Entropy and the Second Law of Thermodynamics

20.1 ▸ 엔트로피

학습목표 _Learning Objectives_

이 단원을 읽은 후 다음을 이해해야 한다.

20.1.1 열역학 제2법칙은 다음과 같다. 닫힌 계에서 어떤 과정이 일어날 때 계의 엔트로피는 비가역 과정에서는 증가하고 가역과정에서는 일정하다. 절대 감소하지 않는다.

20.1.2 엔트로피는 상태함수이다(계의 특정한 상태에서의 값은 그 상태에 도달하는 과정에 무관하다).

20.1.3 어떤 과정에 대한 엔트로피 변화는 (켈빈으로 측정한) 온도의 역수를 이 과정에 전달된 열 Q에 대해 적분하여 계산한다.

20.1.4 등온과정에서 상이 변할 때 엔트로피 변화 ΔS, 전달된 전체 열 Q와 (켈빈으로 측정한) 온도 T 사이의 관계를 구한다.

20.1.5 온도 T에 비하여 작은 온도 변화 ΔT에 대해 엔트로피 변화 ΔS, 전달된 열 Q와 (켈빈으로 측정한) 평균 온도 T_{avg} 사이의 관계를 구한다.

20.1.6 이상기체에서 엔트로피 변화 ΔS와 초기와 최종상태의 압력과 부피 사이의 관계를 구한다.

20.1.7 비가역과정에서 엔트로피의 변화에 대한 적분은 비가역과정에서의 초기와 최종상태와 같은 가역과정에 대해 해야 한다.

20.1.8 늘어난 고무줄에서 탄성력과 늘어난 길이의 변화에 따른 고무의 엔트로피 변화율 사이의 관계를 구한다.

요점 _Key Ideas_

1. 비가역과정은 주위의 작은 변화를 통해 거꾸로 변할 수 없는 과정이다. 비가역과정이 일어나는 방향은 이 과정에서 나타나는 계의 엔트로피 변화 ΔS에 의해 결정된다. 엔트로피 S는 계에 대한 상태의 성질(혹은 상태함수)이다. 즉 엔트로피는 계의 상태에만 의존하고, 이 상태에 계가 도달하는 방법에는 의존하지 않는다. 엔트로피 가설에 의하면 닫힌 계에서 비가역과정이 일어나면 계의 엔트로피는 항상 증가한다.

2. 계가 초기상태 i에서 최종상태 f로 가는 비가역과정에 대한 엔트로피 변화 ΔS는 이 같은 두 상태 사이를 계가 가역과정을 통해서 변할 때의 엔트로피 변화 ΔS와 같다. (앞의 것이 아닌) 뒤의 엔트로피 변화는

$$\Delta S = S_f - S_i = \int_i^f \frac{dQ}{T}$$

로 계산할 수 있다. 여기서 Q는 이 과정 동안 계에 열로 출입하며 전달되는 에너지이고, T는 이 과정 동안 켈빈으로 측정한 계의 온도이다.

3. 가역등온과정에서 엔트로피 변화 ΔS는

$$\Delta S = S_f - S_i = \frac{Q}{T}$$

이 된다.

4. 계의 온도변화 ΔT가 과정 전후의 (켈빈으로 측정한) 온도에 비해 작을 경우 엔트로피 변화는 근사하여 다음과 같이 쓸 수 있다.

$$\Delta S = S_f - S_i \approx \frac{Q}{T_{avg}}.$$

여기서 T_{avg}는 이 과정 동안 계의 평균 온도이다.

5. 이상기체가 온도 T_i, 부피 V_i인 초기상태에서 온도 T_f, 부피 V_f인 최종상태로 가역적으로 변할 때 기체의 엔트로피 변화 ΔS는 다음과 같다.

$$\Delta S = S_f - S_i = nR\ln\frac{V_f}{V_i} + nC_V\ln\frac{T_f}{T_i}.$$

6. 엔트로피 가설을 연장한 열역학 제2법칙은 다음과 같다. 어떤 과정이 닫힌 계에서 일어나면 계의 엔트로피는 비가역과정에서는 증가하고, 가역과정에서는 일정하다. 절대 감소하지 않는다. 식으로 쓰면 다음과 같다.

$$\Delta S \geq 0.$$

어떤 물리현상을 다루는가?

시간은 나이가 드는 방향으로 흐르고 있다. 우리는 특정 순서(올바른 방향)로만 일어나고 반대 방향(틀린 방향)으로는 절대 일어나지 않는 일방통행식 과정에 익숙해 있다. 달걀이 바닥에 떨어지고, 피자가 구워지고, 차가 가로등을 들이박고, 파도가 모래 해변을 침식하는 과정은 모두 **비가역적**이다. 비가역적이라 함은 주위의 작은 변화만으로는 결코 역방향 과정이 일어나지 않는다는 것을 뜻한다.

물리학의 목표 중 하나는 왜 시간이 방향을 가지는지, 그리고 왜 일방통행식 과정이 비가역적인지를 이해하는 데 있다. 이것이 일상생활의 실제적인 문제와는 동떨어진 것처럼 보이지만, 사실은 자동차 엔진과 같은 기관에서는 핵심적인 문제이다. 왜냐하면 기관이 얼마나 잘 작동하는가를 결정짓는 요인이기 때문이다.

'왜 일방적인 과정을 되돌릴 수 없는가?'를 이해하는 실마리는 *엔트로피*라는 물리량에 있다.

비가역과정과 엔트로피

비가역과정의 한쪽 방향성은 너무나 상식적인 것이어서 의심할 여지 없이 받아들인다. 만일 이런 과정이 *자발적으로* 틀린 방향으로 일어난다면 정말 놀랄 것이다. 그러나 틀린 방향의 사건도 에너지 보존법칙을 위배하지 *않는다*.

예를 들어 손으로 따뜻한 커피잔을 감싸 쥐었을 때 손이 더 차가워지고 잔이 더 따뜻해진다면 놀랄 것이다. 분명히 틀린 방향으로 에너지 전달이 일어나는 것이지만 (손 + *커피잔*)의 닫힌 계에 대한 총에너지는 올바른 방향의 과정에서와 똑같이 보존된다. 다른 예로 헬륨 풍선을 터뜨린 다음에 모든 헬륨 분자들이 원래 풍선의 모양대로 다시 모인다면 놀라울 것이다. 흩어지려고 하는 분자들을 생각하면 분명히 틀린 방향이지만 (*분자* + *방*)의 닫힌 계에 대한 총에너지는 역시 보존된다.

따라서 닫힌 계에서의 에너지 변화는 비가역과정의 방향을 결정하지 못한다. 오히려 이 장에서 논의하려고 하는 다른 특성, 즉 계의 *엔트로피 변화* ΔS가 그 방향을 결정한다. 계의 엔트로피 변화는 다음 절에서 정의하겠지만 다음의 *엔트로피 가설*로 핵심 특성을 나타낼 수 있다.

> *닫힌* 계에서 비가역과정이 일어나면 계의 엔트로피 S는 항상 증가하며 결코 감소하지 않는다.

엔트로피는 에너지와 달리 보존법칙을 따르지 *않는다*. 닫힌 계에서 *에너지*는 보존된다. 즉 항상 일정하다. 그러나 비가역과정에서 닫힌 계의 *엔트로피*는 항상 증가한다. 이러한 특성 때문에 엔트로피의 변화를 "시간의 화살"이라고도 한다. 예를 들어 옥수수 알갱이가 터지는 것은 시간의 진행방향, 즉 엔트로피의 증가에 해당한다. 시간의 역방향(비디오테이프를 거꾸로 돌리는 것)은 팝콘이 원래 옥수수 알갱이로 되돌아가는 것에 해당한다. 이러한 역방향 과정은 엔트로피를 감소시키기 때문에 결코 일어날 수 없다.

계의 엔트로피 변화는 (1) 계의 온도와 계가 열로써 얻거나 잃는 에너지로, 또는 (2) 계를 구성하는 원자나 분자가 정렬할 수 있는 경우의 수로 정의한다. 첫 번째 접근방법은 다음 절에서 다루고, 두 번째 접근방법은 20.4단원에서 다룰 것이다.

▶ 엔트로피 변화

*엔트로피 변화*를 18.5단원과 19.9단원에서 다룬 이상기체의 자유팽창으로 접근해 보자. 그림 20.1.1*a*는 마개가 닫혀서 열적으로 단열된 용기의 왼쪽에 갇혀 있는 초기의 평형상태 *i*에 있는 기체를 나타낸다. 마개를 열면 기체가 흘러나와 전체 용기에 골고루 퍼져서 결국 그림 20.1.1*b*처럼 최종 평형상태 *f*에 도달할 것이다. 이것은 비가역과정이다. 기체의 모든 분자는 결코 용기의 왼쪽 반으로 돌아가지 않는다.

그림 20.1.2의 *p*-*V* 그림은 초기상태 *i*와 최종상태 *f*에서 기체의 압력과 부피이다. 압력과 부피는 그 상태에 이르는 방법과는 무관하고, 상태에만 의존하는 *상태의 특성*이다. 온도와 에너지도 상태의 특성이다. 이제 엔트로피를 또 다른 상태의 특성으로 가정해 보자. 계가 초기상태 *i*에서 최종상태 *f*로 변하는 과정 동안 계의 **엔트로피 변화** $S_f - S_i$는

$$\Delta S = S_f - S_i = \int_i^f \frac{dQ}{T} \quad \text{(엔트로피 변화의 정의)} \qquad (20.1.1)$$

로 정의한다. 여기서 Q는 외부에서 계로 또는 계에서 외부로 열로써 전달된 에너지이고, T는 계의 절대온도이다. 즉, 엔트로피 변화는 열로 전달된 에너지뿐만 아니라 열전달이 발생한 온도에도 의존한다. T는 항상 양수이므로 ΔS의 부호는 Q와 같다. 식 20.1.1에서 알 수 있듯이 엔트로피와 엔트로피 변화의 SI 단위는 J/K이다.

그러나 식 20.1.1을 그림 20.1.1의 자유팽창에 적용하는 데에는 문제가 있다. 기체가 흘러나와 전체 용기를 채우는 동안 기체의 압력과 온도, 부피는 예측할 수 없이 요동친다. 다시 말해서 초기 평형상태 *i*에서 최종 평형상태 *f*로 변하는 중간과정에는 명확히 규정된 평형값을 갖지 않는다. 따라서 그림 20.1.2의 *p*-*V* 그림에서 자유팽창에 대한 압력 대 부피의 경로를 그릴 수 없다. 보다 심각한 것은, 식 20.1.1을 적분하는 데 필요한 Q와 T 사이의 관계를 알 수가 없다는 것이다.

하지만 엔트로피가 상태의 특성이라면 상태 *i*와 *f* 간의 엔트로피 차이는 계의 변화과정과는 무관하게 *두 상태에만* 의존해야 한다. 이제 그림 20.1.1의 비가역적 자유팽창을 상태 *i*와 *f*를 연결하는 *가역*과정으로 바꾸어 생각해 보자. 가역과정에서는 *p*-*V* 그림에 압력 대 부피의 경로를 그릴 수 있으므로 식 20.1.1을 계산하기 위한 Q와 T 사이의 관계를 알 수 있다.

19.9단원에서 자유팽창하는 동안 이상기체의 온도가 변하지 않았다($T_i = T_f = T$). 즉, 그림 20.1.2의 점 *i*와 *f*는 같은 등온곡선상에 있어야 한다. 따라서 상태 *i*에서 상태 *f*로 변하는 가역 등온과정을 대체과정으로 취하면 편리하다. 가역 등온과정에서는 T가 일정하기 때문에 식 20.1.1의 계산이 아주 간단해진다.

그림 20.1.3은 가역 등온팽창 과정이 어떻게 만들어지는지를 알려준다. 온도 T의 열저장고에 놓인 단열된 원통에 기체를 가둔다. 이제 그림 20.1.1*a*의 초기상태 *i*에서의 압력과 부피가 되도록 움직이는 피스톤에 적당한 납알을 얹는다. 다음으로 그림 20.1.1*b*의 최종상태 *f*에서의 압력과 부피가 될 때까지 납알을 한 개씩 천천히 제거한다. 이 과정 동안 기체는 열저장고와 열접촉되어 있으므로 온도가 변하지 않는다.

그림 20.1.3의 가역 등온팽창은 그림 20.1.1의 비가역적 자유팽창과는 물리적으로 전혀 다르다. 그러나 *두 과정은 동일한 초기상태와 최종상태를 가지므로 엔트로피 변화는 똑같다*. 등온팽창 과정에서 납알을 천천히 제거했으므로 과정 중의 기체가 평형상태

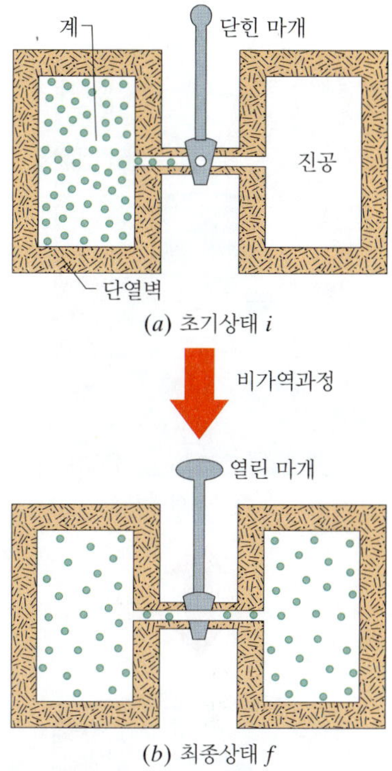

그림 20.1.1 이상기체의 자유팽창. (*a*) 마개가 닫혀서 기체가 단열된 용기의 왼쪽에만 갇혀 있다. (*b*) 마개를 열면 기체가 흘러나와 전체 용기를 골고루 채운다. 이 과정은 비가역적이다. 즉, 기체가 자발적으로 용기의 왼쪽에 모이는 역과정은 일어날 수가 없다.

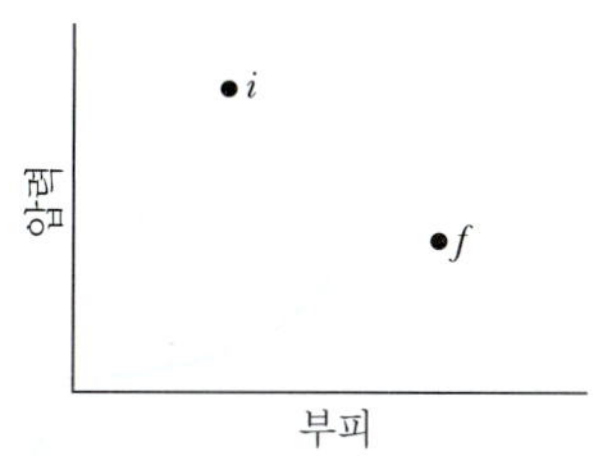

그림 20.1.2 그림 20.1.1의 자유팽창에서 초기상태 *i*와 최종상태 *f*를 나타내는 *p*-*V* 그림. 중간상태는 평형상태가 아니므로 나타낼 수 없다.

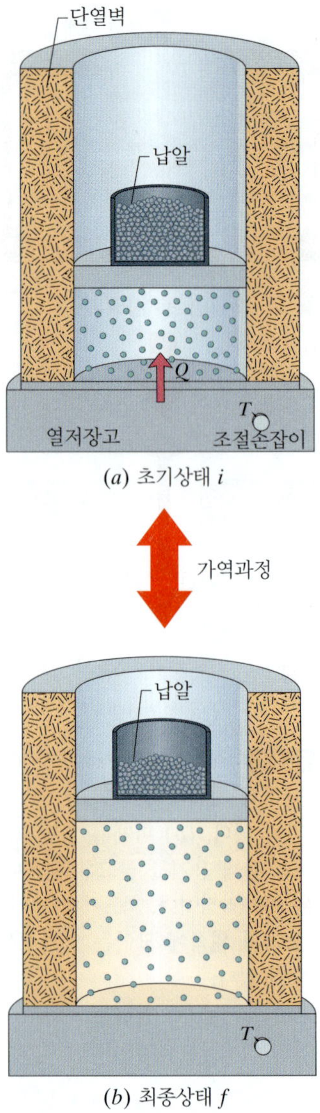

그림 20.1.3 가역적으로 진행되는 이상기체의 등온팽창. 기체는 그림 20.1.1과 20.1.2의 비가역과정과 동일한 초기상태 i와 최종상태 f를 가진다.

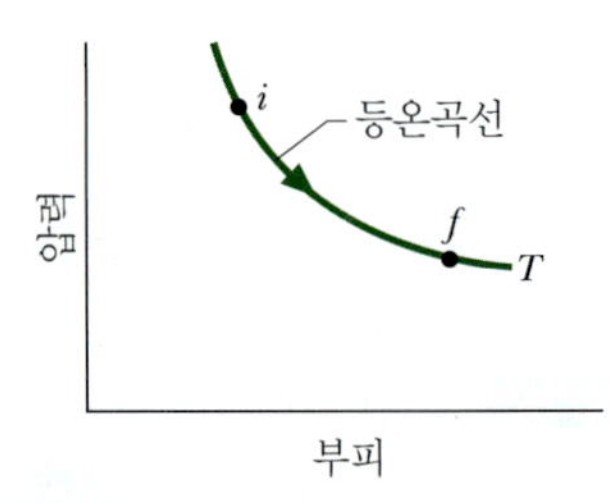

그림 20.1.4 그림 20.1.3의 가역 등온팽창에 대한 p-V 그림. 평형상태인 중간상태를 나타낼 수 있다.

에 있고, 그림 20.1.4처럼 p-V 그림을 그릴 수 있다.

식 20.1.1을 등온팽창 과정에 적용하면, 일정한 온도 T를 적분 밖으로 빼낼 수 있으므로 다음과 같다.

$$\Delta S = S_f - S_i = \frac{1}{T}\int_i^f dQ.$$

이때 $\int dQ = Q$(여기서 Q는 과정 중 열로 전달된 총에너지이다)이므로 다음을 얻는다.

$$\Delta S = S_f - S_i = \frac{Q}{T} \quad \text{(엔트로피 변화, 등온과정).} \tag{20.1.2}$$

그림 20.1.3의 등온팽창 과정 동안 기체의 온도 T를 일정하게 유지하기 위해서는 열 Q가 열저장고로*부터* 기체로 전달되어야 한다. 이때 Q가 양수이므로 등온과정뿐만 아니라 그림 20.1.1의 자유팽창 동안에도 기체의 엔트로피는 *증가한다*.

> 닫힌 계에서 일어나는 비가역과정에 대한 엔트로피 변화를 알기 위해서 그 과정을 동일한 초기상태와 최종상태를 잇는 가역과정으로 바꾼다. 그리고 식 20.1.1에 따라 가역과정에서의 엔트로피 변화를 계산한다.

계의 온도변화 ΔT가 과정 전후의 온도에 비해 작을 때 엔트로피 변화는

$$\Delta S = S_f - S_i \approx \frac{Q}{T_{\text{avg}}} \tag{20.1.3}$$

로 근사할 수 있다. 여기서 T_{avg}는 과정 동안 켈빈 단위로 주어지는 계의 평균 온도이다.

확인문제 20.1.1

물이 난로에서 끓고 있다. 물의 온도가 (a) 20°C에서 30°C로, (b) 30°C에서 35°C로, (c) 80°C에서 85°C로 올라간다. 엔트로피 변화가 큰 순서대로 나열하여라.

상태함수로서 엔트로피

지금까지 엔트로피가 압력, 에너지와 온도처럼 계가 한 상태에 도달한 경로에 무관한 상태의 특성이라고 가정하였다. 엔트로피가 실제 *상태함수*라는 사실은 실험으로만 입증할 수 있다. 그러나 가역과정을 수행하는 주체가 이상기체인 특별한 경우에는 엔트로피가 상태함수임을 쉽게 증명할 수 있다.

가역과정으로 만들려면 각 단계마다 평형상태가 유지되는 미소 단계를 순차적으로 천천히 수행해야 한다. 각 단계에서 더해지거나 빠져나오는 열은 dQ이며, 기체가 하는 일은 dW이고, 내부에너지의 변화는 dE_{int}이다. 이들은 열역학 제1법칙(식 18.5.4)의 미분형태로 다음과 같다.

$$dE_{\text{int}} = dQ - dW.$$

각 단계는 기체가 평형상태에 있는 가역과정이므로 식 18.5.1의 dW는 pdV로 식 19.7.9의 dE_{int}는 $nC_V\,dT$로 바꾸고 dQ에 대해 정리하면 다음과 같다.

$$dQ = p\,dV + nC_V\,dT.$$

이상기체 법칙을 사용하여 p 대신 nRT/V를 대입하고 양변을 T로 나누면

$$\frac{dQ}{T} = nR\frac{dV}{V} + nC_V\frac{dT}{T}$$

를 얻는다. 각 항을 임의의 초기상태 i에서 임의의 최종상태 f까지 적분하면

$$\int_i^f \frac{dQ}{T} = \int_i^f nR\frac{dV}{V} + \int_i^f nC_V\frac{dT}{T}$$

이다. 좌변은 식 20.1.1로 정의된 엔트로피 변화 $\Delta S\ (= S_f - S_i)$이다. 우변을 적분하면

$$\Delta S = S_f - S_i = nR\ln\frac{V_f}{V_i} + nC_V\ln\frac{T_f}{T_i} \qquad (20.1.4)$$

이다. 적분할 때 특정한 가역과정을 명시하지 않았음을 주의하여라. 즉 이 적분은 상태 i에서 f로 변화하는 모든 가역과정에 성립된다. 결국 이상기체의 엔트로피 변화는 초기상태의 특성(V_i와 T_i)과 최종상태의 특성(V_f와 T_f)에만 의존한다. 즉, ΔS는 기체가 두 상태 사이에서 변화하는 중간 과정과는 관계가 없다.

확인문제 20.1.2

이상기체가 p-V 그림의 초기상태 i에서 온도 T_1에 있다. 기체는 최종상태 a와 b에서 더 높은 온도 T_2를 갖는다. 상태 a로 가는 경로의 엔트로피 변화는 상태 b로 가는 경로의 엔트로피 변화보다 큰가, 작은가, 아니면 같은가?

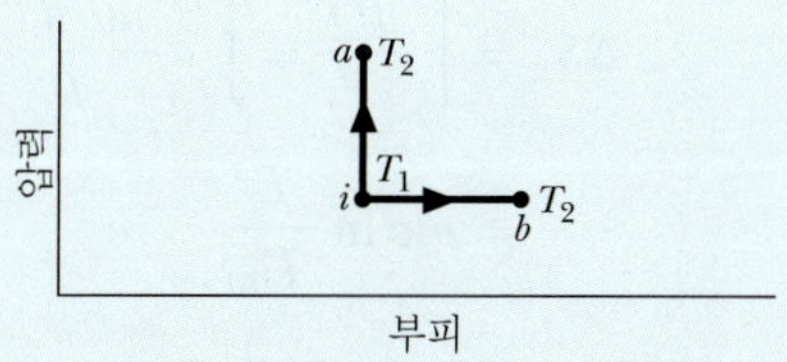

보기문제 20.1.1 열적 평형에 도달하는 두 토막의 엔트로피 변화

그림 20.1.5a는 질량이 m = 1.5 kg인 동일한 두 구리토막이다. 토막 L의 온도는 T_{iL} = 60°C이고, 토막 R의 온도는 T_{iR} = 20°C이다. 토막은 단열상자 안에 놓여 있고 단열 닫개로 서로 분리되어 있다. 닫개를 제거하면 토막의 최종 평형온도는 T_f = 40°C가 된다(그림 20.1.5b 참조). 이러한 비가역과정 동안 두 구리토막 계의 알짜 엔트로피 변화는 얼마인가? 구리의 비열은 386 J/ kg · K이다.

요점

엔트로피 변화를 계산하려면 그림 20.1.5a의 초기상태에서 그림 20.1.5b의 최종상태로 가는 가역과정을 찾아야 한다. 식 20.1.1을 이용하여 가역과정의 알짜 엔트로피 변화 ΔS_{rev}를 구할 수 있다. 그러면 비가역과정의 엔트로피 변화는 ΔS_{rev}와 같다.

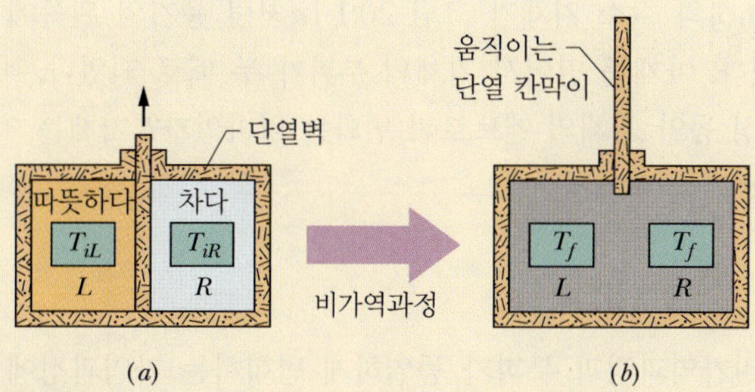

그림 20.1.5 (a) 초기상태에서 온도만 빼고는 동일한 두 구리토막 L과 R이 단열상자 안에서 단열 칸막이로 분리되어 있다. (b) 칸막이를 제거하면 두 토막은 열에너지를 교환하여 온도 T_f를 갖는 동일한 최종상태에 도달한다.

풀이: 가역과정에서는 온도가 서서히 변하는 열저장고가 필요하다. 그 다음에 그림 20.1.6처럼 토막을 두 단계로 취급한다.

1단계: 온도 60°C인 열저장고에 토막 L을 올려놓는다(열저장고와 토막은 같은 온도이므로 둘은 이미 열적 평형상태에

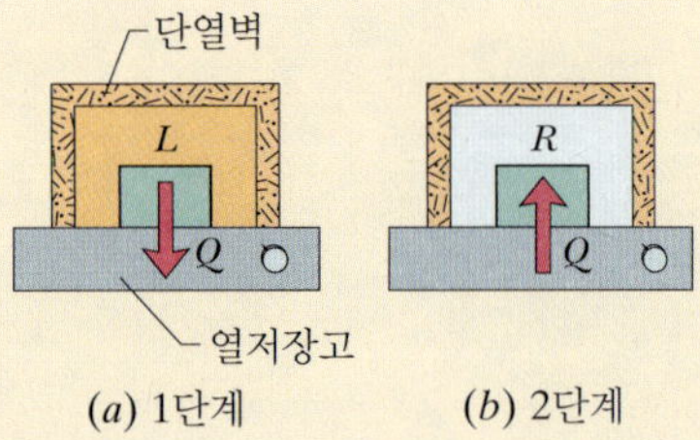

그림 20.1.6 온도조절이 가능한 열저장고를 사용하면 그림 20.1.5의 토막을 가역적으로 초기상태에서 최종상태로 변화시킬 수 있다. 즉, 1단계로 토막 L에서 가역적으로 열을 빼내고, 2단계로 토막 R에서 가역적으로 열을 더하면 된다.

있다). 다음으로 열저장고와 토막의 온도를 천천히 40°C까지 내린다. 이 과정 동안 토막의 온도가 dT만큼 변할 때마다 토막으로*부터* 열저장고로 에너지 dQ만큼이 열로 전달된다. 식 18.4.3을 써서 전달되는 에너지는 $dQ = mc\,dT$로 쓸 수 있으며, c는 구리의 비열이다. 식 20.1.1에 의해 초기온도 T_{iL}(= 60°C = 333K)에서 최종온도 T_f(= 40°C = 313 K)까지 토막 L의 엔트로피 변화, ΔS_L은

$$\Delta S_L = \int_i^f \frac{dQ}{T} = \int_{T_{iL}}^{T_f} \frac{mc\,dT}{T} = mc\int_{T_{iL}}^{T_f} \frac{dT}{T}$$
$$= mc \ln \frac{T_f}{T_{iL}}$$

이다.

주어진 값을 대입하면 다음을 얻는다.

$$\Delta S_L = (1.5\text{ kg})(386\text{ J/kg}\cdot\text{K}) \ln \frac{313\text{ K}}{333\text{ K}}$$
$$= -35.86\text{ J/K}.$$

2단계: 열저장고의 온도를 20°C로 맞추고 토막 R을 올려놓는다. 그다음 열저장고와 토막의 온도를 천천히 40°C까지 올린다. ΔS_L을 구할 때와 같은 이유로 이 과정 동안 토막 R의 엔트로피 변화, ΔS_R은 다음과 같다.

$$\Delta S_R = (1.5\text{ kg})(386\text{ J/kg}\cdot\text{K}) \ln \frac{313\text{ K}}{293\text{ K}}$$
$$= +38.23\text{ J/K}.$$

그러므로 두 단계의 가역과정 동안의 두 구리토막 계의 알짜 엔트로피 변화, ΔS_{rev}는

$$\Delta S_{\text{rev}} = \Delta S_L + \Delta S_R$$
$$= -35.86\text{ J/K} + 38.23\text{ J/K} = 2.4\text{ J/K}$$

이다. 따라서 실제의 비가역과정 동안 두 구리토막 계의 알짜 엔트로피 변화는

$$\Delta S_{\text{irrev}} = \Delta S_{\text{rev}} = 2.4\text{ J/K} \quad \text{(답)}$$

이다. 이 결과는 20.2절의 엔트로피 가설과 일치한다.

보기문제 20.1.2 기체의 자유팽창에 대한 엔트로피 변화

1.0 mol의 질소 기체가 그림 20.1.1a처럼 용기의 왼쪽에 갇혀 있다. 마개를 열어서 기체의 부피가 두 배로 되었다. 비가역과정 동안 기체의 엔트로피 변화는 얼마인가? 기체는 이상기체로 취급하여라.

요점

(1) 비가역과정과 부피가 동일하게 변화하는 가역과정에 대한 엔트로피 변화를 계산하면 된다. (2) 자유팽창하는 동안 기체의 온도는 변하지 않는다. 따라서 대체 가역과정은 그림 20.1.3이나 20.1.4와 같은 등온팽창 과정이다.

풀이: 온도 T에서 초기부피 V_i에서 최종부피 V_f로 등온팽창할 때 기체에 열로 가해진 에너지 Q는 표 19.9.1로부터

$$Q = nRT \ln \frac{V_f}{V_i}$$

이다. 여기서 n은 기체의 mol수이다. 이러한 가역과정에 대한 엔트로피 변화는 식 20.1.2로부터

$$\Delta S_{\text{rev}} = \frac{Q}{T} = \frac{nRT \ln(V_f/V_i)}{T} = nR \ln \frac{V_f}{V_i}$$

이다. 여기에 n = 1.00 mol과 $V_f/V_i = 2$를 대입하면

$$\Delta S_{\text{rev}} = nR \ln \frac{V_f}{V_i} = (1.00\text{ mol})(8.31\text{ J/mol}\cdot\text{K})(\ln 2)$$
$$= +5.76\text{ J/K}$$

을 얻는다. 따라서 자유팽창(또한 그림 20.1.2처럼 초기상태와 최종상태를 잇는 다른 모든 과정)에 대한 엔트로피 변화는

$$\Delta S_{\text{irrev}} = \Delta S_{\text{rev}} = +5.76\text{ J/K} \quad \text{(답)}$$

이다. ΔS가 양수이므로 엔트로피는 증가하여 엔트로피 가설과 일치한다.

▶ 교육용 비디오는 웹사이트 www.wiley.com에서 볼 수 있다.

열역학 제2법칙

수수께끼를 하나 내보자. 그림 20.1.3에서 (a)에서 (b)로 가는 과정에서 기체(계)의 엔트로피 변화는 양수이다. 그러나 이 과정은 가역적이므로, 예를 들어 피스톤에 납추를 천천히 늘려서 (b)에서 (a)로 돌아가 초기 기체부피로 만들 수 있다. 일정한 온도를 유지하기 위해 열로 에너지를 꺼내야 하지만, 이것은 Q가 음수라는 것을 의미하고, 따라서 엔트로피도 변한다. 이 엔트로피 감소는 엔트로피가 항상 증가해야 한다는 엔트로피 가설을 위배하지 않는가? 그렇지 않다. 그 가설은 닫힌 계에서 비가역과정에 대해서만 성립하기 때문이다. 여기서는 과정이 비가역적이지 *않고*, (열저장고에서 열로 전달되는 에너지가 출입하므로) 계는 닫혀 있지 *않다*.

그러나 열저장고까지 포함한다면 하나의 닫힌 계를 이룬다. (*기체 + 열저장고*)로 이루어진 계에 대해 그림 20.1.3의 (b)에서 (a)로 변하는 과정 동안의 엔트로피 변화를 검토해 보자. 이 과정 동안 에너지는 기체에서 열저장고로 열로 전달된다. 즉, 확대된 계의 한 부분에서 다른 부분으로 전달된다. $|Q|$를 열의 절대값(또는 크기)이라고 하자. 식 20.1.2를 써서 기체($|Q|$를 잃음)와 열저장고($|Q|$를 얻음)에 대한 엔트로피 변화량을 각각 계산할 수 있다. 즉, 다음과 같다.

$$\Delta S_{\text{gas}} = -\frac{|Q|}{T},$$

$$\Delta S_{\text{res}} = +\frac{|Q|}{T}.$$

닫힌 계의 엔트로피 변화는 두 식의 합이며 그 결과는 0이다.

이러한 사실을 고려하여 가역과정과 비가역과정을 포함하도록 엔트로피 가설을 수정할 수 있다.

> *닫힌* 계의 비가역과정에서 엔트로피가 증가하며 가역과정에서는 일정하다. 즉, 엔트로피는 결코 감소하지 않는다.

닫힌 계의 어떤 한 부분에서 엔트로피가 감소할 수는 있지만 그때 계의 다른 부분에서는 동일하거나 더 큰 엔트로피의 증가가 항상 있게 된다. 그 결과 계의 전체 엔트로피는 결코 감소하지 않는다. 이 사실은 **열역학 제2법칙**의 한 형태로서 다음과 같이 쓴다.

$$\Delta S \geq 0 \quad \text{(열역학 제2법칙)}. \tag{20.1.5}$$

여기서 부등호는 비가역과정에 적용되고, 등호는 가역과정에 적용된다. 물론 식 20.1.5는 닫힌 계에서만 성립한다.

대부분의 실제 과정은 마찰, 막흐름 등 다른 요인 때문에 다소 비가역적이다. 따라서 실제과정을 수행하는 닫힌 계의 엔트로피는 항상 증가한다. 즉, 엔트로피가 일정하게 유지되는 과정은 이상적인 경우뿐이다.

엔트로피 때문에 생기는 힘

고무가 늘임에 저항하는 이유를 알기 위해서, 열역학 제1법칙

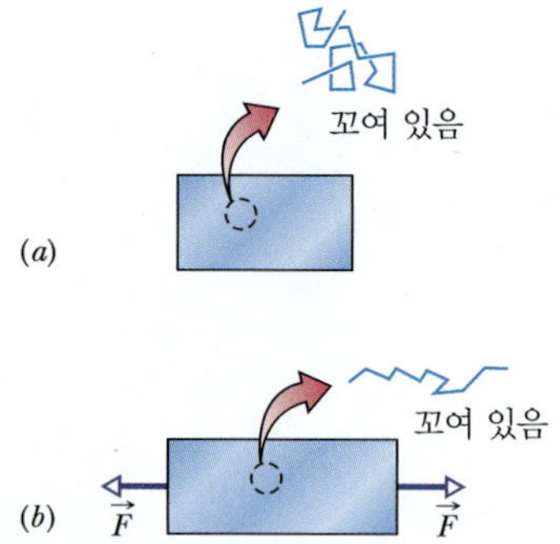

그림 20.1.7 고무줄의 모양. (*a*) 늘이지 않은 정상상태. (*b*) 늘인 상태. (*a*) 상태의 고분자는 꼬여 있고, (*b*) 상태의 고분자는 풀려 있다.

$$dE = dQ - dW$$

를 두 손으로 고무줄을 당겨서 길이가 dx만큼 늘어나는 고무줄에 대한 식으로 바꿔보자. 안쪽으로 작용하는 고무줄의 장력 F는 길이가 dx만큼 늘어나는 동안 $dW = -F\,dx$의 일을 한다. 식 20.1.2($\Delta S = Q/T$)를 보면 등온상태에서 Q와 S의 미소변화는 $dS = dQ/T$, 즉 $dQ = T\,dS$이다. 따라서 열역학 제1법칙은 다음과 같다.

$$dE = T\,dS + F\,dx. \tag{20.1.6}$$

만약 고무줄이 늘어난 길이가 그리 크지 않으면 고무줄의 내부에너지 변화 dE를 0으로 근사할 수 있다. 식 20.1.6의 dE 대신에 0을 넣으면 고무줄의 장력에 대한 표현을 얻는다.

$$F = -T\frac{dS}{dx}. \tag{20.1.7}$$

이 결과에서 힘 F가 고무줄의 길이가 dx만큼 늘어날 때 고무줄의 엔트로피 변화율 dS/dx에 비례함을 알 수 있다. 결국 고무줄을 늘일 때 엔트로피의 변화를 *느낄* 수 있다.

힘과 엔트로피 사이의 관계를 확인하기 위하여 고무줄의 간단한 모형을 생각해 보자. 고무는 그림 20.1.7처럼 3차원 지그재그 모양으로 꼬인 고분자(긴 분자) 사슬로 구성되어 있다. 고무줄이 정상상태로 있으면 고분자가 스파게티 모양으로 꼬여 있다. 그러나 분자의 무질서도가 커서 이 상태의 엔트로피 값은 매우 크다. 고무줄을 늘이면 많은 고분자의 꼬임이 늘이는 방향으로 펴지면서 정렬한다. 이러한 정렬은 무질서를 감소시키므로 늘어난 고무줄의 엔트로피가 감소한다. 즉, 식 20.1.7의 dS/dx가 음의 값을 갖게 된다. 따라서 고무줄이 손에 작용하는 힘은 고분자가 이전의 무질서상태로 되돌아가려는 경향, 즉 엔트로피가 증가하는 방향으로 변하려는 경향 때문에 생기는 것이다.

보기문제 20.1.3 가역적인 얼음 녹이기

질량 m = 235 g인 얼음덩어리가 가역적으로 물로 녹는다. 이 과정에서 온도는 0°C로 유지된다. 얼음의 용융열은 L_F = 333 kJ/kg이다.

(a) 얼음의 엔트로피 변화를 구하여라.

요점

(1) 얼음이 *가역적으로* 녹게 하려면 얼음을 온도가 0°보다 매우 (작은) 양만큼 큰 온도의 열원과 접촉시켜야 한다. (열원을 작은 양만큼 0°C *아래로* 열원의 온도를 낮추면 녹은 물은 얼게 될 것이다.) 이 과정은 가역적이고 등온과정이므로 엔트로피의 변화에 대해 식 20.1.2를 사용할 수 있다. (2) 어는점에서 질량 m인 얼음을 녹이기 위해 얼음으로 전달하는 열에너지는 식 18.4.5($Q = mL_F$)를 이용한다.

풀이: 식 20.1.2로부터 얼음–물 계의 엔트로피 변화는 다음과 같다.

$$\Delta S_{\text{water-ice}} = S_{\text{water}} - S_{\text{ice}} = \frac{Q}{T} = \frac{mL_F}{T}$$

$$= \frac{(0.235\ \text{kg})(333 \times 10^3\ \text{J/kg})}{273\ \text{K}}$$

$$= 287\ \text{J/K}.$$ (답)

(b) 주위 환경의 엔트로피 변화를 구하여라.

요점

여기서 주위 환경은 얼음을 녹이기 위해 열에너지가 전달되는 열원이다. 얼음과 열원의 온도를 같게 유지하면서 얼음으로 들어오는 모든 열에너지는 열원에서 *나온다*. 따라서 얼음+열원 계의 엔트로피 변화는 0이 되어야 한다.

풀이: 다음과 같이 쓸 수 있다.

$$\Delta S_{\text{reservoir}} + \Delta S_{\text{water-ice}} = 0$$

$$\Delta S_{\text{reservoir}} + 287 \text{ J/K} = 0.$$

$$\Delta S_{\text{reservoir}} = -287 \text{ J/K}. \quad \text{(답)}$$

실제로 실온에서 얼음 조각을 물잔에 넣으면 얼음은 비가역적으로 녹는다. 얼음과 잔 안의 물인 열원 사이의 온도차는 작은 양이 아니고 약 20°C이다. 이 과정은 얼음이 녹는 한 방향으로만 진행하고, 임의의 단계에서 물의 온도를 매우 작게 변화시켜도 뒤집을 수 없다. 이와 같은 경우 식 20.1.2를 사용할 수 없고, 여기서 한 계산은 성립하지 않는다.

▶ 교육용 비디오는 웹사이트 www.wiley.com에서 볼 수 있다.

20.2 ▸ 일상생활의 엔트로피: 기관

요점 _Key Ideas_

1. 기관은 순환과정을 통해 작용하며 높은 온도의 열저장고로부터 열에너지 $|Q_H|$를 끄집어내어 적당한 양의 일 $|W|$를 하는 장치이다. 기관의 효율 ε은 다음과 같이 정의한다.

$$\varepsilon = \frac{\text{얻은 에너지}}{\text{지불하는 에너지}} = \frac{|W|}{|Q_\text{H}|}.$$

2. 이상기관에서는 모든 과정이 가역적이고 마찰이나 막흐름과 같은 현상으로 인한 낭비되는 에너지 전달이 없다.

3. Carnot 기관은 그림 20.2.2에 나타난 순환과정을 따르는 이상기관이다. 그 효율은 다음과 같다.

$$\varepsilon_C = 1 - \frac{|Q_\text{L}|}{Q} = 1 - \frac{T_\text{L}}{T_\text{H}}.$$

여기서 T_H와 T_L은 각각 높은 온도, 낮은 온도의 열저장고의 온도이다. 실제 기관의 효율은 항상 Carnot 기관의 효율보다 낮다. Carnot 기관이 아닌 이상기관 또한 Carnot 기관의 효율보다 낮다.

4. 영구기관은 높은 온도의 열저장고에서 열로 뽑아낸 에너지를 모두 일로 변환시키는 가상적인 기관이다. 이와 같은 기관은 열역학 제2법칙을 위배한다. 이것을 다르게 표현하면 다음과 같다. 어떤 일련의 과정도 열저장고로부터 열에너지를 흡수하여 이 에너지를 모두 일로 전환시킬 수 없다.

학습목표 _Learning Objectives_

이 단원을 읽은 후 다음을 이해해야 한다.

20.2.1 열기관은 주위로부터 열의 형태로 에너지를 끄집어내어 유용한 일을 하는 장치이다. *이상* 열기관에서는 에너지 전달이 낭비되지 않고, 모든 과정은 가역적이다.

20.2.2 Carnot 기관에 대한 p-V 그림을 그리고, 순환과정의 방향, 사용하는 과정의 성질, 각 과정에서 (부호까지 포함한) 한 일과 각 과정에서 (부호를 포함한) 전달된 열을 구한다.

20.2.3 온도-엔트로피 그림에서 열교환을 나타낸 Carnot 순환과정을 그린다.

20.2.4 Carnot 순환과정 동안 알짜 엔트로피 변화를 결정한다.

20.2.5 Carnot 기관의 효율 ε_C를 열교환과 열저장고의 온도로 계산한다.

20.2.6 높은 온도의 열저장고로부터 전달된 열에너지 Q가 모두 기관이 한 일 W로 이동하는 영구기관은 존재하지 않는다.

20.2.7 Stirling 기관의 순환과정에 대한 p-V 그림을 그리고, 순환과정의 방향, 사용하는 과정의 성질, 각 과정에서 (부호까지 포함한) 한 일과 각 과정에서 (부호를 포함한) 전달된 열을 구한다.

▶ 일상생활의 엔트로피: 기관

열기관, 즉 **기관**은 주위에서 열에너지를 끄집어내어 일을 수행하는 장치이다. 이때 모든 열기관의 핵심은 *작동물질*이다. 증기기관에서는 증기나 액체 형태의 물이 작동물질이다. 자동차 엔진에서는 휘발유와 공기의 혼합물이 작동물질이다. 만일 열기관이 지속적으로 일을 하려면 작동물질이 *순환* 작동되어야 한다. 즉, 작동물질은 각 상태가 반복되는 *순환과정*이라고 부르는 열역학적 과정을 거쳐야 한다. 이 절에서는 열기관의 작동에 열역학 법칙이 어떻게 적용되는지 알아본다.

Carnot 기관

간단한 법칙 $pV = nRT$을 따르는 이상기체를 분석하여 실제 기체에 대한 많은 것을 알 수 있었다. 사실상 이상기체는 존재하지 않지만 기체의 밀도가 충분히 낮으면 실제 기

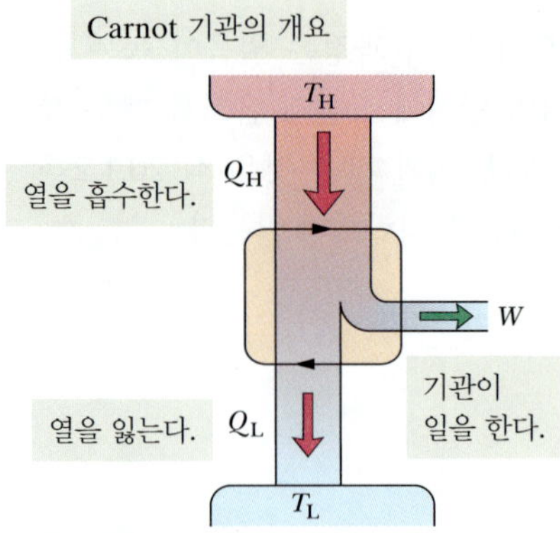

그림 20.2.1 Carnot 기관. 가운데 고리에 표시한 검은 화살표는 작동물질이 작동하는 순환과정을 나타낸다. $|Q_H|$의 열이 T_H의 고온 열저장고에서 작동물질로 전달된다. $|Q_L|$의 열이 작동물질에서 T_L의 저온 열저장고로 전달된다. 기관(실제로는 작동물질)은 외부에 W의 일을 한다.

체도 이상기체와 비슷해지기 때문에 이러한 접근은 유용하다. 따라서 **이상기관**의 작동 특성을 분석하는 것은 실제 기관을 이해하는 데 실제로 도움이 된다.

> 이상기관에서 모든 과정은 가역적이고, 마찰이나 막흐름 등에 의한 에너지 손실은 발생하지 않는다.

1824년 열기관의 개념을 창안한 프랑스의 과학자이자 공학자인 N. L. Sadi Carnot가 제안한 이상적인 열기관인 **Carnot 기관**에 대해 살펴보자. 이상기관은 열로써 일을 할 때 원리적으로는 최상의 기관이다. 놀랍게도 Carnot는 열역학 제1법칙이나 엔트로피의 개념이 발견되기 이전에 이 기관의 성능을 분석하였다.

그림 20.2.1은 Carnot 기관의 작동 개요이다. 한 번의 *순환과정* 동안 작동물질은 높은 온도 T_H의 열저장고에서 열 $|Q_H|$를 흡수하며 낮은 온도 T_L의 열저장고로 열 $|Q_L|$을 방출한다.

그림 20.2.2는 *Carnot 기관*의 p-V 그림에서 화살표로 표시한 순환과정은 시계방향으로 일어난다. 작동물질이 피스톤이 있는 단열된 원통에 갇힌 이상기체라고 하자. 원통은 그림 20.1.6처럼 두 개의 열저장고 또는 단열된 판 위에 놓여있다. 그림 20.2.2a에서 보듯이 원통을 온도 T_H의 고온 열저장고와 열접촉을 시킨다면 기체의 부피가 V_a에서 V_b로 등온*팽창*하는 동안 열 $|Q_H|$가 열저장고*에서* 작동물질로 전달된다. 한편, 작동물질이 온도 T_L의 저온 열저장고와 열접촉을 시킨다면 기체가 부피 V_c에서 V_d로 등온*압축*되는 동안 열 $|Q_L|$이 작동물질*에서* 열저장고로 전달된다(그림 20.2.2b 참조).

그림 20.2.1의 기관에서 열전달은 그림 20.2.2의 등온과정 ab와 cd에서*만* 일어난다고 가정한다. 따라서 그림에서 온도 T_H와 T_L의 두 등온선을 연결하는 과정 bc와 da는 열전달이 없는 (가역적인) 단열과정이어야만 한다. 즉 이 과정에서 열로 전달되는 에너

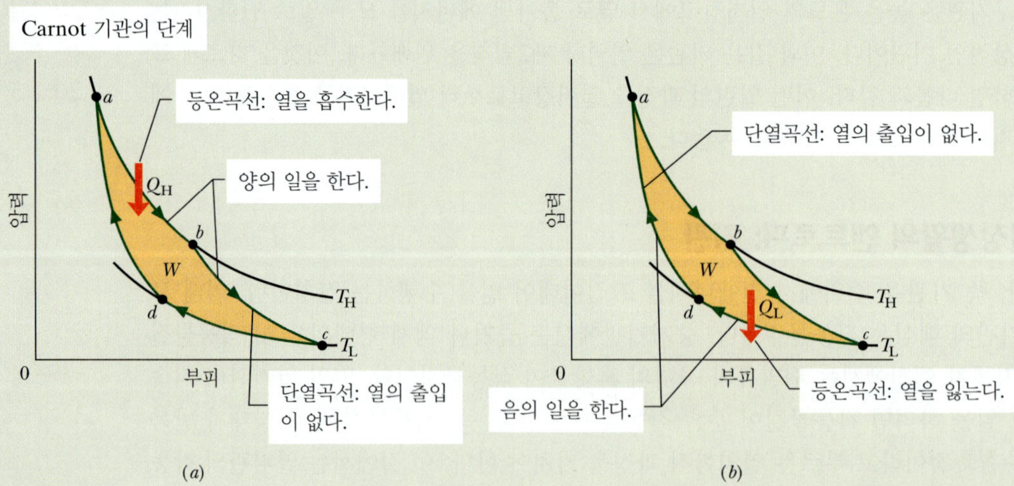

그림 20.2.2 Carnot 기관의 작동물질이 행하는 순환과정의 p-V 그림. 순환과정은 두 개의 등온과정(ab와 cd)과 두 개의 단열과정(bc와 da)으로 이루어진다. 순환과정으로 둘러싸인 색칠한 면적은 Carnot 기관이 순환과정당 하는 일 W와 같다.

지는 없다. 이를 보장하려면 작동물질의 부피가 변화하는 *bc*와 *da*의 과정 동안 원통을 단열된 판 위에 놓아야 한다.

그림 20.2.2*a*의 연속적인 두 과정 *ab*와 *bc* 동안 작동물질이 팽창하여 피스톤을 들어 올리는 양의 일을 한다. 이 일은 그림 20.2.2*a*의 곡선 *abc* 아래의 면적과 같다. 또한 연속적인 두 과정 *cd*와 *da* 동안(그림 20.2.2*b*) 작동물질은 압축된다. 즉, 피스톤이 내려오면서 외부에서 기체에 일을 한다. 다시 말해서 작동물질이 외부에 음의 일을 한다. 이 일은 곡선 *cda* 아래의 면적이다. *한 순환과정에서 한 알짜일 W*는 두 면적의 차이와 같고, 순환과정 *abcda*로 둘러싸인 면적과 같은 양의 값이다. 짐을 위로 들어 올릴 때 외부에 일을 하는 것처럼 이만큼의 일을 외부에 한다.

식 20.1.1($\Delta S = \int dQ/T$)에서 어떤 형태의 열전달이라도 엔트로피가 변화한다는 사실을 알 수 있다. Carnot 기관의 엔트로피 변화를 설명하기 위해서 그림 20.2.3처럼 Carnot 순환과정을 온도-엔트로피(T-S) 그림으로 나타내 보자. 그림 20.2.3의 *a*, *b*, *c*, *d*는 각각 그림 20.2.2의 같은 점에 해당한다. 두 수평선은 Carnot 순환과정의 두 등온과정에 해당한다. 즉, *ab*는 등온팽창 과정이고, *cd*는 등온압축 과정이다. 작동물질이 팽창하는 동안 일정온도 T_H에서 열 $|Q_H|$를 가역적으로 흡수하며 엔트로피가 증가한다. 이와 마찬가지로 등온압축 과정 *cd* 동안 작동물질은 일정온도 T_L에서 열 $|Q_L|$을 가역적으로 잃어버리고 엔트로피가 감소한다.

그림 20.2.3의 두 수직선은 Carnot 순환과정의 단열과정에 해당한다. 두 과정 동안 에너지의 전달이 없으므로 작동물질의 엔트로피는 일정하다.

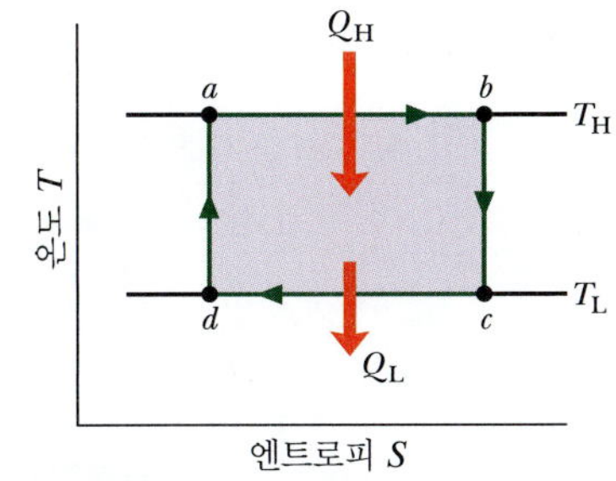

그림 20.2.3 온도-엔트로피 그림으로 나타낸 Carnot 기관의 순환과정. *ab*와 *cd* 과정 동안 온도는 일정하다. *bc*와 *da* 과정 동안 엔트로피는 일정하다.

▸***일.*** 순환과정당 알짜일을 계산하기 위해서 식 18.5.3, 즉 열역학 제1법칙($\Delta E_{int} = Q - W$)을 작동물질에 적용해 보자. 작동물질은 순환과정에서 임의의 선택된 상태로 반복적으로 되돌아와야 한다. 만일 X가 압력, 온도, 부피, 내부에너지, 또는 엔트로피처럼 상태의 특성을 나타낸다면, 매 순환과정마다 $\Delta X = 0$이어야 한다. 따라서 작동물질의 한 순환과정마다 항상 $\Delta E_{int} = 0$이어야 한다. 식 18.5.3에서 Q는 순환과정당 전달되는 *알짜* 열이고 W는 *알짜*일이므로, Carnot 순환과정에 대한 열역학 제1법칙은 다음과 같이 쓸 수 있다.

$$W = |Q_H| - |Q_L|. \tag{20.2.1}$$

▸***엔트로피 변화.*** Carnot 기관에서는 오직 *두 개*의 가역적 열전달이 일어난다. 즉, 두 온도 T_H와 T_L에서 작동물질의 엔트로피 변화가 일어난다. 이때 순환과정당 알짜 엔트로피 변화는

$$\Delta S = \Delta S_H + \Delta S_L = \frac{|Q_H|}{T_H} - \frac{|Q_L|}{T_L} \tag{20.2.2}$$

이다. 여기서 ΔS_H는 에너지 $|Q_H|$가 작동물질에 *더해지므로* 양이며(엔트로피 증가), ΔS_L은 에너지 $|Q_L|$이 작동물질에서 *빠져나가므로* 음이다(엔트로피 감소). 엔트로피는 상태함수이므로 한 순환과정에서 $\Delta S = 0$이어야 한다. 따라서 $\Delta S = 0$을 식 20.2.2에 대입하면 다음과 같다.

$$\frac{|Q_H|}{T_H} = \frac{|Q_L|}{T_L}. \tag{20.2.3}$$

여기서 $T_H > T_L$이므로 $|Q_H| > |Q_L|$이다. 즉, 저온의 열저장고에 주는 열에너지보다 고온의 열저장고로부터 뽑아내는 열에너지가 더 많다.

이제 Carnot 기관의 효율을 유도해 보자.

Carnot 기관의 효율

기관의 목적은 뽑아낸 열에너지 Q_H를 최대한 일로 변환시키는 것이다. 따라서 순환과정당 한 일("얻은 에너지")을 흡수한 열에너지("공급한 에너지")로 나눈 값으로 **열효율** $\boldsymbol{\varepsilon}$를 다음과 같이 정의한다.

$$\varepsilon = \frac{\text{얻은 에너지}}{\text{공급한 에너지}} = \frac{|W|}{|Q_H|} \quad \text{(기관의 효율)}. \tag{20.2.4}$$

이상기관의 경우 식 20.2.1에서 W의 표현을 식 20.2.4에 대입하면

$$\varepsilon = \frac{|Q_H| - |Q_L|}{|Q_H|} = 1 - \frac{|Q_L|}{|Q_H|} \tag{20.2.5}$$

이다. 또한 식 20.2.3을 사용하면 다음을 얻는다.

$$\varepsilon_C = 1 - \frac{T_L}{T_H} \quad \text{(Carnot 기관의 효율)}. \tag{20.2.6}$$

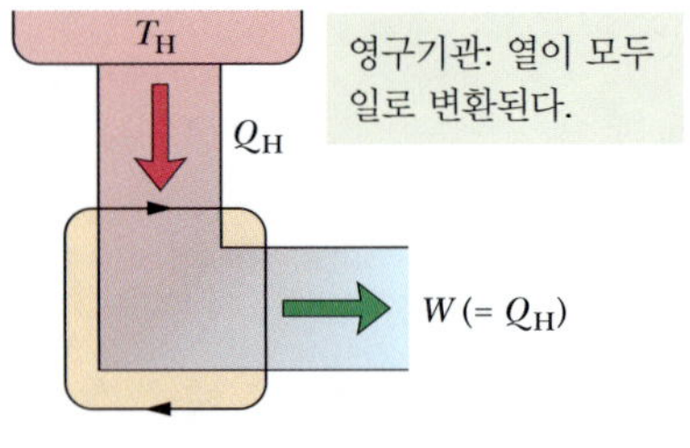

그림 20.2.4 영구기관. 고온의 열저장고에서 받은 열 Q_H를 100% 일로 바꾸는 기관이다.

여기서 온도 T_L과 T_H는 켈빈 단위이다. $T_L < T_H$이므로 Carnot 기관의 효율은 1보다 작다. 즉 100%보다 낮다. 그림 20.2.1처럼 고온 열저장고에서 뽑아낸 열에너지의 일부만 일로 사용되고 나머지는 저온 열저장고를 통해 빠져나간다. 어떤 실제 기관의 열 효율도 식 20.2.6으로 계산되는 값보다는 클 수 없음을 20.3단원에서 보일 것이다.

발명가들은 한 순환과정마다 "소비되는" 열에너지 $|Q_L|$을 줄여서 기관의 효율을 향상시키고자 끊임없이 노력한다. 발명가들의 꿈은 그림 20.2.4와 같은 *영구기관*을 만드는 것이다. 여기서 $|Q_L|$은 0이므로 $|Q_H|$는 완전히 일로 전환된다. 이런 영구기관을 배에서 사용한다면 연료를 사용하지 않고 물에서 열에너지를 뽑아 프로펠러를 돌릴 수 있다. 영구기관이 장착된 자동차는 연료를 사용하지 않고 주위 공기로부터 열에너지를 뽑아 차를 움직일 수 있다. 그러나 영구기관은 한낱 꿈에 불과하다. 식 20.2.6에서 알 수 있듯이 실제로 만족시킬 수 없는 $T_L = 0$ 또는 $T_H \to \infty$인 조건에서만 100%(즉, $\varepsilon = 1$)의 효율을 얻을 수 있기 때문이다. 이제 오랜 공학적인 경험에서 열역학 제2법칙을 다음과 같이 기술할 수 있다. 간단히 말해서 *영구기관은 없다.*

The Washington Post/Getty Images

그림 20.2.5 버지니아주 샤롯데빌 근처에 있는 North Anna 원자력발전소. 900 MW의 발전이 가능하다. 이때 근처의 강에 2100 MW의 에너지를 방출한다. 이 발전소뿐 아니라 다른 모든 발전소도 유용한 형태로 만들어내는 에너지보다 더 많은 양의 에너지를 버릴 것이다. 그들은 그림 20.2.1의 이상기관에 대응되는 실제적인 기관이다.

> 열저장고에서 뽑아낸 열에너지를 전부 다 일로 바꾸는 과정은 불가능하다.

정리하면 식 20.2.6의 열효율은 Carnot 기관에만 적용된다. 비가역적인 실제 기관의 효율은 더 낮다. 자동차가 Carnot 기관으로 작동한다면 식 20.2.6에 따라 약 55%의 효율을 가질 것이다. 그러나 실제 자동차의 효율은 약 25% 정도이다. 원자력발전소(그림 20.2.5 참조)는 전체가 하나의 기관이다. 노심에서 열을 뽑아내어 터빈으로 일을 하고 가까운 강에 나머지 열을 방출한다. 발전소가 Carnot 기관으로 작동한다면 열효율은 40% 정도일 것이다. 하지만 실제 효율은 30% 정도이다. 어떠한 기관을 설계하더라도 식 20.2.6으로 주어지는 열효율의 한계를 넘어설 수 없다.

Stirling 기관

식 20.2.6은 모든 이상기관에 적용되는 것이 아니라 그림 20.2.2의 Carnot 기관에만 적용된다. 예를 들어 이상적인 **Stirling 기관**의 순환과정인 그림 20.2.6을 생각해 보자. 그림 20.2.2의 Carnot 기관과 비교하면 두 기관은 같은 온도 T_H와 T_L에서 등온 열전달 과정이 이루어진다. 그러나 Stirling 기관의 두 등온곡선은 Carnot 기관에서의 단열과정이 아니라 등적과정으로 연결되어 있다. 일정한 부피를 유지하면서 온도를 T_L에서 T_H로(그림 20.2.6의 da 과정) 가역적으로 올리려면 두 온도 사이에서 부드럽게 온도가 변하는 열저장고로부터 열을 전달받아야 된다. 반대로 bc 과정에서는 작동물질에서 열을 제거해야 된다. 따라서 Carnot 기관과는 달리 가역적인 열전달(즉, 엔트로피 변화)이 4개 모든 과정에서 발생한다. 그러므로 식 20.2.6은 Stirling 기관에 적용될 수 없다. 보다 중요한 것은 이상적인 Stirling 기관의 열효율은 동일한 두 온도 사이에서 작동하는 Carnot 기관의 열효율보다 낮다는 것이다. 실제 Stirling 기관의 효율은 훨씬 더 낮다.

Stirling 기관은 1816년 Robert Stirling이 개발했다. 오랫동안 무시되었던 이 기관은 현재 자동차나 우주비행선용으로 개발되고 있다. 5000마력(3.7 MW)의 Stirling 기관이 개발된 바 있다. Stirling 기관은 조용하게 작동하기 때문에 일부 군용잠수함에 사용되고 있다.

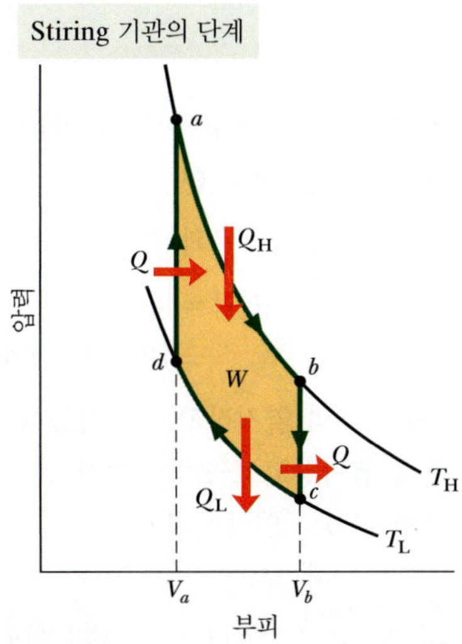

그림 20.2.6 ▶ 이상적인 Stirling 기관의 p-V 그림. 작동물질은 이상기체로 가정한다.

➡ 확인문제 20.2.1

세 개의 Carnot 기관이 각각 온도 (a) 400과 500 K, (b) 600과 800 K, (c) 400과 600 K인 열저장고 사이에서 작동한다. 열효율이 높은 순서대로 나열하여라.

▶ 보기문제 20.2.1 Carnot 기관, 효율, 일률, 엔트로피의 변화

Carnot 기관이 두 온도 $T_H = 850$ K, $T_L = 300$ K 사이에서 작동한다. 기관이 한 순환과정당 1200 J의 일을 하는 데 0.25 s가 걸린다.

(a) 기관의 효율은 얼마인가?

요점

Carnot 기관의 효율이 열저장고 온도의 비율 T_L/T_H에만 의존한다.

풀이: 식 20.2.6에서 효율은 다음과 같다.

$$\varepsilon = 1 - \frac{T_L}{T_H} = 1 - \frac{300\text{ K}}{850\text{ K}} = 0.647 \approx 65\%. \quad \text{(답)}$$

(b) 기관의 평균 일률은 얼마인가?

요점

기관의 평균 일률 P는 각 순환과정이 행해지는 시간에 대한 한 일의 비율이다.

풀이: Carnot 기관에서 일률은 다음과 같다.

$$P = \frac{W}{t} = \frac{1200\text{ J}}{0.25\text{ s}} = 4800\text{ W} = 4.8\text{ kW}. \quad \text{(답)}$$

(c) 매 순환과정마다 고온의 열저장고에서 뽑아내는 열에너지 $|Q_H|$는 얼마인가?

요점

기관의 효율 ε은 순환과정당 고온의 열저장고에서 뽑아낸 열에너지 $|Q_H|$와 기관이 한 일 W의 비율이다($\varepsilon = W/|Q_H|$).

풀이: 따라서 다음과 같다.

$$|Q_H| = \frac{W}{\varepsilon} = \frac{1200\text{ J}}{0.647} = 1855\text{ J}. \quad \text{(답)}$$

(d) 매 순환과정당 저온의 열저장고에 주는 열에너지 $|Q_L|$은 얼마인가?

요점

요점은 순환과정당 하는 일이 식 20.2.1처럼 열에너지 전달량의 차이 $|Q_H| - |Q_L|$이다.

풀이: 따라서 다음과 같다.

$$|Q_L| = |Q_H| - W = 1855\ \text{J} - 1200\ \text{J} = 655\ \text{J}.$$ (답)

(e) 고온의 열저장고에서 작동물질로, 또는 작동물질에서 저온의 열저장고로 열에너지가 전달되는 동안 작동물질의 엔트로피 변화는 얼마인가?

요점

일정한 온도에서 열 Q가 전달될 때의 엔트로피 변화 ΔS는 식 20.1.2($\Delta S = Q/T$)로 주어진다.

풀이: 고온 T_H의 열저장고에서는 *양의* 열 Q_H가 전달되므로 작동물질의 엔트로피 변화는

$$\Delta S_H = \frac{Q_H}{T_H} = \frac{1855\ \text{J}}{850\ \text{K}} = +2.18\ \text{J/K}$$ (답)

이다. 이와 마찬가지로 저온 T_L의 열저장고에서는 *음의* 열 Q_L이 전달되므로

$$\Delta S_L = \frac{Q_L}{T_L} = \frac{-655\ \text{J}}{300\ \text{K}} = -2.18\ \text{J/K}$$ (답)

이다. 결국 식 20.2.3을 유도하면서 논의한 것처럼 작동물질의 순환과정당 알짜 엔트로피 변화는 0이다.

보기문제 20.2.2 불가능한 효율적 기관

한 발명가가 물의 어는점과 끓는점 사이에서 작동하는 효율 75%의 기관을 만들었다고 주장한다. 가능한가?

요점

실제 기관의 효율은 동일한 두 온도 사이에서 작동하는 Carnot 기관의 효율보다 작다.

풀이: 식 20.2.6에서 물의 어는점과 끓는점 사이에서 작동하는 Carnot 기관의 효율은

$$\varepsilon = 1 - \frac{T_L}{T_H} = 1 - \frac{(0 + 273)\ \text{K}}{(100 + 273)\ \text{K}} = 0.268 \approx 27\%$$

이다. 따라서 주어진 온도에서 (비가역과정이고 에너지 전달에서 낭비가 있는) 실제 기관이 75%의 효율을 얻는 것은 불가능하다.

▶ 교육용 비디오는 웹사이트 www.wiley.com에서 볼 수 있다.

20.3 ▸ 냉동기와 실제 기관

학습목표 *Learning Objectives*

이 단원을 읽은 후 다음을 이해해야 한다.

20.3.1 냉동기관은 일을 이용하여 낮은 온도의 열저장고로부터 높은 온도의 열저장고로 에너지를 전달시키는 장치이고, 이상적인 냉동기관은 낭비되는 에너지 손실 없이 가역과정을 통해 일어난다.

요점 *Key Ideas*

1. 냉동기관은 순환과정을 통해 W의 일을 가해 낮은 온도의 열저장고에서 열에너지 $|Q_L|$을 뽑아내는 장치이다. 냉동기관의 실행계수 K는 다음과 같이 정의한다.

$$K = \frac{\text{얻고자 하는 것}}{\text{비용}} = \frac{|Q_L|}{|W|}.$$

2. Carnot 냉동기관은 Carnot 기관을 거꾸로 작동시킨 것이다. 작동계수는 다음과 같다.

$$K_C = \frac{|Q_L|}{|Q_H| - |Q_L|} = \frac{T_L}{T_H - T_L}.$$

3. 영구냉동기관은 낮은 온도의 열저장고에서 열에너지를 뽑아 높은 온도의 열저장고에 아무 일도 하지 않고 모두 전달하는 상상 속에서만 존재하는 냉동기관이다.

4. 영구냉동기관은 열역학 제2법칙을 위배한다. 이것을 다음과 같이 다르게 표현할 수 있다. 어떤 일련의 과정도 주어진 온도의 열저장고로부터 열에너지를 높은 온도의 열저장고로 (아무 일도 하지 않고) 모두 전달하는 것은 불가능하다.

20.3.2 Carnot 냉동기관에 대한 p-V 그림을 그리고, 순환과정의 방향, 사용하는 과정의 성질, 각 과정에서 (부호까지 포함한) 한 일, 순환과정에서 한 알짜일과 각 과정에서 (부호를 포함한) 전달된 열을 구한다.

20.3.3 작동계수 K, 열저장고 사이의 열교환과 열저장고의 온도 사이의 관계를 구한다.

20.3.4 낮은 온도의 열저장고에서 뽑아낸 모든 에너지를 높은 온도의 열저장고로 전달하는 영구냉동기관은 존재하지 않는다.

20.3.5 실제 기관의 효율은 이상적인 Carnot 기관의 효율보다 작다.

▶ 일상생활의 엔트로피: 냉동기

냉동기는 일을 하여 저온 열저장고에서 고온 열저장고로 에너지를 전달하는 장치이다. 예를 들어 가정의 냉장고는 전동 압축기로 일을 하여 냉장실(저온 열저장고)에서 방(고온 열저장고)으로 에너지를 전달한다.

에어컨과 열펌프도 역시 냉동기이다. 에어컨의 경우 저온 열저장고는 차가워져야 할 방이고 고온 열저장고는 더 더운 실외이다. 열펌프는 방을 덥히기 위해 역으로 작동하는 에어컨이다. 방은 고온 열저장고이고 열은 (아마도 더 차가울) 실외로부터 방으로 전달된다.

다음의 *이상적인 냉동기*를 고려해 보자.

> 이상적인 냉동기에서 모든 과정은 가역적이고, 마찰이나 막흐름 등에 의한 에너지 손실은 발생하지 않는다.

그림 20.3.1은 이상적인 냉동기의 기본요소이다. 그림 20.2.1의 Carnot 기관의 역과정으로 작동하는 것에 유의하자. 달리 말하면 열이나 일로 전달되는 모든 에너지는 Carnot 기관의 반대 방향으로 전달된다. 따라서 이상적인 냉동기를 **Carnot 냉동기**라고 부른다.

냉동기 설계자는 최소의 일 $|W|$로 저온 열저장고로부터 될 수 있는 한 많은 에너지 $|Q_L|$을 뽑아내고 싶을 것이다. 그러므로 냉동기의 효율은

$$K = \frac{\text{얻는 열}}{\text{하는 일}} = \frac{|Q_L|}{|W|} \quad \text{(냉동기의 작동계수)} \tag{20.3.1}$$

로 정의한다. 여기서 K는 *작동계수*라고 한다. Carnot 냉동기에 대해 열역학 제1법칙은 $|W| = |Q_H| - |Q_L|$이며, $|Q_H|$는 고온 열저장고로부터 열로써 전달되는 에너지의 크기이다. 따라서 식 20.3.1은

$$K = \frac{|Q_L|}{|Q_H| - |Q_L|} \tag{20.3.2}$$

이다. Carnot 냉동기는 Carnot 기관의 반대 방향으로 작동하므로 식 20.2.3과 식 20.3.2를 결합하여 풀면

$$K_C = \frac{T_L}{T_H - T_L} \quad \text{(냉동기의 작동계수)} \tag{20.3.3}$$

이다.

냉동기의 개요

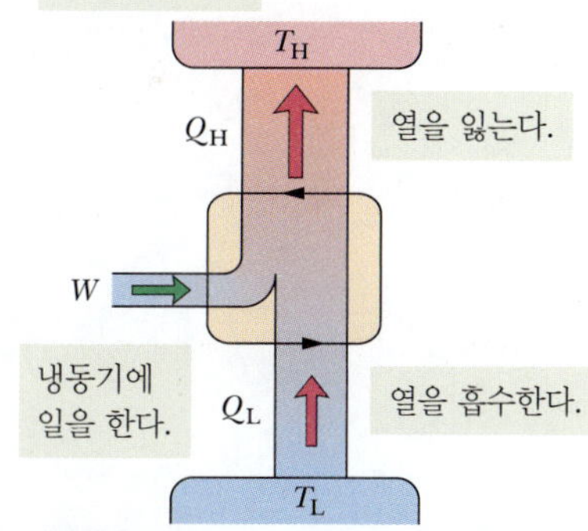

그림 20.3.1 냉동기. 가운데 고리에 표시한 검은 화살표는 작동물질이 작동하는 순환과정을 나타낸다. Q_L의 열이 저온 열저장고에서 작동물질로 전달된다. Q_H의 열이 작동물질에서 고온 열저장고로 전달된다. 외부 기관이 냉동기(작동물질)에 W의 일을 한다.

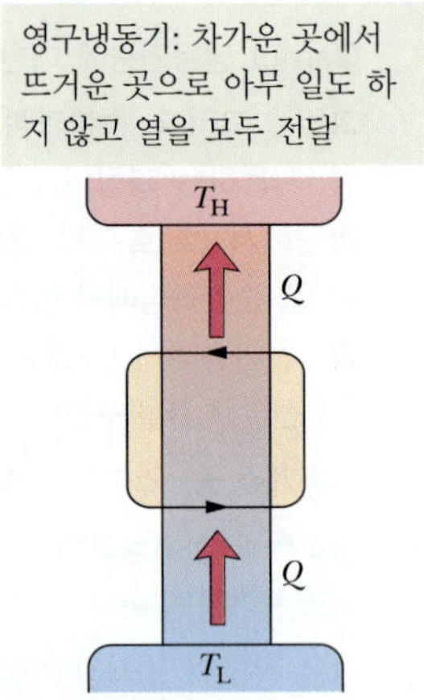

그림 20.3.2 ▶ 영구냉동기. 일을 공급하지 않고도 저온 열저장고로부터 고온 열저장고로 에너지를 전달한다.

일반적으로 실내 에어컨의 경우는 $K \approx 2.5$이고, 가정용 냉장고는 $K \approx 5$이다. 고약하게도 K값은 두 열저장고의 온도가 서로 가까워질수록 높아진다. 따라서 열펌프의 효율이 원하는 실내온도보다 실외온도가 훨씬 낮은 기후에서보다 실내외 온도의 차이가 없는 기후에서 더 효율적이다.

전기가 없어도 작동시킬 수 있으므로 일이 필요 없는 냉동기를 가진다면 멋질 것이다. 그림 20.3.2는 "발명가의 꿈"인 *영구냉동기*이다. 영구냉동기는 외부로부터 일의 공급이 없어도 차가운 열저장고에서 따뜻한 열저장고로 열에너지를 전달한다. 장치는 순환과정으로 작동하므로 작동물질의 엔트로피는 한 순환과정 동안 변하지 않는다. 그러나 두 열저장고의 엔트로피는 변화한다. 즉, 차가운 열저장고의 엔트로피 변화는 $-|Q|/T_L$이고, 따뜻한 열저장고의 엔트로피 변화는 $+|Q|/T_H$이다. 따라서 전체 계의 알짜 엔트로피 변화는

$$\Delta S = -\frac{|Q|}{T_L} + \frac{|Q|}{T_H}$$

이다. $T_H > T_L$이므로 우변은 음수이며 (*냉동기 + 열저장고*)의 닫힌 계에 대한 한 순환과정당 엔트로피 변화는 음수이다. 이러한 엔트로피 감소는 열역학 제2법칙(식 20.1.5)에 위배되므로 결국 영구냉동기는 존재하지 않는다(냉동기를 작동시키려면 플러그에 꽂아야 한다).

이 결과로부터 열역학 제2법칙을 다음과 같이 다르게 기술할 수 있다.

> 저온의 열저장고에서 고온의 열저장고로 일의 공급 없이 열에너지만을 전달하는 과정은 불가능하다.

간단히 말해서 *영구냉동기는 없다.*

확인문제 20.3.1

이상적인 냉장고의 작동계수를 높이고 싶다. 그러기 위해서 (a) 냉장실을 조금 더 높은 온도, 또는 (b) 조금 더 낮은 온도로 작동시키거나 (c) 냉장고를 조금 더 따뜻한 방, 또는 (d) 조금 더 차가운 방으로 옮길 수 있을 것이다. 네 경우에서 온도변화의 크기가 같을 때 작동계수가 큰 순서대로 나열하여라.

실제 기관의 효율

이 절에서는 실제 기관의 효율이 동일한 두 온도 사이에서 작동하는 Carnot 기관의 효율 ε_C보다 클 수 없음을 증명하고자 한다. 그렇지 않은 기관이 있다면, 열역학 제2법칙을 위반할 것이다.

어떤 발명가가 X라는 기관을 만들었고 다음과 같이 효율 ε_X가 ε_C보다 크다고 주장한다.

$$\varepsilon_X > \varepsilon_C \qquad \text{(주장)}. \tag{20.3.4}$$

이제 그림 20.3.3*a*처럼 기관 X를 Carnot 냉동기와 결합해 보자. Carnot 냉동기의 작동

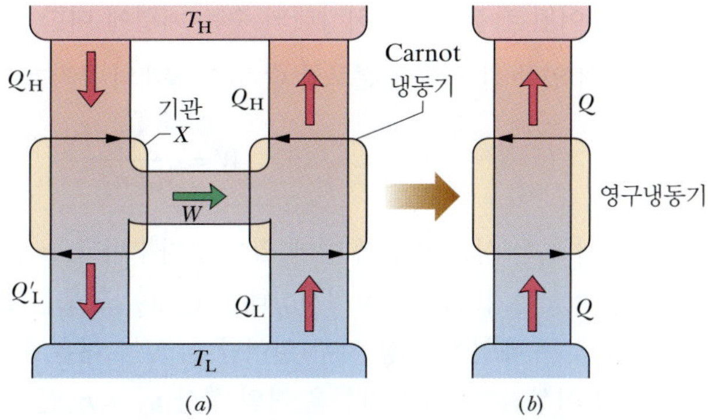

그림 20.3.3 ▸ (*a*) 기관 *X*는 Carnot 냉동기를 작동시킨다. (*b*) 기관 *X*의 효율이 Carnot 기관보다 좋다면 결합계 (*a*)는 영구냉동기이다. 이는 열역학 제2법칙에 위배된다. 따라서 기관 *X*는 Carnot 기관보다 더 효율적일 수 *없다*.

은 순환과정당 요구되는 일이 기관 *X*가 공급하는 일과 정확히 일치하도록 조절한다. 그러면 (*기관 + 냉동기*)의 결합계로부터, 또는 결합계로 어떤 (외부)일도 행해지지 않는다.

식 20.3.4가 사실이라면 효율의 정의 식 20.2.4로부터

$$\frac{|W|}{|Q'_H|} > \frac{|W|}{|Q_H|}$$

이어야 한다. 여기서 프라임(′)은 기관 *X*를 나타내고, 우변은 Carnot 냉동기가 기관으로 사용될 때의 효율이다. 따라서 위의 부등식을 다음과 같이 쓸 수 있다.

$$|Q_H| > |Q'_H|. \tag{20.3.5}$$

한편 기관 *X*가 한 일은 Carnot 냉동기가 한 일과 같으므로 식 20.2.1의 열역학 제1법칙으로부터

$$|Q_H| - |Q_L| = |Q'_H| - |Q'_L|$$

이다. 따라서 다음을 얻는다.

$$|Q_H| - |Q'_H| = |Q_L| - |Q'_L| = Q. \tag{20.3.6}$$

결국 식 20.3.5에 따라 식 20.3.6의 Q는 양수여야 한다.

식 20.3.6을 그림 20.3.3과 비교하면 기관 *X*와 Carnot 기관이 결합되어 작동하는 알짜 효과는 일의 공급 없이 저온의 열저장고에서 고온의 열저장고로 열 Q를 전달하는 것이다. 즉, 결합계는 그림 20.3.2의 영구기관처럼 작동한다. 이런 냉동기는 열역학 제2법칙에 위배되므로 존재하지 않는다.

앞의 가정 중 틀린 것이 반드시 있고, 그것은 식 20.3.4일 수밖에 없다. 결국 *Carnot 기관과 동일한 온도 사이에서 작동하는 어떤 실제 기관도 Carnot 기관의 효율보다 높을 수 없다*. 기껏해야 Carnot 기관과 같은 효율을 가질 것이며 그 경우 *X*는 Carnot 기관이다.

20.4 ▸ 통계역학적 관점에서 본 엔트로피

요점_*Key Ideas*

1. 계의 엔트로피는 분자의 가능한 분포로 정의한다. 동일한 분자에 대해서 각각의 가능한 분자의 분포를 계의 미시상태라고 한다. 모든 동등한 상태를 모아 계의 배열로 만

학습목표_*Learning Objectives*

이 단원을 읽은 후 다음을 이해해야 한다.

20.4.1 분자계의 배열이 무엇인지 설

명한다.

20.4.2 주어진 배열에 대한 경우의 수를 계산한다.

20.4.3 모든 미시상태는 같은 확률을 갖지만, 미시상태의 개수가 많은 배열이 그렇지 않은 배열보다 더 그 배열에 있을 확률이 크다.

20.4.4 Boltzmann의 엔트로피 방정식을 적용하여 경우의 수와 관련된 엔트로피를 계산한다.

든다. 어떤 배열에서 미시상태의 수는 배열에 대한 경우의 수 W이다.

2. 상자의 양쪽 반 사이에 분포할 수 있는 N개의 분자계에 대해 경우의 수는 다음과 같다.

$$W = \frac{N!}{n_1!\, n_2!}.$$

여기서 n_1은 상자의 한쪽 반에 있는 분자수이고, n_2는 다른 반쪽에 있는 수이다. 통계역학의 기본가정은 모든 미시상태가 존재할 확률은 같다는 것이다. 따라서 큰 경우의 수를 갖는 배열이 가장 자주 일어난다. N이 매우 큰 경우(예를 들어 $N = 10^{22}$개 혹은 그 이상의 분자) 분자들은 거의 항상 $n_1 = n_2$인 배열을 하게 된다.

3. 계의 배열에 대한 경우의 수 W와 그 배열에 대한 계의 엔트로피 S의 관계는 Boltzmann 엔트로피 방정식으로 주어진다.

$$S = k \ln W.$$

여기서 $k = 1.38 \times 10^{-23}$ J/K은 Boltzmann 상수이다.

4. (보통의 경우인) N이 매우 클 때, $\ln N!$을 Stirling 근사식을 이용하면

$$\ln N! \approx N(\ln N) - N$$

으로 쓸 수 있다.

통계역학적 관점에서 본 엔트로피

19장에서 기체의 거시적인 특성을 미시적 또는 분자적 거동으로 설명할 수 있었다. 이런 종류의 설명을 **통계역학적** 설명이라고 한다. 여기서는 단열된 상자의 두 방에 분포한 기체 분자를 생각한다. 이러한 통계역학적 모형은 분석하기 간단하면서도 이상기체의 자유팽창에 대한 엔트로피 변화를 쉽게 계산할 수 있도록 도와준다. 통계역학적 방법으로 엔트로피의 변화를 구한 것과 열역학적 방법으로 구한 것은 동일한 결과를 준다는 것을 알게 될 것이다.

그림 20.4.1은 구별할 수 없는 여섯 개의 동일한 기체 분자이다. 두 방의 부피가 같으므로 어떤 순간에 한 분자가 왼쪽 방이나 오른쪽 방에 있을 확률은 같다.

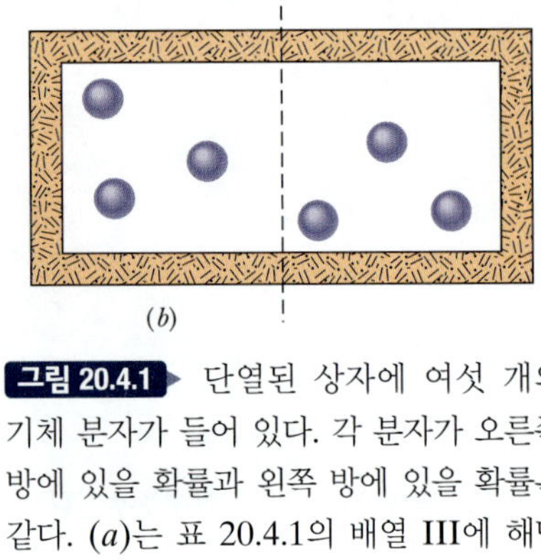

그림 20.4.1 단열된 상자에 여섯 개의 기체 분자가 들어 있다. 각 분자가 오른쪽 방에 있을 확률과 왼쪽 방에 있을 확률은 같다. (*a*)는 표 20.4.1의 배열 III에 해당하며, (*b*)는 배열 IV에 해당한다.

표 20.4.1은 여섯 개의 분자가 가질 수 있는 가능한 일곱 종류의 *배열*이다. 예를 들어 배열 I에서 모든 여섯 개의 분자는 왼쪽 방에 있고($n_1 = 6$), 오른쪽에는 한 개도 없다($n_2 = 0$). 일반적으로 주어진 배열을 만드는 방법은 상당히 많다. 이러한 배열상태를 분자의 *미시상태*라 한다. 이제 주어진 배열에서 어떻게 미시상태의 수를 계산하는지 자세히 알아보자.

총 N개의 분자가 왼쪽 방에 n_1개, 오른쪽 방에 n_2개 있다(물론 $n_1 + n_2 = N$이다). 한 번에 한 개씩 분자를 "손으로" 배치한다고 가정하자. 만일 $N = 6$이면 첫 번째 분자를 여섯 개의 독립적인 방법으로 선택할 수 있다. 즉, 여섯 개 중 한 분자를 선택할 수 있다. 두 번째 분자는 남은 다섯 개의 분자 중 한 분자를 고르는 다섯 가지 방법으로 선택할 수 있다. 이런 방식으로 계속하면 모든 가능한 방법은 각각의 독립적인 방법의 곱, 즉 $6 \times 5 \times 4 \times 3 \times 2 \times 1 = 720$개이다. 수학적으로 이들 곱을 $6! = 720$으로 나타낸다. 6!은 육 팩토리얼로 읽는다. 계산기로도 팩토리얼을 구할 수 있다. 최종의 계산을 위해 $0! = 1$임을 알아두자.

그러나 분자들은 서로 구별할 수 없으므로 720개가 모두 독립적인 방법의 수가 아니다. 예를 들어 $n_1 = 4$, $n_2 = 2$인 경우(표 20.4.1의 배열 III), 네 개의 분자를 한쪽 방

표 20.4.1 상자 속의 여섯 개 분자

배열			경우의 수 W	W의 계산	엔트로피 10^{-23} J/K
꼬리표	n_1	n_2	(미시상태의 수)	(식 20-20)	(식 20-21)
I	6	0	1	6!/(6! 0!) = 1	0
II	5	1	6	6!/(5! 1!) = 6	2.47
III	4	2	15	6!/(4! 2!) = 15	3.74
IV	3	3	20	6!/(3! 3!) = 20	4.13
V	2	4	15	6!/(2! 4!) = 15	3.74
VI	1	5	6	6!/(1! 5!) = 6	2.47
VII	0	6	1	6!/(0! 6!) = 1	0
			합계 = 64		

에 넣는 순서는 문제가 되지 않으므로 네 개를 순서대로 넣는 방법의 수(4! = 24)는 의미가 없다. 마찬가지로 두 개를 순서대로 넣는 방법의 수(2! = 2)도 무의미하다. 즉, 배열 III을 만들 수 있는 *서로 다른* 방법의 수는 720을 24로 나누고 다시 2로 나누어야 한다. 따라서 주어진 배열 III에 해당하는 미시상태의 수, 즉 *경우의 수* W는 다음과 같다.

$$W_{\mathrm{III}} = \frac{6!}{4!\,2!} = \frac{720}{24 \times 2} = 15.$$

표 20.4.1을 보면 배열 III에 15개의 독립적인 미시상태가 있다. 동시에 여섯 개의 분자가 정렬할 수 있는 가능한 총 미시상태의 수는 64이다.

여섯 개 분자의 경우를 N개 분자의 경우로 일반화시키면 다음과 같다.

$$W = \frac{N!}{n_1!\,n_2!} \quad \text{(배열에 대한 경우의 수)}. \tag{20.4.1}$$

모든 배열에 대한 경우의 수를 나타낸 표 20.4.1을 확인할 수 있어야 한다.

통계역학의 기본 가정은 다음과 같다.

모든 미시상태는 동일한 확률을 갖는다.

달리 말하면 그림 20.4.1의 상자 안을 돌아다니는 여섯 개 분자의 순간사진을 무수히 많이 찍어서 각각의 미시상태가 나타나는 수를 세어보면 64개의 미시상태는 균등하게 발견될 것이다. 즉, 계는 평균적으로 각각의 미시상태에 동일하게 있을 수 있다.

이와 같이 모든 미시상태는 균등한 확률을 가지지만 서로 다른 배열은 서로 다른 수의 미시상태를 가지므로 모든 배열은 균등한 확률을 갖지 *않는다*. 표 20.4.1에서 보듯이 배열 IV의 미시상태는 20개로 20/64 = 0.313의 확률을 갖는 *가장 있음직한 배열*이다. 이 결과는 계가 주어진 시간의 31.3% 동안은 배열 IV 상태에 있다는 뜻이다. 모든 분자가 한쪽으로 몰리는 배열 I과 VII은 1/64 = 0.016, 즉 1.6%로 가장 낮은 확률을 가진다. 가장 있음직한 배열이 두 방에 분자가 고르게 분포한다는 것은 열적 평형상태에서 예측한 것이므로 놀랄 일이 아니다. 하지만 한쪽 방에 모든 분자가 몰릴 확률이 0이 아니라는 사실은 매우 놀랍다.

분자수 N이 매우 크면 엄청나게 많은 수의 미시상태가 존재한다. 그러나 거의 대부

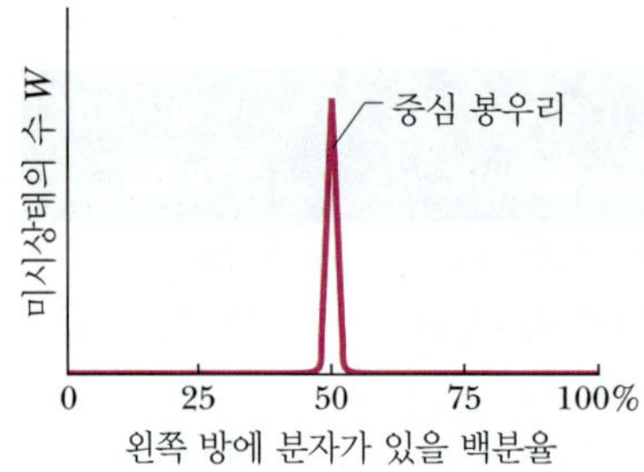

그림 20.4.2 상자 안에 *많은* 수의 분자가 있을 때 상자의 왼쪽 방에 분자가 존재할 미시상태의 수. 거의 모든 미시상태가 두 방에 고르게 분포하는 배열에 속한다. 즉, 그러한 미시상태는 *중심 봉우리*를 형성한다. 만약 $N \approx 10^{22}$이면 중심 봉우리는 더욱 뾰족해진다.

분의 미시상태는 그림 20.4.2처럼 두 방에 고르게 분포되는 배열에 속한다. 비록 측정한 압력과 온도가 일정하더라도, 각 분자가 모든 가능한 미시상태를 균등한 확률로 "돌아다니기" 때문에 분자들의 배열상태는 끊임없이 변한다. 그러나 매우 좁은 중심 봉우리를 벗어나는 상태의 수는 극히 작기 때문에 기체 분자는 항상 두 방에 고르게 분포한다고 가정할 수 있다. 곧 알게 되겠지만 이러한 배열상태가 가장 큰 엔트로피를 가진다.

보기문제 20.4.1 미시상태와 경우의 수

그림 20.4.1의 상자 안에 100개의 구별할 수 없는 동일한 분자가 들어 있다. $n_1 = 50$, $n_2 = 50$인 배열을 갖는 미시상태는 몇 개인가? $n_1 = 100$, $n_2 = 0$인 배열을 갖는 미시상태는 몇 개인가? 두 배열의 상대확률로 결과를 해석하여라.

요점

닫힌 상자 안의 동등한 분자배열의 경우의 수 W는 식 20.4.1처럼 그 배열에 포함된 독립적인 미시상태의 수와 같다.

풀이: (50, 50)인 배열에서 미시상태의 수는 식 20.4.1에서 다음과 같다.

$$W = \frac{N!}{n_1!\, n_2!} = \frac{100!}{50!\, 50!}$$

$$= \frac{9.33 \times 10^{157}}{(3.04 \times 10^{64})(3.04 \times 10^{64})}$$

$$= 1.01 \times 10^{29}. \quad \text{(답)}$$

또한 (100, 0)인 배열은 다음과 같다.

$$W = \frac{N!}{n_1!\, n_2!} = \frac{100!}{100!\, 0!} = \frac{1}{0!} = \frac{1}{1} = 1. \quad \text{(답)}$$

해석: (50, 50) 배열은 (100, 0) 배열보다 1×10^{29}배 정도로 훨씬 더 있음직한 배열이다. 만일 1 나노초마다 (50, 50) 배열의 미시상태를 하나씩 헤아린다면 3×10^{12}년 걸릴 것이다. 이 값은 우주의 나이보다 약 200배 긴 시간이다. 분자 100개는 아주 적은 양이다. 이제 $N = 10^{24}$ 정도인 1 mol의 분자수에 대한 계산 결과는 상상에 맡긴다. 결국 갑자기 방의 한쪽 구석으로 공기분자가 몰려 반대편 구석에서는 공기가 없어 숨을 헐떡이는 것을 걱정할 필요는 없다. 따라서 엔트로피의 물리학 덕택에 쉽게 숨 쉴 수 있다.

▶ 교육용 비디오는 웹사이트 www.wiley.com에서 볼 수 있다.

확률과 엔트로피

1877년 오스트리아의 물리학자 Ludwig Boltzmann은 배열에 대한 경우의 수 W와 배열의 엔트로피 S사이에 다음과 같은 관계가 있음을 보였다.

$$S = k \ln W \quad \text{(Boltzmann의 엔트로피 방정식)}. \tag{20.4.2}$$

이 공식이 Boltzmann의 묘비에 새겨져 있다.

S가 W의 로그함수로 표현된 것이 수학적으로 자연스럽다. 엔트로피는 상태함수이므로 두 계의 엔트로피는 각 계의 엔트로피의 합이다. 한편 독립적인 두 사건이 발생할 확률은 각 확률의 곱이다. 따라서 $\ln ab = \ln a + \ln b$인 수학적 특성을 갖는 로그함수로 두 양을 연결하는 것이 논리적이다.

표 20.4.1은 그림 20.4.1의 여섯 개 분자계에 대해 식 20.4.2로 계산한 배열의 엔트로피를 보여준다. 가장 큰 경우의 수를 갖는 배열 IV가 가장 큰 엔트로피를 갖고 있다.

식 20.4.1을 사용하여 W를 계산할 때 분자수가 조금만 커져도 계산기로 계산할 수 없다. 다행히 $\ln N!$에 대한 **Stirling 근사식**으로 알려진 아주 좋은 근사방법이 있으므로 실제 계산에서는 다음과 같은 근사식을 사용한다.

$$\ln N! \approx N(\ln N) - N \qquad \text{(Stirling 근사식)}. \tag{20.4.3}$$

이 Stirling은 영국의 수학자로서, Stirling 기관을 발명한 사람과는 다른 인물이다.

확인문제 20.4.1

한 상자에 1 mol의 기체가 들어 있다. 두 가지 배열을 고려하자. (a) 상자의 반에 분자의 반씩 포함되는 경우와 (b) 상자의 세 부분에 분자의 1/3씩이 포함되는 경우 어느 배열이 더 많은 미시상태를 갖는가?

보기문제 20.4.2 미시상태를 이용한 자유팽창의 엔트로피 변화

보기문제 20.1.1에서 n mol의 이상기체가 자유팽창하여 부피가 두 배로 될 때, 초기상태 i와 최종상태 f의 엔트로피 차이는 $S_f - S_i = nR \ln 2$라는 것을 보였다. 이 엔트로피의 증가를 통계역학을 사용하여 유도하여라.

요점

식 20.4.2($S = k \ln W$)를 이용하여 엔트로피와 경우의 수를 연결할 수 있다.

풀이: 여기서 두 배열상태를 알아야 한다. 하나는 그림 20.1.1b처럼 방을 완전히 채운 최종상태 f이고 다른 하나는 왼쪽 방만을 채운 초기상태 i이다. 분자가 닫힌 그릇 안에 있으므로 식 20.4.1로 미시상태에 대한 경우의 수 W를 계산할 수 있다. n mol, N개의 분자를 고려해 보자. 초기에는 왼쪽 방에 모든 분자가 들어 있으므로 (n_1, n_2) 배열은 $(N, 0)$이다. 따라서 W는 다음과 같다.

$$W_i = \frac{N!}{N!\,0!} = 1.$$

또한 최종상태의 (n_1, n_2) 배열은 $(N/2, N/2)$이므로 W는 다음과 같다.

$$W_f = \frac{N!}{(N/2)!\,(N/2)!}.$$

따라서 식 20.4.2로부터 초기상태와 최종상태의 엔트로피는 각각

$$S_i = k \ln W_i = k \ln 1 = 0,$$

$$S_f = k \ln W_f = k \ln(N!) - 2k \ln[(N/2)!] \tag{20.4.4}$$

이다. 식 20.4.4를 쓸 때 다음의 관계를 이용하였다.

$$\ln \frac{a}{b^2} = \ln a - 2 \ln b.$$

이제 식 20.4.4을 계산하기 위해 식 20.4.3를 적용하면

$$\begin{aligned} S_f &= k \ln(N!) - 2k \ln[(N/2)!] \\ &= k[N(\ln N) - N] - 2k[(N/2)\ln(N/2) - (N/2)] \\ &= k[N(\ln N) - N - N\ln(N/2) + N] \\ &= k[N(\ln N) - N(\ln N - \ln 2)] = Nk \ln 2 \end{aligned} \tag{20.4.5}$$

를 얻는다. 식 19.2.4에 의해 Nk는 nR로 바꿀 수 있다. 여기서 R은 기체상수이다. 따라서 식 20.4.5는

$$S_f = nR \ln 2$$

이다. 결국 초기상태와 최종상태의 엔트로피 차이는

$$S_f - S_i = nR \ln 2 - 0$$
$$= nR \ln 2$$ 답

이다. 앞에서 계산한 이 장의 첫 번째 보기문제에서 열역학을 이용해 자유팽창에 대한 엔트로피를 구할 때 동등한 가역과정을 찾았고, 그 과정에서의 온도와 열전달을 이용해 엔트로피 변화를 계산하였다. 이 보기문제에서는 같은 엔트로피 증가를 통계물리학에서 계가 분자로 이루어져 있다는 사실을 이용하였다. 간단히 말하면 두 개의 접근방법은 매우 다르지만 같은 답을 얻었다.

▶ **교육용 비디오는 웹사이트 www.wiley.com에서 볼 수 있다.**

정리 및 요약 _Review & Summary

▸***일방적 과정*** **비가역과정**은 주위의 작은 변화에 의해서 되돌릴 수 없는 과정이다. 비가역과정의 방향은 계의 *엔트로피 변화*에 의해 결정된다. 엔트로피는 계의 *상태특성*(또는 *상태함수*)이다. 즉, 엔트로피는 계의 상태에만 의존하며 계가 그 상태에 도달하는 경로에 의존하지 않는다. *엔트로피 가설*은 "*닫힌 계에서 비가역과정이 발생하면 계의 엔트로피는 항상 증가한다*"로 기술한다.

▸***엔트로피 변화의 계산*** 초기상태 i에서 최종상태 f로 변하는 비가역과정의 **엔트로피 변화**는 동일한 두 상태를 갖는 *임의의 가역과정*에 대한 엔트로피 변화와 정확히 같다. 가역과정에 대한 엔트로피 변화는

$$\Delta S = S_f - S_i = \int_i^f \frac{dQ}{T} \qquad (20.1.1)$$

로 계산할 수 있다. 여기서 Q는 과정 동안 계로부터, 혹은 계로 열로서 전달된 에너지이다. T는 과정 동안 계의 절대온도이다.

등온 가역과정에 대해서 식 20.1.1은

$$\Delta S = S_f - S_i = \frac{Q}{T} \qquad (20.1.2)$$

로 간단하게 된다. 계의 온도변화 ΔT가 과정 전과 후의 온도에 비해 상대적으로 작을 때 엔트로피 변화는 다음과 같이 근사하여 표현할 수 있다.

$$\Delta S = S_f - S_i \approx \frac{Q}{T_{avg}}. \qquad (20.1.3)$$

여기서 T_{avg}는 과정 동안 계의 평균 온도이다.

이상기체가 초기상태 T_i, V_i에서 최종상태 T_f, V_f로 가역적으로 변할 때 기체의 엔트로피의 변화는 다음과 같다.

$$\Delta S = S_f - S_i = nR \ln \frac{V_f}{V_i} + nC_V \ln \frac{T_f}{T_i}. \qquad (20.1.4)$$

▸***열역학 제2법칙*** 엔트로피 가설을 확장한 이 법칙은 "*닫힌 계의 비가역과정에서 엔트로피는 증가하며 가역과정에서는 일정하게 유지된다. 즉, 엔트로피는 결코 감소하지 않는다.*"로 기술한다. 수식으로는 다음과 같다.

$$\Delta S \geq 0. \qquad (20.1.5)$$

▸***기관*** **기관**은 순환과정으로 작동하며 고온의 열저장고에서 열을 뽑아내어 일을 수행하는 장치이다. 기관의 *열효율*은 다음과 같이 정의한다.

$$\varepsilon = \frac{\text{얻은 에너지}}{\text{사용한 에너지}} = \frac{|W|}{|Q_H|}. \qquad (20.2.4)$$

이상기관에서 모든 과정은 가역적이고 마찰이나 막흐름 등에 의한 에너지 손실은 일어나지 않는다. **Carnot 기관**은 그림 20.2.2의 순환과정을 따르는 이상기관이며, 효율은 다음과 같이 정의한다.

$$\varepsilon_C = 1 - \frac{|Q_L|}{|Q_H|} = 1 - \frac{T_L}{T_H}. \qquad (20.2.5, 20.2.6)$$

여기서 T_H와 T_L은 각각 고온 및 저온 열저장고의 온도이다. 실제 기관은 항상 식 20.2.6으로 주어지는 값보다 낮은 효율을 갖는다. Carnot 기관이 아닌 이상기관도 식 20.2.6으로 주어지는 효율보다는 낮은 값을 갖는다.

*영구기관*은 고온의 열저장고에서 뽑아낸 열을 완전히 일로 전환하는 가상적인 기관이다. 이러한 기관은 열역학 제2법칙에 위배된다. 다시 말해서 열저장고에서 뽑아낸 열에너지를 전부 다 일로 바꾸는 과정은 불가능하다.

▸***냉동기*** 냉동기는 순환과정으로 작동하며 일을 행하여 낮은 온도의 열저장고로부터 열 $|Q_L|$을 뽑아내는 장치이다. 냉동기의 작동계수 K는 다음과 같이 정의한다.

$$K = \frac{\text{얻고자 하는 것}}{\text{지불하는 비용}} = \frac{|Q_L|}{|W|}. \qquad (20.3.1)$$

Carnot 냉동기는 반대 방향으로 작동하는 Carnot 기관이다. Carnot 냉동기에 대해 식 20.3.1은 다음과 같다.

$$K_C = \frac{|Q_L|}{|Q_H| - |Q_L|} = \frac{T_L}{T_H - T_L}. \qquad (20.3.2, 20.3.3)$$

*영구냉동기*는 일의 공급 없이 저온 열저장고에서 뽑아낸 열을 전부 고온 열저장고로 전달하는 가상적인 냉동기이다. 이러한 냉동기는 열역학 제2법칙에 위배된다. 다시 말해서 저온의 열저장고에서 고온의 열저장고로 열에너지만을 전달하는 과정은 불가능하다.

▸***통계역학적 관점에서 본 엔트로피*** 계의 엔트로피는 분자의 가능한 분포로 정의될 수 있다. 동일한 분자들에 대해, 각각의 가능한 분자 분포를 계의 **미시상태**라고 한다. 모든 동등한 미시상태는 계의 **배열**로 분류한다. 한 배열의 가능한 미시상태의 수는 배열에 대한 **경우의 수**라고 한다.

상자의 두 반쪽에 분포할 수 있는 N개 분자의 계에서 경우의 수는 다음과 같다.

$$W = \frac{N!}{n_1!\, n_2!}. \tag{20.4.1}$$

여기서 n_1은 상자의 한쪽 반에 있는 분자의 수이고 n_2는 다른 반쪽에 있는 분자의 수이다. **통계역학**의 기본 가정은 모든 미시상태는 균등하게 가능하다는 것이다. 따라서 큰 경우의 수를 갖는 배열이 가장 빈번히 발생한다.

배열에 대한 경우의 수 W와 엔트로피는 Boltzmann의 엔트로피 방정식

$$S = k \ln W \tag{20.4.2}$$

로 표현한다. 여기서 Boltzmann 상수 k는 $k = 1.38 \times 10^{-23}$ J/K이다.

연습문제 _Problems

E Easy **M** Medium **H** Hard **CALC** Requires calculus **BIO** Biomedical application

1 **M** 그림 20.1은 $T_1 = 450$ K과 $T_2 = 150$ K 사이에서 작동하는 Carnot 기관이다. 이 기관은 온도 $T_3 = 325$ K과 $T_4 = 225$ K 사이에서 Carnot 냉동기를 작동시킨다. 비율 Q_3/Q_1을 구하여라.

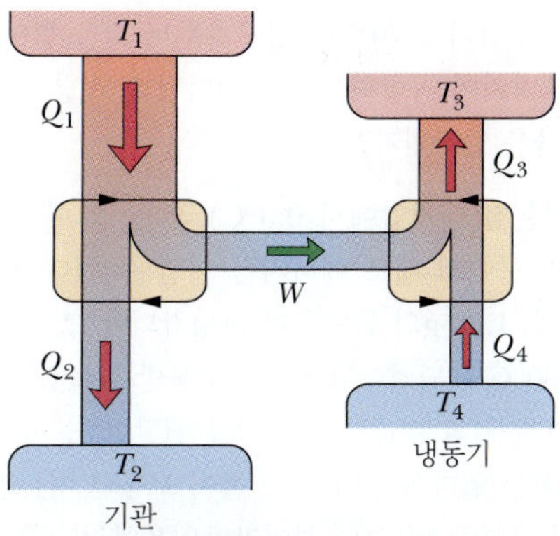

그림 20.1 연습문제 1

2 **M** 100°C의 알루미늄(비열 900 J/kg · K) 200 g을 단열용기 안에서 20.0°C의 물 70.0 g에 담갔다. (a) 평형온도는 얼마인가? (b) 알루미늄, (c) 물, (d) 알루미늄-물 계의 엔트로피 변화는 얼마인가?

3 **H** **CALC** 초기에 5.00 kPa, 600 K인 단원자 이상기체 1.00 mol의 부피가 $V_i = 1.00$ m^{3}에서 최종 부피 $V_f = 2.00$ m^{3}으로 팽창하였다. 팽창하는 임의의 순간에 압력과 부피는 $p = 5.00 \exp[(V_i - V)/a]$의 관계를 갖는다. 여기서 p는 kPa, V_i와 V는 m^3 단위이고, $a = 2.00$ m^{3}이다. 최종상태에서 기체의 (a) 압력과 (b) 온도는 얼마인가? (c) 팽창하는 도중 기체가 한 일은 얼마인가? (d) 팽창에 대한 ΔS는 얼마인가? (*힌트*: ΔS를 구하기 위해 두 개의 간단한 가역과정을 사용하여라.)

4 **E** Carnot 냉동기가 1.8 J의 에너지를 (a) 7.0°C의 열원에서 27°C의 열원으로 (b) −73°C의 열원에서 27°C의 열원으로 (c) −173°C의 열원에서 27°C의 열원으로 (d) −223°C의 열원에서 27°C의 열원으로 열로 전달하려면 냉동기가 해야 할 일은 각각 얼마인가?

5 **M** Carnot 기관이 한 순환과정당 W의 일을 하도록 설계하였다. 한 순환과정마다 조절이 가능한 고온 열저장고의 온도 T_H에서 열 Q_H가 작동물질에 전달된다. 저온 열저장고의 온도는 $T_L = 250$ K로 유지된다. 그림 20.2는 Q_H를 T_H의 함수로 나타낸 그래프이다. 수직축의 눈금은 $Q_{Hs} = 6.0$ kJ이다. T_H를 550 K로 조절하면 Q_H는 얼마인가?

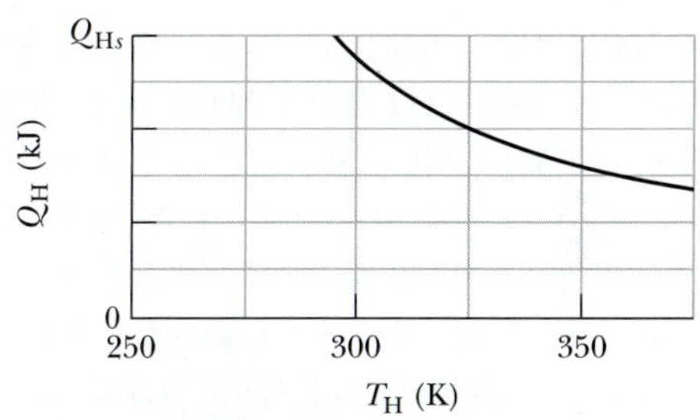

그림 20.2 연습문제 5

6 **M** 그림 20.1.5의 비가역과정에서 동일한 토막 L과 R의 초기온도는 각각 305.5 K과 294.5 K이며, 평형에 도달하기 위해 전달되는 에너지는 300 J이라고 하자. 그림 20.1.6의 가역과정에서 (a) 토막 L, (b) L에 연결된 열저장고, (c) 토막 R, (d) R에 연결된 열저장고, (e) 두 토막 계, (f) 두 토막 및 두 열저장고로 이루어진 계의 엔트로피 변화 ΔS는 각각 얼마인가?

7 **E** 0.75 mol의 이상기체가 360 K에서 부피가 두 배가 될 때까지 가역 등온팽창한다. 기체의 엔트로피는 얼마나 증가했는가?

8 **M** 1773 g의 물과 227 g의 얼음이 0.000°C에서 열적 평형상태에 있다. 이 혼합물이 가역적으로 변하여 온도 0.000°C인 두 번째 평형상태에서 물:얼음의 질량비가 1.00:1.00로 되었다. (a) 이 과정 동안 계의 엔트로피 변화를 계산하여라(물의 융해열은 333 kJ/kg이다.). (b) 다시 계는 (예컨대 분젠 버너를 이용하여) 비가역적으로 초기상태로 돌아간다. 이 과정에서 엔트로피의 변화를 계산하여라. (c) 얻은 답은 열역학 제2법칙에 부합하는가?

9 M 그림 20.3은 1.00 mol의 단원자 이상기체가 따르는 가역 순환과정이다. $p = 2p_0$, $V = 2V_0$, $p_0 = 1.01 \times 10^5$ Pa, $V_0 = 0.0400$ m^{3}이라고 하자. (a) 순환과정 동안 한 일, (b) abc 과정 동안 열로 가해진 에너지, (c) 한 순환과정의 열효율을 각각 구하여라. (d) 순환과정에서 나타나는 가장 높은 온도와 가장 낮은 온도 사이에서 작동하는 Carnot 기관의 효율은 얼마인가? (e) 이것은 (c)에서 계산한 열효율보다 높은가, 낮은가?

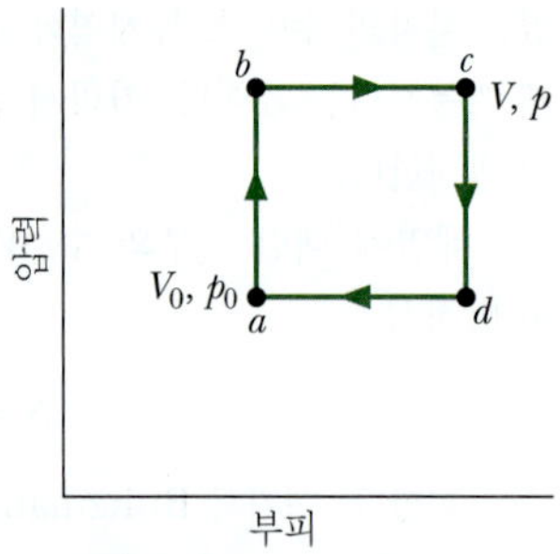

그림 20.3 연습문제 9

10 E 열펌프로 건물을 난방하려고 한다. 외부 온도는 내부 온도보다 낮다. 열펌프의 작동계수는 3.8이고, 열펌프는 5.12 MJ의 열에너지를 매시간 건물에 공급한다. 만일 열펌프가 거꾸로 작동되는 Carnot 기관이라면 이 기관을 작동시키기 위해 공급해야 할 일률은 얼마인가?

11 H CALC 단열 보온병에 80.0°C의 물 200 g이 있다. 이제 0°C의 얼음 12.0 g을 넣어 *얼음* + *원래* 물의 계를 만들었다. (a) 계의 평형온도는 얼마인가? (b) 녹는 동안과 (c) 평형온도까지 따뜻해지는 동안에 대해 초기에 얼음이던 물의 엔트로피 변화는 각각 얼마인가? (d) 원래 물에 대해서 평형온도까지 차가워지는 동안의 엔트로피 변화는 얼마인가? (e) (*얼음* + *원래* 물) 계에 대해서 평형온도에 도달하기까지 알짜 엔트로피 변화는 얼마인가?

12 H 1.00 mol의 단원자 이상기체가 초기 압력 p_1과 부피 V_1에서 다음의 두 단계로 변화한다. (1) 부피가 $2.00V_1$이 될 때까지 등온팽창, (2) 일정한 부피에서 압력이 $2.00p_1$으로 증가. (a) 단계 1과 (b) 단계 2에 대한 Q/p_1V_1은 각각 얼마인가? (c) 단계 1과 (d) 단계 2에서 W/p_1V_1은 각각 얼마인가? 전체 과정에 대해 (e) $\Delta E_{int}/p_1V_1$과 (f) ΔS는 각각 얼마인가? 기체는 다시 초기상태로 돌아와서 또다시 같은 최종상태로 변하는데 이번에는 다음의 두 단계로 변화한다. (1) $2.00p_1$까지 등온압축 (2) 등압에서 $2.00V_1$으로 팽창. (g) 단계 1과 (h) 단계 2에서 Q/p_1V_1은 각각 얼마인가? (i) 단계 1과 (j) 단계 2에서 W/p_1V_1은 각각 얼마인가? 전체 과정에 대해 (k) $\Delta E_{int}/p_1V_1$과 (l) ΔS는 각각 얼마인가?

13 M 이상기체(1.0 mol)가 작동물질로 그림 20.4의 순환과정을 거친다. BC와 DA는 가역 단열과정이다. (a) 기체는 단원자 분자인가, 이원자 분자인가, 아니면 다원자 분자인가? (b) 기관의 효율은 얼마인가?

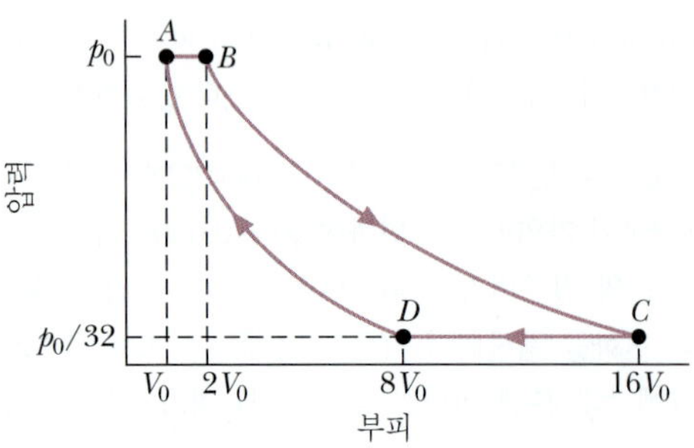

그림 20.4 연습문제 13

14 E (a) 물의 어는점 바로 위 온도인 양동이 안의 물에서 14.6 g의 얼음이 완전히 녹을 때 얼음의 엔트로피 변화는 얼마인가? (b) 물의 끓는점 바로 위 온도인 열판에서 물 4.00 g이 완전히 기화될 때 물의 엔트로피 변화는 얼마인가?

15 M 기체 시료가 가역 등온팽창한다. 그림 20.5는 기체의 최종부피 V_f에 대한 엔트로피의 변화 ΔS이다. 수직축의 눈금은 $\Delta S_s = 64$ J/K이다. 시료의 mol 수는 얼마인가?

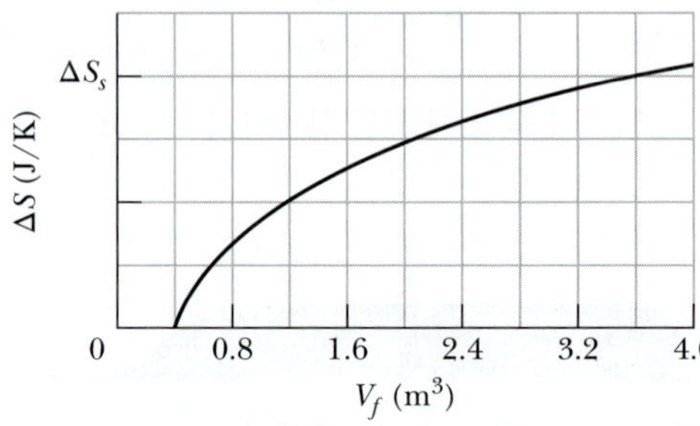

그림 20.5 연습문제 15

16 M 500 W의 Carnot 기관이 100°C와 40.0°C 사이에서 작동한다. 기관에 의해 (a) 열로 흡수되는 일률과 (b) 열로 방출되는 일률은 얼마인가?

17 E Carnot 냉방기가 70°F의 방으로부터 열을 뽑아 98°F의 실외로 내보낸다. 냉방기에 공급하는 전기에너지 1 W당 방에서 제거되는 열에너지의 비율은 얼마인가?

18 H 물의 어는점(대기압에서 0.0°C) 혹은 그 아래의 온도에서도 물이 얼지 않고, 물에서 열로 에너지를 꺼낼 수 있다. 이때 물은 *과냉각*되었다고 한다. 1.80 g의 물방울이 과냉각되어 그 온도가 주위 공기의 온도인 −5.00°C가 되었다고 하자. 이 물방울은 갑자기 비가역적으로 얼면서 공기에 열의 형태로 에너지를 전달한다. 이 물방울에 대한 엔트로피의 변화는 얼마인가? (*힌트*: 물이 보통의 어는점을 지나는 것 같은 세 단계의 가역반응을 사용하여라.) 얼음의 비열은 2220 J/kg · K이다.

19 M 1 mol의 단원자 이상기체가 그림 20.6의 가역 순환과정을 거친다. 부피는 $V_c = 8.00V_b$이다. bc는 단열팽창 과정이며 $p_b = 5.00$ atm, $V_b = 1.00 \times 10^{-3}$ m^{3}이다. 한 순환과정당 (a) 기체에 열로 가해진 에너지, (b) 기체에서 열로 빠져나간 에너지, (c) 기체가 한 알짜 일, (d) 효율을 구하여라.

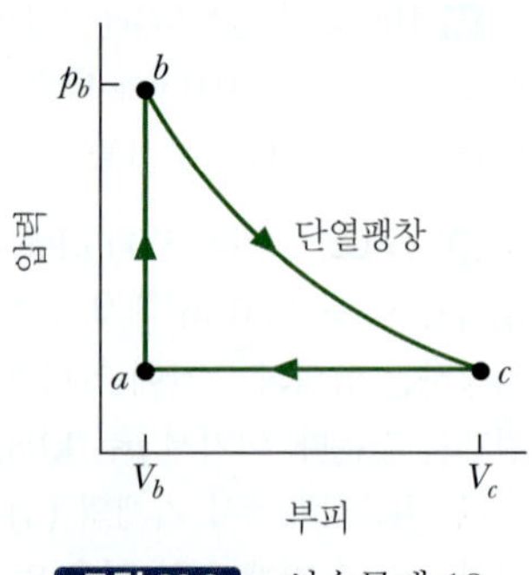

그림 20.6 연습문제 19

20 M N개의 동일한 기체 분자를 포함한 상자가 똑같은 반쪽으로 나뉘어 있다. $N = 50$인 경우 (a) 중심배열에 대한 경우의 수 W, (b) 가능한 전체 미시상태의 수, (c) 중심배열에서 계가 머무는 시간의 전체 시간에 대한 비율은 얼마인가? $N = 100$인 경우, (d) 중심배열에 대한 경우의 수 W, (e) 가능한 전체 미시상태의 수, (f) 중심배열에서 계가 머무는 시간의 전체 시간에 대한 비율은 각각 얼마인가? $N = 200$인

경우, (g) 중심배열에 대한 경우의 수 W, (h) 가능한 전체 미시상태의 수, (i) 중심배열에서 계가 머무는 시간의 전체 시간에 대한 비율은 각각 얼마인가? (j) N이 증가하면 중심배열에서 머무는 시간이 증가하는가, 감소하는가?

21 H CALC 가솔린 연소기관의 작동을 그림 20.7의 순환과정으로 나타내었다. 부피는 $V_3 = 4.00V_1$이다. 가솔린과 공기의 혼합기체는 $\gamma = 1.30$인 이상기체라고 가정한다. (a) T_2/T_1, (b) T_3/T_1, (c) T_4/T_1, (d) p_3/p_1, (e) p_4/p_1은 각각 얼마인가? (f) 기관의 효율은 얼마인가?

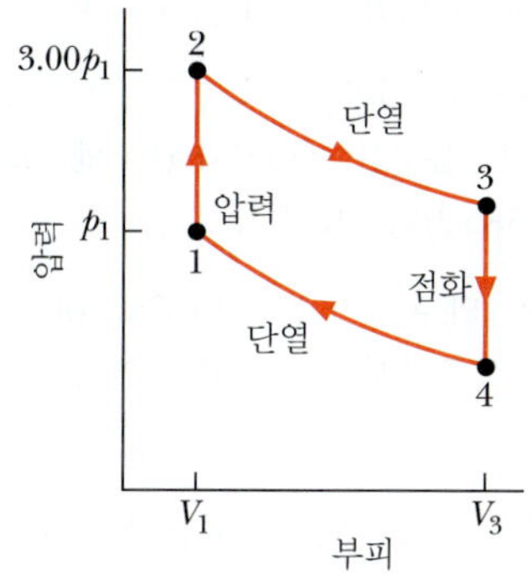

그림 20.7 연습문제 21

22 E Carnot 기관이 각 순환과정당 52 kJ의 열을 흡수하고 40 kJ의 열을 방출한다. (a) 기관의 효율과 (b) kJ 단위로 순환과정당 한 일을 구하여라.

23 M CALC 1.0 mol의 단원자 이상기체가 그림 20.8의 순환과정을 따르고, $V_1 = 3.00V_0$이다. (a) 경로 abc를 따라 상태 a에서 상태 c로 변할 때 W/p_0V_0는 얼마인가? (b) b에서 c로 변할 때와 (c) 한 순환과정에서 $\Delta E_{int}/p_0V_0$는 각각 얼마인가? (d) b에서 c로 변할 때와 (e) 한 순환과정에서 ΔS는 각각 얼마인가?

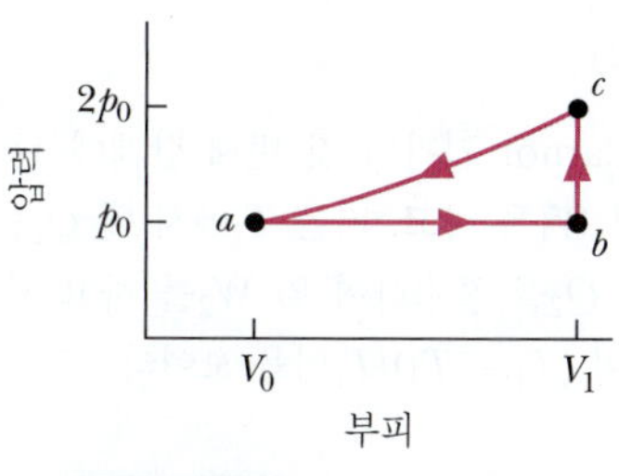

그림 20.8 연습문제 23

24 E CALC 온도 $T = 400$ K에서 2.50 mol의 이상기체가 부피 V_1에서 $V_2 = 2.00V_1$으로 가역 등온팽창한다. (a) 기체가 한 일 (b) 기체의 엔트로피 변화를 구하여라. (c) 등온이 아닌 단열과정이라면 기체의 엔트로피 변화는 얼마인가?

25 M −10°C의 얼음 8.0 g을 20°C의 물 100 cm^{3}가 담긴 보온병에 넣었다. 평형에 도달할 때까지 얼음–물 계의 엔트로피 변화는 얼마인가? 얼음의 비열은 2220 J/kg · K이다.

26 M 극저온에서 대부분 고체의 비열 C_V는 어림잡아 $C_V = AT^3$이다. 여기서 A는 물질에 따라 다르다. 알루미늄의 경우, $A = 3.15 \times 10^{-5}$ J/mol · K^{4}이다. 4.00 mol 알루미늄의 온도가 5.00 K에서 12.0 K로 증가할 때 엔트로피의 변화를 구하여라.

27 M 진동하지는 않지만 회전은 가능한 이원자 이상기체 n mol이 그림 20.9의 순환과정에 따라 변화한다. 여기서 $V_{23} = 4.00V_1$이다. (a) p_2/p_1, (b) p_3/p_4, (c) T_3/T_1은 얼마인가? 경로 1 → 2에서 (d) W/nRT_1, (e) Q/nRT_1, (f) $\Delta E_{int}/nRT_1$, (g) $\Delta S/nR$은 얼마인가? 경로 2 → 3에서 (h) W/nRT_1, (i) Q/nRT_1, (j) $\Delta E_{int}/nRT_1$, (k) $\Delta S/nR$은 얼마인가? 경로 3 → 1에서 (h) W/nRT_1, (i) Q/nRT_1, (j) $\Delta E_{int}/nRT_1$, (k) $\Delta S/nR$은 얼마인가?

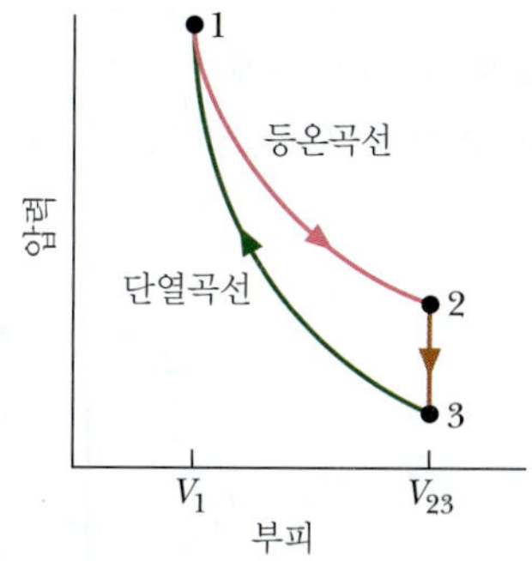

그림 20.9 연습문제 27

28 M 상자에 N개의 기체 분자가 들어있다. 상자를 동일한 세 부분으로 나누는 것을 고려하자. (a) 식 20.4.1을 확장하여 임의의 배열에 대해 경우의 수를 계산하는 공식을 써라. (b) 두 개의 배열을 고려하자. 모든 분자가 상자의 세 방에 고르게 있는 배열 A와 상자를 둘로 나누어 모든 분자가 상자의 각 반쪽에 고르게 있을 배열 B에 대해서 A와 B에 대한 경우의 수를 비교한 비율 W_A/W_B는 얼마인가? (c) $N = 120$일 때 W_A/W_B를 구하여라.

29 E 얼음을 만들기 위해 Carnot 기관을 거꾸로 작동시켜 작동계수가 5.7로 −15°C에서 한 순환주기당 38 kJ을 뽑아낸다. (a) 순환주기당 외부로 열로 전달된 에너지는 얼마인가? (b) 순환주기당 냉동기를 돌리기 위해 한 일은 얼마인가?

30 E Carnot 기관이 255°C와 115°C 사이에서 작동하면서 한 순환과정당 고온 열저장고로부터 6.30×10^4 J의 열을 흡수한다. (a) 기관의 효율은 얼마인가? (b) 한 순환과정에서 이 기관이 하는 일은 얼마인가?

31 M CALC 270 g의 토막이 열저장고와 접촉하고 있다. 토막은 초기에 열저장고보다 낮은 온도에 있다. 열저장고로부터 토막으로의 열전달이 가역적이라고 가정하자. 그림 20.10은 열평형에 도달할 때까지 엔트로피 변화 ΔS이다. 수직축의 눈금은 $T_a = 280$ K과 $T_b = 380$ K이다. 토막의 비열은 얼마인가?

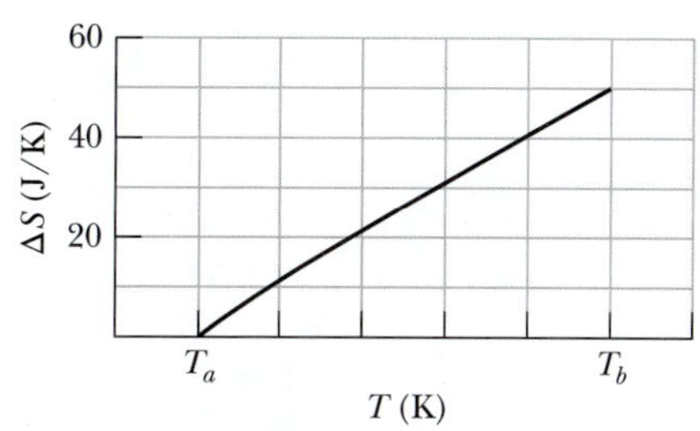

그림 20.10 연습문제 31

32 E 77.0°C에서 이상기체가 가역 등온팽창하여 부피가 1.30 L에서 3.40 L로 증가한다. 기체의 엔트로피 변화가 16.0 J/K이라면 기체는 몇 mol인가?

33 M 2.0 mol의 단원자 이상기체가 그림 20.11의 가역과정을 따른다. 수직축의 눈금은 T_s = 400.0 K이고, 수평축의 눈금은 S_s = 40.0 J/K이다. (a) 기체가 열로 흡수하는 에너지는 얼마인가? (b) 기체의 내부에너지 변화는 얼마인가? (c) 기체가 한 일은 얼마인가?

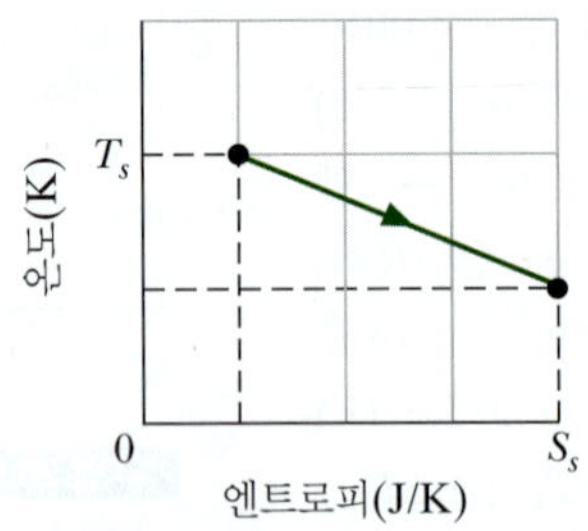

그림 20.11 연습문제 33

34 E Carnot 기관의 효율은 22.0%이다. 이 기관은 온도차가 80.0°C인 일정한 온도의 두 열저장고 사이에서 작동한다. (a) 저온 열저장고의 온도, (b) 고온 열저장고의 온도는 얼마인가?

35 E 8개의 분자에 대해 표 20.4.1과 같은 표를 만들어라.

36 M 93°F와 70°F 사이에서 작동하는 에어컨의 냉각용량은 4000 Btu/h이다. 에어컨의 작동계수가 같은 온도 사이에서 작동하는 Carnot 냉동기의 20%이다. 에어컨 모터의 출력은 몇 마력인가?

37 M 400 K의 구리토막 65.0 g과 200 K의 납토막 100 g이 단열상자 안에 들어 있다. (a) 두 토막계의 평형온도는 얼마인가? (b) 초기상태에서 평형상태에 이르기까지 계의 내부에너지 변화는 얼마인가? (c) 계의 엔트로피 변화는 얼마인가? (표 18.4.1 참조.)

38 E 이상기체가 132°C에서 가역 등온팽창할 때 기체의 엔트로피가 30.0 J/K 증가하면 열로 전달된 에너지는 얼마인가?

39 E 열펌프의 전동기가 −7.00°C의 실외로부터 열을 뽑아 17°C인 실내로 전달한다. 만일 (Carnot 기관을 거꾸로 작동시킨) Carnot 열펌프가 소비전력 1 J마다 실내로 전달되는 에너지는 얼마인가?

40 M 어떤 자동차 엔진이 순환과정당 8.2 kJ의 일을 할 때 열효율이 20%이다. 이 과정은 가역적이라고 가정한다. 기관이 순환과정당 (a) 연료 연소로부터 순환과정당 열로 얻는 에너지 Q_{gain} (b) 열로 잃는 에너지 Q_{lost}는 얼마인가? 엔진을 개선하여 효율이 27%로 올랐다면 순환과정당 (c) 연료 연소로부터 열로 얻는 에너지 Q_{gain}과 (d) 열로 잃는 에너지 Q_{lost}는 얼마인가?

41 M (a) Carnot 기관이 각 순환과정당 360 K인 고온 열저장고로부터 820 J의 에너지를 열로 흡수하고, 저온 열저장고는 280 K이다. 한 순환과정당 한 일은 얼마인가? (b) 이 기관을 같은 온도 사이에서 Carnot 냉동기로 작동시키려고 한다. 순환과정당 저온 열저장고로부터 1000 J을 열로 제거하려면 얼마의 일이 필요한가?

42 E 온도가 25.0°C에서 100°C 로 가역적으로 증가하는 3.80 kg의 구리 토막이 (a) 열로 흡수한 에너지와 (b) 엔트로피 변화는 얼마인가? 구리의 비열은 386 J/kg · K이다.

43 E 저온 열저장고의 온도가 17°C인 Carnot 기관의 효율은 35%이다. 효율을 50%로 증가시키려면 고온 열저장고의 온도는 얼마나 증가해야 하는가?

44 E 가상적인 핵융합 반응로의 연료는 온도 7×10^8 K인 중수소 기체이다. 이 기체가 T_L = 100°C인 Carnot 기관으로 작동할 수 있다면 기관의 효율은 얼마인가? 두 온도는 정확한 값이라고 하고, 유효숫자 7개로 답하여라.

45 M 냉장고의 전동기 출력은 160 W이다. 냉동실의 온도가 270 K이고 바깥 공기가 300 K일 때, Carnot 냉동기의 효율을 가정하여 10.0분 동안 냉동실로부터 열로 뽑아낼 수 있는 최대 에너지는 얼마인가?

46 M CALC −10°C의 얼음 16 g이 15°C의 호수에 떠 있다. 얼음이 호수와 열평형에 도달할 때 얼음-호수 계의 엔트로피 변화를 구하여라. 단 얼음의 비열은 2220 J/kg · K이다. (*힌트*: 얼음이 호수의 온도에 영향을 줄까?)

47 M 두 단계 Carnot 기관의 첫 번째 단계에서는 온도 T_1에서 열 Q_1을 흡수하여 일 W_1을 하고, 저온 T_2에서 열 Q_2를 방출한다. 두 번째 단계에서는 열 Q_2를 흡수하여 일 W_2를 하고 저온 T_3에 열 Q_3를 방출한다. 열효율이 $(T_1 - T_3)/T_1$임을 보여라.